高等学校酿酒工程专业教材
中国轻工业“十三五” 规划教材

酒类风味化学

范文来　徐　岩　主编

中国轻工业出版社

图书在版编目（CIP）数据

酒类风味化学/范文来，徐岩主编. —北京：中国轻工业出版社，2025.1

中国轻工业“十三五”规划立项教材　高等学校酿酒工程专业教材

ISBN 978-7-5184-2912-7

Ⅰ. ①酒…　Ⅱ. ①范…②徐…　Ⅲ. ①酒-食品风味-食品化学-高等学校-教材　Ⅳ. ①TS262

中国版本图书馆 CIP 数据核字（2020）第 035489 号

责任编辑：江　娟　狄宇航

策划编辑：江　娟　　责任终审：白　洁　　封面设计：锋尚设计

版式设计：砚祥志远　　责任校对：吴大鹏　　责任监印：张　可

出版发行：中国轻工业出版社（北京鲁谷东街 5 号，邮编：100040）

印　　刷：三河市国英印务有限公司

经　　销：各地新华书店

版　　次：2025 年 1 月第 1 版第 4 次印刷

开　　本：787×1092　1/16　印张：40

字　　数：770 千字

书　　号：ISBN 978-7-5184-2912-7　　定价：86.00 元

邮购电话：010-85119873

发行电话：010-85119832　　010-85119912

网　　址：http：//www. chlip. com. cn

Email：club@ chlip. com. cn

250167J1C104ZBW

全国高等学校酿酒工程专业教材
编委会

黄名正（贵州理工学院）
蹇华丽（华南农业大学）
李宪臻（大连工业大学）
李　艳（河北科技大学）
廖永红（北京工商大学）
刘世松（滨州医学院）
刘新利（齐鲁工业大学）
罗惠波（四川轻化工大学）
毛　健（江南大学）
邱树毅（贵州大学）
单春会（石河子大学）
孙厚权（湖北工业大学）
孙西玉（河南牧业经济学院）
王　栋（江南大学）
王　君（山西农业大学）
文连奎（吉林农业大学）
贠建民（甘肃农业大学）
张　超（宜宾学院）
张军翔（宁夏大学）
张惟广（西南大学）
赵金松（四川轻化工大学）
周裔彬（安徽农业大学）
朱明军（华南理工大学）

序

饮料酒的成分分析技术在20世纪50年代气相色谱（GC）和液相色谱（LC）技术先后出现后获得了极大的发展；而始于20世纪60年代的风味分析技术——气相色谱-闻香（GC-O）技术从出现时起，便在饮料酒风味研究中得到广泛应用。从20世纪70年代该技术运用于葡萄酒风味研究后，GC-O技术已经在啤酒、苹果酒、黄酒、清酒等发酵酒，白酒、威士忌、白兰地、朗姆酒、金酒、龙舌兰酒等蒸馏酒中得到广泛应用。饮料酒的成分也从最初仅能检测g/L级的总酸、总酯、总醛等指标，到GC和HPLC出现后检测mg/L级的醇类、醛类、酸类、酯类等常规成分，再到GC-O出现后，发现了如吡嗪类、硫化物、芳香族化合物、内酯类化合物、萜烯类等μg/L级的微量成分。

本书共分十五章，系统详细地介绍了不同化学分族化合物的风味特点，重要风味物质在饮料酒中产生的生物学途径，以及它们在饮料酒中的分布等。

本书可作为高等院校酿酒工程和食品工程专业的本科生、研究生教材，也可供从事酿酒生产、科学研究、品质控制等的工程技术人员参考。

编者

二〇二〇年三月

目录

第一章 绪论

第一节 风味概念及风味物质特点 …… 002
第二节 风味化学在饮料酒生产与技术管理中的作用 …… 018
参考文献 …… 020

第二章 醇类化合物风味

第一节 饱和脂肪醇 …… 028
第二节 不饱和脂肪醇 …… 040
第三节 多元醇 …… 044
第四节 酒类生产过程中醇类形成机理 …… 046
参考文献 …… 051

第三章 羰基化合物风味

第一节 醛类化合物 …… 064
第二节 缩醛类化合物 …… 081
第三节 酮类化合物 …… 085
第四节 羰基化合物形成机理 …… 093
参考文献 …… 101

第四章 有机酸风味

第一节 饱和脂肪酸 …… 122
第二节 不饱和脂肪酸 …… 145
第三节 结合态有机酸 …… 149
第四节 脂肪酸产生与降解途径 …… 150
参考文献 …… 155

第五章 酯类风味

第一节 饱和酯类 …… 171
第二节 不饱和酯类 …… 190
第三节 重要酯类生成机理 …… 192
参考文献 …… 195

第六章 芳香族化合物风味

第一节 芳香族化合物风味 …… 208
第二节 萘及其衍生物 …… 227
第三节 芳香族化合物产生途径 …… 228
参考文献 …… 230

第七章 酚类化合物风味

第一节 苯酚类化合物 …… 244
第二节 酚酸及其酯类 …… 251
第三节 酚醚类化合物 …… 259
第四节 酚类化合物的衍生化反应 …… 271
第五节 酚和酚醚类化合物形成的生物学途径 …… 271
参考文献 …… 274

第八章 多酚及其衍生物风味

第一节 非类黄酮类 …… 289
第二节 类黄酮类 …… 293
第三节 异戊二烯查耳酮类化合物 …… 303
第四节 芪素类化合物 …… 303
第五节 多酚简易鉴定方法 …… 307
第六节 多酚氧化反应——芬顿反应 …… 308
第七节 酵母及其代谢物对葡萄酒中多酚的影响 …… 311
参考文献 …… 311

第九章 含氧杂环化合物风味

第一节 呋喃类化合物 …… 318
第二节 吡喃类化合物 …… 341
第三节 含氧杂环化合物形成机理 …… 344
参考文献 …… 348

第十章 含氮杂环化合物风味

第一节 芳香族含氮杂环化合物 …… 363
第二节 非芳香族含氮杂环化合物 …… 378
第三节 噁唑类化合物 …… 381
第四节 噁唑啉类化合物 …… 382
第五节 杂环类化合物形成机理 …… 382
参考文献 …… 391

第十一章 氨基酸与多肽风味

第一节 氨基酸 …… 402
第二节 缩合氨基酸 …… 420
第三节 蛋白质 …… 427
第四节 氨基酸代谢 …… 428
参考文献 …… 429

第十二章 含硫化合物风味

第一节 硫醇和巯基类化合物 …… 436
第二节 非环状硫醚和多聚硫醚 …… 448
第三节 含硫杂环化合物 …… 459
第四节 硫化物形成机理 …… 463
参考文献 …… 473

第十三章 萜烯类化合物风味

第一节 碳氢类化合物 ………………………………………………………………………………………… 493
第二节 萜烯醇类化合物 ……………………………………………………………………………………… 504
第三节 萜烯醛类化合物 ……………………………………………………………………………………… 516
第四节 萜烯酮类化合物 ……………………………………………………………………………………… 518
第五节 萜烯酯类化合物 ……………………………………………………………………………………… 530
第六节 萜烯醚类化合物 ……………………………………………………………………………………… 531
第七节 萜烯类化合物形成机理 ………………………………………………………………………………… 537
参考文献 ……………………………………………………………………………………………………… 545

第十四章 糖与糖醇类化合物风味

第一节 单糖 ………………………………………………………………………………………………… 564
第二节 双糖 ………………………………………………………………………………………………… 570
第三节 多糖与糖蛋白 ………………………………………………………………………………………… 574
第四节 糖醇类 ……………………………………………………………………………………………… 575
第五节 糖苷 ………………………………………………………………………………………………… 580
参考文献 ……………………………………………………………………………………………………… 583

第十五章 卤代化合物与无机离子风味

第一节 卤代化合物 …………………………………………………………………………………………… 591
第二节 无机阳离子类 ………………………………………………………………………………………… 596
第三节 无机阴离子类 ………………………………………………………………………………………… 600
第四节 饮料酒残留物与灰分 …………………………………………………………………………………… 601
参考文献 ……………………………………………………………………………………………………… 602

附录一 缩略词表 ……………………………………………………………………………………………… 605

附录二 酿酒原料和饮料酒专业名词中英文对照表 ………………………………………………………………… 613

第一章

绪论

第一节　风味概念及风味物质特点
第二节　风味化学在饮料酒生产与技术管理中的作用

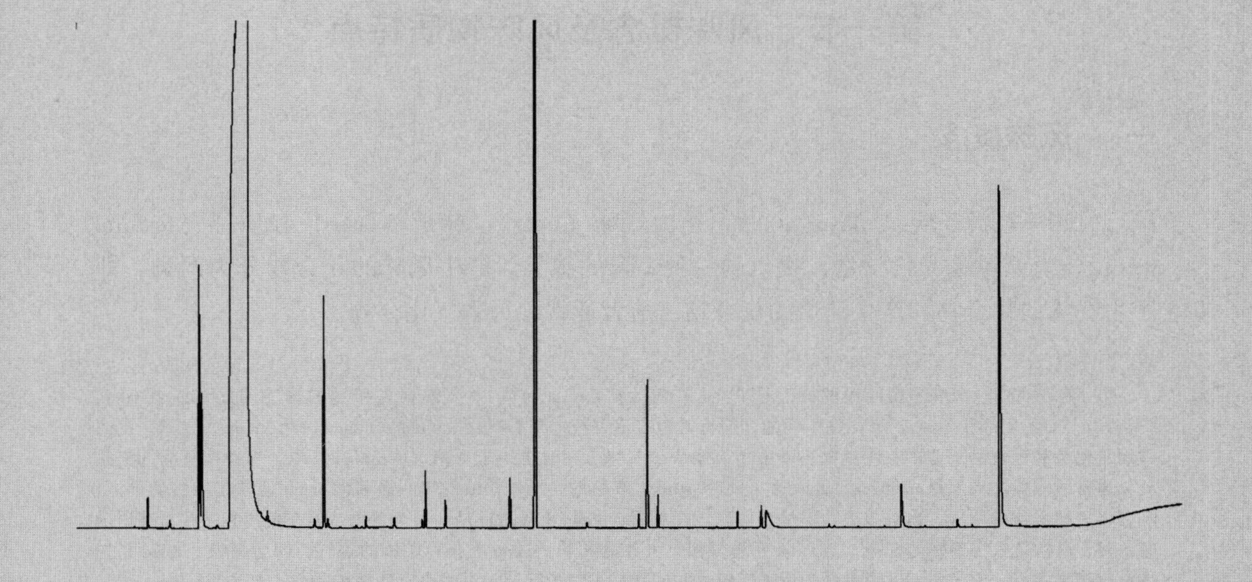

学习目标

1. 掌握香气、风味、气味的概念及其基本分析方法；
2. 掌握风味物质的特点；
3. 掌握风味化合物阈值的相关概念及其测定方法；
4. 了解风味化学在白酒生产中的作用。

食品香气（aroma）研究，其目的之一就是鉴定食品香气中起作用的化合物。这些化合物大部分浓度都很低。20 世纪 50 年代前，因为没有现代化仪器，要鉴定这些化合物十分困难；50 年代到 60 年代中期，侧重于鉴定化合物的种类。此间，气相色谱（gas chromatography，GC）的发展以及其后的气相色谱-质谱（GC-mass spectrometer，GC-MS）联用技术，极大地加快了香气研究的速度。但一些新鉴定出来的化合物对于产品的气味来说并不是很重要。从 60 年代起，香气的研究鉴定工作开始系统化，并且由于正确使用了感官评价的作用，真正重要的化合物越来越多地被鉴定出来。至 1975 年，约鉴定出 2600 种挥发性化合物。1984 年，精灵分析（charm analysis）技术出现；1993 年，Grosch 发明香气萃取稀释分析法（aroma extract dilution analysis，AEDA）。1997 年，Nijssen 等预测食品中的气味物大约有 10000 种，当时已经发现了近 8000 种；到目前为止，已经鉴定出来的风味化合物超过 10000 种或 12000 种，其中大约只有 230 种是比较重要的，称为食品关键风味物（key food odorants，KFOs）。对于一种食品来讲，或许只有 3~40 个真正关键香气成分。

第一节 风味概念及风味物质特点

一、 风味概念

风味一词源于英文 flavo(u)r[①]，是由气味（odor）、味道（taste）和质感（textural feeling，有文献称为化学觉）提供的一种综合的感觉。产生风味的化合物分为两类，即产生气味的化合物和产生味道的化合物，前者通常称为香气化合物。

---

① 在英文中，风味通常使用的词汇是 flavor（美）或 flavour（英），气味通常使用的描述词是 odor 或 odour（英语），有时也使用 scents。该词是中性的，但有时也表示香气。与香气相关的词是 fragrance 和 aroma，这两个词通常用于化妆品和食品工业中，用以描述产生令人愉快的气味，有时也用于香精（perfumes）中。与香相反的词汇是臭，通常所用英文词汇是 malodor，stench，reek 和 stink，表达的是不愉快的气味。而名词 smell 通常是中性的词汇，既可以表达愉快的香气，也可以表达不愉快的臭。在英国，odour 和 scents 是同一个意思，但在美国和一些非英语国家，odor 通常是一个不好的气味，与 stink 意思类似。少数情况下，flavor 是指口腔中的香气，即后鼻嗅。Taste 是指味道或味觉感受，但 aftertaste 通常译为后味，但这时的味并不特指味道，有时也有残留的香气，如 ashy aftertaste 是指似灰烬的后味或烧焦物的后味。

1968 年，霍尔（Hall）给出了风味的定义：风味是一种感觉，它产生于进入口中的物质，这些物质能被味觉和嗅觉感受到，也能被口腔中产生刺痛、触觉和温度的接受器感觉到。风味是能产生感觉的物质特征总和。这个定义清楚地表明，风味是一种物质的特征，也是人摄取食物后感觉接受器的一种反应。

我国国家标准 GB/T 10221 中对风味的定义是：品尝过程中感知到的嗅感、味感和三叉神经感的复合感觉，可能受触觉的、温度的、痛觉的和（或）动觉效应的影响。

虽然风味主要由味觉和嗅觉组成，但食品的其他性质对总体感觉也是有贡献的。质感（texture）也有着决定性的影响，包括圆润感（smoothness）、粗糙感（roughness）、黏稠感（viscosity）、辛辣调味品的辣味（hot）、薄荷醇的凉爽感（cooling）、特定氨基酸的丰满感（fullness）、金属味（metallic）或碱味（alkaline）。

嗅觉（olfaction）是指气味刺激鼻腔内嗅觉细胞而产生的感觉。味觉（taste）是指口腔内味蕾对味道刺激的感觉，该术语不用于表示味感、嗅感和三叉神经感的复合感觉。如果该术语被非正式地用于这种含义，那它总是与某种修饰词连用，例如，发霉的味道，草莓的味道，软木塞的味道等。

风味是嗅觉与味觉的综合反应。不少学者认为，在我们尝到的“味”中，有 80%~90%其实是香气，而不是“味”。事实上，嗅觉比味觉要灵敏。比如，蔗糖的味阈值是 12~30 mmol/L，番木鳖碱（strychnine）是一种非常强烈的呈味剂，该物质在 10^{-6} mol/L 才能被感觉到。在呈香物质中，硫醇在 7×10^{-13} mol/L 时，就能被嗅到。考虑到用于嗅觉或味觉测量的感受器体积，嗅觉大约要比味觉灵敏 10000 倍。

二、 风味物质

通常情况下，风味化合物仅有嗅觉或味觉特征，但有些化合物既有嗅觉特征又有味觉特征。能产生味觉特征的物质一般是室温下不挥发的化合物，这些化合物与舌头上的味觉感受器作用，而产生味觉，包括酸、甜、苦、咸和鲜。能产生嗅觉的化合物即香气化合物通常是挥发性化合物，这些化合物进入鼻腔而与气味感受器作用产生嗅觉。

气味进入鼻腔有两种方式，一种是直接进入鼻腔，称为前鼻感觉（orthonasal detection）；一种是在口腔内咀嚼后释放出来的香气，称为后鼻感觉（retronasal detection）。

在风味物质中，有些化合物是好闻的、产生令人愉悦感觉的，称为香（aroma）；而有些化合物的气味是难以接受的、不愉快的，称为异嗅（off-aroma）或臭（malodor）。一部分人认为臭的，另一部分人可能认为可以接受。

在饮料酒中，已经发现的风味化合物超过 800 种，但仅有某些化合物是重要风味化合物，如（*R*）-柠檬烯呈柑橘风味，是橙汁的重要风味物质；（*R*）-1-孟烯-8-硫醇呈葡萄柚风味，是葡萄柚的主要香气成分；苯甲醛呈苦杏仁香，是杏仁、樱桃和李子的特征风味物质；橙花醛（neral）和香叶醛呈柠檬香，是柠檬（lemon）的主要香气成分；树莓酮［1-(*p*-hydroxyphenyl)-3-butanone，raspberry ketone］呈树莓的气味，是树莓的特征风味物质。

三、风味物质特点

风味物质具有如下特点。

一是种类繁多。食品的风味物质，尤其是产生嗅觉的风味物质，种类很多。如经过调配的咖啡中，已经检测到的风味物质超过 400 种。在焙烤土豆中，已经鉴定的风味物质达 200 多种。葡萄酒中鉴定的风味物质已经超过 800 种，我国白酒中已经鉴定出的风味化合物达 700 多种 。

二是相互作用。相互作用主要有两种，一是风味化合物之间的相互作用，如中和效应、协同效应、拮抗效应和掩蔽效应等；二是风味化合物与脂肪、蛋白质和糖类的相互作用。

中和效应（counteraction）是指两种不同性质的香味物质相混合，失去各自单独香味的现象。如甜与咸能中和。

协同效应（synergism），俗称相乘效应（enhancement）、增强效应（additive effect）、超加成效应，是指两种或多种刺激的联合作用导致感觉水平超过预期的、各自刺激效应的叠加。如在西瓜上撒一点盐，会增加甜度，说明少量盐可以增加糖的甜度。有研究认为，NaCl 有一种固有甜味，但通常被高浓度咸味所掩盖。当添加 NaCl 后，甜味有少量增强，是由于稀释后 NaCl 固有甜味引起的。2-丁酮、2-戊酮、2-己酮、2-庚酮和 2-辛酮，当它们的浓度分别为 5、5、1、0.5 和 0.2mg/kg 并单独存在时，并不产生嗅感；但若将它们以上述浓度混合时，会形成明显的嗅感。

拮抗效应（antagonism），俗称抵消效应（suppression）、相杀作用，是两种或多种刺激的联合作用，它导致感觉水平低于预期的各自刺激效应的叠加。如在 1%~2%食盐溶液中，添加 7%~10%蔗糖时，可使咸味完全消失。但在 20%食盐水中，任你添加多少蔗糖，咸味难以下降，更不会消失。又如当（*Z*）-3-己烯醛浓度为 1mg/kg 时，会产生类似青豆气味；而当 13mg/kg 的（*Z*）-3-己烯醛和 12.5mg/kg 的（*E*,*E*）-2,4-癸二烯醛共同存在时，并无特殊的气味。拮抗效应是可以解除的。如甜味剂蔗糖与苦味剂尿素混合，这个二元溶液中，甜可以抑制（suppression）苦，苦也可以抑制甜。越橘（bilberry）汁和蔓越橘（cranberry）汁会随着甜味的增强，其酸味与苦味下降，整体的愉悦感增强；葡萄柚中苦味阈值会随着蔗糖浓度的增加而显著增加。在苦-甜二元体系中添加钠盐，钠盐不仅可以大大掩盖苦味，而且会微弱地抑制甜味，溶液主要表现为甜和微苦。其原因是苦味抑制了蔗糖甜味，而甜味增强是因为苦味被抑制，从而使得甜味释放，强度增加。

掩蔽效应（masking），俗称掩盖效应，是指由于两种刺激同时进行而降低了其中某种刺激强度或改变了对该刺激的知觉。如 NaCl 可以掩盖尿素苦味。

复合作用是指两种不同性质的物质混合时，能使单体香味发生很大变化，有的是正面的，有的也可能是负面的。如香草醛是食品中常用香料，在较高浓度时呈饼干香气，而β-苯乙醇则呈玫瑰花香气。二者以适当比例混合时，既不是饼干香气，也不是玫瑰花香气，而变成了白兰地特有香气。将己基肉桂醛（hexylcinnamic aldehyde，脂肪气味)、乙酸苄酯(benzyl acetate，水果香)和吲哚(indole，粪臭)按一定比例混合，会呈现茉莉花(jasmine)香气，与*cis*-茉莉酮(*cis*-jasmone)香气一样。

助香作用是指一种香味物质与另一种并不呈香不呈味的物质相互作用，使得香味物质更加突出或典型。不呈香不呈味的物质称为助香剂(aroma enhancer)，或称为味觉调节剂。如清酒中加入500mg/L高级醇，立即感觉到有较强的杂醇油味。实际上，这一数量并不比酿造的清酒中高。但当再添加1mg/L亮氨酸时，立即变成了清酒芳香，不但富有自然感，而且使酒香味明显提高。又如，在合成清酒中加入辛酸乙酯，不但酒不香，而且出现油臭。再加入α-羟基己酸乙酯时，则油臭味完全消失，酒变成了糟香。另外有一类化合物，本身没有任何气味或味道，但可以增强其他化合物的味觉强度(通常称为味觉调节剂)。如爱尔吡啶(alapyridaine)有两个构型，其中(S)-型有甜味和鲜味增强作用。

间段反应是指两种不同性质香味物质相混合，初闻时是混合的，继闻是单一的，有分段感觉。

脂肪、蛋白质和糖类会影响到风味化合物在饮料中的保留情况，即影响到风味化合物在气相中的浓度，从而影响风味强度与质量。而这种相互作用并不能在真正的饮料中进行研究，因此，经常会使用模型系列进行试验。例如研究调香蛋黄酱(mayonnaise)鸡尾酒时发现，当鸡尾酒中脂肪含量为20%时，风味典型且平衡。当鸡尾酒中脂肪含量为5%时，有一种不典型的奶油和刺激性气味。而当脂肪含量为1%时，却显示出刺激性、类似芥末的气味。

三是含量极微，但呈香或味特征显著。如当2-甲基-3-噻吩硫醇(2-methyl-3-thiophenethiol)在空气中浓度达到0.0032 ng/L或2-噻吩甲硫醇(2-thiophenemethenethiol)在空气中浓度达到0.003ng/L时，人就能感觉到肉香。

四是极易反应或分解。有些香气或香味物质，在空气中会自动氧化或分解(表1-1)。有些化合物热稳定性差。如酚类化合物在空气中会氧化褐变。硫化物也易在空气中反应而生成其他化合物，如饮料酒中的甲硫醇极易氧化为二甲基二硫和二甲基三硫。

表1-1 一些化合物在不同溶剂中38℃时的半衰期 单位：h

醛类化合物	2%vol[①] 酒精水溶液	2%vol 酒精+缓冲液[a]	甘油醋酸酯(triacetin)
己醛	100	91	86
(E)-2-己烯醛	256	183	71
(Z)-3-己烯醛	42	36	26
庚醛	79	76	73
(E)-2-庚烯醛	175	137	57
(Z)-4-庚烯醛	200	174	64

注：a：柠檬酸钠缓冲液，pH3.5(0.2 mol/L)。

① 我国使用vol表示酒精度，早期曾经使用°等，国际上一般使用ABV或abv，即alcohol by volume，均指体积百分比浓度。

五是可能存在变嗅/味现象。令人欣慰的是，这类化合物并不多见。这类化合物又可以分为以下两种。一是浓度引起的。如粪臭素（skatole，3-methylindole）在高浓度时具有大粪臭，但在极低浓度时，却具有愉快的香气、甜香和令人感觉温暖的香气。4-乙烯基愈创木酚在低浓度时释放出丁香、甜香、坚果、香草香和辛香；高浓度时，呈现出烟熏、苯酚和黑胡椒气味。4-烯丙基-2,6-二甲氧基苯酚在高浓度时，具有烤肉和咸肉香；低浓度时，呈花香、甜香和花粉香。*p*-伞花烃在低浓度时，呈柠檬、柑橘、青香，在高浓度时呈煤油气味。再如己糖单乙酯6-*O*-乙酰基-α/β-D-吡喃葡萄糖（hexose monoacetates 6-*O*-acetyl-α/β-D-glucopyranose）和己糖单乙酯1-*O*-乙酰基-β-D-吡喃果糖（hexose monoacetates 1-*O*-acetyl-β-D-fructopyranose）这两个化合物，同时呈现苦味与甜味。二是由背景香气引起的。一些化合物在一种介质/基质中可能是香气或香味，而在另一种介质/基质中是异嗅或异味或缺陷风味。如双乙酰是啤酒的异嗅化合物，但在白酒和葡萄酒中却不是异嗅。

六是风味物质的分子结构与呈香、呈味特征并没有什么规律，它们之间具有如下几种情况：①结构相似，风味也相似的化合物，见图1-1；②风味类似而结构不同的化合物，见图1-2；③结构相同而风味不同的化合物，见图1-3，左边的α-D-甘露糖呈现甜味，而右边类似结构的β-D-甘露糖却呈现苦味；④立方体异构体具有不同的风味特征，见图1-4。

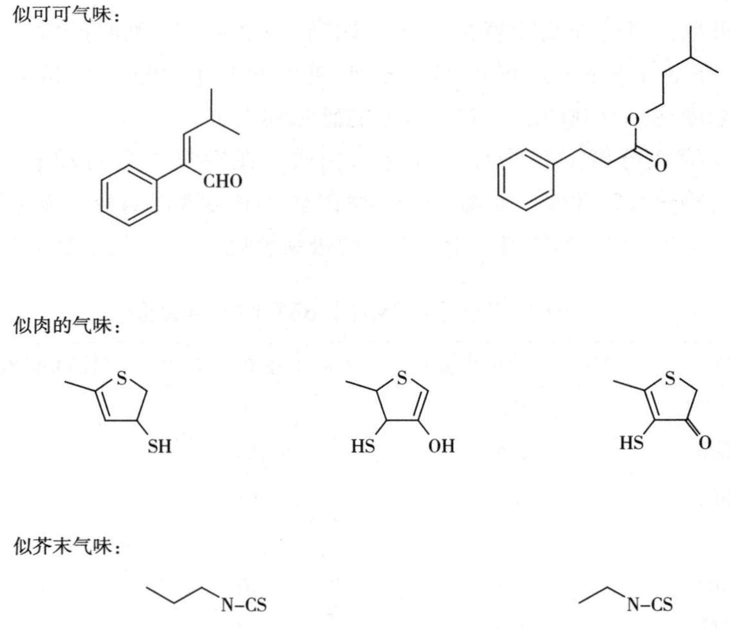

似可可气味：

CHO　　O　O

似肉的气味：

S SH　　S HS OH　　S HS O

似芥末气味：

N-CS　　N-CS

图1-1　结构类似，风味类似的化合物

似麝香气味：

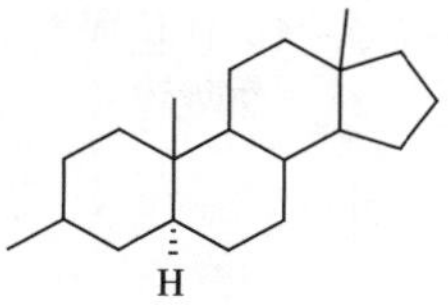

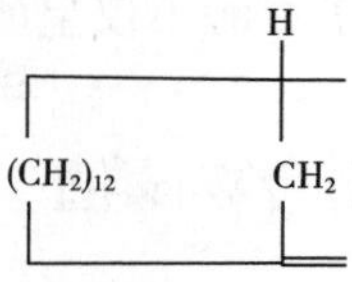

似樟脑气味：

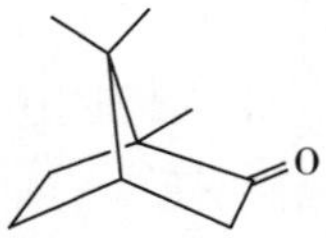

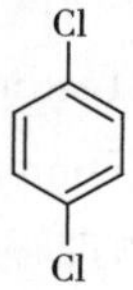

图 1-2　风味类似而结构不同的化合物

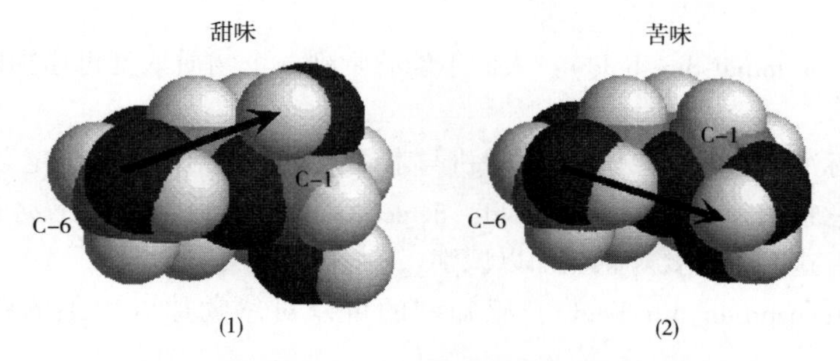

图 1-3　α-D-甘露糖（1）和 β-D-甘露糖（2）结构与呈味特征

气味类似：

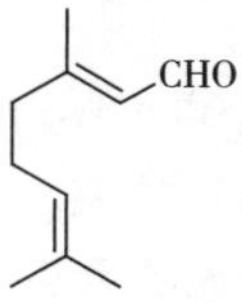

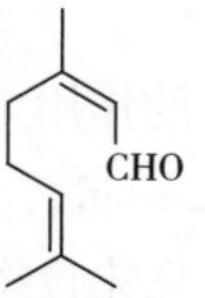

气味不同：

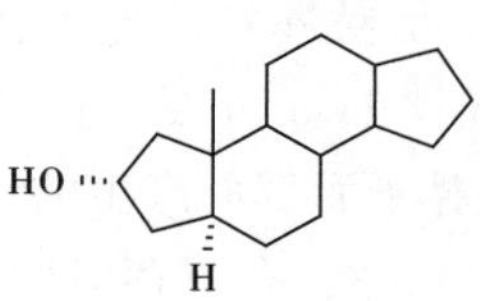

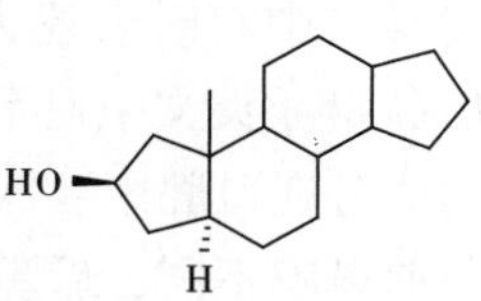

图 1-4　异构体与立体异构体的风味特征

七是同一个化合物可能同时呈现香气特征，也呈现味觉和/或化学觉特征，并且表现出不同的味觉和/或化学觉特征。如 3-苯乳酸不仅仅呈酸味、涩味，还呈现前鼻嗅与后鼻嗅。再如乳酸、2-糠酸、2-羟基-3-甲基丁酸、马来酸、富马酸、2,3-二羟基丙酸、柠檬酸、丁二酸不仅呈酸味还呈现涩味；2-羟基-4-甲基戊酸同时呈酸味与甜味。

四、 风味化合物阈值

由于食品中成分众多，是否每种成分都对风味有贡献？1963 年，Rothe 在研究面包风味时首次提出气味活力值（OAV）概念，即一个化合物能否产生嗅觉（或味觉）决定于该化合物的浓度与阈值的比值。那么，什么是阈值？美国检验与材料协会（ASTM，American Society for Testing and Materials）的定义如下。

刺激阈值（detection threshold）：也称感觉阈值，指人们能感觉到的、不需要辨别出来的化合物的最低物理强度。

差别阈值（different threshold）：人们能感觉出风味变化的化合物最小浓度变化。

识别阈值（recognition threshold）：也称感知阈值，指人们能正确辨别出风味化合物的最低浓度。

极限阈值（terminal threshold）：人们不能感觉到一个物质浓度再增加时它的风味改变的浓度。

我国国家标准 GB/T 10221《感官分析与术语》中，也给出了阈值定义。

刺激阈、觉察阈（stimulus threshold，detection threshold）：引起感觉所需要的感官刺激的最小值。这时不需要对感觉加以识别。

识别阈（recognition threshold）：感知到的可以对感觉加以识别的感官刺激的最小值。

差别阈（difference threshold）：可感知到的刺激强度差别的最小值。

极限阈（terminal threshold）：一种强烈感官刺激的最小值，超过此值就不能感知刺激强度的差别。

根据阈值对人的作用方式，阈值又可以分为嗅阈值（olfactive perception threshold）或气味阈值（odor threshold，OT）和味阈值（taste threshold）两类。嗅阈值是指人的鼻子能感觉或感知到的嗅觉化合物的最低浓度；而味阈值则是指人的舌头（味蕾）能感觉或感知到的味觉化合物的最低浓度。嗅阈值又分为前鼻嗅阈值（orthonasal olfactory threshold）和后鼻嗅阈值（retronasal olfactory threshold）。嗅阈值通常情况下是指前鼻嗅阈值。

前鼻嗅（英文中有时表述为“sniffing”）通常是易挥发性分子在鼻子前部产生的嗅觉感觉；后鼻嗅［英文中通常表述为“taste”或“flavo(u)r”］是样品如饮料酒中的不易挥发的成分在口腔中被加热从而挥发后刺激鼻子后部而产生的感觉。

后鼻嗅与前鼻嗅不同，后鼻嗅有点类似于味觉感受，有留存时间，即所谓持久性，它是指吞咽或吐出酒液后，香气在口腔中的残留时间，通常表示为卡达利（caudaly），1 卡达利=1s。残留时间的长短通常是评价酒品质好坏的一个重要指标。某些好酒的残留时间可达 11 卡达利。

在难以接受的气味化合物中，如果浓度较低，可能是可以接受的；当浓度达到某一较高值时，此气味则是消费者不可接受的，此浓度称为消费者拒绝阈值（consumer rejection threshold，CRT）。如葡萄酒中的1,8-桉树脑（1,8-cineole），消费者可以接受的阈值是27.5μg/L。

并不是所有的化合物都是风味化合物，因为许多化合物因其嗅觉或味觉阈值太高，人们并不能感觉到它们，这些物质并不产生嗅觉或味觉。单一化合物在某个特定的介质（如食品、酒）中是否产生风味，要看该化合物浓度是否超过它的阈值。通常情况下，当该化合物浓度与阈值的比值即气味活力值大于1时，人们才能感觉到它，此时该化合物才能够称为风味活性化合物（flavor-active compound，aroma-active compound）。

影响化合物阈值的因素十分多，但首要的、且往往被人们忽略的是化合物本身的纯度。通常购买的色谱纯标准品并不是100%纯品，通常在95%以上，因此，在进行阈值精确测定时，通常需要将该标准品进行纯化，获得100%纯品。但大部分文献报道的阈值通常并不是这么做的。

其他影响阈值的因素如下。

1. 化合物阈值与挥发性

阈值大小与化合物蒸汽压有关，即与该化合物的挥发性相关，受到温度与介质等因素影响。

呈香化合物必须从溶液（或饮料酒）中挥发出来才能被人们感觉到。在一特定容器中，如酒杯中的半杯酒，其液面上方空气中某一化合物j的浓度与其在液相中的浓度会达到一个平衡。平衡时，化合物j在气相中单位体积质量与其在液相中单位体积质量的比称分配系数$K_{j,a-w}$（partition coefficient），是一个无量纲的值。$K_{j,a-w}$越大，化合物j挥发到气相中的量越多。$K_{j,a-w}$可以通过GC分别测定气相和液相中j化合物浓度，直接用峰面积比求得。高沸点、难溶于水的有机化合物，$K_{j,a-w}$非常高；相反地，低沸点、易溶于水的化合物$K_{j,a-w}$低。

对于一些特定化合物而言，升高温度通常会增加$K_{j,a-w}$值，即温度越高，其气相中化合物j浓度越高，故阈值测定时通常选择室温20℃或25℃。

表1-2是一些化合物在水中的阈值，其中乙醇阈值很高，为100mg/L；而1-*p*-孟烯-8-硫醇阈值仅有0.00000002mg/L，即2×10^{-8}mg/L或0.02 ng/L。

表1-2 一些风味化合物在水中气味阈值（20℃）

化合物	阈值/（mg/L）	化合物	阈值/（mg/L）
乙醇	100	苯乙醛	0.004
麦芽酚（maltol）	9	异丁醛	0.001
糠醛	3.0	丁酸乙酯	0.001
己醇	2.5	（+）-诺卡酮（nootkatone）	0.001
苯甲醛	0.35	（-）-诺卡酮	1.0
香兰素	0.02	榛酮（filbertone）	0.00005
覆盆子（树莓）酮（raspberry ketone）	0.01	甲硫醇	0.00002

续表

化合物	阈值/（mg/L）	化合物	阈值/（mg/L）
柠檬烯（limonene）	0.01	2-异丁基-3-甲氧基吡嗪	0.000002
里那醇（linalool）	0.006	1-*p*-孟烯-8-硫醇	0.00000002
己醛	0.0045		

2. 化合物阈值与结构关系

（1）羰基化合物　饱和 $C_5 \sim C_{10}$ 的醛类，其气味阈值到辛醛时，达最小值（见表1-3）。(*E*)-构型双键在 2 位的烯醛其阈值从 5∶1 上升至 8∶1，且高于相应的饱和醛。(*E*)-2-壬烯醛是一个例外，其阈值仅有壬醛的 1/17.5。癸醛与（*E*）-2-癸烯醛的阈值相当。

表 1-3　　饱和醛和（*E*）-2-烯醛在空气中气味阈值

饱和醛	OT/（10^{-12} mol/m^3）	（*E*）-2-烯醛	OT/（10^{-12} mol/m^3）
5∶0	125	5∶1	1600
6∶0	80	6∶1	900
7∶0	66	7∶1	1250
8∶0	4	8∶1	100
9∶0	7	9∶1	0.4
10∶0	30	10∶1	25

化合物手性异构体、*cis/trans*-异构体，如 C_6 和 C_9 带有双键醛，分子几何形状影响着其香气的强度与质量（表1-4）。除（*E/Z*）-6-壬醛外，(*E*)-构型化合物的阈值均高于相应的（*Z*）-构型，特别是（*E*）-3 和（*Z*）-己烯醛的阈值差距明显。

表 1-4　　C6～C9 醛双键位置与几何结构对阈值的影响

C_6醛	OT/（10^{-12}mol/m^3）	C_9醛	OT/（10^{-12}mol/m^3）
(*E*)-2-6∶1	900	(*E*)-2-9∶1	0.4
(*Z*)-2-6∶1	600	(*Z*)-2-9∶1	0.014
(*E*)-3-6∶1	>400	(*E*)-3-9∶1	0.5
(*Z*)-3-6∶1	1.4	(*Z*)-3-9∶1	0.2
(*E*)-4-6∶1	77	(*E*)-4-9∶1	9
		(*Z*)-4-9∶1	1.6
		(*E*)-5-9∶1	70
		(*E*)-6-9∶1	0.05
		(*Z*)-6-9∶1	1.3

（2）吡嗪类化合物

在单、双、三、四甲基吡嗪中（图 1-5 中 P1～P6），三甲基吡嗪（P5）显示出最高的香气活力。从二甲基吡嗪过渡到三甲基吡嗪，气味从坚果香（nutty）过渡到泥土和/或焙烤香。假如 P5 的 2 位甲基被换成乙基，则形成 P7。但 P7 气味阈值只有 P5 的约 1/6000，且气味质量一样。假如 P7 乙基移到 3 位（P8）或 5 位（P9），则气味阈值逐渐增加。即便乙基换成丙基（P10～P12），情况依然如此。但相应的丙基化合物阈值要高于乙基化合物。

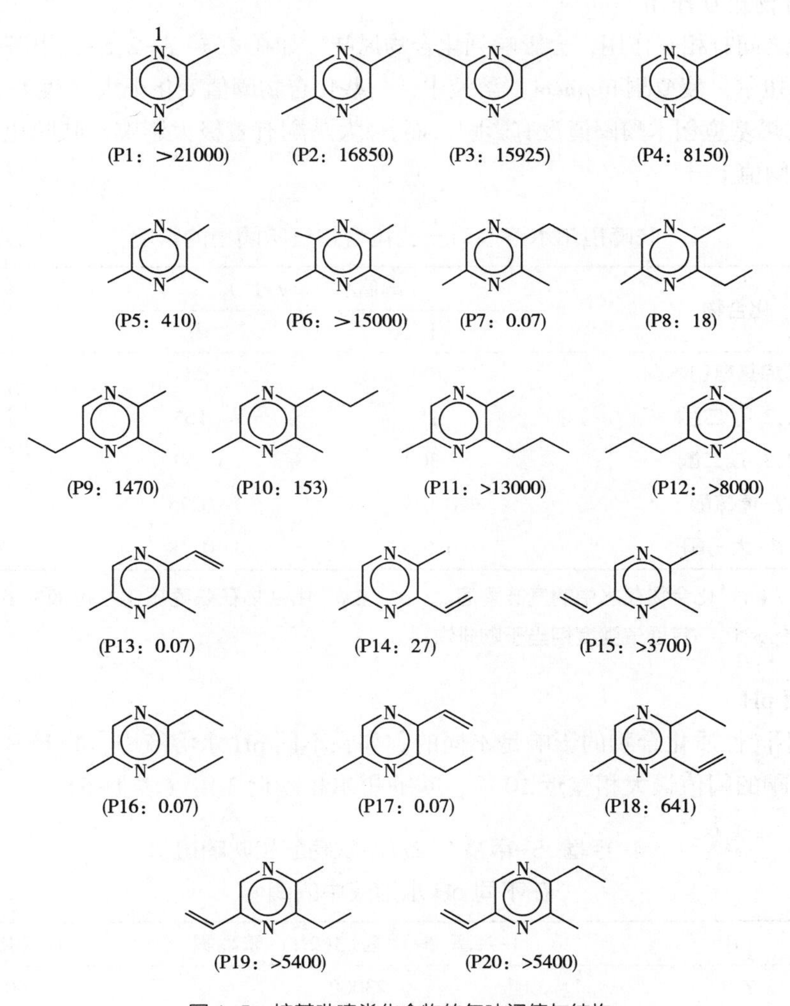

图 1-5 烷基吡嗪类化合物的气味阈值与结构

若将 P7、P13 两个化合物 3 位上的甲基换成乙基，则分别形成化合物 P16、P17，但这两个化合物阈值与气味质量均没有变化。

若将 P14 化合物 2 位上甲基、P15 化合物 3 位上甲基换成乙基，则分别形成化合物 P18、P19，这两个化合物具有很高的气味阈值。

比较 P17 和 P18 两个化合物，乙烯基在 2 位或 3 位的 5−甲基吡嗪其阈值差距很大。若将 P19 化合物的甲基与乙基换位，则形成化合物 P20，这个化合物的阈值仍然非常高。

已经有 70 个烷基吡嗪在食品中被鉴定出来。然而，在稀释分析时，除了 P5、P13 和 P17 外，P7 和 P16 强度最高。这与化合物几何异构有关。

若将 P7 的乙基换成乙烯基，则形成化合物 P13，它的气味阈值与 P7 类似，也很低。如乙烯基团在环上移动（P14 和 P15），同样地，其阈值相应增加。

3. 化合物相互作用

化合物之间有相互作用，会影响到化合物风味。如在 4−羟基−2,5−二甲基−3(2*H*)−呋喃酮（呋喃扭尔，菠萝酮 furaneol）溶液中，一些化合物阈值变化很大（表 1−5）。如呋喃扭尔对 4−乙烯基愈创木酚阈值没有影响，而 *β*−大马酮有着极大影响。呋喃扭尔造成所有测定化合物阈值上升。

表 1−5　　呋喃扭尔水溶液对一些化合物气味阈值的影响

化合物	阈值/（μg/L）		Ⅱ:Ⅰ
	Ⅰ[a]	Ⅱ[b]	
4−乙烯基愈创木酚	100	90	≈1
2,3−丁二酮	15	105	7
2,3−戊二酮	30	150	5
2−糠硫醇	0.012	0.25	20
β−大马酮	0.002	0.18	90

注：a：Ⅰ，化合物在水中的气味阈值。b：Ⅱ，化合物在呋喃扭尔水溶液中的阈值，呋喃扭尔浓度 6.75mg/L，其香气强度相当于咖啡饮料。

4. 溶液 pH

pH 对不同性质化合物的影响是不同的。如在不同 pH 水溶液中，4−羟基−5−甲基−3(2*H*)−呋喃酮的阈值最大相差近 10 倍，呋喃扭尔相差近 3 倍（表 1−6）。

表 1−6　　4−羟基−5−甲基 3(2*H*)−呋喃酮和呋喃扭尔在不同 pH 水溶液中的阈值

pH	4−羟基−5−甲基−3(2*H*)−呋喃酮	呋喃扭尔
7.0	23000	60
4.5	2100	31
3.0	2500	21

5. 介质

介质有时也称溶媒，不同化合物在不同溶液中具有不同阈值。如正丁醇在水中阈值是 0.5mg/kg，而在啤酒中阈值高达 200mg/kg，是前者的 400 倍（表 1−7）。

表 1-7 一些化合物在水和啤酒中的阈值 单位：mg/kg

化合物	水中	啤酒中
正丁醇	0.5	200
3-甲基丁醇	0.25	70
二甲基硫	0.00033	0.05
(*E*)-2-壬烯醛	0.00008	0.00011

酒精浓度对一些化合物的阈值有着较大的负面影响（opposite effect），酒精能降低挥发性化合物的分配系数 K_{aw}。通常情况下，挥发性化合物更易溶解于酒精-水溶液，而不是水。另外一个影响是因酒精存在，一些分子量大的化合物会以高浓度溶解于酒精-水溶液中，造成挥发性化合物更多地挥发到气相中。

如表 1-8 所示，在不同酒精浓度下，同一化合物在气相中阈值是不同的。有酒精时，阈值增加，但无论是否是同系物或不同族化合物，其阈值增加倍数是不同的。故降低酒精浓度再去闻香时，会发现酒的香气不协调。

表 1-8 酒精浓度对葡萄酒中一些化合物空气阈值的影响

化合物	气味阈值/（ng/L）[a]		y/x
	没有酒精（x）	有酒精（y）[b]	
异丁酸乙酯	0.3	38	127
丁酸乙酯	2.5	200	80
己酸乙酯	9	90	10
2-甲基丙醇	640	200000	312
3-甲基丁醇	125	6300	50

注：a：气味阈值用闻香器测定；b：乙醇在气相中的浓度为 55.6mg/L。

酒精和酸以及酒精和糖同时存在会增加化合物气味阈值，见表 1-9。如乙酸乙酯在水中气味阈值是 25mg/L，但在 12.5%vol 酒精-水溶液（pH3）中阈值却增加到 40mg/L，是原先阈值的 1.6 倍；再如己酸乙酯在水中气味阈值是 36μg/L，在 12.5%vol 酒精-水溶液（pH3）中阈值仅为 37μg/L，几乎没有增加，但在含糖 10%vol 酒精-水溶液中气味阈值却增加至 56μg/L，是原先阈值的 1.56 倍。

表 1-9 酒精-糖和酒精-酸对化合物阈值影响

化合物	水	酒精-水溶液+酸[a]	酒精-水溶液+糖[b]
乙酸乙酯/（mg/L）	25	40	—
己酸乙酯/（μg/L）	36	37	56
戊醇类（混合）/（mg/L）	1.9	12.5	60
β-紫罗兰酮/（ng/L）	7	800	—
β-大马酮/（ng/L）	2	45	—

注：a：12.5%vol 酒精-水溶液，用酒石酸调整 pH 至 3；

b：10%vol 酒精-水溶液，添加蔗糖。

6. 前鼻嗅与后鼻嗅阈值

同一化合物前鼻嗅阈值与后鼻嗅阈值通常是不同的。如乙醛水中前鼻嗅阈值 17μg/L，但后鼻嗅阈值是 22μg/L；己醛水中前鼻嗅阈值 9. 2μg/L，后鼻嗅阈值 3. 7μg/L；壬醛水中前鼻嗅阈值 2. 5μg/L，后鼻嗅阈值 4. 3μg/L；癸醛前鼻嗅阈值 2μg/L，后鼻嗅阈值 3. 2μg/L；里那醇前鼻嗅阈值 5. 3μg/L，后鼻嗅阈值 3. 8μg/L。

7. 化合物阈值测定方法

阈值测定方法很多，通常采用美国材料与试验学会方法（ASTM）。此方法测定所获得阈值也称为最佳估计阈值（BET，best estimate threshold）。但要注意高浓度化合物先测定时可能产生疲劳效应（fatiguing effect），即先测定高浓度会对低浓度测定产生影响。

饮料酒中化合物阈值测定还可以采用行业协会规定的方法，如啤酒中阈值测定，可以使用 EBC（European Brewery Convention，欧洲啤酒酿造协会）分析方法。

葡萄酒工业认为，阈值测定应该注意以下几个问题：①由于个体对同一化合物灵敏度的差异范围广，应该使用组平均数据（group-averaged data），从训练有素的人员中选择 12~15 人；②由于香气化合物可能受到其中污染物的影响，对绝大多数标准品而言需要制作成高纯度标准品，因此，外购标准品在使用前应该进行纯化处理，包括多次蒸馏技术和吸附技术。

化合物在空气中阈值测定通常采用以下方法：选择一个 20~25 人的测定小组，成员在气味感觉上感觉灵敏度高，重现性好。房间温度恒定，如 22°C；使用单个隔间（booth）；恒定通入活性炭过滤后的新鲜空气；空气的压力不要太高，要能阻止外界的空气从隔间的窗户和门进入到隔间内。在测定前，纯化合物溶解于三重蒸馏的无气味 22°C 水中。一次可以测定 3~6 个浓度系列。每个浓度成对出现，未添加气味物的水样品随机分布其中；不同浓度的出现也是随机的。可以使用特氟隆（Teflon）瓶子（8oz①），装液量是 4 oz。

混合物阈值测定通常按照单个化合物浓度 1∶1 混合，浓度取值范围一般在 50%~300%。如 3 个化合物混合，在低浓度时（即浓度为 50% 阈值时），每个化合物取其 16. 66%的阈值浓度；而高浓度时（即浓度为 300%阈值时），每个化合物取其 100%的阈值浓度。

五、 气味和味觉强度

事实上，人们感觉到的气味或味觉强度与化合物的浓度呈指数关系，遵循斯蒂文斯法则（Stevens Law），用公式表示为：

$$E = k \cdot (S - S_0)^n \quad \text{式（1-1）}$$

① 英美计量单位，即 fl oz，盎司（fluid ounces）。1 oz（美制）= 29. 571mL；1 oz（英制）= 28. 3495 mL。此处为美制单位。

式中：E——感觉强度

k——常数

S——刺激物的浓度

S_0——刺激物的阈值浓度

n——常数

通常情况下，n 的范围是 0.12~1.7，更多介于 0.4~0.7，如对碳链长度从 4~9 的脂肪醛，其 $n=0.50\sim0.63$

对气味化合物而言，通常使用气味活力值（OAV）的概念。气味活力值也称气味单位（OU，odor unit）、气味值（OV，odor value），是 1963 年由德国人 Rothe 和 Thomas 在研究面包香气时首先提出的，是指气味化合物浓度与其对应介质中阈值的比值。即：

$$\mathrm{OAV}=\frac{c_x}{OT_x} \quad \text{式（1-2）}$$

式中：c_x——化合物 X 在饮料酒中的浓度

OT_x——化合物 x 在饮料酒中阈值

对香气化合物而言，称为香味活力值（aroma activity value），也称为香味值（aroma-units）、香气指数（aroma index），缩写仍然为 OAV。

对呈味或口感化合物而言，通常采用味觉活力值，也称为剂量-阈值比（DoT，dose-over-threshold），是指某一化合物浓度除以它的味觉或口感阈值。

如面包中的研究发现了近 400 种挥发性化合物，但仅有 16 种化合物的 OAV 达到或超过 1。

六、异嗅/味或污染气味

异嗅/味（off-aroma/off-flavor）是指不应该存在于饮料酒中的外来气味或非典型性气味，至少对某些特定地区（specific regions）或文化传统（cultures）而言。消费者不会接受酒类可能存在的负向的（negative）或不正常（unusual）的风味。异嗅/味会造成商品价值的丧失。

异嗅/味能引起关键风味的下降或丧失，或者改变单个香气物质之间的浓度比。这些化合物可能来源于原料、过程污染、食品加工或贮存过程中的化学和/或微生物变化引起的，特别是食品腐败过程。最新研究发现，造成风味下降的原因是这些异嗅/味化合物减弱了感觉传导，根源在于其阻遏（suppressing）了环核苷酸门通道（cyclic nucleotide-gated channels），不能唤起气味物响应。如 2,4,6-TCA（三氯茴香醚）在极低浓度甚至是渺摩尔[①]（attomolar）浓度下，都会有阻遏作用。2,4,6-TCA 及其类似物具有亲脂性，它们进入细胞膜脂质双层（lipid bilayer）调控通道抑制（channel suppression）。竞争性抑制能力排序为：2,4,6-TCA 与 TBA（三溴茴香醚）类似，远高于 2,4,6-TCP

① 渺摩尔是指 1×10^{-9} 摩尔。

（三氯苯酚）。

来自外来气味的异嗅化合物主要有土味素（geosmin）、硫化物、酚类化合物、不饱和烯醇或酮等化合物。土味素是干豆角、甜菜根、水、葡萄酒、白酒的土腥异嗅化合物（白酒中称为“糠味”），该化合物也是微生物代谢异嗅物。Gurche 等发现采用腐烂葡萄生产的葡萄汁中会有蘑菇味、霉味、樟脑或者土腥味。这些异嗅会通过发酵而迁移到葡萄酒中，使得成品葡萄酒也有这些异嗅。如果葡萄采摘期遇上降雨或者冰雹，这种异嗅更加明显。研究确认，1-辛烯-3-醇和 1-辛烯-3-酮被认为与葡萄酒的蘑菇异嗅有关。

多数异嗅化合物在低浓度时并不呈现异嗅，但高浓度时异嗅特征明显。如硫化物在低浓度时会增加葡萄酒的芬香，但在高浓度时，会使葡萄酒产生异嗅。

也有一些异嗅物质，它们会因介质或浓度的不同而呈现出不同的气味。Gurche 等发现用腐烂葡萄酿制的两种赛美蓉葡萄酒中，2-庚醇会产生蘑菇异嗅，而在原橄榄油中产生泥土异嗅，但 Gomez 等认为 2-庚醇在蒙娜斯特（Monastrell）和赤霞珠葡萄酒中发挥正向风味作用。适量的双乙酰对葡萄酒香气和风味有重要作用，其能增加葡萄酒风味复杂性，改善口感，呈现令人舒适的干酪或者黄油气味，但是含量超过 5～7mg/L 时，就变成了馊饭味。

如果污染气味（taint）来自空气或水，则由于其浓度太低，检测将十分困难。有些异味来自饮料酒的生产和贮存过程。如来自微生物的代谢产物，猪圈气味（pigsty-like）是由粪臭素（skatole）引起的，它在水中阈值仅 10μg/kg；另一种似泥浆（earthy-muddy）或称作土腥气味化合物是 2-甲基异龙脑（2-methylisoborneol）和土味素。2-甲基异龙脑在水中阈值 0.03μg/kg；（-）-土味素在水中阈值 0.01μg/kg，（+）-土味素在水中阈值 0.08μg/kg。2,4,6-三氯茴香醚（2,4,6-trichloroanisole）呈霉味，其阈值十分低，仅有 3×10^{-5}μg/kg，它是霉菌代谢产物，来自五氯苯酚（pentachlorophenol）杀菌剂的甲基化。啤酒中常见日光臭是蛇麻酮（humulone）光分解产生的，其降解产物之一与硫化氢反应产生 3-甲基-2-丁烯-1-硫醇（3-methyl-2-buten-1-thiol）。啤酒中酚气味是异常发酵产生的，来源于微生物 *Hafnia protea* 引起的氢化肉桂酸（hydrocinnamic acid）脱羧基化作用。

从某种程度上讲，异味可以被某种特有气味所掩盖（concealed）。因此，在饮料酒中异味阈值可能会比在水中要高。

七、风味调节剂与味觉增强

在呈香与呈味化合物之外还存在一类化合物，称为味觉调节剂（flavor modulating compound，taste modulating compound），如苦味掩盖剂（bitter masker）或甜味增强剂（sweet enhancer）或咸味增强剂（salt enhancer），这类化合物本身没有或仅有非常微弱的固有香气和味觉（intrinsic flavor），它们不能改变食品的整体风味。常见的这类化合物有干酪与青豆中的 γ-谷酰基多肽（γ-glutamyl peptides）、煎牛排中的 *N*-(1-甲基-4-氧咪唑啶-2-亚基)-α-氨基酸［*N*-(1-methyl-4-oxoimidazolidin-2-ylidene)-α-amino acids］、酵

母浸膏中的 N, N-(1-羧乙基) 鸟苷 5′-单磷酸 [N, N-(1-carboxyethyl)guanosine 5′-monophosphate]、甜味抑制剂耐克梯梭尔 (lactisole)、甜味增强剂爱尔吡啶 (alapyridaine) 等。

味觉调节剂的发现与鉴定是通过在组分 (fractionation) 和分离的化合物间采用二二差异测试 (duo difference test)。

味觉增强剂是一类能增强味觉强度的物质，如核苷酸类衍生物能协同增强 MSG 鲜味。味觉增强活力 (taste enhancing activity)，俗称 β-值 (β-values)。

测定方法是成对选择比较试验 (paired choice comparison test)。如含有待测核苷酸 (0.05mmol/L) 和 MSG (谷氨酸单钠盐 3mmol/L) 水溶液即二元溶液 (binary solution)，此称为固定样品 (fixed sample)，与一系列含有恒定 MSG (3mmol/L) 的水溶液进行比较，待测核苷酸 (如肌苷-5′-单磷酸盐，5′-IMP) 溶液的浓度对数增长 (30%间隔)，该系列样品为参比样品 (reference sample)。每次品尝时，评价人员被要求评价 5 对随机编码的样品，使用强制选择的方法鉴定出鲜味更强的样品。假如固定样品有更强的鲜味，则获得的数据转换为正向响应 (positive response) 百分比。应用概率分析 (probit analysis)，等鲜味强度 (50%值) 被测定，表达为 5′-IMP 的浓度。β 值是每一个测试的核苷酸相对于参比 5′-IMP 的比值。

计算公式：

$$v = \beta v' \qquad \text{式 (1-3)}$$

式中：v——5′-IMP 鲜味相等点的浓度

v'——待测试核苷酸的浓度

八、 饮料酒风味化学概念

饮料酒风味化学是一门从化学角度与分子水平上研究饮料酒风味组分的化学本质、分析方法、生成机理及变化途径的科学。

饮料酒风味化学的研究内容包括：饮料酒风味物质的化学组成和分离鉴定方法；饮料酒风味化合物的形成机制及变化途径；饮料酒在生产和贮存过程中的风味变化；饮料酒风味增效、强化、稳定、改良等的措施和方法。它为改善饮料酒品质，开发饮料酒新产品，革新饮料酒发酵、贮存、勾兑工艺和技术，科学调整饮料酒配方与成分，改善饮料酒包装，加强饮料酒质量控制，提高原料加工和综合利用水平奠定理论基础。

1. 饮料酒风味化学与饮料酒成分分析关系

饮料酒成分分析是应用现代分析方法、手段，运用现代分析仪器如 GC、高效液相色谱 (HPLC)、气相色谱-质谱 (GC-MS) 联用仪、液相色谱-质谱 (LC-MS) 联用仪等分析饮料酒产品成分组成。成分分析法只能基本分析清楚酒中含有何种化学物质，并不能清楚每一个化合物在酒中的作用，因为并不是每一个微量成分或痕量成分都呈现风味。同时，酒中含有大量的痕量或极微量的化合物，一开始时并不能通过常规分析方法检测出来，因为人们可能并不知道它的存在。而这些化合物往往具有十分低的阈值，在酒中可能起着关键的或决定性的作用，这类化合物可以通过风味研究方法去发现。如葡萄酒中的香草醛，常规 GC 或 GC-MS 分析时人们并不能检测出该化合物，但该化合物在葡萄酒中却呈现十分强烈的香气。第三，任何一个酒中，可能含成百上千的化合物，要分析清楚这些化合物是十分困难的，也是没有必要的，既费时又费力。如，有白酒企业进行成分分析，共发现近 1000 种成分，但并没有在这近千种成分中找到主体香气或特征香气成分。第四，在生产过程中，人们常见到两个或几个酒样成分分析数据十分接近，而在感官品尝时却发现风味上有一些或明显差异；经常有理化指标全部合格的酒，而感官鉴定不合格；或者感官鉴定得高分，理化指标不合格的例子。因此，成分分析只能是一种生产过程控制的辅助手段，在酒的风味成分没有分析清楚之前，它必须与感官品尝相结合，来控制产品的质量。

而饮料酒风味化学主要是研究酒中可能含有的对酒的香气和口感有重要作用的化合物。众所周知，酒是一种嗜好品，人们饮酒在某种程度上说是出于感官上的需求，如良好的香气、优雅细腻的口感。因此，只要研究清楚酒中风味物质，就有可能改良酒的风味，消除酒中可能存在的异味、异嗅或不愉快感，完善酒体，使得人们在消费酒的同时，获得感官上的愉悦。与成分分析类似，人们首先将酒中的微量成分进行分离，将所有的微量成分分离成一个一个独立的成分，然后利用人的嗅觉和/或味觉对分离的成分进行逐一鉴定，寻找可能存在的关键香气物质或特征风味物质。在酒中风味物质鉴定出来后，就要进行定量，这就涉及饮料酒风味成分定量分析技术。在风味成分定量完成后，生产企业就可以根据这些物质的含量范围来进行生产技术管理，监控产品质量，保证产品质量稳定。另一方面，生产企业也可以根据确定的关键香气或特征风味成分，从大曲或酒醅发酵过程中发现关键香气或特征风味物质产生机理，判断是微生物或酶作用产生的，还是化学反应产生的。在生成机理清楚后，可以在生产过程中加以强化，以保证关键香气突出，彰显个性。

2. 饮料酒风味化学与感官品评的关系

感官品评，俗称感官分析（sensory analysis）、感官评价（sensory evaluation）、感官检验（sensory test）、感官检查（sensory examination），是指人们用感觉器官检查产品的感官特性。感官特性（organoleptic attribute）是指可由感觉器官感知的产品特性，如视觉、嗅觉、味觉等。饮料酒感官品评主要是对酒的嗅觉和/或味觉进行综合评定，并给出一种描述。如酒是酸的或甜的，或者说是具有典型香蕉香气，或具有本品特有香气等。而风味化学是研究这些风味的本质，即这种酸或甜是什么物质产生的，这种物质在生产过程中是如何产生的，以及如何控制它的产生等。如己酸乙酯是浓香型酒关键香气，那么人们就可以通过控制己酸乙酯的量来控制浓香型酒的质量；同时，在生产过程中通过研制人工窖泥，加强人工窖泥生产制作过程管理，通过一系列的工艺措施来不断稳定或提高其主体香气成分，保证产品质量的稳定或提高。

第二节 风味化学在饮料酒生产与技术管理中的作用

不少品评专家认为，再灵敏的仪器也没有鼻子或嘴巴灵敏。应该说事实确实如此。

比如在气相色谱上常用的检测器有热导检测器（TCD）、火焰离子化检测器（FID）等，它们的检测灵敏度分别是：TCD，$10^{-9}\sim10^{-3}$g；FID，$10^{-10}\sim10^{-4}$g；MS 可以达到 10^{-14}g；电子俘获检测器（ECD）可以达到 10^{-15}g，而人的嗅觉可以检测到约 10^{-18}g。因此，从这个角度可以认为人的嘴巴和鼻子是十分灵敏的检测器。但另一方面，再灵敏的鼻子或嘴巴也没有仪器稳定。这是一个不争的事实。无论是多么优秀的品评人员，品评的准确度都受到多种因素影响，如身体状况、品评环境等，甚至要受到心理的以及记忆力的影响。因此，在品评时，往往要采取密码编号的办法消除心理暗示作用；在品评员考核时，要考核重现性和再现性。

而风味化学却结合了人工品评与仪器分析的优点。首先是应用仪器分析成分，在分析成分的同时，利用经过训练的人员或专家的鼻子或嘴巴来辨别哪些成分是有气味的，哪些成分对口感或风味是没有作用的。然后再通过复杂的数据处理，找到特征香气或主体香，再应用于生产过程控制和质量控制中。因此，这种控制是一种有目的的控制技术，是一种精确的控制技术，更是一种稳定的控制技术。与成分分析相比，它的目的性更强；与人工品评相比，它更稳定和精确。它的主要作用如下。

1. 发现某种酒的主体香味成分

如在 20 世纪 50~60 年代，我国科技工作者应用仪器结合风味化学知识，发现了浓香型大曲酒主体香——已酸乙酯。这一发现为浓香型大曲酒生产奠定了科学基础，包括随后发现的栖息于窖泥中的微生物——已酸菌，以及人工窖泥的发明。同样地，在水果以及水果酒中，人们发现香蕉香是由乙酸异戊酯产生的。当然，由于饮料酒风味化学研究处于刚刚开始阶段，对我国白酒中一些现象目前还不能从本质上去认识，如酱香型酒关键香气以及空杯留香、浓香型酒中陈味以及其与纯浓香型酒的区别等。这些问题的解决必须依赖于风味化学手段，应用风味化学研究的思路与方法来指导研究才能找到问题的答案。

2. 认识生产过程中异味/异嗅产生的本质，发现消除异味/异嗅的措施

在酒的生产过程中，往往会产生异味/异嗅，以往遇到这种情况，只能通过常规分析来解决；解决不了时，也只能顺其自然，或者它也会突然间消失。风味化学的应用可以认识异味/异嗅的本质，并消除异味/异嗅的产生源。如葡萄酒中软木塞气味，在所有使用软木塞（cork stopper）的瓶装葡萄酒中，约有 2%的葡萄酒可以被感觉到有明显的软木塞（corky）气味和霉味（moldy），每年都造成巨大的经济损失。这个问题似乎十分复杂，因为许多化合物都能产生这类异嗅。目前为止，已经鉴定出的有明显软木塞异嗅和霉味且有着低感官阈值（5~20 ng/L）的化合物有：2,4,6-三氯苯甲醚、2,3,4,6-四氯苯酚、土味素、2-甲基异龙脑、1-辛烯-3-酮、6-氯香草醛、4-氯愈创木酚、4,5-二氯愈创木酚、2,4,6-三氯苯酚、五氯苯酚、2,3,4,6-四氯苯甲醚、2,3,6-三氯苯甲醚和藜芦醇（veratrol）。又如，有一些化合物是类胡萝卜素（carotinoids）的降解产物，它们在葡萄酒老熟时对葡萄酒品质有着特别的影响。1,1,6-三甲基-1,2-二氢萘（TDN）在装瓶后有一个明显的增长，且会产生煤油味（kerosene）或汽油（petrol）味，特别是在雷司令葡萄酒中 。该化合物阈值 20μg/L，当它在葡萄酒中浓度高时，是有害的，特别是在

比较热的地区生产的葡萄酒中更突出。光照、遮阴、成熟度、生长地区与气候、老熟时间与温度都显著影响着 TDN 浓度，并伴随产生一个负面的影响——在雷司令酒中产生煤油气味。

3. 能够准确、精确地控制产品质量

目前，不少饮料酒标准中已经规定了强制性或非强制性的一些特征性指标，这些指标大多数与产品的质量密切相关。通过这些指标的控制，基本可以保证产品质量的稳定。

因此，风味化学与饮料酒的生产管理、质量控制、产品开发有着密切关系，同时，对饮料酒的风味研究也必将丰富风味化学内容，推动风味化学向着一个更新、更高的目标发展。

复习思考题

1. 名词解释

香气，气味，风味，AEDA，精灵分析，嗅觉，味觉，前鼻嗅，后鼻嗅，异嗅，臭，中和效应，协同效应，拮抗效应，掩盖效应，气味活力值（OAV），DoT，感觉阈值，感知阈值，斯蒂文斯法则。

2. 简述风味物质的特点。

3. 简述 4-乙烯基愈创木酚的变嗅现象。

4. 简述阈值测定方法。

5. 影响风味化合物阈值的因素有哪些?

6. 论述风味化学在饮料酒生产与技术管理中的作用。

参考文献

[1] Rijkens, F., Boelens, M. H. The future of Aroma research [C]. Proceedings of the International Symposium on Aroma Research, Wageningen, Maarse, H.; Groenen, P. J., Eds. Agricultural Publishing and Documentation: Wageningen, 1975: 203-220.

[2] Grosch, W. Detection of potent odorants in foods by aroma extract dilution analysis [J]. Trends Food Sci. Technol., 1993, 4 (3): 68-73.

[3] Grosch, W. Evaluation of the key odorants of foods by dilution experiments, aroma models and omission [J]. Chem. Senses, 2001, 26 (5): 533-545.

[4] Dunkel, A., Steinhaus, M., Kotthoff, M., Nowak, B., Krautwurst, D., Schieberle, P., Hofmann, T. Nature ' s chemical signatures in human olfaction: a foodborne perspective for future biotechnology [J]. Angew. Chem. Int. Edit., 2014, 53 (28): 7124-7143.

[5] Schieberle, P., Hofmann, T. Mapping the combinatorial code of food flavors by means of molecular sensory science approach [M]. In Food Flavors, Jeleń, H., Ed. CRC Press, New York, 2011; 413-438.

[6] Belitz, H. -D., Grosch, W., Schieberle, P. Food Chemistry [M]. Verlag Berlin Heidelberg:

Springer：2009.

[7] Deman，J. M. Principles of Food Chemistry [M]. Third ed.；New York，1999.

[8] 感官分析方法术语 GB/T 10221 [S]. 北京：中国标准出版社，1998.

[9] Rowe，D. J. Chemistry and Technology of Flavors and Fragrances [M]. Oxford：Blackwell Publishing Ltd.：2005.

[10] 范文来，徐岩. 酒类风味化学 [M]. 北京：中国轻工业出版社，2014.

[11] Robinson，A. L.，Boss，P. K.，Heymann，H.，Solomon，P. S.，Trengove，R. D. Development of a sensitive non-targeted method for characterizing the wine volatile profile using headspace solid-phase microextraction comprehensive two-dimensional gas chromatography time-of-flight mass spectrometry [J]. J. Chromatogr. A，2011，1218 (3)：504-517.

[12] 范文来，徐岩. 应用液液萃取结合正相色谱技术鉴定汾酒与郎酒挥发性成分（上）[J]. 酿酒科技，2013，224 (2)：17-26.

[13] 范文来，徐岩. 应用液液萃取结合正相色谱技术鉴定汾酒与郎酒挥发性成分（下）[J]. 酿酒科技，2013，225 (3)：17-27.

[14] 丁耐克. 食品风味化学 [M]. 北京：中国轻工业出版社：1996.

[15] 周恒刚. 味之间的相互关系 [J]. 酿酒科技，2003，117 (3)：25-26.

[16] Guadagni，D. G.，Buttery，R. G.，Okano，S.，Burr，H. K. Additive effect of sub-threshold concentrations of some organic compounds associated with food aromas [J]. Nature，1963，200 (4913)：1288-1289.

[17] Dufour，C.，Bayonove，C. L. Interactions between wine polyphenols and aroma substances. An insight at the molecular level [J]. J. Agri. Food. Chem.，1999，47 (2)：678-684.

[18] Langourieux，S.，Crouzet，J. C. Study of interactions between aroma compounds and glycopeptides by a model system [J]. J. Agri. Food. Chem.，1997，45 (5)：1873-1877.

[19] Breslin，P. A. S. Human gustation and flavour [J]. Flav. Fragr. J.，2001，16 (6)：439-456.

[20] Lawless，H. T.，Heymann，H. Sensory evaluation of food principles and practices [M]. 北京：中国轻工业出版社，2001.

[21] Clarke，R. J.，Bakker，J. Wine Flavour Chemistry [M]. Oxford：Blackwell Publishing Ltd.，2004.

[22] Sell，C. S.，Begley，T. P. Olfaction，chemical biology of [M]. In Wiley Encyclopedia of Chemical Biology，John Wiley & Sons，Inc.：2007.

[23] Soldo，T.，Blank，I.，Hofmann，T. (+)-(*S*)-Alapyridaine—A general taste enhancer? [J]. Chem. Senses，2003，28：371-379.

[24] Hofmann，T.，Schieberle，P. Evaluation of the key odorants in a thermally treated solution of ribose and cysteine by aroma extract dilution techniques [J]. J. Agri. Food. Chem.，1995，43 (8)：2187-2194.

[25] Reineccius，G. Flavor Chemistry and Technology [M]. Second ed.；NW：Taylor & Francis Group，2006.

[26] Czerny，M.，Mayer，F.，Grosch，W. Sensory study on the character impact odorants of roasted arabica coffee [J]. J. Agri. Food. Chem.，1999，47：695-699.

[27] Culleré，L.，Escudero，A.，Cacho，J. F.，Ferreira，V. Gas chromatography-olfactometry and chemical quantitative study of the aroma of six premium quality Spanish aged red wines [J]. J. Agri. Food. Chem.，2004，52 (6)：1653-1660.

[28] Zea, L., Ruiz, M. J., Moyano, L. Using odorant series as an analytical tool for the study of the biological ageing of sherry wines [M]. In Gas Chromatography in Plant Science, Wine Technology, Toxicology and Some Specific Applications Salih, B.; Çelikbıçak, Ö., Eds. InTech: Rijeka, Croatia, 2012: 91-108.

[29] Seo, W. H., Baek, H. H. Identification of characteristic aroma-active compounds from water dropwort (*Oenanthe javanica* DC.) [J]. J. Agri. Food. Chem., 2005, 53 (17): 6766-6770.

[30] 范文来，胡光源，徐岩，贾翘彦，冉晓鸿. 药香型董酒的香气成分分析 [J]. 食品与生物技术学报，2012，31 (8)：810-819.

[31] 杨会. 白酒中不挥发呈味有机酸和多羟基化合物研究 [D]. 无锡：江南大学，2017.

[32] 杨会，范文来，徐岩. 基于 BSTFA 衍生化法白酒不挥发有机酸研究 [J]. 食品与发酵工业，2017，43 (5)：192-197.

[33] Rothe, M., Thomas, B. Aroma of bread. Evaluation of chemical taste analyses with the aid of threshold value [J]. Z. Lebensm. Unters. Forsch., 1963, 119 (3): 302-310.

[34] ASTM. Sensory testing protocols. http://www.astm.org (accessed April 20).

[35] Diaz, M. E. Comparison between orthonasal and retronasal flavour perception at different concentrations [J]. Flav. Fragr. J., 2004, 19: 499-504.

[36] Pickering, G. J., Karthik, A., Inglis, D., Sears, M., Ker, K. Determination of ortho- and retronasal detection threshold for 2-isopropyl-3-methoxypyrazine in wine [J]. J. Food Sci., 2007, 72 (7): S468-S472.

[37] Plotto, A., Barnes, K. W., Goodner, K. L. Specific anosmia observed for β-ionone, but not for α-ionone: Significance for flavor research [J]. J. Food Sci., 2006, 71 (5): S401-S406.

[38] Saliba, A. J., Bullock, J., Hardie, W. J. Consumer rejection threshold for 1, 8-cineole (eucalyptol) in Australian red wine [J]. Food Qual. Pref., 2009, 20 (7): 500-504.

[39] Wagner, R., Czerny, M., Bielohradsky, J., Grosch, W. Structure-odour-activity relationships of alkylpyrazines [J]. Z. Lebensm. Unters. Forsch., 1999, 208: 308-316.

[40] Guth, H. Identification of character impact odorants of different white wine varieties [J]. J. Agri. Food. Chem., 1997, 45 (8): 3022-3026.

[41] Sefton, M. A., Skouroumounis, G. K., Elsey, G. M., Taylor, D. K. Occurrence, sensory impact, formation, and fate of damascenone in grapes, wines, and other foods and beverages [J]. J. Agri. Food. Chem., 2011, 59 (18): 9717-9746.

[42] ASTM. Standard practice for determination of odor and taste thresholds by a forced-choice ascending concentration series method of limits. In *E* 679-91 (*Reapproved* 1997), USA, 1997.

[43] Saison, D., Schutter, D. P. D., Uyttenhove, B., Delvaux, F., Delvaux, F. R. Contribution of staling compounds to the aged flavour of lager beer by studying their flavour thresholds [J]. Food Chem., 2009, 114 (4): 1206-1215.

[44] Hillmann, H., Mattes, J., Brockhoff, A., Dunkel, A., Meyerhof, W., Hofmann, T. Sensomics analysis of taste compounds in balsamic vinegar and discovery of 5-acetoxymethyl-2-furaldehyde as a novel sweet taste modulator [J]. J. Agri. Food. Chem., 2012, 60 (40): 9974-9990.

[45] Buttery, R. G. Quantitative and sensory aspects of flavor of tomato and other vegetables and fruits [M]. In Flavor Science. Sensible Principles and Techniques, Acree, T. E.; Teranishi, R., Eds. American Chemical Society; ACS Professional Reference Book: Washington, DC, 1993: 259-286.

[46] Strube, A., Buettner, A., Czerny, M. Influence of chemical structure on absolute odour thresh-

olds and odour characteristics of*ortho*- and *para*-halogenated phenols and cresols [J]. Flav. Fragr. J., 2012, 27 (4): 304-312.

[47] Takeuchi, H., Kato, H., Kurahashi, T. 2, 4, 6-Trichloroanisole is a potent suppressor of olfactory signal transduction [J]. PNAS, 2013, 110 (40): 16235-16240.

[48] Buttery, R. G., Guadagni, D. G., Ling, L. C. Geosmin, a musty off-flavor of dry beans [J]. J. Agri. Food. Chem., 1976, 24 (2): 419-420.

[49] Tyler, L. D., Acree, T. E., Nelson, R. R., Butts, R. M. Determination of geosmin in beet juice by gas-chromatography [J]. J. Agri. Food. Chem., 1978, 26 (3): 774-775.

[50] Dupuy, H. P., Jr., G. J. F., Angelo, A. J. S., Sumrell, G. Analysis for trace amounts of geosmin in water and fish [J]. J. Am. Oil Chem. Soc., 1986, 63 (7): 905-908.

[51] Freidig, A. K., Goldman, I. L. Geosmin (2β, 6α-dimethylbicyclo [4.4.0] decan-1β-ol) production associated with *Beta vulgaris* ssp. vulgaris is cultivar specific [J]. J. Agri. Food. Chem., 2014, 62 (9): 2031-2036.

[52] Du, H., Fan, W., Xu, Y. Quantification of two off-flavor compounds in Chinese liquor using headspace solid phase microextraction and gas chromatography-mass spectrometry [J]. Sci. Technol. Food Ind., 2010, 31 (1): 373-375.

[53] Gao, W., Fan, W., Xu, Y. Characterization of the key odorants in light aroma type Chinese liquor by gas chromatography-olfactometry, quantitative measurements, aroma recombination, and omission studies [J]. J. Agri. Food. Chem., 2014, 62 (25): 5796-5804.

[54] Gerber, N. N. Three highly odorous metabolites from an actinomycete: 2-Isopropyl-3-methoxy-pyrazine, methylisoborneol, and geosmin [J]. J. Chem. Ecol., 1977, 3: 475-482.

[55] Dionigi, C. P., Millie, D. F., Johnsen, P. B. Effects of farnesol and the off-flavor derivative geosmin on *Streptomyces tendae* [J]. Appl. Environ. Microbiol., 1991, 57 (12): 3429-3432.

[56] Mattheis, J. P., Roberts, R. G. Identification of geosmin as a volatile metabolite of *Penicillium expansum* [J]. Appl. Environ. Microbiol., 1992, 58 (9): 3170-3172.

[57] Guerche, S. L., Dauphin, B., Pons, M., Blancard, D., Darriet, P. Characterization of some mushroom and earthy off-odors microbially induced by the development of rot on grapes [J]. J. Agri. Food. Chem., 2006, 54: 9193-9200.

[58] La Guerche, S., Dauphin, B., Pons, M., Blancard, D., Darriet, P. Characterization of some mushroom and earthy off-odors microbially induced by the development of rot on grapes [J]. Journal of Agricultural and Food Chemistry, 2006, 54 (24): 9193-9200.

[59] Morales, M. T., Luna, G., Aparicio, R. Comparative study of virgin olive oil sensory defects [J]. Food Chem., 2005, 91 (2): 293-301.

[60] Gomez, E., Laencinaz, J. Localization of free and bound aromatic compounds among skin, juice and pulp fractions of some grape varieties [J]. Vitis, 1994, 33: 1-4.

[61] 屈慧鸽，肖波，冯志彬．葡萄酒酿造过程中双乙酰的形成因素分析 [J]. 食品科学，2010，31 (3): 293-296.

[62] Reichelt, K. V., Peter, R., Paetz, S., Roloff, M., Ley, J. P., Krammer, G. E., Engel, K. -H. Characterization of flavor modulating effects in complex mixtures via high temperature liquid chromatography [J]. J. Agri. Food. Chem., 2010, 58 (1): 458-464.

[63] Ley, J. P., Krammer, G., Reinders, G., Gatfield, I. L., Bertram, H. -J. Evaluation of

bitter masking flavanones from Herba santa (*Eriodictyon californicum* (H. & A.) Torr., hydrophyllaceae)[J]. J. Agri. Food. Chem., 2005, 53 (15): 6061-6066.

[64] Kinghorn, A. D., Compadre, C. M. Less common high-potency sweeteners [M]. In Alternative Sweeteners, 3rd ed.; Nabors, L. O. B., Ed. Marcel Dekker, Inc.: NY, USA, 2001: 209-233.

[65] Ottinger, H., Hofmann, T. Identification of the taste enhancer alapyridaine in beef broth and evaluation of its sensory impact by taste reconstitution experiments [J]. J. Agri. Food. Chem., 2003, 51: 6791-6796.

[66] Festring, D., Hofmann, T. Systematic studies on the chemical structure and umami enhancing activity of Maillard-modified guanosine 5′-monophosphates [J]. J. Agri. Food. Chem., 2011, 59 (2): 665-676.

[67] 季克良，郭坤亮，朱书奎，路鑫，许国旺．全二维气相色谱/飞行时间质谱用于白酒微量成分的分析 [J]. 酿酒科技，2007，153（3）：100-102.

[68] Rychlik, M., Schieberle, P., Grosch, W. Compilation of odor thresholds, odor qualities and retention indices of key food odorants [M]. Germany: Deutsche Forschungsanstalt für Lebensmittelchemie and Institut für Lebensmittelchemie der Technischen Universität München, 1998.

[69] Zalacain, A., Alonso, G. L., Lorenzo, C., Iñiguez, M., Salinas, M. R. Stir bar sorptive extraction for the analysis of wine cork taint [J]. J. Chromatogr. A, 2004, 1033 (1): 173-178.

[70] Rapp, A. Volatile flavor of wine: Correlation between instrumental analysis and sensory perception [J]. Nahrung, 1998, 42 (6): 351-363.

[71] Ferreira, A. C. S., Hogg, T., Pinho, P. G. d. Identification of key odorants related to the typical aroma of oxidation-spoiled white wines [J]. J. Agri. Food. Chem., 2003, 51 (5): 1377-1381.

第二章

醇类化合物风味

第一节　饱和脂肪醇
第二节　不饱和脂肪醇
第三节　多元醇
第四节　酒类生产过程中醇类形成机理

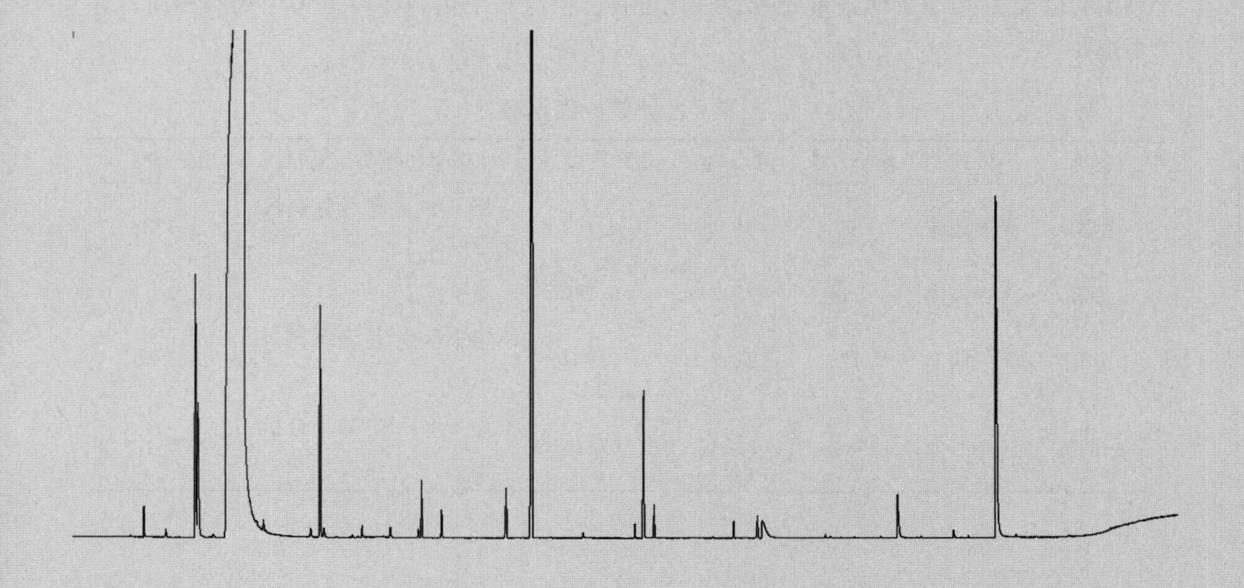

学习目标

1. 熟悉饮料酒中主要高级醇如异丁醇、异戊醇等的风味特征，以及在蒸馏酒中的分布；

2. 熟悉葡萄酒中常见的不饱和醇如C6醇的风味特征及其分布；

3. 熟悉和了解饮料酒中甘油的口感特征与分布；

4. 了解一些风味化合物手性异构体和顺反异构体风味特征的差异；

5. 掌握饮料酒中高级醇的产生机理；

6. 了解饮料酒中甘油的产生途径。

醇类（alcohols）（C① 2-1）是酒中含量较高的一类化合物，是饮料酒的重要风味化合物。在饮料酒工业中，一般将碳原子数大于2的醇，称为高级醇（higher alcohols），有时也称为杂醇油（fusel alcohols），主要包括2-甲基丙醇（异丁醇）、2-甲基丁醇（活性戊醇）、3-甲基丁醇（异戊醇）、2-苯乙醇（见第六章）和酪醇（见第十章）。常见醇类物理常数见表2-1。

高级醇对饮料酒质量影响巨大。除乙醇和甲醇外，高级醇在白葡萄酒中含量为0.2~1.2 g/L，红葡萄酒中含量0.4~1.4 g/L。研究发现，高级醇除了贡献葡萄酒香气以及香气复杂性外，它还能掩盖一部分气味。按照Rapp等观点，当葡萄酒中高级醇含量在300mg/L时，通常会对葡萄酒香气复杂性有贡献；但当高级醇含量超过400mg/L时，会对葡萄酒风味质量产生负面影响。

高级醇对葡萄酒香气贡献到底是正向的（positive），还是负向的（negative），与它的浓度或香气强度以及葡萄酒类型有关。如对霞多利葡萄酒而言，2-甲基丙醇和2-甲基丁醇以及3-甲基丁醇是重要的香气化合物，但这三个化合物对雷司令葡萄酒而言并不重要。

表2-1 常见醇类的物理常数

名称	外观	熔点/°C	沸点/°C	相对密度 d_4^{20}	水或有机溶剂溶解情况	折射率 n_D^{20}
甲醇	无色液体	-97	64.7	0.792	溶于水、乙醇等有机溶剂	1.3288
乙醇	无色液体	-114	78.3	0.789	溶于水	1.3611
丙醇	无色液体	-126	97.2	0.804	溶于水、乙醇等有机溶剂	1.3850
2-丙醇	无色液体	-88	82.3	0.785~0.786	溶于水、乙醇等有机溶剂	1.377~1.378

① C表示化学式。

续表

名称	外观	熔点/°C	沸点/°C	相对密度 d_4^{20}	水或有机溶剂溶解情况	折射率 n_D^{20}
1-丁醇	无色液体	-90	117~118	0.809~0.810	溶于水（7.9%质量分数）、乙醇等溶剂	1.399~1.400
异丁醇	无色液体	-108	108	0.810	溶于水（10.0%质量分数）、乙醇等有机溶剂	1.3993
仲丁醇	无色液体	-114	99.5	0.808	溶于水（12.5%质量分数）、乙醇等有机溶剂	1.3959
叔丁醇	无色液体	25	82.5	0.789	溶于水、乙醇等有机溶剂	1.3878
正戊醇	无色液体	-78.5	138	0.817	溶于水（2.4%质量分数）、乙醇等有机溶剂	1.4101
3-甲基丁醇	无色液体		132	0.812~0.813	微溶于水，溶于乙醇等有机溶剂	1.407~1.408
1-己醇	无色液体	-52	157~158	0.818~0.819	微溶于水（0.6%质量分数），溶于乙醇等有机溶剂	1.417~1.418
1-庚醇	无色液体	-34	175	0.820~0.824[a]	不溶于水（0.2%质量分数），溶于乙醇等有机溶剂	1.423~1.427
1-辛醇	无色液体	-15	194~195	0.822~0.830[a]	微溶于水（0.05%质量分数），溶于乙醇等有机溶剂	1.428~1.431
1-壬醇	无色至浅黄色液体		213~215	0.824~0.830[b]	不溶于水，溶于乙醇等有机溶剂	1.431~1.435
1-癸醇	无色黏稠液体	6	231~232	0.826~0.831[a]	不溶于水和甘油中，溶于乙醇等有机溶剂	1.435~1.439
1-十一醇	无色液体	19	243	0.8298	不溶于水，能溶于乙醇和乙醚	
1-十二醇	无色液体	24	255~259	0.830~0.836[a]	不溶于水，溶于乙醇等有机溶剂	1.440~1.444

续表

名称	外观	熔点/°C	沸点/°C	相对密度 d_4^{20}	水或有机溶剂溶解情况	折射率 n_D^{20}
叶醇	无色油状液体		156~157	0.8508[b]	微溶于水，溶于乙醇等有机溶剂	1.4803
烯丙醇	无色液体	-129	97	0.855	溶于水、乙醇等有机溶剂	1.4135
环己醇		24	161.5	0.962	溶于水（3.6%质量分数）、乙醇等有机溶剂	1.465[c]
苯甲醇		-15	205	1.046	溶于水（4%质量分数）、乙醇等有机溶剂	1.5396
1,2-乙二醇		-16	197	1.113	溶于水、乙醇等有机溶剂	1.430[d]
1,2-丙二醇			187	1.040	溶于水、乙醇等有机溶剂	1.4293[e]
1,3-丙二醇			215	1.060	溶于水、乙醇等有机溶剂	
丙三醇		18	290	1.261	溶于水、乙醇等有机溶剂	

注：a：d_{25}^{25}；b：d_4^{25}；c：n_D^{22}；d：n_D^{25}；e：n_D^{27}。

第一节　饱和脂肪醇

饮料酒中检测到的饱和脂肪醇主要有乙醇、甲醇、1-丙醇、1-丁醇、1-戊醇、1-己醇、1-庚醇、1-辛醇、2-丁醇、2-戊醇、2-己醇、2-甲基丙醇、2-乙基己醇、2-苯乙醇等。除2-苯乙醇外，它们大多数具有醇香（alcoholic）和水果香（fruity）。研究发现葡萄酒中高级醇与乙酯和乙酸酯类产生的水果香之间具有相互作用。

一、直链饱和脂肪醇

1. 乙醇

最常见的、简单的醇类之一是乙醇（C 2-2），它是饮料酒最主要的成分（低于50%vol酒的主要成分是水），含量通常使用%vol表示（温度是指20℃）。一般情况下，白酒（*baijiu*，Chinese liquor）乙醇含量28%~70%vol，餐饮葡萄酒（table wine）乙醇含量7%~14%vol，餐后甜酒包括新产波尔图葡萄酒（porto）和雪利强化葡萄酒（sherry fortified wines）14%~24%vol，威士忌、白兰地等蒸馏酒乙醇含量40%vol左右。总体来讲，发酵酒乙醇含量较低，而蒸馏酒（distilled liquor）乙醇含量较高。

R—OH

C 2-1 醇类

OH

C 2-2 乙醇

乙醇，CAS 号 64-1705，FEMA 号 2419，沸点 78.3℃（101kPa），20℃密度 0.7893 g/mL（相对于 4℃水 1.0000，水在 20℃时密度 0.99823g/mL），1gP[①]-0.18，蒸气压 5.95 kPa（20℃），pK_a15.9（水）或 29.8（DMSO），黏度 1.2mPa·s（20℃）或 1.074mPa·s（25℃），呈醇香，在水中气味觉察阈值[②] 990mg/L，识别阈值 2000mg/L 或 24.9mg/L，味觉阈值 200mg/L。

通常情况下，人们并不把乙醇看作呈香化合物，更多是将它作为呈味化合物看待，例外的是，在威士忌研究中认为乙醇是呈香化合物 。随着水溶液中乙醇浓度增加，其呈味强度上升。水溶液中乙醇浓度在 8%~16%vol 时，更多地感觉到苦味，但会使葡萄酒口感丰满；而当水溶液中乙醇浓度上升到 32%~48%vol 时，感觉到灼烧感（burning）和麻刺感（tingling）。另一项研究发现，乙醇对葡萄酒口感具有强烈影响，这种影响大于 pH（3.2~3.8）对葡萄酒口感的影响。乙醇还对饮料酒感觉黏度（perceived viscosity）和感觉密度（perceived density）有着温和影响。

2. 甲醇

甲醇（methanol）是最简单的醇，无色液体，易燃，爆炸极限 6.03%~6.5%vol。甲醇呈化学品和药品气味，在酒精-水溶液中气味阈值 668mg/L。

甲醇是毒性极强的化合物。甲醇蒸气与眼睛接触可引起失明，饮用也可致盲。甲醇能在体内蓄积，不易排出体外。中毒症状是头痛、恶心，直至中枢神经麻痹，导致失明。甲醇可经消化道、呼吸道以及黏膜侵入人体。若饮入甲醇 5~10mL 可引起严重中毒；10mL 以上即有失明危险；30mL 即能引起死亡。

甲醇主要来源于原料中果胶的降解。葡萄酒中甲醇测定方法见本章第 21 条参考文献，白酒中甲醇测定方法见本章第 22 条参考文献。

甲醇几乎存在于所有饮料酒中。在斯佩塞（Speyside）麦芽威士忌酒中含有 48mg/L 纯酒精[③]，艾拉岛（Islay）麦芽威士忌中含有 90mg/L 纯酒精，在苏格兰麦芽威士忌为 63mg/L 纯酒精，在苏格兰谷物威士忌中为 85mg/L 纯酒精，在苏格兰调和威士忌中为 89mg/L 纯酒精，在爱尔兰威士忌中为 100mg/L 纯酒精，在肯塔基波旁威士忌中为 170mg/L 纯酒精，在加拿大威士忌中为 79mg/L 纯酒精；在皮渣白兰地希腊齐普罗（tsipouro）酒中为 601~1318mg/L 纯酒精。

---

① 英文常写作 logP，是指化合物在正辛醇和水（或油水）中的分配系统比值的对数值，用于表达化合物的极性或亲水性指标。通常情况下，lgP 值为负数时，化合物的极性强、亲水性好；lgP 为正值时，其化合物是非极性化合物。一般地，lgP 值越大，该化合物非极性越强。

② 未特别指明时，阈值通常指前鼻嗅阈值。

③ 指在 1L 纯酒精中的含量，即按 100%酒精计算的值。

白酒原酒[①]中甲醇平均浓度 82.4mg/L（n[②]=93），折算成纯酒精后均未超过我国蒸馏酒限量标准 0.6g/L；不同香型原酒中甲醇浓度差别较大，芝麻香型原酒甲醇浓度最高（185mg/L），老白干香型（97.6mg/L）次之，其次是浓香型（95.0mg/L）、酱香型（89.5mg/L）、清香型（89.5mg/L）、凤香型（83.7mg/L）和特香型（75.2mg/L），豉香型原酒（19.9mg/L）甲醇含量最少。从总体上看，生产年份较近的原酒中甲醇浓度高于生产年份较早的原酒。如 2015 年产原酒甲醇浓度 110mg/L，而 1985 年产原酒甲醇浓度为 65.6mg/L。推测贮存过程中白酒中的甲醇被非酶氧化生成甲醛，造成甲醇浓度降低，甲醛浓度升高。Panosyan 等发现，法国白兰地（cognac）中的甲醇浓度会随着贮存时间的增加而减少，甲醇会在非酶氧化作用下生成甲醛。

甲醇是蒸馏酒卫生指标之一，我国国家标准规定以谷类为原料者，甲醇含量不得超过 0.6g/L（以 100%vol 酒精计），其他原料甲醇含量不得超过 2g/L。

3. 正丙醇

1-丙醇（1-propanol，propyl alcohol），俗称正丙醇、n-丙醇，CAS 号 71-23-8，FEMA 号 2928，RI_{np} 536 或 568，RI_p 1030 或 1038，具有醇香和成熟水果香、花香和青草气味，在水中气味阈值 6.64～9.00mg/L 或 9～40mg/L[③]，10%vol 酒精-水溶液中气味阈值 306mg/L，14%vol 酒精-水溶液中嗅阈值 830mg/L，46%vol 酒精-水溶液中嗅阈值 53.95mg/L，葡萄酒中嗅阈值 500mg/L，啤酒中嗅阈值 800mg/L。正丙醇在水中味觉阈值（后鼻嗅阈值）45mg/L。

1-丙醇是酵母酒精发酵的产物，几乎存在于所有发酵酒和蒸馏酒中。该醇在葡萄酒中含量 9～68mg/L，西班牙白葡萄酒 21.7mg/L；菲诺雪利酒（Fino Sherry）最初正丙醇含量 13.6mg/L，福洛酵母（flor yeast）膜形成后含量 12.3mg/L，老熟 250d 含量 14.8mg/L；黄酒中含量 11.32～30.02mg/L。

正丙醇在皮渣白兰地希腊齐普罗（tsipouro）酒中含量 143～274mg/L 纯酒精。在水果蒸馏酒中，当 1-丙醇浓度高于 5000mg/L 纯酒精时，说明水果醪已经受到了感染。

正丙醇在斯佩塞麦芽威士忌酒中含量 403mg/L 纯酒精，艾拉岛麦芽威士忌中为 376mg/L 纯酒精，苏格兰麦芽威士忌中为 410mg/L 纯酒精，苏格兰谷物威士忌中为 720mg/L 纯酒精，苏格兰调和威士忌中为 550mg/L 纯酒精，爱尔兰威士忌中为 280mg/L 纯酒精，肯塔基波旁威士忌中为 280mg/L 纯酒精，加拿大威士忌中为 62mg/L 纯酒精。

正丙醇在日本烧酎中含量为：大麦烧酎 125～327mg/L，老熟大麦烧酎 134～166mg/L；米烧酎 203～259mg/L；甜土豆烧酎 98～176mg/L；其他烧酎 90～250mg/L；泡盛酒 196～265mg/L，老熟泡盛酒 177mg/L；连续蒸馏烧酎 0～16mg/L。

白酒中正丙醇含量最高的是酱香型和兼香型白酒，有时甚至达到 g/L 级。通常情况下，正丙醇在白酒中含量如下：浓香型剑南春酒含量 236mg/L，五粮液 141～308mg/L，

① 未特别指明是原酒的，则是指成品酒。

② n 是指检测样本数量。

③ 不同的阈值范围来自不同参考文献。

泸州老窖特曲 527mg/L，古井贡酒 258mg/L，洋河大曲 245mg/L 或 37.49~83.24mg/L①，习酒 55.66mg/L；酱香型白酒平均浓度 859mg/L，茅台酒 949mg/L 或 926~960mg/L，郎酒 711~1168mg/L 或 785~816mg/L，习酒 232mg/L 或 1.89g/L，金沙回沙酒含量 777~891mg/L；清香型汾酒 95~227mg/L；米香型白酒 157mg/L；老白干香型手工大糙原酒 205~426mg/L，机械化大糙原酒 143~250mg/L；芝麻香型手工原酒 126~168mg/L，机械化原酒 118~297mg/L；药香型董酒 1.27g/L；特型四特酒高达 1~2.5g/L；豉香型白酒 88.2mg/L；液态法白酒 752mg/L。

4. 正丁醇

1-丁醇（1-butanol，butyl alcohol），俗称正丁醇、n-丁醇，CAS 号 71-36-3，FEMA 号 2178，RI_{np} 675 或 662 或 663，RI_{mp} 782 或 783，RI_{p} 1116 或 1142 或 1147 或 1138，具有水果香、青草、麦芽、溶剂气味、杂醇油（fusel）气味，在水中气味觉察阈值 590μg/L，识别阈值 4.3mg/L 或 0.5mg/L 或 1.28mg/L，10%vol 酒精-水溶液中气味阈值 150mg/L，12%vol 酒精-水溶液中嗅阈值 150mg/L，14%vol 酒精-水溶液中嗅阈值 820mg/L，46%vol 酒精-水溶液中嗅阈值 2.73mg/L。正丁醇在水中味觉阈值（后鼻嗅阈值）7.5mg/L。

1-丁醇存在于所有发酵酒与蒸馏酒中，在葡萄酒中含量 0.5~8.5mg/L；玫瑰葡萄酒 531~619μg/L；菲诺雪利酒中最初含量 5.3mg/L，福洛酵母膜形成后含量 4.5mg/L，老熟 250d 含量 5.8mg/L；在我国苹果酒中含量 592~2730μg/L；黄酒中含量 1.23~2.76mg/L。

1-丁醇浓度低于 30mg/L 纯酒精时，该酒是典型的樱桃蒸馏酒，而其他水果蒸馏酒中浓度可能高达 1000mg/L 纯酒精。

正丁醇在白酒中含量如下：浓香型剑南春含量 343mg/L，五粮液 70.0~89.4mg/L，泸州老窖特曲 91.2mg/L，古井贡酒 117mg/L，洋河大曲 114mg/L 或 38.86~78.04mg/L，习酒 177mg/L；酱香型白酒平均 241mg/L，茅台酒 94.9mg/L 或 242~252mg/L，郎酒 135~148mg/L 或 146~207mg/L，习酒 111mg/L 或 158mg/L，金沙回沙酒 245~311mg/L；清香型汾酒 8.3~11.0mg/L 或 6.16mg/L，宝丰酒 5.52mg/L，青稞酒 1.01mg/L；米香型白酒 24mg/L；老白干香型手工大糙原酒 9.86~53.01mg/L，机械化大糙原酒 5.12~8.44mg/L；芝麻香型手工原酒 61.96~159.00mg/L，机械化原酒 36.11~128.00mg/L；药香型董酒 315.7mg/L；液态法白酒 20mg/L。

5. 正戊醇

1-戊醇（1-pentanol），俗称正戊醇、n-戊醇，CAS 号 71-41-0，FEMA 号 2056，RI_{np} 752 或 800 或 780，RI_{p} 1249 或 1252 或 1264，呈水果香、青草、苦杏仁、膏香（balsamic）、杂醇油气味，在水中气味阈值 4mg/L 或 0.5mg/L，14%vol 酒精-水溶液中嗅阈值 676mg/L，46%vol 酒精-水溶液中嗅阈值 37.4mg/L，啤酒中阈值 80mg/L；正戊醇在水中味觉阈值（后鼻嗅阈值）4.5mg/L。

---

① 不同的含量结果来自不同的参考文献，余同。

正戊醇在我国赤霞珠葡萄中含量0.68~18.30 μg/kg，在葡萄酒中痕量存在，通常小于0.4mg/L；在我国黄酒中含量在检测限以下。

1-戊醇在酱香型白酒中平均含量27.02mg/L，茅台酒含量25.52~30.66mg/L，习酒含量42.54mg/L，郎酒含量28.87~37.02mg/L，金沙回沙酒17.86~20.71mg/L；浓香型习酒的含量10.21mg/L；老白干香型手工大糙原酒847~1406μg/L，机械化大糙原酒0.90~1.38mg/L；芝麻香型手工原酒1.36~3.05mg/L，机械化原酒1.12~5.05mg/L。

6. 正己醇

1-己醇（1-hexanol），俗称正己醇、*n*-己醇，CAS号111-27-3，FEMA号2567，RI_{np} 852，RI_p 1355，lg P 1.82，饱和蒸气压14.7kPa，呈花香、甜香、青草、树脂（resinous）、奶油香、青香①、脂肪气味，在水中气味阈值50~2500μg/L或0.5mg/L，10%vol酒精-水溶液中嗅阈值8mg/L或1.1mg/L，14%vol酒精-水溶液中嗅阈值8mg/L，40%vol酒精-水溶液中嗅阈值8mg/L，46%vol酒精-水溶液中嗅阈值5.37mg/L，葡萄酒中嗅阈值4mg/L；正己醇在水溶液中味觉阈值（后鼻嗅阈值）2.5mg/L。

1-己醇在我国赤霞珠葡萄中含量0.09~1.96 μg/kg或421 μg/L，品丽珠葡萄136 μg/L，梅鹿辄葡萄221 μg/L，蛇龙珠葡萄178 μg/L；白葡萄贵人香0.51~1.59 μg/kg，霞多利0.63~1.81 μg/kg，雷司令0.66~0.71 μg/kg。

正己醇在葡萄酒中含量0.3~12.0mg/L，其中玫瑰葡萄酒2.19~2.75mg/L；西班牙白葡萄酒0.3~8.5mg/L；新产红葡萄酒7.8mg/L（2.1~13.2mg/L）；菲诺雪利酒最初含量2.3mg/L，福洛酵母膜形成后含量2.3mg/L，老熟250d含量1.7mg/L。

正丙醇在我国苹果酒中含量为5.39~472.00μg/L；黄酒中含量为198~525μg/L；果醋中含量为nd~449μg/L。

1-己醇在皮渣白兰地希腊齐普罗（tsipouro）酒中含量为11~35mg/L纯酒精。

1-己醇在白酒中含量如下：浓香型剑南春酒含量68mg/L，五粮液64~86.7mg/L，泸州老窖特曲5.3mg/L，古井贡酒133.6mg/L，洋河大曲86.7mg/L或4.34~16.35mg/L，习酒72.64mg/L；酱香型白酒平均含量39.83mg/L，茅台酒153mg/L或34.91~35.57mg/L，郎酒44~238mg/L或51.08~56.88mg/L或26.5~37.0mg/L，习酒104mg/L或60.29mg/L，金沙回沙酒24.94~33.00mg/L；酱香醇甜原酒114mg/L，酱香原酒16.5mg/L，窖底香原酒49.6mg/L；清香型汾酒nd mg/L或6.30mg/L，宝丰酒7.29mg/L，青稞酒6.71mg/L；米香型白酒14mg/L；兼香型口子窖酒49.5mg/L；药香型董酒171mg/L；豉香型白酒3.82mg/L；液态法白酒中未检测到。

7. 正庚醇

1-庚醇（1-heptanol），俗称正庚醇、*n*-庚醇，CAS号111-70-6，FEMA号2548，RI_{np} 957或973或984，RI_p 1444或1453或1467，具有水果、花香、青草气味、油臭，在水中嗅阈值490μg/L，14%vol酒精-水溶液嗅阈值2.5mg/L，啤酒中嗅阈值1mg/L，46%vol酒精-水溶液中嗅阈值26.6mg/L；在水溶液中味觉阈值（后鼻嗅）0.52mg/L。

---

① 青香（green）、青草（grassy）均指类似于青草的气味。“清香”是清香型白酒的专用词汇。

1-庚醇在赤霞珠葡萄中含量 132～5280 μg/kg；我国苹果酒中含量 nd～5.43μg/L；黄酒中含量 nd～48.86μg/L。

1-庚醇在酱香型郎酒中含量 2.86～6.00mg/L；在酱香型醇甜原酒 13.0mg/L，酱香原酒 4.82mg/L，窖底香原酒 17.9mg/L；兼香型口子窖酒含量 2.82mg/L；豉香型白酒含量 574μg/L。

8. 正辛醇

1-辛醇（1-octanol），俗称正辛醇、*n*-辛醇，CAS 号 111-87-5，FEMA 号 2800，RI_{np} 1063 或 1077 或 1072，RI_{p} 1576 或 1566 或 1538，呈水果、花香、柑橘香、似清漆、似肥皂、似蜡、茉莉花、玫瑰花香气，在水中嗅阈值 110～130μg/L 或 190μg/L，10%vol酒精-水溶液中嗅阈值 800μg/L，14%vol 酒精-水溶液中嗅阈值 10mg/L，46%vol 酒精-水溶液中嗅阈值 1.1mg/L 。正辛醇在水中后鼻嗅阈值 54μg/L。

正辛醇在我国赤霞珠葡萄中含量 0.81～37.53 μg/kg；在白葡萄贵人香中含量 0.06～0.36 μg/kg，霞多利含量 nd～0.39 μg/kg，雷司令含量 0.06～0.13 μg/kg。

正辛醇在葡萄酒中含量 0.2～1.5mg/L，西班牙白葡萄酒中含量 tr～0.1mg/L；我国苹果酒中含量 4.22～26.37μg/L。

正辛醇在酱香型白酒中平均含量为 3.01mg/L，茅台酒 2.57～2.96mg/L，习酒 2.28mg/L，郎酒 3.46～3.80mg/L 或 1.12～1.38mg/L，金沙回沙酒 2.55～2.67mg/L；酱香醇甜原酒 2.39mg/L，酱香原酒 1.16mg/L，窖底香原酒 1.30mg/L；浓香型洋河酒含量 0.26～1.88mg/L，浓香型习酒 6.26mg/L；兼香型口子窖酒 391μg/L；豉香型白酒 612μg/L；老白干香型手工大楂原酒 294～732μg/L，机械化大楂原酒 240～307μg/L；芝麻香型手工原酒 186～326μg/L，机械化原酒 163～278μg/L。

9. 正壬醇

1-壬醇（1-nonanol），俗称正壬醇、*n*-壬醇，CAS 号 143-08-8，FEMA 号 2789，RI_{np} 1098 或 1156 或 1172，RI_{mp} 1277，RI_{p} 1658 或 1653 或 1640，具有脂肪臭、花香、类似柑橘香、青香、油菜花香，在水中气味阈值 50μg/L，46%vol 酒精-水溶液中嗅阈值 806μg/L，啤酒中嗅阈值 80μg/L；在水溶液中味觉阈值（后鼻嗅）0.086mg/L。

1-壬醇在我国赤霞珠葡萄中含量 3.40μg/L，品丽珠葡萄 3.20μg/L，梅鹿辄葡萄 3.79μg/L，蛇龙珠葡萄 3.12μg/L。

1-壬醇在酱香型习酒中含量 262.39μg/L，郎酒 181～269μg/L；酱香型醇甜原酒 224μg/L，酱香原酒 314μg/L，窖底香原酒 185μg/L；浓香型洋河酒 nd～63μg/L，习酒 165μg/L；兼香型口子窖酒含量 43.8μg/L。

10. 正癸醇

1-癸醇（1-decanol），俗称正癸醇、*n*-癸醇，CAS 号 112-30-1，FEMA 号 2365，RI_{np} 1285 或 1263 或 1272，RI_{mp} 1376，RI_{p} 1764 或 1769 或 1752，呈梨、紫罗兰香、似蜡气味、苹果酒、花香、脂肪，在空气中气味阈值 43282 ng/L，水中气味阈值 47μg/L，14%vol 酒精-水溶液中嗅阈值 5mg/L；啤酒中嗅阈值 180μg/L；水中后鼻嗅阈值 23μg/L；水溶液中味觉阈值 0.18mg/L。

正癸醇在我国苹果酒中含量 nd~11.46μg/L；在新产红葡萄酒中含量 5.8μg/L（2.3~14.0μg/L）。

1-癸醇在我国酱香型郎酒中含量 17.4~44.2μg/L；酱香型醇甜原酒含量 43.8μg/L，酱香原酒 49.1μg/L，窖底香原酒中未检测到；浓香型洋河酒中含量 nd~231μg/L；兼香型口子窖酒中未检测到。

11. 其他高级醇

1-十一醇（1-undecanol，undecyl alcohol，1- hendecanol），也称正十一醇，IUPAC 名十一-1-醇（undecan-1-ol），CAS 号 112-42-5，RI_{np} 1387 或 1390，RI_p 1872，鲜见其呈香报道，但有报道其在啤酒中气味阈值 500μg/L。

1-十二醇（1-dodecanol，dodecyl alcohol），俗称月桂醇（lauryl alcohol），IUPAC 名十二-1-醇（dodecan-1ol），CAS 号 112-53-8，RI_{np} 1479 或 1487 或 1472，RI_p 1957 或 1975 或 1956，无色固体，密度 0.8309，呈脂肪、蜡、似可可香气，在空气中气味阈值 15.2ng/L或 53.3 ng/L，在水中气味阈值 73μg/L 或 16μg/L，在啤酒中气味阈值 400μg/L；后鼻嗅阈值 66μg/L。

1-十三醇（1-tridecanol），RI_p 2078，未见其呈香特征报道。

1-十四醇（1-tetradecanol），RI_{np} 1682 或 1677 或 1665，RI_p 2188 或 2145，未见其呈香特征报道。

1-十六醇（1-hexadecanol），CAS 号 36653-82-4，RI_p 2400，RI_{np} 1876，未见其呈香和呈味的报道，存在于番石榴酒等水果酒和白酒中。

二、 支链饱和脂肪醇

1. 异丁醇

2-甲基丙醇（2-methylpropanol），俗称异丁醇（isobutanol，isobutyl alcohol），CAS 号 78-83-1，FEMA 号 2179，RI_{np} 647，RI_p 1094 或 1088，呈杂醇油、酒精、麦芽香、似葡萄酒、指甲油、水果香、甜香、醚样气味。

异丁醇在空气中嗅阈值 360ng/L 或 225μg/L，水中嗅觉觉察阈值 550μg/L，识别阈值 2.3mg/L 或 3.2mg/L 或 1mg/L 或 7mg/L 或 3mg/L，10%vol 酒精-水溶液中嗅阈值 40mg/L 或 75mg/L，14%酒精-水溶液中嗅阈值 40mg/L，40%vol 酒精-水溶液中嗅阈值 100.69mg/L，46%vol 酒精-水溶液中嗅阈值 28.3mg/L，啤酒中嗅阈值 200mg/L；70g/L 醋酸水溶液中嗅阈值 7.5mg/L。

2-甲基丙醇在葡萄酒中浓度 9~174mg/L，玫瑰红葡萄酒 49.8mg/L 或 6.8~11.5μg/L；白葡萄酒（西班牙）36.9~47.3mg/L，新产白葡萄酒 32~108mg/L；新产红葡萄酒 46.5mg/L（25.7~86.9mg/L），老熟红葡萄酒 57.2~230mg/L；雪利葡萄酒 55.07mg/L；菲诺雪利酒最初 2-甲基丙醇含量 67.1mg/L，福洛酵母膜形成后含量 58.3mg/L，老熟 250d 含量 102mg/L。

2-甲基丙醇在我国黄酒中含量 33.12~42.79mg/L；果醋中含量 2.27~12.90mg/L。

异丁醇在朗姆酒中含量412~6660μg/L；皮渣白兰地希腊齐普罗酒（tsipouro）中为452~599mg/L纯酒精；斯佩塞麦芽威士忌中为801mg/L纯酒精，艾拉岛麦芽威士忌中为856mg/L纯酒精，苏格兰麦芽威士忌中为800mg/L纯酒精，苏格兰谷物威士忌中为680mg/L纯酒精，苏格兰调和威士忌中为620mg/L纯酒精，爱尔兰威士忌中为150mg/L纯酒精，肯塔基波旁威士忌中为1600mg/L纯酒精，加拿大威士忌中为69mg/L纯酒精。

异丁醇在日本烧酎中含量分别为：大麦烧酎含量159~208mg/L，老熟大麦烧酎182~213mg/L；米烧酎205~263mg/L；甜土豆烧酎211~274mg/L；其他烧酎117~208mg/L；泡盛酒266~344mg/L，老熟泡盛酒366mg/L；连续蒸馏烧酎0~29mg/L。

异丁醇在白酒中含量如下：浓香型剑南春酒含量183mg/L，五粮液85~143mg/L，泸州老窖特曲123mg/L，洋河大曲115mg/L或53.33~79.04mg/L，习酒112mg/L；酱香型白酒平均含量79.71mg/L，茅台酒174mg/L或130~137mg/L，郎酒172~185mg/L或98.53~107mg/L，习酒119mg/L或148mg/L，金沙回沙酒30.04~44.35mg/L；清香型汾酒116~232mg/L（平均194mg/L），宝丰酒392mg/L，青稞酒291mg/L；米香型白酒374mg/L；老白干香型手工大糙原酒183~550μg/L，机械化大糙原酒107~171mg/L；芝麻香型手工原酒176~330mg/L，机械化原酒178~316mg/L；药香型董酒413mg/L；特香型四特酒200mg/L；豉香型白酒233mg/L；液态法白酒中高达569mg/L。

2. 异戊醇类

酒类中重要的醇是异戊醇类，该醇是杂醇油（fusel oil）或高级醇（higher alcohols）的主要成分。高级醇是饮料酒的风味化合物，但在葡萄酒中过量时会产生负面影响。杂醇油的主要成分是2-甲基丁醇和3-甲基丁醇，占杂醇油总量40%~70%，另外两个主要成分是2-甲基丙醇和正丙醇。用蒸馏方式不能分开2-甲基丁醇和3-甲基丁醇这两个化合物。葡萄酒中杂醇油含量140~420mg/L。当杂醇油含量高于300mg/L时，通常会对葡萄酒风味产生负面影响。

2-甲基丁醇（2-methylbutanol）(C 2-3)，俗称活性戊醇（active amyl alcohol），CAS号137-32-6，FEMA号3998，RI_p 1200或1206，RI_{mp} 848或852，RI_{np} 753或739或708，呈醇香、香蕉、药、麦芽、溶剂气味、指甲油（nail polish）、干酪（cheesy）、腐败臭（rancid）；低浓度时有水果和花香，在水中嗅觉觉察阈值为1.2mg/L，识别阈值为3.7mg/L或0.32mg/L，40%vol酒精-水溶液中嗅阈值为211.8mg/L，啤酒中嗅阈值为65mg/L，70g/L醋酸-水溶液中嗅阈值为12.2mg/L。

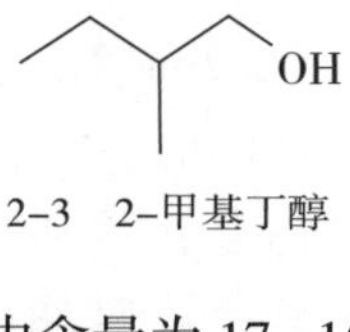

OH

C 2-3 2-甲基丁醇

OH

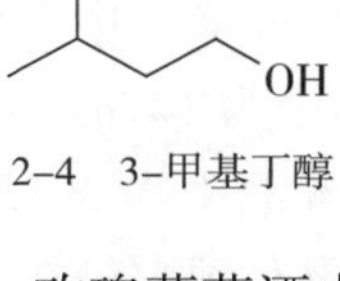

C 2-4 3-甲基丁醇

2-甲基丁醇在葡萄酒中含量为17~150mg/L，玫瑰葡萄酒中为131~132μg/L；西班牙白葡萄酒中为30.2~53.9mg/L。

2-甲基丁醇在黄酒中含量为19.93~23.24mg/L；果醋中为2.24~14.40mg/L。

2-甲基丁醇在苏格兰麦芽威士忌中含量为620mg/L纯酒精，苏格兰谷物威士忌中为80mg/L纯酒精，苏格兰调和威士忌中为260mg/L纯酒精，爱尔兰威士忌中为180mg/L纯酒精，肯塔基波旁威士忌中为1430mg/L纯酒精，加拿大威士忌中为70mg/L纯酒精。

2-甲基丁醇是手性化合物。(*R*)-2-甲基丁醇，RI_p 1197或1200，RI_{np} 934，$RI_{BGB-176}$ 1227，$RI_{BGB174E}$ 1105，呈麦芽香，在空气中气味阈值大于37.2ng/L。(*S*)-2-甲基丁醇，RI_p 1197，RI_{np} 934，$RI_{BGB-176}$ 1233，$RI_{BGB174E}$ 1109，呈麦芽香，在空气中气味阈值10.5ng/L，40%vol酒精-水溶液中嗅阈值24.0mg/L。

在发酵食品中，以(*S*)-2-甲基丁醇为主。在以下饮料酒中，只检测到(*S*)-2-甲基丁醇，没有检测到(*R*)-2-甲基丁醇，包括杏子白兰地（含量7.71mg/L）、波旁威士忌（133mg/L）、纯麦芽威士忌（173mg/L）、荷兰杜松子酒（schnaps，15.5mg/L）、麦斯卡尔酒（mezcal，一种龙舌兰酒，90mg/L）、特基拉酒（tequila，一种龙舌兰发酵蒸馏酒，150mg/L）、皮尔森啤酒（8.17mg/L）、小麦啤酒（16.0mg/L）、小麦无醇啤酒（890μg/L）、红葡萄酒（58.6mg/L）和白葡萄酒（18.2mg/L）。(*S*)-2-甲基丁醇在丹菲特红葡萄酒中含量为77.38~77.98mg/L。

在其他发酵食品中含有较低比例的(*R*)-2-甲基丁醇，如黑面包（裸麦粗面包）、脆饼干、法国面包、干酪等。(*S*)-型在朗姆酒中含量为156~4850μg/L。

3-甲基丁醇（3-methylbutanol）(C 2-4)，俗称异戊醇（isoamyl alcohol），CAS号123-51-3，FEMA号2057，RI_p 1202或1210或1200，$RI_{BGB-176}$ 1231，$RI_{BGB174E}$ 1083，RI_{mp} 844或842，RI_{np} 753或773或734，K_{aw} 5.765×10^{-4}（22℃）。

异戊醇呈醇香、指甲油、麦芽香、水果香、葡萄酒、干酪、腐败臭；低浓度时有水果和花香。

异戊醇在水中气味觉察阈值为220μg/L，识别阈值为980μg/L或1.0mg/L或0.25mg/L或0.77mg/L，10%vol酒精-水溶液中嗅阈值为30mg/L或60mg/L，14%vol酒精-水溶液中嗅阈值为65mg/L，40%vol酒精-水溶液中嗅阈值为56.1mg/L，46%vol酒精-水溶液中嗅阈值为179.19mg/L，啤酒中嗅阈值为70mg/L，7%（质量体积浓度）醋酸-水溶液中嗅阈值为3.5mg/L。

3-甲基丁醇大量存在于发酵酒和醋及其原料中，在我国赤霞珠葡萄中含量为0.09~0.18 μg/kg或3130μg/L，品丽珠葡萄中为32800μg/L，梅鹿辄葡萄中为2350μg/L，蛇龙珠葡萄中为204μg/L。

3-甲基丁醇在葡萄酒中含量为6~490mg/L，玫瑰红葡萄酒中为171.2mg/L或137~168mg/L；白葡萄酒（西班牙）中为134.6~206.2mg/L，新产白葡萄酒中为109~357mg/L；新产红葡萄酒中为147mg/L（84.0~333.0mg/L），老熟红葡萄酒中为16.5~472.0mg/L，丹菲特红葡萄酒中为306.1~308.4mg/L；雪利酒中为150mg/L（2-和3-甲基丁醇合计数）；菲诺雪利酒中最初3-甲基丁醇含量为381mg/L，福洛酵母膜形成后含量为361mg/L，老熟250d含量为387mg/L。

异戊醇在我国苹果酒中为12.15~36.23mg/L；黄酒中为122~129mg/L；果醋中为

1.49~78.30mg/L，意大利香醋中为100~238μg/L。

3-甲基丁醇是意大利格拉巴白兰地（Grappa，一种用酒渣酿制的白兰地）的主要香气成分；3-甲基丁醇和2-甲基丁醇在皮渣白兰地希腊齐普罗（tsipouro）酒中含量为2239~2906mg/L纯酒精。3-甲基丁醇在朗姆酒中含量为667~19300μg/L；斯佩塞麦芽威士忌中为1389mg/L纯酒精，艾拉岛麦芽威士忌中为1708mg/L纯酒精，苏格兰麦芽威士忌中为1140mg/L纯酒精，苏格兰谷物威士忌中为150mg/L纯酒精，苏格兰调和威士忌中为460mg/L纯酒精，爱尔兰威士忌中为320mg/L纯酒精，肯塔基波旁威士忌中为2420mg/L纯酒精，加拿大威士忌中为90mg/L纯酒精。

异戊醇在日本烧酎中含量如下：大麦烧酎含量为508~646mg/L，老熟大麦烧酎中为482~596mg/L；米烧酎中为491~556mg/L；甜土豆烧酎中为419~562mg/L；其他烧酎中为342~532mg/L；泡盛酒中为563~598mg/L，老熟泡盛酒中为629mg/L；连续蒸馏烧酎中为0~91mg/L。

3-甲基丁醇在白酒中含量如下：浓香型剑南春酒含量为349mg/L，五粮液429~341mg/L，泸州老窖特曲411mg/L，古井贡酒289mg/L，洋河大曲221mg/L或128~168mg/L，习酒272.44mg/L；酱香型白酒平均313mg/L，茅台酒468mg/L或371~389mg/L，郎酒368~451mg/L或321~363mg/L或337~628mg/L，习酒387mg/L或312mg/L，金沙回沙酒219~230mg/L；酱香型醇甜原酒311mg/L，酱香原酒229mg/L，窖底香原酒354mg/L；清香型汾酒469~546mg/L（平均514mg/L），宝丰酒886mg/L，青稞酒454mg/L；米香型白酒578mg/L；老白干手工大糙原酒385~615mg/L，机械化大糙原酒223~365mg/L；芝麻香型手工原酒767~998mg/L，机械化原酒597~958mg/L；兼香型口子窖酒167mg/L；药香型董酒904mg/L；特香型四特酒400~700mg/L；豉香型白酒354mg/L；液态法白酒中高达741mg/L。

3. 其他支链醇类

3-甲基-1-戊醇（3-methyl-1-pentanol），俗称3-甲基戊醇，CAS号589-35-5，FEMA号3762，RI_{np} 837，RI_p 1324或1327或1407［(S)-(+)-型］，沸点151~152℃，密度0.823g/mL（25℃），呈草药（herbaceous）、可可、似葡萄酒、刺激性气味、青香，在水中气味阈值0.83mg/L，12%vol酒精-水溶液中气味阈值1.1mg/L，14%vol酒精-水溶液中气味阈值50mg/L。

3-甲基-1-戊醇存在于葡萄酒和番石榴等水果酒中，在玫瑰葡萄酒中含量为85.9~117.0μg/L；菲诺雪利酒中最初含量为117μg/L，福洛酵母膜形成后含量为114μg/L，老熟250d含量为144μg/L。

4-甲基-1-戊醇（4-methyl-1-pentanol），俗称异己醇（isohexyl alcohol，isohexanol）、4-甲基戊醇，CAS号626-89-1，RI_{np} 829或833或837，RI_p 1310，沸点160~165℃，密度0.821g/mL（25℃），呈杏仁、焙烤香、水果香，在14%vol酒精-水溶液中气味阈值50mg/L。

4-甲基-1-戊醇存在于番石榴酒等水果酒、酱香型白酒中，在菲诺雪利酒中最初含量为58.3μg/L，福洛酵母膜形成后含量为57.5μg/L，老熟250d含量为51μg/L。

4-甲基-1-己醇（4-methyl-1-hexanol），俗称4-甲基己醇，CAS号818-49-5，RI_p 1413，RI_{np}950，沸点172~174℃，lgP 2.211，呈甜香、水果香，已经在我国酱香型白酒中检测到。

2-乙基己醇（2-ethylhexanol），俗称2-乙基-1-己醇（2-ethyl-1-hexanol），CAS号104-76-7，FEMA号3151，RI_{np} 1038或1030或1027，RI_p 1487或1491，无色液体，熔点-76℃，沸点183~186℃，密度0.833g/mL（25℃），lg P 2.820，水中溶解度1g/L（20℃），呈玫瑰花、青香、醇、脂肪气味，在水中气味阈值为270mg/L。

2-乙基己醇在赤霞珠葡萄中含量0.85~3.98 μg/kg或9.43μg/L，品丽珠葡萄5.00μg/L，梅鹿辄葡萄11.8μg/L，蛇龙珠葡萄4.88μg/L；玫瑰红葡萄酒中26.5~31.9μg/L，霞多利葡萄酒nd~1.31 μg/kg；贵人香白葡萄nd~1.06 μg/kg，雷司令1.01~1.83 μg/kg；我国苹果酒nd~318μg/L。

三、 2-醇类

1.2-丙醇

2-丙醇（2-propanol），俗称仲丙醇（*sec*-propyl alcohol）、异丙醇（isopropanol）、二甲基甲醇（dimethyl carbinol），CAS号67-63-0，FEMA号2926，RI_{np} 884，无色液体，熔点-89℃，沸点82.6℃，密度0.786g/mL，lg P 0.050，pK_a 16.5，微溶于水、苯、氯仿、乙醇、乙醚和甘油，溶于丙酮，黏度2.86×10^{-3}Pa·s（15℃）或1.96×10^{-3}Pa·s（25℃）或1.77×10^{-3}Pa·s（30℃），呈醇香，在啤酒中气味阈值为1.5mg/L，水溶液中后鼻嗅阈值为190mg/L。

2-丙醇在菲诺雪利酒中最初含量为2.4mg/L，福洛酵母膜形成后含量2.7mg/L，老熟250d后未检测到。

2.2-丁醇

2-丁醇（2-butanol，butan-2-ol），俗称仲丁醇（*sec*-butanol）、1-甲基丙醇（1-methylpropanol），CAS号78-92-2，RI_{np} 606，RI_{mp} 721，RI_p 1019或1000或988，熔点-115℃，沸点98℃，密度0.808g/mL（25℃），水中溶解度125g/L（20℃），K_{aw} 3.704×10^{-4}（22℃）。呈水果香、葡萄酒香，溶剂，在空气中气味阈值为131μg/L，水中阈值为3300μg/L，10%vol酒精-水溶液中嗅阈值为50mg/L，14%vol酒精-水溶液中嗅阈值为1000mg/L；水溶液中味觉（后鼻嗅）阈值为5.1mg/L。

2-丁醇并不是酒精发酵过程的产物。当2-丁醇浓度高于500mg/L（纯酒精）时，表明原料或发酵醪受到了细菌的感染。

2-丁醇广泛存在于饮料酒中，在菲诺雪利酒中最初含量为1.1mg/L，福洛酵母膜形成后含量为1.9mg/L，老熟250d含量为1.2mg/L。

2-丁醇在白酒中含量如下：浓香型剑南春酒含量68mg/L，五粮液55~108mg/L，泸州老窖特曲65.9mg/L，古井贡酒83.7mg/L，洋河大曲105mg/L或29.32~51.59mg/L，习酒92.81mg/L；酱香型白酒平均含量181mg/L，茅台酒65.2mg/L或80.94~

111.00mg/L，郎酒 108~128mg/L 或 78.57~120.00mg/L，习酒 48.1mg/L 或 360mg/L，金沙回沙酒 305~360mg/L；清香型汾酒 13.4~33.0mg/L；米香型白酒 0.7mg/L；药香型董酒 677mg/L；特型四特酒 100~300mg/L；液态法白酒高达 181mg/L。

3. 2-戊醇

2-戊醇（2-pentanol，pentan-2-ol），俗称 1-甲基丁醇（1-methylbutanol）、第二异戊醇（secondary isoamyl alcohol），CAS 号 6032-29-7，FEMA 号 3316，RI_{np} 664 或 706 或 705，RI_p 1116 或 1113 或 1130 或 1117，无色清亮液体，熔点-50℃，沸点 118~119℃，密度 0.812g/mL（25℃），水中溶解度 166g/L（20℃）。它呈醇香、水果香、香蕉香、甜香、似葡萄酒、醚样气味，在水中气味阈值为 750~1100μg/L，46%vol 酒精-水溶液中嗅阈值为 194mg/L；水溶液中味阈值（后鼻嗅）为 8.5mg/L。

2-戊醇在酱香型白酒中平均含量为 20.05mg/L，茅台酒中含量为 20.35~22.58mg/L，习酒中含量为 7392μg/L，郎酒中含量为 20.26~29.94mg/L，金沙回沙酒中含量为 10.12~10.23mg/L；在浓香型习酒中含量为 6592.6μg/L。

4. 2-己醇

2-己醇（2-hexanol），IUPAC 名己-2-醇（hexan-2-ol），CAS 号 626-93-7，RI_{np} 803 或 801，RI_p 1390，沸点 140℃，密度 0.81g/mL，水中溶解度 14g/L，能溶于乙醇和乙醚，在水中嗅觉阈值为 6μg/L，啤酒中嗅阈值为 4mg/L；在水中味阈值（后鼻嗅）为 6.7mg/L。

5. 2-庚醇

2-庚醇（2-heptanol，heptan-2-ol），俗称仲庚醇（sec-heptyl alcohol），CAS 号 543-49-7，FEMA 号 3288，RI_{np} 906 或 908 或 906，RI_{mp} 997，RI_p 1318 或 1332 或 1301，无色液体，沸点 160~162℃，密度 0.817g/mL（25℃），水中溶解度 3.5g/L。2-庚醇具有水果香、蘑菇、土腥味、水蜜桃香、蜜香、花香、似松树、青香；高浓度时有杂醇油臭。2-庚醇在水中气味阈值为 100μg/L，啤酒中嗅阈值为 250μg/L，46%vol 酒精-水溶液中嗅阈值为 1.43mg/L；水溶液味阈值（后鼻嗅）为 0.41mg/L。

2-庚醇在赤霞珠葡萄中含量为 0.09~2.01 μg/kg；贵人香白葡萄 nd~0.94 μg/kg，霞多利白葡萄 nd~0.82 μg/kg，雷司令白葡萄 nd~0.77 μg/kg。

2-庚醇存在于白酒中，浓香型白酒中含量为 269μg/L，洋河酒中为 nd~5.27mg/L，习酒中为 88.97μg/L；酱香型白酒中为 179μg/L，习酒中为 16.15μg/L；清香型汾酒中为 42.9μg/L，宝丰酒中为 5.66μg/L，青稞酒中为 56.2μg/L；兼香型白酒中为 282μg/L；凤香型白酒中为 345μg/L；药香型白酒中为 184μg/L；老白干香型和豉香型白酒中未检测到。

6. 2-辛醇

2-辛醇（2-octanol，2-capryl alcohol），俗称 1-甲基庚醇（1-methylheptyl alcohol），CAS 号 123-96-6，FEMA 号 2801，RI_{np} 984，RI_p 1421 或 1405，熔点-38℃，沸点 179~181℃，密度 0.819g/mL（25℃），lgP 2.900，呈青香、辛香、药香、土腥、脂肪、油臭气味，在啤酒中气味阈值为 40μg/L。

2-辛醇存在于白酒中，酱香型白酒中平均含量为5.85mg/L，茅台酒中为3.65~4.68mg/L，郎酒中为4.38~5.61mg/L或104~174μg/L，金沙回沙酒中为7.49~8.08mg/L，酱香型醇甜原酒中为269μg/L，酱香原酒中为64.1μg/L，窖底香原酒中为19.2μg/L；兼香型口子窖中为1411μg/L。

7.2-壬醇

2-壬醇（2-nonanol），俗称1-甲基-1-辛醇（1-methyl-1-octanol），CAS号628-99-9，FEMA号3315，RI_{np} 1084或1099或1103，RI_p 1535或1530或1509，清亮黄色液体，熔点-36~-35℃，沸点193~194℃，密度0.827g/mL（25℃），lgP 3.230，呈青香、似蜡气味、水果香、西瓜；在啤酒中嗅阈值为75μg/L；在水溶液中味（后鼻嗅）阈值为0.28mg/L。

2-壬醇在酱香型郎酒中含量为129~202μg/L，酱香型醇甜原酒中含量为134μg/L，酱香原酒中为81.5μg/L，窖底香原酒中为149μg/L；兼香型口子窖中含量为80.4μg/L。

四、3-醇类

3-醇类是重要的是3-辛醇。

3-辛醇（3-octanol），IUPAC名辛-3-醇（octan-3-ol），CAS号20296-29-1，FEMA号3581，RI_{np} 981或996或994，RI_{mp} 1086，RI_p 1385或1394，熔点-45℃，沸点174~176℃，密度0.818g/mL（25℃），呈青香、蘑菇香、水果香，在水中嗅阈值为18μg/L，46%vol酒精-水溶液中阈值为393μg/L。

3-辛醇在浓香型白酒中含量为75.63μg/L，洋河酒nd~71μg/L，习酒125μg/L；酱香型白酒263μg/L或1.38mg/L，茅台酒1.87~2.12mg/L，习酒535μg/L，郎酒0.78~0.82mg/L或0.80~1.10mg/L，金沙回沙酒0.88~1.22mg/L，酱香型醇甜原酒1.24mg/L，酱香原酒1.32mg/L，窖底香原酒1.96mg/L；兼香型白酒28.57μg/L，口子窖459μg/L；凤香型白酒207μg/L；老白干香型白酒22.61μg/L；药香型白酒224μg/L；豉香型白酒88.51μg/L。

第二节　不饱和脂肪醇

在不饱和脂肪醇中，烯丙醇（allyl alcohol）(C 2-5）是比较特别的一个醇，俗称2-丙烯醇（2-propenol），IUPAC名2-丙烯-1-醇，CAS号107-18-6，RI_p 1124或1109，无色液体，闪点21℃，易溶于水。呈刺激性和芥末气味，在低浓度时，具有乙酸的香气，而高浓度时，具有芥子样的催泪性气味。该化合物在空气中气味阈值为1.95~5.0mg/L。

烯丙醇是一个有毒的（toxic）、催泪的（lachrymatory）化合物，在使用时应该非常小心。该化合物曾经在中国白酒中检测到，推测是大曲或酒醅发酵过程中感染了细菌所造成的。

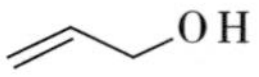

C 2-5 烯丙醇 　　C 2-6 顺-3-己烯醇 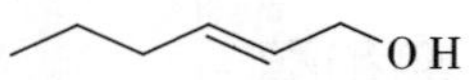　　C 2-7 反-3-己烯醇

一、 顺式不饱和醇

1. 顺-3-烯醇

最重要的不饱和脂肪醇是顺-3-己烯醇（*cis*-3-hexenol）(C 2-6)，俗称顺-3-己烯-1-醇［(*Z*)-3-hexen-1-ol］、叶醇（leaf alcohol），IUPAC 名顺-己-3-烯-1-醇［(*Z*)-hex-3-en-1-ol］，CAS 号 928-96-1，FEMA 号 2563，RI_{Wax} 1390 或 1365，RI_{np} 828 或 859，无色液体，沸点 156~157℃，密度 0.848g/mL（25℃），不溶于水。呈割草（cut grass）、萬苣、青草（grassy）、青香、药香、似树叶气味；在水中气味觉察阈值为 3.9μg/L，识别阈值为 13μg/L 或 70μg/L，11%vol 模拟葡萄酒（5g 酒石酸，pH3.5）中嗅阈值为 400μg/L，14%vol 酒精-水溶液中嗅阈值为 100mg/L，40%vol 酒精-水溶液中嗅阈值为 1257μg/L，啤酒中嗅阈值为 884μg/L，向日葵籽油（sunflower oil）中嗅阈值为 1100μg/kg；向日葵籽油中后鼻嗅阈值为 364μg/kg。

该醇是 6 个碳的植物创伤性化合物（wound compound），即当绿色植物受伤后，氧气与亚油酸（linoleic acid）反应，产生不稳定的顺-3-己烯醛，顺-3-己烯醛被还原成顺-3-己烯醇。

顺-3-己烯醇在我国赤霞珠葡萄中含量为 0.07~8.65μg/kg 或 52.2μg/L，品丽珠葡萄中为 41.1μg/L，梅鹿辄葡萄中为 24.0μg/L，蛇龙珠葡萄中为 42.3μg/L；贵人香白葡萄中为 nd~0.15μg/kg，霞多利中为 nd~0.16μg/kg，雷司令中为 0.40~0.63μg/kg。

顺-3-己烯醇在葡萄酒中含量为 40~240μg/L，其中玫瑰葡萄酒 66.5~193.5μg/L；西班牙白葡萄酒 0.1~2.5mg/L，新产白葡萄酒 606μg/L；新产红葡萄酒 169μg/L（7.2~651μg/L），老熟红葡萄酒 204~1040μg/L；美洲葡萄酒 75μg/L，河岸（*Vitis riparia*）葡萄酒 205μg/L，甜冬（*Vitis cinerea*）葡萄酒 3990μg/L；菲诺雪利酒中最初含量 70.8μg/L，福洛酵母膜形成后含量 70.6μg/L，老熟 250d 含量 78.9μg/L。

顺-3-己烯醇在我国苹果酒中含量为 nd~36.56μg/L；果醋中为 14.2~55.0μg/L。

2. 顺-2-烯醇

顺-2-戊烯-1-醇［*cis*-2-penten-1-ol，(*Z*)-2-penten-1-ol］，CAS 号 1576-95-0，FEMA 号 4305，RI_{np} 769 或 734，RI_p 1310 或 1329，清亮无色液体，沸点 138℃，密度 0.853g/mL（25℃），lgP 1.146，呈青香、水果香。该化合物在我国赤霞珠葡萄中含量为 0.85~3.98μg/kg。

顺-2-己烯-1-醇［*cis*-2-hexen-1-ol，(*Z*)-2-hexen-1-ol］，RI_{np} 847 或 865，RI_{mp} 991，RI_p 1402 或 1410，呈青香、药香。

二、 反式不饱和醇

1. 反-2-烯醇

反-2-己烯-1-醇［*trans*-2-hexen-1-ol，（*E*）-2-hexen-1-ol，（*E*）-2-hexenol］，IUPAC 名反-己-2-烯-1-醇［（*E*）-hex-2-en-1-ol］，CAS 号 928-95-0，FEMA 号 2562，RI_{np} 853 或 865，RI_{mp} 982，RI_{p} 1400 或 1417，无色液体，沸点 158~160℃，密度 0.849g/mL（25℃），lgP 1.655，微溶于水，呈青香、绿叶、水果、香蕉香。

反-2-己烯-1-醇在我国赤霞珠葡萄中含量为 6.73~133.00μg/kg；贵人香白葡萄中为 0.04~0.66μg/kg，霞多利中为 0.03~0.98μg/kg，雷司令中为 0.13~0.42μg/kg；在玫瑰葡萄酒中含量小于 0.20μg/L。

反-2-辛烯-1-醇［（*E*）-2-octen-1-ol，*trans*-2-octenol］，CAS 号 18409-17-1，FEMA 号 3887，RI_{np} 1059 或 1211，RI_{p} 1598 或 1622，清亮无色液体，沸点 195~196℃或 85~87℃（1333Pa），密度 0.843g/mL（25℃），lgP 2.674，呈蘑菇香，水中嗅阈值为 50μg/L 或 0.9μg/L。

反-2-辛烯-1-醇已经在葡萄酒、腐烂葡萄中检测到；广泛存在于我国各香型白酒中，凡是与窖泥接触的白酒中，总体含量较高，具体含量如下：浓香型白酒中含量 123μg/L；酱香型白酒含量 30.20μg/L；清香型白酒含量 7.08μg/L；兼香型白酒含量 224μg/L；凤香型白酒含量 123μg/L；老白干香型白酒含量 7.97μg/L；药香型白酒含量 156μg/L，豉香型白酒中未检测到。

2. 反-3-烯醇

反-3-烯-1-醇类（*trans*-3-alken-1-ols）是一类重要的香气化合物（表 2-2），最重要的是反-3-己烯-1-醇。

反-3-己烯-1-醇［*trans*-3-hexen-1-ol，（*E*）-3-hexen-1-ol］（C 2-7），俗称反-3-己烯醇，CAS 号 928-97-2（注意：CAS 544-12-7 是 3-己烯-1-醇），FEMA 号 4356，RI_{np} 846 或 858，RI_{mp} 960 或 971，RI_{Wax} 1413 或 1356，沸点 61~62℃（1600Pa）或 155~156℃（101.3kPa），lgP 1.612，不溶于水，具有似松树（piney）、树脂、青草和割草香、药香，在空气中气味阈值 4~16ng/L 或 46ng/L（9.0~138ng/L），水中气味阈值为 39~500μg/L 或 110μg/L，10%vol 酒精-水溶液中嗅阈值为 400μg/L 或 1000μg/L。

表 2-2 反-3-烯醇 RI

反-3-烯醇	RI		反-3-烯醇	RI	
	DB-5 柱	FFAP 柱		DB-5 柱	FFAP 柱
反-3-戊烯-1-醇	645	1274	反-3-壬烯-1-醇	1058	1647
反-3-己烯-1-醇	777	1355	反-3-癸烯-1-醇	1156	1750
反-3-庚烯-1-醇	865	1445	反-3-十一烯-1-醇	1257	1859
反-3-辛烯-1-醇	958	1548	反-3-十二烯-1-醇	1350	1954

反-3-己烯-1-醇存在于黄百香果、玫瑰、橄榄油中；在我国赤霞珠、品丽珠、梅鹿辄和蛇龙珠葡萄中含量通常在检测限 μg/L 以下；在非诺雪利酒中最初含量为 80. 8μg/L，福洛酵母膜形成后含量为 79. 8μg/L，老熟 250d 含量为 74μg/L。

三、 其他不饱和醇

1-辛烯-3-醇（1-octen-3-ol），俗称蘑菇醇（mushroom alcohol），CAS 号 3391-86-4，FEMA 号 2850，RI_{np} 963 或 982，RI_{mp} 1079，RI_{p} 1410 或 1449，沸点 175℃，lgP 2. 519，能溶于醇、植物油等有机溶剂，不溶于水。呈蘑菇、清漆（varnish）、土腥气、青香、水果香、尘土、油脂气，在空气中嗅阈值仅为 1ng/L 或 48ng/L，水中嗅阈值为 1~2μg/L 或 0. 005~100μg/L；模拟葡萄酒中嗅阈值为 20μg/L，红葡萄酒中嗅阈值为 40μg/L；46%vol 酒精-水溶液中嗅阈值为 6. 12μg/L；啤酒中嗅阈值为 200μg/L；苹果汁中觉察阈值为 11μg/L，识别阈值为 31μg/L。

1-辛烯-3-醇已经在饮料酒以及葡萄汁中发现，并被认为是葡萄汁的异香，但它却是蘑菇的主要香气成分，是蘑菇土腥气味（earthy）的主要来源 。

1-辛烯-3-醇在赤霞珠葡萄中含量为 0. 07~8. 65μg/kg 或 3. 95μg/L，品丽珠葡萄中含量 4. 25μg/L，梅鹿辄葡萄中含量 4. 84μg/L，蛇龙珠葡萄中含量 4. 42μg/L；在贵人香白葡萄中含量 nd~0. 09μg/kg，霞多利中含量 nd~0. 11μg/kg，雷司令中含量 nd~0. 06μg/kg。

1-辛烯-3-醇在黄酒中含量为 19. 28~20. 43μg/L。

1-辛烯-3-醇在我国浓香型白酒中含量为 110μg/L；酱香型白酒中含量为 20. 97μg/L，郎酒 107~241μg/L，酱香型醇甜原酒 254μg/L，酱香原酒 122μg/L，窖底香原酒 362μg/L；清香型白酒 1. 99μg/L，汾酒 48. 2μg/L，宝丰酒 23. 3μg/L，青稞酒 52. 4μg/L；兼香型口子窖 314μg/L；凤香型白酒 127μg/L；老白干香型白酒 2. 29μg/L；药香型白酒 272μg/L，豉香型白酒中未检测到。

1-辛烯-3-醇有两个立体异构体，(+)-(*S*)-型（C 2-8）和（-)-(*R*)-型（C 2-9）异构体。(*R*)-型异构体具有典型的蘑菇香和微弱的水果香，而（*S*)-型异构体则有似绿叶气味、青香和霉腐臭。

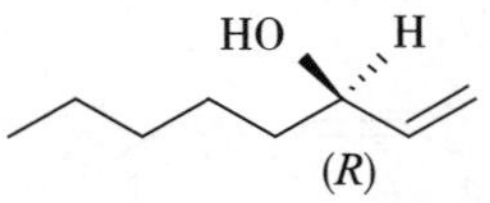

C 2-8　(+)-(*S*)-1-辛烯-3-醇 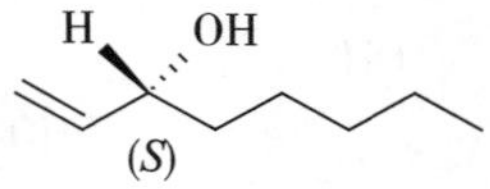　　C 2-9　(-)-(*R*)-1-辛烯-3-醇 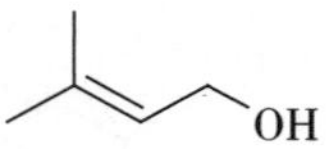　　C 2-10　3-甲基-2-丁烯-1-醇

3-甲基-3-丁烯-1-醇（3-methyl-3-buten-1-ol）(C 2-10)，RI_{np} 731 或 743，RI_{p} 1236 或 1274，呈水果香。该化合物存在于干酪、植物水解液、番石榴果酒、白酒中，在芝麻香型手工原酒中含量为 1042~1511μg/L，机械化原酒中为 903~1325μg/L；老白干香型手工大楂原酒中为 336~2166μg/L，机械化大楂原酒中为 596~752μg/L。

6-甲基庚-5-烯-2-醇（6-methylhept-5-en-2-ol），俗称6-甲基-5-庚烯-2-醇（6-methyl-5-hepten-2-ol），RI_{np} 997或992，RI_{BP-10} 1093，RI_p 1463，呈汗臭、海绵气味（sponge）。该化合物已经在卡尔瓦多斯白兰地中检测到。

第三节　多元醇

多元醇（polyalcohols，polyhydric alcohol），俗称多羟基化合物（polyols），是指碳链上醇羟基多于两个的醇，主要有二醇、三醇及四个以上羟基的醇。四个以上羟基的醇通常称为糖醇（sugar alcohols，alditols，参见第十四章）。多元醇主要在酒中呈现甜味等味觉特征，通常是没有气味的。最重要、最简单的多元醇是甘油。

一、二醇

1. 乙二醇

1,2-乙二醇（1,2-ethanediol），俗称乙二醇（ethylene glycol），IUPAC名乙-1,2-二醇（ethane-1,2-diol），CAS号107-21-1，分子式$C_2H_6O_2$，无色至浅黄色清亮油状液体，熔点-12~-11℃，沸点197~198℃，相对密度1.1130（25℃），lg P -1.688，通常作溶剂使用。

游离态乙二醇存在于白酒大曲及其制曲原料中，酱香型大曲含量435.3μg/g（干重），浓香型大曲466.7μg/g（干重），清香型大曲930.6μg/g（干重）；小麦23.65μg/g（干重），大麦28.45μg/g（干重），豌豆39.35μg/g（干重）。

2. 丙二醇

1,2-丙二醇（1,2-propandiol，propane-1,2-diol）（C 2-11），俗称丙二醇（propylene glycol）、1,2-二羟基丙烷（1,2-dihydroxypropane）、甲基乙基乙二醇（methyl ethyl glycol，MEG）、甲基甘醇（methyl ethylene glycol），CAS号57-55-6，分子式$C_3H_8O_2$，相对分子质量76.09，熔点-59℃，沸点188.2℃，密度1.036g/cm^3，微溶于水、乙醇和乙醚，无香气，呈甜味，在水溶液中甜味阈值为44.2mmol/L（即3.36g/L）。

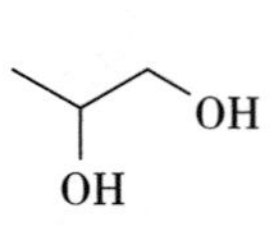

OH OH OH OH OH HO OH

C 2-11　1,2-丙二醇 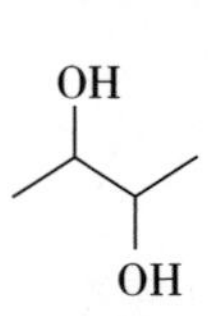　　C 2-12　2,3-丁二醇 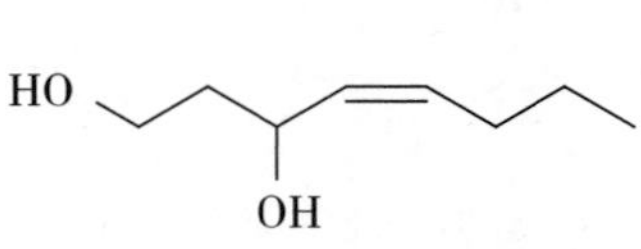　　C 2-13　(Z)-5-辛烯-1,3-二醇

最新研究结果表明，D-果糖、甘油以及低于阈值的葡萄糖、1,2-丙二醇和环己六醇（*myo*-inositol）共同产生红葡萄酒甜味。甘油、1,2-丙二醇和环己六醇共同产生葡萄酒的丰满口感。

3. 丁二醇

2,3-丁二醇（2,3-butanediol，butane-2,3-diol，2,3-butylene glycol，dimethylene glycol）（C 2-12），俗称二甲基乙二醇（dimethyl ethylene glycol），CAS 号 513-85-9，FEMA 号 2010，RI_{np} 750 或 789，RI_p 1542 或 1568，分子式 $C_4H_{10}O_2$，结构简式 $(CH_3)_2(CHOH)_2$，摩尔质量 90.12g/mol，无色黏稠液体，熔点 25℃，沸点 182℃，密度 0.987g/mL，lgP -0.920，pK_a 14.9，能溶于醇和水。2,3-丁二醇是酒类中极少数呈香的多元醇之一，主要产生似黄油（buttery）、乳脂（creamy）、水果香，在水中气味阈值为 100mg/L，14%vol 酒精-水溶液中气味阈值为 668mg/L；有甜味。

2,3-丁二醇、3-羟基二丁酮（乙偶姻）与 2,3-丁二酮（双乙酰）三者之间可以互相转化。

2,3-丁二醇是手性醇，有三个手性异构体 (2*R*,3*R*)-型、(2*S*,3*S*)-型和（(2*R*,3*S*)-型［或（2*S*,3*R*)-型］，其中前两者是对映异构体，可以被常用的 GC 色谱柱分开。

(2*R*,3*R*)-2,3-丁二醇，俗称（2*R*,3*R*)-(-)-2,3-丁二醇、D-(-)-2,3-丁二醇，CAS 号 24347-58-8；(2*S*,3*S*)-2,3-丁二醇，俗称（2*S*,3*S*)-(+)-2,3-丁二醇、L-(+)-2,3-丁二醇，CAS 号 19132-06-0；(2*S*,3*R*)-2,3-丁二醇，俗称内消旋 2,3-丁二醇（*meso*-2,3-butanediol），CAS 号 5341-95-7。

2,3-丁二醇是葡萄酒成分之一，在玫瑰葡萄酒中含量为 19.46～31.63mg/L，是酵母发酵糖生成的。酿酒酵母主要产生 D-(-)-2,3-丁二醇和少量 *meso*-2,3-丁二醇，经过 MLF（苹果酸-乳酸发酵）的葡萄酒会含有少量的 L-(+)-2,3-丁二醇，未经过 MLF 发酵的葡萄酒中未检测到。

2,3-丁二醇在白酒中含量如下：浓香型剑南春酒含量 14.1mg/L，五粮液 16mg/L，酱香型郎酒 14mg/L，米香型白酒 45mg/L，清香型汾酒、液态法白酒中未检测到。

二、 丙三醇

丙三醇（glycerol），俗称甘油，是饮料酒中十分重要的一个多元醇，IUPAC 名丙基-1,2,3-三醇（propan-1,2,3-triol），CAS 号 56-81-5，FEMA 号 2525，RI_{np} 1267（甘油-3TMS①），无色、无气味、清亮液体，熔点 17.8℃，沸点 290℃，密度 1.261g/mL，黏度 1.2 Pa·s 或 954cP（25℃），能与水互溶，具有吸湿性。当加热到 290℃时，甘油会分解。因其含有三个亲水的羟基，故易溶于水。

甘油有甜味，其甜味是蔗糖的 0.60（蔗糖甜味定义为 1），低毒性。甘油在水溶液中甜味阈值 57.0 mmol/L 或 81.2 mmol/L 或 81.1 mmol/L 或 18.6 mmol/L，在白葡萄酒中甜味阈值 5.2g/L。

甘油在葡萄酒中会与其他香气成分发生相互作用。在发酵过程中，甘油的主要作用是调节细胞渗透压；通过转化过量的 NADP 为 NAD^+而保持细胞内氧化还原作用的平衡。

① 甘油硅烷化衍生后的产物。

甘油赋予葡萄酒甜味，并影响葡萄酒黏度，是葡萄酒中除水和乙醇外最丰富的化合物之一，红葡萄酒甘油含量比白葡萄酒高，而雪利酒含量少。甘油在葡萄酒中含量为4~9g/L，丹菲特红葡萄酒中含量11.5~12.5g/L；玫瑰红葡萄酒含量6~6.7g/L（葡萄牙）；西万尼白葡萄酒含量5.9g/L（葡萄牙），灰比诺白葡萄酒含量7g/L（葡萄牙），霞多利白葡萄酒含量5.3g/L（葡萄牙）。葡萄酒中甘油产生于酒精发酵初期的甘油-丙酮酸发酵。在葡萄酒贮存老熟阶段，酵母会利用其作为碳源，从而使得甘油含量下降。

啤酒中甘油含量为1.3~2g/L；果醋中含量55~134mmol/L。

游离态甘油存在于白酒大曲及其制曲原料中，酱香型大曲含量为13.61μg/g（干重），浓香型大曲14.42μg/g（干重），清香型大曲7.35μg/g（干重）；小麦5.33μg/g（干重），大麦1.62μg/g（干重），豌豆2.42μg/g（干重）。

甘油在芝麻香型手工原酒中含量为318~460μg/L，机械化原酒中为312~401μg/L；老白干香型手工大楂原酒62.18~300.00μg/L，机械化大楂原酒64.98~238μg/L。

第四节 酒类生产过程中醇类形成机理

一、 高级醇形成途径

1. 高级醇形成的生化途径

酒类生成过程中，绝大部分的醇和酸来自糖和氨基酸的降解，如图2-1。α-酮酸（α-keto acid）是醇类产生的中间体，也是氨基酸和糖代谢的中间体，其形成有两条途径：一条是埃尔利希途径（Erhlich pathway），包括氨基酸降解为相应的高级醇，如亮氨酸生成异戊醇、异亮氨酸生成活性戊醇（即2-甲基丁醇）、缬氨酸生成异丁醇、苯丙氨酸生成2-苯乙醇、酪氨酸生成酪醇、色氨酸生成色醇、甲硫氨酸生成甲硫醇。另一条是从头合成途径（*de novo* synthesis）即生物合成途径（biosynthesis pathway），即从葡萄糖合成α-酮酸。研究发现，在葡萄酒酿酒环境下，来源于糖产生的高级醇约占35%，而65%的高级醇来源于氨基酸，即埃尔利希途径。

细胞支链氨基酸的摄入由一些运输蛋白（transport proteins）调节：支链氨基酸透性酶（branched-chain amino acid permease）Bap2p和Bap3p和总氨基酸透性酶（total amino acid permease）Gap1p（图2-1）；芳香族氨基酸由Tat1p和Tat2p，以及Gap1p和Bap2p运输；而甲硫氨酸由Mup1p、Mup3p和Gap1运输。

当氨基酸进入细胞后，埃尔利希途径的第一步是通过转氨基作用（transamination）形成α-酮酸，由支链的Bat1p和Bat2p氨基酸转移酶（amino acid transferase）和芳香族的Aro8p和Aro9p氨基酸转移酶催化。丙酮酸脱羧酶（pyruvate decarboxylase，Pdc1p，Pdc5p，Pdc6p，Aro10p，图2-1）转化α-酮酸到相应的醛，醛被醇脱氢酶（Adh1p~

Adh6p，Sfa1p）还原为醇。醛脱氢酶（Ald1p～Ald6p，图2-1）催化醛氧化为相应的酸，然后由弱有机酸透性酶Pdr12p将有机酸从细胞内移出。

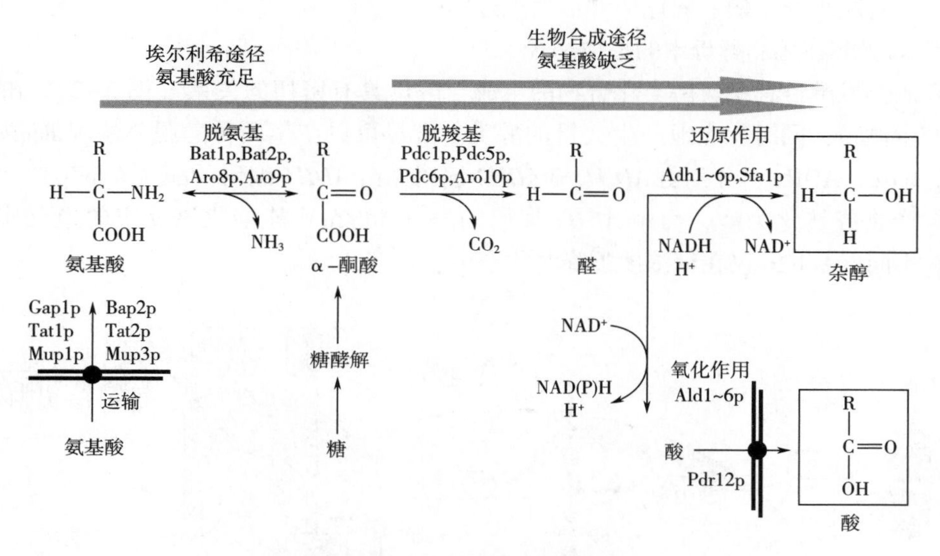

图2-1 从糖和氨基酸形成高级醇途径

不同的酮酸在醇和酸的形成过程中起着基本相同的作用。如α-酮异己酸（α-ketoisocaproic acid）可能经历了以下部分或所有的反应：①转氨基形成亮氨酸；②脱羰基还原成异戊醇；③脱羰基氧化成异戊酸；④经由亮氨酸降解途径降解成乙酰辅酶A和乙酰乙酰辅酶A。α-酮异戊酸（α-ketoisovaleric acid）或许也经历了类似的途径。该酮酸来源于缬氨酸，是异丁醇和异丁酸的中间体，它也能被降解而生成丙酰辅酶A。α-酮-β-甲基戊酸（α-keto-β-methylpentanoic acid）是异亮氨酸和2-甲基丁醇的中间体。α-甲基丁酸是α-酮-β-甲基戊酸的氧化产物，也已经在蒸馏酒中检测到。异亮氨酸降解途径的产物是丙酰辅酶A和乙酰辅酶A。

正丙醇的产生与起始的氮源和酵母生长有关，它的出现并不受到结构相关的氨基酸的影响，如苏氨酸和α-氨基丁酸；但正丙醇的产生与硫化氢的形成之间具有负相关关系。

氨基酸生成α-酮酸的反应由线粒体和胞液中由*BAT1*和*BAT2*基因编码的支链氨基酸转氨酶催化 。接着丙酮酸脱羧酶（PDC）转化酮酸为相应的支链醛。在亮氨酸降解途径中，主要的脱羰基酶由*KID1*（α-酮异己酸脱羧酶，α-ketoisocaproate decarboxylase）编码。在缬氨酸降解途径中，PDC三个同工酶中的任何一个（*PDC1*，*PDC2*和*PDC6*编码）均可以脱去α-酮异戊酸的羰基。在异亮氨酸的代谢过程中，由*PDC1*、*PDC5*、*PDC6*、*KID1*或*ARO10*编码的脱羧基酶能有效地催化脱羰基反应。过表达*ILV2*、*ILV3*、*ILV5*和*BAT2*基因，会导致酿酒酵母缬氨酸代谢过程中异丁醇产量上升 。

将*BAT1*和*BAT2*基因过表达在商业酵母中，结果表明，过表达*BAT1*基因，将增加异戊醇和乙酸异戊酯的浓度，异丁醇和异丁酸的下降至较小的浓度；过表达*BAT2*基因，将大量增加异丁醇、异丁酸和丙酸的浓度。感官品评发现用过表达 *BAT1* 和 *BAT2* 基因生产的葡萄酒和蒸馏酒果香（主要是桃和杏香）显著。敲除 *BAT1* 和 *BAT2* 基因的突变株，将减少异丁醇、异戊醇和活性戊醇的生成。

2. 高级醇在酿酒酵母中的形成途径

在酒类发酵过程中，醇类化合物的生成与酵母具有密切的关系（图 2-2）。酵母发酵糖产生酒精，同时相应地产生大量的醇类。酵母可以产生两种醇脱氢酶（alcohol dehydrogenase，ADH），分别由 *ADH1* 和 *ADH2* 编码。由 *ADH1* 编码的酶（Adh*1*p）能将糖的降解产物醛转化为醇，而由 *ADH2* 编码的酶（Adh2p）能催化该反应的逆反应。与 Adh1p 不同，Adh2p 仅在糖浓度下降时才产生。

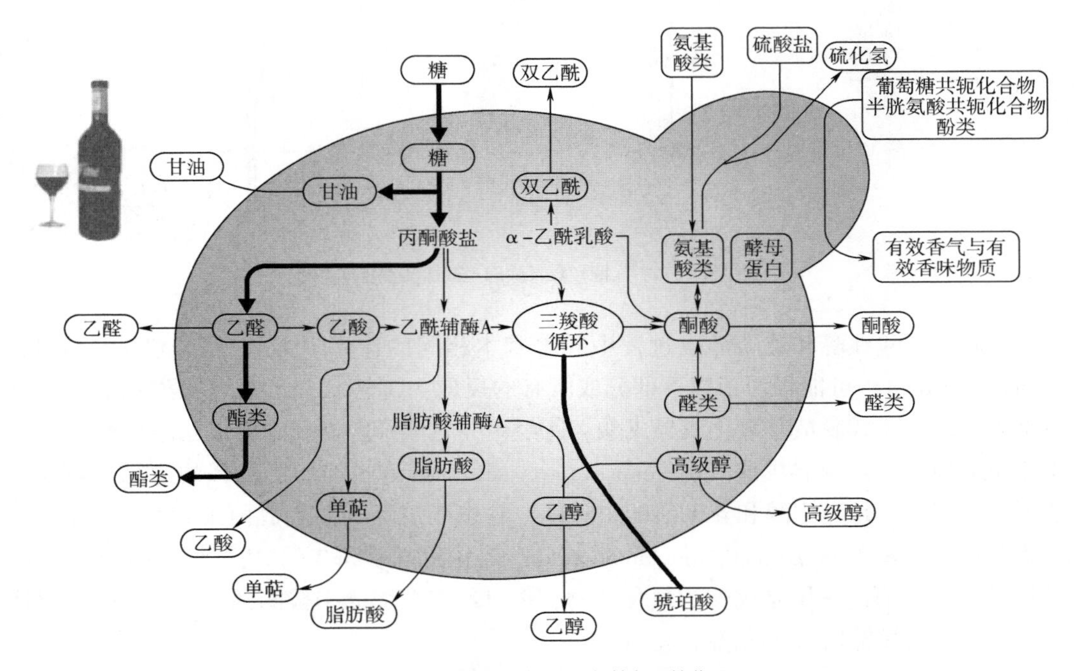

图 2-2 产酒酵母在风味代谢方面的作用

酵母菌种对葡萄酒中高级醇的影响相当大。与耐冷的贝酵母（*S. bayanus*）和葡萄汁酵母（*S. uvarum*）相比，酵母属（*Saccharomyces*）酵母如酿酒酵母（*S. cerevisiae*）通常产较少的高级醇。大多数的非酿酒酵母比酿酒酵母产高级醇少。美极梅奇酵母（*Metschnikowia pulcherrima*）具有特别高的产 2-苯乙醇的能力。

3. 其他因素对高级醇形成的影响

除了酵母的影响外，发酵醪中乙醇浓度、发酵温度、pH、营养组成、通气、可同化氮源、固形物浓度、葡萄汁/麦汁比重、葡萄品种、葡萄成熟度、浸皮时间、氨基酸浓度均影响到终产品中高级醇浓度 。在啤酒发酵中，许多因素可以刺激酵母的生长，如通氧、添加脂肪酸和固醇（sterol），或者是提高发酵温度，这些措施也会引起麦汁中杂醇油浓度上升，类似的现象也存在于葡萄酒生产中，高级醇的产生与果汁澄清度与发酵温度有关。在清亮的过滤果汁中，高级醇的产生则与发酵温度无关。

葡萄汁中的可同化氮源对发酵过程中高级醇的形成具有强烈的影响。当最初氮源浓度很低时，增加氮将导致高级醇浓度的急剧上升 。反之，如果最初葡萄汁中氮浓度较高，则增加氮源会降低高级醇的浓度，因为绝大部分剩余的酮酸会直接转化为相应的氨基酸。

葡萄汁的浑浊度（turbidity）会增加高级醇的含量，这与生物量有关，红葡萄酒会产生更多的高级醇，因红葡萄酒发酵时存在更多的葡萄固形物。类似地，化学惰性材料能刺激高级醇的产生，但机理仍然不清楚。

通气与提高发酵温度会增加高级醇的产生，其原因是刺激了营养（如氮源）的摄入。研究发现如果最初葡萄汁中没有氧，则产生较少的高级醇。β-苯乙醇的生成对温度特别敏感，而其他的高级醇对温度不太敏感。

甲醇、1-丁醇和2-丁醇并不是酵母酒精发酵的产物，但这些产物可以表明蒸馏酒的类型（type）和辨别特殊生产原料的真伪（authenticity of specific raw materials）。这些化合物阈值相当高，基本上没有风味贡献。如果甲醇含量高，说明该酒是一个典型的水果蒸馏酒（fruit spirits）。如果1-丁醇的含量为30mg/L纯酒精时，则该酒是典型的樱桃蒸馏酒（cherry distillate），其他的水果蒸馏酒的1-丁醇含量接近1000mg/L纯酒精。2-丁醇的含量超过500mg/L纯酒精时，表明该酒的原料或醪受到了细菌感染。

最新研究结果表明，1-丁醇和1-丙醇可以通过构建的大肠杆菌（*E. coli*）由葡萄糖产生。菌株先将葡萄糖转化为2-酮丁酸（2-ketobutyrate），也是异亮氨酸生物合成的通用酮酸中间体。然后2-酮丁酸通过异源脱羧酶（heterologous decarboxylase）和脱氢酶催化反应生成1-丙醇；或通过非天然氨基酸戊氨酸（norvaline）合成中涉及的化学反应产生1-丁醇。

葡萄酒中的己醇来源于己醛的酵母还原，而己醛则是由葡萄汁加工过程中亚油酸产生的。

一些醇虽然来源于氨基酸，但添加单一氨基酸后对酵母发酵的影响是广泛的。添加单一氨基酸不能显著影响酵母细胞数量、发酵液的pH、溶解性固形物含量、糖和乙醇浓度。每一种氨基酸的添加均能大幅度降低脯氨酸的消耗，减少甘油产生。荔枝汁中添加L-苯丙氨酸能显著降低丙酮酸和琥珀酸的产量，但显著增加2-苯乙醇、乙酸-2-苯乙酯、异丁酸-2-苯乙酯和己酸-2-苯乙酯的产量。但色氨酸和酪氨酸的添加对荔枝酒的风味剖面影响甚小。

二、 甘油形成途径

在糖酵解过程中（图2-3），由磷酸二羟丙酮（dihydroxyacetone phosphate）产生3-磷酸甘油（glycerol-3-phosphate，GAP），该反应由甘油-3-磷酸脱氢酶（glycerol-3-phosphate dehydrogenase，GPD）催化。接着在甘油-3-磷酸酶（glycerol-3-phosphase，GPP）作用下，GAP通过脱磷酸作用（dephosphorylation）生成甘油。此途径也称为甘

油丙酮酸发酵（glyceropyruvic fermentation）。

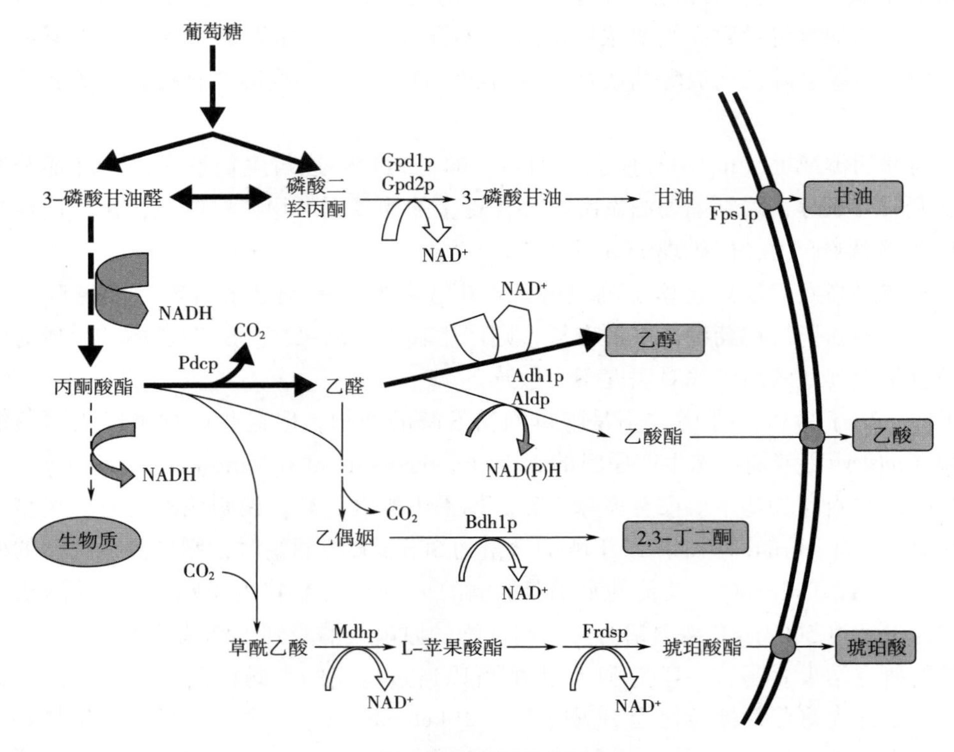

图 2-3　甘油产生途径

GPD 的两个同工酶（isoenzyme，Gpd1p 和 Gpd2p）分别由 *GPD1* 和 *GPD2* 基因编码，这两个基因已经在酿酒酵母中被描述。这一步反应是甘油产生的限速步骤。胞内甘油浓度还受到甘油透性酶（glycerol permease）Fps1p 的调节，它控制着胞内甘油向胞外的释放。*GPD1* 响应高渗透条件下表达，主要是为了保护细胞，以防失水；*GPD2* 在厌氧条件下表达，是厌氧代谢（氨基酸合成）产生的 NADH 再氧化的关键步骤，也是细胞膜生长所需甘油三酯（triacylglycerol）和甘油磷脂（glycerophospholipid）生物合成的第一步。NADH 再氧化会伴随风味物产生，如 2,3-丁二醇、L-苹果酸和琥珀酸（图 2-3）。GPP 同工酶由 *GPP1* 和 *GPP2* 两个基因编码 。在酿酒酵母中过表达 *GPD1* 基因，甘油产量会上升，如在 9 个酿酒酵母中过表达 *GPD1* 基因，甘油产量增加 1.5~2.5 倍；过表达 *GPD2* 基因，效果与 *GPD1* 相同，甘油产量可增加 3.3 倍。但生物量和乙醇得率下降，而丙酮酸、乙酸、乙醛、2,3-丁二醇、琥珀酸和乙偶姻增加。乙酸浓度增加到不可接受的程度，可以通过敲除编码乙醛脱氢酶的 *ALD6* 基因减少乙醛氧化。

酵母在发酵产生甘油受多因素的影响，影响较大的因素有菌种、温度、搅拌和氮的组成。

复习思考题

1. 简述高级醇对白酒风味的影响。
2. 简述 C6 不饱和醇对葡萄酒风味的影响。
3. 简述异戊醇在蒸馏酒中的分布。
4. 简述不同手性 2-甲基丁醇风味特征的异同。
5. 论述饮料酒中高级醇的形成途径，以及生产过程中哪些因素影响高级醇的产生。
6. 简述甘油的产生途径。

参考文献

[1] Cameleyre, M., Lytra, G., Tempere, S., Barbe, J. -C. Olfactory impact of higher alcohols on red wine fruity ester aroma expression in model solution [J]. J. Agri. Food. Chem., 2015, 63 (44): 9777-9788.

[2] Rapp, A., Versini, G. Influence of nitrogen on compounds in grapes on aroma compounds in wines [J]. J. Int. Sci. Vigne Vin, 1996, 51: 193-203.

[3] Smyth, H. E. The compositional basis of the aroma of Riesling and unwooded Chardonnay wine [D]. The University of Adelaide, 2005.

[4] 徐寿昌. 有机化学（第二版）[M]. 北京：高等教育出版社：1993.

[5] Fan, W., Qian, M. C. Characterization of aroma compounds of Chinese "Wuliangye" and "Jiannanchun" liquors by aroma extraction dilution analysis [J]. J. Agri. Food. Chem., 2006, 54 (7): 2695-2704.

[6] Fan, W., Qian, M. C. Headspace solid phase microextraction (HS-SPME) and gas chromatography-olfactometry dilution analysis of young and aged Chinese "Yanghe Daqu" liquors [J]. J. Agri. Food. Chem., 2005, 53 (20): 7931-7938.

[7] Fan, W., Qian, M. C. Identification of aroma compounds in Chinese 'Yanghe Daqu' liquor by normal phase chromatography fractionation followed by gas chromatography/olfactometry [J]. Flav. Fragr. J., 2006, 21 (2): 333-342.

[8] Ebeler, S. E. Analytical chemistry: unlocking the secrets of wine flavor [J]. Food Rev. Int., 2001, 17 (1): 45-64.

[9] Fritsch, H. T., Schieberle, P. Identification based on quantitative measurements and aroma recombination of the character impact odorants in a Bavarian Pilsner-type beer [J]. J. Agri. Food. Chem., 2005, 53: 7544-7551.

[10] Poisson, L., Schieberle, P. Characterization of the most odor-active compounds in an American Bourbon whisky by application of the aroma extract dilution analysis [J]. J. Agri. Food. Chem., 2008, 56 (14): 5813-5819.

[11] Czerny, M., Christlbauer, M., Christlbauer, M., Fischer, A., Granvogl, M., Hammer, M., Hartl, C., Hernandez, N. M., Schieberle, P. Re-investigation on odour thresholds of key food aroma compounds and development of an aroma language based on odour qualities of defined aqueous odorant solutions [J]. Eur. Food Res. Technol., 2008, 228: 265-273.

[12] Siek, T. J., Albin, I. A., Sather, L. A., Lindsay, R. C. Comparison of flavor thresholds of aliphatic lactones with those of fatty acids, esters, aldehydes, alcohols, and ketones [J]. J. Dairy Sci., 1971, 54 (1): 1-4.

[13] Poisson, L., Schieberle, P. Characterization of the key aroma compounds in an American Bourbon whisky by quantitative measurements, aroma recombination, and omission studies [J]. J. Agri. Food. Chem., 2008, 56 (14): 5820-5826.

[14] Nolden, A. A., Hayes, J. E. Perceptual qualities of ethanol depend on concentration, and variation in these percepts associates with drinking frequency [J]. Chemosens. Percept., 2015, 8 (3): 149-157.

[15] Demiglio, P., Pickering, G. J. The influence of ethanol and pH on the taste and mouthfeel sensations elicited by red wine [J]. J. Food Agric. Environ., 2008, 6 (3&4): 143-150.

[16] Nurgel, C., Pickering, G. Contribution of glycerol, ethanol and sugar to the perception of viscosity and density elicited by model white wines [J]. J. Texture Stud., 2005, 36 (3): 303-323.

[17] Zea, L., Ruiz, M. J., Moyano, L. Using odorant series as an analytical tool for the study of the biological ageing of sherry wines [M]. In Gas Chromatography in Plant Science, Wine Technology, Toxicology and Some Specific Applications Salih, B.; Çelikbıçak, Ö., Eds. InTech: Rijeka, Croatia, 2012: 91-108.

[18] Christoph, N., Bauer-Christoph, C. Flavour of spirit drinks: Raw materials, fermentation, distillation, and ageing [M]. In Flavours and Fragrances: Chemistry, Bioprocessing and Sustainability, Berger, R. G., Ed. Springer: Heidelberg, Germany, 2007: 219-239.

[19] 沈怡方. 白酒生产技术全书 [M]. 北京: 中国轻工业出版社, 1998.

[20] 陈季雅. 试谈蒸馏白酒的卫生标准 [J]. 酿酒, 1983, (3): 7-13.

[21] 葡萄酒、果酒通用分析方法 GB/T 15038 [S]. 北京: 中国标准出版社, 2006.

[22] 白酒分析方法 GB/T 10345 [S]. 北京: 中国标准出版社, 2007.

[23] Nicol, D. A. Batch distillation [M]. In Whisky. Technology, Production and Marketing, Russell, I.; Stewart, G.; Bamforth, C., Eds. Elsevier Ltd.: London, UK, 2003: 153-176.

[24] Apostolopoulou, A. A., Flouros, A. I., Demertzis, P. G., Akrida-Demertzi, K. Differences in concentration of principal volatile constituents in traditional Greek distillates [J]. Food Control, 2005, 16 (2): 157-164.

[25] 朱梦旭. 白酒中易挥发的有毒有害小分子醛及其结合态化合物研究 [D]. 江南大学, 江苏无锡, 2016.

[26] 蒸馏酒与配制酒卫生标准 [S]. 北京: 中国标准出版社, 1981.

[27] Panosyan, A. G., Mamikonyan, G. V., Torosyan, M., Gabrielyan, E. S., Mkhitaryan, S. A., Tirakyan, M. R., Ovanesyan, A. Determination of the composition of volatiles in Cognac (brandy) by headspace gas chromatography-mass spectrometry [J]. J. Anal. Chem., 2001, 56 (10): 945-952.

[28] Rychlik, M., Schieberle, P., Grosch, W. Compilation of odor thresholds, odor qualities and retention indices of key food odorants [M]. Garching: Deutsche Forschungsanstalt für Lebensmittelchemie and Institut für Lebensmittelchemie der Technischen Universität München, 1998.

[29] Pinto, A. B., Guedes, C. M., Moreira, R. F. A., De Maria, C. A. B. Volatile constituents from headspace and aqueous solution of genipap (Genipa americana) fruit isolated by the solid-phase extraction method [J]. Flav. Fragr. J., 2006, 21 (3): 488-491.

[30] Ledauphin, J., Saint-Clair, J. -F., Lablanquie, O., Guichard, H., Founier, N., Guichard, E., Barillier, D. Identification of trace volatile compounds in freshly distilled Calvados and Cognac using pre-

parative separations coupled with gas chromatography-mass spectrometry [J]. J. Agri. Food. Chem., 2004, 52: 5124-5134.

[31] Lee, S.-J., Noble, A. C. Characterization of odor-active compounds in Californian Chardonnay wines using GC-olfactometry and GC-mass spectrometry [J]. J. Agri. Food. Chem., 2003, 51: 8036-8044.

[32] Rowe, D. J. Chemistry and Technology of Flavors and Fragrances [M]. Oxford: Blackwell Publishing Ltd., 2005.

[33] 范文来, 徐岩. 白酒 79 个风味化合物嗅觉阈值测定 [J]. 酿酒, 2011, 38 (4): 80-84.

[34] Clarke, R. J., Bakker, J. Wine Flavour Chemistry [M]. Oxford: Blackwell Publishing Ltd., 2004.

[35] Peinado, R. A., Mauricio, J. C., Medina, M., Moreno, J. J. Effect of *Schizosaccharomyces pombe* on aromatic compounds in dry sherry wines containing high levels of gluconic acid [J]. J. Agri. Food. Chem., 2004, 52 (14): 4529-4534.

[36] Swiegers, J. H., Saerens, S. M. G., Pretorius, I. S. The development of yeast strains as tools for adjusting the flavor of fermented beverages to market specifications [M]. In Biotechnology in Flavor Production, Havkin - Frenkel, d.; Belanger, F. C., Eds. Blackwell Publishing Ltd: Oxford OX4 2DQ, UK, 2008.

[37] Bartowsky, E. J., Pretorius, I. S. Microbial formation and modification of flavor and off-flavor compounds in wine [M]. In Biology of Microorganisms on Grapes, in Must and in Wine, König, H.; Unden, G.; Fröhlich, J., Eds. Springer-Verlag: Berlin, Heidelberg, 2009; 209-231.

[38] Fan, W., Xu, Y. Characteristic aroma compounds of Chinese dry rice wine by gas chromatography-olfactometry and gas chromatography-mass spectrometry [M]. In Flavor Chemistry of Wine and Other Alcoholic Beverages, Qian, M. C.; Shellhammer, T. H., Eds. American Chemical Society, 2012: 277-301.

[39] Nose, A., Hamasaki, T., Hojo, M., Kato, R., Uehara, K., Ueda, T. Hydrogen bonding in alcoholic beverages (distilled spirits) and water-ethanol mixtures [J]. J. Agri. Food. Chem., 2005, 53 (18): 7074-7081.

[40] 王忠彦, 尹昌树. 白酒色谱骨架成分的含量及其比例关系对香型和质量的影响 [J]. 酿酒科技, 2000, 102 (6): 93-96.

[41] 李大和. 建国五十年来白酒生产技术的伟大成就 (二) [J]. 酿酒, 1999, 131 (2): 22-29.

[42] 范文来, 聂庆庆, 徐岩. 洋河绵柔型白酒关键风味成分 [J]. 食品科学, 2013, 34 (4): 135-139.

[43] Wang, X., Fan, W., Xu, Y. Comparison on aroma compounds in Chinese soy sauce and strong aroma type liquors by gas chromatography-olfactometry, chemical quantitative and odor activity values analysis [J]. Eur. Food Res. Technol., 2014, 239 (5): 813-825.

[44] 汪玲玲, 范文来, 徐岩. 酱香型白酒液液微萃取-毛细管色谱骨架成分与香气重组 [J]. 食品工业科技, 2012, 33 (19): 304-308.

[45] 曾祖训. 白酒香味成分的色谱分析 [J]. 酿酒, 2006, 33 (2): 3-6.

[46] 龚舒蓓. 老白干香型和芝麻香型手工原酒与机械原酒的成分差异 [D]. 江南大学, 2018.

[47] 胡国栋, 蔡心尧, 陆久瑞, 尹建军, 朱叶, 程劲松. 四特酒特征香味组分的研究 [J]. 酿酒科技, 1994, 61 (1): 9-17.

[48] Fan, H., Fan, W., Xu, Y. Characterization of key odorants in Chinese chixiang aroma-type liquor by gas chromatography-olfactometry, quantitative measurements, aroma recombination, and omission studies

[J]. J. Agri. Food. Chem. , 2015, 63 (14): 3660-3668.

[49] Timón, M. L. , Carrapiso, A. I. , Jurado, Á. , van de Lagenmaat, J. A study of the aroma of fried bacon and fried pork loin [J]. J. Sci. Food Agric. , 2004, 84: 825-831.

[50] Weldegergis, B. T. , Crouch, A. M. , Górecki, T. , Villiers, A. d. Solid phase extraction in combination with comprehensive two-dimensional gas chromatography coupled to time-of-flight mass spectrometry for the detailed investigation of volatiles in South African red wines [J]. Anal. Chim. Acta, 2011, 701: 98-111.

[51] Loscos, N. , Hernandez-Orte, P. , Cacho, J. , Ferreira, V. Release and formation of varietal aroma compounds during alcoholic fermentation from nonfloral grape odorless flavor precursors fractions [J]. J. Agri. Food. Chem. , 2007, 55 (16): 6674-6684.

[52] Wang, J. , Gambetta, J. M. , Jeffery, D. W. Comprehensive study of volatile compounds in two Australian rosé wines: Aroma extract dilution analysis (AEDA) of extracts prepared using solvent-assisted flavor evaporation (SAFE) or headspace solid-phase extraction (HS-SPE) [J]. J. Agri. Food. Chem. , 2016, 64 (19): 3838-3848.

[53] Leffingwell, J. C. Odor & flavor detection thresholds in water [Online], 2003. http: //www. leffingwell. com/odorthre. htm.

[54] Culleré, L. , Escudero, A. , Cacho, J. F. , Ferreira, V. Gas chromatography-olfactometry and chemical quantitative study of the aroma of six premium quality Spanish aged red wines [J]. J. Agri. Food. Chem. , 2004, 52 (6): 1653-1660.

[55] Schuh, C. , Schieberle, P. Characterization of the key aroma compounds in the beverage prepared from Darjeeling black tea: Quantitative differences between tea leaves and infusion [J]. J. Agri. Food. Chem. , 2006, 54 (3): 916-924.

[56] Fan, W. , Xu, Y. , Han, Y. Quantification of volatile compounds in Chinese ciders by stir bar sorptive extraction (SBSE) and gas chromatography-mass spectrometry (GC-MS) [J]. J. Inst. Brew. , 2011, 117 (1): 61-66.

[57] Gao, W. , Fan, W. , Xu, Y. Characterization of the key odorants in light aroma type Chinese liquor by gas chromatography-olfactometry, quantitative measurements, aroma recombination, and omission studies [J]. J. Agri. Food. Chem. , 2014, 62 (25): 5796-5804.

[58] Buttery, R. G. , Ling, L. C. , Stern, D. J. Studies on popcorn aroma and flavor volatiles [J]. J. Agri. Food. Chem. , 1997, 45 (3): 837-843.

[59] Elmore, J. S. , Mottram, D. S. , Enser, M. , Wood, J. D. Effect of the polyunsaturated fatty acid composition of beef muscle on the profile of aroma volatiles [J]. J. Agri. Food. Chem. , 1999, 47 (4): 1619-1625.

[60] Aaslyng, M. D. , Elmore, J. S. , Mottram, D. S. Comparison of the aroma characteristics of acid-hydrolyzed and enzyme-hydrolyzed vegetable proteins produced from soy [J]. J. Agri. Food. Chem. , 1998, 46 (12): 5225-5231.

[61] Sekiwa, Y. , Kubota, K. , Kobayashi, A. Characteristic flavor components in the brew of cooked Clam (*Meretrix lusoria*) and the effect of storage on flavor formation [J]. J. Agri. Food. Chem. , 1997, 45: 826-830.

[62] Guen, S. L. , Prost, C. , Demaimay, M. Characterization of odorant compounds of mussels (*Mytilus edulis*) according to their origin using gas chromatography-olfactometry and gas chromatography-mass spectrometry [J]. J. Chromatogr. A, 2000, 896 (1-2): 361-371.

[63] 聂庆庆, 范文来, 徐岩, 杨廷栋, 张雨柏, 周新虎, 陈翔. 洋河系列绵柔型白酒香气成分研究 [J]. 食品工业科技, 2012, 33 (12): 68-74.

［64］ Tan, Y. , Siebert, K. J. Quantitative structure-activity relationship modeling of alcohol, ester, aldehyde, and ketone flavor thresholds in beer from molecular features ［J］. J. Agri. Food. Chem. , 2004, 52 (10): 3057-3064.

［65］ 孙莎莎, 范文来, 徐岩, 李记明, 于英. 我国不同产地赤霞珠挥发性香气成分差异分析 ［J］. 食品工业科技, 2013, 34 (24): 70-74.

［66］ Bowen, A. J. , Reynolds, A. G. Odor potency of aroma compounds in Riesling and Vidal blanc table wines and icewines by gas chromatography-olfactometry-mass spectrometry ［J］. J. Agri. Food. Chem. , 2012, 60: 2874-2883.

［67］ Chalier, P. , Angot, B. , Delteil, D. , Doco, T. , Gunata, Z. Interactions between aroma compounds and whole mannoprotein isolated from *Saccharomyces cerevisiae* strains ［J］. Food Chem. , 2007, 100 (1): 22-30.

［68］ Guth, H. Quantitation and sensory studies of character impact odorants of different white wine varieties ［J］. J. Agri. Food. Chem. , 1997, 45 (8): 3027-3032.

［69］ Peinado, R. A. , Moreno, J. J. , Maestre, O. , Ortega, J. M. , Medina, M. , Mauricio, J. C. Gluconic acid consumption in wines by *Schizosaccharomyces pombe* and its effect on the concentrations of major volatile compounds and polyols ［J］. J. Agri. Food. Chem. , 2004, 52 (3): 493-497.

［70］ Uselmann, V. , Schieberle, P. Decoding the combinatorial aroma code of a commercial Cognac by application of the sensomics concept and first insights into differences from a German brandy ［J］. J. Agri. Food. Chem. , 2015, 63 (7): 1948-1956.

［71］ Steinhaus, M. , Sinuco, D. , Polster, J. , Osorio, C. , Schieberle, P. Characterization of the key aroma compounds in pink guava (*Psidium guajava* L.) by means of aroma re-engineering experiments and omission tests ［J］. J. Agri. Food. Chem. , 2009, 57 (7): 2882-2888.

［72］ Rowan, D. D. , Allen, J. M. , Fielder, S. , Hunt, M. B. Biosynthesis of straight-chain ester volatiles in red delicious and granny smith apples using deuterium-labeled precursors ［J］. J. Agri. Food. Chem. , 1999, 47 (7): 2553-2562.

［73］ Fan, W. , Xu, Y. , Jiang, W. , Li, J. Identification and quantification of impact aroma compounds in 4 nonfloral *Vitis vinifera* varieties grapes ［J］. J. Food Sci. , 2010, 75 (1): S81-S88.

［74］ 孙莎莎, 范文来, 徐岩, 李记明, 于英. 3 种酿酒白葡萄果实的挥发性香气成分比较 ［J］. 食品与发酵工业, 2014, 40 (5): 193-198.

［75］ Ferreira, V. , López, R. , Cacho, J. F. Quantitative determination of the odorants of young red wines from different grape varieties ［J］. J. Sci. Food Agric. , 2000, 80 (11): 1659-1667.

［76］ Callejón, R. M. , Morales, M. L. , Ferreira, A. C. S. , Troncoso, A. M. Defining the typical aroma of sherry vinegar: Sensory and chemical approach ［J］. J. Agri. Food. Chem. , 2008, 56 (17): 8086-8095.

［77］ Fan, W. , Shen, H. , Xu, Y. Quantification of volatile compounds in Chinese soy sauce aroma type liquor by stir bar sorptive extraction (SBSE) and gas chromatography-mass spectrometry (GC-MS) ［J］. J. Sci. Food Agric. , 2011, 91 (7): 1187-1198.

［78］ Ferrari, G. , Lablanquie, O. , Cantagrel, R. , Ledauphin, J. , Payot, T. , Fournier, N. , Guichard, E. Determination of key odorant compounds in freshly distilled Cognac using GC-O, GC-MS, and sensory evaluation ［J］. J. Agri. Food. Chem. , 2004, 52: 5670-5676.

［79］ Fu, S. -G. , Yoon, Y. , Bazemore, R. Aroma-active components in fermented bamboo shoots ［J］. J. Agri. Food. Chem. , 2002, 50 (3): 549-554.

[80] Jrgensen, U., Hansen, M., Christensen, L. P., Jensen, K., Kaack, K. Olfactory and quantitative analysis of aroma compounds in elder flower (*Sambucus nigra* L.) drink processed from five cultivars [J]. J. Agri. Food. Chem., 2000, 48 (6): 2376-2383.

[81] Cheremisinoff, N. P. Handbook of Industrial Toxicology and Hazardous Materials [M]. CRC Press: 1999.

[82] Choi, H. -S. Character impact odorants of *Citrus* hallabong [(*C. unshiu* Marcov×*C. sinensis* Osbeck) ×*C. reticulate* Blanco] cold-pressed peel oil [J]. J. Agri. Food. Chem., 2003, 51: 2687-2692.

[83] Klesk, K., Qian, M., Martin, R. R. Aroma extract dilution analysis of cv. Meeker (*Rubus idaeus* L.) red raspberries from Oregon and Washington [J]. J. Agri. Food. Chem., 2004, 52 (16): 5155-5161.

[84] Barron, D., Etievant, P. X. The volatile constituents of strawberry jam [J]. Z. Lebensm. Unters. Forsch., 1990, 191: 279-285.

[85] Ahmed, E. M., Dennison, R. A., Dougherty, R. H., Shaw, P. E. Flavor and odor thresholds in water of selected orange juice components [J]. J. Agri. Food. Chem., 1978, 26: 187-191.

[86] Klesk, K., Qian, M. Preliminary aroma comparison of Marion (*Rubus* spp. hyb) and Evergreen (*R. laciniatus* L.) blackberries by dynamic headspace/Osme technique [J]. J. Food Sci., 2003, 68 (2): 679-700.

[87] Jirovetz, L., Smith, D., Buchbauer, G. Aroma compound analysis of *Eruca sativa* (*Brassicaceae*) SPME headspace leaf samples using GC, GC-MS, and olfactometry [J]. J. Agri. Food. Chem., 2002, 50: 4643-4646.

[88] Ledauphin, J., Guichard, H., Saint-Clair, J. -F., Picoche, B., Barillier, D. Chemical and sensorial aroma characterization of freshly distilled Calvados. 2. Identification of volatile compounds and key odorants [J]. J. Agri. Food. Chem., 2003, 51 (2): 433-442.

[89] Werkhoof, P., Güntert, M., Krammer, G., Sommer, H., Kaulen, J. Vacuum headspace method in aroma research: Flavor chemistry of yellow passion fruits [J]. J. Agri. Food. Chem., 1998, 46: 1076-1093.

[90] Ruth, J. H. Odor thresholds and irritation levels of several chemical substances: a review [J]. AIHA J., 1986, 47 (3): A142-151.

[91] Boonbumrung, S., Tamura, H., Mookdasanit, J., Nakamoto, H., Ishihara, M., Yoshizawa, T., Varanyanond, W. Characteristic aroma components of the volatile oil of yellow Keaw mango fruits determined by limited odor unit method [J]. Food Sci. Technol. Res., 2001, 7 (3): 200-206.

[92] Wu, S. Volatile compounds generated by Basidiomycetes. Universität Hannover, Hannover, 2005.

[93] Ahmed, E. M., Dennison, R. A., Dougherty, R. H., Shaw, P. E. Flavor and odor thresholds in water of selected orange juice components [J]. J. Agri. Food. Chem., 1978, 26 (1): 187-191.

[94] Demyttenaere, J. C. R., Martinez, J. I. S., Tellez, M. J., Verhe, R., Sandra, P. Analysis of volatile esters of malt whiskey using solid phase micro-extraction-capillary GC/MS [M]. In Flavor Research at the Dawn of the Twenty-First Century, Proceedings of the Weurman Flavor Research Symposium, 10th, Quere, J. -L. L.; Etievant, P. X., Eds. Editions Tec & Doc, Paris, Beaune, France, 2003; 568-571.

[95] Pino, J. A., Queris, O. Characterization of odor-active compounds in guava wine [J]. J. Agri. Food. Chem., 2011, 59: 4885-4890.

[96] 范文来，徐岩．应用液液萃取结合正相色谱技术鉴定汾酒与郎酒挥发性成分（上）[J]．酿酒科技，2013，224（2）：17-26.

[97] Marcq, P., Schieberle, P. Characterization of the key aroma compounds in a commercial Amontilla-

do sherry wine by means of the sensomics approach [J]. J. Agri. Food. Chem., 2015, 63 (19): 4761-4770.

[98] Rychlik, M., Grosch, W. Identification and quantification of potent odorants fromed by toasting of wheat bread [J]. Lebensm. Wiss. Technol., 1996, 29: 515-525.

[99] http: //www. leffingwell. com/odorthre. htm.

[100] Börjesson, T. S., Stöllman, U. M., Schnürer, J. L. Off-odorous compounds produced by molds on oatmeal agar: Identification and relation to other growth characteristics [J]. J. Agri. Food. Chem., 1993, 41 (11): 2104-2111.

[101] Franitza, L., Granvogl, M., Schieberle, P. Characterization of the key aroma compounds in two commercial rums by means of the sensomics approach [J]. J. Agri. Food. Chem., 2016, 64 (3): 637-645.

[102] Aceña, L., Vera, L., Guasch, J., Busto, O., Mestres, M. Determination of roasted pistachio (*Pistacia vera* L.) key odorants by headspace solid-phase microextraction and gas chromatography-olfactometry [J]. J. Agri. Food. Chem., 2011, 59: 2518-2523.

[103] Francis, I. L., Newton, J. L. Determining wine aroma from compositional data [J]. Aust. J. Grape Wine Res., 2005, 11 (2): 114-126.

[104] Pretorius, I. S., Høj, P. B. Grape and wine biotechnology: Challenges, opportunities and potential benefits [J]. Aust. J. Grape Wine Res., 2005, 11: 83-108.

[105] Blank, I. Sensory relevance of volatile organic sulfur compounds in food [M]. In Heteroatomic Aroma Compounds, Reineccius, G. A.; Reineccius, T. A., Eds. American Chemical Society, ACS symposium series 826, Washington, D. C., 2002: 25-53.

[106] Aceña, L., Vera, L., Guasch, J., Olga Busto, Mestres, M. Chemical characterization of commercial Sherry vinegar aroma by headspace solid-phase microextraction and gas chromatography-olfactometry [J]. J. Agri. Food. Chem., 2011, 59: 4062-4070.

[107] Matheis, K., Granvogl, M., Schieberle, P. Quantitation and enantiomeric ratios of aroma compounds formed by an Ehrlich degradation of L-isoleucine in fermented foods [J]. J. Agri. Food. Chem., 2016, 64 (3): 646-652.

[108] Frank, S., Wollmann, N., Schieberle, P., Hofmann, T. Reconstitution of the flavor signature of Dornfelder red wine on the vasis of the natural concentrations of its key aroma and taste compounds [J]. J. Agri. Food. Chem., 2011, 59 (16): 8866-8874.

[109] López, R., Ferreira, V., Hernández, P., Cacho, J. F. Identification of impact odorants of young red wines made with Merlot, Cabernet sauvignon and Grenache grape varieties: a comparative study [J]. J. Sci. Food Agric., 1999, 79 (11): 1461-1467.

[110] Tsachaki, M., Linforth, R. S. T., Taylor, A. J. Dynamic headspace analysis of the release of volatile organic compounds from ethanolic systems by direct APCI-MS [J]. J. Agri. Food. Chem., 2005, 53 (21): 8328-8333.

[111] Guerrero, E. D., Chinnici, F., Natali, N., Marín, R. N., Riponi, C. Solid-phase extraction method for determination of volatile compounds in traditional balsamic vinegar [J]. J. Sep. Sci., 2008, 31 (16-17): 3030-3036.

[112] Rodrigues, F., Calderia, M., Câmara, J. S. Development of a dynamic headspace solid-phase microextraction procedure coupled to GC-qMSD for evaluation the chemical profile in alcoholic beverages [J]. Anal. Chim. Acta, 2008, 609: 82-104.

[113] Fan, W., Xu, Y., Qian, M. C. Identification of aroma compounds in Chinese "Moutai" and

"Langjiu" liquors by normal phase liquid chromatography fractionation followed by gas chromatography/olfactometry [M]. In Flavor Chemistry of Wine and Other Alcoholic Beverages, Qian, M. C.; Shellhammer, T. H., Eds. American Chemical Society, 2012: 303-338.

[114] Vázquez-Araújo, L., Enguix, L., Verdú, A., García-García, E., Carbonell-Barrachina, A. A. Investigation of aromatic compounds in toasted almonds used for the manufacture of turrón [J]. Eur. Food Res. Technol., 2008, 227: 243-254.

[115] Qian, M., Reineccius, G. Identification of aroma compounds in Parmigiano-Reggiano cheese by gas chromatography/olfactometry [J]. J. Dairy Sci., 2002, 85: 1362-1369.

[116] Pino, J. A., Marbot, R., Vázquez, C. Characterization of volatiles in strawberry Guava (*Psidium cattleianum* Sabine) fruit [J]. J. Agri. Food. Chem., 2001, 49: 5883-5887.

[117] Qian, M., Reineccius, G. Potent aroma compounds in Parmigiano Reggiano cheese studied using a dynamic headspace (purge-trap) method [J]. Flav. Fragr. J., 2003, 18: 252-259.

[118] Sanz, C., Ansorena, D., Bello, J., Cid, C. Optimizing headspace temperature and time sampling for identification of volatile compounds in ground roasted arabica coffee [J]. J. Agri. Food. Chem., 2001, 49 (3): 1364-1369.

[119] Jordán, M. J., Goodner, K. L., Shaw, P. E. Characterization of the aromatic profile in aqueous essence and fruit juice of yellow passion fruit (*Passiflora edulis* Sims F. *Flavicarpa degner*) by GC-MS and GC/O [J]. J. Agri. Food. Chem., 2002, 50 (6): 1523-1528.

[120] Karagül-Yüceer, Y., Vlahovich, K. N., Drake, M., Cadwallader, K. R. Characteristic aroma compounds of rennet casein [J]. J. Agri. Food. Chem., 2003, 51: 6797-6801.

[121] Qian, M., Reineccius, G. Static headspace and aroma extract dilution analysis of Parmigiano Reggiano cheese [J]. J. Food Sci., 2003, 68: 794-798.

[122] Guerche, S. L., Dauphin, B., Pons, M., Blancard, D., Darriet, P. Characterization of some mushroom and earthy off-odors microbially induced by the development of rot on grapes [J]. J. Agri. Food. Chem., 2006, 54: 9193-9200.

[123] 张灿．中国白酒中异嗅物质研究 [D]. 无锡：江南大学，2013.

[124] Tressl, R., Friese, L., Fendesack, F., Koppler, H. Gas chromatographic-mass spectrometric investigation of hop aroma constituents in beer [J]. J. Agri. Food. Chem., 1978, 26 (6): 1422-1426.

[125] http://www.thegoodscentscompany.com [J].

[126] Cho, I. H., Namgung, H. J., Choi, H. K., Kim, Y. S. Volatiles and key odorants in the pileus and stipe of pine-mushroom (*Tricholoma matsutake* Sing.) [J]. Food Chem., 2008, 106 (1): 71-76.

[127] Karahadian, C., Josephson, D. B., Lindsay, R. C. Volatile compounds from *Penicillium* sp. contributing musty-earthy notes to Brie and Camembert cheese flavors [J]. J. Agri. Food. Chem., 1985, 33 (3): 339-343.

[128] Cha, Y. J., Kim, H., Cadwallader, K. R. Aroma-active compounds in Kimchi during fermentation [J]. J. Agri. Food. Chem., 1998, 46 (5): 1944-1953.

[129] Reiners, J., Grosch, W. Odorants of virgin olive oils with different flavor profiles [J]. J. Agri. Food. Chem., 1998, 46 (7): 2754-2763.

[130] Buttery, R. G., Seifert, R. M., Guadagni, D. G., Ling, L. C. Characterization of additional volatile components of tomato [J]. J. Agri. Food. Chem., 1971, 19 (3): 524-529.

[131] Kishimoto, T., Wanikawa, A., Kono, K., Shibata, K. Comparison of the odor-active compounds

in unhopped beer and beers hopped with different hop varieties [J]. J. Agri. Food. Chem., 2006, 54 (23): 8855-8861.

[132] Sun, Q., Gates, M. J., Lavin, E. H., Acree, T. E., Sacks, G. L. Comparison of odor-active compounds in grapes and wines from *Vitis vinifera* and non - foxy American grape species [J]. J. Agri. Food. Chem., 2011, 59 (19): 10657-10664.

[133] Elmore, J. S., Campo, M. M., Enser, M., Mottram, D. S. Effect of lipid composition on meat-like model systems containing cysteine, ribose, and polyunsaturated fatty acids [J]. J. Agri. Food. Chem., 2002, 50 (5): 1126-1132.

[134] Jordán, M. J., Margaria, C. A., Shaw, P. E., Goodner, K. L. Aroma active components in aqueous kiwi fruit essence and kiwi fruit puree by GC-MS and multidimensional GC/GC-O [J]. J. Agri. Food. Chem., 2002, 50 (19): 5386-5390.

[135] Ruther, J. Retention index database for identification of general green leaf volatiles in plants by coupled capillary gas chromatography-mass spectrometry [J]. J. Chromatogr. A, 2000, 890 (2): 313-319.

[136] Kilic, A., Hafizoglu, H., Kollmannsberger, H., Nitz, S. Volatile constituents and key odorants in leaves, buds, flowers and fruits of *Laurus nobilis* L. [J]. J. Agri. Food. Chem., 2004, 52: 1601-1606.

[137] La Guerche, S., Dauphin, B., Pons, M., Blancard, D., Darriet, P. Characterization of some mushroom and earthy off-odors microbially induced by the development of rot on grapes [J]. Journal of Agricultural and Food Chemistry, 2006, 54 (24): 9193-9200.

[138] Buttery, R. G., Seifert, R. M., Guadagni, D. G., Ling, L. C. Characterization of some volatile constituents of bell peppers [J]. J. Agri. Food. Chem., 1969, 17: 1322-1327.

[139] Aznar, M., López, R., Cacho, J. F., Ferreira, V. Identification and quantification of impact odorants of aged red wines from Rioja. GC-olfactometry, quantitative GC-MS, and odor evaluation of HPLC fractions [J]. J. Agri. Food. Chem., 2001, 49: 2924-2929.

[140] Lorber, K., Buettner, A. Structure-odor relationships of (*E*)-3-alkenoic acids, (*E*)-3-alken-1-ols, and (*E*)-3-alkenals [J]. J. Agri. Food. Chem., 2015, 63 (30): 6681-6688.

[141] Counet, C., Callemine, D., Ouwerx, C., Collin, S. Use of gas chromatography-olfactometry to identify key odorant compounds in dark chocolate. Comparison of samples before and after conching [J]. J. Agri. Food. Chem., 2002, 50: 2385-2391.

[142] Nielsen, G. S., Poll, L. Determination of odor active aroma compounds in freshly cut leek (*Allium ampeloprasum* Var. Bulga) and in long-term stored frozen unblanched and blanched leek slices by gas chromatography olfactometry analysis [J]. J. Agri. Food. Chem., 2004, 52 (6): 1642-1646.

[143] Siegmund, B., Pöllinger-Zierler, B. Odor thresholds of microbially induced off-flavor compounds in apple juice [J]. J. Agri. Food. Chem., 2006, 54 (16): 5984-5989.

[144] Rowe, D. More fizz for your buck: High-impact aroma chemicals [J]. Perfumer & Flavorist, 2000, 25 (5): 1-19.

[145] Leffingwell, J. C. The art & science of fragrance & flavor creation [Online], 2002. http://www.leffingwell.com.

[146] 石亚林. 白酒大曲及其原料中游离态氨基酸、有机酸、糖类物质对大曲风味影响研究[D]. 无锡: 江南大学, 2017.

[147] Hufnagel, J. C., Hofmann, T. Quantitative reconstruction of the nonvolatile sensometabolome of a red wine [J]. J. Agri. Food. Chem., 2008, 56 (19): 9190-9199.

[148] Peppard, T. L. Volatile flavor constituents of *Monstera deliciosa* [J]. J. Agri. Food. Chem., 1992, 40: 257-262.

[149] Pino, J. A., Fajardo, M. Volatile composition and key flavour compounds of spirits from unifloral honeys [J]. Int. J. Food Sci. Technol., 2011, 46 (5): 994-1000.

[150] Furukawa, S. 8-Sake: quality characteristics, flavour chemistry and sensory analysis [M]. In Alcoholic Beverages, Piggott, J., Ed. Woodhead Publishing, 2012: 180-195.

[151] Martinez-Castro, I., Sanz, M. L. Carbohydrates [M]. In Wine Chemistry and Biochemistry, Moreno-Arribas, M. V.; Polo, M. C., Eds. Springer: New York, USA, 2008: 231-248.

[152] Khakimov, B., Motawia, M., Bak, S., Engelsen, S. The use of trimethylsilyl cyanide derivatization for robust and broad-spectrum high-throughput gas chromatography-mass spectrometry based metabolomics [J]. Anal. Bioanal. Chem., 2013, 405 (28): 9193-9205.

[153] Embuscado, M. E., Patil, S. K. Erythritol [M]. In Alternative Sweeteners, 3rd ed.; Nabors, L. O. B., Ed. Marcel Dekker, Inc., NY, USA, 2001: 235-254.

[154] Rotzoll, N., Dunkel, A., Hofmann, T. Activity-guided identification of (*S*)-malic acid 1-*O*-D-glucopyranoside (morelid) and γ-aminobutyric acid as contributors to umami taste and mouth-drying oral sensation of morel mushrooms (*Morchella deliciosa* Fr.) [J]. J. Agri. Food. Chem., 2005, 53 (10): 4149-4156.

[155] Sonntag, T., Kunert, C., Dunkel, A., Hofmann, T. Sensory-guided identification of *N*- (1-methyl-4-oxoimidazolidin-2-ylidene) -α-amino acids as contributors to the thick-sour and mouth-drying orosensation of stewed beef juice [J]. J. Agri. Food. Chem., 2010, 58 (10): 6341-6350.

[156] Hillmann, H., Mattes, J., Brockhoff, A., Dunkel, A., Meyerhof, W., Hofmann, T. Sensomics analysis of taste compounds in balsamic vinegar and discovery of 5-acetoxymethyl-2-furaldehyde as a novel sweet taste modulator [J]. J. Agri. Food. Chem., 2012, 60 (40): 9974-9990.

[157] 杨会. 白酒中不挥发呈味有机酸和多羟基化合物研究 [D]. 无锡: 江南大学, 2017.

[158] Lubbers, S., Verret, C., Voilley, A. The effect of glycerol on the perceived aroma of a model wine and a white wine [J]. LWT - Food Sci. Technol., 2001, 34 (4): 262-265.

[159] Taherzadeh, M. J., Adler, L., Liden, G. Strategies for enhancing fermentative production of glycerol - A review [J]. Enzy. Microb. Technol., 2002, 31: 53-66.

[160] Noble, A. C., Bursick, G. F. The contribution of glycerol to perceived viscosity and sweetness in white wine [J]. Am. J. Enol. Vitic., 1984, 35 (2): 110-112.

[161] Jaeckels, N., Tenzer, S., Meier, M., Will, F., Dietrich, H., Decker, H., Fronk, P. Influence of bentonite fining on protein composition in wine [J]. LWT - Food Sci. Technol., 2017, 75: 335-343.

[162] Peinado, R. A., Mauricio, J. C. Biologically aged wines [M]. In Wine Chemistry and Biochemistry, Moreno-Arribas, M. V.; Polo, M. C., Eds. Springer, New York, USA, 2008; 82-101.

[163] Reazin, G., Scales, H., Andreasen, A. Mechanism of major congener formation in alcoholic grain fermentations [J]. J. Agri. Food. Chem., 1970, 18 (4): 585-589.

[164] Hammond, J. R. M. Genetically-modified brewing yeasts for the 21st century. Progress to date [J]. Yeast, 1995, 11: 1613-1627.

[165] Zoecklein, B. W., Fugelsang, K. C., Gump, B. H., Nury, F. S. Nitrogenous compounds [M]. In Production Wine Analysis, Springer US, Boston, MA, 1990; 329-346.

[166] Regenberg, B., During-Olsen, L., Kielland-Brandt, M. C., Holmberg, S. Substrate specificity and gene expression of the amino-acid permeases in Saccharomyces cerevisiae [J]. Curr. Genet., 1999, 36

(6): 317-328.

[167] Hazelwood, L. A., Daran, J. M., van Maris, A. J., Pronk, J. T., Dickinson, J. R. The Ehrlich pathway for fusel alcohol production: a century of research on *Saccharomyces cerevisiae* metabolism [J]. Appl. Environ. Microbiol., 2008, 74 (8): 2259-2266.

[168] Ugliano, M., Henschke, P. A. Yeasts and wine flavour [M]. In Wine Chemistry and Biochemistry, Moreno-Arribas, M. V.; Polo, M. C., Eds. Springer, New York, USA, 2008; 314-392.

[169] Giudici, P., Zambonelli, C., Kunkee, R. E. Increased production of *n*-propanol in wine by yeast strains having an impaired ability to form hydrogen sulfide [J]. Am. J. Enol. Vitic., 1993, 44 (1): 17-21.

[170] Eden, A., Simchen, G., Benvenisty, N. Two yeast homologs of *ECA*39, a target for c-myc regulation, code for cytosolic and mitochondrial branched-chain amino acid aminotransferases [J]. J. Biol. Chem., 1996, 271: 20242-20245.

[171] Eden, A., van Nedervelde, L., Drukker, M., Benvenisty, N., Debourg, A. Involvement of branched-chain amino acid aminotransferases in the production of fusel alcohols during fermentation in yeast [J]. Appl. Microbiol. Biotechnol., 2001, 55: 296-300.

[172] Dickinson, J. R., Lanterman, M. M., Danner, D. J., Pearson, B. M., Sanz, P., Harrison, S. J., Hewlins, M. J. E. A ^{13}C nuclear magnetic resonance investigation of the metabolism of leucine to isoamyl alcohol in *Saccharomyces cerevisiae* [J]. J. Biol. Chem., 1997, 272: 26871-26878.

[173] Dickinson, J. R., Harrison, S. J., Dickinson, J. A., Hewlins, M. J. E. An investigation of the metabolism of isoleucine to active amyl alcohol in *Saccharomyces cerevisiae* [J]. J. Biol. Chem., 2000, 275: 10937-10942.

[174] Chen, X., Nielsen, K. F., Borodina, I., Kielland-Brandt, M. C., Karhumaa, K. Increased isobutanol production in *Saccharomyces cerevisiae* by overexpression of genes in valine metabolism [J]. Biotechnol. Biofuels, 2011, 4: 21.

[175] Holmberg, S., Litske Petersen, J. Regulation of isoleucine-valine biosynthesis in *Saccharomyces cerevisiae* [J]. Curr. Genet., 1988, 13 (3): 207-217.

[176] Lilly, M., Bauer, F. F., Styger, G., Lambrechts, M. G., Pretorius, I. S. The effect of increased branched-chain amino acid transaminase activity in yeast on the production of higher alcohols and on the flavour profiles of wine and distillates [J]. FEMS Yeast Res., 2006, 6: 726-743.

[177] Swiegers, J. H., Bartowsky, E. J., Henschke, P. A., Pretorius, I. S. Yeast and bacterial modulation of wine aroma and flavour [J]. Aust. J. Grape Wine Res., 2005, 11: 139-173.

[178] Antonelli, A., Castellari, L., Zambonelli, C., Carnacini, A. Yeast influence on volatile composition of wines [J]. J. Agri. Food. Chem., 1999, 47: 1139-1144.

[179] Heard, G. Novel yeasts in winemaking—looking to the future [J]. Food Aust., 1999, 51 (8): 347-352.

[180] Clemente-Jimenez, J. M. a., Mingorance-Cazorla, L., Martínez-Rodríguez, S., Heras-Vázquez, F. J. L., Rodríguez-Vico, F. Molecular characterization and oenological properties of wine yeasts isolated during spontaneous fermentation of six varieties of grape must [J]. Food Microbiol., 2004, 21 (2): 149-155.

[181] Fleet, G. H., Heard, G. M. Yeast [M]. In Wine Microbiology and Biotechnology, Fleet, G. H., Ed. Harwood Academic Publishers, Chur, Switzerland, 1993: 27-54.

[182] Muñoz, D., Peinado, R. A., Medina, M., Moreno, J. Higher alcohols concentration and its rela-

tion with the biological aging evolution [J]. Eur. Food Res. Technol., 2006, 222 (5): 629-635.

[183] Houtman, A. C., du Plessis, C. S. The effect of juice clarity and several conditions promoting yeast growth on fermentation rate, the production of aroma components and wine quality [J]. S. Afr. J. Enol. Vitic., 1981, 2: 71-81.

[184] Houtman, A. C., Marais, J., du Plessis, C. S. Factors affecting the reproducibility of fermentation of grape juice and of the aroma composition of wines. I. Grape maturity, sugar, inoculum concentration, aeration, juice turbidity and ergosterol [J]. Vitis, 1980.

[185] Vilanova, M., Ugliano, M., Varela, C., Siebert, T., Pretorius, I. S., Henschke, P. A. Assimilable nitrogen utilisation and production of volatile and non-volatile compounds in chemically defined medium by *Saccharomyces cerevisiae* wine yeasts [J]. Appl. Microbiol. Biotechnol., 2007, 77 (1): 145-157.

[186] Valero, E., Moyano, L., Millan, M. C., Medina, M., Ortega, J. M. Higher alcohols and esters production by *Saccharomyces cerevisiae*. Influence of the initial oxygenation of the grape must [J]. Food Chem., 2002, 78 (1): 57-61.

[187] Shen, C. R., Liao, J. C. Metabolic engineering of *Escherichia coli* for 1-butanol and 1-propanol production via the keto-acid pathways [J]. Metab. Eng., 2008, 10 (6): 312-320.

[188] Ribéreau-Gayon, P., Glories, Y., Maujean, A., Dubourdieu, D. Handbook of Enology Volume 1: The Microbiology of Wine and Vinification [M]. Chichester: John Wiley & Sons Ltd., 2000.

[189] Chen, D., Chia, J. Y., Liu, S. -Q. Impact of addition of aromatic amino acids on non-volatile and volatile compounds in lychee wine fermented with *Saccharomyces cerevisiae* MERIT. ferm [J]. Int. J. Food Microbiol., 2014, 170 (0): 12-20.

[190] Zamora, F. Biochemistry of alcoholic fermentation [M]. In Wine Chemistry and Biochemistry, Moreno-Arribas, M. V.; Polo, M. C., Eds. Springer, New York, USA, 2008: 3-26.

[191] Albertyn, J., Hohmann, S., Thevelein, J. M., Prior, B. A. *GPD1*, which encodes glycerol-3-phosphate dehydrogenase, is essential for growth under osmotic stress in *Saccharomyces cerevisiae*, and its expression is regulated by the high-osmolarity glycerol response pathway [J]. Mol. Cell. Biol., 1994, 14 (6): 4135-4144.

[192] Norbeck, J., Pahlman, A. K., Akhtar, N., Blomberg, A., Adler, L. Purification and Characterization of Two Isoenzymes of DL-Glycerol-3-phosphatase from *Saccharomyces cerevisiae*. Identification of the corresponding *GPP1* and *GPP2* genes and evidence for osmotic regulation of Gpp2p expression by the osmosensing mitogen-activated protein kinase signal transduction pathway [J]. J. Biol. Chem., 1996, 271: 13875-13881.

[193] Pahlman, A. K., Granath, K., Ansell, R., Hohmann, S., Adler, L. The yeast glycerol 3-phosphatases Gpp1p and Gpp2p are required for glycerol biosynthesis and differentially involved in the cellular responses to osmotic, anaerobic, and oxidative stress [J]. J. Biol. Chem., 2001, 276: 3555-3563.

[194] Michnick, S., Roustan, J. L., Remize, F., Barre, P., Dequin, S. Modulation of glycerol and ethanol yields during alcoholic fermentation in *Saccharomyces cerevisiae* strains overexpressed or disrupted for *GPD1* encoding glycerol 3-phosphate dehydrogenase [J]. Yeast, 1997, 13: 783-793.

[195] Remize, F., Roustan, J. L., Sablayrolles, J. M., Barre, P., Dequin, S. Glycerol overproduction by engineered *Saccharomyces cerevisiae* wine yeast strains leads to substantial changes in by-product formation and to a stimulation of fermentation rate in stationary phase [J]. Appl. Environ. Microbiol., 1999, 65 (1): 143-149.

第三章
羰基化合物风味

第一节　醛类化合物
第二节　缩醛类化合物
第三节　酮类化合物
第四节　羰基化合物形成机理

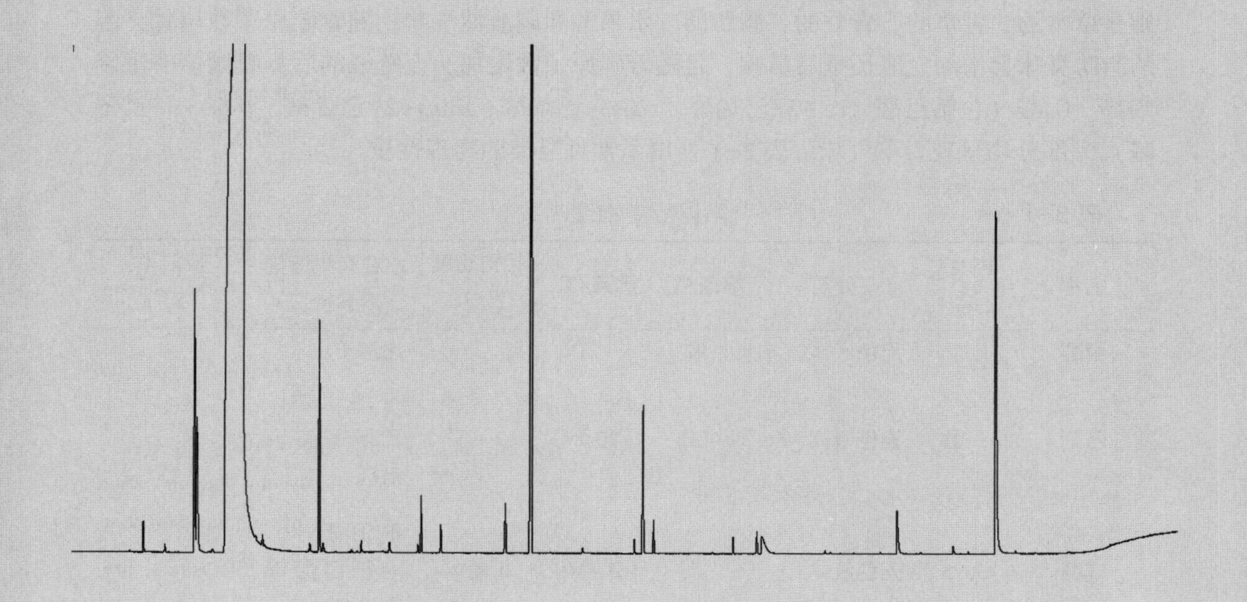

学习目标

1. 掌握饮料酒中重要醛如乙醛、异戊醛、C_6醛的感官特征及其在饮料酒中的分布；
2. 了解不饱和醛在饮料酒中的感官特征和分布；
3. 掌握饮料酒中重要缩醛如乙缩醛在白酒中的感官特征及其分布；
4. 熟悉双乙酰、乙偶姻在饮料酒特别是啤酒和白酒中的感官特征及其分布；
5. 了解甲基酮类化合物在饮料酒中的感官特征；
6. 掌握乙醛在饮料酒生产中的产生途径；
7. 了解不饱和醛在饮料酒中的产生途径；
8. 掌握缩醛的产生途径。

羰基化合物（carbonyl compounds）是指含有羰基（carbonyl group，—CO—）的化合物。当羰基上接一个烷基（alkyl group）或芳香基团（aromatic group，Ar）时，称为酰基（acyl group，R—CO—）。

第一节　醛类化合物

一、 饱和脂肪醛类化合物

醛类是呈香化合物。乙醛通常呈青香和碰伤苹果（bruised apple）香，而 C_3 ~ C_9醛则呈草本的、青草的、青香的、脂肪的、水果香和刺激性气味；随着碳原子数增加，醛的脂肪臭味会增加。醛还呈后鼻嗅，且随着碳原子数增加，直链醛的后鼻嗅阈值有下降趋势。C_6醛（包括已醛、*cis*-2-已烯醛、*cis*-3-已烯醛、*trans*-2-已烯醛、*trans*-3-已烯醛）大部分均呈现青草气味。表 3-1 列出了常见醛类的物理性质。

表 3-1　常见醛类物理常数

名称	FEMA 号	外观	熔点/℃	沸点/℃	相对密度（d_4^{20}）	水或有机溶剂溶解情况	折射率（n_D^{20}）
甲醛		无色液体	-92	-21		易溶于水	
乙醛	2003	无色液体	-121	20.8		可溶于水、乙醇等有机溶剂	
戊醛	3098	无色液体		103~104	0.819[a]	不溶于水，溶于乙醇等有机溶剂	1.388~1.394

续表

名称	FEMA号	外观	熔点/℃	沸点/℃	相对密度（d_4^{20}）	水或有机溶剂溶解情况	折射率（n_D^{20}）
己醛	2557	无色液体		128	0.814~0.818	不溶于水，溶于乙醇等有机溶剂	1.403~1.405
庚醛	2540	无色至淡黄色液体		152~153	0.814~0.819[b]	不溶于水，溶于乙醇等有机溶剂	1.412~1.420
辛醛	2797	无色至淡黄色液体		171~173	0.821	不溶于水，溶于乙醇等有机溶剂	1.417~1.425
壬醛	2782	无色至淡黄色液体		191~192	0.820~0.830[b]	不溶于水，溶于乙醇等有机溶剂	1.422~1.429
癸醛	2363	无色至淡黄色液体	17~18	207~209	0.823~0.832[b]	不溶于水，溶于乙醇等有机溶剂	1.426~1.430
十一醛	3092	无色至淡黄色液体		118~120（2.6kPa）	0.832~0.835[a]	不溶于水，溶于乙醇等有机溶剂	1.430~1.435
十二醛	2615	无色至淡黄色液体	8~11	249	0.826~0.836	不溶于水，溶于乙醇等有机溶剂	1.433~1.439
反-2-反-4-己二烯醛	3429	无色液体		76（3.99kPa）	0.908~0.909	不溶于水，溶于乙醇等有机溶剂	1.537~1.538
2,6-二甲基-5-庚烯醛	2389	黄色油状液体			0.845~0.855	微溶于水，溶于乙醇等有机溶剂	1.441~1.447
反-2-顺-6-壬二烯醛	3377	无色至淡黄色液体		187	0.8678	不溶于水，溶于乙醇等有机溶剂	1.4460
3-己基丙烯醛	3210	无色至淡黄色液体		92（1.5kPa）	0.8418	不溶于水，溶于乙醇等有机溶剂	1.4502
1,1-二乙氧基乙烷	2002	无色液体		97~112	0.826~0.830	微溶于水，溶于乙醇等有机溶剂	1.3805

注：a：d_4^{15}；b：d_{25}^{25}。

1. 直链饱和脂肪醛

（1）甲醛 最简单的饱和脂肪醛（saturated aldehydes）是甲醛（formaldehyde，methyl aldehyde，methanal），CAS 号 50-00-0，lgP 0.350，呈老鼠尿、似酯的气味，在水中气味阈值 50mg/L；啤酒中气味阈值 400mg/L。

甲醛有毒性，人类口服致死剂量（oral lethal dose）0.5~5.0g/kg 体重；在 $1\mu g/dm^3$ 以下，绝大部分人可以感觉到其气味；$2\sim3\mu g/dm^3$ 时，感觉眼睛有温和的刺痛；$4\sim5\mu g/dm^3$ 时，不舒适感增加，有温和的催泪作用（lacrimation）；$10\mu g/dm^3$ 时，大量流泪，人只能待几分钟；$10\sim20\mu g/dm^3$ 时，呼吸困难，咳嗽，鼻子和喉咙有强烈的灼烧感（severe burning）；$50\sim100\mu g/dm^3$ 时，呼吸道急性刺激，有非常大的伤害。2006 年，IARC（国际癌症研究机构）将甲醛列为Ⅰ类致癌物，即对人类致癌证据充分。2009 年，IARC 报道甲醛与白血病和鼻咽癌有关。美国环境保护局（US Environment Protection Agency，US EPA）规定了甲醛每日可接受摄取量（acceptable daily intake，ADI）为 0.2mg/kg。国际化学品安全规划（International Programme On Chemical Safety，IPCS）建议了产品中甲醛的容许浓度（tolerable concentration，TC）为 2.6mg/L。

甲醛广泛存在于白酒、啤酒、葡萄酒、水果蒸馏酒、龙舌兰酒、威士忌、白兰地和伏特加等酒精饮料中。在检测的 132 个蒸馏酒样品中，有 26%样品呈阳性，平均值 0.27mg/L（0~14.4mg/L）。出现阳性频次最高的是墨西哥龙舌兰酒 83%，其次为亚洲蒸馏酒 59%，葡萄皮渣酒 54%和白兰地 50%，但仅有 9 个样品浓度超过 WHO IPCS 耐受浓度 2.6mg/L。具体含量情况如下：伏特加未检测到或 5.48~8.72μg/L，水果蒸馏酒 0.20mg/L，龙舌兰酒 0.70mg/L，亚洲蒸馏酒 2.26mg/L，葡萄皮渣酒 0.49mg/L，威士忌 0.20mg/L，白兰地 0.09mg/L，巴西蒸馏酒 0.10mg/L，巴西糖蜜酒 1.86mg/L。

白酒原酒中甲醛平均浓度为 1.43mg/L（$n=93$），其中 3 个浓香型原酒、8 个酱香型原酒、2 个特香型原酒和 2 个芝麻香型原酒（共 15 个酒样，阳性率 16%）甲醛浓度高于 IPCS 规定；芝麻香型原酒甲醛浓度最高（5.42mg/L），酱香型原酒（2.37mg/L）次之，再次是特香型（2.12mg/L）、浓香型（1.62mg/L）、凤香型（1.37mg/L）、豉香型（0.567mg/L）和老白干香型原酒（0.543mg/L），清香型原酒（0.189mg/L）甲醛含量最少。

7 种香型 36 个成品白酒中，33 个白酒酒样甲醛平均含量低于 IPCS 规定浓度，仅有 3 个酒样（2 个凤香型原酒和 1 个芝麻香型原酒，阳性率 0.08%）甲醛浓度高于 2.6mg/L，其中凤香型成品白酒中甲醛含量最高，达 3.14mg/L，其次为芝麻香型 2.65mg/L（这两个香型成品酒中甲醛均超过 IPCS 规定浓度），其次是特香型（1.21mg/L）、酱香型（0.877mg/L）、浓香型（0.815mg/L）、豉香型（0.800mg/L）和清香型成品酒（0.324mg/L），老白干香型成品酒中甲醛含量（0.0700mg/L）最少。

（2）乙醛 乙醛（acetaldehyde，ethanal）（C 3-1）存在于每一个酿造酒和蒸馏酒中，是饮料酒中最重要的饱和醛，CAS 号 75-07-0，RI_{np} 435 或 477，RI_{Wax} 692 或 727，极易挥发（见表 3-1），K_{aw} 2.727×10^{-3}（22℃），呈刺激性、清新（fresh）气味、青香、烂熟苹果香、甜香、水果香、麦芽香；其稀溶液具有愉快的苹果香；高浓度时，乙醛有刺激性，产生令人透不过气的感觉 。

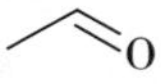

C 3-1　乙醛 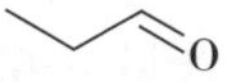　　C 3-2　丙醛 　　C 3-3　十二醛

乙醛在空气中气味阈值 41ng/L 或 5~120mg/m^3 或 0. 2ng/L，水中觉察阈值为 25μg/L，识别阈值为 63μg/L 或 10μg/L 或 25μg/L 或 15~120μg/L 或 17μg/L 或 4~21μg/L 或 120μg/L，10%vol 酒精-水溶液中嗅阈值为 500μg/L，14%vol 酒精-水溶液中嗅阈值为 10mg/L，40%vol 酒精-水溶液中嗅阈值为 19. 2mg/L，46%vol 酒精-水溶液中嗅阈值 1200μg/L，啤酒中嗅阈值 15mg/L 或 25mg/L 或 10mg/L，模型葡萄酒中嗅阈值 100mg/L 或 100~125mg/L，清酒中嗅阈值 25~30mg/L，水果或葡萄蒸馏酒中嗅阈值 100mg/L，油中前鼻嗅阈值 0. 22μg/kg。

乙醛在水中味阈值（后鼻嗅阈值）1. 2mg/L 或 22μg/L 或 10μg/L，啤酒中后鼻嗅阈值 1. 114mg/L，油中后鼻嗅阈值 7. 1μg/kg 。

乙醛被广泛应用于水果香气如苹果、杏子、香蕉和梨的调香中。

乙醛易与乙醇反应生成乙缩醛（称为结合态乙醛），如饮料酒老熟过程中，会产生乙缩醛。

乙醛存在于所有饮料酒和醋等发酵产品中，在啤酒、苹果酒和葡萄酒中过量乙醛产生青香、青草或类似苹果香的异嗅 。

乙醛在啤酒中浓度为 5~12mg/L，接近它的气味阈值 15mg/L；新鲜啤酒中含量为 1052μg/L。在啤酒贮存过程中，乙醛的含量会上升。

葡萄酒中乙醛通常随着贮存时间而增长，但浓度变化巨大，主要是因为它能与许多亲核化合物发生反应，如类黄酮类（flavonoids）、醇类、二氧化硫等。从感官品尝的角度讲，高浓度乙醛通常与干葡萄酒氧化异嗅相关，当然，在一些特种葡萄酒如西班牙雪利酒、法国黄葡萄酒（Vin Jaune）、意大利西西里岛马沙拉酒（Marsala）① 和撒丁岛维奈西卡酒（Vernaccia）② 中，乙醛在氧化过程产生的特殊香气对葡萄酒香气起着重要作用，此类酒乙醛高达 350~450mg/L，有的甚至高达 1000mg/L。这些乙醛来源于乙醇的氧化。

在葡萄酒中，乙醛是最重要的呈感官特征的醛类化合物之一，在葡萄酒酿造过程中形成。葡萄酒中乙醛含量为 10~75mg/L，占葡萄酒总醛 90%以上；白葡萄酒乙醛含量为 11~493mg/L，平均约 80mg/L；红葡萄酒中乙醛含量为 4~212mg/L，平均约 30mg/L，最好不超过 100mg/L；在老熟红葡萄酒中乙醛含量为 42. 5~76. 5μg/L，丹菲特红葡萄酒 12. 04~12. 16mg/L；甜葡萄酒 188~248mg/L；雪利酒 90~500mg/L，平均约 300mg/L 或 56. 88mg/L；菲诺雪利酒最初乙醛含量为 84. 8mg/L，福洛酵母膜形成后乙醛含量 133mg/L，老熟 250 天乙醛含量 146mg/L。

---

①　意大利产的一种强化葡萄酒。

②　意大利撒丁岛生产的一种似雪利的葡萄酒。

日本清酒中乙醛含量为15~60mg/L；果醋中含量为5.2~98.4mg/L。

在蒸馏酒中，乙醛主要存在于酒头中。伏特加中乙醛浓度为263~1095μg/L，当乙醛浓度达10mg/L时，就使酒产生异味；威士忌中含量为62.1±38.6mg/L，范围25.0~102.0mg/L，斯佩塞麦芽威士忌中为54mg/L纯酒精，艾拉岛麦芽威士忌中为70mg/L纯酒精，苏格兰麦芽威士忌中为170mg/L纯酒精，苏格兰谷物威士忌中为120mg/L纯酒精，苏格兰调和威士忌中为54mg/L纯酒精，爱尔兰威士忌中为41mg/L纯酒精，肯塔基波旁威士忌中为150mg/L纯酒精，加拿大威士忌中为33mg/L纯酒精；皮渣白兰地希腊齐普罗酒中含量为153~1073mg/L纯酒精。

日本烧酎中乙醛含量如下：大麦烧酎3~15mg/L，老熟大麦烧酎13~18mg/L；米烧酎11~25mg/L；甜土豆烧酎19~33mg/L；其他烧酎12~21mg/L；泡盛酒31~52mg/L，老熟泡盛酒46mg/L；连续蒸馏的烧酎0~5mg/L。

中国白酒中乙醛含量如下：93个原酒中乙醛平均浓度为215mg/L，酱香型原酒乙醛浓度最高（361mg/L），其次是老白干香型（283mg/L）、芝麻香型（265mg/L）和浓香型（219mg/L），再次是凤香型（139mg/L）、特香型（128mg/L）、清香型（128mg/L），豉香型原酒（61.2mg/L）乙醛含量最少。

成品白酒中芝麻香型乙醛浓度最高（247mg/L），酱香型成品酒（236mg/L）次之，再次是凤香型（215mg/L）、浓香型（197mg/L）、老白干香型（196mg/L）、特香型（152mg/L）和清香型（124mg/L），豉香型成品酒（71.1mg/L）乙醛浓度最低。具体如下：某浓香型白酒295.44mg/L（210.96~377.92mg/L），某浓香型白酒J 123.80mg/L（60.39~281.63mg/L），剑南春酒580mg/L，五粮液355mg/L，习酒265.09mg/L；某酱香型白酒135.96mg/L（134.53~137.38mg/L），酱香型茅台酒227.6mg/L，郎酒574.0~626.8mg/L，习酒355.7mg/L或155.25mg/L；某清香型白酒269.41mg/L（173.13~357.23mg/L），清香型汾酒140mg/L；米香型白酒44mg/L；芝麻香型白酒252mg/L（236~267mg/L）；药香型白酒89.81mg/L（51.28~205.30mg/L）；液态法白酒41mg/L。

研究发现，白酒蒸馏开始时，乙醛浓度可达500mg/L，随着蒸馏时间的延长，乙醛浓度下降，呈幂指数下降趋势，至蒸馏结束时，乙醛浓度约在60mg/L左右。

（3）丙醛　丙醛（propanal，propionaldehyde，propyl aldehyde）（C 3-2），CAS号9057-02-7，FEMA号2923，RI_{np}450或480，RI_p 712或792，K_{aw} 3.001×10^{-3}（22℃），呈溶剂、青香、水果香、甜香，在空气中嗅阈值690ng/L，水中气味阈值10~115μg/L或9.5μg/L或10μg/L；啤酒中嗅阈值30mg/L；油中前鼻嗅阈值9.4μg/kg。丙醛在水中味阈值（后鼻嗅阈值）0.43mg/L或170μg/L；油中味阈值68μg/kg。

丙醛存在于干酪中，在葡萄酒中痕量存在；在老化啤酒中含量为5.72μg/L；在伏特加中含量为0.35~74.40μg/L。

（4）丁醛　丁醛（butanal，butyraldehyde），CAS号123-72-8，FEMA号2219，RI_{np} 593或600，RI_p 813或881，具刺激性、青香、麦芽香、花香、水果香或过熟水果香、脂肪味、可可香、甜香，在空气中嗅阈值16~200ng/L或13~42μg/m^3或13.6ng/L，水中嗅阈值9~18μg/L或4~21μg/L或15.9μg/L，46%vol酒精-水溶液中嗅阈值

2.90mg/L。丁醛在水中味阈值（后鼻嗅阈值）为0.19mg/L或5.3μg/L或70μg/L。

丁醛存在于干酪中，在葡萄酒中痕量存在；在老化啤酒中含量为0.57μg/L；在伏特加酒中含量为nd~9.75μg/L。

（5）戊醛 戊醛（valeraldehyde，pentanal），CAS号110-62-3，FEMA号3098，RI_{np} 694或704，RI_{mp} 767，RI_p 935或971，具有刺激性、类似坚果、苦杏仁、麦芽、青香、脂肪、油哈喇味以及油腻感，在空气中嗅阈值34~39ng/L，水中嗅阈值12~42μg/L或18μg/L，啤酒中嗅阈值500μg/L，46%vol酒精-水溶液中嗅阈值725.41μg/L，油中前鼻嗅阈值240μg/kg，肉汤（牛肉汤体系）中嗅阈值267μg/kg，牛乳中嗅阈值130μg/kg。戊醛在水中味阈值（后鼻嗅阈值）70μg /L或76μg/L（后鼻嗅），油中味阈值150μg/kg。

戊醛存在于干酪、火腿中，痕量存在于葡萄酒中；在老化啤酒中含量为0.58μg/L；科涅克白兰地中含量22.6~132.0μg/L，卡尔瓦多斯白兰地中含量12.4~98.0μg/L。伏特加中含量1.36~14.9.0μg/L。

（6）己醛 己醛（hexanal，caproaldehyde），CAS号66-25-1，FEMA号2557，RI_{np} 798或802，RI_{mp} 876或880，RI_p 1084或1114，呈果香或水果香、不成熟水果香或青水果香（green fruit）、青香或刚割过青草香、叶香、花香、葡萄酒香。

己醛在空气中嗅阈值30~53ng/L或65~98μg/m^3，水中觉察阈值2.4μg/L，识别阈值10μg/L或4.5~50.0μg/L或20μg/L或4.5μg/L或9.2μg/L；40%vol酒精-水溶液中嗅阈值87.9μg/L，46%vol酒精-水溶液中嗅阈值25.48μg/L；啤酒中嗅阈值350μg/L或300~400μg/L；油中嗅阈值320μg/kg，葵花籽油中嗅阈值300μg/kg；淀粉中嗅阈值30.5μg/kg，面粉中嗅阈值30μg/kg。

己醛在水中味阈值（后鼻嗅阈值）15μg/L或3.7μg/L或30μg/L或16μg/L或10.5μg/L；啤酒中味阈值88μg/L；油中味阈值75μg/kg，葵花籽油中味阈值300μg/kg。

己醛存在于发酵原料与贮存容器中。己醛在中国赤霞珠葡萄中含量为235μg/L，品丽珠葡萄205μg/L，梅鹿辄葡萄227μg/L，蛇龙珠葡萄35.4μg/L；贵人香白葡萄0.82~7.58μg/kg，霞多利葡萄0.96~14.79μg/kg，雷司令葡萄1.74~2.04μg/kg。在法国中烤橡木中含量2.61μg/g，美国中烤橡木3.20μg/g，中国中烤橡木3.99μg/g。

己醛在玫瑰红葡萄酒中含量为10~11μg/L；新鲜啤酒中含量22.4μg/L，老化啤酒2.63μg/L；黄酒中含量19.14~21.16μg/L；果醋中含量nd~60.6μg/L。

己醛广泛存在于蒸馏酒中。在科涅克白兰地中含量112~384μg/L，卡尔瓦多斯白兰地90~560μg/L；朗姆酒4.31~43.50μg/L，伏特加3.09~74.90μg/L；浓香型洋河酒nd~291μg/L，清香型汾酒484μg/L，宝丰酒208μg/L，青稞酒813μg/L；豉香型白酒1.76mg/L。

（7）庚醛 庚醛（heptanal，oenanthic aldehyde），CAS号111-71-7，FEMA号2540，RI_{np} 892或904，RI_{mp} 979或985，RI_p 1162或1199，具有脂肪味、脂肪腐臭、青香或青瓜香、发酵气味、水果香，在空气中嗅阈值250ng/L，水中嗅阈值3~5.8μg/L或3μg/L，啤酒中嗅阈值80μg/L或50~100μg/L，46%vol酒精-水溶液中嗅阈值410μg/L，

油中嗅阈值 3200μg/kg。庚醛在水中味阈值（后鼻嗅阈值）31μg/L，油中味阈值 50μg/kg。

庚醛存在于干酪中，老化啤酒中含量为 1.15μg/L，在中国豉香型白酒中含量为 1.18mg/L；在科涅克白兰地中含量为 3.6~11.6μg/L，卡尔瓦多斯白兰地中含量为 1.8~14.0μg/L。

（8）辛醛　辛醛（octanal，capryl aldehyde），CAS 号 124-13-0，FEMA 号 2797，RI_{np} 1004 或 1033，RI_{mp} 1087 或 1083，RI_{p} 1293 或 1317，K_{aw} 2.101×10^{-2}（22℃），具有脂肪味、柑橘香、柠檬、青草或青香、水果香、蜂蜜气味、肥皂气味。

辛醛在空气中嗅阈值 7.8~13.6ng/L 或 5.8~13.6μg/m^3，水中觉察阈值 3.4μg/L，识别阈值 6.9μg/L 或 0.7~8.0μg/L 或 0.7μg/L 或 1.41μg/L 或 8μg/L，10%vol 酒精-水溶液中嗅阈值 15μg/L，14%vol 酒精-水溶液中嗅阈值 640μg/L，46%vol 酒精-水溶液中嗅阈值 39.64μg/L，啤酒中嗅阈值 40μg/L；7%（质量体积浓度）乙酸-水溶液中嗅阈值 22.5μg/L；油中嗅阈值 55μg/kg，葵花籽油中嗅阈值 56μg/kg。

辛醛在水中味阈值（后鼻嗅）47μg/L 或 45μg/L 或 0.5μg/L 或 5μg/L，油中味阈值 515μg/kg，葵花籽油中味阈值 56μg/kg。

辛醛已经在新产白葡萄酒、雪利醋、树莓、葡萄等小水果中检测到，在赤霞珠葡萄中含量为 1.44~6.09μg/kg；在新鲜啤酒中含量为 1.1μg/L，在老化啤酒中为 0.88μg/L。

辛醛在中国酱香型郎酒中含量为 1.93~140.00μg/L，醇甜原酒和窖底香原酒中未检测到，酱香原酒中 2.52μg/L；兼香型口子窖酒中未检测到；豉香型白酒中 759μg/L。

辛醛在科涅克白兰地中含量为 1.6~6.4μg/L，在卡尔瓦多斯白兰地中含量为 2.4~30.2μg/L。

（9）壬醛　壬醛（nonanal，pelargonaldehyde），CAS 号 124-19-6，FEMA 号 2782，RI_{np} 1100 或 1104，RI_{mp} 1184 或 1193，RI_{p} 1379，具有强烈的脂肪臭、果香、甜瓜、柑橘香、花香、青草、青香、水腥臭、肥皂、蜡气味。

壬醛在空气中嗅阈值 4.5~12.1ng/L 或 5.2~12.1μg/m^3，在水中觉察阈值 2.8μg/L，识别阈值 8.0μg/L 或 1μg/L 或 2.5μg/L 或 5μg/L，10%vol 模拟葡萄酒（5 g 酒石酸，pH 3.5）中嗅阈值 15μg/L，46%vol 酒精-水溶液中嗅阈值 122.45μg/L，啤酒中嗅阈值 18μg/L；70g/L 醋酸-水溶液中嗅阈值 18.2μg/L；油中气味阈值 13.5mg/L。

壬醛在水中味阈值（后鼻嗅）45μg/L 或 4.3μg/L 或 3.5μg/L；在油中味阈值 260μg/L。

壬醛也已经在树莓、葡萄等小水果、干酪中检测到；在赤霞珠葡萄中含量 8.05~27.18μg/kg；在新鲜啤酒中含量 4.7μg/L，老化啤酒 5.92μg/L。

壬醛在中国酱香型郎酒中含量为 185~308μg/L，酱香型醇甜原酒 203μg/L，酱香原酒 190μg/L，窖底香原酒 189μg/L；浓香型洋河酒 nd~964μg/L，清香型汾酒 117μg/L，宝丰酒 160μg/L，青稞酒 287μg/L；兼香型口子窖酒 315μg/L；豉香型白酒 854μg/L。

壬醛在科涅克白兰地中含量为 6.2~28.0μg/L，卡尔瓦多斯白兰地 2.4~48.0μg/L。

（10）癸醛　癸醛（decanal），CAS 号 112-31-2，FEMA 号 2362，RI_{np} 1204 或 1219，RI_{mp} 1285 或 1293，RI_p 1485 或 1538，呈类似柠檬油的蜡和脂肪气味、肥皂味、柑橘或柑橘皮、草药、花香。癸醛在空气中嗅阈值 1ng/L，水中嗅阈值 0.1~5.0μg/L 或 2μg/L 或 1.97μg/L 或 5μg/L，10%vol 模拟葡萄酒（5g 酒石酸，pH3.5）中嗅阈值 10μg/L，46%vol 酒精-水溶液中嗅阈值 70.8μg/L；油中嗅阈值 300μg/kg。

癸醛在水中味阈值（后鼻嗅）7μg/L 或 10μg/L 或 3.2μg/L 或 3.02μg/L，油中味阈值 75μg/kg。

癸醛已经在橙汁、葡萄、干酪检测到。在赤霞珠葡萄中含量为 8.88~87.43μg/kg 或 4.62μg/L，品丽珠葡萄中含量 1.59μg/L，梅鹿辄葡萄中含量 8.79μg/L，蛇龙珠葡萄中含量 1.38μg/L；贵人香白葡萄中含量 nd~0.08μg/kg，霞多利含量 nd~0.11μg/kg，雷司令含量 nd~0.04μg/kg。

癸醛在老化啤酒中含量为 1.04μg/L。

癸醛在浓香型白酒洋河酒含量为 27~1154μg/L，清香型汾酒中含量 798μg/L，宝丰酒 253μg/L，青稞酒 587μg/L。

癸醛存在于白兰地中，在科涅克白兰地中含量为 7.6~46.0μg/L，卡尔瓦多斯白兰地中含量为 4.6~29.6μg/L。

（11）其他直链醛

①十一醛（undecanal）：CAS 号 112-44-7，FEMA 号 3092，RI_{np} 1291 或 1320，具有甜橙和玫瑰的水果香与花香、油臭，在水中嗅阈值 5μg/L，啤酒中嗅阈值 3.5μg/L。十一醛在水中味阈值 14μg/L。

②十一醛：存在于白兰地酒中，在科涅克白兰地中含量为 2.6~3.6μg/L，在卡尔瓦多斯白兰地中含量 nd~4.4μg/L；也已经在柑橘等水果、白酒中检测到。

③十二醛（dodecanal）（C 3-3）：俗称月桂醛（lauric aldehyde），CAS 号 112-54-9，FEMA 号 2615，RI_{np} 1401 或 1422，RI_p 1718 或 1738，具有紫罗兰香韵的脂肪臭、似柑橘、草药、甜香、蜡、花香、肥皂气味，在水中嗅阈值 2μg/L 或 0.53μg/L，在啤酒中嗅阈值 4μg/L；在水中味阈值（后鼻嗅阈值）11μg/L 或 1μg/L 或 1.07μg/L。该化合物存在于柑橘、柑橘油、烤牛肉、白酒中。

④十四醛（tetradecanal）：CAS 号 124-25-4，FEMA 号 2763，RI_{np} 1608 或 1611，RI_p 1910 或 1948，熔点 20~21℃，沸点 166℃（3.12kPa），lgP 6.008。十四醛呈蜡和脂肪气味，在水中味阈值 60μg/L。该化合物存在于芒果、烤牛肉、烤猪肉、朗姆酒、白酒中。

2. 支链饱和脂肪醛

饮料酒中呈风味的支链醛主要有 2-甲基丙醛、2-甲基丁醛和 3-甲基丁醛。

（1）2-甲基丙醛　2-甲基丙醛（2-methylpropanal）（C 3-4），俗称异丁醛（isobutyraldehyde，isobutanal），CAS 号 78-84-2，FEMA 号 2220，RI_{np} 500 或 562，RI_{mp} 616，RI_p 810 或 814，无色液体，熔点-65℃，沸点 63℃，密度 0.79g/mL（25℃），水中溶解度 75g/L（20℃），呈青草或青香、麦芽香、谷物香、清漆味、水果香、过熟水果香、

脂肪气味、发酵香。

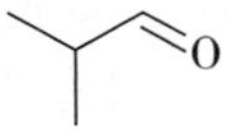

C 3-4 2-甲基丙醛 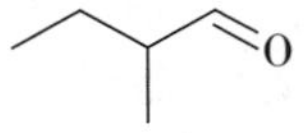　　C 3-5 2-甲基丁醛

2-甲基丙醛在空气中嗅阈值 14～15μg/m^3 或 2～4μg/m^3，水中觉察阈值 0.49μg/L，识别阈值 1.9μg/L 或 1μg/L 或 0.7～0.9μg/L 或 1.3μg/L 或 0.1～10.0μg/L 或 0.1～2.3μg/L，10%vol 模拟葡萄酒（7g/L 甘油，pH 3.2）中嗅阈值 6μg/L，40%vol 酒精-水溶液中嗅阈值 5.9μg/L，46%vol 酒精-水溶液中嗅阈值 1300μg/L，啤酒中嗅阈值 86μg/L 或 1000μg/L 或 1500μg/L；淀粉中嗅阈值 56μg/kg；油中嗅阈值 3.4μg/L，葵花籽油中嗅阈值 3.4μg/kg。

2-甲基丙醛在葵花籽油中味阈值 3.4μg/kg。

2-甲基丙醛广泛存在于韩国泡菜、干酪、煮猪肉、烤牛肉、咖啡、红茶、美拉德反应产物、葡萄酒、啤酒、白兰地、伏特加、白酒中。

2-甲基丙醛痕量存在于葡萄酒中，玫瑰红葡萄酒中含量为 12～16μg/L；在老化啤酒中含量为 48.7μg/L；科涅克白兰地中含量 620～680μg/L，卡尔瓦多斯白兰地 58～620μg/L；伏特加 nd～74.9μg/L；在酱香型习酒中含量为 2222μg/L；浓香型习酒 1048μg/L。

（2）2-甲基丁醛　2-甲基丁醛（2-methylbutanal，2-methylbutyraldehyde）(C 3-5)，CAS 号 96-17-3，FEMA 号 2691，RI_{np} 593 或 663，RI_p 864 或 926，清亮无色至轻微黄色液体，沸点 90～92℃，密度 0.804g/mL（25℃）。

2-甲基丁醛呈可可、杏仁味、似苹果、麦芽香，稀时呈咖啡香，水中嗅阈值 4μg/L 或 4.5μg/L 或 1.9μg/L 或 1.0～3.7μg/L，在啤酒中嗅阈值 1250μg/L；7%（质量体积浓度）醋酸-水溶液中嗅阈值 84.3μg/L；淀粉中嗅阈值 53μg/kg，面粉中嗅阈值 32μg/kg；葵花籽油中嗅阈值 2.2μg/kg 或 10μg/kg，油中嗅阈值 10μg/kg；可可粉中嗅阈值 140μg/kg。

2-甲基丁醛在啤酒中味阈值 45μg/L，葵花籽油中味阈值 2.2μg/kg 或 23μg/kg。

2-甲基丁醛存在于加工食品和发酵食品如干酪、红茶、植物油、烤牛肉中，在新鲜啤酒中含量为 3.4μg/L，该化合物在啤酒贮存时有上升趋势；在老化啤酒中含量为 6.23μg/L。

2-甲基丁醛是手性化合物，有（*R*）-和（*S*）-型之分。（*R*）-2-甲基丁醛，RI_{np} 860，$RI_{BGB-176}$ 1039，$RI_{BGB174E}$ 1061，呈麦芽香，在空气中嗅阈值 3.3ng/L。(*S*)-2-甲基丁醛，RI_{np} 860，$RI_{BGB-176}$ 1039，$RI_{BGB174E}$ 1067，呈麦芽香，在空气中嗅阈值 1.5ng/L。

饮料酒杏子白兰地中（*S*）-型（含量 26.3μg/L）占 58%，（*R*）-型（18.9μg/L）占 42%；波旁威士忌中（*S*）-型（82.5μg/L）占 66%，（*R*）-型（42.5μg/L）占 34%；纯麦芽威士忌中（*S*）-型（163μg/L）占 56%，（*R*）-型（130μg/L）占 44%；荷兰杜松子酒中（*S*）-型（149μg/L）占 68%，（*R*）-型（71.1μg/L）占 32%；麦斯卡尔酒中（*S*）-

型（131μg/L）占62%，（*R*）-型（80.0μg/L）占38%；特基拉酒[①]中（*S*）-型（204μg/L）占74%，（*R*）-型（72.1μg/L）占26%；皮尔森啤酒中（*S*）-型（2.06μg/L）占73%，（*R*）-型（0.79μg/L）占27%；小麦啤酒中（*S*）-型（3.41μg/L）占64%，（*R*）-型（2.02μg/L）占36%；小麦无醇啤酒中（*S*）-型（5.78μg/L）占68%，（*R*）-型（2.73μg/L）占32%；红葡萄酒中（*S*）-型（14.3μg/L）占69%，（*R*）-型（6.11μg/L）占31%；白葡萄酒中（*S*）-型（4.02μg/L）占58%，（*R*）-型（3.08μg/L）占42%。

（*S*）-型在朗姆酒中含量为8.20~61.20μg/L，（*R*）-型在朗姆酒中含量为6.39~27.4μg/L。

（3）3-甲基丁醛　3-甲基丁醛（3-methylbutanal，3-methylbutyraldehyde）（C 3-6），也称异戊醛（isopentanal，isovaleraldehyde），CAS号590-86-3，FEMA号2692，RI_{np} 646或658，RI_{mp} 720或738，RI_p 912或932，无色液体，熔点-60℃，沸点90℃，密度0.803g/mL（25℃），水中溶解度15g/L（20℃）。该化合物呈青香、麦芽香、花香、水果香、酵母香气。

C 3-6　3-甲基丁醛

3-甲基丁醛在空气中嗅阈值2~4μg/m^3或3~6ng/L或3ng/L，水中觉察阈值0.5μg/L，识别阈值1.2μg/L或0.2μg/L或0.4μg/L或0.15μg/L或0.35μg/L或12μg/L，10%vol模拟葡萄酒（7g/L甘油，pH3.2）中嗅阈值4.6μg/L，40%vol酒精-水溶液中嗅阈值2.8μg/L，46%vol酒精-水溶液中嗅阈值16.51μg/L；啤酒中嗅阈值56μg/L或600μg/L或660μg/L；70g/L醋酸-水溶液中嗅阈值31.5μg/L；油中嗅阈值5.4μg/kg，葵花籽油中嗅阈值4.5μg/kg；淀粉中嗅阈值32μg/kg；可可粉中嗅阈值13μg/kg。

3-甲基丁醛在水中味阈值70μg/L或170μg/L，葵花籽油中味阈值10.8μg/kg。

3-甲基丁醛广泛存在于黑莓、葡萄、植物油、红茶、咖啡、烤牛肉、面包皮、干酪、啤酒、葡萄酒、白兰地、朗姆酒、伏特加、白酒中。

3-甲基丁醛在赤霞珠葡萄中含量为0.16~0.33μg/kg，蛇龙珠葡萄6.58μg/L；贵人香白葡萄中含量为nd~0.09μg/kg，霞多利葡萄nd~0.10μg/kg，雷司令葡萄nd~0.04μg/kg。

3-甲基丁醛在新鲜啤酒中含量为7.2μg/L，在贮存过程中呈上升趋势；在老化啤酒中含量为13.76μg/L。

3-甲基丁醛痕量存在于葡萄酒中，白葡萄酒中含量为4.45~7.42μg/L，玫瑰红葡萄酒5.8~11.0μg/L，红葡萄酒6.46~13.30μg/L。

3-甲基丁醛在卡尔瓦多斯白兰地中含量为170~1220μg/L，科涅克白兰地中含量为1545~5500μg/L；朗姆酒中含量为34.1~315.0μg/L；伏特加中含量为nd~26.1μg/L；

---

① tequila，一种龙舌兰发酵蒸馏酒。

中国酱香型习酒中含量为72.64mg/L，郎酒含量为38.0~110.0mg/L，醇甜原酒含量为222mg/L，酱香原酒144mg/L，窖底香原酒127mg/L；浓香型洋河酒含量为4.40~20.20mg/L，习酒中含量为83.50mg/L；兼香型口子窖酒含量为5.43mg/L。

二、 不饱和脂肪醛类化合物

不饱和脂肪醛通常并不是饮料酒的重要香气化合物，但近年来的研究发现，不饱和脂肪醛与豉香型白酒关键香气有关。

1. 单不饱和醛

最简单的不饱和醛是丙烯醛（acrolein）(C 3-7)，俗称烯丙醛（allyl aldehyde），IUPAC名2-丙烯醛（2-propenal），CAS号107-02-8，无色或淡黄色液体，摩尔质量56.06g/mol，熔点-87.7℃或-86.95℃，沸点52.5℃或52.1~53.5℃，闪点-26℃，相对密度0.84g/mL（20℃），蒸汽压29.3~36.5kPa（20℃），易溶于水、醇、丙酮等多数有机溶剂。20℃时水中溶解度206~270g/L（易聚合，不易检测），lgK_{ow}-1.1~1.02，呈胡椒（peppery）、山葵（horseradish）冲辣气味、烧焦、甜香，空气中感觉阈值0.07mg/m^3，识别阈值0.48mg/m^3或52.5ng/L，啤酒中嗅阈值15mg/L。

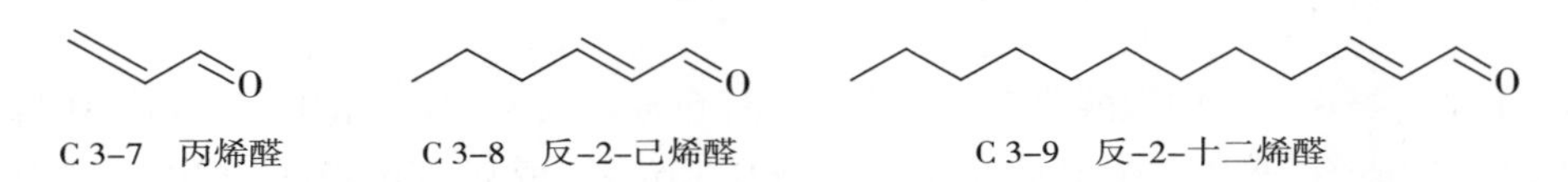

C 3-7 丙烯醛　　C 3-8 反-2-己烯醛　　C 3-9 反-2-十二烯醛

丙烯醛具有持续性苦味。在红葡萄酒中，丙烯醛与苯酚类的羟基发生反应，产生苦味。

丙烯醛广泛存在于水果（如树莓、葡萄、草莓和黑莓）、蔬菜（如土豆）、动物（如鱼）、加工食品（如油炸薯片）、发酵食品（如干酪、葡萄酒、啤酒、白兰地、朗姆酒、威士忌、苹果酒等）中 。

丙烯醛在饮料酒中的浓度普遍高于其他食品，如淡味啤酒（lager beer）含量为1~2μg/L，老化啤酒中未检测到；葡萄酒0~3.8mg/L；白兰地0.00~0.21mg/L，科涅克白兰地1.4~1.5mg/L，威士忌（苏格兰和波旁）0.7~11.1mg/L，巴西糖蜜酒< ql~6.6mg/L纯酒精，伏特加2.61~9.39μg/L。发酵蒸馏酒糟中丙烯醛可达420mg/L。

丙烯醛在中国白酒原酒中含量如下：豉香型原酒丙烯醛浓度（533μg/L纯酒精）最高；特香型（489μg/L纯酒精）、浓香型（308μg/L纯酒精）和芝麻香型（253μg/L纯酒精）次之；再次是清香型（139μg/L纯酒精）和老白干香型（125μg/L纯酒精）；酱香型（82.7μg/L纯酒精）和凤香型原酒（68.7μg/L纯酒精）中丙烯醛浓度最低。

成品白酒丙烯醛浓度分布为：豉香型成品酒（610μg/L纯酒精）最高；芝麻香型（230μg/L纯酒精）、浓香型（210μg/L纯酒精）和凤香型（196μg/L纯酒精）次之；再次是老白干香型（118μg/L纯酒精）和清香型（89.2μg/L纯酒精）；特香型（75.1μg/L纯酒精）和酱香型成品白酒（65.9μg/L纯酒精）中丙烯醛浓度最低。

中国成品白酒中丙烯醛平均浓度（72.3μg/L）远低于 WHO 规定的容许浓度（1500μg/L），比葡萄酒高 71.6μg/L，比威士忌低 180μg/L，比龙舌兰低 332μg/L，比水果蒸馏酒低 519μg/L。

（1）反式不饱和醛　最重要的呈香不饱和醛类化合物（unsaturated aldehydes）是反-2-烯醛类［*trans*-2-alkenals，(*E*)-2-alkenals］。不饱和醛的气味随碳链长度增长而变化，通常情况下，碳链越长，其阈值越低。

反-2-戊烯醛［*trans*-2-pentenal，(*E*)-2-pentenal］，IUPAC 名反-戊-2-烯醛［(*E*)-pent-2-enal］，CAS 号 1576-87-0，FEMA 号 3218，RI_{np} 746 或 758，RI_{mp} 867，RI_{p} 1125 或 1173，清亮无色至黄色液体，熔点 16℃，沸点 80~81℃（21.3kPa），密度 0.86g/mL（25℃），lgP 1.281，不溶于水，呈刺激性、水果、苹果、草莓香、尖锐的、辛辣的气味，在水中嗅阈值 1500μg/L，油中嗅阈值 2300μg/kg；油中味阈值 600μg/kg。

反-2-戊烯醛存在于植物油、烤牛肉、烤猪肉、韩国泡菜、猕猴桃中，在老化啤酒中未检测到。在白酒中含量如下：浓香型白酒 16.91μg/L，清香型白酒 6.68μg/L，酱香型白酒 1.80μg/L，兼香型白酒 0.18μg/L，药香型白酒 2.77μg/L，米香型白酒 3.9μg/L，豉香型白酒 74.10μg/L，老白干香型白酒 7.14μg/L。

反-2-己烯醛［*trans*-2-hexenal，(*E*)-2-hexenal］（C 3-8），俗称叶醛（leaf aldehydes），IUPAC 名反-己-2-烯醛［(*E*)-hex-2-enal］，CAS 号 6728-26-3，FEMA 号 2560，RI_{np} 850 或 871，RI_{mp} 955 或 957，RI_{p} 1201 或 1259，无色清亮到淡黄色液体，沸点 146~147℃或 47℃（2.23kPa），密度 0.846g/L（25℃），lgP 1.790，不溶于水。

反-2-己烯醛呈青香、水果、苹果、草莓、樱桃、花香、脂肪气味，稀时呈杏仁香；在空气中嗅阈值 50~200ng/L 或 480ng/L 或 125μg/m^3，水中觉察阈值 110μg/L，识别阈值 4μg/L 或 17μg/L 或 190μg/L 或 24μg/L 或 82μg/L 或 316μg/L 或 40μg/L；啤酒中嗅觉阈值 600μg/L；油中嗅阈值 420μg/kg，葵花籽油中嗅阈值 424μg/kg。

反-2-己烯醛在水中味阈值 49μg/L；油中味阈值 250μg/kg，葵花籽油中味阈值 257μg/kg。

反-2-己烯醛广泛存在于树莓、葡萄、草莓番石榴、猕猴桃、芒果、橙汁、韭菜、甜菜根、植物油、烤牛肉、面包皮、干酪等水果蔬菜以及加工与发酵产品中，在中国赤霞珠葡萄中含量为 1.40~6.73μg/kg 或 21.7μg/L，品丽珠葡萄 21.8μg/L，梅鹿辄葡萄 16.1μg/L，蛇龙珠葡萄 5.45μg/L；贵人香白葡萄 nd~2.73μg/kg，霞多利葡萄 nd~1.76μg/kg，雷司令葡萄 nd~0.24μg/kg。

反-2-己烯醛在白葡萄酒中含量为 nd~0.75μg/L，玫瑰红葡萄酒中为 0.50~0.55μg/L，红葡萄酒中为 0.24~1.18μg/L；在老化啤酒中未检测到。

反-2-己烯醛在白酒中含量如下：浓香型白酒 20.13μg/L；清香型白酒 9.49μg/L；酱香型白酒 2.43μg/L；兼香型白酒 1.23μg/L；药香型白酒 8.89μg/L；米香型白酒 12.78μg/L；豉香型白酒 145.62μg/L；老白干香型白酒 15.36μg/L。

反-2-庚烯醛［*trans*-2-heptenal，(*E*)-2-heptenal］，俗称 β-丁基丙烯醛（β-butylacrolein），IUPAC 名反-庚-2-烯醛［(*E*)-hept-2-enal］，CAS 号 18829-55-5，FEMA

号 3165，RI_{np} 930 或 970，RI_{mp} 1062 或 1063，RI_p 1303 或 1338，无色清亮至淡黄色液体，沸点 165~167℃或 90~91℃（6.67kPa），密度 0.857g/mL（25℃），lgP 2.300。

反-2-庚烯醛呈青香、似肥皂、脂肪气味、似杏仁或苦杏仁气味，在空气中嗅阈值 52.5ng/L 或 250ng/L，水中嗅阈值 4.6μg/L 或 13μg/L 或 51μg/L；植物油中嗅阈值 14mg/L；植物油中味阈值 400μg/L。

反-2-庚烯醛存在于牛肉、百香果、葡萄、草莓酱、土豆制品、面包皮、威士忌、白酒等产品中。在中国赤霞珠葡萄中含量为 0.62~9.97μg/kg；贵人香白葡萄 nd~0.06μg/kg，霞多利葡萄 nd~0.04μg/kg，雷司令葡萄 nd~0.06μg/kg。

反-2-庚烯醛在白葡萄酒中含量为 nd~0.82μg/L，玫瑰红葡萄酒中含量<0.01μg/L，红葡萄酒中含量 0.69~1.29μg/L；在老化啤酒中未检测到。

反-2-庚烯醛在白酒中含量：浓香型白酒 20.03μg/L；清香型白酒 5.33μg/L；酱香型白酒 2.43μg/L；兼香型白酒 1.22μg/L；药香型白酒 11.83μg/L；米香型白酒 12.78μg/L；豉香型白酒 194.34μg/L；老白干香型白酒 12.78μg/L。

反-2-辛烯醛［*trans*-2-octenal，（*E*）-2-octenal］，IUPAC 名反-辛-2-烯醛［（*E*）-oct-2-enal］，CAS 号 2548-87-0，FEMA 号 3215，RI_{np} 1057 或 1076，RI_{mp} 1164，RI_p 1412 或 1467，沸点 84~86℃（2.5kPa）或 50~55℃（333Pa），相对密度 0.835~0.845（25℃），lgP 2.809。

反-2-辛烯醛呈脂肪、柑橘、柠檬、坚果香，该化合物在空气中嗅阈值 47ng/L，水中嗅阈值 3μg/L 或 4μg/L，46%vol 酒精-水溶液中嗅阈值 15.1μg/L；油中嗅阈值 7000μg/kg；油中味阈值 125μg/kg。

反-2-辛烯醛存在于葡萄酒、啤酒、白酒、植物蛋白酸水解液、烤牛肉、烤猪肉、韭菜等产品中，在白葡萄酒中含量为 nd~1.09μg/L，玫瑰红葡萄酒 0.02~0.03μg/L，红葡萄酒 0.19~0.97μg/L；在老化啤酒中含量为 0.058μg/L。

反-2-辛烯醛是豉香型白酒的重要香气成分，在中国白酒中含量如下：豉香型白酒含量为 422μg/L 或 301.86μg/L，酱香型白酒 22.2μg/L 或 4.06μg/L，浓香型白酒 33.4μg/L 或 18.80μg/L，清香型白酒 28.4μg/L 或 10.78μg/L，米香型白酒 26.34μg/L，兼香型白酒 18.9μg/L 或 1.65μg/L，老白干香型白酒 27.1μg/L 或 14.76μg/L，芝麻香型白酒 20.8μg/L，药香型白酒 33.7μg/L 或 19.53μg/L，凤香型白酒 28.5μg/L，特香型白酒 22.4μg/L，豉香型基酒 96.4μg/L。

反-2-壬烯醛［*trans*-2-nonenal，（*E*）-2-nonenal］，IUPAC 名反-壬-2-烯醛［（*E*）-non-2-enal］，CAS 号 18829-56-6，FEMA 号 3213，RI_{np} 1147 或 1163，RI_{mp} 1254 或 1275，RI_p 1519 或 1536，清亮无色至淡黄色液体，沸点 188~190℃或 88~90℃（1.6kPa），密度 0.846g/mL（25℃），lgP 3.319；呈强烈脂肪、锯末（sawdust）、纸板或纸、蜡、塑料气味，稀时呈黄瓜香（cucumber on dilution）、青香。

反-2-壬烯醛在空气中嗅阈值 0.005ng/L 或 0.5μg/m^3 或 0.1ng/L，水中觉察阈值 0.19μg/L，识别阈值 0.004μg/L 或 0.17μg/L 或 0.69μg/L 或 0.08μg/L 或 0.53μg/L 或 0.8μg/L，40%vol 酒精-水溶液中嗅阈值 0.6μg/L，46%vol 酒精-水溶液中嗅阈值

50. 5μg/L，啤酒中嗅阈值 0. 11μg/L，7%（质量体积浓度）醋酸-水溶液中嗅阈值 1. 5μg/L；油中嗅阈值 900μg/kg，葵花籽油中嗅阈值 900μg/kg；淀粉中嗅阈值 0. 53μg/kg，纤维素中嗅阈值 15μg/kg。

反-2-壬烯醛在水中味阈值（后鼻嗅阈值）0. 08μg/L，啤酒中味阈值 0. 03μg/L；油中味阈值 65μg/kg，葵花籽油中味阈值 66μg/kg。

反-2-壬烯醛后鼻嗅存在变嗅现象，当水中反-2-壬烯醛浓度为 0. 2μg/L 时，后鼻嗅呈轻微塑料气味；当浓度在 0. 4~2. 0μg/L 时，呈木香；当浓度在 3~16μg/L 时，呈脂肪气味；当浓度在 30~40μg/L 时，呈不愉快的油臭；当浓度在 1000μg/L 时，呈强烈的黄瓜气味。

反-2-壬烯醛广泛存在于啤酒、葡萄酒、白酒、乳清粉、橄榄油、红茶、橙汁、面包皮、焙烤咖啡等产品和荔枝等水果中。

反-2-壬烯醛是啤酒中重要的异嗅化合物，被认为与啤酒的老化气味有关。在新鲜啤酒中，该化合物含量约 0. 002μg/L 或 0. 08μg/L，在具有老化气味啤酒中含量为 0. 015μg/L 或 0. 10μg/L 或 0. 139μg/L。

反-2-壬烯醛在玫瑰红葡萄酒中含量为 0. 08~0. 53μg/L。

反-2-壬烯醛广泛存在于中国白酒中，2015 年研究发现反-2-壬烯醛是豉香型白酒关键香气成分，豉香型白酒中含量最高，达 156μg/L 或 124. 8μg/L，酱香型白酒 13. 2μg/L 或 6. 92μg/L，浓香型白酒 17. 0μg/L 或 10. 25μg/L，清香型白酒 20. 5μg/L 或 15. 71μg/L，米香型白酒 25. 44μg/L，兼香型白酒 10. 1μg/L 或 0. 95μg/L，老白干香型白酒 14. 4μg/L 或 18. 12μg/L，芝麻香型白酒 14. 4μg/L，药香型白酒 25. 7μg/L 或 52. 45μg/L，凤香型白酒 14. 0μg/L，特香型白酒 14. 0μg/L，豉香型基酒 16. 2μg/L。

反-2-癸烯醛［*trans*-2-decenal，(*E*)-2-decenal］，俗称 3-庚基丙烯醛（3-heptylacrolein），IUPAC 名反-癸-2-烯醛［(*E*)-dec-2-enal］，CAS 号 3913-81-3，FEMA 号 2366，RI_{np} 1234 或 1273，RI_{mp} 1370 或 1371，RI_p 1630 或 1642，清亮无色至淡黄色液体，沸点 228~230℃或 78~80℃（400Pa），密度 0. 841g/mL（25℃），lgP 3. 828。反-2-癸烯醛呈油臭（oily）、脂肪、兽脂气味、柑橘香、青香，在空气中嗅阈值 3. 6~4. 9ng/L，水中嗅阈值 0. 3~0. 4μg/L，40%vol 酒精-水溶液中嗅阈值 5. 2μg/L，46%vol 酒精-水溶液中嗅阈值 12. 1μg/L，啤酒中嗅阈值 1μg/L；油中嗅阈值 33. 8mg/kg；油中味阈值 150μg/L。

反-2-壬烯醛、反-2-癸烯醛是形成啤酒中纸板臭的重要化合物，也是形成啤酒老化气味的主要化合物。

反-2-癸烯醛广泛存在于啤酒、白酒、威士忌、牛肉、烧牛肉、烧猪肉、蘑菇、韩国泡菜等产品中。在中国白酒中含量如下：豉香型白酒中含量为 375μg/L 或 156. 78μg/L，酱香型白酒 8. 25μg/L 或 1. 99μg/L，浓香型白酒 9. 45μg/L 或 3. 38μg/L，清香型白酒 10. 2μg/L 或 2. 81μg/L，米香型白酒 5. 76μg/L，兼香型白酒 7. 66μg/L 或 2. 99μg/L，老白干香型白酒 8. 38μg/L 或 3. 72μg/L，芝麻香型白酒 15. 4μg/L，药香型白酒 53. 0μg/L 或 6. 21μg/L，凤香型白酒 10. 8μg/L，特香型白酒 12. 1μg/L，豉香型基酒 38.8μg/L。

反-2-十一烯醛［*trans*-2-undecenal，(*E*)-2-undecanal］，IUPAC 名反-十一-2-烯醛［(*E*)-undec-2-enal］，CAS 号 53448-07-0，FEMA 号 3423，RI_{np} 1361 或 1376，RI_p 1725 或 1761，沸点 115℃，密度 0.849g/mL（25℃），呈柑橘香、青香、药香、天竺葵、肥皂、金属、脂肪，在水中觉察阈值 0.78μg/L，识别阈值 1.4μg/L，46%vol 酒精-水溶液中嗅阈值 240μg/L。

反-2-十一烯醛存在于牛肉、烧牛肉与烧猪肉、柑橘、腰果梨汁（cashew apple nectar）等产品中，中国豉香型白酒中含量为 47.3μg/L 或 9.36μg/L，酱香型白酒 6.88μg/L 或<ql（定量限），浓香型白酒 8.55μg/L 或 1.68μg/L，清香型白酒 8.24μg/L 或 2.71μg/L，米香型白酒 2.40μg/L，兼香型白酒 7.10μg/L 或 3.60μg/L，老白干香型白酒 12.2μg/L，芝麻香型白酒 10.6μg/L，药香型白酒 18.9μg/L 或 8.58μg/L，凤香型白酒 8.60μg/L，特香型白酒 9.82μg/L，豉香型基酒 29.1μg/L。

反-2-十二烯醛［*trans*-2-dodecenal，(*E*)-2-dodecenal］（C 3-9），IUPAC 名反-十二-2-烯醛［(*E*)-dodec-2-enal］，CAS 号 20407-84-5，FEMA 号 2402，RI_p 1889，沸点 125~128℃，lgP 4.510，相对密度 0.849（25℃），能溶解乙醇和不挥发油，水中溶解度 7.259mg/L（25℃），有一种强烈的、持久的香菜（coriander）气味，沾上手后，会在手上残留好几天。该化合物在白酒中分布：兼香型白酒 9.8μg/L，米香型白酒 5.04μg/L，豉香型白酒 7.02μg/L；老白干香型白酒 5.04μg/L，浓香型白酒、清香型白酒、酱香型白酒和药香型白酒<ql 。

（2）顺式不饱和醛　饮料酒中顺式不饱和醛并不常见。

顺-3-己烯醛［*cis*-3-hexenal，(*Z*)-3-hexenal］，IUPAC 名顺-己-3-烯醛［(*Z*)-3-hexenal］，CAS 号 6789-80-6，FEMA 号 2561，RI_{np} 795 或 801，RI_{mp} 884 或 885，RI_p 1132 或 1160，沸点 20℃（3.67kPa），折射率 1.427~1.435（20℃），相对密度 0.976~0.986（25℃），lgP 1.432，呈青香、青草气味、似树叶、似黄铜气味。

顺-3-己烯醛在空气中嗅阈值 0.09~0.36ng/L，在水中觉察阈值 0.12μg/L，识别阈值 0.21μg/L 或 0.03μg/L 或 0.25μg/L 或 1.7μg/L，啤酒中嗅阈值 20μg/L；油中嗅阈值 1.7μg/kg，葵花籽油中嗅阈值 1.7μg/kg；水中味阈值 0.03μg/L 或 0.25μg/L；油中味阈值 1.2μg/kg，葵花籽油中味阈值 1.2μg/kg。

顺-3-己烯醛已经在芒果、树莓等水果、橙汁、草莓汁、腰果汁、橄榄油、土豆，以及饮料酒如葡萄酒中检测到。

顺-4-庚烯醛［*cis*-4-heptenal，(*Z*)-4-heptenal］，RI_{np} 898 或 900，RI_{mp} 985 或 988，RI_p 1229 或 1240，呈鱼腥或鱼油、蟹腥、腐臭、变质的（putty）、似奶油的、煮土豆、兽脂气味，在水中觉察阈值 0.87ng/L，识别阈值 2.5ng/L 或 0.2μg/L 或 0.8μg/L 或 0.06μg/L；在啤酒中嗅阈值 0.4μg/L；油中嗅阈值 2μg/kg；油中味阈值 1μg/kg。

顺-4-庚烯醛已经在煎培根煎猪肉、韩国泡菜、干欧芹、凝乳干酪素、超高压处理牛乳、贻贝、红茶、啤酒中检测到。

异戊烯醛（prenal），俗称 3-甲基巴豆醛（3-methylcrotonaldehyde）、二甲基丙烯醛

(senecioaldehyde, dimethylacrolein), IUPAC 名 3-甲基-2-丁烯醛 (3-methyl-2-butenal), CAS 号 107-86-8, FEMA 号 3646, RI_{np} 730 或 800, RI_p 1206 或 1212, 无色到淡黄色液体, 熔点低于-20℃ (计算值-78.6℃), 沸点 136℃, 闪点 37℃, 密度 0.876g/mL (20℃), 蒸汽压 933Pa (20℃), K_{ow} 0.53, 能溶于水 (溶解度 110g/L, 20℃), 该化合物在啤酒中阈值 500μg/L; 存在于啤酒中。

2. 多不饱和醛

最重要的多不饱和醛 (polyunsaturated aldehyde) 是反,反-2,4-癸二烯醛 [(*E*, *E*)-2,4-decadienal] (C 3-10), 俗称反-2-反-4-癸二烯醛 (*trans*-2-*trans*-4-decadienal), CAS 号 25152-84-5, FEMA 号 3135, RI_{np} 1316 或 1327, RI_{mp} 1434 或 1451, RI_p 1778 或 1808, 沸点 279~280℃, 相对密度 0.866~0.876 (25℃), 折射率 1.512~1.517 (20℃), lgP 3.180, 能溶解于醇、不挥发油、轻微溶于水 (溶解度 105.7mg/L, 25℃)。

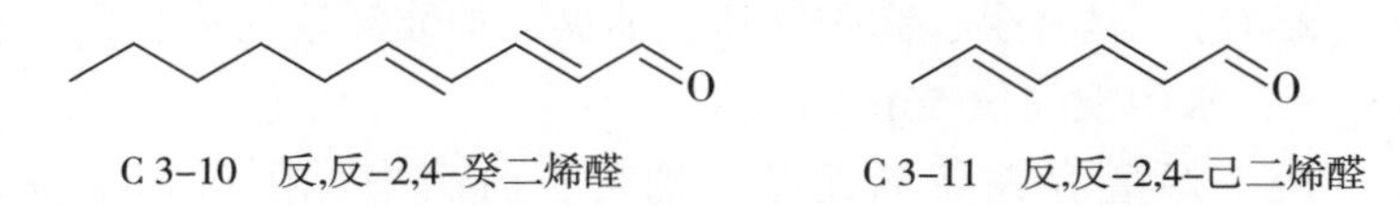

C 3-10 反,反-2,4-癸二烯醛　　C 3-11 反,反-2,4-己二烯醛

反,反-2,4-癸二烯醛有强烈的脂肪臭、柑橘味、青香、鸡脂肪 (chicken) 味、油炸鸡香、油炸香、焙烤、烧烤香、纸板气味。

反,反-2,4-癸二烯醛在空气中嗅阈值 0.04~0.16ng/L 或 0.13ng/L, 水中觉察阈值 0.027μg/L, 识别阈值 0.077μg/L 或 0.07~0.20μg/L 或 0.16μg/L 或 0.05 或 0.2μg/L, 40%vol 酒精-水溶液中嗅阈值 1.1μg/L, 46%vol 酒精-水溶液中嗅阈值 7.71μg/L, 啤酒中嗅阈值 0.3μg/L, 70g/L 醋酸-水溶液中嗅阈值 0.4356μg/L, 淀粉中嗅阈值 2.67μg/kg 或 0.2μg/L; 油中嗅阈值 180μg/kg, 葵花籽油中嗅阈值 180μg/kg。

反,反-2,4-癸二烯醛在水中味 (后鼻嗅) 阈值 0.05μg/L, 啤酒中味阈值 0.11μg/L; 油中味阈值 41μg/kg, 葵花籽油中味阈值 41μg/kg; 淀粉中味阈值 0.05μg/L。

反,反-2,4-癸二烯醛被认为与啤酒的老化气味有关, 但有的老化啤酒中并未检测到。

反,反-2,4-癸二烯醛存在于众多饮料酒中。中国豉香型白酒中含量为 35.6μg/L, 酱香型白酒 9.8μg/L 或 2.06μg/L, 浓香型白酒 7.59μg/L 或 4.79μg/L, 清香型白酒 9.79μg/L 或 4.24μg/L, 兼香型白酒 7.76μg/L 或< ql, 老白干香型白酒 11.3μg/L 或 3.78μg/L, 芝麻香型白酒 10.4μg/L, 药香型白酒 28.5μg/L 或 14.68μg/L, 凤香型白酒 8.93μg/L, 特香型白酒 6.93μg/L, 豉香型基酒 13.0μg/L 或 18.18μg/L, 米香型白酒 11.28μg/L; 在朗姆酒中含量为 0.11~0.13μg/L。

反,反-2,4-己二烯醛 [(*E*, *E*)-2, 4-hexadienal] (C 3-11), 俗称山梨醛 (sorbic aldehyde)、反-2-反-4-己二烯醛 (*trans*-2-*trans*-4-hexadienal), IUPAC 名反, 反-己-2,4-二烯醛 [(*E*, *E*)-hexa-2,4-dienal], CAS 号 142-83-6, FEMA 号 3429, RI_{np} 877 或 916, RI_p 1392 或 1400, 无色液体, 沸点 69℃ (2.67kPa) 或 173~174 (100.5kPa), 相对密度 0.888~0.898 (25℃) 或 0.896~0.902 (20℃), 折射率 1.538~1.545 (20℃), lgP 1.058, 能溶于醇, 水中溶解度 8135mg/L (25℃)。

反,反-2,4-己二烯醛具有青香和果香、蔬菜，在水中嗅阈值 10~60μg/L 或 94.8μg/L，在啤酒中嗅阈值 800μg/L。

反,反-2,4-己二烯醛存在于啤酒、白酒、葡萄以及乌龙茶中，乌龙茶中含量为 38.2~311.0μg/kg；中国赤霞珠葡萄中含量为 0.21~2.39μg/kg。在白酒中含量如下：浓香型白酒 0.78μg/L，清香型白酒 36.36μg/L，酱香型白酒 4.47μg/L，兼香型、药香型白酒<ql，米香型白酒 1.44μg/L，豉香型白酒 3.66μg/L，老白干香型白酒 19.02μg/L。

反,反-2,4-庚二烯醛［*trans*,*trans*-2,4-heptadienal，(*E*,*E*)-2，4-heptadienal］，俗称反-2-反-4-庚二烯醛（*trans*-2-*trans*-4-heptadienal），IUPAC 名反，反-庚-2,4-二烯醛［(*E*，*E*)-hepta-2，4-dienal］，CAS 号 4313-03-5，FEMA 号 3164，RI_{np} 1009 或 1018，RI_{mp} 1135，RI_{p} 1482 或 1502，清亮黄色液体，熔点 84~84.5℃，沸点 84~84.5℃（2.67kPa），密度 0.881g/mL（25℃），lgP 1.891，溶于醇和不挥发油，水中溶解度 2805mg/L（25℃），呈坚果、脂肪气味、油臭、油炸洋葱气味、橙子油气味，在空气中嗅阈值 57ng/L，水中嗅阈值 56μg/L。

反,反-2,4-庚二烯醛存在于乌龙茶、葡萄、白酒中，在乌龙茶中含量为 110~233μg/kg；赤霞珠葡萄中含量为 1.47~7.77μg/kg；贵人香白葡萄含量为 nd~4.29μg/kg，霞多利含量 0.52~7.13μg/kg，雷司令含量 1.68~2.63μg/kg。在白酒中含量如下：浓香型白酒 2.37μg/L，清香型白酒 2.51μg/L，酱香型白酒 1.52μg/L，兼香型白酒< ql，药香型白酒 2.30μg/L，米香型白酒 2.40μg/L，豉香型白酒 6.72μg/L，老白干香型白酒 2.88μg/L。

反,反-2,4-辛二烯醛［*trans*,*trans*-2,4-octadienal，(*E*,*E*)-2，4-octadienal］，IUPAC 名反,反-辛-2,4-二烯醛［(*E*，*E*)-octa-2，4-dienal］，CAS 号 30361-28-5，FEMA 号 3721，RI_{np} 1113，RI_{p} 1600 或 1632，沸点 67（53Pa）或 198~199℃，相对密度 0.832~0.839（25℃），折射率 1.519~1.525（20℃），lgP 2.400，溶于醇，水中溶解度 951.7mg/L（25℃），呈黄瓜气味，存在于白酒中。在白酒中含量如下：浓香型白酒 1.16μg/L，清香型白酒 1.36μg/L，酱香型白酒、兼香型白酒<ql，药香型白酒 1.48μg/L，米香型白酒 1.26μg/L，豉香型白酒 2.64μg/L，老白干香型白酒 1.32μg/L。

反,反-2,4-壬二烯醛［*trans*,*trans*-2,4-nonadienal，(*E*,*E*)-2，4-nonadienal］（C 3-12），俗称反-2-反-4-壬二烯醛，IUPAC 名反,反-壬-2,4-二烯醛［(*E*，*E*)-nona-2,4-dienal］，CAS 号 5910-87-2，FEMA 号 3212，RI_{np} 1211 或 1220，RI_{mp} 1339 或 1348，RI_{p} 1681 或 1695，沸点 97~98℃（1.3kPa），相对密度 0.850~0.870（25℃），折射率 1.522~1.525（20℃），lgP 2.910，溶于醇和不挥发油，水中溶解度 318.8mg/L（25℃）。

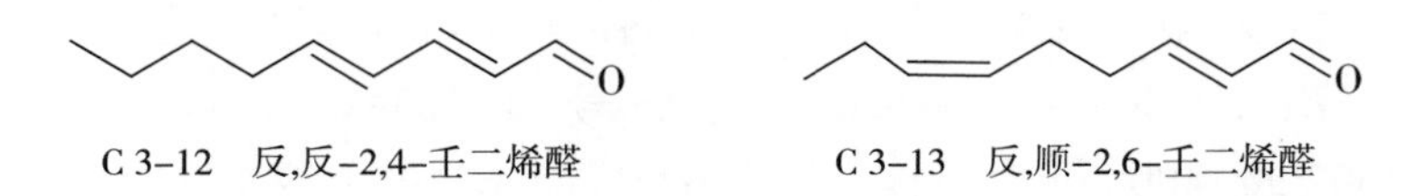

C 3-12　反,反-2,4-壬二烯醛　　　　C 3-13　反,顺-2,6-壬二烯醛

反,反-2,4-壬二烯醛呈脂肪、腐臭、油炸香、青香、蜡、油臭。该化合物在空气中嗅阈值 0.4ng/L，在水中觉察阈值 0.062μg/L，识别阈值 0.19μg/L 或 0.09μg/L 或

0.07μg/L 或 0.16μg/L 或 0.06μg/L，在 40%vol 酒精-水溶液中嗅阈值 2.6μg/L，在啤酒中阈值 0.3μg/L ；在油中嗅阈值 2500μg/kg，在葵花籽油中嗅阈值 2500μg/kg。

反,反-2,4-壬二烯醛在油中味阈值 460μg/kg，在葵花籽油中味阈值 460μg/kg。

反,反-2,4-壬二烯醛在白酒中含量如下：浓香型白酒 2.07μg/L，清香型白酒 2.07μg/L，酱香型白酒 1.24μg/L，兼香型白酒 1.26μg/L，药香型白酒 3.16μg/L，米香型白酒 4.74μg/L，豉香型白酒 8.04μg/L，老白干香型白酒 1.74μg/L。

反,顺-2,6-壬二烯醛［(*E*，*Z*)-2，6-nonadienal］(C 3-13)，俗称紫罗兰叶醛（violet-leaf aldehyde）、黄瓜醛（cucumber aldehyde）、反-2-顺-6-壬二烯醛（*trans*-2-*cis*-6-nonadienal），IUPAC 名反，顺-壬-2，6-二烯醛［(*E*，*Z*)-nona-2，6-dienal］，CAS 号 557-48-2，FEMA 号 3377，RI_{np} 1130 或 1154，RI_{mp} 1269 或 1275，RI_{p} 1577 或 1605。

反,顺-2,6-壬二烯醛具有黄瓜、紫罗兰和青香 。该化合物在空气中嗅阈值 0.25ng/L，水中嗅阈值 4.5ng/L，觉察阈值 4.5ng/L，识别阈值 9.1ng/L 或 10ng/L 或 30ng/L 或 20ng/L 或 140ng/L，模拟葡萄酒［98∶11（体积分数）水-酒精混合物 1L，4g 酒石酸，用 K_2CO_3 调整 pH 至 3.5］中嗅阈值 0.02μg/L，40%vol 酒精-水溶液中嗅阈值 0.3μg/L，啤酒中嗅阈值 0.05μg/L 或 0.5μg/L；油中嗅阈值 4μg/kg；油中味阈值 1.5μg/kg。

反,顺-2,6-壬二烯存在于芒果、葡萄、啤酒、白酒中，被认为与啤酒老化气味有关；在中国赤霞珠葡萄中含量为 6.76μg/L，品丽珠葡萄 3.34μg/L，梅鹿辄葡萄 7.77μg/L，蛇龙珠葡萄 6.64μg/L。

反,顺-2,6-壬二烯在白酒中含量如下：浓香型白酒 7.48μg/L，清香型白酒 7.26μg/L，酱香型白酒 4.04μg/L，兼香型白酒 4.18μg/L，药香型白酒 9.63μg/L，米香型白酒 6.96μg/L，豉香型白酒 24.24μg/L，老白干香型白酒 3.42μg/L。

第二节 缩醛类化合物

醇与醛缩合反应而产生缩醛（acetals），也称为孪位二醚衍生物（germinal diether derivatives）。孪位是指两个原子或官能团连接到同一个碳原子上。许多缩醛与它们的前体物——醛有着类似气味。

一、 醛与一元醇缩合产物

1. 二乙氧基甲烷

最简单的缩醛是 1,1-二乙氧基甲烷（1,1-diethoxymethane），RI_{np} 679，存在于朗姆酒中。1,1-二乙氧基甲烷存在于白酒的酒头和酒尾中，刚蒸馏出的原酒（酒身）中不含 1,1-二乙氧基甲烷。该化合物在某些香型白酒特别是芝麻香型白酒中与老熟时间有强烈的相关性 。

2. 乙缩醛

乙缩醛（acetal）（C 3-14），俗称乙醛二乙缩醛（acetaldehyde diethyl acetal）、二乙基乙缩醛（diethyl acetal），IUPAC 名 1,1-二乙氧基乙烷（1,1-diethoxyethane），CAS 号 105-57-7，FEMA 号 2002，RI_{np} 789（DB-5 柱）或 716，RI_{mp} 773，RI_{p} 900，无色液体，沸点 97～112℃，相对密度 0.826～0.830（20℃/4℃），折射率 1.3805（20℃），微溶于水，溶于乙醇等有机溶剂中，容易燃烧，长期放置易变质。

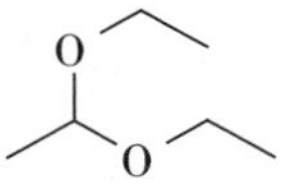

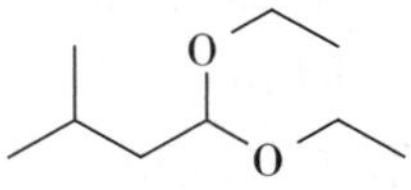

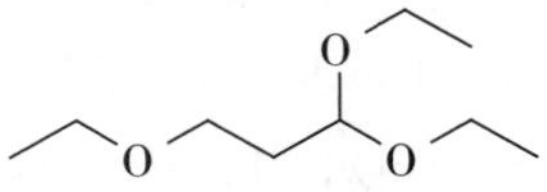

C 3-14 乙缩醛　C 3-15 1,1-二乙氧基-3-甲基丁烷　C 3-16 1,1,3-三乙氧基丙烷

乙缩醛呈水果香、欧亚甘草（licorice）、青水果、黄油和奶油香气，在水中嗅阈值 4.9μg/L，10%vol 酒精-水溶液中嗅阈值 50μg/L 或 1000μg/L，14%vol 酒精-水溶液中嗅阈值 1mg/L，40%vol 酒精-水溶液中嗅阈值 719μg/L，46%vol 酒精-水溶液中嗅阈值 2.09mg/L，模型葡萄酒中嗅阈值 1.4mg/L。

乙缩醛存在于众多饮料酒中，如葡萄酒、雪利酒、白酒、白兰地。乙缩醛是仅有的对葡萄酒香气有贡献的缩醛，在新产白葡萄酒中含量为 nd～375μg/L；雪利酒中含量为 124mg/L；菲诺雪利酒中最初乙缩醛含量 22.1mg/L，福洛酵母膜形成后含量为 75.4mg/L，老熟 250 天后含量 69.7mg/L，有时甚至会超过 100mg/L。

乙缩醛在果醋中含量为 nd～223mg/L。

乙缩醛是中国白酒中一个重要的香气化合物，是所有蒸馏酒中含量几乎最高的。93 个白酒原酒中乙缩醛平均浓度 506mg/L（10.2～2870.0mg/L），其中酱香型原酒乙缩醛浓度最高（817mg/L），老白干香型（662mg/L）和浓香型（614mg/L）次之，再次是芝麻香型（598mg/L）、凤香型（399mg/L）、清香型（310mg/L）和特香型（243mg/L），豉香型原酒（51.4mg/L）乙缩醛含量最少；酱香型醇甜原酒含量 45.3mg/L，酱香原酒 63.7mg/L，窖底香原酒 17.7mg/L。

酱香型成品白酒中乙缩醛浓度最高（363mg/L），芝麻香型成品酒（336mg/L）和老白干香型成品酒（336mg/L）次之，再次是浓香型（284mg/L）、凤香型（267mg/L）、清香型（225mg/L）、特香型成品酒（194mg/L），豉香型成品酒（139mg/L）乙缩醛浓度最低。其含量如下：浓香型剑南春酒含量为 188mg/L，五粮液 468mg/L，习酒 216mg/L；酱香型茅台酒 221.7mg/L，郎酒 41～724.3mg/L 或 41.7～75.5mg/L，习酒 319mg/L 或 242mg/L；清香型汾酒 nd～419mg/L，宝丰酒 214mg/L，青稞酒 558mg/L；兼香型口子窖酒含量为 6.96mg/L；米香型白酒 153mg/L；液态法白酒 ndmg/L。

乙缩醛是朗姆酒关键香气成分之一，在朗姆酒中含量为 4.05～5.31mg/L。有研究发现，蒸馏含有乙酸和乙醛的酒精-水溶液，并没有乙缩醛生成，推测乙缩醛来源于醪液中的催化反应或从前体物形成。

3. 1,1-二乙氧基-3-甲基丁烷

1,1-二乙氧基-3-甲基丁烷（1,1-diethoxy-3-methylbutane）（C 3-15），也称异戊醛

二乙缩醛（isovaleraldehyde diethyl acetal）、3-甲基丁醛二乙缩醛（3-methylbutanal diethyl acetal），CAS 号 3842-03-3，FEMA 号 4371，RI_{np} 952 或 956，RI_{mp} 986，RI_{p} 1056 或 1062，呈水果香，是浓香型白酒中含量最高的缩醛类化合物，也存在于酱香型等白酒中。

它的同分异构体 1,1-二乙氧基-2-甲基丁烷（1,1-diethoxy-2-methylbutane），CAS 号 3658-94-4，RI_{np} 949，RI_{p} 1068，已经在中国白酒、白兰地、朗姆酒、红葡萄酒中检测到。

4. 1,1,3-三乙氧基丙烷

1,1,3-三乙氧基丙烷（1,1,3-triethoxypropane）(C 3-16)，俗称 3-乙氧基丙醛二乙缩醛（3-ethoxypropanal diethyl acetal），CAS 号 7789-92-6，RI_{np} 1075，RI_{mp} 1130，RI_{p} 1097 或 1099，无色清亮液体，沸点 185℃，相对密度 0.890～0.896（25℃），lgP 1.610，呈水果、花香、蔬菜气味，在 46%vol 酒精-水溶液中嗅阈值 3700μg/L。

1,1,3-三乙氧基丙烷是由酒中的丙烯醛与乙醇反应而形成的，低 pH 时有利于它的生成。

1,1,3-三乙氧基丙烷已经在白兰地中检测到，是白兰地中的异嗅物质；也存在于中国白酒、朗姆酒中。在芝麻香型手工原酒中含量 454～1103μg/L，机械化原酒 133～421μg/L；老白干香型手工大楂原酒 63.58～551μg/L，机械化大楂原酒 138～935μg/L；豉香型白酒 350μg/L。

5. 其他缩醛

1,1-二乙氧基丙烷（1,1-diethoxypropane），俗称丙醛二乙缩醛（propionaldehyde diethyl acetal），CAS 号 4744-08-5，RI_{np} 813，呈水果香；1-乙氧基-1-丁丙基乙烷（1-ethoxy-1-propoxyethane），俗称乙醛二缩乙基丙基缩醛（acetaldehyde ethyl propyl acetal），IUPAC 名 1-(1-乙氧基乙氧基）丙烷［1-(1-ethoxyethoxy)-propane］，CAS 号 20680-10-8，RI_{np} 809，呈水果香；1,1-二乙氧基丁烷（1,1-diethoxybutane），CAS 号 3658-95-5，RI_{mp} 891，呈水果香；1,1-二乙氧基戊烷（1,1-diethoxypentane），CAS 号 3658-79-5，RI_{np} 948；1,1-二乙氧基己烷（1,1-diethoxyhexane），RI_{np} 1085 或 1093，RI_{p} 1230；1,1-二乙氧基辛烷（1,1-diethoxyoctane），CAS 号 54889-48-4，RI_{np} 1287；1,1-二乙氧基壬烷（1,1-diethoxynonane），CAS 号 54815-13-3，RI_{np} 1377，RI_{p} 1522；1,1-二乙氧基癸烷（1,1-diethoxydecane），CAS 号 34764-02-8，RI_{np} 1482；1,1-二甲氧基-2-甲基丙烷（1,1-dimethoxy-2-methylpropane），RI_{np}849 或 861；1-乙氧基-1-丁氧基乙烷（1-ethoxy-1-butoxyethane）(C 3-17)，俗称 1-丁氧基-1-乙氧基乙烷（1-butoxy-1-ethoxyethane），IUPAC 名 1-（1-乙氧基乙氧基）丁烷［1-(1-ethoxyethoxy)-butane］，CAS 号 57006-87-8，RI_{np}864，RI_{p}975；1-乙氧基-1-戊氧基乙烷（1-ethoxy-1-pentoxyethane），IUPAC 名 1-(1-乙氧基乙氧基）戊烷［1-(1-ethoxyethoxy)pentan］，CAS 号 13442-89-2，RI_{np}968 或 973，RI_{mp}1007，RI_{p}1104；1-乙氧基-1-己氧基乙烷（1-ethoxy-1-hexoxyethane），IUPAC 名 1-（1-乙氧基乙氧基）己烷［1-(1-ethoxyethoxy)hexane］，CAS 号 54484-73-0；1-乙氧基-1-辛氧基乙烷（1-ethoxy-1-octoxyethane)，IUPAC 名 1-(1-乙氧基乙氧基) 辛烷 [1-(1-ethoxyethoxy)octane]；1-乙氧基-1-(3-甲基丁氧基) 乙烷 [1-ethxoy-1-(3-methylbutoxy)ethane]（C 3-18）等，这些缩醛也已经在浓香型大曲酒、酱香型大曲酒、白兰地、朗姆酒、红葡萄酒中检测到，它们中的大部分呈现水果香。

C 3-17 1-乙氧基-1-丁氧基乙烷　　C 3-18 1-乙氧基-1-（3-甲基丁氧基）乙烷

二、 醛与多元醇缩合产物

1,3-二氧杂环戊烷称为二噁茂烷。

重要的二噁茂烷主要是 *cis*-和 *trans*-4-羟甲基-2-甲基-1，3-二噁茂烷 [*cis*-（C 3-19）和 *trans*-4-hydroxymethyl-2-methyl-1,3-dioxolane（C 3-20）]。

这两个化合物是葡萄酒中含量最丰富的多元醇甘油与乙醛缩醛化反应产生的杂环缩醛类二噁茂烷（dioxolane，二氧杂环戊烷）类化合物，同时产生的是二氧杂环己烷（dioxane）类化合物，这两类化合物属于氧杂五环和六环类化合物，可能是马德拉强化葡萄酒（Madeira wine）和雪利葡萄酒 的老熟标志物。

C 3-19 *cis*-5-羟基-2-甲基-1,3-二氧杂环己烷　　C 3-20 *trans*-5-羟基-2-甲基-1,3-二氧杂环己烷

另外一些环状缩醛如 2-甲基-1,3-二氧杂环己烷（2-methyl-1，3-dioxane，RI_p 1044）、4-甲基-1,3-二氧杂环己烷（4-methyl-1,3-dioxane，RI_p 1041）存在于白兰地中；而 2-异丙基-4,5-二甲基-1,3-二氧杂环戊烷 [2-isopropyl-4,5-dimethyl-1,3-dioxolane，RI_p 1044 或 1105（同分异构体）]、2-异丁基-4,5-二甲基-1,3-二氧杂环戊烷 [2-isobutyl-4,5-dimethyl-1,3-dioxolane，RI_p 1158 或 1204（同分异构体）]、2-仲丁基-4,5-二甲基-1,3-二氧杂环戊烷（2-*sec*-butyl-4,5-dimethyl-1,3-dioxolane）存在于啤酒中，发现啤酒贮存后这些化合物的含量增加。2-异丙基-4,5-二甲基-1,3-二氧杂环戊烷和 2-异丁基-4,5-二甲基-1,3-二氧杂环戊烷还存在于麦芽汁中，在初始麦芽汁中含量最高，随着麦汁的煮沸，这两个化合物会损失掉，甚至检测不到；但发酵后重新出现在啤酒中。

重要的二氧杂环己烷主要是 *cis*-和 *trans*-5-羟基-2-甲基-1,3-二氧杂环己烷（*cis*-和 *trans*-5-hydroxy-2-methyl-1,3-dioxane），这些化合物可能与强化葡萄酒的老熟有关。*cis*-5-羟基-2-甲基-1,3-二氧杂环己烷（C 3-21），CAS 号 3674-23-5，沸点 176℃，lgP-

0.655。*trans*-5-羟基-2-甲基-1,3-二氧杂环己烷（C 3-22），CAS 号 3674-24-6。

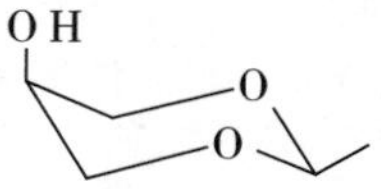

C 3-21 *cis*-5-羟基-2-甲基-1,3-二氧杂环己烷

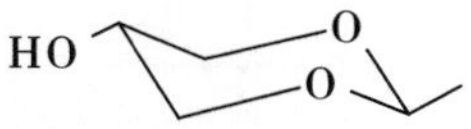

C 3-22 *trans*-5-羟基-2-甲基-1,3-二氧杂环己烷

在马德拉强化葡萄酒贮存过程中，4 个缩醛（*cis*-和 *trans*-4-羟甲基-2-甲基-1,3-二噁茂烷，*cis*-和 *trans*-5-羟基-2-甲基-1,3-二氧杂环己烷）的含量是变化的。从贮存开始到 3~4 年时，二噁茂烷的浓度高于二氧杂环己烷；再贮存后，出现反转，即二噁茂烷的浓度低于二氧杂环己烷。研究发现，二噁茂烷和二氧杂环己烷的相对量与老熟时间成线性关系；但 *cis*-和 *trans*-比值是恒定的，与老熟时间没有关系。*cis*-和 *trans*-二噁茂烷的比值为 1.60，*cis*-和 *trans*-二氧杂环己烷的比为 2.35。但另有报道称，这 4 个缩醛已经在非老熟的葡萄酒中检测到。

第三节 酮类化合物

酮类（ketones）是另一类重要的香味化合物。在饮料酒中，已经发现的酮类化合物有 2-丁酮、2-戊酮、2-己酮、2-庚酮、2-辛酮、2-壬酮、2-癸酮、2-十一酮、2-十二酮、2-十三酮、2-十五酮等。这些酮，一般均释放出水果香、花香和柑橘香等香气。

另外，一些酮化合物具有后鼻嗅特征，Siek 等曾经检测了部分酮在水中的味阈值。从丙酮到 2-辛酸的阈值随着碳原子数的增加，味阈值反而下降；从 2-辛酮以后，随着碳原子数的增加，阈值逐渐升高。

酮类化合物的基本性质见表 3-2。

表 3-2 酮类化合物的基本性质

名称	FEMA 号	外观	熔点/℃	沸点/℃	相对密度（d_4^{20}）	水或有机溶剂溶解情况	折射率（n_D^{20}）
2-丁酮	2170	无色液体		79~81	0.804~0.806[a]	溶于水、乙醇等溶剂中	1.378~1.379
2-戊酮	2842	无色液体	-77.8	102	0.805[b]	微溶于水，溶于乙醇等有机溶剂中	1.390~1.398
2-庚酮	2544	无色液体		150~152	0.816~0.824	微溶于水，溶于乙醇等有机溶剂中	1.408~1.410

续表

名称	FEMA 号	外观	熔点/℃	沸点/℃	相对密度（d_4^{20}）	水或有机溶剂溶解情况	折射率（n_D^{20}）
2-壬酮	2786	无色液体		194~196	0.831~0.832	不溶于水，溶于乙醇等有机溶剂中	1.417~1.418
2，3-丁二酮	2380	黄色至浅绿色液体	-3.5	87~88	0.9904[c]	与水 1：4 混溶，溶于乙醇等有机溶剂中	1.393~1.395
顺-茉莉酮	3196	黄色油状液体		258	0.9437[d]	溶于水和乙醇等溶剂	1.4979
二氢茉莉酮	3763	无色至浅黄色液体		230	0.912~0.916[e]	微溶于水，溶于乙醇等有机溶剂中	1.475~1.481

注：a：d_{20}^{20}；b：d_4^{25}；c：d_{15}^{15}；d：d_4^{22}；e：d_{25}^{25}。

一、 饱和脂肪酮类

丙酮（acetone），俗称 2-丙酮（2-propanone），IUPAC 名丙-2-酮（propan-2-one），CAS 号 67-64-1，RI_{np}528，RI_p805 或 827，似乙醇气味，呈苹果、梨、葡萄、香蕉、乙醚、薄荷、化学品气味和甜香，在空气中嗅阈值 47.5μg/dm^3或 1614μg/dm^3，水中嗅阈值 300mg/L 或 500mg/L，啤酒中嗅阈值 200mg/L；水溶液中味阈值（后鼻嗅阈值）450mg/L。该化合物存在于啤酒、咖啡、烤牛肉、红曲中。

2-丁酮（2-butanone）（C 3-23），IUPAC 名丁-2-酮（butan-2-one），CAS 号 78-93-3，FEMA 号 2170，RI_{np}597 或 614，RI_p894 或 920，呈醚气味、黄油和太妃糖香（toffee），在空气中嗅阈值 61μg/dm^3，水中嗅阈值 23.2~50mg/L，啤酒中嗅阈值 80mg/L；在水中味阈值 60mg/L。2-丁酮在老化啤酒中含量 nd~12.35μg/L，存在于烤牛肉、植物蛋白水解液、韩国泡菜中。

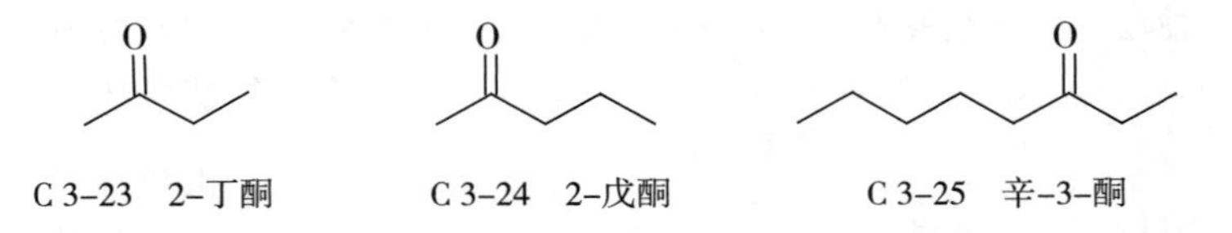

C 3-23 2-丁酮　　C 3-24 2-戊酮　　C 3-25 辛-3-酮

2-戊酮（2-pentanone）（C 3-24），IUPAC 名戊-2-酮（pentan-2-one），CAS 号 107-87-9，FEMA 号 2842，RI_{np} 688 或 716，RI_p 966 或 1015，呈水果香或醚样水果香，在水中嗅阈值 2.3mg/L 或 70mg/L 或 1.38mg/L，啤酒中嗅阈值 30mg/L；在水中味阈值

2.3mg/L。该化合物存在于葡萄酒、番石榴酒等果酒和酱香型白酒中；在老化啤酒中含量 nd~11.2μg/L；也存在于烤牛肉、水煮蛤、芒果中。

2-己酮（2-hexanone），俗称甲基丁酮（methyl butyl ketone），IUPAC 名己-2-酮（hexan-2-one），CAS 号 591-78-6，RI_{np} 788 或 807，RI_{p} 1074 或 1106，呈水果香、蓝纹干酪香（blue cheese），在水中嗅阈值 930μg/L 或 560μg/L，啤酒中嗅阈值 4mg/L；在水溶液中味阈值 0.93mg/L，远低于丙酮在水溶液中的味阈值 450mg/L。2-己酮在老化啤酒中含量 nd~0.20μg/L；存在于烤牛肉、芒果中。

2-庚酮（2-heptanone），IUPAC 名庚-2-酮（heptan-2-one），CAS 号 110-43-0，FEMA 号 2544，RI_{np} 886 或 902，RI_{mp} 975 或 977，RI_{p} 1160 或 1184，呈水果香、蓝纹干酪香、青香、浆果香、肥皂气味，在空气中嗅阈值 1300ng/L，水中嗅阈值 5~140μg/L 或 140μg/L，啤酒中嗅阈值 2mg/L；在水溶液中味阈值 0.65mg/L。

2-庚酮存在于树莓、灯笼椒、面包屑、烤柠檬、煮面、干酪、红葡萄酒、白酒中，在酱香型白酒中平均含量为 27.24mg/L，茅台酒含量 nd~33.29mg/L，郎酒含量 12.39~30.76mg/L 或 318~1311μg/L，金沙回沙酒 39.92~44.55mg/L，醇甜原酒 362μg/L，酱香原酒 193μg/L，窖底香原酒中未检测到；兼香型口子窖酒中未检测到。

2-辛酮（2-octanone），IUPAC 名辛-2-酮（octan-2-one），CAS 号 111-13-7，FEMA 号 2802，RI_{np} 986 或 1002，RI_{p} 1289 或 1268，呈水果香、蓝纹干酪香、花香、肥皂味（soapy）、未成熟苹果香，在水中嗅阈值 50μg/L 或 190μg/L，啤酒中嗅阈值 250μg/L；在水溶液中味阈值 0.15mg/L 或 1.6mg/L。

2-辛酮存在于橡木、面包屑、干酪、啤酒、红葡萄酒、白酒中，在法国中烤橡木中含量为 0.31μg/g，美国中烤橡木 0.06μg/g，中国中烤橡木 0.01μg/g；在老化啤酒中含量为 0.083μg/L。

2-辛酮已经在酱香型白酒中检测到，郎酒中含量为 263~429μg/L，醇甜原酒中未检测到，酱香原酒含量 180μg/L，窖底香原酒 515μg/L；浓香型洋河酒含量 56~748μg/L；兼香型口子窖酒含量 1159μg/L。

2-壬酮（2-nonanone），IUPAC 名壬-2-酮（nonan-2-one），CAS 号 821-55-6，FEMA 号 2785，RI_{np} 1087 或 1093，RI_{mp} 1182 或 1184，RI_{p} 1380 或 1415，呈甜香、木香、水果、浆果香（berry）、花香、青香，在空气中嗅阈值 75~1700ng/L，水中嗅阈值 5~200μg/L 或 190μg/L，啤酒中嗅阈值 200μg/L，46%vol 酒精-水溶液中嗅阈值 483μg/L；水中味阈值 190μg/L。

2-壬酮存在于树莓、黑莓、橡木、烤牛肉、烤猪肉、干酪、啤酒、白兰地、白酒中，在法国中烤橡木中含量 1.27μg/g，美国中烤橡木中未检测到，中国中烤橡木 4.94μg/g；在老化啤酒中含量 0.30μg/L。

2-壬酮在中国酱香型习酒中含量为 176.5μg/L，郎酒 481~581μg/L，醇甜原酒 530μg/L，酱香原酒 297μg/L，窖底香原酒 671μg/L；浓香型洋河酒含量 17~369μg/L，习酒中含量 833μg/L；兼香型口子窖酒 193μg/L；豉香型白酒 252μg/L。

2-癸酮（2-decanone），IUPAC 名癸-2-酮（decan-2-one），CAS 号 693-54-9，

FEMA 号 4271，RI_{np} 1167 或 1198，RI_{mp} 1283，RI_p 1508 或 1519，呈水果香和浆果香。该化合物在啤酒中嗅阈值 250μg/L，46%vol 酒精-水溶液中嗅阈值 186μg/L；在水溶液中味阈值 0. 19mg/L。

2-癸酮存在于淡菜、烤牛肉、发酵大豆、啤酒、白兰地、白酒中；在老化啤酒中含量为 0. 067μg/L；在中国酱香型郎酒中含量 42. 3~47. 0μg/L，醇甜原酒 44. 6μg/L，酱香原酒 43. 1μg/L，窖底香原酒 43. 5μg/L；兼香型口子窖酒含量 32. 7μg/L；豉香型白酒含量 183μg/L。

2-十一酮（2-undecanone），IUPAC 名十一-2-酮（undecan-2-one），CAS 号 112-12-9，FEMA 号 3093，RI_{np} 1277 或 1293，RI_{mp} 1387 或 1388，RI_p 1579 或 1626，呈水果、柑橘、青香、花香，在水中嗅阈值 7μg/L，啤酒中嗅阈值 400μg/L；水溶液中味阈值 0. 45mg/L。该化合物在酱香型郎酒中含量为 62. 5~78. 3μg/L，醇甜原酒含量 66. 9μg/L，酱香原酒 74. 7μg/L，窖底香原酒 63. 8μg/L；浓香型洋河酒含量为 3~67μg/L；兼香型口子窖酒含量为 39. 7μg/L。该化合物也存在于白兰地、干酪、凝乳干酪素、烤牛肉、黑莓中。

2-十二酮（2-dodecanone），IUPAC 名十二-2-酮（dodecan-2-one），CAS 号 6175-49-1，RI_{np} 1410，RI_p 1731，在啤酒中嗅阈值 250μg/L。该化合物在酒类中较少报道；存在于烤牛肉、植物蛋白水解液中。

2-十三酮（2-tridecanone），IUPAC 名十三-2-酮（tridecan-2-one），CAS 号 593-08-8，FEMA 号 3388，RI_{np} 1477 或 1512，RI_p 1791 或 1836，呈脂肪臭、草药气味；在水溶液中味阈值 0. 50mg/L。该化合物已经在干酪、发酵大豆、烤牛肉、黄油、草莓番石榴中检测到。

2-十五酮（2-pentadecanone），俗称甲基十三烷基酮（methyl tridecyl ketone）、2-酮十五烷（2-oxopentadecane），IUPAC 名十三-2-酮（pentadecan-2-one），CAS 号 2345-28-0，FEMA 号 3724，RI_{np} 1681 或 1713，RI_p 1997 或 2013，熔点 37~41℃，沸点 293℃，lgP 6. 072，呈调味品、药香、水果香，存在于草莓番石榴、百香果、发酵大豆、白酒中，酱香型郎酒含量为 109~174μg/L，醇甜原酒 138μg/L，酱香原酒 201μg/L，窖底香原酒 165μg/L；兼香型口子窖酒含量为 22. 8μg/L。

辛-3-酮（octan-3-one）（C 3-25），也称 3-辛酮（3-octanone），CAS 号 106-68-3，FEMA 号 2803，RI_{np} 965 或 998，RI_p 1236 或 1280，呈水果、蘑菇香，在水中嗅阈值 28μg/L 或 50μg/L，在啤酒中嗅阈值 500μg/L。该化合物存在于啤酒、烤牛肉、十字花科植物、松木蘑菇（pine-mushroom）、蘑菇中。

二、 不饱和脂肪酮类

不饱和脂肪酮中最重要的是 1-辛烯-3-酮（1-octen-3-one）（C 3-26），它是 3-辛酮的不饱和形式，是饮料酒中重要的风味化合物，CAS 号 4312-99-6，FEMA 号 3515，RI_{np} 968 或 983，RI_{mp} 1057 或 1067，RI_p 1290 或 1326，具有强烈的蘑菇香，空气中嗅阈

值0.03～1.12ng/L或0.3～0.6ng/L，在水中觉察阈值0.016μg/L，识别阈值0.036μg/L或0.005μg/L或28～50μg/L或1μg/L或0.003μg/L或0.05μg/L或0.007μg/L；12%vol模拟葡萄酒中嗅阈值0.03μg/L，红葡萄酒中嗅阈值0.07μg/L；啤酒中嗅阈值0.025μg/L，7%（质量体积浓度）醋酸-水溶液中嗅阈值6.8μg/L，淀粉中嗅阈值0.044μg/kg，苹果汁中嗅阈值57μg/L，识别阈值大于100μg/L，油中嗅阈值10μg/kg，葵花籽油中嗅阈值10μg/kg；在水中味（后鼻嗅）阈值0.01μg/L，油中味阈值0.3μg/kg，葵花籽油中味阈值0.3μg/kg。

1-辛烯-3-酮广泛存在于白兰地、白酒、葡萄酒、啤酒、醋、干酪、凝乳干酪素、苹果汁、橘子汁、树莓、黑莓、污染的葡萄、蘑菇、茴芹、植物油、煎牛排、面包屑、咖啡饮料中。

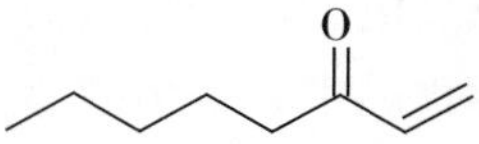

C 3-26　1-辛烯-3-酮

1-辛烯-3-酮是葡萄酒中软木塞气味的重要来源之一，也是苹果汁的异嗅，来源于链霉菌（*Streptomyces* ssp.）的污染，它还是黄油的异嗅。蘑菇中的1-辛烯-3-酮主要来源于亚油酸的氧化降解。在图3-5中，亚油酸经一系列反应被氧化降解为1-辛烯-3-醇，1-辛烯-3-醇再被氧化为1-辛烯-3-酮。

1-辛烯-3-酮广泛存在于中国各香型白酒中，是可能的异嗅成分之一，具体含量如下：浓香型白酒含量144μg/L，酱香型白酒13.60μg/L，清香型白酒13.51μg/L，兼香型白酒3.45μg/L，凤香型白酒34.43μg/L，老白干香型白酒7.30μg/L，药香型白酒103μg/L，豉香型白酒160μg/L。

1-戊烯-3-酮（1-penten-3-one），IUPAC名戊-1-烯-3-酮（pent-1-en-3-one），RI_{np} 680或683，RI_{mp} 765，RI_{p} 1015或1030，呈鱼腥（fishy）、塑料、墨水、汽油气味，在水中嗅阈值1.0～1.3μg/L或0.9μg/L或1.25μg/L，啤酒中嗅阈值30μg/L，油中嗅阈值0.73μg/kg，葵花籽油中嗅阈值0.73μg/kg；水中味阈值1.3μg/L，油中味阈值3μg/kg，葵花籽油中味阈值3.2μg/kg。该化合物通常被认为是一种异嗅化合物，存在于啤酒、植物油、黑莓、橙汁、土豆中。

三、羟基酮

3-羟基-2-丁酮（3-hydroxy-2-butanone）（C 3-27）是双乙酰的还原产物，也是最常见的羟基酮，俗称乙偶姻（acetoin）、3-羟基丁酮（3-hydroxybutanone）、乙酰基甲基甲醇（acetyl methyl carbinol），IUPAC名3-羟基丁-2-酮（3-hydroxybutan-2-one），CAS号513-86-0，FEMA号2008，RI_{np} 728或783，RI_{p} 1304或1285或1289，无色或淡黄色至绿黄色液体，熔点15℃，沸点148℃，密度1.013g/mL（25℃），lgP －0.360，pK_a 13.72，能溶于水，水中溶解100g/L时，溶液仍然清亮透明；溶于醇，轻微溶于醚

和石油醚，易与丙二醇混合，不溶于植物油。

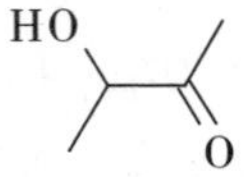

C 3-27 3-羟基-2-丁酮 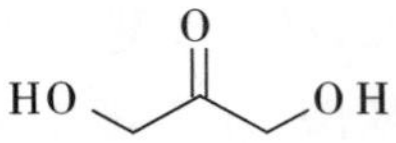　　C 3-28 二羟丙酮

乙偶姻呈水果香、花香、黄油香、白兰地香、奶油香、脂肪气味、甜香，在水中嗅阈值 800~5000μg/L 或 14μg/L，10%vol 酒精-水溶液中嗅阈值 150mg/L，12%vol 酒精-水溶液中嗅阈值 150mg/L，14%vol 酒精-水溶液中嗅阈值 30mg/L，46%vol 酒精-水溶液中嗅阈值 259μg/L。

通常认为双乙酰是啤酒的异嗅化合物，但其还原产物乙偶姻不是啤酒的异嗅/异味化合物。饮料酒中的乙偶姻会与氨反应，产生吡嗪类化合物。

乙偶姻存在于几乎所有的发酵食品中，如白酒、黄酒、葡萄酒、啤酒和食醋中，在老化啤酒中含量为 nd~112μg/L；在中国豉香型白酒中含量为 1.39mg/L。乙偶姻在葡萄酒中含量通常低于 80mg/L，小于其感觉阈值 150mg/L；玫瑰红葡萄酒中含量为 322~646μg/L；新产红葡萄酒中含量为 33.2mg/L（0.60~159mg/L），老熟红葡萄酒中含量为 45~254mg/L；菲诺雪利酒中最初乙偶姻含量为 1.7mg/L，福洛酵母膜形成后含量为 5.7mg/L，老熟 250d 含量为 48.6mg/L。乙偶姻在果醋中含量为 194~1020mg/L，意大利香醋中含量为0.556~1.700mg/L，山西陈醋中含量为 93~96μg/L①。

乙偶姻已经在橡木中检测到，法国中烤橡木中含量为 3.23μg/g，美国中烤橡木 2.20μg/g，中国中烤橡木 1.44μg/g。

(*R*)-型和 (*S*)-型乙偶姻的比例结合 L-型和 D-型氨基酸的比例可以区分传统与非传统方法的食醋。

二羟丙酮（dihydroxyacetone，DHA）(C 3-28)，俗称（glycerone），IUPAC 名 1,3-二羟基丙-2-酮（1,3-dihydroxypropan-2-one），CAS 号 96-26-4，分子式 $C_3H_6O_3$，白色晶状粉末，熔点 89~91℃。二羟丙酮呈甜味，具凉爽感。通常以二聚体存在，能缓慢溶解于 1 份水和 15 份乙醇的溶液中。刚刚制作的二羟丙酮能在溶液中很快回复到单体状态。单体非常容易溶于水、乙酸、乙醚、丙酮和苯等溶剂中。

四、二酮类

最重要的邻二酮（vicinal diketone）化合物是 2,3-丁二酮（2,3-butanedione）(C 3-29)，它是饮料酒中由酵母产生的最重要的酮，也是葡萄酒 MLF 发酵产生的重要酮。

2,3-丁二酮俗称双乙酰（diacetyl），CAS 号 431-03-8，FEMA 号 2370，RI_{np} 608 或 544，RI_{mp} 665 或 695，RI_p 995（Wax 柱）或 969，K_{aw} 5.437×10^{-4}（22℃），是十分重要

① 虽然英文文献报道是这个数值，但本书作者认为这个数据可能是错误的。

的呈黄油（buttery）和奶油香的化合物，是黄油的关键香气成分，通常用它来制造人造黄油（margarine）。

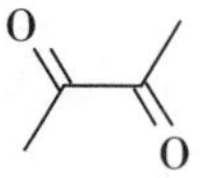

C 3-29 2,3-丁二酮 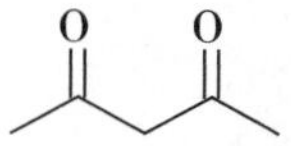　　C 3-30 2,3-戊二酮

2,3-丁二酮在空气中嗅阈值 5.0~30ng/L 或 10~20μg/m^3 或 3.5ng/L 或 88ng/L，水中嗅觉觉察阈值 1.0μg/L，识别阈值 2.9μg/L 或 4~15μg/L 或 5.4μg/L 或 6.5μg/L 或 15μg/L 或 2.3~6.5μg/L 或 1.1μg/L 或 3μg/L，10%vol 酒精-水溶液中嗅阈值 100μg/L 或 150mg/L，0.11g/mL 酒精-水溶液中嗅阈值 100μg/L，14%vol 酒精-水溶液中嗅阈值 0.1mg/L，40%vol 酒精-水溶液中嗅阈值 2.8μg/L，葡萄酒中嗅阈值 0.2~2.8mg/L 或 2mg/L，啤酒中嗅阈值 150μg/L，7%（质量体积浓度）醋酸-水溶液中嗅阈值 95.3μg/L，淀粉中嗅阈值 6.5μg/kg，油中嗅阈值 55μg/L 或 10μg/L，牛乳中嗅阈值 14μg/L，黄油中嗅阈值 32μg/L。

双乙酰在水中味阈值 5.4μg/L，在啤酒中味阈值 17μg/L。

双乙酰被认为是葡萄酒中呈黄油香气的化合物。研究发现在霞多利白葡萄酒中，双乙酰的浓度与其黄油香气有显著相关关系（$p < 0.01$），但用于预测时，须考虑游离二氧化硫浓度；双乙酰浓度与红葡萄酒黄油香气有着微弱的、显著性相关关系（$p < 0.05$）。

双乙酰在葡萄酒中含量为 0~4mg/L，玫瑰红葡萄酒 626~1297μg/L；白葡萄酒 0.05~3.14mg/L 或 0.1~2.3mg/L，新产白葡萄酒 100~260μg/L；霞多利白葡萄酒 0.3~0.6mg/L，平均 0.4mg/L（24 个样品）；红葡萄酒中含量为 0.02~5.4mg/L 或 0~7.5mg/L 或 0.3~2.5mg/L（平均 1.1mg/L，43 个红葡萄酒），新产红葡萄酒 200~1840μg/L，老熟红葡萄酒 1250~3390μg/L，丹菲特红葡萄酒 1980~2110μg/L；雪利酒中含量 1602μg/L。当葡萄酒含有低浓度双乙酰时，呈坚果或焙烤香。当浓度在 1~4mg/L 时，呈异嗅。葡萄酒发酵时，酵母只能产生有限的双乙酰，约 0.2~0.3mg/L；在酿造过程中，该化合物主要由乳酸菌产生，即与 MLF（苹果酸-乳酸发酵）有关。

双乙酰是雪利醋的重要香气成分，对雪利醋整体风味有着重要影响。双乙酰在雪利醋中含量为 33μg/L，果醋中含量为 nd~197mg/L，山西陈醋中含量为 322~328μg/L。

双乙酰通常认为是啤酒的异味化合物，准确地讲，它是爱尔（ale）啤酒（浓味啤酒）的特征香气，但却是拉格（lager）啤酒（淡味啤酒）和世涛（stout）啤酒（烈性黑啤酒）的异味。双乙酰在新鲜啤酒中含量为 20μg/L，且随着贮存时间的延长不断上升，但有时啤酒中检测不到双乙酰。双乙酰是酱油的异嗅化合物。

双乙酰是中国白酒的重要香气成分；在斯佩塞麦芽威士忌中含量为 21mg/L 纯酒精，在艾拉岛麦芽威士忌中含量为 28mg/L 纯酒精。双乙酰是朗姆酒重要香气之一，含量为 29.7~621.0μg/L，它来源于丙酮酸形成的（2*S*）-2-羟基-2-甲基-3-酮丁酸的氧化脱羰基。

在酒类中检测到的二酮还有2,3-戊二酮（C3-30）、2,3-己二酮、2,3-庚二酮、2,3-辛二酮等。

五、 环酮类

环二酮（cyclic diketone）即1-甲基环戊-2,3-二酮（1-methylcyclopentane-2,3-dione）(C 3-31)，以及它的烯醇式——1-甲基环戊-2-烯醇-3-酮（1-methylcyclopent-2-enol-3-one）(C 3-32)，即所谓的枫内酯（maple lactone）、柯瑞酮（Corrylone）、甲基环戊烯醇酮（cyclotene），均有甜香、焦糖香（caramel）、焦煳（burnt）和枫叶糖浆（maple syrup）气味。

1-甲基环戊-2-烯醇-3-酮，IUPAC名2-羟基-2-环戊烯-1-酮（2-hydroxy-2-cyclopenten-1-one），CAS号80-71-7，FEMA号2700，RI_{np} 1027或1006或1021，RI_p 1784或1824或1832。有文献报道，枫内酮是贮存葡萄酒的橡木烧焦后的焙烤香和焦糖香的主要来源之一，该化合物也已经在中烤的法国、美国和中国橡木中检测到；也存在于煮肉中。

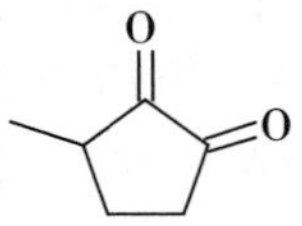

C 3-31 1-甲基环戊-2,3-二酮 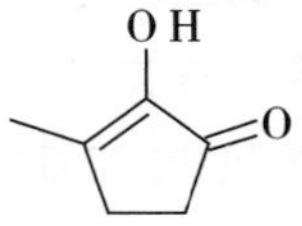　　C 3-32 1-甲基环戊-2-烯醇-3-酮

环戊酮（cyclopentanone），CAS号120-92-3，FEMA号3910，RI_{np} 767或811，RI_p 1175或1154或1164，呈甜香与水果香，但阈值较高，在啤酒中嗅阈值200mg/L。该化合物已经在酱香型白酒、烤牛肉、发酵竹笋中检测到。环戊酮的衍生物是非常重要的一类环酮。

α-异佛乐酮（α-isophorone）(C 3-33)，俗称异佛乐酮，IUPAC名3,5,5-三甲基-2-环己烯-1-酮（3,5,5-trimethyl-2-cyclohexene-1-one），CAS号78-59-1，FEMA号3553，RI_{np} 1118（HP-5柱）或1080或1120，RI_p 1369或1381，无色至黄色带有薄荷和甜香香气的液体，熔点-8.1℃，沸点215.3℃，密度0.9255g/mL，水中溶解度12g/L，呈甜香。该化合物存在于蔓越橘、藏红花、植物蛋白水解液、红葡萄酒、药香型白酒、白兰地中。

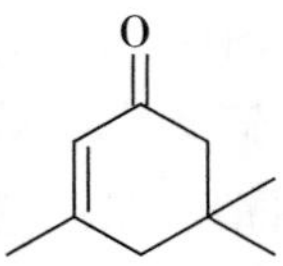

C 3-33 α-异佛乐酮 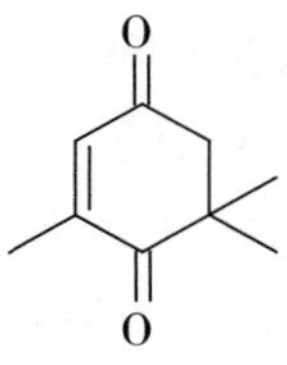　　C 3-34 茶香酮

茶香酮（ketoisophorone）(C 3-34)，俗称4-氧异佛乐酮（4-oxo-isophorone），IUPAC名2,2,6-三甲基环己-2-烯-1，4-二酮（2,2,6-trimethylcyclohex-2-en-1,4-dione），CAS号1125-21-9，FEMA号3421，RI_{np} 1141，清亮黄色或橘黄色液体，熔点26~28℃，沸点222℃，密度1.03g/L，呈甜香、蜂蜜香，可以被蜜蜂感觉到。在模型波特强化葡萄酒（20%vol酒精，pH 3.5，酒石酸5.0g/L）中嗅阈值25μg/L。茶香酮已经在新鲜的橡木、蜂蜜、茶、藏红花、烟草、强化葡萄酒和红葡萄酒中检测到，在杜罗河强化葡萄酒新酒中含量为2.1~3.3μg/L。

第四节　羰基化合物形成机理

一、　乙醛产生机理

乙醛是高等植物呼吸作用的中间体，也是乙酸发酵和糖代谢的中间体。乙醛是酒精发酵过程中重要的羰基化合物，它是丙酮酸降解形成的一个中间产物。糖酵解终产物丙酮酸被PDC酶（丙酮酸脱羧酶）转化为乙醛（图3-1），该酶由三个基因编码，分别为*PDC1*、*PDC5*和*PDC6*。乙醛由醇脱氢酶（最初由*ADH1*基因编码）转化为乙醇。这一步是保持细胞氧化还原平衡的关键一步，它将NADH再氧化为NAD^+。糖是乙醛形成的最初底物，氨基酸如丙氨酸也能代谢产生乙醛。

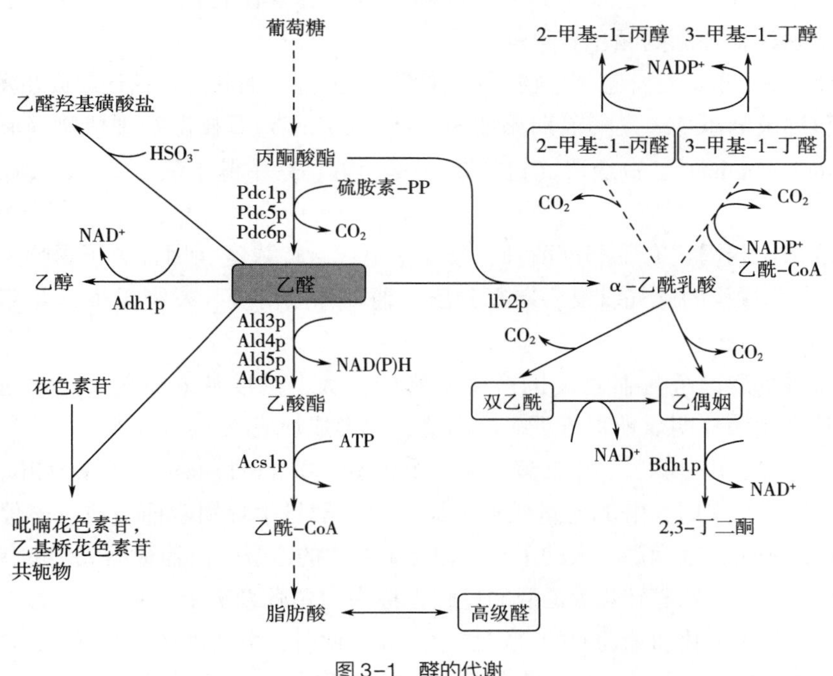

图3-1　醛的代谢

发酵时乙醛的积累受到乙醛形成速率和各种反应的影响，最低浓度出现在发酵结束时，其反应见图 3-1。在麦汁发酵开始时，乙醛以最快速率形成。在发酵接近结束时，啤酒中乙醛浓度通常会下降。啤酒中如含有高浓度乙醛，反映出在此阶段酵母活力下降，或由于酵母过早絮凝（premature flocculateion），或由于酵母发育能力下降。葡萄酒发酵过程中乙醛变化与啤酒类似，在发酵早期，乙醛以最快速率生成，临近发酵结束时，乙醛浓度下降。由于乙醇氧化，产膜酵母（film yeast）活动以及通气，葡萄酒中乙醇的量会随着时间推移而上升。

乙醛形成速率易受到硫胺素缺乏的影响，后者是丙酮酸脱羧酶辅因子。发酵过程中硫胺素主要被野生酵母利用而耗尽。

醇脱氢酶能将乙醛还原为乙醇，这是乙醛消耗的主要途径，该酶由 *ADH1* 编码。该脱氢酶的反应能保持胞内氧化还原的平衡，将 NADH 氧化为 NAD^+。乙醛还能被醛脱氢酶氧化为乙酸，该酶由 *ALD4*～*ALD6* 基因编码，该反应产生了脂肪合成的前体物乙酸，以及再生了 NAD（P）H。

葡萄酒中乙醛可与各种酚类化合物反应，产生稳定的色素。乙醛调节花青素-单宁（anthocyanins-tannin）和单宁-单宁缩合反应，参与原花色素（proanthocyanidins）的缩合。含有二甲花翠素（malvidin）-3-葡萄糖苷和（+）-儿茶酚（catechin）的模拟溶液中，在存在乙醛时，会产生乙基桥连接的（ethyl-bridge linked）花青素-乙基-黄烷醇（flavanol）的二聚体结构。研究表明，在缺乏黄烷醇时，乙醛-调节型缩合反应能诱导花青素的多聚合，形成二、三和四聚体乙基连接的花青素单元，其结构有阳离子型的（cationic）、半缩醛（hemiacetal）型的和醌型的（quinoidal）化合物。这些乙基连接的化合物在模型葡萄酒中只呈现苦味而无涩味。这些色素比花色素苷（即花青素）更加稳定，对老熟红葡萄酒的颜色有贡献。

乙醛能与 SO_2 形成结合态化合物。SO_2 来源于硫酸盐（sulfate）的还原或在发酵前作为抗氧化剂和抗菌剂添加。发酵前期添加 SO_2 会增加乙醛羟基磺酸盐加成物（acetaldehyde hydroxysulfonate adduct），高级醛（包括 2-甲基丙醛、3-甲基丁醛、C_1、C_3、C_5、C_6、C_7 饱和醛）含量。

影响醛浓度的因素有：酵母菌种、培养基组成、锌浓度（因锌离子影响到乙醛还原为乙醇）、发酵过程的通气以及后期氧分压、葡萄汁澄清度、发酵温度、葡萄汁中二氧化硫的使用。

酵母菌种如酿酒酵母对乙醛的产生量影响巨大，浓度从 6mg/L 到 190mg/L 变化。高亚硫酸盐产生菌能明显地积累更多的乙醛，并形成加成物。

醛是不稳定的化合物，易于被酵母脱氢酶和还原酶（reductase）还原为相应的醇。因此在葡萄酒发酵结束时，醛的含量较低，除非由于酵母生理因素而造成发酵停止或停滞（stuck fermentation）或酿酒工人的干涉。白葡萄酒中的乙醛是白葡萄酒氧化的指示剂。氧存在时，白葡萄酒中乙醇转化为乙醛的过程也称为“白葡萄酒氧化褐变”，这一过程将产生轻微的、类似于强化甜葡萄酒的“杏仁”气味。此时，可通过在高温下延长白葡萄酒在桶内贮存期来减轻这一气味，但最终葡萄酒会缺乏新鲜感，并具有霉腐气味。

发酵前添加 SO_2 到葡萄汁中对葡萄酒总乙醛含量影响巨大，它会形成如前所述的稳定加成物，即乙醛羟基磺酸盐。

二、 微生物发酵产生羰基化合物

发酵过程中，醛类主要来源于微生物发酵，酵母来源的短-中链和支链醛是由糖代谢、脂肪酸代谢和支链氨基酸代谢产生的（图 3-1）。氨基酸在酶作用下，通过埃尔利希途径转氨基（transamination）或氧化脱氨基（oxidative deamination）产生醛。首先，氨基酸在酶作用下，转化为 α-酮酸，然后，在一个副反应中脱羧基生成醛。已经阐明 3-甲基丁醛来源于 *S. lactis*（图 3-2）。有研究发现，2-甲基丁醛、甲硫氨醛（methional）、苯乙醛（phenylacetaldehyde）分别来源于亮氨酸（leucine）、甲硫氨酸（methionine）、苯丙氨酸（phenylalanine），且由同样的微生物作用。

与其他氨基酸不同的是苏氨酸，它先脱去一个水分子，再经脱羧基作用而生成丙醛（图 3-3）。醇脱氢酶（ADH）可以还原醛而生成相应的醇。

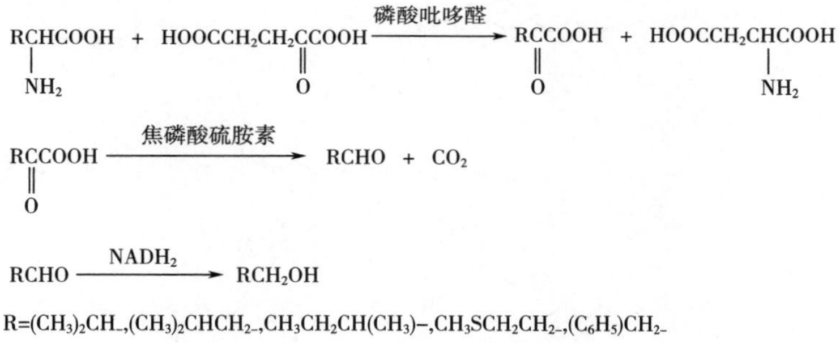
磷酸吡哆醛
RCHCOOH + HOOCCH2CH2CCOOH → RCCOOH + HOOCCH2CHCOOH
NH2
O
O
NH2
焦磷酸硫胺素
RCCOOH → RCHO + CO2
O
NADH2
RCHO → RCH2OH
R=(CH3)2CH-,(CH3)2CHCH2-,CH3CH2CH(CH3)-,CH3SCH2CH2-,(C6H5)CH2-

图 3-2　一些醛和醇的微生物代谢途径

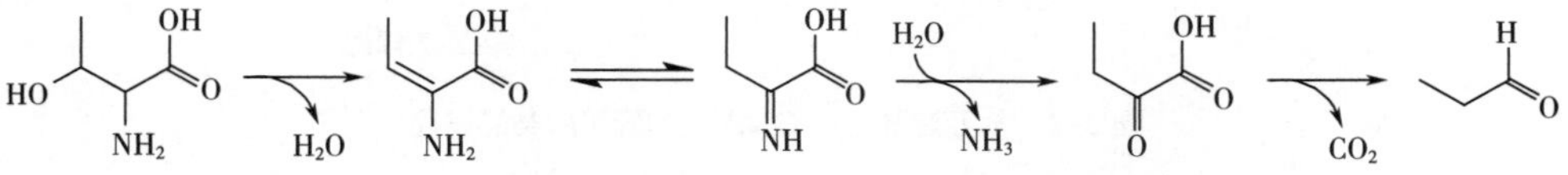
OH
HO
O
NH2
H2O
OH
O
NH2
OH
O
NH
H2O
NH3
OH
O
O
CO2
H
O

图 3-3　苏氨酸生成丙醛途径

饱和高级醛的产生通常是痕量的，来源于乙酰 CoA 产生脂肪酸的生物合成，即来源于乙醛（图 3-1）。而 C_6 醛（包括己醛、*cis*-2-己烯醛、*cis*-3-己烯醛、*trans*-2-己烯醛、*trans*-3-己烯醛）则来源于葡萄中 C_{18} 不饱和脂肪酸在葡萄汁加工过程的酶氧化反应。

三、 脂肪氧化途径

一些水果中含有大量的醛，这些醛主要是由水果中的脂肪氧化产生的；同样地，葡萄酒中的己醛和己烯醛类（包括 *cis*-2-己烯醛、*cis*-3-己烯醛、*trans*-2-己烯醛、*trans*-3-己烯醛）也是这一过程产生的。脂肪氧化产生亚油酸［linoleic acid，C18：2（9，12）］和亚麻酸［linolenic acid，C18：3（9，12，15）］，亚油酸和亚麻酸再经脂肪氧化酶（lipoxygenase）进一步氧化生成各种醛类。亚油酸氧化的一个途径是生成 C_6 和 C_9 的醛和醇类（图 3-4）；另一个途径是生成 C_8 和 C_{10} 的醛、醇类（图 3-5）。从亚麻酸生成 C_6 和 C_9 的途径见图 3-6。在这些氧化产物中，(*E*)-2-己烯醛、(*Z*)-3-己烯醛、(*E*)-2-壬烯醛、(*Z*)-3-壬烯醛、(*E*,*Z*)-2，6-壬二烯醛、(*Z*,*Z*)-3,6-壬二烯醛对风味贡献较大。

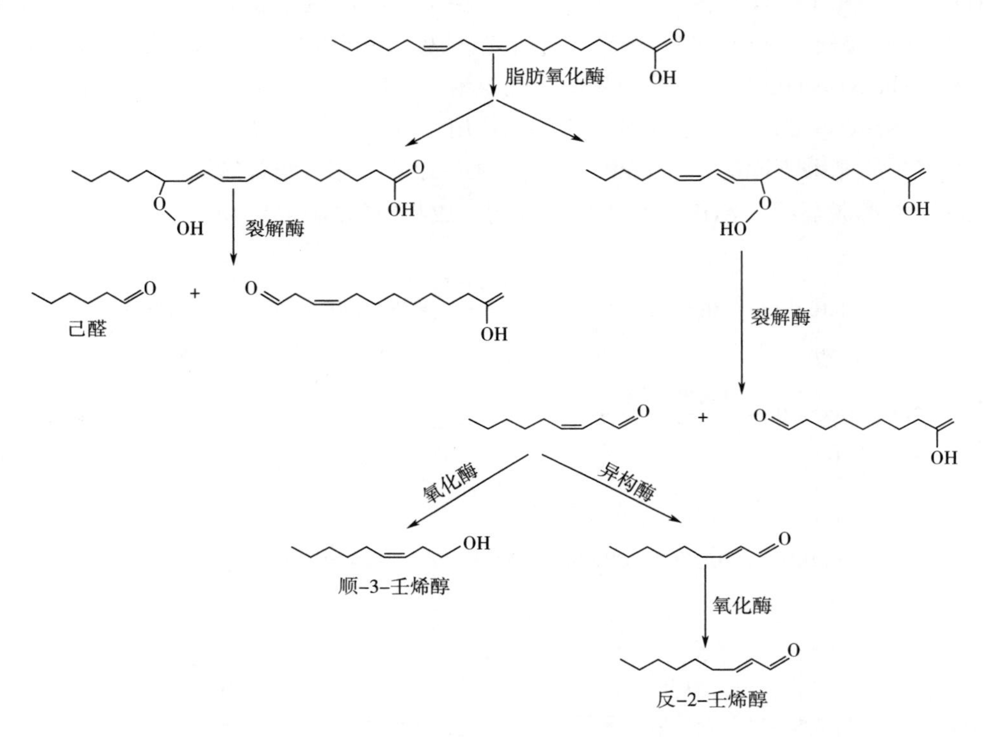

图 3-4　从亚油酸生成 C_6 和 C_9 的醛和醇类的途径

存在于植物组织中的这些醛在有氧时通常会发生反应，一部分的醛被酶还原为相应的醇。相比之下，来源于蘑菇中的脂肪氧化酶和氢过氧化物裂解酶（hydroperoxide lyase）展示了一种不同的反应特性。亚油酸在食用香草（champignon）蘑菇中占支配地位，它被氧化分解为（*R*)-(-)-1-辛烯-3-醇和 10-酮基-反-8-癸烯酸［10-oxo-(*E*)-8-decenoic acid］。烯丙醇（allyl alcohol）被空气中的氧氧化成相应的酮。

在葡萄粉碎或压榨时，会产生 C_6 醛（包括己醛、己醇、*cis*-3-己烯醇、*trans*-2-己烯醇、*cis*-2-己烯醛、*cis*-3-己烯醛、*trans*-2-己烯醛、*trans*-3-己烯醛），它们是葡萄汁中气味强烈的化合物，但它们会在接下来的发酵过程中几乎全部被酵母还原成己醇，但一般不会超过其在葡萄酒中的阈值浓度；而葡萄酒中的次要 C_6 化合物 2-己烯-1-醇和 3-己烯-1-醇，是比己醇更强烈的气味化合物。由于其在葡萄酒中浓度低，对香气也

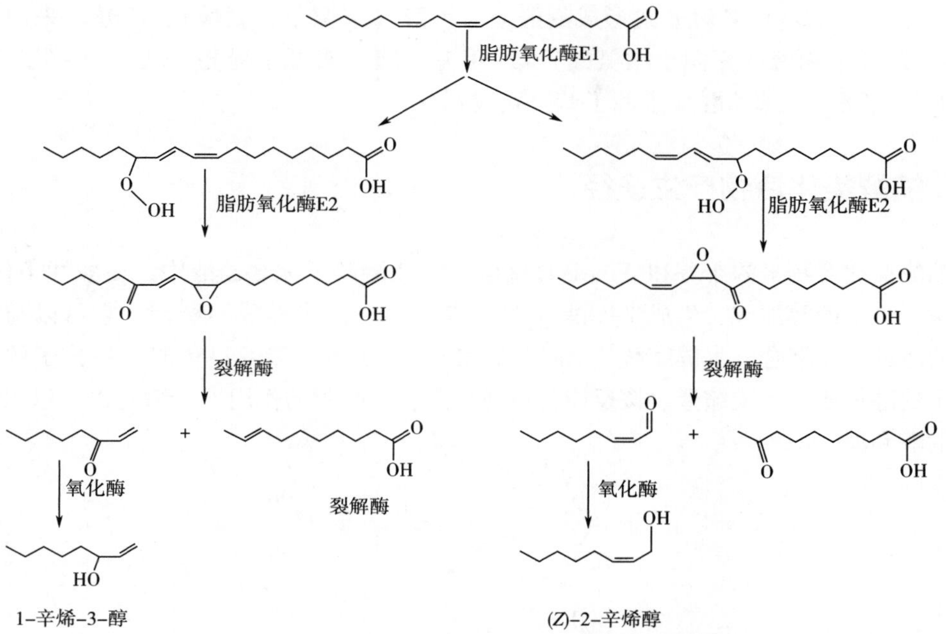

图 3-5 从亚油酸生成 C_8 和 C_{10} 的醛和醇类的途径

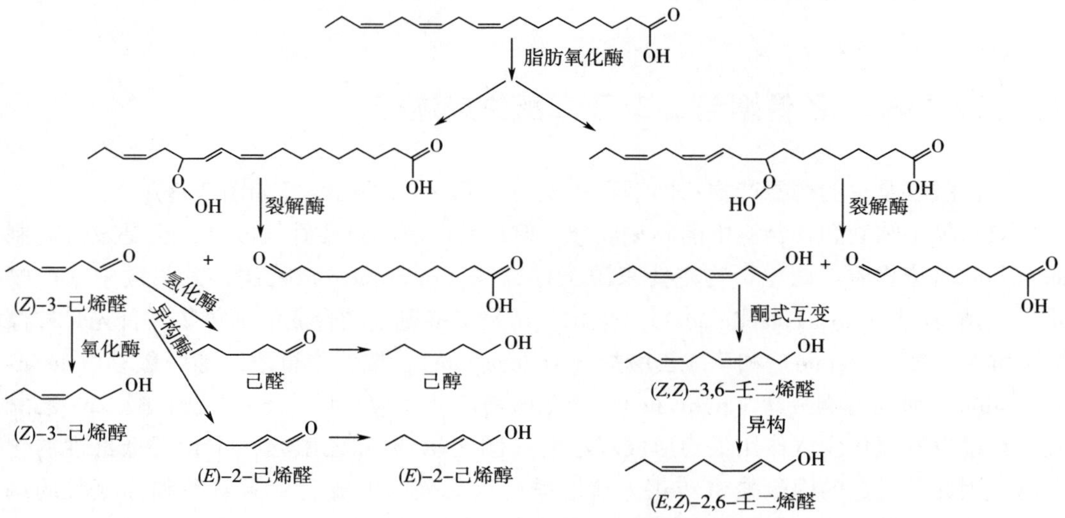

图 3-6 从亚麻酸生成 C_6 和 C_9 的醛和醇类的途径

没有什么贡献，除非产生不愉快的草本植物异嗅。

目前的研究已经证实，产生啤酒老化风味的反-2-壬烯醛并不由亚油酸途径产生。在啤酒中，只有当啤酒的 pH 达到 2 时，即在酸化后的啤酒中才可能产生上述的分解反应。近年来的研究发现，麦汁中的反-2-壬烯醛与氨基酸或蛋白质形成席夫碱，在贮存过程中，反-2-壬烯醛释放出来。低 pH 时，增强了该反应。而麦汁中游离的反-2-壬烯醛在酵母发酵时还原成壬烯醇。在啤酒贮存过程中，并未明显发现壬烯醇被再氧化。以斯特雷克（Strecker）降解方式形成的醛还有甲醛（来源于甘氨酸）、乙醛（来源于丙氨酸）、2-甲基丙醛（来源于缬氨酸）、2-甲基丁醛（来源于异亮氨酸）、3-甲基丁醛（来源于亮氨酸）、苯乙醛（来源于苯丙氨酸）。

四、缩醛类化合物产生途径

缩醛类化合物来源于醇和醛的缩合反应。将醛溶解于无水乙醇中，在酸性条件下，醛能与一分子的醇加成，生成半缩醛［图3-7（1）］。半缩醛不稳定，它可以与另一分子的醇进一步缩合，生成缩醛［图3-7（2）］。所以，当醇过量时，一分子的醛与二分子的醇加成，生成缩醛。该反应为可逆反应，即在酸的作用下，缩醛也可以水解成相应的醛和醇。

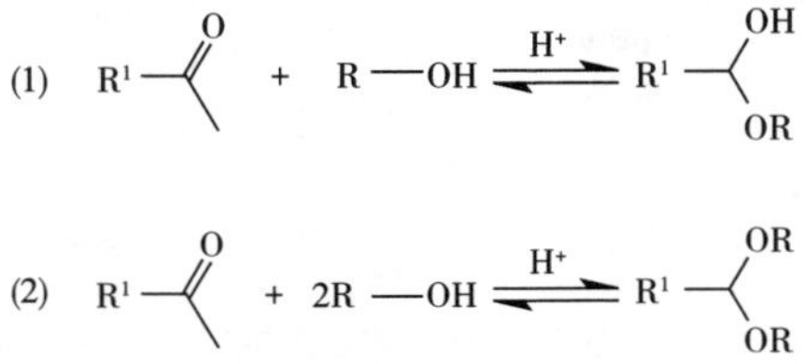

$$(1)\quad R^1\text{–C(=O)–} + R\text{–OH} \overset{H^+}{\rightleftharpoons} R^1\text{–C(OH)(OR)–}$$

$$(2)\quad R^1\text{–C(=O)–} + 2R\text{–OH} \overset{H^+}{\rightleftharpoons} R^1\text{–C(OR)(OR)–}$$

图3-7 半缩醛与缩醛的生成途径［（1）为半缩醛的形成，（2）为缩醛的形成］

五、双乙酰、乙偶姻与2,3-丁二醇生成途径

双乙酰以及它的还原产物乙偶姻和2,3-丁二醇来源于乙醛（如图3-8）。

双乙酰是啤酒和葡萄酒中的异味成分，但却是白酒的重要香气成分，也是发酵乳制品重要的风味物质。该化合物主要来源于柠檬酸（citric acid）代谢，其关键中间产物是α-乙酰乳酸（α-aceolactic acid），该化合物是支链氨基酸合成的前体物。首先是柠檬酸降解为乙酯（acetate）和草酰乙酸盐（oxaloacetate），接着是草酰乙酯脱羰基（decarboxylation）形成丙酮酸盐（pyruvate）。丙酮酸与乙醛反应，产生α-乙酰乳酸。α-乙酰乳酸经过自发氧化脱羰作用最终形成双乙酰（图3-8）。双乙酰是一个相对低毒性的化合物，因此，过量的丙酮酸将转化为双乙酰。双乙酰的形成受到缬氨酸和苏氨酸的调节。当可同化氮源含量低时，缬氨酸合成被激活，这就导致α-乙酰乳酸的形成，该化合物可以通过自发氧化脱羰基转化为双乙酰。因为缬氨酸摄入受到苏氨酸的抑制，因此充足的氮源会抑制双乙酰的形成。不幸的是，双乙酰在传统发酵食品中并不稳定存在，能合成双乙酰的微生物也含有双乙酰还原酶（reductase），该酶能将双乙酰还原为乙偶姻（acetoin）和2,3-丁二醇（2,3-butanediol）。因此，最终双乙酰的浓度还与其被还原为乙偶姻和2,3-丁二醇有关，这两步反应均依赖于NADH的存在。

产生双乙酰的微生物主要有乳脂明串珠菌（*Leuconostoc citrovorum*）、葡聚糖明串珠菌（*L. creamoris*）、谢氏丙酸杆菌（*L. dextranicum*）、乳酪链球菌（*Streptococcus*

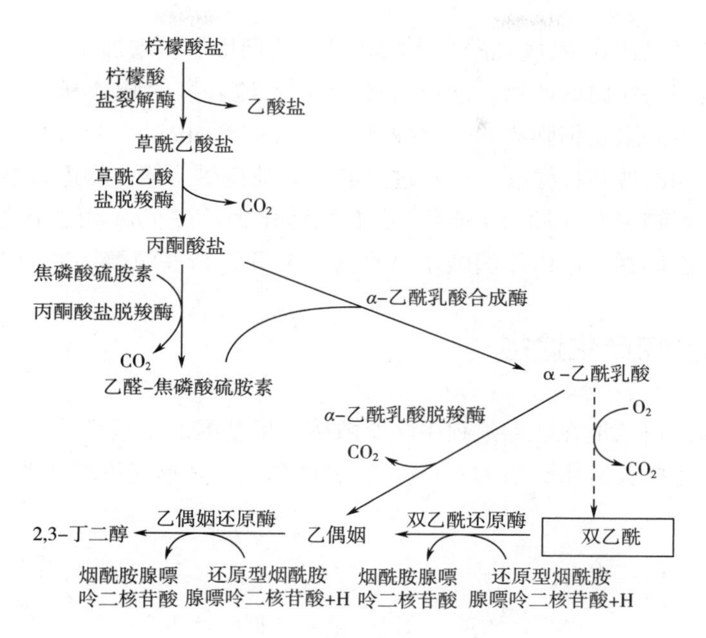

图 3-8 双乙酰的生物合成途径

cremoris)、双醋酸乳链球菌（*Str. diacetylactis*）和嗜热链球菌（*Str. thermophilus*）等。

啤酒中双乙酰的形成受到 pH、温度、氧气和金属离子的影响。特别地，升高温度、降低 pH（在 5.5~4.0）、铜离子和铁离子存在时，能增加双乙酰的生成速率。

啤酒中双乙酰的最终浓度受到三个因素影响：α-乙酰乳酸（α-acetolactate）的合成与分泌、双乙酰在酵母作用下的还原。酵母有还原双乙酰的能力，其中间产物是乙偶姻（acetoin）。*ILV2* 编码的酶从丙酮酸生成 α-乙酰乳酸。该酶非常强烈地受到缬氨酸的反馈抑制（feedback inhibition）。这一途径不仅产生双乙酰，而且是合成高级醇的途径。在缺乏 *ILV2* 基因时，突变株的双乙酰被完全消除。因为它们没有能力合成缬氨酸与亮氨酸，这样的酵母发酵能力很低。通过改变 *ILV2* 的上游调控序列，可以减少该酶的生成量而不是完全消除它。另外一个降低双乙酰浓度的途径是增加氨基酸合成通路的流量。将含有 *ILV3* 和 *ILV5* 两个基因（编码氨基酸代谢途径中的限速酶）多拷贝的质粒转导至酵母中。转导多拷贝 *ILV5* 基因的酵母显示：乙酰羟基酸还原异构酶（acetohydroxy acid reductoisomerase）增长 5~10 倍，双乙酰下降 60%。而 *ILV3* 转导后尽管二羟基脱水酶浓度增长 6 倍，但对双乙酰的浓度没有影响。

使用 α-乙酰乳酸脱羧酶（α-acetolactate decarboxylase）可以降低双乙酰浓度。该酶直接将 α-乙酰乳酸转化为乙偶姻，与 α-乙酰乳酸化学转化为双乙酰同时进行。

在葡萄酒生产过程中，双乙酰主要形成于苹果酸-乳酸发酵过程（malolactic fermentation，MLF），由细菌代谢柠檬酸而形成的。在乳酸乳球菌（*Lacto. lactis*）中，通过基因操纵可以改变双乙酰代谢途径，导致双乙酰的过量产生。随着乳酸脱氢酶基因（*ldh*）的失活，代谢流随之改变，乳酸不再是代谢终产物，而是产生乙醇、甲酸盐和乙偶姻。乙偶姻是双乙酰的降解产物，因为其更高的阈值，被认为在葡萄酒中是没有风味的。在乳酸乳球菌中，过表达 α-乙酰乳酸合成酶将导致乙偶姻产量增加。

乙偶姻也是细菌代谢的产物，同样来源于 α-乙酰乳酸的脱羰基。在对数生长期乙偶姻的产生与分泌能阻止细胞质的过度酸化（overacidification），导致环境培养基中积累酸性代谢产物，如乙酸和柠檬酸。一旦过量的碳源被耗尽，培养物进入稳定期，乙偶姻可以用来维持培养物密度（即 OD 值）。乙偶姻转化为乙酰 CoA 由乙偶姻脱氢酶催化。在一些细菌中，乙偶姻可以由乙偶姻还原酶或 2,3-丁二醇脱氢酶还原为 2,3-丁二醇。

六、 酮类化合物产生途径

有研究认为，白兰地在贮存过程中，奇数碳的甲基酮的量呈增长的趋势，其主要来源于酵母代谢产生的长链脂肪酸的 β-氧化和脱羰基化。其形成机理如图 3-9 所示。

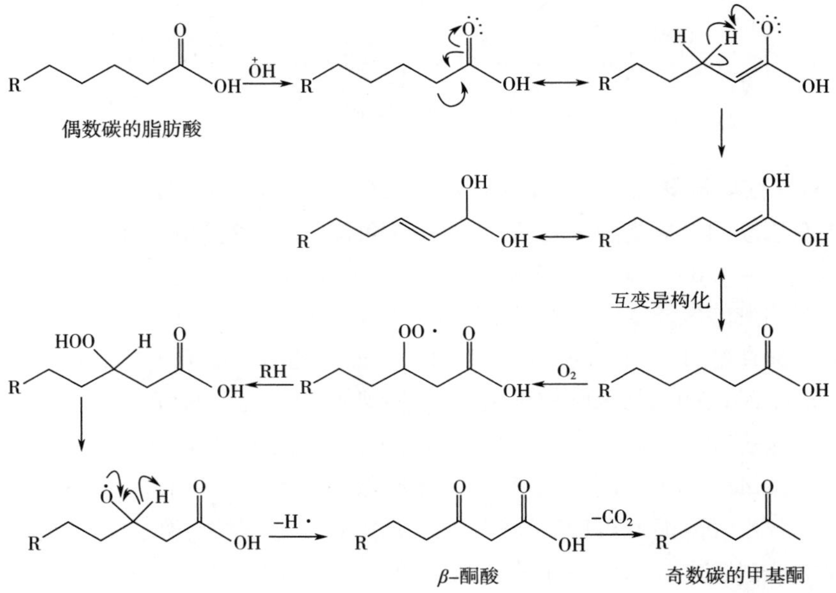

偶数碳的脂肪酸

互变异构化

β-酮酸

奇数碳的甲基酮

图 3-9 白兰地贮存过程中奇数碳的甲基酮形成机理

复习思考题

1. 简述饮料酒中乙醛的风味特征及其产生途径。
2. 论述饮料酒中异戊醛的风味特征、分布及其产生途径。
3. 简述双乙酰在啤酒中风味特征及其产生途径。
4. 简述 C_6醛在葡萄酒中的风味特征及其产生途径。
5. 简述饮料酒中乙缩醛的产生途径。

参考文献

［1］ Bruice, P. Y. Organic Chemistry ［M］. 7 Edition ed. ; Boston, Pearson, 2014: 1392.

［2］ Siek, T. J. , Albin, I. A. , Sather, L. A. , Lindsay, R. C. Comparison of flavor thresholds of aliphatic lactones with those of fatty acids, esters, aldehydes, alcohols, and ketones ［J］. J. Dairy Sci. , 1971, 54 (1): 1-4.

［3］ Belitz, H. -D. , Grosch, W. , Schieberle, P. Food Chemistry ［M］. Verlag Berlin Heidelberg: Springer, 2009.

［4］ Tan, Y. , Siebert, K. J. Quantitative structure-activity relationship modeling of alcohol, ester, aldehyde, and ketone flavor thresholds in beer from molecular features ［J］. J. Agri. Food. Chem. , 2004, 52 (10): 3057-3064.

［5］ http: //www. chemicalbook. com.

［6］ IARC. Formaldehyde, 2-butoxyethanol and 1-tert-butoxypropan-2-ol ［M］. In IARC Monographs on the Evaluation of Carcinogenic Risks to Humans ［Online］ WHO, Ed. WHO Monographs, France, 2006.

［7］ Baan, R. , Grosse, Y. , Straif, K. , Secretan, B. , El Ghissassi, F. , Bouvard, V. , Benbrahim-Tallaa, L. , Guha, N. , Freeman, C. , Galichet, L. , Cogliano, V. A review of human carcinogens—Part F: Chemical agents and related occupations ［J］. Lancet Oncol. , 2009, 10 (12): 1143-1144.

［8］ US-EPA. Formaldehyde (CASRN 50-00-0) . Document 0419.

［9］ IPCS. Formaldehyde. Concise international chemical assessment document 40 ［R］; Geneva: World Health Organization, 2002.

［10］ 刘剑平, 孙慧, 马继勇. 气相色谱法测定白酒中微量醛 ［J］. 中国卫生检验杂志, 2005, 15 (3): 324-325.

［11］ 徐莉莉, 郇超, 武俐, 赵同谦, 韩丹. Hantzsch 反应衍生-高效液相色谱法测定酒中微量甲醛 ［J］. 理化检验 (化学分册), 2014, 50 (1): 27-30.

［12］ 王华, 张爱平, 王红卫, 张文国, 方禹之. 衍生气相色谱法测定啤酒中痕量甲醛 ［J］. 理化检验 (化学分册), 2008, 44 (5): 450-452.

［13］ Wang, T. , Gao, X. , Tong, J. , Chen, L. Determination of formaldehyde in beer based on cloud point extraction using 2,4-dinitrophenylhydrazine as derivative reagent ［J］. Food Chemistry, 2012, 131 (4): 1577-1582.

［14］ Saison, D. , Schutter, D. P. D. , Delvaux, F. , Delvaux, F. R. Determination of carbonyl compounds in beer by derivatisation and headspace solid-phase microextraction in combination with gas chromatography and mass spectrometry ［J］. J. Chromatogr. A, 2009, 1216: 5061-5068.

［15］ Jendral, J. A. , Monakhova, Y. B. , Lachenmeier, D. W. Formaldehyde in alcoholic beverages: Large chemical survey using purpald screening followed by chromotropic acid spectrophotometry with multivariate curve resolution ［J］. Int. J. Anal. Chem. , 2011: 1-11.

［16］ Rodríguez, D. M. , Wrobel, K. , Wrobel, K. Determination of aldehydes in tequila by high-performance liquid chromatography with 2,4-dinitrophenylhydrazine derivatization ［J］. Eur. Food Res. Technol. , 2005, 221 (6): 798-802.

［17］ Sowiński, P. , Wardencki, W. , Partyka, M. Development and evaluation of headspace gas chromatography method for the analysis of carbonyl compounds in spirits and vodkas [J]. Anal. Chim. Acta, 2005, 539: 17-22.

[18] 范文来, 徐岩. 国内外蒸馏酒内源性有毒有害物研究进展 [J]. 中国白酒健康安全与生态酿造技术研究——2014 第二届中国白酒学术研讨会论文集, 2014: 26-44.

[19] 朱梦旭. 白酒中易挥发的有毒有害小分子醛及其结合态化合物研究 [D]. 无锡: 江南大学, 2016.

[20] Pinto, A. B., Guedes, C. M., Moreira, R. F. A., De Maria, C. A. B. Volatile constituents from headspace and aqueous solution of genipap (Genipa americana) fruit isolated by the solid-phase extraction method [J]. Flav. Fragr. J., 2006, 21 (3): 488-491.

[21] Risticevic, S., Carasek, E., Pawliszyn, J. Headspace solid-phase microextraction-gas chromatographic-time-of-flight mass spectrometric methodology for geographical origin verification of coffee [J]. Anal. Chim. Acta, 2008, 617: 72-84.

[22] Loscos, N., Hernandez-Orte, P., Cacho, J., Ferreira, V. Release and formation of varietal aroma compounds during alcoholic fermentation from nonfloral grape odorless flavor precursors fractions [J]. J. Agri. Food. Chem., 2007, 55 (16): 6674-6684.

[23] Klesk, K., Qian, M. Preliminary aroma comparison of Marion (*Rubus* spp. hyb) and Evergreen (*R. laciniatus* L.) blackberries by dynamic headspace/Osme technique [J]. J. Food Sci., 2003, 68 (2): 679-700.

[24] Tsachaki, M., Linforth, R. S. T., Taylor, A. J. Dynamic headspace analysis of the release of volatile organic compounds from ethanolic systems by direct APCI-MS [J]. J. Agri. Food. Chem., 2005, 53 (21): 8328-8333.

[25] Rychlik, M., Schieberle, P., Grosch, W. Compilation of odor thresholds, odor qualities and retention indices of key food odorants [M]. Garching, Germany, Deutsche Forschungsanstalt für Lebensmittelchemie and Institut für Lebensmittelchemie der Technischen Universität München, 1998.

[26] Peinado, R. A., Mauricio, J. C., Medina, M., Moreno, J. J. Effect of *Schizosaccharomyces pombe* on aromatic compounds in dry sherry wines containing high levels of gluconic acid [J]. J. Agri. Food. Chem., 2004, 52 (14): 4529-4534.

[27] Czerny, M., Christlbauer, M., Christlbauer, M., Fischer, A., Granvogl, M., Hammer, M., Hartl, C., Hernandez, N. M., Schieberle, P. Re-investigation on odour thresholds of key food aroma compounds and development of an aroma language based on odour qualities of defined aqueous odorant solutions [J]. Eur. Food Res. Technol., 2008, 228: 265-273.

[28] Saison, D., Schutter, D. P. D., Uyttenhove, B., Delvaux, F., Delvaux, F. R. Contribution of staling compounds to the aged flavour of lager beer by studying their flavour thresholds [J]. Food Chem., 2009, 114 (4): 1206-1215.

[29] Zea, L., Ruiz, M. J., Moyano, L. Using odorant series as an analytical tool for the study of the biological ageing of sherry wines [M]. In Gas Chromatography in Plant Science, Wine Technology, Toxicology and Some Specific Applications Salih, B.; Çelikbıçak, Ö., Eds. InTech, Rijeka, Croatia, 2012: 91-108.

[30] Fritsch, H. T., Schieberle, P. Identification based on quantitative measurements and aroma recombination of the character impact odorants in a Bavarian Pilsner-type beer [J]. J. Agri. Food. Chem., 2005, 53: 7544-7551.

[31] Qian, M., Reineccius, G. Static headspace and aroma extract dilution analysis of Parmigiano Reg-

giano cheese [J]. J. Food Sci., 2003, 68: 794-798.

[32] Clarke, R. J., Bakker, J. Wine Flavour Chemistry [M]. Oxford: Blackwell Publishing Ltd., 2004.

[33] Miyake, T., Shibamoto, T. Quantitative analysis of acetaldehyde in foods and beverages [J]. J. Agri. Food. Chem., 1993, 41 (11): 1968-1970.

[34] Ruth, J. H. Odor thresholds and irritation levels of several chemical substances: a review [J]. AIHA J., 1986, 47 (3): A142-151.

[35] 孙宝国, 何坚. 香精概论——香料、调配、应用 [M]. 北京: 化学工业出版社, 1999.

[36] Guth, H. Quantitation and sensory studies of character impact odorants of different white wine varieties [J]. J. Agri. Food. Chem., 1997, 45 (8): 3027-3032.

[37] Uselmann, V., Schieberle, P. Decoding the combinatorial aroma code of a commercial Cognac by application of the sensomics concept and first insights into differences from a German brandy [J]. J. Agri. Food. Chem., 2015, 63 (7): 1948-1956.

[38] Wang, X., Fan, W., Xu, Y. Comparison on aroma compounds in Chinese soy sauce and strong aroma type liquors by gas chromatography-olfactometry, chemical quantitative and odor activity values analysis [J]. Eur. Food Res. Technol., 2014, 239 (5): 813-825.

[39] Engan, S. Beer composition: Volatile substances [M]. In Brewing Science, Pollock, J. R. A., Ed. Academic Press, London, UK, 1981, 2: 93-165.

[40] Vanderhaegen, B., Neven, H., Coghe, S., Verstrepen, K. J., Verachtert, H., Derdelinckx, G. Evolution of chemical and sensory properties during aging of top-fermented beer [J]. J. Agri. Food. Chem., 2003, 51 (23): 6782-6790.

[41] Collin, S., Nizet, S., Claeys Bouuaert, T., Despatures, P. -M. Main odorants in Jura flor-sherry wines. Relative contributions of sotolon, abhexon, and theaspirane-derived compounds [J]. J. Agri. Food. Chem., 2012, 60 (1): 380-387.

[42] Ebeler, S. E. Analytical chemistry: unlocking the secrets of wine flavor [J]. Food Rev. Int., 2001, 17 (1): 45-64.

[43] Christoph, N., Bauer-Christoph, C. Flavour of spirit drinks: Raw materials, fermentation, distillation, and ageing [M]. In Flavours and Fragrances: Chemistry, Bioprocessing and Sustainability, Berger, R. G., Ed. Springer, Heidelberg, Germany, 2007: 219-239.

[44] Reiners, J., Grosch, W. Odorants of virgin olive oils with different flavor profiles [J]. J. Agri. Food. Chem., 1998, 46 (7): 2754-2763.

[45] Fan, W., Qian, M. C. Characterization of aroma compounds of Chinese "Wuliangye" and "Jiannanchun" liquors by aroma extraction dilution analysis [J]. J. Agri. Food. Chem., 2006, 54 (7): 2695-2704.

[46] Muñoz, D., Peinado, R. A., Medina, M., Moreno, J. Biological aging of sherry wines using pure cultures of two flor yeast strains under controlled microaeration [J]. J. Agri. Food. Chem., 2005, 53 (13): 5258-64.

[47] Margalith, P. Z. Flavour Microbiology [M]. IL, USA: Charles C. Thomas Publishers, Springfield, 1981.

[48] Williams, A. A. Flavour research and the cider industry [J]. J. Inst. Brew., 1974, 80: 455-470.

[49] Henschke, P. A., Jiranek, V. Yeast - Metabolism of nitrogen compounds [M]. In Wine Microbiology and Biotechnology, Fleet, G. H., Ed. Harwood Academic Publishers, Chur, Switzerland, 1993; 77-164.

[50] Liu, S. Q., Pilone, G. J. An overview of formation and roles of acetaldehyde in winemaking with emphasis on microbiological implications [J]. Int. J. Food Sci. Technol., 2000, 35: 49-61.

[51] Wildenradt, H. L., Singleton, V. L. The production of aldehydes as a result of oxidation of polyphenolic compounds and its relation to wine aging [J]. Am. J. Enol. Vitic., 1974, 25 (2): 119-126.

[52] Peterson, A. L., Gambuti, A., Waterhouse, A. L. Rapid analysis of heterocyclic acetals in wine by stable isotope dilution gas chromatography-mass spectrometry [J]. Tetrahedron, 2015, 71 (20): 3032-3038.

[53] Jackson, R. S. Wine Science. Principles and Applications [M]. 3rd ed.; Burlington, MA: Academic Press, 2008.

[54] Martinez, P., Valcarcel, M. J., Perez, L., Benitez, T. Metabolism of *Saccharomyces cerevisiae* flor yeasts during fermentation and biological aging of fino sherry: By-products and aroma compounds [J]. Am. J. Enol. Vitic., 1998, 49 (3): 240-250.

[55] Schreier, P. Wine aroma: Challenge for the instrumental analysis [C]. In *Vino Analytical Scientia*, Ecole Europeenne de chimie Analytique, Bordeaux, France, 1997; 17-30.

[56] Nykanen, L. Formation and occurrence of flavor compounds in wine and distilled alcoholic beverages [J]. Am. J. Enol. Vitic., 1986, 37: 84-96.

[57] McCloskey, L. P., Mahaney, P. An enzymatic assay for acetaldehyde in grape juice and wine [J]. Am. J. Enol. Vitic., 1981, 32: 159-162.

[58] Francis, I. L., Newton, J. L. Determining wine aroma from compositional data [J]. Aust. J. Grape Wine Res., 2005, 11 (2): 114-126.

[59] Frank, S., Wollmann, N., Schieberle, P., Hofmann, T. Reconstitution of the flavor signature of Dornfelder red wine on the vasis of the natural concentrations of its key aroma and taste compounds [J]. J. Agri. Food. Chem., 2011, 59 (16): 8866-8874.

[60] Marcq, P., Schieberle, P. Characterization of the key aroma compounds in a commercial Amontillado sherry wine by means of the sensomics approach [J]. J. Agri. Food. Chem., 2015, 63 (19): 4761-4770.

[61] Callejón, R. M., Morales, M. L., Ferreira, A. C. S., Troncoso, A. M. Defining the typical aroma of sherry vinegar: Sensory and chemical approach [J]. J. Agri. Food. Chem., 2008, 56 (17): 8086-8095.

[62] Nicol, D. A. Batch distillation [M]. In Whisky. Technology, Production and Marketing, Russell, I.; Stewart, G.; Bamforth, C., Eds. Elsevier Ltd., London, UK, 2003; 153-176.

[63] Apostolopoulou, A. A., Flouros, A. I., Demertzis, P. G., Akrida-Demertzi, K. Differences in concentration of principal volatile constituents in traditional Greek distillates [J]. Food Control, 2005, 16 (2): 157-164.

[64] Nose, A., Hamasaki, T., Hojo, M., Kato, R., Uehara, K., Ueda, T. Hydrogen bonding in alcoholic beverages (distilled spirits) and water-ethanol mixtures [J]. J. Agri. Food. Chem., 2005, 53 (18): 7074-7081.

[65] 王忠彦，尹昌树．白酒色谱骨架成分的含量及其比例关系对香型和质量的影响 [J]. 酿酒科技，2000，102 (6)：93-96.

[66] 曾祖训．白酒香味成分的色谱分析 [J]. 酿酒，2006，33 (2)：3-6.

[67] 王海平，赵德玉，于振法，赵德义，王洪芹，赵明云，曹桂英，周利祥，孙洁，程光田，刘培贵．白酒蒸馏过程的研究（下）[J]. 酿酒科技，1998，88 (4)：28-30.

[68] Buttery, R. G., Ling, L. C., Stern, D. J. Studies on popcorn aroma and flavor volatiles [J]. J. Agri. Food. Chem., 1997, 45 (3): 837-843.

[69] Maeztu, L., Sanz, C., Andueza, S., Peña, M. P. D., Bello, J., Cid, C. Characterization of Espresso coffee aroma by static headspace GC-MS and sensory flavor profile [J]. J. Agri. Food. Chem., 2001, 49 (11): 5437-5444.

[70] Sanz, C., Ansorena, D., Bello, J., Cid, C. Optimizing headspace temperature and time sampling for identification of volatile compounds in ground roasted arabica coffee [J]. J. Agri. Food. Chem., 2001, 49 (3): 1364-1369.

[71] Qian, M., Reineccius, G. Potent aroma compounds in Parmigiano Reggiano cheese studied using a dynamic headspace (purge-trap) method [J]. Flav. Fragr. J., 2003, 18: 252-259.

[72] Pino, J. A., Marbot, R., Vázquez, C. Characterization of volatiles in strawberry Guava (*Psidium cattleianum* Sabine) fruit [J]. J. Agri. Food. Chem., 2001, 49: 5883-5887.

[73] 范文来，徐岩．白酒79个风味化合物嗅觉阈值测定 [J]．酿酒，2011，38 (4)：80-84.

[74] Ahmed, E. M., Dennison, R. A., Dougherty, R. H., Shaw, P. E. Flavor and odor thresholds in water of selected orange juice components [J]. J. Agri. Food. Chem., 1978, 26: 187-191.

[75] Xie, J., Sun, B., Zheng, F., Wang, S. Volatile flavor constituents in roasted pork of mini-pig [J]. Food Chem., 2008, 109 (3): 506-514.

[76] Cha, Y. J., Kim, H., Cadwallader, K. R. Aroma-active compounds in Kimchi during fermentation [J]. J. Agri. Food. Chem., 1998, 46 (5): 1944-1953.

[77] Ledauphin, J., Barillier, D., Beljean - Leymarie, M. Gas chromatographic quantification of aliphatic aldehydes in freshly distilled Calvados and Cognac using 3-methylbenzothiazolin-2-one hydrazone as derivative agent [J]. J. Chromatogr. A, 2006, 1115 (1-2): 225-232.

[78] Sigrist, I. A. Investigation on aroma active photooxidative degradation products originating from dimethyl pentyl furan fatty acids in green tea and dried green herbs. Swiss Federal Institute of Technology Zurich, Zurich, Swiss, 2002.

[79] Klesk, K., Qian, M., Martin, R. R. Aroma extract dilution analysis of cv. Meeker (*Rubus idaeus* L.) red raspberries from Oregon and Washington [J]. J. Agri. Food. Chem., 2004, 52 (16): 5155-5161.

[80] Ruther, J. Retention index database for identification of general green leaf volatiles in plants by coupled capillary gas chromatography-mass spectrometry [J]. J. Chromatogr. A, 2000, 890 (2): 313-319.

[81] Bucking, M., Steinhart, H. Headspace GC and sensory analysis characterization of the influence of different milk additives on the flavor release of coffee beverages [J]. J. Agri. Food. Chem., 2002, 50 (6): 1529-1534.

[82] 周双，徐岩，范文来，李记明，于英，姜文广，李兰晓．应用液液萃取分析中度烘烤橡木片中挥发性化合物 [J]．食品与发酵工业，2012，38 (9)：125-131.

[83] Rochat, S., Chaintreau, A. Carbonyl odorants contributing to the in-oven roasted beef top note [J]. J. Agri. Food. Chem., 2005, 53: 9578-9585.

[84] Mayr, C. M., Capone, D. L., Pardon, K. H., Black, C. A., Pomeroy, D., Francis, I. L. Quantitative analysis by GC-MS/MS of 18 aroma compounds related to oxidative off-flavor in wines [J]. J. Agri. Food. Chem., 2015.

[85] Franitza, L., Granvogl, M., Schieberle, P. Characterization of the key aroma compounds in two commercial rums by means of the sensomics approach [J]. J. Agri. Food. Chem., 2016, 64 (3): 637-645.

[86] Kirchhoff, E., Schieberle, P. Quantitation of odor-active compounds in rye flour and rye sourdough using stable isotope dilution assays [J]. J. Agri. Food. Chem., 2002, 50 (19): 5378-5385.

[87] Buettner, A., Schieberle, P. Evaluation of key aroma compounds in hand-squeezed grapefruit juice (*Citrus paradisi Macfayden*) by quantitation and flavor reconstitution experiments [J]. J. Agri. Food. Chem., 2001, 49 (3): 1358-1363.

[88] Fan, W., Xu, Y., Jiang, W., Li, J. Identification and quantification of impact aroma compounds in 4 nonfloral*Vitis vinifera* varieties grapes [J]. J. Food Sci., 2010, 75 (1): S81-S88.

[89] 孙莎莎，范文来，徐岩，李记明，于英. 3 种酿酒白葡萄果实的挥发性香气成分比较 [J]. 食品与发酵工业，2014，40 (5): 193-198.

[90] Wang, J., Gambetta, J. M., Jeffery, D. W. Comprehensive study of volatile compounds in two Australian rosé wines: Aroma extract dilution analysis (AEDA) of extracts prepared using solvent-assisted flavor evaporation (SAFE) or headspace solid-phase extraction (HS-SPE) [J]. J. Agri. Food. Chem., 2016, 64 (19): 3838-3848.

[91] Fan, W., Xu, Y. Characteristic aroma compounds of Chinese dry rice wine by gas chromatography-olfactometry and gas chromatography-mass spectrometry [M]. In Flavor Chemistry of Wine and Other Alcoholic Beverages, Qian, M. C.; Shellhammer, T. H., Eds. American Chemical Society, 2012: 277-301.

[92] 范文来，聂庆庆，徐岩. 洋河绵柔型白酒关键风味成分 [J]. 食品科学，2013，34 (4): 135-139.

[93] Gao, W., Fan, W., Xu, Y. Characterization of the key odorants in light aroma type Chinese liquor by gas chromatography-olfactometry, quantitative measurements, aroma recombination, and omission studies [J]. J. Agri. Food. Chem., 2014, 62 (25): 5796-5804.

[94] Fan, H., Fan, W., Xu, Y. Characterization of key odorants in Chinese chixiang aroma-type liquor by gas chromatography-olfactometry, quantitative measurements, aroma recombination, and omission studies [J]. J. Agri. Food. Chem., 2015, 63 (14): 3660-3668.

[95] Mojab, F., Nickavar, B. Composition of the essential oil of the root of *Heracleum persicum* from iran [J]. Iran. J. Pharm. Res., 2003, 2 (4): 245-247.

[96] Ledauphin, J., Guichard, H., Saint-Clair, J. -F., Picoche, B., Barillier, D. Chemical and sensorial aroma characterization of freshly distilled Calvados. 2. Identification of volatile compounds and key odorants [J]. J. Agri. Food. Chem., 2003, 51 (2): 433-442.

[97] Fu, S. -G., Yoon, Y., Bazemore, R. Aroma-active components in fermented bamboo shoots [J]. J. Agri. Food. Chem., 2002, 50 (3): 549-554.

[98] Mahajan, S. S., Goddik, L., Qian, M. C. Aroma compounds in sweet whey powder [J]. J. Dairy Sci., 2004, 87: 4057-4063.

[99] Vázquez-Araújo, L., Enguix, L., Verdú, A., García-García, E., Carbonell-Barrachina, A. A. Investigation of aromatic compounds in toasted almonds used for the manufacture of turrón [J]. Eur. Food Res. Technol., 2008, 227: 243-254.

[100] Guth, H., Grosch, W. 12-Methyltridecanal, a species-specific odorant of stewed beef [J]. Lebensm. Wiss. Technol., 1993, 26: 171-177.

[101] Jirovetz, L., Smith, D., Buchbauer, G. Aroma compound analysis of*Eruca sativa* (*Brassicaceae*) SPME headspace leaf samples using GC, GC-MS, and olfactometry [J]. J. Agri. Food. Chem., 2002, 50: 4643-4646.

[102] López, R., Ortin, N., Perez-Trujillo, J. P., Cacho, J., Ferreira, V. Impact odorants of different young white wines from the Canary islands [J]. J. Agri. Food. Chem., 2003, 51: 3419-3425.

[103] López, R., Ferreira, V., Hernández, P., Cacho, J. F. Identification of impact odorants of young red wines made with Merlot, Cabernet sauvignon and Grenache grape varieties: a comparative study [J]. J. Sci. Food Agric., 1999, 79 (11): 1461-1467.

[104] Ahmad, F. b., Jantan, I. b. Chemical constituents of the essential oils of *Goniothalamus uvariodes* King [J]. Flav. Fragr. J., 2003, 18 (2): 128-130.

[105] Buettner, A., Schieberle, P. Evaluation of aroma differences between hand-squeezed juices from Valencia Late and Navel oranges by quantitation of key odorants and flavor reconstitution experiments [J]. J. Agri. Food. Chem., 2001, 49 (5): 2387-2394.

[106] Culleré, L., Escudero, A., Cacho, J. F., Ferreira, V. Gas chromatography-olfactometry and chemical quantitative study of the aroma of six premium quality Spanish aged red wines [J]. J. Agri. Food. Chem., 2004, 52 (6): 1653-1660.

[107] Aceña, L., Vera, L., Guasch, J., Olga Busto, Mestres, M. Chemical characterization of commercial Sherry vinegar aroma by headspace solid-phase microextraction and gas chromatography-olfactometry [J]. J. Agri. Food. Chem., 2011, 59: 4062-4070.

[108] 孙莎莎, 范文来, 徐岩, 李记明, 于英. 我国不同产地赤霞珠挥发性香气成分差异分析 [J]. 食品工业科技, 2013, 34 (24): 70-74.

[109] Fan, W., Shen, H., Xu, Y. Quantification of volatile compounds in Chinese soy sauce aroma type liquor by stir bar sorptive extraction (SBSE) and gas chromatography-mass spectrometry (GC-MS) [J]. J. Sci. Food Agric., 2011, 91 (7): 1187-1198.

[110] Karagül-Yüceer, Y., Vlahovich, K. N., Drake, M., Cadwallader, K. R. Characteristic aroma compounds of rennet casein [J]. J. Agri. Food. Chem., 2003, 51: 6797-6801.

[111] Ferrari, G., Lablanquie, O., Cantagrel, R., Ledauphin, J., Payot, T., Fournier, N., Guichard, E. Determination of key odorant compounds in freshly distilled Cognac using GC-O, GC-MS, and sensory evaluation [J]. J. Agri. Food. Chem., 2004, 52: 5670-5676.

[112] Bredie, W. L. P., Mottram, D. S., Guy, R. C. E. Effect of temperature and pH on the generation of flavor volatiles in extrusion cooking of wheat flour [J]. J. Agri. Food. Chem., 2002, 50 (5): 1118-1125.

[113] Choi, H.-S. Character impact odorants of *Citrus* hallabong [(*C. unshiu* Marcov×*C. sinensis* Osbeck) ×*C. reticulate* Blanco] cold-pressed peel oil [J]. J. Agri. Food. Chem., 2003, 51: 2687-2692.

[114] Darriet, P., Pons, M., Henry, R., Dumont, O., Findeling, V., Cartolaro, P., Calonnec, A., Dubourdieu, D. Impact odorants contributing to the fungus type aroma from grape berries contaminated by powdery mildew (*Uncinula necator*); Incidence of enzymatic activities of the yeast *Saccharomyces cerevisiae* [J]. J. Agri. Food. Chem., 2002, 50 (11): 3277-3282.

[115] Leffingwell, J. C. Odor & flavor detection thresholds in water [Online], 2003. http://www.leffingwell.com/odorthre.htm.

[116] 范文来, 徐岩. 应用液液萃取结合正相色谱技术鉴定汾酒与郎酒挥发性成分 (上) [J]. 酿酒科技, 2013, 224 (2): 17-26.

[117] Pino, J. A., Mesa, J., Muñoz, Y., Martí, M. P., Marbot, R. Volatile components from mango (*Mangifera indica* L.) cultivars [J]. J. Agri. Food. Chem., 2005, 53 (6): 2213-2223.

[118] Pino, J. A. Characterization of rum using solid-phase microextraction with gas chromatography-mass spectrometry [J]. Food Chem., 2007, 104 (1): 421-428.

[119] Sarrazin, E., Frerot, E., Bagnoud, A., Aeberhardt, K., Rubin, M. Discovery of new lactones

in sweet cream butter oil [J]. J. Agri. Food. Chem., 2011, 59: 6657-6666.

[120] http://www.thegoodscentscompany.com/.

[121] Shibamoto, T., Kamiya, Y., Mihara, S. Isolation and identification of volatile compounds in cooked meat: Sukiyaki [J]. J. Agri. Food. Chem., 1981, 29: 57-63.

[122] Weldegergis, B. T., Crouch, A. M., Górecki, T., Villiers, A. d. Solid phase extraction in combination with comprehensive two-dimensional gas chromatography coupled to time-of-flight mass spectrometry for the detailed investigation of volatiles in South African red wines [J]. Anal. Chim. Acta, 2011, 701: 98-111.

[123] Münch, P., Hofmann, T., Schieberle, P. Comparison of key odorants generated by thermal treatment of commercial and self-prepared yeast extracts: Influence of the amino acid composition on odorant formation [J]. J. Agri. Food. Chem., 1997, 45 (4): 1338-1344.

[124] Schuh, C., Schieberle, P. Characterization of the key aroma compounds in the beverage prepared from Darjeeling black tea: Quantitative differences between tea leaves and infusion [J]. J. Agri. Food. Chem., 2006, 54 (3): 916-924.

[125] Masanetz, C., Grosch, W. Hay-like off-flavour of dry parsley [J]. Z. Lebensm. Unters. Forsch., 1998, 206: 114-120.

[126] http://www.leffingwell.com/odorthre.htm.

[127] Poisson, L., Schieberle, P. Characterization of the most odor-active compounds in an American Bourbon whisky by application of the aroma extract dilution analysis [J]. J. Agri. Food. Chem., 2008, 56 (14): 5813-5819.

[128] Jagella, T., Grosch, W. Flavour and off-flavour compounds of black and white pepper (*Piper nigrum* L.) III. Desirable and undesirable odorants of white pepper [J]. Eur. Food Res. Technol., 1999, 209: 27-31.

[129] Jagella, T., Grosch, W. Flavour and off-flavour compounds of black and white pepper (Piper nigrum L.). II. Odour activity values of desirable and undesirable odorants of black pepper [J]. Eur. Food Res. Technol., 1999, 209: 22-26.

[130] Wagner, R. K., Grosch, W. Key odorants of french fries [J]. J. Am. Oil Chem. Soc., 1998, 75 (10): 1385-1392.

[131] Qian, M., Reineccius, G. Identification of aroma compounds in Parmigiano-Reggiano cheese by gas chromatography/olfactometry [J]. J. Dairy Sci., 2002, 85: 1362-1369.

[132] Matheis, K., Granvogl, M., Schieberle, P. Quantitation and enantiomeric ratios of aroma compounds formed by an Ehrlich degradation of L-isoleucine in fermented foods [J]. J. Agri. Food. Chem., 2016, 64 (3): 646-652.

[133] Spinnler, H. E., Martin, N., Bonnarme, P. Generation of sulfur flavor compounds by microbial pathway [M]. In Heteroatomic Aroma Compounds, Reineccius, G. A.; Reineccius, T. A., Eds. American Chemical Society, Washington, D. C., 2002; Vol. ACS symposium series 826: 54-72.

[134] Schieberle, P., Grosch, W. Potent odorants of rye bread crust-differences from the crumb and from wheat bread crust [J]. Z. Lebensm. Unters. Forsch., 1994, 198: 292-296.

[135] Culleré, L., Cacho, J., Ferreira, V. Analysis for wine C5 - C8 aldehydes through the determination of their *O*-(2,3,4,5,6-pentafluorobenzyl) oximes fromed directly in the solid phase extraction cartidge [J]. Anal. Chim. Acta, 2004, 524: 201-206.

[136] Abraham, K., Andres, S., Palavinskas, R., Berg, K., Appel, K. E., Lampen, A. Toxicology and risk assessment of acrolein in food [J]. Mol. Nut. Food Res., 2011, 55: 1277-1290.

[137] Bauer, R., Cowan, D. A., Crouch, A. Acrolein in wine: Importance of 3-hydroxypropionaldehyde and derivatives in production and detection [J]. J. Agri. Food. Chem., 2010, 58 (6): 3243-3250.

[138] Madrera, R. R., Gomis, D. B., Alonso, J. J. M. Influence of distillation system, oak wood type, and aging time on volatile compounds of cider brandy [J]. J. Agri. Food. Chem., 2003, 51 (19): 5709-5714.

[139] Pretorius, I. S., Høj, P. B. Grape and wine biotechnology: Challenges, opportunities and potential benefits [J]. Aust. J. Grape Wine Res., 2005, 11: 83-108.

[140] Nascimento, R. F., Marques, J. C., Lima Neto, B. S., De Keukeleire, D., Franco, D. W. Qualitative and quantitative high-performance liquid chromatographic analysis of aldehydes in Brazilian sugar cane spirits and other distilled alcoholic beverages [J]. J. Chromatogr. A, 1997, 782 (1): 13-23.

[141] Kaeberlein, M. Substrate-specific activation of sirtuins by resveratrol [J]. J. Biol. Chem., 2005, 280: 17038-17045.

[142] Elmore, J. S., Campo, M. M., Enser, M., Mottram, D. S. Effect of lipid composition on meat-like model systems containing cysteine, ribose, and polyunsaturated fatty acids [J]. J. Agri. Food. Chem., 2002, 50 (5): 1126-1132.

[143] Jordán, M. J., Margaria, C. A., Shaw, P. E., Goodner, K. L. Aroma active components in aqueous kiwi fruit essence and kiwi fruit puree by GC-MS and multidimensional GC/GC-O [J]. J. Agri. Food. Chem., 2002, 50 (19): 5386-5390.

[144] Rowe, D. J. Chemistry and Technology of Flavors and Fragrances [M]. Oxford, UK, Blackwell Publishing Ltd., 2005.

[145] 曹长江，范文来，聂尧，徐岩. HS-SPME 同时萃取衍生化定量白酒中反-2-烯醛和二烯醛类化合物 [J]. 食品工业科技，2014，35 (21)：286-290.

[146] Miyazawa, M., Kawata, J. Identification of the key aroma compounds in dried roots of *Rubia cordifolia* [J]. J. Oleo Sci., 2006, 55: 37-39.

[147] Nielsen, G. S., Poll, L. Determination of odor active aroma compounds in freshly cut leek (*Allium ampeloprasum* Var. Bulga) and in long-term stored frozen unblanched and blanched leek slices by gas chromatography olfactometry analysis [J]. J. Agri. Food. Chem., 2004, 52 (6): 1642-1646.

[148] Schieberle, P., Grosch, W. Evaluation of the flavour of wheat and rye bread crusts by aroma extract dilution analysis [J]. Z. Lebensm. Unters. Forsch., 1987, 185 (2): 111-113.

[149] Boonbumrung, S., Tamura, H., Mookdasanit, J., Nakamoto, H., Ishihara, M., Yoshizawa, T., Varanyanond, W. Characteritic aroma components of the volatile oil of yellow Keaw mango fruits determined by limited odor unit method [J]. Food Sci. Technol. Res., 2001, 7 (3): 200-206.

[150] Elmore, J. S., Mottram, D. S., Enser, M., Wood, J. D. Effect of the polyunsaturated fatty acid composition of beef muscle on the profile of aroma volatiles [J]. J. Agri. Food. Chem., 1999, 47 (4): 1619-1625.

[151] Barron, D., Etievant, P. X. The volatile constituents of strawberry jam [J]. Z. Lebensm. Unters. Forsch., 1990, 191: 279-285.

[152] Guen, S. L., Prost, C., Demaimay, M. Characterization of odorant compounds of mussels (*Mytilus edulis*) according to their origin using gas chromatography-olfactometry and gas chromatography-mass spectrometry [J]. J. Chromatogr. A, 2000, 896 (1-2): 361-371.

[153] Schieberle, P., Grosch, W. Identification of the volatile flavour compounds of wheat bread crust-comparison with rye bread crust [J]. Z. Lebensm. Unters. Forsch., 1985, 180: 474-478.

[154] Buttery, R. G., Seifert, R. M., Guadagni, D. G., Ling, L. C. Characterization of additional volatile components of tomato [J]. J. Agri. Food. Chem., 1971, 19 (3): 524-529.

[155] Aaslyng, M. D., Elmore, J. S., Mottram, D. S. Comparison of the aroma characteristics of acid-hydrolyzed and enzyme-hydrolyzed vegetable proteins produced from soy [J]. J. Agri. Food. Chem., 1998, 46 (12): 5225-5231.

[156] Ong, P. K. C., Acree, T. E. Gas chromatography/olfactory analysis of Lychee (*Litchi chinesis* Sonn.) [J]. J. Agri. Food. Chem., 1998, 46 (6): 2282-2286.

[157] Czerny, M., Buettner, A. Odor-active compounds in cardboard [J]. J. Agri. Food. Chem., 2009, 57: 9979-9984.

[158] Rowe, D. J. Aroma chemicals for savory flavors [J]. Perfumer & Flavorist, 1998, 23: 9-14.

[159] Czerny, M., Grosch, W. Potent odorants of raw arabica coffee. Their changes during roasting [J]. J. Agri. Food. Chem., 2000, 48 (3): 868-872.

[160] 张玲玲. 啤酒风味品评与啤酒质量控制 [J]. 齐齐哈尔大学学报, 2007, 23 (2): 104-107.

[161] Cho, I. H., Namgung, H. J., Choi, H. K., Kim, Y. S. Volatiles and key odorants in the pileus and stipe of pine-mushroom (*Tricholoma matsutake* Sing.) [J]. Food Chem., 2008, 106 (1): 71-76.

[162] Christlbauer, M., Schieberle, P. Characterization of the key aroma compounds in beef and pork vegetable gravies ά la chef by application of the aroma extraction dilution analysis [J]. J. Agri. Food. Chem., 2009, 57: 9114-9122.

[163] Vanderhaegen, B., Neven, H., Verachtert, H., Derdelinckx, G. The chemistry of beer aging-a critical review [J]. Food Chem., 2006, 95: 357-381.

[164] Valim, M. F., Rouseff, R. L., Lin, J. Gas chromatographic-olfactometric characterization of aroma compounds in two types of cashew apple nectar [J]. J. Agri. Food. Chem., 2003, 51 (4): 1010-1015.

[165] Steinhaus, M., Sinuco, D., Polster, J., Osorio, C., Schieberle, P. Characterization of the key aroma compounds in pink guava (*Psidium guajava* L.) by means of aroma re-engineering experiments and omission tests [J]. J. Agri. Food. Chem., 2009, 57 (7): 2882-2888.

[166] Blank, I. Sensory relevance of volatile organic sulfur compounds in food [M]. In Heteroatomic Aroma Compounds, Reineccius, G. A.; Reineccius, T. A., Eds. American Chemical Society; ACS symposium series 826, Washington, D. C., 2002; 25-53.

[167] Schieberle, P., Hofmann, T. Evaluation of the character impact odorants in fresh strawberry juice by quantitative measurements and sensory studies on model mixtures [J]. J. Agri. Food. Chem., 1997, 45: 227-232.

[168] Kishimoto, T., Wanikawa, A., Kono, K., Shibata, K. Comparison of the odor-active compounds in unhopped beer and beers hopped with different hop varieties [J]. J. Agri. Food. Chem., 2006, 54 (23): 8855-8861.

[169] Munafo, J. P., Didzbalis, J., Schnell, R. J., Steinhaus, M. Insights into the key aroma compounds in Mango (*Mangifera indica* L. 'Haden') fruits by stable isotope dilution quantitation and aroma simulation experiments [J]. J. Agri. Food. Chem., 2016, 64 (21): 4312-4318.

[170] Timón, M. L., Carrapiso, A. I., Jurado, Á., van de Lagenmaat, J. A study of the aroma of fried bacon and fried pork loin [J]. J. Sci. Food Agric., 2004, 84: 825-831.

[171] Czerny, M., Schieberle, P. Influence of the polyethylene packaging on the adsorption of odour-active compounds from UHT-milk [J]. Eur. Food Res. Technol., 2007, 225: 215-223.

[172] Werkhoof, P., Güntert, M., Krammer, G., Sommer, H., Kaulen, J. Vacuum headspace method in aroma research: Flavor chemistry of yellow passion fruits [J]. J. Agri. Food. Chem., 1998, 46: 1076-1093.

[173] Schieberle, P. Primary odorants in popcorn [J]. J. Agri. Food. Chem., 1991, 39: 1141-1144.

[174] Jiang, L., Kubota, K. Differences in the volatile components and their odor characteristics of green and ripe fruits and dried pericarp of Japanese pepper (*Xanthoxylum piperitum* DC.) [J]. J. Agri. Food. Chem., 2004, 52: 4197-4203.

[175] Zhu, J., Chen, F., Wang, L., Niu, Y., Yu, D., Shu, C., Chen, H., Wang, H., Xiao, Z. Comparison of aroma-active volatiles in oolong tea infusions using GC-Olfactometry, GC-FPD, and GC-MS [J]. J. Agri. Food. Chem., 2015, 63 (34): 7499-7510.

[176] Leffingwell, J. C. Esters. Detection thresholds & molecular structures [Online], 2002. http://www.leffingwell.com/esters.htm.

[177] Jrgensen, U., Hansen, M., Christensen, L. P., Jensen, K., Kaack, K. Olfactory and quantitative analysis of aroma compounds in elder flower (*Sambucus nigra* L.) drink processed from five cultivars [J]. J. Agri. Food. Chem., 2000, 48 (6): 2376-2383.

[178] Aznar, M., López, R., Cacho, J. F., Ferreira, V. Identification and quantification of impact odorants of aged red wines from Rioja. GC-olfactometry, quantitative GC-MS, and odor evaluation of HPLC fractions [J]. J. Agri. Food. Chem., 2001, 49: 2924-2929.

[179] Steinhaus, M. Characterization of the major odor-active compounds in the leaves of the curry tree*Bergera koenigii* L. by aroma extract dilution analysis [J]. J. Agri. Food. Chem., 2015, 63 (16): 4060-4067.

[180] Kotseridis, Y., Baumes, R. Identification of impact odorants in Bordeaux red grape juice, in the commercial yeast used for its fermentation, and in the produced wine [J]. J. Agri. Food. Chem., 2000, 48 (2): 400-406.

[181] Morrison, R. T., Boyd, R. N. Organic Chemistry [M]. New Jersey 07632, USA, Prentice-Hall, Inc.: 1992.

[182] Ledauphin, J., Milbeau, C. L., Barillier, D., Hennequin, D. Differences in the volatile compositions of French labeled brandies (Armagnac, Calvados, Cognac, and Mirabelle) using GC-MS and PLS-DA [J]. J. Agri. Food. Chem., 2010, 58: 7782-7793.

[183] Lee, S.-J., Noble, A. C. Characterization of odor-active compounds in Californian Chardonnay wines using GC-olfactometry and GC-mass spectrometry [J]. J. Agri. Food. Chem., 2003, 51: 8036-8044.

[184] Fan, W., Qian, M. C. Identification of aroma compounds in Chinese "Yanghe Daqu" liquor by normal phase chromatography fractionation followed by gas chromatography/olfactometry [J]. Flav. Fragr. J., 2006, 21 (2): 333-342.

[185] Etievant, P. X. Wine [M]. In Volatile Compounds in Foods and Beverages, Maarse, H., Ed. Marcel Dekker: New York, NY, 1991: 483-546.

[186] Ledauphin, J., Saint-Clair, J.-F., Lablanquie, O., Guichard, H., Founier, N., Guichard, E., Barillier, D. Identification of trace volatile compounds in freshly distilled Calvados and Cognac using preparative separations coupled with gas chromatography-mass spectrometry [J]. J. Agri. Food. Chem., 2004, 52: 5124-5134.

[187] Fan, W., Qian, M. C. Headspace solid phase microextraction (HS-SPME) and gas chromatography-olfactometry dilution analysis of young and aged Chinese " Yanghe Daqu" liquors [J]. J. Agri. Food.

Chem. , 2005, 53 (20): 7931-7938.

[188] Fan, W. , Xu, Y. , Qian, M. C. Identification of aroma compounds in Chinese "Moutai" and "Langjiu" liquors by normal phase liquid chromatography fractionation followed by gas chromatography/olfactometry [M]. In Flavor Chemistry of Wine and Other Alcoholic Beverages, Qian, M. C. ; Shellhammer, T. H. , Eds. American Chemical Society, 2012: 303-338.

[189] Williams, P. J. , Strauss, C. 3,3-Diethoxybutan-2-one and 1,1,3-triethoxypropane: Acetals in spirits distilled from *Vitis vinifera* grape wines [J]. J. Sci. Food Agric. , 1975, 26: 1127-1136.

[190] 龚舒蓓. 老白干香型和芝麻香型手工原酒与机械原酒的成分差异 [D]. 无锡: 江南大学, 2018.

[191] Wu, S. Volatile compounds generated by Basidiomycetes. Universität Hannover, Hannover, 2005.

[192] Hong, X. , McGiveron, O. , Lira, C. T. , Orjuela, A. , Peereboom, L. , Miller, D. J. A reactive distillation process to produce 5-hydroxy-2-methyl-1,3-dioxane from mixed glycerol acetal isomers [J]. Org. Process Res. Dev. , 2012, 16 (5): 1141-1145.

[193] Faria, R. P. V. , Pereira, C. S. M. , Silva, V. M. T. M. , Loureiro, J. M. , Rodrigues, A. E. Glycerol valorization as biofuel: Thermodynamic and kinetic study of the acetalization of glycerol with acetaldehyde [J]. Ind. Eng. Chem. Res. , 2013, 52 (4): 1538-1547.

[194] Câmara, J. S. , Marques, J. C. , Alves, A. , Ferreira, A. C. S. Heterocyclic acetals in Madeira wines [J]. Anal. Bioanal. Chem. , 2003, 375: 1221-1224.

[195] daSilva Ferreira, A. C. , Barbe, J. -C. , Bertrand, A. Heterocyclic acetals from glycerol and acetaldehyde in Port wines: Evolution with aging [J]. J. Agri. Food. Chem. , 2002, 50: 2560-2564.

[196] Muller, C. J. , Kepner, R. E. , Webb, A. D. 1,3-Dioxanes and 1,3-dioxolanes as constituents of the acetal fraction of Spanish Fino sherry [J]. Am. J. Enol. Vitic. , 1978, 29 (3): 207-212.

[197] Peppard, T. L. , Halsey, S. A. The occurrence of 2-geometrical-isomers of 2,4,5-trimethyl-1,3-dioxolane in beer [J]. J. Inst. Brew. , 1982, 88 (5): 309-312.

[198] Heydanek, M. G. , Min, D. B. S. Carbonyl-propylene glycol interactions in flavor systems [J]. J. Food Sci. , 1976, 41 (1): 145-147.

[199] Bellon, J. , Eglinton, J. , Siebert, T. , Pollnitz, A. , Rose, L. , de Barros Lopes, M. , Chambers, P. Newly generated interspecific wine yeast hybrids introduce flavour and aroma diversity to wines [J]. Appl. Microbiol. Biotechnol. , 2011, 91 (3): 603-612.

[200] Cutzach, I. , Chatonnet, P. , Dubourdieu, D. Study of the formation mechanisms of some volatile compounds during the aging of sweet fortified wines [J]. J. Agri. Food. Chem. , 1999, 47 (7): 2837-2846.

[201] Chung, H. Y. , Ma, W. C. J. , Kim, J. -S. , Chen, F. Odor-active headspace components in fermented red rice in the presence of a *Monascus* species [J]. J. Agri. Food. Chem. , 2004, 52 (21): 6557-6563.

[202] Pino, J. A. , Queris, O. Characterization of odor-active compounds in guava wine [J]. J. Agri. Food. Chem. , 2011, 59: 4885-4890.

[203] Sekiwa, Y. , Kubota, K. , Kobayashi, A. Characteristic flavor components in the brew of cooked Clam (*Meretrix lusoria*) and the effect of storage on flavor formation [J]. J. Agri. Food. Chem. , 1997, 45: 826-830.

[204] Splivallo, R. , Bossi, S. , Maffei, M. , Bonfante, P. Discrimination of truffle fruiting body versus mycelial aromas by stir bar sorptive extraction [J]. Phytochemistry, 2007, 68: 2584-2598.

[205] Buttery, R. G. , Seifert, R. M. , Guadagni, D. G. , Ling, L. C. Characterization of some volatile

constituents of bell peppers [J]. J. Agri. Food. Chem., 1969, 17: 1322-1327.

[206] 汪玲玲, 范文来, 徐岩. 酱香型白酒液液微萃取-毛细管色谱骨架成分与香气重组 [J]. 食品工业科技, 2012, 33 (19): 304-308.

[207] Owens, J. D., Allagheny, N., Kipping, G., Ames, J. M. Formation of volatile compounds during *Bacillus subtilis* fermentation of soya beans [J]. J. Sci. Food Agric., 1997, 74 (1): 132-140.

[208] Peppard, T. L. Volatile flavor constituents of *Monstera deliciosa* [J]. J. Agri. Food. Chem., 1992, 40: 257-262.

[209] Karahadian, C., Josephson, D. B., Lindsay, R. C. Volatile compounds from *Penicillium* sp. contributing musty-earthy notes to Brie and Camembert cheese flavors [J]. J. Agri. Food. Chem., 1985, 33 (3): 339-343.

[210] Börjesson, T. S., Stöllman, U. M., Schnürer, J. L. Off-odorous compounds produced by molds on oatmeal agar: Identification and relation to other growth characteristics [J]. J. Agri. Food. Chem., 1993, 41 (11): 2104-2111.

[211] Siegmund, B., Pöllinger-Zierler, B. Odor thresholds of microbially induced off-flavor compounds in apple juice [J]. J. Agri. Food. Chem., 2006, 54 (16): 5984-5989.

[212] Guerche, S. L., Dauphin, B., Pons, M., Blancard, D., Darriet, P. Characterization of some mushroom and earthy off-odors microbially induced by the development of rot on grapes [J]. J. Agri. Food. Chem., 2006, 54: 9193-9200.

[213] 张灿. 中国白酒中异嗅物质研究 [D]. 江南大学, 2013.

[214] Amon, J. M., Vandepeer, J. M., Simpson, R. F. Compounds responsible for cork taint in wine [J]. Aust. NZ Wine Ind. J., 1989, 4: 62-69.

[215] Jeleń, H. Specificity of Food Odorants [M]. In Food Flavors, Jeleń, H., Ed. CRC Press, New York, 2011: 1-18.

[216] Peterson, D., Reineccius, G. A. Biological pathway for the formation of oxygen-containing aroma compounds [M]. In Heteroatomic Aroma Compounds, Reineccius, G. A.; Reineccius, T. A., Eds. American Chemical Society, Washington, D. C., 2002, Vol. ACS symposium series 826: 227-242.

[217] Bading, H. T. Cold storage defects in butter and their relation to auto-oxidation of unsaturated fatty acids [J]. Neth. Milk Dairy J., 1970, 24: 147-256.

[218] Li, J. -X., Schieberle, P., Steinhaus, M. Characterization of the major odor-active compounds in Thai durian (*Durio zibethinus* L. 'Monthong') by aroma extract dilution analysis and headspace gas chromatography-olfactometry [J]. J. Agri. Food. Chem., 2012, 60 (45): 11253-11262.

[219] Ferreira, V., Ortín, N., Escudero, A., López, R., Cacho, J. Chemical characterization of the aroma of Grenache rosé wines: Aroma extract dilution analysis, quantitative determination, and sensory reconstitution studies [J]. J. Agri. Food. Chem., 2002, 50 (14): 4048-4054.

[220] Ferreira, V., López, R., Cacho, J. F. Quantitative determination of the odorants of young red wines from different grape varieties [J]. J. Sci. Food Agric., 2000, 80 (11): 1659-1667.

[221] Guerrero, E. D., Chinnici, F., Natali, N., Marín, R. N., Riponi, C. Solid-phase extraction method for determination of volatile compounds in traditional balsamic vinegar [J]. J. Sep. Sci., 2008, 31 (16-17): 3030-3036.

[222] Liang, J., Xie, J., Hou, L., Zhao, M., Zhao, J., Cheng, J., Wang, S., Sun, B. -G. Aroma constituents in Shanxi aged vinegar before and after aging [J]. J. Agri. Food. Chem., 2016, 64 (40):

7597-7605.

[223] Chiavaro, E., Caligiani, A., Palla, G. Chiral indicators of ageing in balsamic vinegars of Modena [J]. Ital. J. Food Sci., 1998, 10: 329-337.

[224] http: //en. wikipedia. org.

[225] Bartowsky, E. J., Francis, I. L., Bellon, J. R., Henschke, P. A. Is buttery aroma perception in wines predictable from the diacetyl concentration? [J]. Aust. J. Grape Wine Res., 2002, 8 (3): 180-185.

[226] Ugliano, M., Henschke, P. A. Yeasts and wine flavour [M]. In Wine Chemistry and Biochemistry, Moreno-Arribas, M. V.; Polo, M. C., Eds. Springer, New York, USA, 2008: 314-392.

[227] Sponholz, W. -R. Wine spoilage by microorganisms [M]. In Wine Microbiology and Biotechnology, Fleet, G. H., Ed. Hardwood Academic Publishing, Chur, Switzerland, 1993: 395-420.

[228] Callejón, R. M., Morales, M. L., Troncoso, A. M., Ferreira, A. C. S. Targeting key aromatic substances on the typical aroma of sherry vingar [J]. J. Agri. Food. Chem., 2008, 56: 6631-6639.

[229] Wainwright, T. Diacetyl——A review. I. Analytical and biochemical considerations. II Brewing experience [J]. J. Inst. Brew., 1973, 79: 451-470.

[230] Suomalainen, H., Ronkainen, P. Mechanism of diacetyl formation in yeast fermentation [J]. Nature, 1968, 220 (5169): 792-793.

[231] de Simón, B. F., Muiño, I., Cadahía, E. Characterization of volatile constituents in commercial oak wood chips [J]. J. Agri. Food. Chem., 2010, 58: 9587-9596.

[232] Chen, J., Ho, C. -T. Volatile compounds generated in serine-monosaccharide model systems [J]. J. Agri. Food. Chem., 1998, 46 (4): 1518-1522.

[233] Baltes, W., Mevissen, L. Model reactions on roasted aroma formation [J]. Z. Lebensm. Unters. Forsch., 1988, 187: 209-214.

[234] Ishikawa, M., Ito, O., Ishizaki, S., Kurobayashi, Y., Fujita, A. Solid-phase aroma concentrate extraction (SPACE™): A new headspace technique for more sensitive analysis of volatiles [J]. Flav. Fragr. J., 2004, 19 (3): 183-187.

[235] Cutzach, I., Chatonnet, P., Henry, R., Dubourdieu, D. Identification of volatile compounds with a "toasty" aroma in heated oak used in barrelmaking [J]. J. Agri. Food. Chem., 1997, 45 (6): 2217-2224.

[236] de Simón, B. F., Esteruelas, E., Muñoz, Á. M., Cadahía, E., Sanz, M. Volatile compounds in acacia, chestbut, cherry, ash, and oak wood, with a view to their use in cooperage [J]. J. Agri. Food. Chem., 2009, 57: 3217-3227.

[237] 范文来，胡光源，徐岩，贾翘彦，冉晓鸿．药香型董酒的香气成分分析 [J]. 食品与生物技术学报，2012，31 (8)：810-819.

[238] 范文来，胡光源，徐岩．顶空固相微萃取-气相色谱-质谱法测定药香型白酒中萜烯类化合物 [J]. 食品科学，2012，33 (14)：110-116.

[239] Yannai, S. Additives, Flavors, and Ingredients [M]. A CRC Press Company, Boca Raton London New York Washington, D. C., 2008.

[240] Rogerson, F. S. S., Castro, H., Fortunato, N., Azevedo, Z., Macedo, A., De Freitas, V. A. P. Chemicals with sweet aroma descriptors found in Portuguese wines from the Douro region: 2,6,6-Trimethylcyclohex-2-ene-1,4-dione and diacetyl [J]. J. Agri. Food. Chem., 2001, 49 (1): 263-269.

[241] Slaghenaufi, D., Marchand-Marion, S., Richard, T., Waffo-Teguo, P., Bisson, J., Monti, J. -P., Merillon, J. -M., de Revel, G. Centrifugal partition chromatography applied to the isolation of oak

wood aroma precursors [J]. Food Chem., 2013, 141 (3): 2238-2245.

[242] Twidle, A. M., Mas, F., Harper, A. R., Horner, R. M., Welsh, T. J., Suckling, D. M. Kiwifruit flower odor perception and recognition by honey bees, *Apis mellifera* [J]. J. Agri. Food. Chem., 2015, 63 (23): 5597-5602.

[243] Sefton, M. A., Leigh, F. I., J., W. P. Volatile norisoprenoid compounds as constituents of oak woods used in wine and spirit maturation [J]. J. Agri. Food. Chem., 1990, 38: 2045-2049.

[244] D'Arcy, B. R., Rintoul, G. B., Rowland, C. Y., Blackman, A. J. Composition of Australian honey extractives. 1. Norisoprenoids, monoterpenes, and other natural volatiles from blue gum (*Eucalyptus leucoxylon*) and yellow box (*Eucalyptus melliodora*) honeys [J]. J. Agri. Food. Chem., 1997, 45 (5): 1834-1843.

[245] Kawakami, M., Kobayashi, A., Kator, K. Volatile constituents of Rooibos tea (*Aspalathus linearis*) as affected by extraction process [J]. J. Agri. Food. Chem., 1993, 41 (4): 633-636.

[246] Kawakami, M., Ganguly, S. N., Banerjee, J., Kobayashi, A. Aroma composition of Oolong tea and black tea by brewed extraction method and characterizing compounds of Darjeeling tea aroma [J]. J. Agri. Food. Chem., 1995, 43 (1): 200-207.

[247] Semiond, D., Dautraix, S., Desage, M., Majdalani, R., Casabianca, H., Brazier, J. L. Identification and isotopic analysis of safranal from supercritical fluid extraction and alcoholic extracts of saffron [J]. Analytical Letters, 1996, 29 (6): 1027-1039.

[248] Fujimori, T., Kasuga, R., Matsushita, H., Kaneko, H., Noguchi, M. Neutral aroma constituents in Burley tobacco [J]. Agric. Biol. Chem., 1976, 40 (2): 303-315.

[249] Flikweert, M. T., van der Zanden, L., Janssen, W. M. T. M., Yde Steensma, H., van Dijken, J. P., Pronk, J. T. Pyruvate decarboxylase: An indispensable enzyme for growth of Saccharomyces cerevisiae on glucose [J]. Yeast, 1996, 12 (3): 247-257.

[250] Fleet, G. H., Heard, G. M. Yeast [M]. In Wine Microbiology and Biotechnology, Fleet, G. H., Ed. Harwood Academic Publishers, Chur, Switzerland, 1993: 27-54.

[251] Bataillon, M., Rico, A., Sablayrolles, J.-M., Salmon, J.-M., Barre, P. Early thiamin assimilation by yeasts under enological conditions: Impact on alcoholic fermentation kinetics [J]. J. Ferment. Bioeng., 1996, 82 (2): 145-150.

[252] Hayasaka, Y., Asenstorfer, R. E. Screening for potential pigments derived from anthocyanins in red wine using nanoelectrospray tandem mass spectrometry [J]. J. Agri. Food. Chem., 2002, 60: 756-761.

[253] Rivas-Gonzalo, J. C., Bravo-Haro, S., Santos-Buelga, C. Detection of compounds formed through the reaction of malvidin 3-monoglucoside and catechin in the presence of acetaldehyde [J]. J. Agri. Food. Chem., 1995, 43: 1444-1449.

[254] Fulcrand, H., Benabdeljalil, C., Rigaud, J., Cheynier, V., Moutounet, M. A new class of wine pigments generated by reaction between pyruvic acid and grape anthocyanins [J]. Phytochemistry, 1998, 47 (7): 1401-1407.

[255] Atanasova, V., Fulcrand, H., Cheynier, W., Moutounet, M. Effect of oxygenation on polyphenol changes occurring in the course of wine-making [J]. Anal. Chim. Acta, 2002, 458: 15-27.

[256] Vidal, S., Francis, L., Guyot, S., Marnet, N., Kwiatkowski, M., Gawel, R., Cheynier, V. W., E. J. The mouth-feel properties of grape and apple proanthocyanidins in a wine-like medium [J]. J. Sci. Food Agric., 2003, 83: 564-573.

[257] Frivik, S. K., Ebeler, S. E. Influence of sulfur dioxide on the formation of aldehydes in white wine

[J]. Am. J. Enol. Vitic., 2003, 54 (1): 31-38.

[258] Romano, P., Suzzi, G., Turbanti, L., Polsinelli, M. Acetaldehyde production in *Saccharomyces cerevisiae* wine yeasts [J]. FEMS Microbiol. Lett., 1994, 118 (3): 213-218.

[259] Robinson, J. The Oxford Companion to Wine [M]. Oxford, UK, Oxford University Press, 2006.

[260] Morgan, M. E. The chemistry of some microbially induced flavor defects in milk and dairy foods [J]. Biotechnolo. Bioeng., 1976, 18 (7): 953-965.

[261] MacLeod, P., Morgan, M. E. Differences in the ability of lactic stretococci to form aldehydes from certain amino acids [J]. J. Dairy Sci., 1958, 41: 908.

[262] Ribéreau-Gayon, P., Glories, Y., Maujean, A., Dubourdieu, D. Handbook of Enology Volume 1: The Microbiology of Wine and Vinification [M]. Chichester: John Wiley & Sons Ltd., 2000.

[263] Crouzet, J. Les enzymes et l' arome des vins [J]. Rev. Fran. Oenol., 1986, 102: 42-49.

[264] Joslin, W. S., Ough, C. S. Cause and fate of certain C6 compounds formed enzymatically in macerated grape leaves during harvest and wine fermentation [J]. Am. J. Enol. Vitic., 1978, 29: 11-17.

[265] Noël, S., Collin, S. *trans*-2-Nonenal degradation products during mashing [C]. In *Proceedings of the European Brewery Convention congress*, 1995.

[266] Lermusieau, G., Noël, S., Liegeois, C., Collin, S. Nonoxidative mechanism for development of-*trans*-2-nonenal in beer [J]. J. Am. Soc. Brew. Chem., 1999, 57: 29-33.

[267] Irwin, A. J., Barker, R. L., Pipasts, P. The role of copper, oxygen, and polyphenols in beer flavor instability [J]. J. Am. Soc. Brew. Chem., 1991, 49: 140-148.

[268] Xiao, Z., Xu, P. Acetoin metabolism in bacteria [J]. Critical Reviews in Microbiology, 2007, 33 (2): 127-140.

[269] Reineccius, G. Flavor Chemistry and Technology [M]. Second Edition ed., NW: Taylor & Francis Group, 2006.

[270] Dufour, J. -P. Effect of wort amino acids on beer quality [J]. Louvain Brewing Letters, 1989, 2: 11-19.

[271] Haukeli, A. D., Lie, S. Conversion of α-acetolactate and removal of diacetyl: A kinetic study [J]. J. Inst. Brew., 1978, 84: 85-89.

[272] Petersen, J. G. L., Kielland-Brandt, M. C., Holmberg, S., Nilsson-Tillgren, T. Mutational analysis of isoleucine-valine biosynthesis in *Saccharomyces cerevisiae*. Mapping of *ILV2* and *ILV5* [J]. Carls. Res. Commun., 1983, 48: 21-34.

[273] Goossens, E., Debourg, A., Villanueba, K., Masschelein, C. A. Decreased diacetyl production by site directed integration of the *ILV5* gene into chromosome XIII of *Saccharomyces cerevisiae* [C], Proceedings of the European Brewery Convention Congress, 1991: 289-296.

[274] Godtfredsen, S. E., Ottesen, M. Maturation of beer with α-acetolactate decarboxylase [J]. Carls. Res. Commun., 1982, 47: 93-102.

[275] Ramos, A., Santos, H. Citrate and sugar cofermentation in *Leuconostoc oenos*, a ^{13}C nuclear magnetic resonance study [J]. Appl. Environ. Microbiol., 1996, 62 (7): 2577-85.

[276] Ramos, A., Lolkema, J. S., Konings, W. N., Santos, H. Enzyme basis for pH regulation of citrate and pyruvate metabolism by *Leuconostoc oenos* [J]. Appl. Environ. Microbiol., 1995, 61 (4): 1303-10.

[277] Garmyn, D., Monnet, C., Martineau, B., Guzzo, J., Cavin, J. -F., Divies, C. Cloning and

sequencing of the gene encoding α-acetolactate decarboxylase from *Leuconostoc oenos* [J]. FEMS Microbiol. Lett., 1996, 145 (3): 445-450.

[278] Watts, V. A., Butzke, C. E. Analysis of microvolatiles in brandy: Relationship between methylketone concentration and Cognac age [J]. J. Sci. Food Agric., 2003, 83 (11): 1143-1149.

第四章

有机酸风味

第一节　饱和脂肪酸
第二节　不饱和脂肪酸
第三节　结合态有机酸
第四节　脂肪酸产生与降解途径

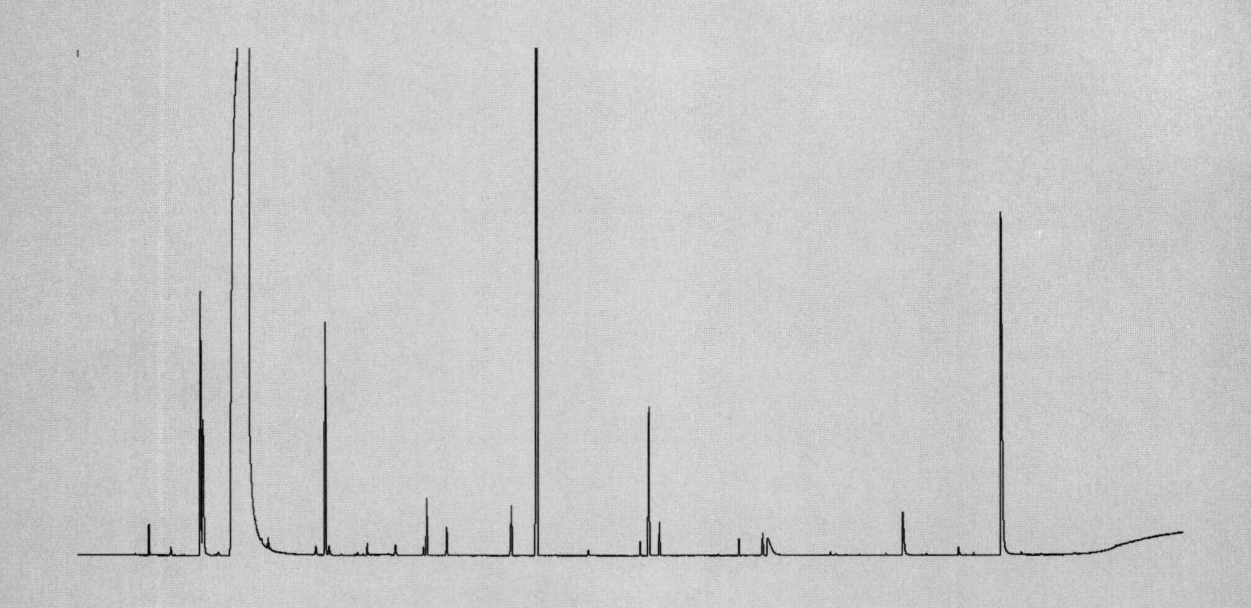

学习目标

1. 了解有机酸在饮料酒中的作用；
2. 掌握乙酸在饮料酒中的风味特征、分布及其产生途径；
3. 掌握乳酸在饮料酒中的风味特征、分布及其产生途径；
4. 掌握丁酸、己酸对白酒风味的影响、分布及其产生途径；
5. 熟悉异戊酸、异丁酸对饮料酒特别是对白酒风味的影响，了解其产生途径；
6. 熟悉羟基酸如柠檬酸、苹果酸对果酒风味的影响；
7. 掌握葡萄酒中酒石酸的作用，以及对葡萄酒品质的影响；
8. 了解高级脂肪酸对低酒精度白酒生产的影响。

有机酸类是许多传统发酵食品的重要风味。如乳酸是发酵乳制品的重要风味化合物，乙酸是发酵醋的重要风味化合物；酒石酸、苹果酸和柠檬酸主要存在于葡萄中，而乳酸和琥珀酸主要存在于葡萄酒中。在酒类中，已经检测到的重要的挥发性酸有乙酸、丙酸、丁酸、戊酸、己酸、庚酸、辛醇、壬酸、癸酸等，检测到的重要的不挥发性酸有乳酸、柠檬酸、苹果酸、酒石酸等。这些化合物在饮料酒中有的仅仅呈现酸味，有的还呈现香气，甚或可以根据它们的组成用于区分白兰地和威士忌两种酒。葡萄酒中酸缺乏时，则酒的口感会平淡，会减弱酒的风味协调性（flavor harmony）；而酸过量时，则酸味突出，酒的味道失去平衡。葡萄酒中有机酸的酸味与涩味依赖于有机酸的浓度、pH以及其离子种类。

葡萄与葡萄酒中酸的组成还会影响到葡萄酒的稳定性与颜色。如低 pH 时，将使花色素苷（anthocyanin）的平衡向呈红色的花色离子（flavylium ion）移动，能增强红葡萄酒的红色；pH 还会影响葡萄酒老熟时酚类化合物的变化。

滴定酸度（titratable acidity，TA）、pH 和挥发酸（volatile acidity）是饮料酒中常用的检测酸度的方法。

表 4-1 列出了一些常见酸类的物理性质。关于氨基酸的内容见第十一章。

表 4-1 常见酸类的物理常数

名称	FEMA 号	外观	熔点/℃	沸点/℃	相对密度（d_4^{20}）	溶解度	折射率（n_D^{20}）	pK_a
甲酸	2487		8.4	100.7		溶于水和乙醇等溶剂		3.77
乙酸	2006		16.6	118		溶于水和乙醇等溶剂		4.76
丙酸	2924		-21	141		溶于水和乙醇等溶剂		4.88

续表

名称	FEMA 号	外观	熔点/℃	沸点/℃	相对密度（d_4^{20}）	溶解度	折射率（n_D^{20}）	pK_a
丁酸	2221	无色液体	-5	163.5	0.960[a]	溶于水和乙醇等溶剂	1.3983~1.3985	
戊酸	3101		-34	186		微溶于水（3.7%质量分数），溶于乙醇等溶剂		4.86
异戊酸	3102	无色黏稠液体		176.5	0.931	微溶于水，溶于乙醇等溶剂	1.4043	
己酸	2559	无色油状液体	-3	205~206	0.9313[a]	微溶于水（1.0%质量分数），溶于乙醇等溶剂	1.415~1.419	4.85
十二酸	2614		44	225		不溶于水，溶于乙醇等有机溶剂		
十四酸	2764		54	251（13.33kPa）		不溶于水，溶于乙醇等有机溶剂		
十六酸	2832		63	390		不溶于水，溶于乙醇等有机溶剂		
十八酸	3035		71.5~72	287（13.33kPa）		不溶于水，溶于乙醇等有机溶剂		6.37
2-甲基-2-戊烯酸	3195	白色结晶	24~25	123~125（29.6kPa）	0.981~0.982[b]	微溶于水，溶于乙醇等有机溶剂	1.449~1.457	

续表

名称	FEMA 号	外观	熔点/℃	沸点/℃	相对密度（d_4^{20}）	溶解度	折射率（n_D^{20}）	pK_a
反-2-己烯酸	3169	白色固体	28~34			不溶于水，溶于乙醇等有机溶剂		
柠檬酸	2306	无色结晶	152~153		1.542[c]	溶于水和乙醇等溶剂		pK_{a1}3.15 pK_{a2}4.77 pK_{a3}6.40
乳酸	2611	无色至黄色黏稠液体	17~18	122（2kPa）	1.249[a]	溶于水和乙醇，不溶于苯和氯仿		
油酸	2815		16	285.6（13.33kPa）		不溶于水，溶于乙醇等有机溶剂		
亚油酸	3380		-5	230（2.13kPa）		不溶于水，溶于乙醇等有机溶剂		
草酸（乙二酸）			189.5	157（升华）		微溶于水（10%质量分数），溶于乙醇等溶剂		pK_{a1}1.23， pK_{a2}4.19
胡萝卜酸（丙二酸）			135.6	140（易分解）		溶于水（140%质量分数），溶于乙醇等溶剂		pK_{a1}2.83， pK_{a2}5.69
琥珀酸（丁二酸）			188	235（失水分解）		微溶于水（6.8%质量分数），溶于乙醇等溶剂		pK_{a1}4.16， pK_{a2}5.61
肥酸（己二酸）			153	265（13.33kPa）		微溶于水（2.0%质量分数），溶于乙醇等溶剂		pK_{a1}4.43， pK_{a2}5.41
苯甲酸	2131	白色结晶	121~123	249~250		微溶于水（0.34%质量分数），溶于乙醇等溶剂		4.19

注：a：d_4^{15}；b：d_4^{25}；c：d_4^{18}。

第一节 饱和脂肪酸

一、 饮料酒中的饱和脂肪酸

挥发性饱和脂肪酸既是饮料酒中的呈香化合物，同时也是呈味化合物。简单的酸有着尖锐的酸味，随着碳链长度的增加，酸气味下降，并逐渐呈腐臭和干酪气味。在口尝时，大部分的酸呈现酸味，随着酸碳原子数的增加，其阈值呈下降的趋势。

饮料酒中常见的直链脂肪酸可分为短链脂肪酸（$C_2 \sim C_4$）、中链脂肪酸（$C_6 \sim C_{10}$）和长链脂肪酸（$C_{12} \sim C_{18}$）；支链脂肪酸主要有 2-甲基丙酸、2-甲基丁酸和 3-甲基丁酸。

1. 直链饱和脂肪酸

直链饱和脂肪酸有甲酸、乙酸、丙酸、丁酸、乙酸等。

C 4-1 乙酸　C 4-2 丙酸　C 4-3 丁酸　C 4-4 己酸

（1）甲酸 最简单的脂肪酸是甲酸（formic acid，methanoic acid），俗称蚁酸，CAS 号 64-18-6，RI_p 1492 或 1510，呈酸味和刺激性气味，在水溶液中味阈值 4338μmol/L 或 4. 3mmol/L。

甲酸已经在水煮蛤、乳清粉、干酪、酸乳、葡萄酒、白酒中检测到，在阿夏戈（Asiago）干酪中含量为 850mg/kg，埃丹干酪（edam）中含量为 1100mg/kg，酸乳中含量为 1300mg/kg；在饮料酒中报道较少，葡萄酒中甲酸含量<60mg/L；我国白酒中甲酸含量为 2. 25~3. 92μg/L；饮料酒中的甲酸主要来源于酒的发酵过程。

（2）乙酸 乙酸（acetic acid，ethanoic acid）(C 4-1）是饮料酒中在含量和感觉上均十分重要的挥发性风味物质，俗称醋酸，CAS 号 64-19-7，RI_{np} 680 或 600，RI_{mp} 801，RI_p 1456 或 1432 或 1461，呈酸的（acidic）、醋（vinegar）、刺激性和不愉快气味。

乙酸在空气中嗅阈值 60ng/L 或 2500ng/L，水中嗅觉觉察阈值 99mg/L，识别阈值 180mg/L 或 22mg/L 或 60mg/L 或 50mg/L 或 32. 3mg/L（pH 5. 7），10%vol 酒精-水溶液中嗅阈值 200mg/L，模拟葡萄酒［98∶11（体积比）水-酒精混合物 1L，4g 酒石酸，用 K_2CO_3 调整 pH 至 3. 5］中嗅阈值 1mg/L，40%vol 酒精-水溶液中嗅阈值 75. 52mg/L，46%vol 酒精-水溶液中嗅阈值 160mg/L；葵花籽油中嗅阈值 124μg/kg；椰子粉中嗅阈值 124μg/kg，面粉中嗅阈值 31. 14mg/kg。

乙酸在水溶液中味阈值 54mg/L，葵花籽油中味阈值 378μg/kg。

乙酸同时呈酸味，在水溶液中觉阈值 22mg/L 或 2.0mmol/L 或 1.99mmol/L 或 0.9mmol/L（pH 5.6）；乙酸盐（acetate）在水中酸味阈值 3.1mmol/L。

乙酸是饮料酒中最重要的酸，来源于酒的发酵过程。研究发现，乙酸能够降低葡萄酒中麝香香韵（muscat nuance）。

乙酸广泛存在于树莓、草莓（汁）、葡萄、面粉、煎牛排、橄榄油、凝乳酪蛋白、干酪、酸乳、果醋、黄酒、葡萄酒、苹果酒、白酒、朗姆酒中。

乙酸微量存在于葡萄果实中，大量存在于葡萄酒等发酵酒和醋中。在我国赤霞珠葡萄中含量为 982μg/L，品丽珠葡萄中含量为 3560μg/L，梅鹿辄葡萄中含量为 23800μg/L，蛇龙珠葡萄中含量为 2540μg/L；贵人香白葡萄中含量为 0.06~8.88μg/kg，霞多利中含量为 0.06~0.66μg/kg，雷司令中含量为 0.05~0.08μg/kg。

乙酸在葡萄酒中含量通常大于 200mg/L，小于 600mg/L，占葡萄酒总挥发性酸的 90%以上，对葡萄酒质量起着重要作用。典型的干白葡萄酒含最低浓度的乙酸，而甜白葡萄酒特别是用葡萄灰霉病（botrytis）感染的葡萄生产的葡萄酒含有最高的乙酸。乙酸在玫瑰红葡萄酒中含量为 96~189mg/L；新产红葡萄酒中含量为 189mg/L（69.1~313mg/L），我国蛇龙珠葡萄酒中含量为 196~292mg/L，艾格尼科（Aglianico）红葡萄酒中含量为 740~2700mg/L，丹菲特红葡萄酒中含量为 575.2~721.7mg/L 或 319~347mg/L；在新产白葡萄酒中含量为 30~489mg/L，塔利诺（Tavernello）白葡萄酒中含量为 750mg/L；雪利酒中含量为 377mg/L。

乙酸在阿夏戈干酪中含量为 5100mg/L，埃丹干酪中含量为 9000mg/L，酸乳中含量为 600mg/L。

乙酸在我国苹果酒中含量为 145~953μg/L；果醋中含量为 371~649mmol/L；黄酒中含量为 44.72~265.00mg/L。

乙酸在巴西甘蔗蒸馏酒（sugar cane spirits）中含量为 575mg/L 100%酒精（A 型）或 992mg/L 100%酒精（B 型）或 728mg/L 100%酒精（C 型）；威士忌中为 438mg/L 100%酒精或 121mg/L 100%酒精（巴西）；朗姆酒中含量为 nd~55mg/L。

乙酸是我国白酒中含量最高的挥发性脂肪酸之一，具体含量如下：酱香型白酒原酒 1.42g/L，成品茅台酒 1.44g/L 或 1.59~2.17g/L，郎酒 763mg/L 或 2.26~2.69g/L，习酒 1.11g/L，金沙回沙酒 1.64~1.82g/L；浓香型白酒原酒 206.5mg/L，成品五粮液 465~564mg/L，剑南春 546~374mg/L，古井贡酒 521mg/L 或 642mg/L，泸州老窖特曲 596mg/L，洋河大曲 486mg/L 或 413~791mg/L，习酒 409mg/L；清香型白酒原酒 318mg/L，成品汾酒 945~1034mg/L 或 397mg/L，宝丰酒 415mg/L，青稞酒 770mg/L；米香型原酒 342.1mg/L，成品白酒 339mg/L；兼香型原酒 481.9mg/L；凤香型原酒 266mg/L；豉香型原酒 387.9mg/L；药香型原酒 2801mg/L，成品董酒 2.4g/Lmg/L；芝麻香型原酒 651.1mg/L，手工原酒 589~946mg/L，机械化原酒 686~950mg/L，成品景芝白干 689mg/L；老白干香型原酒 260.0mg/L，手工大糌原酒 217~813mg/L，机械化大糌原酒 263~566mg/L；特香型原酒 304.3mg/L，四特酒 400~900mg/L；液态法白酒含量可达 634mg/L。

（3）丙酸　丙酸（propanoic acid，propionic acid）（C 4-2），俗称初油酸，CAS 号 79-09-4，FEMA 号 2924，RI_{np} 715 或 781，RI_{p} 1523 或 1532，呈现出明显的酸或醋气味以及干酪、动物（山羊）、腐臭、刺激性气味，该化合物在水中嗅阈值 20mg/L 或 2.19mg/L，9.5%vol 酒精-水溶液中嗅阈值 8.1mg/L，46%vol 酒精-水溶液中嗅阈值 18.1mg/L；水中味阈值 0.4mmol/L（pH5.6）。

丙酸已经在干酪、凝乳酪蛋白、煮肉、水煮蛤、爆米花、酵母自溶物、葡萄酒、白酒中检测到。

丙酸在老熟红葡萄酒中含量为 4.16～11.90mg/L，在新产白葡萄酒中含量为 34.8～113.0mg/L；我国蛇龙珠葡萄酒中含量为 1.83～2.31mg/L。

丙酸在巴西甘蔗蒸馏酒中含量为 1.94mg/L 100%酒精（A 型）或 1.68mg/L 100%酒精（B 型）或 1.52mg/L 100%酒精（C 型）；威士忌中为 2.5mg/L 100%酒精或 1.17mg/L 100%酒精（巴西）。

丙酸在我国白酒中含量范围较宽，具体含量如下：酱香型原酒 71.72mg/L，成品白酒平均含量 564mg/L，茅台酒含量 171mg/L 或 333～532mg/L，郎酒 37mg/L 或 238～608mg/L，习酒 63.70mg/L，金沙回沙酒 799～1160mg/L；浓香型原酒< ql，成品五粮液 8.0～22.9mg/L，剑南春 16.8～21.6mg/L，古井贡酒 18.8～20.7mg/L，泸州老窖特曲 16.6mg/L，洋河大曲 15.3mg/L 或 9.24～18.53mg/L，习酒 17.10mg/L；清香型原酒 6.34mg/L，成品汾酒 6.0～7.9mg/L；米香型原酒< ql，成品白酒 3mg/L；兼香型原酒 33.98mg/L；凤香型原酒 12.45mg/L；老白干香型原酒 6.37mg/L，手工大楂原酒 5.72～6.39mg/L，机械化大楂原酒 5.24～5.76mg/L；药香型原酒 202.5mg/L，成品董酒 255mg/L；芝麻香型原酒 6.87mg/L，手工原酒 6.59～7.56mg/L，机械化原酒 6.06～7.12mg/L，成品景芝白干 29.8mg/L；特香型原酒 20.01mg/L，成品四特酒 130.4mg/L；豉香型原酒 4.16mg/L，成品白酒 8.56mg/L；液态法白酒 36mg/L。

（4）丁酸　丁酸（butanoic acid，butyric acid）（C 4-3），俗称酪酸，CAS 号 107-92-6，FEMA 号 2221，RI_{np} 796 或 821，RI_{mp} 996，RI_{p} 1626 或 1627 或 1632 或 1610，有似醋的气味、腐臭、黄油、干酪、汗臭、酸臭、窖泥臭。

丁酸在空气中嗅阈值 1ng/L 或 9000ng/L，水中嗅觉觉察阈值 2.4mg/L，识别阈值 7.7mg/L 或 740μg/L 或 50～2150μg/L 或 0.24mg/L 或 1.274mg/L 或 1.4mg/L 或 2.73mg/L 或 1mg/L 或 0.4mg/kg（pH3.2）或 1.9mg/kg（pH4.5）或 2.73mg/kg（pH5.6）或 2.73mg/kg（pH5.7）或 6.1mg/kg（pH6.0），10%酒精-水溶液中嗅阈值 2.2mg/L，10%vol 模拟葡萄酒（7g/L 甘油，pH3.2）中嗅阈值 173μg/L 或 2.3mg/L，10%vol 酒精-水溶液中嗅阈值 10mg/L，11%vol 酒精-水溶液中嗅阈值 173μg/L，14%vol 酒精-水溶液中嗅阈值 10mg/L，40%vol 酒精-水溶液中嗅阈值 1.20mg/L，46%vol 酒精-水溶液中嗅阈值 964.64μg/L；乳脂中嗅阈值 50mg/kg，黄油中嗅阈值 40mg/kg，椰子脂中嗅阈值 135μg/kg；可可粉中嗅阈值 35mg/kg，淀粉中嗅阈值 100μg/L。

丁酸在水中味阈值 1mg/L；乳脂中味阈值 60mg/kg，椰子脂中味阈值 160mg/kg。

丁酸呈酸味，在水中味阈值 6.2mg/L 或 4.0mmol/L 或 6.8mg/L。

丁酸几乎存在于所有的发酵产品中，如葡萄酒、黄酒、白酒、朗姆酒、干酪；还存在于凝乳酪蛋白、乳脂、椰子脂、黄油、可可粉、面粉、小麦面包皮、芒果、橙子、草莓汁、黑胡椒和白胡椒、煎牛排、煮牛肉与猪肉等产品中。

丁酸微量存在于葡萄中；在玫瑰红葡萄酒中含量为1.84mg/L或0.85~1.78mg/L；新产红葡萄酒974μg/L（434~4719μg/L），老熟红葡萄酒2020~4481μg/L，丹菲特红葡萄酒1190~1470μg/L，我国蛇龙珠葡萄酒1.06~1.54mg/L；在新产白葡萄酒中含量为1342~3979μg/L；雪利酒中含量为1.30mg/L；在菲诺雪利酒中最初含量为2.4mg/L，福洛酵母膜形成后含量为2.1mg/L，老熟250d含量为7.5mg/L。

丁酸在黄酒中含量为nd~2.82mg/L。

丁酸在巴西甘蔗蒸馏酒中含量为1.53mg/L 100%酒精（A型）或0.13mg/L 100%酒精（B型）或1.06mg/L 100%酒精（C型）；威士忌中为0.66mg/L 100%酒精或0.50mg/L 100%酒精（巴西）。

在所有饮料酒中，丁酸在我国白酒中的含量最高，变化幅度最大，浓香型白酒丁酸含量最高，具体含量如下：酱香型原酒87.29mg/L或54.1mg/L，成品白酒107~161mg/L或231mg/L，茅台酒101mg/L或97.67~162.00mg/L，习酒128mg/L，郎酒36.33~69.41mg/L或48.0~53.7mg/L，金沙回沙酒454~482mg/L，醇甜原酒114mg/L，窖底香原酒121mg/L；浓香型原酒80.89mg/L，成品白酒98.1~201.0mg/L，五粮液101.5~120.0mg/L，剑南春117.2~121.0mg/L，古井贡酒149.6~154.0mg/L，泸州老窖特曲179mg/L，洋河大曲127mg/L或30.31~48.71mg/L，习酒149mg/L；清香型原酒3.91mg/L，成品白酒4.5~10.6mg/L，汾酒969μg/L，宝丰酒483μg/L，青稞酒3320μg/L；米香型原酒1.63mg/L，成品白酒未检测到；凤香型原酒93.84mg/L；药香型原酒407.4mg/L，成品董酒1023mg/L；兼香型原酒122.8mg/L，成品白酒146~266mg/L，口子窖酒140mg/L；芝麻香型原酒15.83mg/L，手工原酒13.15~25.00mg/L，机械化原酒7.94~20.36mg/L，成品景芝白干95.1mg/L；老白干香型原酒11.81mg/L，手工大楂原酒3.73~14.91mg/L，机械化大楂原酒2.22~3.94mg/L；特香型原酒87.87mg/L，成品四特酒54.9~300.0mg/L；豉香型原酒1.75mg/L，成品白酒19.2mg/L；液态法白酒1mg/L。该化合物在朗姆酒中含量为172~629μg/L。

（5）戊酸　戊酸（pentanoic acid，valerc acid），俗称缬草酸，CAS号109-52-4，FEMA号3101，RI_{np} 880或911，RI_{np} 1084，RI_{p} 1773或1720，具有汗臭、干酪、窖泥臭。戊酸在水中嗅觉识别阈值11mg/L或17mg/L或2.1mg/L或3mg/L或1.027mg/L或0.28mg/L，在46%vol酒精-水溶液中嗅觉阈值389.11μg/L，在淀粉中嗅觉阈值4.9mg/L。

戊酸广泛存在于芒果、煮牛肉与猪肉、爆米花、面包屑、干酪、凝乳酪蛋白、葡萄酒、黄酒、白酒中。

戊酸微量存在于葡萄酒中，在黄酒中含量为nd~432μg/L。

戊酸在巴西甘蔗蒸馏酒中含量为0.46mg/L 100%酒精（A型）或0.35mg/L 100%酒精（B型）或0.24mg/L 100%酒精（C型）；威士忌中为0.34mg/L 100%酒精或

0.21mg/L 100%酒精（巴西）。

戊酸在我国白酒中的含量不高，药香型和特香型白酒中含量最高。具体地讲，酱香型原酒 18.13mg/L，成品白酒平均含量 17.16mg/L，茅台酒 23.9mg/L 或 12.89～14.05mg/L，习酒 57.89mg/L，郎酒 10.64～15.50mg/L 或 6.41～7.38mg/L，金沙回沙酒 18.61～35.58mg/L，醇甜原酒 16.6mg/L，酱香原酒 7.91mg/L，窖底香原酒 41.1mg/L；浓香型原酒 8.05mg/L，五粮液 24.0～27.2mg/L，剑南春 17.6mg/L，古井贡酒 21.4～28.2mg/L，泸州老窖特曲 47.3mg/L，洋河大曲 22.7mg/L 或 243～334mg/L，习酒 60.51mg/L；清香型原酒 1.35mg/L，成品汾酒 8.7mg/L 或 416μg/L，宝丰酒 313μg/L，青稞酒 292μg/L；兼香型原酒 13.25mg/L，口子窖成品酒 14.1mg/L；凤香型原酒 11.83mg/L；老白干香型原酒 1.41mg/L，手工大楂原酒 1.22～1.48mg/L，机械化大楂原酒 1.15～1.24mg/L；药香型原酒 70.57mg/L，成品董酒 168mg/L；芝麻香型原酒 1.55mg/L，手工原酒 1.43～2.06mg/L，机械化原酒 1.40～6.12mg/L，成品景芝白干 9.5mg/L；米香型原酒< ql；豉香型原酒 0.71mg/L；特香型原酒 7.77mg/L，成品四特酒 31.3mg/L；豉香型成品白酒 3.47mg/L。

（6）己酸 己酸（hexanoic acid）（C 4-4），俗称羊油酸（caproic acid），CAS 号 142-62-1，FEMA 号 2559，RI_{np} 999 或 1035，R_{mp} 1182 或 1186，RI_{p} 1843 或 1850 或 1827，呈汗臭、醋、山羊、干酪、腐臭、动物臭、脂肪气味；低浓度时，己酸呈甜香和水果香。

己酸在水中嗅阈值 35.6～5000μg/L 或 5.4mg/L 或 3mg/L 或 1.84mg/L 或 35.6μg/L 或 890μg/L 或 6.7mg/L（pH3.2）或 8.6mg/L（pH4.5）或 27.1mg/L（pH6.0），10%酒精-水溶液中嗅阈值 3mg/L，10%vol 模拟葡萄酒（7g/L 甘油，pH3.2）中嗅阈值 420μg/L，14%vol 酒精-水溶液中嗅阈值 3mg/L，40%vol 酒精-水溶液中嗅阈值 7.563mg/L，46%vol 酒精-水溶液中嗅阈值 2.52mg/L；淀粉中嗅阈值 11mg/L；乳脂中嗅阈值 85mg/kg，黄油中嗅阈值 15mg/kg，椰子脂中嗅阈值 25mg/kg。

己酸在乳脂中味阈值（后鼻嗅阈值）为 105mg/kg。

己酸呈酸味，在水中酸味阈值 15mg/L 或 3.4mmol/L。

己酸广泛存在于芒果、葡萄、乳脂、椰子脂、红茶、干酪、凝乳酪蛋白、果醋、苹果酒、黄酒、葡萄酒、白兰地、白酒中。

己酸微量存在于葡萄和葡萄酒中。在我国赤霞珠葡萄中含量为 0.30～17.82μg/L 或 35.1μg/L，品丽珠葡萄 10.9μg/L，梅鹿辄葡萄 27.6μg/L，蛇龙珠葡萄 9.56μg/L；在贵人香白葡萄中含量为 nd～2.69μg/kg，霞多利 nd～3.83μg/kg，雷司令 0.86～1.14μg/kg。

己酸在葡萄酒中含量为 1～73mg/L，玫瑰红葡萄酒 2.08mg/L 或 1.78～4.24mg/L；新产红葡萄酒 1724μg/L（853～3782μg/L），老熟红葡萄酒 1441～5838μg/L；新产白葡萄酒 2470～9240μg/L；我国蛇龙珠葡萄酒 1.75～3.43mg/L；雪利酒 1.77mg/L；在菲诺雪利酒中最初含量为 1.6mg/L，福洛酵母膜形成后含量为 1.8mg/L，老熟 250d 含量为 1.5mg/L。

己酸在我国苹果酒中含量为9.63~13.44mg/L；果醋中含量为437~2296μg/L；黄酒中含量为2.04~2.28mg/L。

己酸在巴西甘蔗蒸馏酒中含量为0.24mg/L 100%酒精（A型）或2.12mg/L 100%酒精（B型）或1.66mg/L 100%酒精（C型）；威士忌中为1.96mg/L 100%酒精或2.69mg/L 100%酒精（巴西）。

己酸是我国浓香型白酒的重要香气成分，也是凝乳干酪素的重要香气成分。我国浓香型白酒中含量最高，具体如下：酱香型成品白酒50~215mg/L或80.79mg/L，茅台酒115.2mg/L或28.06~48.38mg/L，郎酒102mg/L或75.05~82.15mg/L或28.2~33.0mg/L，习酒126mg/L，金沙回沙酒120~125mg/L，醇甜原酒100mg/L，酱香原酒34.2mg/L，窖底香原酒218mg/L；浓香型原酒323.5mg/L，成品白酒290~760mg/L，五粮液296~483mg/L，剑南春291~367mg/L，古井贡酒426~618mg/L，泸州老窖特曲650mg/L，洋河大曲359mg/L或684~1180mg/L，习酒734mg/L；清香型原酒2.13mg/L，成品汾酒2.0~4.8mg/L或2.61mg/L，宝丰酒1.67mg/L，青稞酒1.41mg/L；米香型酒中没有检测到；凤香型原酒232.7mg/L；药香型原酒187.9mg/L，成品董酒1569mg/L；兼香型原酒123.2mg/L，成品白酒178~679mg/L，口子窖酒441mg/L；芝麻香型原酒3.62mg/L，手工原酒2.76~10.16mg/L，机械化原酒1.28~33.73mg/L，成品景芝白干34~83mg/L；老白干香型原酒2.61mg/L，手工大楂原酒1.94~4.02mg/L，机械化大楂原酒1.20~1.66mg/L；特香型原酒76.44mg/L，成品四特酒80.4~100mg/L；豉香型原酒2.24mg/L，成品白酒17.4mg/L；液态法白酒0.5mg/L。

（7）庚酸 庚酸（heptanoic acid，enanthic acid），CAS号111-14-8，FEMA号3348，RI_{np} 1064，RI_{p} 1956或1971，有着不愉快气味，似山羊臭、干酪、脂肪（fatty）、酸臭、汗臭、窖泥臭和霉臭。庚酸在水中嗅阈值3mg/L或0.5mg/L，46%vol酒精-水溶液中嗅阈值13.82mg/L。

庚酸广泛存在于芒果、爆米花、干酪、果醋、苹果酒、黄酒、葡萄酒、白酒中。

庚酸在我国蛇龙珠葡萄酒中含量为41.85~127.00μg/L；我国苹果酒中含量为nd~113μg/L；黄酒中含量为nd~66.22μg/L；果醋中含量为nd~302μg/L。

庚酸在巴西甘蔗蒸馏酒中含量为1.04mg/L 100%酒精（A型）或0.29mg/L 100%酒精（B型）或小于检测限（C型）；威士忌中为0.55mg/L 100%酒精或0.47mg/L 100%酒精（巴西）。

与其他脂肪酸相比，庚酸在我国白酒中含量较少，特香型白酒中含量最高，具体如下：酱香型原酒3.02mg/L，成品白酒2.1~5.8mg/L，平均3.8mg/L，茅台酒4.7mg/L或3.10~3.27mg/L，习酒11.11mg/L，郎酒3.82~4.78mg/L或1.60~2.02mg/L，金沙回沙酒3.73~5.33mg/L，醇甜原酒3.70mg/L，酱香原酒2.95mg/L，窖底香原酒11.0mg/L；浓香型原酒7.69mg/L，成品白酒2.3~15.3mg/L，平均6.3mg/L，五粮液8.9mg/L，剑南春4.5mg/L，古井贡酒8.0mg/L，习酒25.32mg/L；清香型原酒0.92mg/L，成品白酒未检出；兼香型原酒4.35mg/L，成品白酒12.8~82.9mg/L，平均44.9mg/L，口子窖酒11.1mg/L；凤香型原酒5.70mg/L；芝麻香型原酒0.86mg/L，手工原酒 0. 85~0. 96mg/L，机械化原酒 0. 80~1. 96mg/L，成品景芝白干 0. 9mg/L；老白干香型原酒 0. 88mg/L，手工大糙原酒 826~924μg/L，机械化大糙原酒 810~859μg/L；特香型原酒 2. 53mg/L，江西四特酒 26. 9mg/L；米香型白酒<ql，豉香型原酒 0. 75mg/L，成品白酒 25. 6mg/L，药香型原酒 6. 62mg/L。

（8）辛酸　辛酸（octanoic acid，caprylic acid），CAS 号 124-07-2，FEMA 号 2799，RI_{np} 1179 或 1199，RI_{mp} 1365，RI_{p} 2041 或 2067，有着不愉快的气味，似山羊臭（goaty）、干酪、脂肪臭（fatty）、油脂臭、腐败臭、汗臭。在浓度极稀时，呈水果香和花香。辛酸在水中嗅阈值 3mg/L 或 5. 8mg/L 或 1. 405mg/L 或 2. 2mg/kg（pH3. 2）或 8. 7mg/kg（pH4. 5）或 11. 3mg/kg（pH6. 0），10%vol 酒精-水溶液中嗅阈值 10mg/L，10%vol 模拟葡萄酒（7g/L 甘油，pH3. 2）中嗅阈值 500μg/L，14%vol 酒精-水溶液中嗅阈值 8. 8mg/L，46%vol 酒精-水溶液中嗅阈值 2. 7mg/L，乳脂中嗅阈值 200mg/kg，黄油中嗅阈值 455mg/kg，椰子脂中嗅阈值>1000mg/L。

辛酸在黄油中味阈值（后鼻嗅阈值）为 120mg/kg，椰子脂中味阈值 25mg/kg。

辛酸呈酸味，水中酸味阈值 5. 83mg/L 或 5. 2 mmol/kg 或 0. 7mmol/L（pH 5. 6）；辛酸还呈涩味，其在水溶液中涩味阈值 5. 2mmol/L 或 5. 2 mmol/kg。

辛酸广泛存在于芒果、猕猴桃、乳脂、椰子脂、黄油、干酪、凝乳酪蛋白、果醋、黄酒、苹果酒、葡萄酒、白兰地、白酒中。

辛酸在葡萄酒中含量为 2~17mg/L，玫瑰红葡萄酒 2. 56mg/L 或 3. 00~7. 41mg/L，新产红葡萄酒 1915μg/L（562~4667μg/L），老熟红葡萄酒 1095~4970μg/L，新产白葡萄酒 4981~13000μg/L；我国蛇龙珠葡萄酒 1. 44~3. 45μg/L 或 4. 49μg/L，品丽珠、梅鹿辄和蛇龙珠葡萄酒中在检测限以下；雪利酒中含量为 645μg/L；在菲诺雪利酒中最初含量为 1. 6mg/L，福洛酵母膜形成后含量为 1. 6mg/L，老熟 250d 含量为 0. 05mg/L。

辛酸在我国苹果酒中含量为 437~6362μg/L；黄酒中含量为 111~144μg/L；果醋中含量为 141~774μg/L。

辛酸在巴西甘蔗蒸馏酒中含量为 15mg/L 100%酒精（A 型）或 12. 9mg/L 100%酒精（B 型）或 9. 07mg/L 100%酒精（C 型）；威士忌中为 20. 4mg/L 100%酒精或 24. 5mg/L 100%酒精（巴西）。

辛酸在我国浓香型白酒中含量较高，具体如下：酱香型原酒中含量为 2. 31mg/L，成品白酒平均含量 0. 19mg/L，茅台酒 nd~3. 5mg/L，习酒 2. 29mg/L，郎酒 0. 24~0. 32mg/L 或5. 65~7. 99mg/L，金沙回沙酒 0. 08~0. 10mg/L，醇甜原酒 11. 7mg/L，酱香原酒 9. 11mg/L，窖底香原酒 15. 9mg/L；浓香型原酒 13. 36mg/L，成品洋河酒 5. 65~11. 55mg/L，五粮液 7. 2mg/L，剑南春 5. 2mg/L，古井贡酒 13. 5mg/L，习酒 25. 11mg/L；清香型原酒 1. 53mg/L；兼香型原酒 3. 38mg/L，成品口子窖酒 36. 4mg/L；凤香型原酒 7. 49mg/L；芝麻香型原酒 1. 26mg/L，手工原酒 1. 24~1. 36mg/L，机械化原酒 1. 17~1. 63mg/L，成品景芝白干 1. 4mg/L；老白干香型原酒 1. 61mg/L，手工大糙原酒 1. 55~2. 35mg/L，机械化大糙原酒 1. 17~1. 44mg/L；特香型原酒 2. 82mg/L，成品四特酒 6. 0mg/L；米香型白酒原酒< ql；豉香型原酒 1. 41mg/L，成品白酒 11. 3mg/L，药香型

原酒 5. 48mg/L。

（9）壬酸　壬酸（nonanoic acid，pelargonic acid），CAS 号 112-05-0，FEMA 号 2784，RI_{np} 1260 或 1275，RI_{p} 2165 或 2166，呈不愉快的气味、有山羊臭、干酪和脂肪气味，在水中嗅阈值 3mg/L，在 46%vol 酒精-水溶液中嗅阈值 3. 56mg/L。

壬酸存在于爆米花、干酪、韩国泡菜、果醋、葡萄酒、白酒等产品中。

壬酸在我国蛇龙珠葡萄酒中含量为 nd~96. 69μg/L，在其他葡萄酒中含量在检测限以下；在果醋中 nd~86. 3μg/L；在巴西甘蔗蒸馏酒中未检测到。

与其他脂肪酸相比，壬酸在我国白酒中含量较少，0. 1~0. 6mg/L，在酱香型原酒中含量为 498. 6μg/L，成品习酒 1. 12mg/L，郎酒 238~344μg/L，醇甜原酒 392μg/L，酱香原酒 528μg/L，窖底香原酒 503μg/L；浓香型原酒< ql，成品洋河酒 nd~1. 34mg/L，习酒 3. 33mg/L；清香型原酒< ql；兼香型原酒 479. 1μg/L，成品口子窖酒 141μg/L；凤香型原酒 562. 0μg/L；米香型原酒<ql；豉香型原酒 480. 8μg/L；芝麻香型原酒<ql；老白干香型原酒<ql；特香型原酒 636. 1μg/L；药香型原酒 604. 6μg/L。

（10）癸酸　癸酸（decanoic acid，capric acid），CAS 号 334-48-5，FEMA 号 2364，RI_{np} 1373 或 1393，RI_{mp} 1554，RI_{p} 2277 或 2238 或 2229，有着不愉快气味，有山羊臭、干酪、脂肪、蜡、肥皂、酒稍子臭、胶皮臭、油漆臭、动物臭、腐败臭。

癸酸在空气中嗅阈值 11. 95μg/L，水中嗅阈值 10mg/L 或 3. 5mg/L 或 130μg/L 或 1. 4mg/L（pH3. 2）或 2. 2mg/L（pH4. 5）或 14. 8mg/L（pH6. 0），10%vol 酒精-水溶液中嗅阈值 15mg/L，10%vol 模拟葡萄酒（7g/L 甘油，pH3. 2）中嗅阈值 1. 0mg/L，14% vol 酒精-水溶液中嗅阈值 15mg/L，40%vol 酒精-水溶液中嗅阈值 2. 80mg/L，46%vol 酒精-水溶液中嗅阈值 13. 74mg/L，7%（质量体积浓度）醋酸-水溶液中嗅阈值 1. 1mg/L，乳脂中嗅阈值大于 400mg/kg，黄油中嗅阈值 250mg/kg，椰子脂中嗅阈值大于 1000mg/kg。

癸酸在乳脂中味阈值（后鼻嗅阈值）90mg/kg，椰子脂中味阈值 15mg/kg。

癸酸呈酸味，在水中酸味阈值 3. 5mg/L 或 15. 5 mmol/kg 或 0. 4mmol/L（pH 5. 6）；癸酸还呈涩味，其水溶液中涩味阈值 15. 5mmol/L。

癸酯广泛存在于芒果、黄油、乳脂、椰子脂、干酪、凝乳酪蛋白、果醋、苹果酒、葡萄酒、白兰地、白酒、朗姆酒中。

癸酸在葡萄酒中含量为 0. 5~7. 0mg/L，新产红葡萄酒 62. 1~857. 0μg/L 或 2. 10~3. 37mg/L，老熟红葡萄酒 382μg/L（62. 1~857μg/L），丹菲特红葡萄酒 449~503μg/L，我国蛇龙珠葡萄酒 142~353μg/L；新产白葡萄酒 737~2100μg/L；在菲诺雪利酒中最初含量为 350μg/L，福洛酵母膜形成后含量为 370μg/L，老熟 250d 含量为 70μg/L。

癸酸在我国苹果酒中含量为 234~3101μg/L；在果醋中含量为 21. 6~136. 0μg/L。

癸酸在巴西甘蔗蒸馏酒中含量为 19. 9mg/L 100%酒精（A 型）或 15. 8mg/L 100%酒精（B 型）或 13. 7mg/L 100%酒精（C 型）；威士忌中为 44. 0mg/L 100%酒精或 46. 6mg/L 100%酒精（巴西）；朗姆酒中含量为 195~635μg/L。

癸酸在我国白酒中含量较少，其中浓香型白酒中含量最高。具体如下：酱香型原酒含量 273. 2μg/L，成品习酒 1001μg/L；浓香型原酒<ql，成品洋河酒 nd~851μg/L，习酒 3349μg/L；清香型原酒 280. 5μg/L；米香型原酒 390. 4μg/L；兼香型原酒 399. 2μg/L；凤香型原酒 238. 5μg/L；豉香型原酒 214. 2μg/L；特香型原酒 638. 1μg/L；药香型原酒 538. 9μg/L；芝麻香型和老白干香型原酒中含量均小于 ql。

（11）长链脂肪酸　总体上讲，长链的酸挥发性不高，嗅觉特征不明显。

十一酸（undecanoic acid，hendecanoic acid），CAS 号 112-37-8，RI_{np} 1448 或 1460，RI_{p} 2346 或 2407，无色结晶，熔点 28. 6℃，沸点 284℃，呈油臭，在水溶液中嗅阈值 10mg/L。该化合物已经在黄油、草莓西番莲果、橙皮油中检测到，在任何香型白酒中含量均小于检测限；在巴西甘蔗蒸馏酒中未检测到。

月桂酸（lauric acid），IUPAC 名十二烷酸（dodecanoic acid）、十二酸，CAS 号143-07-7，FEMA 号 2614，RI_{np} 1550 或 1580 或 1635（TG-5 色谱柱，月桂酸-1TMS），RI_{mp} 1747，RI_{p} 2491 或 2538，呈蜡（waxy）、肥皂、酒稍子、油腻、松树和木材 气味，在水中嗅阈值 10mg/L，14%vol 酒精—水溶液中嗅阈值 10mg/L，46%vol 酒精-水溶液中嗅阈值 9. 15mg/L，乳脂中嗅阈值大于 400mg/kg，黄油中嗅阈值 200mg/kg，椰子脂中嗅阈值 1000mg/kg。

十二酸在乳脂中味阈值 130mg/kg，椰子脂中味阈值 35mg/kg。

月桂酸呈脂肪味，水溶液中味阈值 12. 0mmol/L。

十二酸存在于葡萄酒、苹果酒、白酒、白兰地、干酪、凝乳酪蛋白、椰子脂、乳脂、黄油、草莓西番莲果、芒果等产品中；在葡萄酒中含量大于 1mg/L，玫瑰红葡萄酒中含量为 3. 19~6. 55mg/L，我国苹果酒中含量 nd~1155μg/L。

月桂酸在巴西甘蔗蒸馏酒中含量为 7. 3mg/L 100%酒精（A 型）或 6. 04mg/L 100%酒精（B 型）或 5. 43mg/L 100%酒精（C 型）；威士忌中为 23. 0mg/L 100%酒精或 21. 9mg/L 100%酒精（巴西）。

十二酸在我国白酒原酒中的含量如下：酱香型原酒 175μg/L；浓香型原酒 6376μg/L；清香型原酒 52. 2μg/L；凤香型原酒 103μg/L 或 29. 41μg/L；老白干香型原酒 1739μg/L 或 26. 03μg/L，手工大楂原酒 1. 76~68. 65μg/L，机械化大楂原酒 7. 89~28. 06μg/L；芝麻香型原酒 1228μg/L 或 4. 25μg/L，手工原酒 0. 53~17. 91μg/L，机械化原酒 0. 97~21. 15μg/L；兼香型原酒 25. 97μg/L；特香型和豉香型白酒原酒 < ql。

十三酸（tridecanoic acid），CAS 号 638-53-9，RI_{np} 1678，摩尔质量 214. 35g/mol，灰白色至白色晶体或粉末，熔点 41. 5℃，沸点 236℃（13. 3kPa），密度 0. 9582g/cm^3（20℃）或 0. 983 g/cm^3（37℃），水中溶解度 21mg/L（0℃）或 33mg/L（20℃）或 38mg/L（30℃）或 53mg/L（60℃），能溶解于醇、醚和乙酸中。十三酸在我国白酒中含量 nd~0. 2μg/L，但在巴西甘蔗蒸馏酒中未检测到；存在于芒果中。

十四酸（tetradecanoic acid），俗称肉豆蔻酸（myristic acid），CAS 号 544-63-8，FEMA 号 2764，RI_{np} 1743 或 1771 或 1851（TG-5 色谱柱，十四酸-1TMS），RI_{p} 2624 或 2667，通常认为是没有气味的，但也有研究认为其在水中嗅阈值 10mg/L，乳脂中嗅阈值大于 400mg/L，黄油中嗅阈值 5g/kg，椰子脂中嗅阈值 1000mg/kg。

肉豆蔻酸在乳脂中味阈值大于400mg/kg，椰子脂中味阈值75mg/kg。

肉豆蔻酸呈脂肪味，水溶液中味阈值15.0mmol/L。

十四酸存在于我国白酒、乳脂、椰子脂、草莓西番莲果、草莓酱中。

十四酸在巴西甘蔗蒸馏酒中含量为4.3mg/L 100%酒精（A型）或3.70mg/L 100%酒精（B型）或3.23mg/L 100%酒精（C型）；威士忌中为5.49mg/L 100%酒精或5.77mg/L 100%酒精（巴西）。

十四酸在我国成品白酒中含量为0.2~2.5μg/L，具体分布如下：酱香型原酒284μg/L；浓香型原酒1798μg/L；清香型原酒17.8μg/L；凤香型原酒39.7μg/L或574.7μg/L；老白干香型原酒911μg/L或857.1μg/L，手工大糙原酒513~863μg/L，机械化大糙原酒617~1044μg/L；芝麻香型原酒1134μg/L或877.6μg/L，手工原酒864~920μg/L，机械化原酒810~933μg/L；特香型原酒138μg/L；兼香型原酒679.6μg/L；豉香型原酒438.9μg/L。

十五酸（pentadecanoic acid，pentadecylic acid），CAS号1002-84-2，RI_{np} 1844或1878，RI_p 2756或大于2800，摩尔质量242.40g/mol，熔点51~53℃，沸点257℃（13.3kPa），密度0.842g/cm^3。未见呈香记载。

十五酸存在于草莓西番莲果、芒果、白酒中，但在巴西甘蔗蒸馏酒中未检测到。在我国成品白酒中含量为0.07~0.50μg/L，具体如下：酱香型原酒854.99μg/L；浓香型原酒614.8μg/L；清香型原酒614.9μg/L；米香型原酒789.7μg/L；凤香型原酒606.8μg/L；兼香型原酒703.6μg/L；芝麻香型原酒1105μg/L，手工原酒10.94~1135.00μg/L，机械化原酒1021~1103μg/L；老白干香型原酒1094μg/L，手工大糙原酒628~1092μg/L，机械化大糙原酒633~1237μg/L；豉香型原酒< ql；特香型原酒824.1μg/L；药香型原酒612.5μg/L。

十六烷酸（hexadecanoic acid），俗称棕榈酸（palmitic acid）、十六酸，CAS号57-10-3，FEMA号2832，RI_{np} 1960或1991或2043（棕榈酸-TMS）或2044（棕榈酸-TMS）或RI_{np} 2048（TG-5色谱柱，棕榈酸-1TMS），RI_p 2862或2895，通常认为该酸没有气味，但也有研究认为它呈蜡气味，在水中嗅阈值10mg/L，在黄油中嗅阈值高达10g/kg。

十六酸呈脂肪味，水溶液中味阈值15.0mmol/L；在乳浊液中呈苦味，苦味阈值大于5000mg/kg乳浊液（含3.5%脂肪的UHT牛乳）。

十六酸存在于我国白酒、意大利香醋、草莓西番莲果、芒果中；在意大利香醋中含量为160~286μg/L。

十六酸在巴西甘蔗蒸馏酒中含量为9.6mg/L 100%酒精（A型）或3.18mg/L 100%酒精（B型）或4.8mg/L 100%酒精（C型）；威士忌中为5.60mg/L 100%酒精或6.68mg/L 100%酒精（巴西）。

十六酸在我国成品白酒中含量为3.1~23.5μg/L，分布如下：酱香型原酒8.48mg/L或15.73mg/L；浓香型原酒19.33mg/L或6.05mg/L；清香型原酒433μg/L或5.94mg/L；米香型原酒13.33mg/L；凤香型原酒872μg/L或5.33mg/L；兼香型原酒9.41mg/L；老白干香型原酒 29.43mg/L 或 0.28mg/L，手工大糙原酒 5.12～7.19mg/L，机械化大糙原酒 4.66～8.88mg/L；芝麻香型白酒 26.06mg/L 或 0.46mg/L，手工原酒 7.43～8.92mg/L，机械化原酒 6.64～9.80mg/L；豉香型原酒 3.40mg/L；特香型原酒 1.81mg/L 或 45.97mg/L；药香型原酒 6.41mg/L。

十八酸［octadecanoic acid，octadecansäure（德语）］，俗称硬脂酸（stearic acid），CAS 号 57-11-4，FEMA 号 3035，RI_{np} 2172 或 2181 或 2186（硬脂酸-TMS-MSTFA），RI_p> 2800，通常认为该化合物没有气味；纯的十八酸没有苦味，但有研究认为它呈脂肪味，在黄油中味阈值 15g/kg，在水溶液中味阈值 12.0mmol/L；在乳浊液中呈苦味，苦味阈值大于 4000mg/kg 乳浊液（含 3.5%脂肪的 UHT 牛乳），且同时呈辛辣和金属后味。另一项研究发现长链脂肪酸能减轻苦味。

十八酸已经在芒果、白酒等产品中检测到。在我国成品白酒中含量为 nd～0.5μg/L，分布如下：酱香型原酒 1.70mg/L；浓香型原酒 0.30mg/L；清香型原酒 0.34mg/L；米香型原酒 1.65mg/L；兼香型原酒 0.43mg/L；芝麻香型原酒 0.15mg/L，手工原酒 0.36～0.60mg/L，机械化原酒 324～820μg/L；凤香型原酒 0.21mg/L；老白干香型原酒 0.06mg/L，手工大糙原酒 191～328μg/L，机械化大糙原酒 235～799μg/L；豉香型原酒 0.17mg/L；特香型原酒 2.11mg/L；药香型原酒 0.43mg/L。

2. 支链饱和脂肪酸

在酒类产品中发现了大量的支链酸（branched acid），最重要的支链酸是异丁酸（2-甲基丙酸）、异戊酸（3-甲基丁酸）等。

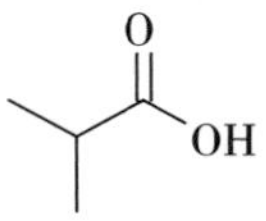

C 4-5　2-甲基丙酸 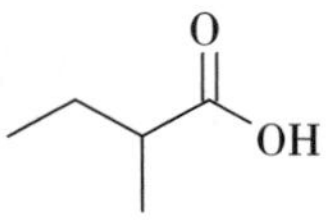　C 4-6　2-甲基丁酸 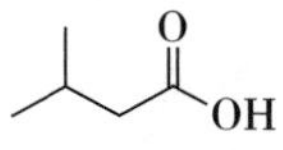　C 4-7　3-甲基丁酸 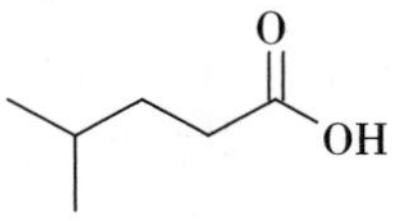　C 4-8　4-甲基戊酸

（1）异丁酸　2-甲基丙酸（2-methylpropanoic acid）（C 4-5），俗称异丁酸（isobutanoic acid，isobutyric acid），CAS 号 79-31-2，FEMA 号 2222，RI_{np} 796 或 789，RI_p 1548 或 1568，无色清亮液体，熔点-47℃，沸点 153～154℃，密度 0.950g/mL（25℃），lgP 0.940，呈酸、汗臭、腐臭、干酪香、黄油香气。

2-甲基丙酸在空气中嗅阈值 29.16μg/L，水中觉察阈值 16mg/L，识别阈值 29mg/L 或 50～8100μg/L 或 3.04mg/L，10%vol 酒精-水溶液中嗅阈值 200mg/L 或 30mg/L，10%vol 模拟葡萄酒（7g/L 甘油，pH3.2）中嗅阈值 23mg/L，14%vol 酒精-水溶液中嗅阈值 20mg/L，46%vol 酒精-水溶液中嗅阈值 1.58mg/L，7%（质量体积浓度）醋酸-水溶液中嗅阈值 1.5mg/L；可可粉中嗅阈值 190μg/kg。

异丁酸广泛存在于可可粉、面包屑、酵母自溶物、干酪、黄酒、苹果酒、葡萄酒、白酒等产品中。

异丁酸在玫瑰红葡萄酒中含量为 437～517μg/L；新产红葡萄酒 1134μg/L（434～2345μg/L），老熟红葡萄酒 3510～7682μg/L，丹菲特红葡萄酒 1520～1850μg/L；在新产白葡萄酒中含量为2530μg/L；雪利酒中含量为2.30mg/L；在菲诺雪利酒中最初含量为2.2mg/L，福洛酵母膜形成后含量为2.2mg/L，老熟250d含量为22.1mg/L。

异丁酸在我国苹果酒中含量为171~580μg/L；黄酒中含量为1.03~1.08mg/L。

异丁酸在巴西甘蔗蒸馏酒中含量为0.64mg/L 100%酒精（A型）或0.79mg/L 100%酒精（B型）或0.67mg/L 100%酒精（C型）；威士忌中为0.65mg/L 100%酒精或0.42mg/L 100%酒精（巴西）。

异丁酸广泛存在于我国白酒中，酱香型白酒中含量最高，具体是：酱香型原酒6.35mg/L，成品白酒14.0~26.6mg/L或206mg/L，茅台酒22.8mg/L或178~216mg/L，郎酒28mg/L或133~137mg/L，习酒27.13mg/L，金沙回沙酒251~318mg/L；浓香型原酒5.65mg/L，成品白酒3.5~20.4mg/L，洋河酒5.31~8.48mg/L，五粮液9.0~9.5mg/L，剑南春11.4~14.8mg/L，古井贡酒13.5mg/L，习酒18.10mg/L；清香型原酒1.33mg/L，成品汾酒nd~2.8mg/L或7840μg/L，宝丰酒2030μg/L，青稞酒2120μg/L；米香型原酒1.37mg/L，成品白酒9mg/L；兼香型原酒9.67mg/L，成品白酒19.2~28.6mg/L；芝麻香型原酒8.38mg/L，手工原酒6.84~9.41mg/L，机械化原酒3.66~7.10mg/L，景芝白干成品酒11.1mg/L；凤香型原酒9.89mg/L；豉香型原酒2.47mg/L，成品白酒9.3mg/L；老白干香型原酒4.16mg/L，手工大楂原酒3.40~8.90mg/L，机械化大楂原酒3.09~6.80mg/L；特香型原酒3.34mg/L，江西四特成品酒4.7mg/L；药香型原酒44.25mg/L。

（2）2-甲基丁酸　在稀溶液中，2-甲基丁酸和3-甲基丁酸均有水果香，但浓度高时，却呈现腐臭、干酪香和汗臭。

2-甲基丁酸（2-methylbutanoic acid，2-methylbutyric acid）（C 4-6），CAS号600-07-7，FEMA号2695，RI_{np} 854或875，RI_{mp} 1027或1060，RI_{p} 1677或1649，熔点-70℃，沸点176~177℃，密度0.936g/mL（25℃），lgP 1.180。

2-甲基丁酸呈刺激性、酸、干酪、汗臭、腐败气味、过熟水果香，在水中嗅觉觉察阈值2.2mg/L，识别阈值5.8mg/L或540μg/L或250μg/L或740μg/L或100μg/L或50~6600μg/L，10%酒精-水溶液中嗅阈值3mg/L，46%vol酒精-水溶液中嗅阈值5.9mg/L，7%（质量体积浓度）醋酸-水溶液中嗅阈值220.5μg/L；淀粉中嗅阈值24μg/kg，可可粉中嗅阈值203μg/kg。

2-甲基丁酸广泛存在于葡萄酒、白兰地、干酪、凝乳酪蛋白、可可粉、面粉、小麦面包皮、面包屑、腰果梨、草莓汁、煮牛肉与猪肉等产品中，在雪利酒中含量为283μg/L。

2-甲基丁酸是手性化合物。(*R*)-2-甲基丁酸，RI_{p} 1659，$RI_{BGB-176}$ 1435，$RI_{BGB174E}$ 1448呈汗臭，在空气中嗅阈值23.4ng/L。(*S*)-2-甲基丁酸，RI_{p} 1659或1668，$RI_{BGB-176}$ 1454，$RI_{BGB174E}$ 1448，RI_{DB-5} 1092，呈汗臭、干酪气味，在空气中嗅阈值18.4ng/L，40%vol酒精-水溶液中嗅阈值3500μg/L。

在发酵食品中，(*S*)-2-甲基丁酸含量比例较高。饮料酒杏子白兰地中（*S*）-型含量875μg/L（占83%），(*R*)-型含量197μg/L（占17%）；波旁威士忌中（*S*）-型含量

159μg/L（占89%），(*R*)-型含量35.8μg/L（占11%）；纯麦芽威士忌中（*S*)-型含量485μg/L（占95%），（*R*)-型含量24.5μg/L（占5%）；荷兰杜松子酒中（*S*)-型含量1800μg/L（占89%），（*R*)-型含量222μg/L（占11%）；麦斯卡尔酒中（*S*)-型含量544μg/L（占83%），(*R*)-型含量112μg/L（占17%）；特基拉酒中（*S*)-型含量690μg/L（占81%），(*R*)-型含量162μg/L（占19%）；皮尔森啤酒中（*S*）-型含量265μg/L（占97%），(*R*)-型含量11.5μg/L（占3%）；小麦啤酒中（*S*)-型含量441μg/L（占69%），(*R*)-型含量261μg/L（占31%）；小麦无醇啤酒中（*S*)-型含量439μg/L（占63%），(*R*)-型含量257μg/L（占37%）；红葡萄酒中（*S*)-型含量722μg/L（占100%），不含(*R*)-型，丹菲特红葡萄酒含量938~988μg/L；白葡萄酒中（*S*)-型含量415μg/L（占98%），(*R*)-型含量18.0μg/L（占2%）；朗姆酒中（*S*)-2-甲基丁酯含量21.5~28.0μg/L，(*R*)-型含量6.90~23.0μg/L。

（3）异戊酸　3-甲基丁酸（3-methylbutanoic acid，3-methylbutyric acid)(C 4-7)，俗称异戊酸（isovaleric acid，isopentanoic acid)、翠雀酸，CAS号503-74-2，FEMA号3102，RI_{np} 877或869，$RI_{BGB-176}$ 1191，$RI_{BGB174E}$ 1091，RI_{mp} 1027或1057，RI_{p} 1659或1672或1677或1649，无色至淡黄色液体，熔点-35℃或-29℃，沸点176℃，密度0.926g/mL（25℃），lgP 1.160，水中溶解度25g/L（20℃）。

异戊酸在空气中嗅阈值1.5ng/L，水中觉察阈值490μg/L，识别阈值1.2mg/L或132~1600μg/L或1.6mg/L或120~700μg/L或250μg/L或540μg/L或100μg/L，10%vol酒精-水溶液中嗅阈值3mg/L或1.5mg/L，10%vol模拟葡萄酒（7g/L甘油，pH3.2）中嗅阈值33.4μg/L，14%vol酒精-水溶液中嗅阈值3mg/L，模拟葡萄酒（98：11体积比的水-酒精混合物1L，4g酒石酸，用K_2CO_3调整pH至3.5）中嗅阈值8μg/L，40%vol酒精-水溶液中嗅阈值78μg/L，46%vol酒精-水溶液中嗅阈值1.05mg/L，7%（质量体积分数）醋酸-水溶液中嗅阈值144.4μg/L；葵花籽油中嗅阈值22μg/kg；淀粉中嗅阈值5.5μg/kg或6μg/kg或740μg/kg，可可粉中嗅阈值22μg/kg。

3-甲基丁酸在水溶液中味阈值0.1mmol/L（pH 5.6）；在葵花籽油中味阈值26μg/kg。

3-甲基丁酸广泛存在于面粉、小麦面包皮、咖啡、草莓汁、橄榄油、芒果、葡萄、黑胡椒和白胡椒、果醋、苹果酒、黄酒、葡萄酒、白酒、朗姆酒、白兰地等产品中。

3-甲基丁酸微量存在于葡萄中，通常在检测限（μg/L）以下。

3-甲基丁酸在葡萄酒中含量为0~0.5mg/L，玫瑰红葡萄酒687μg/L或93.7~114.0μg/L；新产红葡萄酒604μg/L（305~1151μg/L），老熟红葡萄酒1062~3507μg/L，丹菲特红葡萄酒1700~1790μg/L；新产白葡萄酒508~588μg/L；雪利酒504μg/L；在菲诺雪利酒中最初含量为1.5mg/L，福洛酵母膜形成后含量为1.7mg/L，老熟250d含量为5.5mg/L。

异戊酸在我国苹果酒中含量为nd~214μg/L；黄酒中含量为2.55~5.82mg/L；果醋中含量为nd~121μg/L，意大利香醋中含量为75~90μg/L。

3-甲基丁酸在朗姆酒中含量为29.7~68.8μg/L，在巴西甘蔗蒸馏酒中含量为

1.42mg/L 100%酒精（A 型）或 1.24mg/L 100%酒精（B 型）或 1.24mg/L 100%酒精（C 型）；威士忌中为 1.47mg/L 100%酒精或 1.19mg/L 100%酒精（巴西）。

3-甲基丁酸大量存在于我国白酒中，在酱香型原酒中含量为 12.43mg/L，成品白酒中平均含量 14.76mg/L，茅台酒 15.92～20.75mg/L，习酒 14.95mg/L，郎酒 11.25～14.39mg/L，金沙回沙酒 15.08～15.30mg/L；浓香型原酒 5.51mg/L，成品洋河酒 3.17～5.38mg/L，习酒 8.94mg/L；清香型原酒 1.73mg/L，成品汾酒 1.25mg/L，宝丰酒 899μg/L，青稞酒 496μg/L；米香型原酒 0.86mg/L；兼香型原酒 8.55mg/L；凤香型原酒 4.20mg/L；芝麻香型原酒 5.73mg/L，手工原酒 4.76～8.22mg/L，机械化原酒 4.38～7.47mg/L；老白干香型原酒 3.36mg/L，手工大楂原酒 2.61～6.67mg/L，机械化大楂原酒 2.43～4.92mg/L；豉香型原酒 0.87mg/L，成品白酒 1.09mg/L；特香型原酒 10.54mg/L；药香型原酒 29.79mg/L。

（4）异己酸　4-甲基戊酸（4-methylpentanoic acid，4-methylvaleric acid）（C 4-8），俗称异己酸（isohexanoic acid）、二甲基丁酸（dimethyl butanoic acid），CAS 号 646-07-1，FEMA 号 3463，轻微棕色液体，熔点-33～-35℃，沸点 199～201℃，密度 0.923g/mL（25℃），lgP 1.560，不溶于水；呈干酪、汗臭和酸臭，在 46%vol 酒精-水溶液中嗅阈值 144μg/L。

异己酸在巴西甘蔗蒸馏酒中含量为 0.35mg/L 100%酒精（A 型）或 0.29mg/L 100%酒精（B 型）或 0.16mg/L 100%酒精（C 型）；威士忌中为 0.54mg/L 100%酒精或 0.77mg/L 100%酒精（巴西）。

4-甲基戊酸已经在中国白酒中检测到，但含量十分低，仅 5.9～23.4μg/L，其在酱香型白酒含量最高，具体含量为：酱香型茅台酒 23.4μg/L，习酒 798μg/L；浓香型洋河酒 0.50～0.68mg/L，五粮液 10.4μg/L，剑南春 10.1μg/L，古井贡酒 8.8μg/L，习酒 1438μg/L；芝麻香型景芝白干 8.5μg/L；特香型江西四特酒 5.9μg/L。

二、 羰基羧酸

1. 丙酮酸

丙酮酸（pyruvic acid）（C 4-9），也称 α-酮丙酸（α-ketopropanoic acid）、乙酰甲酸（acetyl-methanoic acid），IUPAC 名 2-酮-丙酸（或 2-氧丙酸，2-oxopropanoic acid），CAS 号 127-17-3，熔点 11.8℃，沸点 165℃，pK_a2.50。丙酮酸在啤酒中嗅阈值 300mg/L。丙酮酸在葡萄酒中含量为 8～50g/L，主要产生于 MLF 过程。

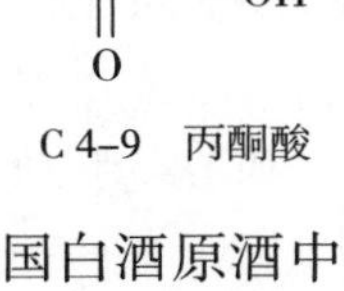

C 4-9　丙酮酸 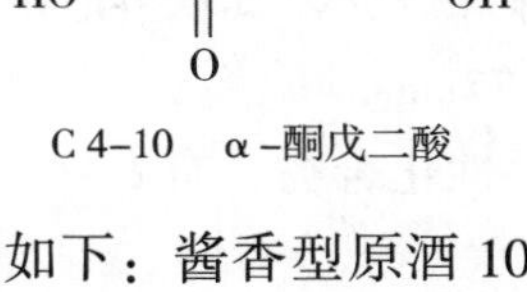　　　C 4-10　α-酮戊二酸

丙酮酸存在于我国白酒原酒中，其含量如下：酱香型原酒 1008μg/L；浓香型原酒

55.15μg/L；清香型原酒 92.21μg/L；米香型原酒 3604μg/L；兼香型原酒 685.0μg/L；凤香型原酒 175.2μg/L；芝麻香型原酒 178.5μg/L，手工原酒 36.27~43.65μg/L，机械化原酒 60.23~223.00μg/L；老白干香型原酒 31.76μg/L，手工大楂原酒 22.38~54.05μg/L，机械化大楂原酒 16.15~37.58μg/L；豉香型原酒 1326μg/L；特香型原酒 335.7μg/L；药香型原酒 712.8μg/L。

2. α-酮戊二酸

α-酮戊二酸（α-ketoglutaric acid）（C 4-10），也称 2-酮戊二酸（2-ketoglutaric acid），IUPAC 名 2-氧戊二酸（2-oxopentanedioic acid，2-oxo-glutaric acid），CAS 号 328-50-7，FEMA 号 3291，熔点 115℃，沸点 323℃，lgP-1.430，在白葡萄酒中含量为 78~248mg/L。

三、羟基羧酸

1. 羟基乙酸

羟基乙酸（glycolic acid）俗称乙醇酸，IUPAC 名 2-羟基乙酸（2-hydroxyacetic acid），CAS 号 79-14-1，RI_{np} 1082（羟基乙酸-2TMS），熔点 75~80℃，沸点 112℃，密度 1.25g/mL（25℃），水中溶解度仅 0.1g/mL。该酸是气相色谱不能检测的酸。

羟基乙酸呈酸味，在水溶液中酸味阈值 5.5mmol/L 或 0.6mmol/L 或 608.9 μmol/L。乙醇酸在果醋中含量为 3325~23946 μmol/L。

游离态羟基乙酸存在于我国白酒大曲及其制曲原料中，酱香型大曲含量为 45.93μg/g（干重），浓香型大曲 14.18μg/g（干重），清香型大曲 4.59μg/g（干重）；小麦 49.37μg/g（干重），大麦 15.43μg/g（干重），豌豆 15.00μg/g（干重）。

羟基乙酸已经在白酒中检测到，在原酒中含量如下：浓香型白酒 326μg/L，清香型白酒 303μg/L，凤香型白酒 262μg/L，老白干香型白酒 478μg/L，酱香型白酒 396μg/L，芝麻香型白酒 494μg/L，特香型白酒 355μg/L。

2. 羟基丙酸类

乳酸（lactic acid），IUPAC 名 2-羟基丙酸（2-hydroxypropanoic acid），CAS 号 50-21-5，FEMA 号 2611，RI_{np} 1391（乳酸二聚体-2TMS），结构式 $HOOCCH(OH)CH_3$，摩尔质量 90g/mol，无色液体，熔点 16.8℃，溶于水及乙醇中，有防腐作用，pK_a 3.81。没有香气，呈酸味，酸味稍强于柠檬酸，但酸味柔和、圆润，是一个良好的酸味剂（acidulant）。乳酸在水溶液中酸味阈值 15.48mmol/L 或 500mmol/L 或 14.0mmol/L 或 1795μmol/L。乳酸有鲜味，水溶液中鲜味阈值 7.5mmol/L。乳酸呈涩味，水溶液中涩味阈值 2539μmol/L。

乳酸的钠盐呈酸味和咸味，其水溶液中味阈值 11.89mmol/L，乳酸钠还呈鲜味，其水溶液中鲜味阈值 23.77mmol/L。

乳酸是最简单的手性化合物，有 L-型（C 4-11）和 D-型（C 4-12）之分，常见的乳酸是外消旋的。

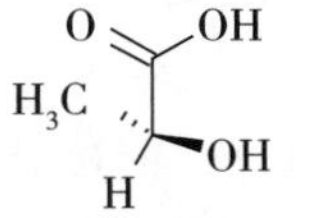

C 4-11 L-乳酸 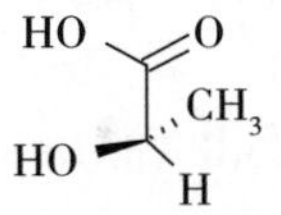　　C 4-12 D-乳酸

在苹果酸-乳酸发酵后，葡萄酒中乳酸含量可高达6g/L，通常在0.2~3.0g/L或0.1~3.0g/L，丹菲特红葡萄酒中含量为2.87~2.91g/L；玫瑰红葡萄酒0.2~0.6g/L（葡萄牙）；霞多利白葡萄酒0.55g/L或0.1g/L（葡萄牙），塔利诺（Tavernello）白葡萄酒中含量为4g/L，西万尼白葡萄酒1.6g/L（葡萄牙），葡萄牙灰比诺葡萄酒中未检测到。

乳酸在果醋中含量为7.30~9.79mmol/L；在阿夏戈干酪中含量为39g/kg，酸乳中含量为12g/kg。

游离态乳酸存在于我国白酒大曲及其制曲原料中，酱香型大曲中含量为507.0μg/g（干重），浓香型大曲419.1μg/g（干重），清香型大曲475.3μg/g（干重）；小麦10.28μg/g（干重），大麦50.69μg/g（干重），豌豆10.50μg/g（干重）。

乳酸大量存在于白酒中，是我国白酒中含量较高的酸之一，通常含量为210~623mg/L或366~1581mg/L，酱香型、芝麻香型、特香型白酒含量最高，具体地讲，酱香型白酒原酒中含量为1259mg/L或1349mg/L，成品郎酒623mg/L；浓香型白酒原酒691mg/L或211.6mg/L，成品五粮液244.0~316.9mg/L，剑南春210mg/L，泸州老窖特曲600.7mg/L，古井贡酒580.0mg/L，洋河大曲482.6mg/L；清香型白酒原酒366mg/L或411.9mg/L，成品汾酒284.0~815.9mg/L；凤香型白酒原酒389mg/L；老白干香型原酒1456mg/L或42.59mg/L，手工大糙原酒26.28~187.00mg/L，机械化大糙原酒50.54~74.62mg/L；芝麻香型原酒1581mg/L或100.3mg/L，手工原酒56.25~138.76mg/L，机械化原酒69.52~115.00mg/L；兼香型白酒原酒1033mg/L；米香型原酒2311mg/L，成品白酒487mg/L；豉香型原酒868.9mg/L；药香型原酒72.1mg/L，成品董酒393.5mg/L；特香型原酒1279mg/L或945.4mg/L，成品四特酒1.0~1.7g/L；液态法成品白酒54mg/L。

3-羟基丙酸（3-hydroxypropanoic acid），俗称乙烯乳酸（hydracrylic acid）、羟基丙酸，CAS号503-66-2，RI_{np} 1150（TG-5柱，3-羟基丙酸-2TMS），分子式$C_3H_6O_3$，无色液体，熔点<25℃，沸点279.7℃，密度1.283g/mL，折射率1.455（20℃），pK_a 4.5，易溶于水，能溶于乙醇，微溶于乙醚，蒸馏时会脱水形成丙烯酸，呈酸味，水溶液中酸味阈值1058μmol/L。

3-羟基丙酸在白酒原酒中含量如下：酱香型原酒347μg/L或230.4μg/L；浓香型原酒182μg/L或6.55μg/L；清香型原酒55.9μg/L或10.97μg/L；凤香型原酒18.1μg/L或28.4μg/L；兼香型原酒112.4mg/L；老白干香型原酒111μg/L或11.03μg/L，手工大糙原酒5.22~12.18μg/L，机械化大糙原酒7.76~14.67μg/L；芝麻香型原酒411μg/L或34.17μg/L，手工原酒31.43~52.79μg/L，机械化原酒18.09~31.32μg/L；米香型原

酒 31.73μg/L；豉香型原酒 61.4μg/L；特香型原酒 85.1μg/L 或 182.5μg/L；药香型原酒 158.6μg/L。

2,3-二羟基丙酸（2,3-dihydroxypropanoic acid），俗称甘油酸（glyceric acid），CAS 号 112028-33-8，RI_{np} 1344（TG-5 柱，2,3-羟基丙酸-3TMS），分子式 $C_6H_{10}O_7$。呈酸味，水溶液中酸味阈值 1648μmol/L；呈涩味，水溶液中涩味阈值 412μmol/L。

2,3-二羟基丙酸有 L-型和 D-型之分。L-甘油酸（C 4-13），IUPAC 名（2*S*）-2,3-羟基丙酸，CAS 号 28305-26-2；D-甘油酸（C 4-14），IUPAC 名（2*R*）-2,3-羟基丙酸，CAS 号 6000-40-4。

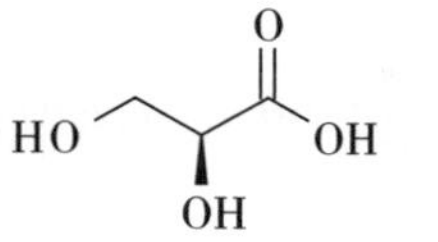

C 4-13　L-甘油酸 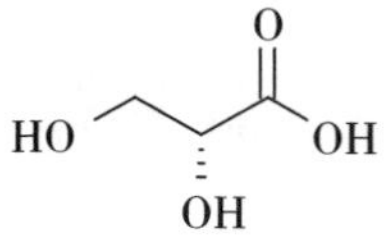　　　C 4-14　D-甘油酸

2,3-二羟基丙酸在白酒原酒中含量如下：酱香型原酒 89.7μg/L 或 88.36μg/L；浓香型原酒 28.8μg/L 或 4.23μg/L；清香型原酒 13.2μg/L 或 6.09μg/L；兼香型原酒 122.5μg/L；凤香型原酒 10.8μg/L 或 13.65μg/L；芝麻香型原酒 4.36μg/L，手工原酒 3.13~7.17μg/L，机械化原酒 2.36~5.02μg/L；老白干香型原酒 60.2μg/L 或 2.03μg/L，手工大楂原酒 1.00~3.03μg/L，机械化大楂原酒 1.99~4.90μg/L；芝麻香型原酒 21.8μg/L；米香型白酒原酒 13.79μg/L；豉香型原酒 31.94μg/L；特香型原酒 77.8μg/L 或 139.87μg/L；药香型原酒 14.35μg/L。

3. 羟基丁酸类

2-羟基丁酸（2-hydroxybutanoic acid），CAS 号 565-70-8，RI_{np} 1135（TG-5 色谱柱，2-羟基丁酸-2TMS），分子式 $C_4H_8O_3$，熔点 44℃，沸点 260℃，lgP -0.341，呈酸味，在水溶液中的酸味阈值 1091μmol/L。

2-羟基丁酸在白酒原酒中含量如下：酱香型原酒 139μg/L 或 474.7μg/L；浓香型原酒 59.5μg/L 或 110.1μg/L；清香型原酒 55.2μg/L 或 8.93μg/L；兼香型原酒 151.7μg/L；凤香型原酒 39.4μg/L 或 21.11μg/L；老白干香型原酒 48.6μg/L 或 3.06μg/L，手工大楂原酒 2.18~3.56μg/L，机械化大楂原酒 2.15~2.94μg/L；芝麻香型原酒 143μg/L 或 17.49μg/L，手工原酒 12.33~20.60μg/L，机械化原酒 26.49~47.42μg/L；米香型原酒 94.04μg/L；豉香型原酒 146.8μg/L；特香型原酒 110μg/L 或 145.9μg/L；药香型原酒 41.08μg/L。

3-羟基丁酸（3-hydroxybutanoic acid），CAS 号 300-85-6，RI_{np} 1167（TG-5 柱，3-羟基丁酸-2TMS），RI_{DB-Wax} 2226 或 2087（PFBBr 衍生化产物），无色至淡黄色黏稠液体，熔点 46℃，沸点 269~270℃，密度 1.126g/mL（25℃），pK_a 4.36，lgP-0.764，呈酸味，水溶液中酸味阈值 1418 μmol/L。

3-羟基丁酸在新产白葡萄酒中含量为 726~775μg/L，玫瑰葡萄酒 931~1120μg/L，新产红葡萄酒 1220~2120μg/L，桶贮老熟红葡萄酒 1450~2500μg/L，雪利葡萄酒 782~

2110μg/L；啤酒 194μg/L。

3-羟基丁酸在白兰地中含量为 300μg/L，威士忌中为 327μg/L。在白酒原酒中含量如下：酱香型原酒 128μg/L 或 959.81μg/L；浓香型原酒 379μg/L 或 5.99μg/L；清香型原酒< ql 或 11.39μg/L；兼香型原酒 52.46μg/L；凤香型原酒 101μg/L 或 33.42μg/L；老白干香型原酒 111μg/L 或 4.87μg/L，手工大糙原酒 2.90~5.54μg/L，机械化大糙原酒 3.99~7.31μg/L；芝麻香型原酒 286μg/L 或 10.89μg/L，手工原酒 7.48~20.27μg/L，机械化原酒 4.98~9.25μg/L；米香型原酒 15.17μg/L；豉香型原酒 41.05μg/L；特香型原酒 85.2μg/L 或 106.4μg/L；药香型原酒 173.9μg/L。

4. 羟基（异）戊酸类

2-羟基-2-甲基丁酸（2-hydroxy-2-methylbutanoic acid），俗称 2-甲基-2-羟基丁酸，CAS 号 3739-30-8，RI_{DB-Wax} 2093 或 1920（PFBBr 衍生化产物），pK_a 4.05，lgP 0.07。该化合物在新产白葡萄酒中含量为 198~1940μg/L，玫瑰葡萄酒 0~408μg/L，新产红葡萄酒 0~1160μg/L，桶贮老熟红葡萄酒 211~1250μg/L，雪利葡萄酒 611~7820μg/L；啤酒 83μg/L；白兰地和威士忌中未检测到。

2-羟基-3-甲基丁酸（2-hydroxy-3-methylbutanoic acid），俗称 2-羟基异戊酸（2-hydroxyisovaleric acid）、α-羟基异戊酸（α-hydroxyisovaleric acid），CAS 号 4026-18-0，RI_{np} 1173（TG-5 柱，2-羟基-3-甲基丁酸-2TMS），RI_{DB-Wax} 2259 或 2034（PFBBr 衍生化产物），白色固体，沸点 237℃，pK_a 3.87，lgP 0.01；呈酸味，水溶液中酸味阈值 1057μmol/L；呈涩味，水溶液中涩味阈值 1495μmol/L。

2-羟基-3-甲基丁酸在新产白葡萄酒中含量为 0~214μg/L，新产红葡萄酒 191~1580μg/L，桶贮老熟红葡萄酒 0~1411μg/L，雪利葡萄酒 525~8510μg/L；在玫瑰葡萄酒中未检测到；啤酒中含量为 205μg/L。

2-羟基-3-甲基丁酸在白酒原酒中含量如下：酱香型原酒 427μg/L 或 287.9μg/L；浓香型原酒 98.9μg/L 或 20.45μg/L；清香型原酒 196μg/L 或 17.39μg/L；兼香型原酒 83.79μg/L；凤香型原酒< ql 或 20.94μg/L；老白干香型白酒< ql 或 20.40μg/L，手工大糙原酒 11.99~20.89μg/L，机械化大糙原酒 8.90~21.27μg/L；芝麻香型原酒 345μg/L 或 31.00μg/L，手工原酒 26.45~32.63μg/L，机械化原酒 24.04~35.57μg/L；米香型原酒 20.33μg/L；豉香型原酒 201.6μg/L；特香型原酒 59.4μg/L；药香型原酒 59.46μg/L；在白兰地和威士忌中未检测到。

3-羟基-3-甲基丁酸（3-hydroxy-3-methylbutanoic acid），俗称 3-羟基异戊酸（3-hydroxyisovaleric acid）、β-羟基异戊酸（β-hydroxyisovaleric acid），CAS 号 625-08-1，RI_{DB-Wax} 2090 或 2027（PFBBr 衍生化产物），无色至淡黄色液体，熔点 -80℃，沸点 88℃（133Pa），密度 0.938g/mL（25℃），pK_a 4.38，lgP -0.35。该化合物在桶贮老熟红葡萄酒中含量为 0~13μg/L，雪利葡萄酒 0~519μg/L；啤酒 129μg/L；新产白葡萄酒、玫瑰葡萄酒、新产红葡萄酒、白兰地和威士忌中未检测到。

5. 羟基（异）己酸类

2-羟基-4-甲基戊酸（2-hydroxy-4-methylpentanoic acid），俗称闪白酸（leucic

acid)、2-羟基异己酸（2-hydroxyisocaproic acid），CAS 号 498-36-2，RI_{np} 1246（TG-5 色谱柱，2-羟基-4-甲基戊酸-2TMS），RI_{DB-Wax} 2416 或 2082（PFBBr 衍生化产物），熔点 76℃，沸点 249℃，pK_a 4.86，lgP 0.52；呈酸味，水溶液中酸味阈值 1201μmol/L。与其它酸可能呈涩味或鲜味不同，该酸呈甜味，水溶液中甜味阈值 1699μmol/L。

2-羟基-4-甲基戊酸在新产白葡萄酒中含量为 320~876μg/L，玫瑰葡萄酒 265~525μg/L，新产红葡萄酒 985~1750μg/L，桶贮老熟红葡萄酒 911~1110μg/L，雪利葡萄酒 803~3470μg/L；啤酒 266μg/L。

2-羟基-4-甲基戊酸存在于蒸馏酒中，在白酒原酒中含量如下：酱香型原酒 2341μg/L 或 1290μg/L；浓香型原酒 1805μg/L 或 980.3μg/L；清香型原酒 2351μg/L 或 587.6μg/L；兼香型原酒 893.7μg/L；凤香型原酒 1283μg/L 或 673.4μg/L；老白干香型原酒 1627μg/L 或 108.7μg/L，手工大楂原酒 67.71~205μg/L，机械化大楂原酒 28.80~163.00μg/L；芝麻香型原酒 9160μg/L 或 276.3μg/L，手工原酒 173~307μg/L，机械化原酒 173~326μg/L；米香型原酒 4036μg/L；豉香型原酒 2118μg/L；特香型原酒 2821μg/L 或 1090μg/L；药香型原酒 313.4μg/L；在白兰地和威士忌中未检测到。

四、 二羧酸

1. 草酸

最简单的二羧酸是草酸（oxalic acid）(C 4-15)，俗称乙二酸，IUPAC 名 1,2-乙二酸（1,2-ethanedioic acid），CAS 号 144-62-7，白色结晶，无水草酸摩尔质量 90.03g/mol，二水草酸摩尔质量 126.07g/mol。熔点 102~103℃（二水 101.5℃），密度 1.90 g/cm^3（二水 1.653 g/cm^3），水中溶解度 143g/L（25℃），乙醇中溶解度 237g/L（15℃），乙醚中溶解度 14g/L（15℃）。pK_{a1} 1.25，pK_{a2} 4.14。草酸呈酸味，在水溶液中酸味阈值 5.6mmol/L。

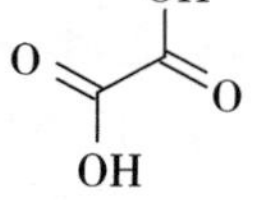

C 4-15 草酸 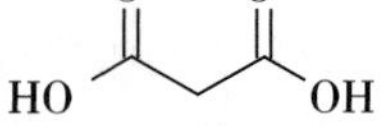　　C 4-16 丙二酸 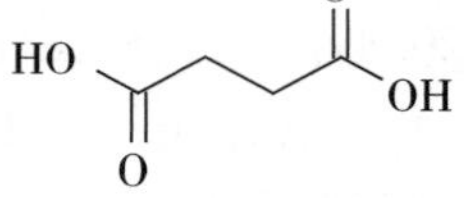　　C 4-17 琥珀酸

草酸在葡萄酒中含量为 0~90mg/L。葡萄酒中草酸来源于发酵过程。

游离态草酸存在于我国白酒大曲及其制曲原料中，酱香型大曲含量为 280.0μg/g（干重），浓香型大曲 260.2μg/g（干重），清香型大曲 178.1μg/g（干重）；小麦 132.8μg/g（干重），大麦 196.3μg/g（干重），豌豆 122.4μg/g（干重）。

2. 丙二酸

丙二酸（malonic acid）(C 4-16)，IUPAC 名 1,3-丙二酸（1,3-propanedioic acid），俗称甲烷二酸（methanedicarboxylic acid），CAS 号 141-82-2，密度 1.619g/mL，熔点 135~137℃，加热会分解。微溶于水，呈酸性，pK_{a1} 2.83，pK_{a2} 5.69。

游离态丙二酸存在于我国白酒大曲及其制曲原料中，酱香型大曲中含量为15.93μg/g（干重），浓香型大曲8.41μg/g（干重），清香型大曲49.14μg/g（干重）；小麦10.98μg/g（干重），大麦141.2μg/g（干重），豌豆27.54μg/g（干重）。

丙二酸及其乙酯丙二酸二乙酯已经在白酒中检测到。

3. 琥珀酸

琥珀酸（succinic acid）(C 4-17)，IUPAC 名 1,4-丁二酸（1,4-butanedioic acid），CAS 号 110-15-6，RI_{np} 1308（琥珀酸-2TMS）或 1336（琥珀酸-2TMS）或 1319（TG-5 色谱柱，琥珀酸-2TMS）或 1747（琥珀酸-MTBSTFA），结构式 $HOOCCH_2CH_2COOH$，摩尔质量 118g/mol。室温下，琥珀酸是一种无色无嗅的晶体，是一个双质子酸，熔点 187~188℃，能溶于水，pK_{a1} 4.18，pK_{a2} 5.23。琥珀酸具有独特的碱和苦味、不寻常的咸和苦味、酸味，在水溶液中酸味阈值 900μmol/L 或 1074μmol/L；呈涩味，水溶液中涩味阈值 84.58μmol/L。也有报道呈鲜味，水溶液中鲜味阈值 900 μmol/L。

饮料酒中的琥珀酸是微生物发酵的产物。琥珀酸能够与醇形成二乙酯。

游离态琥珀酸存在于我国白酒大曲及其制曲原料中，酱香型大曲中含量为93.97μg/g（干重），浓香型大曲54.24μg/g（干重），清香型大曲118.4μg/g（干重）；小麦23.45μg/g（干重），大麦82.27μg/g（干重），豌豆11.43μg/g（干重）。

琥珀酸在葡萄酒中含量为 50~750mg/L 或 0~2000mg/L，在丹菲特红葡萄酒中含量为 591~602mg/L；果醋中含量为 0~2420μmol/L。

琥珀酸在我国白酒原酒中的含量如下：酱香型原酒 453μg/L 或 294.2μg/L；浓香型原酒 285μg/L 或 36.48μg/L；清香型原酒 294μg/L 或 70.68μg/L；兼香型原酒 65.14μg/L；凤香型原酒 21.9μg/L 或 15.47μg/L；老白干香型原酒 632μg/L 或 39.80μg/L，手工大楂原酒 7.39~52.77μg/L，机械化大楂原酒 4.52~26.06μg/L；芝麻香型原酒 659μg/L 或 39.44μg/L，手工原酒 36.27~43.65μg/L，机械化原酒 33.45~48.61μg/L；米香型原酒 1036μg/L；豉香型原酒 921.7μg/L；特香型原酒 111μg/L 或 541.63μg/L；药香型原酒 29.67μg/L。

4. 庚二酸

庚二酸（pimelic acid），IUPAC 名 1,7-庚二酸（1,7-heptanedioic acid），CAS 号 111-16-0，白色固体，熔点 103~105℃，沸点 342℃ 或 212℃（1.33kPa），密度 1.329g/cm^3，lgP 0.610，水中溶解度 25g/L（13℃）。未见该化合物有气味特征的报道，但传统观念认为庚二酸、壬二酸及其相应的二乙酯是豉香型白酒的特征香气成分，但后来的研究否认了这一结论。

5. 辛二酸

辛二酸（suberic acid，cork acid，kork acid），IUPAC 名 1,8-辛二酸（1,8-octanedioic acid），CAS 号 505-48-6，灰白色晶状粉末，熔点 140~144℃，沸点 345.5℃ 或 230℃（2.0kPa），lgP 0.687，水中溶解度 0.6g/L（20℃）。该化合物已经在我国酱香型和清香型白酒中检测到，但豉香型白酒中含量更高。研究发现，豉香型白酒中辛二酸可能来自浸肉过程。

6. 壬二酸

壬二酸（azelaic acid），IUPAC 名 1,9－壬二酸（1,9－nonanedioic acid），CAS 号 123－99－9，RI_{np} 1802（TG－5 柱，壬二酸－2TMS），白色固体，熔点 98℃或 106～107℃，沸点 356～357℃或 286℃（13.3kPa），密度 1.029g/cm^3，lgP 1.570，水中溶解度 2.4g/L（20℃）。未见呈气味特征报道。

壬二酸在我国白酒原酒中的含量如下：酱香型白酒 57.0μg/L 或 114.2μg/L，浓香型白酒 38.0μg/L 或 56.40μg/L，清香型白酒<ql 或 56.95μg/L，兼香型原酒 68.74μg/L，凤香型白酒<ql 或 61.55μg/L，老白干香型白酒 32.7μg/L 或<ql，芝麻香型白酒 52.9μg/L 或<ql，米香型白酒 64.88μg/L，豉香型原酒 1114μg/L，特香型白酒<ql 或 117.34μg/L，药香型白酒 62.32μg/L。

7. 苹果酸

苹果酸（malic acid）(C 4－18)，顾名思义，该化合物大量存在于苹果中，是青苹果尖酸味的重要化合物，俗称 2－羟基琥珀酸（2－hydroxysuccinic acid）、丁－2－醇－1,4－二酸（butan－2－ol－1,4－dioic acid），IUPAC 名 2－羟基丁二酸（2－hydroxybutanedioic acid），结构式 $HOOCCH_2CH(OH)COOH$，CAS 号 617－48－1，RI_{np} 1489（苹果酸－3TMS）或 1499（苹果酸－3TMS）或 1503（TG－5 柱，苹果酸－3TMS），无色结晶，熔点 98～99℃，密度 1.609g/L，易溶于水，20℃时在水中溶解度 36g/100 g，pK_{a1} 3.40，pK_{a2} 5.11。具有尖酸味，其酸味较柠檬酸强，爽口，略带刺激性，稍有苦涩感，呈味时间长。苹果酸在水溶液中酸味阈值 3.7mmol/L 或 3.69mmol/L 或 528 μmol/L。

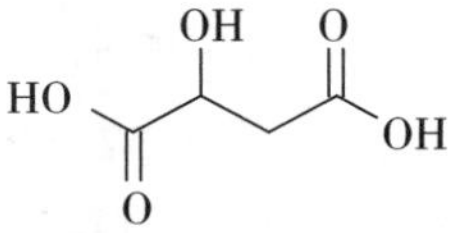

C 4－18 苹果酸

苹果酸是 TCA 循环的一个中间体，来源于延胡索酸，也可以由丙酮酸形成。苹果酸多与柠檬酸在自然界中共存。与柠檬酸混合作用时，调酸效果更佳。天然存在的苹果酸是 L－(－)－苹果酸即（*S*)－单羟基丁二酸。

苹果酸在青葡萄汁中含量可高达 25g/L，成熟葡萄中含量为 4.0～6.5g/L（生长于北方的）或 1～2g/L（生长于南方的）；橙汁中含量为 1250mg/L，苹果汁中含量为 3500mg/L。

游离态苹果酸存在于我国白酒大曲及其制曲原料中，酱香型大曲中含量为 709.8μg/g（干重），浓香型大曲 574.3μg/g（干重），清香型大曲 346.9μg/g（干重）；小麦 203.1μg/g（干重），大麦 21.18μg/g（干重），豌豆 86.11μg/g（干重）。

苹果酸在果醋中含量为 19.37～107.32mmol/L。

葡萄酒中的苹果酸主要来源于葡萄，利用成熟的葡萄酿造的葡萄酒含有较少的苹果酸。苹果酸、酒石酸和柠檬酸是葡萄酒中最重要的呈酸味的酸，其量占总酸 90%左右。苹果酸在葡萄酒中含量为 50～5000mg/L 或 0～4000mg/L，艾格尼科（Aglianico）红葡萄酒 390~430mg/L，丹菲特红葡萄酒 48. 9~52. 3mg/L；玫瑰红葡萄酒 0. 9~3. 2g/L（葡萄牙）；霞多利白葡萄酒 1. 51g/L 或 3. 4g/L（葡萄牙），塔利诺（Tavernello）白葡萄酒 1. 3g/L，西万尼白葡萄酒 1. 1g/L（葡萄牙），灰比诺白葡萄酒 3. 7g/L（葡萄牙）。

苹果酸在白酒原酒中含量如下：酱香型原酒 77. 2μg/L 或 137. 63μg/L；浓香型原酒 423μg/L 或 16. 47μg/L；清香型原酒<ql 或 18. 08μg/L；兼香型原酒 20. 76μg/L；凤香型原酒 23. 4μg/L 或 18. 00μg/L；芝麻香型原酒 38. 3μg/L，手工原酒 35. 06~39. 05μg/L，机械化原酒 34. 40~41. 89μg/L；老白干香型原酒 82. 8μg/L 或 30. 58μg/L，手工大糙原酒 17. 93~30. 62μg/L，机械化大糙原酒 19. 01~29. 50μg/L；芝麻香型原酒 1050μg/L；米香型原酒<ql；豉香型原酒 19. 37μg/L；特香型原酒 68. 6μg/L 或 87. 16μg/L；药香型原酒 23. 33μg/L。

8. 酒石酸

酒石酸（tartaric acid）(C 4-19)，俗称 2,3-二羟基琥珀酸（2,3-dihydroxysuccinic acid）、丁-2,3-二醇-1,4-二酸（butan-2,3-diol-1,4-dioic acid），IUPAC 名 2,3-二羟基丁二酸（2,3-dihydorxybutanedioate），最早是从酒石酸钾中分离出来的，CAS 号 526-83-0，RI_{np} 1664（TG-5 柱，酒石酸-4TMS），结构式 HOOCCHOHCHOHCOOH，无色结晶（5℃以上水溶液结晶为无水晶体，5℃以下水溶液结晶为一水晶体），熔点 168~170℃，易溶于水和乙醇，水中溶解度 1390g/L（20℃），pK_{a1} 3. 01，pK_{a2} 4. 34。

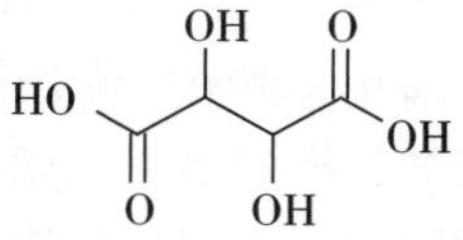

C 4-19　酒石酸

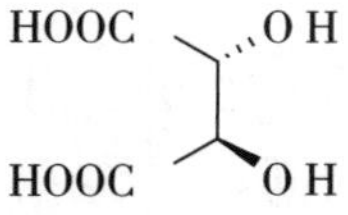

C 4-20　(*R,R*)-(+)-酒石酸 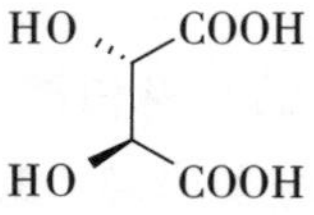　　C 4-21　D-(*S,S*)-(−)-酒石酸 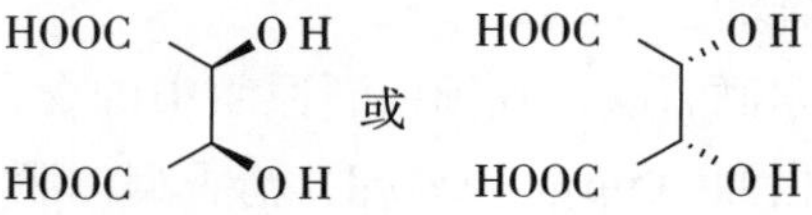　　C 4-22　(2*R*,3*S*)-酒石酸

酒石酸呈酸味，硬酸（hard acid），酸味强，约为柠檬酸的 1. 3 倍，稍有涩感；在水溶液中酸味阈值 292μmol/L 或 494μmol/L［L-(+)-型］或 0. 0094mg/L；在 5mmol/L 的 MSG 溶液中酸味阈值 0. 019mg/L，在 5mmol/L 的 IMP 溶液中酸味阈值 0. 3mg/L。

酒石酸是基本的酸味物质（basic taste substance）。酒石酸可以作为酸味剂添加到食品中，感觉愉快的浓度在 5000mg/L 以下。

最新研究结果表明，红葡萄酒酸味主要由 L-酒石酸、D-半乳糖醛酸、乙酸、琥珀酸、L-乳酸产生，氯化钾、氯化镁和氯化铵对酸味有轻微的抑制作用。

天然存在的酒石酸具有手性。1832 年首次发现了酒石酸的旋光性，这种天然酒石酸是左旋的，称为 L-(*R*,*R*)-(+)-酒石酸［L-(*R*,*R*)-(+)-tartaric acid］或右旋酒石酸(dextrotartaric acid，CAS 号 87-69-4)（C 4-20），其手性对映体是 D-(*S*,*S*)-(−)-酒石酸

[D-(*S*,*S*)-(-)-tartaric acid] 或左旋酒石酸（levotartaric acid，CAS 号 147-71-7）（C 4-21），另外尚有一个非对映异构体的形式，即中酒石酸（mesotartaric acid）或（2*R*,3*S*）-酒石酸 [(2*R*,3*S*)-tartaric acid，CAS 号 147-73-9]（C 4-22）。外消旋酒石酸是 DL 型混合体，不含（2*R*,3*S*）-酒石酸，也称为外消旋酸（racemic acid）或 DL-(*S*,*S*/*R*,*R*)-(±)-酒石酸 [DL-(*S*,*S*/*R*,*R*)-(±)-tartaric acid，CAS 号 133-37-9]。酒石酸的重要盐类有酒石酸氢钾（potassium bitartarate）、罗谢尔盐（Rochelle salt，即酒石酸钾钠，potassium sodium tartarate）。

酒石酸天然存在于许多植物中，特别是葡萄和酸角（tamarinds）中；酒石酸与苹果酸约占葡萄汁（grape juice）中可滴定酸（titratable acidity）的 90%，生长在北方的葡萄酒石酸含量通常大于 6g/L，而生长在南方的葡萄酒石酸含量 2~3mg/L；未成熟葡萄中酒石酸含量可高达 15g/L。

酒石酸在果醋中含量为 10. 47~31. 45mmol/L；酸乳中含量为 5800mg/kg。

酒石酸存在于众多发酵产品中，是葡萄酒中的主要酸之一，在葡萄酒中含量为 0. 5~5. 0g/L 或 1. 0~7. 5g/L 或 1. 5~4. 0g/L，艾格尼科（Aglianico）红葡萄酒 1. 7~3. 8g/L，丹菲特红葡萄酒 1. 73~1. 80g/L；葡萄牙玫瑰红葡萄酒 1. 6~1. 9g/L，霞多利白葡萄酒 4. 64g/L 或 2. 7g/L（葡萄牙），塔利诺白葡萄酒 2. 4g/L，西万尼白葡萄酒 1. 7g/L，灰比诺白葡萄酒 2. 6g/L；葡萄酒中的酒石酸主要来源于原料葡萄。

在葡萄酒中，酒石酸氢钾是一种微小的结晶，有时自发地形成于瓶塞（crok），它是无害的，可以通过冷稳定（cold stabilization）来预防。酒石酸在葡萄酒生产中起着重要的作用，它可以降低葡萄汁的酸度，抑制腐败细菌的生长；在发酵结束后，起着防腐剂的作用。在饮用时，呈现怡人的酸味。在现代酿酒生产上，人们将葡萄悬挂在葡萄树上，直到变成葡萄干，用这种葡萄酿酒可以减少葡萄酒中酒石酸的含量，使得葡萄酒更加圆润。

酒石酸在我国白酒原酒中的含量如下：酱香型白酒 13. 4μg/L 或 55. 95μg/L，浓香型白酒 109μg/L 或<ql，清香型白酒<ql，兼香型原酒<ql，凤香型白酒<ql，老白干香型白酒 11. 2μg/L 或<ql，芝麻香型白酒 125μg/L 或<ql，米香型白酒<ql，豉香型原酒<ql，特香型白酒<ql，药香型白酒<ql。

五、 三羧酸

柠檬酸（citric acid）(C 4-23)，俗称 2-羟基-1,2,3-丙烷三羧酸，IUPAC 名 2-羟基-丙烷-1,2,3-三羰基酸（2-hydroxypropane-1，2，3-tricarboxylic acid），CAS 号 77-92-9，FEMA 号 2306，RI_{np} 1845（TG-5 柱，柠檬酸-4TMS）或 1859（柠檬酸-TMS-MSTFA）或 2450（柠檬酸-MTBSTFA），分子式 $C_6H_8O_7$，结构式 $HOOCCH_2C(OH)(COOH)CH_2COOH$，摩尔质量 192. 12g/mol，无色结晶，熔点 152~153℃，密度 1. 665g/L，溶于水及乙醇，水中溶解度 59. 2%（20℃），pK_{a1} 3. 13，pK_{a2} 4. 76，pK_{a3} 6. 40。

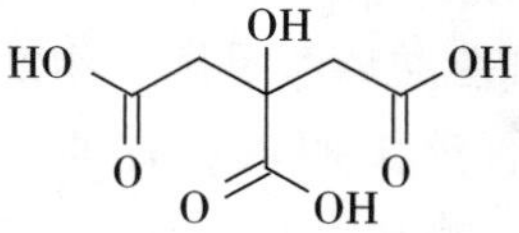

C 4-23 柠檬酸

柠檬酸在水溶液中可以形成三种形式的钠盐。室温时，柠檬酸是无色的粉末状晶体，或者以无水形式存在，或者含有一个结晶水；当加热到74℃时，含有一个结晶水的柠檬酸失水成无水结晶的形式；加热到175℃时，该化合物分解，生成二氧化碳和水。

柠檬酸是一个没有气味的，但却是很有价值的酸味剂，它可以增加溶液的酸度，但并不改变溶液的气味；其酸味圆润，爽快可口，入口时酸味即达到最大值，后味时间短。柠檬酸在水溶液中酸味阈值2.6mmol/L或755μmol/L。该化合物是一个弱酸，在食品中比较愉悦的浓度为0.02%~0.08%；也是一种天然的防腐剂（preservative）、抗氧化剂。柠檬酸呈涩味，水溶液中涩味阈值1198μmol/L。

柠檬酸是生物化学中柠檬酸循环的一个重要的中间体，存在于几乎所有生物的新陈代谢中，广泛存在于各类水果和蔬菜及其发酵产品中，主要存在于柠檬中，占干重8%；橙汁中含量为7400mg/L，苹果汁中含量为130mg/L。

游离态柠檬酸存在于我国白酒大曲及其制曲原料中，酱香型大曲中含量为556.8μg/g（干重），浓香型大曲436.1μg/g（干重），清香型大曲393.0μg/g（干重）；小麦141.2μg/g（干重），大麦143.6μg/g（干重），豌豆328.3μg/g（干重）。

柠檬酸在葡萄酒中含量为0.13~0.40g/L或0~0.50g/L，艾格尼科红葡萄酒1.4~1.8g/L，丹菲特红葡萄酒23.3~24.1mg/L；玫瑰红葡萄酒0.34~0.38g/L（葡萄牙）；西万尼白葡萄酒0.47g/L（葡萄牙），灰比诺白葡萄酒0.43g/L（葡萄牙），霞多利白葡萄酒0.53g/L（葡萄牙），塔利诺白葡萄酒1.0g/L。葡萄酒中的柠檬酸主要来源于发酵原料葡萄。

柠檬酸在啤酒中浓度为6~322mg/L，在皮尔森啤酒和爱尔啤酒中，柠檬酸浓度分别为107~186mg/L和173~211mg/L；果醋中柠檬酸含量为2282~11929 μmol/L；在阿夏戈干酪中含量为2300mg/kg，埃丹干酪中含量为8500mg/kg。

柠檬酸仅仅在特香型白酒原酒中检测到，其含量为2.66μg/L，在酱香型、浓香型、清香型、凤香型、老白干香型、芝麻香型白酒原酒中均未检测到。

第二节 不饱和脂肪酸

一般地，不饱和脂肪酸（unsaturated acids）比它们相应的饱和脂肪酸具有更强烈的尖酸气味。

单不饱和脂肪酸、不饱和脂肪二酸和三酸在水果中主要来源于亚油酸（linoleic

acid）和亚麻酸（linolenic acid）的β-氧化降解。

酒类中，绝大部分的有机酸和脂肪族酸是微生物发酵的产物。大部分的微生物均有活性脂肪酶（active lipase）系统，这类酶攻击甘油三酸酯（triglyceride），产生甘油、甘油一酯（monoglyceride）、甘油二酯（diglyceride），以及游离的脂肪酸类化合物（free fatty acids）。游离的脂肪酸也可以发生继发反应，如氧化等，再产生一系列新的呈香化合物。部分酸可能来源于氨基酸的脱氨基反应，其产物是脂肪族（包括直链和支链的）和芳香族的酸。

一、 反-2-烯酸类

反-2-烯酸类在酒类中可以检测到，但反-3-烯酸类尚未见在饮料酒中报道。

巴豆酸（crotonic acid）（C 4-24），IUPAC 名反-2-丁烯酸［*trans*-2-butenoic acid，（*E*）-2-butenoic acid］，CAS 号 107-93-7，FEMA 号 3908，RI_{np} 941，RI_p 1862，白色晶状固体，熔点 72℃，沸点 184.7℃，密度 1.027g/mL（25℃），lgP 0.658。巴豆酸具有非常强烈的干酪香、独活草（lovage）气味。

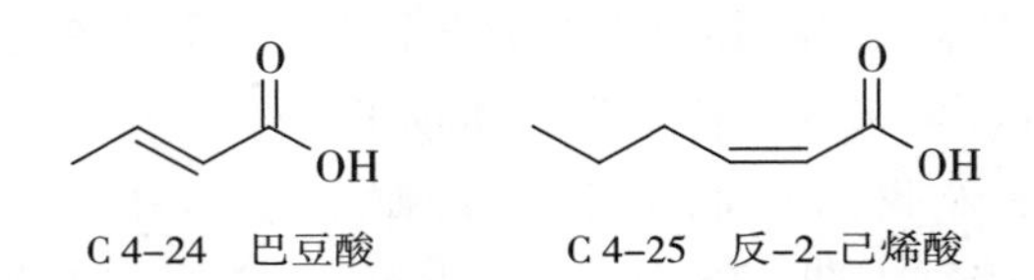

C 4-24　巴豆酸　　　C 4-25　反-2-己烯酸

反-2-己烯酸［*trans*-2-hexenoic acid，（*E*）-2-hexenoic acid］（C 4-25），CAS 号 13419-69-7，FEMA 号 3169，RI_p 1962，白色晶状固体，熔点 33~35℃，沸点 217℃，密度 0.965g/mL（25℃），lgP 1.677，呈脂肪和霉腐臭，已经在葡萄和葡萄酒中检测到；我国赤霞珠葡萄中含量为 0.14~4.96μg/L；贵人香白葡萄中含量为 nd~0.76μg/kg，霞多利葡萄中含量为 nd~0.92μg/kg，雷司令葡萄中含量为 0.21~0.38μg/kg。

二、 油酸类

在我国白酒中，有三个著名的不饱和脂肪酸——油酸、亚油酸和亚麻酸，均是无嗅的酸。

油酸（oleic acid）（C 4-26），IUPAC 名十八碳-顺-9-烯酸［（*Z*）-octadec-9-enoic acid，*cis*-9-octadecenoic acid，C18：1（*cis*-9）］，CAS 号 112-80-1，FEMA 号 2815，RI_{np} 2141 或 2115 或 2171（油酸-TMS-MSTFA）或 2220（TG-5 色谱柱，油酸-1TMS），，RI_p 2933 或 > 2800，分子式 $C_{18}H_{34}O_2$，淡黄色或浅棕黄色油状液体，密度 0.895g/mL，熔点 13~14℃，沸点 360℃，lgP 7.698，不溶于水，溶于乙醇，是一种单不饱和 ω 脂肪酸。

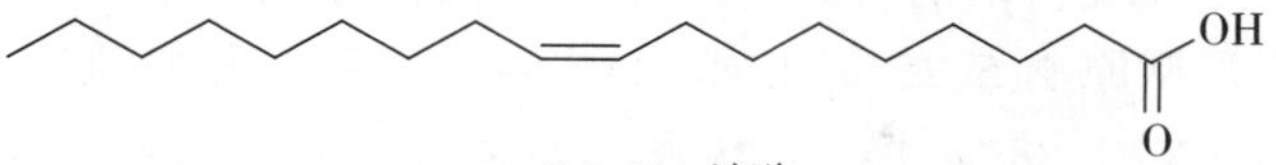

C 4-26　油酸

油酸呈猪肉气味、涩味，水溶液中涩味阈值 0.67mmol/L；呈脂肪厚味（fatty mouth-coating），味阈值 2.65mmol/L；在水乳浊液下呈苦味，苦味阈值 9～12mmol/L，并呈焦煳的、粗糙的后味；在牛乳中苦味阈值 1100mg/kg 乳浊液（含 3.5%脂肪的 UTH 牛乳），且呈辛辣的、似椰子的和涩的后味。

油酸在我国成品白酒中含量为 1.0～5.6μg/L，在白酒原酒中的含量如下：酱香型原酒 936μg/L 或 5.09mg/L；浓香型原酒 1.72mg/L 或 3.35mg/L；清香型原酒 < ql 或 3.42mg/L；米香型原酒 4.09mg/L；兼香型原酒 3.84mg/L；凤香型白酒<ql 或 3.31mg/L；老白干香型白酒 2.84mg/L 或 6.06mg/L，手工大楂原酒 3.54～6.12mg/L，机械化大楂原酒 3.45～6.16mg/L；芝麻香型白酒 3.60mg/L 或 6.14mg/L，手工原酒 6.07～6.31mg/L，机械化原酒 5.60～6.34mg/L；豉香型原酒 3.10mg/L；特香型白酒<ql 或 4.72mg/L；药香型原酒 3.39mg/L。

油酸的反式异构体十八碳-反-9-烯酸［(*E*)-octadec-9-enoic acid，*trans*-9-octadecenoic acid］没有苦味，呈微弱的焦煳后味。该化合物已经在黄油、百香果、芒果中检测到。

三、 亚油酸类

亚油酸（linoleic acid）（C 4-27），IUPAC 名十八碳-顺,顺-9,12-二烯酸［(*Z*,*Z*)-9,12-octadecadienoic acid，*cis*-9，*cis*-12-octadecadienoic acid，C18∶2（*cis*,*cis*-9,12），9c,12c-octadecensäure（德语）］，CAS 号 60-33-3，FEMA 号 3380，RI_{np} 2079 或 2122 或 2215（TG-5 色谱柱，亚油酸-1TMS），分子式 $C_{18}H_{32}O_2$，无色油状液体，密度 0.9g/mL，熔点-5℃或-12℃，沸点 365～366℃或 230℃(1.6kPa)，相对密度 0.902（25℃），lgP 7.050，水中溶解度 0.139mg/L，是一种多不饱和 ω 脂肪酸。

通常认为亚油酸没有气味，纯品不呈苦味，但当它以乳浊液形式存在时呈苦味，水溶液中苦味阈值 4～6mmol/L，并同时呈焦煳的、粗糙的、胡桃的后味；在牛乳中苦味阈值 670mg/kg 乳浊液（含 3.5%脂肪的 UTH 牛乳），且呈辛辣的、金属的、似胡桃的和涩的后味。

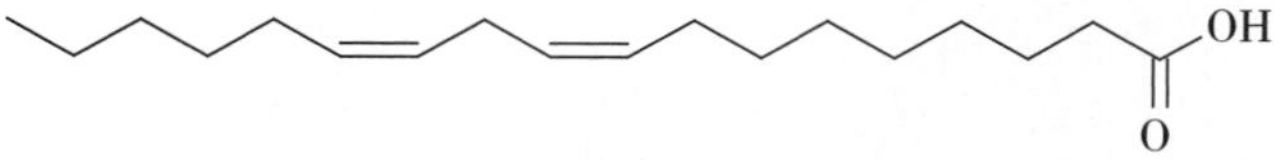

C 4-27　亚油酸

亚油酸存在于白酒、乳脂等产品中。

亚油酸在白酒原酒中的含量如下：酱香型原酒 3.11mg/L 或 10.44mg/L；浓香型原

酒4.44mg/L或2.03mg/L；清香型原酒<ql或1.85mg/L；凤香型原酒28.8μg/L或1.34mg/L；老白干香型原酒5.25mg/L或1.07mg/L，手工大糙原酒0.91～1.34mg/L，机械化大糙原酒0.82～1.88mg/L；芝麻香型原酒8.53mg/L或2.27mg/L，手工原酒1.62～2.80mg/L，机械化原酒1.35～4.26mg/L；米香型原酒5.53mg/L，兼香型原酒5.71mg/L，豉香型原酒0.34mg/L，特香型原酒63.4μg/L或8.19mg/L，药香型原酒1.29mg/L。

其反式异构体十八碳-反,反-9,12-二烯酸［(*E*,*E*)-9，12-octadecadienoic acid，*trans*-9，*trans*-12-octadecadienoic acid，C18：2（*trans*,*trans*-9,12）］在水溶液中呈苦味，水溶液中苦味阈值11～15mmol/L，同时呈焦煳和粗糙的气味。

四、 亚麻酸类

亚麻酸（linolenic acid）(C 4-28)，IUPAC名十八-顺,顺,顺-9,12,15-三烯酸［(*Z*,*Z*,*Z*)-octadeca-9,12,15-trienoic acid，C18：3（*cis*,*cis*,*cis*-9,12,15)］，CAS号463-40-1，分子式$C_{18}H_{30}O_2$，熔点-11℃，沸点230～232℃（133Pa），密度0.914mg/L(25℃)，lgP 6.460，不溶于水，能溶于醇，是一种多不饱和ω-3脂肪酸。

通常认为亚麻酸没有气味，但以乳浊液形式存在时呈苦味，水溶液中苦味阈值0.6～1.2mmol/L，同时呈焦煳的、辛辣的和胡桃的后味；在牛乳中苦味阈值1150mg/kg乳浊液（含3.5%脂肪的UTH牛乳），且呈辛辣的、金属的和涩的后味。

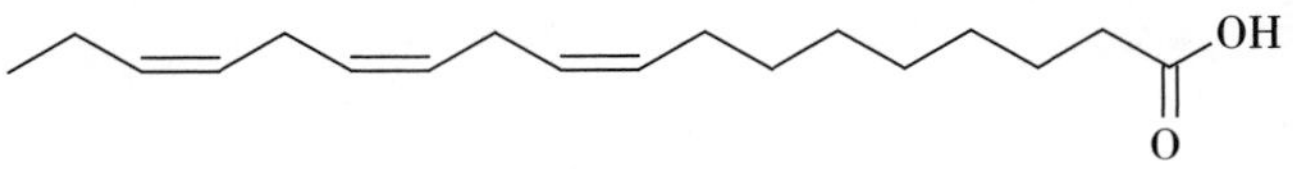

C 4-28　亚麻酸

五、 丁烯二酸类

丁烯二酸有两个异构体，分别称为马来酸和富马酸。

马来酸（maleic acid）(C 4-29)，IUPAC名顺-丁烯二酸（*cis*-butenedioic acid），CAS号110-16-7，分子式$C_4H_4O_4$，RI_{np} 1351（马来酸-2TMS）或1310（TG-5柱，马来酸-2TMS）或1733（马来酸-MTBSTFA），摩尔质量116.07g/mol。白色固体，熔点135℃（分解），密度1.59g/cm^3，溶解于水，溶解度788g/L，pK_{a1} 1.9，pK_{a1} 6.07。马来酸呈酸味，在水溶液中酸味阈值3.0mmol/L或948μmol/L；呈涩味，水溶液中涩味阈值474μmol/L。

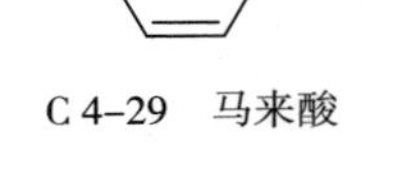

C 4-29　马来酸 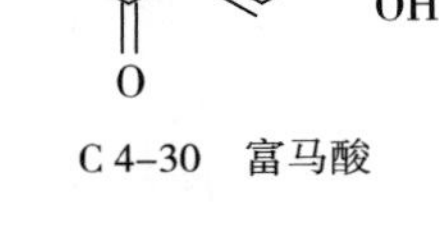　　C 4-30　富马酸 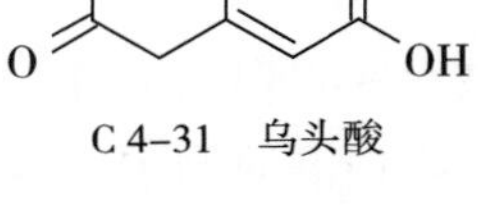　　C 4-31　乌头酸

马来酸在葡萄酒中含量为 80μmol/L。

马来酸在白酒原酒中含量如下：酱香型白酒 697μg/L 或 602.3μg/L，浓香型白酒 932μg/L 或<ql，清香型白酒<ql，兼香型原酒<ql，凤香型白酒<ql，老白干香型白酒 93.1μg/L 或<ql，芝麻香型白酒 1370μg/L，芝麻香型原酒<ql，米香型白酒<ql，豉香型原酒<ql，特香型白酒<ql 或 471.49μg/L，药香型白酒<ql。

富马酸（fumaric acid）(C 4-30)，IUPAC 名为反-丁烯二酸（*trans*-butenedioic acid），CAS 号 110-17-8，RI_{np} 1352（TG-5 柱，富马酸-2TMS）或 1348（富马酸-TMS-MSTFA）或 1782（富马酸-MTBSTFA），白色固体，密度 1.635g/cm^3，在熔点 287℃时，该化合物分解。呈水果味道。水中溶解度 4.3g/L（20℃），呈酸性，pK_{a1} 3.03，pK_{a2} 4.44。呈酸味，水溶液中酸味阈值 682μmol/L；呈涩味，水溶液中涩味阈值 1928μmol/L。

游离态富马酸存在于我国白酒大曲及其制曲原料中，酱香型大曲中含量为 63.56μg/g（干重），浓香型大曲 78.21μg/g（干重），清香型大曲 44.64μg/g（干重）；小麦 32.33μg/g（干重），大麦 13.33μg/g（干重），豌豆<ql。

富马酸在白酒原酒中含量如下：酱香型白酒 302μg/L 或 53.96μg/L，浓香型白酒 47.9μg/L 或 0.12μg/L，清香型白酒<ql 或 0.57μg/L，兼香型原酒 7.56μg/L，凤香型白酒<ql 或 0.17μg/L，老白干香型白酒<ql，芝麻香型白酒 63.1μg/L 或<ql，米香型白酒 0.29μg/L，豉香型原酒 2.72μg/L，特香型白酒<ql 或 74.84μg/L，药香型白酒 1.12μg/L。

六、乌头酸

乌头酸（aconitic acid）(C 4-31）是不常见的、不饱和、不挥发的三羧酸，俗称丙烯三甲酸，IUPAC 名丙-1-烯-1,2,3-三羧酸（prop-1-ene-1,2,3-tricarboxylic acid），CAS 号 499-12-7，无色晶体，熔点 190℃（*trans*-型）或 122℃（*cis*-型）。该化合物（*trans*-型和 *cis*-型）呈酸味、涩味，水溶液中酸味阈值 500μmol/L，涩味阈值 0.5μmol/L（即 0.1mg/L）或 0.3μmol/L（*trans*-型和 *cis*-型）。

乌头酸存在于红醋栗水果中，已经在葡萄酒中检测到，*cis*-型在红葡萄酒中含量为 16μmol/L 或 1.1~1.5mg/L（丹菲特红葡萄酒），*trans*-型在红葡萄酒中含量为 9.2μmol/L 或 0.3~0.4mg/L（丹菲特红葡萄酒）。

第三节　结合态有机酸

最新发现与葡萄糖结合的苹果酸，(*S*)-苹果酸-1-*O*-D-吡喃葡萄糖苷［(*S*)-malic acid 1-*O*-D-glucopyranoside］，即（*S*）-莫雷德［(*S*)-morelid］，分子式 $C_{10}H_{16}O_{10}$，摩尔质量 296.23g/mol，呈鲜味，有轻微酸味，在水溶液中鲜味阈值 6.0mmol/L。

(*S*)-莫雷德有二个异构体，即（*S*)-苹果酸-1-*O*-α-D-吡喃葡萄糖苷［(*S*)-malic acid 1-*O*-α-D-glucopyranoside］（C 4-32）和（*S*)-苹果酸-1-*O*-*β*-D-吡喃葡萄糖苷

[(*S*)-malic acid 1-*O*-*β*-D-glucopyranoside](C 4-33)。

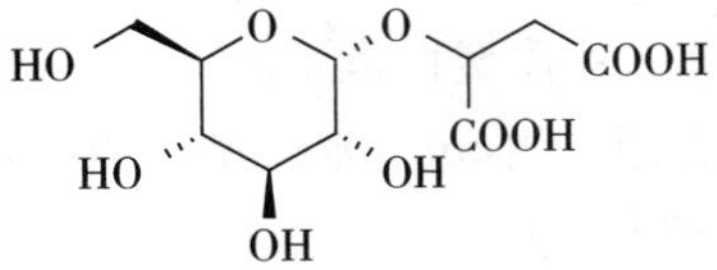

C 4-32 (*S*)-苹果酸-1-*O*-*α*-D-吡喃葡萄糖苷

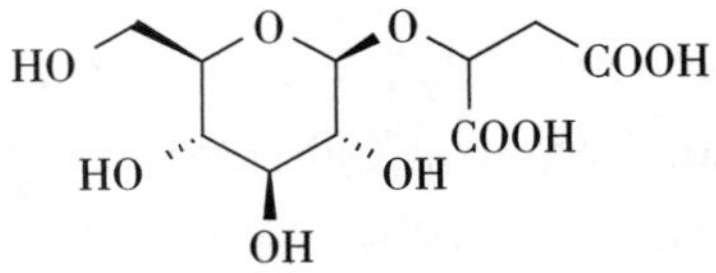

C 4-33 (*S*)-苹果酸-1-*O*-*β*-D-吡喃葡萄糖苷

睡菜根酸葡萄糖酯（glucoseester of menthiafolic acid)(4-34）是睡菜根酸的葡萄糖苷类化合物，于1997年首次在葡萄酒中检测到。

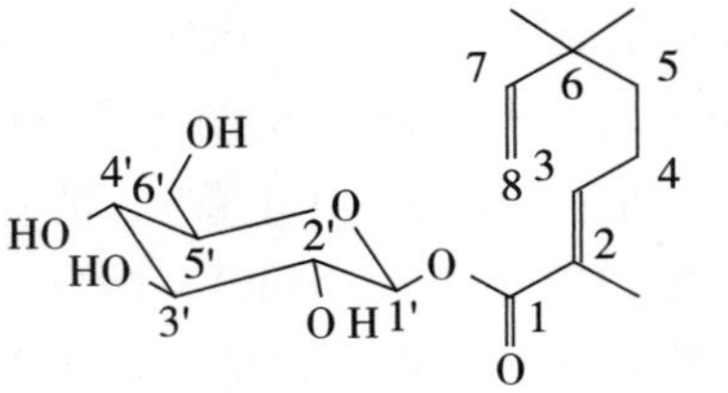

C 4-34 睡菜根酸葡萄糖酯

第四节 脂肪酸产生与降解途径

一、脂肪酸产生途径

1. 挥发性脂肪酸产生机理

挥发性脂肪酸的生物合成主要来源于乙醇发酵过程。在酵母细胞中，乙酰辅酶A与丙二酰辅酶A反应，主要生成4~18个碳原子的偶数碳饱和直链脂肪酸，而浓度相对较低的奇数碳和不饱和脂肪酸的生成与发酵条件有关。

在酵母中，乙酸是丙酮酸脱氢酶途径的中间产物。在此途径中，通过丙酮酸脱羧酶(PDC)、乙醛脱氢酶（ALD）和乙酰辅酶A合成酶（acetyl-CoA synthase）的系列催化，将丙酮酸转化为乙酰辅酶A（图4-1)。乙酸来源于丙酮酸产生的乙醛的氧化，在发酵过程中，这一反应由乙醛脱氢酶催化。线粒体中有两个亚型*ALD4*和*ALD5*编码乙醛脱氢酶，而细胞质中有三个亚型*ALD6*、*ALD2*和*ALD3*编码乙醛脱氢酶。

在酵母厌氧发酵葡萄糖时（类似于葡萄酒发酵)，Ald6p、Ald5p和Ald4p是乙酸生成主要的酶。在干葡萄酒发酵条件下（20%糖和厌氧环境)，胞内$NADP^+$依赖型醛脱氢酶Ald6p是产生乙酸的主要同工酶。线粒体内$NADP^+$依赖型醛脱氢酶Ald5p同工酶和NAD（P)$^+$依赖型醛脱氢酶Ald4p同工酶依酵母菌种和发酵条件，通常贡献较小。在葡萄酒酵母中敲除*ALD6*等位基因，将导致发酵过程中乙酸浓度下降50%。同时，由于氧化还原的失衡，甘油、琥珀酸和2,3-丁二醇有轻微上升。在高渗透压条件下，如爱思温（eiswein）和冰葡萄酒（icewine）发酵条件下，*ALD3*（编码胞内 $NADP^+$依赖型醛脱氢酶 Ald3p 同工酶的合成）异常表达，对乙酸的产生贡献较大，高于传统葡萄酒发酵产生的乙酸。在清酒生产中，糖浓度高的情况下 *ALD2* 和 *ALD3* 的诱导将导致乙酸的大量产生。

酿造葡萄酒用酿酒酵母（*S. cerevisiae*）依据发酵条件和酵母菌种类型不同，乙酸产量从 0.1~2g/L 不等。与酿酒酵母相比，贝酵母（*S. bayanus*）和葡萄汁酵母（*S. uvarum*）产乙酸较少。

酵母由于其线粒体乳酸脱氢酶（lacticodehydrogenase）无效，因此，在发酵时，酿酒酵母只产生痕量的乳酸。若将来源于干酪乳杆菌（*L. casei*）中编码乳酸脱氢酶的基因克隆到酿酒酵母中，则该酵母可以转化 20%的葡萄糖为乳酸。

C_4~C_{12}的直链脂肪酸是饱和脂肪酸代谢的副产物。丙二酰-CoA 是从乙酰-CoA 首个合成的化合物，由乙酰-CoA 脱羧酶催化。接着的反应由复杂合成酶系催化，增加链长，以每 2 个碳为单元增加。C_{16}和 C_{18}脂肪酸是主要的终端产物，它们是磷脂（phospholipids）的组成部分，而磷脂是细胞膜的骨架。生长限制因子能抑制乙酰-CoA 羧化酶，是调节脂肪酸合成的关键酶，该酶能使脂肪酸在合成体系中早期便释放。如此，则产生了短链和中链脂肪酸。

支链脂肪酸如 2-甲基丙酸、2-甲基丁酸和 3-甲基丁酸不是脂肪合成途径的产物，它们来源于醛的氧化，而醛则来源于氨基酸代谢产生的 α-酮酸（图 4-1）。

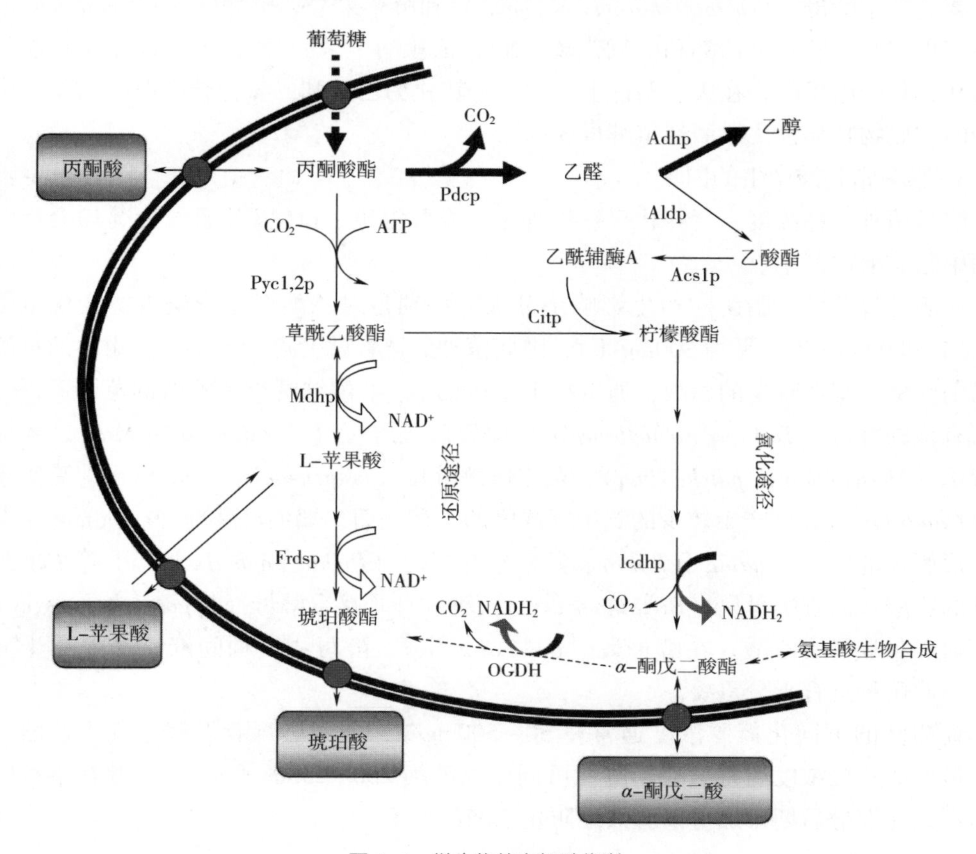

图 4-1 微生物的有机酸代谢

2. 不挥发性脂肪酸代谢

苹果酸主要存在于葡萄中，但有些酵母也可以产苹果酸，如酿酒酵母（*S. cerevisiae*）、葡萄汁酵母（*S. uvarum*）、贝酵母（*S. bayanus*）。苹果酸（酯）通过主动运输（active transport）方式分泌到胞外，这可能会造成新产葡萄酒滴定酸度难以预测和控制。一种商业性葡萄酒酿酒酵母 Enoferm M2 可以使赤霞珠（Cabernet sauvignon）葡萄酒中的苹果酸达 1.5g/L。L-苹果酸通过苹果酸脱氢酶（malate dehydrogenase, Mdhp，图 4-1）催化草酰乙酸酯（oxalacetate）还原产生；而草酰乙酸酯则来源于丙酮酸，通过丙酮酸酯羧化酶（pyruvate carboxylase，Pyc1p 和 Pyc2p）的作用形成。

酿酒酵母不能代谢葡萄中的酒石酸，但能降解 3%~45%的苹果酸。酿酒酵母缺乏苹果酸转移酶系统（malate transport system）。苹果酸进入酿酒酵母是通过简单扩散（diffusion）进入酵母内，且以非电离的（non-dissociated）方式。苹果酸一旦进入酵母细胞内，酿酒酵母将自行构建 NAD 依赖型苹果酸脱氢酶（malate dehydrogenase），转化苹果酸为丙酮酸。L-苹果酸第一步在苹果酸脱氢酶的催化下降解，接着进入三羧酸循环（tricarboxylic acid cycle，TCA cycle）的氧化反应（图 4-1）。在厌氧条件下，进一步转化为乙醇和二氧化碳。在好氧条件下，苹果酸脱羰基转化为水和二氧化碳。酵母到底是合成 L-苹果酸酯还是分解 L-苹果酸与环境条件有关，低氮、低 pH 有利于苹果酸酯的产生，而低糖则有利于苹果酸酯的消耗。

粟酒裂殖酵母（*Schizosaccharomyces pombe*）和解苹果酸裂殖酵母（*Sz. malidevorans*）能将苹果酸完全转化为乙醇和二氧化碳。NAD 依赖的苹果酸酶（malic enzyme）能将苹果酸盐转化为丙酮酸，在厌氧条件下，进一步转化为乙醇和二氧化碳。但酿酒酵母中苹果酸酶的底物特异性比粟酒裂殖酵母要高 15 倍。

3. 影响脂肪酸产生的因素

酵母菌种、糖浓度、营养状况、接种量、发酵温度、pH 以及通气情况均会影响饮料酒中脂肪酸的产生。

酿酒酵母菌种对脂肪酸产生影响十分大，特别是对乙酸产生影响大，变化范围从 37mg/L 到 999mg/L（平均 300mg/L），因此菌种的选育就变得十分重要。耐冷的贝酵母和葡萄汁酵母则产较少的乙酸，通常小于 150mg/L。非酿酒酵母产乙酸的范围广泛，德尔布有孢圆酵母（*Torulaspora delbrueckii*）即软假丝酵母（*Candida colliculosa*）、美极梅奇酵母（*Metschnikowia pulcherrima*）、东方伊萨酵母（*Issatchenkia orientalis*）即克柔念珠菌（*Candida krusei*）产生较少的到中等浓度的乙酸；而二端尖形酵母（apiculate yeast），如星形假丝酵母（*Candida stellata*）、异常毕赤酵母（*Pichia anomala*）产中等浓度到高浓度的乙酸；酒香酵母属（*Brettanomyces*）菌种和拜耳接合酵母（*Zygosaccharomyces bailii*）则产非常多的乙酸。在酵母属（*Saccharomyces*）酵母中，种间产乙酸差异十分巨大，因此菌种选育十分重要。

葡萄汁的可同化氮源浓度通常在 50~500mg/L，强烈影响着发酵过程中乙酸的积累。最低的乙酸浓度通常出现于酵母可同化氮源为 200~250mg/L 时。氮源在接种时添加而不是在发酵后期添加可以有效地防止乙酸的积累。

某些酵母会对维生素、烟酸、肌醇和泛酸有部分需求，且影响着乙酸酯代谢。葡萄汁中添加泛酸会显著增加乙酸的产生，且与酵母菌种、发酵温度、糖浓度以及葡萄汁组成有关。某些酿酒酵母在厌氧条件下自身不能合成吡啶核苷酸，因此依赖于葡萄汁中的烟酸。增加葡萄汁中的烟酸，可能刺激了 NADH 产生，从而增加了乙酸浓度。

发酵温度影响乙酸的产生。当酵母生长在亚最优温度时，其生长逐渐受到抑制，生物量产生下降，造成乙酸酯积累。但乙酸酯的得率对形成的每克酵母蛋白是恒定的。在非常低的温度下，酵母生长与糖代谢并不相干，从而导致生物量降低，但乙酸酯却高产。

挥发性脂肪酸是长链脂肪酸形成的副产物。挥发性脂肪酸的生物合成受到众多因素的控制，这些控制因素也能控制脂肪酸乙酯的形成，如氧、麦角甾醇和各种不溶解性物质（如葡萄固形物、澄清固形物、酵母壳等）倾向于抑制脂肪酸的产生；而糖浓度和澄清度会刺激它们的产生。

二、 苹果酸-乳酸发酵

酒类中的乳酸主要是微生物发酵的产物。乳酸的发酵分为两种，一类是同型乳酸发酵，一类是异型乳酸发酵。同型乳酸发酵时，微生物利用底物只产生乳酸，如 *L. bulgaricus* 发酵时，终产物中 85%以上是乳酸。异型乳酸发酵是指微生物发酵产物中除乳酸外，还有乙酸、乙醇、二氧化碳和其他代谢产物，如 *Leuconostoc* sp. 的发酵。在葡萄酒和苹果酒生产中，乳酸还可以通过苹乳酸发酵（malolactic fermentation，MLF）而产生。

葡萄汁与葡萄酒中起主要作用的酸是苹果酸和酒石酸，对其感官质量有重大贡献。葡萄酒中酸的生物降解通常使用酒酒球菌（*Oen. oeni*）。在苹乳酸发酵时，该菌能将苹果酸脱羰基生成乳酸和二氧化碳。大量 MLF 感官研究与实践证明，葡萄酒进行 MLF 发酵能改善葡萄酒质地（texture）与酒体（body），发酵后的酒更加丰满（full）、饱满（rich）、回味悠长（longer aftertaste）。但 MLF 后，果香会有损失，总体香气强度会下降，表现为乙酸异戊酯、乙酸乙酯、已酸乙酯、乙酸-2-苯乙酯和乙酸已酯浓度下降，乳酸乙酯、乙酸和琥珀酸二乙酯含量上升。MLF 发酵有时发不起来，主要问题是氮源不足（nutrient limitation）、低温、酸度过高以及高浓度的醇和二氧化硫浓度。MLF 发酵不正常时，会产生有害物生物胺。

基因工程酵母菌可以同时进行酒精发酵与苹果酸的降解。苹果酸-乙醇葡萄酒酵母的开发是通过在酿酒酵母中共表达来源于粟酒裂殖酵母的 *mae1* 苹果酸透性酶（malate permease）基因和来源于乳酸乳球菌（*Lacto. lactis*）的苹乳酸基因 *mleS*。该重组酿酒酵母菌株能在赤霞珠和西拉葡萄汁 20℃发酵时转运苹果酸盐，并在 3d 内将苹果酸盐代谢为乳酸盐，而在霞多利葡萄汁 15℃发酵时，需要 7d。另一个遗传学上更加稳定的基因工程酵母菌是在酿酒酵母中表达来源于粟酒裂殖酵母的苹果酸透性酶基因 *mae1* 和来源于酒酒球菌（*Oenococcus oeni*）的苹乳酸基因 *mleA*。该菌（ML01）在霞多利葡萄汁发酵时能降解 9. 2g/L 的苹果酸，并改善葡萄酒的颜色。该菌已经获得美国 FDA 许可，并在北美用于商业化生产葡萄酒。

三、 琥珀酸产生途径

琥珀酸盐是三羧酸循环（TCA cycle）的一个中间体，它能供给质子而形成延胡索酸，同时，FAD 获得质子而成为 $FADH_2$。这一反应在琥珀酸脱氢酶催化下进行。

在酒类生产中，通常情况下，琥珀酸来源于酵母的代谢，是酵母代谢产生的主要有机酸，酵母最多可以产生 2g/L 的琥珀酸。产琥珀酸的主要酵母有酿酒酵母（*S. cerevisiae*）、葡萄汁酵母（*S. uvarum*）、贝酵母（*S. bayanus*），后两个酵母产生的琥珀酸的量更多一点。在葡萄酒中可以检测到琥珀酸，但却未在葡萄（汁）中发现或含量极微。

琥珀酸主要来源于 TCA 循环的还原途径（图 4-1 的左边部分）。草酰乙酸酯来源于丙酮酸，通过羧基化反应（carboxylation reaction）产生；草酰乙酸被还原成 L-苹果酸，再脱水（hydrated）形成延胡索酸酯（fumarate），在延胡索酸酯还原酶（fumarate reductase，Frdsp）作用下，生成琥珀酸酯。

不同的酵母菌种产琥珀酸的量不同，发酵温度、通气、葡萄汁澄清度、糖浓度、可同化氮（assimilable nitrogen）、生物素等营养成分、pH、滴定酸度、SO_2浓度等也影响着葡萄酒中琥珀酸的浓度。异常数量的琥珀酸来源于高浓度的 γ-氨基丁酸，是某些情况下在葡萄汁中形成的。琥珀酸还可以通过 α-酮戊二酸酯（α-koto glutarate）/谷氨酸（glutamate）在酮戊二酸脱氢酶（oxo-glutarate dehydrogenase，OGDH）复合物催化下氧化脱羰基产生（图 4-1）。

将清酒酵母中编码延胡索酸酶（fumarase）的基因 *FUM1* 敲除，发现延胡索酸在培养基中积累，表明苹果酸（酯）和琥珀酸（酯）来源于 TCA 循环的氧化途径。如将清酒酵母中编码顺乌头酸酶（aconitease）基因 *ACO1* 敲除，与野生菌株相比苹果酸浓度上升 1 倍，而琥珀酸浓度下降一半。更进一步地，敲除清酒酵母中的延胡索酸还原酶（fumarate reductase）的基因 *OSM1*，则琥珀酸的含量是野生菌株的 15 倍，而敲除 α-酮戊二酸脱氢酶基因 *KGD1* 和延胡索酸酶基因 *FUM1* 后，琥珀酸浓度下降。

异常琥珀酸发酵（abnormal fermentation of succinic acid）会影响到葡萄酒的 TA（滴定酸度）值。发酵时，琥珀酸的异常积累与酵母菌种、发酵温度、通气、葡萄汁澄清度和组成（包括糖浓度、营养成分、pH、TA 和二氧化硫浓度等）相关。

四、 酮酸产生途径

丙酮酸和 α-酮戊二酸是酵母糖代谢（sugar metabolism）的中间产物，或来源于丙氨酸（alanine）和谷氨酸盐（glutamate），但通常产量较小。酮酸具有与 SO_2和酚类化合物的结合能力，因此，酮酸会影响到酒的质量、化学与生物学稳定性以及色素稳定性，同时会降低抗氧化性和抗菌活性。当发酵液中氮源充分时，α-酮戊二酸在葡萄酒中积累，至少在 50~100mg/L。但当氮源缺乏时，也能达到 1×10^2mg/L 级的浓度。

除了氮源对 α-酮戊二酸影响外，酵母菌种也影响 α-酮戊二酸的浓度。丙酮酸在啤酒中的浓度在 1~127mg/L。上面发酵的啤酒中丙酮酸的变化较大，而皮尔森啤酒中丙酮酸相对较稳定。

复习思考题

1. 名词解释。

总酸，滴定酸，挥发性酸，固定酸。

2. 简述有机酸对饮料酒风味、口感与色泽的影响。
3. 简述乙酸的产生途径。
4. 论述己酸和丁酸在白酒中的作用及其产生途径。
5. 简述酒石酸、苹果酸和柠檬酸对果酒品质的影响。
6. 论述苹果酸-乳酸发酵对葡萄酒品质的影响。
7. 简述饮料酒中不饱和脂肪酸的产生途径。
8. 简述异戊酸对白酒品质的影响。

参考文献

[1] Clarke, R. J., Bakker, J. Wine Flavour Chemistry [M]. Oxford, UK: Blackwell Publishing Ltd., 2004.

[2] Park, Y. J., Kim, K. R., Kim, J. H. Gas chromatographic organic acid profiling analysis of brandies and whiskeys for pattern recognition analysis [J]. J. Agri. Food. Chem., 1999, 47: 2322-2326.

[3] Ugliano, M., Henschke, P. A. Yeasts and wine flavour [M]. In Wine Chemistry and Biochemistry, Moreno-Arribas, M. V.; Polo, M. C., Eds. Springer, New York, USA, 2008; 314-392.

[4] Ebeler, S. E. Analytical chemistry: unlocking the secrets of wine flavor [J]. Food Rev. Int., 2001, 17 (1): 45-64.

[5] Francis, I. L., Newton, J. L. Determining wine aroma from compositional data [J]. Aust. J. Grape Wine Res., 2005, 11 (2): 114-126.

[6] Siek, T. J., Albin, I. A., Sather, L. A., Lindsay, R. C. Comparison of flavor thresholds of aliphatic lactones with those of fatty acids, esters, aldehydes, alcohols, and ketones [J]. J. Dairy Sci., 1971, 54 (1): 1-4.

[7] Sekiwa, Y., Kubota, K., Kobayashi, A. Characteristic flavor components in the brew of cooked Clam (*Meretrix lusoria*) and the effect of storage on flavor formation [J]. J. Agri. Food. Chem., 1997, 45: 826-830.

[8] Mahajan, S. S., Goddik, L., Qian, M. C. Aroma compounds in sweet whey powder [J]. J. Dairy Sci., 2004, 87: 4057-4063.

[9] Hufnagel, J. C., Hofmann, T. Quantitative reconstruction of the nonvolatile sensometabolome of a red wine [J]. J. Agri. Food. Chem., 2008, 56 (19): 9190-9199.

[10] Sonntag, T., Kunert, C., Dunkel, A., Hofmann, T. Sensory-guided identification of *N*-(1-

methyl-4-oxoimidazolidin-2-ylidene) -α-amino acids as contributors to the thick-sour and mouth-drying orosensation of stewed beef juice [J]. J. Agri. Food. Chem., 2010, 58 (10): 6341-6350.

[11] Casella, I. G., Gatta, M. Determination of aliphatic organic acids by high-performance liquid chromatography with pulsed electrochemical detection [J]. J. Agri. Food. Chem., 2002, 50 (1): 23-28.

[12] 刘琼. 浅析单柱离子色谱法与气相色谱法分析白酒中有机酸微量成分 [J]. 酿酒, 2001, 28 (4): 56-58.

[13] Liang, J., Xie, J., Hou, L., Zhao, M., Zhao, J., Cheng, J., Wang, S., Sun, B. -G. Aroma constituents in Shanxi aged vinegar before and after aging [J]. J. Agri. Food. Chem., 2016, 64 (40): 7597-7605.

[14] Pino, J. A. Characterization of rum using solid-phase microextraction with gas chromatography-mass spectrometry [J]. Food Chem., 2007, 104 (1): 421-428.

[15] Rychlik, M., Schieberle, P., Grosch, W. Compilation of odor thresholds, odor qualities and retention indices of key food odorants [M]. Garching: Deutsche Forschungsanstalt für Lebensmittelchemie and Institut für Lebensmittelchemie der Technischen Universität München, 1998.

[16] Wang, J., Gambetta, J. M., Jeffery, D. W. Comprehensive study of volatile compounds in two Australian rosé wines: Aroma extract dilution analysis (AEDA) of extracts prepared using solvent-assisted flavor evaporation (SAFE) or headspace solid-phase extraction (HS-SPE) [J]. J. Agri. Food. Chem., 2016, 64 (19): 3838-3848.

[17] Marcq, P., Schieberle, P. Characterization of the key aroma compounds in a commercial Amontillado sherry wine by means of the sensomics approach [J]. J. Agri. Food. Chem., 2015, 63 (19): 4761-4770.

[18] Klesk, K., Qian, M., Martin, R. R. Aroma extract dilution analysis of cv. Meeker (*Rubus idaeus* L.) red raspberries from Oregon and Washington [J]. J. Agri. Food. Chem., 2004, 52 (16): 5155-5161.

[19] Wang, X., Fan, W., Xu, Y. Comparison on aroma compounds in Chinese soy sauce and strong aroma type liquors by gas chromatography-olfactometry, chemical quantitative and odor activity values analysis [J]. Eur. Food Res. Technol., 2014, 239 (5): 813-825.

[20] López, R., Ferreira, V., Hernández, P., Cacho, J. F. Identification of impact odorants of young red wines made with Merlot, Cabernet sauvignon and Grenache grape varieties: a comparative study [J]. J. Sci. Food Agric., 1999, 79 (11): 1461-1467.

[21] Lee, S. -J., Noble, A. C. Characterization of odor-active compounds in Californian Chardonnay wines using GC-olfactometry and GC-mass spectrometry [J]. J. Agri. Food. Chem., 2003, 51: 8036-8044.

[22] Qian, M., Reineccius, G. Identification of aroma compounds in Parmigiano-Reggiano cheese by gas chromatography/olfactometry [J]. J. Dairy Sci., 2002, 85: 1362-1369.

[23] Jirovetz, L., Smith, D., Buchbauer, G. Aroma compound analysis of *Eruca sativa* (*Brassicaceae*) SPME headspace leaf samples using GC, GC-MS, and olfactometry [J]. J. Agri. Food. Chem., 2002, 50: 4643-4646.

[24] Qian, M., Reineccius, G. Static headspace and aroma extract dilution analysis of Parmigiano Reggiano cheese [J]. J. Food Sci., 2003, 68: 794-798.

[25] Karagül-Yüceer, Y., Vlahovich, K. N., Drake, M., Cadwallader, K. R. Characteristic aroma compounds of rennet casein [J]. J. Agri. Food. Chem., 2003, 51: 6797-6801.

[26] Ruth, J. H. Odor thresholds and irritation levels of several chemical substances: a review [J]. AIHA J., 1986, 47 (3): A142-151.

[27] Czerny, M., Christlbauer, M., Christlbauer, M., Fischer, A., Granvogl, M., Hammer, M., Hartl, C., Hernandez, N. M., Schieberle, P. Re-investigation on odour thresholds of key food aroma compounds and development of an aroma language based on odour qualities of defined aqueous odorant solutions [J]. Eur. Food Res. Technol., 2008, 228: 265-273.

[28] Belitz, H.-D., Grosch, W., Schieberle, P. Food Chemistry [M]. Verlag Berlin Heidelberg: Springer: 2009.

[29] Kirchhoff, E., Schieberle, P. Quantitation of odor-active compounds in rye flour and rye sourdough using stable isotope dilution assays [J]. J. Agri. Food. Chem., 2002, 50 (19): 5378-5385.

[30] Schieberle, P., Hofmann, T. Evaluation of the character impact odorants in fresh strawberry juice by quantitative measurements and sensory studies on model mixtures [J]. J. Agri. Food. Chem., 1997, 45: 227-232.

[31] Darriet, P., Pons, M., Henry, R., Dumont, O., Findeling, V., Cartolaro, P., Calonnec, A., Dubourdieu, D. Impact odorants contributing to the fungus type aroma from grape berries contaminated by powdery mildew (*Uncinula necator*); Incidence of enzymatic activities of the yeast *Saccharomyces cerevisiae* [J]. J. Agri. Food. Chem., 2002, 50 (11): 3277-3282.

[32] Guth, H., Grosch, W. Identification of character impact odorants of stewed beef juice by instrumental analyses and sensory studies [J]. J. Agri. Food. Chem., 1994, 42: 2862-2866.

[33] Guth, H. Quantitation and sensory studies of character impact odorants of different white wine varieties [J]. J. Agri. Food. Chem., 1997, 45 (8): 3027-3032.

[34] Kotseridis, Y., Baumes, R. Identification of impact odorants in Bordeaux red grape juice, in the commercial yeast used for its fermentation, and in the produced wine [J]. J. Agri. Food. Chem., 2000, 48 (2): 400-406.

[35] Uselmann, V., Schieberle, P. Decoding the combinatorial aroma code of a commercial Cognac by application of the sensomics concept and first insights into differences from a German brandy [J]. J. Agri. Food. Chem., 2015, 63 (7): 1948-1956.

[36] Franitza, L., Granvogl, M., Schieberle, P. Characterization of the key aroma compounds in two commercial rums by means of the sensomics approach [J]. J. Agri. Food. Chem., 2016, 64 (3): 637-645.

[37] Gao, W., Fan, W., Xu, Y. Characterization of the key odorants in light aroma type Chinese liquor by gas chromatography-olfactometry, quantitative measurements, aroma recombination, and omission studies [J]. J. Agri. Food. Chem., 2014, 62 (25): 5796-5804.

[38] Reiners, J., Grosch, W. Odorants of virgin olive oils with different flavor profiles [J]. J. Agri. Food. Chem., 1998, 46 (7): 2754-2763.

[39] Rotzoll, N., Dunkel, A., Hofmann, T. Activity-guided identification of (*S*)-malic acid 1-*O*-D-glucopyranoside (morelid) and γ-aminobutyric acid as contributors to umami taste and mouth-drying oral sensation of morel mushrooms (*Morchella deliciosa* Fr.) [J]. J. Agri. Food. Chem., 2005, 53 (10): 4149-4156.

[40] Meyer, S., Dunkel, A., Hofmann, T. Sensomics-assisted elucidation of the tastant code of cooked crustaceans and taste reconstruction experiments [J]. J. Agri. Food. Chem., 2016, 64 (5): 1164-1175.

[41] Hillmann, H., Mattes, J., Brockhoff, A., Dunkel, A., Meyerhof, W., Hofmann,

T. Sensomics analysis of taste compounds in balsamic vinegar and discovery of 5-acetoxymethyl-2-furaldehyde as a novel sweet taste modulator [J]. J. Agri. Food. Chem., 2012, 60 (40): 9974-9990.

[42] Warmke, R., Belitz, H.-D., Grosch, W. Evaluation of taste compounds of Swiss cheese (Emmentaler) [J]. Z. Lebensm. Unters. Forsch., 1996, 203: 230-235.

[43] Hillmann, H., Hofmann, T. Quantitation of key tastants and re-engineering the taste of parmesan cheese [J]. J. Agri. Food. Chem., 2016, 64 (8): 1794-1805.

[44] Campo, E., Ferreira, V., Escudero, A., Cacho, J. Prediction of the wine sensory properties related to grape variety from dynamic-headspace gas chromatography - olfactometry data [J]. J. Agri. Food. Chem., 2005, 53 (14): 5682-5690.

[45] 孙莎莎，范文来，徐岩，李记明，于英. 3种酿酒白葡萄果实的挥发性香气成分比较 [J]. 食品与发酵工业，2014，40 (5): 193-198.

[46] Fan, W., Xu, Y. Characteristic aroma compounds of Chinese dry rice wine by gas chromatography-olfactometry and gas chromatography-mass spectrometry [M]. In Flavor Chemistry of Wine and Other Alcoholic Beverages, Qian, M. C.; Shellhammer, T. H., Eds. American Chemical Society, 2012; 277-301.

[47] Regmi, U., Palma, M., Barroso, C. G. Direct determination of organic acids in wine and wine-derived products by Fourier transform infrared (FT-IR) spectroscopy and chemometric techniques [J]. Anal. Chim. Acta, 2012, 732: 137-144.

[48] Fan, W., Xu, Y., Han, Y. Quantification of volatile compounds in Chinese ciders by stir bar sorptive extraction (SBSE) and gas chromatography-mass spectrometry (GC-MS) [J]. J. Inst. Brew., 2011, 117 (1): 61-66.

[49] 龚舒蓓. 老白干香型和芝麻香型手工原酒与机械原酒的成分差异 [D]. 无锡：江南大学，2018.

[50] Fan, W., Xu, Y., Jiang, W., Li, J. Identification and quantification of impact aroma compounds in 4 nonfloral *Vitis vinifera* varieties grapes [J]. J. Food Sci., 2010, 75 (1): S81-S88.

[51] Eglinton, J. M., Henschke, P. A. The occurrence of volatile acidity in Australian wines [J]. Aust. Grap. Winem., 1999, 426a: 7-12.

[52] Ferreira, V., López, R., Cacho, J. F. Quantitative determination of the odorants of young red wines from different grape varieties [J]. J. Sci. Food Agric., 2000, 80 (11): 1659-1667.

[53] 尹建邦，范文来，徐岩. 蛇龙珠葡萄酒中挥发性有机酸风味的研究 [J]. 食品工业科技，2009，30 (12): 142-148.

[54] Frank, S., Wollmann, N., Schieberle, P., Hofmann, T. Reconstitution of the flavor signature of Dornfelder red wine on the vasis of the natural concentrations of its key aroma and taste compounds [J]. J. Agri. Food. Chem., 2011, 59 (16): 8866-8874.

[55] Nascimento, R. F. D., Cardoso, D. R., Neto, B. S. L., Franco, D. W. Determination of acids in Brazilian sugar cane spirits and other alcoholic beverages by HRGC-SPE [J]. Chromatographia, 1998, 48 (11-12): 751-757.

[56] 胡国栋，程劲松，朱叶. 气相色谱法直接测定白酒中的有机酸 [J]. 酿酒科技，1994，62 (2).

[57] 汪玲玲，范文来，徐岩. 酱香型白酒液液微萃取-毛细管色谱骨架成分与香气重组 [J]. 食品工业科技，2012，33 (19): 304-308.

[58] 王忠彦，尹昌树. 白酒色谱骨架成分的含量及其比例关系对香型和质量的影响 [J]. 酿酒

科技，2000，102（6）：93-96.

［59］李大和．建国五十年来白酒生产技术的伟大成就（二）［J］．酿酒，1999，131（2）：22-29.

［60］范文来，聂庆庆，徐岩．洋河绵柔型白酒关键风味成分［J］．食品科学，2013，34（4）：135-139.

［61］胡国栋，蔡心尧，陆久瑞，尹建军，朱叶，程劲松．四特酒特征香味组分的研究［J］．酿酒科技，1994，61（1）：9-17.

［62］Buttery，R. G.，Ling，L. C.，Stern，D. J. Studies on popcorn aroma and flavor volatiles［J］. J. Agri. Food. Chem.，1997，45（3）：837-843.

［63］Shibamoto，T.，Kamiya，Y.，Mihara，S. Isolation and identification of volatile compounds in cooked meat：Sukiyaki［J］. J. Agri. Food. Chem.，1981，29：57-63.

［64］Fan，H.，Fan，W.，Xu，Y. Characterization of key odorants in Chinese chixiang aroma-type liquor by gas chromatography-olfactometry，quantitative measurements，aroma recombination，and omission studies［J］. J. Agri. Food. Chem.，2015，63（14）：3660-3668.

［65］Münch，P.，Hofmann，T.，Schieberle，P. Comparison of key odorants generated by thermal treatment of commercial and self-prepared yeast extracts：Influence of the amino acid composition on odorant formation［J］. J. Agri. Food. Chem.，1997，45（4）：1338-1344.

［66］Leffingwell，J. C. Esters. Detection thresholds & molecular structures［Online］，2002. http：//www. leffingwell. com/esters. htm.

［67］http：//www. leffingwell. com/odorthre. htm.

［68］Christlbauer，M.，Schieberle，P. Characterization of the key aroma compounds in beef and pork vegetable gravies ά la chef by application of the aroma extraction dilution analysis［J］. J. Agri. Food. Chem.，2009，57：9114-9122.

［69］Li，J.-X.，Schieberle，P.，Steinhaus，M. Characterization of the major odor-active compounds in Thai durian（*Durio zibethinus* L.‘Monthong’）by aroma extract dilution analysis and headspace gas chromatography-olfactometry［J］. J. Agri. Food. Chem.，2012，60（45）：11253-11262.

［70］Loscos，N.，Hernandez-Orte，P.，Cacho，J.，Ferreira，V. Release and formation of varietal aroma compounds during alcoholic fermentation from nonfloral grape odorless flavor precursors fractions［J］. J. Agri. Food. Chem.，2007，55（16）：6674-6684.

［71］Peinado，R. A.，Mauricio，J. C.，Medina，M.，Moreno，J. J. Effect of *Schizosaccharomyces pombe* on aromatic compounds in dry sherry wines containing high levels of gluconic acid［J］. J. Agri. Food. Chem.，2004，52（14）：4529-4534.

［72］Rowe，D. J. Chemistry and Technology of Flavors and Fragrances［M］. Oxford：Blackwell Publishing Ltd.，2005.

［73］范文来，徐岩．白酒79个风味化合物嗅觉阈值测定［J］．酿酒，2011，38（4）：80-84.

［74］Fritsch，H. T.，Schieberle，P. Identification based on quantitative measurements and aroma recombination of the character impact odorants in a Bavarian Pilsner-type beer［J］. J. Agri. Food. Chem.，2005，53：7544-7551.

［75］Boonbumrung，S.，Tamura，H.，Mookdasanit，J.，Nakamoto，H.，Ishihara，M.，Yoshizawa，T.，Varanyanond，W. Characteritic aroma components of the volatile oil of yellow Keaw mango fruits determined by limited odor unit method［J］. Food Sci. Technol. Res.，2001，7（3）：200-206.

［76］Gassenmeier，K.，Schieberle，P. Potent aromatic compounds in the crumb of wheat bread（French-type) -influence of pre-ferments and studies on the formation of key odorants during dough processing [J]. Z. Lebensm. Unters. Forsch., 1995, 201: 241-248.

[77] Buettner, A., Schieberle, P. Evaluation of aroma differences between hand-squeezed juices from Valencia Late and Navel oranges by quantitation of key odorants and flavor reconstitution experiments [J]. J. Agri. Food. Chem., 2001, 49 (5): 2387-2394.

[78] Zea, L., Ruiz, M. J., Moyano, L. Using odorant series as an analytical tool for the study of the biological ageing of sherry wines [M]. In Gas Chromatography in Plant Science, Wine Technology, Toxicology and Some Specific Applications Salih, B.; Çelikbıçak, Ö., Eds. InTech, Rijeka, Croatia, 2012: 91-108.

[79] Jagella, T., Grosch, W. Flavour and off-flavour compounds of black and white pepper (*Piper nigrum* L.) III. Desirable and undesirable odorants of white pepper [J]. Eur. Food Res. Technol., 1999, 209: 27-31.

[80] Jagella, T., Grosch, W. Flavour and off-flavour compounds of black and white pepper (*Piper nigrum* L.). I. Evaluation of potent odorants of black pepper by dilution and concentration techniques [J]. Eur. Food Res. Technol., 1999, 209: 16-21.

[81] Toelstede, S., Hofmann, T. Quantitative studies and taste re-engineering experiments toward the decoding of the nonvolatile sensometabolome of Gouda cheese [J]. J. Agri. Food. Chem., 2008, 56 (13): 5299-5307.

[82] 李大和. 建国五十年来白酒生产技术的伟大成就（三）[J]. 酿酒, 1999, 132 (3): 13-19.

[83] 胡国栋. 白云边酒特征组份的研究 [J]. 酿酒, 1992, 19 (1): 76-83.

[84] Fan, W., Shen, H., Xu, Y. Quantification of volatile compounds in Chinese soy sauce aroma type liquor by stir bar sorptive extraction (SBSE) and gas chromatography-mass spectrometry (GC-MS) [J]. J. Sci. Food Agric., 2011, 91 (7): 1187-1198.

[85] Schieberle, P., Grosch, W. Potent odorants of rye bread crust-differences from the crumb and from wheat bread crust [J]. Z. Lebensm. Unters. Forsch., 1994, 198: 292-296.

[86] Fan, W., Qian, M. C. Identification of aroma compounds in Chinese 'Yanghe Daqu' liquor by normal phase chromatography fractionation followed by gas chromatography/olfactometry [J]. Flav. Fragr. J., 2006, 21 (2): 333-342.

[87] Fan, W., Qian, M. C. Headspace solid phase microextraction (HS-SPME) and gas chromatography-olfactometry dilution analysis of young and aged Chinese "Yanghe Daqu" liquors [J]. J. Agri. Food. Chem., 2005, 53 (20): 7931-7938.

[88] Fan, W., Qian, M. C. Characterization of aroma compounds of Chinese "Wuliangye" and "Jiannanchun" liquors by aroma extraction dilution analysis [J]. J. Agri. Food. Chem., 2006, 54 (7): 2695-2704.

[89] Ledauphin, J., Guichard, H., Saint-Clair, J.-F., Picoche, B., Barillier, D. Chemical and sensorial aroma characterization of freshly distilled Calvados. 2. Identification of volatile compounds and key odorants [J]. J. Agri. Food. Chem., 2003, 51 (2): 433-442.

[90] Schuh, C., Schieberle, P. Characterization of the key aroma compounds in the beverage prepared from Darjeeling black tea: Quantitative differences between tea leaves and infusion [J]. J. Agri. Food. Chem., 2006, 54 (3): 916-924.

[91] Callejón, R. M., Morales, M. L., Ferreira, A. C. S., Troncoso, A. M. Defining the typical aroma of sherry vinegar: Sensory and chemical approach [J]. J. Agri. Food. Chem., 2008, 56 (17): 8086-8095.

[92] 孙莎莎, 范文来, 徐岩, 李记明, 于英. 我国不同产地赤霞珠挥发性香气成分差异分析

[J]. 食品工业科技，2013，34 (24)：70-74.

[93] 胡国栋. 景芝白干特征香味组份的研究 [J]. 酿酒，1992，19 (1)：83-88.

[94] Jordán，M. J.，Margaria，C. A.，Shaw，P. E.，Goodner，K. L. Aroma active components in aqueous kiwi fruit essence and kiwi fruit puree by GC-MS and multidimensional GC/GC-O [J]. J. Agri. Food. Chem.，2002，50 (19)：5386-5390.

[95] Ferreira，V.，Ortín，N.，Escudero，A.，López，R.，Cacho，J. Chemical characterization of the aroma of Grenache rosé wines：Aroma extract dilution analysis，quantitative determination，and sensory reconstitution studies [J]. J. Agri. Food. Chem.，2002，50 (14)：4048-4054.

[96] Cha，Y. J.，Kim，H.，Cadwallader，K. R. Aroma-active compounds in Kimchi during fermentation [J]. J. Agri. Food. Chem.，1998，46 (5)：1944-1953.

[97] Aceña，L.，Vera，L.，Guasch，J.，Olga Busto，Mestres，M. Chemical characterization of commercial Sherry vinegar aroma by headspace solid-phase microextraction and gas chromatography-olfactometry [J]. J. Agri. Food. Chem.，2011，59：4062-4070.

[98] Sarrazin，E.，Frerot，E.，Bagnoud，A.，Aeberhardt，K.，Rubin，M. Discovery of new lactones in sweet cream butter oil [J]. J. Agri. Food. Chem.，2011，59：6657-6666.

[99] Pino，J. A.，Marbot，R.，Vázquez，C. Characterization of volatiles in strawberry Guava (*Psidium cattleianum* Sabine) fruit [J]. J. Agri. Food. Chem.，2001，49：5883-5887.

[100] Choi，H. -S. Character impact odorants of *Citrus* hallabong [(*C. unshiu* Marcov×*C. sinensis* Osbeck) ×*C. reticulate* Blanco] cold-pressed peel oil [J]. J. Agri. Food. Chem.，2003，51：2687-2692.

[101] Pino，J. A.，Mesa，J.，Muñoz，Y.，Martí，M. P.，Marbot，R. Volatile components from mango (*Mangifera indica* L.) cultivars [J]. J. Agri. Food. Chem.，2005，53 (6)：2213-2223.

[102] 杨会，范文来，徐岩. 基于 BSTFA 衍生化法白酒不挥发有机酸研究 [J]. 食品与发酵工业，2017，43 (5)：192-197.

[103] Wu，S. Volatile compounds generated by Basidiomycetes [D]. Hannover：Universität Hannover，2005.

[104] Barron，D.，Etievant，P. X. The volatile constituents of strawberry jam [J]. Z. Lebensm. Unters. Forsch.，1990，191：279-285.

[105] Pino，J. A.，Queris，O. Characterization of odor-active compounds in guava wine [J]. J. Agri. Food. Chem.，2011，59：4885-4890.

[106] Hijaz，F.，Killiny，N. Collection and chemical composition of phloem sap from *Citrus sinensis* L. Osbeck (sweet orange) [J]. Plos One，2014，9 (7)：e101830.

[107] Khakimov，B.，Motawia，M.，Bak，S.，Engelsen，S. The use of trimethylsilyl cyanide derivatization for robust and broad-spectrum high-throughput gas chromatography-mass spectrometry based metabolomics [J]. Anal. Bioanal. Chem.，2013，405 (28)：9193-9205.

[108] 沈怡方. 白酒生产技术全书 [M]. 北京：中国轻工业出版社，1998.

[109] Stephen，A.，Steinhart，H. Bitter taste of unsaturated free fatty acids in emulsions：Contribution to the off-flavour of soybean lecithins [J]. Eur. Food Res. Technol.，2000，212 (1)：17-25.

[110] Guerrero，E. D.，Chinnici，F.，Natali，N.，Marín，R. N.，Riponi，C. Solid-phase extraction method for determination of volatile compounds in traditional balsamic vinegar [J]. J. Sep. Sci.，2008，31 (16-17)：3030-3036.

[111] Wieser，H.，Stempfl，W.，Grosch，W.，Belitz，H. -D. Studies of the bitter taste of fatty acid emulsions [J]. Z. Lebensm. Unters. Forsch.，1984，179 (6)：447-449.

[112] Ogi, K., Yamashita, H., Terada, T., Homma, R., Shimizu-Ibuka, A., Yoshimura, E., Ishimaru, Y., Abe, K., Asakura, T. Long-chain fatty acids elicit a bitterness-masking effect on quinine and other nitrogenous bitter substances by formation of insoluble binary complexes [J]. J. Agri. Food. Chem., 2015, 63 (38): 8493-8500.

[113] Frauendorfer, F., Schieberle, P. Identification of the key aroma compounds in cocoa powder based on molecular sensory correlations [J]. J. Agri. Food. Chem., 2006, 54: 5521-5529.

[114] Valim, M. F., Rouseff, R. L., Lin, J. Gas chromatographic-olfactometric characterization of aroma compounds in two types of cashew apple nectar [J]. J. Agri. Food. Chem., 2003, 51 (4): 1010-1015.

[115] Matheis, K., Granvogl, M., Schieberle, P. Quantitation and enantiomeric ratios of aroma compounds formed by an Ehrlich degradation of L-isoleucine in fermented foods [J]. J. Agri. Food. Chem., 2016, 64 (3): 646-652.

[116] Bucking, M., Steinhart, H. Headspace GC and sensory analysis characterization of the influence of different milk additives on the flavor release of coffee beverages [J]. J. Agri. Food. Chem., 2002, 50 (6): 1529-1534.

[117] Tan, Y., Siebert, K. J. Quantitative structure-activity relationship modeling of alcohol, ester, aldehyde, and ketone flavor thresholds in beer from molecular features [J]. J. Agri. Food. Chem., 2004, 52 (10): 3057-3064.

[118] Luz Sanz, M., Martinez-Castro, I. Carbohydrates [M]. In Wine Chemistry and Biochemistry, Moreno-Arribas, M. V.; Polo, M. C., Eds. Springer: New York, USA, 2008; 231-248.

[119] 杨会. 白酒中不挥发呈味有机酸和多羟基化合物研究 [D]. 无锡: 江南大学, 2017.

[120] 石亚林. 白酒大曲及其原料中游离态氨基酸、有机酸、糖类物质对大曲风味影响研究 [D]. 无锡: 江南大学, 2017.

[121] Swiegers, J. H., Bartowsky, E. J., Henschke, P. A., Pretorius, I. S. Yeast and bacterial modulation of wine aroma and flavour [J]. Aust. J. Grape Wine Res., 2005, 11: 139-173.

[122] Jaeckels, N., Tenzer, S., Meier, M., Will, F., Dietrich, H., Decker, H., Fronk, P. Influence of bentonite fining on protein composition in wine [J]. LWT - Food Sci. Technol., 2017, 75: 335-343.

[123] Cejudo-Bastante, M. J., Hermosín-Gutiérrez, I., Castro-Vázquez, L. I., Pérez-Coello, M. S. Hyperoxygenation and bottle storage of Chardonnay white wines: Effects on color-related phenolics, volatile composition, and sensory characteristics [J]. J. Agri. Food. Chem., 2011, 59 (8): 4171-4182.

[124] http://www.molbase.com.

[125] https://pubchem.ncbi.nlm.nih.gov.

[126] Gracia-Moreno, E., Lopez, R., Ferreira, V. Quantitative determination of five hydroxy acids, precursors of relevant wine aroma compounds in wine and other alcoholic beverages [J]. Anal. Bioanal. Chem., 2015, 407 (26): 7925-7934.

[127] http://en.wikipedia.org.

[128] 范文来, 徐岩. 应用液液萃取结合正相色谱技术鉴定汾酒与郎酒挥发性成分（上）[J]. 酿酒科技, 2013, 224 (2): 17-26.

[129] Radler, F. Microbial biochemistry [J]. Experientia, 1986, 42: 884-893.

[130] Swiegers, J. H., Saerens, S. M. G., Pretorius, I. S. The development of yeast strains as tools for adjusting the flavor of fermented beverages to market specifications [M]. In Biotechnology in Flavor Pro-

duction, Havkin - Frenkel, d.; Belanger, F. C., Eds. Blackwell Publishing Ltd, Oxford OX4 2DQ, UK, 2008.

[131] Kaneko, S., Kumazawa, K., Masuda, H., Henze, A., Hofmann, T. Molecular and sensory studies on the umami taste of Japanese green tea [J]. J. Agri. Food. Chem., 2006, 54: 2688-2694.

[132] 吴三多. 五大香型白酒的相互关系与微量成分浅析 [J]. 酿酒科技, 2001, (4): 82-85.

[133] 金佩璋. 再论玉冰烧香味特征 [J]. 酿酒, 1995, 108 (3): 3-6.

[134] 曾祖训. 白酒香味成分的色谱分析 [J]. 酿酒, 2006, 33 (2): 3-6.

[135] 金佩璋, 沈怡方. 玉冰烧香气成分特征研究技术总结 (一) [J]. 酿酒, 1984: 29-30.

[136] 金佩璋, 沈怡方. 玉冰烧香气成分特征研究技术总结 (二) [J]. 酿酒, 1984: 32-36.

[137] 金佩璋. 再论玉冰烧香味特征 [J]. 酿酒, 1995, (3): 3-6.

[138] 范海燕, 范文来, 徐岩. 豉香型白酒关键香气的研究现状与进展 [C]. 中国白酒健康安全与生态酿造技术研究——2014第二届中国白酒学术研讨会论文集, 北京: 中国轻工业出版社, 2014: 182-189.

[139] Yamaguchi, S., Ninomiya, K. Umami and food palatability [J]. J. Nut., 2000, 130 (4S Suppl): 921S-926S.

[140] Christoph, N., Bauer-Christoph, C. Flavour of spirit drinks: Raw materials, fermentation, distillation, and ageing [M]. In Flavours and Fragrances: Chemistry, Bioprocessing and Sustainability, Berger, R. G., Ed. Springer, Heidelberg, Germany, 2007: 219-239.

[141] Reineccius, G. Flavor Chemistry and Technology [M]. Second Edition ed.; NW: Taylor & Francis Group, 2006.

[142] Havlik, J., Kokoska, L., Vasickova, S., Valterova, I. Chemical composition of essential oil from the seeds of *Nigella arvensis* L. and assessment of its antimicrobial activity [J]. Flav. Fragr. J., 2006, 21: 713-717.

[143] Miyazawa, M., Kawata, J. Identification of the key aroma compounds in dried roots of *Rubia cordifolia* [J]. J. Oleo Sci., 2006, 55: 37-39.

[144] Ley, J. P., Krammer, G., Reinders, G., Gatfield, I. L., Bertram, H. -J. Evaluation of bitter masking flavanones from Herba santa (*Eriodictyon californicum* (H. & A.) Torr., hydrophyllaceae) [J]. J. Agri. Food. Chem., 2005, 53 (15): 6061-6066.

[145] Hufnagel, J. C., Hofmann, T. Orosensory-directed identification of astringent mouthfeel and bitter-tasting compounds in red wine [J]. J. Agri. Food. Chem., 2008, 56 (4): 1376-1386.

[146] Schwarz, B., Hofmann, T. Sensory-guided decomposition of red currant juice (*Ribes rubrum*) and structure determination of key astringent compounds [J]. J. Agri. Food. Chem., 2007, 55 (4): 1394-1404.

[147] Rotzoll, N., Dunkel, A., Hofmann, T. Quantitative studies, taste reconstitution, and omission experiments on the key taste compounds in morel mushrooms (*Morchella deliciosa* Fr.) [J]. J. Agri. Food. Chem., 2006, 54: 2705-2711.

[148] Winterhalter, P., Messerer, M., Bonnlander, B. Isolation of the glucose ester of (*E*)-2, 6-dimethyl-6-hydroxyocta-2, 7-dienoic acid from Riesling wine [J]. Vitis, 1997, 36 (1): 55-56.

[149] Navarro-Aviño, J. P., Prasad, R., Miralles, V. J., Benito, R. M., Serrano, R. A proposal for nomenclature of aldehyde dehydrogenases in *Saccharomyces cerevisiae* and characterization of the stress-inducible *ALD2* and *ALD3* genes [J]. Yeast, 1999, 15 (10A): 829-842.

[150] Saint-Prix, F., Bönquist, L., Dequin, S. Functional analysis of the *ALD* gene family of *Sac-*

charomyces cerevisiae during anaerobic growth on glucose: the $NADP^+$-dependent Ald6p and Ald5p isoforms play a major role in acetate formation [J]. Microbiology, 2004, 150: 2209-2220.

[151] Remize, F., Andrieu, E., Dequin, S. Engineering of the pyruvate dehydrogenase bypass in *Saccharomyces cerevisiae*: Role of the cytosolic Mg^{2+} and mitochondrial K^+ acetaldehyde dehydrogenases Ald6p and Ald4p in acetate formation during alcoholic fermentation [J]. Appl. Environ. Microbiol., 2000, 66 (8): 3151-3159.

[152] Akamatsu, S., Kamiya, H., Yamashita, N., Motoyoshi, T., Goto-Yamamoto, N., Ishikawa, T., Okazaki, N., Nishimura, A. Effects of aldehyde dehydrogenase and acetyl-CoA synthetase on acetate formation in sake mash [J]. J. Biosci. Bioeng., 2000, 90 (5): 555-560.

[153] Dequin, S., Barre, P. Mixed lactic acid-alcoholic fermentation by *Saccharomyes cerevisiae* expressing the *Lactobacillus casei* L(+)-LDH [J]. Nat. Biotechnol., 1994, 12: 173-177.

[154] Dequin, S., Baptista, E., Barre, P. Acidification of grape musts by *Saccharomyces cerevisiae* wine yeast strains genetically engineered to produce lactic acid [J]. Am. J. Enol. Vitic., 1999, 50: 45-50.

[155] Bardi, L., Cocito, C., Marzona, M. *Saccharomyces cerevisiae* cell fatty acid composition and release during fermentation without aeration and in absence of exogenous lipids [J]. Int. J. Food Microbiol., 1999, 47 (1-2): 133-140.

[156] Wakil, S. J., Stoops, J. K., Joshi, V. C. Fatty acid synthesis and its regulation [J]. Ann. Rev. Biochem., 1983, 52 (1): 537.

[157] Radler, F. Yeast: Metabolism of organic acids [M]. In Wine Microbiology and Biotechnology, Fleet, G. H., Ed. Harwood Academic Publishers, Chur, Switzerland, 1993: 165-182.

[158] Holgate, A. The influence of yeast strain on the acid balance of red wine [C], Proceedings Advances in Juice Clarification and Yeast Inoculation, Melbourne, Australia, Adelaide, S. A., Ed. Australian Society of Viticulture and Oenology, Melbourne, Australia, 1997: 39-41.

[159] Delfini, C., Costa, A. Effects of the grape must lees and insoluble materials on the alcoholic fermentation rate and the production of acetic acid, pyruvic acid, and acetaldehyde [J]. Am. J. Enol. Vitic., 1993, 44 (1): 86-92.

[160] Henschke, P. A., Jiranek, V. Yeast - Metabolism of nitrogen compounds [M]. In Wine Microbiology and Biotechnology, Fleet, G. H., Ed. Harwood Academic Publishers, Chur, Switzerland, 1993: 77-164.

[161] Giudici, P., Zambonelli, C. Biometric and genetic study on acetic acid production for breeding of wine yeast [J]. Am. J. Enol. Vitic., 1992, 43 (4): 370-374.

[162] Heard, G. Novel yeasts in winemaking-looking to the future [J]. Food Aust., 1999, 51 (8): 347-352.

[163] Antonelli, A., Castellari, L., Zambonelli, C., Carnacini, A. Yeast influence on volatile composition of wines [J]. J. Agri. Food. Chem., 1999, 47: 1139-1144.

[164] Eglinton, J. M., McWilliam, S. J., Fogarty, M. W., Francis, I. L., Kwiatkowski, M. J., Hoj, P. B., Henschke, P. A. The effect of *Saccharomyces bayanus*-mediated fermentation on the chemical composition and aroma profile of Chardonnay wine [J]. Aust. J. Grape Wine Res., 2000, 6 (3): 190-196.

[165] Shimazu, Y., Watanabe, M. Effects of yeast strains and environmental conditions on formation of organic acids in must during fermentation: Studies on organic acids in grape must and wine (Ⅲ) [J]. J. Ferment. Technol., 1981, 59: 27-32.

[166] Vilanova, M., Ugliano, M., Varela, C., Siebert, T., Pretorius, I. S., Henschke, P. A. Assimilable nitrogen utilisation and production of volatile and non-volatile compounds in chemically defined medium by *Saccharomyces cerevisiae* wine yeasts [J]. Appl. Microbiol. Biotechnol., 2007, 77 (1): 145-157.

[167] Nordström, K. Formation of ethyl acetate in fermentation with brewer's yeast. Effect of some vitamins and mineral nutrients. [J]. J. Inst. Brew., 1964, 70: 209-221.

[168] Eglinton, J. M., Henschke, P. A. Can the addition of vitamins during fermentation be justified? [J]. Aust. Grap. Wine., 1993, 352: 47-49.

[169] Delfini, C., Conterno, L., Giacosa, D., Cocito, C., Ravaglia, S., Bardi, L. Influence of clarification and suspended solid contact on the oxygen demand and long-chain fatty acid contents of free run, macerated and pressed grape musts, in relation to acetic acid production [J]. Vitic. Enol. Sci., 1992, 47: 69-75.

[170] Houtman, A. C., Marais, J., du Plessis, C. S. Factors affecting the reproducibility of fermentation of grape juice and of the aroma composition of wines. I. Grape maturity, sugar, inoculum concentration, aeration, juice turbidity and ergosterol [J]. Vitis, 1980.

[171] De Revel, G., Martin, N., Pripis-Nicolau, L., Lonvaud-Funel, A., Bertrand, A. Contribution to the knowledge of malolactic fermentation influence on wine aroma [J]. J. Agri. Food. Chem., 1999, 47 (10): 4003-4008.

[172] Du Plessis, H. W., Steger, C. L. C., Du Toit, M., Lambrechts, M. G. The occurrence of malolactic fermentation in brandy base wine and its influence on brandy quality [J]. J. App. Microbiol., 2002, 92 (5): 1005-1013.

[173] Pretorius, I. S., Høj, P. B. Grape and wine biotechnology: Challenges, opportunities and potential benefits [J]. Aust. J. Grape Wine Res., 2005, 11: 83-108.

[174] Husnik, J. I., Delaquis, P. J., Cliff, M. A. Functional analyses of the malolactic wine yeast ML01 [J]. Am. J. Enol. Vitic., 2007, 58 (1): 42-52.

[175] Ansanay, V., Dequin, S., Camarasa, C., Schaeffer, V., Grivet, J. P., Blondin, B., Salmon, J. M., Barre, P. Malolactic fermentation by engineered *Saccharomyces cerevisiae* as compared with engineered *Schizosaccharomyces pombe* [J]. Yeast, 1996, 12: 215-225.

[176] Volschenk, H., Vijoen, M., Grobler, J., Bauer, F., Lonvaud-Funel, A., Denayrolles, M., Subden, R. E., Vuuren, H. J. J. V. Malolactic fermentation in grape musts by a genetically engineered strain of *Saccharomyces cerevisiae* [J]. Am. J. Enol. Vitic., 1997, 48 (2): 193-197.

[177] Volschenk, H., Viljoen, M., Grobler, J., Petzold, B., Bauer, F., Subden, R. E., Young, R. A., Lonvaud, A., Denayrolles, M., Vuuren, H. J. J. v. Engineering pathways for malate degradation in *Saccharomyces cerevisiae* [J]. Nat. Biotechnol., 1997, 15: 253-257.

[178] Coulter, A. D., Godden, P. W., Pretorius, I. S. Succinic acid-How it is formed, what is its effect on titratable acidity, and what factors influence its concentration in wine? [J]. Aust. NZ Wine Ind. J., 2004, 19: 16-25.

[179] Heerde, E., Radler, F. Metabolism of the anaerobic formation of succinic acid by *Saccharomyces cerevisiae* [J]. Arch. Microbiol., 1978, 117: 269-276.

[180] Giudici, P., Zambonelli, C., Passarelli, P., Castellari, L. Improvement of wine composition with cryotolerant *Saccharomyces* strains [J]. Am. J. Enol. Vitic., 1995, 46: 143-147.

[181] Enomoto, K., Arikawa, Y., Muratsubaki, H. Physiological role of soluble fumarate reductase in redox balancing during anaerobiosis in *Saccharomyces cerevisiae* [J]. FEMS Microbiol. Lett., 2002, 215 (1): 103-108.

[182] Camarasa, C., Grivet, J. P., Dequin, S. Investigation by ^{13}C-NMR and tricarboxylic acid (TCA) deletion mutant analysis of pathways for succinate formation in *Saccharomyces cerevisiae* during anaerobic fermentation [J]. Microbiology, 2003, 149 (9): 2669-2678.

[183] Wu, M., Tzagoloff, A. Mitochondrial and cytoplasmic fumarases in *Saccharomyces cerevisiae* are encoded by a single nuclear gene *FUM1* [J]. J. Biol. Chem., 1987, 262: 12275-12282.

[184] Arikawa, Y., Kobayashi, M., Kodaira, R., Shimosaka, M., Muratsubaki, H., Enomoto, K., Okazaki, M. Isolation of saké yeast strains possessing various levels of succinate-and/or malate-producing abilities by gene disruption or mutation [J]. J. Biosci. Bioeng., 1999, 87 (3): 333-339.

第五章
酯类风味

第一节　饱和酯类
第二节　不饱和酯类
第三节　重要酯类生成机理

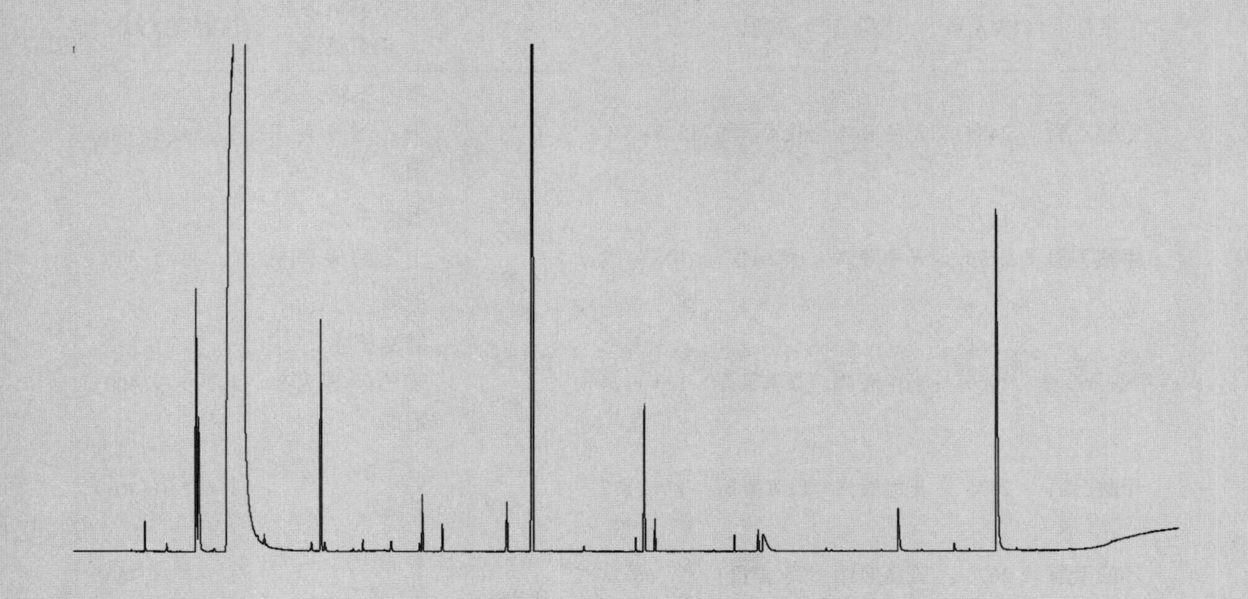

学习目标

1. 掌握白酒中主要酯类如乙酸乙酯、丁酸乙酯、己酸乙酯、乳酸乙酯等酯的风味特征和在白酒中的分布；
2. 熟悉饮料酒中支链酯的风味特征；
3. 掌握葡萄酒中不饱和酯的风味特征与分布；
4. 掌握白酒中乙酸乙酯、丁酸乙酯、己酸乙酯和乳酸乙酯的产生途径。

酯类化合物可能是饮料酒中最重要的风味化合物。在葡萄酒中，其水果香主要来源于高级醇的乙酸酯和 $C_4 \sim C_{10}$ 的乙酯。TNO-CIVO 列出了啤酒中的 94 个酯类。与国外酒相比，中国白酒中酯类浓度更高，品种也更多。在所有白酒中，均含有较高浓度的乳酸乙酯，含量达到了 g/L 级；而浓香型白酒的关键香气是己酸乙酯。传统观点认为，清香型白酒的主体香是乙酸乙酯和乳酸乙酯，但后来的研究发现，清香型白酒中乙酸乙酯是关键香气成分之一，乳酸乙酯仅仅是重要香气成分之一。酯类如己酸乙酯、丁酸乙酯、(*S*)-2-甲基丁酸乙酯、辛酸乙酯、3-甲基丁酸乙酯、2-甲基丙酸乙酯等是波旁威士忌的关键香气成分。因此，酯类化合物在酒类风味中占有十分重要的地位。

在饮料酒贮存过程中，酯类会发生缓慢的酸水解。

在啤酒中，绝大多数的酯类化合物的浓度接近它们的阈值，这表示这些酯类的微小变化可能对啤酒风味产生剧烈的影响。

常见酯类的基本性质见表 5-1。

表 5-1　部分酯类的物理性质

名称	FEMA 号	外观	香气	沸点/℃	相对密度（d_4^{20}）	水或有机溶剂溶解情况	折射率（n_D^{20}）
甲酸乙酯	2434	无色液体	似菠萝香	53.5~54.5	0.717	微溶于水，溶于乙醇等有机溶剂	1.359~1.363
甲酸丁酯	2196	无色液体	草莓香	106~107	0.897~0.898[a]	微溶于水，溶于乙醇等有机溶剂	1.389~1.390
甲酸异戊酯	2069	无色液体	似李子香	123~124	0.878~0.885[b]	微溶于水，溶于乙醇等有机溶剂	1.396~1.400
甲酸己酯	2570	无色液体	似苹果香	176~177	0.878~0.879	溶于水、乙醇等溶剂	1.407~1.408
乙酸甲酯	2676	无色液体	水果香	56	0.941~0.946[a]	溶于水、乙醇等溶剂	1.361~1.363

续表

名称	FEMA 号	外观	香气	沸点/℃	相对密度（d_4^{20}）	水或有机溶剂溶解情况	折射率（n_D^{20}）
乙酸乙酯	2414	无色液体	果香、酒香	75~76	0.900~0.904[c]	溶于水（10%质量分数），溶于乙醇等有机溶剂	1.372~1.370
乙酸异丙酯	2926	无色液体	似苹果香	88~89	1.869~1.872[a]	微溶于水，溶于乙醇等有机溶剂	1.377~1.378
乙酸异丁酯	2175	无色液体	水果香、花香	116~117	0.862~0.871[b]	微溶于水，溶于乙醇等有机溶剂	1.389~1.392
乙酸异戊酯	2055	无色液体	香蕉香	142~143	0.867	几乎不溶于水，溶于乙醇等有机溶剂	1.400~1.404
乙酸己酯	2565	无色液体	似生梨气味	169~171	0.868~0.872[b]	不溶于水，溶于乙醇等有机溶剂	1.409~1.411
丙酸乙酯	2458	无色液体	果香、朗姆酒香	99	0.886~0.889[b]	微溶于水，溶于乙醇等有机溶剂	1.383~1.385
丁酸甲酯	2693	无色液体	似苹果和菠萝香	102~103	0.898~0.899	微溶于水，溶于乙醇等有机溶剂	1.387~1.390
丁酸乙酯	2427	无色液体	似菠萝和玫瑰香气	121~122	0.870~0.877[b]	微溶于水，溶于乙醇等有机溶剂	1.391~1.394
丁酸丁酯	2186	无色油状液体	似梨和菠萝香气	163~165	0.867~0.871[b]	微溶于水，溶于乙醇等有机溶剂	1.405~1.407
丁酸戊酯	2059	无色油状液体	甜脂香气	185~186	0.860~0.864[b]	不溶于水，溶于乙醇等有机溶剂	1.409~1.414
丁酸己酯	2568	无色液体	果香和酒香	208	0.855~0.857	不溶于水，溶于乙醇等有机溶剂	

续表

名称	FEMA 号	外观	香气	沸点/℃	相对密度（d_4^{20}）	水或有机溶剂溶解情况	折射率（n_D^{20}）
异丁酸乙酯	2936	无色液体	似苹果香	112~113	0.862~0.868[b]	微溶于水，溶于乙醇等有机溶剂	1.385~1.391
异丁酸丁酯	2188	无色液体	似菠萝香	155~156	0.859~0.864[b]	不溶于水，溶于乙醇等有机溶剂	1.401~1.404
戊酸乙酯	2462	无色液体	似苹果香	144~145	0.874~0.876	微溶于水，溶于乙醇等有机溶剂	1.398~1.400
异戊酸异戊酯	2085	无色至浅黄色液体	熟苹果香	192~193	0.852~0.855[b]	不溶于水，溶于乙醇等有机溶剂	1.411~1.415
己酸甲酯	2708	无色液体	似菠萝香	151~152	0.884~0.886[a]	不溶于水，溶于乙醇等有机溶剂	1.404~1.406
己酸乙酯	2439	无色至浅黄色液体	似菠萝、香蕉、水果香	166~168	0.867~0.871[b]	不溶于水，溶于乙醇等有机溶剂	1.406~1.409
庚酸乙酯	2437	无色油状液体	水果香	192	0.872~0.875[c]	不溶于水，溶于乙醇等有机溶剂	1.411~1.415
辛酸乙酯	2449	无色液体	似菠萝香	207~209	0.865~0.869[b]	不溶于水，溶于乙醇等有机溶剂	1.417~1.419
壬酸乙酯	2447	无色液体	似玫瑰香	222~227	0.864~0.867[d]	不溶于水，溶于乙醇等有机溶剂	1.421~1.423
癸酸乙酯	2726	无色液体	似葡萄香	241~243	0.863~0.868[b]	不溶于水，溶于乙醇等有机溶剂	1.424~1.427
乳酸乙酯	2440	无色液体	水果香	154	1.030~1.031	几乎不溶于水，溶于乙醇等有机溶剂	1.142~1.143

注：a：d_{20}^{20}；b：d_{25}^{25}；c：d_4^{15}；d：d_{15}^{15}。

第一节　饱和酯类

一、乙酯类

乙酯类（ethyl esters）（C 5-1）是一大类重要的酯类（esters）化合物，主要包括从乙酸乙酯（C 5-2）到长链的如月桂酸乙酯（C 5-3）这一类的酯。这类酯主要呈现水果香和花香，并随它们挥发性的下降，香味强度也在下降。

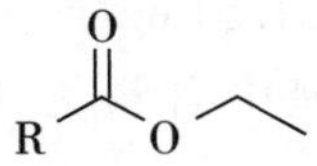

C 5-1　乙酯类 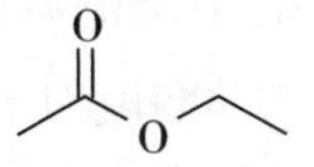　　C 5-2　乙酸乙酯 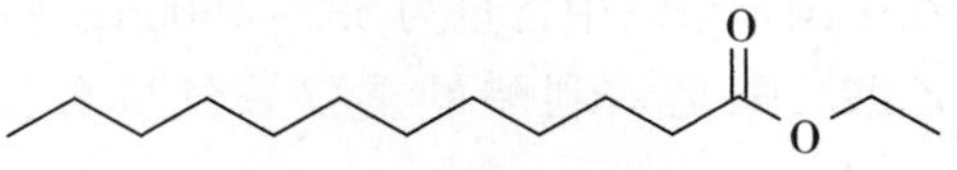　　C 5-3　月桂酸乙酯

1. 直链乙酯类

在酒类中，最重要的、含量最高的是乙酯类化合物（ethyl esters），也称为脂肪酸乙酯（ethyl esters of fatty acids），这类化合物大部分都呈现水果香、花香，赋予酒怡人的香气，如甲酸乙酯、乙酸乙酯、丙酸乙酯、丁酸乙酯、戊酸乙酯、己酸乙酯、庚酸乙酯、辛酸乙酯、壬酸乙酯、癸酸乙酯等。酯类大部分是来源于发酵过程中醇与酸的酯化反应；蒸馏过程中，也有部分酯产生，而在贮存过程中，主要是支链酯的酯化反应和高浓度直链酯的水解反应。在水果酒中，一部分酯来源于水果原料。乙酯类化合物在白酒特别是浓香型白酒中含量很高。

（1）甲酸乙酯　最简单的乙酯类化合物是甲酸乙酯（ethyl formate，ethyl methanoate），CAS 号 109-94-4，FEMA 号 2434，该酯在饮料中较少检测到，呈青香、玫瑰花香和水果香，在空气中嗅阈值 990μg/L，水中嗅阈值 17mg/L，啤酒中嗅阈值 150mg/L；水中味阈值（后鼻嗅阈值）6.6mg/L。

甲酸乙酯在白葡萄酒中含量为 0.01～2.50mg/L，红葡萄酒中含量为 0.03～0.20mg/L。

（2）乙酸乙酯　乙酸乙酯（ethyl acetate，ethyl ethanoate）（C 5-2）是饮料酒中最重要的酯之一，CAS 号 141-78-6，FEMA 号 2414，RI_{np} 581 或 628，RI_{mp} 704，RI_{p} 885 或 904，呈菠萝、苹果、水果香、膏香（balsam）、似溶剂的、清漆、青香、玫瑰花香。

乙酸乙酯在空气中嗅阈值 19.6ng/L 或 665μg/L，在水中觉察嗅阈值 0.6μg/L，识别嗅阈值 5～12200μg/L 或 5～5000μg/L 或 1.0μg/L 或 25μg/L 或 5.0～6.2μg/L 或 60mg/L 或 5mg/L 或 6.2mg/L 或 3.28mg/L 或 7.5mg/L，10%vol 酒精-水溶液中嗅阈值 7.5mg/L 或 12mg/L，14%vol 酒精-水溶液中嗅阈值 7.5mg/L，46%vol 酒精-水溶液中嗅阈值 32.55mg/L，葡萄酒中嗅阈值 160mg/L，啤酒中嗅阈值 21～30mg/L 或 21mg/L。

乙酸乙酯在水中味阈值 6.6mg/L 或 3mg/L 或 2.5mg/L。

乙酸乙酯存在于葡萄、树莓、柑橘等水果和雪利醋、果醋、葡萄酒、啤酒、苹果酒、黄酒、白酒、白兰地、威士忌、烧酎中。

乙酸乙酯在赤霞珠葡萄中含量为 0.87~1029μg/kg、蛇龙珠葡萄中含量为 41.7μg/L；在贵人香白葡萄中含量为 nd~119μg/kg，霞多利中含量为 nd~62.04μg/kg，雷司令中含量为 3.00~3.97μg/kg。

乙酸乙酯几乎存在于所有发酵酒中，在葡萄酒中含量为 22.5~63.5mg/L，玫瑰红葡萄酒 39mg/L，白葡萄酒 4.50~180.00mg/L，新产白葡萄酒 22.5mg/L；红葡萄酒 22~190mg/L；在菲诺雪利酒中，最初乙酸乙酯含量为 36.8mg/L，福洛酵母膜形成后含量为 42.3mg/L，老熟 250d 含量为 15.8mg/L。

乙酸乙酯在啤酒中浓度为 8~32mg/L，平均 18.4mg/L，新鲜啤酒 28.1mg/L；乙酸乙酯在中国苹果酒中含量为 533~1900μg/L；在黄酒中含量为 29.30~31.51mg/L。

乙酸乙酯是雪利醋的重要香气成分，含量为 884μg/L；在果醋中含量为 132~3955mg/L。

乙酸乙酯在皮渣白兰地希腊齐普罗酒中含量为 235~987mg/L 纯酒精；斯佩塞麦芽威士忌中为 37mg/L 纯酒精，艾拉岛麦芽威士忌中为 53mg/L 纯酒精，苏格兰麦芽威士忌中为 450mg/L 纯酒精，苏格兰谷物威士忌中为 180mg/L 纯酒精，苏格兰调和威士忌中为 230mg/L 纯酒精，爱尔兰威士忌中为 130mg/L 纯酒精，肯塔基波旁威士忌中为 890mg/L 纯酒精，加拿大威士忌中为 71mg/L 纯酒精。

乙酸乙酯在日本烧酎中含量如下：大麦烧酎 5~109mg/L，老熟大麦烧酎 14~72mg/L；米烧酎 40~85mg/L；甜土豆烧酎 75~104mg/L；其他烧酎 65~101mg/L；泡盛酒 56~93mg/L，老熟泡盛酒 100mg/L；连续蒸馏烧酎 0~14mg/L。

乙酸乙酯在中国白酒中含量较高，通常是 g/L 级，它是清香型白酒的关键香气成分之一，其含量高达 3g/L 以上。具体地说，浓香型洋河酒含量为 0.95~1.26g/L，剑南春 1.02g/L，五粮液 1.26g/L，习酒 1.90g/L；酱香型茅台酒 816mg/L，郎酒 1.01~1.44g/L，习酒 897mg/L 或 2.64g/L；清香型汾酒 2.60~3.06g/L 或 2.12g/L，宝丰酒 2.50~2.76g/L，青稞酒 3.23g/L；米香型白酒 421mg/L；芝麻香型手工原酒 2.34~3.76g/L，机械化原酒 2.39~4.19g/L；老白干香型手工大楂原酒 1.92~2.66g/L，机械化大楂原酒 2.03~2.82g/L；药香型董酒 1.62g/L；特香型四特酒 1.0g/L；豉香型白酒 385mg/L；液态法白酒含量 310mg/L。

（3）丙酸乙酯　丙酸乙酯（ethyl propanoate，ethyl propionate），CAS 号 554-12-1，FEMA 号 2456，RI_{np} 713 或 715 或 686，RI_{mp} 766 或 774，RI_{p} 954 或 915，呈香蕉、苹果、水果、甜香、樱桃、花香、似朗姆酒香气。

丙酸乙酯在水中嗅阈值 10μg/L 或 20μg/L 或 9.9μg/L 或 9mg/L 或 45mg/L，10%vol 酒精-水溶液中嗅阈值 1.8mg/L，14%vol 酒精-水溶液中嗅阈值 5mg/L，46%vol 酒精-水溶液中嗅阈值 19.02mg/L，除香葡萄酒中嗅阈值 2.1mg/L；啤酒中嗅阈值 1000μg/L；丙酸乙酯味阈值 4.9μg/L。

丙酸乙酯存在树莓、柑橘汁等水果（汁）及果醋、干酪、葡萄酒、啤酒、黄酒、白酒、白兰地中。

丙酸乙酯在白葡萄酒中含量为0~7.50mg/L；红葡萄酒0.07~0.25mg/L，3~4年红葡萄酒105~183μg/L，13年以上红葡萄酒73~150μg/L；雪利酒6311μg/L；在非诺雪利酒中最初含量为109μg/L，福洛酵母膜形成后含量为154μg/L，老熟250d含量为433μg/L。

丙酸乙酯在新鲜啤酒中含量为58.7μg/L；黄酒中含量为305~404μg/L；果醋中含量为nd~6396μg/L。

丙酸乙酯在中国白酒中含量如下：酱香型成品白酒53.3~75.1mg/L，习酒276mg/L，郎酒107~334mg/L；酱香型醇甜型原酒357mg/L，酱香原酒480mg/L，窖底香原酒220mg/L；浓香型白酒11.3~20.7mg/L，洋河酒4.55~6.56mg/L，习酒51.68mg/L；清香型汾酒1.39~2.62mg/L或9070μg/L，宝丰酒3070μg/L，青稞酒4580μg/L；兼香型白酒35.2~69.7mg/L，口子窖酒9.68mg/L；芝麻香型白酒17.4~45.2mg/L。

（4）丁酸乙酯 丁酸乙酯（ethyl butanoate，ethyl butyrate），CAS号105-54-4，FEMA号2427，RI_{np} 800或806或782，RI_{mp} 856或857，RI_{p} 1031或1036，K_{aw} 1.631×10^{-2}（22℃），呈菠萝、香蕉、草莓、水果、似葡萄酒、花香、醚样气味。

丁酸乙酯在空气中嗅阈值2.7ng/L，水中觉察嗅阈值0.76μg/L，识别嗅阈值2.4μg/L或1μg/L或0.13μg/L或0.005μg/L或0.18μg/L，10%vol酒精-水溶液中嗅阈值20μg/L或400μg/L，14%vol酒精-水溶液中嗅阈值20μg/L，40%vol酒精-水溶液中嗅阈值9.5μg/L，46%vol酒精-水溶液中嗅阈值81.50μg/L，除香葡萄酒中嗅阈值600μg/L，啤酒中嗅阈值400μg/L，7%（质量体积浓度）醋酸-水溶液中嗅阈值73μg/L；葵花籽油中嗅阈值28μg/kg。

乙酸乙酯在水中味阈值0.1μg/L或15μg/L或0.13μg/L或450μg/L；葵花籽油中味阈值3.5μg/kg。

丁酸乙酯存在于树莓、芒果、葡萄、柑橘汁等水果（汁）及橄榄油、果醋、凝乳酪蛋白、干酪、葡萄酒、苹果酒、啤酒、黄酒、白兰地、威士忌、朗姆酒、白酒中。

丁酸乙酯普遍存在于发酵酒与醋中，在葡萄酒中浓度为0.01~1.8mg/L，玫瑰红葡萄酒196μg/L或410~448μg/L；白葡萄酒0.04~1.00mg/L，新产白葡萄酒184~700μg/L；红葡萄酒0.01~0.20mg/L，新产红葡萄酒69.2~371.0μg/L，平均115μg/L，3~4年红葡萄酒100~194μg/L，13年以上红葡萄酒68~146μg/L，老熟红葡萄酒209~1118μg/L，丹菲特红葡萄酒232~246μg/L；雪利酒380μg/L；在菲诺雪利酒中最初含量为172μg/L，福洛酵母膜形成后含量为193μg/L，老熟250d含量为392μg/L。

丁酸乙酯在中国苹果酒中含量为177~655μg/L；新鲜啤酒中含量为199.4μg/L；黄酒中含量为445~636μg/L；果醋中含量为nd~1061μg/L。

丁酸乙酯也存在于个别葡萄品种中，如蛇龙珠中含量为5.82μg/L；赤霞珠葡萄中含量为13.11~66.82μg/kg。

丁酸乙酯广泛存在于蒸馏酒中，在朗姆酒中含量为74.3~532.0μg/L。

中国白酒中丁酸乙酯含量是所有蒸馏酒中含量最高的，特别是传统浓香型白酒。通常情况下，丁酸乙酯在浓香型白酒中的含量是已酸乙酯的1/10，即约0.2g/L，但过高的丁酸乙酯含量，会给白酒带来不愉快的气味。

丁酸乙酯在中国白酒中的含量如下：浓香型洋河酒65.85~123.00mg/L，剑南春402mg/L，五粮液205mg/L，泸州老窖特曲289mg/L，习酒738mg/L；酱香型白酒平均含量350mg/L，茅台酒89.5mg/L或326~383mg/L，郎酒170~212mg/L或367~581mg/L或133~216mg/L，醇甜型原酒412mg/L，酱香型原酒160mg/L，窖底香原酒352mg/L，习酒94.4mg/L或493mg/L，金沙回沙酒37.04~39.11mg/L；清香型汾酒1.20~2.13mg/L或1820μg/L，宝丰酒3810μg/L，青稞酒4280μg/L；米香型白酒6mg/L；老白干香型手工大糙原酒7.30~59.02mg/L，机械化大糙原酒3.55~12.50mg/L；兼香型口子窖酒326mg/L；芝麻香型手工原酒72.6~143.0mg/L，机械化原酒35.28~164.00mg/L；药香型董酒316mg/L；特香型四特酒30~60mg/L；豉香型白酒3.69mg/L；液态法白酒中没有检测到。

（5）戊酸乙酯 戊酸乙酯（ethyl pentanoate，ethyl valerate），CAS号539-82-2，FEMA号2462，RI_{np} 905或882，RI_{mp} 962，RI_{p} 1141或1146，呈水蜜桃、水果、花香与甜香、醚样气味，在水中嗅阈值1.5~5.0μg/L或5μg/L，40%vol酒精-水溶液中嗅阈值3.0μg/L，46%vol酒精-水溶液中嗅阈值26.78μg/L，啤酒中嗅阈值900μg/L。

戊酸乙酯在水中味阈值94μg/L。

戊酸乙酯广泛存在于干酪、果醋、葡萄酒、啤酒、黄酒、白酒中，新鲜啤酒中含量为10.1μg/L；果醋中含量为nd~42.5μg/L；黄酒中含量为nd~34.72μg/L。

戊酸乙酯在中国白酒中含量如下：浓香型洋河酒32.12~47.95mg/L，剑南春酒98mg/L，五粮液57mg/L，190.55mg/L；酱香型白酒平均含量93.27mg/L，茅台酒69~70mg/L，郎酒29mg/L或90~108mg/L或18.0~669.0mg/L，习酒71.68mg/L，金沙回沙酒80~126mg/L，醇甜原酒253mg/L，酱香原酒330mg/L，窖底香原酒621mg/L；清香型汾酒nd~1.79mg/L或256μg/L，宝丰酒498μg/L，青稞酒862μg/L；米香型白酒1mg/L；老白干香型手工大糙原酒1.18~2.49mg/L，机械化大糙原酒1.01~1.45mg/L；兼香型口子窖酒669mg/L；芝麻香型手工原酒5.09~14.24mg/L，机械化原酒3.35~17.87mg/L；豉香型白酒108μg/L；液态法白酒ndmg/L。戊酸乙酯在朗姆酒中含量为6.26~26.50μg/L。

（6）己酸乙酯 己酸乙酯（ethyl hexanoate，ethyl caproate）是饮料酒中最重要的酯之一，是中国浓香型白酒的关键香气成分；CAS号123-66-0，FEMA号2439，RI_{np} 995或981或1006，RI_{mp} 1058或1062，RI_{p} 1239或1228或1226（d_{11}-己酸乙酯），lgP 2.78，饱和蒸汽压158Pa，呈甜香、水果、花香、浓香型白酒香、窖香、青瓜香、香蕉、青苹果香。

己酸乙酯在空气中嗅阈值3ng/L或1μg/L，水中嗅阈值5μg/L或1.2μg/kg或1μg/L或36μg/L，10%vol酒精-水溶液中嗅阈值5μg/L或80μg/L，10%vol模拟葡萄酒（7g/L甘油，pH3.2）中嗅阈值14μg/L，14%vol酒精-水溶液中嗅阈值5μg/L，40%vol酒精-水溶液中嗅阈值29.7μg/L，46%vol酒精-水溶液中嗅阈值55.33μg/L，啤酒中嗅阈值

0. 17~0. 21mg/L 或 210μg/L，模型葡萄酒中嗅阈值 37μg/L，除香葡萄酒中嗅阈值 440μg/L，葡萄酒中嗅阈值 850μg/L。

己酸乙酯在水中味阈值 12μg/L 或 0. 5μg/L。

己酸乙酯广泛存在于树莓、葡萄、柑橘汁等水果（汁）、干酪、果醋、葡萄酒、苹果酒、啤酒、黄酒、白酒、日本烧酎、威士忌、白兰地等产品中。

己酸乙酯在赤霞珠葡萄中含量为 5. 73μg/L，品丽珠葡萄 6. 05μg/L，梅鹿辄葡萄 15. 1μg/L，蛇龙珠葡萄 37. 5μg/L。

己酸乙酯在葡萄酒中浓度为 0. 03 ~ 3. 40mg/L，玫瑰红葡萄酒 542μg/L 或 699 ~ 1940μg/L；白葡萄酒 0. 06~2. 00mg/L，新产白葡萄酒 280 ~ 1022μg/L；红葡萄酒 0. 06 ~ 0. 13mg/L，新产红葡萄酒 282μg/L（153 ~ 622μg/L），3 ~ 4 年红葡萄酒 3 ~ 158μg/L，13 年以上红葡萄酒 95 ~ 187μg/L，老熟红葡萄酒 255 ~ 2556μg/L，丹菲特红葡萄酒 305 ~ 309μg/L；雪利酒 379μg/L；在菲诺雪利酒中，最初含量为 123μg/L，福洛酵母膜形成后含量为 104μg/L，老熟 250d 含量为 160μg/L。

己酸乙酯在啤酒中浓度为 0. 05 ~ 0. 30mg/L，平均 0. 14mg/L，新鲜啤酒中含量为 264. 7μg/L；中国苹果酒中含量为 65. 89~268. 00μg/L；黄酒中含量为 52. 17 ~ 97. 60μg/L；果醋中含量为 nd ~ 248μg/L。

己酸乙酯在日本烧酎中含量如下：大麦烧酎 0~0. 7mg/L，老熟大麦烧酎 0~0. 4mg/L；米烧酎 0 ~ 0. 8mg/L；其他烧酎 0. 3 ~ 0. 7mg/L；泡盛酒 0. 7 ~ 1. 2mg/L，老熟泡盛酒 0. 7mg/L；甜土豆烧酎、连续蒸馏烧酎中未检测到。

在所有的饮料酒中，中国白酒的己酸乙酯含量最高，主要存在于浓香型、酱香型和兼香型等与窖泥接触的传统固态发酵白酒中。己酸乙酯是中国浓香型白酒的关键香气成分，国家标准规定成品白酒己酸乙酯含量在 1. 5~2. 5g/L，原酒的己酸乙酯含量可达到 3. 0g/L 以上，甚至高达 10g/L 以上。己酸乙酯在中国白酒中含量如下：浓香型成品白酒 1. 5~2. 4g/L，洋河酒 1. 52~2. 25mg/L，剑南春 2. 16g/L，五粮液 1. 98g/L，泸州老窖特曲 2. 19g/L，习酒 4. 5g/Lmg/L；酱香型成品白酒 200 ~ 360mg/L 或 748mg/L，茅台酒 133mg/L 或 558 ~ 589mg/L，郎酒 233 ~ 288mg/L 或 445 ~ 675mg/L 或 255 ~ 323mg/L，习酒 43. 5mg/L 或 328. 57mg/L，金沙回沙酒 614 ~ 1109mg/L，醇甜原酒 730mg/L，酱香原酒 246mg/L，窖底原酒 1293mg/L；清香型汾酒 2. 23 ~ 4. 58mg/L 或 3090μg/L，宝丰酒 5390μg/L，青稞酒 7680μg/L；米香型白酒 17. 1mg/L；药香型董酒 873. 2mg/L；老白干香型手工大糙原酒 10. 67 ~ 24. 02mg/L，机械化大糙原酒 4. 68 ~ 8. 77mg/L；兼香型白酒 520 ~ 1750mg/L，口子窖酒 599mg/L；芝麻香型手工原酒 41. 58 ~ 175. 41mg/L，机械化原酒 8. 45 ~ 235. 05mg/L，成品白酒 80 ~ 374mg/L；特香型四特酒 200 ~ 300mg/L；豉香型白酒 1. 60mg/L；液态法白酒 10mg/L。

己酸乙酯在朗姆酒中含量为 66. 8 ~ 79. 6μg/L。

（7）庚酸乙酯　庚酸乙酯（ethyl heptanoate，ethyl oenanthate），CAS 号 106-30-9，FEMA 号 2437，RI_{np} 1097 或 1100，RI_{p} 1339 或 1342，呈花香、水果香、蜜香、甜香、杏子香，在水中嗅阈值 2. 2μg/L 或 2μg/L，46%vol 酒精-水溶液中嗅阈值 13. 15mg/L，

啤酒中嗅阈值 400μg/L。

庚酸乙酯存在于百香果、果醋、干酪、葡萄酒、啤酒、白酒中，在新鲜啤酒中含量为 29. 3μg/L；果醋中含量为 nd~7. 46μg/L。

庚酸乙酯在中国白酒中含量如下：浓香型白酒 31. 8~90. 4mg/L，平均 53. 2mg/L，洋河酒 29. 81~150. 00mg/L，剑南春酒 36mg/L，五粮液 26mg/L，习酒 192mg/L；酱香型白酒 7. 1~14. 8mg/L 或 52. 05mg/L，茅台酒 22. 80~30. 58mg/L，郎酒 9mg/L 或 56. 27~75. 43mg/L 或 10. 5~20. 8mg/L，习酒 32. 27mg/L，金沙回沙酒 34. 79~53. 50mg/L，醇甜型原酒 33. 0mg/L，酱香原酒 21. 0mg/L，窖底香原酒 70. 3mg/L；清香型白酒 0. 25~0. 73mg/L，汾酒 nd~110μg/L，宝丰酒 53. 90μg/L，青稞酒 245μg/L；米香型白酒 nd；老白干香型手工大糙原酒 437~709μg/L，机械化大糙原酒 405~692μg/L；兼香型白酒 74. 4~256. 9mg/L，口子窖酒 70. 3mg/L；芝麻香型手工原酒 582~1187μg/L，机械化原酒 689~1005μg/L；豉香型白酒 3. 26mg/L；液态法白酒 nd。

（8）辛酸乙酯　辛酸乙酯（ethyl octanoate，ethyl caprylate），CAS 号 106-32-1，FEMA 号 2449，RI_{np} 1195 或 1201 或 1176，RI_{mp} 1258 或 1263，RI_{p} 1439 或 1419 或 1444，呈水果、甜香、梨、荔枝、百合花、菠萝、肥皂、蜡烛（candlewax）气味。

该酯在空气中嗅阈值 40ng/L，水中嗅阈值 40μg/L 或 70μg/L 或 8. 7 或 8~12μg/L 或 15μg/L 或 0. 1μg/L 或 5μg/L，10%vol 酒精-水溶液中嗅阈值 2μg/L 或 580μg/L，10%vol 模拟葡萄酒（7g/L 甘油，pH3. 2）中嗅阈值 5μg/L，14%vol 酒精-水溶液中嗅阈值 2μg/L，40%vol 酒精-水溶液中嗅阈值 147μg/L，46%vol 酒精-水溶液中嗅阈值 12. 87μg/L，除香葡萄酒中嗅阈值 96μg/L，啤酒中嗅阈值 300~900μg/L 或 900μg/L。

辛酸乙酯在水中味阈值 32μg/L。

辛酸乙酯广泛存在于树莓、芒果、葡萄等水果、白面包屑、干酪、果醋、葡萄酒、啤酒、黄酒、威士忌、白酒、烧酎、白兰地中。

辛酸乙酯在中国赤霞珠葡萄中含量为 6. 98μg/L，品丽珠葡萄 9. 19μg/L，梅鹿辄葡萄 20. 2μg/L，蛇龙珠葡萄 19. 1μg/L；在贵人香白葡萄中含量为 nd~0. 10μg/kg，霞多利 nd~0. 16μg/kg，雷司令 nd~0. 02μg/kg。

辛酸乙酯在葡萄酒中浓度为 0. 05~3. 8mg/L，其中玫瑰红葡萄酒 206μg/L 或 2903~5587μg/L，白葡萄酒 0. 40~5. 10mg/L，新产白葡萄酒 270~820μg/L；红葡萄酒 1. 0~6. 0mg/L，新产红葡萄酒 358μg/L（138~783μg/L），3~4 年红葡萄酒 165~474μg/L，13 年以上红葡萄酒 92~197μg/L，老熟红葡萄酒 162~519μg/L；雪利酒 110μg/L；菲诺雪利酒中，最初含量为 39. 1μg/L，福洛酵母膜形成后含量为 47. 1μg/L，老熟 250d 含量为 162μg/L。

辛酸乙酯在中国苹果酒中含量为 84. 30~842. 00μg/L；啤酒中含量为 0. 04~0. 53mg/L，平均 0. 17mg/L，新鲜啤酒中含量为 498. 7μg/L；果醋中含量为 nd~91. 4μg/L；黄酒中含量为 91. 98~105. 00μg/L。

辛酸乙酯在斯佩塞麦芽威士忌中含量为 18mg/L 纯酒精，艾拉岛麦芽威士忌中含量为 27mg/L 纯酒精。

辛酸乙酯在日本烧酎中含量如下：大麦烧酎 0.0～1.6mg/L，老熟大麦烧酎 0.3～1.1mg/L；米烧酎 0～1.2mg/L；甜土豆烧酎 0.9～1.3mg/L；其他烧酎 0～1.5mg/L；泡盛酒 1.7～3.2mg/L，老熟泡盛酒 3.3mg/L；连续蒸馏烧酎中未检测到。

辛酸乙酯在中国白酒中含量通常在 mg/L 级，具体含量如下：浓香型洋河酒 5.82～27.52mg/L，剑南春酒 31mg/L，五粮液 52mg/L，习酒 121.82mg/L；酱香型平均含量 66.11mg/L，茅台酒 24.02～36.99mg/L，郎酒 8mg/L 或 95～96mg/L 或 4.69～15.20mg/L，习酒 15.50mg/L，金沙回沙 40.29～72.37mg/L，醇甜原酒 19.7mg/L，酱香原酒 14.6mg/L，窖底香原酒 19.0mg/L；清香型汾酒 5040μg/L，宝丰酒 6390μg/L，青稞酒 19300μg/L；米香型白酒 4mg/L；老白干香型大糙原酒 0.93～1.35mg/L，机械化大糙原酒 1.15～3.71mg/L；兼香型口子窖酒 27.5mg/L；芝麻香型手工原酒 4.18～6.21mg/L，机械化原酒 3.49～8.01mg/L；豉香型白酒 2.03mg/L；液态法白酒中没有检测到。

（9）壬酸乙酯　壬酸乙酯（ethyl nonanoate，ethyl pelargonate），CAS 号 123-29-5，FEMA 号 2447，RI_{np} 1279 或 1296，RI_{p} 1526，呈酯香、蜜香、水果、油脂、坚果香，在 46%vol 酒精-水溶液中嗅阈值 3.15mg/L，啤酒中嗅阈值 1.2mg/L。

壬酸乙酯已经在葡萄酒、啤酒、白酒、白兰地、朗姆酒中发现，在白葡萄酒中含量 0～0.3mg/L，新鲜啤酒中含量 10.5μg/L。

壬酸乙酯在中国白酒中含量如下：酱香型郎酒中 387～805μg/L，醇甜原酒 1076μg/L，酱香原酒 1376μg/L，窖底香原酒 1209μg/L；浓香型洋河酒 0.57～1.48mg/L；清香型汾酒 408μg/L，宝丰 267μg/L，青稞酒 635μg/L；老白干香型大糙原酒 460～1434μg/L，机械化大糙原酒 573～657μg/L；兼香型口子窖酒 462μg/L；芝麻香型手工原酒 611～814μg/L，机械化原酒 563～734μg/L；豉香型白酒 950μg/L。

（10）癸酸乙酯　癸酸乙酯（ethyl decanoate，ethyl caprate），CAS 号 110-38-3，FEMA 号 2432，RI_{np} 1396 或 1399，RI_{mp} 1459，RI_{p} 1637 或 1644 或 1641，呈酯香、蜜香、水果香、肥皂、葡萄香、油脂、花香，在水中嗅阈值 23μg/L 或 8～12μg/L 或 47μg/L，10%vol 模拟葡萄酒（7g/L 甘油，pH3.2）中嗅阈值 20μg/L，46%vol 酒精-水溶液中嗅阈值 1.12mg/L，合成葡萄酒（11%vol）中嗅阈值 0.2mg/L，啤酒中嗅阈值 570μg/L 或 1500μg/L。

癸酸乙酯在水中味阈值 490μg/L 或 210μg/L。

癸酸乙酯广泛存在于葡萄、柑橘汁、干酪、葡萄酒、苹果酒、番石榴酒、啤酒、白酒、威士忌、白兰地中。

癸酸乙酯在中国赤霞珠葡萄中含量为 2.93μg/L，品丽珠葡萄 2.03μg/L，梅鹿辄葡萄 11.0μg/L，蛇龙珠葡萄 5.09μg/L。

癸酸乙酯在葡萄酒中含量为 0～2.1mg/L，玫瑰红葡萄酒 1194～3407μg/L，白葡萄酒 0.10～2.50mg/L，新产白葡萄酒 423μg/L；红葡萄酒 0.6～4.0mg/L，新产红葡萄酒 100μg/L（14.5～215μg/L）。

癸酸乙酯在中国苹果酒中含量为 38.90～1441.00μg/L；新鲜啤酒中含量为 118.8μg/L。

癸酸乙酯在斯佩塞麦芽威士忌中含量为 60mg/L 纯酒精，在艾拉岛麦芽威士忌中含量为 89mg/L 纯酒精。

癸酸乙酯在中国白酒中含量如下：酱香型白酒平均含量 4.10mg/L，茅台酒 2.11～2.71mg/L，郎酒 1.83～2.23mg/L 或 0.79～1.07mg/L，习酒 1.68mg/L，金沙回沙酒 7.39～7.65mg/L，醇甜原酒 678μg/L，酱香原酒 1117μg/L，窖底香原酒 836μg/L；浓香型洋河酒 1.04～1.69mg/L，习酒 2.99mg/L；清香型汾酒 6.57mg/L，宝丰酒 7.34mg/L，青稞酒 6.82mg/L；老白干香型大糙原酒 6.23～8.19mg/L，机械化大糙原酒 1.66～2.85mg/L；兼香型口子窖酒 671μg/L；芝麻香型手工原酒 2.15～3.10mg/L，机械化原酒 2.67～4.01mg/L；豉香型白酒 161μg/L。

（11）长链脂肪酸乙酯　十一酸乙酯（ethyl undecanoate），CAS 号 627-90-7，FEMS 号 3492，RI_{np} 1477 或 1498，RI_{mp} 1555，RI_{p} 1732 或 1737，清亮无色液体，熔点 -15℃，沸点 105℃（25℃），lgP 5.371，呈似蜡、脂肪和干邑白兰地气味，在啤酒中嗅阈值 1000μg/L。

十一酸乙酯存在于芒果、啤酒、白酒、白兰地 等产品中，在酱香型郎酒中含量为 203～215μg/L，醇甜原酒 201μg/L，酱香原酒 237μg/L，窖底香原酒 226μg/L；浓香型洋河酒 19～23μg/L；兼香型口子窖酒中未检测到。

十二酸乙酯（ethyl dodecanoate）(C 5-3)，俗称月桂酸乙酸（ethyl laurate），CAS 号 106-33-2，FEMA 号 2441，RI_{np} 1581 或 1597，RI_{mp} 1660，RI_{p} 1820 或 1840，清亮无色至微棕色液体，熔点-10℃，沸点 269℃，lgP 5.710，呈温和似蜡、肥皂气味、草莓香、油脂、水果香、花香、树叶、药香，在水中嗅阈值 400μg/L，14%vol 酒精-水溶液中嗅阈值 494mg/L；在水中味阈值 330μg/L。

十二酸乙酯存在于草莓番石榴、干酪、葡萄酒、苹果酒、白酒、威士忌、白兰地中；在玫瑰红葡萄酒中含量为 46.4～61.9μg/L，白葡萄酒 0～1.20mg/L；中国苹果酒中含量为 nd～46.19μg/L。

十二酸乙酯在酱香型白酒中含量为 540～795μg/L，醇甜原酒 724μg/L，酱香原酒 1059μg/L，窖底香原酒 661μg/L；洋河酒 268～495μg/L；老白干香型大糙原酒 2.44～3.76mg/L，机械化大糙原酒 1.37～1.67mg/L；兼香型口子窖酒 189μg/L；芝麻香型手工原酒 1535～1876μg/L，机械化原酒 0.75～2.24mg/L。

当碳原子数再增加时，这些直链酯类基本没有气味，或气味阈值十分高，如十四酸乙酯、十五酸乙酯、十六酸乙酯等。

十三酸乙酯（ethyl tridecanoate），CAS 号 28267-29-0，RI_{np} 1677 或 1687，沸点 293～294℃，相对密度 0.853（25℃），lgP 6.390，溶于醇，微溶于水。未见其呈香报道；存在于芒果等水果和白酒中。

十四酸乙酯（ethyl tetradecanoate），俗称肉豆蔻酸乙酯（ethyl myristate），CAS 号 124-06-1，FEMA 号 2445，RI_{np} 1771 或 1796，RI_{mp} 1861，RI_{p} 2019 或 2055，清亮无色液体，在寒冷的环境中会凝结成固体，熔点 11～12℃，沸点 178～180℃（1.6kPa），密度 0.86g/mL（25℃），lgP 6.899；未见其呈香报道；水溶液中嗅阈值 180μg/L。

十四酸乙酯已经在芒果、煮肉、腐乳、葡萄酒、白兰地、威士忌、白酒中检测到。

在白葡萄酒中含量为0.10～1.20mg/L；斯佩塞麦芽威士忌中含量为9mg/L纯酒精，艾拉岛（Islay）麦芽威士忌中含量为12mg/L纯酒精；老白干香型手工大楂原酒1.57～3.74mg/L，机械化大楂原酒1.94～2.78mg/L；芝麻香型手工原酒2616～3501μg/L，机械化原酒2376～2984μg/L。

十五酸乙酯（ethyl pentadecanoate），CAS号41114-00-5，熔点12～14℃，RI_{np} 1877或1897，RI_p 2116或2148，沸点158℃（666.6Pa），密度0.859g/mL（20℃），lgP 7.409，呈蜂蜜和甜香，但更多的文献并没有记载其香气。

十五酸乙酯存在于芒果等水果、腐乳、白兰地、白酒中，在芝麻香型手工原酒中含量为821～1211μg/L，机械化原酒774～977μg/L；老白干香型手工大楂原酒525～1194μg/L，机械化大楂原酒637～933μg/L。

十六酸乙酯（ethyl hexadecanoate）（C 5-4），俗称棕榈酸乙酯（ethyl palmitate，ethyl palmate），CAS号628-97-7，FEMA号2451，RI_{np} 1978或1997，RI_{mp} 2063，RI_p 2246或2261，在水中嗅阈值大于2000μg/L，啤酒中嗅阈值1500μg/L。

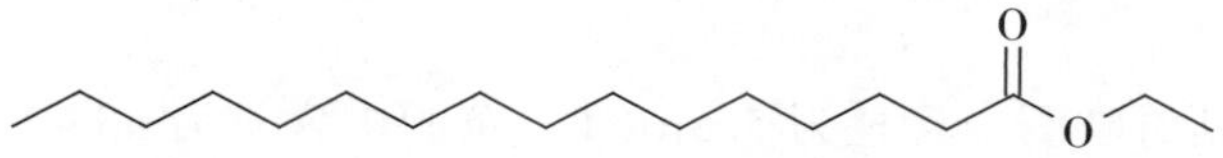

C 5-4　十六酸乙酯

较少见到棕榈酸乙酯在饮料酒中的报道，白葡萄酒中含量为0.10～0.85mg/L；斯佩塞（Speyside）麦芽威士忌酒中含量为28mg/L纯酒精，艾拉岛（Islay）麦芽威士忌中含量为33mg/L纯酒精；存在于白兰地中。

十六酸乙酯是引起中国低度白酒浑浊的重要化合物，即该化合物在高浓度酒精中是溶解的，当酒精度小于40%vol时，浑浊析出。十六酸乙酯、油酸乙酯和亚油酸乙酯是引起中国白酒降度浑浊的主要化合物。

棕榈酸乙酯在中国白酒中含量如下：浓香型剑南春酒51.7mg/L，五粮液62mg/L，酱香型郎酒41mg/L，清香型汾酒中未检测到，米香型白酒153mg/L，老白干香型手工大楂原酒28.24～42.87mg/L，机械化大楂原酒33.45～53.71mg/L；芝麻香型手工原酒40.51～54.01mg/L，机械化原酒28.78～59.82mg/L，液态法白酒中未检测到。

2. 支链乙酯类

支链乙酯（branched ethyl esters），俗称支链酸乙酯（ethyl esters of isoacids），通常情况下比同碳数的直链酯具有更强烈的香气。

（1）异丁酸乙酯　异丁酸乙酯（ethyl isobutyrate，ethyl isobutanoate），IUPAC名2-甲基丙酸乙酯（ethyl 2-methylpropanoate，ethyl 2-methylpropionoate），CAS号97-62-1，FEMA号2428，RI_{np} 753或768或745，RI_{mp} 808或813，RI_p 961或987或952，熔点-88℃，沸点112～113℃，密度0.86g/mL，呈甜香、香蕉、水果、柑橘、菠萝、桂花、苹果、水蜜桃、草莓、甜瓜香。

该化合物在空气中嗅阈值0.1～0.2ng/L，水中嗅阈值0.02μg/L或0.1μg/L或

0.089μg/kg 或 0.01~1.00μg/L，10%vol 酒精-水溶液中嗅阈值 15μg/L，14%vol 酒精-水溶液中嗅阈值 15μg/L，40%vol 酒精-水溶液中嗅阈值 4.5μg/L，46%vol 酒精-水溶液中嗅阈值 54.47μg/L，除香红葡萄酒中嗅阈值 1.83mg/L，啤酒中嗅阈值 6.3μg/L 或 5000μg/L；7%（质量体积浓度）醋酸-水溶液中嗅阈值 5.2μg/L；葵花籽油中嗅阈值 1.2μg/kg。

异丁酸乙酯在水溶液中味阈值 0.03μg/L；葵花籽油中味阈值 0.75μg/kg。

异丁酸乙酯广泛存在于树莓、草莓番石榴、柑橘汁、草莓酱等水果（汁、酱）和橄榄油和葵花籽油、面包屑、烤开心果、酵母膏、凝乳酪蛋白、发酵竹笋、果醋、葡萄酒、番石榴酒、啤酒、黄酒、白酒中。

2-甲基丙酸乙酯在玫瑰红葡萄酒中含量为 18μg/L 或 39.8~45.6μg/L；白葡萄酒0~0.60mg/L，新产白葡萄酒 33~480μg/L；红葡萄酒 0.03~0.08mg/L，新产红葡萄酒 9.8~94μg/L，平均 35.3μg/L，3~4 年红葡萄酒 10~68μg/L，13 年以上红葡萄酒 18~59μg/L，老熟红葡萄酒 211~617μg/L，丹菲特红葡萄酒 364~408μg/L；雪利酒 449μg/L；菲诺雪利酒中最初含量为 41.6μg/L，福洛酵母膜形成后含量为 28.9μg/L，老熟 250d 含量为 351μg/L。

异丁酸乙酯在新鲜啤酒中含量为 5.5μg/L；黄酒中含量为 nd~279μg/L；果醋中含量为 nd~1653μg/L。

异丁酸乙酯在中国白酒中含量如下：清香型白酒成品汾酒中 642μg/L，宝丰酒 2100μg/L，青稞酒 8580μg/L；豉香型成品白酒 19.3mg/L；酱香型成品习酒 287.64mg/L，郎酒 128~226mg/L，醇甜型原酒 210mg/L，酱香型原酒 185mg/L，窖底香原酒 62.8mg/L；浓香型洋河成品酒 21.33~42.47mg/L，习酒 115.42mg/L；兼香型口子窖酒 27.7mg/L。

（2）异戊酸乙酯类　2-甲基丁酸乙酯与 3-甲基丁酸乙酯是饮料酒中重要的支链乙酯类化合物。2-甲基丁酸乙酯和 3-甲基丁酸乙酯又称为杂醇乙酯（fusel alcohol acetates）。

2-甲基丁酸乙酯（ethyl 2-methylbutanoate，ethyl 2-methylbutyrate），CAS 号 7452-79-1，FEMA 号 2443，RI_{np} 844 或 832 或 851，RI_{mp} 904 或 907，RI_{p} 1052 或 1041，呈水果、甜香、浆果、菠萝、苹果、糖果、溶剂气味［50%（*S*）-型和 50%（*R*）-型（m/m）的外消旋体］。

该化合物在空气中嗅阈值 0.06~0.24ng/L，水中觉察阈值 0.013μg/L，识别阈值 0.063μg/L 或 0.1~0.3μg/L 或 0.1μg/L 或 0.15~0.30μg/L 或 0.06μg/L 或 0.15μg/L，10%vol 酒精-水溶液中嗅阈值 1μg/L，10%vol 模拟葡萄酒（7g/L 甘油，pH3.2）中嗅阈值 18μg/L，50%（*S*）-型和 50%（*R*）-型（质量比）的外消旋体在 12%vol 酒精-水溶液（酒石酸调 pH3.5）中嗅阈值 2.60μg/L，46%vol 酒精-水溶液中嗅阈值 18.0μg/L；啤酒中嗅阈值 1.1μg/L 或 7~20μg/L；7%（质量体积浓度）醋酸-水溶液中嗅阈值 16.5μg/L，模型溶液（1.5 g 柠檬酸和 10.5 g 蔗糖溶解于 1 L 自来水中）中嗅阈值 0.25μg/L；无嗅苹果汁中嗅阈值 0.85μg/L，无嗅橘子汁中嗅阈值 0.30μg/L，商业橘子汁中嗅阈值 3.0μg/L；葵花籽油中嗅阈值 0.72μg/kg；纤维素中嗅阈值 0.5μg/kg。

2-甲基丁酸乙酯在水中味阈值 4ng/L 或 0. 10ng/L；啤酒中味阈值 27μg/L；葵花籽油中味阈值 0. 75μg/kg；模型溶液（1. 5g 柠檬酸和 10. 5g 蔗糖溶解于 1L 自来水中）中味阈值 0. 25μg/L；无嗅苹果汁中味阈值 0. 85μg/L，无嗅橘子汁中味阈值均为 0. 30μg/L，商业橘子汁中味阈值为 4. 0μg/L。

2-甲基丁酸乙酯广泛存在于树莓、葡萄、黑莓、苹果汁、橘子汁、草莓酱等水果（汁）和橄榄油和葵花籽油、咖啡、红茶、凝乳酪蛋白、果醋、葡萄酒、啤酒、苹果酒、白酒、白兰地中。

2-甲基丁酸乙酯在品丽珠葡萄中含量为 3. 78μg/L，蛇龙珠葡萄 2. 57μg/L；玫瑰红葡萄酒 0. 66~1. 39μg/L，白葡萄酒 0~0. 02mg/L，新产白葡萄酒 3. 6~4. 5μg/L；红葡萄酒 0~0. 08mg/L，新产红葡萄酒 1. 1~29. 9μg/L，平均 7μg/L，3~4 年红葡萄酒 199~426μg/L，13 年以上红葡萄酒 162~281μg/L，老熟红葡萄酒 15~61μg/L。但另一项研究发现，越老的红葡萄酒其含量越高；雪利酒中含量为 81. 0μg/L。

2-甲基丁酸乙酯在新鲜啤酒中含量为 27μg/L；果醋中含量为 nd~401μg/L；中国苹果酒中含量为 nd~193μg/L。

2-甲基丁酸乙酯以较高含量存在于中国白酒中，酱香型成品郎酒含量为 9. 65~32. 90mg/L，醇甜型原酒 17. 0mg/L，酱香型原酒 20. 9mg/L，窖底香原酒 10. 0mg/L；浓香型成品洋河酒 0. 26~0. 93mg/L；兼香型口子窖酒 8. 64mg/L；豉香型白酒 10. 3μg/L。

2-甲基丁酸乙酯是一个手性酯，水果和饮料酒中以（*S*）-型为主。（*S*）-2-甲基丁酸乙酯（C 5-5），CAS 号 10307-61-6，RI_{np} 845 或 847，$RI_{BGB-174E}$ 1087，$RI_{BGB-176}$ 1173，RI_p 1016 或 1048，呈水果香、青苹果和草莓香，在空气中嗅阈值 0. 33ng/L，水中嗅阈值 0. 06μg/L，味阈值 0. 004μg/L，12%vol 酒精-水溶液（酒石酸调 pH 3. 5）中嗅阈值 1. 53μg/L，40%vol 酒精-水溶液中嗅阈值 0. 2μg/L 或 0. 22μg/L。（*S*）-2-甲基丁酸乙酯能增强红葡萄酒中酯类重组香气（12%酒精-水溶液）的水果香，显著增强黑莓香气。

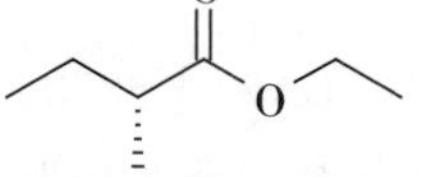

C 5-5 (*S*)-2-甲基丁酸乙酯 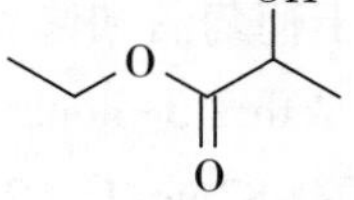　　C 5-6 2-羟基丙酸乙酯

（*S*）-2-甲基丁酸乙酯存在于诸多水果及饮料酒中。在葡萄柚中浓度为 3. 9μg/kg，晚仑西亚橙（Valencia late）48μg/kg，脐橙 4. 2μg/kg；37 种商业红葡萄酒中平均浓度为 50μg/L；朗姆酒中含量为 6. 87~8. 78μg/L。

（*R*）-2-甲基丁酸乙酯，RI_{np} 1045，$RI_{BGB174E}$ 1087，$RI_{BGB-176}$ 1164，RI_p 1016，呈水果香，在空气中嗅阈值 0. 33ng/L。

3-甲基丁酸乙酯（ethyl 3-methylbutanoate，ethyl 3-methylbutyrate），俗称异戊酸乙酯（ethyl isovalerate，ethyl isopentanoate），CAS 号 108-64-5，FEMA 号 2463，RI_{np} 832 或 864，$RI_{BGB174E}$ 898，RI_{mp} 906 或 910，RI_p 1050 或 1070 或 1056，$RI_{BGB-176}$ 1175，K_{aw}

2.907×10^{-2}（22℃），呈甜香、苹果、浆果、黑莓、水果、菠萝、香蕉、草莓、糖果、醚样气味、葡萄酒香，该化合物在水中嗅阈值23ng/L，觉察阈值0.023μg/L，识别阈值0.11μg/L或0.20μg/L或0.1~0.4μg/L或0.03μg/L，10%vol酒精-水溶液中嗅阈值3μg/L，10%vol模拟葡萄酒（7g/L甘油，pH3.2）中嗅阈值3μg/L，40%vol酒精-水溶液中嗅阈值1.6μg/L，46%vol酒精-水溶液中嗅阈值6.89μg/L，啤酒中嗅阈值2.0μg/L或18~20μg/L或1300μg/L，7%（质量体积浓度）醋酸-水溶液中嗅阈值2.2μg/L；葵花籽油中嗅阈值0.62μg/kg；纤维素中嗅阈值0.6μg/kg。

3-甲基丁酸乙酯在水中味阈值0.01μg/L，啤酒中味阈值91μg/L；葵花籽油中味阈值0.51μg/kg。

3-甲基丁酸乙酯存在于树莓、草莓酱等水果（酱）、橄榄油和葵花籽油、咖啡、干酪、果醋、葡萄酒、啤酒、白酒、朗姆酒、威士忌、白兰地中。

3-甲基丁酸乙酯在玫瑰红葡萄酒中含量为3.1μg/L或11.1~21.1μg/L；白葡萄酒0~0.04mg/L，新产白葡萄酒3~20μg/L；红葡萄酒0~0.09mg/L，新产红葡萄酒2.2~36.1μg/L，平均11.1μg/L，老熟红葡萄酒30~138μg/L，丹菲特红葡萄酒54.8~55.3μg/L；雪利酒122μg/L。

3-甲基丁酸乙酯在新鲜啤酒中含量为28μg/L；果醋中含量为nd~3317μg/L。

3-甲基丁酸乙酯在中国白酒中含量如下：酱香型成品白酒中平均含量为50.78mg/L，茅台酒39.53~70.46mg/L，郎酒45.05~45.37mg/L或18.3~36.8mg/L，金沙回沙酒43.97~53.48mg/L，醇甜型原酒51.0mg/L，酱香原酒27.4mg/L，窖底香原酒8.29mg/L；浓香型洋河成品酒1.31~8.79mg/L；清香型成品白酒汾酒119μg/L，宝丰酒49.8μg/L，青稞酒2870μg/L；兼香型口子窖酒9.32mg/L；豉香型白酒344μg/L。该化合物在朗姆酒中含量为4.22~6.37μg/L。

（3）甲基戊酸乙酯类 2-甲基戊酸乙酯（ethyl 2-methylpentanoate，ethyl 2-methylvalerate），CAS号39255-32-8，FEMA号3488，沸点152~153℃，密度0.864mg/L（25℃），lgP 2.667，能溶于醇，微溶于水，呈草莓、苹果、水果香，在水中嗅阈值3ng/L。该化合物存在于葡萄酒和酱香型白酒中。

3-甲基戊酸乙酯（ethyl 3-methylpentanoate），CAS号5870-68-8，FEMA号3679，沸点158~159℃，密度0.87mg/L（25℃），呈草莓香，在水中嗅阈值8ng/L。该化合物存在于葡萄酒中

4-甲基戊酸乙酯（ethyl 4-methylpentanoate，ethyl 4-methylvalerate），俗称异己酸乙酯（ethyl isohexanoate），CAS号25415-67-2，RI_{np} 951或969，RI_{p} 1181，沸点159~160℃，密度0.868g/mL（20℃），呈水果、柑橘、菠萝、草莓香，在水中气味觉察阈值0.089μg/L，识别阈值0.22μg/L或0.003μg/L或0.01μg/L，啤酒中嗅阈值1.0μg/L。该化合物存在于荔枝、葡萄酒、朗姆酒、酱香型白酒中。

3. 羟基酸乙酯（乳酸乙酯）

最简单的、也是最重要的羟基酸乙酯是2-羟基丙酸乙酯（ethyl 2-hydroxypropanoate）（C 5-6），俗称乳酸乙酯（ethyl lactate），CAS号97-64-3，FEMA号2440，RI_{np} 803，

RI_{mp} 916，RI_p 1348 或 1331 或 1342，呈水果、甜香、青草、草莓、树莓、黄油、醚样香气，该酯在空气中嗅阈值 67.62μg/L，水中嗅阈值 14mg/L 或 50~200mg/L，10%vol 酒精-水溶液中嗅阈值 150mg/L，14%vol 酒精-水溶液中嗅阈值 100mg/L，46%vol 酒精-水溶液中嗅阈值 128.08mg/L；啤酒中嗅阈值 25mg/L；啤酒中味阈值 353mg/L。

乳酸乙酯存在于煮肉、果醋、意大利香醋、啤酒、葡萄酒、白酒、白兰地中。

乳酸乙酯在玫瑰红葡萄酒中含量为 0.98~15.69mg/L，白葡萄酒 3.80~15.00mg/L，红葡萄酒 9~17mg/L；在菲诺雪利酒中最初含量为 16.4mg/L，福洛酵母膜形成后含量为 20.6mg/L，老熟 250d 含量为 12.2mg/L。

乳酸乙酯在新鲜啤酒中含量为 10.7μg/L；果醋中含量为 nd~48.9mg/L，意大利香醋中含量为 nd~126μg/L。

乳酸乙酯在皮渣白兰地希腊齐普罗酒中含量为 8~174mg/L 纯酒精。

在所有的饮料酒中，中国白酒的乳酸乙酯含量最高。传统观念认为，乳酸乙酯是中国清香型白酒的主体香，在中国白酒特别是浓香型白酒中通常乳酸乙酯的含量与已酸乙酯相当，约 1.5~3.0g/L。在有些浓香型白酒中，乳酸乙酯以低于已酸乙酯为好，但有些正好相反。

乳酸乙酯在白酒中含量如下：浓香型洋河成品酒 0.85~1.07g/L，剑南春酒 1.37g/L，五粮液 1.35g/L，泸州老窖特曲 1.49g/L，习酒 2.13g/L；酱香型平均浓度 1.21g/L，茅台酒 1.11g/L 或 1.31~1.32g/L，郎酒 0.80~1.11g/L 或 1.17~1.27g/L，习酒 835mg/L 或 671mg/L，金沙回沙酒 0.89~1.00g/L；清香型汾酒 1.50~2.61g/L，宝丰酒 2.55g/L 或 1.06g/L，青稞酒 1.02g/L；米香型白酒 462mg/L；药香型董酒 610.8mg/L；特香型四特酒 2.0g/L；豉香型白酒 585mg/L；老白干香型手工大糙原酒 1.15~3.95g/L，机械化大糙原酒 1.83~3.06g/L；芝麻香型手工原酒 2.93~5.53g/L，机械化原酒 2.24~3.78g/L；液态法白酒中却高达 1.11g/L。

二、乙酸酯类

乙酸酯类（acetate esters）（C 5-7）是饮料酒中第二重要的酯类，这类酯在香精香料工业中经常被作为溶剂使用，也呈现水果香气。

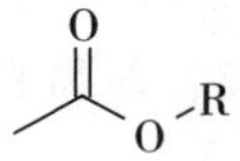

C 5-7　乙酸酯类 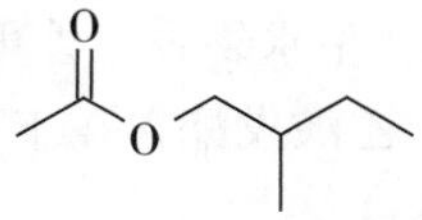　　C 5-8　乙酸-2-甲基丁酯 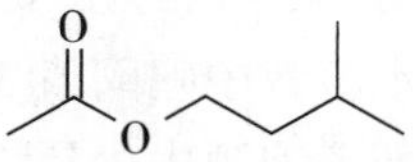　　C 5-9　乙酸-3-甲基丁酯

在酒类产品中，除了乙酸乙酯外，重要的乙酸酯类化合物还有乙酸丙酯、乙酸丁酯、乙酸已酯、乙酸-2-甲基丙酯（乙酸异丁酯）、乙酸异戊酯等。这些酯类呈现水果香和花香，与乙酯类一样，它们赋予酒怡人的香气。

1. 直链乙酸酯类

（1）乙酸甲酯　乙酸甲酯（methyl acetate，methyl ethanoate），CAS 号 79-20-9，

FEMA 号 2676，RI_{np} 511，RI_p 724 或 782，无色液体，熔点-98℃，沸点 57~58℃，密度 0.932g/mL（25℃），lgP 0.180，呈醚样气味、水果和甜香，在水中嗅阈值 1.5~4.7mg/L；啤酒中嗅阈值 550mg/L。

乙酸甲酯广泛存在于苹果汁、香蕉、黑莓、黑醋栗、葡萄汁、番石榴、草莓番石榴、木瓜（papaya）、百香果（passion fruit）、柑橘、梨、菠萝、树莓、草莓、土豆、姜、糖果、咖啡、干酪、果醋葡萄酒、啤酒等发酵食品中，在白葡萄酒中含量为 tr~5.45mg/L，红葡萄酒中含量为 0.08~0.15mg/L；果醋中含量为 8.7~44.5mg/L。

（2）乙酸丙酯　乙酸丙酯（propyl acetate，propyl ethanoate），CAS 号 109-60-4，FEMA 号 2925，RI_{np} 707 或 685，RI_{mp} 784，RI_p 935 或 941，呈甜香、水果、醚样水果香、胶水、甜香，熔点-95℃，沸点 102℃，密度 0.888g/mL（25℃），水中溶解度 20g/L（20℃），在水溶液中嗅阈值 3~11mg/L，14%vol 酒精-水溶液中嗅阈值 65mg/L，啤酒中嗅阈值 30mg/L。

该化合物存在于树莓、草莓番石榴等水果、啤酒、葡萄酒、白酒、白兰地等酒产品中。在菲诺雪利酒中最初含量为 41.7μg/L，福洛酵母膜形成后含量为 47.1μg/L，老熟 250d 含量为 74.5μg/L；新鲜啤酒中含量为 12.2μg/L；果醋中含量为 61~4605μg/L。

（3）乙酸丁酯　乙酸丁酯（butyl acetate，butyl ethanoate），CAS 号 123-86-4，FEMA 号 2174，RI_{np} 811 或 791，RI_p 1064 或 1080，熔点-78℃，沸点 124~126℃，密度 0.88g/ mL（25℃），呈青草、浆果、甜香、水果、花香、香蕉、熟梨、胶水气味，在空气中嗅阈值 33.1μg/L，水中嗅阈值 50~500μg/L 或 66μg/L 或 58μg/L，在 12%vol 酒精-水溶液中嗅阈值 1.8mg/L，14%vol 酒精-水溶液中嗅阈值 4.6mg/L，除香葡萄酒中嗅阈值 1.83mg/L，啤酒中嗅阈值 7500μg/L。

乙酸丁酯存在于树莓、草莓番石榴、黑莓等水果、凝乳酪蛋白、果醋、葡萄酒、番石榴酒、苹果酒、啤酒、白酒中；在 3~4 年红葡萄酒中含量为 3~11μg/L，13 年以上红葡萄酒 11~22μg/L；玫瑰红葡萄酒 1.31~2.46μg/L；新鲜啤酒中含量为 17.4μg/L；苹果酒（中国）含量为 nd~58.66μg/L；果醋中含量为 nd~350μg/L。

（4）乙酸戊酯　乙酸戊酯（pentyl acetate，amyl acetate，pentyl ethanoate），俗称 1-乙酰氧基戊烷（1-acetoxypentane），CAS 号 628-63-7，RI_{np} 915 或 893，RI_p 1179 或 1161，清亮无色液体，熔点-100℃，沸点 149~150℃，密度 0.876g/mL（25℃），熔点-100℃，沸点142~149℃，lgP 2.300，呈水果香、香蕉、梨、苹果香，在空气中嗅阈值 26.5ng/L，水溶液中嗅阈值 38μg/L。乙酸戊酯存在于草莓番石榴、葡萄酒、番石榴酒、啤酒中，在新鲜啤酒中含量为 14.6μg/L。

（5）乙酸己酯　乙酸己酯（hexyl acetate，hexyl ethanoate），CAS 号 142-92-7，FEMA 号 2565，RI_{np} 1009 或 999，RI_{mp} 1077 或 1084，RI_p 1265 或 1279 或 1276，熔点-80℃，沸点 168~170℃，密度 0.87g/ mL（25℃），lgP 2.870，呈水果、甜香、香蕉、草药香。该酯在水中味阈值 2~5μg/L 或 2~480μg/L 或 101μg/L，12%vol 酒精-水溶液中嗅阈值 1.5mg/L，46%vol 酒精-水溶液中嗅阈值 5.56mg/L，啤酒中嗅阈值 3.5mg/L，葡萄酒中嗅阈值 0.7mg/L，除香葡萄酒中嗅阈值 670μg/L。

乙酸己酯存在于草莓番石榴、黑莓、凝乳酪蛋白、果醋、葡萄酒、苹果酒、啤酒、白酒、白兰地中；在葡萄酒中含量为0~4.8mg/L，3~4年红葡萄酒2~3μg/L，13年以上红葡萄酒1~2μg/L；玫瑰红葡萄酒108~292μg/L；中国苹果酒中含量nd~55.88μg/L；新鲜啤酒中含量7.5μg/L；果醋中含量nd~82μg/L。

乙酸己酯在白酒中含量如下：酱香型习酒15.24mg/L，郎酒13.0~72.3mg/L，醇甜原酒72.3mg/L，酱香原酒13.0mg/L，窖底香原酒62.2mg/L；浓香型洋河酒5.07~48.01mg/L，习酒148.02mg/L；兼香型口子窖酒32.8mg/L。

（6）乙酸庚酯　乙酸庚酯（heptyl acetate），CAS号112-06-1，FEMA号2547，RI_p 1366或1380，无色液体，熔点-50℃，沸点192℃，密度0.87g/mL（25℃），lgP 3.333；呈水果香，在啤酒中嗅阈值1400μg/L。

乙酸庚酯已经在百香果、啤酒、白酒中检测到，新鲜啤酒中含量为15.7μg/L；酱香型郎酒中含量为38.4~61.3μg/L，醇甜型原酒72.3μg/L，酱香原酒13.0μg/L，窖底香原酒62.2μg/L；兼香型口子窖酒32.8μg/L。

（7）乙酸辛酯　乙酸辛酯（octyl acetate），CAS号112-14-1，FEMA号2806，RI_{np} 1189或1214，RI_p 1469或1491，熔点-38~-37℃，沸点206~211℃，密度0.868g/mL（25℃），lgP 3.842，呈水果、花香和甜香，在水溶液中嗅阈值12μg/L或47μg/L，除香葡萄酒中嗅阈值800μg/L；啤酒中嗅阈值500μg/L。

乙酸辛酯在水中味阈值210μg/L。

乙酸辛酯存在于在中国柑橘汁、草莓番石榴、乳清粉、苹果酒、啤酒、葡萄酒、白酒、朗姆酒中；在3~4年红葡萄酒中含量为0~1μg/L，13年以上红葡萄酒0~1μg/L；玫瑰红葡萄酒3.04~7.55μg/L；苹果酒（中国）中含量为nd~76.09μg/L；新鲜啤酒中含量为23.0μg/L。

（8）乙酸壬酯　乙酸壬酯（nonyl acetate，pelargonyl acetate），CAS号143-13-5，FEMA号2788，RI_{np} 1302，RI_p 1570或1587，熔点-26℃，沸点212℃，相对密度0.862~0.870（25℃），lgP 4.352，能溶于醇，微溶于水，呈水果和甜香、玫瑰和青草；在水溶液中嗅阈值57μg/L；在水中味阈值270μg/L。该化合物已经在黑莓、柑橘汁、啤酒、白酒中检测到。

（9）乙酸癸酯　乙酸癸酯（decyl acetate），CAS号112-17-4，FEMA号2367，RI_{np} 1408，RI_{mp} 1478，RI_p 1669或1691，熔点-15℃，沸点272℃，相对密度0.862~0.868（25℃），lgP 4.861，能溶于醇，微溶于水，呈油脂、水果香。已经在百香果、柑橘等水果、白兰地、白酒中检测到。

2. 支链乙酸酯类

（1）乙酸异丁酯　乙酸异丁酯（isobutyl acetate，isobutyl ethanoate），IUPAC名乙酸-2-甲基丙酯（2-methylpropyl acetate，2-methylpropyl ethanoate），CAS号110-19-0，FEMA号2175，RI_{np} 745或775，RI_p 985或1005，呈水果、甜香、苹果、香蕉、草莓香，呈典型的苹果香气。

该化合物在空气中嗅阈值9ng/L，水溶液中嗅阈值66μg/L，10%vol酒精-水溶液中嗅阈值 1.6mg/L，14%vol 酒精-水溶液中嗅阈值 6.14mg/L，除香葡萄酒中嗅阈值 1.83mg/L，啤酒中嗅阈值 1.6mg/L。

乙酸异丁酯存在于草莓番石榴、果醋、葡萄酒、啤酒、白酒、白兰地中，在新鲜啤酒中含量为 41.2μg/L；在果醋中含量为 290~3083μg/L。

乙酸异丁酯在葡萄酒中浓度为 0.01~1.60mg/L，白葡萄酒 0.03~0.60mg/L；红葡萄酒 0.10~0.08mg/L，3~4 年红葡萄酒 40~90μg/L，13 年以上红葡萄酒 31~74μg/L；菲诺雪利酒中最初含量为 24.9μg/L，福洛酵母膜形成后含量为 21.1μg/L。

乙酸异丁酯在中国白酒中含量如下：成品郎酒 410~2575μg/L，酱香型醇甜型原酒 341μg/L，但酱香原酒和窖底香原酒中未检测到；成品清香型汾酒 2140μg/L，宝丰酒 3500μg/L，青稞酒 1010μg/L；兼香型口子窖酒中未检测到。

（2）乙酸异戊酯类　乙酸异戊酯类（isoamyl esters）包括乙酸-2-甲基丁酯和乙酸-3-甲基丁酯。

乙酸-2-甲基丁酯（2-methylbutyl acetate，2-methylbutyl ethanoate）（C 5-8），RI_{np} 861 或 880，RI_{mp} 940，RI_{p} 1111 或 1116，有着类似桃子、香蕉和水果香，在水溶液中嗅阈值 5μg/L，14%vol 酒精-水溶液中嗅阈值 0.16mg/L，除香葡萄酒中嗅阈值 5.6mg/L，啤酒中味阈值 510μg/L。

该化合物已经在芒果、白兰地、朗姆酒、白酒中检测到，在中国酱香型白酒中含量为 0.35~0.55mg/L；浓香型白酒含量为 0.01~0.57mg/L；清香型白酒 0.90~1.14mg/L；兼香型白酒 1.41~2.87mg/L。

乙酸-2-甲基丁酯是手性化合物，有（*R*）-和（*S*）-型之分。乙酸-（*R*）-2-甲基丁酯，RI_{np} 1076，RI_{p} 1111，$RI_{BGB-176}$ 1212，$RI_{BGB174E}$ 1114，呈水果香，空气中嗅阈值大于 172ng/ L。乙酸-（*S*）-2-甲基丁酯，RI_{np} 1076，RI_{p} 1111，$RI_{BGB-176}$ 1208，$RI_{BGB174E}$ 1114，呈水果香，空气中嗅阈值大于 187 ng/ L。

在发酵食品中，以乙酸-（*S*）-2-甲基丁酯为主。饮料酒杏子白兰地（含量 187μg/L）、波旁威士忌（470μg/L）、纯麦芽威士忌（765μg/L）、荷兰杜松子酒（1220μg/L）、麦斯卡尔酒（105μg/L）、特基拉酒（117μg/L）、皮尔森啤酒（135μg/L）、小麦啤酒（492μg/L）、小麦无醇啤酒（111μg/L）、红葡萄酒（156μg/L）、白葡萄酒（202μg/L）中只含有（*S*）-2-甲基丁醇，没有检测到（*R*）-2-甲基丁醇。

乙酸-3-甲基丁酯（3-methylbutyl acetate）（C 5-9）是一个重要的支链乙酸酯，俗称乙酸异戊酯（isoamyl acetate，isopentyl acetate，isopentyl ethanoate），CAS 号 123-92-2，FEMA 号 2055，RI_{np} 857 或 886，RI_{mp} 937 或 948，$RI_{BGB174E}$ 929，RI_{p} 1118 或 1126，$RI_{BGB-176}$ 1219，lgP 2.11，饱和蒸汽压 714Pa，呈典型香蕉、梨、甜香、苹果香和水果糖香。

乙酸异戊酯在水中嗅阈值 2μg/L 或 88μg/L 或 19μg/L 或 3μg/L，10%vol 酒精-水溶液中嗅阈值 30μg/L，14%vol 酒精-水溶液中嗅阈值 30μg/L，40%vol 酒精-水溶液中嗅阈值 245μg/L，46%vol 酒精-水溶液中嗅阈值 93.93μg/L，葡萄酒中嗅阈值 160μg/L，除香葡萄酒中嗅阈值 860μg/L，啤酒中嗅阈值 0.6~1.2mg/L 或 1.2mg/L，7%（质量体积分数）醋酸-水溶液中嗅阈值22.2μg/L。

乙酸异戊酯存在于葡萄、果醋、葡萄酒、苹果酒、啤酒、黄酒、白酒、威士忌、白兰地、烧酎中。

乙酸异戊酯在宁夏赤霞珠葡萄中含量为4.26~283.00μg/L，新疆、山东烟台和河北怀来赤霞珠葡萄中未检测到。

乙酸异戊酯是葡萄酒中最重要的酯之一，在葡萄酒中含量为0.1~3.4mg/L或0~23mg/L，玫瑰红葡萄酒1.0~7.9mg/L或2.62~324.00mg/L；白葡萄酒0~6.10mg/L，新产白葡萄酒163~4740μg/L；红葡萄酒0.04~0.15mg/L，新产红葡萄酒553μg/L（118~4300μg/L），3~4年红葡萄酒245~345μg/L，13年以上红葡萄酒180~273μg/L，老熟红葡萄酒249~3300μg/L；菲诺雪利酒最初含量为885μg/L，福洛酵母膜形成后含量为673μg/L，老熟250d含量为191μg/L。

乙酸异戊酯在苹果酒（中国）中含量为17.54~1203.00μg/L；啤酒中含量为0.3~3.8mg/L，平均含量1.72mg/L，新鲜啤酒中含量为1967μg/L；黄酒中含量为24.88~65.69μg/L；果醋中含量为0.36~11.60mg/L。

乙酸异戊酯在朗姆酒中含量为26.8~75.6μg/L。

乙酸异戊酯在日本烧酎中含量如下：大麦烧酎0~6.9mg/L，老熟大麦烧酎0.3~3.6mg/L；米烧酎1.5~7.6mg/L；甜土豆烧酎3.5~6.4mg/L；其他烧酎2.2~7.0mg/L；泡盛酒2.9~3.2mg/L，老熟泡盛酒2.6mg/L；连续蒸馏烧酎中未检测到。

乙酸异戊酯广泛存在于中国白酒中，在酱香型白酒中含量为1.38~2.39mg/L或23.88mg/L，茅台酒51.36~56.53mg/L，郎酒14.9mg/L或4.02~14.85mg/L或3.98~11.60mg/L，金沙回沙酒9.15~26.86mg/L，醇甜原酒2.43mg/L，酱香原酒0.91mg/L，窖底香原酒0.32mg/L；浓香型白酒0.79~3.34mg/L；清香型白酒5.44~5.64mg/L，汾酒5870μg/L，宝丰酒13700μg/L，青稞酒14100μg/L；兼香型白酒5.04~8.46mg/L，口子窖酒0.58mg/L；豉香型白酒2.51mg/L；老白干香型手工大楂原酒2.80~5.94mg/L，机械化大楂原酒0.30~3.34mg/L；芝麻香型手工原酒17.50~26.20mg/L，机械化原酒11.11~32.88mg/L。

三、甲酯类

甲酯类化合物多存在于水果或水果酒中，比较重要的化合物如下所述。

1. 直链酸甲酯类

丁酸甲酯（methyl butanoate），CAS号868-57-5，FEMA号2719，RI_{np} 729或696，RI_{mp} 786，RI_{p} 961或976，无色液体，沸点115~116℃，相对密度0.8815，极微量溶解于水，溶于乙醇等有机溶剂。呈水果、甜香、草莓、胶水和干酪香气，在水中嗅阈值5~60μg/L或60~76μg/L或43μg/L，14%vol酒精-水溶液中嗅阈值1mg/L；水中味阈值59μg/L。

丁酸甲酯存在于草莓番石榴、柑橘汁、黑醋栗汁等水果（汁、酱）和凝乳酪蛋白、葡萄酒、番石榴酒、白兰地中。

己酸甲酯（methyl hexanoate，methyl caproate），CAS 号 106-70-7，FEMA 号 2708，RI_{np} 904 或 931，RI_{mp} 988，RI_{p} 1174 或 1204，无色液体，熔点-71℃，沸点 151℃，密度 0.885g/mL（25℃），lgP 2.314，呈水果、浆果、青香、甜香、花香、菠萝、杏子香，在水中嗅阈值 50μg/L 或 130μg/L 或 70～84μg/L。该化合物已经在草莓番石榴、黑莓、树莓、草莓酱等水果（酱）、凝乳酪蛋白、干酪、葡萄酒、酱香型白酒中检测到。

辛酸甲酯（methyl octanoate，methyl caprylate），CAS 号 111-11-5，FEMA 号 2728，RI_{np} 1107 或 1127，RI_{p} 1366 或 1396，清亮无色液体，熔点-40℃，沸点 194～195℃，密度 0.878g/mL（25℃），lgP 3.333，呈水果、菠萝和草莓、醋栗气味，在水中嗅阈值 4μg/L 或 200μg/L，已经在芒果、草莓酱、葡萄酒、啤酒、白兰地中检测到。

2. 支链酸甲酯类

2-甲基丁酸甲酯（methyl 2-methylbutanoate），CAS 号 868-57-5，FEMA 号 2719，RI_{np} 775 或 778，RI_{mp} 829 或 833，RI_{p} 1007 或 1014，熔点 115～116℃，密度 0.880g/mL（25℃），lgP 1.648，水果香、苹果、花香、甜香，在水中嗅阈值 0.25μg/L 或 2.0μg/L 或 0.3～0.5μg/L，啤酒中嗅阈值 7～20μg/L；糖-酸溶液中嗅阈值 0.9μg/L，无嗅苹果汁中嗅阈值 2.3μg/L。

2-甲基丁酸甲酯在水中味阈值 0.1～0.3μg/L；无嗅苹果汁中味阈值 1.8μg/L；在糖-酸溶液中味阈值 0.9μg/L。

2-甲基丁酸甲酯存在于榴莲、草莓酱、黑莓、白胡椒、莳萝、橄榄油、纳豆、葡萄酒、啤酒中，在丹菲特红葡萄酒中含量为 48.6～52.6μg/L。

2-甲基丁酸甲酯是手性化合物，常见（*S*）-2-甲基丁酸甲酯，RI_{np} 772，RI_{p} 1006，呈水果香，在水中嗅阈值 0.2～0.4μg/L。

四、丁酸与异丁酸酯类

丁酸丙酯（propyl butanoate），CAS 号 105-66-8，FEMA 号 2934，RI_{np} 880 或 896，RI_{p} 1122 或 1129，清亮无色液体，熔点 95℃，沸点 142～143℃，密度 0.873g/mL（25℃），lgP 2.314，呈水果、甜香、青香、橙子香，在水中嗅阈值 18～124μg/L 或 160μg/L；存在于芒果、猕猴桃等水果、干酪、白酒中，在浓香型洋河酒中含量为 0.59～1.15mg/L。

丁酸异戊酯（isoamyl butanoate，isoamyl butyrate，isopentyl butanoate），IUPAC 名丁酸 3-甲基丁酯（3-methylbutyl butanoate），CAS 号 106-27-4，FEMA 号 2060，RI_{np} 1041 或 1062，RI_{mp} 1114，RI_{p} 1256 或 1263，清亮无色液体，熔点-73℃，沸点 184～185℃，密度 0.862g/mL（25℃），lgP 3.250，呈花香、水果香，在 46%vol 酒精-水溶液中嗅阈值 915μg/L。

丁酸异戊酯存在于百香果、草莓番石榴等水果、葡萄酒、白兰地、白酒等饮料酒中，在酱香型习酒中含量为 1.31mg/L，郎酒 325～449μg/L，醇甜原酒 834μg/L，酱香原酒 140μg/L，窖底香原酒 800μg/L；浓香型洋河酒 0.60~3.56mg/L，习酒 1.39mg/L；兼香型口子窖酒 893μg/L；老白干香型手工大楂原酒<ql~382μg/L，机械化大楂原酒中检测到；芝麻香型手工原酒 1088~1791μg/L，机械化原酒 410~1112μg/L。

五、 己酸酯与异己酸酯类

己酸丙酯（propyl hexanoate，propyl caproate），CAS 号 626-77-7，FEMA 号 2949，RI_{np} 1077 或 1095，RI_{p} 1324 或 1327，无色液体，熔点-69℃，沸点 187℃，密度 0.867g/mL（25℃），lgP 3.333，呈水果、梨、酯香、老窖香、菠萝香、甜香，在水中嗅阈值 2.7~11.0μg/L，46%vol 酒精-水溶液中嗅阈值 12.78mg/L。

己酸丙酯已经在百香果、干酪、葡萄酒、白酒、朗姆酒中检测到；在白葡萄酒中含量为 0~2.8mg/L，红葡萄酒中含量为 0~0.08mg/L。

己酸丙酯在白酒中含量如下：酱香型白酒中平均含量 42.49mg/L，茅台酒 62.23~66.59mg/L，习酒 9.03mg/L，郎酒 23.38~52.69mg/L 或 415~10188μg/L，金沙回沙酒 33.58~38.64mg/L，醇甜原酒 7075μg/L，酱香原酒 415μg/L，窖底香原酒 10188μg/L；浓香型洋河酒 2.13~3.49mg/L，习酒 6.53mg/L；兼香型口子窖酒 2080μg/L。

己酸丁酯（butyl hexanoate，butyl caproate），CAS 号 626-82-4，FEMA 号 2201，RI_{np} 1173 或 1188，RI_{mp} 1450，RI_{p} 1402，熔点-64℃，沸点 208℃ 或 61~62℃（3400Pa），密度 0.866g/mL，lgP 3.842，呈菠萝、水果香，在水中嗅阈值 700μg/L，46%vol 酒精-水溶液中嗅阈值 678μg/L。

己酸丁酯存在于苹果、芒果等水果、白兰地、白酒等酒中。在白酒中含量如下：酱香型白酒中平均含量 2.47mg/L，茅台酒 nd~0.79mg/L，习酒 4.18mg/L 或 17.97mg/L，郎酒 0.87~1.47mg/L 或 189~624μg/L，金沙回沙酒 3.57~3.82mg/L，醇甜原酒 2804μg/L，酱香原酒 210μg/L，窖底香原酒 1972μg/L；浓香型洋河酒 1.80~8.34mg/L；兼香型口子窖酒 4692μg/L。

己酸戊酯（pentyl hexanoate，amyl capronate），CAS 号 540-07-8，FEMA 号 2074，RI_{p} 1493，清亮无色液体，熔点-47℃，沸点 226℃，密度 0.858g/mL（25℃），lgP 4.352，呈水果、甜香，已经在苹果等水果、浓香型白酒、酱香型白酒中检测到。

己酸己酯（hexyl hexanoate，hexyl caproate），CAS 号 6378-65-0，FEMA 号 2572，RI_{np} 1371 或 1387，RI_{mp} 1453，RI_{p} 1596 或 1600，熔点-55℃，沸点 245~246℃，密度 0.863g/mL（25℃），lgP 4.861，呈水果、苹果、甜香、梨、草药、李子、灯笼椒、桃子、梅子香气，在水中嗅阈值 6.4μg/L，46%vol 酒精-水溶液中嗅阈值 1890μg/L。

己酸己酯存在于猕猴桃、苹果、黑莓、草莓番石榴等水果、葡萄酒、白酒中；在白葡萄酒中含量为 0~1.3mg/L。在中国白酒中含量如下：酱香型习酒 2.68mg/L，郎酒 166~416μg/L，醇甜原酒 466μg/L，酱香原酒 131μg/L，窖底香原酒 774μg/L；浓香型洋河酒 4.16~9.38mg/L，习酒 18.89mg/L；兼香型口子窖酒 3058μg/L。

己酸-3-甲基丁酯（3-methylbutyl hexanoate），俗称己酸异戊酯（isoamyl hexanoate， isopentyl caproate），CAS 号 2198-61-0，FEMA 号 2075，RI_{np} 1238 或 1250，RI_{p} 1461 或 1450，无色液体，沸点 225～226℃，密度 0.86g/mL（25℃），lgP 4.196，呈水果、苹果、青香，在 46%vol 酒精-水溶液中嗅阈值 1400μg/L，啤酒中嗅阈值 900μg/L。

己酸异戊酯存在于芒果、草莓番石榴、葡萄酒、玫瑰红葡萄酒、啤酒、白兰地、白酒中，在中国浓香型洋河酒含量为 1.16～5.09mg/L；酱香型郎酒 387～683μg/L，醇甜原酒 590μg/L，酱香原酒 186μg/L，窖底香原酒 1031μg/L；兼香型口子窖酒 2725μg/L；豉香型白酒 24.5μg/L。

六、 其他酸酯类

乳酸丁酯（butyl lactate），IUPAC 名 2-羟基丙酸丁酯（butyl 2-hydroxypropanoate），RI_{np} 963，RI_{p} 1455，呈水果香，在空气中嗅阈值 35μg/L；已经在番石榴酒、葡萄酒、白酒中检测到，在芝麻香型手工原酒中含量为 552～2105μg/L，机械化原酒 286～802μg/L；老白干香型手工大糙原酒 181～512μg/L，机械化大糙原酒<ql～116μg/L。

丙酮酸乙酯（ethyl pyruvate）（C 5-10），俗称 2-氧丙酸乙酯（ethyl 2-oxo-propanoate），CAS 号 617-35-6，FEMA 号 2457，RI_{np} 801，RI_{p} 1247 或 1361，无色透明液体，熔点-58℃，沸点 144℃，呈蔬菜、焦糖、豌豆、新鲜割草香（cut grass），在 14%vol 酒精-水溶液中嗅阈值 100mg/L；啤酒中嗅阈值 85mg/L；在啤酒中味阈值 22.5mg/L。

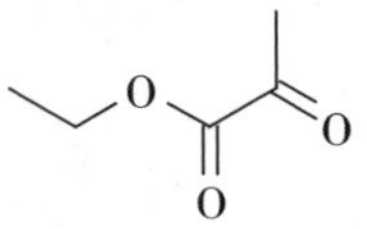

C 5-10 丙酮酸乙酯

丙酮酸乙酯存在于啤酒、葡萄酒、番石榴等饮料酒中，在菲诺雪利酒中最初含量为 201μg/L，福洛酵母膜形成后含量为 138μg/L，老熟 250d 含量为 81.3μg/L；新鲜啤酒中含量为 7.2μg/L，老化啤酒中含量为 151μg/L。

第二节 不饱和酯类

一、 单不饱和酯类

不饱和酯（unsaturated esters）比相应的饱和酯有更加强烈的香气。

1. 不饱和烯酸酯类

反-2-丁烯酸乙酯［ethyl *trans*-2-butenoate，ethyl（*E*）-2-butenoate］（C 5-11），俗称巴豆酸乙酯（ethyl crotonate），CAS 号 10544-63-5，FEMA 号 3486，RI_{np} 855 或 837，

RI_p 1153，清亮无色液体，沸点142~143℃，密度0.918g/mL（25℃），lgP 1.806。该化合物有强烈的似朗姆酒气味；已经在葡萄酒中检测到。

C 5-11 反-2-丁烯酸乙酯　　C 5-12 油酸乙酯

油酸乙酯［ethyl oleate，C18：1（*cis*-9）］（C 5-12），IUPAC 名（*Z*）-9-十八碳烯酸乙酯［ethyl（*Z*）-9-octadecenoate］，CAS 号 111-62-6，FEMA 号 2450，无色至淡黄色液体，密度0.87g/mL，熔点-32℃，沸点210℃，不溶于水。油酸乙酯本身不呈现风味，但对酒特别是白酒品质有较大影响，是引起低度白酒浑浊的重要化合物。

油酸乙酯在芝麻香型手工原酒中含量为16.75~45.83mg/L，机械化原酒22.13~45.77mg/L；老白干香型手工大楂原酒22.14~63.36mg/L，机械化大楂原酒25.24~41.62mg/L。

2.3-己烯酯

乙酸-顺-3-己烯酯［*cis*-3-hexenyl acetate，（*Z*）-3-hexenyl acetate］（C 5-13），俗称叶乙酸酯（leaf acetate），CAS 号 3681-71-8，FEMA 号 3171，RI_{np} 1005 或 984，RI_{mp} 1080 或 1081，RI_p 1300 或 1338，无色液体，沸点165~167℃ 或 75~76℃（3.1kPa），密度0.897g/mL（25℃），lgP 2.415。该化合物呈青香、浆果气味、甜香、水果香、似香蕉香，在空气中嗅阈值9~36ng/L，水中嗅觉觉察阈值13μg/L，识别阈值31μg/L 或 8μg/L 或 7.8μg/L，葵花籽油中嗅阈值200μg/kg；葵花籽油中味阈值750μg/kg。

乙酸-顺-3-己烯酯存在于橄榄油、树莓、草莓番石榴等水果、苹果酒、番石榴酒中，在中国苹果酒中含量为nd~51.44μg/L。

C 5-13 乙酸-顺-3-己烯酯　　C 5-14 乙酸-反-3-己烯酯

乙酸-反-3-己烯酯［*trans*-3-hexenyl acetate，（*E*）-3-hexenyl acetate］（C 5-14），CAS 号 3681-82-1，FEMA 号 4413，RI_{np} 983 或 999，RI_p 1298 或 1308，沸点201℃，lgP 2.400，呈强烈的青香、水果香。该化合物存在于草莓番石榴等水果、番石榴酒等水果酒、葡萄酒中。

二、 双不饱和酯类

反,顺-2,4-癸二烯酸乙酯［ethyl（2*E*,4*Z*）-deca-2,4-dienoate，ethyl（2E,4Z）-2,4-decadienoate，ethyl（*E*,*Z*）-deca-2,4-dienoate］，俗称梨酯（pear ester），CAS 号 3025-30-7，FEMA 号 3148，RI_{np} 1509，无色到微黄的液体，相对密度0.900~0.905

(25℃)，折射率 1.485～1.490（25℃），沸点 80℃（3.2kPa），闪点大于 100℃，不溶于水，能溶于乙醇等有机溶剂中。该化合物具有青香、苹果香、水果香、梨香、百香果香和威廉姆梨子（Williams pear）或巴梨（Bartlett pear）香、甜香，其水溶液中嗅阈值 100μg/L 或 300μg/L，是巴梨的特征风味物质，也已经在中国酱香型白酒中检测到。

反，顺-2,4-癸二烯酸甲酯、反，反-2,4-癸二烯酸甲酯和反，顺-2,4-癸二烯酸乙酯、反，反-2,4-癸二烯酸乙酯是梨子的特征香气化合物。

亚油酸乙酯［ethyl linoleate，C18∶2（*cis*,*cis*-9,12）］（C 5-15），IUPAC 名（*Z*,*Z*）-9,12-十八碳烯二酸乙酯［ethyl（*Z*,*Z*）-9,12-octadecendioate］，CAS 号 544-35-4，RI_{np} 2141 或 2162，RI_{mp} 2250，RI_{p} 2491 或 2524，熔点 21～24℃，沸点 224℃（2.3kPa）或 388～389℃，密度 0.876g/mL（25℃），lgP 8.173，不溶于水。未见亚油酸乙酯呈风味报道，但有文献显示其在啤酒中阈值 4mg/L。

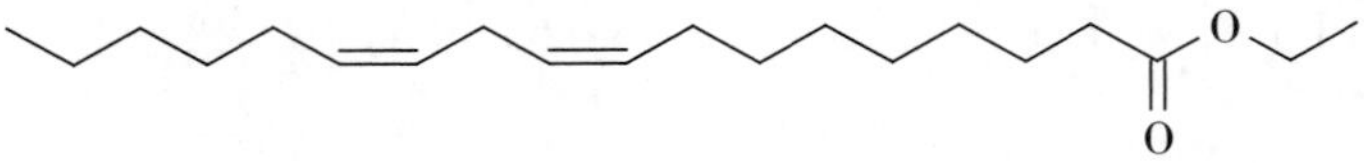

O

O

C 5-15 亚油酸乙酯

亚油酸乙酯对白酒品质有较大影响，是引起白酒加水降度浑浊的重要化合物。亚油酸乙酯是葡萄中的主要不饱和酯，是葡萄酒风味的前体物。

亚油酸乙酯存在于草莓番石榴、啤酒、葡萄酒、威士忌、白兰地、白酒中，在芝麻香型手工原酒中含量为 40.97～88.91mg/L，机械化原酒 41.75～70.80mg/L；老白干香型手工大糙原酒 31.07～101.5mg/L，机械化大糙原酒 33.74～57.91mg/L。

第三节 重要酯类生成机理

一、酯合成途径与基因

挥发性的乙酸酯由酶催化乙酰辅酶 A 与高级醇发生缩合反应生成。在酿酒酵母中这些反应由不同的酶催化。乙酸酯的合成由醇乙酰转移酶Ⅰ（alcohol acetyltransferases Ⅰ，AATase Ⅰ）和醇乙酰转移酶Ⅱ（AATase Ⅱ）催化（图 5-1，Atf1p 和 Atf2p），这两个酶分别由 *ATF1* 和 *ATF2* 基因编码。发酵过程中，乙酸酯的产生速率与最终浓度依赖于 AATase 的酶活力。虽然酵母的 AATase 酶被认为是膜结合的酶，但疏水性分析的结果表明，*ATF1* 和 *ATF2* 基因产物没有跨膜区域。*ATF1* 编码的酶定位在脂肪颗粒上。在白酒酿造酵母中通过精确与无缝插入 *PGK1* 启动子，过表达 *ATF1* 可以促进乙酸酯的产生。在葡萄酒酵母中过表达 *ATF1*，其乙酸乙酯、乙酸异戊酯和乙酸-2-苯乙酯的浓度能增加 10 倍，乙酸的浓度下降过半。在清酒酵母中，通过调节 *ATF1*/*IAH1* 的平衡来调控乙酸异戊酯的浓度。

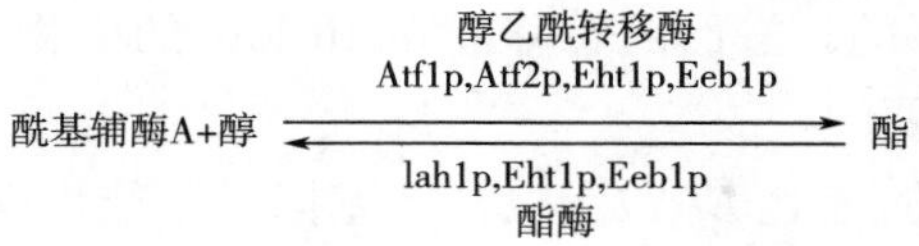

醇乙酰转移酶

Atf1p,Atf2p,Eht1p,Eeb1p

酰基辅酶A+醇 ⇌ 酯

lah1p,Eht1p,Eeb1p

酯酶

图 5-1 酯的生物合成与降解

ATF1 和 *ATF2* 基因编码的 AATase 酶在酿酒酵母乙酸酯的合成中作用并不一样。这两个基因编码的酶除催化乙酸乙酯和乙酸异戊酯的合成外，还催化乙酸丙酯、乙酸异丁酯、乙酸戊酯、乙酸己酯、乙酸庚酯、乙酸辛酯和乙酸-2-苯乙酯的合成。与 *ATF1* 基因编码的酶相比，*ATF2* 基因编码的酶仅仅起次要的作用。双敲除 *atf1Δ* 和 *atf2Δ* 后，不产乙酸异戊酯，这表示 *ATF1* 和 *ATF2* 共同编码的 AATase 影响整个细胞的异戊醇乙酰转移酶的活力。然而双敲除的菌株仍然可以产一定量的其他的酯，如乙酸乙酯（仅为出发菌株的 50%）、乙酸丙酯（50%）和乙酸异丁酯（40%）。这也表明在酵母的蛋白质组中存在着另外的、未知的酯合成酶。过表达的 *ATF1* 和 *ATF2* 不同等位基因，会有不同的产酯速率。

乙酰辅酶 A 与辅酶 A 的比例在乙酯的合成中也起着重要作用。

酵母脂肪酸乙酯（ethyl fatty acid esters）形成的酶学与基因学机理仍然不是十分清楚。一种假设是酯化，主要目的是去除中链脂肪酸（MCFAs，medium-chain fatty acids）的毒性。在厌氧发酵时，中链脂肪酸被合成、释放。链长 C_8 ~ C_{14} 的脂肪酸对酵母有毒性，以及强的抗菌活性（antimicrobial activity）。这些脂肪酸如果是不饱和的，则毒性更强。脂肪酶合成完成后，MCFAs 快速游离出来，且不能再通过细胞膜。酯化可以去除此中间产物的毒性。另外一种假设是酯化可以减少乙酰基量，以保证酵母内乙酰辅酶 A 和巯基辅酶 A（SCoA）的平衡。即酵母产生酯是为了游离辅酶 A 的再生，通过 TCA 循环或脂肪合成产生乙酰辅酶 A。另外一种可能是酯化酵母细胞膜上游离的羟基，以解除如厌氧等造成的胁迫，优化膜的性能。这种假设与醇乙酰转移酶基因 *ATF1* 与 Δ9-去饱和酶编码基因 *OLE1* 的共调节相一致。

来源于 α-酮丁酸（α-ketobutyrate）的丙酸与乙醇形成丙酸乙酯；丁酸与乙醇形成丁酸乙酯。但大部分的脂肪酸乙酯被认为来源于酶催化活性脂肪酸（activated fatty acid，酰基-CoA）的酯化作用，这些活性脂肪酸形成于脂肪合成的早期阶段。已经发现两个酶——己酰转移酶（hexanoyl transferrase，Eht1p）和乙醇 *O*-酰基转移酶（ethanol *O*-acyltransferase，Eeb1p）承担中链脂肪酸乙酯的形成。

酵母乙醇己酰转移酶（ethanol hexanoyl transferrase，EHTase，Eht1p）由 *EHT1* 基因编码，在葡萄酒中催化己酸乙酯、辛酸乙酯和癸酸乙酯等酯的合成。*EHT1* 的等位基因 *EEB1* 编码的乙酯生物合成酶（EEBase）主要催化酿酒酵母中乙酯的产生。菌株敲除 *eeb1Δ* 后，丁酸乙酯、已酸乙酯、辛酸乙酯和癸酸乙酯的浓度分别下降 36%、88%、45%和 40%，而敲除 *EHT1* 并不影响丁酸乙酯和癸酸乙酯的合成，对已酸乙酯和辛酸乙酯的影响是次要的，分别下降 *36%* 和 *20%*。双敲除 *eht1Δ* 和 *aab1Δ* 基因产生与单敲除 *eht1Δ* 类似浓度的丁酸乙酯、已酸乙酯和癸酸乙酯，但辛酸乙酯下降 82%（与出发菌株比），说明 *EHT1* 基因编码的乙醇己酰转移酶在 MCFAs 的生物合成中扮演次要的角色，而 *EEB1* 编码的酶是最重要的。

在一个实验室菌株中过表达 *EHT1* 和 *EEB1* 基因并不能增强其乙酯的合成。这可能是由于 *EHT1* 和 *EEB1* 基因编码的酶在谷胱甘肽-*S*-转移酶（glutathione-*S*-transferase）标签蛋白纯化时抑制了生物体外的乙酰辅酶 A 和乙醇 *O*-乙酰转移酶（ethanol *O*-acetyl-transferase）和酯化酶的活性。然而，另一项研究表明，过表达葡萄酒酵母中的 *EHT1* 等位基因，己酸乙酯、辛酸乙酯和癸酸乙酯的浓度显著增加。由 *EHT1* 基因过表达在酵母中而产生的强烈的苹果香气在葡萄酒中被检测到，这可能是负责酯合成的部分基因突变而造成了风味剖面的不同。

更进一步的研究显示酯合成（ester-synthesizing）酶与酯水解酶（esterase，促进酯的水解）对酯的净增加同等重要。酯水解酶有多种，催化酯的水解生成相应的醇和酸。*IAH1* 编码的酶降解酶影响葡萄酒的风味剖面。过表达 *IAH1* 基因导致乙酸乙酯、乙酸异戊酯、乙酸己酯和乙酸-2-苯乙酯的显著下降。用过表达 *IAH1* 的菌株生产葡萄酒，酯的浓度显著下降。乙酸异戊酯下降 1/11.4～1/15.6，乙酸己酯被完全水解。乙酸乙酯和乙酸-2-苯乙酯分别下降 1/1.6～1/1.8 和 1/3.4～1/3.9。所有的这些研究，将有助于鉴定和开发非 GM 和 GM 的酵母，以此生成符合要求的酯浓度和酯品种以满足特定的市场需求。

过表达 *ATF1* 基因的清酒酵母发酵时能改变清酒的风味剖面，能增加 2～12 倍的乙酸酯浓度，而过表达第二醇乙酰基转移酶 *ATF2* 基因将影响乙酸酯的产生，并减少到一个比较小的程度。另一项研究，属于非 GM 酵母、高产己酸乙酯的二倍体清酒酵母被开发出来。菌株诱变，用浅蓝菌素抑制剂（ceruleanin resistance）筛选。*FAS2* 脂肪酸合成酶的点突变可以高产己酸乙酯。

二、 酯合成酵母

葡萄酒中两个主要的酯类是酵母合成的，即乙酸酯（acetate esters，acetates）和乙酯类（ethyl esters）。乙酸酯类是由酵母产生的高级醇与乙酰 CoA 缩合而成，在细胞内由醇（alcohol acyl transferase enzyme）催化，并达成一个平衡，即醇酰基转移酶刺激其合成，但酯酶（esterase enzymes）促进其水解。乙酯即脂肪酸乙酯（fatty acid ethyl esters）是酵母产生的，通过短链与中链（C_4～C_{12}）脂肪酸的酯化作用（esterification）产生。

酵母在发酵时，胞内形成的酯，由于是脂溶性的（如乙酸酯类），能快速通过细胞膜扩散到发酵液中。与乙酸酯不同的是，脂肪酸乙酯随着碳链的增长扩散能力下降。如己酸乙酯可以 100%扩散，辛酸乙酯扩散 54%～68%，癸酸乙酯扩散了 8%～17%。更长链的脂肪酸乙酯仍然保留在细胞中。

酵母菌种类繁多，但几乎均有产酯能力。如乙酸乙酯主要由非酿酒酵母（non-*Saccharomyces*）产生，包括有孢汉逊酵母（*Hanseniaspora uvarum*）即柠檬克勒克酵母

(*Kloeckera apiculata*)、季也蒙有孢汉逊酵母(*Hanseniaspora guilliermondii*)、东方伊萨酵母(*Issatchenkia orientalis*)即克柔念珠菌(*Candida krusei*)、陆生伊萨酵母(*Issatchenkia terricola*)、美极梅奇酵母(*Metschnikowia pulcherrima*)、异常毕赤酵母(*Pichia anomala*)。这些酵母比酿酒酵母、德尔布有孢圆酵母(*Torulaspora delbrueckii*)、耐热克鲁维酵母(*Kluyveromyces thermotolerans*)、星形假丝酵母(*Candida stellata*)产更多的乙酸乙酯。而酿酒酵母、有孢汉逊酵母、耐热克鲁维酵母、异常毕赤酵母比上面提到的非酿酒酵母产更多的乙酸-3-甲基丁酯。在葡萄酒生产中，并不倾向于使用非酿酒酵母作为主要的酵母来产酯，但会采用与酿酒酵母辅发酵(cofermentation)来调节酯及其他化合物的产生，这类葡萄酒有着可以接受的、多样化的风味。

三、 影响酯合成的因素

酯的产生受到营养与发酵条件的影响，但乙酸酯与乙酯的变化并不相同，这主要是源于它们的代谢途径不一样。果汁中糖、氧、脂肪、可同化氮源、果汁澄清度以及发酵温度是重要影响因子。增加葡萄成熟度会增加乙酯产生量，而乙酸酯会下降；添加糖到脱气的、澄清的葡萄汁中，以类似的方式刺激了两类酯的增长，但添加糖到爱尔(ale)酵母发酵的麦汁中，则刺激乙酸酯增加，而对乙酯基本没有影响；添加少量新鲜果汁沉淀固形物(settled juice solids，1%～2%vol)到膜过滤的葡萄汁中，会刺激酯的生成，但高级醇的含量会下降。

复习思考题

1. 画出己酸乙酯、乙酸乙酯、丁酸乙酯和乳酸乙酯的结构式。
2. 简述饮料酒中酯对风味的贡献。
3. 简述白酒中己酸乙酯、乙酸乙酯、丁酸乙酯和乳酸乙酯的风味特征及其分布。
4. 简述葡萄酒中重要的不饱和酯的风味特征及其分布。
5. 论述白酒中乙酸乙酯、丁酸乙酯、己酸乙酯和乳酸乙酯的产生途径。

参考文献

[1] Verstrepen，K. J.，Derdelinckx，G.，Dufour，J. P.，Winderickx，J.，Pretorius，I. S.，Thevelein，J. M.，Delvaux，F. R. The *Saccharomyces cerevisiae* alcohol acetyl transferase gene *ATF1* is a target of the cAMP/PKA and FGM nutrient-signalling pathways [J]. FEMS Yeast Res.，2003，4：285-296.

[2] Verstrepen，K. J.，Derdelinckx，G.，Dufour，J. P.，Winderickx，J.，Thevelein，J. M.，Pretorius，I. S.，Delvaux，F. R. Flavor-active esters：Adding fruitiness to beer [J]. J. Biosci. Bioeng.，2003，96：110-118.

[3] Verstrepen，K. J.，van Laere，S. D. M.，Vanderhaegen，B. M. P.，Derdelinckx，G.，Dufour，J. P.，Pretorius，I. S.，Winderickx，J.，Thevelein，J. M.，Delvaux，F. R. Expression levels of the yeast

alcohol acetyltransferase genes *ATF1*, *Lg-ATF1*, and *ATF2* control the formation of a broad range of volatile esters [J]. Appl. Environ. Microbiol., 2003, 69: 5228-5237.

[4] TNO. Volatile Compounds in Foods, Nutrition and Food Research [M]. Utrechtseweg., 1995: 1122.

[5] Shen, Y. Manual of Chinese Liquor Manufactures Technology [M]. Beijing: Light Industry Publishing House of China, 1996.

[6] Gao, W., Fan, W., Xu, Y. Characterization of the key odorants in light aroma type Chinese liquor by gas chromatography-olfactometry, quantitative measurements, aroma recombination, and omission studies [J]. J. Agri. Food. Chem., 2014, 62 (25): 5796-5804.

[7] Poisson, L., Schieberle, P. Characterization of the key aroma compounds in an American Bourbon whisky by quantitative measurements, aroma recombination, and omission studies [J]. J. Agri. Food. Chem., 2008, 56 (14): 5820-5826.

[8] Ebeler, S. E. Analytical chemistry: unlocking the secrets of wine flavor [J]. Food Rev. Int., 2001, 17 (1): 45-64.

[9] Hammond, J. R. M. Genetically-modified brewing yeasts for the 21st century. Progress to date [J]. Yeast, 1995, 11: 1613-1627.

[10] Clarke, R. J., Bakker, J. Wine Flavour Chemistry [M]. Oxford: Blackwell Publishing Ltd., 2004.

[11] Ruth, J. H. Odor thresholds and irritation levels of several chemical substances: a review [J]. AIHA J., 1986, 47 (3): A142-151.

[12] Tan, Y., Siebert, K. J. Quantitative structure-activity relationship modeling of alcohol, ester, aldehyde, and ketone flavor thresholds in beer from molecular features [J]. J. Agri. Food. Chem., 2004, 52 (10): 3057-3064.

[13] Siek, T. J., Albin, I. A., Sather, L. A., Lindsay, R. C. Comparison of flavor thresholds of aliphatic lactones with those of fatty acids, esters, aldehydes, alcohols, and ketones [J]. J. Dairy Sci., 1971, 54 (1): 1-4.

[14] Weldegergis, B. T., Crouch, A. M., Górecki, T., Villiers, A. d. Solid phase extraction in combination with comprehensive two-dimensional gas chromatography coupled to time-of-flight mass spectrometry for the detailed investigation of volatiles in South African red wines [J]. Anal. Chim. Acta, 2011, 701: 98-111.

[15] Rychlik, M., Schieberle, P., Grosch, W. Compilation of odor thresholds, odor qualities and retention indices of key food odorants [M]. Garching: Deutsche Forschungsanstalt für Lebensmittelchemie and Institut für Lebensmittelchemie der Technischen Universität München, 1998.

[16] Ledauphin, J., Guichard, H., Saint-Clair, J.-F., Picoche, B., Barillier, D. Chemical and sensorial aroma characterization of freshly distilled Calvados. 2. Identification of volatile compounds and key odorants [J]. J. Agri. Food. Chem., 2003, 51 (2): 433-442.

[17] López, R., Ferreira, V., Hernández, P., Cacho, J. F. Identification of impact odorants of young red wines made with Merlot, Cabernet sauvignon and Grenache grape varieties: a comparative study [J]. J. Sci. Food Agric., 1999, 79 (11): 1461-1467.

[18] Lee, S.-J., Noble, A. C. Characterization of odor-active compounds in Californian Chardonnay wines using GC-olfactometry and GC-mass spectrometry [J]. J. Agri. Food. Chem., 2003, 51: 8036-8044.

[19] Klesk, K., Qian, M., Martin, R. R. Aroma extract dilution analysis of cv. Meeker (*Rubus idaeus*

L.) red raspberries from Oregon and Washington [J]. J. Agri. Food. Chem., 2004, 52 (16): 5155-5161.

[20] Peinado, R. A., Mauricio, J. C., Medina, M., Moreno, J. J. Effect of *Schizosaccharomyces pombe* on aromatic compounds in dry sherry wines containing high levels of gluconic acid [J]. J. Agri. Food. Chem., 2004, 52 (14): 4529-4534.

[21] 范文来，徐岩．白酒 79 个风味化合物嗅觉阈值测定 [J]. 酿酒，2011，38 (4): 80-84.

[22] Karagül-Yüceer, Y., Vlahovich, K. N., Drake, M., Cadwallader, K. R. Characteristic aroma compounds of rennet casein [J]. J. Agri. Food. Chem., 2003, 51: 6797-6801.

[23] Zea, L., Ruiz, M. J., Moyano, L. Using odorant series as an analytical tool for the study of the biological ageing of sherry wines [M]. In Gas Chromatography in Plant Science, Wine Technology, Toxicology and Some Specific Applications Salih, B.; Çelikbıçak, Ö., Eds. InTech: Rijeka, Croatia, 2012: 91-108.

[24] Fritsch, H. T., Schieberle, P. Identification based on quantitative measurements and aroma recombination of the character impact odorants in a Bavarian Pilsner-type beer [J]. J. Agri. Food. Chem., 2005, 53: 7544-7551.

[25] http://www.leffingwell.com/odorthre.htm.

[26] Ribéreau-Gayon, P., Glories, Y., Maujean, A., Dubourdieu, D. Handbook of Enology Volume 1: The Microbiology of Wine and Vinification [M]. Chichester, UK, John Wiley & Sons Ltd., 2000.

[27] Boonbumrung, S., Tamura, H., Mookdasanit, J., Nakamoto, H., Ishihara, M., Yoshizawa, T., Varanyanond, W., Characteristic aroma components of the volatile oil of yellow Keaw mango fruits determined by limited odor unit method [J]. Food Sci. Technol. Res., 2001, 7 (3): 200-206.

[28] Belitz, H.-D., Grosch, W., Schieberle, P. Food Chemistry [M]. Verlag Berlin Heidelberg: Springer, 2009.

[29] Guth, H. Quantitation and sensory studies of character impact odorants of different white wine varieties [J]. J. Agri. Food. Chem., 1997, 45 (8): 3027-3032.

[30] Bartowsky, E. J., Pretorius, I. S. Microbial formation and modification of flavor and off-flavor compounds in wine [M]. In Biology of Microorganisms on Grapes, in Must and in Wine, König, H.; Unden, G.; Fröhlich, J., Eds. Springer-Verlag, Berlin, Heidelberg, 2009: 209-231.

[31] Vanderhaegen, B., Neven, H., Coghe, S., Verstrepen, K. J., Verachtert, H., Derdelinckx, G. Evolution of chemical and sensory properties during aging of top-fermented beer [J]. J. Agri. Food. Chem., 2003, 51 (23): 6782-6790.

[32] Rouseff, R., Perez-Cacho, P. R. Citrus Flavour [M]. In Flavours and Fragrances: Chemistry, Bioprocessing and Sustainability, Berger, R. G., Ed. Springer: Heidelberg, Germany, 2007: 117-134.

[33] 孙莎莎，范文来，徐岩，李记明，于英．我国不同产地赤霞珠挥发性香气成分差异分析 [J]. 食品工业科技，2013，34 (24): 70-74.

[34] Callejón, R. M., Morales, M. L., Troncoso, A. M., Ferreira, A. C. S. Targeting key aromatic substances on the typical aroma of sherry vingar [J]. J. Agri. Food. Chem., 2008, 56: 6631-6639.

[35] Callejón, R. M., Morales, M. L., Ferreira, A. C. S., Troncoso, A. M. Defining the typical aroma of sherry vinegar: Sensory and chemical approach [J]. J. Agri. Food. Chem., 2008, 56 (17): 8086-8095.

[36] Swiegers, J. H., Saerens, S. M. G., Pretorius, I. S. The development of yeast strains as tools for adjusting the flavor of fermented beverages to market specifications [M]. In Biotechnology in Flavor Production, Havkin-Frenkel, d.; Belanger, F. C., Eds. Blackwell Publishing Ltd, Oxford OX4 2DQ, UK, 2008.

[37] Meilgaard, M. C. Aroma volatiles in beer: Purification, flavour, threshold and interaction [M]. In Geruch und Geschmackstoffe, Drawert, F., Ed. Verlag Hans Carl, Nürnberg, Germany, 1975: 211-254.

[38] Fan, W., Xu, Y., Han, Y. Quantification of volatile compounds in Chinese ciders by stir bar sorptive extraction (SBSE) and gas chromatography-mass spectrometry (GC-MS) [J]. J. Inst. Brew., 2011, 117 (1): 61-66.

[39] Fan, W., Xu, Y. Characteristic aroma compounds of Chinese dry rice wine by gas chromatography-olfactometry and gas chromatography-mass spectrometry [M]. In Flavor Chemistry of Wine and Other Alcoholic Beverages, Qian, M. C.; Shellhammer, T. H., Eds. American Chemical Society, 2012: 277-301.

[40] Apostolopoulou, A. A., Flouros, A. I., Demertzis, P. G., Akrida-Demertzi, K. Differences in concentration of principal volatile constituents in traditional Greek distillates [J]. Food Control, 2005, 16 (2): 157-164.

[41] Nicol, D. A. Batch distillation [M]. In Whisky. Technology, Production and Marketing, Russell, I.; Stewart, G.; Bamforth, C., Eds. Elsevier Ltd., London, UK, 2003: 153-176.

[42] Nose, A., Hamasaki, T., Hojo, M., Kato, R., Uehara, K., Ueda, T. Hydrogen bonding in alcoholic beverages (distilled spirits) and water-ethanol mixtures [J]. J. Agri. Food. Chem., 2005, 53 (18): 7074-7081.

[43] Fan, W., Xu, Y., Jiang, W., Li, J. Identification and quantification of impact aroma compounds in 4 nonfloral *Vitis vinifera* varieties grapes [J]. J. Food Sci., 2010, 75 (1): S81-S88.

[44] 孙莎莎，范文来，徐岩，李记明，于英. 3 种酿酒白葡萄果实的挥发性香气成分比较 [J]. 食品与发酵工业，2014，40 (5): 193-198.

[45] Francis, I. L., Newton, J. L. Determining wine aroma from compositional data [J]. Aust. J. Grape Wine Res., 2005, 11 (2): 114-126.

[46] 王忠彦，尹昌树. 白酒色谱骨架成分的含量及其比例关系对香型和质量的影响 [J]. 酿酒科技，2000，102 (6): 93-96.

[47] 范文来，聂庆庆，徐岩. 洋河绵柔型白酒关键风味成分 [J]. 食品科学，2013，34 (4): 135-139.

[48] Wang, X., Fan, W., Xu, Y. Comparison on aroma compounds in Chinese soy sauce and strong aroma type liquors by gas chromatography-olfactometry, chemical quantitative and odor activity values analysis [J]. Eur. Food Res. Technol., 2014, 239 (5): 813-825.

[49] 曾祖训. 白酒香味成分的色谱分析 [J]. 酿酒，2006，33 (2): 3-6.

[50] 吴三多. 五大香型白酒的相互关系与微量成分浅析 [J]. 酿酒科技，2001，(4): 82-85.

[51] 龚舒蓓. 老白干香型和芝麻香型手工原酒与机械原酒的成分差异 [D]. 江南大学，2018.

[52] 李大和. 建国五十年来白酒生产技术的伟大成就（二）[J]. 酿酒，1999，131 (2): 22-29.

[53] 胡国栋，蔡心尧，陆久瑞，尹建军，朱叶，程劲松. 四特酒特征香味组分的研究 [J]. 酿酒科技，1994，61 (1): 9-17.

[54] Fan, H., Fan, W., Xu, Y. Characterization of key odorants in Chinese chixiang aroma-type liquor by gas chromatography-olfactometry, quantitative measurements, aroma recombination, and omission studies [J]. J. Agri. Food. Chem., 2015, 63 (14): 3660-3668.

[55] Li, J.-X., Schieberle, P., Steinhaus, M. Characterization of the major odor-active compounds in Thai durian (*Durio zibethinus* L. 'Monthong') by aroma extract dilution analysis and headspace gas chromatography-olfactometry [J]. J. Agri. Food. Chem., 2012, 60 (45): 11253-11262.

[56] Marcq, P., Schieberle, P. Characterization of the key aroma compounds in a commercial Amontillado sherry wine by means of the sensomics approach [J]. J. Agri. Food. Chem., 2015, 63 (19): 4761-4770.

[57] Ferrari, G., Lablanquie, O., Cantagrel, R., Ledauphin, J., Payot, T., Fournier, N., Guichard, E. Determination of key odorant compounds in freshly distilled Cognac using GC-O, GC-MS, and sensory evaluation [J]. J. Agri. Food. Chem., 2004, 52: 5670-5676.

[58] Qian, M., Reineccius, G. Identification of aroma compounds in Parmigiano-Reggiano cheese by gas chromatography/olfactometry [J]. J. Dairy Sci., 2002, 85: 1362-1369.

[59] Qian, M., Reineccius, G. Static headspace and aroma extract dilution analysis of Parmigiano Reggiano cheese [J]. J. Food Sci., 2003, 68: 794-798.

[60] Qian, M., Reineccius, G. Potent aroma compounds in Parmigiano Reggiano cheese studied using a dynamic headspace (purge-trap) method [J]. Flav. Fragr. J., 2003, 18: 252-259.

[61] Ahmed, E. M., Dennison, R. A., Dougherty, R. H., Shaw, P. E. Flavor and odor thresholds in water of selected orange juice components [J]. J. Agri. Food. Chem., 1978, 26: 187-191.

[62] Pineau, B., Barbe, J.-C., Leeuwen, C. V., Dubourdieu, D. Perceptive interactions involved in specific 'red-' and 'black-berry' aromas in red wines [J]. J. Agri. Food. Chem., 2009, 57: 3702-3708.

[63] 胡国栋. 景芝白干特征香味组份的研究 [J]. 酿酒, 1992, 19 (1): 83-88.

[64] Fan, W., Shen, H., Xu, Y. Quantification of volatile compounds in Chinese soy sauce aroma type liquor by stir bar sorptive extraction (SBSE) and gas chromatography-mass spectrometry (GC-MS) [J]. J. Sci. Food Agric., 2011, 91 (7): 1187-1198.

[65] 王元太. 清香型白酒的主要微量成分及其量比关系对感官质量的影响 [J]. 酿酒科技, 2004, 123 (3): 27-29.

[66] Bowen, A. J., Reynolds, A. G. Odor potency of aroma compounds in Riesling and Vidal blanc table wines and icewines by gas chromatography-olfactometry-mass spectrometry [J]. J. Agri. Food. Chem., 2012, 60: 2874-2883.

[67] Poisson, L., Schieberle, P. Characterization of the most odor-active compounds in an American Bourbon whisky by application of the aroma extract dilution analysis [J]. J. Agri. Food. Chem., 2008, 56 (14): 5813-5819.

[68] Wang, J., Gambetta, J. M., Jeffery, D. W. Comprehensive study of volatile compounds in two Australian rosé wines: Aroma extract dilution analysis (AEDA) of extracts prepared using solvent-assisted flavor evaporation (SAFE) or headspace solid-phase extraction (HS-SPE) [J]. J. Agri. Food. Chem., 2016, 64 (19): 3838-3848.

[69] Tsachaki, M., Linforth, R. S. T., Taylor, A. J. Dynamic headspace analysis of the release of volatile organic compounds from ethanolic systems by direct APCI-MS [J]. J. Agri. Food. Chem., 2005, 53 (21): 8328-8333.

[70] Aznar, M., López, R., Cacho, J. F., Ferreira, V. Identification and quantification of impact odorants of aged red wines from Rioja. GC-olfactometry, quantitative GC-MS, and odor evaluation of HPLC fractions [J]. J. Agri. Food. Chem., 2001, 49: 2924-2929.

[71] Buettner, A., Schieberle, P. Evaluation of aroma differences between hand-squeezed juices from Valencia Late and Navel oranges by quantitation of key odorants and flavor reconstitution experiments [J].

J. Agri. Food. Chem. , 2001, 49 (5): 2387-2394.

[72] Czerny, M. , Christlbauer, M. , Christlbauer, M. , Fischer, A. , Granvogl, M. , Hammer, M. , Hartl, C. , Hernandez, N. M. , Schieberle, P. Re-inverstigation on odour thresholds of key food aroma compounds and development of an aroma language based on odour qualities of defined aqueous odorant solutions [J]. Eur. Food Res. Technol. , 2008, 228: 265-273.

[73] Uselmann, V. , Schieberle, P. Decoding the combinatorial aroma code of a commercial Cognac by application of the sensomics concept and first insights into differences from a German brandy [J]. J. Agri. Food. Chem. , 2015, 63 (7): 1948-1956.

[74] Franitza, L. , Granvogl, M. , Schieberle, P. Characterization of the key aroma compounds in two commercial rums by means of the sensomics approach [J]. J. Agri. Food. Chem. , 2016, 64 (3): 637-645.

[75] Aceña, L. , Vera, L. , Guasch, J. , Olga Busto, Mestres, M. Chemical characterization of commercial Sherry vinegar aroma by headspace solid - phase microextraction and gas chromatography - olfactometry [J]. J. Agri. Food. Chem. , 2011, 59: 4062-4070.

[76] Reiners, J. , Grosch, W. Odorants of virgin olive oils with different flavor profiles [J]. J. Agri. Food. Chem. , 1998, 46 (7): 2754-2763.

[77] Steinhaus, M. , Sinuco, D. , Polster, J. , Osorio, C. , Schieberle, P. Characterization of the key aroma compounds in pink guava (*Psidium guajava* L.) by means of aroma re-engineering experiments and omission tests [J]. J. Agri. Food. Chem. , 2009, 57 (7): 2882-2888.

[78] Ferreira, V. , López, R. , Cacho, J. F. Quantitative determination of the odorants of young red wines from different grape varieties [J]. J. Sci. Food Agric. , 2000, 80 (11): 1659-1667.

[79] Frank, S. , Wollmann, N. , Schieberle, P. , Hofmann, T. Reconstitution of the flavor signature of Dornfelder red wine on the vasis of the natural concentrations of its key aroma and taste compounds [J]. J. Agri. Food. Chem. , 2011, 59 (16): 8866-8874.

[80] 沈怡方. 白酒生产技术全书 [M]. 北京: 中国轻工业出版社, 1998.

[81] Fan, W. Improvement the quality of Luzhou-flavor daqu liquor by the secondary fermentation [J]. Liquor-making Sci. Technol. , 2001, 108 (6): 40-42.

[82] Fan, W. , Chen, X. Study on increase of ratio of famous product in Luzhou-flavor baijiu by sandwich fermentation with mud [J]. Niangjiu, 2001, 28 (2): 71-73.

[83] Fan, W. , Xu, Y. Comparison of flavor characteristics between Chinese strong aromatic liquor (Daqu) [J]. Liquor-making Sci. Technol. , 2000, 101 (5): 92-94.

[84] 汪玲玲, 范文来, 徐岩. 酱香型白酒液液微萃取-毛细管色谱骨架成分与香气重组 [J]. 食品工业科技, 2012, 33 (19): 304-308.

[85] Peppard, T. L. Volatile flavor constituents of *Monstera deliciosa* [J]. J. Agri. Food. Chem. , 1992, 40: 257-262.

[86] Rowan, D. D. , Allen, J. M. , Fielder, S. , Hunt, M. B. Biosynthesis of straight-chain ester volatiles in red delicious and granny smith apples using deuterium-labeled precursors [J]. J. Agri. Food. Chem. , 1999, 47 (7): 2553-2562.

[87] Chalier, P. , Angot, B. , Delteil, D. , Doco, T. , Gunata, Z. Interactions between aroma compounds and whole mannoprotein isolated from *Saccharomyces cerevisiae* strains [J]. Food Chem. , 2007, 100 (1): 22-30.

[88] Munafo, J. P. , Didzbalis, J. , Schnell, R. J. , Steinhaus, M. Insights into the key aroma com-

pounds in Mango (*Mangifera indica* L. 'Haden') fruits by stable isotope dilution quantitation and aroma simulation experiments [J]. J. Agri. Food. Chem., 2016, 64 (21): 4312-4318.

[89] Conner, J. M., Birkmyre, L., Paterson, A., Piggott, J. R. Headspace concentrations of ethyl esters at different alcoholic strengths [J]. J. Sci. Food Agric., 1998, 77: 121-126.

[90] 范文来，徐岩．从微量成分分析浓香型大曲酒的流派 [J]．酿酒科技，2000，101 (5)：92-94.

[91] Werkhoof, P., Güntert, M., Krammer, G., Sommer, H., Kaulen, J. Vacuum headspace method in aroma research: Flavor chemistry of yellow passion fruits [J]. J. Agri. Food. Chem., 1998, 46: 1076-1093.

[92] 李大和．建国五十年来白酒生产技术的伟大成就（三）[J]．酿酒，1999，132 (3)：13-19.

[93] 胡国栋．白云边酒特征组分的研究 [J]．酿酒，1992，19 (1)：76-83.

[94] Ferreira, V., Ortín, N., Escudero, A., López, R., Cacho, J. Chemical characterization of the aroma of Grenache rosé wines: Aroma extract dilution analysis, quantitative determination, and sensory reconstitution studies [J]. J. Agri. Food. Chem., 2002, 50 (14): 4048-4054.

[95] Gassenmeier, K., Schieberle, P. Potent aromatic compounds in the crumb of wheat bread (French-type)-influence of pre-ferments and studies on the formation of key odorants during dough processing [J]. Z. Lebensm. Unters. Forsch., 1995, 201: 241-248.

[96] Pino, J. A. Characterization of rum using solid-phase microextraction with gas chromatography-mass spectrometry [J]. Food Chem., 2007, 104 (1): 421-428.

[97] Pino, J. A., Queris, O. Characterization of odor-active compounds in guava wine [J]. J. Agri. Food. Chem., 2011, 59: 4885-4890.

[98] Loscos, N., Hernandez-Orte, P., Cacho, J., Ferreira, V. Release and formation of varietal aroma compounds during alcoholic fermentation from nonfloral grape odorless flavor precursors fractions [J]. J. Agri. Food. Chem., 2007, 55 (16): 6674-6684.

[99] Culleré, L., Escudero, A., Cacho, J. F., Ferreira, V. Gas chromatography-olfactometry and chemical quantitative study of the aroma of six premium quality Spanish aged red wines [J]. J. Agri. Food. Chem., 2004, 52 (6): 1653-1660.

[100] Pino, J. A., Mesa, J., Muñoz, Y., Martí, M. P., Marbot, R. Volatile components from mango (*Mangifera indica* L.) cultivars [J]. J. Agri. Food. Chem., 2005, 53 (6): 2213-2223.

[101] Ledauphin, J., Saint-Clair, J.-F., Lablanquie, O., Guichard, H., Founier, N., Guichard, E., Barillier, D. Identification of trace volatile compounds in freshly distilled Calvados and Cognac using preparative separations coupled with gas chromatography-mass spectrometry [J]. J. Agri. Food. Chem., 2004, 52: 5124-5134.

[102] http://www.thegoodscentscompany.com.

[103] Pino, J. A., Marbot, R., Vázquez, C. Characterization of volatiles in strawberry Guava (*Psidium cattleianum* Sabine) fruit [J]. J. Agri. Food. Chem., 2001, 49: 5883-5887.

[104] Demyttenaere, J. C. R., Martinez, J. I. S., Verhe, R., Sandra, P., Kimpe, N. D. Analysis of volatiles of malt whiskey by solid-phase microextraction and stir bar sorptive extraction [J]. J. Chromatogr. A, 2003, 985 (1-2): 221-232.

[105] 范文来，徐岩．应用液液萃取结合正相色谱技术鉴定汾酒与郎酒挥发性成分（上）[J]．酿酒科技，2013，224 (2)：17-26.

[106] Shibamoto, T., Kamiya, Y., Mihara, S. Isolation and identification of volatile compounds in cooked meat: Sukiyaki [J]. J. Agri. Food. Chem., 1981, 29: 57-63.

[107] Chung, H. Y., Fung, P. K., Kim, J. -S. Aroma impact components in commercial plain sufu [J]. J. Agri. Food. Chem., 2005, 53 (5): 1684-1691.

[108] Kurose, K., Okamura, D., Yatagai, M. Composition of the essential oils from the leaves of nine *Pinus* species and the cones of three of *Pinus* species [J]. Flav. Fragr. J., 2007, 22: 10-20.

[109] http://www.thegoodscentscompany.com/.

[110] Leffingwell, J. C. Esters. Detection thresholds & molecular structures [Online], 2002. http://www.leffingwell.com/esters.htm.

[111] Schieberle, P., Grosch, W. Potent odorants of the wheat bread crumb. Differences to the crust and effect of a longer dough fermentation [J]. Z. Lebensm. Unters. Forsch., 1991, 192: 130-135.

[112] Fu, S. -G., Yoon, Y., Bazemore, R. Aroma-active components in fermented bamboo shoots [J]. J. Agri. Food. Chem., 2002, 50 (3): 549-554.

[113] Münch, P., Hofmann, T., Schieberle, P. Comparison of key odorants generated by thermal treatment of commercial and self-prepared yeast extracts: Influence of the amino acid composition on odorant formation [J]. J. Agri. Food. Chem., 1997, 45 (4): 1338-1344.

[114] Kishimoto, T., Wanikawa, A., Kono, K., Shibata, K. Comparison of the odor-active compounds in unhopped beer and beers hopped with different hop varieties [J]. J. Agri. Food. Chem., 2006, 54 (23): 8855-8861.

[115] Schieberle, P., Hofmann, T. Evaluation of the character impact odorants in fresh strawberry juice by quantitative measurements and sensory studies on model mixtures [J]. J. Agri. Food. Chem., 1997, 45: 227-232.

[116] Aceña, L., Vera, L., Guasch, J., Busto, O., Mestres, M. Determination of roasted pistachio (*Pistacia vera* L.) key odorants by headspace solid-phase microextraction and gas chromatography-olfactometry [J]. J. Agri. Food. Chem., 2011, 59: 2518-2523.

[117] Klesk, K., Qian, M. Preliminary aroma comparison of Marion (*Rubus* spp. hyb) and Evergreen (*R. laciniatus* L.) blackberries by dynamic headspace/Osme technique [J]. J. Food Sci., 2003, 68 (2): 679-700.

[118] Saison, D., Schutter, D. P. D., Uyttenhove, B., Delvaux, F., Delvaux, F. R. Contribution of staling compounds to the aged flavour of lager beer by studying their flavour thresholds [J]. Food Chem., 2009, 114 (4): 1206-1215.

[119] Lytra, G., Tempere, S., de Revel, G., Barbe, J. -C. Distribution and organoleptic impact of ethyl 2-hydroxy-4-methylpentanoate enantiomers in wine [J]. J. Agri. Food. Chem., 2012, 60 (6): 1503-1509.

[120] Lytra, G., Tempere, S., de Revel, G., Barbe, J. -C. Distribution and organoleptic impact of ethyl 2-methylbutanoate enantiomers in wine [J]. J. Agri. Food. Chem., 2014, 62 (22): 5005-5010.

[121] Schuh, C., Schieberle, P. Characterization of the key aroma compounds in the beverage prepared from Darjeeling black tea: Quantitative differences between tea leaves and infusion [J]. J. Agri. Food. Chem., 2006, 54 (3): 916-924.

[122] Elss, S., Kleinhenz, S., Schreier, P. Odor and taste thresholds of potential carry-over/off-flavor compounds in orange and apple juice [J]. LWT, 2007, 40: 1826-1831.

[123] Czerny, M., Grosch, W. Potent odorants of raw arabica coffee. Their changes during roasting [J]. J. Agri. Food. Chem., 2000, 48 (3): 868-872.

[124] Matheis, K., Granvogl, M., Schieberle, P. Quantitation and enantiomeric ratios of aroma compounds formed by an Ehrlich degradation of L-isoleucine in fermented foods [J]. J. Agri. Food. Chem., 2016, 64 (3): 646-652.

[125] Buettner, A., Schieberle, P. Characterization of the most odor-active volatiles in fresh, hand-squeezed juice of grapefruit (*Citrus paradisi* Macfayden) [J]. J. Agri. Food. Chem., 1999, 47 (12): 5189-5193.

[126] Buettner, A., Schieberle, P. Evaluation of key aroma compounds in hand-squeezed grapefruit juice (*Citrus paradisi* Macfayden) by quantitation and flavor reconstitution experiments [J]. J. Agri. Food. Chem., 2001, 49 (3): 1358-1363.

[127] Campo, E., Ferreira, V., López, R., Escuder, A., Cacho, J. Identification of three novel compounds in wine by means of a laboratory-constructed multidimensional gas chromatographic system [J]. J. Chromatogr. A, 2006, 1122: 202-208.

[128] Fan, W., Xu, Y., Qian, M. C. Identification of aroma compounds in Chinese "Moutai" and "Langjiu" liquors by normal phase liquid chromatography fractionation followed by gas chromatography/olfactometry [M]. In Flavor Chemistry of Wine and Other Alcoholic Beverages, Qian, M. C.; Shellhammer, T. H., Eds. American Chemical Society: 2012: 303-338.

[129] Ong, P. K. C., Acree, T. E. Gas chromatography/olfactory analysis of Lychee (*Litchi chinesis* Sonn.) [J]. J. Agri. Food. Chem., 1998, 46 (6): 2282-2286.

[130] Fan, W., Qian, M. C. Characterization of aroma compounds of Chinese "Wuliangye" and "Jiannanchun" liquors by aroma extraction dilution analysis [J]. J. Agri. Food. Chem., 2006, 54 (7): 2695-2704.

[131] Guerrero, E. D., Chinnici, F., Natali, N., Marín, R. N., Riponi, C. Solid-phase extraction method for determination of volatile compounds in traditional balsamic vinegar [J]. J. Sep. Sci., 2008, 31 (16-17): 3030-3036.

[132] Maeztu, L., Sanz, C., Andueza, S., Peña, M. P. D., Bello, J., Cid, C. Characterization of Espresso coffee aroma by static headspace GC-MS and sensory flavor profile [J]. J. Agri. Food. Chem., 2001, 49 (11): 5437-5444.

[133] Etievant, P. X. Wine [M]. In Volatile Compounds in Foods and Beverages, Maarse, H., Ed. Marcel Dekker: New York, NY, 1991; 483-546.

[134] Tressl, R., Friese, L., Fendesack, F., Koppler, H. Gas chromatographic-mass spectrometric investigation of hop aroma constituents in beer [J]. J. Agri. Food. Chem., 1978, 26 (6): 1422-1426.

[135] Mahajan, S. S., Goddik, L., Qian, M. C. Aroma compounds in sweet whey powder [J]. J. Dairy Sci., 2004, 87: 4057-4063.

[136] Choi, H.-S. Character impact odorants of *Citrus* hallabong [(*C. unshiu* Marcov×*C. sinensis* Osbeck) ×*C. reticulate* Blanco] cold-pressed peel oil [J]. J. Agri. Food. Chem., 2003, 51: 2687-2692.

[137] Varming, C., Andersen, M. L., Poll, L. Influence of thermal treatment on black currant (*Ribes nigrum* L.) juice aroma [J]. J. Agri. Food. Chem., 2004, 52 (25): 7628-7636.

[138] Barron, D., Etievant, P. X. The volatile constituents of strawberry jam [J]. Z. Lebensm. Unters. Forsch., 1990, 191: 279-285.

[139] Jagella, T., Grosch, W. Flavour and off-flavour compounds of black and white pepper (*Piper ni-*

grum L.) Ⅲ. Desirable and undesirable odorants of white pepper [J]. Eur. Food Res. Technol., 1999, 209: 27-31.

[140] Owens, J. D., Allagheny, N., Kipping, G., Ames, J. M. Formation of volatile compounds during *Bacillus subtilis* fermentation of soya beans [J]. J. Sci. Food Agric., 1997, 74 (1): 132-140.

[141] Blank, I., Sen, A., Grosch, W. Sensory study on the character-impact flavour compounds of dill herb (*Anethum graveolens* L.) [J]. Food Chem., 1992, 43: 337-343.

[142] Jordán, M. J., Margaria, C. A., Shaw, P. E., Goodner, K. L. Aroma active components in aqueous kiwi fruit essence and kiwi fruit puree by GC-MS and multidimensional GC/GC-O [J]. J. Agri. Food. Chem., 2002, 50 (19): 5386-5390.

[143] 聂庆庆，范文来，徐岩，杨廷栋，张雨柏，周新虎，陈翔. 洋河系列绵柔型白酒香气成分研究 [J]. 食品工业科技，2012，33 (12)：68-74.

[144] Ruther, J. Retention index database for identification of general green leaf volatiles in plants by coupled capillary gas chromatography-mass spectrometry [J]. J. Chromatogr. A, 2000, 890 (2): 313-319.

[145] Yang, D. S., Shewfelt, R. L., Lee, K. S., Kays, S. J. Comparison of odor-active compounds from six distinctly different rice flavor types [J]. J. Agri. Food. Chem., 2008, 56 (8): 2780-2787.

[146] Saison, D., Schutter, D. P. D., Delvaux, F., Delvaux, F. R. Determination of carbonyl compounds in beer by derivatisation and headspace solid-phase microextraction in combination with gas chromatography and mass spectrometry [J]. J. Chromatogr. A, 2009, 1216: 5061-5068.

[147] 沈怡方. 低度优质白酒研究中的几个技术问题 [J]. 酿酒科技，2007，156 (6)：77-81.

[148] Jirovetz, L., Smith, D., Buchbauer, G. Aroma compound analysis of *Eruca sativa* (*Brassicaceae*) SPME headspace leaf samples using GC, GC-MS, and olfactometry [J]. J. Agri. Food. Chem., 2002, 50: 4643-4646.

[149] Christoph, N., Bauer-Christoph, C. Flavour of spirit drinks: Raw materials, fermentation, distillation, and ageing [M]. In Flavours and Fragrances: Chemistry, Bioprocessing and Sustainability, Berger, R. G., Ed. Springer: Heidelberg, Germany, 2007; 219-239.

[150] Baumes, R. Wine aroma precursors [M]. In Wine Chemistry and Biochemistry, Moreno-Arribas, M. V.; Polo, M. C., Eds. Springer: New York, USA, 2008: 251-274.

[151] Nordström, K. Formation of ethyl acetate in fermentation with brewer's yeast. Effect of some vitamins and mineral nutrients. [J]. J. Inst. Brew., 1964, 70: 209-221.

[152] Pretorius, I. S., Høj, P. B. Grape and wine biotechnology: Challenges, opportunities and potential benefits [J]. Aust. J. Grape Wine Res., 2005, 11: 83-108.

[153] Malcorps, P., Cheval, J. M., Jamil, S., Dufour, J. P. A new model for the regulation of ester synthesis by alcohol acetyl transferase in *Saccharomyces cerevisiae* during fermentation [J]. J. Am. Soc. Brew. Chem., 1991, 49: 47-53.

[154] Ugliano, M., Henschke, P. A. Yeasts and wine flavour [M]. In Wine Chemistry and Biochemistry, Moreno-Arribas, M. V.; Polo, M. C., Eds. Springer: New York, USA, 2008: 314-392.

[155] Dong, J., Xu, H., Zhao, L., Chen, Y., Zhang, C., Guo, X., Hou, X., Chen, D., Zhang, C., Xiao, D. Enhanced acetate ester production of Chinese liquor yeast by overexpressing *ATF1* through precise and seamless insertion of *PGK1* promoter [J]. J. Ind. Microbiol. Biotech., 2014: 1-6.

[156] Lilly, M., Lambrechts, M. G., Pretorius, I. S. Effect of increased yeast alcohol acetyltransferase activity on flavor profiles of wine and distillates [J]. Appl. Environ. Microbiol., 2000, 66 (2): 744-753.

[157] Fukuda, K., Yamamoto, N., Kiyokawa, Y., Yanagiuchi, T., Wakai, Y., Kitamoto, K., Inoue, Y., Kimura, A. Balance of activities of alcohol acetyltransferase and esterase in *Saccharomyces cerevisiae* is important for production of isoamyl acetate [J]. Appl. Environ. Microbiol., 1998, 64 (10): 4076-4078.

[158] Cordente, A. G., Swiegers, J. H., Hegardt, F. G., Pretorius, I. S. Modulating aroma compounds during wine fermentation by manipulating carnitine acetyltransferases in *Saccharomyces cerevisiae* [J]. FEMS Yeast Res., 2007, 267: 159-166.

[159] Eden, A., van Nedervelde, L., Drukker, M., Benvenisty, N., Debourg, A. Involvement of branched-chain amino acid aminotransferases in the production of fusel alcohols during fermentation in yeast [J]. Appl. Microbiol. Biotechnol., 2001, 55: 296-300.

[160] Suomalainen, H. Yeast esterase and aroma esters in alcoholic beverages [J]. J. Inst. Brew., 1981, 87 (5): 296-300.

[161] Mason, A. B., Dufour, J. P. Alcohol acetyltransferases and the significance of ester synthesis in yeast [J]. Yeast, 2000, 16: 1287-1298.

[162] Saerens, S. M. G., Verstrepen, K. J., van Laere, S. D. M., Voet, A. R. D., van Dijck, P., Delvaux, F. R., Thevelein, J. M. The *Saccharomyces cerevisiae EHT1* and *EEB1* genes encode novel enzymes with medium-chain fatty acid ethyl ester synthesis and hydrolysis capacity [J]. J. Biol. Chem., 2006, 281: 4446-4456.

[163] Lilly, M., Bauer, F. F., Lambrechts, M. G., Swiegers, J. H., Cozzolino, D., Pretorius, I. S. The effect of increased yeast alcohol acetyltransferase and esterase activity on the flavour profiles of wine and distillates [J]. Yeast, 2006, 23: 641-659.

[164] Lilly, M., Bauer, F. F., Styger, G., Lambrechts, M. G., Pretorius, I. S. The effect of increased branched-chain amino acid transaminase activity in yeast on the production of higher alcohols and on the flavour profiles of wine and distillates [J]. FEMS Yeast Res., 2006, 6: 726-743.

[165] Hirosawa, I., Aritomi, K., Hoshida, H., Kashiwagi, S., Nishizawa, Y., Akada, R. Construction of a self-cloning saké yeast that overexpresses alcohol acetyltransferase gene by a two-step gene replacement protocol [J]. Appl. Microbiol. Biotechnol., 2004, 65: 68-73.

[166] Inokoshi, J., Tomoda, H., Hashimoto, H., Watanabe, A., Takeshima, H., Omura, S. Cerulenin-resistant mutants of *Saccharomyces cerevisiae* with an altered fatty acid synthase gene [J]. Mol. Gen. Genet., 1994, 244: 90-96.

[167] Houtman, A. C., du Plessis, C. S. The effect of grape cultivar and yeast strain on fermentation rate and concentration of volatile components in wine [J]. S. Afr. J. Enol. Vitic., 1986, 7 (1): 14-20.

[168] Houtman, A. C., Marais, J., du Plessis, C. S. Factors affecting the reproducibility of fermentation of grape juice and of the aroma composition of wines. I. Grape maturity, sugar, inoculum concentration, aeration, juice turbidity and ergosterol [J]. Vitis, 1980.

[169] Plata, C., Mauricio, J. C., Millán, C., Ortega, J. M. Influence of glucose and oxygen on the production of ethyl acetate and isoamyl acetate by a *Saccharomyces cerevisiae* strain during alcoholic fermentation [J]. World J. Microbiol. Biotechnol., 2005, 21 (2): 115-121.

[170] Saerens, S. M. G., Delvaux, F., Verstrepen, K. J., Van Dijck, P., Thevelein, J. M., Delvaux, F. R. Parameters affecting ethyl ester production by *Saccharomyces cerevisiae* during fermentation [J]. Appl. Environ. Microbiol., 2008, 74 (2): 454-461.

[171] Houtman, A. C., du Plessis, C. S. The effect of juice clarity and several conditions promoting yeast growth on fermentation rate, the production of aroma components and wine quality [J]. S. Afr. J. Enol. Vitic., 1981, 2: 71-81.

第六章

芳香族化合物风味

第一节　芳香族化合物风味
第二节　萘及其衍生物
第三节　芳香族化合物产生途径

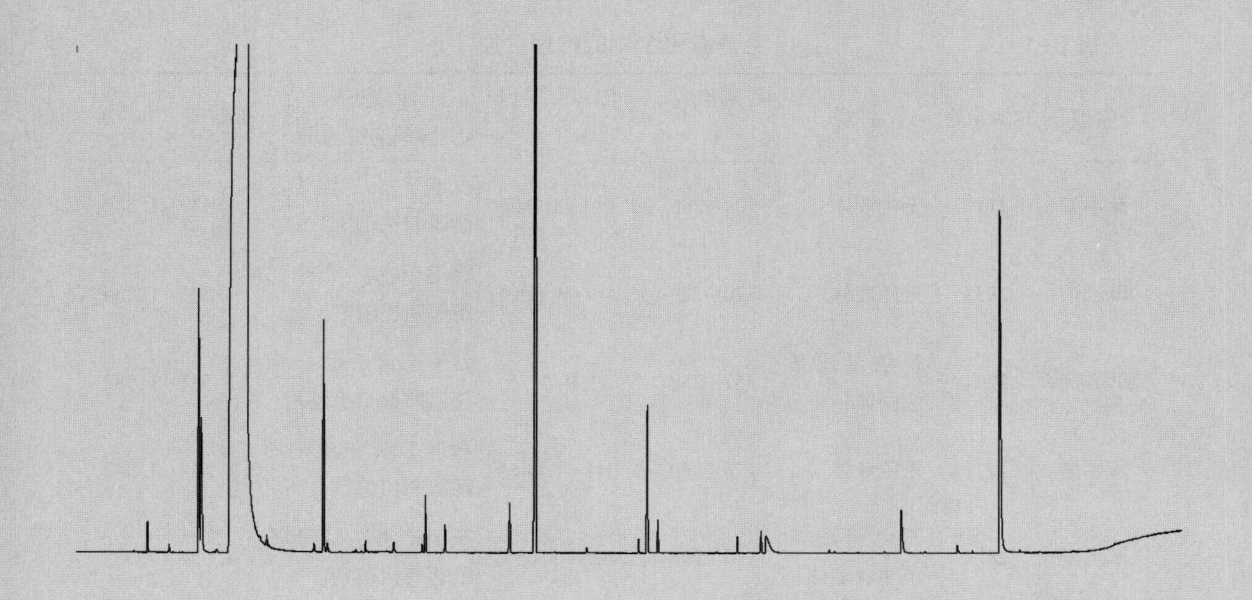

学习目标

1. 了解芳香族化合物的组成；
2. 掌握饮料酒中 2-苯乙醇的风味特征和分布；
3. 了解饮料酒中酪醇的风味特征及产生途径；
4. 了解饮料酒中苯乙醛、苯乙酸的风味特征及其分布；
5. 掌握饮料酒中 2-苯乙酸乙酯和乙酸-2-苯乙酯的风味特征及其分布；
6. 了解饮料酒中的结合态芳香族化合物；
7. 熟悉葡萄酒中 2-氨基乙酰苯的风味特征、对葡萄酒风味的影响及其产生途径；
8. 了解饮料酒中芳香醚类化合物的风味特征及其分布；
9. 熟悉饮料酒中芳香族化合物产生的途径。

第一节　芳香族化合物风味

芳香族化合物是一大类十分重要的风味化合物。芳香族化合物的物理性质见表 6-1。

芳香族化合物中有一类现在称为苯丙素类化合物（phenylpropanoids），这类化合物来源于莽草酸途径（shikimic acid pathway），通过苯丙氨酸氨裂解酶降解苯丙氨酸，形成 *trans*-肉桂酸，再经过各种酶的作用，如水解酶、乙基转移酶、氧化还原酶和裂解酶的作用，生物合成了一大类苯丙素类化合物，该类化合物含有 $C_6 \sim C_3$ 片段，C_6 是苯环。重要的苯丙素类化合物包括茴香脑（anethole）、丁子香酚、肉桂醛和香兰素等，其中，丁子香酚和香兰素属于酚类化合物，具体见下章。

表 6-1　　　　芳香族化合物的物理性质

名称	FEMA 号	外观	沸点/℃	相对密度（d_4^{20}）	水或有机溶剂溶解情况	折射率（n_D^{20}）
苯甲醇	2136	无色液体	204~206	1.041~1.046	微溶于水，溶于乙醇等有机溶剂	1.539~1.540
苯乙醇	2858	无色液体	220~223	1.017~1.020[a]	微溶于水，溶于乙醇等有机溶剂	1.531~1.534
苯丙烯醇	2294	无色至浅黄色固体	257~258	1.044	几乎不溶于水，溶于乙醇等有机溶剂	1.581~1.582
苯甲醛	2127	无色液体	178~180	1.041~1.046[b]	微溶于水，溶于乙醇等有机溶剂	1.544~1.547
苯乙醛	2874	无色至浅黄色油状液体	193~194	1.025~1.035	不溶于水，溶于乙醇等有机溶剂	1.524~1.532

续表

名称	FEMA 号	外观	沸点/℃	相对密度（d_4^{20}）	水或有机溶剂溶解情况	折射率（n_D^{20}）
肉桂醛	2286	黄色液体	252	1.050~1.058[c]	不溶于水，溶于乙醇等有机溶剂	1.619~1.623
茉莉醛	2061		285	0.9818[b]	不溶于水，溶于乙醇等有机溶剂	1.529~1.534
α-己基肉桂醛	2569	淡黄色液体	305	0.953~0.959[a]	不溶于水，溶于乙醇等有机溶剂	1.548~1.552
茴香醛	2670	无色至浅黄色液体	247~248	1.119~1.123[a]	几乎不溶于水，溶于乙醇等有机溶剂	1.571~1.574
丁香醛	3071	无色油状液体	210	1.010~1.016[d]	微溶于水，溶于乙醛等有机溶剂	1.530~1.535
枯茗醛	2341	无色至浅黄色液体	232	0.9818[b]	不溶于水，溶于乙醇等有机溶剂	1.529~1.534
兔儿草醛	2743	白色至浅黄色结晶	270	0.946~0.952[a]	不溶于水，溶于乙醇等有机溶剂	1.503~1.508
苯乙酮	2009	无色液体	202	1.033[c]	不溶于水，溶于乙醇等有机溶剂	1.533~1.535
苯甲醚	2097	无色液体	154~155	0.998~1.001[c]	不溶于水，溶于乙醇等有机溶剂	1.516~1.518
茴香脑	2086	低熔点白色结晶	234~237	0.983~0.987[d]	不溶于水，溶于乙醇等有机溶剂	1.558~1.561
苯甲酸	2131	白色结晶	249~250	1.265[e]	微溶于水，溶于乙醇等有机溶剂	1.5397
苯乙酸	2878	白色结晶	265~266	1.080[e]	微溶于水，溶于热水、乙醇等溶剂	
甲酸苄酯	2145	无色液体	202~203	1.093~1.095[f]	微溶于水，溶于乙醇等有机溶剂	1.510~1.512
乙酸苄酯	2135	无色液体	215~216	1.052~1.056[a]	微溶于水，溶于乙醇等有机溶剂	1.501~1.503
丙酸苄酯	2150	无色液体	222	1.028~1.032[a]	不溶于水，溶于乙醇等有机溶剂	1.496~1.500
苯乙酸苄酯	2149	无色液体	320	1.095~1.099[d]	不溶于水，溶于乙醇等有机溶剂	1.553~1.558

续表

名称	FEMA 号	外观	沸点/℃	相对密度（d_4^{20}）	水或有机溶剂溶解情况	折射率（n_D^{20}）
乙酸-2-苯乙酯	2857	无色液体		1.030~1.034[a]	微溶于水，溶于乙醇等有机溶剂	1.497~1.501
异丁酸-2-苯乙酯	2862	无色至淡黄色液体	230	0.987~0.990[a]	不溶于水，溶于乙醇等有机溶剂	1.486~1.490
丁酸-2-苯乙酯	2861	无色液体	238	0.991~0.994[a]	不溶于水，溶于乙醇等有机溶剂	1.488~1.492
苯甲酸乙酯	2422	无色液体	212~213	1.043~1.046[a]	几乎不溶于水，溶于乙醇等有机溶剂	1.503~1.506
2-苯乙酸乙酯	2452	无色液体		1.027~1.032[a]	不溶于水，溶于乙醇等有机溶剂	1.496~1.500
肉桂酸乙酯	2147	无色油状液体	270~273	1.045~1.048[a]	不溶于水，溶于乙醇等有机溶剂	1.559~1.561
苯乙酸苯乙酯	2866	无色至浅黄色液体或固体	325	1.079~1.082[d]	几乎不溶于水，溶于乙醇等有机溶剂	1.546~1.550
水杨酸甲酯	2745	无色液体	222~223	1.180~1.185[d]	几乎不溶于水，溶于乙醇等有机溶剂	1.535~1.538

注：a：d_{25}^{25}；b：d_{15}^{15}；c：d_4^{16}；d：d_{20}^{20}。

一、 芳香醇类

1. 苯甲醇类

苯甲醇（benzyl alcohol，benzene methanol，phenyl methanol），俗称苄醇，CAS 号 100-51-6，FEMA 号 2137，RI_{np} 1032 或 1052，RI_{mp} 1202，RI_p 1854 或 1864 或 1891，具有温和的甜香、水果香、木香、花香、柑橘香、青草香，还报道有老海绵（old sponge）、霉菌、似消毒剂（disinfectant）、焦煳气味，但纯品并不是这个气味。该醇在水中嗅阈值 10mg/L 或 20mg/L，10%vol 酒精-水溶液中嗅阈值 200mg/L，14%vol 酒精-水溶液中嗅阈值 900mg/L，46%vol 酒精-水溶液中嗅阈值 40.93mg/L，10%vol 模拟葡萄酒中嗅阈值 900mg/L，7%（质量体积分数）醋酸-水溶液中嗅阈值 5.1mg/L。苯甲醇在水中味阈值 5.5mg/L。

苯甲醇存在于众多焙烤食品与发酵食品及其原料中，如葡萄酒、雪利酒、苹果酒、番石榴酒、白酒、白兰地、果醋、意大利香醋、凝乳酪蛋白、葡萄、树莓、十字花科植物、橡木、烤杏仁。

苯甲醇在法国中烤橡木中含量为 0.09μg/g，美国中烤橡木中 0.91μg/g，中国中烤橡木中 3.05μg/g。

苯甲醇在中国赤霞珠葡萄中含量为 101~726μg/kg 或 119μg/L，品丽珠葡萄 112μg/L，梅鹿辄葡萄 188μg/L，蛇龙珠葡萄 124μg/L；在贵人香白葡萄中含量为 nd~0.50μg/kg，霞多利葡萄 nd~0.66μg/kg，雷司令葡萄 nd~0.56μg/kg。

苯甲醇中国苹果酒中含量为 33.94~312.00μg/L；果醋中含量为 133~4407μg/L，意大利香醋中含量为 171~353μg/L。

苯甲醇在玫瑰葡萄酒中含量为 91.2~128.0μg/L；在菲诺雪利酒中最初含量为 45.2μg/L，福洛酵母膜形成后含量为 47.7μg/L，老熟 250d 含量为 46μg/L。

苯甲醇在葡萄和葡萄酒中可能以结合态方式存在，常见的结合态方式是苯基-β-D-吡喃葡萄糖苷、苯基-6-*O*-α-L-吡喃鼠李糖基-β-D-吡喃葡萄糖苷、苯基-6-*O*-α-L-呋喃阿拉伯糖基-β-D-吡喃葡萄糖苷。在麝香葡萄中，苯基吡喃葡萄糖苷的含量为 122~417μg/L（葡萄汁），琼瑶浆葡萄中含量为 262μg/L（葡萄汁）；在麝香葡萄中，苯基阿拉伯葡萄糖苷的含量为 nd~1555μg/L（葡萄汁），琼瑶浆葡萄中含量为 1534μg/L（葡萄汁）；在麝香葡萄中，苯基蜂糖苷（apiosylg lycoside）的含量为 64~385μg/L（葡萄汁），琼瑶浆葡萄中含量为 656μg/L（葡萄汁）；在麝香葡萄和琼瑶浆葡萄中，未检测到苯基芸香糖苷（rutinoside）。苯甲醇在麝香葡萄中游离态含量为 101~221μg/L（葡萄汁），结合态含量为 184~464μg/L（葡萄汁）；在琼瑶浆葡萄中游离态含量为 224μg/L（葡萄汁），结合态含量为 527μg/L（葡萄汁）。

苯甲醇在我国酱香型白酒中平均含量为 2.74mg/L，茅台酒 3.08~3.56mg/L，郎酒 2.07~2.48mg/L，金沙回沙酒 2.77~3.07mg/L；老白干香型手工大糙原酒 445~530μg/L，机械化大糙原酒 478~552μg/L；芝麻香型手工原酒 589~633μg/L，机械化原酒 555~698μg/L；豉香型白酒 7.13mg/L。

2. 苯乙醇类

2-苯乙醇（2-phenylethanol，2-phenylethyl alcohol），俗称 β-苯乙醇、苯乙醇（benzeneethanol，phenylethanol，phenylethyl alcohol），CAS 号 60-12-8，FEMA 号 2858，RI_{np} 1163 或 1104，RI_{mp} 1270 或 1275，RI_{p} 1888 或 1915，无色液体，熔点-27℃，沸点 219~221℃，密度 1.020g/mL（20℃），水中溶解度 20g/L。具有甜香、玫瑰花（rosy）、蜂蜜、月季花、花粉、花香、桃香。

β-苯乙醇在空气中嗅阈值 12~24ng/L，水中嗅觉觉察阈值 140μg/L，识别阈值 390μg/L 或 750~1100μg/L 或 1000μg/L 或 1100μg/L，10%vol 酒精-水溶液中嗅阈值 10mg/L，11%vol 模拟葡萄酒中嗅阈值 14mg/L，40%vol 酒精-水溶液中嗅阈值 2.6mg/L，46%vol 酒精-水溶液中嗅阈值 28.92mg/L，啤酒中嗅阈值 125mg/L，7%（质量体积分数）醋酸-水溶液中嗅阈值 1.4mg/L，葵花籽油中嗅阈值 211μg/kg，可可粉中嗅阈值 211μg/kg，面粉中嗅阈值 125μg/kg；葵花籽油中味阈值 122μg/kg。

2-苯乙醇是一个重要的、天然的香味物质，广泛存在于橡木、玫瑰花、康乃馨（carnation）、风信子（hyacinth）、橘子花、天竺葵、橙花油等植物及精油、橄榄油、树莓、胡椒、葡萄、苹果汁、燕麦粉、小麦面包皮、红茶、凝乳酪蛋白、醋、意大利香醋、葡萄酒、雪利酒、苹果酒、黄酒、白兰地、威士忌、朗姆酒、白酒、烧酎中，也已经在几乎所有的酒类中检测到β-苯乙醇，如苹果酒中β-苯乙醇含量为44~185mg/L，中国苹果酒中含量为17.45~31.25mg/L；苹果汁中含量为0.46mg/L。

β-苯乙醇是葡萄与葡萄酒重要香气化合物，通常认为对风味的影响是正向的。β-苯乙醇在我国赤霞珠葡萄中含量为11.76~420.00μg/kg或78.3μg/L，品丽珠葡萄中含量为79.7μg/L，梅鹿辄葡萄中含量为71.8μg/L，蛇龙珠葡萄108μg/L；在贵人香白葡萄中含量为0.36~4.23μg/kg，霞多利中含量为0.54~1.89μg/kg，雷司令中含量为0.46~0.61μg/kg。

2-苯乙醇在葡萄酒中含量为4~197mg/L，在玫瑰红葡萄酒中含量为6.0~64.0mg/L或12.5~12.7mg/L；在白葡萄酒（西班牙）中含量为32.6~66.2mg/L，在新产白葡萄酒中含量为14.0~86.8mg/L；在新产红葡萄酒中含量为70mg/L（40~153mg/L），在老熟红葡萄酒中含量为24~167mg/L，丹菲特红葡萄酒中含量为78.91~79.17mg/L；雪利酒中含量为12.24mg/L；在菲诺雪利酒中最初含量为82.1mg/L，福洛酵母膜形成后含量为87.5mg/L，老熟250d含量为102mg/L；在果醋中含量为4.99~30.3mg/L，意大利香醋中含量为9.89~14.12mg/L。

β-苯乙醇存在于橡木中，在法国中烤橡木中含量为0.17μg/g，美国中烤橡木中0.52μg/g，我国中烤橡木中4.09μg/g。

黄酒中含有较多的β-苯乙醇（76.16~133.00mg/L）是黄酒重要的香气化合物。在2000年黄酒国家标准中，要求干黄酒的β-苯乙醇≥60.0mg/L，半干黄酒、半甜黄酒≥80.0mg/L，甜黄酒≥40.0mg/L。事实上，黄酒中的β-苯乙醇含量约在100~200mg/L。从黄酒目前的发展趋势看，β-苯乙醇的浓度有下降的趋势。

在我国白酒、威士忌、白兰地等蒸馏酒中也已经检测到β-苯乙醇，并且是重要的香气成分，如科涅克白兰地中含量为3mg/L，希腊皮渣白兰地齐普罗酒中含量为30~72mg/L纯酒精；波旁威士忌中含量为1.7mg/L，斯佩塞麦芽威士忌酒中含量为72mg/L纯酒精，艾拉岛麦芽威士忌中含量为87mg/L纯酒精；朗姆酒中含量为1.93~291.00μg/L；日本米制烧酎中含量为4.0mg/L。

2-苯乙醇在我国豉香型和米香型白酒中含量十分高，其具体含量如下：浓香型白酒平均3.7mg/L或1.9~11.5mg/L，洋河酒265~617μg/L，剑南春酒9mg/L，五粮液2mg/L，泸州老窖0.4mg/L；酱香型白酒平均22.3mg/L或21.8~22.7mg/L或48.02mg/L，茅台酒1.7mg/L或53.16~63.27mg/L，郎酒8mg/L或26.78~28.46mg/L或9.17~11.10mg/L，习酒4.85mg/L，金沙回沙酒57.45~58.83mg/L，醇甜原酒10.1mg/L，酱香原酒7.30mg/L，窖底香原酒13.7mg/L；清香型白酒平均6.4mg/L或4.6~9.2mg/L，汾酒4.21~43.30mg/L（平均18.56mg/L）或11.1mg/L，宝丰酒20.3mg/L，二锅头0.06mg/L，青稞酒42.7mg/L；米香型白酒37.3~50.0mg/L或31.5~43.6mg/L；老白干香型手工大粒原酒4.66~8.07mg/L，机械化大粒原酒3.48~4.49mg/L；芝麻香型手工原酒18.07~23.00mg/L，机械化原酒14.87~29.45mg/L；兼香型口子窖酒3.20mg/L；豉香型双蒸酒

平均含量66mg/L或127mg/L或20.0~127.5，玉冰烧酒9.26mg/L；凤香型白酒9.9mg/L；液态法白酒未检测到。

传统观点认为β-苯乙醇是米香型白酒的主体香。2007年修订的豉香型白酒国家标准规定优级豉香型白酒中β-苯乙醇含量≥40mg/L，一级豉香型白酒中β-苯乙醇含量≥30mg/L。2015年研究发现，2-苯乙醇是豉香型白酒的重要香气成分。

在葡萄与葡萄酒中，2-苯乙醇会以结合态的形式存在，主要方式有2-苯乙基-β-D-吡喃葡萄糖苷、2-苯乙基-6-*O*-α-L-吡喃鼠李糖基-β-D-吡喃葡萄糖苷、2-苯乙基6-*O*-α-L-呋喃阿拉伯糖基-β-D-吡喃葡萄糖苷。在麝香葡萄中，2-苯乙基吡喃葡萄糖苷的含量为nd~277μg/L（葡萄汁），琼瑶浆葡萄中含量为513μg/L（葡萄汁）；在麝香葡萄中，2-苯乙基蜂糖苷的含量为nd~726μg/L（葡萄汁），琼瑶浆葡萄中未检测到；在麝香葡萄和琼瑶浆葡萄中，未检测到苯基芸香糖苷和2-苯乙基阿拉伯葡萄糖苷。2-苯乙醇在麝香葡萄中游离态的含量为56~195μg/L（葡萄汁），结合态含量为54~423μg/L（葡萄汁）；在琼瑶浆葡萄中游离态的含量为141μg/L（葡萄汁），结合态含量为222μg/L（葡萄汁）。

3. 二氢肉桂醇与肉桂醇

二氢肉桂醇（dihydrocinnamyl alcohol）（C 6-1），也称为3-苯丙醇（3-phenylpropanol，3-phenylpropyl alcohol），IUPAC名3-苯丙-1-醇（3-phenylpropan-1-ol），CAS号122-97-4，FEMA号2885，RI_{np} 1232或1227，RI_p 2032或2058，清亮无色液体，熔点-18℃，沸点119~121℃，密度1.001g/mL（20℃），水中溶解度10.3g/L（20℃）。呈膏香（balsamic）、甜香、水果香、肉桂香（cinnamon）。

二氢肉桂醇可以由肉桂醛（cinnamaldehyde）（C 6-7）还原而获得。

二氢肉桂醇存在于蘑菇、番石榴酒、葡萄酒中。

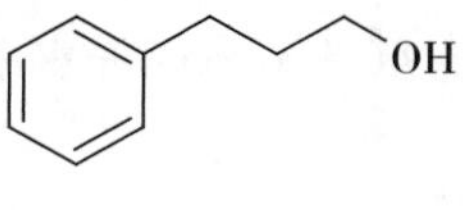

C 6-1　苯丙醇 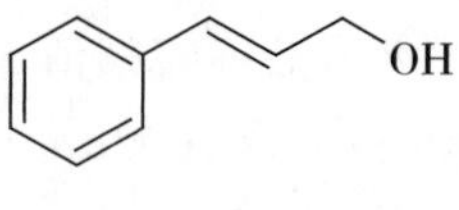　　C 6-2　肉桂醇 　　C 6-3　酪醇

肉桂醇（cinnamyl alcohol，cinnamic alcohol）（C 6-2），IUPAC名（*E*）-3-苯丙-2-烯醇［（*E*）-3-phenylprop-2-enol］，CAS号104-54-1，FEMA号2294，RI_{np} 1248或1312，RI_{np} 2237或2300，无色固体，熔点30~33℃，沸点250℃，密度1.044g/mL（25℃），水中溶解度1.8g/L（20℃）。呈花香、膏香、肉桂香、水果香、甜香，水溶液中嗅阈值77μg/kg。

肉桂醇存在于蘑菇、树莓、柑橘、番石榴、草莓酱、凝乳酪蛋白、番石榴酒、葡萄酒中；在热带水果番石榴中含量为1290μg/kg。

4. 酪醇

重要的不挥发性醇是酪醇（tyrosol）（C 6-3），俗称4-羟基苯乙醇［（4-hydroxyphenyl）ethanol］，IUPAC名4-（2-羟基乙基）苯酚［4-（2-hydroxyethyl）phenol］，CAS号501-94-0，RI_{np} 1442，RI_p 2965，分子式$C_8H_{10}O_2$，分子量138.16g/mol，熔点91~

92℃，沸点 158℃（533Pa）或 389.8℃（101kPa），呈苦味或化学味，在啤酒中嗅阈值 200mg/L。该化合物具有抗氧化性，可能与“法国悖理”有关。

酪醇在乙醇发酵时来源于酪氨酸。

酪醇存在于橡木、红/白葡萄酒、白酒中；在霞多利白葡萄酒中含量为 5.31～9.59mg/L。当红、白葡萄酒中酪醇含量在 20～30mg/L 时，可能会带来苦味。

酪醇在芝麻香型手工原酒中，酪醇含量为 1.00～5.88μg/L，机械化原酒中含量为 0.96～5.92μg/L；老白干香型手工大楂原酒<ql～0.60μg/L，机械化大楂原酒<ql～0.24μg/L。

二、 芳香醛和缩醛类

1. 苯甲醛类

最简单的芳香醛类化合物（aromatic aldehydes）是苯甲醛（benzaldehyde，phenylmethanal，benzoic aldehyde）(C 6-4)，CAS 号 100-52-7，FEMA 号 2127，RI_{np} 948 或 965，RI_{mp} 1076，RI_{p} 1493 或 1520；具有强烈的樱桃-杏仁蛋白软糖（cherry-marzipan）气味。浓度稀时，有水果香、花香、辛香、似杏仁、甜瓜、桃、小浆果、甜香及树莓香气、坚果香和烟熏气味。

C 6-4　苯甲醛

苯甲醛在空气中嗅阈值 0.8ng/L，水中嗅阈值 2000μg/L 或 350μg/L 或 350～3500μg/L 或 300μg/L，14%vol 酒精-水溶液中嗅阈值 5mg/L，46%vol 酒精-水溶液中嗅阈值 4.20mg/L〗，啤酒中嗅阈值 2000μg/L 或 1000μg/L。

苯甲醛在水中味阈值 1500μg/L，啤酒中味阈值 515μg/L。

苯甲醛能与半胱氨酸反应形成半胱氨酸-苯甲醛共轭物。

苯甲醛广泛存在于葡萄、橡木、葡萄酒、苹果酒、啤酒、黄酒、白酒、果醋、意大利香醋、凝乳酪蛋白、面包皮、烤杏仁、灯笼椒、十字花科植物、树莓、黑莓、茜草、土豆中。

苯甲醛在法国中烤橡木中含量为 0.19μg/g，美国中烤橡木中为 0.76μg/g，中国中烤橡木中为 0.75μg/g。

苯甲醛在赤霞珠葡萄（中国）中含量为 0.52～15.54μg/kg 或 1.34μg/L，品丽珠葡萄（中国）0.35μg/L，梅鹿辄葡萄（中国）3.74μg/L；在贵人香白葡萄中 nd～0.61μg/kg，霞多利葡萄 nd～1.07μg/kg，雷司令葡萄 0.37～0.44μg/kg。

苯甲醛在玫瑰红葡萄酒中含量为 81～105μg/L；苹果酒（中国）中含量为 nd～185μg/L；啤酒中含量为 5.7μg/L，在啤酒贮存过程中有上升的趋势，在老化啤酒中含量为 1.60μg/L；黄酒中含量为 648～1800μg/L。

苯甲醛在果醋中含量为 0～1561μg/L，意大利香醋中含量为 10.42～12.15μg/L。

苯甲醛在我国酱香型白酒中含量较高，达 5.6mg/L，高于其他各类香型的白酒，习酒中含量为 2.98mg/L，郎酒 5.21~11.10mg/L，醇甜原酒 23.6mg/L，酱香原酒 8.56mg/L，窖底香原酒 14.8mg/L；浓香型洋河酒 167~484μg/L，习酒 4.68mg/L；清香型汾酒 354μg/L，宝丰酒 222μg/L，青稞酒 216μg/L；兼香型口子窖酒 2.92mg/L；老白干香型手工大糙原酒 332~1552μg/L，机械化大糙原酒 602~783μg/L；芝麻香型手工原酒 723~1133μg/L，机械化原酒 680~1038μg/L。

2. 苯乙醛

苯乙醛（phenylacetaldehyde）（C 6-5），CAS 号 122-78-1，FEMA 号 2874，RI_{np} 1033 或 1072，RI_{mp} 1171 或 1178，RI_p 1659 或 1609，无色至浅黄色油状液体，不溶于水，K_{aw} 2.240×10^{-4}（22℃），溶于乙醇等有机溶剂，长期置于空气中易变色。

C 6-5 苯乙醛

苯乙醛呈蜂蜜香、花香、玫瑰花香、甜香、青香、青草气味，在空气中嗅阈值 0.6~1.2ng/L，水中嗅阈值 4μg/L 或 6.3μg/L，在模拟葡萄酒（10%vol 酒精-水溶液，7g/L 甘油，pH3.2）中嗅阈值 1μg/L，模拟葡萄酒［98：11（体积比）水-酒精混合物 1L，4g 酒石酸，用 K_2CO_3 调整 pH 至 3.5］中嗅阈值 5μg/L，46%vol 酒精-水溶液中嗅阈值 262μg/L，啤酒中嗅阈值 1600μg/L，可可粉中嗅阈值 22μg/kg，面粉中嗅阈值 28μg/kg；啤酒中味阈值 105μg/L。

苯乙醛与白葡萄酒的氧化酸败相关，是异嗅化合物之一，提高贮存温度和增加氧供给，会产生更多的苯乙醛等异嗅化合物。

苯乙醛广泛存在于酒类产品及其生产原料、红茶、干酪、咖啡、烤杏仁、面包皮、蔬菜水解液、乳清粉、燕麦粉、灯笼椒、茜草、土豆中。

苯乙醛在赤霞珠葡萄中含量为 3.02~110.00μg/kg 或 0.71μg/L（中国），品丽珠葡萄（中国）中含量为 2.20μg/L，梅鹿辄葡萄（中国）0.43μg/L；贵人香白葡萄中含量为 0.34~0.66μg/kg，霞多利白葡萄 nd~1.01μg/kg，雷司令白葡萄 0.33~0.41μg/kg。

苯乙醛在新鲜啤酒中含量为 19.2μg/L，在老化啤酒中含量为 36.2μg/L；黄酒中含量为 29.01~39.17μg/L。

苯乙醛在白葡萄酒中含量为 4.82~6.73μg/L，玫瑰红葡萄酒 8.40~10.00μg/L，红葡萄酒 9.72~30.30μg/L，老熟红葡萄酒 0.77~13.00μg/L。

苯乙醛在酱香型习酒中含量为 6.18mg/L；浓香型习酒 1.21mg/L；清香型汾酒 1.78mg/L，宝丰酒 535μg/L，青稞酒 784μg/L；芝麻香型手工原酒 2.00~5.93mg/L，机械化原酒 1.57~4.57mg/L；老白干香型手工大糙原酒 80.14~1802.00μg/L，机械化大糙原酒 982~1723μg/L。

3. 苯丙醛

苯丙醛（phenylpropyl aldehyde，phenylpropanaldehyde）（C 6-6），俗称氢化肉桂醛

(dihydrocinnamaldehyde), IUPAC 名 3-苯丙醛（3-phenylpropanal), CAS 号 104-53-0, FEMA 号 2887, 淡黄色油状液体，熔点-42℃，沸点 97~98℃（1.6kPa)，密度 1.019g/mL (25℃), lgP 1.780，有强烈的似风信子（hyacinth-like）香。

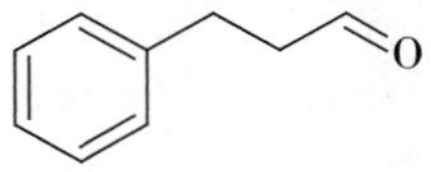

C 6-6 苯丙醛

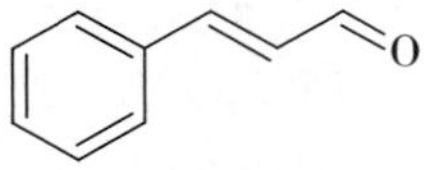

C 6-7 肉桂醛

4. 肉桂醛

肉桂醛（cinnamaldehyde, cinnamic aldehyde)(C 6-7)，俗称 3-苯丙烯醛（3-phenylpropenal)、苯丙烯醛，IUPAC 名 3-苯-2-丙烯醛（3-phenyl-2-propenal)，黄色液体，熔点-9~-4℃，沸点 250~252℃，密度 1.05g/mL（25℃)，能溶于乙醚和氯仿，不溶于石油醚，微溶于水、乙醇等有机溶剂；久露空气中易氧化变质。该化合物既是一种呈香物质，又是一种呈味物质，呈甜香、辛香和肉桂香；具有辣味。肉桂醛在许多植物的精油中均有发现。

(*E*)-肉桂醛，即反式-肉桂醛，IUPAC 名（2*E*)-3-苯丙-2-烯醛 [(2*E*)-3-phenylprop-2-enal], CAS 号 104-55-2, FEMA 号 2286, RI_{np} 1199, RI_p 2007 或 2033，黄色液体，熔点-7.5℃，沸点 248℃，呈肉桂香气、甜香、辛香，在水中嗅阈值 1180μg/L, 46%vol 酒精-水溶液中嗅阈值 4800μg/L，啤酒中嗅阈值 6mg/L。

(*E*)-肉桂醛存在于酱香型、豉香型白酒、葡萄酒、啤酒、凝乳酪蛋白、微生物发酵产物、少花桂中，在豉香型白酒中含量为 471μg/L。

(*E*)-肉桂醛是少花桂（*Cinnamomum pauciflorum*）的主要成分（98.8%)，而（*Z*)-肉桂醛只占 1.2%。

5. 茴香醛类

还有一些芳香醛存在于植物中，是露酒的重要香气成分；*p*-茴香醛、*m*-茴香醛、*o*-茴香醛可能是苹果汁的异嗅化合物，来源于链霉菌（*Streptomyces* ssp.）的污染。

p-茴香醛（*p*-anisaldehyde)(C 6-8)，IUPAC 名 4-甲氧基苯甲醛（4-methoxybenzaldehyde), CAS 号 123-11-5, FEMA 号 2760, RI_{np} 1250 或 1259, RI_{mp} 1433, RI_p 1986 或 2113 或 2039，分子式 $C_8H_8O_2$，无色至浅黄色液体，呈山楂（hawthorn)、杏仁蛋白软糖、甜香、茴香、杏仁气味、刺激性气味，在水中嗅觉觉察阈值 27μg/L，识别阈值 47μg/L 或 50~200μg/L，苹果汁中嗅觉觉察阈值 139μg/L，识别阈值 226μg/L。

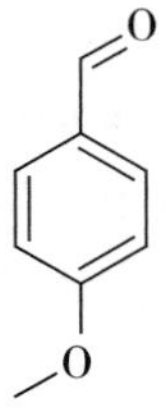

C 6-8 *p*-茴香醛

p-茴香醛存在于橡木、葡萄酒、药香型白酒、茴香茶、茜草、苹果汁中。在法国中烤橡木中含量为0.14μg/g，美国中烤橡木中未检测到，中国中烤橡木中0.53μg/g；在玫瑰红葡萄酒中含量为29.25~71.22μg/L；我国药香型董酒成品酒中含量为454μg/L，基酒368μg/L，大曲香醅原酒370μg/L，小曲酒醅原酒478μg/L。

m-茴香醛（*m*-anisaldehyde），即3-甲氧基苯甲醛（3-methoxybenzaldehyde），CAS号591-31-1，清亮黄色到淡黄色液体，久露空气中易变色。呈霉腐、霉味、皮革、药香、甜香和花香，在水中嗅阈值50~200μg/L，苹果汁中嗅阈值174μg/L，识别阈值大于250μg/L。该化合物是苹果汁中的异嗅成分。

o-茴香醛（*o*-anisaldehyde），即2-甲氧基苯甲醛（2-methoxybenzaldehyde），CAS号578-58-5，FEMA号2680，具药香、刺激性、化学药品气味、甜香和花香；在水中嗅阈值50~200μg/L，苹果汁中嗅阈值181μg/L，识别阈值大于250μg/L。该化合物是苹果汁中的异嗅成分。

6. 芳香缩醛

在白兰地和白酒中，检测到一个比较特殊的缩醛——1,1-二乙氧基-2-苯乙烷（1,1-diethoxy-2-phenylethane），俗称苯乙醛二乙缩醛（2-phenylacetaldehyde diethyl acetal）、2,2-二乙氧基乙基苯（2,2-diethoxyethylbenzene），CAS号6314-97-2，FEMA号4625，RI_{np} 1316或1329，RI_p 1711，无色到淡黄色清亮液体，沸点237~238℃，lgP 3.140，溶于醇，几乎不溶于水［溶解度152.3mg/L（25℃）］，该化合物呈水果香，存在于酱香型白酒、朗姆酒、白兰地、葡萄酒中。

三、芳香酮类

1. 苯乙酮类

乙酰苯（acetophenone），俗称苯乙酮、甲基苯基酮（methyl phenyl ketone），IUPAC名1-苯乙酮（1-phenylethanone），CAS号98-86-2，FEMA号2009，RI_{np} 1065或1050或1093，RI_p 1620或1623或1656，无色液体，熔点20.5℃，沸点202℃，微溶于水［5.5g/L（25℃）或12.2g/L（80℃）］，溶于乙醇等有机溶剂；呈甜香、花香、似杏仁、蔬菜、土腥、肥皂气味，在空气中嗅阈值834.7ng/L，水中嗅阈值65μg/L或800μg/L，46%vol酒精-水溶液中嗅阈值255.68μg/L，啤酒中嗅阈值3000μg/L。

苯乙酮已经在十字花科植物、葡萄、橡木、蔬菜水解液、烤杏仁、水煮蛤、果醋、葡萄酒、苹果酒、啤酒、番石榴酒、黄酒、白酒中检测到。

苯乙酮在赤霞珠葡萄中含量为2.16μg/L，品丽珠葡萄中含量为0.70μg/L，梅鹿辄葡萄中含量为5.47μg/L。

苯乙酮在法国中烤橡木中含量为0.19μg/g，美国中烤橡木中0.48μg/g，中国中烤橡木中0.13μg/g。

苯乙酮在我国苹果酒中含量为nd~14.05μg/L；黄酒中含量为59.77~274.00μg/L；在果醋中含量为nd~62.1μg/L。

苯乙酮在酱香型习酒中含量为 166. 8μg/L，郎酒 300~382μg/L，醇甜原酒 572μg/L，酱香原酒 213μg/L，窖底香原酒 700μg/L；浓香型洋河酒 8. 81 ~ 39. 05μg/L，习酒 38. 51μg/L；兼香型口子窖酒 86. 2μg/L。

2. 2-氨基乙酰苯

2-氨基乙酰苯（2-aminoacetophenone，2-AAP），IUPAC 名 1-(2-氨基苯基)-乙酮［1-(2-aminophenyl)-ethanone］，CAS 号 551-93-9，RI_{np} 1310，RI_{p} 2214，呈鞋油和卫生球气味，在水中觉察阈值 0. 27μg/L，识别阈值 0. 64μg/L。在不同的葡萄酒中，它的阈值范围 0. 7~1. 0μg/L。

2-AAP 是美洲葡萄的关键香气成分；是乳粉的异嗅化合物。

1988 年发现该化合物是葡萄酒中的一种异嗅物质，并于 1993 年被鉴定出来。该化合物在葡萄酒中表现为家具油漆（furniture polish）、湿羊毛（wet wool）、卫生球（mothball）、杂醇油、狐臭（foxy）等气味，能使葡萄酒的品种香大幅度降低。

依葡萄品种和生长区域的不同，葡萄酒中 2-AAP 的含量为 20~2500ng/L。Fan 和 Qian 曾经检测了北美地区的部分葡萄酒，发现其含量在阈值以下。

四、 芳香醚类

最简单的芳香醚类化合物（aromatic ethers）是茴香醚（anisole）(C 6-9)，俗称苯甲醚，IUPAC 名甲氧基苯（methoxybenzene），CAS 号 100-66-3，FEMA 号 2097，无色到稻草黄色液体，熔点-37℃，沸点 154℃，密度 0. 995g/mL（25℃），不溶于水［溶解度 1. 6g/L（25℃）］，溶于乙醇等有机溶剂；呈甜香和苯酚臭，在空气中嗅阈值 221ng/L，水中嗅阈值 50μg/L，已经在葡萄酒等酒中检出。

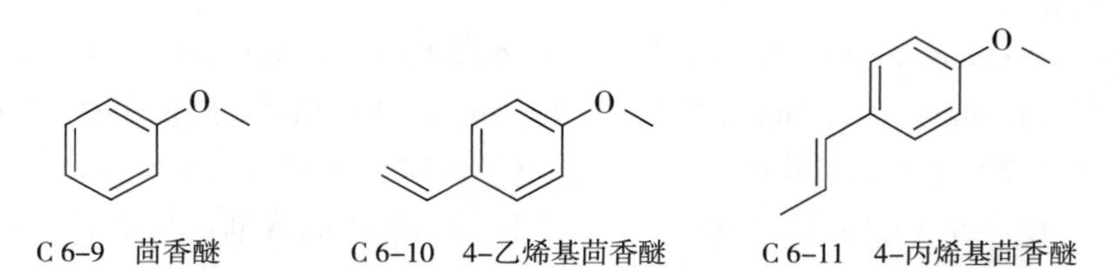

C 6-9 茴香醚　　C 6-10 4-乙烯基茴香醚　　C 6-11 4-丙烯基茴香醚

4-乙烯基茴香醚（4-vinylanisole）(C 6-10)，俗称 4-乙烯基苯甲醚、4-甲氧基苯乙烯（4 - methoxystyrene），IUPAC 名 4 - 乙烯基 - 1 - 甲氧基苯（4 - vinyl - 1 - methoxybenzene），CAS 号 637-69-4，RI_{np} 1144 或 1159，RI_{mp} 1249，清亮无色液体，沸点 41~42℃，密度 1. 009g/mL（25℃），呈汗臭（perspiration）和熟食店（delicatessen）气味，已经在白兰地、朗姆酒中检测到。

4-丙烯基茴香醚（4-propenylanisole）(C 6-11)，俗称茴香脑（anethole）、异草蒿脑（isoestragole）、*p*-甲氧基苯丙烯（*p*-methoxyphenylpropene），常见的为 *trans*-/(*E*)-型，IUPAC 名 1-甲氧基-4-((*E*)-丙-1-烯基）苯（1-methoxy-4-（(*E*)-prop-1-enyl) benzene），CAS 号 104-46-1 或 4180-23-8［*trans*-/(*E*)-］，FEMA 号 2086［*trans*-/(*E*)-］，

RI_{np} 1253 或 1282 或 1225 [*trans*-/(*E*)-] 或 1290 [*trans*-/(*E*)-] 或 1253 [*cis*-/(*Z*)-] 或 1245 [*cis*-/(*Z*)-]，RI_{np} 1395 [*trans*-/(*E*)-] 或 1352 [*cis*-/(*Z*)-]，RI_p 1848 或 1830 [*trans*-/(*E*)-] 或 1759 [*cis*-/(*Z*)-]，低熔点白色结晶，熔点 20~21℃，沸点 234℃，不溶于水，溶于丙酮、乙酸乙酯、液体石蜡、乙醇等有机溶剂中，lgP 3.390，呈甜茴香、大茴香 [*trans*-/(*E*)-]、青香和辛香 [*trans*-/(*E*)-]。在水中觉察阈值 15μg/L（*trans*-型），识别阈值 73μg/L（*trans*-型）。*trans*-型呈甜味，在水中甜味阈值 70μmol/L。

茴香脑主要存在于茴香油（含 80%左右）、小茴香油（含 65%左右）、八角油、胡椒叶油、玉兰叶油和罗勒油中，也存在于葡萄、茴香茶、烤猪肉、微生物产物、白酒、朗姆酒中。

茴香脑在中国赤霞珠葡萄中含量为 7.58μg/L，品丽珠葡萄 2.16μg/L，梅鹿辄葡萄 4.01μg/L，蛇龙珠葡萄 1.10μg/L。

茴香脑在我国药香型董酒成品酒中含量为 598μg/L，基酒 994μg/L，大曲香醅原酒 1768μg/L，小曲酒醅原酒 36.36μg/L。

五、 芳香酸类

芳香酸类（aromatic acids）广泛存在于葡萄酒、白酒等饮料酒中。

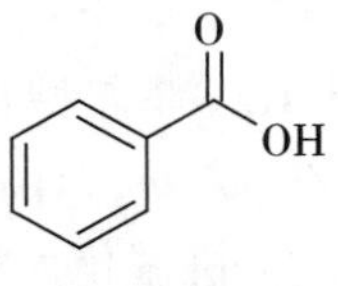

C 6-12　苯甲酸 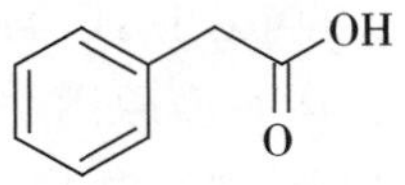　　C 6-13　2-苯乙酸 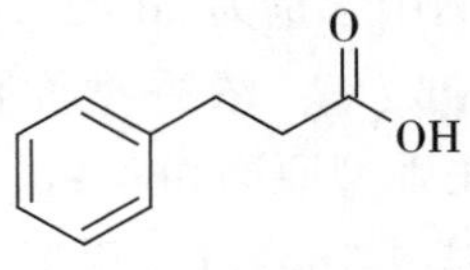　　C 6-14　3-苯丙酸 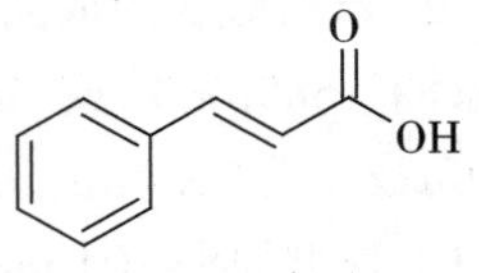　　C 6-15　肉桂酸

1. 苯甲酸

苯甲酸（benzoic acid）(C 6-12)，也称为安息香酸，FEMA 号 2131，RI_{np} 1164 或 1242（苯甲酸-1TMS）或 1248（TG-5 色谱柱，苯甲酸-1TMS），RI_p 2449 或 2389，白色结晶，熔点 121~123℃，沸点 249~250℃，100℃开始升华，微溶于水，溶于乙醇等有机溶剂。苯甲酸呈水果香、樱桃香、花香、甜香。正常情况下，苯甲酸在酒中是以钠盐或钾盐的形式存在，即苯甲酸钠或苯甲酸钾，该物质通常被用作食品防腐剂。

苯甲酸存在于草莓酱、茄属植物、橡木、葡萄酒、雪利酒、白酒中。

苯甲酸在法国中烤橡木中含量为 0.12μg/g，美国中烤橡木中 0.81μg/g，中国中烤橡木中 0.28μg/g。

苯甲酸在桃红葡萄酒中含量为 1.17~1.28μg/L，菲诺雪利酒中 80mg/L（6~242mg/L），阿蒙提那多（Amontillado）雪利酒 138mg/L（34~293mg/L），欧洛罗索（Oloroso）雪利酒 122mg/L（32~392mg/L）。

苯甲酸在我国成品白酒中含量为 nd~2.0μg/L。在白酒原酒中具体含量如下：酱香型原酒 752μg/L 或 872.5μg/L；浓香型原酒 788μg/L 或 36.45μg/L；清香型原酒 843μg/L

或 24. 66μg/L；兼香型原酒 433. 4μg/L；凤香型原酒 783μg/L 或 62. 84μg/L；老白干香型白原酒 754μg/L 或 12. 29μg/L，老白干香型手工大糙原酒 9. 28～25. 08μg/L，机械化大糙原酒 3. 46～14. 76μg/L；芝麻香型原酒 820μg/L 或 35. 41μg/L，手工原酒 31. 72～48. 14μg/L，机械化原酒 28. 03～52. 84μg/L；米香型原酒未检测到；豉香型原酒 98. 05μg/L；特香型原酒 983μg/L 或 662. 1μg/L；药香型原酒 93. 85μg/L。

2. 苯乙酸

2-苯乙酸（2-phenylacetic acid）（C 6-13），俗称苄基甲酸、苯乙酸，CAS 号 103-82-2，FEMA 号 2878，RI_{np} 1248 或 1265 或 1300（TG-5 柱，2-苯乙酸-1TMS），RI_{mp} 1519 或 1531，RI_{p} 2555 或 2578 或 2544，白色结晶，熔点 76～78℃，沸点 265～266℃，微溶于水，溶于热水、乙醇等溶剂中。该化合物呈甜香、浆果、水果、木香、玫瑰花、蜂蜜、花粉、蜂蜡香，在水中嗅觉觉察阈值 1mg/L 或 6. 1mg/L，识别阈值 12mg/L 或 10mg/L，10%vol 酒精-水溶液中（pH3. 2）嗅阈值 2. 5mg/L，40%vol 酒精-水溶液中嗅阈值 9. 2μg/L，可可粉中嗅阈值 360μg/L。

2-苯乙酸存在于葡萄酒、雪利酒、白酒、意大利香醋、红茶、凝乳酪蛋白、可可粉、树莓、牛肉蔬菜汤中。

2-苯乙酸在玫瑰红葡萄酒中含量为 1. 54～4. 54mg/L；丹菲特红葡萄酒 101～103μg/L；雪利酒 108μg/L。

2-苯乙酸在意大利香醋中含量为 2. 71～2. 79mg/L。

2-苯乙酸我国成品白酒中含量为 nd～2. 7μg/L。在白酒原酒中具体含量如下：酱香型原酒 1685μg/L 或 512. 0μg/L；浓香型原酒 1289μg/L 或 94. 03μg/L；清香型原酒 19. 6μg/L 或 25. 4μg/L；兼香型原酒 364. 9μg/L；凤香型原酒 77. 0μg/L 或 41. 71μg/L；老白干香型原酒 104μg/L 或 9. 76μg/L，手工大糙原酒 1. 54～13. 92μg/L，机械化大糙原酒 1. 59～6. 03μg/L；芝麻香型原酒 943μg/L 或 44. 02μg/L，手工原酒 38. 62～60. 84μg/L，机械化原酒 40. 46～55. 68μg/L；米香型原酒 26. 65μg/L；豉香型原酒 70. 67μg/L；特香型原酒 552μg/L 或 209. 10μg/L；药香型原酒 273. 7μg/L。

3. 苯丙酸

3-苯丙酸（3-phenylpropanoic acid，benzenepropionic acid）（C 6-14），俗称氢化肉桂酸（hydrocinnamic acid），CAS 号 501-52-0，FEMA 号 2889，RI_{np} 1304 或 1420（TG-5 柱，3-苯丙酸-1TMS），RI_{p} 2619 或 2650，白色到灰白色结晶团块，熔点 45～48℃，沸点 280℃，密度 1. 071 g/cm^{3}（25℃），呈膏香、花香和水果香。

3-苯丙酸已经在荔枝中检测到。

3-苯丙酸在中国成品白酒中含量为 0. 1～0. 7μg/L。在白酒原酒中具体含量如下：酱香型原酒 211μg/L 或 66. 88μg/L；浓香型原酒 679μg/L 或 276. 9μg/L；清香型原酒<ql 或 4. 41μg/L；兼香型原酒 180. 8μg/L；凤香型原酒 33. 0μg/L 或 64. 52μg/L；老白干香型原酒<ql 或 0. 89μg/L，手工大糙原酒<ql～1. 06μg/L，机械化大糙原酒<ql～0. 87μg/L；芝麻香型原酒 277μg/L 或 3. 08μg/L，手工原酒 2. 78～4. 22μg/L，机械化原酒 2. 55～11. 02μg/L；米香型原酒 1. 38μg/L；豉香型原酒 11. 67μg/L；特香型原酒 1027μg/L 或

591.59μg/L；药香型原酒 277.3μg/L。

4. 羟基苯甲酸

4-羟基苯甲酸（4-hydroxybenzoic acid），俗称 *p*-羟基苯甲酸、*p*-水杨酸（*p*-salicylic acid）、*p*-羧基苯酚（*p*-carboxyphenol），CAS 号 99-96-7，FEMA 号 3986，分子式 $C_7H_6O_3$，白色粉末，熔点 213~215℃，沸点 334~335℃，lgP 1.580，呈酚和坚果香，主要用作防腐剂。

4-羟基苯甲酸已经在白酒原酒中检测到，其含量如下：酱香型原酒 11.39μg/L；浓香型原酒 9.76μg/L；清香型原酒 10.02μg/L；米香型原酒<ql；兼香型原酒 13.29μg/L；凤香型原酒 10.14μg/L；豉香型原酒 11.21μg/L；芝麻香型原酒 18.72μg/L，手工原酒 18.14~19.25μg/L，机械化原酒 17.54~18.44μg/L；老白干香型原酒 19.11μg/L，手工大楂原酒 10.68 ~ 19.49μg/L，机械化大楂原酒 10.75 ~ 18.27μg/L；特香型原酒 50.56μg/L；药香型原酒 10.23μg/L。

5. 苯乳酸

3-苯乳酸（3-phenyllactic acid），俗称 α-羟基苯丙酸（α-hydroxybenzenepropanoic acid），IUPAC 名 2-羟基-3-苯丙酸（2-hydroxy-3-phenylpropanoic acid），CAS 号 828-01-3，RI_{np} 1584（3-苯乳酸-2TMS）或 1595（TG-5 色谱柱，3-苯乳酸-2TMS），熔点 95~98℃，沸点 331℃（44.3kPa），lgP 0.250；呈酸味，水溶液中酸味阈值 1360μmol/L；呈涩味，水溶液中涩味阈值 1360μmol/L。

3-苯乳酸在白酒原酒中含量如下：酱香型原酒 297μg/L 或 135.46μg/L；浓香型原酒含量 327μg/L 或 54.52μg/L；清香型原酒 146μg/L 或 36.96μg/L；兼香型原酒 85.44μg/L；凤香型原酒 47.2μg/L 或 46.24μg/L；老白干香型原酒 196μg/L 或 40.42μg/L，手工大楂原酒 15.92~21.74μg/L，机械化大楂原酒 8.23~18.13μg/L；芝麻香型原酒 1029μg/L 或 39.38μg/L，手工原酒 27.18~40.81μg/L，25.15~56.33μg/L；米香型酒 718.3μg/L；豉香型原酒 650.0μg/L；特香型原酒 654μg/L 或 209.16μg/L；药香型原酒 32.67μg/L。

6. 肉桂酸

肉桂酸（cinnamic acid，cinnamylic acid）（C 6-15），俗称 3-苯丙烯酸（3-phenylacrylic acid）、苯丙烯酸，CAS 号 621-82-9。肉桂酸有两个异构体，即（*E*）-型和（*Z*）-型，自然界存在的是（*E*）-型，其 IUPAC 名（*E*）-3-苯丙-2-烯酸［（*E*）-3-phenyl-prop-2-enoic acid］，CAS 号 140-10-3，FEMA 号 2288，RI_{np} 1394，RI_p 2811 或 2720［（*Z*）-型］，白色晶体，熔点 133℃，沸点 300℃，密度 1.2475 g/cm^3，微溶于水（水中溶解度 500mg/L），能与有机溶剂互溶，pK_a 4.44；呈木香。

肉桂酸存在于草莓酱、荔枝和酿酒原料小米、高粱、小麦及其发酵产品中；在小麦麦芽中含量为 1170μg/kg 干重，大麦麦芽 1340μg/kg 干重；在菲诺雪利酒中含量为 16mg/L（8~60mg/L），阿蒙提那多雪利酒 47mg/L（19~82mg/L），欧洛罗索雪利酒 52mg/L（12~138mg/L）。

六、 芳香酯类

1. 脂肪酸芳香酯

脂肪酸芳香酯中最重要的是乙酸-2-苯乙酯。

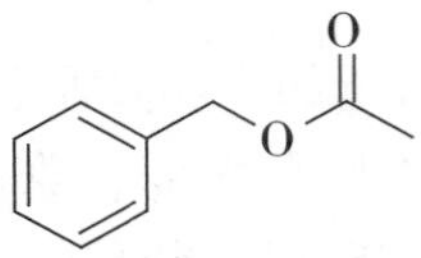

C 6-16 乙酸苯甲酯 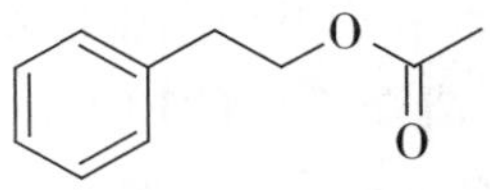　　C 6-17 乙酸-2-苯乙酯

（1）乙酸苯甲酯　乙酸苯甲酯（benzyl acetate）（C 6-16），俗称乙酸苄酯，CAS 号 140-11-4，FEMA 号 2135，RI_{np} 1160 或 1165，RI_{np} 1695 或 1740，无色液体，沸点 215～216℃，微溶于水，溶于乙醇等有机溶剂，呈糖果甜香、红欧亚甘草（red licorice）、辛香、水果香，在 7%（质量体积分数）醋酸-水溶液中嗅阈值 2.3mg/L。

乙酸苯甲酯在葡萄酒、酱香型白酒、果醋、芒果、黑莓、草莓酱中；在玫瑰葡萄酒中含量为 2.52～7.77μg/L；在果醋中含量为 nd～190μg/L。

（2）乙酸-2-苯乙酯　乙酸-2-苯乙酯（2-phenylethyl acetate，2-phenethyl acetate，2-phenylethyl ethanoate）（C 6-17），俗称乙酸苄基甲酯、乙酸苯乙酯，CAS 号 103-45-7，FEMA 号 2857，RI_{np} 1240 或 1265，RI_{p} 1828 或 1824 或 1851，无色液体，微溶于水，溶于乙醇等有机溶剂，沸点 232℃。

乙酸-2-苯乙酯呈水果、花香、玫瑰、蜂蜜、柑橘、树莓、甜香、奶油糖果（butterscotch）香气（后鼻嗅），在空气中嗅阈值 6.7～26.8ng/L，水中嗅阈值 20μg/L 或 650μg/L，10%vol 酒精-水溶液中嗅阈值 250μg/L，14%vol 酒精-水溶液中嗅阈值 250μg/L，40%vol 酒精-水溶液中嗅阈值 108μg/L，46%vol 酒精-水溶液中嗅阈值 908.83μg/L，啤酒中嗅阈值 3.8mg/L，7%（质量体积分数）醋酸-水溶液中嗅阈值 97.8μg/L，可可粉中嗅阈值 57μg/kg。

乙酸酯类可以增强乙酸-2-苯乙酯的香气，贡献花香和甜香。

乙酸-2-苯乙酯广泛存在于黑莓、果醋、葡萄酒、雪利酒、苹果酒、黄酒、啤酒、白酒、白兰地中。

乙酸-2-苯乙酯在葡萄酒中浓度为 0～18.5mg/L，玫瑰红葡萄酒 81～960μg/L 或 53.8～143.8μg/L；白葡萄酒 0～5.10mg/L，新产白葡萄酒 89～475μg/L；新产红葡萄酒 26.9μg/L（0.54～800.00μg/L），丹菲特红葡萄酒 51.4～55.5μg/L；在菲诺雪利酒中，最初含量为 228μg/L，福洛酵母膜形成后含量为 223μg/L，老熟 250d 含量为 103μg/L。

乙酸-2-苯乙酯在我国苹果酒中含量为 84.55～158.00μg/L；黄酒中含量为 30.38～77.07μg/L；啤酒中含量为 0.10～0.70mg/L，平均 0.54mg/L；果醋中含量为 309～2241μg/L。

乙酸-2-苯乙酯在白酒中含量如下：酱香型白酒浓度 612μg/L 或 2.73mg/L，茅台酒 1.64～2.05mg/L，郎酒 0.47～0.56mg/L 或 89.7～158.0μg/L，金沙回沙酒 4.15～4.53mg/L，醇甜原酒 98.5μg/L，酱香原酒 72.9μg/L，窖底香原酒 37.3μg/L；浓香型习酒 162μg/L；清香型汾酒 793μg/L，宝丰酒 883μg/L，青稞酒 641μg/L；老白干香型手工大糙原酒 587～974μg/L，机械化大糙原酒 494～701μg/L；芝麻香型手工原酒3.76～5.97mg/L，机械化原酒 2.49～5.95mg/L；兼香型口子窖酒 132μg/L；豉香型白酒 147μg/L。

2. 芳香族酸酯

（1）苯甲酸酯类　苯甲酸甲酯（methyl benzoate），CAS 号 93-58-3，RI_{np} 1070 或 1094，RI_{p} 1591 或 1595，呈萬苣、草药、西瓜、紫罗兰和花香，水溶液中气味阈值 73μg/kg。

苯甲酸甲酯存在于番石榴、猕猴桃、橡木、微生物发酵产物中，番石榴中含量为 2.6μg/kg。

苯甲酸乙酯（ethyl benzoate），CAS 号 93-89-0，FEMA 号 2422，RI_{np} 1173 或 1165 或 1187，RI_{mp} 1270，RI_{p} 1647 或 1662 或 1649，熔点-34℃，沸点 212℃，密度 1.045g/mL（25℃），lgP 2.140，呈蜂蜜、花香、洋槐花、玫瑰、紫罗兰花香、水果、甜香、药香、冬青气味，在空气中嗅阈值 3806.8ng/L，水中嗅阈值 53μg/kg 或 100μg/L 或 60μg/L，模拟葡萄酒中嗅阈值 575μg/L，46%vol 酒精-水溶液中嗅阈值 406.83μg/L。

苯甲酸乙酯广泛存在于葡萄、番石榴、树莓、果醋、葡萄酒、苹果酒、番石榴酒、黄酒、白酒、白兰地中。

苯甲酸乙酯在葡萄中含量如下：赤霞珠葡萄 1.32μg/L，品丽珠葡萄 1.01μg/L，梅鹿辄葡萄 1.76μg/L，蛇龙珠葡萄 1.00μg/L；热带水果番石榴中含量为 7.2μg/kg。

苯甲酸乙酯在新产红葡萄酒中含量为 0.5μg/L（0.06～2.30μg/L）；我国苹果酒中含量为 161～587μg/L；黄酒中含量为 29.47～96.17μg/L；果醋中含量为 nd～41.6μg/L。

苯甲酸乙酯在我国酱香型白酒中平均含量为 2.30mg/L，茅台酒 2.86～3.34mg/L，郎酒 2.67～3.42mg/L 或 0.32～0.59，金沙回沙酒 1.20～1.35mg/L，醇甜原酒 0.79mg/L，酱香原酒 0.50mg/L，窖底香原酒 0.64mg/L；浓香型洋河酒 15.39～30.35μg/L；清香型汾酒 190μg/L，宝丰酒 602μg/L，青稞酒 408μg/L；老白干香型手工大糙原酒 570～1448μg/L，机械化大糙原酒 508～1008μg/L；芝麻香型手工原酒 318～455μg/L，机械化原酒 241～329μg/L。

苯甲酸丁酯（butyl benzoate），RI_{np} 1377，RI_{mp} 1432，该化合物存在于白兰地、芒果中。

苯甲酸苯甲酯（benzyl benzoate）(C 6-18)，俗称苯甲酸苄酯，CAS 号 120-51-4，FEMA 号 2138，RI_{np} 1760 或 1723，RI_{p} 2604 或 2597，无色黏稠液体，沸点 323～324℃，凝固点 18℃，不溶于水，溶于乙醇等有机溶剂，呈甜香、膏香、坚果香。该化合物已经在草莓番石榴、十字花科植物、番石榴酒、微生物发酵产物中检测到。

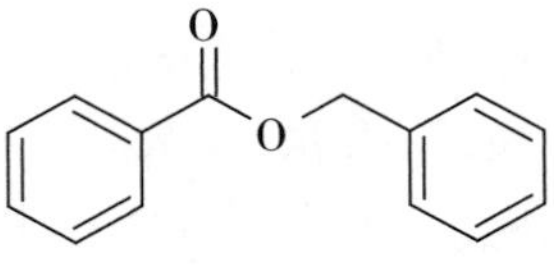

C 6-18 苯甲酸苯甲酯

(2) 苯乙酸酯类 2-苯乙酸甲酯（methyl 2-phenylacetate），俗称苯乙酸甲酯，CAS号101-41-7，FEMA号2733，RI_{np} 1133或1179，RI_{p} 1758或1789，无色液体，沸点218℃，密度1.066g/mL（20℃），lgP 1.830，呈水果香，存在于芒果、百香果、花椒、酱香型白酒、微生物发酵产物中。

2-苯乙酸乙酯（ethyl 2-phenylacetate）(C 6-19)，CAS号101-97-3，FEMA号2452，RI_{np} 1247或1228，RI_{mp} 1358，RI_{p} 1745或1785，无色液体，不溶于水，溶于乙醇等有机溶剂；呈玫瑰、蜂蜜、甜香，在空气中嗅阈值3.3~13.4ng/L，水中嗅阈值650μg/L，46%vol酒精-水溶液中嗅阈值407μg/L；7%（质量体积分数）醋酸-水溶液中嗅阈值148.2μg/L。

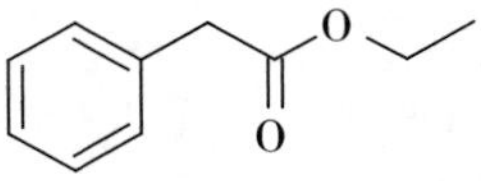

C 6-19 2-苯乙酸乙酯

研究发现，2-苯乙酸乙酯是一种意大利产葡萄酒艾格尼科的异嗅成分，该化合物可能与一些苯酚类化合物相互作用，产生甜香。

2-苯乙酸乙酯已经在百香果、葡萄酒、白酒、白兰地、啤酒等饮料酒中检测到。

2-苯乙酸乙酯在葡萄中含量甚微，赤霞珠葡萄（中国）中含量为0.073μg/L，蛇龙珠葡萄（中国）0.081μg/L。

2-苯乙酸乙酯在新鲜啤酒中含量为27μg/L；黄酒中含量为57.72~239.00μg/L；果醋中含量为nd~512μg/L，意大利香醋中含量为nd~24.02μg/L。

2-苯乙酸乙酯在中国白酒中含量如下：酱香型白酒平均含量4.03mg/L，茅台酒4.92~5.42mg/L，习酒917μg/L，郎酒3.98~4.21mg/L或19.4~28.7mg/L，金沙回沙酒3.46~3.95mg/L，醇甜原酒46.1mg/L，酱香原酒20.1mg/L，窖底香原酒37.2mg/L；浓香型习酒540μg/L；浓香型洋河酒86.69~357.00μg/L；清香型汾酒222μg/L，宝丰酒189μg/L，青稞酒394μg/L；老白干香型手工大楂原酒746~924μg/L，机械化大楂原酒677~790μg/L；芝麻香型手工原酒1.91~2.83mg/L，机械化原酒1.84~3.12mg/L；兼香型口子窖酒6.60mg/L；豉香型白酒125μg/L。

2-苯乙酸丙酯（propyl 2-phenylacetate），CAS号4606-15-9，FEMA号2955，沸点253℃或240℃（100.4kPa），密度1.005g/mL（20℃），lgP 2.930，呈玫瑰和蜂蜜香，存在于酱香型白酒中。

(3) 苯丙酸酯类 3-苯丙酸乙酯（ethyl 3-phenylpropanoate，ethyl 3-phenylpropi-

onate)(C 6-20)，俗称二氢肉桂酸乙酯（ethyl dihydrocinnamate），CAS 号 2021-28-5，FEMA 号 2455，RI_{np} 1351 或 1355，RI_{mp} 1461，RI_p 1884 或 1879 或 1908，清亮无色至淡黄色液体，沸点247~248℃，密度 1.01g/mL（25℃），lgP 2.730，该酯具有甜香、花香、草莓、李子、水果、蜂蜜香，在水溶液中嗅阈值 21.5μg/L 或 1.9μg/L，在 10%vol 模拟葡萄酒（7g/L 甘油，pH3.2）中嗅阈值 1.6μg/L，12%vol 模拟葡萄酒中嗅阈值 1.9μg/L 或 1.6μg/L，40%vol 酒精-水溶液中嗅阈值 14μg/L，46%vol 酒精-水溶液中嗅阈值 125.21μg/L。

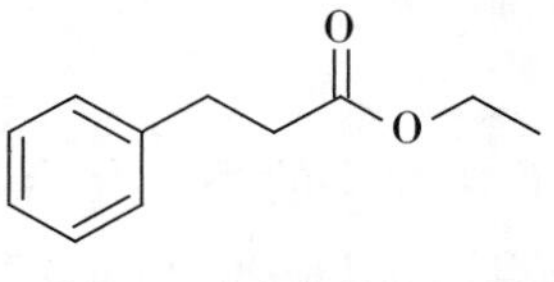

C 6-20　二氢肉桂酸乙酯

3-苯丙酸乙酯是苯丙酸与乙醇反应的产物。

3-苯丙酸乙酯存在于榴莲等水果、染污葡萄、葡萄酒、番石榴酒、黄酒、白酒、朗姆酒、白兰地中，是比诺（Pinot noir）葡萄酒的重要香气物质。

3-苯丙酸乙酯在葡萄酒（葡萄牙）中含量为 0.21~3.02μg/L，新产红葡萄酒 0.57μg/L（0.21~3.02μg/L），老熟红葡萄酒 1.3~6.2μg/L；新产白葡萄酒 0.1~3.1μg/L；在黄酒中含量为 nd~45.69μg/L。

3-苯丙酸乙酯在中国白酒中含量如下：酱香型白酒平均含量 2.07mg/L，茅台酒 1.62~1.94mg/L，郎酒 1.59~1.90mg/L 或 409~562μg/L，金沙回沙酒 2.28~2.46mg/L，醇甜原酒 1236μg/L，酱香原酒 408μg/L，窖底香原酒 1269μg/L；浓香型洋河酒 130~514μg/L；清香型汾酒 145μg/L，宝丰酒 201μg/L，青稞酒 2780μg/L；老白干香型手工大楂原酒 413~522μg/L，机械化大楂原酒 379~428μg/L；芝麻香型手工原酒 666~875μg/L，机械化原酒 500~1073μg/L；兼香型口子窖 817μg/L；豉香型白酒 314μg/L。

3-苯丙酸乙酯在朗姆酒中含量为 0.51~0.52μg/L。

（4）肉桂酸酯类　(*E*)-肉桂酸甲酯［methyl (*E*)-cinnamate，methyl *trans*-cinnamate］(C 6-21)，RI_{np} 1353 或 1379，RI_p 2030 或 2077，呈水果、脂肪、甜香、草莓香。该化合物已经在树莓、百香果、草莓酱、日本胡椒、啤酒花、微生物发酵产物中检测到。

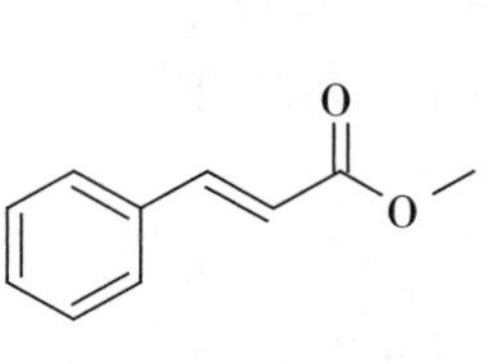

C 6-21　肉桂酸甲酯 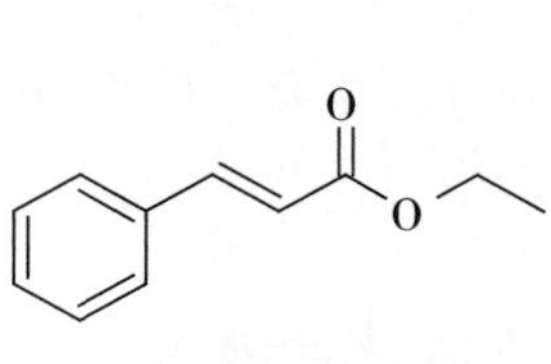　　　C 6-22　肉桂酸乙酯

(*E*)-肉桂酸乙酯［ethyl (*E*)-cinnamate，ethyl *trans*-cinnamate］(C 6-22)，俗称肉桂酸乙酯，IUPAC 名 3-苯-2-丙烯酸乙酯［ethyl (*E*)-3-phenyl-2-propenoate］，FEMA 号 2147，RI_{np} 1467 或 1455，RI_{np} 1598 或 1606，RI_p 2095 或 2081 或 2139，无色油状

液体。

(*E*)-肉桂酸乙酯具有草莓、乳脂、肉桂、葡萄干、甜香、樱桃、李子、蜂蜜香、水果香，在水溶液中嗅阈值1.1μg/L或0.06μg/L，10%vol酒精-水溶液中嗅阈值1μg/L，10%vol模拟葡萄酒（7g/L甘油，pH3.2）中嗅阈值1.1μg/L，40%vol酒精-水溶液中嗅阈值0.7μg/L，葡萄酒中嗅阈值10~20μg/L；7%（质量体积分数）醋酸-水溶液中嗅阈值0.48μg/L；葵花籽油中嗅阈值150μg/kg；在葵花籽油中味阈值38μg/kg。

研究发现，葡萄酒中肉桂酸乙酯主要来源于葡萄糖苷类结合态前体物酸水解。

肉桂酸乙酯广泛存在于葡萄酒、苹果酒、番石榴酒、白兰地、威士忌、醋、橄榄油、胡椒中。

肉桂酸乙酯是比诺葡萄酒第二重要的香气化合物，在葡萄酒中含量为0.10~8.89μg/L，新产红葡萄酒0.85μg/L（0.11~8.89μg/L），老熟红葡萄酒1.3~6.2μg/L；新产白葡萄酒0.1~3.1μg/L；在中国苹果酒中含量为33.69~226.00μg/L。

（5）邻氨基苯甲酸酯类　邻氨基苯甲酸甲酯（methyl anthranilate）（C 6-23），IUPAC名2-氨基苯甲酸甲酯（methyl 2-aminobenzoate），CAS号134-20-3，RI_{np} 1338或1343，RI_p 2255或2270，分子式$C_8H_9NO_2$，熔点24℃，沸点256℃，密度1.168g/cm^3，微溶于水，能溶于乙醇和甘油，显示轻微的蓝色荧光。

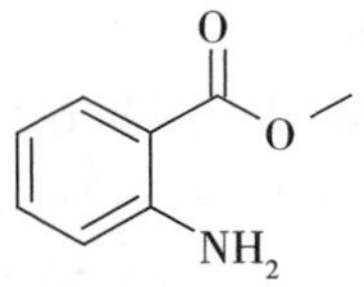

C 6-23　邻氨基苯甲酸甲酯

邻氨基苯甲酸甲酯是一个不寻常的胺化合物（amine），因为大部分的胺都是异嗅化合物，但邻氨基苯甲酸甲酯有花香、桃香、蜂蜜、椰子香、水果和葡萄香。

邻氨基苯甲酸甲酯是美洲葡萄的关键香气成分，也是早期杂交葡萄狐臭气味的主要成分。邻氨基苯甲酸甲酯作为鸟类驱避剂（repellent）使用。

邻氨基苯甲酸甲酯存在于葡萄酒中，存在于康可（Concord）葡萄和其他美洲葡萄（*Vitis labrusca*），以及杂交葡萄中；也存在于佛手柑（bergamot）、洋槐（black locust）、金香木（champak）、栀子（gardenia）、茉莉、柠檬、中国柑橘、苦橙花（neroli）、橙子、芸香油（rue oil）、草莓、晚香玉（tuberose）、高良姜（galangal）、依兰依兰（ylang-ylang）、芒果中。

七、结合态芳香族化合物

在饮料酒中已经检测到存在结合态的、呈味的芳香族化合物。

苄基-*O*-*β*-D-吡喃葡萄糖苷（benzyl-*O*-*β*-D-glucopyranoside），RI_{DB-5} 1751（三氟乙酰化衍生物），呈涩味，水溶液中涩味阈值50.0 μmol/L。该化合物存在于红醋栗

(red currant)、葡萄与葡萄酒中，酵母发酵结束时葡萄酒中含量为119~126μg/L。

β-苯乙基-β-D-吡喃葡萄糖苷（β-phenylethyl-β-D-glucopyranoside），RI_{DB-5} 1841（三氟乙酰化衍生物），存在于葡萄与葡萄酒中，酵母发酵结束时葡萄酒中含量为69~71μg/L。

苄基6-*O*-(α-L-吡喃鼠李糖基)-β-D-吡喃葡萄糖苷［benzyl 6-*O*-(α-L-rhamnopyranosyl)-β-D-glucopyranoside］，RI_{DB-5} 2095（三氟乙酰化衍生物），存在于葡萄与葡萄酒中，酵母发酵结束时葡萄酒中含量为118~165μg/L。

苄基6-*O*-(α-L-呋喃阿拉伯糖基)-β-D-吡喃葡萄糖苷［benzyl 6-*O*-(α-L-arabinofuranosyl)-β-D-glucopyranoside］，RI_{DB-5} 2150（三氟乙酰化衍生物），存在于葡萄与葡萄酒中，酵母发酵结束时葡萄酒中含量为198~206μg/L。

第二节 萘及其衍生物

萘（naphthalene）(C 6-24)，CAS号91-20-3，RI_{np} 1179或1218，RI_p 1706或1731，熔点80~82℃，密度0.99g/mL。呈卫生球气味，在水中嗅阈值2.5μg/L，46%vol酒精-水溶液中嗅阈值159.30μg/L；呈似卫生球后鼻嗅，水中后鼻嗅阈值25μg/L。

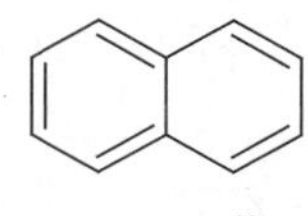

C 6-24 萘

萘是一种具有樟脑气味的多环芳烃，在煤焦油中含量高达6%。

萘已经在饮用水、葡萄、面粉膨化制品、腐乳、发酵竹笋、葡萄酒、黄酒、白酒中检测到，但含量甚微。在赤霞珠葡萄（中国）中含量为77.3μg/L，品丽珠葡萄（中国）36.8μg/L，梅鹿辄葡萄（中国）130μg/L，蛇龙珠葡萄（中国）5.74μg/L；在酱香型郎酒中含量为21.7~60.2μg/L，醇甜原酒30.3μg/L，酱香原酒26.5μg/L，窖底香原酒21.8μg/L；兼香型口子窖酒11.1μg/L；豉香型白酒3.41μg/L。

目前尚不能说萘是污染了煤及其制品后产生的。

在发酵食品中，检测到的其他萘类化合物还有：1-甲基萘（1-methylnaphthalene）、2-甲基萘、1,2-二甲基萘、1,4-二甲基萘、2,6-二甲基萘、1,3,6-三甲基萘、2,3,5-三甲基萘、1,2-二氢-1,5,8-三甲基萘、1,1,6-三甲基-1,2,3,4-四氢萘、1,1,6-三甲基-1,2,3,5-四氢萘、1,6,6-三甲基-1,2,3,4-四氢萘、1,6,8-三甲基-1,2,3,4-四氢萘、2-羟基-4-异丙基萘、2,3-二甲基萘-1,4-二酮，这些化合物已经在朗姆酒、葡萄酒、贻贝、松露、微生物发酵产物中检测到。

第三节 芳香族化合物产生途径

一、 苯丙氨酸产生芳香族类化合物

苯丙氨酸为底物，可以生成多种芳香族化合物。如图 6-1 所示。

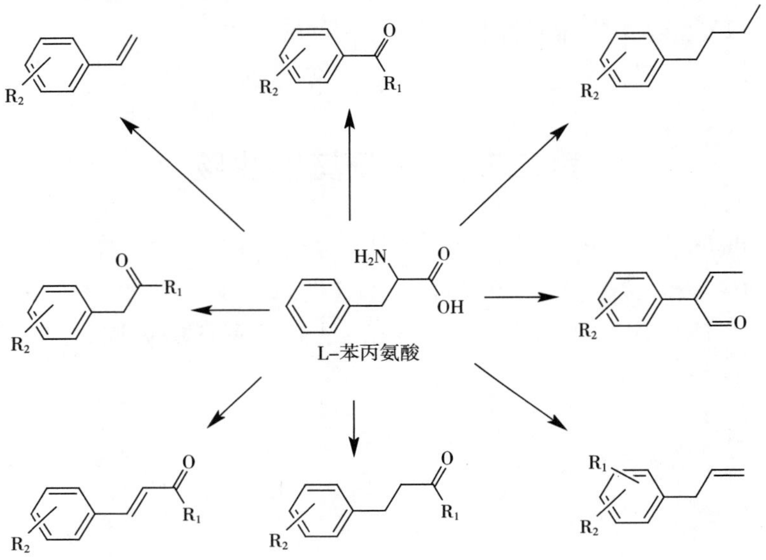

图 6-1 来源于苯丙氨酸的芳香族化合物

酿酒酵母（*S. cerevisiae*）、乳酸克鲁维酵母（*Klu. marxianus*）能产一定量 β-苯乙醇。在传统发酵过程中，原料中氨基酸在脱氨基酶（deamine）作用下经转氨基作用，形成 α-酮酸；接着，α-酮酸在脱羰基酶（decarboxylase）作用下，脱羰基形成相应的醛。这些醛在还原酶（reductase）作用下还原成相应的、比底物氨基酸少一个碳原子的醇。β-苯乙醇来源于原料中苯丙氨酸脱氨基与脱羰基而生成，如图 6-2 所示。苯丙氨酸先脱氨基生成 3-苯丙酮酸（3-phenylpyruvate），然后脱羧基生成苯乙醛，再还原为2-苯乙醇。脱羧基反应由 *PDC1*、*PDC5*、*PDC6* 或 *ARO10* 编码的酶之一催化。3-苯丙酮酸也可以生成 3-苯乳酸。

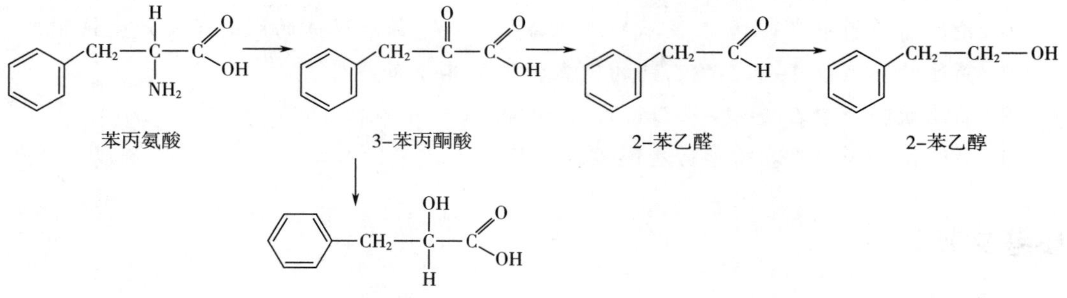

苯丙氨酸 → 3-苯丙酮酸 → 2-苯乙醛 → 2-苯乙醇

3-苯丙酮酸 → 3-苯乳酸

图 6-2　酵母从苯丙氨酸形成 β-苯乙醇的途径

目前，用于生产β-苯乙醇的微生物主要有酿酒酵母（*S. cerevisiae*）和乳酸克鲁维酵母突变株，黑曲霉（*Asp. niger*）和异常汉逊酵母异常变种（*H. anomala*），最高得率可达3.4g/L。饮料酒生产中，美极梅奇酵母（*M. pulcherrima*）具有特别高的产2-苯乙醇的能力。

二、2-氨基乙酰苯（2-AAP）

葡萄生长时缺水、缺氮和葡萄的高产是造成*V. vinifera*葡萄中2-AAP浓度升高的主要原因。研究发现，吲哚-3-乙酸（indole-3-acetic acid，IAA）能导致2-AAP的生成。IAA的降解最初由亚硫酸盐的氧化所引起，产生一个自由基和IAA的共氧化物，该化合物使得吲哚环开环（见图6-3），然后形成2-AAP。

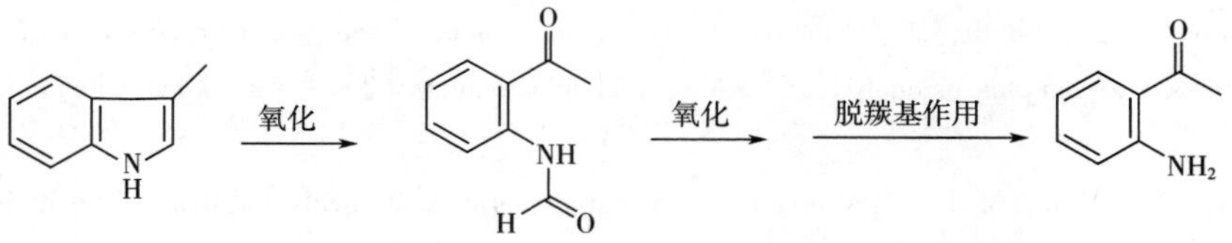

氧化　→　氧化　→　脱羧基作用

图 6-3　由粪臭素形成 2-氨基乙酰苯的途径

复习思考题

1. 请画出2-苯乙醇、苯甲醇、2-苯乙酸、苯甲酸、苯乙醛、苯甲醛、酪醇、2-氨基乙酰苯、萘的结构式。
2. 简述饮料酒中2-苯乙醇的风味特征及其分布。
3. 简述饮料酒中2-苯乙醇的产生机理。
4. 简述饮料酒中2-苯乙酸的风味特征及其分布。

5. 简述饮料酒中苯甲酸的风味特征及其分布。
6. 论述葡萄酒中2-氨基乙酰苯的风味特征，对葡萄酒风味的影响及其产生机制。
7. 简述饮料酒中2-苯乙酸乙酯的风味特征及其分布。
8. 简述饮料酒中乙酸-2-苯乙酯的风味特征及其分布。
9. 简述饮料酒中存在哪些芳香醚类化合物。

参考文献

[1] Başer, K. H. C., Demirci, F. Chemistry of essential oils [M]. In Flavours and Fragrances: Chemistry, Bioprocessing and Sustainability, Berger, R. G., Ed. Springer, Heidelberg, Germany, 2007: 43-86.

[2] Pino, J. A., Queris, O. Characterization of odor-active compounds in guava wine [J]. J. Agri. Food. Chem., 2011, 59: 4885-4890.

[3] Klesk, K., Qian, M., Martin, R. R. Aroma extract dilution analysis of cv. Meeker (*Rubus idaeus* L.) red raspberries from Oregon and Washington [J]. J. Agri. Food. Chem., 2004, 52 (16): 5155-5161.

[4] Ledauphin, J., Guichard, H., Saint-Clair, J. -F., Picoche, B., Barillier, D. Chemical and sensorial aroma characterization of freshly distilled Calvados. 2. Identification of volatile compounds and key odorants [J]. J. Agri. Food. Chem., 2003, 51 (2): 433-442.

[5] 周双，徐岩，范文来，李记明，于英，姜文广，李兰晓. 应用液液萃取分析中度烘烤橡木片中挥发性化合物 [J]. 食品与发酵工业，2012，38 (9): 125-131.

[6] Loscos, N., Hernandez-Orte, P., Cacho, J., Ferreira, V. Release and formation of varietal aroma compounds during alcoholic fermentation from nonfloral grape odorless flavor precursors fractions [J]. J. Agri. Food. Chem., 2007, 55 (16): 6674-6684.

[7] Karagül-Yüceer, Y., Vlahovich, K. N., Drake, M., Cadwallader, K. R. Characteristic aroma compounds of rennet casein [J]. J. Agri. Food. Chem., 2003, 51: 6797-6801.

[8] Jirovetz, L., Smith, D., Buchbauer, G. Aroma compound analysis of *Eruca sativa* (*Brassicaceae*) SPME headspace leaf samples using GC, GC-MS, and olfactometry [J]. J. Agri. Food. Chem., 2002, 50: 4643-4646.

[9] Zea, L., Ruiz, M. J., Moyano, L. Using odorant series as an analytical tool for the study of the biological ageing of sherry wines [M]. In Gas Chromatography in Plant Science, Wine Technology, Toxicology and Some Specific Applications Salih, B.; Çelikbıçak, Ö., Eds. InTech: Rijeka, Croatia, 2012: 91-108.

[10] Peinado, R. A., Mauricio, J. C., Medina, M., Moreno, J. J. Effect of *Schizosaccharomyces pombe* on aromatic compounds in dry sherry wines containing high levels of gluconic acid [J]. J. Agri. Food. Chem., 2004, 52 (14): 4529-4534.

[11] Leffingwell, J. C. Odor & flavor detection thresholds in water [Online], 2003. http://www.leffingwell.com/odorthre.htm.

[12] Vázquez-Araújo, L., Enguix, L., Verdú, A., García-García, E., Carbonell-Barrachina, A. A. Investigation of aromatic compounds in toasted almonds used for the manufacture of turrón [J]. Eur. Food Res. Technol., 2008, 227: 243-254.

[13] Culleré, L., Escudero, A., Cacho, J. F., Ferreira, V. Gas chromatography-olfactometry and chemical quantitative study of the aroma of six premium quality Spanish aged red wines [J]. J. Agri. Food. Chem.,

2004, 52 (6): 1653-1660.

[14] 范文来，徐岩．白酒 79 个风味化合物嗅觉阈值测定 [J]. 酿酒, 2011, 38 (4): 80-84.

[15] Aceña, L., Vera, L., Guasch, J., Olga Busto, Mestres, M. Chemical characterization of commercial Sherry vinegar aroma by headspace solid - phase microextraction and gas chromatography - olfactometry [J]. J. Agri. Food. Chem., 2011, 59: 4062-4070.

[16] Clarke, R. J., Bakker, J. Wine Flavour Chemistry [M]. Oxford: Blackwell Publishing Ltd., 2004.

[17] Wang, J., Gambetta, J. M., Jeffery, D. W. Comprehensive study of volatile compounds in two Australian rosé wines: Aroma extract dilution analysis (AEDA) of extracts prepared using solvent-assisted flavor evaporation (SAFE) or headspace solid-phase extraction (HS-SPE) [J]. J. Agri. Food. Chem., 2016, 64 (19): 3838-3848.

[18] Fan, W., Xu, Y., Han, Y. Quantification of volatile compounds in Chinese ciders by stir bar sorptive extraction (SBSE) and gas chromatography-mass spectrometry (GC-MS) [J]. J. Inst. Brew., 2011, 117 (1): 61-66.

[19] 汪玲玲，范文来，徐岩．酱香型白酒液液微萃取-毛细管色谱骨架成分与香气重组 [J]. 食品工业科技, 2012, 33 (19): 304-308.

[20] Callejón, R. M., Morales, M. L., Ferreira, A. C. S., Troncoso, A. M. Defining the typical aroma of sherry vinegar: Sensory and chemical approach [J]. J. Agri. Food. Chem., 2008, 56 (17): 8086-8095.

[21] Guerrero, E. D., Chinnici, F., Natali, N., Marín, R. N., Riponi, C. Solid-phase extraction method for determination of volatile compounds in traditional balsamic vinegar [J]. J. Sep. Sci., 2008, 31 (16-17): 3030-3036.

[22] 孙莎莎，范文来，徐岩，李记明，于英．我国不同产地赤霞珠挥发性香气成分差异分析 [J]. 食品工业科技, 2013, 34 (24): 70-74.

[23] Fan, W., Xu, Y., Jiang, W., Li, J. Identification and quantification of impact aroma compounds in 4 nonfloral *Vitis vinifera* varieties grapes [J]. J. Food Sci., 2010, 75 (1): S81-S88.

[24] 孙莎莎，范文来，徐岩，李记明，于英．3 种酿酒白葡萄果实的挥发性香气成分比较 [J]. 食品与发酵工业, 2014, 40 (5): 193-198.

[25] Voirin, S. G., Baumes, R. L., Gunata, Z. Y., Bitteur, S. M., Bayonove, C. L., Tapiero, C. Analytical methods for monoterpene glycosides in grape and wine. I. XAD-2 extraction and gas chromatographic-mass spectrometri determination of synthetic glycosides [J]. J. Chromatogr. A, 1992, 590 (2): 313-328.

[26] Voirin, S. G., Baumes, R. L., Sapis, J. -C., Bayonove, C. L. Analytical methods for monoterpene glycosides in grape and wine. II. Qualitative and quantitative determination of monoterpene glycosides in grape [J]. J. Chromatogr. A, 1992, 595: 269-281.

[27] 龚舒蓓．老白干香型和芝麻香型手工原酒与机械原酒的成分差异 [D]. 江南大学, 2018.

[28] Fan, H., Fan, W., Xu, Y. Characterization of key odorants in Chinese chixiang aroma-type liquor by gas chromatography-olfactometry, quantitative measurements, aroma recombination, and omission studies [J]. J. Agri. Food. Chem., 2015, 63 (14): 3660-3668.

[29] Marcq, P., Schieberle, P. Characterization of the key aroma compounds in a commercial Amontillado sherry wine by means of the sensomics approach [J]. J. Agri. Food. Chem., 2015, 63 (19): 4761-4770.

[30] Bowen, A. J., Reynolds, A. G. Odor potency of aroma compounds in Riesling and Vidal blanc table wines and icewines by gas chromatography-olfactometry-mass spectrometry [J]. J. Agri. Food. Chem., 2012, 60: 2874-2883.

[31] Rychlik, M., Schieberle, P., Grosch, W. Compilation of odor thresholds, odor qualities and retention indices of key food odorants [M]. Garching: Deutsche Forschungsanstalt für Lebensmittelchemie and Institut für Lebensmittelchemie der Technischen Universität München, 1998.

[32] Jagella, T., Grosch, W. Flavour and off-flavour compounds of black and white pepper (*Piper nigrum* L.). I. Evaluation of potent odorants of black pepper by dilution and concentration techniques [J]. Eur. Food Res. Technol., 1999, 209: 16-21.

[33] López, R., Ferreira, V., Hernández, P., Cacho, J. F. Identification of impact odorants of young red wines made with Merlot, Cabernet sauvignon and Grenache grape varieties: a comparative study [J]. J. Sci. Food Agric., 1999, 79 (11): 1461-1467.

[34] Lee, S.-J., Noble, A. C. Characterization of odor-active compounds in Californian Chardonnay wines using GC-olfactometry and GC-mass spectrometry [J]. J. Agri. Food. Chem., 2003, 51: 8036-8044.

[35] Aznar, M., López, R., Cacho, J. F., Ferreira, V. Identification and quantification of impact odorants of aged red wines from Rioja. GC-olfactometry, quantitative GC-MS, and odor evaluation of HPLC fractions [J]. J. Agri. Food. Chem., 2001, 49: 2924-2929.

[36] Czerny, M., Christlbauer, M., Christlbauer, M., Fischer, A., Granvogl, M., Hammer, M., Hartl, C., Hernandez, N. M., Schieberle, P. Re-investigation on odour thresholds of key food aroma compounds and development of an aroma language based on odour qualities of defined aqueous odorant solutions [J]. Eur. Food Res. Technol., 2008, 228: 265-273.

[37] 孙宝国，何坚．香精概论——香料、调配、应用 [M]. 北京：化学工业出版社，1999.

[38] Fritsch, H. T., Schieberle, P. Identification based on quantitative measurements and aroma recombination of the character impact odorants in a Bavarian Pilsner-type beer [J]. J. Agri. Food. Chem., 2005, 53: 7544-7551.

[39] Schuh, C., Schieberle, P. Characterization of the key aroma compounds in the beverage prepared from Darjeeling black tea: Quantitative differences between tea leaves and infusion [J]. J. Agri. Food. Chem., 2006, 54 (3): 916-924.

[40] Gassenmeier, K., Schieberle, P. Potent aromatic compounds in the crumb of wheat bread (French-type) -influence of pre-ferments and studies on the formation of key odorants during dough processing [J]. Z. Lebensm. Unters. Forsch., 1995, 201: 241-248.

[41] Kirchhoff, E., Schieberle, P. Quantitation of odor-active compounds in rye flour and rye sourdough using stable isotope dilution assays [J]. J. Agri. Food. Chem., 2002, 50 (19): 5378-5385.

[42] Lorjaroenphon, Y., Cadwallader, K. R. Identification of character-impact odorants in a cola-flavored carbonated beverage by quantitative analysis and omission studies of aroma reconstitution models [J]. J. Agri. Food. Chem., 2015, 63 (3): 776-786.

[43] Guth, H. Quantitation and sensory studies of character impact odorants of different white wine varieties [J]. J. Agri. Food. Chem., 1997, 45 (8): 3027-3032.

[44] Bartowsky, E. J., Pretorius, I. S. Microbial formation and modification of flavor and off-flavor compounds in wine [M]. In Biology of Microorganisms on Grapes, in Must and in Wine, König, H.; Unden, G.; Fröhlich, J., Eds. Springer-Verlag, Berlin, Heidelberg, 2009: 209-231.

[45] Ferreira, V., López, R., Cacho, J. F. Quantitative determination of the odorants of young red wines from different grape varieties [J]. J. Sci. Food Agric., 2000, 80 (11): 1659-1667.

[46] Uselmann, V., Schieberle, P. Decoding the combinatorial aroma code of a commercial Cognac by application of the sensomics concept and first insights into differences from a German brandy [J]. J. Agri. Food. Chem., 2015, 63 (7): 1948-1956.

[47] Franitza, L., Granvogl, M., Schieberle, P. Characterization of the key aroma compounds in two commercial rums by means of the sensomics approach [J]. J. Agri. Food. Chem., 2016, 64 (3): 637-645.

[48] Swiegers, J. H., Saerens, S. M. G., Pretorius, I. S. The development of yeast strains as tools for adjusting the flavor of fermented beverages to market specifications [M]. In Biotechnology in Flavor Production, Havkin-Frenkel, d.; Belanger, F. C., Eds. Blackwell Publishing Ltd.: Oxford OX4 2DQ, UK, 2008.

[49] Reiners, J., Grosch, W. Odorants of virgin olive oils with different flavor profiles [J]. J. Agri. Food. Chem., 1998, 46 (7): 2754-2763.

[50] Rowe, D. J. Aroma Chemicals I: C, H, O Compounds [M]. In Chemistry and Technology of Flavors and Fragrances, Rowe, D. J., Ed. Blackwell Publishing Ltd.: Oxford, UK, 2005: 56-84.

[51] Wang, L., Xu, Y., Zhao, G., Li, J. Rapid analysis of flavor volatiles in apple wine using headspace solid-phase microextraction [J]. J. Inst. Brew., 2004, 110 (1): 57-65.

[52] Fan, W., Xu, Y. Characteristic aroma compounds of Chinese dry rice wine by gas chromatography-olfactometry and gas chromatography-mass spectrometry [M]. In Flavor Chemistry of Wine and Other Alcoholic Beverages, Qian, M. C.; Shellhammer, T. H., Eds. American Chemical Society, 2012: 277-301.

[53] Apostolopoulou, A. A., Flouros, A. I., Demertzis, P. G., Akrida-Demertzi, K. Differences in concentration of principal volatile constituents in traditional Greek distillates [J]. Food Control, 2005, 16 (2): 157-164.

[54] 金佩璋. 豉香型白酒中的3-甲硫基丙醇 [J]. 酿酒, 2004, 31 (5): 110-111.

[55] Nose, A., Hamasaki, T., Hojo, M., Kato, R., Uehara, K., Ueda, T. Hydrogen bonding in alcoholic beverages (distilled spirits) and water-ethanol mixtures [J]. J. Agri. Food. Chem., 2005, 53 (18): 7074-7081.

[56] Fan, W., Xu, Y., Yu, A. Influence of oak chips geographical origin, toast level, dosage and aging time on volatile compounds of apple cider [J]. J. Inst. Brew., 2006, 112 (3): 255-263.

[57] Mangas, J. J., González, M. P., Rodriguez, R., Blanco, D. Solid-phase extraction and determination of trace aroma and flavour components in cider by GC-MS [J]. Chromatographia, 1996, 42 (1-2): 101-105.

[58] Fang, Y., Qian, M. Aroma compounds in Oregon Pinot noir wine determined by aroma extract dilution analysis (AEDA) [J]. Flav. Fragr. J., 2005, 20 (1): 22-29.

[59] Ugliano, M., Henschke, P. A. Yeasts and wine flavour [M]. In Wine Chemistry and Biochemistry, Moreno-Arribas, M. V.; Polo, M. C., Eds. Springer, New York, USA, 2008: 314-392.

[60] Francis, I. L., Newton, J. L. Determining wine aroma from compositional data [J]. Aust. J. Grape Wine Res., 2005, 11 (2): 114-126.

[61] Frank, S., Wollmann, N., Schieberle, P., Hofmann, T. Reconstitution of the flavor signature of Dornfelder red wine on the vasis of the natural concentrations of its key aroma and taste compounds [J]. J. Agri. Food. Chem., 2011, 59 (16): 8866-8874.

[62] 黄酒 . GB/T 13662 [S], 北京：中国标准出版社, 2000.

[63] 傅金泉 . 黄酒生产技术 [M]. 北京：化学工业出版社, 2005.

[64] Fan, W. , Qian, M. C. Characterization of aroma compounds of Chinese "Wuliangye" and "Jiannanchun" liquors by aroma extraction dilution analysis [J]. J. Agri. Food. Chem. , 2006, 54 (7): 2695-2704.

[65] Fan, W. , Qian, M. C. Identification of aroma compounds in Chinese 'Yanghe Daqu' liquor by normal phase chromatography fractionation followed by gas chromatography/olfactometry [J]. Flav. Fragr. J. , 2006, 21 (2): 333-342.

[66] Fan, W. , Qian, M. C. Headspace solid phase microextraction (HS-SPME) and gas chromatography- olfactometry dilution analysis of young and aged Chinese "Yanghe Daqu" liquors [J]. J. Agri. Food. Chem. , 2005, 53 (20): 7931-7938.

[67] 罗涛, 范文来, 郭翔, 徐岩, 赵光鳌, 汪建华, 董鲁平, 袁军川 . 顶空固相微萃取 (HS-SPME) 和气相色谱-质谱 (GC-MS) 联用分析黄酒中挥发性和半挥发性微量成分 [J]. 酿酒科技, 2007, 156 (6): 121-124.

[68] 沈怡方, 李大和 . 低度白酒生产技术 [M]. 北京：中国轻工业出版社, 1996.

[69] Nicol, D. A. Batch distillation [M]. In Whisky. Technology, Production and Marketing, Russell, I. ; Stewart, G. ; Bamforth, C. , Eds. Elsevier Ltd. , London, UK, 2003; 153-176.

[70] 冯志强, 邱晓红 . 豉香型白酒香型研究 [J]. 酿酒, 1995, (04): 75-84.

[71] 范文来, 聂庆庆, 徐岩 . 洋河绵柔型白酒关键风味成分 [J]. 食品科学, 2013, 34 (4): 135-139.

[72] 王忠彦, 尹昌树 . 白酒色谱骨架成分的含量及其比例关系对香型和质量的影响 [J]. 酿酒科技, 2000, 102 (6): 93-96.

[73] Fan, W. , Shen, H. , Xu, Y. Quantification of volatile compounds in Chinese soy sauce aroma type liquor by stir bar sorptive extraction (SBSE) and gas chromatography-mass spectrometry (GC-MS) [J]. J. Sci. Food Agric. , 2011, 91 (7): 1187-1198.

[74] Wang, X. , Fan, W. , Xu, Y. Comparison on aroma compounds in Chinese soy sauce and strong aroma type liquors by gas chromatography-olfactometry, chemical quantitative and odor activity values analysis [J]. Eur. Food Res. Technol. , 2014, 239 (5): 813-825.

[75] 王元太 . 清香型白酒的主要微量成分及其量比关系对感官质量的影响 [J]. 酿酒科技, 2004, 123 (3): 27-29.

[76] Gao, W. , Fan, W. , Xu, Y. Characterization of the key odorants in light aroma type Chinese liquor by gas chromatography - olfactometry, quantitative measurements, aroma recombination, and omission studies [J]. J. Agri. Food. Chem. , 2014, 62 (25): 5796-5804.

[77] 沈怡方 . 白酒生产技术全书 [M]. 北京：中国轻工业出版社, 1998.

[78] 冯志强, 郭新光 . 豉香型白酒国家标准修订的研究 [J]. 现代食品科技, 2007, 23 (8): 83-85.

[79] Weldegergis, B. T. , Crouch, A. M. , Górecki, T. , Villiers, A. d. Solid phase extraction in combination with comprehensive two-dimensional gas chromatography coupled to time-of-flight mass spectrometry for the detailed investigation of volatiles in South African red wines [J]. Anal. Chim. Acta, 2011, 701: 98-111.

[80] Cho, I. H. , Namgung, H. J. , Choi, H. K. , Kim, Y. S. Volatiles and key odorants in the pileus and stipe of pine-mushroom (*Tricholoma matsutake* Sing.) [J]. Food Chem. , 2008, 106 (1): 71-76.

[81] Choi, H. -S. Character impact odorants of *Citrus* hallabong [(*C. unshiu* Marcov×*C. sinensis* Osbeck) ×*C. reticulate* Blanco] cold-pressed peel oil [J]. J. Agri. Food. Chem., 2003, 51: 2687-2692.

[82] Barron, D., Etievant, P. X. The volatile constituents of strawberry jam [J]. Z. Lebensm. Unters. Forsch., 1990, 191: 279-285.

[83] Steinhaus, M., Sinuco, D., Polster, J., Osorio, C., Schieberle, P. Characterization of the key aroma compounds in pink guava (*Psidium guajava* L.) by means of aroma re-engineering experiments and omission tests [J]. J. Agri. Food. Chem., 2009, 57 (7): 2882-2888.

[84] Simón, B. F. D., Esteruelas, E., Ángel, M. M., Cadahía, E., Sanz, M. Volatile compounds in acacia, chestnut, cherry, ash, and oak woods, with a view to their use in cooperage [J]. J. Agri. Food. Chem., 2009, 57 (8): 3217-3227.

[85] Giovannini, C., Straface, E., Modesti, D., Coni, E., Cantafora, A., De Vincenzi, M., Malorni, W., Masella, R. Tyrosol, the major olive oil biophenol, protects against oxidized-LDL-induced injury in Caco-2 cells [J]. J. Nut., 1999, 129 (7): 1269-1277.

[86] Samuel, S. M., Thirunavukkarasu, M., Penumathsa, S. V., Paul, D., Maulik, N. Akt/FOXO3a/SIRT1-Mediated cardioprotection by n-tyrosol against ischemic stress in rat in vivo model of myocardial infarction: Switching gears toward survival and longevity [J]. J. Agri. Food. Chem., 2008, 56 (20): 9692-9698.

[87] Chinnici, F., Durán Guerrero, E., Sonni, F., Natali, N., Natera Marín, R., Riponi, C. Gas chromatography-mass spectrometry (GC-MS) characterization of volatile compounds in quality vinegars with protected European geographical indication [J]. J. Agri. Food. Chem., 2009, 57 (11): 4784-4792.

[88] del Barrio-Galán, R., Medel-Marabolí, M., Peña-Neira, Á. Effect of different ageing techniques on the polysaccharide and phenolic composition and sensorial characteristics of Chardonnay white wines fermented with different selected *Saccharomyces cerevisiae* yeast strains [J]. Eur. Food Res. Technol., 2016, 242 (7): 1069-1085.

[89] Miyazawa, M., Kawata, J. Identification of the key aroma compounds in dried roots of *Rubia cordifolia* [J]. J. Oleo Sci., 2006, 55: 37-39.

[90] Rowe, D. J. Chemistry and Technology of Flavors and Fragrances [M]. Oxford: Blackwell Publishing Ltd., 2005.

[91] Klesk, K., Qian, M. Preliminary aroma comparison of Marion (*Rubus* spp. hyb) and Evergreen (*R. laciniatus* L.) blackberries by dynamic headspace/Osme technique [J]. J. Food Sci., 2003, 68 (2): 679-700.

[92] Schieberle, P., Grosch, W. Evaluation of the flavour of wheat and rye bread crusts by aroma extract dilution analysis [J]. Z. Lebensm. Unters. Forsch., 1987, 185 (2): 111-113.

[93] Ruth, J. H. Odor thresholds and irritation levels of several chemical substances: a review [J]. AIHA J., 1986, 47 (3): A142-151.

[94] Mayr, C. M., Capone, D. L., Pardon, K. H., Black, C. A., Pomeroy, D., Francis, I. L. Quantitative analysis by GC-MS/MS of 18 aroma compounds related to oxidative off-flavor in wines [J]. J. Agri. Food. Chem., 2015.

[95] Buttery, R. G., Seifert, R. M., Guadagni, D. G., Ling, L. C. Characterization of some volatile constituents of bell peppers [J]. J. Agri. Food. Chem., 1969, 17: 1322-1327.

[96] Buttery, R. G., Seifert, R. M., Guadagni, D. G., Ling, L. C. Characterization of additional

volatile components of tomato [J]. J. Agri. Food. Chem., 1971, 19 (3): 524-529.

[97] Belitz, H.-D., Grosch, W., Schieberle, P. Food Chemistry [M]. Verlag Berlin Heidelberg: Springer, 2009.

[98] http://www.leffingwell.com/odorthre.htm.

[99] Darriet, P., Pons, M., Henry, R., Dumont, O., Findeling, V., Cartolaro, P., Calonnec, A., Dubourdieu, D. Impact odorants contributing to the fungus type aroma from grape berries contaminated by powdery mildew (*Uncinula necator*); Incidence of enzymatic activities of the yeast *Saccharomyces cerevisiae* [J]. J. Agri. Food. Chem., 2002, 50 (11): 3277-3282.

[100] Vanderhaegen, B., Neven, H., Coghe, S., Verstrepen, K. J., Verachtert, H., Derdelinckx, G. Evolution of chemical and sensory properties during aging of top-fermented beer [J]. J. Agri. Food. Chem., 2003, 51 (23): 6782-6790.

[101] Saison, D., Schutter, D. P. D., Uyttenhove, B., Delvaux, F., Delvaux, F. R. Contribution of staling compounds to the aged flavour of lager beer by studying their flavour thresholds [J]. Food Chem., 2009, 114 (4): 1206-1215.

[102] Huynh-Ba, T., Matthey-Doret, W., Fay, L. B., Rhlid, R. B. Generation of thiols by biotransformation of cysteine-aldehyde conjugates with baker's yeast [J]. J. Agri. Food. Chem., 2003, 51 (12): 3629-3635.

[103] Saison, D., Schutter, D. P. D., Delvaux, F., Delvaux, F. R. Determination of carbonyl compounds in beer by derivatisation and headspace solid-phase microextraction in combination with gas chromatography and mass spectrometry [J]. J. Chromatogr. A, 2009, 1216: 5061-5068.

[104] 吴三多. 五大香型白酒的相互关系与微量成分浅析 [J]. 酿酒科技, 2001, (4): 82-85.

[105] 曾祖训. 白酒香味成分的色谱分析 [J]. 酿酒, 2006, 33 (2): 3-6.

[106] Aaslyng, M. D., Elmore, J. S., Mottram, D. S. Comparison of the aroma characteristics of acid-hydrolyzed and enzyme-hydrolyzed vegetable proteins produced from soy [J]. J. Agri. Food. Chem., 1998, 46 (12): 5225-5231.

[107] Bucking, M., Steinhart, H. Headspace GC and sensory analysis characterization of the influence of different milk additives on the flavor release of coffee beverages [J]. J. Agri. Food. Chem., 2002, 50 (6): 1529-1534.

[108] Qian, M., Reineccius, G. Identification of aroma compounds in Parmigiano-Reggiano cheese by gas chromatography/olfactometry [J]. J. Dairy Sci., 2002, 85: 1362-1369.

[109] Tsachaki, M., Linforth, R. S. T., Taylor, A. J. Dynamic headspace analysis of the release of volatile organic compounds from ethanolic systems by direct APCI-MS [J]. J. Agri. Food. Chem., 2005, 53 (21): 8328-8333.

[110] Mahajan, S. S., Goddik, L., Qian, M. C. Aroma compounds in sweet whey powder [J]. J. Dairy Sci., 2004, 87: 4057-4063.

[111] Qian, M., Reineccius, G. Potent aroma compounds in Parmigiano Reggiano cheese studied using a dynamic headspace (purge-trap) method [J]. Flav. Fragr. J., 2003, 18: 252-259.

[112] Kotseridis, Y., Baumes, R. Identification of impact odorants in Bordeaux red grape juice, in the commercial yeast used for its fermentation, and in the produced wine [J]. J. Agri. Food. Chem., 2000, 48 (2): 400-406.

[113] Silva Ferreira, A. C., Guedes de Pinho, P., Rodrigues, P., Hogg, T. Kinetics of oxidative

degradation of white wines and how they are affected by selected technological parameters [J]. J. Agri. Food. Chem., 2002, 50 (21): 5919-5924.

[114] Silva Ferreira, A. C., Hogg, T., Guedes de Pinho, P. Identification of key odorants related to the typical aroma of oxidation-spoiled white wines [J]. J. Agri. Food. Chem., 2003, 51 (5): 1377-1381.

[115] Culleré, L., Cacho, J., Ferreira, V. Analysis for wine C5-C8 aldehydes through the determination of their *O*-(2,3,4,5,6-pentafluorobenzyl) oximes fromed directly in the solid phase extraction cartidge [J]. Anal. Chim. Acta, 2004, 524: 201-206.

[116] Wu, S. Volatile compounds generated by Basidiomycetes [D]. Hannover: Universität Hannover, 2005.

[117] Fan, W., Xu, Y., Qian, M. C. Identification of aroma compounds in Chinese "Moutai" and "Langjiu" liquors by normal phase liquid chromatography fractionation followed by gas chromatography/olfactometry [M]. In Flavor Chemistry of Wine and Other Alcoholic Beverages, Qian, M. C.; Shellhammer, T. H., Eds. American Chemical Society, 2012: 303-338.

[118] Nath, S. C., Baruah, A., Kanjilal, P. B. Chemical composition of the leaf essential oil of *Cinnamomum pauciflorum* Nees [J]. Flav. Fragr. J., 2006, 21 (3): 531-533.

[119] Tan, Y., Siebert, K. J. Quantitative structure-activity relationship modeling of alcohol, ester, aldehyde, and ketone flavor thresholds in beer from molecular features [J]. J. Agri. Food. Chem., 2004, 52 (10): 3057-3064.

[120] Siegmund, B., Pöllinger - Zierler, B. Odor thresholds of microbially induced off - flavor compounds in apple juice [J]. J. Agri. Food. Chem., 2006, 54 (16): 5984-5989.

[121] Czerny, M., Buettner, A. Odor - active compounds in cardboard [J]. J. Agri. Food. Chem., 2009, 57: 9979-9984.

[122] Zeller, A., Rychlik, M. Character impact odorants of fennel fruits and fennel tea [J]. J. Agri. Food. Chem., 2006, 54 (10): 3686-3692.

[123] 范文来，胡光源，徐岩．顶空固相微萃取-气相色谱-质谱法测定药香型白酒中萜烯类化合物 [J]. 食品科学, 2012, 33 (14): 110-116.

[124] Pino, J. A. Characterization of rum using solid-phase microextraction with gas chromatography-mass spectrometry [J]. Food Chem., 2007, 104 (1): 421-428.

[125] Ledauphin, J., Saint-Clair, J. -F., Lablanquie, O., Guichard, H., Founier, N., Guichard, E., Barillier, D. Identification of trace volatile compounds in freshly distilled Calvados and Cognac using preparative separations coupled with gas chromatography-mass spectrometry [J]. J. Agri. Food. Chem., 2004, 52: 5124-5134.

[126] Sekiwa, Y., Kubota, K., Kobayashi, A. Characteristic flavor components in the brew of cooked Clam (*Meretrix lusoria*) and the effect of storage on flavor formation [J]. J. Agri. Food. Chem., 1997, 45: 826-830.

[127] Rapp, A. Volatile flavor of wine: Correlation between instrumental analysis and sensory perception [J]. Nahrung, 1998, 42 (6): 351-363.

[128] Sponholz, W. -R., Hühn, T. Aging of wine: 1, 1, 6 - trimethyl - 1, 2 - dihydronaphthalene (TDN) and 2-aminoacetophenone [M]. In Proceedings for the 4th international symposium on cool climate viticulture and enology, Rochester, Ed. New York, USA, 1996: VI-37-VI-56.

[129] Sun, Q., Gates, M. J., Lavin, E. H., Acree, T. E., Sacks, G. L. Comparison of odor-

active compounds in grapes and wines from *Vitis vinifera* and non-foxy American grape species [J]. J. Agri. Food. Chem., 2011, 59 (19): 10657-10664.

[130] Preininger, M., Ullrich, F. Trace compound analysis for off-flavor characterization of micromilled milk powder [M]. In Gas chromatography-olfactometry: The state of the art, Leland, J. V.; Schieberle, P.; Buettner, A.; Acree, T. E., Eds. American Chemical Society: Washington, DC, 2002, Vol. ACS symposium series 782: 46-61.

[131] Rapp, A., Versini, G., Ullemeyer, H. 2-Aminoacetophenone: the causal agent of the untypical aging flavor (naphthalene note or hybrid note) of wine [J]. Vitis, 1993, 32 (1): 61-62.

[132] Hoenicke, K., Simat, T. J., Steinhart, H., Köhler, H. J., Schwab, A. Determination of free and conjugated indole-3-acetic acid, tryptophan, and tryptophan metabolites in grape must and wine [J]. J. Agri. Food. Chem., 2001, 49: 5494-5501.

[133] Hoenicke, K., Borchert, O., Grüning, K., Simat, T. "Untypical aging off-flavor" in wine: synthesis of potential degradation compounds of indole-3-acetic acid and kynurenine and their evaluation as precursors of 2-aminoacetophenone [J]. J. Agri. Food. Chem., 2002, 50: 4303-4309.

[134] Rapp, A., Versini, G., Engel, L. Determination of 2-aminoacetophenone in fermented model wine solutions [J]. Vitis, 1995, 34 (3): 193-194.

[135] Fan, W., Tsai, I.-M., Qian, M. C. Analysis of 2-aminoacetophenone by direct-immersion solid-phase microextraction and gas chromatography-mass spectrometry and its sensory impact in Chardonnay and Pinot gris wines [J]. Food Chem., 2007, 105: 1144-1150.

[136] Koba, K., Poutouli, P. W., Raynaud, C., Chaumont, J. P., Sanda, K. Chemical composition and antimicrobial properties of different basil essential oils chemotypes from Togo [J]. Bangl. J. Pharmacol., 2009, 4 (1): 1-8.

[137] Meshkatalsadat, M. H., Badri, R., Zarei, S. Hydro-distillation extraction of volatile components of cultivated *Bunium luristanicum* Rech. f. from west of Iran [J]. Int. J. PharmTech Res., 2009, 1 (2): 129-131.

[138] Xie, J., Sun, B., Zheng, F., Wang, S. Volatile flavor constituents in roasted pork of mini-pig [J]. Food Chem., 2008, 109 (3): 506-514.

[139] http: //en. wikipedia. org.

[140] Pickrahn, S., Sebald, K., Hofmann, T. Application of 2D-HPLC/taste dilution analysis on taste compounds in aniseed (*Pimpinella anisum* L.) [J]. J. Agri. Food. Chem., 2014, 62 (38): 9239-9245.

[141] Khakimov, B., Motawia, M., Bak, S., Engelsen, S. The use of trimethylsilyl cyanide derivatization for robust and broad-spectrum high-throughput gas chromatography-mass spectrometry based metabolomics [J]. Anal. Bioanal. Chem., 2013, 405 (28): 9193-9205.

[142] 杨会，范文来，徐岩．基于 BSTFA 衍生化法白酒不挥发有机酸研究 [J]．食品与发酵工业，2017，43 (5)：192-197.

[143] Morales, A. L., Duque, C., Bautista, E. Identification of free and glycosidically bound volatiles and glycosides by capillary GC and capillary GC-MS in "Lulo del Chocó" (*Solanum topiro*) [J]. J. High Resolut. Chromatogra., 2000, 23 (5): 379-385.

[144] 胡国栋，程劲松，朱叶．气相色谱法直接测定白酒中的有机酸 [J]．酿酒科技，1994，62 (2)．

[145] Christlbauer, M., Schieberle, P. Characterization of the key aroma compounds in beef and pork

vegetable gravies á la chef by application of the aroma extraction dilution analysis [J]. J. Agri. Food. Chem., 2009, 57: 9114-9122.

[146] Ferreira, V., Ortín, N., Escudero, A., López, R., Cacho, J. Chemical characterization of the aroma of Grenache rosé wines: Aroma extract dilution analysis, quantitative determination, and sensory reconstitution studies [J]. J. Agri. Food. Chem., 2002, 50 (14): 4048-4054.

[147] López, R., Ortin, N., Perez-Trujillo, J. P., Cacho, J., Ferreira, V. Impact odorants of different young white wines from the Canary islands [J]. J. Agri. Food. Chem., 2003, 51: 3419-3425.

[148] Ong, P. K. C., Acree, T. E. Gas chromatography/olfactory analysis of Lychee (*Litchi chinesis* Sonn.) [J]. J. Agri. Food. Chem., 1998, 46 (6): 2282-2286.

[149] http://www.thegoodscentscompany.com/.

[150] 杨会. 白酒中不挥发呈味有机酸和多羟基化合物研究 [D]. 江南大学, 2017.

[151] Dykes, L., Rooney, L. W. Phenolic compounds in cereal grains and their health benefits [J]. Cereal Foods World, 2007, 52 (3): 105-111.

[152] Langos, D., Granvogl, M. Studies on the simultaneous formation of aroma-active and toxicologically relevant vinyl aromatics from free phenolic acids during wheat beer brewing [J]. J. Agri. Food. Chem., 2016, 64 (11): 2325-2332.

[153] Pino, J. A., Mesa, J., Muñoz, Y., Martí, M. P., Marbot, R. Volatile components from mango (*Mangifera indica* L.) cultivars [J]. J. Agri. Food. Chem., 2005, 53 (6): 2213-2223.

[154] Meilgaard, M. C. Aroma volatiles in beer: Purification, flavour, threshold and interaction [M]. In Geruch und Geschmackstoffe, Drawert, F., Ed. Verlag Hans Carl: Nürnberg, Germany, 1975: 211-254.

[155] Campo, E., Ferreira, V., Escudero, A., Cacho, J. Prediction of the wine sensory properties related to grape variety from dynamic-headspace gas chromatography-olfactometry data [J]. J. Agri. Food. Chem., 2005, 53 (14): 5682-5690.

[156] Verstrepen, K. J., Derdelinckx, G., Dufour, J. P., Winderickx, J., Thevelein, J. M., Pretorius, I. S., Delvaux, F. R. Flavor-active esters: Adding fruitiness to beer [J]. J. Biosci. Bioeng., 2003, 96: 110-118.

[157] Peppard, T. L. Volatile flavor constituents of *Monstera deliciosa* [J]. J. Agri. Food. Chem., 1992, 40: 257-262.

[158] Jordán, M. J., Margaria, C. A., Shaw, P. E., Goodner, K. L. Aroma active components in aqueous kiwi fruit essence and kiwi fruit puree by GC-MS and multidimensional GC/GC-O [J]. J. Agri. Food. Chem., 2002, 50 (19): 5386-5390.

[159] Ferrari, G., Lablanquie, O., Cantagrel, R., Ledauphin, J., Payot, T., Fournier, N., Guichard, E. Determination of key odorant compounds in freshly distilled Cognac using GC-O, GC-MS, and sensory evaluation [J]. J. Agri. Food. Chem., 2004, 52: 5670-5676.

[160] Pino, J. A., Marbot, R., Vázquez, C. Characterization of volatiles in strawberry Guava (*Psidium cattleianum* Sabine) fruit [J]. J. Agri. Food. Chem., 2001, 49: 5883-5887.

[161] Werkhoof, P., Güntert, M., Krammer, G., Sommer, H., Kaulen, J. Vacuum headspace method in aroma research: Flavor chemistry of yellow passion fruits [J]. J. Agri. Food. Chem., 1998, 46: 1076-1093.

[162] Yang, X. Aroma constituents and alkylamides of red and green Huajiao (*Zanthoxylum bungeanum* and *Zanthoxylum schinifolium*) [J]. J. Agri. Food. Chem., 2008, 56: 1689-1696.

[163] Tat, L., Comuzzo, P., Battistutta, F., Zironi, R. Sweet-like off-flavor in Aglianico del Vulture wine: Ethyl phenylacetate as the mainly involved compound [J]. J. Agri. Food. Chem., 2007, 55 (13): 5205-5212.

[164] Li, J. -X., Schieberle, P., Steinhaus, M. Characterization of the major odor-active compounds in Thai durian (*Durio zibethinus* L. 'Monthong') by aroma extract dilution analysis and headspace gas chromatography-olfactometry [J]. J. Agri. Food. Chem., 2012, 60 (45): 11253-11262.

[165] Guerche, S. L., Dauphin, B., Pons, M., Blancard, D., Darriet, P. Characterization of some mushroom and earthy off-odors microbially induced by the development of rot on grapes [J]. J. Agri. Food. Chem., 2006, 54: 9193-9200.

[166] de Freitas, V. A. P., Ramalho, P. S., Azevedo, Z., Macedo, A. Identification of some volatile descriptors of the rock-rose-like aroma of fortified red wines from Douro demarcated region [J]. J. Agri. Food. Chem., 1999, 47 (10): 4237-4331.

[167] Jiang, L., Kubota, K. Differences in the volatile components and their odor characteristics of green and ripe fruits and dried pericarp of Japanese pepper (*Xanthoxylum piperitum* DC.) [J]. J. Agri. Food. Chem., 2004, 52: 4197-4203.

[168] Tressl, R., Friese, L., Fendesack, F., Koppler, H. Gas chromatographic-mass spectrometric investigation of hop aroma constituents in beer [J]. J. Agri. Food. Chem., 1978, 26 (6): 1422-1426.

[169] Poisson, L., Schieberle, P. Characterization of the key aroma compounds in an American Bourbon whisky by quantitative measurements, aroma recombination, and omission studies [J]. J. Agri. Food. Chem., 2008, 56 (14): 5820-5826.

[170] Flamini, R. Some advances in the knowledge of grape, wine and distillates chemistry as achieved by mass spectrometry [J]. Journal of Mass Spectrometry, 2005, 40 (6): 705-713.

[171] Ugliano, M., Moio, L. Free and hydrolytically released volatile compounds of *Vitis vinifera* L. cv. Fiano grapes as odour-active constituents of Fiano wine [J]. Anal. Chim. Acta, 2008, 621 (1): 79-85.

[172] Fraternale, D., Ricci, D., Flamini, G., Giomaro, G. Volatiles profile of red apple from Marche region (Italy) [J]. Rec. Nat. Prod., 2011, 5 (3): 202-207.

[173] Ugliano, M., Bartowsky, E. J., McCarthy, J., Moio, L., Henschke, P. A. Hydrolysis and transformation of grape glycosidically bound volatile compounds during fermentation with three *Saccharomyces* yeast strains [J]. J. Agri. Food. Chem., 2006, 54 (17): 6322-6331.

[174] Schwarz, B., Hofmann, T. Sensory-guided decomposition of red currant juice (*Ribes rubrum*) and structure determination of key astringent compounds [J]. J. Agri. Food. Chem., 2007, 55 (4): 1394-1404.

[175] Fu, S. -G., Yoon, Y., Bazemore, R. Aroma-active components in fermented bamboo shoots [J]. J. Agri. Food. Chem., 2002, 50 (3): 549-554.

[176] Bredie, W. L., Mottram, D. S., Guy, R. C. Effect of temperature and pH on the generation of flavor volatiles in extrusion cooking of wheat flour [J]. J Agric Food Chem, 2002, 50 (5): 1118-1125.

[177] Chung, H. Y., Fung, P. K., Kim, J. -S. Aroma impact components in commercial plain sufu [J]. J. Agri. Food. Chem., 2005, 53 (5): 1684-1691.

[178] Young, W. F., Horth, H., Crane, R., Ogden, T., Arnott, M. Taste and odour threshold concentrations of potential potable water contaminants [J]. Water Res., 1996, 30 (2): 331-340.

[179] 徐寿昌. 有机化学（第二版）[M]. 北京：高等教育出版社，1993.

[180] Guen, S. L., Prost, C., Demaimay, M. Characterization of odorant compounds of mussels (*Mytilus edulis*) according to their origin using gas chromatography-olfactometry and gas chromatography-mass spectrometry [J]. J. Chromatogr. A, 2000, 896 (1-2): 361-371.

[181] Splivallo, R., Bossi, S., Maffei, M., Bonfante, P. Discrimination of truffle fruiting body versus mycelial aromas by stir bar sorptive extraction [J]. Phytochemistry, 2007, 68: 2584-2598.

[182] Berger, R. G., Böker, A., Fischer, M., Taubert, J. Microbial Flavors [M]. In Flavor Chemistry. Thirty Years of Progress, Teranishi, R., Ed. Kluwer Academic/Plenum Publishers, New York, USA, 1998: 228-238.

[183] Dickinson, J. R., Salgado, L. E., Hewlins, M. J. E. The catabolism of amino acids to long chain and complex alcohols in *Saccharomyces cerevisiae* [J]. J. Biol. Chem., 2003, 278: 8028-8034.

[184] Vandamme, E. J., Soetaert, W. Bioflavours and fragrances via fermentation and biocatalysis [J]. Journal of Chemical Technology and Biotechnology, 2002, 77: 1323-1332.

[185] Fabre, C. E., Blanc, P. J., Goma, G. 2 - Phenylethyl alcohol: An aroma profile [J]. Perfumer & Flavorist, 1998, 23: 43-45.

[186] Clemente - Jimenez, J. M. a., Mingorance - Cazorla, L., Martínez - Rodríguez, S., Heras - Vάzquez, F. J. L., Rodríguez-Vico, F. Molecular characterization and oenological properties of wine yeasts isolated during spontaneous fermentation of six varieties of grape must [J]. Food Microbiol., 2004, 21 (2): 149-155.

[187] Hoenicke, K., Borchert, O., Gruening, K., Simat, T. J. Untypical Aging Off - Flavor in Wine: Synthesis of Potential Degradation Compounds of Indole-3-acetic Acid and Kynurenine and Their Evaluation as Precursors of 2 - Aminoacetophenone. [J]. Journal of Agricultural and Food Chemistry, 2002, 50 (15): 4303-4309.

[188] Christoph, N., Bauer - Christoph, C., Gessner, M., Koehler, H. J., Simat, T. J., Hoenicke, K. Formation of 2 - aminoacetophenone and formylaminoacetophenone in wine by reaction of sulfurous acid with indole-3-acetic acid [J]. Wein-Wissenschaft, 1998, 53 (2): 79-86.

[189] Hoenicke, K., Simat, T. J., Steinhart, H., Christoph, N., Geßner, M., Köhler, H. -J. 'Untypical aging off-flavor' in wine: formation of 2-aminoacetophenone and evaluation of its influencing factors [J]. Anal. Chim. Acta, 2002, 458: 29-37.

第七章

酚类化合物风味

第一节　苯酚类化合物
第二节　酚酸及其酯类
第三节　酚醚类化合物
第四节　酚类化合物的衍生化反应
第五节　酚和酚醚类化合物形成的生物学途径

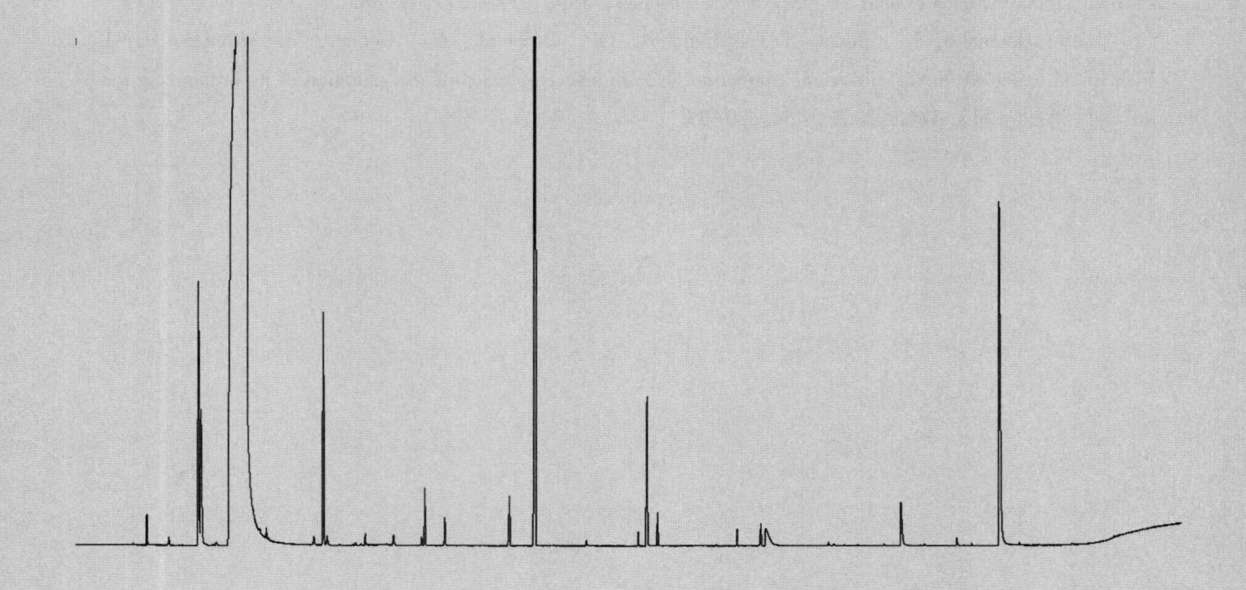

学习目标

1. 了解苯酚类化合物对饮料酒风味的影响；

2. 掌握4-甲基苯酚、4-乙基苯酚、4-乙烯基苯酚的风味特征、在饮料酒中的分布，以及对饮料酒风味的影响，在饮料酒中的产生途径；

3. 掌握愈创木酚、4-乙基愈创木酚的风味特征，以及在白酒中的分布，对白酒风味的影响；

4. 熟悉香草醛、咖啡酸、*p*-香豆酸的风味特征，以及在饮料酒中的分布，对饮料酒风味的影响；

5. 了解结合态的酚类化合物；

6. 掌握丁子香酚和异丁子香酚的风味特征，以及对葡萄酒风味的影响，并了解它们顺反异构体的风味特征；

7. 了解带两个甲氧基的酚醚类对葡萄酒风味的贡献；

8. 掌握*p*-香豆酸和阿魏酸的热分解反应。

挥发性的酚类化合物存在于几乎所有的饮料酒中，主要有愈创木酚类（如愈创木酚、4-甲基愈创木酚、4-乙基愈创木酚、4-乙烯基愈创木酚等）、苯酚类（如苯酚、4-甲基苯酚、4-乙基苯酚、4-乙烯基苯酚等）、香兰素类（如香兰素、乙酰基香草酮等）、丁香酚、4-乙烯基丁香酚等。总体上讲，较高浓度的挥发性酚类是饮料酒的异嗅化合物，俗称“酚类异嗅（phenolic off-flavor，POF）”，呈药物（medicinal）、医药绷带的（elastoplast）、似丁香的（clove-like）、皮革的（leathery）、马汗的（horse-sweat-like）、马厩的（stable）、禽类养殖场的、猪圈的臭味。

表7-1列出了部分酚类化合物的物理性质。

表7-1　常见酚类化合物的物理性质

名称	FEMA号	外观	熔点/℃	沸点/℃	相对密度（d_4^{20}）	溶解度	折射率（n_D^{20}）
苯酚（phenol）	3223		43	181			
对甲酚（4-methylphenol）	2337	低熔点结晶	35~36	201~202	1.004	微溶于水（2.5%质量分数），溶于碱性和大多数有机溶剂中	1.5395
邻甲酚（2-methylphenol）	3480	低熔点结晶	30	191	1.004	微溶于水（2.5%质量分数），溶于碱性和大多数有机溶剂中	

续表

名称	FEMA 号	外观	熔点/℃	沸点/℃	相对密度（d_4^{20}）	溶解度	折射率（n_D^{20}）
间甲酚（3-methylphenol）	3530	低熔点结晶	11	201		微溶于水（2.6%质量分数），溶于碱性和大多数有机溶剂中	
丁香酚（eugenol）	2467	无色至淡黄色液体		254	1.066	几乎不溶于水，溶于乙醇等有机溶剂	1.5410
异丁香酚（isoeugenol）	2468	黄色黏稠液体	24~26	262	1.079~1.085[a]	不溶于水，溶于乙醇等有机溶剂	1.5760
百里香酚（thymol）	3066	白色结晶	49~51	232	0.979[b]	微溶于水，溶于乙醇等有机溶剂	1.5230
香荆芥酚（carvacrol）	2245	无色至浅黄色黏稠液体		236~237	0.983[b]	不溶于水，溶于乙醇等有机溶剂	1.5220
愈创木酚（guaiacol）	2532	黄白色易熔晶体	31~32	204~206	1.139	微溶于水，溶于乙醇等有机溶剂	1.5341[c]
香草醛（vanillin）	3107	白色至微黄色针状结晶	81~83	284~285		微溶于水，溶于乙醇等有机溶剂	
乙基香草醛（ethyl vanillin）	2464	白色至微黄色针状结晶	77~78	285		微溶于水，溶于乙醇等有机溶剂	

注：a：d_{25}^{25}；b：d_{15}^{15}；c：n_D^{35}。

第一节　苯酚类化合物

苯酚（phenol，phenyl alcohol）（C 7-1）是最简单的酚类化合物，CAS 号 108-95-2，RI_{np} 983 或 1002，RI_{mp} 1222，RI_p 1978 或 2004，呈酚、陈腐、湿纸、湿报纸、纸板、来苏水、胶水、中国墨汁、药气味、烟臭，在空气中嗅阈值 47μg/L，水中嗅阈值 5.9mg/L 或 7.1mg/L 或 9.5μg/L，46%vol 酒精-水溶液中嗅阈值 18.91mg/L；呈金属与苦味，水中味阈值<2μg/L。

OH
R_1　R_5
R_2　R_4
R_3

C 7-1

取代基	化合物
R_1：H，R_2：H，R_3：H，R_4：H，R_5：H	苯酚
R_1：CH_3，R_2：H，R_3：H，R_4：H，R_5：H	2-甲基苯酚（邻甲基苯酚）
R_1：H，R_2：CH_3，R_3：H，R_4：H，R_5：H	3-甲基苯酚（间甲基苯酚）
R_1：H，R_2：H，R_3：CH_3，R_4：H，R_5：H	4-甲基苯酚（对甲基苯酚）
R_1：H，R_2：CH_2CH_3，R_3：H，R_4：H，R_5：H	3-乙基苯酚（间乙基苯酚）
R_1：H，R_2：H，R_3：CH_2CH_3，R_4：H，R_5：H	4-乙基苯酚（对乙基苯酚）
R_1：H，R_2：H，R_3：$CH_2{=}CH_2$，R_4：H，R_5：H	4-乙烯基苯酚（对乙烯基苯酚）
R_1：H，R_2：$CH_2CH_2CH_3$，R_3：H，R_4：H，R_5：H	3-丙基苯酚（间丙基苯酚）
R_1：CH_3，R_2：H，R_3：CH_3，R_4：H，R_5：H	2,4-二甲基苯酚
R_1：CH_3，R_2：H，R_3：H，R_4：H，R_5：CH_3	2,6-二甲基苯酚
R_1：H，R_2：H，R_3：$CH=CHCH_3$，R_4：H，R_5：H	4-（2-丙烯基）苯酚（胡椒酚）
R_1：CH_3，R_2：H，R_3：$CH=CHCH_3$，R_4：H，R_5：CH_3	4-烯丙基-2,6-二甲基苯酚
R_1：OH，R_2：H，R_3：H，R_4：H，R_5：H	儿茶酚（邻苯二酚）
R_1：H，R_2：OH，R_3：H，R_4：H，R_5：H	雷琐酚（间苯二酚）
R_1：$CH(CH_3)_2$，R_2：H，R_3：H，R_4：CH_3，R_5：H	麝香草酚
R_1：CH_3，R_2：H，R_3：H，R_4：$CH(CH_3)_2$，R_5：H	香芹酚
R_1：NO_2，R_2：H，R_3：NO_2，R_4：H，R_5：NO_2	苦味酸
R_1：苯基，R_2：H，R_3：H，R_4：H，R_5：H	2-苯基苯酚

在几乎所有酒类产品及其原料中都检测到苯酚，但其含量极微，如赤霞珠葡萄中含量为3.89~20.95μg/kg或8.29μg/L，梅鹿辄葡萄5.78μg/L，蛇龙珠葡萄2.43μg/L；麦芽0.16mg/kg；啤酒0~0.7mg/L；黄酒nd~49.99μg/L；葡萄酒tr~30μg/L或nd~6μg/L，在受到烟污染的葡萄酒中含量为1~52μg/L。

苯酚存在于橡木中，法国中烤橡木含量为0.33μg/g，美国中烤橡木0.33μg/g，中国中烤橡木0.46μg/g。

苯酚广泛存在于蒸馏酒中，在我国酱香型白酒中含量为108μg/L或440μg/L，茅台酒390~430μg/L，习酒732μg/L，郎酒260~270μg/L，金沙回沙酒510~520μg/L；浓香型白酒326μg/L，习酒851μg/L；清香型白酒64.72μg/L，汾酒8.1~26.1μg/L或122μg/L，宝丰酒263μg/L，青稞酒103μg/L；凤香型白酒249μg/L；芝麻香型手工原酒21.75~37.96μg/L，机械化原酒23.34~86.63μg/L；兼香型白酒450μg/L；老白干香型白酒52.36μg/L，手工大楂原酒87.27~209.00μg/L，机械化大楂原酒58.17~132.00μg/L；药香型白酒384μg/L；豉香型白酒66.50μg/L。

苯酚在自然界会以结合态存在，如苯酚β-D-吡喃葡萄糖苷（phenol β-D-glucopyranoside，Ph-MG）、苯酚二糖苷（phenol diglycosides，Ph-DG）、苯酚β-D-龙胆二糖苷（phenol β-D-gentiobioside，phenol-GG，Ph-GG）、苯酚β-D-芸香糖苷（phenol β-D-rutinoside，phenol-RG，Ph-RG）等，这些化合物主要存在于受到森林大火后烟污染的

葡萄与葡萄酒中。

一、 饱和单取代基苯酚

2-甲基苯酚、3-甲基苯酚、4-甲基苯酚、3-乙基苯酚（3-ethylphenol）、4-乙基苯酚、4-乙烯基苯酚、2,4-二甲基苯酚、2,6-二甲基苯酚、胡椒酚和4-烯丙基-2,6-二甲基苯酚，这些酚类已经在酒类产品中检测到。它们大都呈现烟熏（smoky）、苯酚、皮革（leather）、鞋油（shoe polish）、动物臭（animal）、牲畜臭（cattle）。

1. 甲基苯酚类

重要的甲基苯酚类共有2-甲基苯酚、3-甲基苯酚和4-甲基苯酚。

2-甲基苯酚（2-methylphenol）（C 7-1），俗称邻甲酚（*o*-cresol），CAS号95-48-7，FEMA号3480，RI_{np} 1077或1059，RI_{mp} 1244或1283，RI_{p} 2000或1980或2030，无色晶体，熔点29.8℃，沸点191.0℃，密度1.05 g/cm^3，pK_a 10.26，lgP 1.95，水中溶解度25g/L（20~25℃），能溶于强碱性的水。

2-甲基苯酚呈药、墨水、苯酚气味，在空气中嗅阈值7.8ng/L或0.3~1.0ng/L，水中觉察阈值31μg/L，识别阈值75μg/L或40μg/L或60~250μg/L或650μg/L，10%酒精-水溶液中嗅阈值31μg/L，红葡萄酒中嗅阈值62μg/L。2-甲基苯酚在水中味阈值250μg/L。

2-甲基苯酚存在于橡木中，在法国中烤橡木中含量为0.02μg/g，美国中烤橡木中0.05μg/g，中国中烤橡木中0.05μg/g。

2-甲基苯酚在葡萄酒中含量为tr~20μg/L或nd~6μg/L；在受到烟污染的葡萄酒中含量为3~26μg/L。

3-甲基苯酚（3-methylphenol）（C 7-1），俗称间甲酚（*m*-cresol），CAS号108-39-4，FEMA号3530，RI_{np} 1086或1079，RI_{p} 2064或2088或2157，黏稠液体，熔点11.8℃，沸点202℃，密度1.03g/cm^3，pK_a 10.09，水中溶解度24g/L（20~25℃），能溶于强碱性水，呈烟熏、苯酚、焦煳、木香、鞋油、沥青（bitumen）、皮革、墨水气味、动物臭，在水中气味觉察阈值15μg/L，识别阈值31μg/L或200μg/L或68~200μg/L或680μg/L，10%酒精水溶液中嗅阈值68μg/L，红葡萄酒中嗅阈值20μg/L。

3-甲基苯酚存在于橡木、葡萄酒、白酒中，在法国中烤橡木中含量为0.04μg/g，美国中烤橡木0.12μg/g，中国中烤橡木0.13μg/g。

3-甲基苯酚在葡萄酒中含量为5~10μg/L或1~4μg/L，在受到烟污染葡萄酒中含量为2~13μg/L；白葡萄酒中含量为1μg/L，红葡萄酒中含量为1μg/L。

4-甲基苯酚（4-methylphenol）（C 7-1），俗称对甲酚（*p*-cresol），FEMA号2337，CAS号106-44-5，RI_{np} 1079或1086，RI_{np} 1318或1309，RI_{p} 2077或2056或2071，低熔点结晶，熔点35.5℃，沸点201.9℃，密度1.02g/cm^3，pK_a 10.26，lgP 1.94，微溶于水，水中溶解度19g/L（20~25℃），溶于碱性溶液和大多数有机溶剂中。

4-甲基苯酚呈苯酚、烟熏、沥青、动物臭、家畜臭、窖泥臭、皮革臭、焦皮臭、排泄物臭、马厩臭、药，在空气中嗅阈值 0.12ng/L 或 0.3～1.0ng/L 或 1.2ng/L，水中觉察阈值 3.9μg/L，识别阈值 10μg/L 或 55μg/L 或 2.7μg/L，10%vol 酒精-水溶液中嗅阈值 10μg/L，40%vol 酒精-水溶液中嗅阈值 81.5μg/L，46%vol 酒精-水溶液中嗅阈值 166.97μg/L，红葡萄酒中嗅阈值 64μg/L，淀粉中嗅阈值 130μg/kg，可可粉中嗅阈值 68μg/kg。

4-甲基苯酚存在于葡萄、芦笋、竹笋、橡木、牛乳、牛肉蔬菜汤、炸土豆、咖啡、炒花生（roasted peanuts）、乳清粉、凝乳酪蛋白、干酪、发酵竹笋、葡萄酒、啤酒、黄酒、苹果酒、雪利酒、白酒、朗姆酒中。

4-甲基苯酚作为一种异嗅最先在炸土豆中被确认存在，气味描述为“猪粪臭”和“排泄物臭（fecal）”。研究发现，4-甲基苯酚是凝乳酪蛋白的重要香气成分，在乳酪中随着浓度的增加有着令人不愉快的气味。白胡椒粉提取物的强烈的粪便臭、牛舍臭与 4-甲基苯酚有关。某些水果中的异嗅来源于该化合物与 4-甲基乙酰苯的共同作用，这两个化合物与水果中柠檬醛在酸性条件下的降解有关。台湾传统工艺发酵的竹笋中牲口棚臭（barn-like）也是 4-甲基苯酚产生的。酪氨酸是竹笋嫩枝中主要的游离氨基酸，它代谢产生 4-甲基苯酚。4-甲基苯酚与粪臭素（skatole）共同组成猪粪臭（swine manure odor）。4-甲基苯酚是白酒窖泥臭的关键成分。

4-甲基苯酚在蛇龙珠葡萄（中国）中含量为 2.11μg/L，在法国中烤橡木中含量为 0.02μg/g，美国中烤橡木中 0.05μg/g，中国中烤橡木中 0.05μg/g。

4-甲基苯酚在葡萄酒中含量为 1～10μg/L 或 nd～2μg/L，在受到烟污染的葡萄酒中含量为 1～6μg/L；玫瑰红葡萄酒中含量<10.0μg/L；啤酒中含量为 0～0.03mg/L；黄酒中含量通常在检测限（μg/L）以下；我国苹果酒中含量为 nd～19.00μg/L。

4-甲基苯酚广泛存在于我国白酒中，是浓香型白酒窖泥臭的关键成分，凡是与泥接触的白酒中其含量均较高，如浓香型白酒、药香型白酒和酱香型白酒，具体含量如下：酱香型白酒 180μg/L 或 790μg/L，茅台酒 540～620μg/L，习酒 847μg/L，郎酒 410～520μg/L 或 160～193μg/L，金沙回沙酒 1240～1510μg/L，醇甜原酒 751μg/L，酱香原酒 314μg/L，窖底香原酒 3002μg/L；浓香型白酒 471μg/L，洋河酒 172～417μg/L，习酒 777μg/L；清香型白酒含量较少，汾酒 33.5μg/L，宝丰酒 138μg/L，青稞酒 ndμg/L；兼香型白酒 336μg/L 或 1167μg/L；凤香型白酒 259μg/L；老白干香型白酒中未检测到；药香型白酒 1506μg/L；豉香型白酒 323μg/L。4-甲基苯酚在朗姆酒中含量为 0.17～1.50μg/L。

甲基苯酚在自然界会以结合态存在，如甲基苯酚 β-D-吡喃葡萄糖苷（cresol β-D-glucopyranoside，Cr-MG）、甲基苯酚二糖苷（cresol diglycosides，Cr-DG）、甲基苯酚 β-D-龙胆二糖苷（cresol β-D-gentiobioside，cresol-GG，Cr-GG）、甲基苯酚 β-D-芸香糖苷（cresol β-D-rutinoside，Cr-RG）等，这些化合物主要存在于受到森林大火后烟污染的葡萄与葡萄酒中。

2. 乙基苯酚类

乙基苯酚类常见的有三个化合物，2-乙基苯酚、3-乙基苯酚和 4-乙基苯酚。葡萄酒中乙基苯酚的出现通常表明出现了布鲁塞尔德克酵母（*D. bruxellensis*），一种葡萄酒污染酵母。

最常见的是4-乙基苯酚（4-ethylphenol）(C 7-1)，俗称对乙基苯酚（*p*-ethylphenol），FEMA号3156，CAS号123-0-79，RI_{np} 1169或1188，RI_{np} 1390或1395，RI_p 2168或2208，呈动物臭、马厩臭、刺激性、药、山羊、烟熏、酚、皮革、鞋油、排泄物、墨水、消毒剂气味。

4-乙基苯酚在水中嗅觉觉察阈值13μg/L，识别阈值21μg/L或130μg/L或660μg/L，10%vol酒精-水溶液中嗅阈值140μg/L，12%vol酒精-水溶液中嗅阈值440μg/L，14%vol酒精-水溶液中嗅阈值140mg/L，40%vol酒精-水溶液中嗅阈值173μg/L，46%vol酒精-水溶液中嗅阈值123μg/L，红葡萄酒中嗅阈值620μg/L。

4-乙基苯酚呈后鼻嗅，在水中后鼻嗅阈值100μg/L。

4-乙基苯酚存在于牛乳、豆酱（soya souce）、土豆、炒花生、咖啡、麦芽、果醋、意大利香醋、葡萄酒、雪利酒、啤酒、黄酒、白兰地、威士忌、白酒中。

4-乙基苯酚在国外葡萄中未检测到，在我国赤霞珠葡萄中含量为4.00μg/L，蛇龙珠葡萄1.99μg/L；但在受烟气污染的葡萄中含量为59μg/L，葡萄皮中含量为67μg/L。

4-乙基苯酚在葡萄酒中浓度0.012~6.500mg/L或350μg/L，白葡萄酒0~28μg/L，红葡萄酒1~60μg/L，老熟红葡萄酒118~3696μg/L；赤霞珠葡萄酒1250μg/L（518~2450μg/L），梅鹿辄葡萄酒987μg/L（2~2200μg/L），黑比诺葡萄酒338μg/L（3~1560μg/L），西拉葡萄酒795μg/L（82~2660μg/L）；雪利酒73.9μg/L。

不同使用程度的桶影响4-乙基苯酚的含量。红葡萄酒（西拉）贮存在新的美国橡木桶中的含量201μg/L，用过一次的橡木桶中含量391μg/L，用过二次的含量563μg/L，用过三次的505μg/L，用过四次的555μg/L；将用过三次的桶重新做成桶，并再次烘烤后再贮存西拉葡萄酒，则4-乙基苯酚含量仅为95μg/L；红葡萄酒（西拉）贮存在新的法国橡木桶中的含量540μg/L，用过一次的橡木桶中含量500μg/L，用过二次的含量499μg/L，用过三次的514μg/L；将用过二次的桶重新做成桶，并再次烘烤后再贮存西拉葡萄酒，则4-乙基苯酚含量为401μg/L。

4-乙基苯酚是葡萄酒中异嗅化合物，通常描述为马臭（horsy）、皮革气味、药味、烟熏气味、牲畜臭、动物臭和汗臭。当该化合物与4-乙基愈创木酚浓度和大于400μg/L时，使葡萄酒产生皮革和马尿臭。

4-乙基苯酚在麦芽中含量为4.41mg/kg；啤酒中含量为0~0.51mg/L；黄酒中含量为43.51~51.68μg/L；果醋中含量为94.3~2382.0μg/L，意大利香醋中含量为47~95μg/L。

4-乙基苯酚广泛存在于与窖泥接触的浓香型白酒中，其平均含量112μg/L，洋河酒19.85~333.00μg/L，习酒514μg/L；酱香型白酒6.30μg/L，习酒53.02μg/L，郎酒86.2~101.0μg/L，醇甜原酒107μg/L，酱香原酒92.1μg/L，窖底香原酒130μg/L；清香型白酒98.65μg/L；芝麻香型手工原酒ql~65.58μg/L，机械化原酒6.00~287.00μg/L；兼香型白酒18.86μg/L，口子窖酒126μg/L；凤香型白酒124μg/L；老白干香型白酒

39.74μg/L，手工大糙原酒3.63～213μg/L，机械化大糙原酒116～247μg/L；药香型白酒94.09μg/L；豉香型白酒4.19μg/L。

4-乙基苯酚在朗姆酒中含量为0.55～1.72μg/L。

2-乙基苯酚（2-ethylphenol），CAS号90-00-6，俗称邻-乙基苯酚（*o*-ethylphenol）、邻乙苯酚（phlorol）、醌霉素A（quinomycin A），无色液体，熔点-18℃，沸点204～206℃，能溶于醇，水中溶解度5340mg/L（25℃），呈烟臭和苯酚气味。2-乙基苯酚在葡萄酒中含量为1～50μg/L。

3-乙基苯酚（3-ethylphenol），俗称间-乙基苯酚（*m*-ethylphenol），CAS号620-17-7，RI_{np} 1169或1198，RI_{mp} 1395，RI_{p} 2170或2205，溶于醇，水中溶解度3342mg/L（25℃），呈苯酚、皮革、烟、动物臭，在水中嗅觉觉察阈值0.85μg/L，识别阈值1.7μg/L，10%vol酒精-水溶液中嗅阈值0.5μg/L。3-乙基苯酚已经在葡萄酒、红茶、牛肉蔬菜汤、松露中检测到。

二、不饱和单取代基苯酚

4-乙烯基苯酚（4-vinylphenol，4-ethenylphenol）（C 7-1），俗称4-羟基苯乙烯（4-hydroxystyrene）、*p*-乙烯基苯酚，CAS号2628-17-3，FEMA号3739，RI_{np} 1229或1324或1328，RI_{p} 2372或2404或2427，无色液体，熔点59～68℃，沸点189℃，密度1.04g/mL，lgP 2.615，呈烟熏气味、酚、甜香、杏仁壳，水中嗅阈值10μg/L或20μg/L或80μg/L，10%vol酒精-水溶液嗅阈值180μg/L，白葡萄酒中嗅阈值770μg/L。

4-乙烯基苯酚广泛存在于牛奶和炒花生、凝乳酪蛋白、大麦和小麦麦芽、黄酒、啤酒、小麦啤酒、葡萄酒、番石榴酒、白酒中。

4-乙烯基苯酚在葡萄酒中含量为0.04～0.45μg/L或1～20μg/L，它仅仅对白葡萄酒和玫瑰红葡萄酒香气有贡献，通常会降低葡萄酒质量。当4-乙烯基苯酚气味能被感觉到，就可能造成白葡萄酒香气质量下降，主要是掩盖水果香气；浓度再高时，会呈现酚类异嗅；也有研究认为4-乙烯基苯酚是意大利北部琼瑶浆葡萄酒的品种香。

4-乙烯基苯酚通常被认为是葡萄酒异嗅化合物，它与4-乙烯基愈创木酚①一起产生了似中药与医用绷带臭等（两个化合物的浓度 > 800μg/L），这两个异嗅物的前体物质分别是羟基肉桂酸类化合物阿魏酸和*p*-香豆酸。通过脱羧作用，阿魏酸生成4-乙烯基愈创木酚，*p*-香豆酸产生4-乙烯基苯酚，或者是加热产生，或者是含有高产POF（酚类异嗅）酶活的酿酒酵母产生的，使用不产POF酶的特种酿酒酵母能使得苯乙烯含量大幅度下降，甚至低于检测限，同时也能降低4-乙烯基苯酚和4-乙烯基愈创木酚的含量。4-乙烯基苯酚的浓度会在葡萄酒老熟时下降。

4-乙烯基苯酚在黄酒中含量通常在检测限（μg/L）以下；大麦麦芽中含量为3.54μg/kg干重，小麦麦芽5.52μg/kg干重；啤酒中含量为0.01～3.17mg/L，小麦啤酒

---

① 4-乙烯基苯酚与4-乙烯基愈创木酚可以称为乙烯基芳香族化合物（vinyl aromatics）。

中含量为 59.8～1020.0μg/L。

不同类型的啤酒其 4-乙烯基苯酚的含量是不同的，且与羟基肉桂酸的含量显著性正相关。在爱尔啤酒中已经观察到与 $Pad1^+$ 表型正相关，并与爱尔啤酒酵母 Pad1 活力相关。加热与酶的脱羧基作用对爱尔和拉格啤酒的影响是不同的。选择合适的啤酒酵母对于控制挥发性酚类的含量是最重要的。羟基肉桂酸会以酯的结合态的形式存在，因此，在制醪时酶法释放这些酚类前体物会对麦汁的挥发性酚类风味产生巨大影响。

4-乙烯基苯酚存在于我国白酒中，其含量如下：浓香型白酒 34.83μg/L；凤香型白酒 7.54μg/L；豉香型白酒 113μg/L；在酱香型、兼香型、清香型、老白干香型和药香型白酒中未检测到。

胡椒酚（chavicol）(C 7-1)，IUPAC 名 4-(2-丙烯基) 苯酚 [4-(2-propenyl) phenol]，CAS 号 501-92-8，FEMA 号 4075，RI_p 2320 或 2324，呈甜香和丁香。该化合物存在于百香果、薄荷精油和经过橡木贮存后的酒中。

三、 饱和二取代基苯酚

二甲基苯酚类（xylenol）是苯酚上有两个取代的甲基，该类化合物共有 6 个，分别为 2,3-二甲基苯酚、2,4-二甲基苯酚、2,5-二甲基苯酚、2,6-二甲基苯酚、3,4-二甲基苯酚和 3,5-二甲基苯酚。与食品风味相关并经常检测到的是 2,4-和 2,6-二甲基苯酚。

2,4-二甲基苯酚（2,4-dimethylphenol）(C 7-1)，俗称来苏尔（lysol）、间二苯酚（*m*-xylenol），CAS 号 105-67-9，RI_{DB-5} 1172，$RI_{DB-1701}$ 1344，$RI_{DB-FFAP}$ 2079，熔点 22～23℃，沸点 211～212℃，密度 1.011g/mL，lgP 2.30，能溶于醇，水中溶解度 4086mg/L（25℃）；呈苯酚、烟熏、皮革、墨水、药气味，空气中嗅阈值 27ng/L，水中嗅觉觉察阈值 200μg/L，识别阈值 400μg/L。2，4-二甲基苯酚存在于烟熏食品中以及烟熏香料中。

2,6-二甲基苯酚（2,6-dimethylphenol，2,6-xylenol）(C 7-1)，俗称 2,6-二甲基羟基苯（2,6-dimethyl-hydroxy-benzene）、2-羟基-1,3-二甲基苯（2-hydroxy-1,3-dimethyl benzene），CAS 号 576-26-1，FEMA 号 3249，RI_{np} 1105，熔点 43～45℃，沸点 203℃，pK_a 10.59，能溶解于醇，水中溶解度 6050mg/L（25℃）；呈烟熏香，存在于烟熏食品中以及烟熏香料、葡萄酒中。

2,4-二叔丁基苯酚（2,4-di-*tert*-butyl phenol），IUPAC 名 2,4-双（1,1-二甲基乙基）苯酚 [2,4-bis(1,1-dimethylethyl) phenol]，RI_{np} 1503，已经在葡萄酒中检测到。

四、 饱和多取代基苯酚类

二叔丁基对羟基甲苯（di-*tert*-butylhydroxytoluene，BHT），俗称丁羟甲苯（butylated hydroxytoluene，butylhydroxytoluene）、2,6-二叔丁基-*p*-对甲酚（2,6-di-*tert*-

butyl-*p*-cresol)、2,6-二叔丁基-4-甲基苯酚（2,6-di-*tert*-butyl-4-methylphenol），IUPAC 名 2,6-双（1,1-二甲基乙基）-4-甲基苯酚［2,6-bis(1,1-dimethylethyl)-4-methylphenol］，CAS 号 128-37-0，分子式 $C_{15}H_{24}O$，白色到微黄色结晶或结晶性粉末，熔点 70℃，沸点 265℃，密度 1.048g/cm³，水中溶解度 1.1mg/L（25℃）。该化合物是亲脂性的（lipophilic）、没有气味的化合物，是著名的抗氧化剂，欧洲、美国法规允许少量作为食品添加剂使用。

饱和多取代基苯酚类常见的有 3-乙基-5-甲基苯酚（3-ethyl-5-methylphenol）、4-乙基-3-甲基苯酚（4-ethyl-3-methylphenol）、2,3,4-三甲基苯酚（2,3,4-trimethylphenol）、2,3,5-三甲基苯酚（2,3,5-trimethylphenol）、2,3,6-三甲基苯酚（2,3,6-trimethylphenol）、2,4,5-三甲基苯酚（2,4,5-trimethylphenol）、2,4,6-三甲基苯酚（2,4,6-trimethylphenol）、2,5,6-三甲基苯酚（2,5,6-trimethylphenol），这些化合物已经在烟熏香料中检测到。

五、 苯二酚类

邻苯二酚（*o*-benzenediol）(C 7-1)，俗称儿茶酚（catechol）[①]、焦儿茶酚（pyrocatechol）、2-羟基苯酚（2-hydroxyphenol），CAS 号 120-80-9，IUPAC 名苯-1,2-二醇（benzene-1, 2-diol），白色到棕色似羽毛状结晶，密度 1.344g/cm³，熔点 105℃，沸点 245.5℃（升华），水中溶解度 430g/L，非常容易溶解于吡啶，能溶解于氯仿、苯、四氯化碳、乙醚和乙酸乙酯，lgP 0.88，pK_a 9.48；呈苯酚气味；存在于高粱籽粒中。

间苯二酚（*m*-benzenediol）(C 7-1)，俗称雷琐酚（resorcinol, resorcin），CAS 号 108-46-3，IUPAC 名苯-1,3-二醇（benzene-1,3-diol），白色固体，密度 1.28g/cm³，熔点 110℃，沸点 277℃，水中溶解度 1100g/L（20℃），pK_a9.15。该化合物已经在高粱中检测到。

邻苯二酚、间苯二酚在高粱中的浓度没有检测，但这两个化合物具有致癌、致甲状腺肿瘤以及肝毒素作用，但幸运的是，通过加热可以将它们去除。

第二节　酚酸及其酯类

当葡萄酒或白兰地、威士忌等酒在橡木中贮存时，会从橡木中浸出并形成以下的一些酸，如 *p*-香豆酸、咖啡酸、阿魏酸、丁香酸、绿原酸、*p*-香豆基奎宁酸、新绿原酸、*p*-羟基苯甲酸、原儿茶酸、香草酸和没食子酸。

这些酚酸（phenoic acid）及其结合态的化合物一般并不呈现香气，大部分呈现涩味和/或苦味。在稀乙醇溶液中酚酸会因氧化而呈现黄色。酚酸是挥发性酚类化合物的

---

① 众多文献将 catechin 译为“儿茶酚”，但易与 catechol（译为儿茶酚）混淆，故本书译为“儿茶素”。

重要前体，是葡萄酒中酚类异嗅的重要前体物。

酚酸大量存在于白酒酿造原料高粱、大米、小麦等中，如大麦中酚酸含量为450~1346mg/kg，指纹小米（finger millet）612mg/kg，谷子（foxtail millet）3907mg/kg，玉米601mg/kg，燕麦472mg/kg，珍珠稷（pearl millet）1478mg/kg，大米197~376mg/kg，黑麦1362~1366mg/kg，高粱385~746mg/kg，小麦1342mg/kg。谷物糠中酚酸含量远高于谷物，如燕麦糠中酚酸含量为651mg/kg，黑麦糠4190mg/kg，而小麦糠中酚酸含量高达4527mg/kg。

大麦外层（即谷壳）、果皮（pericarp）、外种皮（testa）和糊粉细胞（aleurone cell）中含有最高浓度的总酚酸（主要指阿魏酸、*p*-香豆酸、香兰酸和二阿魏酸），胚乳层（endosperm layers）中浓度相对较低。阿魏酸在糊粉细胞中浓度最高；而*p*-香豆酸在谷壳中浓度最高。

一、 羟基苯甲酸类

羟基苯甲酸类是葡萄酒呈涩味与苦味的化合物，最重要的是4-羟基酸（4-hydroxy acid）、3,4-二羟基酸［如原儿茶酸（protocatechuic acid）］、3,4,5-三羟基酸［如丁香酸（syringic acid）］、2-羟基酸［如水杨酸（salicylic acid）］、2,5-二羟基酸［如龙胆酸（gentisic acid）］及其酯或甘油酯（glycerides）等。

羟基苯甲酸类具有如C 7-2通式。

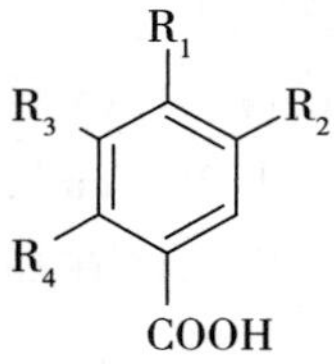

C 7-2

R_1	R_2	R_3	R_4	化合物
OH	H	H	H	*p*-羟基苯甲酸或4-羟基苯甲酸（*p*-hydroxybenzoic acid）
H	H	OH	H	*m*-羟基苯甲酸（*m*-hydroxybenzoic acid）
H	H	H	OH	水杨酸（salicylic acid）
OH	H	OH	H	原儿茶酸（protocatechuic acid）
H	OH	H	OH	龙胆酸（gentisic acid）
OH	OH	OH	H	没食子酸（gallic acid）
OH	H	OCH_3	H	香草酸（vanillic acid）
OH	OCH_3	OCH_3	H	丁香酸（syringic acid）

1. *p*-羟基苯甲酸

p-羟基苯甲酸（*p*-hydroxybenzoic acid，PHBA）（C 7-2），也称4-羟基苯甲酸，IUPAC名4-羟基苯甲酸（4-hydroxybenzoic acid），CAS号99-96-7，FEMA号3986，RI_{np} 1626（PHBA-2TMS），白色晶体，无气味，熔点216℃，密度1.46g/cm^3，能溶于醇、醚和丙酮，微溶于氯仿，25℃时在水中溶解度6g/L。*p*-羟基苯甲酸是一个呈皱褶涩味的化合物，在水溶液中涩味阈值665μmol/L。*p*-羟基苯甲酸是在酒发酵过程中产生的。

p-羟基苯甲酸存在于酿酒原料大麦、玉米、小米、燕麦、大米、黑麦、高粱和小麦中。

p-羟基苯甲酸是葡萄酒、威士忌、白兰地中大量存在的酸，主要来源于橡木桶，在葡萄酒中含量小于 1mg/L，红葡萄酒 14.6 μmol/L；麦芽 1.0~1.7mg/kg，酒花 1.6~2.5mg/kg，啤酒 0.017~16.840mg/L；果醋 9.1~17.0μmol/L。

p-羟基苯甲酸在白酒原酒中含量如下：酱香型白酒 11.39μg/L，浓香型白酒 9.76μg/L，清香型白酒 10.02μg/L，米香型白酒<ql，特香型白酒 50.56μg/L，药香型白酒 10.23μg/L。

2. 原儿茶酸

原儿茶酸（protocatechuic acid）(C 7-2)，IUPAC 名 3,4-二羟基苯甲酸（3,4-dihydroxybenzoic acid），CAS 号 99-50-3，RI_{np} 1830（原儿茶酸-3TMS），熔点 197~200℃。儿茶酸呈涩味，水中涩味阈值 206μmol/L 即 32mg/L。以实验动物为模型的研究中发现其有抗癌作用。

原儿茶酸存在于葡萄酒、茶叶、酿酒原料如大麦、玉米、小米、燕麦、大米、黑麦、高粱和小麦中；在葡萄酒中含量为 0~5mg/L，红葡萄酒 31.2μmol/L；霞多利白葡萄酒 1.22~1.88mg/L；橡木中含量为 6~126mg/kg；麦芽中含量为 0.1~0.5mg/kg，啤酒中含量为 0.007~5.100mg/L；果醋中含量为 0.7~10.0μmol/L。

3. 没食子酸及其酯类

没食子酸（gallic acid）(C 7-2)，俗称五倍子酸，IUPAC 名 3,4,5-三羟基苯甲酸（3,4,5-trihydroxybenzoic acid），CAS 号 5995-86-8，RI_{np} 1975（没食子酸-4TMS），分子式 $C_7H_6O_5$，摩尔质量 170g/mol，熔点 258~265℃，pK_a 1.69。没食子酸呈皱褶涩味，水中涩味阈值 292μmol/L（即 44.97mg/L）或 200μmol/L。

最新研究发现，没食子酸可以增强绿茶的鲜味。

没食子酸酯如单宁酸盐（酯）、儿茶素没食子酸盐（酯）和脂肪族没食子酸盐（酯）是生物体外重要的抗氧化剂。同时，没食子酸本身也是抗氧化剂、抗癌剂、抗血栓剂。

没食子酸是水溶性酚类化合物，存在于葡萄和植物的叶子，以及种子胚芽中。葡萄皮中含量为 4.26mg/kg 干重，葡萄肉 4.95mg/kg 干重，葡萄籽 38.79mg/kg 干重；桑葚果 1997mg/kg 干重；蒲桃皮（jamun skin）1398mg/kg 干重，蒲桃肉 3472mg/kg 干重，蒲桃子 6243mg/kg 干重；木菠萝（jackfruit）皮、肉和种子中未检测到。

没食子酸存在于淀粉质酿酒原酒如大米、高粱和粟中。

没食子酸存在于发酵酒中，红葡萄酒中含量为 795 μmol/L，丹菲特红葡萄酒 17.5~20.2mg/L，黑比诺红葡萄酒 6.6mg/L；霞多利白葡萄酒 0.31~0.60mg/L 或 4.35μg/L；橡木中含量为 3~25mg/kg；麦芽中含量为 0.01~0.30mg/kg，酒花中含量为 0.5~1.0mg/kg，啤酒中含量为 0.01~3.50mg/L；果醋中含量为 17~32 μmol/L。

没食子酸存在于蒸馏酒中。单一麦芽苏格兰威士忌中含量为 1.29mg/L，调和苏格兰威士忌（blended Scotch）0.81mg/L，加拿大燕麦威士忌 0.57mg/L，美国波旁威士忌 1.28mg/L；科涅克白兰地 3.23mg/L，阿尔马涅克白兰地 4.77mg/L，普通白兰地 1.06mg/L，朗姆酒 0.67mg/L。

没食子酸的两个酯——没食子酸甲酯和没食子酸乙酯也具有涩味和/或苦味。没食子酸甲酯（methyl gallate）(C 7-3)，IUPAC 名 3,4,5-三羟基苯甲酸甲酯（methyl 3,4,5-trihydroxybenzoate），CAS 号 99-24-1，呈柔和涩味，在水溶液中涩味阈值 232μmol/L，在红葡萄酒中含量为 12.8μmol/L。

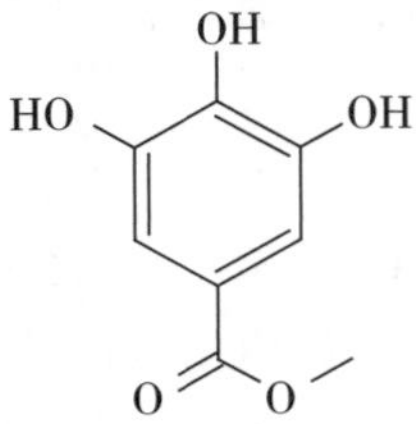

C 7-3 没食子酸甲酯

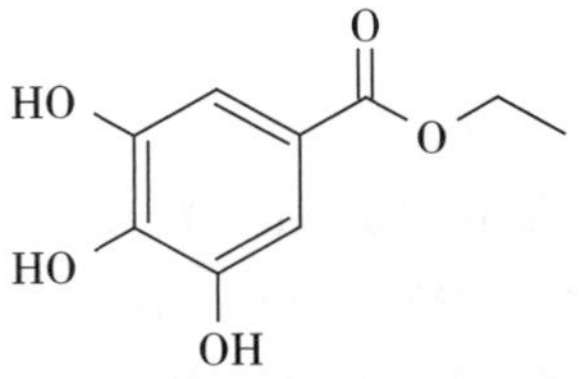

C 7-4 没食子酸乙酯

没食子酸乙酯（ethyl gallate，phyllemblin）(C 7-4)，IUPAC 名 3,4,5-三羟基苯甲酸乙酯（ethyl 3,4,5-trihydroxybenzoate），CAS 号 831-61-8，熔点 149~153℃，既呈苦味，也呈皱褶涩味，在水溶液中涩味阈值 185μmol/L 即 37mg/L；水溶液中苦味阈值 2200μmol/L（438mg/L）。通常作为抗氧化剂添加到食品中。

没食子酸乙酯在红葡萄酒中含量为 153μmol/L，丹菲特红葡萄酒含量为 4.1~4.5mg/L；霞多利白葡萄酒中含量为 nd~0.30mg/L；果醋中含量为 2.9~46μmol/L。

二、 羟基肉桂酸类

羟基肉桂酸类（hydroxycinnamic acids）是葡萄酒中重要的涩味与苦味化合物，最重要的是 3,4-二羟基酸（如咖啡酸）、4-羟基酸（*p*-香豆酸）、3-甲氧基-4-羟基酸（如阿魏酸）和 3,5-二甲氧基-4-羟基酸（芥子酸）。葡萄中的羟基肉桂酸类通常多以 *trans*-型存在。

羟基肉桂酸类存在于葡萄和葡萄酒中，很少以游离态存在，大量的是以酯的形式存在。因此，咖啡酸的存在形式是咖啡奎尼酸（caftaric acid）即咖啡酰酒石酸（caffeoyl tartaric acid）；香豆酸的存在形式是香豆酰基酒石酸（coutaric acid，coumaroyl tartaric acid）；它们还可以形成甘油酯，如葡萄糖基-4-香豆酸（glucosyl-4-cumaric acid），但非常少。

羟基肉桂酸类化合物具有如 C 7-5 的通式：

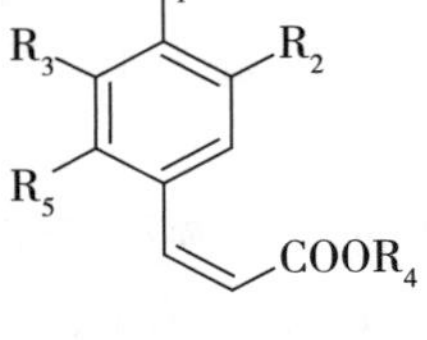

C 7-5

R_1	R_2	R_3	R_4	R_5	化合物
OH	H	H	H	H	*p*-香豆酸
H	H	H	H	OH	*o*-香豆酸
H	H	OH	H	H	*m*-香豆酸
OH	OH	H	H	H	咖啡酸
OH	OH	H	糖	H	绿原酸
OH	H	H	CH_2CH_3	H	*p*-香豆酸乙酯
OH	OH	H	CH_2CH_3	H	咖啡酸乙酯

1. 香豆酸类及其酯

p-香豆酸（*p*-coumaric acid）(C 7-5)，俗称*β*-(4-羟基苯基）丙烯酸［*β*-(4-hydroxyphenyl）acrylic acid］，IUPAC 名 4-羟基肉桂酸（4-hydroxycinnamic acid），CAS 号 501-98-4，RI_{np} 1940（*p*-香豆酸-2TMS），分子式 $C_9H_8O_3$，相对分子质量 164.16，灰白色至米黄色或绿色粉末，熔点 214℃，微溶于水，易溶于乙醇和乙醚等有机溶剂中。*p*-香豆酸呈皱褶涩味，水中涩味阈值 139μmol/L（23mg/L）。

p-香豆酸广泛存在于花生、土豆、胡萝卜和大蒜，以及酿酒原料大麦、玉米、小米、燕麦、大米、黑麦和高粱中，是白酒酿造原料高粱中最丰富的酚酸。

p-香豆酸在葡萄皮中含量为 16.05mg/kg 干重，葡萄果肉中含量为 2.90mg/kg 干重，葡萄籽中含量为 123mg/kg 干重；桑葚中含量为 34.37mg/kg 干重；蒲桃皮中含量为 35.43mg/kg 干重，蒲桃肉中含量为 216mg/kg 干重，蒲桃子中含量为 14.06mg/kg 干重；木菠萝皮、肉和种子中未检测到。

p-香豆酸是啤酒、葡萄酒、威士忌、白兰地中大量存在的酸，主要来源于橡木桶，在红葡萄酒中含量为 80.4μmol/L，丹菲特红葡萄酒 4.1~4.3mg/L；麦芽中含量为 0.3~1.3mg/kg 或 0.907mg/kg 干重或 78.50mg/kg 干重，小麦麦芽 0.73mg/kg 干重，酒花中含量为 2.2~2.8mg/kg，啤酒中含量为 0.027~4.600mg/L；果醋中含量为 23~35μmol/L。

p-香豆酸是饮料酒挥发酚类香气前体物，分解产生 4-乙烯基苯酚、4-乙基苯酚、4-乙烯基愈创木酚和 4-乙基愈创木酚。在葡萄酒发酵过程中，肉桂酸在酿酒酵母肉桂酸脱羧酶作用下脱羧基生成 4-乙烯基苯酚和 4-乙烯基愈创木酚。然而该酶受到儿茶素和儿茶素单宁（catechic tannin）的抑制，红葡萄酒中缺乏这个酶。虽然羟基肉桂酸在红葡萄汁中含量高，但红葡萄酒中含量却低于白葡萄酒和玫瑰红葡萄酒。相反地，污染了 *Brettanomyces*/*Dekkera* 酵母后，肉桂酸脱羧酶并没有受到红葡萄酒中多酚的抑制，这些酵母能通过乙烯基苯酚还原酶有效地将乙烯基苯酚还原为乙基苯酚，酿酒酵母和乳酸菌并不含有乙烯基苯酚还原酶，或许某些细菌具有微弱的酶活力。因此，红葡萄酒绝大部分情况下含有较低的乙烯基苯酚，而乙基苯酚含量太高时会超过其在红葡萄酒中的感官阈值，这通常是污染了那些酵母后产生的，且通常发生于装瓶前的老熟阶段，会引起葡萄酒感官质量的下降。

p-香豆酸有顺、反异构体之分。*cis*-*p*-香豆酸（C 7-6），俗称（2*Z*)-3-(4-羟基苯基）丙烯酸［(2*Z*)-3-(4-hydroxyphenyl）acrylic acid］，IUPAC 名（2*Z*)-3-(4-羟基苯基）丙-2-烯酸［(2*Z*)-3-(4-hydroxyphenyl）prop-2-enoic acid］，CAS 号 4501-31-9，呈涩味，在 5%vol 酒精-水溶液中（pH4.4）涩味阈值 22μmol/L。

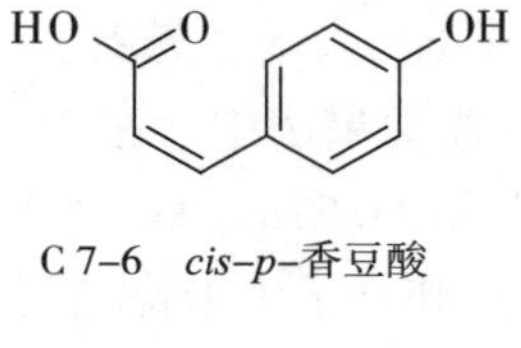

C 7-6　*cis*-*p*-香豆酸 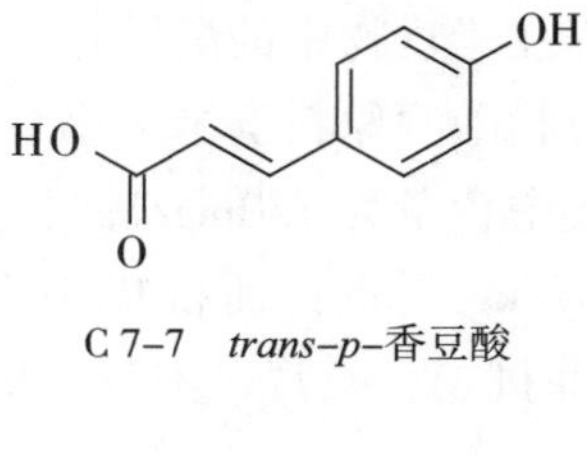　　C 7-7　*trans*-*p*-香豆酸

cis-*p*-香豆酸在大麦谷壳中含量为0.5g/kg干重，糊粉层tr~0.3g/kg干重，胚乳层tr；霞多利白葡萄酒中含量为0.29~0.35mg/L。

trans-*p*-香豆酸（C 7-7），俗称（2*E*）-3-（4-羟基苯基）丙烯酸［（2*E*）-3-（4-hydroxyphenyl）acrylic acid］，IUPAC名（2*E*）-3-（4-羟基苯基）丙-2-烯酸［（2*E*）-3-（4-hydroxyphenyl）prop-2-enoic acid］，CAS号7400-08-0。呈涩味，在5%vol酒精-水溶液中（pH4.4）涩味阈值22μmol/L。

trans-*p*-香豆酸在大麦谷壳中含量为2.5g/kg干重，糊粉层0.1~0.9g/kg干重，胚乳层tr；霞多利白葡萄酒中含量为0.12~0.37mg/L。

香豆酸通常以结合态存在，如与酒石酸结合；还可以与多糖结合、与木质素以及与植物中角质（cutin）结合。

o-香豆酸［*o*-coumaric acid，2-hydroxycinnamic acid，RI_{np} 1811（*o*-香豆酸-2TMS）］和*m*-香豆酸［*m*-coumaric acid，3- hydroxycinnamic acid，RI_{np} 1807（*m*-香豆酸-2TMS）］在饮料酒中含量较少，在啤酒中含量分别仅为0.15~0.18mg/L、0.07~0.33mg/L。*o*-香豆酸和*m*-香豆酸主要存在于酿酒原料大麦中。

p-香豆酸甲酯（methyl *p*-coumarate），俗称对4-羟基肉桂酸乙酯（ethyl *p*-4-hydroxycinnamate），IUPAC名3-（4-羟基苯基）-2-丙烯酸甲酯［methyl 3-（4-hydroxyphenyl）-2-propenoate］，CAS号3943-97-3，熔点144~145℃，沸点306.62℃，密度1.2g/mL，水中溶解度5332mg/L（25℃），lgP 2.52。

p-香豆酸乙酯（ethyl *p*-coumarate）（C 7-5），俗称对-4-羟基肉桂酸乙酯（ethyl *p*-4-hydroxycinnamate），IUPAC名3-（4-羟基苯基）-2-丙烯酸乙酯［ethyl 3-（4-hydroxyphenyl）-2-propenoate］，CAS号17041-46-2，分子式$C_{11}H_{12}O_3$，摩尔质量192.21g/mol，熔点65~68℃，沸点322℃，密度1.162 g/cm³。该化合物既呈苦味，也呈涩味；在水溶液中涩味阈值143μmol/L（27mg/L），水溶液中苦味阈值715μmol/L（137mg/L）。该化合物在红葡萄酒中含量为24.6μmol/L或1.4~1.7mg/L（丹菲特红葡萄酒）。

2. 咖啡酸及其酯类

咖啡酸（caffeic acid）（C 7-5），IUPAC名3，4-二羟基肉桂酸（3，4-dihydroxycinnamic acid），CAS号331-39-5，RI_{np} 2151（*trans*-咖啡酸-3TMS）或1992（*cis*-咖啡酸-3TMS），分子式$C_{16}H_{18}O_9$，摩尔质量354.31g/mol，微黄到棕色结晶，熔点211~213℃，密度1.28g/mL，能溶解于热水，乙醇中溶解度50mg/mL；呈涩味，具有收敛性，在水中涩味阈值72μmol/L（13mg/L）或72μmol/L（*trans*-型）。

咖啡酸是一种抗氧化剂和抗癌剂。在咖啡中，咖啡酸易于与奎尼酸发生酯化反应，其产物是单咖啡酰奎尼酸（monocaffeoyl quinic acid）及许多其他产物。

咖啡酸是一种存在于食物中的酚类化合物，主要存在于水果、蔬菜、中草药、咖啡豆、葡萄酒，以及谷物酿酒原料玉米、小米、燕麦、大米、黑麦、高粱和小麦中。

咖啡酸在葡萄皮中含量为130mg/kg干重，葡萄果肉中含量为6.05mg/kg干重，葡萄子中含量为223mg/kg干重；蒲桃皮中含量为33.97mg/kg干重，蒲桃肉中含量为57.84mg/kg干重，蒲桃子、桑葚、木菠萝皮、肉和种子中未检测到。

咖啡酸存在于发酵产品中，在红葡萄酒中含量为54.8μmol/L或3.80~4.23mg/L，丹菲特红葡萄酒5.0~6.0mg/L；白葡萄酒0.24~0.66mg/L，霞多利白葡萄酒0.07~0.19mg/L（*cis*-型）或1.48~2.36mg/L（*trans*-型）；桃红葡萄酒0.13~1.33mg/L；橡木中含量为1~18mg/kg；麦芽中含量为0.29~2.13mg/kg，酒花1.7~3.6mg/kg，啤酒0.01~1.01mg/L；果醋中含量为23~29μmol/L。

其乙酯化产物咖啡酸乙酯（ethyl caffeate）(C 7-5)，IUPAC名（*E*）-3-(3,4-二羟基苯）丙-2-烯酸乙酯［ethyl（*E*）-3-(3,4-dihydroxyphenyl）prop-2-enoate］，CAS号102-37-4。该化合物既呈苦味，也呈涩味；在水溶液中涩味阈值277μmol/L（58mg/L）；在水溶液中苦味阈值1100μmol/L（229mg/L）。咖啡酸乙酯已经在葡萄酒中检测到，浓度为16.5μmol/L或0.8~0.9mg/L（丹菲特红葡萄酒）。

3. 绿原酸

绿原酸（chlorogenic acid）(C 7-8）是咖啡酸和（-）-奎尼酸酯化的产物，俗称3-(3,4-二羟基肉桂酰）奎尼酸［3-(3,4-dihydroxycinnamoyl）quinic acid］、3-咖啡酰奎尼酸（3-caffeoylquinic acid）、1,3,4,5-四羟基环己羰酸-3-(3,4-二羟基肉桂酯酯)［1,3,4,5-tetrahydroxycyclohexanecarboxylic acid 3-(3,4-dihydroxycinnamate）］，IUPAC名（1*S*,3*R*,4*R*,5*R*)-3-(((2*E*)-3-（3，4-二羟基苯）丙-2-酰基）氧）-1，4，5-三羟基环己羧酸［(1*S*,3*R*,4*R*,5*R*)-3-(((2*E*)-3-(3,4-dihydroxyphenyl)prop-2-enoyl)oxy)-1,4,5-trihydroxycyclohexanecarboxylic acid］，CAS号327-97-9，熔点210℃，在乙醇溶液中可能产生雾状浑浊。

绿原酸是木质素生物合成的中间产物，也是一个著名的抗氧化剂。

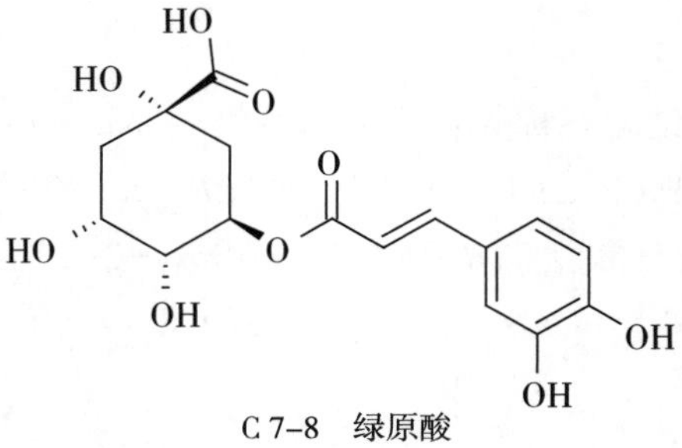

C 7-8 绿原酸

4. 咖啡奎尼酸

咖啡奎尼酸（caftaric acid）(C 7-9）是咖啡酸和酒石酸酯化的产物，俗称咖啡酰酒石酸（caffeoyl tartaric acid)，IUPAC名2-(-3-(3,4-二羟基苯）丙-2-酰氧基）氧-3-羟基丁二酸［2-(3-(3,4-dihydroxyphenyl）prop-2-enoyl）oxy-3-hydroxybutanedioic acid］，分子式$C_{13}H_{12}O_9$，摩尔质量312.23 g/mol。(*E*)-咖啡奎尼酸呈皱褶涩味，在水溶液中涩味阈值16μmol/L（5mg/L）。有观点认为当咖啡奎尼酸在葡萄酒中含量超过4mg/L时，呈现明显苦味。

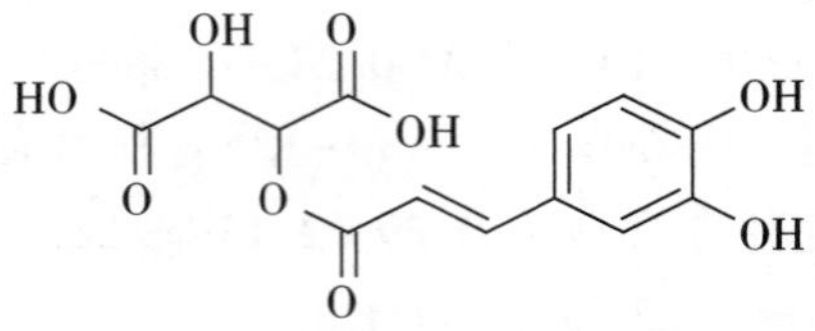

C 7-9 咖啡奎尼酸

咖啡奎尼酸和其他的羟基肉桂酸类衍生物（hydroxycinnamate derivatives）是葡萄和葡萄酒中主要的酚类化合物，白葡萄酒总酚含量低，但咖啡酸及其相关化合物的含量比例高；红葡萄酒采用浸皮发酵或热榨（hot pressing）方式生产，其咖啡酸及其相关化合物的含量与白葡萄酒类似，但类黄酮和总多酚含量更高。

咖啡奎尼酸在葡萄中浓度通常小于800mg/kg，且在葡萄成熟时其含量下降；良好处理（排除空气、高二氧化硫、高维生素C）的葡萄汁中平均含量为106mg/L；葡萄酒中浓度为130μmol/L 或 232~293mg/L；丹菲特红葡萄酒 37.4~40.5mg/L，黑比诺葡萄酒 8.8mg/L；白葡萄酒 69~115mg/L，桃红葡萄酒 2.57~23.16mg/L。

咖啡奎尼酸具有顺、反异构体，在葡萄中，以 *trans*-型占绝对优势，含量为 93~97mg/L［鸽笼白（Colombard）］，*cis*-型只有 tr~2.5mg/L；霞多利葡萄中 *trans*-型含量为 4.47μg/L，*cis*-型含量未检测到。*trans*-咖啡奎尼酸在霞多利白葡萄酒中含量为 0.13~0.19mg/L；*cis*-咖啡奎尼酸在霞多利白葡萄酒中含量为 0.27~0.60mg/L。

三、 结合态酚酸类化合物

酚酸存在结合态。

p-香豆酸与酒石酸的结合态称为香豆酰酒石酸（coutaric acid）(C 7-10)，俗称香豆酰基酒石酸（coumaroyl tartaric acid），IUPAC 名(2*R*,3*R*)-2-羟基-3-(((*E*)-3-(4-羟基苯）丙烯酰基）氧）琥珀酸［(2*R*,3*R*)-2-hydroxy-3-(((*E*)-3-(4-hydroxyphenyl) acryloyl) oxy) succinic acid］，CAS 号 27274-07-8，分子式 $C_{13}H_{12}O_8$，摩尔质量 296.23g/mol。

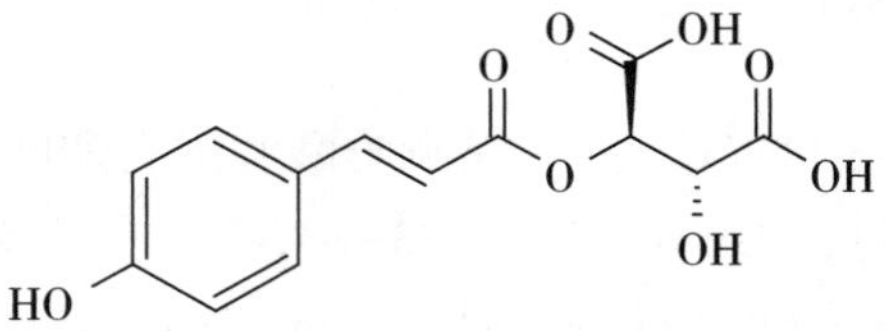

C 7-10 香豆酰基酒石酸

香豆酰基酒石酸已经在葡萄中检测到，通常其含量小于300mg/kg，且随着葡萄成熟其含量逐渐下降，其 *trans*-型含量占优势，约 11~15mg/L（鸽笼白葡萄），*cis*-型含量只有 2.2~4.1mg/L；*trans*-型在霞多利葡萄汁中含量为 1.61μg/L，*cis*-型含量为 2.54μg/L。良好处理（排除空气、高二氧化硫、高维生素C）的葡萄汁中香豆酰酒石酸平均含量为 10mg/L；实验室按工厂条件破碎葡萄，其香豆酰酒石酸会损失 35%~100%，12%~73%转化成为葡萄反应产物（grape reaction product）。*trans*-型在霞多利白葡萄酒中含量为 nd~0. 056mg/L。

第三节　酚醚类化合物

一、 带有一个甲氧基的酚醚类化合物

带有一个甲氧基的酚醚类化合物具有如 C 7-11 的结构：

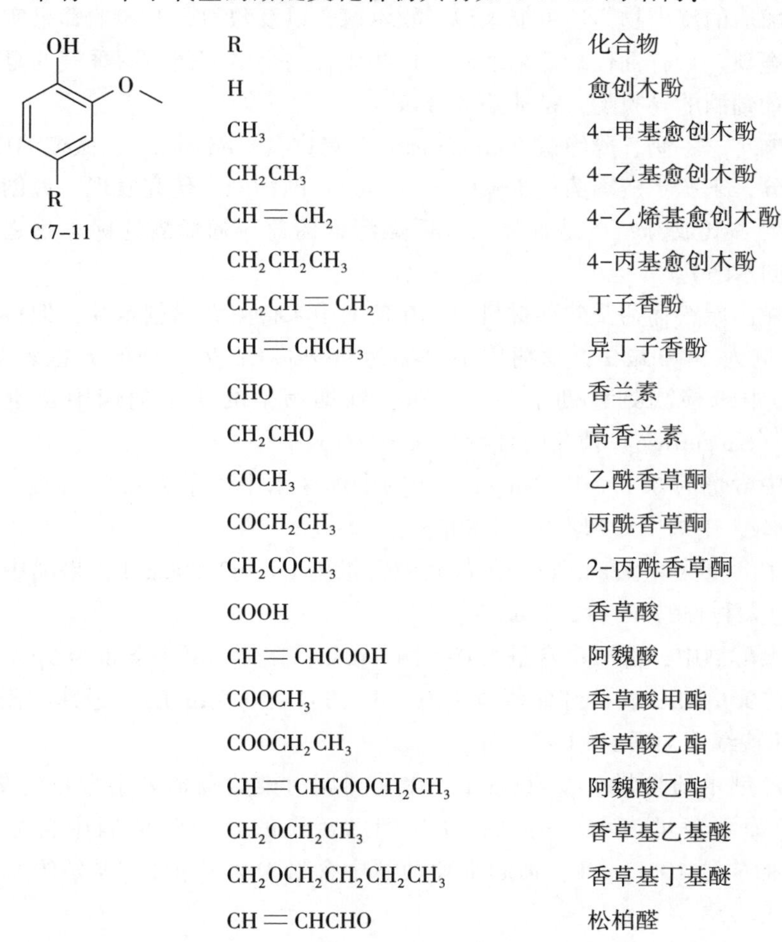

C 7-11

R	化合物
H	愈创木酚
CH_3	4-甲基愈创木酚
CH_2CH_3	4-乙基愈创木酚
$CH{=}CH_2$	4-乙烯基愈创木酚
$CH_2CH_2CH_3$	4-丙基愈创木酚
$CH_2CH{=}CH_2$	丁子香酚
$CH{=}CHCH_3$	异丁子香酚
CHO	香兰素
CH_2CHO	高香兰素
$COCH_3$	乙酰香草酮
$COCH_2CH_3$	丙酰香草酮
CH_2COCH_3	2-丙酰香草酮
COOH	香草酸
$CH{=}CHCOOH$	阿魏酸
$COOCH_3$	香草酸甲酯
$COOCH_2CH_3$	香草酸乙酯
$CH{=}CHCOOCH_2CH_3$	阿魏酸乙酯
$CH_2OCH_2CH_3$	香草基乙基醚
$CH_2OCH_2CH_2CH_2CH_3$	香草基丁基醚
$CH{=}CHCHO$	松柏醛

1. 愈创木酚类化合物

（1）愈创木酚　愈创木酚（guaiacol）（C 7-11），IUPAC 名 2-甲氧基苯酚（2-methoxyphenol），CAS 号 90-05-1，FEMA 号 2532，RI_{np} 1089 或 1114，RI_p 1833 或 1876 或

1870 或 1845，呈辛香、丁香、烟熏、焦煳、甜香、焦糖香、酚、化学品、皮革气味；低浓度时呈水果香、花香、甜香；在空气中嗅阈值 0.1～0.8ng/L，水中嗅觉觉察阈值 0.84μg/L，识别阈值 1.6μg/L 或 1μg/L 或 2.5μg/L 或 5μg/L 或 0.91～2.00μg/L 或 3μg/L 或 5.5μg/L 或 10.9μg/L 或 0.48μg/L，10%vol 模拟葡萄酒（7g/L 甘油，pH3.2）中嗅阈值 9.5μg/L，模拟葡萄酒中嗅阈值 20μg/L，40% vol 酒精-水溶液中嗅阈值 9.2μg/L，46%vol 酒精-水溶液中嗅阈值 13.41mg/L；白葡萄酒中嗅阈值 95μg/L；红葡萄酒中嗅阈值 75μg/L 或 23μg/L；苹果汁中嗅觉觉察阈值 0.57μg/L，识别阈值 2μg/L 或 0.91μg/L；葵花籽油中嗅阈值 16μg/kg；可可粉中嗅阈值 16μg/kg。

愈创木酚在红葡萄酒中的味阈值 27μg/L，苹果汁中味阈值 0.24μg/kg，葵花籽油中味阈值 13μg/kg。

愈创木酚类化合物如愈创木酚和 4-甲基愈创木酚是木质素降解的产物，也是葡萄酒等饮料酒橡木桶陈酿后的浸出物，还可能来源于软木塞，以及酿酒原料如葡萄果实以及叶子，如西拉、梅鹿辄、麝香葡萄。低浓度时，这些化合物会增加葡萄酒香气的复杂性，但高浓度时，是葡萄酒的异嗅物，是缺陷成分。

愈创木酚存在于咖啡、牛奶、薄脆饼（crispbread）、烤肉（fried meat）、橄榄油中，可能是苹果汁异嗅成分，来源于链霉菌（*Streptomyces* ssp.）的污染。研究发现，愈创木酚是凝乳干酪素的重要香气成分；也是森林大火后烟污染葡萄与葡萄酒的标志物之一（另一个是 4-甲基愈创木酚）。

愈创木酚存在于酿酒原料葡萄及贮存材料中，在葡萄中未检测到愈创木酚，但在受烟气污染的葡萄中含量为 1470μg/L，葡萄皮中含量为 969μg/L；另一项研究也表明，在西拉和赤霞珠葡萄中未检测到愈创木酚，但在受到烟污染的西拉葡萄中含量为 4.7μg/kg，桑娇维塞（Sangiovese）葡萄中含量为 0.9μg/kg。

愈创木酚在橡木中含量为 0.17～1.21mg/L，法国中烤橡木中含量为 6.89μg/g，美国中烤橡木中 7.89μg/g，中国中烤橡木中 54.80μg/g。

愈创木酚在麦芽中含量为 0.12mg/kg；在黄酒中含量为 nd～62.80μg/L；果醋中含量为 nd～301μg/L，意大利香醋 nd～12.43μg/L。

愈创木酚存在于发酵酒中，啤酒中含量为 0～0.42mg/L；在葡萄酒中含量为 5μg/L；玫瑰红葡萄酒 2.00～6.00μg/L；新产红葡萄酒 3.7μg/L（1.1～10.9μg/L），老熟红葡萄酒 5.8～21μg/L，丹菲特红葡萄酒 19.1～19.3μg/L。

在对照葡萄酒中愈创木酚含量为 3～6μg/L，在受到烟污染的葡萄酒中含量为 7～55μg/L；对照西拉葡萄酒含量为 12.7μg/L，在受到烟污染的西拉葡萄酒中含量为 19.7μg/L，赤霞珠红葡萄酒 10.9μg/L，梅鹿辄葡萄酒中含量为 2.8μg/L，桑娇维塞葡萄酒中含量为 6.8μg/L。

愈创木酚广泛存在于我国白酒中，清香型白酒含量为 66.25μg/L，汾酒 4.5～22.1μg/L，平均 49μg/L；老白干香型白酒 19.02μg/L，但浓香型、兼香型、凤香型、药香型和豉香型白酒中未检测到；酱香型成品白酒中未检测到，但醇甜原酒含量为 223μg/L，酱香原酒 186μg/L，窖底香原酒 225μg/L。愈创木酚在朗姆酒中含量为1.33～

16. 30μg/L。

愈创木酚在自然界还存在结合态形式，主要包括愈创木酚β-D-吡喃葡萄糖苷（guaiacol β-D-glucopyranoside，Gu-MG）、愈创木酚二糖苷（guaiacol diglycosides，Gu-DG）、愈创木酚β-D-龙胆二糖苷（guaiacol β-D-gentiobioside，Gu-GG）、愈创木酚β-D-芸香糖苷（guaiacol β-D-rutinoside，Gu-RG）等。

（2）单取代烷基愈创木酚类　烷基愈创木酚类（alkylguaiacols）的4-甲基愈创木酚和4-乙基愈创木酚是烟熏类香精（smoke flavor）。这两个化合物在浓度极低时，呈现丁香、甜香、辛香和烤面包香（toasted bread）；在高浓度时，主要表现为烟熏和不愉快的苯酚臭。

4-甲基愈创木酚（4-methylguaiacol）（C 7-11），俗称木焦油醇（creosol），IUPAC名4-甲基-2-甲氧基苯酚（4-methyl-2-methoxyphenol），CAS号93-51-6，FEMA号2671，RI_{np} 1191或1187，RI_p 1928或1915，透明微黄的油状液体，熔点5.5℃，沸点220~222℃，闪点99℃，相对密度1.098，折射率1.5353，微溶于水，能溶解于乙醇、乙醚、氯仿和醋酸中，呈辛香、丁香、香兰素香、烟草香、烟熏、烟味、酱油香、熏制食品香、甜香，微苦；在水中嗅觉觉察阈值21μg/L，识别阈值30μg/L或10μg/L或90μg/L，模拟葡萄酒中嗅阈值30μg/L，46%vol酒精-水溶液中嗅阈值314.56μg/L；白葡萄酒中嗅阈值65μg/L；红葡萄酒中嗅阈值65μg/L。

4-甲基愈创木酚是森林大火后烟污染葡萄的重要标志物（另一个是愈创木酚）。4-甲基愈创木酚在自然界会以结合态存在。

4-甲基愈创木酚在橡木中含量为0.03~0.39mg/L，法国中烤橡木中含量3.10μg/g，美国中烤橡木中1.83μg/g，中国中烤橡木中6.75μg/g；在葡萄中未检测到4-甲基愈创木酚，但在受烟气污染的葡萄中含量为326μg/L，皮中含量为250μg/L；玫瑰红葡萄酒中含量<1.00μg/L；麦芽中含量为0.08μg/kg。

4-甲基愈创木酚在啤酒中含量为0~0.5mg/L；黄酒中含量通常在检测限（μg/L）以下。

4-甲基愈创木酚我国浓香型白酒平均含量为2.25μg/L，洋河酒nd~23.90μg/L，习酒372μg/L；酱香型习酒261μg/L；清香型白酒26.35μg/L，汾酒7.7~93.4μg/L（平均49μg/L）或195μg/L，宝丰酒294μg/L，青稞酒中未检测到；兼香型白酒35.09μg/L；老白干香型白酒13.61μg/L；药香型白酒1002μg/L；凤香型白酒和豉香型白酒中未检测到。

4-乙基愈创木酚（4-ethylguaiacol）（C 7-11），IUPAC名4-乙基-2-甲氧基苯酚（4-ethyl-2-methoxyphenol），CAS号2785-89-9，FEMA号2436，RI_{np} 1274或1288，RI_{np} 1413或1418，RI_p 2002或2068或2041，透明微黄油状液体，沸点230~232℃，相对密度1.061~1.064，折射率1.525~1.530。

4-乙基愈创木酚呈辛香、花香、发酵大豆、烟熏、橡胶、腌猪后腿、烤面包、丁香、酚气味；低浓度时，有甜瓜香、水果香、甜香和花香；在水中嗅阈值4.4μg/L，识别阈值16μg/L或20μg/L或50μg/L，10%vol酒精-水溶液中嗅阈值20μg/L或33μg/L，

10%vol 模拟葡萄酒（7g/L 甘油，pH3.2）中嗅阈值 33μg/L，14%vol 酒精-水溶液中嗅阈值 46μg/L，40%vol 酒精-水溶液中嗅阈值 6.9μg/L，46%vol 酒精-水溶液中嗅阈值 122.7μg/L，红葡萄酒中嗅阈值 140μg/L，7%（质量体积分数）醋酸-水溶液中嗅阈值 69.5μg/L，纤维素中嗅阈值 35μg/kg。

曾经有观点认为 4-乙基愈创木酚是酱香型白酒的主体香，但后来的添加、缺失试验证明，4-乙基愈创木酚与酱香型白酒的酱香香气无关。

4-乙基愈创木酚存在于污染葡萄、橡木、麦芽、咖啡、醋、葡萄酒、雪利酒、啤酒、朗姆酒、威士忌、白兰地、白酒中。

4-乙基愈创木酚在葡萄中未检测到，但在受烟气污染的葡萄中含量为 128μg/L，皮中含量为 111μg/L。

4-乙基愈创木酚在橡木中含量为 0~0.15mg/L，法国中烤橡木中含量为 0.40μg/g，美国中烤橡木中 0.59μg/g，中国中烤橡木中 0.22μg/g。

4-乙基愈创木酚在葡萄酒中含量为 1~440μg/L，玫瑰红葡萄酒 <10.0μg/L；白葡萄酒 7μg/L，新产白葡萄酒 <1.0~432.0μg/L；红葡萄酒 15.61，新产红葡萄酒 7.8μg/L（nd~116μg/L）；赤霞珠葡萄酒 124μg/L（45~295μg/L），梅鹿辄葡萄酒 128μg/L（2~437μg/L），黑比诺葡萄酒 97μg/L（1~421μg/L），西拉葡萄酒 66μg/L（6~350μg/L），丹菲特红葡萄酒 39.3~39.5μg/L。

红葡萄酒（西拉）贮存在新的美国橡木桶中其 4-乙基愈创木酚含量为 24μg/L，用过一次的橡木桶中含量为 35μg/L，用过二次的含量为 31μg/L，用过三次的为 31μg/L，用过四次的为 31μg/L；将用过三次的桶重新做成桶，并再次烘烤后再贮存西拉葡萄酒，则 4-乙基苯酚含量仅为 5μg/L；红葡萄酒（西拉）贮存在新的法国橡木桶中其含量为 34μg/L，用过一次的橡木桶中含量为 28μg/L，用过二次的含量为 33μg/L，用过三次的为 24μg/L；将用过二次的桶重新做成桶，并再次烘烤后再贮存西拉葡萄酒，则 4-乙基苯酚含量为 23μg/L。

4-乙基愈创木酚在麦芽中含量为 0.40mg/kg，啤酒中含量为 0~0.6mg/L。

4-乙基愈创木酚在朗姆酒中含量为 1.78~2.51μg/L。

4-乙基愈创木酚广泛存在于我国白酒中，酱香型白酒平均含量为 nd~340μg/L，茅台酒中未检测到，郎酒 nd~770μg/L，金沙回沙酒 nd~820μg/L，醇甜原酒 22.7μg/L，酱香原酒中未检测到，窖底香原酒 9.57μg/L；浓香型白酒中平均含量为 96.07μg/L，洋河酒 nd~32.48μg/L；清香型白酒 19.13μg/L，汾酒 2.2~26.1μg/L 或 104μg/L，宝丰酒 101μg/L，青稞酒中未检测到；芝麻香型手工原酒 46.22~392.00μg/L，机械化原酒 142~1556μg/L；兼香型口子窖酒 17.5μg/L；凤香型白酒 46.20μg/L；老白干香型白酒 96.20μg/L，手工大楂原酒 145~1171μg/L，机械化大楂原酒 958~1505μg/L；药香型白酒 154μg/L；兼香型和豉香型白酒中未检测到。

4-丙基愈创木酚（4-propylguaiacol）（C 7-11），俗称二氢丁子香酚（dihydroeugenol），CAS 号 2785-87-7，FEMA 号 3598，RI_{np} 1380 或 1462，RI_p 2083 或 2146，沸点 125~126℃（1.9kPa），闪点大于 230℃，密度 1.038g/mL（25℃）。该化合

物呈现茴芹、杏子、丁香和香兰素香，浓时呈苯酚臭、烟臭，在10%vol酒精-水溶液中嗅阈值10μg/L，40%vol酒精-水溶液中嗅阈值1.89μg/L。

4-丙基愈创木酚存在于葡萄酒、酱香型白酒、朗姆酒、橡木中，橡木中含量为5.52~46.40mg/L，法国中烤橡木0.03μg/g，美国中烤橡木0.11μg/g，中国中烤橡木中未检测到。4-丙基愈创木酚在我国各香型白酒中均未检测到，但酱香型白酒除外。该化合物在朗姆酒中含量为0.37~3.71μg/L。

4-乙烯基愈创木酚（4-vinylguaiacol）(C 7-11)，IUPAC名4-乙烯基-2-甲氧基苯酚（4-vinyl-2-methoxyphenol），CAS号7786-61-0，FEMA号2675，RI_{np} 1323或1314或1363或1300，RI_{mp} 1473或1480，RI_{p} 2165或2181或2150。

4-乙烯基愈创木酚呈丁香、甜香、坚果、香子兰、辛香、酚和烟熏香。高浓度时，呈现出烟熏味、苯酚和黑胡椒的气味。该化合物在空气中嗅阈值0.4~0.8ng/L或0.6ng/L；水中嗅阈值5.1μg/L，识别阈值19μg/L或3~100μg/L或5μg/L或10μg/L或100μg/L或32μg/L20μg/L或3μg/L，10%vol酒精-水溶液中嗅阈值40μg/L或130μg/L，10%vol模拟葡萄酒（7g/L甘油，pH3.2）中嗅阈值10μg/L，40%vol酒精-水溶液中嗅阈值7.1μg/L，46%vol酒精-水溶液中嗅阈值209.30μg/L，白葡萄酒中嗅阈值440μg/L，纤维素中嗅阈值80μg/kg。

4-乙烯基愈创木酚在水中味阈值0.075μg/L。

4-乙烯基愈创木酚是焙烤咖啡中第二重要的香气物质，也是橘子汁和柚子汁的异嗅化合物。

4-乙烯基愈创木酚存在于咖啡、煮熟的苹果和芦笋（asparagus）、牛肉蔬菜汤、橘子和柚子汁、橡木、大麦和小麦麦芽、啤酒、小麦啤酒、葡萄酒、苹果酒、番石榴酒、白酒中。

4-乙烯基愈创木酚在橡木中含量为0.50~7.76mg/L，法国中烤橡木4.07μg/g，美国中烤橡木2.06μg/g，中国中烤橡木17.71μg/g。

4-乙烯基愈创木酚在葡萄酒中含量为1.4~710.0μg/L或10~50μg/L，白葡萄酒15~49.6μg/L，新产白葡萄酒50~3040μg/L；红葡萄酒0~57μg/L，新产红葡萄酒2.1μg/L（0.2~15.0μg/L）；雪利酒中含量为2.3μg/L；在未受到烟污染的葡萄酒中未检测到，但在烟污染的葡萄酒中含量为0~14μg/L。

4-乙烯基愈创木酚在大麦麦芽中含量为46.4μg/kg干重，小麦麦芽中含量为42.2μg/kg干重；啤酒中含量为0~6.17mg/L，小麦啤酒中含量为159~2020μg/L；在我国苹果酒中含量为nd~558μg/L。

4-乙烯基愈创木酚在我国浓香型白酒中含量为1.58μg/L；兼香型白酒36.22μg/L；凤香型白酒45.17μg/L；药香型白酒70.68μg/L；豉香型白酒117μg/L；酱香型、清香型、老白干香型中未检测到。

（3）丁子香酚与异丁子香酚　丁子香酚（eugenol）(C 7-11）是4-乙烯基愈创木酚的同系物（homologue），俗称4-烯丙基愈创木酚（4-allylguaiacol）、4-烯丙基-2-甲氧基苯酚（4-allyl-2-methoxyphenol），IUPAC名2-甲氧基-4-(2-丙烯基）苯酚［2-methoxy-4-(2-propenyl) phenol]，CAS 号 97-53-0，FEMA 号 2467，RI_{np} 1351 或 1374，RI_{mp} 1498 或 1510，RI_p 2139 或 2192，呈丁香、甜香、辛香、木香、桂皮香、草药香。

丁子香酚在空气中嗅阈值 0.2~0.3ng/L，水中觉察阈值 0.71μg/L，识别阈值 2.5μg/L 或 6~30μg/L 或 1μg/L 或 6μg/L 或 2.5μg/L，10%vol 酒精-水溶液中嗅阈值 5μg/L 或 64μg/L，模拟葡萄酒（10%vol 酒精-水溶液，7g/L 甘油，pH3.2）中嗅阈值 6μg/L，14%vol 酒精-水溶液中嗅阈值 5μg/L，40%vol 酒精-水溶液中嗅阈值 7.1μg/L，46%vol 酒精-水溶液中嗅阈值 21.24μg/L，红葡萄酒中嗅阈值 500μg/L，淀粉中嗅阈值 0.98μg/kg。丁子香酚还有轻微的辣味。

丁子香酚已经在番茄酱、李子、樱桃、树莓、黑莓、柑橘、茴香茶、茜草、胡椒、牛肉蔬菜汤、咖啡、橡木、烟污染葡萄、果醋、意大利香醋、啤酒、苹果酒、葡萄酒、雪利酒、朗姆酒、白兰地、威士忌中发现。

丁子香酚在橡木中含量为 0.64~2.32mg/L，法国中烤橡木中含量为 0.07μg/g，美国中烤橡木中 0.08μg/g，中国中烤橡木中 0.06μg/g。

在葡萄中未检测到丁子香酚，但在受烟气污染的葡萄中含量为 20μg/L，葡萄皮中含量为 26μg/L。

丁子香酚在玫瑰红葡萄酒中含量 <10.0μg/L；红葡萄酒 4~73μg/L，新产红葡萄酒 3μg/L（0.88~15.6μg/L），老熟红葡萄酒 <1.0~87.0μg/L，丹菲特红葡萄酒 7.2~7.5μg/L；新产白葡萄酒 1.6~9.0μg/L；在美洲葡萄酒中含量为 4μg/L，河岸葡萄酒 16μg/L，甜冬（*Vitis cinerea*）葡萄酒 328μg/L；在菲诺雪利酒中最初含量为 129μg/L，福洛酵母膜形成后含量为 230μg/L，老熟 250d 含量为 347μg/L。

丁子香酚在啤酒中含量为 0~0.2mg/L；我国苹果酒中含量为 20.11~54.75μg/L；果醋中含量为 nd~118μg/L，意大利香醋中含量为 8.13~23.49μg/L。

丁子香酚在朗姆酒中含量为 1.47~18.3μg/L。

异丁子香酚（isoeugenol）（C 7-11）是丁子香酚的同分异构体，IUPAC 名 2-甲氧基-4-(1-丙烯基) 苯酚 [2-methoxy-4-(1-propenyl) phenol]，CAS 号 97-54-1，FEMA 号 2468，熔点-10℃，沸点 266℃，密度 1.082g/mL（25℃），呈甜香、木香、焙烤、水果、香草、水果糖、香瓜和哈密瓜香，在水中嗅阈值 6μg/L，46%vol 酒精-水溶液中嗅阈值 22.54μg/L。

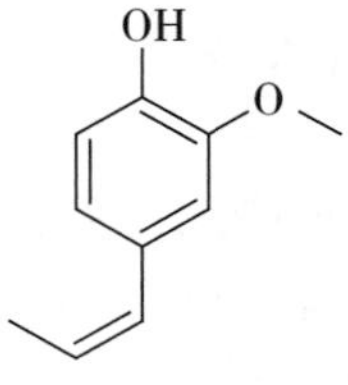

C 7-12 *cis*-异丁子香酚 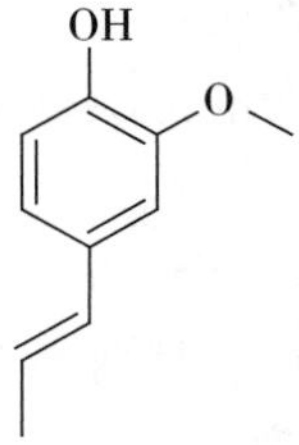　　C 7-13 *trans*-异丁子香酚

异丁子香酚有两种异构体。*cis*-异丁子香酚（C 7-12），IUPAC 名 *cis*-2-甲氧基-4-(1-丙烯基) 苯酚 [*cis*-2-methoxy-4-(1-propenyl) phenol]，CAS 号 5912-86-7，RI_{np}

1408，RI_p 2226 或 2279，能溶于醇，微溶于水，水中溶解度 817.3mg/L（25℃）。

trans-异丁子香酚（C 7-13），IUPAC 名 *trans*-2-甲氧基-4-(1-丙烯基）苯酚 [*trans*-2-methoxy-4-(1-propenyl) phenol]，CAS 号 5932-68-3，RI_{np} 1451 或 1438，RI_p 2314 或 2372，能溶于醇，微溶于水，水中溶解度 165.9mg/L（25℃）；呈花香，在 10%酒精-水溶液中嗅阈值 6μg/L。

异丁子香酚在麦芽中含量为 3.30mg/kg，啤酒中含量为 0~0.16mg/L；我国苹果酒中的含量为 nd~57.07μg/L。

异丁子香酚存在于橡木和葡萄酒中，在橡木中含量为 0~0.19mg/L（*cis*-型）和 1.70~23.60mg/L（*trans*-型），其中 *trans*-型在法国中烤橡木中含量为 6.32μg/g，美国中烤橡木中 8.86μg/g，我国中烤橡木中 29.25μg/g；而 *cis*-型在这三种中烤橡木中几乎没有检测到。

丁子香酚与异丁子香酚在刚生产出来的新鲜葡萄酒和苹果酒中含量极低，但经过橡木贮存后，含量大幅度上升，赋予葡萄酒陈酿香。

2. 香草醛类化合物

最重要的酚类化合物是愈创木酚-4-醛（guaiacol-4-carboxaldehyde），即香草醛（vanillin）（C 7-11），俗称香兰素，IUPAC 名 4-羟基-3-甲氧基苯甲醛（4-hydroxy-3-methoxybenzaldehyde），CAS 号 121-33-5，FEMA 号 3107，RI_{np} 1394 或 1399 或 1405，RI_{np} 1632 或 1653 或 1535（香兰素-1TMS）或 1648（香兰素-MEOX-1TMS），RI_p 2559 或 2518 或 2592 或 2557。

香兰素呈香子兰香、甜香、花香，在空气中嗅阈值 0.6~1.2ng/L 或 0.9ng/L，水中觉察阈值 53μg/L，识别阈值 210μg/L 或 100μg/L 或 20~680μg/L 或 20μg/L 或 25μg/L 或 64μg/L 或 20~200μg/L，10%vol 酒精-水溶液中嗅阈值 60μg/L 或 200μg/L，46%vol 酒精-水溶液中嗅阈值 438.52μg/L，红葡萄酒中嗅阈值 320μg/L，啤酒中嗅阈值 40μg/L，纤维素中嗅阈值 100μg/kg，面粉中嗅阈值 4.6μg/kg。

香兰素呈后鼻嗅，其水溶液中后鼻嗅阈值 30μg/L。

香兰素还是一个呈味化合物，呈涩味，具有收敛性即涩味，在水中涩味阈值 829μmol/L 或 250μmol/L，40%vol 酒精-水溶液中涩味阈值 22μg/L。

由于香草醛既有醛基又有羟基，因此，化学性质十分活泼，在空气中易氧化为香兰酸，在碱性介质中容易变色。在常压蒸馏时，部分分解生成儿茶素。正常情况下，香兰素是稳定的，但也存在变色现象（discoloruration）。作为一个酚类化合物，它能与痕量铁反应，产生紫色（purple）。因此，可以被用于微量金属离子测试。

香草醛是香子兰（vanilla）最重要的香气成分，被广泛应用于香精和香料工业中。香子兰豆中约含有 2%左右（干重）的香兰素。该化合物也存在于橄榄油、黄油、树莓、荔枝、柑橘等水果和橡木、茴香茶、咖啡、枫糖浆（maple syrup）、玉米粉圆饼（tortillas）、燕麦片、牛肉蔬菜汤、凝乳酪蛋白、葡萄酒、白兰地、威士忌、朗姆酒、白酒中。

香兰素在橡木中含量为 7~139mg/kg，法国中烤橡木中含量为 113.22μg/g，美国中烤橡木中 130.81μg/g，中国中烤橡木中 455.04μg/g。

香兰素在葡萄酒中痕量存在，在玫瑰红葡萄酒中含量<10.0μg/L；老熟红葡萄酒 40~670μg/L，丹菲特红葡萄酒 161 ~ 172μg/L；新产白葡萄酒 241μg/L；雪利酒 239μg/L。

香兰素在啤酒中含量为 0.005~1.600mg/L；果醋中含量为 0.7~7.2μmol/L 或 nd~8875μg/L。

香兰素在蒸馏酒中含量如下：单一麦芽苏格兰威士忌中含量为 0.47mg/L，调和苏格兰威士忌 0.32mg/L，加拿大燕麦威士忌 0.38mg/L，美国波旁威士忌 0.94mg/L；科涅克白兰地中含量为 0.64mg/L，阿尔马涅克白兰地中含量为 1.50mg/L，普通白兰地 0.24mg/L，朗姆酒 0.83mg/L 或 2.05~912.00μg/L。

植物中香兰素一般以结合态形式存在。

3. 香草酸及其酯类化合物

香草酸（vanillic acid）(C 7-11)，俗称香兰酸，IUPAC 名 4-羟基-3-甲氧基苯甲酸（4-hydroxy-3-methoxybenzoic acid），CAS 号 121-34-6，FEMA 号 3988，RI_{np} 1768（香草酸-2TMS），白色到微黄色粉末或晶体，折射率 1.585，熔点 210~213℃，闪点大于 100℃。在 30μg/L 时，具有奶油、牛奶、甜味和纸板等味觉特征。香草酸呈涩味和苦味，水中涩味阈值 315μmol/L（即 53mg/L）。

香草酸是香草醛的氧化形式，也是阿魏酸生产香草醛的中间体。

香草酸存在于饮料酒及其生产原料如大麦、玉米、小米、燕麦、大米、黑麦、高粱和小麦中。香草酸在大麦谷壳中含量为 0.1~0.2g/kg 干重，在糊粉层含量为 tr~0.2g/kg 干重，在胚乳层中痕量存在。

香草酸在橡木中含量为 3~44mg/kg；麦芽中含量为 0.7~2.3mg/kg，酒花 59mg/kg，啤酒 0.01~12.70mg/L；果醋 6.3~20.0μmol/L。

高浓度的香草酸存在于我国著名中药当归（*Angelica sinensis*）根中。

香草酸在红葡萄酒中含量为 31.0μmol/L，丹菲特红葡萄酒 3.8~3.9mg/L；霞多利白葡萄酒 nd~0.44mg/L。

香草酸存在于蒸馏酒中，单一麦芽苏格兰威士忌中含量为 0.21mg/L，调和苏格兰威士忌 0.34mg/L，加拿大燕麦威士忌 0.21mg/L，美国波旁威士忌 0.64mg/L；科涅克白兰地 0.28mg/L，阿尔马涅克白兰地 0.52mg/L，普通白兰地 0.04mg/L，朗姆酒 0.11mg/L。

香草酸甲酯（methyl vanillate）(C 7-14)，俗称香子兰酸甲酯，IUPAC 名 4-羟基-3-甲氧基苯甲酸甲酯（methyl 4-hydroxy-3-methoxybenzoate），CAS 号 3943-74-6，RI_{np} 1507 或 1518，RI_{p} 2565 或 2598，熔点 64~67℃，沸点 285~287℃，呈香草醛香气，在 10%vol 酒精-水溶液中嗅阈值 3000μg/L。该化合物已经在葡萄酒、番石榴酒、法国中烤橡木、美国中烤橡木和中国中烤橡木中检测到。

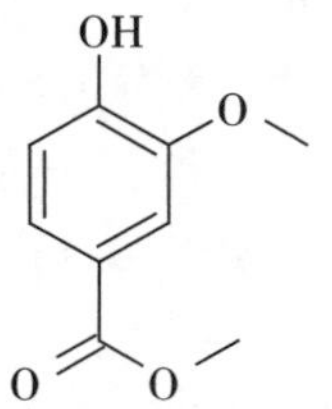

C 7-14 香草酸甲酯 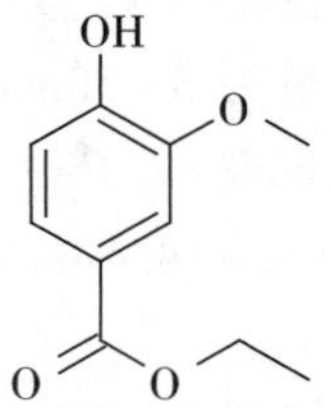　　C 7-15 香草酸乙酯

香草酸乙酯（ethyl vanillate）（C 7-15），俗称香子兰酸乙酯，IUPAC 名 4-羟基-3-甲氧基苯甲酸乙酯（ethyl 4-hydroxy-3-methoxybenzoate），CAS 号 617-05-02，RI_{np} 1557 或 1579，RI_p 2654 或 2676，呈花粉香（pollen）、花香、香兰素香、巧克力香和焦香，在水中嗅阈值 100μg/L，10%vol 酒精-水溶液中嗅阈值 990μg/L，46%vol 酒精-水溶液中嗅阈值 3.36mg/L。

香草酸乙酯还呈苦味和涩味，在水溶液中涩味阈值 125μmol/L（25mg/L）；苦味阈值 1500μmol/L（294mg/L）。

香草酸乙酯存在于橡木、葡萄酒中，在葡萄酒中含量为 10.8μmol/L。

4. 阿魏酸及其酯类化合物

阿魏酸（ferulic acid，coniferic acid）（C 7-11），是自然界含量十分丰富的酚类化合物，以（*E*）-型存在，多存在于植物细胞壁中，俗称（*E*）-4-羟基-3-甲氧基肉桂酸［（*E*）-4-hydroxy-3-methoxycinnamic acid］，IUPAC 名（*E*）-3-(4-羟基-3-甲氧基苯)-2-丙烯酸［（*E*）-3-(4-hydroxy-3-methoxyphenyl)-2-propenoic acid］，CAS 号 1135-24-6，分子式 $C_{10}H_{10}O_4$，摩尔质量 194.18 g/mol，晶状粉末，熔点 168～172℃，pK_a 4.61，水中溶解度 0.78g/L，呈皱褶涩味，水中涩味阈值 67μmol/L 即 13mg/L。

阿魏酸结构类似物是异阿魏酸（isoferulic acid）（C 7-16）和咖啡酸。加热会造成阿魏酸的降解，在氮气和空气环境中热降解的共同产物是 4-甲基愈创木酚、4-乙基愈创木酚和 4-乙烯基愈创木酚；仅存在于空气环境中的降解产物是香兰素、乙酰香兰酮和香兰酸。

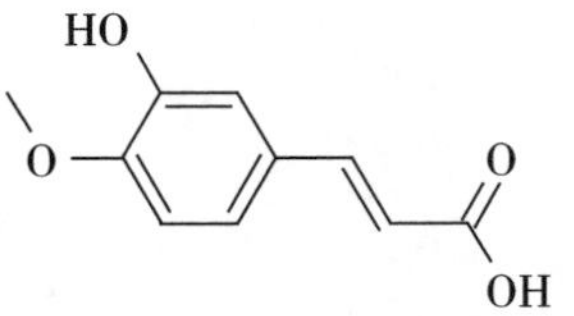

C 7-16 异阿魏酸 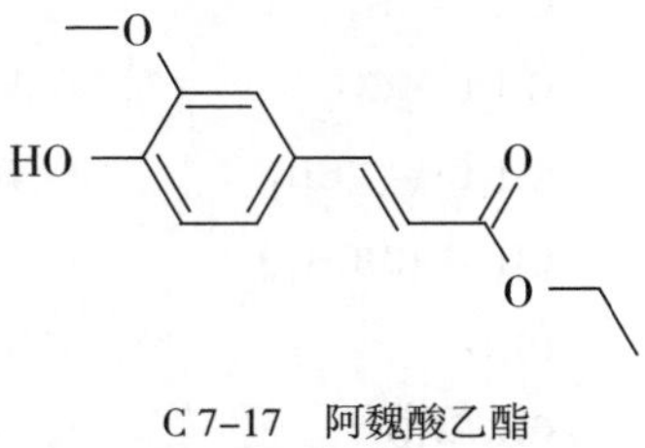　　C 7-17 阿魏酸乙酯

阿魏酸存在于糙米（brown rice）、小麦、燕麦、大麦、玉米、小米、大米、黑麦和高粱中，是高粱籽粒中最丰富的酚酸之一；也存在于咖啡、朝鲜蓟（artichoke）、花生、苹果、橘子、菠萝、蔬菜、豆类、叶子、种子、坚果、青草、花和各种其他类型的植物中。*cis*-阿魏酸在大麦谷壳中含量为 0.6g/kg 干重，在糊粉层含量为 0.2～0.5g/kg 干重，在胚乳层痕量存在；*trans*-阿魏酸在大麦谷壳中含量为 4.3g/kg 干重，在糊粉层含量为

2.6~4.0g/kg 干重，在胚乳层含量是 0.2g/kg 干重。

阿魏酸在橡木中含量为 3~50mg/kg；麦芽中含量为 7.8~12.8mg/kg 或 2.94mg/kg 干重或 177.79mg/kg 干重或 47.15mg/kg 干重（*cis*-型），小麦麦芽中含量为 4.43mg/kg 干重，酒花中含量为 13.2~14.1mg/kg，啤酒中含量为 0.11~16.18mg/L；果醋中含量为 1.8~2.4μmol/L。

阿魏酸已经在发酵酒及其原料中检测到，葡萄酒中含量为 11.1μmol/L，红葡萄酒 0.90~0.92mg/L；白葡萄酒 0.60~0.70mg/L，霞多利白葡萄酒 0.12~0.28mg/L（*trans*-型）；桃红葡萄酒 0.49~0.56mg/L。

植物中阿魏酸很少以游离态存在，它广泛地与各种糖共轭结合，也以各种酯和酰胺形式存在。

阿魏酸乙酯（ethyl ferulate）(C 7-17)，IUPAC 名 4-羟基-3-甲氧基肉桂酸乙酯（ethyl 4-hydroxy-3-methoxycinnamate），CAS 号 4046-02-0，分子式 $C_{12}H_{14}O_4$，摩尔质量 222.24 g/mol，熔点 63~65℃，沸点 164~166℃（66.7Pa），密度 1.17g/cm^3，能溶于乙醇（>25mg/mL），微溶于水。该化合物既呈苦味，也呈涩味，在水溶液中的涩味阈值 67μmol/L（15mg/L）；水溶液中苦味阈值 710μmol/L（158mg/L）。阿魏酸乙酯在葡萄酒中浓度为 1.1μmol/L。

二、带有两个甲氧基的酚醚类化合物

带有两个甲氧基的酚醚类化合物具有如 C 7-18 的结构，这些化合物已经在橡木和葡萄酒中检测到。

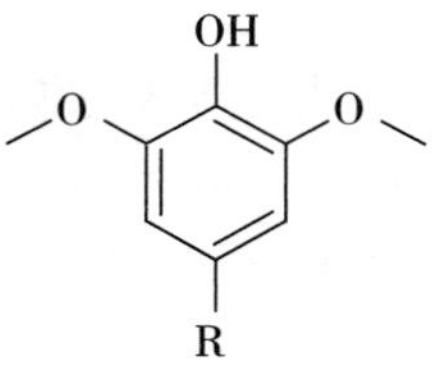

OH O O R

C 7-18

R	化合物
H	丁香酚
CH_3	4-甲基丁香酚
CH_2CH_3	4-乙基丁香酚
$CH{=}CH_2$	4-乙烯基丁香酚
$CH_2CH_2CH_3$	4-丙基丁香酚
$CH_2CH{=}CH_2$	4-烯丙基丁香酚
$CH{=}CHCH_3$	4-丙烯基丁香酚
CHO	丁香醛
CH_2CHO	2-(4-羟基-3,5-二甲氧基苯）乙醛
$COCH_3$	乙酰丁香酮
$COCH_2CH_3$	丙酰丁香酮
COOH	丁香酸
$CH{=}CHCHO$	芥子醛
$CH{=}CHCOOH$	芥子酸

1. 丁香酚类

丁香酚（syringol）(C 7-18）是一个天然存在的焦酚（pyrogallol，也称连苯三酚），俗称2,6-二甲氧基苯酚（2,6-dimethoxyphenol）、2-羟基-1,3-二甲氧基苯（2-hydroxy-1,3-dimethoxybenzene）、1,3-二甲氧基-2-羟基苯（1,3-dimethoxy-2-hydroxybenzene）、焦酚1,3-二甲基醚（pyrogallol 1,3-dimethyl ether）、1,2-二甲氧基焦蒄酸盐（1,2-dimethoxypyrogallate），IUPAC名1,3-二甲氧基-2-羟基苯（1,3-dimethoxy-2-hydroxybenzene），CAS号91-10-1，RI_{np} 1353或1342，RI_{p} 2308或2237或2307，灰色到淡黄色固体，熔点50~57℃，沸点261℃，微溶于水。

丁香酚呈坚果香、烟熏香、酚、化学品气味、药香；在水中嗅阈值1850μg/L，10%（质量分数）酒精-水溶液中（pH3.2）嗅阈值570μg/L。

丁香酚在水中味阈值1650μg/L。

丁香酚存在于橡木、意大利香醋、经橡木贮存后的醋、葡萄酒、啤酒、黄酒、酱香型白酒中。

丁香酚主要存在于橡木中，橡木原木中含量为0.15~1.63mg/kg，烘烤后橡木中含量为0.54~6.08mg/kg，法国中烤橡木中含量为12.13μg/g，美国中烤橡木中26.06μg/g，中国中烤橡木中71.77μg/g。

丁香酚在葡萄酒中含量为10~80μg/L或4~15μg/L，在受到烟污染的葡萄酒中含量为6~26μg/L；啤酒中含量为0~2.3mg/L；意大利香醋含量为20~26μg/L。

丁香酚在自然界以结合态形式存在。

4-乙烯基丁香酚（4-vinylsyringol）(C 7-18)，俗称芥子醇（canolol）、4-乙烯基-2,6-二甲氧基苯酚（4-vinyl-2,6-dimethoxyphenol），IUPAC名2,6-二甲氧基-4-乙烯基苯酚（2,6-dimethoxy-4-vinylphenol），CAS号28343-22-8，RI_{np} 1605，RI_{p} 2511，分子式$C_{10}H_{12}O_3$，沸点285.4℃。呈烟熏气味。

研究发现芥子醇具有清除氧化自由基的能力，其清除能力类似于类胡萝卜素（carotenes），高于蒜素（allicin），远高于褪黑素（melatonin），是一种非常良好的抗氧化剂。

芥子醇最初在粗菜籽油或芥花油（canola oil）中发现，是菜籽（canola seed）在焙烤过程中芥子酸脱羰基产生的。芥子醇已经在橡木中检测到，含量为0.35~8.56mg/kg。

芥子醇在植物中通常以结合态方式存在。

2. 丁香醛和丁香酸

丁香醛（syringaldehyde）(C 7-18)，IUPAC名4-羟基-3,5-二甲氧基苯甲醛（4-hydroxy-3,5-dimethoxybenzaldehyde），CAS号134-96-3，RI_{p} 2904或3040，RI_{np} 1643，分子式$C_9H_{10}O_4$，摩尔质量182.17g/mol，无色固体（样品不纯时呈现微黄色），密度1.01g/mL，熔点110~113℃，沸点192~193℃（19kPa），不溶于水，能溶于醇类和极性有机溶剂。该化合物呈涩味，在水中涩味阈值330μmol/L即60.12mg/L。

丁香醛已经在啤酒中检测到，含量<0.01~0.70mg/L；果醋中含量为0.4~8.7μmol/L。

丁香醛在橡木中含量为28.5~386.0mg/L，在法国中烤橡木中含量为131.20μg/g，美国中烤橡木中 242μg/g，中国中烤橡木中 300.26μg/g。

丁香醛存在于蒸馏酒中，苏格兰单一麦芽威士忌中含量为 1.00mg/L，苏格兰调和威士忌 1.23mg/L，加拿大燕麦威士忌 1.14mg/L，美国波旁威士忌 4.44mg/L；科涅克白兰地 1.16mg/L，阿尔马涅克白兰地 2.74mg/L，普通白兰地 0.22mg/L，朗姆酒 0.43mg/L。

丁香酸（syringic acid）(C 7-18)，IUPAC 名 3,5-二甲基-4-羟基苯甲酸（3,5-dimethyl-4-hydroxybenzoic acid），CAS 号 530-57-4，RI_{np} 1907（丁香酸-2TMS），熔点 206~212℃，25℃时，水中溶解度 5.78g/L。该化合物呈涩味，在水溶液中涩味阈值 263μmol/L 即 52mg/L。

丁香酸存在于酿酒原料如大麦、玉米、小米、燕麦、大米、黑麦、高粱、小麦中。

丁香酸在葡萄酒中含量为 48.1μmol/L，丹菲特红葡萄酒 5.6~7.7mg/L；霞多利白葡萄酒 0.10~0.40mg/L。

丁香酸存在于蒸馏酒中，苏格兰单一麦芽威士忌中含量为 0.85mg/L，苏格兰调和威士忌 0.54mg/L，加拿大燕麦威士忌 0.98mg/L，美国波旁威士忌 2.06mg/L；科涅克白兰地 1.07mg/L，阿尔马涅克白兰地 2.15mg/L，普通白兰地 0.49mg/L，朗姆酒 0.35mg/L。

3. 芥子醛和芥子酸

芥子醛（sinapic aldehyde，sinapinaldehyde，sinapoyl aldehyde，sinapyl aldehyde，*trans*-型）(C 7-19)，俗称 3,5-二甲氧基-4-羟基肉桂醛（3,5-dimethoxy-4-hydroxycinnamaldehyde），IUPAC 名 3-(4-羟基-3,5-二甲氧基苯）丙-2-烯醛［3-(4-hydroxy-3,5-dimethoxyphenyl）prop-2-enal］，RI_{np} 2002，RI_p 3458，熔点 104℃，微溶于水，水中溶解度 5692mg/L（25℃），pK_a 9.667，pK_b 4.330。该化合物有（*E*）-和（*Z*）-型。常见的为（*E*）-芥子醛，CAS 号 4206-58-0。芥子醛存在于橡木中，含量为 0~3μg/g，橡木中含量为 0~3mg/kg。

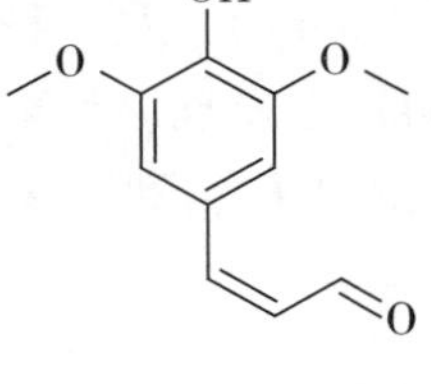

C 7-19 *trans*-芥子醛 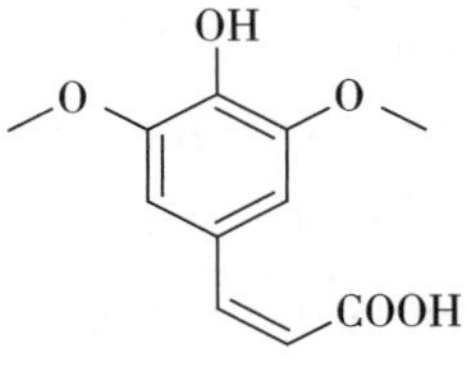　　　　C 7-20 芥子酸

芥子酸（sinapic acid，sinapinic acid）(C 7-20)，俗称 3,5-二甲氧基-4-羟基肉桂酸（3,5-dimethoxy-4-hydroxycinnamic acid）、4-羟基-3,5-二甲氧基肉桂酸（4-hydroxy-3,5-dimethoxycinnamic acid），IUPAC 名 3-(4-羟基-3,5-二甲氧基苯）丙-2-烯酸［3-(4-hydroxy-3,5-dimethoxyphenyl）prop-2-enoic acid］，CAS 号 530-59-6，分子式 $C_{11}H_{12}O_5$，摩尔质量 224.21g/mol，熔点 203~205℃。芥子酸是天然存在的羟基肉桂酸，属于苯丙素类化合物。该化合物在细胞壁中能自聚成二聚体，能形成阿魏酸，在细胞壁中

的作用与双阿魏酸类似。在谷物细胞中，芥子酸与多糖形成酯，特别是阿拉伯糖基木聚糖（arabinoxylan）。阿拉伯糖基木聚糖是谷物壳（如稻壳，rice husk）、果皮（pericarp）、糊粉层（aleurone）、胚乳（endosperm）中重要的糖。芥子酸在麦芽中含量为1.0~4.3mg/kg，酒花中含量为4.1~5.1mg/kg，啤酒中含量为0.056~5.320mg/L；葡萄酒中含量为0~50mg/L。芥子酸也存在于酿酒原料大麦、小米、燕麦、大米、黑麦和高粱中。

第四节　酚类化合物的衍生化反应

酚类化合物基于其酸性采用传统的分离方法将其从样品或基质中分离出来，接着使用*N*,*O*-双（三甲基硅烷）三氟乙酰胺［*N*,*O*-bis（trimethylsilyl）trifluoroacetamide，BSTFA］在室温下衍生化，形成TMS醚。对橡木测定结果表明，其烟气中含量较高的化合物是苯酚、愈创木酚、4-甲基愈创木酚和丁香酚（syringol）。

第五节　酚和酚醚类化合物形成的生物学途径

饮料酒中的挥发性酚类化合物主要来自原料，另外一些来源于污染，如氯苯酚类，其中很少一部分与酵母有关，如4-乙烯基愈创木酚和4-乙烯基苯酚。

一、苯酚、4-甲基苯酚和4-乙基苯酚形成途径

4-甲基苯酚主要是由一些兼性或严格厌氧细菌降解L-酪氨酸形成的（图7-1），难辨梭菌（*Clo. difficile*）和粪臭梭菌（*Clo. scatologenes*）。乳酸菌（*Lactobacillus* sp.）也可以产生4-甲基苯酚。对羟基苯乙酸是4-甲基苯酚产生的中间前体，由对羟基苯乙酸脱羧酶（*p*-hydroxyphenylacetate decarboxylase）催化，氧分子可使该酶失活。乳酸菌代谢对羟基苯乙酸时，只产生4-甲基苯酚，而不产生2-和3-甲基苯酚。难辨梭菌脱羧酶基因命名为*phdA*（激活酶）、*phdB*（脱羧酶）和*phdC*（未知功能的ORF）。Fe^{3+}存在时能显著增加4-甲基苯酚浓度。

4-甲基苯酚一般与粪臭素（skatole）成对出现。研究发现，乳酸菌降解5-羟基吲哚乙酸产生5-羟基粪臭素和3,4-二羟基苯乙酸，最后产生愈创木酚（methylcatechol）。当吲哚乙酸与4-羟基苯乙酸以等浓度混合时，产生粪臭素与4-甲基苯酚的比例为0.5∶1。推测菌株内有两种不同的脱羧基化酶竞争而形成。

水果中柠檬醛在酸性条件下，其氧化产物是4-甲基苯酚和4-甲基乙酰苯。

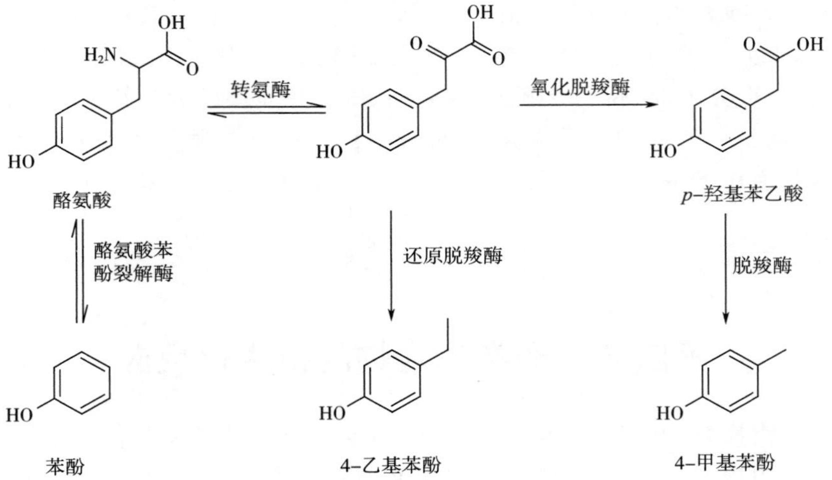

图 7-1 微生物从酪氨酸形成 4-甲基苯酚、 4-乙基苯酚和苯酚的途径

二、 乙基苯酚与乙烯基苯酚

在发酵过程中，挥发性酚类化合物主要是由酵母代谢产生。乙烯基苯酚和乙基苯酚的先驱物分别是相应的酚羰酸（phenolcarbonic acid)，即阿魏酸和 *p*-香豆酸（羟基肉桂酸前体物）在非氧化过程中由酿酒酵母脱羰基形成。乙烯基化合物在苹果酸-乳酸发酵过程中被酒香酵母属（*Brettanomyces*）酵母和乳酸杆菌属（*Lactobacilli*)、德克酵母属（*Dekkera* spp.）等还原成相应的乙基类化合物。

葡萄中含有许多羟基肉桂酸类化合物，如 *p*-香豆酸、咖啡酸、阿魏酸、芥子酸，既存在游离态，也存在与酒石酸的酯结合态。酿酒酵母能利用游离态的酸，通过羟基肉桂酸脱羧酶（hydroxycinnamate decarboxylase，即 phenolic acid decarboxylase，Pad1p，图 7-2）作用产生相应的乙烯基苯酚。但乙烯基苯酚是不稳定的和高度活泼的。在葡萄酒中不常见的酵母布鲁塞尔德克酵母（*D. bruxellensis*）作用下，将乙烯基苯酚还原为高度稳定的乙基苯酚。乙烯基苯酚还可以与花色素苷（anthocyanin）反应形成乙烯基衍生物，该反应由含有羟基肉桂酸脱羧酶活力的酵母催化。

另外一个生物学的途径是由酚酸脱羰基形成，通常首先生成 4-乙烯基衍生物，然后再在酚酸脱羧酶（PAD）的作用下，还原为 4-乙基衍生物。在许多微生物中发现产 PAD 酶的基因，包括来源于酿酒酵母（*S. cerevisiae*）的 *PAD1*（也称为 *POF1*）基因、短小芽孢杆菌（*B. pumilus*）的 *fdc* 基因、植物乳杆菌（*Lac. plantarum*）的 *pdc*（*p*-香豆酸脱羧酶）基因、枯草杆菌（*B. subtilis*）的 *padc*（酚酸脱羧酶）基因、戊糖片球菌（*P. pentosaceus*）的 *padA* 基因。由葡萄汁酵母（*S. uvarum*）产挥发性酚类化合物依赖于功能等位基因 *PAD1/POF1* 产生的苯丙烯酸脱羧酶（phenylacrylic acid decarboxylase）。

最近，将枯草杆菌（*B. subtilis*）的 *padc* 基因、植物乳杆菌（*Lac. plantarum*）的

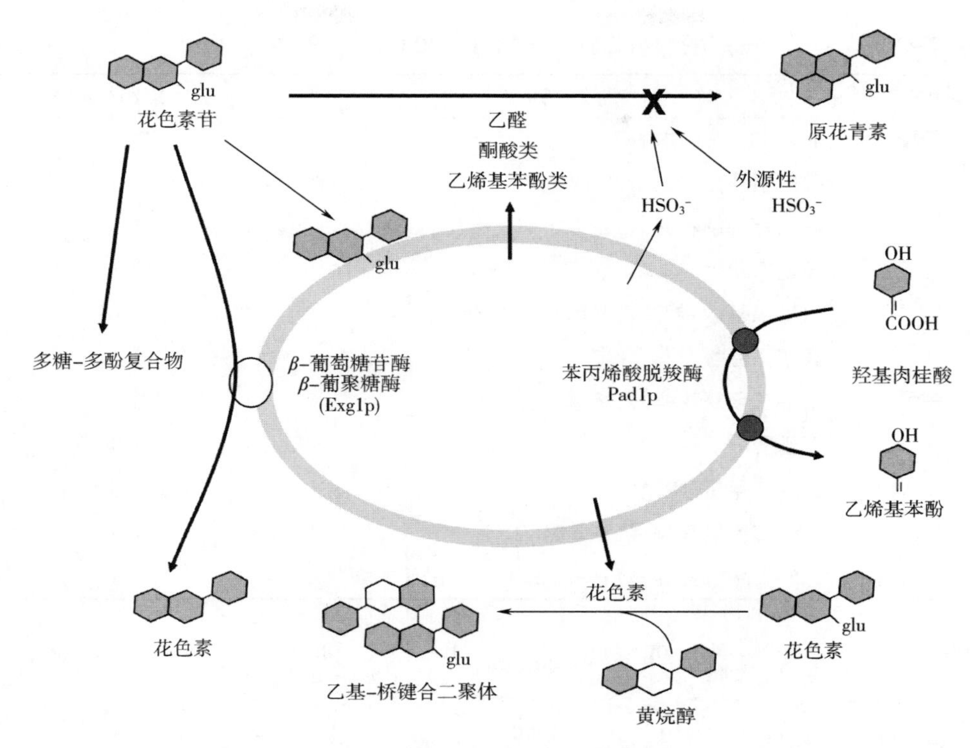

图 7-2　葡萄酚类化合物的酵母修饰

pdc 基因、酿酒酵母（*S. cerevisiae*）的 *PAD1/POF1* 基因过表达在实验室酿酒酵母中，开发了优化酚酸脱羧酶活力的葡萄酒酵母。在酿酒酵母中过表达 *padc* 和 *pdc* 基因后，显示出高的酶活力。然后，*padc* 和 *pdc* 基因被过表达在商业酵母中，发现挥发性酚比实验室菌种增加 2 倍。

三、 *p*-香豆酸和阿魏酸热降解形成酚类化合物

在谷物蒸馏酒中，*p*-香豆酸和阿魏酸在蒸煮时分别形成 4-乙烯基苯酚和 4-乙烯基愈创木酚。4-乙基苯酚、4-乙基愈创木酚和 4-甲基愈创木酚是酒精发酵时细菌分别代谢 *p*-香豆酸、阿魏酸和香兰素的产物。乙烯基苯酚则是乙基苯酚产生的中间产物。阿魏酸、*p*-香豆酸和香兰素已经在玉米和麦芽中检测到，玉米中含量随着蒸煮时间延长而逐渐上升。

在模型试验中已经证明，阿魏酸是酚醚类化合物的前体物（表 7-2）。4-乙烯基愈创木酚是阿魏酸（图 7-3 中 F）高温降解的主要产物，次要产物是 4-乙基愈创木酚（Ⅰ）、香兰素（Ⅱ）和愈创木酚（Ⅲ）（图 7-3），如焙烤咖啡和麦芽干燥过程。在橙汁巴氏灭菌（pasteurization）时，阿魏酸分解产生 4-乙烯基愈创木酚，当浓度超过 1mg/kg 时，产生霉味和陈腐臭（stale taste）。

表 7-2　　一些酚酸热降解的产物（200℃，空气中）

酚酸	产物	比例/%
阿魏酸	4-乙烯基愈创木酚	79.9
	香兰素	6.4
	4-乙基愈创木酚	5.5
	愈创木酚	3.1
	3-甲氧基-4-羟基乙酰苯（乙酰香兰酮）	2.6
	异丁子香酚	2.5
芥子酸	2,6-二甲氧基-4-乙烯基苯酚	78.5
	丁香醛	13.4
	2,6-二甲氧基苯酚	4.5
	2,6-二甲氧基-4-乙基苯酚	1.8
	3,5-二甲氧基-4-羟基-乙酰苯（乙酰丁香酮）	1.1

图 7-3　阿魏酸的热降解

复习思考题

1. 请画出苯酚、4-甲基苯酚、4-乙烯基苯酚、*cis*-异丁子香酚和 *trans*-异丁子香酚、香兰素的结构式。

2. 论述4-甲基苯酚的风味特征以及在白酒中的分布，对白酒风味的影响及其产生机理。

3. 简述4-乙基苯酚的风味特征以及对葡萄酒风味的影响。

4. 简述4-乙基愈创木酚的风味特征以及对白酒风味的影响。

5. 简述4-乙烯基苯酚的风味特征以及对饮料酒风味的影响。

6. 简述香兰素的风味特征以及对饮料酒风味的影响。

7. 简述 *p*-香豆酸和阿魏酸的热分解反应。

8. 论述葡萄酒中丁子香酚和异丁子香酚的来源，以及对葡萄酒风味的影响。

参考文献

[1] Vanbeneden, N., Gils, F., Delvaux, F., Delvaux, F. R. Formation of 4-vinyl and 4-ethyl de-

rivatives from hydroxycinnamic acids: Occurrence of volatile phenolic flavour compounds in beer and distribution of Pad1-activity among brewing yeasts [J]. Food Chem., 2008, 107: 221-230.

[2] Rapp, A. Volatile flavor of wine: Correlation between instrumental analysis and sensory perception [J]. Nahrung, 1998, 42 (6): 351-363.

[3] 范文来，徐岩．应用液液萃取结合正相色谱技术鉴定汾酒与郎酒挥发性成分（下）[J]. 酿酒科技，2013，225（3）：17-27.

[4] de Simón, B. F., Muiño, I., Cadahía, E. Characterization of volatile constituents in commercial oak wood chips [J]. J. Agri. Food. Chem., 2010, 58: 9587-9596.

[5] Aaslyng, M. D., Elmore, J. S., Mottram, D. S. Comparison of the aroma characteristics of acid-hydrolyzed and enzyme-hydrolyzed vegetable proteins produced from soy [J]. J. Agri. Food. Chem., 1998, 46 (12): 5225-5231.

[6] Rychlik, M., Schieberle, P., Grosch, W. Compilation of odor thresholds, odor qualities and retention indices of key food odorants [M]. Garching: Deutsche Forschungsanstalt für Lebensmittelchemie and Institut für Lebensmittelchemie der Technischen Universität München, 1998.

[7] 周双，徐岩，范文来，李记明，于英，姜文广，李兰晓．应用液液萃取分析中度烘烤橡木片中挥发性化合物 [J]. 食品与发酵工业，2012，38（9）：125-131.

[8] Sekiwa, Y., Kubota, K., Kobayashi, A. Characteristic flavor components in the brew of cooked Clam (*Meretrix lusoria*) and the effect of storage on flavor formation [J]. J. Agri. Food. Chem., 1997, 45: 826-830.

[9] Fu, S.-G., Yoon, Y., Bazemore, R. Aroma-active components in fermented bamboo shoots [J]. J. Agri. Food. Chem., 2002, 50 (3): 549-554.

[10] Young, W. F., Horth, H., Crane, R., Ogden, T., Arnott, M. Taste and odour threshold concentrations of potential potable water contaminants [J]. Water Res., 1996, 30 (2): 331-340.

[11] 范文来，徐岩．白酒 79 个风味化合物嗅觉阈值测定 [J]. 酿酒，2011，38（4）：80-84.

[12] Clarke, R. J., Bakker, J. Wine Flavour Chemistry [M]. Oxford: Blackwell Publishing Ltd., 2004.

[13] http://www.leffingwell.com/odorthre.htm.

[14] Parker, M., Osidacz, P., Baldock, G. A., Hayasaka, Y., Black, C. A., Pardon, K. H., Jeffery, D. W., Geue, J. P., Herderich, M. J., Francis, I. L. Contribution of several volatile phenols and their glycoconjugates to smoke-related sensory properties of red wine [J]. J. Agri. Food. Chem., 2012, 60 (10): 2629-2637.

[15] Zhang, C., Xu, Y., Fan, W. Removal of off-odors from baijiu (Chinese liquor) with different adsorbents [J]. Sci. Technol. Food Ind., 2012, 33 (23): 60-65.

[16] Fan, W., Qian, M. C. Characterization of aroma compounds of Chinese "Wuliangye" and "Jiannanchun" liquors by aroma extraction dilution analysis [J]. J. Agri. Food. Chem., 2006, 54 (7): 2695-2704.

[17] Fan, W., Qian, M. C. Headspace solid phase microextraction (HS-SPME) and gas chromatography-olfactometry dilution analysis of young and aged Chinese "Yanghe Daqu" liquors [J]. J. Agri. Food. Chem., 2005, 53 (20): 7931-7938.

[18] Fan, W., Qian, M. C. Identification of aroma compounds in Chinese 'Yanghe Daqu' liquor by normal phase chromatography fractionation followed by gas chromatography/olfactometry [J]. Flav. Fragr. J., 2006, 21 (2): 333-342.

[19] 孙莎莎，范文来，徐岩，李记明，于英．我国不同产地赤霞珠挥发性香气成分差异分析 [J]．食品工业科技，2013，34（24）：70-74.

[20] Fan，W.，Xu，Y.，Jiang，W.，Li，J. Identification and quantification of impact aroma compounds in 4 nonfloral *Vitis vinifera* varieties grapes [J]. J. Food Sci.，2010，75（1）：S81-S88.

[21] Callemien，D.，Collin，S. Structure，organoleptic properties，quantification methods，and stability of phenolic compounds in beer：a review [J]. Food Rev. Int.，2010，26：1-84.

[22] Fan，W.，Xu，Y.，Han，Y. Quantification of volatile compounds in Chinese ciders by stir bar sorptive extraction（SBSE）and gas chromatography-mass spectrometry（GC-MS）[J]. J. Inst. Brew.，2011，117（1）：61-66.

[23] 张灿．中国白酒中异嗅物质研究 [D]．无锡：江南大学，2013.

[24] 汪玲玲，范文来，徐岩．酱香型白酒液液微萃取-毛细管色谱骨架成分与香气重组 [J]．食品工业科技，2012，33（19）：304-308.

[25] Wang，X.，Fan，W.，Xu，Y. Comparison on aroma compounds in Chinese soy sauce and strong aroma type liquors by gas chromatography-olfactometry，chemical quantitative and odor activity values analysis [J]. Eur. Food Res. Technol.，2014，239（5）：813-825.

[26] 王元太．清香型白酒的主要微量成分及其量比关系对感官质量的影响 [J]．酿酒科技，2004，123（3）：27-29.

[27] Gao，W.，Fan，W.，Xu，Y. Characterization of the key odorants in light aroma type Chinese liquor by gas chromatography-olfactometry，quantitative measurements，aroma recombination，and omission studies [J]. J. Agri. Food. Chem.，2014，62（25）：5796-5804.

[28] 龚舒蓓．老白干香型和芝麻香型手工原酒与机械原酒的成分差异 [D]．无锡：江南大学，2018.

[29] Hayasaka，Y.，Baldock，G. A.，Parker，M.，Pardon，K. H.，Black，C. A.，Herderich，M. J.，Jeffery，D. W. Glycosylation of smoke-derived volatile phenols in grapes as a consequence of grapevine exposure to bushfire smoke [J]. J. Agri. Food. Chem.，2010，58（20）：10989-10998.

[30] Lee，S. -J.，Noble，A. C. Characterization of odor-active compounds in Californian Chardonnay wines using GC-olfactometry and GC-mass spectrometry [J]. J. Agri. Food. Chem.，2003，51：8036-8044.

[31] Aznar，M.，López，R.，Cacho，J. F.，Ferreira，V. Identification and quantification of impact odorants of aged red wines from Rioja. GC-olfactometry，quantitative GC-MS，and odor evaluation of HPLC fractions [J]. J. Agri. Food. Chem.，2001，49：2924-2929.

[32] Culleré，L.，Escudero，A.，Cacho，J. F.，Ferreira，V. Gas chromatography-olfactometry and chemical quantitative study of the aroma of six premium quality Spanish aged red wines [J]. J. Agri. Food. Chem.，2004，52（6）：1653-1660.

[33] Kotseridis，Y.，Baumes，R. Identification of impact odorants in Bordeaux red grape juice，in the commercial yeast used for its fermentation，and in the produced wine [J]. J. Agri. Food. Chem.，2000，48（2）：400-406.

[34] López，R.，Ferreira，V.，Hernández，P.，Cacho，J. F. Identification of impact odorants of young red wines made with Merlot，Cabernet sauvignon and Grenache grape varieties：a comparative study [J]. J. Sci. Food Agric.，1999，79（11）：1461-1467.

[35] López，R.，Ortin，N.，Perez-Trujillo，J. P.，Cacho，J.，Ferreira，V. Impact odorants of different young white wines from the Canary islands [J]. J. Agri. Food. Chem.，2003，51：3419-3425.

[36] Strube, A., Buettner, A., Czerny, M. Influence of chemical structure on absolute odour thresholds and odour characteristics of *ortho* -and *para*-halogenated phenols and cresols [J]. Flav. Fragr. J., 2012, 27 (4): 304-312.

[37] Loscos, N., Hernandez-Orte, P., Cacho, J., Ferreira, V. Release and formation of varietal aroma compounds during alcoholic fermentation from nonfloral grape odorless flavor precursors fractions [J]. J. Agri. Food. Chem., 2007, 55 (16): 6674-6684.

[38] Christoph, N., Bauer-Christoph, C. Flavour of spirit drinks: Raw materials, fermentation, distillation, and ageing [M]. In Flavours and Fragrances: Chemistry, Bioprocessing and Sustainability, Berger, R. G., Ed. Springer, Heidelberg, Germany, 2007: 219-239.

[39] López, R., Aznar, M., Cacho, J., Ferreira, V. Determination of minor and trace volatile compounds in wine by solid-phase extraction and gas chromatography with mass spectrometric detection [J]. J. Chromatogr. A, 2002, 966: 167-177.

[40] Czerny, M., Buettner, A. Odor - active compounds in cardboard [J]. J. Agri. Food. Chem., 2009, 57: 9979-9984.

[41] Fan, W., Xu, Y., Qian, M. C. Identification of aroma compounds in Chinese "Moutai" and "Langjiu" liquors by normal phase liquid chromatography fractionation followed by gas chromatography/olfactometry [M]. In Flavor Chemistry of Wine and Other Alcoholic Beverages, Qian, M. C.; Shellhammer, T. H., Eds. American Chemical Society, 2012: 303-338.

[42] Czerny, M., Christlbauer, M., Christlbauer, M., Fischer, A., Granvogl, M., Hammer, M., Hartl, C., Hernandez, N. M., Schieberle, P. Re-investigation on odour thresholds of key food aroma compounds and development of an aroma language based on odour qualities of defined aqueous odorant solutions [J]. Eur. Food Res. Technol., 2008, 228: 265-273.

[43] Marcq, P., Schieberle, P. Characterization of the key aroma compounds in a commercial Amontillado sherry wine by means of the sensomics approach [J]. J. Agri. Food. Chem., 2015, 63 (19): 4761-4770.

[44] Christlbauer, M., Schieberle, P. Characterization of the key aroma compounds in beef and pork vegetable gravies ά la chef by application of the aroma extraction dilution analysis [J]. J. Agri. Food. Chem., 2009, 57: 9114-9122.

[45] Rowe, D. J. Chemistry and Technology of Flavors and Fragrances [M]. Oxford: Blackwell Publishing Ltd., 2005.

[46] Ruth, J. H. Odor thresholds and irritation levels of several chemical substances: a review [J]. AIHA J., 1986, 47 (3): A142-151.

[47] Mahajan, S. S., Goddik, L., Qian, M. C. Aroma compounds in sweet whey powder [J]. J. Dairy Sci., 2004, 87: 4057-4063.

[48] Karagül-Yüceer, Y., Vlahovich, K. N., Drake, M., Cadwallader, K. R. Characteristic aroma compounds of rennet casein [J]. J. Agri. Food. Chem., 2003, 51: 6797-6801.

[49] Belitz, H.-D., Grosch, W., Schieberle, P. Food Chemistry [M]. Verlag Berlin Heidelberg: Springer, 2009.

[50] Franitza, L., Granvogl, M., Schieberle, P. Characterization of the key aroma compounds in two commercial rums by means of the sensomics approach [J]. J. Agri. Food. Chem., 2016, 64 (3): 637-645.

[51] Jagella, T., Grosch, W. Flavour and off-flavour compounds of black and white pepper (*Piper nig-*

rum L.) Ⅲ. Desirable and undesirable odorants of white pepper [J]. Eur. Food Res. Technol., 1999, 209: 27-31.

[52] Chen, J., Ho, C. -T. Volatile compounds generated in serine-monosaccharide model systems [J]. J. Agri. Food. Chem., 1998, 46 (4): 1518-1522.

[53] Rowe, D. J. Aroma Chemicals I: C, H, O Compounds [M]. In Chemistry and Technology of Flavors and Fragrances, Rowe, D. J., Ed. Blackwell Publishing Ltd., Oxford, UK, 2005: 56-84.

[54] Steinhaus, M., Schieberle, P. Characterization of odorants causing an atypical aroma in white pepper powder (*Piper nigrum* L.) based on quantitative measurements and orthonasal breakthrough thresholds [J]. J. Agri. Food. Chem., 2005, 53: 6049-6055.

[55] Ueno, T., Kiyohara, S., Ho, C. -T., Masuda, H. Potent inhibitory effects of black tea theaflavins on off-odor formation from citral [J]. J. Agri. Food. Chem., 2006, 54 (8): 3055-3061.

[56] Selmer, T., Andrei, P. I. *p*-Hydroxyphenylacetate decarboxylase from *Clostridium difficile*. A novel glycyl radical enzyme catalysing the formation of *p*-cresol [J]. European Journal of Biochemistry, 2001, 268 (5): 1363-1372.

[57] Doerner, K. C., Mason, B. P., Kridelbaugh, D., Loughrin, J. Fe (Ⅲ) stimulates 3-methylindole and 4-methylphenol production in swine lagoon enrichments and *Clostridium scatologenes* ATCC 25775 [J]. Lett. App. Microbiol., 2009, 48: 118-124.

[58] 朱燕. 中国白酒中一种"陈味"物质的发现与确认 [D]. 无锡: 江南大学, 2011.

[59] Wang, J., Gambetta, J. M., Jeffery, D. W. Comprehensive study of volatile compounds in two Australian rosé wines: Aroma extract dilution analysis (AEDA) of extracts prepared using solvent-assisted flavor evaporation (SAFE) or headspace solid-phase extraction (HS-SPE) [J]. J. Agri. Food. Chem., 2016, 64 (19): 3838-3848.

[60] Fan, W., Shen, H., Xu, Y. Quantification of volatile compounds in Chinese soy sauce aroma type liquor by stir bar sorptive extraction (SBSE) and gas chromatography-mass spectrometry (GC-MS) [J]. J. Sci. Food Agric., 2011, 91 (7): 1187-1198.

[61] 范文来, 聂庆庆, 徐岩. 洋河绵柔型白酒关键风味成分 [J]. 食品科学, 2013, 34 (4): 135-139.

[62] Chatonnet, P., Dubourdieu, D., Boidron, J. N., Pons, M. The origin of ethylphenols in wines [J]. J. Sci. Food Agric., 1992, 60 (2): 165-178.

[63] Suárez, R., Suárez-Lepe, J. A., Morata, A., Calderón, F. The production of ethylphenols in wine by yeasts of the genera *Brettanomyces* and *Dekkera*: A review [J]. Food Chem., 2007, 102: 10-21.

[64] Ledauphin, J., Guichard, H., Saint-Clair, J. -F., Picoche, B., Barillier, D. Chemical and sensorial aroma characterization of freshly distilled Calvados. 2. Identification of volatile compounds and key odorants [J]. J. Agri. Food. Chem., 2003, 51 (2): 433-442.

[65] Poisson, L., Schieberle, P. Characterization of the most odor-active compounds in an American Bourbon whisky by application of the aroma extract dilution analysis [J]. J. Agri. Food. Chem., 2008, 56 (14): 5813-5819.

[66] Ferreira, V., Ortín, N., Escudero, A., López, R., Cacho, J. Chemical characterization of the aroma of Grenache rosé wines: Aroma extract dilution analysis, quantitative determination, and sensory reconstitution studies [J]. J. Agri. Food. Chem., 2002, 50 (14): 4048-4054.

[67] Zea, L., Ruiz, M. J., Moyano, L. Using odorant series as an analytical tool for the study of the bi-

ological ageing of sherry wines [M]. In Gas Chromatography in Plant Science, Wine Technology, Toxicology and Some Specific Applications Salih, B. ; Çelikbıçak, Ö. , Eds. InTech: Rijeka, Croatia, 2012: 91–108.

[68] Swiegers, J. H. , Saerens, S. M. G. , Pretorius, I. S. The development of yeast strains as tools for adjusting the flavor of fermented beverages to market specifications [M]. In Biotechnology in Flavor Production, Havkin–Frenkel, d. ; Belanger, F. C. , Eds. Blackwell Publishing Ltd. , Oxford OX4 2DQ, UK, 2008.

[69] Chatonnet, P. , Dubourdieu, D. , Boidron, J. N. , Pons, M. The origin of ethylphenols in wines [J]. J. Sci. Food. Agric. , 1992, 60: 165–178.

[70] Callejón, R. M. , Morales, M. L. , Ferreira, A. C. S. , Troncoso, A. M. Defining the typical aroma of sherry vinegar: Sensory and chemical approach [J]. J. Agri. Food. Chem. , 2008, 56 (17): 8086–8095.

[71] Guerrero, E. D. , Chinnici, F. , Natali, N. , Marín, R. N. , Riponi, C. Solid–phase extraction method for determination of volatile compounds in traditional balsamic vinegar [J]. J. Sep. Sci. , 2008, 31 (16–17): 3030–3036.

[72] Kennison, K. R. , Wilkinson, K. L. , Williams, H. G. , Smith, J. H. , Gibberd, M. R. Smoke–derived taint in wine: Effect of postharvest smoke exposure of grapes on the chemical composition and sensory characteristics of wine [J]. J. Agri. Food. Chem. , 2007, 55 (26): 10897–10901.

[73] Francis, I. L. , Newton, J. L. Determining wine aroma from compositional data [J]. Aust. J. Grape Wine Res. , 2005, 11 (2): 114–126.

[74] Pollnitz, A. P. , Pardon, K. H. , Sefton, M. A. Quantitative analysis of 4–ethylphenol and 4–ethylguaiacol in red wine [J]. J. Chromatogr. A, 2000, 874 (1): 101–109.

[75] Schuh, C. , Schieberle, P. Characterization of the key aroma compounds in the beverage prepared from Darjeeling black tea: Quantitative differences between tea leaves and infusion [J]. J. Agri. Food. Chem. , 2006, 54 (3): 916–924.

[76] Culleré, L. , Ferreira, V. , Chevret, B. , Venturini, M. E. , Sánchez – Gimeno, A. C. , Blanco, D. Characterisation of aroma active compounds in black truffles (*Tuber melanosporum*) and summer truffles (*Tuber aestivum*) by gas chromatography–olfactometry [J]. Food Chem. , 2010, 122: 300–306.

[77] Guth, H. Quantitation and sensory studies of character impact odorants of different white wine varieties [J]. J. Agri. Food. Chem. , 1997, 45 (8): 3027–3032.

[78] Pino, J. A. , Queris, O. Characterization of odor-active compounds in guava wine [J]. J. Agri. Food. Chem. , 2011, 59: 4885–4890.

[79] Leffingwell, J. C. Odor & flavor detection thresholds in water [Online], 2003. http://www. leffingwell. com/odorthre. htm.

[80] Chatonnet, P. , Dubourdieu, D. , Boidron, J. N. , Lavigne, V. Synthesis of volatile phenols by *Saccharomyces cerevisiae* in wines [J]. Journal of the Science of Food & Agriculture, 1993, 62 (2): 191–202.

[81] Langos, D. , Granvogl, M. Studies on the simultaneous formation of aroma–active and toxicologically relevant vinyl aromatics from free phenolic acids during wheat beer brewing [J]. J. Agri. Food. Chem. , 2016, 64 (11): 2325–2332.

[82] Baumes, R. Wine aroma precursors [M]. In Wine Chemistry and Biochemistry, Moreno–Arribas, M. V. ; Polo, M. C. , Eds. Springer, New York, USA, 2008: 251–274.

[83] Fiddler, W. , Parker, W. E. , Wasserman, A. E. , Doerr, R. C. Thermal decomposition of ferulic acid [J]. J. Agri. Food. Chem. , 1967, 15 (5): 757–761.

[84] Goodey, A. R., Tubb, R. S. Genetic and biochemical analysis of the ability of *Saccharomyces cerevisiae* to decarboxylate cinnamic acids [J]. Microbiology, 1982, 128 (11): 2615-2620.

[85] Werkhoof, P., Güntert, M., Krammer, G., Sommer, H., Kaulen, J. Vacuum headspace method in aroma research: Flavor chemistry of yellow passion fruits [J]. J. Agri. Food. Chem., 1998, 46: 1076-1093.

[86] Khakimov, B., Motawia, M., Bak, S., Engelsen, S. The use of trimethylsilyl cyanide derivatization for robust and broad-spectrum high-throughput gas chromatography-mass spectrometry based metabolomics [J]. Anal. Bioanal. Chem., 2013, 405 (28): 9193-9205.

[87] Guillén, M. D., Ibargoitia, M. L. New components with potential antioxidant and organoleptic properties, detected for the first time in liquid smoke flavoring preparations [J]. J. Agri. Food. Chem., 1998, 46 (4): 1276-1285.

[88] Weldegergis, B. T., Crouch, A. M., Górecki, T., Villiers, A. d. Solid phase extraction in combination with comprehensive two-dimensional gas chromatography coupled to time-of-flight mass spectrometry for the detailed investigation of volatiles in South African red wines [J]. Anal. Chim. Acta, 2011, 701: 98-111.

[89] http://en.wikipedia.org.

[90] Dicko, M. H., Gruppen, H., Traoré, A. S., Voragen, A. G. J., Berkel, W. J. H. v. Phenolic compounds and related enzymes as determinants of sorghum for food use [J]. Biotechnol. Mol. Biol. Rev., 2006, 1 (1): 21-38.

[91] Spanos, G. A., Wrolstad, R. E. Phenolics of apple, pear, and white grape juices and their changes with processing and storage: A review [J]. J. Agri. Food. Chem., 1992, 40: 1478-1487.

[92] Cadahía, E., Muñoz, L., de Simón, B. F., García-Vallejo, M. C. Changes in low molecular weight phenolic compounds in Spanish, French, and American oak woods during natural seasoning and toasting [J]. J. Agri. Food. Chem., 2001, 49 (4): 1790-1798.

[93] Awika, J. M., Rooney, L. W. Sorghum phytochemicals and their potential impact on human health [J]. Phytochemistry, 2004, 65 (9): 1199-1221.

[94] Dykes, L., Rooney, L. W. Phenolic compounds in cereal grains and their health benefits [J]. Cereal Foods World, 2007, 52 (3): 105-111.

[95] Nordkvist, E., Salomonsson, A. C., Åman, P. Distribution of insoluble bound phenolic acids in barley grain [J]. J. Sci. Food Agric., 1984, 35 (6): 657-661.

[96] Hillmann, H., Mattes, J., Brockhoff, A., Dunkel, A., Meyerhof, W., Hofmann, T. Sensomics analysis of taste compounds in balsamic vinegar and discovery of 5-acetoxymethyl-2-furaldehyde as a novel sweet taste modulator [J]. J. Agri. Food. Chem., 2012, 60 (40): 9974-9990.

[97] Hufnagel, J. C., Hofmann, T. Quantitative reconstruction of the nonvolatile sensometabolome of a red wine [J]. J. Agri. Food. Chem., 2008, 56 (19): 9190-9199.

[98] Hufnagel, J. C., Hofmann, T. Orosensory-directed identification of astringent mouthfeel and bitter-tasting compounds in red wine [J]. J. Agri. Food. Chem., 2008, 56 (4): 1376-1386.

[99] del Barrio-Galán, R., Medel-Marabolí, M., Peña-Neira, Á. Effect of different ageing techniques on the polysaccharide and phenolic composition and sensorial characteristics of Chardonnay white wines fermented with different selected *Saccharomyces cerevisiae* yeast strains [J]. Eur. Food Res. Technol., 2016, 242 (7): 1069-1085.

[100] Conde, E., Cadahía, E., García-Vallejo, M. C., Fernández de Simón, B. Polyphenolic composition of *Quercus suber* cork from different Spanish provenances [J]. J. Agri. Food. Chem., 1998, 46 (8): 3166-3171.

[101] Glabasnia, A., Hofmann, T. Sensory-directed identification of taste-active ellagitannins in American (*Quercus alba* L.) and European oak wood (*Quercus robur* L.) and quantitative analysis in Bourbon whiskey and oak-matured red wines [J]. J. Agri. Food. Chem., 2006, 54: 3380-3390.

[102] Kaneko, S., Kumazawa, K., Masuda, H., Henze, A., Hofmann, T. Molecular and sensory studies on the umami taste of Japanese green tea [J]. J. Agri. Food. Chem., 2006, 54: 2688-2694.

[103] Shrikanta, A., Kumar, A., Govindaswamy, V. Resveratrol content and antioxidant properties of underutilized fruits [J]. J. Food Sci. Technol., 2015, 52 (1): 383-390.

[104] Frank, S., Wollmann, N., Schieberle, P., Hofmann, T. Reconstitution of the flavor signature of Dornfelder red wine on the vasis of the natural concentrations of its key aroma and taste compounds [J]. J. Agri. Food. Chem., 2011, 59 (16): 8866-8874.

[105] Cejudo-Bastante, M. J., Hermosín-Gutiérrez, I., Castro-Vázquez, L. I., Pérez-Coello, M. S. Hyperoxygenation and bottle storage of Chardonnay white wines: Effects on color-related phenolics, volatile composition, and sensory characteristics [J]. J. Agri. Food. Chem., 2011, 59 (8): 4171-4182.

[106] Goldberg, D. M., Hoffman, B., Yang, J., Soleas, G. J. Phenolic constituents, furans, and total antioxidant status of distilled spirits [J]. J. Agri. Food. Chem., 1999, 47: 3978-3985.

[107] Singleton, V. L., Timberlake, C. F., Lea, A. G. H. The phenolic cinnamates of white grapes and wine [J]. Journal of the Science of Food & Agriculture, 1978, 29 (4): 403-410.

[108] Romeyer, F. M., Macheix, J. J., Goiffon, J. J., Reminiac, C. C., Sapis, J. C. Browning capacity of grapes. 3. Changes and importance of hydroxycinnamic acid-tartaric acid esters during development and maturation of the fruit [J]. J. Agri. Food. Chem., 1983, 31 (2): 346-349.

[109] Maillard, M.-N., Berset, C. Evolution of antioxidant activity during kilning: Role of insoluble bound phenolic acids of barley and malt [J]. J. Agri. Food. Chem., 1995, 43 (7): 1789-1793.

[110] Chatonnet, P., Dubourdieu, D., Boidron, J. N. The influence of *Brettanomyces/Dekkera* sp. yeasts and lactic acid bacteria on the ethylphenol content of red wines [J]. Am. J. Enol. Vitic., 1995, 46 (4): 463-468.

[111] Dresel, M., Dunkel, A., Hofmann, T. Sensomics analysis of key bitter compounds in the hard resin of hops (*Humulus lupulus* L.) and their contribution to the bitter profile of Pilsner-type beer [J]. J. Agri. Food. Chem., 2015, 63 (13): 3402-3418.

[112] Vallverdú-Queralt, A., Verbaere, A., Meudec, E., Cheynier, V., Sommerer, N. Straightforward method To quantify GSH, GSSG, GRP, and hydroxycinnamic acids in wines by UPLC-MRM-MS [J]. J. Agri. Food. Chem., 2015, 63 (1): 142-149.

[113] Singleton, V. L., Salgues, M., Zaya, J., Trousdale, E. Caftaric acid disappearance and conversion to products of enzymic oxidation in grape must and wine [J]. Am. J. Enol. Vitic., 1985, 36: 50-56.

[114] Boulton, R. B., Singleton, V. L., Bisson, L. F., Kunkee, R. E. Principles and Practices of Winemaking [M]. Springer, 1999.

[115] Zeller, A., Rychlik, M. Character impact odorants of fennel fruits and fennel tea [J]. J. Agri. Food. Chem., 2006, 54 (10): 3686-3692.

[116] Scholtes, C., Nizet, S., Collin, S. How sotolon can impart a Madeira off-flavor to aged beers

[J]. J. Agri. Food. Chem., 2015, 63 (11): 2886-2892.

[117] Reiners, J., Grosch, W. Odorants of virgin olive oils with different flavor profiles [J]. J. Agri. Food. Chem., 1998, 46 (7): 2754-2763.

[118] Fritsch, H. T., Schieberle, P. Identification based on quantitative measurements and aroma recombination of the character impact odorants in a Bavarian Pilsner-type beer [J]. J. Agri. Food. Chem., 2005, 53: 7544-7551.

[119] Siegmund, B., Pöllinger - Zierler, B. Odor thresholds of microbially induced off - flavor compounds in apple juice [J]. J. Agri. Food. Chem., 2006, 54 (16): 5984-5989.

[120] Lorjaroenphon, Y., Cadwallader, K. R. Identification of character-impact odorants in a cola-flavored carbonated beverage by quantitative analysis and omission studies of aroma reconstitution models [J]. J. Agri. Food. Chem., 2015, 63 (3): 776-786.

[121] Buttery, R. G., Seifert, R. M., Guadagni, D. G., Ling, L. C. Characterization of additional volatile components of tomato [J]. J. Agri. Food. Chem., 1971, 19 (3): 524-529.

[122] Eisele, T. A., Semon, M. J. Best estimated aroma and taste detection threshold for guaiacol in water and apple juice [J]. J. Food Sci., 2005, 70 (4): 267-269.

[123] Uselmann, V., Schieberle, P. Decoding the combinatorial aroma code of a commercial Cognac by application of the sensomics concept and first insights into differences from a German brandy [J]. J. Agri. Food. Chem., 2015, 63 (7): 1948-1956.

[124] Wittkowski, R., Ruther, J., Drinda, H., Rafiei-Taghanaki, F. Formation of smoke flavor compounds by thermal lignin degradation [C]. ACS symposium series (USA), 1992: 232-243.

[125] Towey, J. P., Waterhouse, A. L. The extraction of volatile compounds from French and American oak barrels in Chardonnay during three successive vintages [J]. Am. J. Enol. Vitic., 1996, 47 (2): 163-172.

[126] Simpson, R. F., Amon, J. M., Daw, A. J. Off-flavour in wine caused by guaiacol [J]. Food Technol. Aust., 1986, 38 (1): 31-33.

[127] Sefton, M. A. Hydrolytically-released volatile secondary metabolites from a juice sample of *Vitis vinifera* grape cvs Merlot and Cabernet sauvignon [J]. Aust. J. Grape Wine Res., 2010, 4 (1): 30-38.

[128] Farmaki, E. G., Thomaidis, N. S., Efstathiou, C. E. Artificial neural networks in water analysis: Theory and applications [J]. Int. J. Environ. Anal. Chem., 2010, 90 (2): 85-105.

[129] Boidron, J. N., Chatonnet, P., Pons, M. Influence du bois sur certaines substances odorantes des vins [J]. Conn. Vigne Vin, 1988.

[130] Singh, D. P., Chong, H. H., Pitt, K. M., Cleary, M., Dokoozlian, N. K., Downey, M. O. Guaiacol and 4-methylguaiacol accumulate in wines made from smoke-affected fruit because of hydrolysis of their conjugates [J]. Aust. J. Grape Wine Res., 2011, 17 (2): S13-S21.

[131] Sheppard, S. I., Dhesi, M. K., Eggers, N. J. Effect of pre- and postveraison smoke exposure on guaiacol and 4-methylguaiacol concentration in mature grapes [J]. Am. J. Enol. Vitic., 2009, 60 (1): 98-103.

[132] Hayasaka, Y., Baldock, G. A., Pardon, K. H., Jeffery, D. W., Herderich, M. J. Investigation into the formation of guaiacol conjugates in berries and leaves of grapevine *Vitis vinifera* L. Cv. Cabernet sauvignon using stable isotope tracers combined with HPLC-MS and MS/MS analysis [J]. J. Agri. Food. Chem., 2010, 58 (4): 2076-2081.

[133] Natali, N., Chinnici, F., Riponi, C. Characterization of volatiles in extracts from oak chips ob-

tained by accelerated solvent extraction (ASE) [J]. J. Agri. Food. Chem., 2006, 54 (21): 8190-8198.

[134] Ferreira, V., López, R., Cacho, J. F. Quantitative determination of the odorants of young red wines from different grape varieties [J]. J. Sci. Food Agric., 2000, 80 (11): 1659-1667.

[135] Peinado, R. A., Mauricio, J. C., Medina, M., Moreno, J. J. Effect of *Schizosaccharomyces pombe* on aromatic compounds in dry sherry wines containing high levels of gluconic acid [J]. J. Agri. Food. Chem., 2004, 52 (14): 4529-4534.

[136] Simón, B. F. D., Esteruelas, E., Ángel, M. M., Cadahía, E., Sanz, M. Volatile compounds in acacia, chestnut, cherry, ash, and oak woods, with a view to their use in cooperage [J]. J. Agri. Food. Chem., 2009, 57 (8): 3217-3227.

[137] Aceña, L., Vera, L., Guasch, J., Olga Busto, Mestres, M. Chemical characterization of commercial Sherry vinegar aroma by headspace solid-phase microextraction and gas chromatography-olfactometry [J]. J. Agri. Food. Chem., 2011, 59: 4062-4070.

[138] Czerny, M., Grosch, W. Potent odorants of raw arabica coffee. Their changes during roasting [J]. J. Agri. Food. Chem., 2000, 48 (3): 868-872.

[139] Pino, J. A. Characterization of rum using solid-phase microextraction with gas chromatography-mass spectrometry [J]. Food Chem., 2007, 104 (1): 421-428.

[140] Bowen, A. J., Reynolds, A. G. Odor potency of aroma compounds in Riesling and Vidal blanc table wines and icewines by gas chromatography-olfactometry-mass spectrometry [J]. J. Agri. Food. Chem., 2012, 60: 2874-2883.

[141] Tan, Y., Siebert, K. J. Quantitative structure-activity relationship modeling of alcohol, ester, aldehyde, and ketone flavor thresholds in beer from molecular features [J]. J. Agri. Food. Chem., 2004, 52 (10): 3057-3064.

[142] Naim, M., Zuker, I., Zehavi, U., Rouseff, R. L. Inhibition by thiol compounds of off-flavor formation in stored orange juice. 2. Effect of L-cysteine and *N*-acetyl-L-cysteine on *p*-vinylguaiacol formation [J]. J. Agri. Food. Chem., 1993, 41: 1359-1361.

[143] Czerny, M., Mayer, F., Grosch, W. Sensory study on the character impact odorants of roasted arabica coffee [J]. J. Agri. Food. Chem., 1999, 47: 695-699.

[144] Miyazawa, M., Kawata, J. Identification of the key aroma compounds in dried roots of *Rubia cordifolia* [J]. J. Oleo Sci., 2006, 55: 37-39.

[145] Risticevic, S., Carasek, E., Pawliszyn, J. Headspace solid-phase microextraction-gas chromatographic-time-of-flight mass spectrometric methodology for geographical origin verification of coffee [J]. Anal. Chim. Acta, 2008, 617: 72-84.

[146] Klesk, K., Qian, M., Martin, R. R. Aroma extract dilution analysis of cv. Meeker (*Rubus idaeus* L.) red raspberries from Oregon and Washington [J]. J. Agri. Food. Chem., 2004, 52 (16): 5155-5161.

[147] Klesk, K., Qian, M. Preliminary aroma comparison of Marion (*Rubus* spp. hyb) and Evergreen (*R. laciniatus* L.) blackberries by dynamic headspace/Osme technique [J]. J. Food Sci., 2003, 68 (2): 679-700.

[148] Choi, H. -S. Character impact odorants of *Citrus* hallabong [(*C. unshiu* Marcov×*C. sinensis* Osbeck) ×*C. reticulate* Blanco] cold-pressed peel oil [J]. J. Agri. Food. Chem., 2003, 51: 2687-2692.

[149] Mayr, C. M., Capone, D. L., Pardon, K. H., Black, C. A., Pomeroy, D., Francis, I. L. Quantitative analysis by GC-MS/MS of 18 aroma compounds related to oxidative off-flavor in wines [J].

J. Agri. Food. Chem. , 2015.

[150] Boidron, J. N. , Chatonnet, P. , Pons, M. Effects of wood on aroma compounds of wine [J]. Connaissance de la Vigne et du Vin, 1988, 22: 275–294.

[151] Escudero, A. , Asensio, E. , Cacho, J. , Ferreira, V. Sensory and chemical changes of young white wines stored under oxygen. An assessment of the role played by aldehydes and some other important odorants [J]. Food Chem. , 2002, 77: 325–331.

[152] Sun, Q. , Gates, M. J. , Lavin, E. H. , Acree, T. E. , Sacks, G. L. Comparison of odor-active compounds in grapes and wines from *Vitis vinifera* and non-foxy American grape species [J]. J. Agri. Food. Chem. , 2011, 59 (19): 10657–10664.

[153] Fang, Y. , Qian, M. Aroma compounds in Oregon Pinot noir wine determined by aroma extract dilution analysis (AEDA) [J]. Flav. Fragr. J. , 2005, 20 (1): 22–29.

[154] Mangas, J. , Rodríguez, R. , Moreno, J. , Blanco, D. Volatilces in distillates of cider aged in American oak wood [J]. J. Agri. Food. Chem. , 1996, 44 (1): 268–273.

[155] Pérez-Prieto, L. J. , López-Rose, J. M. , Gómez-Plaza, E. Differences in major volatile compounds of red wines according to storage length and storage conditions [J]. J. Food Compos. Anal. , 2003, 16: 697–705.

[156] Escalona, H. , Birkmyre, L. , Piggott, J. R. , Paterson, A. Effect of maturation in small oak casks on the volatility of red wine aroma compounds [J]. Anal. Chim. Acta, 2002, 458 (1): 45–54.

[157] Kirchhoff, E. , Schieberle, P. Quantitation of odor-active compounds in rye flour and rye sourdough using stable isotope dilution assays [J]. J. Agri. Food. Chem. , 2002, 50 (19): 5378–5385.

[158] Buettner, A. , Schieberle, P. Evaluation of aroma differences between hand-squeezed juices from Valencia Late and Navel oranges by quantitation of key odorants and flavor reconstitution experiments [J]. J. Agri. Food. Chem. , 2001, 49 (5): 2387–2394.

[159] Schwarz, B. , Hofmann, T. Identification of novel orosensory active molecules in cured vanilla beans (*Vanilla planifolia*) [J]. J. Agri. Food. Chem. , 2009, 57 (9): 3729–3737.

[160] Bloem, A. , Lonvaud-Funel, A. , Revel, G. d. Hydrolysis of glycosidically bound flavour compounds from oak wood by *Oenococcus oeni* [J]. Food Microbiol. , 2008, 25: 99–104.

[161] Lesage-Meessen, L. , Haon, M. , Delattre, M. , Thibault, J. -F. , Ceccaldi, B. C. , Asther, M. An attempt to channel the transformation of vanillic acid into vanillin by controlling methoxydroquinone fromation in *Pycnoporus cinnabarinus* with cellobiose [J]. Appl. Microbiol. Biotechnol. , 1997, 47: 393–397.

[162] Duke, J. A. Handbook of Phytochemical Constituents of GRAS Herbs and Other Economic Plants [M]. CRC Press: 1992.

[163] Cadahía, E. , de Simón, B. F. , Jalocha, J. Volatile compounds in Spanish, French, and American oak woods after natural seasoning and toasting [J]. J. Agri. Food. Chem. , 2003, 51 (20): 5923–5932.

[164] Afify, A. E. -M. M. , El-Beltagi, H. S. , El-Salam, S. M. A. , Omran, A. A. Biochemical changes in phenols, flavonoids, tannins, vitamin E, β-carotene and antioxidant activity during soaking of three white sorghum varieties [J]. Asian Pac. J. Trop. Biomed. , 2012, 2 (3): 203–209.

[165] Rosazza, J. P. N. , Huang, Z. , Dostal, L. , Volm, T. , Rousseau, B. Review: Biocatalytic transformations of ferulic acid: An abundant aromatic natural product [J]. J. Ind. Microbiol. , 1995, 15 (6): 457–471.

[166] Fan, W. , Xu, Y. Characteristic aroma compounds of Chinese dry rice wine by gas

chromatography-olfactometry and gas chromatography-mass spectrometry [M]. In Flavor Chemistry of Wine and Other Alcoholic Beverages, Qian, M. C.; Shellhammer, T. H., Eds. American Chemical Society, 2012, 277-301.

[167] Chinnici, F., Durán Guerrero, E., Sonni, F., Natali, N., Natera Marín, R., Riponi, C. Gas chromatography-mass spectrometry (GC-MS) characterization of volatile compounds in quality vinegars with protected European geographical indication [J]. J. Agri. Food. Chem., 2009, 57 (11): 4784-4792.

[168] Galano, A., Francisco-Márquez, M., Alvarez-Idaboy, J. R. Canolol: a promising chemical agent against oxidative stress [J]. The Journal of Physical Chemistry B, 2011, 115 (26): 8590-8596.

[169] Shrestha, K., Stevens, C. V., De Meulenaer, B. Isolation and Identification of a Potent Radical Scavenger (Canolol) from Roasted High Erucic Mustard Seed Oil from Nepal and Its Formation during Roasting [J]. J. Agri. Food. Chem., 2012, 60 (30): 7506-7512.

[170] Morley, K. L., Grosse, S., Leisch, H., Lau, P. C. K. Antioxidant canolol production from a renewable feedstock via an engineered decarboxylase [J]. Green Chem., 2013, 15 (12): 3312-3317.

[171] Bunzel, M., Ralph, J., Kim, H., Lu, F., Ralph, S. A., Marita, J. M., Hatfield, R. D., Steinhart, H. Sinapate dehydrodimers and sinapate-ferulate heterodimers in cereal dietary fiber [J]. J. Agri. Food. Chem., 2003, 51 (5): 1427-1434.

[172] Kornreich, M. R., Issenberg, P. Determination of phenolic wood smoke components as trimethylsilyl ethers [J]. J. Agri. Food. Chem., 1972, 20 (6): 1109-1113.

[173] Elsden, S. R., Hilton, M. G., Waller, J. M. The end products of the metabolism of aromatic amino acids by clostridia [J]. Archives of Microbiology, 1976, 107 (3): 283-288.

[174] D'Ari, L., Barker, H. A. *p*-Cresol formation by cell-free extracts of *Clostridum difficile* [J]. Arch. Microbiol., 1985, 143: 311-312.

[175] Yokoyama, M. T., Carlson, J. R. Production of skatole and*para*-cresol by a rumen *Lactobacillus* sp. [J]. Appl. Environ. Microbiol., 1981, 41 (1): 71-76.

[176] Dawson, L. F., Donahue, E. H., Cartman, S. T., Barton, R. H., Bundy, J., McNerney, R., Minton, N. P., Wren, B. W. The analysis of para-cresol production and tolerance in *Clostridium difficile* 027 and 012 strains [J]. BMC Microbiology, 2011, 11: 1-10.

[177] Dawson, L. F., Stabler, R. A., Wren, B. W. Assessing the role of *p*-cresol tolerance in *Clostridium difficile* [J]. J. Med. Microbiol., 2008, 57: 745-749.

[178] Ha, J. K., Lindsay, R. C. Volatile branched-chain fatty acids and phenolic compounds in aged Italian cheese flavors [J]. J. Food Sci., 1991, 56 (5): 1241-1247.

[179] Ueno, T., Masuda, H., Ho, C. -T. Formation mechanism of *p*-methylacetophenone from citral via a tert-alkoxy radical intermediate [J]. J. Agri. Food. Chem., 2004, 52 (18): 5677-5684.

[180] Baumes, R., Bayonove, C., Cordonnier, R., Torres, P., Seguin, A. The effect of skin contact on the aroma composition of fortified muscat wines [J]. Conn. Vigne Vin, 1988, 22: 209-223.

[181] Wedral, D., Shewfelt, R., Frank, J. The challenge of *Brettanomyces* in wine [J]. LWT - Food Sci. Technol., 2010, 43: 1474-1479.

[182] Hashizume, K., Samuta, T. Green odorants of grape cluster stem and their ability to cause a wine stemmy flavor [J]. J. Agri. Food. Chem., 1997, 45: 1333-1337.

[183] Morata, A., Gómez - Cordovés, M. C., Calderón, F., Suárez, J. A. Effects of pH,

temperature and SO_2 on the formation of pyranoanthocyanins during red wine fermentation with two species of *Saccharomyces* [J]. Int. J. Food Microbiol., 2006, 106 (2): 123-129.

[184] Ugliano, M., Henschke, P. A. Yeasts and wine flavour [M]. In Wine Chemistry and Biochemistry, Moreno-Arribas, M. V.; Polo, M. C., Eds. Springer, New York, USA, 2008: 314-392.

[185] Cavin, J. F., Andioc, V., Etievant, P. X., Divies, C. Ability of wine lactic acid bacteria to metabolize phenol carboxylic acids [J]. Am. J. Enol. Vitic., 1993, 44: 76-80.

[186] Cavin, J. F., Barthelmebs, L., Divies, C. Molecular characterization of an inducible *p*-coumaric acid decarboxylase from *Lactobacillus plantarum*: Gene cloning, transcriptional analysis, overexpression in *Escherichia coli*, purification, and characterization [J]. Appl. Environ. Microbiol., 1997, 63: 1939-1944.

[187] Clausen, M., Lamba, C. J., Megnet, R., Doerner, P. W. *PAD*1 encodes phenylacrylic acid decarboxylase which confers resistance to cinnamic acid in *Saccharomyces cerevisiae* [J]. Gene, 1994, 142: 107-112.

[188] Zago, A., Degrassi, G., Bruschi, C. V. Cloning, sequencing, and expression in *Escherichia coli* of the *Bacillus pumilus* gene for ferulic acid decarboxylase [J]. Appl. Environ. Microbiol., 1995, 61: 4484-4486.

[189] Barthelmebs, L., Divies, C., Cavin, J. F. Knockout of the*p*-coumarate decarboxylase gene from *Lactobacillus plantarum* reveals the existence of two other inducible enzymatic activities involved in phenolic acid metabolism [J]. Appl. Environ. Microbiol., 2000, 66: 3368-3375.

[190] Cavin, J. F., Dartois, V., Divies, C. Gene cloning, transcriptional analysis, purification, and characterization of phenolic acid decarboxylase from *Bacillus subtilis* [J]. Appl. Environ. Microbiol., 1998, (64): 1466-1471.

[191] Shinohara, T., Kubodera, S., Yanagida, F. Distribution of phenolic yeasts and production of phenolic off-flavors in wine fermentation [J]. J. Biosci. Bioeng., 2000, 90: 90-97.

[192] Smit, A., Otero, R. R. C., Lambrechts, M. G., Prerorius, I. S., Rensburg, P. v. Enhancing volatile phenol concentrations in wine by expressing various phenolic acid decarboxylase genes in *Saccharomyces cerevisiae* [J]. J. Agri. Food. Chem., 2003, 51: 4909-4915.

[193] Steinke, R. D., Paulson, M. C. Phenols from grain. The production of steam-volatile phenols during the cooking and alcoholic fermentation of grain [J]. J. Agri. Food. Chem., 1964, 12: 381-387.

第八章
多酚及其衍生物风味

第一节　非类黄酮类
第二节　类黄酮类
第三节　异戊二烯查耳酮类化合物
第四节　芪素类化合物
第五节　多酚简易鉴定方法
第六节　多酚氧化反应——芬顿反应
第七节　酵母及其代谢物对葡萄酒中多酚的影响

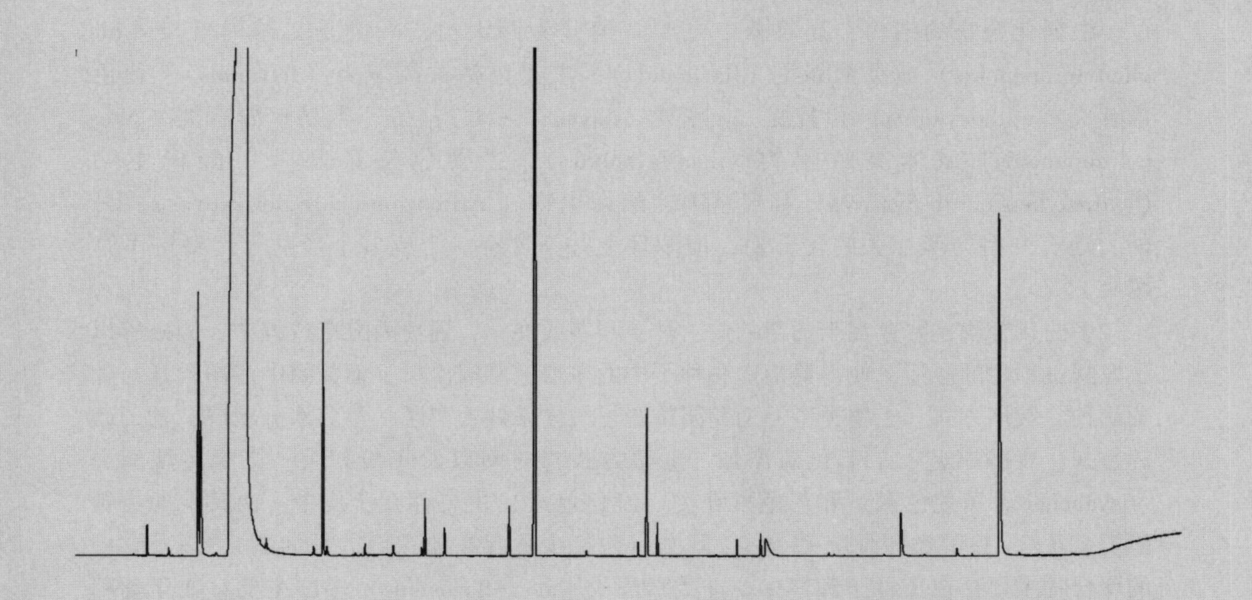

学习目标

1. 掌握多酚类化合物对葡萄酒风味、色泽的作用和影响;
2. 了解多酚的分类;
3. 熟悉单宁对葡萄酒质量的影响;
4. 了解花色素苷对葡萄酒品质的影响;
5. 掌握儿茶素的风味特征，在葡萄酒中的分布，以及对葡萄酒品质的影响;
6. 掌握白藜芦醇的风味特征，以及在葡萄酒中的分布;
7. 掌握多酚的鉴定方法;
8. 了解多酚的氧化反应。

多酚（phenolics，polyphenols，biophenols）是一大类含有至少一个酚基的化合物，广泛分布于以植物为原料的食品和饮料酒中。多酚具有结合（bind）和沉淀（precipitate）蛋白质的能力，如单宁首先与蛋白质结合，形成可溶性复合物（soluble complexes），后续的交连作用（cross-linking）产生不溶性沉淀，富含脯氨酸的蛋白质更易于与单宁结合。

多酚在葡萄及葡萄酒、威士忌、白兰地等酒中产生涩味和/或苦味，如儿茶素通常被认为贡献更多的苦味，虽然也呈涩味；多酚同时也赋予饮料酒颜色，如花色素苷通常赋予葡萄酒红色；多酚还可以使得酒的保质期更长。葡萄酒多酚主要来源于葡萄（主要存在于葡萄皮和种子中）及其发酵过程，以及橡木桶的贮存。有一种葡萄例外，即红加迈品种（teinturier variety）葡萄，这是一种果肉也含有色素（如花色素苷）的葡萄。

根据化合物的结构，葡萄酒中主要多酚分为两大类，一类是二苯丙素类（diphenylpropanoids）或类黄酮类（flavonoids），主要包括黄酮醇类（flavonols）、花色素苷类（anthocyanins）和黄烷-3-醇类（flavan-3-ols）；另一类是苯丙素类（phenylpropanoids）或非类黄酮类（nonflavonoids），主要包括羟基苯甲酸衍生物（hydroxybenzoic derivatives）和羟基肉桂酸衍生物（hydroxycinnamic derivatives）。另外，还有一些与苯相关的化合物，但苯环上并不含有一个或多个羟基（严格讲不算酚类）。

多酚化合物主要存在于葡萄的皮、种子和茎或梗中，葡萄酒酿造过程中，因破碎以及发酵过程中的浸渍，使得葡萄皮和种子中的多酚被萃取出来。葡萄酒中多酚含量与葡萄品种、栽培方式、土壤类型、葡萄园位置、气候条件、产区、葡萄水分状况、葡萄破碎方式、发酵工艺、二氧化硫添加、老熟方式与时间以及年份相关。二氢黄烷醇类（flavanonols，黄色色素）和花色素苷类（红色色素）主要存在于皮中，而其他的类黄酮类、黄烷-3-醇类和黄烷-3,4-二醇类（包括少量存在的它们的甘油酯），以及它们的聚合物主要存在于种子和茎中。非类黄酮类（non-flavonoids）多酚主要存在于葡萄细胞的液泡（vacuole）中。红葡萄酒发酵时，约有60%的多酚从葡萄中浸出。通常情况下，二甲花翠素（malvidin）是红葡萄品种中的主要花色素苷，其含量范围从海歌娜葡萄中90%到桑娇维塞葡萄中的50%。

红葡萄酒中总多酚含量为1800~3000mg/L，约比白葡萄酒高6倍。

葡萄和葡萄酒中有六类重要的多酚，包括儿茶素、原花色素多聚物（proanthocyanidin polymers）、花色素苷、黄酮醇类、羟基肉桂酸酯类和羟基苯甲酸酯类。

多酚易于氧化。在葡萄酒生产过程中，多酚会发生芬顿反应；超氧化（hyperoxygenation）处理白葡萄酒会造成葡萄汁、新产葡萄酒和贮存一年的葡萄酒中所有酚类化合物浓度下降；超氧化葡萄汁能较好阻止白葡萄酒褐变。

葡萄酒中总多酚含量（total polyphenol content）测定方法是福林酚（Folin-Ciocalteu）法；HPLC和/或LC-MS或LC-MS-MS法可以定量单个的多酚，如快速原子轰击离子源质谱（fast atom bombardment-MS，FAB-MS）、电喷雾离子化质谱（electrospray ionisation mass spectrometry，ESI-MS-MS）、基体辅助激光解吸离子化质谱（matrix-assisted laser desorption ionisation mass spectrometry，MALDI-MS）、大气压化学离子化-质谱（atmospheric pressure chemical ionization-mass spectrometer，API-MS）等。基于酪氨酸酶（tyrosinase）的生物传感器法是一种快速的、便于携带的总酚尝试的测定方法，可用于葡萄酒生产和老熟过程多酚的监测。

第一节　非类黄酮类

非类黄酮类（non-flavonoids）主要指羟基苯甲酸类、羟基苯甲醛类和羟基肉桂酸类化合物。这类化合物主要来源于葡萄汁，是白葡萄酒中主要的酚类化合物，其浓度为50~250mg/L，含量高低与葡萄品种以及酿造工艺等相关。

一、羟基苯甲酸类

1,2,3,4,6-五没食子酰基-β-D-葡萄糖（1,2,3,4,6-pentagalloyl-β-D-glucose）(C8-1)，俗称五没食子酰基葡萄糖（pentagalloyl glucose）、1,2,3,4,6-五-*O*-没食子酰基-β-D-葡萄糖（1,2,3,4,6-penta-*O*-galloyl-β-D-glucose），CAS号14937-32-7，IUPAC名（(2*S*,3*R*,4*S*,5*R*,6*R*）-2，3，5-三（(3,4,5-三羟基苯甲酰）氧)-6-((3,4,5-三羟基苯甲酰）氧甲基）草酰-4-基）-3,4,5-三羟基苯甲酸酯［((2*S*,3*R*,4*S*,5*R*,6*R*）-2,3,5-tris((3,4,5-trihydroxybenzoyl）oxy)-6-((3,4,5-trihydroxybenzoyl）oxymethyl）oxan-4-yl）-3,4,5-trihydroxybenzoate］，分子式$C_{41}H_{32}O_{26}$，摩尔质量940.67g/mol。

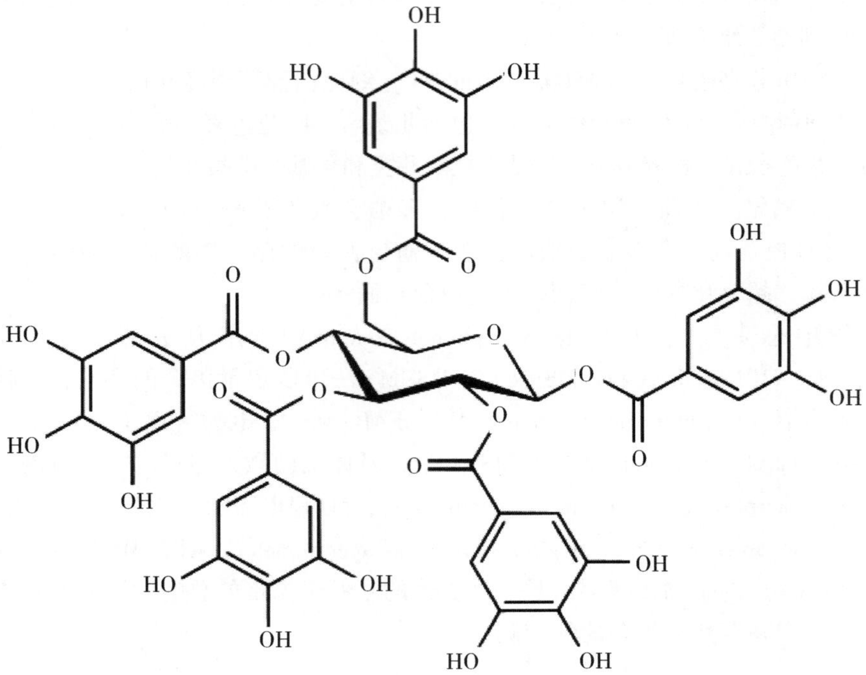

C 8-1 1,2,3,4,6-五没食子酰基-β-D-葡萄糖

该化合物是五羟基没食子酸的葡萄糖酯，呈涩味，在水溶液中涩味阈值 1.8μmol/L（1.69mg/L）。

单宁酸（tannic acid，tannimum）（C 8-2），俗称鞣酸（acidum tannicum）、没食子鞣酸（gallotannic acid）、双没食子酸（digallic acid）、没食子单宁（gallotannin）、槲皮鞣酸（quercitannin）、橡木树皮单宁（oak bark tannin）、槲皮单宁酸（quercotannic acid），IUPAC 名 2,3 二羟基-5-((((2*R*,3*R*,4*S*,5*R*,6*R*)-3,4,5,6-四卡巴（(3,4-二羟基-5-((3,4,5-三羟基苯）羰基氧）苯基）羰基氧）氧六环-2-基）甲氧基）羰基）苯基 3,4,5-三羟基苯甲酸［2,3-dihydroxy-5-((((2*R*,3*R*,4*S*,5*R*,6*R*)-3,4,5,6-tetrakis((3,4-dihydroxy-5-((3,4,5-trihydroxyphenyl)carbonyloxy)phenyl)carbonyloxy)oxan-2-yl)methoxy)carbonyl)phenyl 3,4,5-trihydroxybenzoate］，它是商业上特殊形式的单宁，是十没食子酰葡萄糖（decagalloyl glucose），通常情况下，依据制备植物来源不同，单宁酸是带有 2~12 个没食子酰半簇（galloryl moiety）的多没食子酰葡萄糖或多没食子酰奎尼酸酯（polygalloyl quinic acid esters）。

单宁酸 CAS 号 1401-55-4，FEMA 号 3042，分子式 $C_{76}H_{52}O_{46}$，相对分子质量 1701.19，200℃以上时分解，能溶于水（2850g/L 或 1.7mol/L），pK_a 10。单宁酸呈苦味、涩味和金属后味。

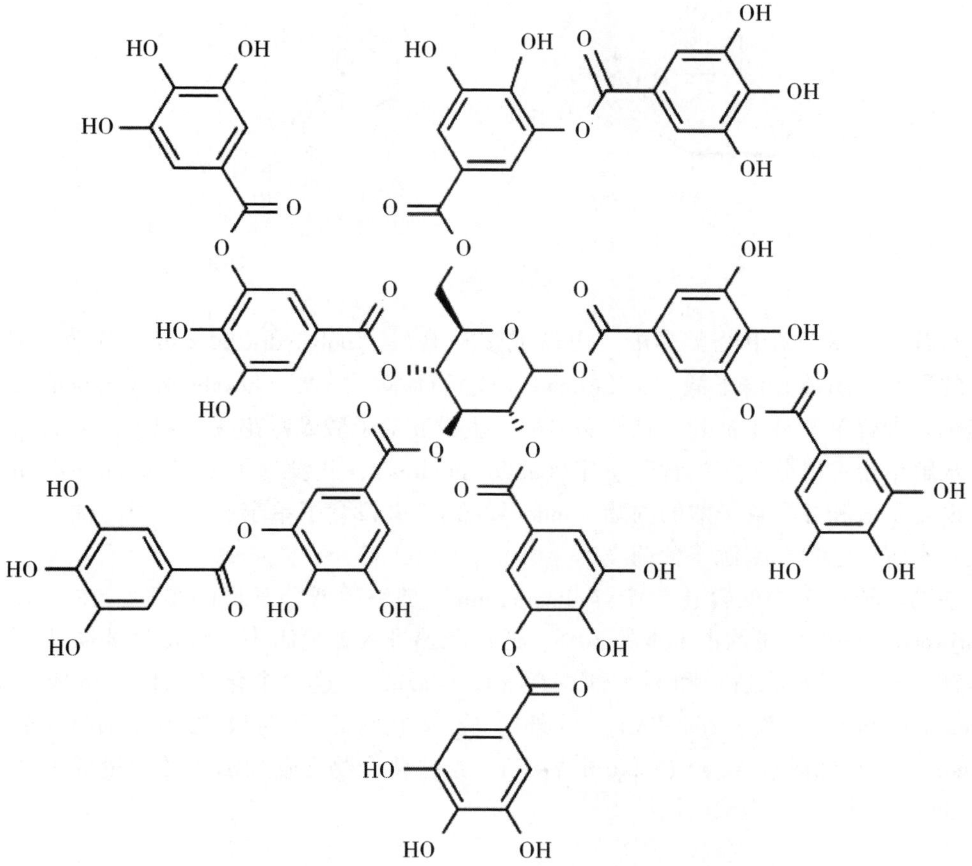

C 8-2　单宁酸

二、　羟基苯甲醛类

单宁（tannin），CAS 号 93615-37-3，是水溶性多酚，具有涩味，能沉淀生物碱（alkaloids）、明胶（gelatin）和蛋白质。单宁普遍存在于咖啡、茶、啤酒、葡萄酒、苹果、苹果酒、小浆果和坚果中，以及植物如高粱中。单宁-单宁和单宁-花色素苷混合聚合物来源于通过乙醛单元的缩合反应。

基于单宁的结构，可以将单宁分成两大类：水解单宁（hydrolyzable tannins）（C8-3）和缩合单宁（condensation）(C 8-32)。缩合单宁属于黄烷-3-醇类，是由羟基黄烷酮（hydroxyflavans）缩合形成的。酿酒原料高粱中的单宁主要是缩合单宁。

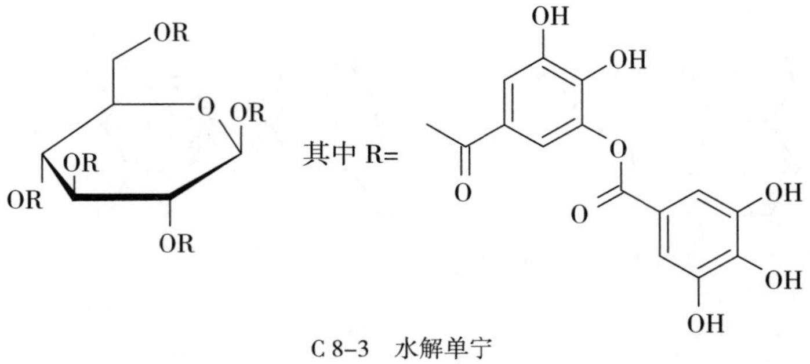

C 8-3 水解单宁

水解单宁属于苯甲醛类多酚，由糖或多羟基醇（polyhydric alcohol）作为其核心，其上的羟基基团被五倍子酸（gallic acid）或六羟基二酚酸（hexahydroxydiphenic acid）所酯化。水解单宁易于被酸、碱或酶水解，生成五倍子酸或鞣花酸（ellagic acid）。

水解单宁可以分为：没食子单宁（gallo-tannins）、并没食子单宁（elagi-tannins）、基于没食子酸和并没食子酸的内酯（inner ester）。并没食子单宁通常与酒的橡木桶老熟有关。水解单宁并非来源于葡萄。

并没食子单宁中的鞣花单宁（ellagitannin）是一种低分子量的多酚，在橡木心材（heartwood）中的含量约占干重的10%，通过老熟进入葡萄酒中。最常见的鞣花单宁是栎木鞣花素（vescalagin）和栗木鞣花素（castalagin），这两个化合物能水解成栎木素（vescalin）和栗木素（castelin）。另外在橡木中鉴定出的鞣花单宁还有格兰素（grandinin）和栎树素 A~E（roburin A~E）。这些化合物在葡萄酒中的含量低于其在橡木中的含量。

三、 羟基肉桂酸类

鞣花酸（ellagic acid）(C 8-4)，IUPAC 名 2,3,7,8-四羟基-苯并吡喃［5,4,3-cde］苯并吡喃-5,10-二酮（2,3,7,8-tetrahydroxy-chromeno［5,4,3-cde］chromene-5,10-dione），CAS 号 476-66-4，分子式 $C_{14}H_6O_8$，摩尔质量 302.197g/mol，密度 1.67g/cm^3，呈涩味，在水溶液中涩味阈值 6.6μmol/L（1.99mg/L）。

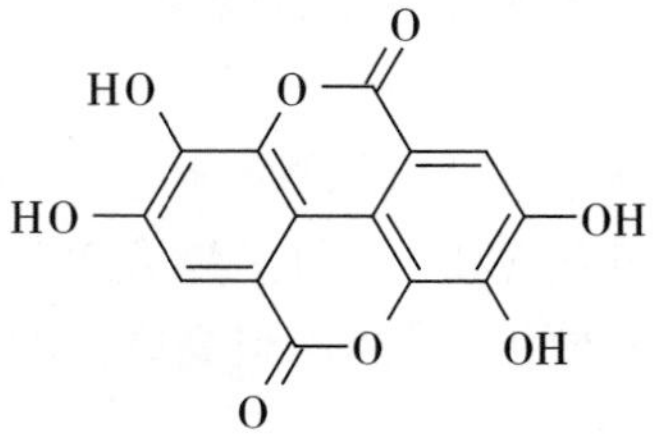

C 8-4 鞣花酸

鞣花酸存在于橡木、朗姆酒、威士忌和白兰地中，霞多利白葡萄酒中未检测到；在橡木中含量为 47~327mg/kg；苏格兰单一麦芽威士忌中含量为 10.04mg/L，调和苏格兰威士忌 5.09mg/L，加拿大燕麦威士忌 6.09mg/L，美国波旁威士忌 11.68mg/L；科涅克白兰地 14.84mg/L，阿尔马涅克白兰地 30.78mg/L，普通白兰地 2.31mg/L，朗姆酒 0.83mg/L。

第二节　类黄酮类

类黄酮类（flavonoids）主要是指黄酮醇类（flavonols）、花色素苷类（anthocyanins）、黄烷醇类（flavaols）和黄烷酮类（flavanones）化合物。这类化合物通常有两个苯环，并与吡喃环相连，其结构远比非类黄酮类化合物复杂。葡萄酒中主要是前三类化合物。在新产葡萄酒中，类黄酮类通常处于未聚合的状态；但随着老熟的进行，它们会产生不同程度的聚合，其中氧起着重要作用。

一、　黄酮醇类

黄酮醇类（flavonols）通常是黄色色素，在葡萄与葡萄酒中浓度较低，在白葡萄酒中含量 1~3mg/L，红葡萄酒中约 100mg/L。

黄酮醇类具有 2-苯-苯并吡喃-4-酮（2-phenyl-benzo-pyr-4-one）的结构（C 8-5）。

槲皮苷（quercitin）是槲皮素（quercetin）的糖苷，杨梅苷（myricitin）是杨梅素（myricetin）的糖苷，通常是在吡喃环上 C_3 位形成键。

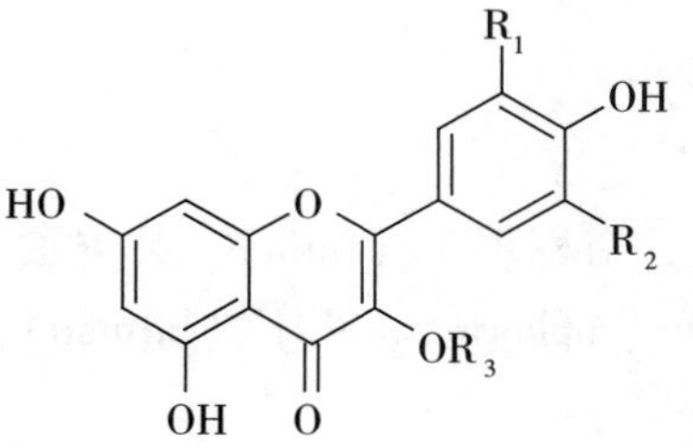

R_1	R_2	R_3	名称
H	H	H	山柰黄酮醇
OH	H	H	槲皮素
OH	OH	H	杨梅酮

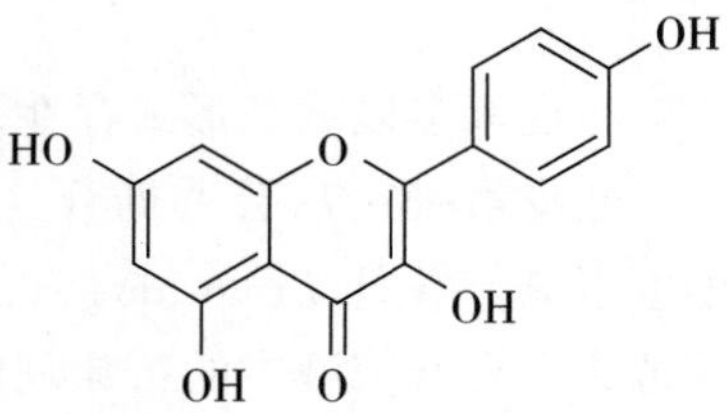

C 8-5　黄酮醇类

C 8-6　山柰黄酮醇

1. 山柰黄酮醇

山柰黄酮醇（kaempferol）（C 8-6），俗称山柰酚，IUPAC 名 3,5,7-三羟基-2-(4-羟基苯)-(4*H*)-苯并吡喃-4-酮［3,5,7-trihydroxy-2-(4-hydroxyphenyl)-(4*H*)-chromen-4-one］，CAS 号 520-18-3，分子式 $C_{15}H_{10}O_6$，摩尔质量 286.23g/mol，黄色晶体，密度 1.688g/mL，熔点 276~278℃，微溶于水，溶于热的乙醇和乙醚。

该化合物存在于茶叶、花菜、葡萄柚、甘蓝、菊苣、韭菜、土豆、酒花、葡萄等植物中，在酒花中含量为 820~1630mg/kg，啤酒中含量为 0.6~16.4mg/kg；霞多利白葡萄酒中含量 0.27μg/L。

山柰黄酮醇多形成糖苷形成结合态。

2. 槲皮素

槲皮素（quercetin）(C 8-7)，或称栎精，IUPAC 名 2-(3,4-二羟基苯)-3,5,7-三羟基-(4*H*)-苯并吡喃-4-酮 [2-(3,4-dihydroxyphenyl)-3,5,7-trihydroxy-(4*H*)-chromen-4-one]，CAS 号 117-39-5，分子式 $C_{15}H_{10}O_7$，摩尔质量 302.24g/mol，黄色晶状粉末，密度 1.799g/mL，熔点 316℃，几乎不溶于水，溶于碱性水溶液。槲皮素呈涩味，5%vol 酒精-水溶液中（pH 4.4）涩味阈值 15μmol/L。

槲皮素存在于蔬菜、水果和茶叶中；在葡萄柚汁中含量为 4.9mg/L，柠檬汁 7.4mg/L，新鲜酒花 700mg/kg，酒花 320～1440mg/kg，红茶水 10～25mg/L，乌龙茶 13mg/L，绿茶 14～23mg/L；澳大利亚黑比诺葡萄 1.8mg/L，匈牙利黑比诺葡萄 7.5mg/L，美国加州黑比诺葡萄 5.0mg/L；澳大利亚赤霞珠葡萄 9.2mg/L，匈牙利赤霞珠葡萄 5.6mg/L，美国加州赤霞珠葡萄 7.0mg/L；澳大利亚西拉葡萄 10.8mg/L，匈牙利西拉葡萄 13.4mg/L，美国加州西拉葡萄 5.8mg/L。

槲皮素在啤酒中含量为 0.95～2.10mg/kg；葡萄酒中含量为 4.1～16.0mg/L，黑比诺葡萄酒中含量为 0.4mg/L；霞多利白葡萄酒中含量为 0.35μg/L。

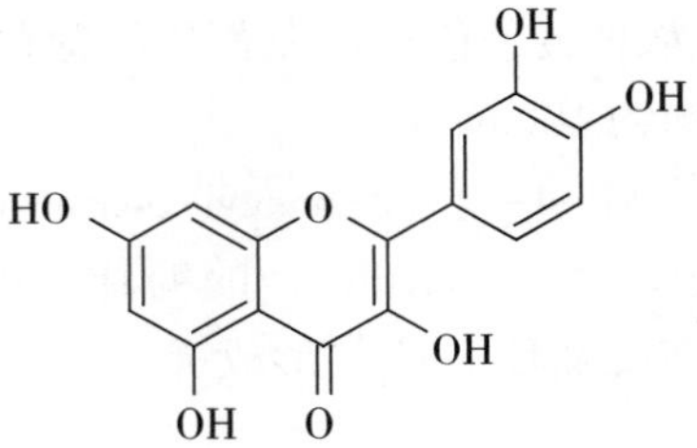

OH
OH
HO O
OH
OH O

C 8-7 槲皮素

槲皮素多以糖苷形式存在。

槲皮素-3-*O*-芸香糖苷（quercetin-3-*O*-rutinoside），俗称芦丁（rutin）、芸香素、维生素 P、络通（rutoside）、芸香苷（phytomelin）、槐苷（sophorin）、路丁（birutan），呈苦味，在水溶液中的苦味阈值 0.0015μmol/L。

芦丁存在于红醋栗、荞麦、酒花和啤酒等酿酒原料和饮料酒中。芦丁在荞麦壳（buckwheat husk）中含量为 29.5mg/kg，荞麦麸（buckwheat bran）中含量为 131～476mg/kg，在荞麦粉（buckwheat flour）中含量为 19～168mg/kg，荞麦叶、茎和花中含量分别超过 300mg/kg、1000mg/kg 和 46000mg/kg；苦荞麦中含有更多的芦丁，苦荞麦种子中含有 8000～17000mg/kg 干重。酒花中含量为 130～910mg/kg，啤酒中 1.8mg/kg。

芦丁具有生理活性，能抑制血小板凝结（platelet aggregation）、抗炎（anti-inflammatory）、抑制醛糖氧化还原酶活性（aldose reductase activity）、阻止血栓的形成等，但这些结果仅限于动物试验，没有临床证据。芦丁在生物体内由槲皮素酶（quercetinase）代谢，该酶存在于黄曲霉（*Asp. flavus*）中。

3. 丁香亭

丁香亭（syringetin）(C 8-8)，IUPAC 名 3,5,7-三羟基-2-(4-羟基-3,5-二甲氧基

苯)-(4*H*)-苯并吡喃-4-酮（3,5,7-trihydroxy-2-(4-hydroxy-3,5-dimethoxyphenyl)-(4*H*)-chromen-4-one），CAS 号 4423-37-4，分子式 $C_{17}H_{14}O_8$，摩尔质量 346.28g/mol。存在于葡萄及葡萄酒中。

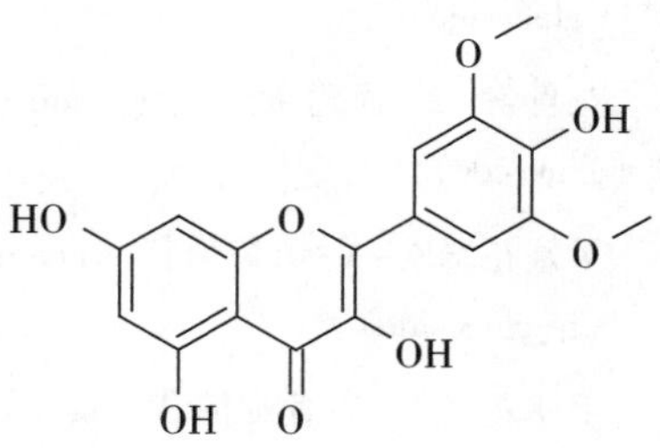

C 8-8　丁香亭

二、 花色素苷类

花色素苷类（anthocyanins）主要存在于红葡萄皮中，是红葡萄酒产生颜色的主要成分，也是水果、蔬菜和植物特别是花颜色的重要成分。在新产红葡萄酒中，其含量为250~1000mg/L，有的甚至超过 1000mg/L。花色素苷类的消失与更稳定的寡聚体色素形成是同步的。

花色素苷类的结构如 C 8-9 所示，同时列出了葡萄酒中检测到的系列化合物。

花色素苷类是两性化合物，葡萄酒 pH 会影响其结构。带正电荷花色离子（positively-charged flavylium ion）在新产红葡萄酒中主要呈红色，并与查耳酮（chalcone，颜色从无色至黄色）、醌式碱（quinodal base，呈紫罗兰色）、甲醇伪碱（carbinol pseudo-base，无色）、硫酸氢盐加成物（bisulphate addition product）形成平衡。

在葡萄与葡萄酒中发现的花色素主要有花翠素（delphinidin）、花青素（cyanidin）、甲基花翠素（petunidin）、甲基花青素（peonidin）和二甲花翠素（malvidin）。花色素苷主要有：花青素 3-葡萄糖苷（cyanidin 3-glycoside）、二甲花翠素 3-葡萄糖苷（malvidin 3-glycoside）、花翠素 3-葡萄糖苷（delphinidin 3-glycoside）、甲基花青素 3-葡萄糖苷（peonidin 3-glycoside）、甲基花翠素 3-葡萄糖苷（petunidin 3-glycoside）。二甲花翠素3-葡萄糖苷是葡萄中主要的色素物质，从海歌娜（Grenache）葡萄中占色素类化合物总量的90%到桑娇维塞（Sangiovese）葡萄中的 50%。花色素苷在葡萄酒中含量为 0.2~0.8g/L，主要呈现蓝色到红色色调（hue），是由苯并花色离子（benzoflavylium ion）引起的。

花青苷（cyanin 或 cyanine）不是系统命名的化合物，系统命名中属于聚甲炔类（polymethine group）化合物。

该类化合物分为三类：链状花色素苷（streptocyanines）或称开环花色素苷（open chain cyanines）(C 8-10)、半环状花色素苷（hemicyanines）(C 8-11）和环状花色素苷（closed chain cyanines）(C 8-12)。如 Cy3（C 8-13）和 Cy5（C 8-14）是常用的染色色

素，前者吸收波长是550nm，后者是649nm。

结构	名称	R_1	R_2	R_3
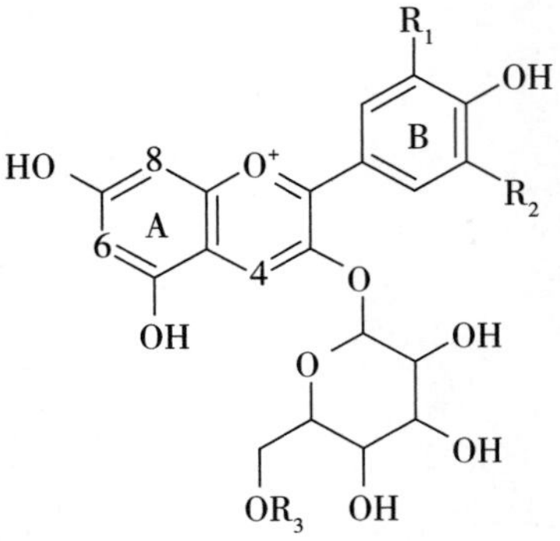 C 8-9 花色素苷类	花翠素-3-葡萄糖苷（delphinidin-3-glucoside）	OH	OH	H
	花青素-3-葡萄糖苷（cyanidin-3-glucoside）	OH	H	H
	甲基花翠素-3-葡萄糖苷（petunidin-3-glucoside）	OCH_3	OH	H
	甲基花青素-3-葡萄糖苷（peonidin-3-glucoside）	OCH_3	H	H
	二甲花翠素-3-葡萄糖苷（malvidin-3-glucoside）	OCH_3	OCH_3	H
	花翠素-乙酰-葡萄糖苷（delphinidin-acetyl-glucoside）	OH	OH	乙酰基
	花青素-乙酰-葡萄糖苷（cyanidin-acetyl-glucoside）	OH	H	乙酰基
	甲基花翠素-乙酰-葡萄糖苷（petunidin-acetyl-glucoside）	OCH_3	OH	乙酰基
	甲基花青素-乙酰-葡萄糖苷（peonidin-acetyl-glucoside）	OCH_3	H	乙酰基
	二甲花翠素-乙酰-葡萄糖苷（malvidin-acetyl-glucoside）	OCH_3	OCH_3	乙酰基
	花翠素-香豆酰-葡萄糖苷（delphinidin-coumaroyl-glucoside）	OH	OH	香豆酰基
	花青素-香豆酰-葡萄糖苷（cyanidin-coumaroyl-glucoside）	OH	H	香豆酰基
	甲基花翠素-香豆酰-葡萄糖苷（petunidin-coumaroyl-glucoside）	OCH_3	OH	香豆酰基
	甲基花青素-香豆酰-葡萄糖苷（peonidin-coumaroyl-glucoside）	OCH_3	H	香豆酰基
	二甲花翠素-香豆酰-葡萄糖苷（malvidin-coumaroyl-glucoside）	OCH_3	OCH_3	香豆酰基
	二甲花翠素-咖啡酰-葡萄糖苷（malvidin-caffeoyl-glucoside）	OCH_3	OCH_3	咖啡酰基

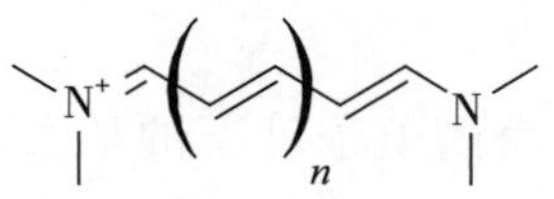

或$R_2N^+=CH[CH=CH]_n-NR_2$

C 8-10 链状花色素苷

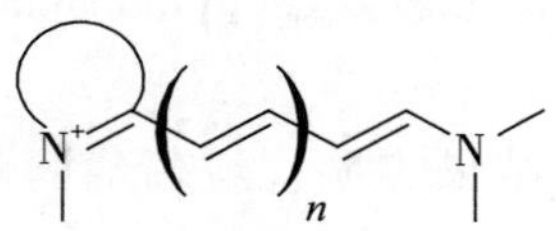

或$Aryl=N^+=CH[CH=CH]_n-NR_2$

C 8-11 半环状花色素苷

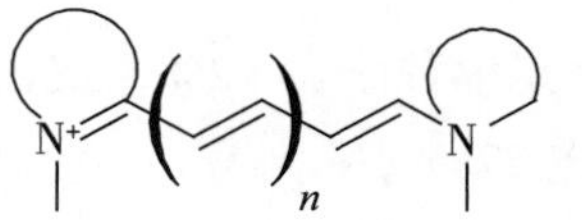

或$Aryl=N^+=CH[CH=CH]_n-N=Aryl$

C 8-12 环状花色素苷

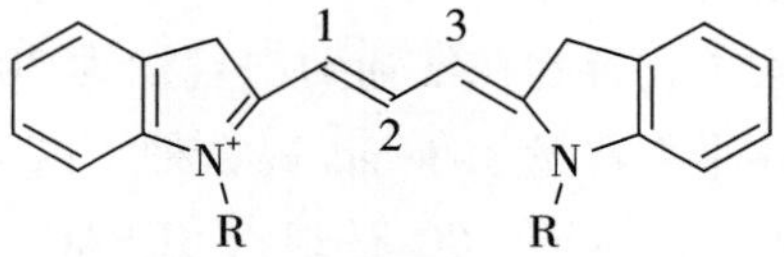

C 8-13 Cy3

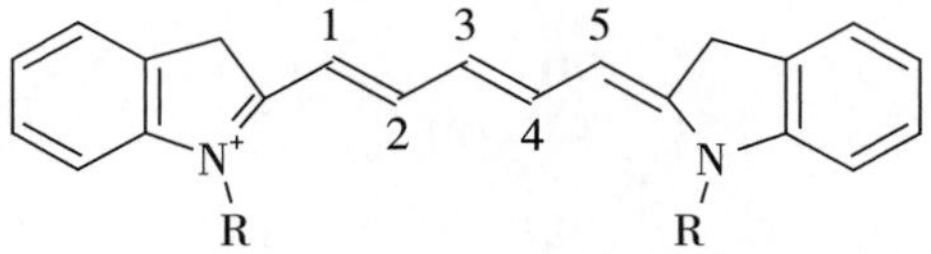

C 8-14 Cy5

三、 黄烷醇类

黄烷醇类（flavanols）中最常见的是黄烷-3-醇类（flavan-3-ols）和黄烷-4-醇类（flavan-4-ols）。大部分的黄烷-3-醇类呈现苦味与涩味，二氢黄烷醇类（flavanonols）呈轻微苦味。

黄烷-3-醇是一类具有如下结构的化合物（C 8-15），是苯并二氢吡喃（phenylbenzo-dihydropyran）即苯色原烷（phenylchromane）化合物，在葡萄酒中主要是儿茶素类化合物（catechins），且能通过 $C_4—C_6$ 和 $C_4—C_8$ 键形成二聚体（dimers）、三聚体（trimmers）和寡聚体（oligomers），从而形成花青素（cyanidins）。

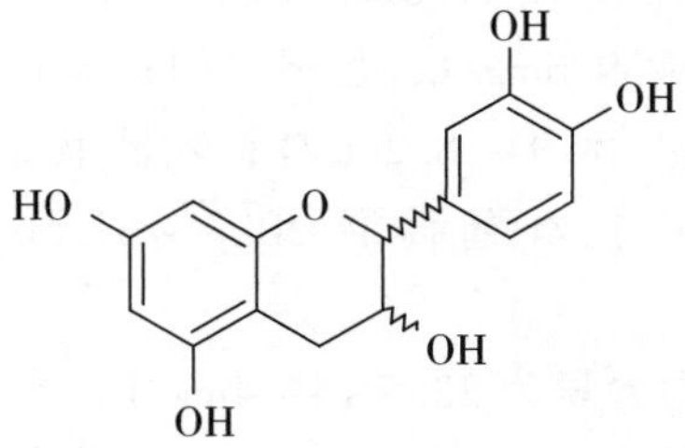

C 8-15 黄烷-3-醇

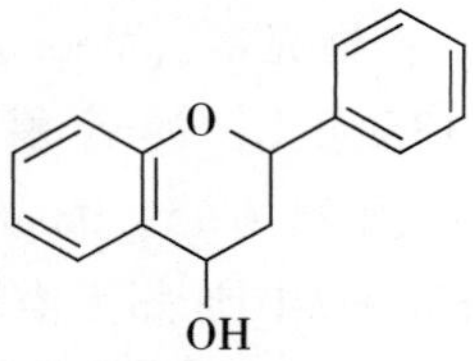

C 8-16 黄烷-4-醇

黄烷-4-醇（C 8-16），俗称3-脱氧类黄酮（3-deoxyflavonoids），IUPAC 名 2-苯并二氢吡喃-4-醇（2-phenylchroman-4-ol），分子式 $C_{15}H_{14}O_2$，摩尔质量 226.27g/mol。

该化合物缩合后形成鞣红（phlobaphene）色素，存在于高粱中。黄烷-4-醇类化合物具有抗癌活性。

最新研究结果表明，红葡萄酒的苦味主要是由阈值浓度下的酚酸乙酯（phenolic acid ethyl esters）和黄烷-3-醇产生的。柔和的涩味由3个黄烷-3-醇葡萄糖苷（flavon-3-ol glucosides）和二氢黄烷-3-醇鼠李糖苷类（dihydroflavon-3-ol rhamnosides）产生。皱褶涩味由分子量大于5ku的聚合物产生，有机酸放大了这一作用。

1. 儿茶素

儿茶素类化合物在红葡萄中含量为300mg/kg，其中种子占82%，皮占18%；二聚体到四聚体平均含量4.94mg/kg，种子占73%，皮占27%。

儿茶素（catechin）(C 8-17)，IUPAC 名2-(3,4-二羟基苯)-3,4-二氢-(2*H*)-苯并吡喃-3,5,7-三醇［2-(3,4-dihydroxyphenyl)-3,4-dihydro-(2*H*)-chromene-3,5,7-triol］。儿茶素的名称与儿茶酚（catechol，1,2-dyhydroxybenzene）有关。

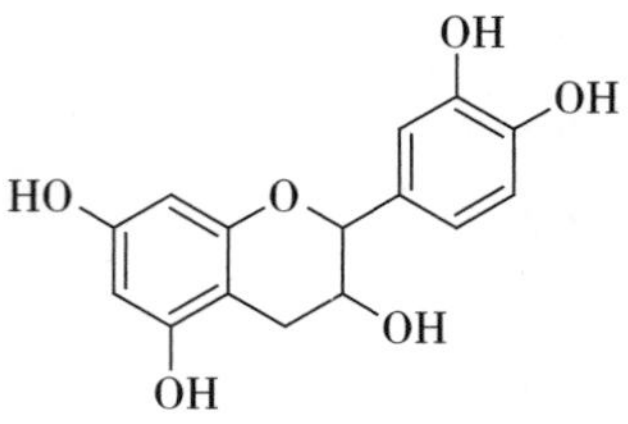

C 8-17 儿茶素 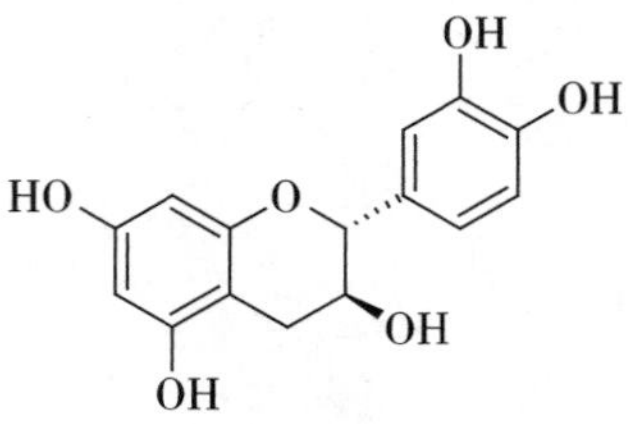　　C 8-18 (+)-儿茶素 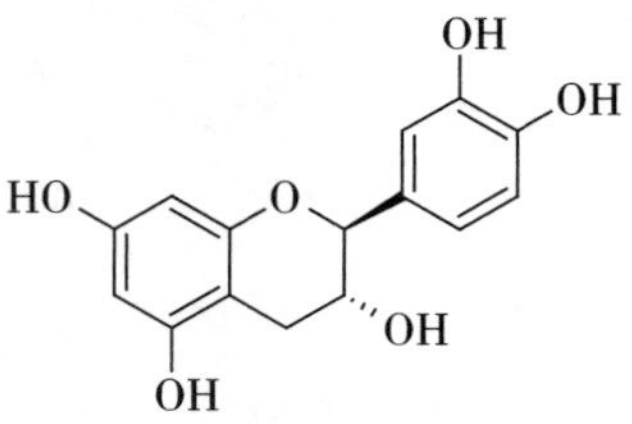　　C 8-19 (-)-儿茶素

(±)-儿茶素 CAS 号 7295-85-4，分子式 $C_{15}H_{14}O_6$，摩尔质量 290.27g/mol，无色固体，熔点 175~177℃；呈苦味和涩味，水溶液中涩味阈值 410μmol/L。有研究证实，茶和葡萄中的儿茶素能降低人体中胆固醇含量，高粱中的具有类似效果。

(±)-儿茶素在赤霞珠葡萄中含量为32mg/L（澳大利亚）或81.8mg/L（匈牙利）或43mg/L（美国加州）；西拉葡萄中含量为22mg/L（澳大利亚）或68.2mg/L（匈牙利）葡萄26mg/L（美国加州）；在黑比诺红葡萄中含量为21.8mg/L或75mg/L（澳大利亚）或103mg/L（匈牙利）或119mg/L（美国加州）。

(±)-儿茶素在红葡萄酒中含量为11.1mg/L或57.6μmol/L，丹菲特红葡萄酒4.7~5.0mg/L；基安帝（Chianti）红葡萄酒34.1~39.6mg/L；新堡（Chateauneuf）红葡萄酒50.3~55.2mg/L；梅克多（Medoc）红葡萄酒48.9~58.2mg/L；勃艮第（Burgundy）红葡萄酒 127~136mg/L；博若莱（Beaujolais）红葡萄酒 30.7~31.5mg/L；巴罗洛(Barolo) 红葡萄酒23.6~59.0mg/L。

(±)-儿茶素在美国加州赤霞珠葡萄酒中含量为33.5~44.4mg/L；澳大利亚西拉葡萄酒33.9~44.2mg/L；美国俄勒冈黑比诺葡萄酒119~122mg/L，在霞多利白葡萄酒中含量为0.64~0.96mg/L。

(±)-儿茶素在麦芽中含量为6.1~95mg/kg，酒花中238~2821mg/kg，啤酒中0.42~6.90mg/kg。

(±)-儿茶素在绿茶中含量为 13. 0~19. 1mg/L，乌龙茶 6. 0~6. 4mg/L，红茶 9. 2~15. 6mg/L。

儿茶素有旋光性，是手性化合物。(+)-儿茶素（C 8-18），即（2*R*，3*S*)-儿茶素，CAS 号 154-23-4，呈苦味和收敛性涩味，水溶液中苦味阈值 1000μmol/L（290mg/L)；水溶液中涩味阈值 600μmol/L 或 410μmol/L（119mg/L）或 46. 1mg/L。

(+)-儿茶素在葡萄皮中含量为 30. 13mg/kg 干重，葡萄肉中含量为 1. 08mg/kg 干重，葡萄籽中含量为 6349mg/kg 干重；蒲桃肉中含量为 14. 78mg/kg 干重，桑葚、蒲桃皮、蒲桃子、木菠萝皮、肉和种子中未检测到。(+)-儿茶素在霞多利白葡萄酒中含量为 8. 15μg/L。

(-)-儿茶素（C 8-19），即（2*S*,3*R*)-儿茶素，CAS 号 18829-70-4；另外一个是水合儿茶素（hydrate catechin)，CAS 号 88191-48-4。

(2*R*,3*R*)-儿茶素，俗称（-)-表儿茶素［(-)-epicatechin，(-)-ECG］(C 8-20)，是一个既呈现苦味又呈现涩味的化合物，水溶液中涩味阈值 930μmol/L（270mg/L）或 800μmol/L；水溶液中苦味阈值 800μmol/L 或 930μmol/L（270mg/L)。

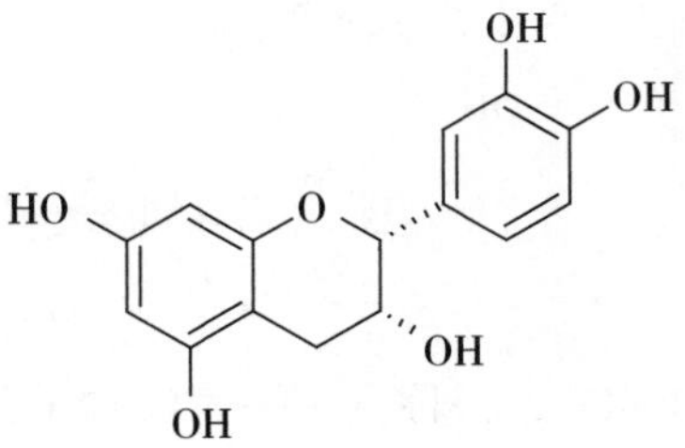

C 8-20　(-)-表儿茶素

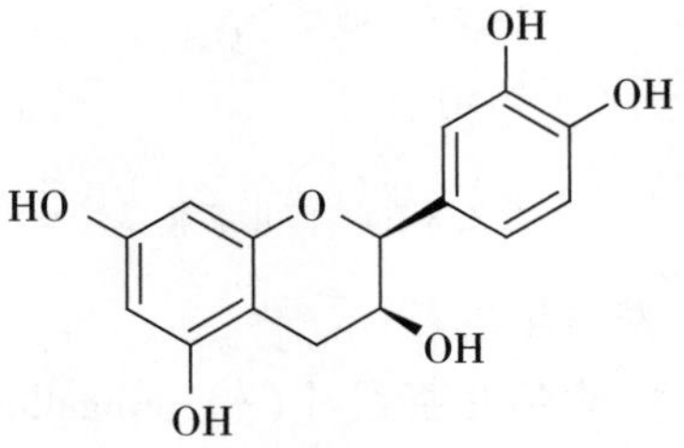

C 8-21　(+)-表儿茶素

(-)-ECG 在葡萄皮中含量为 201mg/kg 干重，葡萄肉中含量为 20. 63mg/kg 干重，葡萄籽中含量为 4578mg/kg 干重；在桑葚中含量为 99. 69mg/kg 干重；蒲桃皮中含量为 382mg/kg 干重，蒲桃肉中含量为 342mg/kg 干重，蒲桃子中含量为 129mg/kg 干重；木菠萝皮、肉和种子中未检测到。

(-)-ECG 已经在葡萄酒中检测到，含量为 27. 6μmol/L 或 4. 0~4. 1mg/L（丹菲特红葡萄酒)；在霞多利白葡萄酒中含量为 0. 31~0. 53mg/L 或 2. 28μg/L；在酒花中含量高达 1483mg/kg，在麦芽中没有检测到，啤酒中含量为 0. 8~1. 9mg/L。

另外一个手性异构体是（2*S*,3*S*)-儿茶素，称为（+)-表儿茶素［(+)-epicatechin，(+)-ECG］(C 8-21)。(+)-ECG 在红葡萄酒中含量为 7. 7mg/L 或 13. 0mg/L（黑比诺)。

表儿茶素在基安帝（Chianti）红葡萄酒中含量为 22. 7~22. 9mg/L；新堡（Chateauneuf）红葡萄酒含量为 23. 2~23. 5mg/L；梅克多（Medoc）红葡萄酒含量为 30. 6~38. 1mg/L；勃艮第（Burgundy）红葡萄酒含量为 38. 4~50. 7mg/L；美国加州赤霞珠葡萄酒含量为 21. 4~23. 1mg/L；澳大利亚西拉葡萄酒 33. 7~34. 9mg/L；美国俄勒冈黑比诺葡萄酒 38. 6~41. 6mg/L；博若莱（Beaujolais）红葡萄酒 24. 2~64. 4mg/L；巴罗洛

(Barolo) 红葡萄酒 16.7~34.3mg/L。

2. 倍儿茶素

倍儿茶素 (gallocatechin, gallocatechol)(C 8-24), IUPAC 名 2-(3,4,5-三羟基苯)-3,4-二氢-1-(2*H*)-苯并呋喃-3,5,7-三醇 [2-(3,4,5-trihydroxyphenyl)-3,4-dihydro-1-(2*H*)-benzopyran-3,5,7-triol]。

该化合物是一个手性化合物, 最常见的是 (+)-倍儿茶素 (C 8-25), 即 (2*R*,3*S*)-倍儿茶素, CAS 号 970-73-0, 分子式 $C_{15}H_{14}O_7$, 摩尔质量 306.26g/mol, 既呈现苦味又呈现涩味, 在水中的涩味阈值 540μmol/L; 存在于茶叶等植物中。能清除游离自由基[①], 抑制 *P. gingivalis* 菌在口腔内上皮细胞上的生长与黏附。

(-)-倍儿茶素存在于麦芽与酒花中, 但含量极少。

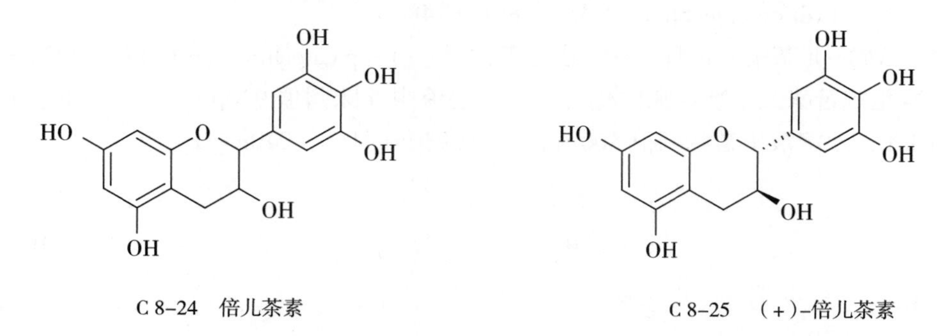

C 8-24 倍儿茶素　　C 8-25 (+)-倍儿茶素

3. 表倍儿茶素

(-)-表倍儿茶素 [(-)-epigallocatechin,(-)-EGC], 俗称 (-)-表没食子儿茶素, 既呈现苦味又呈现涩味, 有后甜味, 水中涩味阈值 520μmol/L。(-)-EGC 存在于茶叶等植物中, 在绿茶中含量为 186.0~257.0mg/L, 乌龙茶中含量为 182.4~242.0mg/L, 红茶中含量为 17.0~50.0mg/L; 酒花中含量为 194~1483mg/kg, 啤酒中含量<0.10~1.90mg/kg, 麦芽中未检测到。(-)-EGC 是重要的抗氧化化合物。

4. 原花青素苷类

原花青素苷类 (procyanidins) 是一类原花色素 (proanthocyanidin) 或称为缩合单宁类 (condensed tannins) 化合物, 是多羟基黄烷-3-醇聚合物, 是儿茶素和表儿茶素的低聚物 (在葡萄酒中其单体含量比聚合的含量高), 俗称原花青素苷多聚物 (procyanidin polymers) (C 8-30), 是葡萄酒中的主要多酚, 在欧洲葡萄中其聚合度可达 16。这类化合物解聚后会产生花青素 (C 8-31)。高粱原花青素结构中, (-)-表儿茶素是扩展单元, (+)-儿茶素是链终止单元 (比例占 88%)。

---

① 一般为氧化自由基, 分为五种, 即过氧化物阴离子 (O_2^-)、过氧化氢、单纯态氧 ($^1O_2$)、羟基自由基 (·OH) 和过氧自由基 (·OOR)。

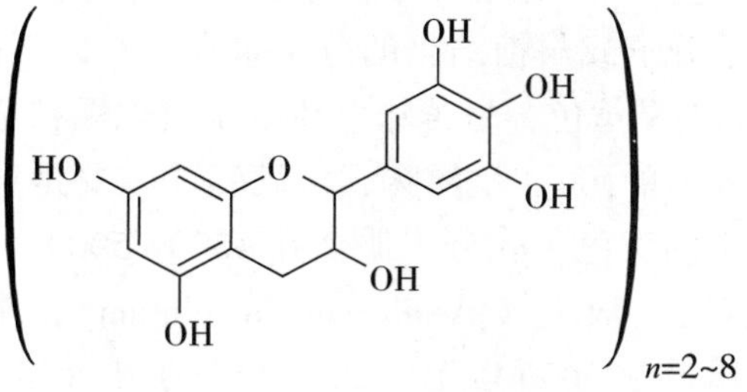

C 8-30　原花青素多聚物

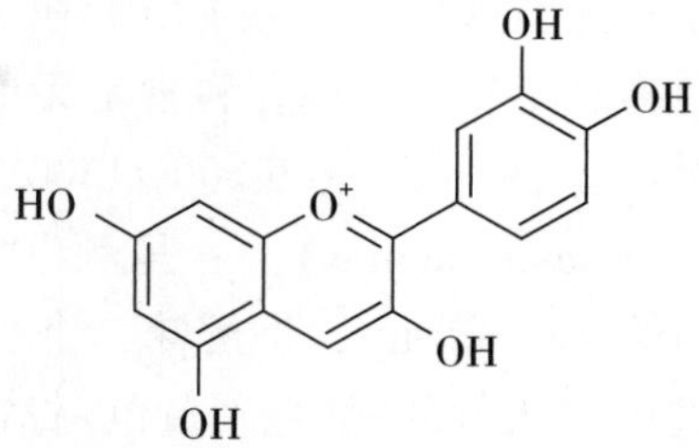

C 8-31　花青素

早先原花色素称为抗营养因子或抑制生长因子（antinutritional factor），对人体健康有益。原花青素类能抑制包括人免疫缺陷病毒（HIV）在内的一些病毒。

原花青素类早先发现存在于葡萄中，而葡萄酒中的是老熟时通过酸催化解聚合（depolymerization）产生的。原花青素类在葡萄酒中含量通常在 1~3g/L，黑比诺葡萄酒中含量为 36.4mg/L。

目前在葡萄与葡萄酒中已经检测到的有原花青素 B1、原花青素 B2、原花青素 B3、原花青素 B5、原花青素 C1、表儿茶素-$(4\beta\rightarrow8)_3$-表儿茶素、表儿茶素-$(4\beta\rightarrow8)_4$-表儿茶素等。原花青素 B1~B5 均含有儿茶素和表儿茶素结构，是二聚体。原花青素 B1 和 B2 是葡萄中最丰富的。高粱中也已经检测原花青素 B1 等化合物。

5. 缩合单宁

缩合单宁（condensed tannins）（C 8-32）是由羟基黄烷酮（hydroxyflavans）缩合形成。酿酒原料高粱中的单宁主要是缩合型单宁。高粱中的单宁具有强烈的抗氧化活性，棕色高粱明显比无单宁高粱抗氧化活性高。体外试验发现，高分子量的单宁是各种天然抗氧化剂中活性最高的。红葡萄酒中缩合单宁含量为 1~3g/L，其浓度与葡萄品种、酿酒工艺如浸皮时间（skin maceration time）、老熟工艺（ageing procedures）等有关。

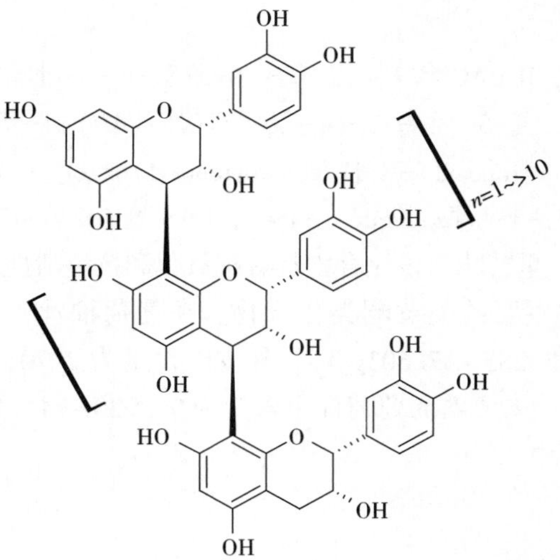

C 8-32　缩合单宁

单分子形式的酚类几乎没有涩味，大部分呈酸味。缩合单宁的呈色与呈味特征可按分子量进行区分：①分子质量在300以下的单分子或与糖结合的分子量在500以下的，花色素苷呈红色，原花青素是无色的，黄酮醇类呈黄色；呈苦味（主要是黄烷酮和黄酮醇类）；②分子质量在500~1500（2~5个单分子单元），呈涩味、丰满感［主要是黄烷单宁（flavin tannins）］；呈颜色，如黄烷单宁的黄色；③分子质量在1500~5000（6~10个单分子单元），呈涩味、丰满感；在假稳态溶液中（pseudo-stable solution），缩合黄烷单宁从黄色-红色到黄色-棕色；④分子质量在5000以上（10个单分子单元以上）时，高度缩合的黄烷单宁通常是不溶于水的。

四、黄烷酮类

黄烷酮类化合物（flavanones）主要包括柚皮素、木樨草素和芹黄素等。

柚皮素（naringenin，naringetol，salipurol，salipurpol）（C 8-41），俗称4′,5,7-三羟基黄烷酮（4′,5,7-trihydroxyflavanone），IUPAC名5,7-二羟基-2-(4-羟基苯）苯并二氢吡喃-4-酮［5,7-dihydroxy-2-(4-hydroxyphenyl) chroman-4-one］，CAS号480-41-1，分子式，摩尔质量272.26g/mol，熔点251℃，水中溶解度475mg/L。该化合物在葡萄柚中占有优势地位。柚皮素并不能抑制咖啡因的苦味。

异黄腐酚（isoxanthohumol)(C 8-41）是黄腐酚的同分异构体，IUPAC名7-羟基-2-(4-羟基苯)-5-甲氧基-8-(3-甲基丁-2-烯基)-2，3-二氢色-4-酮［7-hydroxy-2-(4-hydroxyphenyl)-5-methoxy-8-(3-methylbut-2-enyl)-2,3-dihydrochromen-4-one］，CAS号70872-29-6或521-48-2①，分子式$C_{21}H_{22}O_5$，摩尔质量354.40 g/mol，不溶于水，水中溶解度1.946mg/L（25℃）。呈苦味，在5%vol酒精-水溶液中（pH4.4）苦味阈值16μmol/L。

异黄腐酚是啤酒中的苦味物质之一，在酒花中含量80mg/kg，啤酒0.04~9.3mg/kg，但麦芽中未检测到。

柚皮苷（naringin），IUPAC名7-((2-氧-(6-脱氧-α-L-吡喃甘露糖基)-β-D-吡喃葡萄糖基）氧基)-2，3-二氢-5-羟基-2-(4-羰基苯基)-(4*H*)-1-苯并吡喃-4-酮［7-((2-O-(6-deoxy-α-L-mannopyranosyl)-β-D-glucopyranosyl)oxyl)-2,3-dihydro-5-hydroxy-2-(4-hydroxyphenyl)-(4*H*)-1-benzopyran-4-one］，CAS号10236-47-2，微黄到淡白色的粉末或结晶，熔点166℃，呈苦味。该化合物具有抗氧化和抗癌活性，能降低血脂。

柚皮苷是葡萄柚中主要的类黄酮类化合物，在葡萄柚汁中含量为0.3~0.75g/kg，核心（pit）中含量为13.285~17.603g/kg，外皮中含量为2.701~4.319g/kg，种子中含量为0.295~2.677g/kg，未成熟的葡萄柚中含量为97.920~144.120g/kg。柚皮苷存在于某些葡萄如雷司令葡萄中。

① 这两个号在Sigma-Aldrich公司的产品目录中查询为同一个化合物。

第三节 异戊二烯查耳酮类化合物

异戊二烯查耳酮类化合物（prenylchalcones）已经在酒花中鉴定出。黄腐酚和去甲基黄腐酚（desmethylxanthohumol）是酒花中常见的两个化合物。

黄腐酚（xanthohumol），IUPAC 名（*E*）-1-(2,4-二羟基-6-甲氧基-3-(3-甲基丁-2-烯基)苯基)-3-(4-羟基苯)丙-2-烯-1-酮[(*E*)-1-(2,4-dihydroxy-6-methoxy-3-(3-methylbut-2-enyl)phenyl)-3-(4-hydroxyphenyl)prop-2-en-1-one]，CAS 号 6754-58-1，分子式 $C_{21}H_{22}O_5$，摩尔质量 354.40g/mol，密度 1.24g/cm^3，熔点 157~159℃，不溶于水，水中溶解度 0.5131mg/L。黄腐酚呈苦味，在 5%vol 酒精-水溶液中（pH4.4）阈值 10μmol/L。黄腐酚在酒花中含量为 4800mg/kg，啤酒中含量为 0.002~3.400mg/kg，但麦芽中没有检测到。

其他化合物黄腐酚类化合物，如 Xanthogalenol、4′-*O*-甲基黄腐酚（4′-*O*-methylxanthohumol）、4′,6′-di-*O*-甲基柑橘查耳酮（4′,6′-di-*O*-methylchalconaringenin）、3′-香叶基柑橘查耳酮（3′-geranylchalconaringenin）、3′,5′-二异戊二烯基柑橘查耳酮（3′,5′-diprenylchalconaringenin）、5′-异戊二烯基黄腐酚、黄腐酚 B、黄腐酚 C 或脱氢环黄腐酚水合物（dehydrocycloxanthohumol hydrate）、黄腐酚 D、黄腐酚 E、也已经在麦芽、酒花和啤酒中检测到。

第四节 芪素类化合物

芪素类化合物（stilbenoid）是芪（C 8-42）（stilbene，1,2-二苯乙烯，CAS 号 103-30-0）羟基化衍生物，拥有 C_6-C_2-C_6 的结构。白藜芦醇是葡萄酒中最重要的芪素类化合物。

白藜芦醇（resveratrol）(C 8-43)，俗称 *trans*-白藜芦醇（*trans*-resveratrol）、*trans*-3,5,4′-三羟基芪（*trans*-3,5,4′-trihydroxystilbene）、3,4′,5-芪三醇（3,4′,5-stilbenetriol）、（*E*）-5-(*p*-羟基苯乙烯基）间苯二酚［(*E*)-5-(*p*-hydroxystyryl)resorcinol］、(*E*)-5-(4-羟基苯乙烯基）苯-1，3-二醇［(*E*)-5-(4-hydroxystyryl) benzene-1,3-diol］、(*E*)-5-(4-羟基苯乙烯基）苯-1,3-二醇［(*E*)-5-(4-hydroxystyryl)benzene-1,3-diol］，IUPAC 名 5-((*E*)-2-(4-羟基苯)亚甲基）苯-1,3-二醇［5-((*E*)-2-(4-hydroxyphenyl)ethenyl)benzene-1,3-diol］，CAS 号 501-36-0，分子式 $C_{14}H_{12}O_3$，摩尔质量 228.25g/mol，微黄白色粉末，熔点 261~263℃，沸点 449~450℃，lgP 3.139，难溶于水（溶解度 0.03g/L），易溶于丙酮、乙醇（溶解度 50g/L）、甲醇、乙酸乙酯、DMSO（溶解度 16g/L）、乙醚、三氯甲烷等有机溶剂（溶解度从高到低），LD_{50}（半数致死量）23.2μmol/L（5.29g/L）。该化合物无嗅、无味，并不是饮料酒特别是葡萄酒

的呈香呈味化合物，但可能具有化学预防特性（chemopreventive property），与“法国悖理”有关。

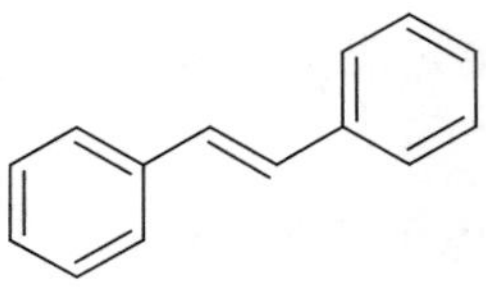

C 8-42 芪 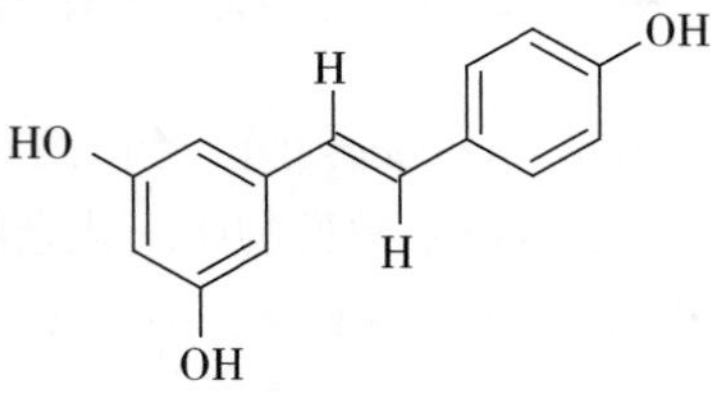　　C 8-43 反-白藜芦醇 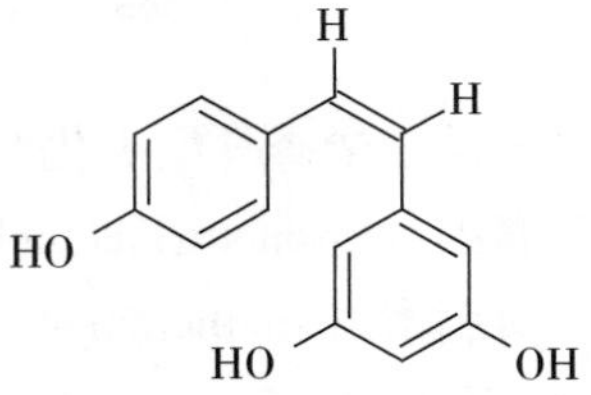　　C 8-44 顺-白藜芦醇

白藜芦醇有顺式（C 8-44）和反式（C 8-43）两种异构体，通常讲的白藜芦醇是反式白藜芦醇。这两种结构物质吸收波长不同，水中 *cis*-白藜芦醇最大吸光波长 286nm，*trans*-白藜芦醇 304nm。顺式白藜芦醇在紫外光（350nm，甲醇溶液中）的作用下会发生光异构化（photoisomerization），转换为反式白藜芦醇。自然界中主要以 *trans*-白藜芦醇存在，且以粉末状存在是稳定的，“加速稳定（accelerated stability）”的条件是空气湿度 75%，温度 40℃。

因白藜芦醇对热和光十分敏感，故在酒贮存阶段，白藜芦醇降解非常多，特别是对氧化敏感的品种，会产生 *cis*-白藜芦醇及其二聚体。

白藜芦醇存在于葡萄皮、蓝莓、树莓、桑葚、越橘（lingonberry）、番泻叶（senna）、花生、虎杖中。白藜芦醇在花生特别是发芽花生中含量较高，未发芽前花生中含量为 2.3~4.5mg/kg，发芽后的花生含量为 11.7~25.7mg/L；在桑葚整果中白藜芦醇含量最高，达 50.61mg/kg 干重，其次是蒲桃种子中含量为 34.87mg/kg 干重，蒲桃肉中含量为 13.70mg/kg 干重，蒲桃皮中含量为 11.19mg/kg 干重，木菠萝皮中含量 3.56mg/kg 干重，木菠萝肉中含量为 0.07mg/kg 干重，木菠萝种子中 0.87mg/kg 干重。

在葡萄中，白藜芦醇主要存在于葡萄皮和种子中，葡萄皮中含量为 3.54mg/kg 干重，葡萄肉中含量为 1.44mg/kg 干重，葡萄籽中含量为 5.89mg/kg 干重；在红葡萄汁中含量为 1.14~8.69mg/L，麝香葡萄中含量为 40mg/L，澳大利亚赤霞珠葡萄 1.9mg/L，匈牙利赤霞珠葡萄 2.8mg/L，美国加州赤霞珠葡萄 3.2mg/L；澳大利亚西拉葡萄 2.64mg/L，匈牙利西拉葡萄 1.1mg/L，美国加州西拉葡萄中未检测到；澳大利亚黑比诺葡萄 7.58mg/L，匈牙利黑比诺葡萄 3.2mg/L，美国加州黑比诺葡萄 16.0mg/L。葡萄皮和发酵后以及长期贮存后的葡萄皮渣中的白藜芦醇含量是稳定的。白藜芦醇在葡萄中会重构，在葡萄成熟期积累，以游离态和结合态形式存在，其浓度与葡萄基因型有关。

白藜芦醇于 1992 年在葡萄酒中检测到，红葡萄酒中的含量高于白葡萄酒。白藜芦醇在红葡萄酒中含量为 1.98~7.13mg/L 或 0.2~5.8mg/L 或 0.987~25.400μmol/L，西班牙红葡萄酒中含量为 1.92~12.59mg/L，玫瑰红葡萄酒中含量为 0.43~3.52mg/L，白葡萄酒中含量为 0.05~1.80mg/L，白藜芦醇在白葡萄酒中含量较少，红葡萄酒中含量高主要是因为红葡萄酒是带皮发酵，而白葡萄酒是去皮发酵。

红葡萄酒中白藜芦醇含量的高低，与葡萄品种、产地、收获年份、浸皮发酵的时长有关，也与白藜芦醇3-葡萄糖苷（resveratrol 3-glucoside）的部分水解有关，水解能产生*cis*-白藜芦醇和*trans*-白藜芦醇。产于美洲的威拉米特（Willamette）和喀斯喀特葡萄（Cascade）中芪素类化合物含量最高。白藜芦醇也存在于酒花中，含量0.2~1.0mg/L，但在啤酒和麦芽中没有检测到。

trans-白藜芦醇在红葡萄酒中的含量高于白葡萄酒；最高含量存在于法国黑比诺葡萄酒和圣罗兰（St. Laurent）品种葡萄酿造的葡萄酒（但也有观点认为黑比诺的含量是最高的，不受产地的影响），其次是西班牙和意大利黑比诺葡萄酒；最低含量是美国产的仙芬黛（Zinfandel）葡萄酒，似乎受到品种-地区（varity-region）的影响。赤霞珠葡萄酒的浓度范围更广泛，来自寒冷地区如加拿大安大略（Ontario）、法国波尔多的葡萄酒*trans*-白藜芦醇的含量高，而来自温暖地区如美国加州、南非和澳大利亚的葡萄酒则含量较低。

其具体含量如下：*trans*-白藜芦醇在红葡萄酒中为1.9mg/L（8.2μmol/L，nd~14.3mg/L）或0.79~1.27mg/L，二次浸皮红葡萄酒1.39~2.16mg/L，黑比诺葡萄酒2.9mg/L（nd~4.21mg/L，巴西）或3.4mg/L（1.3~10.5mg/L，捷克）或法国5.4mg/L（3.8~7.4mg/L，法国）或3.2mg/L（2.8~3.7mg/L，匈牙利）或1.3mg/L（0.4~2.3mg/L，日本）或11.9mg/L（瑞士）或2.3mg/L（0.2~5.8mg/L，美国）或0.45~0.50mg/L（美国俄勒冈州）或4.8mg/L（3.2~6.0mg/L，意大利）或5.1mg/L（2.26~8.00mg/L，西班牙），圣罗兰（St. Laurent，捷克）葡萄酒3.6mg/L（0.2~11.9mg/L），托斯卡纳（意大利中西部）红葡萄酒0.3~2.1mg/L，捷克红葡萄酒0.7~11.0mg/L，梅鹿辄红葡萄酒1.0mg/L（澳大利亚）或1.3mg/L（捷克）或3.9mg/L（1.3~14.3mg/L，匈牙利）或1.5mg/L（0.6~2.1mg/L，日本）或1.5mg/L（0.4~2.7mg/L，美国）或4.0mg/L（3.1~5.1mg/L，巴西）或3.4mg/L（0.5~6.0mg/L，意大利）或4.0mg/L（0.98~7.74mg/L，西班牙），赤霞珠红葡萄酒0.9mg/L（0.2~1.5mg/L，澳大利亚）或3.7mg/L（捷克）或1.0mg/L（希腊）或2.9mg/L（1.2~9.3mg/L，匈牙利）或0.9mg/L（日本）或0.5mg/L（nd~2.2mg/L，美国）或0.30~2.23mg/L（美国加州）或1.8mg/L（nd~3.57mg/L，巴西）或4.0mg/L（1.33~7.17mg/L，意大利）或1.2mg/L（0.95~1.86mg/L，西班牙），品丽珠红葡萄酒1.6mg/L（nd~2.10mg/L，巴西）或1.0mg/L（0.7~1.2mg/L，匈牙利），佳美葡萄酒nd~2.37mg/L，比诺塔吉（Pinotage）红葡萄酒nd~3.43mg/L，桑娇维塞红葡萄酒nd~5.75mg/L，丹娜红葡萄酒nd~4.17mg/L，玛泽米诺（Marzemin）红葡萄酒3.0mg/L（1.20~5.30mg/L，意大利），泰罗德格（Teroldego）红葡萄酒1.5mg/L（1.29~1.54mg/L，意大利），添帕尼优葡萄酒1.3mg/L（0.20~2.50mg/L，西班牙），歌海娜葡萄酒2.04~2.83mg/L（西班牙），奥玻脱（Portugieser）葡萄酒4.1mg/L（2.0~6.2mg/L，捷克）或1.3mg/L（0.3~2.0mg/L，匈牙利），茨威格（Zweigelt）葡萄酒1.3mg/L（0.9~2.1mg/L，捷克）或2.7mg/L（0.6~4.7mg/L，匈牙利）或2.0mg/L（日本），内格罗阿玛罗（Negroamaro）葡萄酒1.8mg/L（1.5~2.0mg/L，意大利），西拉葡萄酒1.9mg/L（0.2~3.2mg/L，澳大利亚）或2.26~2.62mg/L（澳大利亚）或2.0mg/L（希腊）或1.5mg/L（1.2~

1.8mg/L，匈牙利），黑达沃拉（Nero d'Avola）葡萄酒 1.6mg/L（0.6~2.9mg/L，意大利），莉亚戈（Liatiko）葡萄酒 1.0mg/L（0.8 ~ 1.4mg/L，希腊），希诺马罗（Xinomauro）葡萄酒中含量为 1.0mg/L（0.4~2.1mg/L，希腊），麝香贝利（Muscat Bailey）葡萄酒含量为 0.8mg/L（0.2~1.5mg/L，日本），仙芬黛葡萄酒 9.6mg/L（意大利）或 0.4mg/L（nd~1.3mg/L，美国），圣吉提科（Agiorgitiko）葡萄酒 0.6mg/L（0.3~0.9mg/L，希腊）；基安帝红葡萄酒 1.17~1.28mg/L；新堡红葡萄酒 3.82~4.68mg/L；梅克多红葡萄酒 1.72~2.32mg/L；勃艮第红葡萄酒 1.17~2.27mg/L；博若莱红葡萄酒 2.29~2.69mg/L；巴罗洛红葡萄酒 0.31~1.04mg/L；波特红葡萄酒（red port wine）、麝香葡萄酒（Muscatel wine）、雪利酒、佩德罗-希梅内斯（Pedro Ximenez）雪利酒中没有检测到。

trans-白藜芦醇在白葡萄酒中含量为 0~0.1mg/L，佐餐白葡萄酒中未检测到，霞多利葡萄酒中含量为 0.03~0.05mg/L，米勒（Müller Thurgau）葡萄酒中含量为 0.11mg/L，诺西奥拉（Nosiola）葡萄酒含量为 nd~0.12mg/L，莱茵河雷司令（Rhine riesling）葡萄酒中含量为 0.06~0.07mg/L，席尔瓦（Silva）白葡萄酒中含量为 0.04~0.07mg/L，史里乌（Sirius）白葡萄酒中含量为 0.03~0.08mg/L。*trans*-白藜芦醇在红葡萄酒中的含量通常是 *cis*-白藜芦醇的 2.72~20.55 倍，平均 4.43 倍。

cis-白藜芦醇在红葡萄酒中含量较高，在白葡萄酒中含量较低。*cis*-白藜芦醇在红葡萄酒中含量为 0.5~1.9mg/L 或 1.02~1.30mg/L，在二次浸皮红葡萄酒中含量为 1.32~2.76mg/L，黑比诺葡萄酒中含量为 0.11~2.13mg/L 或 0.94~1.06mg/L（美国俄勒冈州），梅鹿辄葡萄酒中含量为 0.36~2.48mg/L，赤霞珠红葡萄酒中含量为 0.20~0.40mg/L 或 0.30~1.11mg/L（美国加州），添帕尼优葡萄酒中含量为 0.15~0.46mg/L，歌海娜葡萄酒中含量为 0.41~0.46mg/L，基安帝红葡萄酒中含量为 0.63~0.70mg/L；新堡红葡萄酒中含量为 1.12~1.94mg/L；梅克多红葡萄酒中含量为 1.29~1.59mg/L；勃艮第红葡萄酒中含量为 0.98~1.44mg/L；澳大利亚西拉葡萄酒 1.16~1.95mg/L；博若莱红葡萄酒 2.31~2.95mg/L；巴罗洛红葡萄酒 0.44~0.50mg/L；在波特红葡萄酒、麝香葡萄酒、雪利酒、佩德罗-希梅内斯雪利酒中没有检测到。*cis*-白藜芦醇在白葡萄酒中含量为 0~0.2mg/L，在捷克白葡萄酒中含量为 0.6~5.1mg/L。

白藜芦醇在自然界中一般以结合态存在，名云杉新苷（piceid），俗称虎杖苷（polydatin）、白藜芦醇-3-葡萄糖苷（resveratrol 3-glucoside）、白藜芦醇-3-*β*-单-D-葡萄糖苷（resveratrol 3-*β*-mono-D-glucoside）、3,5,4′-三羟基芪-3-*O*-*β*-D-吡喃葡萄糖苷（3,5,4′-trihydroxystilbene-3-*O*-*β*-D-glucopyranoside），IUPAC 名 2-(3-羟基-5-((*E*)-2-(4-羟基苯)乙烯基)苯氧基)-6-(羟甲基) 氧六环-3,4,5-三醇［2-(3-hydroxy-5-((*E*)-2-(4-hydroxyphenyl)ethenyl)phenoxy)-6-(hydroxymethyl)oxane-3,4,5-triol］，CAS 号 27208-80-6，分子式 $C_{20}H_{22}O_8$，白色粉末状化合物，存在于葡萄汁中。*trans*-白藜芦醇与葡萄糖结合生成 *trans*-云杉新苷（C 8-45），也称 *trans*-白藜芦醇葡萄糖苷（*trans*-resveratrol glucoside）；而 *cis*-白藜芦醇与葡萄糖结合生成 *cis*-云杉新苷（C 8-46），*cis*-云杉新苷已经在葡萄酒中检测到，在霞多利白葡萄酒中含量为 nd~

0.098mg/L。

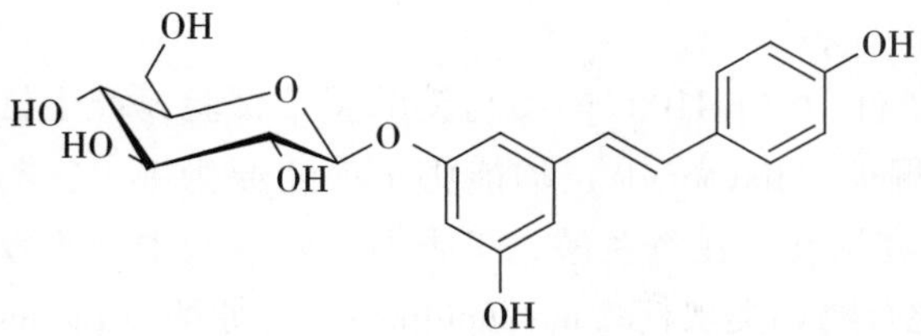

C 8-45 *trans*-云杉新苷

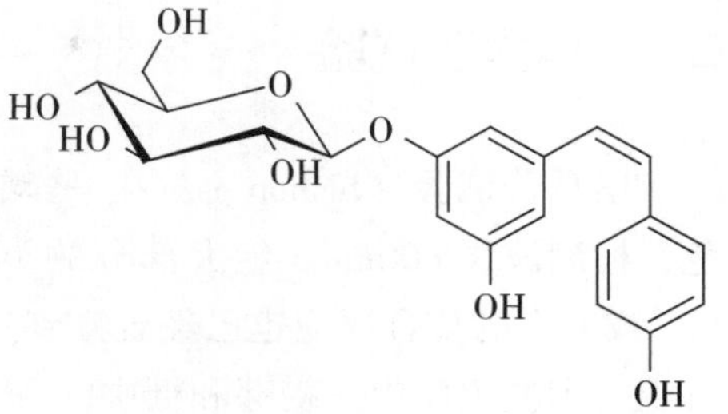

C 8-46 *cis*-云杉新苷

trans-云杉新苷主要存在于红葡萄酒中。*trans*-云杉新苷在红葡萄酒中含量为29.2mg/L或0.42~2.30mg/L，约是*cis*-白藜芦醇的3倍；在二次浸皮红葡萄酒中含量为4.08~9.44mg/L，波特红葡萄酒中含量为1.28~1.81mg/L，黑比诺红葡萄酒中含量为0.97~3.96mg/L，梅鹿辄红葡萄酒中含量为1.54~4.01mg/L，赤霞珠葡萄酒中含量为0.96~1.23mg/L，添帕尼优红葡萄酒中含量为0.74~1.51mg/L，歌海娜红葡萄酒中含量为2.60~2.66mg/L，在佐餐白葡萄酒、麝香葡萄酒、雪利酒、佩德罗-希梅内斯雪利酒中未检测到。

cis-云杉新苷主要存在于红葡萄酒中。*cis*-云杉新苷在红葡萄酒中含量为0.77~1.66mg/L，在二次浸皮红葡萄酒中含量为5.00~10.55mg/L，波特红葡萄酒中含量为2.22~2.48mg/L，黑比诺红葡萄酒中含量为0.57~0.79mg/L，梅鹿辄红葡萄酒中含量为0.68~1.98mg/L，赤霞珠葡萄酒中含量为0.35~0.55mg/L，添帕尼优红葡萄酒中含量为0.54~0.95mg/L，歌海娜红葡萄酒中含量为0.82~0.95mg/L，在佐餐白葡萄酒、麝香葡萄酒、雪利酒、佩德罗-希梅内斯雪利酒中未检测到。红葡萄酒中*trans*-云杉新苷平均浓度是*cis*-云杉新苷的2.43倍。

trans-云杉新苷和*cis*-云杉新苷在麦芽与啤酒中没有检测到，但这两个化合物在酒花中含量分别为2~8mg/kg、0.9~6.0mg/L。

第五节 多酚简易鉴定方法

一、福林酚试剂

福林酚试剂（Folin-Ciocalteu reagent）是磷钨酸（phosphotungstic acid）和磷钼酸（phosphomolybdic acid）六价态金属离子混合物，它能将酚类还原为钨烯与钼烯绿色氧化物（blue oxides of tungstene and molybdene），检测波长725~760 nm。碱性条件（如添加碳酸钠）会增强此氧化反应。为避免钠离子复合物产生沉淀，可添加硫酸锂。常用没食子酸和（+）-儿茶素作标准曲线。此反应也可以用来鉴定蛋白质（带有酪氨酸残基的）。

二、 毕夏普试验

毕夏普试验（bishop assay）是碱性条件下（pH10）酚类与铁的螯合试验，产生红色，检测波长 600nm。绝大部分的类黄酮类（flavonoids）均能将 Fe^{3+} 还原为 Fe^{2+}，与 Fe^{3+} 或 Fe^{2+} 的螯合反应也已经观察到。研究发现，在香兰酸、丁香酸和阿魏酸中几乎没有观察到颜色反应。麦芽和糖中的一些化合物如类黑精（melanoidins）、还原酮（reductones）、半胱氨酸和抗坏血酸与着色剂会发生反应，产生干扰。

第六节 多酚氧化反应——芬顿反应

除了极少的特例外，食品成分的氧化通常对食品品质与质量产生负面影响，特别是大分子的氧化，最著名的是不饱和脂肪的氧化会导致感官质量上的瑕疵以及营养成分的丢失。但一些葡萄酒如茶色波特葡萄酒（tawny port）、雪利酒的过度氧化却是其风味形成的关键。许多红葡萄酒也得益于适度氧化以减少涩味，增强颜色，但不少葡萄酒会因氧化而造成品质缺陷，如白葡萄酒氧化会造成褐变、特征香气或品种香丢失、产生不需要的羰基化合物。

一、 芬顿反应

芬顿反应（Fenton reaction）是指氢过氧化物（hydrogen peroxide）在铁离子（ferrous ions）催化作用下氧化有机化合物的反应。芬顿试剂（Fenton reagent）是指氢过氧化溶液，它能氧化有机化合物如污染物、废水中的有机物如三氯乙烯（trichloroethylene，TCE）、四氯乙烯（tetrachloroethylene）、五氯乙烯（perchloroethylene）。芬顿试剂的氧化反应通常是快速的，且是放出热量的（exothermic），可以将污染物氧化为二氧化碳和水。

氧化的反应机理见反应式（8-1）、反应式（8-2）：

反应式（8-1）：$Fe^{2+} + H_2O_2 \rightarrow Fe^{3+} + HO\cdot + OH^-$

反应式（8-2）：$Fe^{3+} + H_2O_2 \rightarrow Fe^{2+} + HOO\cdot + H^+$

Fe^{2+} 被过氧化氢氧化为 Fe^{3+}［见反应式（8-1），图 8-2］，形成羟基自由基（HO·）和氢氧离子（hydroxide ion），该反应于 20 世纪 30 年代由 Haber① 和 Weiss 首先发现，现在称为 Haber-Weiss 反应。羟基自由基具有强烈的氧化能力，且氧化是非选择性的；接

① Haber 即 Fritz Haber（1868 年 9 月 9 日～1934 年 1 月 29 日），德国化学家，1918 年因发明使用氮气与氢气工业化合成氨而获得诺贝尔化学奖。Habe 也被称为“化学战之父”（father of chemical warfare）。

着 Fe^{3+} 再被另一分子过氧化氢还原为 Fe^{2+} ［反应式（8-2），图 8-2］，形成氢过氧自由基（hydroperoxyl radical，HOO·）和一个质子。

乙醇是葡萄酒中主要的有机化合物，它可以产生 2-羟基乙基自由基（2-hydroxyethyl radicals，占 15%）和 1-羟基乙基自由基（1-hydroxyethyl radicals，1HER，占 85%）。1HER 可能进一步氧化为乙醛（图 8-2），或者与葡萄酒中其他成分反应，如与硫醇即 3MH 反应。

芬顿试剂还可以用于有机合成反应，如苯氧化为苯酚，见反应式（8-3）。

反应式（8-3）：$C_6H_6 + FeSO_4 + H_2O_2 \rightarrow C_6H_5OH$

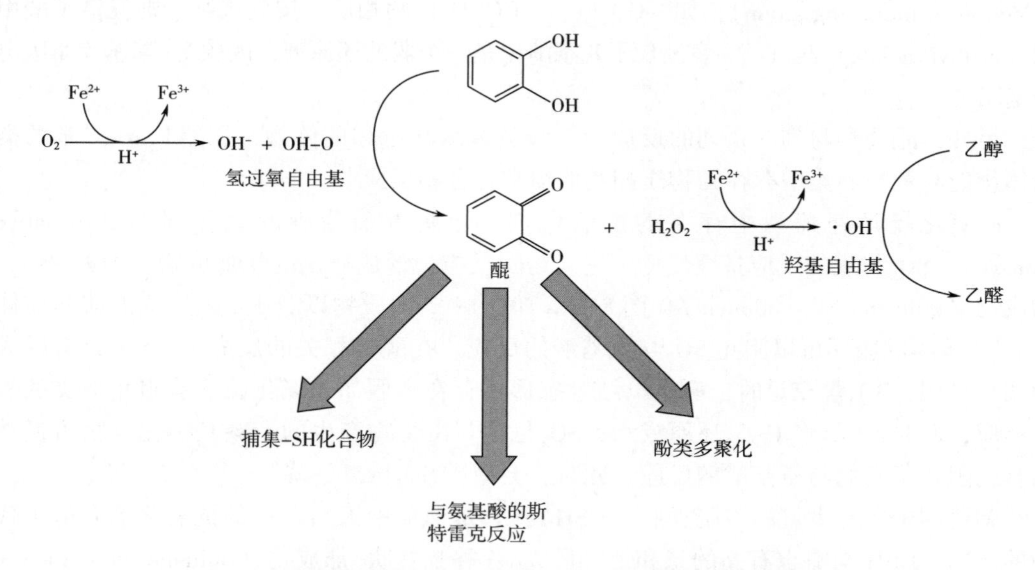

图 8-1　氧驱动形成的醌和氢过氧自由基以及后续的乙醇氧化为乙醛

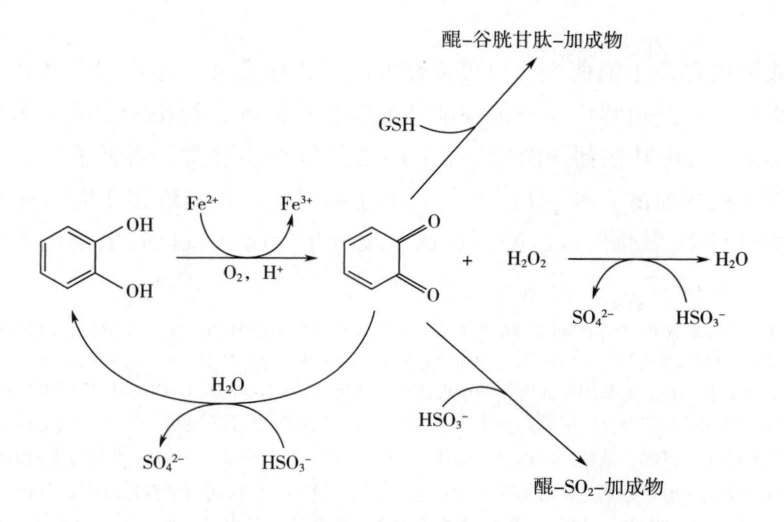

图 8-2　二氧化硫和 GSH 抗氧化剂保护葡萄酒抗氧化的机理

二、 葡萄酒中的酚类氧化

酚类分子的氧化特性可以通过测定还原电位（reduction potential）来判定。苯氧自由基（phenoxyl radical）通常来源于儿茶素（catechin）的 B 环残基而不是 A 环。酚类分子的还原能力（reduction power）主要由环的特性决定，还原能力越低，会导致被还原成分（reduced component）的还原力（reducing power）越大。供电子基团①（electron donating group），如—OCH_3、—CH_3、邻—OH 基团，还原能力低；而吸电子基团（electron-withdrawing group），如—CO_2Et、—$COCH_3$，则相反。按此规则，则五倍子酸甲酯（methyl gallate）与（-）-表没食子儿茶酚比是一个弱的还原剂，因羰基-酯基团是吸电子基团。

另外，醌会参与到一系列的反应中，涉及风味与风味前体物，如醌和 *o*-二苯酚类前体物能与葡萄酒典型存在的物质如其他酚类化合物反应。

二氧化硫是葡萄酒中存在的抗氧化剂，能调节葡萄酒的氧化损伤（oxidative damage），SO_2与氧的反应是缓慢的，它会与醌反应，形成稳定的醌加成物，即醌-SO_2-加成物（quinone-SO_2-adducts）（图 8-2）。醌-SO_2-加成物以及由 SO_2形成的醌与前体物 *o*-二苯酚的循环可以阻止 SO_2与氨基酸的反应。在醛类相关的反应中，SO_2具有巨大的调节作用；SO_2量充足时，醛类以结合态形式存在，假如二氧化硫还能阻止醇类的氧化反应，此时，SO_2将 H_2O_2还原成水；SO_2也能与微生物产生的二羰基类化合物可逆性结合，阻止了它们与氨基酸的反应，此时，会造成 SO_2浓度下降。

葡萄酒中含有大量的谷胱甘肽（GSH），它是葡萄中天然存在的抗氧化剂和酵母代谢的产物。GSH 与醌也有高的亲和性，形成醌-谷胱甘肽-加成物（quinone-glutathione-adducts）。还原型/氧化型 GSH 会影响双乙酰的氧化反应，并进一步调节氨基酸-双乙酰反应形成醛。

抗坏血酸天然存在于葡萄中，也可以在发酵过程中添加，通常在白葡萄酒酿造中作为抗氧化剂添加，在此过程中，它能将醌还原为相应的酚，经历两个电子氧化。抗坏血酸盐（ascorbate）自由基在葡萄酒的 pH 下通常呈负离子形式，后者丢失一个第二电子给醌，形成脱氢抗坏血酸。低 pH 时，其氧化速率下降，在 pH2 以下时，速率非常低。

乙醇也能被 H_2O_2氧化形成乙醛，这通常发生于含有二氧化硫的葡萄酒中，因为乙

---

① 供电子基：对外表现负电场的基团。吸电子基：对外表现正电场的基团。根据电负性，用还原法识别基团所表现的电场。还原法：将基团加上一个氢原子（-H）或者羟基（-OH）使之构成一个常用的分子。分子呈中性，氢原子显正电，羟基显负电，剩下的基团所表现出的电性就可以判断了。如：甲基（-CH3），用还原法给它加上一个氢原子（-H）将其还原为甲烷（CH_4）。甲烷是一个分子，呈中性，而氢原子显正电场，故甲基就应该显负电场，根据定义可知甲基为供电基团。再如：硝基（-NO_2），用还原法给它加上一个羟基（-OH）使之构成硝酸分子（HNO_3），因羟基显负电，故硝基显正电。根据定义可知硝基为吸电子基团。这种分析法适用于普遍基团的分析（当然也包括苯环）。简单办法：对于一个基团-RX，如果 R 的电负性大于 X，那么它就是供电子的，反之就是吸电子。比如烷基-CH_3，羟基-OH，烷氧基-OCH_3，由于 C 的电负性大于 H，O 的电负性大于 H，O 的电负性大于 C，所以都是供电子的；而像硝基-NO_2，羧基-COOH，醛基-CHO 这些就正好相反，都是吸电子的。电负性：F>O>Cl>N>S>C>H。

醇的浓度很高，乙醛对老熟过程中酚类分子的聚合反应起着重要作用。

第七节　酵母及其代谢物对葡萄酒中多酚的影响

各种酵母代谢物（包括乙烯基和羰基代谢物）能与葡萄中酚类相互作用，影响红葡萄酒的颜色和涩味。乙醛、丙酮酸、α-酮戊二酸和乙烯基苯酚类能与花色素苷形成原花青素，如葡萄素类（vitisins）。这些色素比花色素苷更加稳定，特别是对pH和二氧化硫的稳定性好，能避免二氧化硫褪色反应；这些色素与花色素苷有着不同的光谱特性，贡献老熟葡萄酒较少的紫色和更多的橙红色。乙醛能与花青素类的黄烷醇单聚体、寡聚体和多聚体（如单宁）形成乙基-桥共轭物（ethyl-linked conjugates），稳定葡萄酒的颜色。除了葡萄多糖外，酵母多糖也会与花色素苷相互作用，改善颜色的稳定性。一些酵母的介质反应（mediated reaction）会对葡萄酒的颜色有负面影响，如细胞壁会结合花色素苷（占总量的2%~6%），或产生花色素苷-β-葡萄糖苷酶，或释放胞外葡聚糖酶。

酵母代谢物与非色素酚类的反应会影响单宁的涩味。使用两种产乙醛量不同的酿酒酵母酿造葡萄酒，感官品尝发现，葡萄酒中与单宁相关的口感不同，有颗粒型的（grainy）、似丝绸般的（silky）、天鹅绒般的（velvet）、干燥的（drying）和皱褶的（pucker）涩味。

复习思考题

1. 简述多酚对葡萄酒风味和色泽的影响。
2. 简述单宁对葡萄酒质量的影响。
3. 画出白藜芦醇的顺、反两种结构式。
4. 简述白藜芦醇对葡萄酒品质的影响，及其在葡萄酒中的分布。
5. 简述儿茶素在葡萄酒中的分布，以及对葡萄酒品质的影响。
6. 简述葡萄酒中多酚的福林酚试剂鉴定方法。
7. 简述葡萄酒中多酚的毕夏普试验鉴定方法。
8. 论述单宁对葡萄酒质量的影响。

参考文献

[1] Hofmann, T., Glabasnia, A., Schwarz, B., Wisman, K. N., Gangwer, K. A., Hagerman, A. E. Protein binding and astringent taste of a polymeric procyanidin, 1,2,3,4, 6-penta-O-galloyl-β-D-glucopyranose, castalagin, and grandinin [J]. J. Agri. Food. Chem., 2006, 54 (25): 9503-9509.

[2] Dufour, C., Bayonove, C. L. Interactions between wine polyphenols and aroma substances. An

insight at the molecular level [J]. J. Agri. Food. Chem., 1999, 47 (2): 678-684.

[3] Ebeler, S. E. Analytical chemistry: unlocking the secrets of wine flavor [J]. Food Rev. Int., 2001, 17 (1): 45-64.

[4] Yoo, Y. J., Saliba, A. J., Prenzler, P. D. Should red wine be considered a functional food? [J]. Compr. Rev. Food Sci. Safe., 2010, 9: 530-551.

[5] Waterhouse, A. L. Wine phenolics [J]. Ann. NY Acad. Sci., 2002, 957 (1): 21-36.

[6] Spanos, G. A., Wrolstad, R. E. Phenolics of apple, pear, and white grape juices and their changes with processing and storage: A review [J]. J. Agri. Food. Chem., 1992, 40: 1478-1487.

[7] Cadahía, E., Muñoz, L., de Simón, B. F., García-Vallejo, M. C. Changes in low molecular weight phenolic compounds in Spanish, French, and American oak woods during natural seasoning and toasting [J]. J. Agri. Food. Chem., 2001, 49 (4): 1790-1798.

[8] Monagas, M., Bartolomé, B. Anthocyanins and anthocyanin-derived compounds [M]. In Wine Chemistry and Biochemistry, Moreno-Arribas, M. V.; Polo, M. C., Eds. Springer, New York, USA, 2008, 439-462.

[9] Jackson, R. S. Wine Science. Principles and Applications [M]. USA: Academic Press, 2008.

[10] Clarke, R. J., Bakker, J. Wine Flavour Chemistry [M]. Oxford: Blackwell Publishing Ltd., 2004.

[11] Goldberg, D. M., Tsang, E., Karumanchiri, A., Diamandis, E. P., Soleas, G., Ng, E. Method to assay the concentrations of phenolic constituents of biological interest in wines [J]. Anal. Chem., 1996, 68 (10): 1688-1694.

[12] Ugliano, M. Oxygen contribution to wine aroma evolution during bottle aging [J]. J. Agri. Food. Chem., 2013, 61 (26): 6125-6136.

[13] Cejudo-Bastante, M. J., Hermosín-Gutiérrez, I., Castro-Vázquez, L. I., Pérez-Coello, M. S. Hyperoxygenation and bottle storage of Chardonnay white wines: Effects on color-related phenolics, volatile composition, and sensory characteristics [J]. J. Agri. Food. Chem., 2011, 59 (8): 4171-4182.

[14] du Toit, W. J., Marais, J., Pretorius, I. S., Toit, M. D. Oxygen in must and wine: a review [J]. S. Afr. J. Enol. Vitic., 2006, 27 (1): 76-94.

[15] Glabasnia, A., Hofmann, T. Sensory-directed identification of taste-active ellagitannins in American (*Quercus alba* L.) and European oak wood (*Quercus robur* L.) and quantitative analysis in Bourbon whiskey and oak-matured red wines [J]. J. Agri. Food. Chem., 2006, 54: 3380-3390.

[16] Rowe, D. J. Chemistry and Technology of Flavors and Fragrances [M]. Oxford, UK, Blackwell Publishing Ltd., 2005.

[17] Awika, J. M., Rooney, L. W. Sorghum phytochemicals and their potential impact on human health [J]. Phytochemistry, 2004, 65 (9): 1199-1221.

[18] Conde, E., Cadahía, E., García-Vallejo, M. C., Fernández de Simón, B. Polyphenolic composition of *Quercus suber* cork from different Spanish provenances [J]. J. Agri. Food. Chem., 1998, 46 (8): 3166-3171.

[19] Goldberg, D. M., Hoffman, B., Yang, J., Soleas, G. J. Phenolic constituents, furans, and total antioxidant status of distilled spirits [J]. J. Agri. Food. Chem., 1999, 47: 3978-3985.

[20] del Barrio-Galán, R., Medel-Maraboli, M., Peña-Neira, Á. Effect of different ageing techniques on the polysaccharide and phenolic composition and sensorial characteristics of Chardonnay white wines

fermented with different selected *Saccharomyces cerevisiae* yeast strains [J]. Eur. Food Res. Technol., 2016, 242 (7): 1069-1085.

[21] Callemien, D., Collin, S. Structure, organoleptic properties, quantification methods, and stability of phenolic compounds in beer: a review [J]. Food Rev. Int., 2010, 26: 1-84.

[22] Dresel, M., Dunkel, A., Hofmann, T. Sensomics analysis of key bitter compounds in the hard resin of hops (*Humulus lupulus* L.) and their contribution to the bitter profile of Pilsner-type beer [J]. J. Agri. Food. Chem., 2015, 63 (13): 3402-3418.

[23] Drewnowski, A., Gomez-Carneros, C. Bitter taste, phytonutrients, and the consumer: a review [J]. Am. J. Clin. Nut., 2000, 72 (1424-1435): 1435.

[24] Schwarz, B., Hofmann, T. Sensory-guided decomposition of red currant juice (*Ribes rubrum*) and structure determination of key astringent compounds [J]. J. Agri. Food. Chem., 2007, 55 (4): 1394-1404.

[25] Kreft, S., Knapp, M., Kreft, I. Extraction of rutin from buckwheat (*Fagopyrum esculentum* Moench) seeds and determination by capillary electrophoresis [J]. J. Agri. Food. Chem., 1999, 47 (11): 4649-4652.

[26] Fabjan, N., Rode, J., Košir, I. J., Wang, Z., Zhang, Z., Kreft, I. Tartary buckwheat (*Fagopyrum tataricum* Gaertn.) as a source of dietary rutin and quercitrin [J]. J. Agri. Food. Chem., 2003, 51 (22): 6452-6455.

[27] http://en.wikipedia.org.

[28] Tranchimand, S., Brouant, P., Iacazio, G. The rutin catabolic pathway with special emphasis on quercetinase [J]. Biodegradation, 2010, 21 (6): 833-859.

[29] Mattivi, F., Guzzon, R., Vrhovsek, U., Stefanini, M., Velasco, R. Metabolite profiling of grape: Flavonols and anthocyanins [J]. J. Agri. Food. Chem., 2006, 54 (20): 7692-7702.

[30] Hufnagel, J. C., Hofmann, T. Orosensory-directed identification of astringent mouthfeel and bitter-tasting compounds in red wine [J]. J. Agri. Food. Chem., 2008, 56 (4): 1376-1386.

[31] Villiers, A. d., Vanhoenacker, G., Majek, P., Sandra, P. Determination of anthocyanins in wine by direct injection liquid chromatography-diode array detection-mass spectrometry and classification of wines using discriminant analysis [J]. J. Chromatogr. A., 2004, 1054: 195-204.

[32] Jambunathan, R., Kherdekar, M. S. Flavan-4-ol concentration in leaf tissues of grain mold susceptible and resistant sorghum plants at different stages of leaf development [J]. J. Agri. Food. Chem., 1991, 39 (6): 1163-1165.

[33] Ferreira, D., Slade, D. Oligomeric proanthocyanidins: naturally occurring *O*-heterocycles [J]. Natural Product Reports, 2002, 19 (5): 517-541.

[34] Dicko, M. H., Gruppen, H., Traore, A. S., van Berkel, W. J. H., Voragen, A. G. J. Evaluation of the effect of germination on phenolic compounds and antioxidant activities in sorghum varieties [J]. J. Agri. Food. Chem., 2005, 53 (7): 2581-2588.

[35] Hufnagel, J. C., Hofmann, T. Quantitative reconstruction of the nonvolatile sensometabolome of a red wine [J]. J. Agri. Food. Chem., 2008, 56 (19): 9190-9199.

[36] Scharbert, S., Holzmann, N., Hofmann, T. Identification of the astringent taste compounds in black tea infusions by combining instrumental analysis and human bioresponse [J]. J. Agri. Food. Chem., 2004, 52: 3498-3508.

[37] Scharbert, S., Hofmann, T. Molecular definition of black tea taste by means of quantitative studies,

taste reconstitution, and omission experiments [J]. J. Agri. Food. Chem., 2005, 53 (13): 5377-5384.

[38] Frank, S., Wollmann, N., Schieberle, P., Hofmann, T. Reconstitution of the flavor signature of Dornfelder red wine on the vasis of the natural concentrations of its key aroma and taste compounds [J]. J. Agri. Food. Chem., 2011, 59 (16): 8866-8874.

[39] Stark, T., Bareuther, S., Hofmann, T. Sensory-guided decomposition of roasted cocoa nibs (*Theobroma cacao*) and structure determination of taste-active polyphenols [J]. J. Agri. Food. Chem., 2005, 53 (13): 5407-5418.

[40] Shrikanta, A., Kumar, A., Govindaswamy, V. Resveratrol content and antioxidant properties of underutilized fruits [J]. J. Food Sci. Technol., 2015, 52 (1): 383-390.

[41] Lü, L., Liu, S.-w., Jiang, S.-b., Wu, S.-g. Tannin inhibits HIV-1 entry by targeting gp41 [J]. Acta Pharmacologica Sinica, 2004, 25 (2): 213-218.

[42] Ley, J. P., Krammer, G., Reinders, G., Gatfield, I. L., Bertram, H.-J. Evaluation of bitter masking flavanones from Herba santa (*Eriodictyon californicum* (H. & A.) Torr., hydrophyllaceae) [J]. J. Agri. Food. Chem., 2005, 53 (15): 6061-6066.

[43] Stevens, J. F., Taylor, A. W., Nickerson, G. B., Ivancic, M., Henning, J., Haunold, A., Deinzer, M. L. Prenylflavonoid variation in *Humulus lupulus*: distribution and taxonomic significance of xanthogalenol and 4′-*O*-methylxanthohumol [J]. Phytochemistry, 2000, 53 (7): 759-775.

[44] Mattivi, F. Solid phase extraction oftrans-resveratrol from wines for HPLC analysis [J]. Z. Lebensm. Unters. Forsch., 1993, 196 (6): 522-525.

[45] Kolouchová-Hanzlíková, Melzoch, K., Filip, V., Šmidrkal, J. Rapid method for resveratrol determination by HPLC with electrochemical and UV detections in wines [J]. Food Chem., 2004, 87: 151-158.

[46] http: //resveratrolpricewatch. com/PNS_ Resveratrol.

[47] Lamuela-Raventos, R. M., Romero-Perez, A. I., Waterhouse, A. L., de la Torre-Boronat, M. C. Direct HPLC analysis of*cis*- and *trans*-resveratrol and piceid isomers in Spanish red *Vitis vinifera* wines [J]. J. Agri. Food. Chem., 1995, 43 (2): 281-283.

[48] Bernard, E., Britz-Mckibbin, P., Gernigon, N. Resveratrol photoisomerization: An integrative guided-inquiry experiment [J]. J. Chem. Educ., 2007, 84 (7): 1159-1161.

[49] Prokop, J., Abrman, P., Seligson, A. L., Sovak, M. Resveratrol and its glycon piceid are stable polyphenols [J]. J. Med. Food, 2006, 9 (1): 11-4.

[50] Callemien, D., Jerkovic, V., Rozenberg, R., Collin, S. Hop as an interesting source of resveratrol for brewers: optimization of the extraction and quantitative study by liquid chromatography/atmospheric pressure chemical ionization tandem mass spectrometry [J]. J. Agri. Food. Chem., 2005, 53: 424-429.

[51] Jasiński, M., Jasińska, L., Ogrodowczyk, M. Resveratrol in prostate diseases: a short review [J]. Central European Journal of Urology, 2013, 66 (2): 144-149.

[52] Rimando, A. M., Kalt, W., Magee, J. B., Dewey, J., Ballington, J. R. Resveratrol, pterostilbene, and piceatannol in vaccinium berries [J]. J. Agri. Food. Chem., 2004, 52: 4713-4719.

[53] Favaron, F. The role of grape polyphenols on *trans*-resveratrol activity against *Botrytis cinerea* and of fungal laccase on the solubility of putative grape PR proteins [J]. Journal of Plant Pathology, 2009, 91 (3): 579-588.

[54] Stervbo, U., Vang, O., Bonnesen, C. A review of the content of the putative chemopreventive phytoalexin resveratrol in red wine [J]. Food Chem., 2007, 101 (2): 449-457.

[55] http://www.chemicalbook.com.

[56] Wang, K. -H., Lai, Y. -H., Chang, J. -C., Ko, T. -F., Shyu, S. -L., Chiou, R. Y. Y. Germination of peanut kernels to enhance resveratrol biosynthesis and prepare sprouts as a functional vegetable [J]. J. Agri. Food. Chem., 2005, 53 (2): 242-246.

[57] LeBlanc, M. R. Cultivar, juice extraction, ultra violet irradiation and storage influence the stibene content of muscadine grape (*Vitis rotundifolia* Michx.) . Louisiana State University, 2006.

[58] Bertelli, A. A., Gozzini, A., Stradi, R., Stella, S., Bertelli, A. Stability of resveratrol over time and in the various stages of grape transformation [J]. Drugs Under Experimental & Clinical Research, 1998, 24 (4): 207-211.

[59] Gatto, P., Vrhovsek, U., Muth, J., Segala, C., Romualdi, C., Fontana, P., Pruefer, D., Stefanini, M., Moser, C., Mattivi, F. Ripening and genotype control stilbene accumulation in healthy grapes [J]. J. Agri. Food. Chem., 2008, 56 (24): 11773-85.

[60] Siemann, E. H., Creasy, L. L. Concentration of the phytoalexin resveratrol in wine [J]. Am. J. Eno. Vitic., 1992, 43: 49-52.

[61] Gu, X., Creasy, L., Kester, A., Zeece, M. Capillary electrophoretic determination of resveratrol in wines [J]. J. Agri. Food. Chem., 1999, 47 (8): 3223-3227.

[62] Mattivi, F., Reniero, F., Korhammer, S. Isolation, characterization, and evolution in red wine vinification of resveratrol monomers [J]. J. Agri. Food. Chem., 1995, 43 (7): 1820-1823.

[63] Goldberg, D. M. A global survey of trans-resveratrol concentrations in commercial wines [J]. Am. J. Enol. Vitic., 1995, 46: 159-165.

[64] Domínguez, C., Guillén, D. A., Barroso, C. G. Automated solid-phase extraction for sample preparation followed by high-performance liquid chromatography with diode array and mass spectrometric detection for the analysis of resveratrol derivatives in wine [J]. J. Chromatogr. A, 2001, 918 (2): 303-310.

[65] Souto, A. A., Carneiro, M. C., Seferin, M., Senna, M. J. H., Conz, A., Gobbi, K. Determination of *trans*-resveratrol concentrations in Brazilian red wines by HPLC [J]. J. Food Compos. Anal., 2001, 14 (4): 441-445.

[66] Mozzon, M., Frega, N., Pallotta, U. Resveratrol content in some Tuscan wines [J]. Ital. J. Food Sci., 1996, 8 (2): 145-152.

[67] Romero-Perez, A. I., Ibern-Gomez, M., Lamuela-Raventos, R. M., de La Torre-Boronat, M. C. Piceid, the major resveratrol derivative in grape juices [J]. J. Agri. Food. Chem., 1999, 47: 1533-1536.

[68] Singleton, V. L., Orthofer, R., Lamuela-Raventós, R. M. Analysis of total phenols and other oxidation substrates and antioxidants by means of folin-ciocalteu reagent [M]. In Methods in Enzymology, Lester, P., Ed. Academic Press, 1999, (299): 152-178.

[69] Singleton, V. L., Rossi, J. A. Colorimetry of total phenolics with phosphomolybdic-phosphotungstic acid reagents [J]. Am. J. Enol. Vitic., 1965, 16 (3): 144-158.

[70] Bishop, L. R., For the, E. B. C. A. C. Analysis committee of the European brewery convention. Measurement of total polyphenols in worts and beers [J]. J. Inst. Brew., 1972, 78 (1): 37-38.

[71] Elias, R. J., Waterhouse, A. L. Controlling the Fenton reaction in wine [J]. J. Agri. Food. Chem., 2010, 58 (3): 1699-1707.

[72] Kreitman, G. Y., Cantu, A., Waterhouse, A. L., Elias, R. J. Effect of metal chelators on the oxidative stability of model wine [J]. J. Agri. Food. Chem., 2013, 61 (39): 9480-9487.

[73] Morata, A., Gómez - Cordovés, M.C., Calderón, F., Suárez, J.A. Effects of pH, temperature and SO_2 on the formation of pyranoanthocyanins during red wine fermentation with two species of *Saccharomyces* [J]. Int. J. Food Microbiol., 2006, 106 (2): 123–129.

[74] Hayasaka, Y., Birse, M., Eglinton, J., Herderich, M. The effect of *Saccharomyces cerevisiae* and *Saccharomyces bayanus* yeast on colour properties and pigment profiles of a Cabernet sauvignon red wine [J]. Aust. J. Grape Wine Res., 2007, 13 (3): 176–185.

[75] Escot, S., Feuillat, M., Dulau, L., Charpentier, C. Release of polysaccharides by yeasts and the influence of released polysaccharides on colour stability and wine astringency [J]. Aust. J. Grape Wine Res., 2010, 7 (3): 153–159.

[76] Morata, A., Gómez - Cordovés, M.C., Suberviola, J., Bartolomé, B., Colomo, B., Suárez, J.A. Adsorption of anthocyanins by yeast cell walls during the fermentation of red wines [J]. J. Agri. Food. Chem., 2003, 51 (14): 4084–4088.

[77] Manzanares, P., Rojas, V., Genovés, S., Vallés, S. A preliminary search for anthocyanin-β-D-glucosidase activity in non-*Saccharomyces* wine yeasts [J]. Int. J. Food Sci. Technol., 2000, 35 (1): 95–103.

[78] Gil, J.V., Manzanares, P., Genovés, S., Vallés, S., González-Candelas, L. Over-production of the major exoglucanase of *Saccharomyces cerevisiae* leads to an increase in the aroma of wine [J]. Int. J. Food Microbiol., 2005, 103 (1): 57–68.

[79] Eglinton, J., Francis, I.L., Henschke, P.A. Selection and potential of Australian *Saccharomyces bayanus* yeast for increasing the diversity of red and white wine sensory properties. Yeast's contribution to the sensory profile of wine: maintaining typicity and biodiversity in the context of globalization [C], Les XVIIes Entretiens Scientifiques Lallemand, La Rioja., Blagnac Cedex, France, Lallemand: La Rioja., Blagnac Cedex, France, 2005: 5–12.

第九章

含氧杂环化合物风味

第一节 呋喃类化合物
第二节 吡喃类化合物
第三节 含氧杂环化合物形成机理

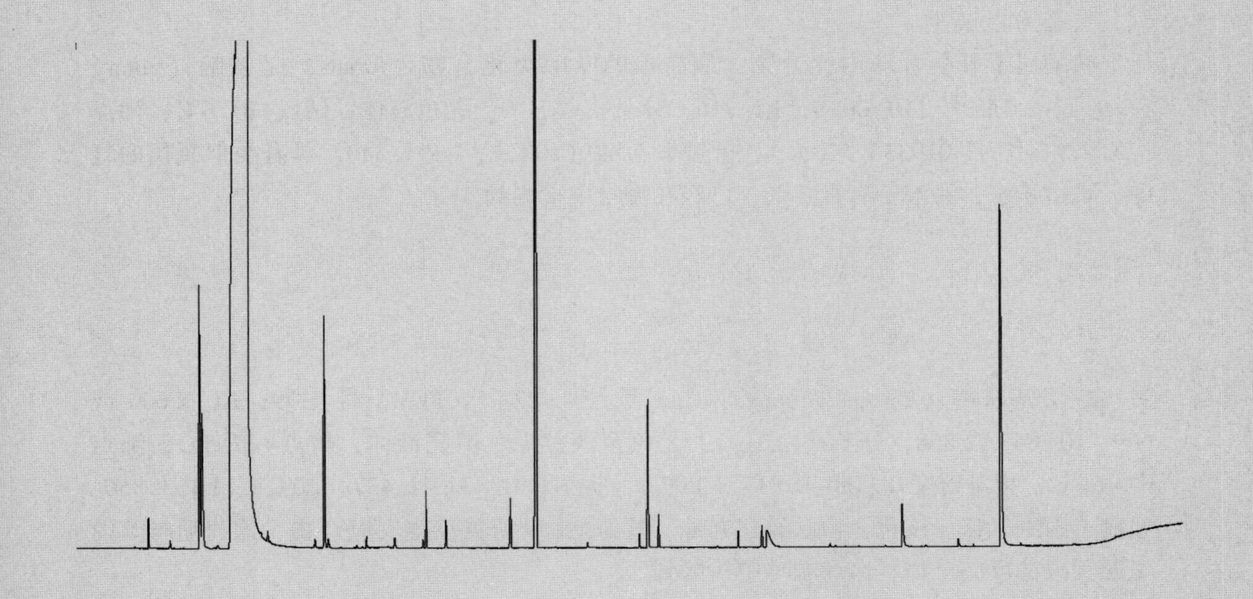

学习目标

1. 了解含氧杂环化合物的分类，以及它们对饮料酒风味的影响；
2. 掌握糠醛的风味特征，在白酒中的分布以及产生机理；
3. 熟悉呋喃扭尔、索陀酮在饮料酒中的风味特征，分布以及产生机理；
4. 了解 γ-内酯和 δ-内酯的种类，风味特征以及对饮料酒风味的影响；
5. 熟练掌握橡木内酯的风味特征、在葡萄酒中的分布、来源以及产生机理；了解其顺反异构、手性异构的风味特征；
6. 熟悉葡萄酒内酯的风味特征，了解其手性异构体的构成与风味特征；
7. 熟悉麦芽酚的风味特征，以及在饮料酒中的分布。

含氧杂环化合物包括以下几类：①氧杂三环化合物（oxirances，epoxides）；②呋喃类化合物（furans）；③吡喃类化合物（pyrans）；④氧杂七环化合物（oxepines）。至于氧杂氮环和氧杂硫环类化合物分别见第十章和第十二章相关章节。

第一节 呋喃类化合物

呋喃类化合物一般是自然界中不存在的一类化合物，通常均是加热反应的产物。

一、 呋喃及其衍生物

1. 饱和呋喃类

呋喃属于氧杂五环内化合物。最简单的呋喃类化合物（furans）是呋喃（furan）（C 9-1），CAS 号 110-00-9，RI_p 716，分子式 C_4H_4O，无色液体，熔点-85.6℃，沸点 32℃，相对密度 0.9336（20℃），折射率 1.42（20℃），lgP 1.340，具有类似氯仿的气味，难溶于水，易溶于有机溶剂，已经在咖啡中检测到。

C 9-1 呋喃　　C 9-2 2-戊基呋喃

2-甲基呋喃（2-methylfuran），CAS 号 534-22-5，FEMA 号 4179，RI_{np} <600 或 609，RI_p 843 或 858，分子式 C_5H_6O，无色至淡黄绿色清亮液体，熔点-87.5℃，沸点 63~66℃，相对密度 0.908~0.917（25℃），折射率 1.431~1.437（20℃），lgP 1.850，呈醚、丙酮气味。该化合物已经在咖啡、丝氨酸-单糖美拉德反应产物、葡萄糖与苯丙氨酸美拉德反应产物、焙烤咖啡中检测到。

2-乙基呋喃（2-ethylfuran），CAS 号 3208-16-0，FEMA 号 3673，RI_{np} 691 或 714，

RI_p 945 或 975，分子式 C_6H_8O，无色清亮液体，沸点 92~93℃，相对密度 0.909~0.915（25℃），折射率 1.444~1.450（20℃），lgP 2.400，呈橡胶、刺激性和酸、甜香、焦煳、土腥气味、麦芽香，已经在咖啡、面粉膨化产品、煮牛肉、韩国泡菜、猕猴桃中检测到。

2-乙基-5-甲基呋喃（2-ethyl-5-methylfuran），俗称 2-甲基-5-乙基呋喃，CAS 号 1703-52-2，分子式 $C_7H_{10}O$，RI_{np} 810 或 802 或 797，RI_p 1028 或 1034 或 1013，无色清亮液体，沸点 118~119℃，相对密度 0.890~0.896（25℃），折射率 1.443~1.449（20℃），lgP 2.340，呈青香、青草和焦煳气味，已经在半胱氨酸-核糖-不饱和脂肪酸的美拉德反应产物、葡萄糖与苯丙氨酸美拉德反应产物、葡萄糖与脯氨酸等氨基酸美拉德反应产物、咖啡、烤榛子、煮牛肉中检测到。

2-丁基呋喃（2-butylfuran），CAS 号 4466-24-4，FEMA 号 4081，RI_{np} 893 或 887，RI_p 1120，分子式 $C_8H_{12}O$，无色清亮液体，沸点 139~140℃，相对密度 0.884~0.890（25℃），折射率 1.444~1.450（20℃），lgP 3.319，呈微弱的、无特点的香气、似水果、葡萄酒气味、甜香、辛香，空气中嗅阈值 50.8μg/L。该化合物已经在煮牛肉、煎培根、发酵红曲中检测到。

2-戊基呋喃（2-pentylfuran）(C 9-2)，CAS 号 3777-69-3，FEMA 号 3317，RI_{np} 987 或 998，RI_p 1215 或 1249，分子式 $C_9H_{14}O$，无色清亮液体，沸点 64~66℃（3.1kPa）或 57~59℃（1.3kPa），相对密度 0.886~0.893（25℃），折射率 1.443~1.449（20℃），lgP 3.829，溶于醇，微溶于水（41.84mg/L，25℃），呈黄油、青豆气味，在空气中嗅阈值 270ng/L，水中嗅阈值 6μg/L，油中嗅阈值 2mg/kg。

2-戊基呋喃存在于众多食品中，如水果、芝麻菜（*Eruca sativa*）、灯笼青椒、可可、茶、肉类、鱼、植物油、咖啡、面粉膨化产品、烤乳猪腿、煮土豆、发酵竹笋中；常被用作水果、蔬菜、咖啡、坚果和面包的调香剂。

2. 不饱和呋喃类

2-乙烯基呋喃（2-vinylfuran），IUPAC 名 2-乙烯基呋喃（2-ethenylfuran），CAS 号 1487-18-9，RI_{np} 725 或 723，RI_p 1075 或 1048，分子式 C_6H_6O，无色至浅黄色清亮液体，熔点-94℃，沸点 99~100℃，lgP 2.395，呈酚类和咖啡气味。该化合物已经在咖啡、半胱氨酸-核糖-不饱和脂肪酸的美拉德反应产物、葡萄糖与苯丙氨酸美拉德反应产物中检测到。

2-乙烯基-5-甲基呋喃（2-vinyl-5-methylfuran），俗称 5-甲基-2-乙烯基呋喃（5-methyl-2-vinylfuran），IUPAC 名 2-乙烯基-5-甲基呋喃（2-ethenyl-5-methylfuran），CAS 号 10504-13-9，RI_p 1160 或 1127，分子式 C_7H_8O，沸点 123~124℃。该化合物已经在咖啡、葡萄糖与苯丙氨酸美拉德反应产物中检测到。

3. 酰基呋喃类

2,5-二甲酰基呋喃（2,5-diformylfuran），俗称 2,5-呋喃二甲醛（2,5-furandicarboxaldehyde）、5-甲酰基糠醛（5-formylfurfural），IUPAC 名呋喃-2,5-二甲醛（furan-2,5-dicarbaldehyde），CAS 号 823-82-5，RI_{np} 1078，RI_p 1944 或 1985，分子式 $C_6H_4O_3$，

黄色固体，熔点 110℃，沸点 276～277℃，lgP －0.005，呈蜂蜜、腐败气味。该化合物存在于强化甜葡萄酒、橡木中，法国中烤橡木中含量为 8.82μg/g，美国中烤橡木 8.58μg/g，中国中烤橡木 1.85μg/g。

2-乙酰基呋喃（2-acetylfuran）(C 9-3)，俗称 2-呋喃基甲基酮（2-furyl methyl ketone）、呋喃基甲基酮，IUPAC 名 1-(2-呋喃基）乙酮（1-(furan-2-yl)-ethanone），CAS 号 1192-62-7，FEMA 号 3163，RI_{np} 912 或 888 或 929，RI_p 1483 或 1500，分子式 $C_7H_8O_2$，无色结晶，熔点 33℃，沸点 173℃，相对密度 1.098，折射率 1.501～1.502，lgP 0.520，不溶于水，溶于乙醇等有机溶剂中。呈甜香、焦糖香、杏仁、奶油、坚果、焦煳气味，在水中嗅阈值达 10mg/L，46%vol 酒精-水溶液中嗅阈值 58.50mg/L，啤酒中嗅阈值 80mg/L；啤酒中味阈值 513μg/L。

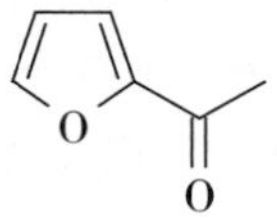

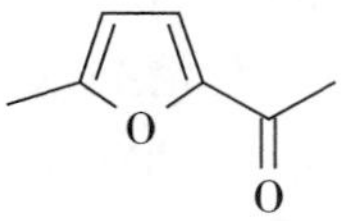

C 9-3 2-乙酰基呋喃　　C 9-4 2-乙酰基-5-甲基呋喃

2-乙酰基呋喃是咖啡、土豆、水解蔬菜蛋白、葡萄酒的风味成分之一，在黄鸡蛋果、栎树木焦油中也有微量存在，已经发现存在于葡萄酒、白兰地和白酒中。

2-乙酰基呋喃在法国中烤橡木中含量为 2.09μg/g，美国中烤橡木 0.80μg/g，中国中烤橡木 0.73μg/g。

2-乙酰基呋喃新鲜啤酒中含量为 8.4μg/L；老化啤酒中含量为 nd～25.33μg/L；黄酒中含量通常在检测限（μg/L）以下。

2-乙酰基呋喃在酱香型郎酒中含量为 1516～3195μg/L，醇甜原酒 6097μg/L，酱香原酒 3387μg/L，窖底香原酒 4223μg/L；兼香型口子窖酒中未检测到。

2-乙酰基-5-甲基呋喃（2-acetyl-5-methylfuran）(C 9-4)，俗称 5-甲基-2-乙酰基呋喃（5-methyl-2-acetylfuran），IUPAC 名 1-(5-甲基呋喃-2-基）乙酮［1-(5-methylfuran-2-yl) ethanone］，CAS 号 1193-79-9，FEMA 号 3609，RI_{np} 975 或 1054，RI_p 1650 或 1595，分子式 $C_7H_8O_2$，黄色至橙色清亮液体，沸点 100～101℃(3.3kPa）或 71～72℃(1.1kPa)，相对密度 1.059～1.067(25℃)，折射率 1.508～1.514(20℃)，lgP 0.356，溶于醇，微溶于水（6908mg/L，25℃)，呈焙烤香、饼干、烤杏仁香，在 46%vol 酒精-水溶液中嗅阈值 40.87mg/L。

2-乙酰基-5-甲基呋喃已经在葡萄糖与苯丙氨酸美拉德反应产物、葡萄糖与脯氨酸等氨基酸美拉德反应产物、咖啡、水解蔬菜蛋白、白酒中检测到，酱香型习酒中含量为 451μg/L，郎酒 472～586μg/L，醇甜原酒 1009μg/L，酱香原酒 825μg/L，窖底香原酒 1142μg/L；浓香型习酒中含量为 113μg/L；汾酒 16.1μg/L，宝丰酒 39.0μg/L，青稞酒 nd；兼香型口子窖酒 239μg/L。

二、 糠醛及其衍生物

1. 糠醛

最重要的呋喃类化合物之一是糠醛（furfural，furfuraldehyde，fural）(C 9-5)，俗称2-呋喃甲醛（2-furancarboxaldehyde）、呋喃-2-甲醛（furan-2-carboxaldehyde）、2-糠醛（2-furaldehyde，2-furfural）、焦黏醛（pyromucic aldehyde），IUPAC 名呋喃-2-甲醛（furan-2-carbaldehyde），CAS 号 98-01-1，FEMA 号 2489，RI_{np} 834 或 860，RI_{mp} 965，RI_p 1444 或 1426 或 1472，分子式 $C_5H_4O_2$，纯的糠醛是无色液体，熔点-36.5℃，沸点162℃，相对密度 1.156~1.162（25℃），折射率 1.522~1.528（20℃），lgP 0.410，能溶于水，并能与醇、醚混溶。

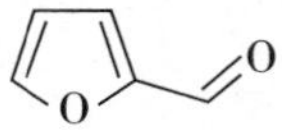

C 9-5　糠醛 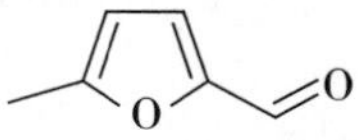　　　C 9-6　5-甲基糠醛

糠醛呈甜香、焙烤香、烤面包、杏仁气味、熏香（incense）、木香、花香、水果香，在水中嗅阈值 3mg/L 或 3~23mg/L 或 770μg/L 或 300μg/L，11%vol 模拟葡萄酒中嗅阈值 14.1mg/L，14%vol 酒精-水溶液中嗅阈值 15mg/L，46%vol 酒精-水溶液中嗅阈值 44.03mg/L，啤酒中嗅阈值 15.2mg/L 或 15mg/L。

糠醛能与半胱氨酸形成半胱氨酸-糠醛共轭物。

糠醛存在于几乎所有的食品中，包括灯笼青椒、茜草、芒果、煮土豆、乳制品、谷类食品、焙烤食品（如烤杏仁）、肉类、醋、酒类如黄酒、葡萄酒、啤酒、糖蜜酒、威士忌、白兰地、白酒中。

糠醛存在于发酵原料和贮存容器中。糠醛在赤霞珠葡萄（中国）中含量为 1.39~10.11μg/kg；在贵人香和霞多利白葡萄中未检测到，雷司令含量为 nd~0.01μg/kg。

糠醛法国中烤橡木中的含量为 430.62μg/g，美国中烤橡木 171.09μg/g，中国中烤橡木 268.26μg/g。

糠醛在玫瑰红葡萄酒中含量为 105~200μg/L；新产红葡萄酒中含量为 45.2μg/L（2.1~176.0μg/L）。

糠醛在新鲜啤酒中含量为 48.1μg/L，在老化啤酒中含量为 503μg/L；黄酒中含量为 4.16~20.53mg/L；果醋中含量为 0~7841μg/L，意大利香醋中含量为 75~90mg/L。

糠醛在巴西糖蜜酒中含量<ql~26.0mg/L 纯酒精；其他蒸馏酒包括威士忌、白兰地等中含量<ql~25.9mg/L；在皮渣白兰地希腊齐普罗酒中含量为 32~175mg/L 纯酒精；在斯佩塞麦芽威士忌中含量为 36mg/L 纯酒精，在艾拉岛麦芽威士忌中含量为 48mg/L 纯酒精。

中国酱香型和芝麻香型白酒的糠醛含量在所有白酒中是最高的，在酱香型白酒中甚至高达 260mg/L，具体含量如下：浓香型白酒 3~80mg/L，浓香型洋河酒 6.72~

53.18mg/L，剑南春酒 3mg/L，五粮液 19mg/L，习酒 27.23mg/L；酱香型白酒 85～450mg/L 或平均 193mg/L，茅台酒 249～293mg/L，郎酒 85mg/L 或 205～224mg/L 或 53.6～97.3mg/L，习酒 52.78mg/L，金沙回沙酒 139～140mg/L；醇甜原酒 384mg/L，酱香原酒 161mg/L，窖底香原酒 149mg/L；清香型汾酒 4mg/L 或 2.89mg/L，宝丰酒 4370μg/L，青稞酒 27900μg/L；米香型白酒 0.6mg/L；兼香型白酒 137～174mg/L，口子窖酒 4.02mg/L；老白干香型手工大楂原酒 13.79～61.37mg/L，机械化大楂原酒 11.41～16.28mg/L；芝麻香型手工原酒 79.68～98.34mg/L，机械化原酒 31.56～71.39mg/L，成品白酒 23～91mg/L；药香型白酒 5.84～53.88mg/L；凤香型白酒 7.2～8.0mg/L；液态法白酒 7mg/L。添加与缺失试验证明，糠醛与酱香型白酒的酱香香气无关。

糠醛的同分异构体 3-糠醛（3-furfural，3-furaldehyde，3-furancarboxaldehyde），IUPAC 名呋喃-3-甲醛（furan-3-carbaldehyde），CAS 号 498-60-2，分子式 $C_5H_4O_2$，无色清亮液体，沸点 144～145℃（97.6kPa），相对密度 1.111（25℃），折射率 1.494（20℃），lgP 0.510。

2. 5-甲基糠醛

5-甲基糠醛（5-methylfurfural）（C 9-6），别名 5-甲基-2-糠醛（5-methyl-2-furfural），IUPAC 名 5-甲基呋喃-2-甲醛（5-methylfuran-2-carboxaldehyde），CAS 号 620-02-0，FEMA 号 2702，RI_{np} 965 或 927，RI_p 1551 或 1605，分子式 $C_6H_6O_2$，黄色至橙色液体，沸点 187～189℃，相对密度 1.107～1.108，折射率 1.531（20℃），lgP 0.670，微溶于水，溶于乙醇等有机溶剂中。

5-甲基糠醛呈青香、焙烤香、杏仁、坚果、甜香、辛香、玉米饼、咖啡、酸、焦糖、温暖感，在水中嗅阈值 2000μg/L 或 1110μg/L 或 500μg/L，12%vol 乙醇-水溶液中嗅阈值 20mg/L，14%vol 酒精-水溶液中嗅阈值 16mg/L，46%vol 酒精-水溶液中嗅阈值 466.32mg/L，啤酒嗅阈值 17mg/L 或 20mg/L；啤酒中味阈值 1174μg/L。

5-甲基糠醛能与半胱氨酸形成半胱氨酸-5-甲基糠醛共轭物。

5-甲基糠醛存在于发酵产品及其原料与贮存容器中，在玫瑰红葡萄酒中含量 < 10.0μg/L；新鲜啤酒中含量 6.8μg/L，老化啤酒中含量 nd～2.68μg/L；中国苹果酒中含量为 nd～231μg/L；黄酒中含量为 4.16～20.53μg/L；果醋中含量为 nd～2282μg/L；法国中烤橡木中含量为 45.45μg/g，美国中烤橡木中 9.63μg/g，中国中烤橡木中 13.94μg/g。

5-甲基糠醛存在于甘蔗、猕猴桃、芒果、咖啡、爆米花、面包屑、烤杏仁、啤酒、蒸馏酒中，在中国酱香型白酒中平均含量为 1.51mg/L，茅台酒 2.21～2.66mg/L，习酒 2.56mg/L，郎酒 1.43～1.59mg/L 或 1.02～1.40mg/L，金沙回沙酒 1.16～1.17mg/L，醇甜原酒 3.89mg/L，酱香原酒 2.16mg/L，窖底香原酒 1.89mg/L；浓香型洋河酒 76～1079μg/L，习酒 292μg/L；兼香型口子窖酒中未检测到。

3. 5-羟甲基糠醛

5-羟甲基-2-糠醛（5-hydroxymethyl-2-furfural，5-hydroxymethyl-2-furaldehyde，5-HMF）（C 9-7），俗称 5-羟甲基糠醛［5-（hydroxymethyl）furfural］，IUPAC 名 5-羟甲

基呋喃-2-甲醛［5-(hydroxymethyl) furan-2-carbaldehyde］，CAS 号 67-47-0，RI_{np} 1235 或 1160 或 1270，RI_p 2466 或 2532，分子式 $C_6H_6O_3$，熔点 32～35℃，沸点 291～292℃，相对密度 1.243（25℃），折射率 1.562（20℃），lgP -0.778，呈纸、纸板气味、面包香、焦糖香，在啤酒中嗅阈值 35784μg/L 或 1000mg/L；呈苦味，在水中苦味阈值 10mmol/L。

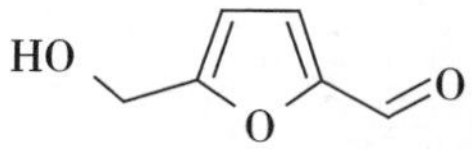

C 9-7　5-羟甲基-2-糠醛

5-HMF 是美拉德反应的热诱导产物，存在于如葡萄糖与苯丙氨酸美拉德反应产物、爆米花、水煮肉、葡萄酒、啤酒中，在老化啤酒中含量为 nd～8.0μg/L。

5-HMF 存在于橡木中，在法国中烤橡木中含量为 211.79μg/g，美国中烤橡木中 168.20μg/g，中国中烤橡木中 66.44μg/g。

5-HMF 普遍存在于食醋中，在果醋中含量为 8.68～29.42mmol/L 或 5.5 g/kg，意大利香醋中含量 728～1456mg/L。

4. 糠基醚

糠基醚——2-糠基乙基醚（C 9-8）和 5-甲基糠基乙基醚（5-methylfurfuryl ethyl ether)(C 9-9）已经在葡萄酒、啤酒和中国白酒中检测到。

2-糠基乙基醚（2-furfuryl ethyl ether，FEE），俗称糠基乙基醚、乙基糠基醚、乙基 2-糠基醚，IUPAC 名 2-(乙氧基甲基）呋喃［2-(ethoxymethyl) furan］，CAS 号 6270-56-0，FEMA 号 4114，RI_p 1284 或 1200 或 1297，分子式 $C_7H_{10}O_2$，无色清亮液体，沸点 149～150℃，相对密度 0.982～0.988（25℃），折射率 1.449～1.455（20℃），lgP 1.519，呈水果香、溶剂气味，在白葡萄酒中嗅阈值 430μg/L。也有研究发现 FEE 在啤酒中呈溶剂气味，在啤酒中嗅阈值 6μg/L 或 11μg/L。

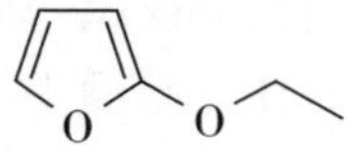

C 9-8　2-糠基乙基醚 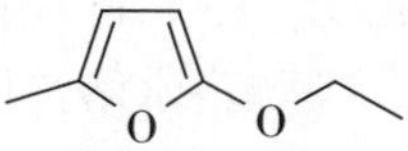　　　　C 9-9　5-甲基糠基乙基醚

2-糠基乙基醚已经在葡萄糖与苯丙氨酸美拉德反应产物、葡萄酒、啤酒中检测到。

在爱尔啤酒贮存过程中，FEE 的增长极为明显，并超过其阈值几倍，使人联想到溶剂的气味。FEE 的浓度随时间增长，从新鲜啤酒含量 2.7μg/L 上升至 178.7～187.2μg/L (40℃贮存 6 个月)，且增长速率基本恒定，并与顶空中有无空气没有关系，推测此现象与啤酒的热胁迫（thermal stress）相关，认为它是啤酒老化的一个标志物。

该化合物已经在中国酱香型白酒中检测到。

5. 糠基缩醛类

糠基缩醛类化合物已经在饮料酒中检测到。

糠基二乙基缩醛（furfural diethyl acetal)(C 9-10)，俗称 2-糠基二乙基缩醛（2-

furaldehyde diethyl acetal)、二乙氧基-2-呋喃基甲烷(diethoxy-2-furylmethane),IUPAC 名 2-(二乙氧基甲基)呋喃[2-(diethoxymethyl) furan],CAS 号 13529-27-6,RI_p 1457 或 1456,分子式 $C_9H_{14}O_3$,清亮黄色液体,沸点 189~191℃,密度 1.008mg/L(25℃),lgP 2.272。呈水果香、土腥和蘑菇气味。该化合物存在于白兰地、橡木中,在法国中烤橡木中含量为 84.17μg/g,美国中烤橡木中 36.29μg/g,中国中烤橡木中 89.93μg/g。

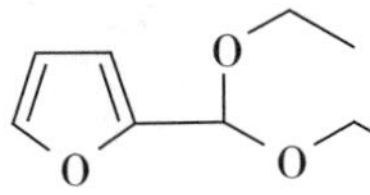

C 9-10 糠基二乙基缩醛

三、 糠醇

糠醇(furfuryl alcohol)(C 9-11),俗称 2-呋喃甲醇(2-furanmethanol),IUPAC 名呋喃-2-基甲醇(furan-2-ylmethanol),CAS 号 98-00-0,FEMA 号 2491,RI_{np} 827 或 906,RI_p 1647 或 1613 或 1676,分子式 $C_5H_6O_2$,黄色清亮液体,熔点-29~-28℃,沸点 170~171℃,相对密度 1.128~1.137(25℃),折射率 1.476~1.487(20℃),K_{aw} 3.213×10^{-5}(22℃),lgP 0.280。

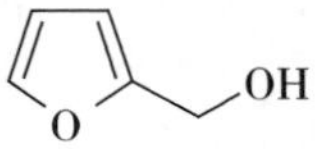

C 9-11 糠醇 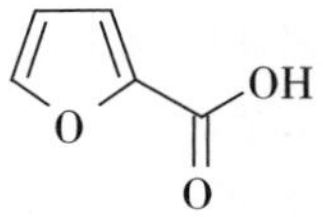　　C 9-12 糠酸

糠醇呈焦糖香、吐司香、甜香、药味、花香、焙烤香、烧焦橡胶气味,在水溶液中嗅阈值 2mg/L 或 1.9mg/L,10%vol 模拟葡萄酒中嗅阈值 2mg/L,14%vol 酒精-水溶液中嗅阈值 15mg/L,46%vol 酒精-水溶液中嗅阈值 54.7mg/L,啤酒中嗅阈值 3000mg/L。糠醇呈苦味。

糠醇存在于咖啡、烤杏仁、面粉膨化产品、爆米花、煮牛肉、干酪、甜乳清粉、白酒、啤酒、葡萄酒、雪利酒、黄酒、果醋及其贮存容器橡木中。

糠醇在法国中烤橡木中含量为 0.73μg/g,美国中烤橡木中 0.60μg/g,中国中烤橡木中 1.04μg/g。

糠醇在玫瑰红葡萄酒中含量为 108~123μg/L;新鲜啤酒中含量为 2342μg/L;黄酒中含量通常在检测限(μg/L)以下果醋中含量为 0~1147μg/L。

糠醇广泛存在于中国白酒中,酱香型白酒中平均含量 9.99mg/L,茅台酒中含量为 11.05~13.97mg/L,习酒 30.31mg/L,郎酒 1.70~3.52mg/L,金沙回沙酒 13.49~15.59mg/L;浓香型习酒 10.16mg/L;老白干香型手工大楂原酒<ql~1565μg/L,机械化大楂原酒<ql~939μg/L;芝麻香型手工原酒 13.20~21.05mg/L,机械化原酒 26.09~

32.07mg/L。

四、糠酸及其衍生物

1. 糠酸

2-糠酸（2-furoic acid）（C 9-12），俗称焦黏酸（pyromucic acid）、2-呋喃甲酸（2-furancarboxylic acid），IUPAC 名呋喃-2-甲酸（furan-2-carboxylic acid），CAS 号 88-14-2，RI_{np} 1137（TG-5 色谱柱，2-糠酸-TMS），RI_p 2367 或 2433，分子式 $C_5H_4O_3$，白色或灰白色晶体，熔点 133℃，沸点 230~232℃，密度 0.55 g/cm^3，lgP 0.640，易溶于冷水或热水中（27.1g/L），pK_a 3.12（25℃）。该化合物不呈香气，但呈皱褶涩味，水溶液中涩味阈值 160μmol/L 或 521μmol/L；呈酸味，水溶液中酸味阈值 737μmol/L。

2-糠酸在葡萄酒中含量为 3.2~3.3mg/L（丹菲特红葡萄酒）或 0~30mg/L，玫瑰红葡萄酒中含量为 122~254μg/L，红葡萄酒中浓度 220μmol/L。葡萄酒中的 2-糠酸是发酵过程产生的。

糠酸存在于法国、美国和中国橡木中。

2-糠酸已经在中国白酒中检测到，原酒中含量如下：酱香型原酒 382μg/L 或 1262μg/L；浓香型原酒 1388μg/L 或 3.52μg/L；清香型原酒<ql 或 8.52μg/L；兼香型原酒 102.7μg/L；凤香型原酒<ql 或 9.05μg/L；老白干香型原酒 275μg/L 或 22.05μg/L，手工大楂原酒 3.31~24.25μg/L，机械化大楂原酒 1.33~18.06μg/L；芝麻香型原酒 1422μg/L 或 123.1μg/L，手工原酒 99.98~136.00μg/L，机械化原酒 92.62~144.00μg/L；米香型原酒<ql，豉香型原酒 16.83μg/L，特香型原酒 44.8μg/L 或 369.5μg/L，药香型原酒 159.0μg/L。

2. 糠酸酯

糠酸酯（furoate esters）已经在酒类中检测到，如 2-糠酸甲酯、2-糠酸乙酯等。

2-糠酸甲酯（methyl 2-furoate），IUPAC 名呋喃-2-甲酸甲酯（methyl furan-2-carboxylate），CAS 号 611-13-2，FEMA 号 2703，RI_{np} 969 或 983，RI_p 1558 或 1553，分子式 $C_6H_6O_3$，微黄色至橘黄色清亮液体，沸点 181℃，密度 1.179g/mL（25℃），折射率 1.487（20℃），lgP 1.000，微溶于水，呈霉菌气味。该化合物存在于芒果、黑醋栗汁、法国、美国和中国中烤橡木、葡萄酒中。

2-糠酸乙酯（ethyl 2-furoate）（C 9-13），IUPAC 名呋喃-2-甲酸乙酯（ethyl furan-2-carboxylate），CAS 号 614-99-3，RI_{np} 1047 或 1062，RI_p 1603 或 1597，分子式 $C_7H_8O_3$，白色至黄色结晶，熔点 35~37℃，沸点 196℃，密度 1.117g/mL（25℃），lgP 1.520，呈膏香、溶剂、胶水、漆气味、不愉快气味，在 10%vol 酒精-水溶液中嗅阈值 1mg/L，14%vol 酒精-水溶液中嗅阈值 1mg/L 或 16mg/L。

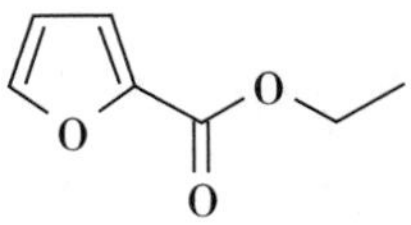

C 9-13 2-糠酸乙酯 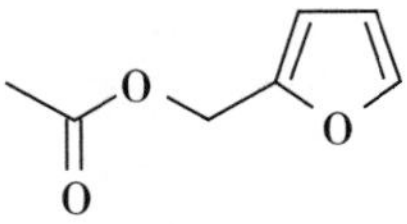　　C 9-14 乙酸糠酯 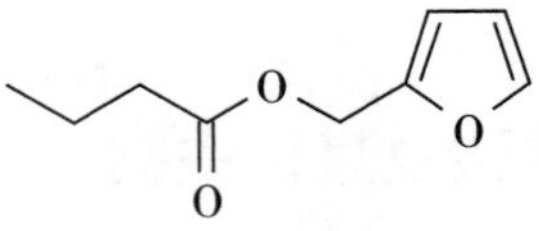　　C 9-15 丁酸糠酯

2-糠酸乙酯存在于葡萄酒、雪利酒、番石榴酒、黄酒、果醋、白酒、橡木中。

2-糠酸乙酯在法国中烤橡木中含量为0.04μg/g，美国中烤橡木中0.03μg/g，中国中烤橡木中0.30μg/g。

2-糠酸乙酯在玫瑰红葡萄酒中含量为22.5~28.3μg/L，新产红葡萄酒3.9μg/L（0.4~9.9μg/L）；黄酒中含量为nd~21.81μg/L；果醋中含量为25.1~422.0μg/L。

2-糠酸乙酯在酱香型白酒平均含量为2.73mg/L，茅台酒1.64~2.05mg/L，郎酒0.47~0.56mg/L或239~485μg/L，金沙回沙酒4.15~4.53mg/L，醇甜原酒317μg/L，酱香原酒217μg/L，窖底香原酒278μg/L；老白干香型手工大楂原酒 <ql~111μg/L，机械化大楂原酒 <ql；兼香型口子窖酒86.6μg/L；芝麻香型手工原酒266~337μg/L，机械化原酒249~452μg/L。

3. 糠酯类

糠酯类（furfuryl esters）化合物还有乙酸糠酯、丙酸糠酯、丁酸糠酯等，这些化合物均有甜香、水果香、焦糖香，已经在中国白酒中检测到这些酯。

乙酸糠酯（furfuryl acetate，furfuryl ethanoate）（C 9-14），俗称乙酸2-糠酯、2-乙酰氧基呋喃（2-acetoxymethylfuran），IUPAC名乙酸呋喃-2-基甲酯（furan-2-ylmethyl acetate），CAS号623-17-6，FEMA号2490，RI_{np} 967或1044，RI_p 1515或1559，分子式$C_7H_8O_3$，黄色清亮液体，沸点175~177℃，相对密度1.115~1.117（25℃），折射率1.460~1.464（20℃），lgP 1.102。

乙酸糠酯存在于咖啡、葡萄糖与苯丙氨酸美拉德反应产物、水煮肉、白酒中；在芝麻香型手工原酒中含量为699~1862μg/L，机械化原酒1372~1953μg/L；老白干香型手工大楂原酒和机械化大楂原酒中均<ql。

丁酸糠酯（furfuryl butanoate）（C 9-15），IUPAC名丁酸-2-糠酯、3-甲基丁酸呋喃-2-基甲酯（furan-2-ylmethyl butanoate），CAS号623-21-2，分子式$C_9H_{12}O_3$，黄色至琥珀色清亮油状液体，沸点129~130℃（6.9kPa），相对密度1.048~1.054（20℃），折射率1.457~1.462（20℃），lgP 2.121，在芝麻香型手工原酒中含量为149~227μg/L，机械化原酒ql~310μg/L。

五、 呋喃酮类

1. 3(2*H*)-呋喃酮类

2-甲基四氢呋喃-3-酮（2-methyltetrahydrofuran-3-one）（C 9-16），俗称咖啡呋喃酮（coffee furanone），二氢-2-甲基-3(2*H*)-呋喃酮［dihydro-2-methyl-3(2*H*)-furanone]、4,5-二氢-2-甲基-3(2*H*)-呋喃酮，IUPAC 名 2-甲基氧杂茂烷-3-酮（2-methyloxolan-3-one），CAS 号 3188-00-9，FEMA 号 3373，RI_{np} 782 或 812，RI_p 1243 或 1283，分子式 $C_5H_8O_2$，无色至淡黄绿色清亮液体，沸点 139℃，密度 1.034g/mL（25℃），相对密度 1.180~1.185（25℃），折射率 1.534~1.537（20℃），lgP -0.563，呈似面包、（上等）黄油、坚果香、甜香、溶剂气味，在 9%vol 酒精-水溶液中嗅阈值 4.9μg/L。

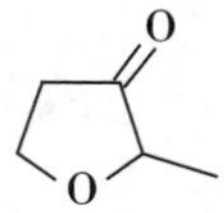

C 9-16　2-甲基四氢呋喃-3-酮

2-甲基四氢呋喃-3-酮存在于咖啡/焙烤咖啡、烤榛子、水煮肉、焙烤杏仁、土豆片、啤酒、番石榴酒、朗姆酒中；经常用作焙烤食品的调香剂，在杏仁、朗姆酒、可可、白兰地和焦糖增香中也有应用。

2. 2(5*H*)-呋喃酮类

γ-巴豆酰内酯（γ-crotonolactone）(C 9-17) 是最简单的呋喃酮类化合物，俗称γ-羟基巴豆酸内酯（γ-hydroxy crotonic acid lactone）、4-羟基-2-丁烯酸 γ-内酯（4-hydroxy-2-butenoic acid γ-lactone）、2-丁烯-1，4-内酯（2-buten-1，4-olid）、(5*H*)-呋喃-2-酮［(5*H*)-furan-2-one］，IUPAC 名 2（5*H*)-呋喃酮［2(5*H*)-furanone］，CAS 号 497-23-4，FEMA 号 4138，RI_{np} 915 或 924，RI_p 1716 或 1767，分子式 $C_4H_4O_2$，微黄色液体，熔点 4~5℃，沸点 214℃ 或 86~87℃（1.6kPa），密度 1.185g/mL（25℃），折射率 1.457~1.463（20℃），lgP -0.600，呈黄油香。

γ-巴豆酰内酯已经在松蕈、咖啡、橡木中检测到，在法国中烤橡木中含量为 11.73μg/g，美国中烤橡木 10.59μg/g，中国中烤橡木 26.01μg/g。

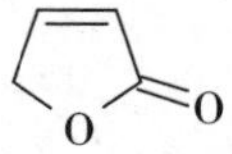

C 9-17　γ-巴豆酰内酯 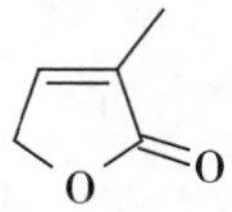　　C 9-18　α-甲基巴豆酰内酯

α-甲基巴豆酰内酯（α-methylcrotonolactone）(C 9-18)，俗称 4-羟基-2-甲基-2-丁烯酸 γ-内酯（4-hydroxy-2-methyl-2-butenoic acid γ-lactone）、2-甲基-2-丁烯-4-内酯（2-methyl-2-buten-4-olide）、α-甲基-γ-巴豆酰内酯（α-methyl-γ-crotonolactone），IUPAC 名 3-甲基-2(5*H*)-呋喃酮［3-methyl-2(5*H*)-furanone］，CAS 号 22122-36-7，RI_{np} 979，RI_p 1683 或 1697，熔点 97~99℃（2.7kPa），密度 1.13g/mL（25℃）。

α-甲基巴豆酰内酯已经在葡萄糖与苯丙氨酸美拉德反应产物、橡木、各种木材中检测到，在法国中烤橡木中含量为 1.04μg/g，美国中烤橡木中 0.72μg/g，中国中烤橡木中 0.09μg/g。

3.4 羟基-3(2*H*)-呋喃酮类

4-羟基-3(2*H*)-呋喃酮［4-hydroxy-3(2*H*)-furanone］（C 9-19），IUPAC 名4-羟基呋喃-3-酮，CAS 号 75786-90-2，分子式 $C_4H_4O_3$，于 20 世纪 70 年代被发现是接合酵母（*Zygosaccharomyces rouxii*）的次级代谢产物。

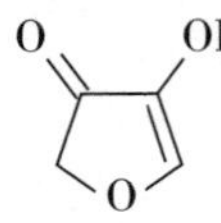

C 9-19 4-羟基-3(2*H*)-呋喃酮

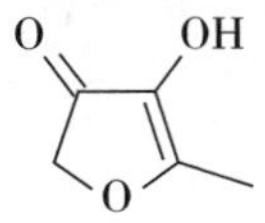

C 9-20 4-羟基-5-甲基-3(2*H*)-呋喃酮

4-羟基-5-甲基-3(2*H*)-呋喃酮［4-hydroxy-5-methyl-3(2*H*)-furanone］(C 9-20)，俗称 5-甲基-4-羟基-3(2*H*)-呋喃酮、去甲基呋喃扭尔（norfuraneol）、菊苣酮（chicory furanone）、太妃呋喃酮（toffee furanone），CAS 号 19322-27-1，FEMA 号 3635，RI_{np} 1020 或 1087，RI_{mp} 1263，RI_p 2114 或 2123，分子式 $C_5H_6O_3$，白色至棕色结晶，熔点 126~133℃，沸点 215~217℃，lgP-0.611，呈棉花糖香、焦糖香、草莓、煮树莓香，水中嗅阈值 23mg/L 或 23mg/L（pH7）或 2.1mg/L（pH4.5）或 2.5mg/L（pH3）。

菊苣酮已经在葡萄酒、酱油、凝乳酪蛋白、肉汤、水煮蛤、煮土豆、爆米花中检测到。

4-羟基-2,5-二甲基-3(2*H*)-呋喃酮［4-hydroxy-2,5-dimethyl-3(2*H*)-furanone，HDMF］(C 9-21）是最重要的呋喃酮类化合物，俗称呋喃扭尔（furaneol©）、阿勒酮（alletone）、菠萝酮（pineapple ketone）、草莓呋喃酮（strawberry furanone），CAS 号 3658-77-3，FEMA 号 3174，RI_{np} 1023 或 1096，RI_{np} 1242，RI_p 2014 或 2056，分子式 $C_6H_8O_3$。HDMF 为无色晶体，密度 1.049g/mL，熔点 78~80℃，沸点 188℃，折射率 1.4390，在水中溶解度 8%~18%。

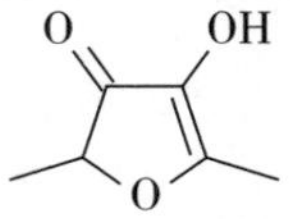

C 9-21 4-羟基-2,5-二甲基-3(2*H*)-呋喃酮

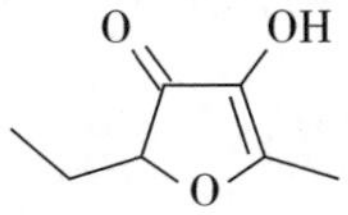

C 9-22 酱油酮

HDMF 呈煮草莓/似草莓、焦糖、甜香、糖果、棉花糖香，在空气中嗅阈值 1.0ng/L，水中嗅觉觉察阈值 40μg/L，识别阈值 160μg/L 和 0.04μg/kg 或 87μg/kg 或 0.6μg/L 或 5μg/L 或 60μg/L 或 30μg/L 或 25μg/L 或 10μg/L 或 60μg/L（pH7）或 31μg/L（pH4.5）或 21μg/L（pH3.0），模拟葡萄酒（10% vol 酒精-水溶液，7g/L 甘油，pH3.2）中嗅阈值 37μg/L，10%vol 乙醇-水溶液中嗅阈值 500μg/L 或 5μg/L，油中嗅阈值 25μg/kg，可可粉中嗅阈值 25μg/kg；水中味阈值 25μg/L。研究发现呋喃扭尔的阈值与 pH 有关（见第一章）。

HDMF 是一个强极性的、热不稳定性的、用通常方法（如 SDE）不能分离的化合物。

HDMF 已经被应用到水果调香、肉增香以及冰淇淋的生产中。有文献报道，HDMF 可以增强吡嗪的风味。

曾经有研究人员认为呋喃扭尔与酱香香气有关，但经添加与缺失试验证明，呋喃扭尔与酱香型白酒的酱香香气无关。

HDMF 存在于草莓/草莓汁、菠萝、芒果、黑莓、葡萄柚、罐装橙汁、北极圈树莓（arctic bramble）、番石榴、树莓、凝乳酪蛋白、植物油、生土豆和烤土豆、水煮蛤、巧克力、烤杏仁、焙烤咖啡、松糕、爆米花、小麦面包皮、炖牛肉、牛肉汤、红茶中，是草莓和树莓的特征香气成分，也已经在葡萄酒、白酒中检测到。

HDMF 在玫瑰红葡萄酒中含量为 36μg/L；在新产白葡萄酒中含量为 2.1~30.0μg/L；丹菲特红葡萄酒中含量为 16.6~21.7μg/L；雪利酒中含量为 3.8μg/L。

呋喃扭尔是一些美拉德反应的中间体，如丙醇醛（methylglyoxal）的美拉德反应。丙酮醛单独或丙酮醛与甘氨酸、丙酮醛与半胱氨酸在磷酸缓冲溶液中于 120℃ 加热 1 h，均会产生呋喃扭尔。

天然存在的 HDMF 有四种形式：游离态的 HDMF，HDMF 葡萄糖苷（HDMF glucoside），HDMF 丙二酰-葡萄糖苷（HDMF 6′-*O*-malonyl-*β*-D-glucopyranoside，HDMF malonyl-glucoside）［$R = -CH_2-(CO)-CH_2-(CO)OH$］和 4-甲氧基-2,5-二甲基-3(2*H*)-呋喃酮［4-methoxy-2,5-dimethyl-3(2*H*)-furanone，俗称麦思呋喃酮（mesifurane）］。

当焙烤温度 160℃ 时，HDMF 的稳定性随着 pH 增加而增加。当 HDMF 暴露在光中，并通气时，其光氧化产物包括丙酮酸乙酯、乳酸乙酯、乙酸、2-乙酰氧基丙酸乙酯、乙酰氧基丙酮、1,2-乙二醇、乙酰氧基-2,3-丁二酮、2-乙酰氧基丙酸 2-氧丙酯、乳酸和 2-乙酰氧基乳酸。研究发现叶绿黄素和叶黄素具有抗光氧化效应。

4-羟基-2-乙基-5-甲基-3(2*H*)-呋喃酮［4-hydroxy-2-ethyl-5-methyl-3(2*H*)-furanone，HEMF］(C 9-22)，俗称酱油酮（homofuraneol）、乙基呋喃扭尔（ethyl furaneol，ethylfuraneol）、4-羟基-5-乙基-2-甲基-3(2*H*)-呋喃酮，IUPAC 名 2-乙基-4-羟基-5-甲基呋喃-3-酮，CAS 号 27538-10-9，FEMA 号 3623，RI_{np} 1100（DB-5 柱）或 1136 或 1178，RI_{mp} 1310，RI_p 2210（FFAP 柱）或 2078 或 2105，分子式 $C_7H_{10}O_3$，黄色至棕色清亮液体到晶状固体，沸点 230~232℃，lgP 0.434。该化合物具有互变异构体。

HEMF 呈煮草莓、野蔷薇、甜奶油、棉花糖、果酱、糕点（pastry）、焦糖香、汤料（soup seasoning）香。HEMF 在空气中嗅阈值 0.15ng/L，水中嗅阈值 1.15μg/L 或 7.5μg/L 或 43μg/L，模拟葡萄酒（10%vol 酒精-水溶液，7g/L 甘油，pH3.2）中嗅阈值 10μg/L 或 500μg/L，10%vol 酒精-水溶液中嗅阈值 500μg/L。

4. 羟基-2(5*H*)-呋喃酮类

索陀酮（sotolon）(C 9-23)，俗称胡芦巴内酯（fenugreek lactone）、焦糖呋喃酮（caramel furanone）4,5-二甲基-3-羟基-2,5-二氢呋喃-2-酮（4,5-dimethyl-3-hydroxy-2,5-dihydrofuran-2-one）、3-羟基-4,5-二甲基-2(5*H*)-呋喃酮［3-hydroxy-4,5-dimethyl-2(5*H*)-furanone］，IUPAC 名 3-羟基-4,5-二甲基-5*H*-呋喃-2-酮（3-hydroxy-

4,5-dimethyl-5*H*-furan-2-one)，CAS 号 28664-35-9，FEMA 号 3634，RI_{np} 1119 或 1131，RI_{mp} 1349 或 1362，RI_p 2180 或 2235，分子式 $C_6H_8O_3$，清亮浅黄色液体，熔点 26~29℃，沸点 184℃，密度 1.049g/mL（25℃），lgP -0.296。

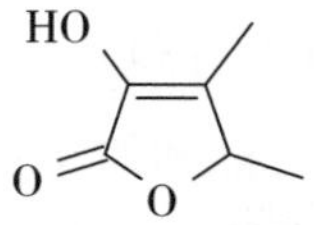

C 9-23 索陀酮 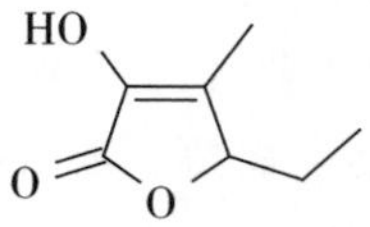　　C 9-24 3-羟基-4-甲基-5-乙基-2(5*H*)-呋喃酮

索陀酮呈焦煳、黑胡椒、辛香、咖喱粉、水解蛋白、调味品、胡桃、棉花糖、煮树莓气味、甜香、花香；低浓度时呈坚果香，高浓度时呈咖喱气味或陈酿葡萄酒（rancio）香气（一种混合了坚果、老木香和奶油糖果的香气）。

索陀酮在空气中嗅阈值 0.015ng/L，水中嗅觉觉察阈值 0.49μg/L，识别阈值 1.1μg/L 或 0.001~20.000μg/L 或 0.3μg/L 或 0.04μg/L 或 20μg/L 或 90μg/L，10%vol 模拟葡萄酒中嗅阈值 0.7μg/L 或 5μg/L 或 15μg/L（模拟葡萄酒，10%vol 酒精-水溶液，7g/L 甘油，pH3.2），12%vol 模型葡萄酒中（pH3.5）嗅阈值 2μg/L，模拟葡萄酒[98：11（体积比）的水-酒精混合物 1L，4g 酒石酸，用 K_2CO_3 调整 pH 至 3.5] 中嗅阈值 0.7μg/L，14%vol 酒精-水溶液中嗅阈值 5μg/L，40%vol 酒精-水溶液中嗅阈值 24.2μg/L；干白葡萄酒中嗅阈值 8μg/L 或 7μg/L，葡萄酒中嗅阈值 10μg/L，波特葡萄酒中嗅阈值 19μg/L；葵花籽油中嗅阈值 0.2μg/kg；纤维素中嗅阈值 2.1μg/kg，面粉中嗅阈值 2.1μg/kg，可可粉中嗅阈值 0.2μg/kg。呈后鼻嗅，水中后鼻嗅阈值 3μg/L，葵花籽油中后鼻嗅阈值 0.2μg/kg。

Dubois 等于 1976 年在法国黄葡萄酒（vin jaune）中首先检测到索陀酮；同年，Takahashi 等在陈酿清酒（old sake）中检测到索陀酮，浓度 140~430μg/L，并发现该化合物呈焦煳味。

索陀酮是雪利醋的重要香气成分，含量为 748μg/L；果醋中含量为 nd~939μg/L。

索陀酮在丹菲特红葡萄酒中含量为 3.2μg/L，玫瑰红葡萄酒中含量<0.01~0.75μg/L；朗姆酒中含量为 0.33~1.53μg/L。

索陀酮是波特老酒和雪利酒的关键香气成分。在雪利酒中含量为 41.5μg/L；朱拉（Jura）福洛雪利葡萄酒中含量为 112~387μg/L。在被研究的 1~60 年波特葡萄酒中，索陀酮浓度 5~958μg/L，且该化合物浓度随着氧化老熟时间延长线性增长（相关系数 $r>0.95$）。

同时，索陀酮在其他葡萄酒中也有香气贡献，包括法国强化葡萄酒、马德拉强化葡萄酒。在莫瓦西亚（Malvasia）和塞尔斜（Sercial）强化白葡萄酒中呈坚果和干果香气。在 1~25 年马德拉强化葡萄酒中，索陀酮含量为 0~2000μg/L，且索陀酮含量与贮存时间具有线性关系（相关系数 $r > 0.917$）。高浓度索陀酮强化葡萄酒同时含有高浓度糖及其衍生物，如糠醛、5-甲基糠醛、5-羟甲基糠醛和 5-乙氧基甲基糠醛，这些化合物也与葡萄酒老熟有关。

索陀酮与干白葡萄酒氧化损伤有关，研究发现索陀酮是氧化损伤的重要成分之一。不带酒泥、老熟在新桶中的干白葡萄酒有着很高的索陀酮浓度，即老熟时，酵母酒泥会降低干白葡萄酒中索陀酮含量；当老熟时干白葡萄酒中溶解氧浓度在5~100μg/L时，索陀酮的含量通常在8μg/L（嗅阈值）以下；当老熟时溶解氧浓度在500μg/L以上时，索陀酮的含量会超过8μg/L。索陀酮在新产白葡萄酒中含量为5.4μg/L；长相思白葡萄酒中含量为tr~10μg/L；霞多利白葡萄酒中含量为1.1~4.7μg/L；胡塞特（Roussette）白葡萄酒中含量为1.9~4.3μg/L；科隆贝（Colombelle）白葡萄酒中含量为2.2~6.9μg/L；萨瓦涅（Savagnin）白葡萄酒中含量为41~140μg/L（氧化条件贮存）。

索陀酮是手性化合物。(*S*)-(+)-型的IUPAC名（5*S*）-3-羟基-4，5-二甲基-2(5*H*)-呋喃酮［(5*S*)-3-hydroxy-4，5-dimethyl-2(5*H*)-furanone］，CAS号87068-69-7，呈美妙的咖喱和胡桃香气，在模型葡萄酒中（12%vol，pH3.5）嗅阈值0.8μg/L，在白葡萄酒中嗅阈值5μg/L；(*R*)-(-)-型的IUPAC名（5*R*）-3-羟基-4,5-二甲基-2(5*H*)-呋喃酮［(5*R*)-3-hydroxy-4,5-dimethyl-2(5*H*)-furanone］，CAS号87068-70-0，呈腐败臭和胡桃香，在模型葡萄酒中（12%vol，pH3.5）嗅阈值90μg/L或89μg/L，在白葡萄酒中嗅阈值121μg/L。在不同葡萄酒中（*S*）-型和（*R*）-型索陀酮含量并没有固定的比例，在某些干白葡萄酒中，（*S*）-型含量超过（*R*）-型；但在另外一些干白葡萄酒中，(*R*)-型含量高于（*S*）-型。

呋喃酮类化合物（furanones）的定量分析十分困难，主要是因为它们易溶于水，从水中提取得率非常低；同时这类化合物容易分解，如索陀酮（见图9-1）。

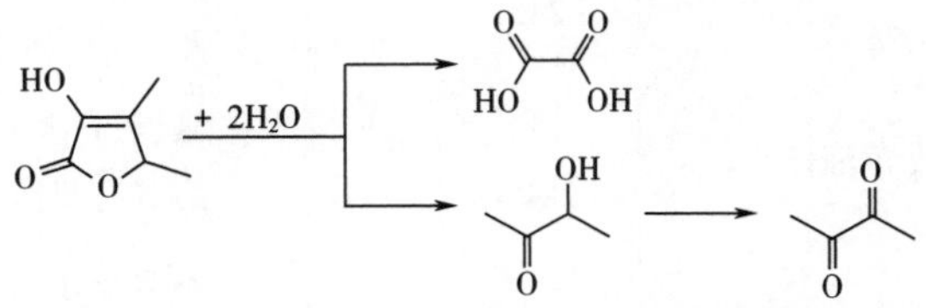

图9-1　索陀酮在水中的分解反应

3-羟基-4-甲基-5-乙基-2(5*H*)-呋喃酮［3-hydroxy-4-methyl-5-ethyl-2(5*H*)-furanone］(C 9-24)，俗称枫叶呋喃酮（maple furanone）、阿伯赫辛酮（abhexon，abhexone）、5-乙基-3-羟基-4-甲基-2(5*H*)-呋喃酮、4-羟基-5-乙基-4-甲基-2(5*H*)-呋喃酮，IUPAC名5-乙基-3-羟基-4-甲基-2*H*-呋喃-5-酮（5-ethyl-3-hydroxy-4-methyl-5*H*-furan-2-one），CAS号698-10-2，FEMA号3153，RI_{np} 1196或1255，RI_p 2244或2277，分子式$C_7H_{10}O_3$，熔点31~35℃，沸点83~86℃（66.7Pa），lgP 0.213。

枫叶呋喃酮呈花香、甜香、树莓香、焙烤香、肉香、辛香、孜然芹（cumin）、枫糖浆、水解蛋白气味。该化合物有着极低的香气阈值，在水中嗅阈值仅有0.01ng/L，但另外的文献报道是前鼻嗅阈值30μg/L，后鼻嗅阈值3μg/L。

枫叶呋喃酮存在于雪利葡萄酒中，其含量为31~74μg/L，也已经在凝乳酪蛋白、咖啡、面包屑、树莓中检测到。

六、 γ-内酯类化合物

两个重要的内酯类化合物（lactones）：五碳环（five-numbered ring）的含氧化合物——γ-内酯（C 9-25）和六碳环（six-numbered ring）的含氧化合物——δ-内酯（C 9-26）（见本章第二节）。

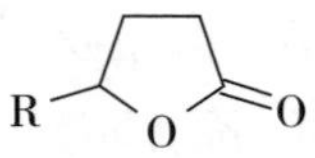

C 9-25 γ-内酯 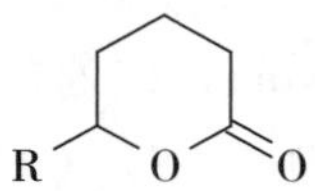　　C 9-26 δ-内酯

在γ-内酯中，当R=H时，为γ-丁内酯（C 9-27）；当R=$-CH_3$时，为γ-戊内酯（C 9-28）。从γ-丁内酯到γ-十二内酯（γ-dodecalactone）（C 9-29），大部分的γ-内酯在酒类中均已经检测到。表9-1列出了部分内酯类化合物的物理性质。

表 9-1　部分内酯类化合物的物理性质

名称	FEMA 号	外观	沸点/℃	相对密度（d_4^{20}）	水或有机溶剂溶解情况	折射率（n_D^{20}）
γ-庚内酯	2539	无色液体	151	0.997～1.004[a]	不溶于水，溶于乙醇等有机溶剂	1.435～1.445
γ-壬内酯	2781	无色至浅黄色液体	243	0.958～0.966[a]	不溶于水，溶于乙醇等有机溶剂	1.446～1.450
γ-癸内酯	2360	无色液体	153（2kPa）		微溶于水，溶于乙醇等有机溶剂	1.461[c]
γ-十一内酯	3091	无色至浅黄色黏稠液体	297	0.942～0.945[a]	不溶于水和甘油中，溶于乙醇等有机溶剂	1.450～1.454
δ-辛内酯	3214	浅黄色液体	115～117（1.6kPa）	0.971～0.973	不溶于水，溶于乙醇等有机溶剂	1.447～1.449
δ-壬内酯	3356	无色黏稠液体	137～138（1.46kPa）	0.987～0.988	不溶于水，溶于乙醇等有机溶剂	1.456～1.457
δ-癸内酯	2361	无色黏稠液体	281	0.950	几乎不溶于水，溶于乙醇等有机溶剂	1.455[d]
δ-十一内酯	3294	无色黏稠液体	152～155（1.4kPa）	0.968[b]	几乎不溶于水，溶于乙醇等有机溶剂	1.462[e]

注：a：d_{25}^{25}；b：d_4^{18}；c：n_D^{22}；d：n_D^{25}；e：n_D^{18}。

1. γ-丁内酯

γ-丁内酯（γ-butyrolactone）(C 9-27)，俗称4-丁内酯（4-butanolide）、丁-4-内酯、四氢-2-呋喃酮（tetrahydro-2-furanone）、二氢-2(3*H*)-呋喃酮［dihydro-2(3*H*)-furanone］、二氢-(3*H*)-呋喃-2-酮、二氢呋喃-2(3*H*)-酮（dihydrofuran-2(3*H*)-one）、4-羟基丁酸内酯（4-hydroxybutyric acid lactone），IUPAC名氧杂环戊-2-酮（oxolan-2-one），CAS号96-48-0，FEMA号3291，RI_{np} 918或854，RI_p 1593或1673，分子式$C_4H_6O_2$，无色至淡黄色清亮液体，熔点-43.53℃，沸点204℃，密度1.1286g/mL（15℃），折射率1.436（20℃），lgP -0.640，微溶于水，溶于四氯化碳、甲醇、乙醇、丙酮、苯、乙醚等有机溶剂，pK_a 4.5。

γ-丁内酯呈焦糖、椰子、甜香、霉腐臭。该化合物在10%vol酒精-水溶液中嗅阈值20mg/L，14%vol酒精-水溶液中嗅阈值100mg/L，10%vol模拟葡萄酒中嗅阈值35μg/L。

γ-丁内酯已经在咖啡/焙烤咖啡、爆米花、葡萄酒、雪利酒、番石榴酒、白酒、橡木、果醋中检测到。

γ-丁内酯在法国中烤橡木中含量为4.31μg/g，美国中烤橡木中6.32μg/g，中国中烤橡木中1.51μg/g；

γ-丁内酯在果醋中含量为682~6583μg/L，意大利香醋中含量为0.86~1.37mg/L。

γ-丁内酯在玫瑰红葡萄酒中含量为12.1~17.0mg/L；菲诺雪利酒中最初含量10.3mg/L，福洛酵母膜形成后含量12.8mg/L，老熟250d含量29.4mg/L。γ-丁内酯在成熟葡萄中含量为33.78μg/L。

γ-丁内酯在清香型白酒中平均浓度为12.7μg/L，酱香型中平均浓度为12.9μg/L，浓香型白酒中平均浓度为3.56μg/L。

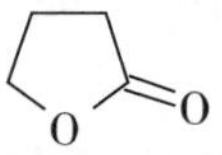

C 9-27　γ-丁内酯 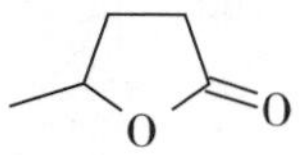　　C 9-28　γ-戊内酯 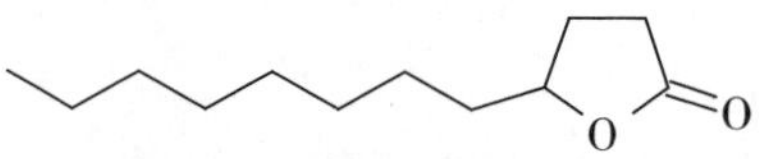　　C 9-29　γ-十二内酯

2. γ-戊内酯

γ-戊内酯（γ-pentalactone，γ-valerolactone）(C 9-28)，俗称4-戊内酯（4-pentanolide）、戊-4-内酯、戊-1,4-内酯（pentano-1,4-lactone）、4-甲基丁内酯（4-methylbutanolide）、4-羟基戊酸内酯（4-hydroxypentanoic acid lactone）、二氢-5-甲基-2(3*H*)-呋喃酮［dihydro-5-methyl-2(3*H*)-furanone］、二氢-5-甲基-3*H*-呋喃-2-酮、5-甲基二氢-2(3*H*)-呋喃酮［5-methyldihydro-2(3*H*)-furanone］，IUPAC名5-甲基氧杂环戊-2-酮（5-methyloxolan-2-one），CAS号108-29-2，FEMA号3103，RI_p 1569，分子式$C_5H_8O_2$，无色至浅黄色清亮液体，熔点-31℃，沸点207~208℃，密度1.0465g/mL，折射率1.431~1.434（20℃），lgP -0.270，在水中溶解度≥100mg/mL，呈膏香、棉花糖、烟熏和烤面包香，在10%vol的酒精-水溶液中嗅阈值2200μg/L。

γ-戊内酯是手性化合物，（4*R*）-型，IUPAC名（5*R*）-5-甲基氧杂环戊-2-酮

[(5*R*)-5-methyloxolan-2-one]，CAS 号 58917-25-2，呈微弱的香气和甜香（溶解于1%丙二醇中），呈甜味和焦糖味（10mg/L，溶解于10%转化糖 + 0.015%柠檬酸中）或甜味和辛香味（20mg/L，溶解于10%转化糖 + 0.015%柠檬酸中）；（4*S*)-型，IUPAC名（5*S*)-(-)-5-甲基氧杂环戊-2-酮［(5*S*)-5-methyloxolan-2-one］，CAS 号 19041-15-7，几乎没有香气，呈甜味和焦糖味（10mg/L，溶解于10%转化糖 + 0.015%柠檬酸中）或甜味和辛香味（20mg/L，溶解于10%转化糖 + 0.015%柠檬酸中）。

γ-戊内酯存在于草莓酱、醋、葡萄酒、白酒等食品中，在果醋中的含量为 397~2895μg/L。

γ-戊内酯在清香型成品白酒中平均浓度为 7.75μg/L，酱香型白酒中平均浓度为12.6μg/L，浓香型白酒中平均浓度为 7.43μg/L。

3. γ-己内酯

γ-己内酯（γ-hexalactone，γ-caprolactone），俗称己-4-内酯、己-1,4-内酯（hexano-1，4-lactone）、4-己内酯（4-hexanolide）、γ-乙基-γ-丁内酯（γ-ethyl-γ-butyrolactone）、4-乙基丁内酯、二氢-5-乙基-2(3*H*)-呋喃酮［dihydro-5-ethyl-2(3*H*)-furanone］、5-乙基二氢-2(3*H*)-呋喃酮［5-ethyldihydro-2(3*H*)-furanone］，IUPAC 名 5-乙基氧杂环戊-2-酮（5-ethyloxolan-2-one），CAS 号 695-06-7，FEMA 号 2556，RI_{np} 1059 或 987，RI_p 1706 或 1778，分子式 $C_6H_{10}O_2$，无色至淡黄色清亮液体，熔点-18℃，沸点 215.5℃，相对密度 1.020 ~ 1.025（25℃），折射率 1.437 ~ 1.442（20℃），lgP 0.413。

γ-己内酯呈甜香、小浆果香、焦糖香、椰子香、水果香和桃子香；在水中嗅阈值1600μg/L 或 260μg/L，10% vol 酒精-水溶液中嗅阈值 359mg/L 或 13mg/L；在水溶液中味阈值 13mg/L，黄油中味阈值 8mg/L。

γ-己内酯已经在芒果、煮土豆、黄油、乳制品、食醋、葡萄酒、番石榴酒、白酒中检测到。

γ-己内酯在成熟葡萄中含量为 0.10μg/L；在新产红葡萄酒中含量为 12.7μg/L（3.4~26.2μg/L）；在果醋中含量为 0~99.3μg/L。

γ-己内酯在清香型白酒中平均浓度为 2.47μg/L，酱香型中平均浓度为 4.44μg/L，浓香型白酒中平均浓度为 11.2μg/L。

4. γ-庚内酯

γ-庚内酯（γ-heptalactone），俗称 4-庚内酯（4-heptanolide）、庚-4-内酯、庚-1，4-内酯（heptano-1,4-lactone）、二氢-5-丙基-2(3*H*)-呋喃酮［dihydro-5-propyl-2(3*H*)-furanone］、5-丙基二氢-2(3*H*)-呋喃酮［5-propyldihydro-2(3*H*)-furanone］，IUPAC 名 5-丙基氧杂环戊-2-酮（5-propyloxolan-2-one），CAS 号 105-21-5，FEMA 号2539，RI_{np} 1148，RI_p 1763 或 1767，分子式 $C_7H_{12}O_2$，无色清亮油状液体，沸点 100~106℃（933Pa），相对密度 0.997~1.004（25℃），折射率 1.439~1.445（20℃），lgP 0.923，呈水果香、甜香，在水中嗅阈值 400μg/L，10%vol 酒精-水溶液中嗅阈值 1mg/L；在水溶液中味阈值 520μg/L，黄油中味阈值 3400μg/L。

γ-庚内酯是手性化合物，(4*R*)-型呈甜香、辛香、草药和香豆素香（溶解于1%丙二醇中），呈椰子味、轻微的甜味和坚果味（20mg/L，溶解于10%转化糖 + 0.015%柠檬酸中）；(4*S*)-型呈脂肪、椰子和水果甜香（溶解于1%丙二醇中），呈椰子味、轻微的甜味和坚果味（20mg/L，溶解于10%转化糖 + 0.015%柠檬酸中）。

γ-庚内酯存在于草莓酱、乳制品、葡萄、葡萄酒、酒花及啤酒、白酒中，中国清香型白酒中的平均浓度为2.37μg/L，酱香型中平均浓度为2.57μg/L，浓香型白酒中平均浓度为31.6μg/L。

5. γ-辛内酯

γ-辛内酯（γ-octalactone），俗称4-辛内酯（4-octanolide）、辛-4-内酯、二氢-5-丁基-2(3*H*)-呋喃酮［dihydro-5-butyl-2(3*H*)-furanone］，IUPAC名5-丁基二氢-2(3*H*)-呋喃酮［5-butyldihydro-2(3*H*)-furanone］，CAS号104-50-7，FEMA号2796，RI_{np} 1213或1261，RI_{mp} 1475，RI_{p} 1867或1930或2019，沸点234℃，密度0.981g/mL(25℃)。

γ-辛内酯呈焙烤香、水果香、椰子香、热牛奶香、桃香、苹果、薄荷、烟草、尘土、洗涤剂（detergent）气味；在水中嗅觉觉察阈值6.5μg/L，识别阈值24μg/L或7μg/L或6.5μg/kg或14μg/L，46%vol酒精-水溶液中嗅阈值2.82mg/L，葵花籽油中嗅阈值120μg/kg，可可粉中嗅阈值4730μg/kg；在水溶液中味阈值95μg/L，葵花籽油中味阈值197μg/L，在黄油中味阈值3500μg/kg。

γ-辛内酯存在于芒果、龟背竹（*Monstera deliciosa*）、草莓酱、乳制品、可可粉、牛肉与猪肉菜汁、煮土豆、法式薯片、葡萄酒、白酒中。

γ-辛内酯在红葡萄酒中含量为5.36μg/L；在白葡萄酒中含量为1.42μg/L。

γ-辛内酯在清香型白酒中平均浓度为8.25μg/L，酱香型白酒中平均浓度为9.15μg/L，浓香型白酒中平均浓度为2.87μg/L，豉香型白酒中含量为132μg/L。

6. γ-壬内酯

γ-壬内酯（γ-nonalactone），俗称4-壬内酯（4-nonanolide）、壬-4-内酯、壬-1,4-内酯（nonano-1,4-lactone）、椰子醛、二氢-5-戊基-2(3*H*)-呋喃酮［dihydro-5-pentyl-2(3*H*)-furanone］、二氢-5-戊基-(3*H*)-呋喃-2-酮、5-戊基二氢呋喃-2(3*H*)-酮、5-戊基二氢-2(3*H*)-呋喃酮［5-pentyldihydro-2(3*H*)-furanone］，IUPAC名5-戊基氧杂环戊-2-酮（5-pentyloxolan-2-one），CAS号104-61-0，FEMA号2781，RI_{np} 1325或1372，RI_{mp} 1563或1566，RI_{p} 2006或2079，分子式$C_9H_{16}O_2$，无色至淡黄色清亮油状液体，沸点243℃，相对密度0.958~0.965（25℃），折射率1.446~1.449(20℃)，lgP 1.942，能溶于苯甲醇、乙醇等有机溶剂，在水中溶解度1201mg/L(25℃)。

γ-壬内酯呈椰子香、甜香、乳脂香、水果香和桃子香；在水中嗅觉觉察阈值9.7μg/L，识别阈值27μg/L或30~65μg/L或30μg/L，10%vol酒精-水溶液中嗅阈值30μg/L，40%vol酒精-水溶液中嗅阈值21μg/L，46%vol酒精-水溶液中嗅阈值90.66μg/L，啤酒中嗅阈值607μg/L；葵花籽油中嗅阈值148μg/kg；可可粉中嗅阈值

148μg/kg。γ-壬内酯水中味阈值 65μg/L，葵花籽油中味阈值 219μg/kg，黄油中味阈值 2400μg/kg。

γ-壬内酯主要存在于薄脆饼干、桃子、松露、法式薯片、黄油、乳制品、木糖-半胱氨酸和木糖-硫胺素美拉德反应产物、酒类产品中如威士忌、白酒、葡萄酒、酒花及啤酒中。

γ-壬内酯已经在酿酒葡萄中检测到，赤霞珠葡萄中含量为 6.19μg/L，梅鹿辄葡萄 0.89μg/L，蛇龙珠葡萄 1.81μg/L。

γ-壬内酯在玫瑰红葡萄酒中含量为 71μg/L；红葡萄酒中含量为 20.3μg/L，新产红葡萄酒 16.2μg/L（3.3~40.8μg/L），丹菲特红葡萄酒 10.5~10.9μg/L；白葡萄酒中含量为 13.5μg/L，新产白葡萄酒中含量为 23μg/L。

γ-壬内酯在中国苹果酒中含量为 5.65~8.94μg/L；在黄酒中含量为 130~303μg/L。

γ-壬内酯在威士忌中含量为 1.6μg/L，未老熟麦芽威士忌（immaturated malt whisky）中含量为 76~273μg/L，老熟麦芽威士忌（maturated malt whisky）中含量为 81~266μg/L。

γ-壬内酯是白酒中含量最高的内酯，特别是在清香型白酒中含量最高。γ-壬内酯在清香型白酒中的平均浓度为 104μg/L 或 275μg/L（汾酒）或 169μg/L（宝丰酒）或 324μg/L（青稞酒）；酱香型白酒中平均浓度 50.9μg/L；浓香型白酒中平均浓度 12.8μg/L；老白干香型手工大楂原酒 88.92~209.00μg/L，机械化大楂原酒 124~243μg/L；芝麻香型手工原酒 111~144μg/L；机械化原酒 105~171μg/L；豉香型白酒 866μg/L。

7. γ-癸内酯

γ-癸内酯（γ-decalactone），俗称 4-癸内酯（4-decanolide）、癸-4-内酯、癸-1,4-内酯（decano-1,4-lactone）、二氢-5-已基-2(3*H*)-呋喃酮［dihydro-5-hexyl-2(3*H*)-furanone］、5-已基二氢-2(3*H*)-呋喃酮［5-hexyldihydro-2(3*H*)-furanone］，IUPAC 名 5-已基氧杂环戊-2-酮（5-hexyloxolan-2-one），CAS 号 706-14-9，FEMA 号 2360，RI_{np} 1467 或 1502，RI_{np} 1684 或 1690，RI_p 2125 或 2164，分子式 $C_{10}H_{18}O_2$，无色至淡黄色清亮油状液体，沸点 281℃，密度 0.953g/mL（20℃），折射率 1.447~1.451（20℃），lgP 2.720。

γ-癸内酯呈桃、椰子、水果、苹果、布拉斯李子（mirabelle plum）、杏、梨、罐头水果、草莓香、甜香。该化合物在水中嗅觉觉察阈值 1.1μg/L，识别阈值 2.6μg/L 或 5μg/L 或 1.1μg/kg 或 11μg/L，在 11%vol 模拟葡萄酒中嗅阈值 88μg/L，10% vol 酒精-水溶液中嗅阈值 10μg/L，14%vol 酒精-水溶液中嗅阈值 1mg/L，46%vol 酒精—水溶液中嗅阈值 10.87μg/L；葵花籽油中嗅阈值 320μg/kg；模型溶液（1.5g 柠檬酸和 10.5g 蔗糖溶解于 1L 自来水中）中嗅阈值 3.0μg/L，在无嗅苹果汁中嗅阈值为 25μg/L，在无嗅橘子汁中嗅阈值 20μg/L，在商业性橘子汁中嗅阈值 25μg/L；可可粉中嗅阈值 320μg/kg。

γ-癸内酯在模型溶液（1.5g 柠檬酸和 10.5g 蔗糖溶解于 1L 自来水中）中味阈值

4.0μg/L，在无嗅苹果汁中味阈值 20μg/L，在无嗅橘子汁中味阈值 15μg/L，在商业性橘子汁中味阈值 20μg/L；葵花籽油中味阈值 385μg/kg，黄油中味阈值 1000μg/kg。

γ-癸内酯存在于橘子、葡萄等水果、乳制品、法式薯片、番石榴酒、葡萄酒、威士忌（老熟的和未老熟的）、白酒中。

γ-癸内酯在红葡萄酒中含量为 5.83μg/L，新产红葡萄酒中含量为 1μg/L（0.67~2.9μg/L）；在白葡萄酒中含量为 6.8μg/L。

γ-癸内酯在未老熟麦芽威士忌中含量为 9~116μg/L，老熟麦芽威士忌中含量为 8~85μg/L。研究发现 γ-癸内酯、γ-十一内酯、γ-壬内酯和威士忌内酯共同赋予麦芽威士忌脂肪气味和甜香，它们与威士忌的描述性得分高度相关。

γ-癸内酯在清香型白酒中平均浓度为 1.99μg/L，酱香型中平均浓度为 4.48μg/L，浓香型白酒中平均浓度为 2.23μg/L。γ-癸内酯在玫瑰红葡萄酒中含量为 2.07~2.61μg/L；新产红葡萄酒中含量为 0.67~2.90μg/L，在老熟红葡萄酒中含量为 nd~1.5μg/L。

8. γ-十一内酯

γ-十一内酯（γ-undecalactone），俗称 4-十一内酯（4-undecanolide）、十一-4-内酯、桃醛（peach aldehyde）、十一-1,4-内酯（undecano-1,4-lactone）、C-14 醛（aldehyde C-14）、二氢-5-庚基-2(3*H*)-呋喃酮［dihydro-5-heptyl-2(3*H*)-furanone］、5-庚基二氢-2(3*H*)-呋喃酮［5-heptyldihydro-2(3*H*)-furanone］，IUPAC 名 5-庚基氧杂环戊-2-酮（5-heptyloxolan-2-one），CAS 号 104-67-6，FEMA 号 3091，RI_{np} 1537，RI_p 2270 或 2266，分子式 $C_{11}H_{20}O_2$，无色至浅黄色清亮油状液体，沸点 297℃，相对密度 0.941~0.947（25℃），折射率 1.449~1.454（20℃），lgP 2.961，能溶于苯甲醇、乙醇等有机溶剂，在水中溶解度 128.3mg/L（25℃），不溶于甘油。

γ-十一内酯呈杏子和桃子香，在水中嗅觉觉察阈值 2.1μg/L，识别阈值 4.2μg/L 或 60μg/L，在 10%vol 模拟葡萄酒中嗅阈值 60μg/L；水溶液中味阈值 25μg/L，黄油中味阈值 93μg/L。

γ-十一内酯存在于黄油、乳制品、葡萄酒中，在红葡萄酒中含量为 6.02μg/L；白葡萄酒中含量为 6.85μg/L。

9. γ-十二内酯

γ-十二内酯（γ-dodecalactone，γ-dodecanolide）(C 9-29)，俗称二氢-5-辛基-2(3*H*)-呋喃酮［dihydro-5-octyl-2(3*H*)-furanone］、十二-1，4-内酯（dodecano-1，4-lactone）、5-辛基二氢-2(3*H*)-呋喃酮［5-octyldihydro-2(3*H*)-furanone］，IUPAC 名 5-辛基氧杂环戊-2-酮（5-octyloxolan-2-one），CAS 号 2305-05-7，FEMA 号 2400，RI_{np} 1650 或 1684，RI_{mp} 1900 或 1916，RI_p 2327 或 2395，分子式 $C_{12}H_{22}O_2$，无色至淡黄色清亮液体，熔点 17~18℃，沸点 140~145℃（667Pa），相对密度 0.933~0.938（25℃），折射率 1.451~1.456（20℃），lgP 3.470，溶于乙醇，微溶于水（41.54mg/L，25℃）。

γ-十二内酯呈桃子香、椰子香、甜香，在水中嗅觉觉察阈值 0.43μg/L，识别阈值 2.0μg/L 或 7μg/L，在 46%vol 酒精-水溶液中嗅阈值 60.68μg/L。

γ-十二内酯存在于草莓酱、黄油、煎牛排、烤乳猪腿、葡萄酒、白酒、威士忌中，在红葡萄酒中含量为 5.19μg/L，在老熟红葡萄酒中含量为 4.6～17.7μg/L；白葡萄酒中含量为 6.29μg/L。

γ-十二内酯在清香型白酒中平均浓度为 1.29μg/L，酱香型中平均浓度为 3.52μg/L，浓香型白酒中平均浓度为 1.34μg/L；在未老熟麦芽威士忌中浓度为 15～123μg/L，老熟麦芽威士忌中含量为 11～92μg/L。

10. 橡木内酯

橡木内酯（oak lactone），也称威士忌内酯［whisk(e)y lactone］、4-羟基-3-甲基辛酸 γ-内酯（4-hydroxy-3-methyloctanoic acid γ-lacone），IUPAC 名 5-丁基-4-甲基四氢呋喃-2-酮（5-butyl-4-methyloxolan-2-one），CAS 号 39212-23-2，FEMA 号 3803，分子式 $C_9H_{16}O_2$，无色清亮液体，沸点 93～94℃（667Pa），密度 0.952g/mL（25℃），lgP 1.968。该化合物存在顺反异构体，但这些化合物没有 CAS 号；橡木内酯也是手性化合物。

顺-橡木内酯［*cis*-oak lactone，(*Z*)-oak lactone］(C 9-30)，俗称顺-威士忌内酯［(*Z*)-whiskylactone，*cis*-whiskylactone］、*cis*-3-甲基-4-辛内酯（*cis*-3-methyl-4-octanolide）、*cis*-β-甲基-γ-辛内酯（*cis*-β-methyl-γ-octalactone）、(3*S*,4*S*)-*cis*-橡木内酯，IUPAC 名顺-5-丁基二氢-4-甲基-2(3*H*)-呋喃酮［*cis*-5-butyldihydro-4-methyl-2(3*H*)-furanone］，(3*S*,4*S*)-*cis*-橡木内酯的 IUPAC 名（4*S*,5*S*)-5-丁基-4-甲基二氢-2(3*H*)-呋喃酮［(4*S*,5*S*)-5-butyl-4-methyldihydro-2(3*H*)-furanone］，CAS 号 39638-67-0，RI_{np} 1325 或 1328［(3*S*,4*S*)-型］，RI_{mp} 1522［(3*S*,4*S*)-型］，RI_p 1928 或 1985 或 1946［(3*S*,4*S*)-型］。

cis-橡木内酯呈辛香、椰子香、燃烧木头、香兰素香、黄油、木香（woody）；在 14%vol 酒精-水溶液中阈值为 35μg/L，在 30%vol（或 40%vol）酒精-水溶液中阈值 67μg/L。

顺-橡木内酯存在于威士忌、葡萄酒等饮料酒中，是威士忌、葡萄酒在经过橡木贮存后，从橡木中浸出的成分，是威士忌、葡萄酒经过橡木贮存的标志性成分。

cis-橡木内酯在玫瑰红葡萄酒中含量<10μg/L；红葡萄酒中平均含量为 5.86μg/L，新产红葡萄酒中含量为 nd～121μg/L，老熟红葡萄酒中含量为 202～589μg/L，丹菲特红葡萄酒中含量为 164μg/L；白葡萄酒中含量为 12.5μg/L，新产白葡萄酒中含量为 17～215μg/L；雪利酒中含量为 18.1μg/L；(3*S*,4*S*)-*cis*-橡木内酯在威士忌中含量为 2490～3880μg/L。

它的异构体是反-橡木内酯［*trans*-oak lactone，(*E*)-oak lactone］(C 9-31)，俗称反-威士忌内酯［(*E*)-whisky lactone，*trans*-whisky lactone］、*trans*-3-甲基-4-辛内酯（*trans*-3-methyl-4-octanolide）、*trans*-β-甲基-γ-辛内酯（*trans*-β-methyl-γ-octalactone）、(3*S*,4*R*)-*trans*-橡木内酯，IUPAC 名（4*S*,5*R*)-5-丁基-4-甲基二氢-2(3*H*)-呋喃酮［(4*S*,5*R*)-5-butyl-4-methyldihydro-2(3*H*)-furanone］，RI_{np} 1292 或 1332，RI_p 1970 或 1861。

trans-橡木内酯呈辛香、桃香、椰子香、花香、内酯香，在 30%vol 酒精-水溶液

（或40%vol）中嗅阈值790μg/L，葡萄酒中嗅阈值490μg/L。

trans-橡木内酯是葡萄酒、雪利酒、威士忌经橡木贮存后的产物。*trans*-橡木内酯在玫瑰红葡萄酒中含量<10μg/L；红葡萄酒中含量为5.86μg/L，新产红葡萄酒中含量为8.5μg/L（0~121μg/L）；白葡萄酒中含量为6.77μg/L；（3*S*,4*R*）-*trans*-橡木内酯在威士忌中的含量为337~364μg/L；在菲诺雪利酒中最初含量为0.22mg/L，福洛酵母膜形成后含量为0.22mg/L，老熟250d含量为0.04mg/L。

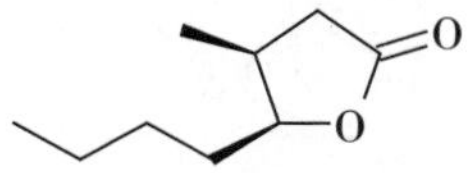

C 9-30　（3*S*,4*S*）-橡木内酯 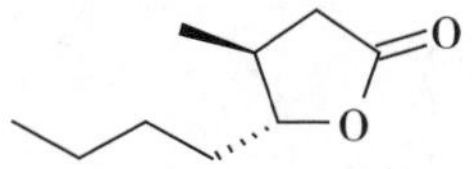　　C 9-31　（3*R*,4*S*）-橡木内酯

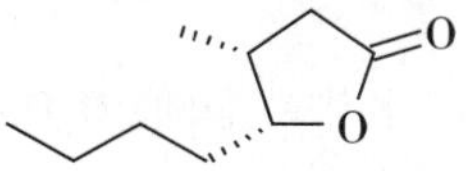

C 9-32　（3*R*,4*R*）-橡木内酯 　　C 9-33　（3*S*,4*R*）-橡木内酯

另外两种手性体分别是：(3*R*,4*R*)-橡木内酯（C 9-32），IUPAC名（4*R*,5*R*）-5-丁基-4-甲基二氢-2(3*H*)-呋喃酮［(4*R*,5*R*)-5-butyl-4-methyldihydro-2(3*H*)-furanone］，CAS号55013-32-6；(3*R*,4*S*)-橡木内酯（C 9-33），IUPAC名（4*R*,5*S*）-5-丁基-4-甲基二氢-2(3*H*)-呋喃酮［(4*R*,5*S*)-5-butyl-4-methyldihydro-2(3*H*)-furanone］。

威士忌中主要含有的内酯是（3*S*,4*S*）-*cis*-型和（3*S*,4*R*）-*trans*-型，这两种即(3*R*,4*R*)-型和（3*R*,4*S*)-型，在橡木浸出物中没有检测到。

橡木内酯主要来源于橡木，在葡萄酒贮存过程中，随着存在贮存时间的延长，酒中含量有上升的趋势。

trans-型橡木内酯在法国中烤橡木中含量为1.13μg/g，美国中烤橡木中0.57μg/g，中国中烤橡木中0.48μg/g；经过橡木桶贮存的果醋中*trans*-型含量为0~428μg/L或64~313μg/L；在朗姆酒中*trans*-型含量为0.37~19.70μg/L。

cis-型在法国中烤橡木中含量为1.01μg/g，美国中烤橡木中4.38μg/g，中国中烤橡木中4.12μg/g；*cis*-型在橡木桶贮存的果醋中含量为0~551μg/L或nd~1534μg/L；在朗姆酒中*cis*-型含量为0.41~318.00μg/L。

橡木内酯在葡萄果实、叶和根中以开环形式3-甲基-4-羟基辛酸（3-methyl-4-hydroxyoctanoic acid）与葡萄糖形成结合态的化合物。

七、苯并呋喃酮

苯并呋喃酮中最重要的是葡萄酒内酯（wine lactone）(C 9-34)，俗称2-(2-羟基-4-甲基-3-环己烯基）丙酸γ-内酯［2-(2-hydroxy-4-methyl-3-cyclohexenyl) propionic acid γ-lactone］、3a,4,5,7a-四氢-3,6-二甲基苯并呋喃-2(3*H*)-酮［3a,4,5,7a-tetrahydro-3,6-dimethylbenzofuran-2(3*H*)-one］，IUPAC名3,6-二甲基-3a,4,5,7a-四氢-

(3*H*)-1-苯并呋喃-2-酮 [3,6-dimethyl-3a,4,5,7a-tetrahydro-(3*H*)-1-benzofuran-2-one]，CAS 号 57743-63-2，FEMA 号 4140，RI_{np} 1455 或 1467，RI_{mp} 1687 或 1689，RI_p 2203 或 2223，分子式 $C_{10}H_{14}O_2$，无色至淡黄色清亮液体，熔点 13℃，沸点 285~286℃，相对密度 1.053~1.059 (25℃)，折射率 1.494~1.500 (20℃)，lgP 1.634。

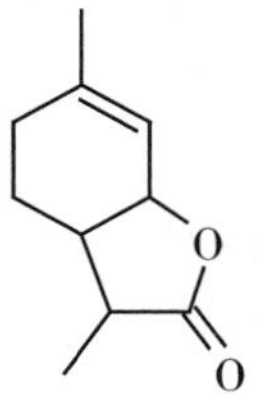

C 9-34 葡萄酒内酯 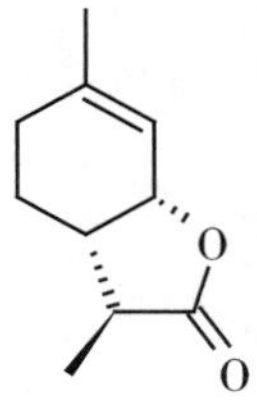　C 9-35 (3*S*,3*aS*,7*aR*)-3a,4,5,7a-四氢-3,6-二甲基苯并呋喃-2(3*H*)-酮

葡萄酒内酯呈甜香、辛香、椰子、水果香，在水中嗅阈值 0.008μg/L，在 10%vol 酒精-水溶液中嗅阈值 0.01μg/L；在水中味阈值 0.008μg/L。

葡萄酒内酯共有 8 个空间异构体，各异构体的空气中嗅阈值见表 9-2。而只有 (3*S*,3*aS*,7*aR*)-3a,4,5,7a-四氢-3,6-二甲基苯并呋喃-2(3*H*)-酮 (CAS 号 182699-77-0)(C 9-35) 具有极低的阈值，且在葡萄酒中检测到，是白葡萄酒的关键风味化合物。该化合物呈椰子香、木香和甜香，在空气中嗅阈值 0.02 pg/L，10%vol 酒精-水溶液中嗅阈值 0.01μg/L；水中味阈值 8ng/L。

表 9-2　葡萄酒内酯非对映异构体的阈值

序号	立体异构体构造	空气中阈值/(ng/L)
1	(3*S*,3a*S*,7a*S*)	0.007~0.014
2	(3*R*,3a*R*,7a*R*)	14~28
3	(3*R*,3a*R*,7a*S*)	> 1000
4	(3*R*,3a*S*,7a*S*)	8~16
5	(3*S*,3a*R*,7a*R*)	0.05~0.2
6	(3*S*,3a*S*,7a*R*)	0.00001~0.00004
7	(3*S*,3a*R*,7a*S*)	80~160
8	(3*R*,3a*S*,7a*R*)	>1000

葡萄酒内酯最早发现于考拉熊 (koala bears) 的尿中，但并未关注其风味。后由德国人 Guth 采用 GC-O 技术首次在葡萄酒中鉴定出来。该化合物还存在于橙汁、葡萄柚、黑胡椒、罗勒叶 (basil leaves) 中。

葡萄酒内酯在白葡萄酒中含量约 0.1μg/L，在新产白葡萄酒中含量为 0.1μg/L；红葡萄酒中含量为 0.01~0.09μg/L，老熟红葡萄酒中含量<0.01~0.09μg/L。

葡萄酒内酯在葡萄酒发酵过程中仅有轻微的增加，从 0.03μg/L 增加到 0.06μg/L；在优质不锈钢罐中贮存 4 个月后，含量增加 3 倍，从 0.06μg/L 增加到 0.19μg/L。这表明该化合物的产生主要是一个化学变化，而不是生物化学变化。研究发现，葡萄酒内酯来源于弱酸条件下睡菜根酸的水解。

第二节　吡喃类化合物

吡喃属于氧杂六环类化合物。

一、吡喃酮类

麦芽酚（maltol）(C 9-36)，属于吡喃-4-酮类，俗称麦芽糖醇、2-甲基-3-羟基吡喃酮（2-methyl-3-hydroxypyrone）、3-羟基-2-甲基-(4*H*)-吡喃-4-酮［3-hydroxy-2-methyl-(4*H*)-pyran-4-one］，IUPAC 名 3-羟基-2-甲基吡喃-4-酮（3-hydroxy-2-methylpyran-4-one），CAS 号 118-71-8，FEMA 号 2656，RI_{np} 1088 或 1139，RI_p 1938 或 2012，分子式 $C_6H_6O_3$，白色晶体或粉末，熔点 161～162℃，沸点 284.7℃，但 93℃ 升华，密度 1.046g/mL（25℃），lgP 0.090，微溶于水［溶解度 12g/L（25℃）］、丙二醇和丙三醇中，溶于乙醇，甲醇中溶解度 50mg/mL。

麦芽酚呈甜香、焦糖香。麦芽酚具有比较高的阈值，在水中嗅阈值 9mg/L 或 35mg/L 或 210μg/L，在模拟葡萄酒（10%vol 酒精-水溶液，7g/L 甘油，pH3.2）中嗅阈值 5mg/L，在乙醇水溶液中嗅阈值 5mg/L。

麦芽酚发现于落叶松树的树皮、松树针和烤麦芽糖中，并因此而得名；存在于草莓、大麦、榛子、花生、面包/面包屑、可可、饼干（5～15mg/kg）、巧克力（3.3mg/kg）、加热黄油（5～15mg/kg）、咖啡（20～45mg/kg）、橡木、水煮蛤、凝乳酪蛋白、甜乳清粉中。在啤酒中也已经发现，含量约 0～3.4mg/kg，意大利香醋中含量为 446～791μg/L。

研究发现，麦芽酚是葡萄酒橡木桶烘烤后的主要香气之一，在法国中烤橡木中含量 6.85μg/g，美国中烤橡木 3.06μg/g，中国中烤橡木 5.85μg/g。

麦芽酚最初是作为香味增强剂在使用，可以增加食品的甜味，特别是糖类产生的甜味，同时，可以掩盖酒花和可乐的苦味。麦芽酚现在已经被用于水果和焙烤食品的配方设计中，如草莓、菠萝、焦糖、红糖、面包和奶油糖果。

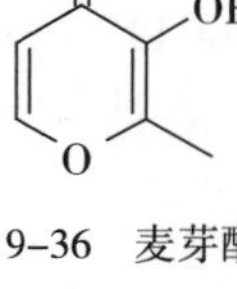

C 9-36　麦芽酚 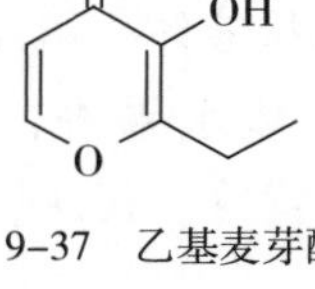　　C 9-37　乙基麦芽酚 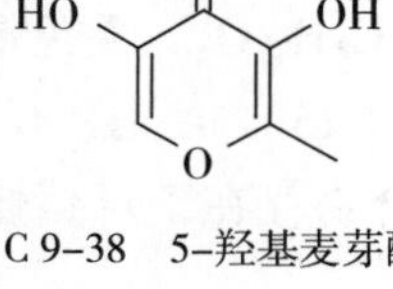　　C 9-38　5-羟基麦芽酚

乙基麦芽酚（ethyl maltol）(C 9-37)，俗称乙基麦芽糖醇、3-羟基-2-乙基-(4*H*)-吡喃-4-酮［3-hydroxy-2-ethyl-(4*H*)-pyran-4-one］，IUPAC 名 2-乙基-3-

羟基吡喃-4-酮（2-ethyl-3-hydroxypyran-4-one），CAS 号 4940-11-8，FEMA 号 3487，RI_{np} 1193，分子式 C_7H_8O。该化合物为白色晶体或粉末，熔点 89~93℃，沸点 289~290℃，lgP 0.630，微溶于水，溶于乙醇等有机溶剂中；呈甜香、焦糖香。

乙基麦芽酚是一个人工合成的产物，但它的香气比麦芽酚更加强烈（4~6 倍），但后来在咖啡中检测到。

5-羟基麦芽酚（5-hydroxymaltol）（C 9-38），俗称羟基麦芽酚、3,5-二羟基-2-甲基-4*H*-吡喃-4-酮［3,5-dihydroxy-2-methyl-4*H*-pyran-4-one］，IUPAC 名 3,5-二羟基-2-甲基吡喃-4-酮（3,5-dihydroxy-2-methylpyran-4-one），CAS 号 1073-96-7，RI_p 2238 或 2292，分子式 $C_6H_6O_4$。沸点 346~347℃，lgP 0.123，能溶于醇，水中溶解度 5507mg/L（25℃），呈吐司、焦糖香，存在于甜型强化葡萄酒、橡木、经橡木贮存的醋、水煮蛤中。

二、 δ-内酯

δ-内酯与 γ-内酯有着相似的香气。

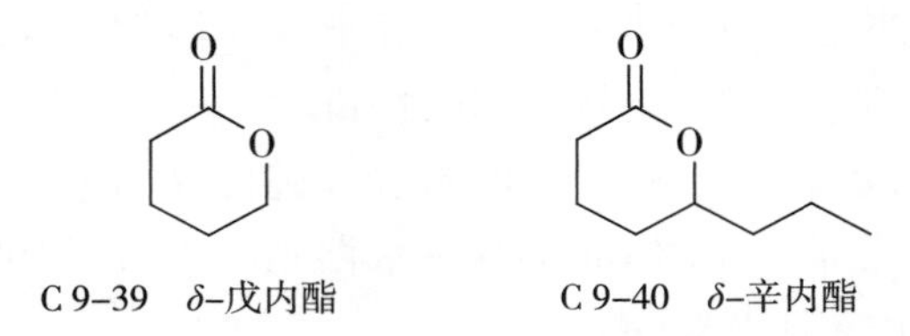

C 9-39 δ-戊内酯　　C 9-40 δ-辛内酯

1. δ-戊内酯

δ-戊内酯（δ-pentalactone，δ-valerolactone）（C 9-39），俗称 5-戊内酯（5-pentanolide，5-valerolactone）、5-羟基戊烯酸 δ-内酯（5-hydroxypentenoic acid δ-lactone），IUPAC 名四氢-2*H*-吡喃-2-酮（tetrahydro-2*H*-pyran-2-one），CAS 号 542-28-9，FEMA 号 3103，分子式 $C_5H_8O_2$，清亮无色至淡黄色液体，熔点 -13℃，沸点 230℃，密度 1.105g/mL（20℃），折射率 1.451~1.457（20℃），lgP -0.350，微溶于水；存在于果醋中；在玫瑰红葡萄酒中含量为 36.2~42.5μg/L。

2. δ-己内酯

δ-己内酯（δ-hexalactone），俗称 5-己内酯（5-hexanolide）、己-5-内酯（hexan-5-olide）、己-1,5-内酯（hexano-1,5-lactone），IUPAC 名 6-甲基氧杂环己烷-2-酮（6-methyloxan-2-one），CAS 号 823-22-3，FEMA 号 3167，RI_{np} 1042 或 1046，RI_p 1741 或 1800，分子式 $C_6H_{10}O_2$，无色清亮油状液体，熔点 31℃，沸点 110~112℃（2.0kPa），相对密度 1.037（25℃），lgP 0.431，呈水果香，在 10%vol 酒精-水溶液中嗅阈值 359mg/L。该化合物存在于草莓酱、龟背竹、黄油、雪利酒中。

3. δ-辛内酯

δ-辛内酯（δ-octalactone）（C 9-40），俗称 5-辛内酯（5-octanolide）、辛-1,5-内酯（octano-1,5-lactone）、6-丙基四氢-2*H*-吡喃-2-酮（6-propyltetrahydro-2*H*-pyran-2-

one)，IUPAC 名 6-丙基氧杂环己烷-2-酮（6-propyloxan-2-one），CAS 号 698-76-0，FEMA 号 3214，RI_{np} 1276 或 1289，RI_{Wax} 1988 或 RI_p 1953，分子式 $C_8H_{14}O_2$，无色至淡黄色清亮液体，熔点-14℃，沸点 238℃，密度 1.002g/mL（20℃），折射率 1.452～1.458（20℃），lgP 1.450。

δ-辛内酯呈椰子香、青香、果酱香、甜香、乳制品香气，在水中嗅觉觉察阈值 200μg/L，识别阈值 420μg/L 或 400μg/L 或 100μg/kg，可可粉中嗅阈值 2490μg/kg；在水溶液中味阈值 570μg/L，在黄油中味阈值 3mg/L。

δ-辛内酯已经在芒果、树莓等水果、可可粉、黄油、牛乳、牛肉与猪肉菜汁、葡萄酒中发现。

4. δ-壬内酯

δ-壬内酯（δ-nonalactone），俗称 5-壬内酯（5-nonanolide）、壬-5-内酯、壬-1,5-内酯（nonano-1,5-lactone），IUPAC 名 6-丁基氧杂环己烷-2-酮（6-butyloxan-2-one），CAS 号 3301-94-8，FEMA 号 3356，RI_{np} 1354 或 1398，RI_{mp} 1612，RI_p 2040 或 2102，分子式 $C_9H_{16}O_2$，无色至淡黄色清亮油状液体，沸点 250℃，相对密度 0.994～0.999（25℃），折射率 1.452～1.458（20℃），lgP 1.959，呈桃香、椰子香，存在于草莓酱、黄油、牛乳、威士忌中。

5. δ-癸内酯

δ-癸内酯（δ-decalactone），俗称 5-癸内酯（5-decanolide）、癸-1,5-内酯（decano-1,5-lactone）、5-羟基癸酸-δ-内酯（5-hydroxydecanoic acid δ-lactone），IUPAC 名 6-戊基氧杂环己烷-2-酮（6-pentyloxan-2-one），CAS 号 705-86-2，FEMA 号 2361，RI_{np} 1440 或 1494，RI_{mp} 1728，RI_p 2260 或 2207，分子式 $C_{10}H_{18}O_2$，清亮无色至浅黄色油状液体，熔点-27℃，沸点 281℃或 117～120℃（2.7Pa），密度 0.954g/mL（25℃），lgP 2.469。

δ-癸内酯呈桃香、油臭、椰子香、甜香，在水中嗅觉觉察阈值 31μg/L，识别阈值 51μg/L 或 100μg/L 或 160μg/L 或 30μg/L，模拟葡萄酒（11%vol 酒精-水溶液，含 7g/L 甘油，5g/L 酒石酸，pH3.4）中嗅阈值 386μg/L，可可粉中嗅阈值 400μg/kg；在水溶液中味阈值 160μg/L，在黄油中味阈值 1.4mg/L。

δ-癸内酯存在于荔枝、芒果、凝乳酪蛋白、干酪、可可粉、葡萄酒中；在红葡萄酒中含量为 8.21μg/L，在新产红葡萄酒中含量为 12.7μg/L（7.9～19.7μg/L）；白葡萄酒中含量为 1.38μg/L。

6. δ-十一内酯

δ-十一内酯（δ-undecalactone），俗称 5-十一内酯（5-undecanolide）、十一-5-内酯、十一-1,5-内酯（undecano-1,5-lactone），IUPAC 名 6-己基氧杂环己烷-2-酮（6-hexyloxan-2-one），CAS 号 710-04-3，FEMA 号 3294，RI_{np} 1539 或 1606，RI_{mp} 1837，RI_p 2270 或 2336，分子式 $C_{11}H_{20}O_2$，无色至淡黄色清亮液体，沸点 152～155℃（1.4kPa），相对密度 0.956～0.961（25℃），折射率 1.457～1.461（20℃），lgP 2.978，呈桃香、杏子香，在水溶液中嗅阈值 150μg/L。该化合物存在于龟背竹、欧洲薄荷、葡萄酒中。

第三节 含氧杂环化合物形成机理

众多杂环化合物的产生与美拉德反应有关。

一、 焦煳气味化合物形成机理

上面已经讲到糖的热降解会产生一些香味物质，这些物质有焦糖香、焦煳味和枫木香（maple）等。在这些化合物的结构式中均有一个甲基烯醇式-酮式（enolone）基团。这些最重要的香气成分是：呋喃扭尔、甲基环戊烯醇酮、麦芽酚、异麦芽酚、去甲基呋喃扭尔和枫叶内酯。

麦芽酚来源于己糖还原糖的加热反应。在阿马多利化合物的转化反应中，主要产物是5-羟基二氢麦芽酚（5-hydroxydihydromaltol），该化合物脱水生成麦芽酚（图9-2）。在模型系统中，5-羟基二氢麦芽酚优先脱水形成异麦芽酚。在类似的反应中，来源于戊糖的还原酮糖在加热时形成去甲基呋喃扭尔。该化合物也能由发酵过程中从葡萄糖生成的5-酮-葡萄糖酸（5-keto-gluconic acid）加热产生（图9-3）。异麦芽酚由来源于己糖的脱氢还原酮糖加热产生（图9-4）。呋喃扭尔来源于脱氧糖——鼠李糖的还原酮的加热反应（图9-5）。

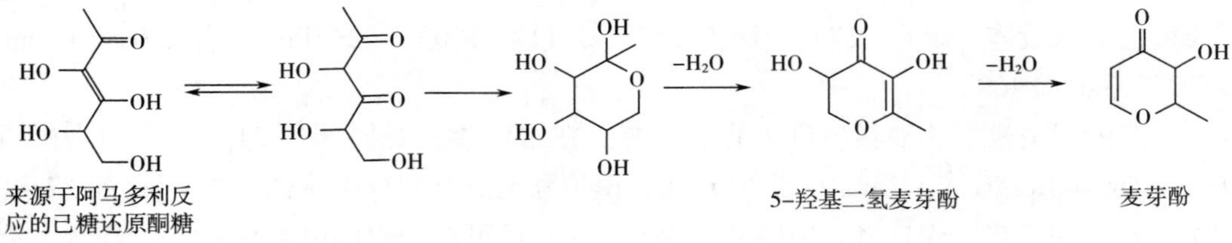

来源于阿马多利反应的己糖还原酮糖　$-H_2O$　5-羟基二氢麦芽酚　$-H_2O$　麦芽酚

图9-2 麦芽酚的形成

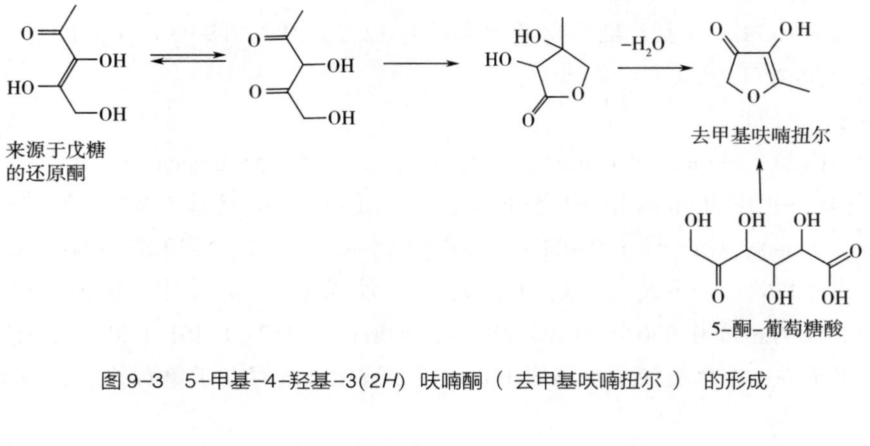

来源于戊糖的还原酮　$-H_2O$　去甲基呋喃扭尔　5-酮-葡萄糖酸

图9-3 5-甲基-4-羟基-3(2*H*) 呋喃酮（去甲基呋喃扭尔）的形成

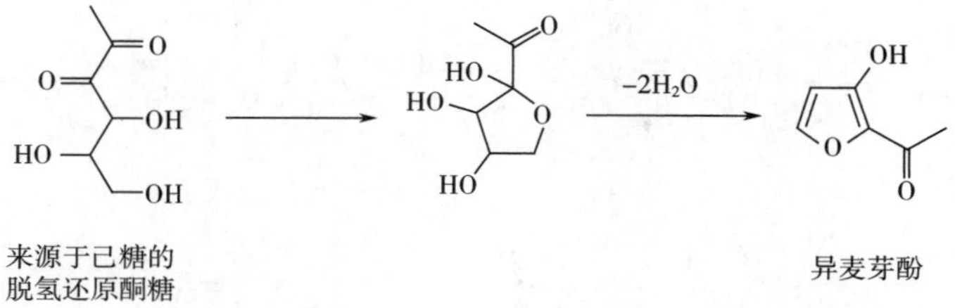

图 9-4　异麦芽酚的形成

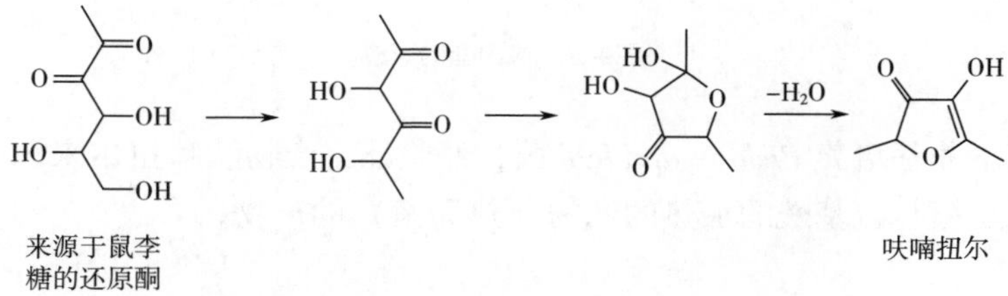

图 9-5　2,5-二甲基-4-羟基-3(2*H*)-呋喃酮（呋喃扭尔）的形成

甲基环戊烯醇酮的形成可能与糖的热降解没有什么关联，它形成的起始物是羟基乙酰酮，该化合物可能来源于糖的降解也可能来源于甘油的脱氢反应。一分子的羰基乙酰酮先经过酮式-烯醇式转换，然后与另一个羟基乙酰酮进行丁间醇醛缩合反应。在脱去一分子水后，再经过内部的丁间醇醛缩合、脱水生成甲基环戊烯醇酮（图 9-6）。

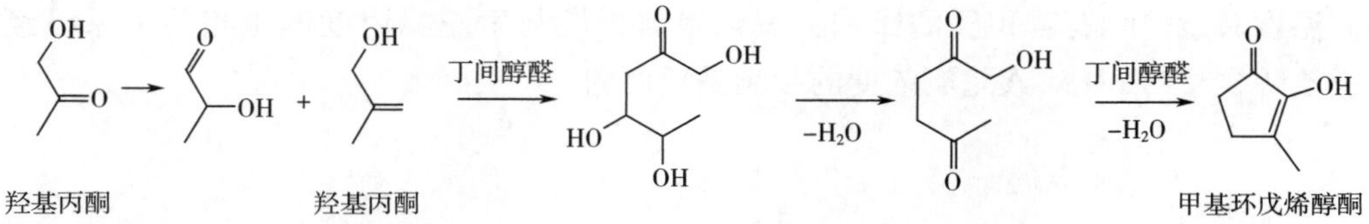

图 9-6　甲基环戊烯醇酮的形成

二甲基枫内酯（dimethyl maple lactone）的形成机理包括 α-酮基丁酸（α-ketobutyric acid）和丙酮酸（pyruvic acid）缩合反应。α-酮基丁酸可能来源于苏氨酸（threonine），而丙酮酸是生物代谢的中间体，当然也可以同糖或由氨基酸加热生成。形成的内酯再经脱羰基化作用而生成枫内酯。甲基乙基枫内酯（4-甲基-5-乙基-3-羟基-5*H*-呋喃-2-酮）产生于类似的反应，但开始的反应物是二分子的 α-酮基丁酸（图 9-7）。

二、呋喃扭尔产生的生物学途径

HDMF 除了由美拉德非酶褐变反应产生外（见图 9-5），在水果中是由酶促反应完成的，而在发酵过程中，主要是由乳酸菌（如 *Lactococcus lactis* subsp，*cremoris* IFO 3427）和酵母菌（如 *Zygosaccharomyces rouxii*）产生的。1997 年，Roscher 等应用含 ^{13}CL-鼠李

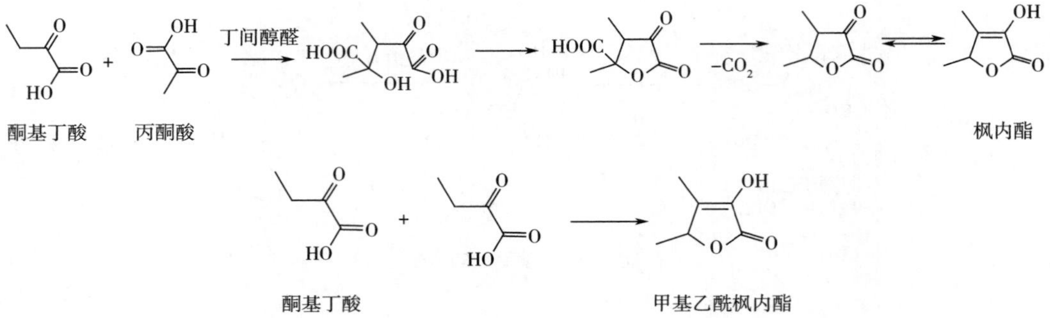

图 9-7　枫内酯的形成

糖的酪蛋白胨培养基培养 *Pichia capsulate* 菌，经验证，产物呋喃扭尔来源于微生物的发酵，而不是鼠李糖与氨基酸的加热的产物（热灭菌）的产物。

三、 索陀酮形成机理

在葡萄酒中，索陀酮（sotolon）的形成机理如图 9-8。苏氨酸（threonine）是索陀酮的前体物。该氨基酸通过脱氨基作用，被酶法（脱氨基酶，deaminase）转化成 α-酮基丁酸（α-ketobutyric acid），接下来的反应不是酶法反应，而是一种化学反应。在 α-酮基丁酸与乙醛之间，发生丁间醇醛缩合（aldol condensation），并环化（cyclization）、失水。在葡萄酒的老熟过程中，温度、乙醇含量和 pH 对索陀酮的形成有着显著的影响。温度对索陀酮有着积极的影响，氧化暴露程度与索陀酮浓度的正相关关系已经确定；乙醇含量与 pH 对索陀酮浓度的影响是负面的。

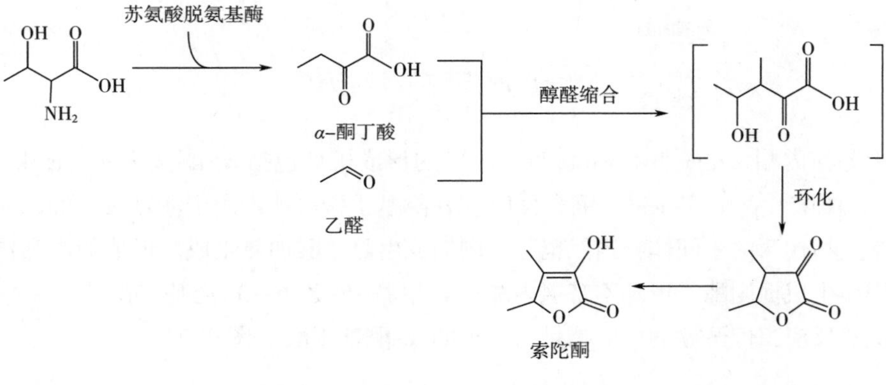

图 9-8　葡萄酒中索陀酮的形成机理

另外一种形成途径发现于葫芦巴中（如图 9-9）。其前体物为 4-羟基异亮氨酸（4-hydroxyisoleucine），一种不常见的氨基酸。该氨基酸在葫芦巴中具有较高浓度。4-羟基异亮氨酸环化并与 α-二酮（α-diketone）反应，形成席夫碱。再经斯托雷克降解，脱氨，最后形成索陀酮。虽然这一反应需要加热催化，但在常温下反应也能发生。

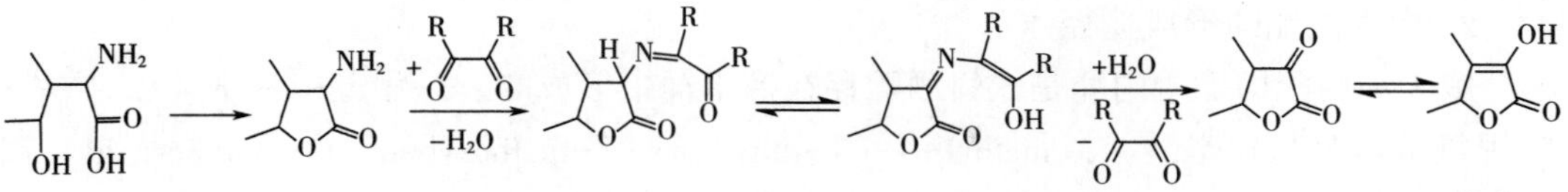

图 9-9　葫芦巴中索陀酮形成机理

生物合成索陀酮来源于4-羟基异亮氨酸。在反应中，来源于葫芦巴种子的4-羟基异亮氨酸通过氧化脱氨，被转化为相应的2-酮-3-甲基-4-羟基戊酸（2-keto-3-methyl-4-hydroxy-valeric acid）。细菌 *Morganella morganii* 能完成这一生物转化步骤（L-氨基酸的氧化）。

四、　内酯类化合物的形成机理

1. γ-和 δ-内酯的生物学途径

内酯类化合物可以由酵母 *Sporobolomyces odorus* 生物合成。氘同位素标记表明，前体物油酸与亚油酸是位置与立体专业性被氧化成羟基酸，再通过 β-氧化缩短碳链，最后环化形成内酯。

另外一些研究发现，威士忌发酵时，醪中的乳酸菌利用不饱和脂肪酸产生羟基酸，蒸馏酒酵母（distiller's yeast）将羟基酸转化为相应的 γ-内酯。

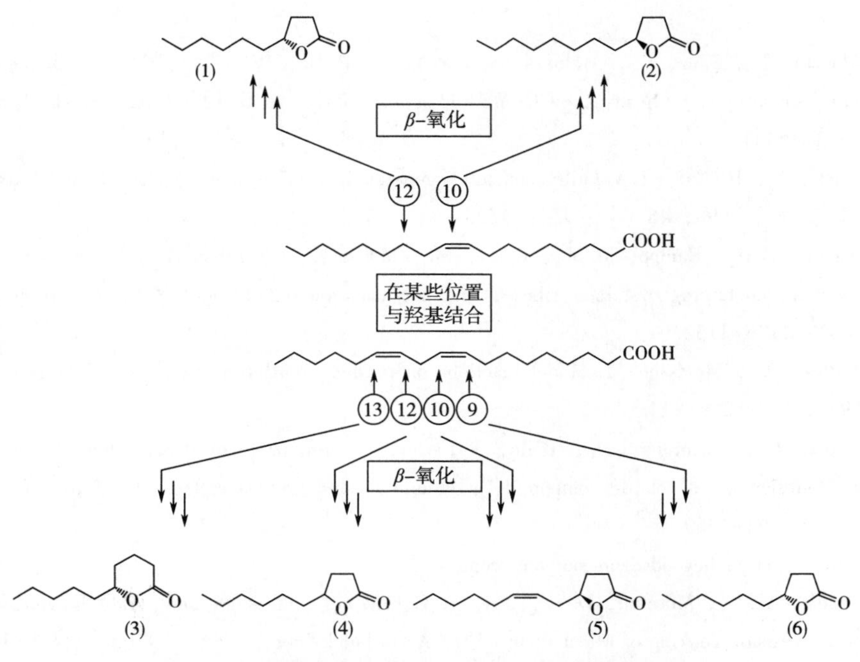

图 9-10　由油酸与亚油酸合成 γ-和 δ-内酯的生物学途径

（1）（*R*）-γ-癸内酯　（2）（*S*）-δ-十二烷内酯　（3）（*R*）-δ-癸内酯　（4）γ-癸内酯
（5）（*R*）-（*Z*）-6-γ-十二烯内酯　（6）（*R*）-γ-癸内酯

2. 橡木内酯的形成途径

威士忌内酯即橡木内酯是饮料酒贮存在橡木桶中形成的。3-甲基-4-(3,4-二羟基-5-甲氧基苯氧基)辛酸［3-methyl-4-(4-dihydroxy-5-methoxybenzo) octanoic acid］被从橡木中浸出，然后脱去苯甲酸残基，再环化形成内酯。

复习思考题

1. 请画出以下化合物的结构式。

糠醛、呋喃扭尔、葡萄酒内酯、橡木内酯、γ-内酯和δ-内酯、麦芽酚、5-羟基麦芽酚。

2. 简述糠醛的风味特征以及其在白酒中的分布及其产生机理。
3. 简述呋喃扭尔的风味特征以及在葡萄酒中的分布。
4. 简述呋喃扭尔的产生途径。
5. 简述葡萄酒内酯的风味特征以及在葡萄酒中的分布。
6. 简述麦芽酚的风味特征以及在饮料酒中的分布。
7. 简述橡木内酯的风味特征以及在饮料酒的形成机理。
8. 论述焦煳气味化合物形成机理。

参考文献

［1］Maeztu，L.，Sanz，C.，Andueza，S.，Peña，M. P. D.，Bello，J.，Cid，C. Characterization of Espresso coffee aroma by static headspace GC-MS and sensory flavor profile［J］. J. Agri. Food. Chem.，2001，49（11）：5437-5444.

［2］Chen，J.，Ho，C.-T. Volatile compounds generated in serine-monosaccharide model systems［J］. J. Agri. Food. Chem.，1998，46（4）：1518-1522.

［3］Elmore，J. S.，Campo，M. M.，Enser，M.，Mottram，D. S. Effect of lipid composition on meat-like model systems containing cysteine，ribose，and polyunsaturated fatty acids［J］. J. Agri. Food. Chem.，2002，50（5）：1126-1132.

［4］Baltes，W.，Mevissen，L. Model reactions on roasted aroma formation［J］. Z. Lebensm. Unters. Forsch.，1988，187：209-214.

［5］Sanz，C.，Ansorena，D.，Bello，J.，Cid，C. Optimizing headspace temperature and time sampling for identification of volatile compounds in ground roasted arabica coffee［J］. J. Agri. Food. Chem.，2001，49（3）：1364-1369.

［6］http：//www. thegoodscentscompany. com/.

［7］Bredie，W. L.，Mottram，D. S.，Guy，R. C. Effect of temperature and pH on the generation of flavor volatiles in extrusion cooking of wheat flour［J］. J Agric Food Chem，2002，50（5）：1118-1125.

［8］Elmore，J. S.，Mottram，D. S.，Enser，M.，Wood，J. D. Effect of the polyunsaturated fatty acid composition of beef muscle on the profile of aroma volatiles［J］. J. Agri. Food. Chem.，1999，47（4）：1619-1625.

[9] Cha, Y. J., Kim, H., Cadwallader, K. R. Aroma – active compounds in Kimchi during fermentation [J]. J. Agri. Food. Chem., 1998, 46 (5): 1944–1953.

[10] Jordán, M. J., Margaria, C. A., Shaw, P. E., Goodner, K. L. Aroma active components in aqueous kiwi fruit essence and kiwi fruit puree by GC – MS and multidimensional GC/GC – O [J]. J. Agri. Food. Chem., 2002, 50 (19): 5386–5390.

[11] Alasalvar, C., Shahidi, F., Cadwallader, K. R. Comparison of natural and roasted turkish tombul hazelnut (*Corylus avellana* L.) volatiles and flavor by DHA/GC/MS and descriptive sensory analysis [J]. J. Agri. Food. Chem., 2003, 51 (17): 5067–5072.

[12] Nebesny, E., Budryn, G., Kula, J., Majda, T. The effect of roasting method on headspace composition of robusta coffee bean aroma [J]. Eur. Food Res. Technol., 2007, 225: 9–19.

[13] Timón, M. L., Carrapiso, A. I., Jurado, Á., van de Lagenmaat, J. A study of the aroma of fried bacon and fried pork loin [J]. J. Sci. Food Agric., 2004, 84: 825–831.

[14] Chung, H. Y., Ma, W. C. J., Kim, J. –S., Chen, F. Odor–active headspace components in fermented red rice in the presence of a *Monascus* species [J]. J. Agri. Food. Chem., 2004, 52 (21): 6557–6563.

[15] Ruth, J. H. Odor thresholds and irritation levels of several chemical substances: a review [J]. AIHA J., 1986, 47 (3): A142–151.

[16] Jirovetz, L., Smith, D., Buchbauer, G. Aroma compound analysis of *Eruca sativa* (*Brassicaceae*) SPME headspace leaf samples using GC, GC – MS, and olfactometry [J]. J. Agri. Food. Chem., 2002, 50: 4643–4646.

[17] Fu, S. –G., Yoon, Y., Bazemore, R. Aroma – active components in fermented bamboo shoots [J]. J. Agri. Food. Chem., 2002, 50 (3): 549–554.

[18] Rychlik, M., Schieberle, P., Grosch, W. Compilation of odor thresholds, odor qualities and retention indices of key food odorants [M]. Garching: Deutsche Forschungsanstalt für Lebensmittelchemie and Institut für Lebensmittelchemie der Technischen Universität München, 1998.

[19] Belitz, H. –D., Grosch, W., Schieberle, P. Food Chemistry [M]. Verlag Berlin Heidelberg: Springer, 2009.

[20] Xie, J., Sun, B., Zheng, F., Wang, S. Volatile flavor constituents in roasted pork of mini – pig [J]. Food Chem., 2008, 109 (3): 506–514.

[21] Buttery, R. G., Seifert, R. M., Guadagni, D. G., Ling, L. C. Characterization of some volatile constituents of bell peppers [J]. J. Agri. Food. Chem., 1969, 17: 1322–1327.

[22] http: //www. leffingwell. com/odorthre. htm.

[23] Buttery, R. G., Seifert, R. M., Guadagni, D. G., Ling, L. C. Characterization of additional volatile components of tomato [J]. J. Agri. Food. Chem., 1971, 19 (3): 524–529.

[24] Rowe, D. J. Chemistry and Technology of Flavors and Fragrances [M]. Oxford, UK, Blackwell Publishing Ltd., 2005.

[25] Risticevic, S., Carasek, E., Pawliszyn, J. Headspace solid–phase microextraction–gas chromatographic–time – of – flight mass spectrometric methodology for geographical origin verification of coffee [J]. Anal. Chim. Acta, 2008, 617: 72–84.

[26] de Simón, B. F., Muiño, I., Cadahía, E. Characterization of volatile constituents in commercial oak wood chips [J]. J. Agri. Food. Chem., 2010, 58: 9587–9596.

[27] 周双，徐岩，范文来，李记明，于英，姜文广，李兰晓．应用液液萃取分析中度烘烤橡木

片中挥发性化合物［J］. 食品与发酵工业，2012，38（9）：125-131.

［28］Cutzach，I.，Chatonnet，P.，Dubourdieu，D. Study of the formation mechanisms of some volatile compounds during the aging of sweet fortified wines［J］. J. Agri. Food. Chem.，1999，47（7）：2837-2846.

［29］Aaslyng，M. D.，Elmore，J. S.，Mottram，D. S. Comparison of the aroma characteristics of acid-hydrolyzed and enzyme-hydrolyzed vegetable proteins produced from soy［J］. J. Agri. Food. Chem.，1998，46（12）：5225-5231.

［30］Ledauphin，J.，Saint - Clair，J. - F.，Lablanquie，O.，Guichard，H.，Founier，N.，Guichard，E.，Barillier，D. Identification of trace volatile compounds in freshly distilled Calvados and Cognac using preparative separations coupled with gas chromatography-mass spectrometry［J］. J. Agri. Food. Chem.，2004，52：5124-5134.

［31］Lee，S. -J.，Noble，A. C. Characterization of odor-active compounds in Californian Chardonnay wines using GC-olfactometry and GC-mass spectrometry［J］. J. Agri. Food. Chem.，2003，51：8036-8044.

［32］范文来，徐岩. 白酒 79 个风味化合物嗅觉阈值测定［J］. 酿酒，2011，38（4）：80-84.

［33］Saison，D.，Schutter，D. P. D.，Uyttenhove，B.，Delvaux，F.，Delvaux，F. R. Contribution of staling compounds to the aged flavour of lager beer by studying their flavour thresholds［J］. Food Chem.，2009，114（4）：1206-1215.

［34］Leffingwell，J. C. Odor & flavor detection thresholds in water［Online］，2003. http：//www. leffingwell. com/odorthre. htm.

［35］Vanderhaegen，B.，Neven，H.，Coghe，S.，Verstrepen，K. J.，Verachtert，H.，Derdelinckx，G. Evolution of chemical and sensory properties during aging of top-fermented beer［J］. J. Agri. Food. Chem.，2003，51（23）：6782-6790.

［36］Fan，W.，Qian，M. C. Characterization of aroma compounds of Chinese "Wuliangye" and "Jiannanchun" liquors by aroma extraction dilution analysis［J］. J. Agri. Food. Chem.，2006，54（7）：2695-2704.

［37］Saison，D.，Schutter，D. P. D.，Delvaux，F.，Delvaux，F. R. Determination of carbonyl compounds in beer by derivatisation and headspace solid-phase microextraction in combination with gas chromatography and mass spectrometry［J］. J. Chromatogr. A，2009，1216：5061-5068.

［38］Fan，W.，Xu，Y.，Han，Y. Quantification of volatile compounds in Chinese ciders by stir bar sorptive extraction（SBSE）and gas chromatography-mass spectrometry（GC-MS）［J］. J. Inst. Brew.，2011，117（1）：61-66.

［39］Fan，W.，Shen，H.，Xu，Y. Quantification of volatile compounds in Chinese soy sauce aroma type liquor by stir bar sorptive extraction（SBSE）and gas chromatography-mass spectrometry（GC-MS）［J］. J. Sci. Food Agric.，2011，91（7）：1187-1198.

［40］Oh，Y. -C.，Hartman，T. G.，Ho，C. -T. Volatile compounds generated from the Maillard reaction of Pro-Gly，Gly-Pro，and a mixture of glycine and proline with glucose［J］. J. Agri. Food. Chem.，1992，40：1878-1880.

［41］Wang，X.，Fan，W.，Xu，Y. Comparison on aroma compounds in Chinese soy sauce and strong aroma type liquors by gas chromatography-olfactometry，chemical quantitative and odor activity values analysis［J］. Eur. Food Res. Technol.，2014，239（5）：813-825.

［42］Fan，W.，Xu，Y.，Qian，M. C. Identification of aroma compounds in Chinese "Moutai" and "Langjiu" liquors by normal phase liquid chromatography fractionation followed by gas chromatography/olfactometry［M］. In Flavor Chemistry of Wine and Other Alcoholic Beverages，Qian，M. C.；Shellhammer，

T. H., Eds. American Chemical Society, 2012: 303-338.

[43] Gao, W., Fan, W., Xu, Y. Characterization of the key odorants in light aroma type Chinese liquor by gas chromatography - olfactometry, quantitative measurements, aroma recombination, and omission studies [J]. J. Agri. Food. Chem., 2014, 62 (25): 5796-5804.

[44] Miyazawa, M., Kawata, J. Identification of the key aroma compounds in dried roots of *Rubia cordifolia* [J]. J. Oleo Sci., 2006, 55: 37-39.

[45] Ledauphin, J., Guichard, H., Saint-Clair, J.-F., Picoche, B., Barillier, D. Chemical and sensorial aroma characterization of freshly distilled Calvados. 2. Identification of volatile compounds and key odorants [J]. J. Agri. Food. Chem., 2003, 51 (2): 433-442.

[46] Loscos, N., Hernandez-Orte, P., Cacho, J., Ferreira, V. Release and formation of varietal aroma compounds during alcoholic fermentation from nonfloral grape odorless flavor precursors fractions [J]. J. Agri. Food. Chem., 2007, 55 (16): 6674-6684.

[47] Wang, J., Gambetta, J. M., Jeffery, D. W. Comprehensive study of volatile compounds in two Australian rosé wines: Aroma extract dilution analysis (AEDA) of extracts prepared using solvent-assisted flavor evaporation (SAFE) or headspace solid-phase extraction (HS-SPE) [J]. J. Agri. Food. Chem., 2016, 64 (19): 3838-3848.

[48] Culleré, L., Escudero, A., Cacho, J. F., Ferreira, V. Gas chromatography-olfactometry and chemical quantitative study of the aroma of six premium quality Spanish aged red wines [J]. J. Agri. Food. Chem., 2004, 52 (6): 1653-1660.

[49] Vázquez-Araújo, L., Enguix, L., Verdú, A., García-García, E., Carbonell-Barrachina, A. A. Investigation of aromatic compounds in toasted almonds used for the manufacture of turrón [J]. Eur. Food Res. Technol., 2008, 227: 243-254.

[50] Qian, M., Reineccius, G. Static headspace and aroma extract dilution analysis of Parmigiano Reggiano cheese [J]. J. Food Sci., 2003, 68: 794-798.

[51] López, R., Ferreira, V., Hernández, P., Cacho, J. F. Identification of impact odorants of young red wines made with Merlot, Cabernet sauvignon and Grenache grape varieties: a comparative study [J]. J. Sci. Food Agric., 1999, 79 (11): 1461-1467.

[52] Zea, L., Ruiz, M. J., Moyano, L. Using odorant series as an analytical tool for the study of the biological ageing of sherry wines [M]. In Gas Chromatography in Plant Science, Wine Technology, Toxicology and Some Specific Applications Salih, B.; Çelikbıçak, Ö., Eds. InTech, Rijeka, Croatia, 2012: 91-108.

[53] Aznar, M., López, R., Cacho, J. F., Ferreira, V. Identification and quantification of impact odorants of aged red wines from Rioja. GC-olfactometry, quantitative GC-MS, and odor evaluation of HPLC fractions [J]. J. Agri. Food. Chem., 2001, 49: 2924-2929.

[54] Boonbumrung, S., Tamura, H., Mookdasanit, J., Nakamoto, H., Ishihara, M., Yoshizawa, T., Varanyanond, W. Characteristic aroma components of the volatile oil of yellow Keaw mango fruits determined by limited odor unit method [J]. Food Sci. Technol. Res., 2001, 7 (3): 200-206.

[55] Ferreira, V., López, R., Cacho, J. F. Quantitative determination of the odorants of young red wines from different grape varieties [J]. J. Sci. Food Agric., 2000, 80 (11): 1659-1667.

[56] Mayr, C. M., Capone, D. L., Pardon, K. H., Black, C. A., Pomeroy, D., Francis, I. L. Quantitative analysis by GC-MS/MS of 18 aroma compounds related to oxidative off-flavor in wines [J]. J. Agri. Food. Chem., 2015.

[57] Huynh-Ba, T., Matthey-Doret, W., Fay, L. B., Rhlid, R. B. Generation of thiols by biotransformation of cysteine-aldehyde conjugates with baker's yeast [J]. J. Agri. Food. Chem., 2003, 51 (12): 3629-3635.

[58] Guerrero, E. D., Chinnici, F., Natali, N., Marín, R. N., Riponi, C. Solid-phase extraction method for determination of volatile compounds in traditional balsamic vinegar [J]. J. Sep. Sci., 2008, 31 (16-17): 3030-3036.

[59] Apostolopoulou, A. A., Flouros, A. I., Demertzis, P. G., Akrida-Demertzi, K. Differences in concentration of principal volatile constituents in traditional Greek distillates [J]. Food Control, 2005, 16 (2): 157-164.

[60] Nicol, D. A. Batch distillation [M]. In Whisky. Technology, Production and Marketing, Russell, I.; Stewart, G.; Bamforth, C., Eds. Elsevier Ltd., London, UK, 2003; 153-176.

[61] 龚舒蓓. 老白干香型和芝麻香型手工原酒与机械原酒的成分差异 [D]. 无锡: 江南大学, 2018.

[62] 孙莎莎, 范文来, 徐岩, 李记明, 于英. 我国不同产地赤霞珠挥发性香气成分差异分析 [J]. 食品工业科技, 2013, 34 (24): 70-74.

[63] 孙莎莎, 范文来, 徐岩, 李记明, 于英. 3 种酿酒白葡萄果实的挥发性香气成分比较 [J]. 食品与发酵工业, 2014, 40 (5): 193-198.

[64] Callejón, R. M., Morales, M. L., Ferreira, A. C. S., Troncoso, A. M. Defining the typical aroma of sherry vinegar: Sensory and chemical approach [J]. J. Agri. Food. Chem., 2008, 56 (17): 8086-8095.

[65] 沈怡方. 白酒生产技术全书 [M]. 北京: 中国轻工业出版社, 1998.

[66] 吴三多. 五大香型白酒的相互关系与微量成分浅析 [J]. 酿酒科技, 2001, (4): 82-85.

[67] 曾祖训. 白酒香味成分的色谱分析 [J]. 酿酒, 2006, 33 (2): 3-6.

[68] 胡国栋. 景芝白干特征香味组份的研究 [J]. 酿酒, 1992, 19 (1): 83-88.

[69] 王忠彦, 尹昌树. 白酒色谱骨架成分的含量及其比例关系对香型和质量的影响 [J]. 酿酒科技, 2000, 102 (6): 93-96.

[70] 范文来, 聂庆庆, 徐岩. 洋河绵柔型白酒关键风味成分 [J]. 食品科学, 2013, 34 (4): 135-139.

[71] 汪玲玲, 范文来, 徐岩. 酱香型白酒液液微萃取-毛细管色谱骨架成分与香气重组 [J]. 食品工业科技, 2012, 33 (19): 304-308.

[72] 胡光源. 药香型董酒香气物质研究 [D]. 无锡: 江南大学, 2013.

[73] 许汉英. 白酒中糠醛含量与香型之间关系的研究 [J]. 酿酒, 2002, 29: 37-39.

[74] Buttery, R. G., Ling, L. C., Stern, D. J. Studies on popcorn aroma and flavor volatiles [J]. J. Agri. Food. Chem., 1997, 45 (3): 837-843.

[75] Schieberle, P., Grosch, W. Evaluation of the flavour of wheat and rye bread crusts by aroma extract dilution analysis [J]. Z. Lebensm. Unters. Forsch., 1987, 185 (2): 111-113.

[76] Schieberle, P., Grosch, W. Identification of the volatile flavour compounds of wheat bread crust-comparison with rye bread crust [J]. Z. Lebensm. Unters. Forsch., 1985, 180: 474-478.

[77] Valim, M. F., Rouseff, R. L., Lin, J. Gas chromatographic-olfactometric characterization of aroma compounds in two types of cashew apple nectar [J]. J. Agri. Food. Chem., 2003, 51 (4): 1010-1015.

[78] Etievant, P. X. Wine [M]. In Volatile Compounds in Foods and Beverages, Maarse, H., Ed. Marcel Dekker, New York, 1991: 483-546.

[79] Tan, Y., Siebert, K. J. Quantitative structure-activity relationship modeling of alcohol, ester, aldehyde, and ketone flavor thresholds in beer from molecular features [J]. J. Agri. Food. Chem., 2004, 52 (10): 3057-3064.

[80] Shibamoto, T., Kamiya, Y., Mihara, S. Isolation and identification of volatile compounds in cooked meat: Sukiyaki [J]. J. Agri. Food. Chem., 1981, 29: 57-63.

[81] Hillmann, H., Mattes, J., Brockhoff, A., Dunkel, A., Meyerhof, W., Hofmann, T. Sensomics analysis of taste compounds in balsamic vinegar and discovery of 5-acetoxymethyl-2-furaldehyde as a novel sweet taste modulator [J]. J. Agri. Food. Chem., 2012, 60 (40): 9974-9990.

[82] Teixidó, E., Santos, F. J., Puignou, L., Galceran, M. T. Analysis of 5-hydroxymethylfurfural in foods by gas chromatography-mass spectrometry [J]. J. Chromatogr. A, 2006, 1135 (1): 85-90.

[83] Tesfaye, W., Morales, M. L., Garcia-Parrilla, M. C., Troncoso, A. M. Wine vinegar: Technology, authenticity and quality evaluation [J]. Trends Food Sci. Tech., 2002, 13: 12-21.

[84] Begala, M., Corda, L., Podda, G., Fedrigo, M. A., Traldi, P. Headspace solid-phase microextraction gas chromatography/mass spectrometry in the analysis of the aroma constituents of 'Cannonau of Jerzu' wine [J]. Rapid Commun. Mass Spectrom., 2002, 16: 1086-1091.

[85] Spillman, P. J., Pollnitz, A. P., Liacopoulos, D., Pardon, K. H., Sefton, M. A. Formation and degradation of furfuryl alcohol, 5-methylfurfuryl alcohol, vanillyl alcohol, and their ethyl ethers in barrel-aged wines [J]. J. Agri. Food. Chem., 1998, 46 (2): 657-663.

[86] Escudero, A., Campo, E., Fariña, L., Cacho, J., Ferreira, V. Analysis characterization of the aroma of five premium red wines. Insight into the role of odor families and the concept of fruitiness of wines [J]. J. Agri. Food. Chem., 2007, 55 (11): 4501-4510.

[87] Scholtes, C., Nizet, S., Collin, S. How sotolon can impart a Madeira off-flavor to aged beers [J]. J. Agri. Food. Chem., 2015, 63 (11): 2886-2892.

[88] Vanderhaegen, B., Neven, H., Daenen, L., Verstrepen, K. J., Verachtert, H., Derdelinckx, G. Furfuryl ethyl ether: Important aging flavor and a new marker for the storage conditions of beer [J]. J. Agri. Food. Chem., 2004, 52 (6): 1661-1668.

[89] Mahajan, S. S., Goddik, L., Qian, M. C. Aroma compounds in sweet whey powder [J]. J. Dairy Sci., 2004, 87: 4057-4063.

[90] Tsachaki, M., Linforth, R. S. T., Taylor, A. J. Dynamic headspace analysis of the release of volatile organic compounds from ethanolic systems by direct APCI-MS [J]. J. Agri. Food. Chem., 2005, 53 (21): 8328-8333.

[91] Peinado, R. A., Mauricio, J. C., Medina, M., Moreno, J. J. Effect of *Schizosaccharomyces pombe* on aromatic compounds in dry sherry wines containing high levels of gluconic acid [J]. J. Agri. Food. Chem., 2004, 52 (14): 4529-4534.

[92] Qian, M., Reineccius, G. Identification of aroma compounds in Parmigiano-Reggiano cheese by gas chromatography/olfactometry [J]. J. Dairy Sci., 2002, 85: 1362-1369.

[93] Frank, O., Zehentbauer, G., Hofmann, T. Bioresponse-guided decomposition of roast coffee beverage and identification of key bitter taste compounds [J]. Eur. Food Res. Technol., 2006, 222 (5): 492-508.

[94] 杨会，范文来，徐岩．基于 BSTFA 衍生化法白酒不挥发有机酸研究［J］．食品与发酵工业，2017，43（5）：192-197.

[95] Hufnagel, J. C., Hofmann, T. Quantitative reconstruction of the nonvolatile sensometabolome of a red wine [J]. J. Agri. Food. Chem., 2008, 56 (19): 9190-9199.

[96] Frank, S., Wollmann, N., Schieberle, P., Hofmann, T. Reconstitution of the flavor signature of Dornfelder red wine on the vasis of the natural concentrations of its key aroma and taste compounds [J]. J. Agri. Food. Chem., 2011, 59 (16): 8866-8874.

[97] 杨会．白酒中不挥发呈味有机酸和多羟基化合物研究 [D]. 无锡：江南大学，2017.

[98] Clarke, R. J., Bakker, J. Wine Flavour Chemistry [M]. Oxford: Blackwell Publishing Ltd., 2004.

[99] Weldegergis, B. T., Crouch, A. M., Górecki, T., Villiers, A. d. Solid phase extraction in combination with comprehensive two-dimensional gas chromatography coupled to time-of-flight mass spectrometry for the detailed investigation of volatiles in South African red wines [J]. Anal. Chim. Acta, 2011, 701: 98-111.

[100] Pino, J. A., Mesa, J., Muñoz, Y., Martí, M. P., Marbot, R. Volatile components from mango (*Mangifera indica* L.) cultivars [J]. J. Agri. Food. Chem., 2005, 53 (6): 2213-2223.

[101] Varming, C., Andersen, M. L., Poll, L. Influence of thermal treatment on black currant (*Ribes nigrum* L.) juice aroma [J]. J. Agri. Food. Chem., 2004, 52 (25): 7628-7636.

[102] Pino, J. A., Queris, O. Characterization of odor-active compounds in guava wine [J]. J. Agri. Food. Chem., 2011, 59: 4885-4890.

[103] Peinado, R. A., Moreno, J. J., Ortega, J. M., Mauricio, J. C. Effect of gluconic acid consumption during simulation of biological aging of sherry wines by a flor yeast strain on the final volatile compounds [J]. J. Agri. Food. Chem., 2003, 51 (21): 6198-6203.

[104] Werkhoof, P., Güntert, M., Krammer, G., Sommer, H., Kaulen, J. Vacuum headspace method in aroma research: Flavor chemistry of yellow passion fruits [J]. J. Agri. Food. Chem., 1998, 46: 1076-1093.

[105] Fan, W., Qian, M. C. Headspace solid phase microextraction (HS-SPME) and gas chromatography-olfactometry dilution analysis of young and aged Chinese "Yanghe Daqu" liquors [J]. J. Agri. Food. Chem., 2005, 53 (20): 7931-7938.

[106] Cho, I. H., Namgung, H. J., Choi, H. K., Kim, Y. S. Volatiles and key odorants in the pileus and stipe of pine-mushroom (*Tricholoma matsutake* Sing.) [J]. Food Chem., 2008, 106 (1): 71-76.

[107] de Simón, B. F., Esteruelas, E., Muñoz, Á. M., Cadahía, E., Sanz, M. Volatile compounds in acacia, chestnut, cherry, ash, and oak wood, with a view to their use in cooperage [J]. J. Agri. Food. Chem., 2009, 57: 3217-3227.

[108] Simón, B. F. D., Esteruelas, E., Ángel, M. M., Cadahía, E., Sanz, M. Volatile compounds in acacia, chestnut, cherry, ash, and oak woods, with a view to their use in cooperage [J]. J. Agri. Food. Chem., 2009, 57 (8): 3217-3227.

[109] Hauck, T., Brühlmann, F., Schwab, W. Formation of 4-hydroxy-2,5-dimethyl-3[2*H*]-furanone by *Zygosaccharomyces rouxii*: Identification of an intermediate [J]. Appl. Environ. Microbiol., 2003, 69 (7): 3911-3918.

[110] Karagül-Yüceer, Y., Vlahovich, K. N., Drake, M., Cadwallader, K. R. Characteristic aroma compounds of rennet casein [J]. J. Agri. Food. Chem., 2003, 51: 6797-6801.

[111] Sekiwa, Y., Kubota, K., Kobayashi, A. Characteristic flavor components in the brew of cooked

Clam (*Meretrix lusoria*) and the effect of storage on flavor formation [J]. J. Agri. Food. Chem., 1997, 45: 826-830.

[112] Buttery, R. G., Takeoka, G. R., Ling, L. C. Furaneol: Odor threshold and importance to tomato aroma [J]. J. Agri. Food. Chem., 1995, 43: 1638-1640.

[113] Counet, C., Callemine, D., Ouwerx, C., Collin, S. Use of gas chromatography-olfactometry to identify key odorant compounds in dark chocolate. Comparison of samples before and after conching [J]. J. Agri. Food. Chem., 2002, 50: 2385-2391.

[114] Christlbauer, M., Schieberle, P. Characterization of the key aroma compounds in beef and pork vegetable gravies á la chef by application of the aroma extraction dilution analysis [J]. J. Agri. Food. Chem., 2009, 57: 9114-9122.

[115] Klesk, K., Qian, M., Martin, R. R. Aroma extract dilution analysis of cv. Meeker (*Rubus idaeus* L.) red raspberries from Oregon and Washington [J]. J. Agri. Food. Chem., 2004, 52 (16): 5155-5161.

[116] Michael, Ash, I. Handbook of Flavors and Fragrances [M]. New York: Synapse Information Resources, Inc., 2006.

[117] Ferreira, V., Ortín, N., Escudero, A., López, R., Cacho, J. Chemical characterization of the aroma of Grenache rosé wines: Aroma extract dilution analysis, quantitative determination, and sensory reconstitution studies [J]. J. Agri. Food. Chem., 2002, 50 (14): 4048-4054.

[118] Schieberle, P., Grosch, W. Potent odorants of rye bread crust-differences from the crumb and from wheat bread crust [J]. Z. Lebensm. Unters. Forsch., 1994, 198: 292-296.

[119] Czerny, M., Christlbauer, M., Christlbauer, M., Fischer, A., Granvogl, M., Hammer, M., Hartl, C., Hernandez, N. M., Schieberle, P. Re-investigation on odour thresholds of key food aroma compounds and development of an aroma language based on odour qualities of defined aqueous odorant solutions [J]. Eur. Food Res. Technol., 2008, 228: 265-273.

[120] Zabetakis, I., Gramshaw, J. W., Robinson, D. S. 2, 5-Dimethyl-4-hydroxy-2*H*-furan-3-one and its derivatives: Analysis, synthesis and biosynthesis: A review [J]. Food Chem., 1999, 65: 139-151.

[121] Munafo, J. P., Didzbalis, J., Schnell, R. J., Steinhaus, M. Insights into the key aroma compounds in Mango (*Mangifera indica* L. 'Haden') fruits by stable isotope dilution quantitation and aroma simulation experiments [J]. J. Agri. Food. Chem., 2016, 64 (21): 4312-4318.

[122] Schuh, C., Schieberle, P. Characterization of the key aroma compounds in the beverage prepared from Darjeeling black tea: Quantitative differences between tea leaves and infusion [J]. J. Agri. Food. Chem., 2006, 54 (3): 916-924.

[123] Guth, H., Grosch, W. Identification of character impact odorants of stewed beef juice by instrumental analyses and sensory studies [J]. J. Agri. Food. Chem., 1994, 42: 2862-2866.

[124] Schieberle, P., Hofmann, T. Evaluation of the character impact odorants in fresh strawberry juice by quantitative measurements and sensory studies on model mixtures [J]. J. Agri. Food. Chem., 1997, 45: 227-232.

[125] Guth, H. Quantitation and sensory studies of character impact odorants of different white wine varieties [J]. J. Agri. Food. Chem., 1997, 45 (8): 3027-3032.

[126] Francis, I. L., Newton, J. L. Determining wine aroma from compositional data [J]. Aust. J. Grape Wine Res., 2005, 11 (2): 114-126.

[127] Ferreira, V., Jarauta, I., López, R., Cacho, J. Quantitative determination of sotolon, maltol and free furaneol in wine by solid-phase extraction and gas chromatography-ion-trap mass spectrometry [J]. J. Chromatogr. A, 2003, 1010 (1): 95-103.

[128] Fritsch, H. T., Schieberle, P. Identification based on quantitative measurements and aroma recombination of the character impact odorants in a Bavarian Pilsner-type beer [J]. J. Agri. Food. Chem., 2005, 53: 7544-7551.

[129] Engel, W., Bahr, W., Schieberle, P. Solvent assisted flavour evaporation: a new and versatile technique for the careful and direct isolation of aroma compounds from complex food matrices [J]. Eur. Food Res. Technol., 1999, 209: 237-241.

[130] Rowe, D. J. Aroma chemicals for savory flavors [J]. Perfumer & Flavorist, 1998, 23: 9-14.

[131] Wang, Y., Ho, C. -T. Formation of 2,5-dimethyl-4-hydroxy-3(*2H*)-furanone through methylglyoxal: A Maillard reaction intermediate [J]. J. Agri. Food. Chem., 2008, 56 (16): 7405-7409.

[132] Coleman, E. C., Ho, C. T. Chemistry of baked potato flavor. 1. Pyrazines and thiazoles identified in the volatile flavor of baked potato [J]. J. Agri. Food. Chem., 1980, 28: 66-68.

[133] Steinhaus, M., Sinuco, D., Polster, J., Osorio, C., Schieberle, P. Characterization of the key aroma compounds in pink guava (*Psidium guajava* L.) by means of aroma re-engineering experiments and omission tests [J]. J. Agri. Food. Chem., 2009, 57 (7): 2882-2888.

[134] Schwab, W., Roscher, R. 4-Hydroxy-3(*2H*)-furanones: natural and Maillard products [J]. Recent Research Developments in Cell Biology, 1997, 1: 643-673.

[135] Chen, C. -W., Shu, C. -K., Ho, C. -T. Photosensitized oxidative reaction of 2,5-dimethyl-4-hydroxy-3(*2H*)-furanone [J]. J. Agri. Food. Chem., 1996, 44: 2361-2365.

[136] Marcq, P., Schieberle, P. Characterization of the key aroma compounds in a commercial Amontillado sherry wine by means of the sensomics approach [J]. J. Agri. Food. Chem., 2015, 63 (19): 4761-4770.

[137] Li, J. -X., Schieberle, P., Steinhaus, M. Characterization of the major odor-active compounds in Thai durian (*Durio zibethinus* L. 'Monthong') by aroma extract dilution analysis and headspace gas chromatography-olfactometry [J]. J. Agri. Food. Chem., 2012, 60 (45): 11253-11262.

[138] Hofmann, T., Schieberle, P. Identification of potent aroma compounds in thermally treated mixtures of glucose/cysteine and rhamnose/cysteine using aroma extract dilution techniques [J]. J. Agri. Food. Chem., 1997, 45 (3): 898-906.

[139] López, R., Ortin, N., Perez-Trujillo, J. P., Cacho, J., Ferreira, V. Impact odorants of different young white wines from the Canary islands [J]. J. Agri. Food. Chem., 2003, 51: 3419-3425.

[140] Collin, S., Nizet, S., Claeys Bouuaert, T., Despatures, P. -M. Main odorants in Jura flor-sherry wines. Relative contributions of sotolon, abhexon, and theaspirane-derived compounds [J]. J. Agri. Food. Chem., 2012, 60 (1): 380-387.

[141] Poisson, L., Schieberle, P. Characterization of the most odor-active compounds in an American Bourbon whisky by application of the aroma extract dilution analysis [J]. J. Agri. Food. Chem., 2008, 56 (14): 5813-5819.

[142] Sanz, C., Czerny, M., Cid, C. Comparison of potent odorants in a filtered coffee brew and in an instant coffee beverage by aroma extract dilution analysis (AEDA) [J]. Eur. Food Res. Technol., 2002, 214: 299-302.

[143] Czerny, M., Buettner, A. Odor-active compounds in cardboard [J]. J. Agri. Food. Chem.,

2009, 57: 9979-9984.

[144] Münch, P., Hofmann, T., Schieberle, P. Comparison of key odorants generated by thermal treatment of commercial and self-prepared yeast extracts: Influence of the amino acid composition on odorant formation [J]. J. Agri. Food. Chem., 1997, 45 (4): 1338-1344.

[145] Zeller, A., Rychlik, M. Character impact odorants of fennel fruits and fennel tea [J]. J. Agri. Food. Chem., 2006, 54 (10): 3686-3692.

[146] Pham, T. T., Guichard, E., Schlich, P., Charpentier, C. Optimal conditions for the formation of sotolon from α-ketobutyric acid in the French 'Vin Jaune' [J]. J. Agri. Food. Chem., 1995, 43: 2616-2619.

[147] Buettner, A., Schieberle, P. Evaluation of aroma differences between hand-squeezed juices from Valencia Late and Navel oranges by quantitation of key odorants and flavor reconstitution experiments [J]. J. Agri. Food. Chem., 2001, 49 (5): 2387-2394.

[148] Pons, A., Lavigne, V., Landais, Y., Darriet, P., Dubourdieu, D. Distribution and organoleptic impact of sotolon enantiomers in dry white wines [J]. J. Agri. Food. Chem., 2008, 56 (5): 1606-1610.

[149] Kotseridis, Y., Baumes, R. Identification of impact odorants in Bordeaux red grape juice, in the commercial yeast used for its fermentation, and in the produced wine [J]. J. Agri. Food. Chem., 2000, 48 (2): 400-406.

[150] Uselmann, V., Schieberle, P. Decoding the combinatorial aroma code of a commercial Cognac by application of the sensomics concept and first insights into differences from a German brandy [J]. J. Agri. Food. Chem., 2015, 63 (7): 1948-1956.

[151] Dubois, P., Rigaud, J., Dekimpe, J. Identification of 4,5-dimethyltetrahydrofuranedione-2,3 in vin jaune [J]. Lebensm. Wiss. Technol., 1976, 9: 366-368.

[152] Martín, B., Etiévant, P. X., Quéré, J. L. L., Schlich, P. More clues about sensory impact of sotolon in some flor sherry wines [J]. J. Agri. Food. Chem., 1992, 40: 475-478.

[153] Ferreira, A. C. S., Barbe, J. -C., Bertrand, A. 3-Hydroxy-4, 5-dimethyl-2(*5H*)-furanone: A key odorant of the typical aroma of oxidative aged Port wine [J]. J. Agri. Food. Chem., 2003, 51 (15): 4356-4363.

[154] Silva Ferreira, A. C., Barbe, J. -C., Bertrand, A. 3-Hydroxy-4,5-dimethyl-2(*5H*)-furanone: A key odorant of the typical aroma of oxidative aged port wine [J]. J. Agri. Food. Chem., 2003, 51 (15): 4356-4363.

[155] Wagner, R. K., Grosch, W. Key odorants of french fries [J]. J. Am. Oil Chem. Soc., 1998, 75 (10): 1385-1392.

[156] Czerny, M., Grosch, W. Potent odorants of raw arabica coffee. Their changes during roasting [J]. J. Agri. Food. Chem., 2000, 48 (3): 868-872.

[157] Matsukura, M., Takahashi, K., Kawamoto, M., Ishiguro, S., Matsushita, H. Identification of 3-hydroxy-4,5-dimethyl-2(*5H*)-furanone (sotolon) in roasted tobacco volatiles [J]. Agric. Biol. Chem., 1985, 49 (11): 3335-3337.

[158] Nunomura, N., Sasaki, M., Asao, Y., Yokotsuka, T. Isolation and identification of 4-hydroxy-2(or 5)-ethyl-5(or 2)-methyl-3(*2H*)-furanone as a flavor component in *shoyu* (say sauce) [J]. Agric. Biol. Chem., 1976, 40 (3): 491-495.

[159] Girardon, P., Sauvaire, Y., Baccou, J. C., Bessiere, J. M. Identification of 3-hydroxy-4,

5-dimethyl-2(5H)-furanone in the aroma of fenugreek seeds [J]. Lebensm. Wiss. Technol., 1986, 19: 44-46.

[160] Kobayashi, A. Sotolon: Identification, formation and effect on flavor [M]. In Flavor Chemistry: Trends and Development, Teranishi, R., Ed. American Chemical Society, Washington, DC, 1989: 49-59.

[161] Callejón, R. M., Morales, M. L., Troncoso, A. M., Ferreira, A. C. S. Targeting key aromatic substances on the typical aroma of sherry vingar [J]. J. Agri. Food. Chem., 2008, 56: 6631-6639.

[162] Takahashi, K., Tadenuma, M., Sato, S. 3-Hydroxy-4,5-dimethyl-2(5H)-furanone, a burning flavoring compound from aged sake [J]. Agric. Biol. Chem., 1976, 40: 325-330.

[163] Nunomura, N., Sasaki, M., Asao, Y., Yokotsuka, T. Identification of volatile components in shoyu (soy sauce) by gas chromatography-mass spectrometry [J]. Agric. Biol. Chem., 1976, 40: 485-490.

[164] Franitza, L., Granvogl, M., Schieberle, P. Characterization of the key aroma compounds in two commercial rums by means of the sensomics approach [J]. J. Agri. Food. Chem., 2016, 64 (3): 637-645.

[165] Martin, B., Etievant, P. X., Le Quere, J. L. More clues of the occurrence and flavor impact of solerone in wine [J]. J. Agri. Food. Chem., 1991, 39 (8): 1501-1503.

[166] Moreno, J. A., Zea, L., Moyano, L., Medina, M. Aroma compounds as markers of the changes in sherry wines subjected to biological ageing [J]. Food Control, 2005, 16 (4): 333-338.

[167] Schneider, R., Baumes, R., Bayonove, C., Razungles, A. Volatile compounds involved in the aroma of sweet fortified wines (Vins Doux Naturels) from Grenache Noir [J]. J. Agri. Food. Chem., 1998, 46: 3230-3237.

[168] Câmara, J. S., Alves, M. A., Marques, J. C. Multivariate analysis for the classification and differentiation of Madeira wines according to main grape varieties [J]. Talanta, 2006, 68 (5): 1512-1521.

[169] Câmara, J. S., Marques, J. C., Alves, M. A., Silva Ferreira, A. C. 3-Hydroxy-4,5-dimethyl-2(5H)-furanone levels in fortified Madeira wines: Relationship to sugar content [J]. J. Agri. Food. Chem., 2004, 52 (22): 6765-6769.

[170] Silva, H. O. e., Pinho, P. G. d., Machado, B. P., Hogg, T., Marques, J. C., Câmara, J. S., Albuquerque, F., Ferreira, A. C. S. Impact of forced-aging process on Maderia wine flavor [J]. J. Agri. Food. Chem., 2008, 56: 11989-11996.

[171] Silva Ferreira, A. C., Hogg, T., Guedes de Pinho, P. Identification of key odorants related to the typical aroma of oxidation-spoiled white wines [J]. J. Agri. Food. Chem., 2003, 51 (5): 1377-1381.

[172] Lavigne, V., Pons, A., Darriet, P., Dubourdieu, D. Changes in the sotolon content of dry white wines during barrel and bottle aging [J]. J. Agri. Food. Chem., 2008, 56 (8): 2688-2693.

[173] Ferreira, V., Jarauta, I., Ortega, L., Cacho, J. Simple strategy for the optimization of solid-phase extraction procedures through the use of solid-liquid distribution coefficients application to the determination of aliphatic lactones in wine [J]. J. Chromatogr. A, 2004, 1025: 147-156.

[174] 聂庆庆，徐岩，范文来. 固相萃取结合气相色谱-质谱技术定量白酒中的γ-内酯 [J]. 食品与发酵工业，2012，38 (4)：159-164.

[175] Peppard, T. L. Volatile flavor constituents of *Monstera deliciosa* [J]. J. Agri. Food. Chem., 1992, 40: 257-262.

[176] Franco, M., Peinado, R. A., Medina, M., Moreno, J. Off-Vine grape drying effect on volatile compounds and aromatic series in must from Pedro Ximénez grape variety [J]. J. Agri. Food. Chem., 2004, 52 (12): 3905-3910.

[177] Barron, D., Etievant, P. X. The volatile constituents of strawberry jam [J]. Z. Lebensm. Unters. Forsch., 1990, 191: 279-285.

[178] Peinado, R. A., Moreno, J. J., Maestre, O., Ortega, J. M., Medina, M., Mauricio, J. C. Gluconic acid consumption in wines by *Schizosaccharomyces pombe* and its effect on the concentrations of major volatile compounds and polyols [J]. J. Agri. Food. Chem., 2004, 52 (3): 493-497.

[179] Mosandl, A., Guenther, C. Stereoisomeric flavor compounds. 20. Structure and properties of γ-lactone enantiomers [J]. J. Agri. Food. Chem., 1989, 37 (2): 413-418.

[180] Chinnici, F., Durán Guerrero, E., Sonni, F., Natali, N., Natera Marín, R., Riponi, C. Gas chromatography-mass spectrometry (GC-MS) characterization of volatile compounds in quality vinegars with protected European geographical indication [J]. J. Agri. Food. Chem., 2009, 57 (11): 4784-4792.

[181] Poisson, L., Schieberle, P. Characterization of the key aroma compounds in an American Bourbon whisky by quantitative measurements, aroma recombination, and omission studies [J]. J. Agri. Food. Chem., 2008, 56 (14): 5820-5826.

[182] Morales, A. L., Duque, C., Bautista, E. Identification of free and glycosidically bound volatiles and glycosides by capillary GC and capillary GC-MS in "Lulo del Chocó" (*Solanum topiro*) [J]. J. High Resolut. Chromatogra., 2000, 23 (5): 379-385.

[183] Sarrazin, E., Frerot, E., Bagnoud, A., Aeberhardt, K., Rubin, M. Discovery of new lactones in sweet cream butter oil [J]. J. Agri. Food. Chem., 2011, 59: 6657-6666.

[184] Siek, T. J., Albin, I. A., Sather, L. A., Lindsay, R. C. Comparison of flavor thresholds of aliphatic lactones with those of fatty acids, esters, aldehydes, alcohols, and ketones [J]. J. Dairy Sci., 1971, 54 (1): 1-4.

[185] Tressl, R., Friese, L., Fendesack, F., Koppler, H. Gas chromatographic-mass spectrometric investigation of hop aroma constituents in beer [J]. J. Agri. Food. Chem., 1978, 26 (6): 1422-1426.

[186] Frauendorfer, F., Schieberle, P. Identification of the key aroma compounds in cocoa powder based on molecular sensory correlations [J]. J. Agri. Food. Chem., 2006, 54: 5521-5529.

[187] Guichard, E. Chiral γ-lactones, key compounds to apricot flavor [M]. In Fruit Flavors, American Chemical Society, 1995, 596: 258-267.

[188] Fan, H., Fan, W., Xu, Y. Characterization of key odorants in Chinese chixiang aroma-type liquor by gas chromatography-olfactometry, quantitative measurements, aroma recombination, and omission studies [J]. J. Agri. Food. Chem., 2015, 63 (14): 3660-3668.

[189] Splivallo, R., Bossi, S., Maffei, M., Bonfante, P. Discrimination of truffle fruiting body versus mycelial aromas by stir bar sorptive extraction [J]. Phytochemistry, 2007, 68: 2584-2598.

[190] Fan, W., Xu, Y., Jiang, W., Li, J. Identification and quantification of impact aroma compounds in 4 nonfloral *Vitis vinifera* varieties grapes [J]. J. Food Sci., 2010, 75 (1): S81-S88.

[191] Wanikawa, A., Hosoi, K., Takise, I., Kato, T. Detection of γ-lactones in malt whisky [J]. J. Inst. Brew., 2000, 106 (1): 39-43.

[192] Elss, S., Kleinhenz, S., Schreier, P. Odor and taste thresholds of potential carry-over/off-flavor compounds in orange and apple juice [J]. LWT, 2007, 40: 1826-1831.

[193] Wanikawa, A., Hosoi, K., Shoji, H., Nakagawa, K. -I. Estimation of the distribution of enantiomers of γ-decalactone and γ-dodecalactone in malt whisky [J]. J. Inst. Brew., 2001, 107 (4): 253-259.

[194] Guth, H., Grosch, W. 12-Methyltridecanal, a species-specific odorant of stewed beef [J]. Lebensm. Wiss. Technol., 1993, 26: 171-177.

[195] Otsuka, K., Zenibayashi, Y., Itoh, M., Totsuka, A. Presence and significance of two diastereoisomers of β-methyl-γ-octalactone in aged distilled liquors [J]. Agric. Biol. Chem., 1974, 38: 485-490.

[196] Fan, W., Xu, Y., Yu, A. Influence of oak chips geographical origin, toast level, dosage and aging time on volatile compounds of apple cider [J]. J. Inst. Brew., 2006, 112 (3): 255-263.

[197] Bloem, A., Lonvaud-Funel, A., Revel, G. d. Hydrolysis of glycosidically bound flavour compounds from oak wood by *Oenococcus oeni* [J]. Food Microbiol., 2008, 25: 99-104.

[198] Buettner, A., Schieberle, P. Characterization of the most odor-active volatiles in fresh, hand-squeezed juice of grapefruit (*Citrus paradisi* Macfayden) [J]. J. Agri. Food. Chem., 1999, 47 (12): 5189-5193.

[199] Jagella, T., Grosch, W. Flavour and off-flavour compounds of black and white pepper (*Piper nigrum* L.). I. Evaluation of potent odorants of black pepper by dilution and concentration techniques [J]. Eur. Food Res. Technol., 1999, 209: 16-21.

[200] Winterhalter, P., Bonnländer, B. Aroma-active benzofuran derivatives: Analysis, sensory properties, and pathways of formation [M]. In Aroma Active Compounds in Foods, Takeoka, G. R.; Guntert, M.; Engel, K.-H., Eds. American Chemical Society, Washington, DC, 2001, 794: 21-32.

[201] Hinterholzer, A., Schieberle, P. Identification of the most odour-active volatiles in fresh, hand-extracted juice of Valencia late oranges by odour dilution techniques [J]. Flav. Fragr. J., 1998, 13: 49-55.

[202] Guth, H. Comparison of difference white wine varieties in odor profiles by instrument analysis and sensory studies. [M]. In Chemistry of Wine Flavor, Waterhouse, A. L.; Ebeler, S. E., Eds. ACS symposium Series 714, Washington, DC, 1998: 39-53.

[203] Guth, H. Identification of character impact odorants of different white wine varieties [J]. J. Agri. Food. Chem., 1997, 45 (8): 3022-3026.

[204] Giaccio, J., Capone, D. L., Hakansson, A., Smyth, H. E., Elsey, G. M., Sefton, M. A., Taylor, D. K. The formation of wine lactone from grape-derived secondary metabolites [J]. J. Agri. Food. Chem., 2011, 59: 660-664.

[205] Fischer, U. Wine aroma [M]. In Flavours and Fragrances: Chemistry, Bioprocessing and Sustainability, Berger, R. G., Ed. Springer, Heidelberg, Germany, 2007: 241-267.

[206] Cutzach, I., Chatonnet, P., Henry, R., Dubourdieu, D. Identification of volatile compounds with a "toasty" aroma in heated oak used in barrelmaking [J]. J. Agri. Food. Chem., 1997, 45 (6): 2217-2224.

[207] Natali, N., Chinnici, F., Riponi, C. Characterization of volatiles in extracts from oak chips obtained by accelerated solvent extraction (ASE) [J]. J. Agri. Food. Chem., 2006, 54 (21): 8190-8198.

[208] Czerny, M., Schieberle, P. Influence of the polyethylene packaging on the adsorption of odour-active compounds from UHT-milk [J]. Eur. Food Res. Technol., 2007, 225: 215-223.

[209] Ong, P. K. C., Acree, T. E. Gas chromatography/olfactory analysis of Lychee (*Litchi chinesis* Sonn.) [J]. J. Agri. Food. Chem., 1998, 46 (6): 2282-2286.

[210] Näf, R., Velluz, A. Phenols and lactones in Italo-Mitcham peppermint oil *Mentha×piperita* L. [J]. Flav. Fragr. J., 1998, 13: 203-208.

[211] Scarpellino, R., Soukup, R. J. Key flavors from heat reactions of food ingredients [M]. In Flavor Science: sensible principles and techniques, Acree, T. E.; Teranishi, R., Eds. American Chemical

Society, Washington, DC, 1993: 309-335.

[212] Hayashida, Y., Hatano, M., Tamura, Y., Kakimoto, M., Nishimura, K., Igosi, K., Kobayashi, H., Kuriyama, H. 4-Hydroxy-2,5-dimethyl-3(*2H*)-furanone (HDMF) production in simple media by lactic acid bacterium, *Lactococcus lactis* subsp, cremoris IFO 3427 [J]. J. Biosci. Bioeng., 2001, 91 (1): 97-99.

[213] Hauck, T., Bruhlmann, F., Schwab, W. 4-Hydroxy-2, 5-dimethyl-3 (*2H*) -furanone formation by *Zygosaccharomyces rouxii*: Effect of the medium [J]. J. Agri. Food. Chem., 2003, 51 (16): 4753-4756.

[214] Hauck, T., Landmann, C., Bruhlmann, F., Schwab, W. Formation of 5-methyl-4-hydroxy-3 [2H]-furanone in cytosolic extracts obtained from *Zygosaccharomyces rouxii* [J]. J. Agri. Food. Chem., 2003, 51 (5): 1410-1414.

[215] Escudero, A., Hernάndez-Orte, P., Cacho, J., Ferreira, V. Clues about the role of methional as character impact odorant of some oxidized wines [J]. J. Agri. Food. Chem., 2000, 48 (9): 4268-4272.

[216] Peterson, D., Reineccius, G. A. Biological pathway for the formation of oxygen-containing aroma compounds [M]. In Heteroatomic Aroma Compounds, Reineccius, G. A.; Reineccius, T. A., Eds. American Chemical Society, Washington, D. C., 2002, Vol. ACS symposium series 826: 227-242.

[217] Wanikawa, A., Hosoi, K., Kato, T. Conversion of unsaturated fatty acids to precursors of γ-lactones by lactic acid bacteria during the production of malt whisky [J]. J. Am. Soc. Brew. Chem., 2000, 58 (2): 51-56.

[218] Tressl, R., Haffner, T., Lange, H., Nordsiek, A. Formation of γ- and δ-lactones by different biochemical pathways [M]. In Flavour Science-Recent Developments, Taylor, A. J.; Mottram, D. S., Eds. The Royal Society of Chemistry, Cambridge, 1996, 141.

第十章

含氮杂环化合物风味

第一节 芳香族含氮杂环化合物
第二节 非芳香族含氮杂环化合物
第三节 噁唑类化合物
第四节 噁唑啉类化合物
第五节 杂环类化合物形成机理

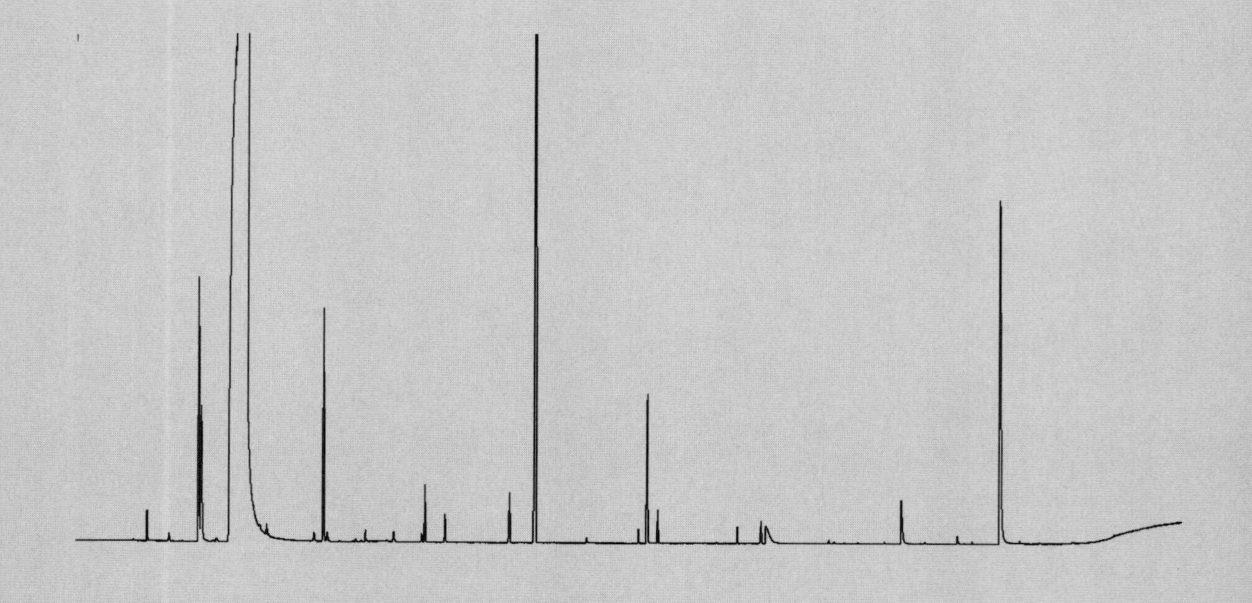

学习目标

1. 了解含氮杂环化合物对饮料酒风味的影响；
2. 掌握饱和烷基吡嗪类化合物的风味特征，在白酒中的分布以及其产生机理；
3. 熟悉烷氧基吡嗪类化合物的风味特征，在葡萄酒中的分布以及产生机理；
4. 了解吡啶类、吡咯类、吲哚类化合物的风味特征，以及在葡萄酒中的分布。

含氮杂环化合物是饮料酒中一类重要的风味化合物。含氮杂环化合物可以分成两大类，一类是非芳香族的（non-aromatic），一类是芳香族的（aromatic）。

既含氮又含硫的化合物放在本章中叙述。

第一节 芳香族含氮杂环化合物

芳香族含氮杂环化合物有下列几大类：①吡嗪类化合物；②吡啶类化合物；③哌啶类化合物；④喹啉类化合物；⑤吡咯类化合物；⑥吲哚类化合物；⑦苯并吡嗪类化合物。

一、吡嗪类化合物

吡嗪类化合物（pyrazines）是含有1,4-二氮基团的化合物。吡嗪类化合物通常有着低的阈值，存在于自然界。一些已经在植物中发现，如2-甲氧基-3-异丁基吡嗪、2-甲氧基-3-(2-甲基丁基）吡嗪（灯笼椒的关键香气）。大部分吡嗪是加热反应，如美拉德反应的产物。这些化合物如烷基取代基的吡嗪类化合物（alkyl substituted pyrazines），发现存在于烤牛排和咖啡中。微生物也可以产生吡嗪类化合物，如四甲基吡嗪等。

吡嗪类化合物是焙烤食品与发酵饮料酒的风味物质，特别是烷基吡嗪类化合物、乙酰基吡嗪类化合物（acetyl pyrazines）、烷氧基吡嗪类化合物（alkoxy pyrazine）和硫烷氧基吡嗪类化合物（thioalkoxypyrazines）等。

1. 烷基吡嗪类化合物

烷基吡嗪类化合物的性质见表10-1。

表10-1 烷基吡嗪类化合物

化合物	呈香特征	物理性质	阈值/(μg/L)
2-甲基吡嗪(2-methylpyrazine)，FEMA号3309	霉腐臭、坚果香、焙烤香、可可香、花生香	无色至浅黄色液体，溶于水和乙醇等溶剂中，沸点136～137℃，相对密度（d_4^{20}）1.020，折射率（n_D^{20}）1.504～1.506	30000，60000（水）

续表

化合物	呈香特征	物理性质	阈值/(μg/L)
2,3-二甲基吡嗪(2,3-dimethylpyrazine)，FEMA 号 3271	烤肉香；在十分稀的情况下，呈香子兰和巧克力香	无色至浅黄色液体，溶于水和乙醇，沸点 156℃，相对密度（d_4^{20}）1.021～1.022，折射率（n_D^{20}）1.506～1.509	400，800，2500(水)，400～2500（水），123（苹果汁，觉察），大于 140（苹果汁，识别）
2,3-二甲基-5-乙基吡嗪(2,3-dimethyl-5-ethylpyrazine)	焙烤香、土腥味		200（空气）
2,3-二甲基-5-异丙基吡嗪(2,3-dimethyl-5-isopropylpyrazine)	甜香、枫叶香、红糖香		>2000（空气），530（水）
2,5-二甲基吡嗪(2,5-dimethylpyrazine)，FEMA 号 3272	土腥味、坚果香、生土豆气味、霉腐味	无色至浅黄色液体，溶于水和乙醇，沸点 155℃，相对密度（d_4^{20}）0.988～0.989，折射率（n_D^{20}）1.497～1.501	80，1800，1700（水）
2,5-二甲基-3-乙基吡嗪(2,5-dimethyl-3-ethylpyrazine)	焙烤香、土腥味		3.6（空气）
2,5-二甲基-3-丁基吡嗪(2,5-dimethyl-3-butylpyrazine)			>2000(空气)
2,6-二甲基吡嗪(2,6-dimethylpyrazine)	焙烤香、可可香		400，1500(水)
3,5-二甲基-2-异丙基吡嗪(3,5-dimethyl-2-isopropylpyrazine)	土腥味		1120（空气）
3,5-二甲基-2-丁基吡嗪(3,5-dimethyl-2-butylpyrazine)	土腥味		180（空气）
3,5-二甲基-2-异丁基吡嗪(3,5-dimethyl-2-isobutylpyrazine)			>2000（空气）

续表

化合物	呈香特征	物理性质	阈值/(μg/L)
3,6-二甲基-2-异丁基吡嗪(3,6-dimethyl-2-isobutylpyrazine)	可可香、榛子香和轻微的霉腐气味、动物臭，有广藿香(patchouli)、东印度香根草(vetiver)和薄荷醇(menthol)的香调		0.002（空气）
3,5-二甲基-2-仲丁基吡嗪(3,5-dimethyl-2-sec-butylpyrazine)			>2000（空气）
3,5-二甲基-2-戊基吡嗪(3,5-dimethyl-2-pentylpyrazine)	青豌豆香		24（空气）
3,5-二甲基-2-己基吡嗪(3,5-dimethyl-2-hexylpyrazine)			>2000（空气）
2,3,5-三甲基吡嗪(2,3,5-trimethylpyrazine)，FEMA号3244	焦煳味、焙烤香、土腥味、像烟草的香气	无色至浅黄色液体，溶于水和乙醇等有机溶剂中，相对密度（d_{20}^{20}）0.960~0.990，折射率（n_D^{20}）1.503~1.507	50（空气），90(水)
2,3,5,6-四甲基吡嗪(2,3,5,6-tetramethylpyrazine)	焦糖香、牛奶香、发酵大豆的香气、轻微的木头香		>2000（空气）
2-乙基吡嗪(2-ethylpyrazine)	霉腐气味、坚果香、烧焦味		4000，6000（水）
2-乙基-3-甲基吡嗪(2-ethyl-3-methylpyrazine)	坚果香		35(空气)，500(水)
2-乙基-5-甲基吡嗪(2-ethyl-5-methylpyrazine)	焙烤香、咖啡香		16，100（水）
2-乙基-6-甲基吡嗪(2-ethyl-6-methylpyrazine)	焙烤香、可可香、咖啡香		40（水）
2-乙基-3,5-二甲基吡嗪(2-ethyl-3,5-dimethylpyrazine)	焙烤香、土腥味		0.011（空气），0.04（水）

续表

化合物	呈香特征	物理性质	阈值/(μg/L)
2-乙基-3,6-二甲基吡嗪(2-ethyl-3,6-dimethylpyrazine)	焙烤香、土腥味		8.6(水)
2,3-二乙基吡嗪(2,3-diethylpyrazine)	土腥味		6.6(空气)
2,3-二乙基-5-甲基吡嗪(2,3-diethyl-5-methylpyrazine),FEMA 号 3336	土腥味	无色至淡黄色液体,微溶于水,溶于乙醇等有机溶剂。相对密度(d_{20}^{20})0.948~0.949,折射率(n_D^{20})1.497~1.499,闪点 80℃	0.014(空气)
2,5-二乙基吡嗪(2,5-diethylpyrazine)	甜香		1.7(空气)
2,6-二乙基吡嗪(2,6-diethylpyrazine)	甜香		74(空气)
2,3,5-三乙基吡嗪(2,3,5-triethylpyrazine)	土腥味		780(空气)
2-异丙基吡嗪(2-siopropylpyrazine)	尘土气味、焙烤的坚果香		
2-丁基吡嗪(2-butylpyrazine)	青香、土腥味、牛蒡味(burdock-like)		400(水)
2-异丁基吡嗪(2-isobutylpyrazine)			400(水)
2-叔丁基吡嗪(2-*tert*-butylpyrazine)	青香、土腥味、胡萝卜的香气		
2-戊基吡嗪(2-pentylpyrazine)	青香、脂肪臭、土腥味、蔬菜香		5(水)
2-己基吡嗪(2-hexylpyrazine)	青香、坚果香、脂肪臭		200(水)
2-庚基吡嗪(2-heptylpyrazine)	蜡气味、青香、土腥味		100(水)

续表

化合物	呈香特征	物理性质	阈值/(μg/L)
2-辛基吡嗪(2-octylpyrazine)	蜡气味、青香、土腥味		400(水)
2-癸基吡嗪(2-decylpyrazine)	蜡气味、脂肪臭		1100(水)

注：在空气中的阈值单位是ng/L，在水中的阈值单位是μg/L。

在已经发现的烷基吡嗪中，最重要的是三甲基吡嗪和四甲基吡嗪。

吡嗪（pyrazine），俗称1,4-二氮杂苯（1,4-diazabenzene），CAS号290-37-9，FEMA号4015，RI_{np} 718或774，RI_{p} 1200或1232，分子式$C_4H_4N_2$，无色白色结晶或蜡状固体，熔点53~56℃，沸点115~116℃，lgP -0.260，呈热甜甜圈、土腥、甜香、坚果、青香，在水溶液中嗅阈值300mg/L或180mg/L；已经在加热食品、米饼、水煮肉、咖啡、白酒中检测到。

2,3,5-三甲基吡嗪（2,3,5-trimethylpyrazine），俗称三甲基吡嗪，CAS号14667-55-1，FEMA号3244，RI_{np} 978或1020，RI_{mp} 1072或1078，RI_{p} 1395或1422，分子式$C_7H_{10}N_2$，无色至浅黄色液体，沸点171~172℃，相对密度0.960~0.990，1.020（20℃），折射率1.503~1.507（20℃），lgP 0.950，溶于水和乙醇等有机溶剂中。

该化合物呈烤炒/焙烤、似土豆、土腥、烟草、青椒、咖啡、焦煳味和烤面包香，在空气中嗅阈值50ng/L或33~66ng/L，水中嗅阈值90μg/L或91~400μg/L或400~1800μg/L，46%vol酒精-水溶液中嗅阈值730μg/L，可可粉中嗅阈值290μg/kg。

三甲基吡嗪存在于咖啡、可可粉、爆米花、小麦和燕麦面包皮、乳清粉、干酪、酵母浸膏、生物转化产物、白酒中。

三甲基吡嗪在酱香型白酒中平均含量为13.97mg/L，茅台酒16.51~20.66mg/L，习酒525μg/L，郎酒7.48~15.55mg/L或423~3760μg/L，金沙回沙酒9.79~10.24mg/L，醇甜原酒3450μg/L，酱香原酒1737μg/L，窖底香原酒725μg/L；在浓香型习酒中未检测到；兼香型口子窖酒中未检测到。通过添加、缺失试验证明，该化合物与酱香型白酒的酱香香气无关。

2,3,5,6-四甲基吡嗪（2,3,5,6-tetramethylpyrazine），俗称四甲基吡嗪，CAS号1124-11-4，FEMA号3237，RI_{np} 1068或1105，RI_{p} 1467或1484，分子式$C_8H_{12}N_2$，白色晶体或粉末，熔点77~80℃，沸点190℃，密度1.08mg/cm^3，lgP 1.280，呈焙烤香、吐司香、加奶咖啡、青香、焦糖香、牛乳香、发酵大豆的香气、轻微的木头香。该化合物在空气中嗅阈值 > 2000ng/L，在水溶液中嗅阈值1~10mg/L，46%vol酒精-水溶液中嗅阈值80.1mg/L。

四甲基吡嗪存在于黑巧克力、水煮肉、水解蔬菜蛋白、干酪、白酒中，在酱香型习酒中含量为706μg/L，郎酒221~384μg/L，醇甜原酒1290μg/L，酱香原酒668μg/L，窖底香原酒811μg/L；浓香型习酒191μg/L；老白干香型手工大楂原酒133~374μg/L，机械化大楂原酒 198～290μg/L；芝麻香型手工原酒 44.67～84.14μg/L，机械化原酒 47.55～69.03μg/L；兼香型口子窖酒中未检测到。

2,3,5-三甲基-6-乙基吡嗪（2,3,5-trimethyl-6-ethylpyrazine），俗称 6-乙基-2,3,5-三甲基吡嗪、乙基三甲基吡嗪，IUPAC 名 2-乙基-3,5,6-三甲基吡嗪（2-ethyl-3,5,6-trimethylpyrazine），CAS 号 17398-16-2，RI_{np} 1173，RI_p 1521，分子式 $C_9H_{14}N_2$，无色至淡黄色清亮液体，沸点 206～207℃，lgP 1.717，呈焙烤、坚果香。该化合物已经在水解蔬菜蛋白、干酪、白酒中检测到。

2. 乙酰基吡嗪类化合物

乙酰基吡嗪类化合物的呈香特征和阈值见表 10-2。

表 10-2 乙酰基吡嗪类化合物

化合物	呈香特征	阈值/(μg/L)
2-乙酰基吡嗪(2-acetylpyrazine)(C 10-1)	爆米花香、面包屑香(bread-crust)和坚果香	0.0004（空气），62（水）
2-乙酰基-3-甲基吡嗪(2-acetyl-3-methylpyrazine)(C 10-2)	烤土豆香、坚果香、蔬菜香和谷物香	20（水）
2-乙酰基-5-甲基吡嗪(2-acetyl-5-methylpyrazine)	焙烤香、青香	400，3000（水）
2-乙酰基-6-甲基吡嗪(2-acetyl-6-methylpyrazine)	焙烤香、咖啡和可可香	
2-乙酰基-3,6-二甲基吡嗪（2-acetyl-3,6-dimethylpyrazine）	焙烤香、焦糖香、榛实（hazelnut）香、爆米花香	
5-乙酰基-2,3-二甲基吡嗪（5-acetyl-2,3-dimethylpyrazine）	焙烤香、青香	

2-乙酰基吡嗪（2-acetylpyrazine)(C 10-1)，IUPAC 名 1-吡嗪-2-基乙酮（1-pyrazin-2-ylethanone），CAS 号 22047-25-2，FEMA 号 3126，RI_{np} 998 或 1036，RI_p 1615 或 1665，分子式 $C_6H_6N_2O$，白色至淡黄色晶状粉末，熔点 76～78℃，沸点 188～190℃，lgP 0.200，呈焙烤/焙炒、坚果、爆米花、面包屑香，在空气中嗅阈值 0.4ng/L，水溶液中嗅阈值 62μg/L。

2-乙酰基吡嗪存在于咖啡、小麦和燕麦面包皮、水煮蛤、水煮贻贝、干酪、丝氨酸-单糖加热反应产物中。

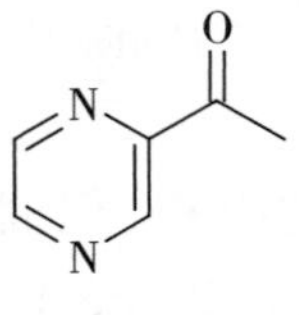

C 10-1 2-乙酰基吡嗪 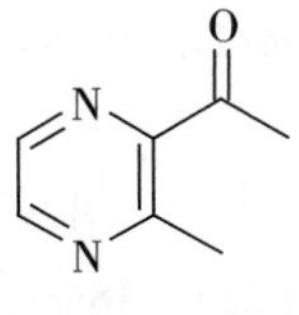　　C 10-2 2-乙酰基-3-甲基吡嗪

在我国白酒中共检测到两种乙酰基吡嗪，即2-乙酰基-6-甲基吡嗪（C 10-2）和2-乙酰基-3,5-二甲基吡嗪。

3. 烷氧基吡嗪类化合物

在烷氧基吡嗪类中，甲氧基吡嗪类化合物已经在葡萄、葡萄酒和啤酒中发现，是葡萄酒中柿子椒（bell pepper）异嗅的主要来源，也是啤酒异嗅的重要来源。烷氧基吡嗪可以降低葡萄酒中热带水果的香气。

最重要的烷氧基吡嗪主要有2-甲氧基-3-异丙基吡嗪、2-甲氧基-3-异丁基吡嗪、2-甲氧基-3-仲丁基吡嗪。

2-甲氧基-3-异丙基吡嗪（2-methoxy-3-isopropylpyrazine，IPMP）（C 10-3），俗称3-异丙基-2-甲氧基吡嗪、青豆吡嗪（bean pyrazine）、2-甲氧基-3-丙-2-基吡嗪（2-methoxy-3-propan-2-ylpyrazine），IUPAC名2-甲氧基-3-（1-甲基乙基）吡嗪［2-methoxy-3-（1-methylethyl）pyrazine］，CAS号25773-40-4，FEMA号3358，RI_{np} 1081或1099，RI_{mp} 1143或1149，RI_{p} 1413或1443，分子式$C_8H_{12}N_2O$，清亮无色液体，沸点189~190℃或120~125℃（1.6kPa），密度0.996g/mL（25℃），lgP 2.414。

IPMP呈柿子椒香、榛子、青香、青草、（炒）豌豆香、土豆、坚果、焙炒、烟囱烟灰、尘土、甘蓝、湿纸、土腥味。该化合物在空气中嗅阈值0.002ng/L或0.0005~0.0010ng/L，在水中觉察阈值3.9ng/L，识别阈值13ng/L或24ng/L或2ng/L或0.002~10.000μg/L或1ng/L或<0.03ng/L或4ng/L；葡萄酒中嗅阈值2ng/L，红葡萄酒中嗅阈值1.03ng/L，霞多利葡萄酒中嗅阈值32ng/L，琼瑶浆葡萄酒中嗅阈值1.56ng/L；啤酒中觉察阈值1.5ng/L，识别阈值2.9ng/L；苹果汁中觉察阈值3ng/L，识别阈值6ng/L。

IPMP呈霉腐、陈腐、豌豆、芦笋的味道，在水溶液中味阈值9.9ng/L，红葡萄酒中味阈值2.9ng/L，琼瑶浆葡萄酒中味1.5ng/L。

2-甲氧基-3-异丙基吡嗪存在于胡椒、黑巧克力、咖啡、生物转化产物、污染饮用水、干酪、葡萄酒、威士忌中。

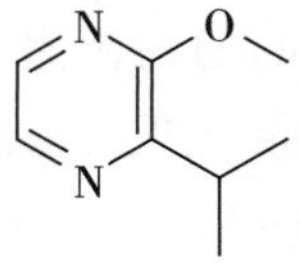

C 10-3　2-甲氧基-3-异丙基吡嗪 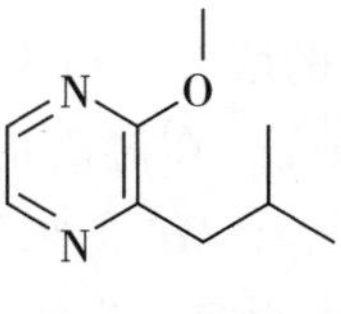　　C 10-4　2-甲氧基-3-异丁基吡嗪 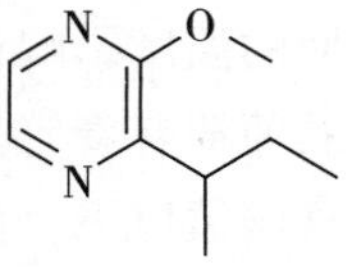　　C 10-5　2-甲氧基-3-仲丁基吡嗪

2-甲氧基-3-异丁基吡嗪（2-methoxy-3-isobutylpyrazine，IBMP）（C 10-4），俗称2-异丁基-3-甲氧基吡嗪，IUPAC名2-甲氧基-3-（2-甲基丙基）吡嗪［2-methoxy-3-（2-methylpropyl）pyrazine］，CAS号24683-00-9，FEMA号3132，RI_{np} 1144或1186，RI_{mp} 1237，RI_{p} 1531或1545，分子式$C_9H_{14}N_2O$，清亮无色至浅黄色液体，沸点214~215℃，密度0.99g/mL（25℃），折射率1.489~1.497（20℃），lgP 2.547。

IBMP呈柿子椒、青豌豆香，在空气中嗅阈值0.003ng/L或0.002ng/L或0.002~0.004ng/L，水中觉察阈值6.2ng/L，识别阈值38ng/L或2ng/L或45ng/L或16ng/L或

180ng/L 或 0.002~10μg/L 或 5ng/L 或 2~15ng/L 或 12ng/L；白葡萄酒中嗅阈值 2ng/L，红葡萄酒嗅阈值 10ng/L；啤酒中觉察阈值 1.8μg/L，识别阈值 2.3μg/L；7%（质量体积分数）醋酸-水溶液中嗅阈值 22ng/L，苹果汁中觉察阈值 0.6ng/L，识别阈值 3.3ng/L；植物油中嗅阈值 0.8μg/kg，葵花籽油中嗅阈值 0.8μg/kg；纤维素中嗅阈值 0.2μg/kg，可可粉中嗅阈值 0.8μg/kg；葵花籽油中味阈值 0.6μg/kg。

IBMP 存在于柿子椒、葡萄汁、微生物污染的葡萄浆果、咖啡、可可粉、薯片、葡萄酒、雪利醋中。

2-甲氧基-3-仲丁基吡嗪（2-methoxy-3-*sec*-butylpyrazine，SBMP）（C 10-5），俗称 2-丁-2-基-3-甲氧基吡嗪（2-butan-2-yl-3-methoxypyrazine）、2-仲丁基-3-甲氧基吡嗪，IUPAC 名 2-甲氧基-3-（1-甲基丙基）吡嗪［2-methoxy-3-(1-methylpropyl) pyrazine］，CAS 号 24168-70-5，FEMA 号 3433，RI_{np} 1159 或 1175，RI_{mp} 1222，RI_p 1475 或 1509，分子式 $C_9H_{14}N_2O$，清亮无色液体，沸点 218~219℃ 或 50℃（133Pa），比重 1.000（25℃），折射率 1.492（20℃），lgP 2.924。

SBMP 呈土腥、豌豆、柿子椒、青香、土豆、白松香（galbanum）气味，在空气中嗅阈值 0.003ng/L，在水溶液中嗅阈值 45ng/L 或 2~4ng/L 或 1ng/L，葡萄酒中嗅阈值 1ng/L。该化合物存在于牛肉汁、猪肉汁、葡萄酒中。

2-甲氧基-3-异丁基吡嗪（IBMP）、2-甲氧基-3-仲丁基吡嗪（SBMP）、2-甲氧基-3-异丙基吡嗪（IPMP）、2-甲氧基-3-甲基吡嗪、2-甲氧基-3-乙基吡嗪是葡萄和葡萄酒中常见的甲氧基吡嗪类化合物，前三者更加重要，这些化合物已经在赤霞珠（Cabernet sauvignon）、长相思（Sauvigon blanc）、品丽珠（Cabernet franc）和梅鹿辄（Merlot）葡萄以及它们酿成的相应的酒中检测到。IBMP 和 IPMP 可能是苹果汁的异嗅化合物。

研究认为，赤霞珠、品丽珠和赛美蓉（Semillon）葡萄中含有高浓度的 IBMP，其他的葡萄中似乎不产该化合物。随着葡萄的逐渐成熟，IBMP 的浓度显著下降。赤霞珠和品丽珠葡萄在转色期的 IBMP 浓度超过 100ng/L。然而，在成熟的初期，IBMP 下降得非常快，到葡萄采摘的时候，IBMP 的浓度还有不到转色期浓度的 1%。

成熟期的温度影响葡萄中 IBMP 的浓度。与生长在温暖地区的葡萄相比，生长在较寒冷地区的葡萄有着较高的 IBMP 浓度。在温暖的地区，IBMP 的浓度在采摘时，可以降低到感官阈值以下，但在寒冷地区，IBMP 的浓度可达 20~30ng/L。

Sala 等对产于 1998 年的葡萄做了测定，发现在梅鹿辄葡萄中，IBMP 含量为 5.6~21.7ng/L，SBMP 含量 2.7~18.1ng/L，IPMP 含量 2.1~11.2ng/L。在赤霞珠中，IBMP 含量 2.2~18.8ng/L，SBMP 含量 2.8~11.4ng/L，而 IPMP 只有痕量（在检测限以下）。梅鹿辄葡萄中的甲氧基吡嗪含量略高于赤霞珠葡萄。2002 年，Sala 等测定了葡萄酒中甲氧基吡嗪类化合物的浓度，发现梅鹿辄葡萄酒在刚发酵完成时，IBMP 的含量为17.5~35.1ng/L，SBMP 为 4.5~15.7ng/L，IPMP 为 2.4~7.4ng/L。而经过苹果酸-乳酸发酵后，IBMP 的含量为 18.8~38.0ng/L，SBMP 的含量为 4.2~15.1ng/L，IPMP 的含量为 2.5~6.1ng/L。苹果酸-乳酸发酵对葡萄酒中的甲氧基吡嗪并没有影响。类似的情况也存在于赤霞珠葡萄酒中。刚发酵好的赤霞珠葡萄酒中，IBMP 的含量为 10.6~15.5ng/L，

SBMP 的含量为 2.4~4.5ng/L，IPMP 未检测到。在苹果酸-乳酸发酵后，赤霞珠葡萄酒中的 IBMP 浓度为 8.2~16.3ng/L，SBMP 浓度为 3.4~5.8ng/L，IPMP 也没有检测到。这三个甲氧基吡嗪中，IBMP 的浓度是最高的，是主要的呈现风味的化学物质。然而，也已经有研究表明，在红葡萄酒中，IPMP 可能与 IBMP 协同作用，从而使 IPMP 产生更明显的泥腥气味。在某些特定的葡萄酒中，IPMP 的浓度或许会与 IBMP 的浓度相当。

葡萄园的管理如是否有遮蓬（canopy）、修剪枝（pruning）、整枝（training）等也影响到 IBMP 的生成。有天蓬的葡萄园，暴露在阳光下的葡萄中的 IBMP 的浓度低于遮阴的葡萄，比较典型的是 IBMP 浓度要降低一半。Hashizume 和 Samuta 研究发现，在不成熟的葡萄中，光照有助于 IBMP 的形成，而在成熟的葡萄中，光照有助于 IBMP 的降解。采用最小修剪（minimal pruning）的葡萄比采用短枝修剪（spur pruning）的葡萄含有较少的 IBMP。Sala 研究发现，与不整枝的葡萄园相比，采用整枝系统的葡萄园长出的葡萄其 IBMP 的浓度较高。相对密度较高的葡萄园，葡萄的 IBMP 平均浓度却比较低。

4. 其他吡嗪类化合物

在丝氨酸（serine）和核糖（ribose）以及丝氨酸和葡萄糖的碱性（pH8）加热反应体系中（180℃加热 2h），会产生大量的更加复杂的吡嗪类化合物，特别是糠基吡嗪、噻吩基吡嗪、吡咯基吡嗪等。如丝氨酸和核糖在碱性高温条件下，产生 2-(2-糠基）吡嗪［2-(2-furfuryl) pyrazine，RI_{np} 1279］、2-(2-糠基)-5-甲基吡嗪［2-(2-furfuryl)-5-methylpyrazine，RI_{np} 1346］、2-(2-糠基)-6-甲基吡嗪［2-(2-furfuryl)-6-methylpyrazine，RI_{np} 1361］、2-(2-糠基)-3，5-二甲基吡嗪［2-(2-furfuryl)-3，5-dimethylpyrazine，RI_{np} 1417］，丝氨酸和葡萄糖碱性高温条件下，产生 2-(5-(羟甲基)糠基)-3，5-二甲基吡嗪［2-(5-(hydroxymethyl) furfuryl)-3,5-dimethylpyrazine，RI_{np} 1753］。其他检测到的复杂的吡嗪类化合物还有 2-(2′-呋喃基）吡嗪［2-(2′-furanyl)-pyrazine，RI_{p} 1975］、2-(2-糠基)-3，6-二甲基吡嗪［2-(2-furfuryl)-3，6-dimethylpyrazine］、2-(5-(羟甲基)糠基)-3，6-二甲基吡嗪［2-(5-(hydroxymethyl) furfuryl)-3，6-dimethylpyrazine］、2-(2-噻吩甲基)-3，5-二甲基吡嗪［2-(2-thienylmethyl)-3，5-dimethylpyrazine］、2-(2-噻吩甲基)-3，6-二甲基吡嗪［2-(2-thienylmethyl)-3，6-dimethylpyrazine］、2-(2-吡咯甲基)-3，5-二甲基吡嗪［2-(2-pyrrylmethyl)-3，5-dimethylpyrazine］、2-(2-吡咯甲基)-3，6-二甲基吡嗪［2-(2-pyrrylmethyl)-3，6-dimethylpyrazine］。

葡萄糖胺（glucosamine）在 200℃加热 30 min 时，会产生 2-(2-呋喃基）吡嗪［2-(2-furyl) pyrazine］、2-(2-呋喃基)-5-甲基吡嗪［2-(2-furyl)-5-methylpyrazine］、2-(2-呋喃基)-5，6-二甲基吡嗪［2-(2-furyl)-5，6-dimethylpyrazine］、2-(2-呋喃基)-5-乙酰基吡嗪［2-(2-furyl)-5-acetylpyrazine］、2，5-双-2-呋喃基吡嗪［2,5-di-(2-furyl) pyrazine］等。

二、 吡啶类化合物

最简单的吡啶类化合物是吡啶（pyridine)（C 10-6），俗称氮杂苯（azine，azabenzene)，CAS 号 110-86-1，FEMA 号 2966，RI_{np} 696 或 750，RI_p 1187 或 1203，分子式 C_5H_5N，无色到黄色液体，熔点-41.6℃，沸点 115~116℃，相对密度 0.980~0.981 (20℃/4℃)，折射率 1.509~1.510 (20℃)，lgP 0.650，pK_a 5.25，微溶于水，易溶于乙醇等溶剂。具有辛辣的、令人恶心的（nauseating）、似鱼腥的（fish-like）、氨的气味，在水溶液中嗅阈值 2000μg/L。

吡啶已经在栲属（*Castanopsis*）花、咖啡、水煮蛤、烤羊肉中检测到。

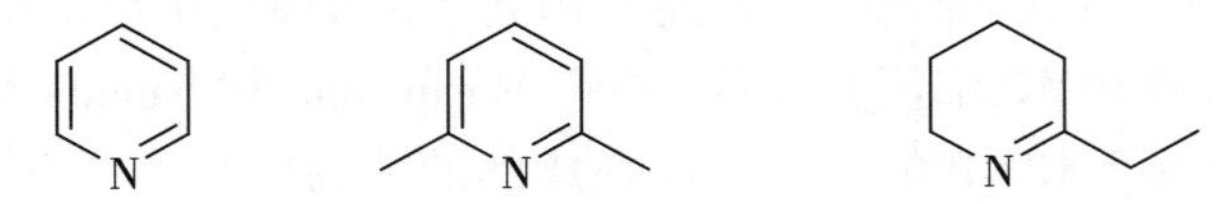

C 10-6 吡啶　C 10-7 2-戊基吡啶　C 10-8 2-乙基-3,4,5,6-四氢吡啶

2-甲基吡啶（2-methylpyridine），CAS 号 109-06-8，RI_{np} 800 或 819，RI_p 1239 或 1243，分子式 C_6H_7N，无色清亮液体，熔点-70℃，沸点 128~130℃，相对密度 0.941~0.947 (25℃)，折射率 1.494~1.500 (20℃)，lgP 1.110，呈汗臭、榛子、坚果香，存在于咖啡、黑巧克力、烤羊肉中。

3-甲基吡啶（3-methylpyridine），CAS 号 108-99-6，RI_{np} 874，RI_p 1306，分子式 C_6H_7N，无色清亮液体，熔点-19℃，沸点 143~145℃，相对密度 0.953~0.959 (25℃)，折射率 1.490~1.502 (20℃)，lgP 1.200，呈青香、土腥、榛子气味，存在于咖啡中。

4-甲基吡啶（4-methylpyridine），CAS 号 108-89-4，分子式 C_6H_7N，RI_{np} 819，RI_p 1294，无色至淡黄色清亮液体，熔点 2~4℃，沸点 142℃，相对密度 0.951~0.957 (25℃)，折射率 1.500~1.506 (20℃)，lgP 1.220，呈青香，存在于葡萄糖与苯丙氨酸加热反应产物、培根中。

2-乙基吡啶（2-ethylpyridine），CAS 号 100-71-0，RI_{np} 919，分子式 C_7H_9N，无色至淡黄色清亮液体，沸点 149~151℃，相对密度 0.927~0.937 (25℃)，折射率 1.494~1.500 (20℃)，lgP 1.690，呈青香、青草气味。

3-乙基吡啶（3-ethylpyridine），CAS 号 536-78-7，FEMA 号 3394，RI_{np} 963 或 972，RI_p 1413，分子式 C_7H_9N，棕色清亮液体，熔点-76.9℃，沸点 166℃，相对密度 0.951~0.957 (25℃)，折射率 1.499~1.505 (20℃)，lgP 1.660，呈烟草、皮革气味，已经在咖啡、培根中检测到。

2-丙基吡啶（2-propylpyridine，2-propionylpyridine），CAS 号 622-39-9，FEMA 号 4065，RI_{np} 1165，分子式 $C_8H_{11}N$，无色至淡黄色清亮液体，熔点 2~3℃，沸点 169~171℃，相对密度 0.907~0.917 (25℃)，折射率 1.490~1.496 (20℃)，lgP 2.238，呈青香、脂肪、焙炒、烟草和坚果香。已经在甘氨酸-脯氨酸-葡萄糖混合加热产物中检测到。

2-戊基吡啶（2-pentylpyridine）(C 10-7)，CAS 号 2294-76-0，FEMA 号 3383，RI_{np} 1188 或 1192，RI_{mp} 1032，RI_p 1507，分子式 $C_{10}H_{15}N$，无色至淡黄色清亮液体，沸点 102~107℃，密度 0.897g/mL (25℃)，折射率 1.485~1.491 (20℃)，lgP 3.257，能

溶于醇，不溶于水（2246mg/L，25℃），呈脂肪、兽脂气味，在稀溶液中具有强烈的脂肪和兽脂气味，在空气中嗅阈值 0.2ng/L，水溶液中嗅阈值 0.6μg/L。

2-戊基吡啶是羊肉的主要气味化合物，也已经在炒芝麻中检测到。2-戊基吡啶是缬氨酸与亚油酸加热时的主要产物。

2,3-二甲基吡啶（2,3-dimethylpyridine），俗称 2,3-卢剔啶（2,3-lutidine），CAS 号 583-61-9，RI_{np} 909，分子式 C_7H_9N，无色至淡黄色清亮液体，熔点-15℃，沸点 160~162℃，相对密度 0.943~0.949（25℃），折射率 1.503~1.509（20℃），lgP 1.638，已经在甘氨酸-脯氨酸-葡萄糖混合加热产物中检测到。

2,6-二甲基吡啶（2,6-dimethylpyridine），俗称 2,6-卢剔啶（2,6-lutidine），CAS 号 108-48-5，FEMA 号 3540，分子式 C_7H_9N，无色至淡黄色清亮液体，熔点-6℃，沸点 143~145℃，相对密度 0.917~0.923（25℃），折射率 1.495~1.501（20℃），lgP 1.680。存在于面包、干酪、牛排、小羔羊、雪利酒、咖啡和茶中，有坚果香、咖啡香、可可香、面包香和肉类的香味，被用于焙烤食品、蔬菜和油炸食品的调香中。

2-乙基-3,4,5,6-四氢吡啶（2-ethyl-3,4,5,6-tetrahydropyridine，ETHP）（C 10-8），在水溶液中嗅阈值 1.6μg/L，葡萄酒中嗅阈值 150μg/L。ETHP 最早于 1973 年在有鼠臭味的苹果酒中检测到，1977 年首次在葡萄酒中检测到。期间，曾有反复，但最终被确认。ETHP 在葡萄酒中含量为 4.8~106.0μg/L。

2-乙酰基吡啶（2-acetylpyridine）（C 10-9），俗称甲基-2-吡啶基酮（methyl 2-pyridyl ketone），IUPAC 名 1-吡啶-2-基乙酮（1-pyridin-2-ylethanone），CAS 号 1122-62-9，FEMA 号 3251，RI_{np} 1026 或 1045，RI_{mp} 1135，RI_p 1585 或 1590，分子式 C_7H_7NO，无色液体，在空气中易氧化为黄色，沸点 192℃，相对密度 1.077（25℃），折射率 1.518~1.524（20℃），lgP 0.850，水中溶解度 18.2g/L（25℃），pK_a 2.64（25℃），溶于乙醇、乙醚和乙酸己酯，微溶于四氯化碳，呈焙炒、面包皮、脂肪、爆米花、饭香、油臭，在空气中嗅阈值 0.4μg/L，水中嗅阈值 19μg/L 或 62μg/L。

2-乙酰基吡啶存在于小麦面包、水煮牛肉、烤牛肉、烤羊肉、白兰地、可可、红茶、烤榛子、炒花生、咖啡、小麦和燕麦面包皮、甘氨酸-脯氨酸-葡萄糖混合加热产物中；也已经在中国酱香型白酒中检测到。

2-乙酰基-6-甲基吡啶（2-acetyl-6-methylpyridine）（C 10-10），俗称 6-甲基-2-乙酰基吡啶，CAS 号 6940-57-4，IUPAC 名 1-(6-甲基吡啶-2-基) 乙酮 [1-(6-methylpyridin-2-yl) ethanone]，CAS 号 6940-57-4，分子式 C_8H_9NO，RI_{np} 1190，有焙烤香、硫化物、土豆和巧克力香，已经在甘氨酸-脯氨酸-葡萄糖混合加热产物、酒类产品中检测到。

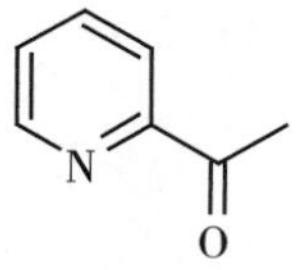

N　O　　N　O

C 10-9　2-乙酰基吡啶 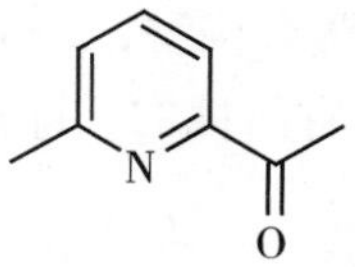　　C 10-10　2-乙酰基-6-甲基吡啶

2-乙酰基-1,4,5,6-四氢吡啶（2-acetyl-1,4,5,6-tetrahydropyridine，1,2,3,4-ATHP)(C 10-11)，俗称6-乙酰基-1,2,3,4-四氢吡啶，IUPAC 名 1-(1,2,3,4-四氢吡啶-6-基）乙酮［1-(1,2,3,4-tetrahydropyridin-6-yl)ethanone］，CAS 号 25343-57-1，RI_{np} 1017，RI_p 1605 或 1611，分子式 $C_7H_{11}NO$，沸点 269~270℃，lgP -0.246，呈焙炒、薄脆饼干香。1,2,3,4-ATMP 存在于爆米花、小麦和燕麦面包皮 中。

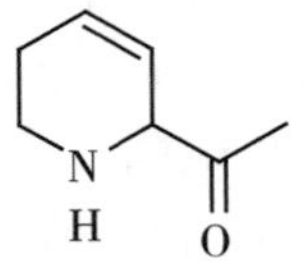

C 10-11　2-乙酰基-1,4,5,6-四氢吡啶 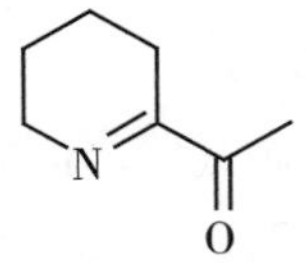　　C 10-12　2-乙酰基-3,4,5,6-四氢吡啶

2-乙酰基四氢吡啶（2-acetyltetrahydropyridine，2,3,4,5-ATHP)(C 10-12)，俗称2-乙酰基-3,4,5,6-四氢吡啶（2-acetyl-3,4,5,6-tetrahydropyridine)、6-乙酰基四氢吡啶(6-acetyltetrahydropyridine)、6-乙酰基-2,3,4,5-四氢吡啶（6-acetyl-2,3,4,5-tetrahydropyridine)，IUPAC 名 1-(3,4,5,6-四氢吡啶-2-基）乙酮［1-(3,4,5,6-tetrahydropyridin-2-yl)ethanone］，CAS 号 27300-27-2，RI_{np} 1110，RI_p 1551，分子式 $C_7H_{11}NO$，沸点 200~203℃，lgP 0.508，溶于醇，水中溶解度 1391mg/L（25℃），呈面包皮、爆米花香、焙炒香，在空气中嗅阈值 0.02ng/L 或 0.06ng/L，在水中嗅阈值 1.6μg/L。

2,3,4,5-ATHP 存在于爆米花中，于 1984 年在葡萄酒中发现。

2,3,4,5-ATHP 和 1,4,5,6-ATHP 具有异构现象，在酸性条件下，主要以 1,4,5,6-ATHP 形式存在。

ETHP、ATHP 和 2-乙酰基-1,4,5,6-四氢吡啶已经在葡萄酒中检测到。这几个化合物在葡萄酒中呈现出鼠臭，是葡萄酒中的异嗅物质。

烟酸乙酯（ethyl nicotinate)，IUPAC 名 3-吡啶甲酸乙酯（ethyl 3-pyridinecarboxylate)，CAS 号 614-18-6，RI_{np} 1211 或 1224，RI_p 1782 或 1789，分子式 $C_8H_9NO_2$，无色至浅黄色液体，熔点 8~10℃，沸点 223~224℃，密度 1.107g/mL（25℃），折射率 1.498~1.504（20℃），lgP 1.320，呈药、溶剂和茴芹气味，在啤酒中嗅阈值 4555μg/L 或 2000μg/L。

烟酸乙酯存在于酒花、啤酒、番石榴酒、红葡萄酒中，在新鲜啤酒中含量为 6.5μg/L。

爱尔吡啶（alapyridaine)，IUPAC 名 *N*-(1-羧乙基)-6-羟甲基吡啶-3-醇内盐［*N*-(1-carboxyethyl)-6-(hydroxymethyl)pyridinium-3-ol inner salt］，该化合物首先在牛肉汤中发现，其浓度 419μg/L，其结构随 pH 的变化而发生变化（图 10-1）。它存在(+)-(*S*)-和（-)-(*R*)-两个构型，(*S*)-型（C 10-13）有甜味和鲜味增强的作用，而(*R*)-型（C 10-14）是没有活性的，即没有任何风味。

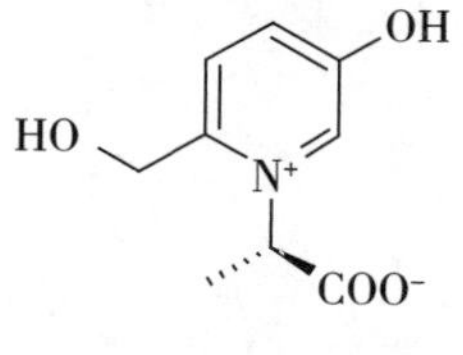

C 10-13　(*S*)-爱尔吡啶 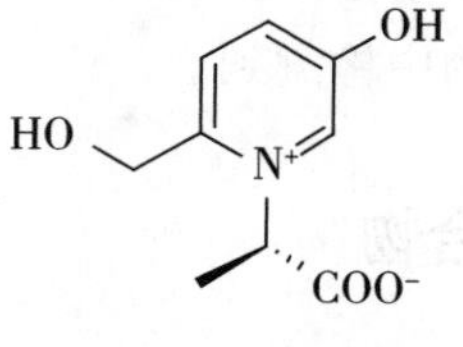　　C 10-14　(*R*)-爱尔吡啶

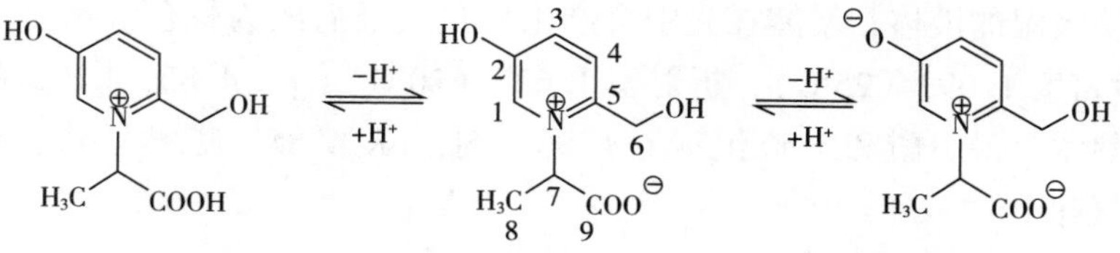

图 10-1　甜味增强剂爱尔吡啶的结构随 pH 的变化

一类五碳环与吡啶环结连的化合物，存在于脯氨酸与葡萄糖热反应产物中，主要有1,2,3,4,5,6-六氢-(7*H*)-环戊基［b］吡啶-7-酮［1,2,3,4,5,6-hexahydro-(7*H*)-cyclopenta［b］pyridin-7-one］、6-甲基-1,2,3,4,5,6-六氢-(7*H*)-环戊基［b］吡啶-7-酮［6-methyl-1,2,3,4,5,6-hexahydro-(7*H*)-cyclopenta［b］pyridin-7-one］、5-甲基-1,2,3,4,5,6-六氢-(7*H*)-环戊基［b］吡啶-7-酮［5-methyl-1,2,3,4,5,6-hexahydro-(7*H*)-cyclopenta［b］pyridin-7-one］、5-(1-羟基亚乙基)-1,2,3,4,5,6-六氢-(7*H*)-环戊基［b］吡啶-7-酮［5-(1-hydroxyethylidene)-1,2,3,4,5,6-hexahydro-(7*H*)-cyclopenta［b］pyridin-7-one］等。

三、 哌啶类化合物

哌啶（piperidine，azinane）(C 10-15)，俗称六氢吡啶（hexahydropyridine）、氮杂环己烷（azacyclohexane）、五亚甲基胺（pentamethyleneamine），CAS 号 110-89-4，FEMA 号 2908，分子式 $C_5H_{11}N$，无色至淡黄色清亮液体，熔点-7℃，沸点 106℃，密度 0.862g/mL，折射率 1.450～1.454（20℃），lgP 0.840，微溶于水，呈酸性，pK_a 11.22，呈甜香、花香和动物臭。

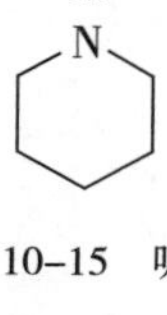

C 10-15　哌啶 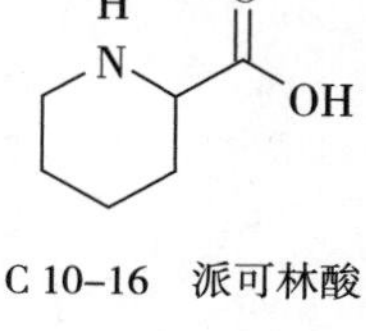　　C 10-16　派可林酸

派可林酸（pipecolinic acid）(C 10-16)，IUPAC 名哌啶-2-甲酸（piperidine-2-carboxylic acid），CAS 号 3105-95-1，$C_6H_{11}NO_2$。目前已经在白酒中检测到，但作用不详。

2-(2-呋喃基) 哌啶［2-(2-furyl)piperidine］，RI_{np} 1800，已经在甘氨酸-脯氨酸-葡萄糖混合加热产物中检测到。

四、 喹啉类化合物

喹啉（quinoline）(C 10－17)，俗称苯并吡啶（benzopyridine）、苯并［b］吡啶（benzo［b］pyridine）、1-氮萘（1-benzazine），CAS 号 91-22-5，FEMA 号 3470，RI_{np} 1233，无色易吸湿的液体，暴露在光中会产生黄色，最后成为棕色。熔点-15℃，沸点 237℃，相对密度 1.093（25℃），折射率 1.627（20℃），pK_a 4.85，lgP 2.030，微溶于冷水，溶于热水、醇、醚和二硫化碳等有机溶剂，pK_a 4.85。喹啉呈药、霉腐、烟草、橡胶和土腥气味。

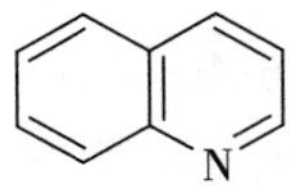

C 10–17 喹啉 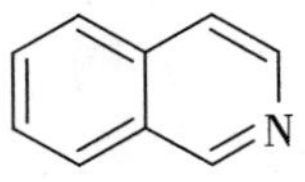　　C 10–18 异喹啉 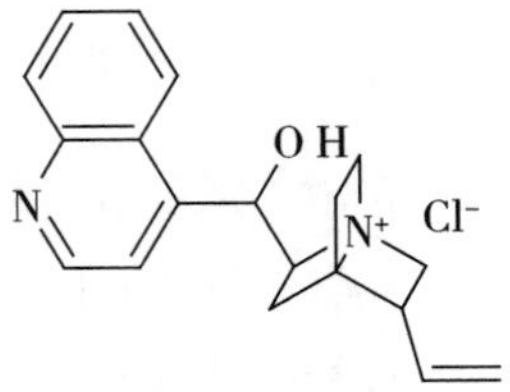　　C 10–19 盐酸喹啉

该化合物于 1834 年由德国化学家 Friedlieb Ferdinand Runge 首次发现于煤焦油中，已经在红葡萄酒中检测到。

盐酸喹啉或硫酸喹啉（quinine sulfate）是常用的苦味标准物，硫酸喹啉在水溶液中苦味阈值 0.00049mg/L，在 5mmol/L 的 MSG 溶液中苦味阈值 0.00049mg/L，在 5mmol/L 的 IMP 溶液中苦味阈值 0.002mg/L。

异喹啉（isoquinoline）(C 10-18)，俗称苯并［c］吡啶（benzo［c］pyridine）、2-氮萘（2-benzazine），CAS 号 119-65-3，FEMA 号 2978，RI_{np} 1254，分子式 C_9H_7N，无色晶体，熔点 27~29℃，沸点 242~243℃，相对密度 1.097~1.103（25℃），折射率 1.621~1.627（20℃），lgP 2.080，呈甜香、膏香、苦杏仁气味，已经在红葡萄酒中检测到。

盐酸喹啉（C 10-19）（quinine hydrochloride）呈苦味，在水溶液中（pH6.5）味阈值 0.007 mmol/kg，通常作为苦味标准物用于训练苦味感觉，通常配制浓度 0.05mmol/L。咖啡因也是标准的苦味物质，但盐酸喹啉的味觉阈值比咖啡因低。另外一种苦味物质是盐酸丹那托林（denatonium chloride），极苦，在水溶液中（pH6.5）味阈值仅有 0.00002 mmol/kg。

五、 吲哚类化合物

吲哚（indole）(C 10-20)，俗称 2,3-苯并吡咯（2,3-benzopyrrole）、(1*H*)-吲哚、(1*H*)-苯并［b］吡咯［(1*H*)-benzo［b］pyrrole］、1-苯并［b］吡咯，IUPAC 名 CAS 号

120-72-9，FEMA 号 2593，RI_{np} 1291 或 1316，RI_{mp} 1549，RI_{p} 2425 或 2476，分子式 C_8H_7N，白色至琥珀色结晶，熔点 51～52℃，沸点 253～254℃，lgP 2.140，几乎不溶于水，溶于乙醇等有机溶剂。

吲哚有能唤起情欲的香气、动物臭、轻微的麝香、甜香、焦煳、似卫生球气味；在稀溶液中有轻微的大粪臭（faecal），而在极稀的溶液中具有类似茉莉花香。有着极低的阈值，在空气中嗅阈值 0.0001μg/L，水中嗅觉觉察阈值 11μg/L，识别阈值 40μg/L 或 21μg/L 或 90μg/L 和 140μg/L。

吲哚存在于鸡蛋、茶、花菜、牛排、可可、面包、干酪、葡萄酒、啤酒、白兰地、咖啡、凝乳蛋白、番石榴酒等食品中，是凝乳干酪（rennet casein）的重要香气成分。

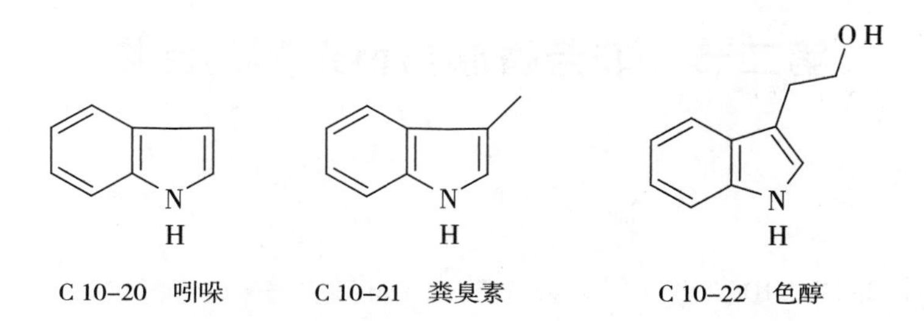

C 10-20　吲哚　　C 10-21　粪臭素　　C 10-22　色醇

2,3-二氢吲哚（2,3-dihydroindole），俗称 2,3-二氢-(1*H*)-吲哚［2,3-dihydro-(1*H*)-indole］，RI_{np} 1140，存在于挤压膨化面粉中。

吲哚的同系物——粪臭素（skatole，skatol）(C 10-21)，俗称 3-甲基吲哚、4-甲基-2,3-苯并吡咯（4-methyl-2,3-benzopyrrole），IUPAC 名 3-甲基-(1*H*)-吲哚［3-methyl-(1*H*)-indole］，CAS 号 83-34-1，FEMA 号 3019，RI_{np} 1388 或 1410，RI_{mp} 1623 或 1629，RI_{p} 2484 或 2489，分子式 C_9H_9N，白色结晶，熔点 93～96℃，沸点 265～266℃，lgP 2.603，能溶于醇，微溶于冷水（水中溶解度 498mg/L，25℃），溶于沸水、乙醇等溶剂。

3-甲基吲哚呈腐烂的、令人作呕的臭气、卫生球、动物臭、大粪臭。在极稀的溶液中，有茉莉花香；在水中嗅觉觉察阈值 0.13μg/L，识别阈值 0.41μg/L 或 3μg/L 或 0.7μg/L 或 3μg/L。

3-甲基吲哚通常是稳定的，但是对光敏感的。粪臭素可能是色氨酸（tryptophan）的非酶降解产物或微生物降解产物。

粪臭素于 1877 年由德国生理学家 Ludwig Brieger 首先发现。正如它的名字一样，粪臭素存在于大粪中，目前已经在茉莉花、乳制品（干酪）、向日葵油（15.6μg/kg）、淀粉（0.23μg/kg）、茶、干的鲣鱼（dried bonito fish）、牛肉汁、猪肉汁、咖啡、炒芝麻、乳清粉、凝乳蛋白中检测到。

粪臭素是瑞士干酪（Emmental cheese）的香气成分，但却是白胡椒的香气缺陷，大粪臭的主要成分，当 2.6mg/kg 粪臭素与 12.4mg/kg 4-甲基苯酚混合时，大粪臭最为强烈。研究发现，粪臭素是昆虫引诱剂（而苯酚、4-甲基苯酚、4-乙基苯酚和吲哚不是）。

色醇（tryptophol，color alcohol）（C 10-22），俗称吲哚-3-乙醇（indole-3-ethanol）、2-吲哚-3-基乙醇（2-indol-3-yl ethanol）、（1*H*）-吲哚-3-乙醇［（1*H*）-indole-3-ethanol］、苯并-2-吡咯乙醇（benzo-2-pyrro-ethanol），IUPAC 名 2-（（1*H*）-吲哚-3-基）乙醇［2-（（1*H*）-indol-3-yl）ethanol］，CAS 号 526-55-6，分子式 $C_{10}H_{11}N$，熔点 59℃，沸点 357.8℃，水中溶解度 2749mg/L（25℃）。

色醇存在于橡木中；在霞多利白葡萄酒中含量为 0.073～0.579mg/L。

色醇是乙醇发酵的次级代谢产物，于 1912 年由菲利克斯·埃尔利希（Felix Ehrlich）首次发现，具有诱导人类睡眠的作用。

第二节　非芳香族含氮杂环化合物

一、吡咯

吡咯（pyrrole）（C 10-23），俗称氮杂茂（azole）、一氮唑（imidole）、二乙烯亚基亚胺（divinylenimine），IUPAC 名（1*H*）-吡咯［（1*H*）-pyrrole］，CAS 号 109-97-7，FEMA 号 3386，RI_{np} 725 或 768，RI_p 1513 或 1542，分子式 C_4H_5N，无色至浅黄色清亮液体，熔点-23℃，沸点 130℃，相对密度 0.968～0.969（20℃/4℃），折射率 1.509～1.510（20℃），lgP 0.750，不溶于水，溶于乙醇等有机溶剂。具有甜的醚样的香气、坚果香，在水中嗅阈值 49.6mg/L 或 20mg/L，已经在咖啡、烤杏仁、烤榛子、爆米花中检测到。

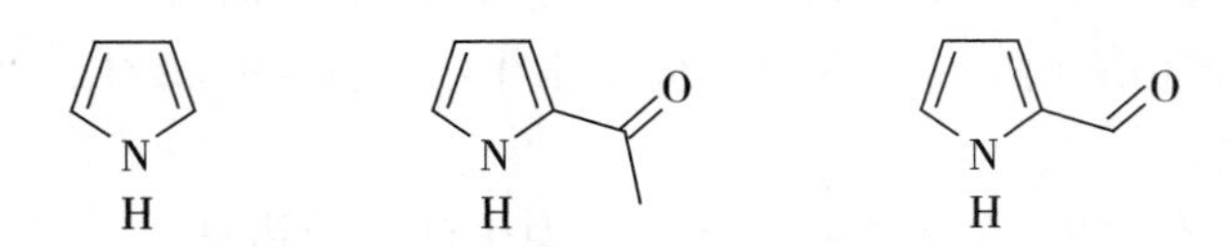

C 10-23　吡咯　　C 10-24　2-乙酰基吡咯　　C 10-25　2-吡咯甲醛

2-乙酰基吡咯（2-acetylpyrrole）（C 10-24），俗称乙酰基吡咯、甲基 2-吡咯酰基酮（methyl 2-pyrrolyl ketone），IUPAC 名 1-（（1*H*）-吡咯-2-基）乙酮［1-（（1*H*）-pyrrol-2-yl）ethanone］，CAS 号 1072-83-9，FEMA 号 3202，RI_{np} 1024 或 1098，RI_p 1973 或 2002，分子式 C_6H_7NO，米黄色至黄色结晶，熔点 90℃，沸点 220℃，lgP 0.930，溶于水和乙醇等溶剂中。2-乙酰基吡咯有草药、药、可可、巧克力、榛子、焙炒、甜的霉腐臭（sweet musty）、坚果香、茶叶香，在水溶液中嗅阈值 170mg/L。

2-乙酰基吡咯存在于咖啡、黑巧克力、面包、米饭、水煮蛤、烤杏仁、爆米花、乳清粉、啤酒、黄酒中，在黄酒中含量为 nd～48.19μg/L，在老化啤酒中含量为 nd～110.1μg/L。2-乙酰基吡咯常用于焙烤食品、油炸食品的调香中。

2-吡咯甲醛（2-pyrrolylcarboxaldehyde）（C 10-25），俗称（1*H*）-吡咯-2-甲醛［（1*H*）-pyrrole-2-carboxyaldehyde］、吡咯 2-甲醛，CAS 号 1003-29-8，RI_{np} 986 或

1060，RI_p 1990 或 2044，分子式 C_5H_5NO，浅黄色结晶，熔点 43~46℃，沸点 217~219℃，lgP 0.640，呈霉腐味、牛排、咖啡香，存在于黑巧克力、橡木中。

2-吡咯甲醛能与半胱氨酸反应形成半胱氨酸-2-吡咯甲醛共轭物。

2-吡咯甲醛已经在芦笋、洋葱、小麦面包、牛排、啤酒、白葡萄酒、可可、茶、小麦、咖啡、橡木中发现，在法国中烤橡木中含量为 1.71μg/g，美国中烤橡木 3.32μg/g，中国中烤橡木 3.39μg/g。该化合物主要用于焙烤食品，如坚果类和肉类的调香。

1-甲基-2-吡咯甲醛（1-methyl-2-pyrrolecarboxaldehyde）（C 10-26），俗称 2-甲酰-1-甲基吡咯（2-formyl-1-methylpyrrole）、*N*-甲基吡咯-2-甲醛，IUPAC 名 1-甲基-(1*H*)-吡咯-2-甲醛［1-methyl-(1*H*)-pyrrole-2-carbaldehyde］，CAS 号 1192-58-1，FEMA 号 4332，RI_{np} 964 或 1020，RI_p 1661 或 1632，分子式 C_6H_7NO，清亮无色到浅粉红色液体，沸点 87~90℃，密度 1.07g/mL（20℃），呈焙烤香，已经在咖啡、甘氨酸-脯氨酸-葡萄糖混合加热产物中发现。

C 10-26　1-甲基-2-吡咯甲醛　　C 10-27　1-乙基-2-吡咯醛

1-乙基-2-吡咯甲醛（1-ethyl-2-pyrrolecarboxaldehyde）（C 10-27），俗称 2-甲酰-1-乙基吡咯（2-formyl-1-ethylpyrrole）、茶吡咯（tea pyrrole），IUPAC 名 1-乙基-(1*H*)-吡咯 2-甲醛［1-ethyl-(1*H*)-pyrrole-2-carbaldehyde］，CAS 号 2167-14-8，FEMA 号 4317，RI_{np} 1067，RI_p 1589 或 1610，分子式 C_7H_9NO，无色至黄色清亮液体，沸点 204~206℃，相对密度 1.033~1.039（25℃），折射率 1.541~1.547（20℃），lgP 0.793，呈焙烤香，已经在白酒中发现。

二、 吡咯啉

1-吡咯啉（1-pyrroline）（C 10-28），俗称吡咯啉，IUPAC 名 3,4-二氢-(2*H*)-吡咯啉［3,4-dihydro-(2*H*)-pyrroline］，存在于海产品，如蛤和鱿鱼中。

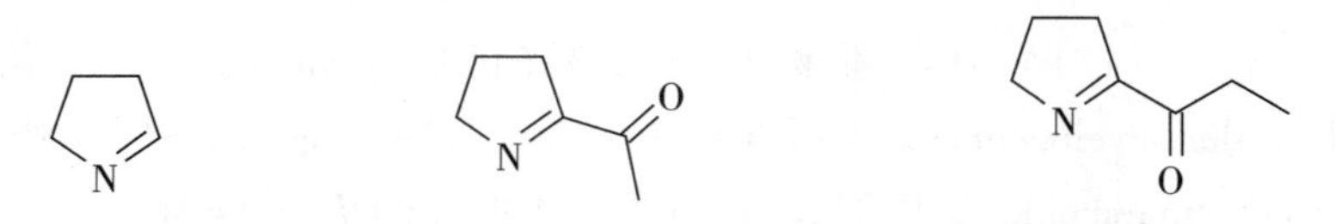

C 10-28　1-吡咯啉　　C 10-29　2-乙酰基-1-吡咯啉　　C 10-30　2-丙酰基-1-吡咯啉

2-乙酰基-1-吡咯啉（2-acetyl-1-pyrroline）（C 10-29），俗称 2-乙酰基吡咯啉、1-（氮杂环戊-1-烯-2-基）乙酮［1-(azacyclopent-1-en-2-yl)-1-ethanone］、2-乙酰基-3,4-二氢-(5*H*)-吡咯［2-acetyl-3,4-dihydro-(5*H*)-pyrrole］，IUPAC 名1-（4,5-二氢-(3*H*)-吡咯-2-基）乙酮［1-(4,5-dihydro-(3*H*)-pyrrol-2-yl) ethanone］，CAS

号 99583-29-6，FEMA 号 4249，RI_{np} 912 或 924，RI_{mp} 1002 或 1017，RI_p 1320 或 1342，分子式 C_6H_9NO，黄色至橙黄色液体，熔点 19℃，沸点 182~183℃，lgP -0.019。

2-乙酰基-1-吡咯啉呈白面包外皮、爆米花、焙烤/焙炒、甜香、坚果香气，在空气中嗅阈值 0.02ng/L，水中觉察阈值 0.053μg/L，识别阈值 0.12μg/L 或 0.1μg/L。

该化合物在自然界存在时间十分短暂，因而限制了它的应用。

2-乙酰基-1-吡咯啉已经在甜玉米、玉米粉圆饼（corn tortilla）、珍珠粟（pearl millet）、自然干燥的香肠、焙烤的野生芒果种子、蜂蜜、煮牛肉、炒芝麻、爆米花、小麦和燕麦面包及面包皮、米饭、乳清粉、凝乳蛋白、酵母浸膏、UHT 牛乳、韩国泡菜中检测到，是白面包皮的典型香气成分；是葡萄酒鼠臭气味的来源之一，于 1995 年第一次在葡萄酒中检测到，其含量为 7.8μg/L。

2-乙酰基-1-吡咯啉在绝大部分大米中含量为 1~10μg/L，但加香米中含量可达 2mg/L。

2-乙酰基-1-吡咯啉在蜂蜜中浓度为 0.08~0.45μg/L，而新西兰麦卢卡树蜂蜜（manuka honey）中含量高达 250mg/L。

2-丙酰基-1-吡咯啉（2-propionyl-1-pyrroline，2-propanoyl-1-pyrroline）（C 10-30），俗称 2-丙酰基吡咯啉、1-(氮杂环戊-1-烯-2-基)-1-丙酮［1-(azacyclopent-1-en-2-yl)-1-propanone］，IUPAC 名 1-(4,5-二氢-(3*H*)-吡咯-2-基)丙-1-酮［1-(4,5-dihydro-(3*H*)-pyrrol-2-yl)propan-1-one］，CAS 号 133447-37-7，FEMA 号 4063，RI_{np} 1000 或 1024，RI_{mp} 1104，RI_p 1408 或 1434，分子式 $C_7H_{11}NO$，淡黄色至黄色清亮液体，沸点 89~90℃（133Pa），相对密度 0.979~0.985（25℃），折射率 1.446~1.452（20℃），lgP 0.490。

2-丙酰基-1-吡咯啉呈爆米花香、加热的肉香（heated meat）、焙炒、煎炸香，在空气中嗅阈值 0.02ng/L，水中嗅阈值 0.1μg/kg，存在于爆米花、乳清粉中。

烷氧基（alkanoyl group）吡咯啉类化合物均具有爆米花香，但 2-乙酰基-1-吡咯啉和 2-丙酰基-1-吡咯啉具有最低的阈值。烷氧基的链长影响着风味，从 2-丙酰基过渡到 2-丁酰基时，焙烤香气突然消失，气味阈值呈 10 的几个幂级增加。

三、咪唑

咪唑（imidazole）（C 10-31），俗称 1,3-二唑（1,3-diazole）、1,3-二氮杂茂环戊-2,4-二烯（1,3-diazacyclopenta-2,4-diene）、*N*,*N*′-1,2-乙烯二基-甲咪唑（*N*,*N*′-1,2-ethenediyl-methanimidamide），IUPAC 名（1*H*）-咪唑［(1*H*)-imidazole］，CAS 号 288-32-4，分子式 $C_3H_4N_2$，无色至淡黄色固体，熔点 89~91℃，沸点 256℃，lgP -0.080，能溶于水，pK_a 14.5 或 7.05（共轭酸），吸光波长 289 nm。咪唑是一个强极性的化合物，存在电子共振现象。

C 10-31　咪唑 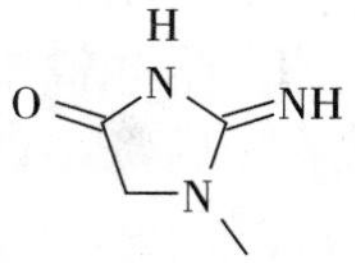　　　　C 10-32　肌酐

肌酐（creatinine）（C 10-32），俗称 2-亚氨基-1-甲基-4-咪唑烷酮（2-imino-1-methyl-4-imidazolidinone），IUPAC 名 2-氨基-1-甲基-(4*H*)-咪唑-5-酮［2-amino-1-methyl-(4*H*)-imidazol-5-one］或 2-氨基-1-甲基-(5*H*)-咪唑-4-酮，CAS 号 60-27-5，分子式 $C_4H_7N_3O$，摩尔质量 113.12g/mol，白色晶体，密度 1.09g/cm^3，熔点 300℃，lgP -1.76，pK_a 12.309，pK_b 1.688。肌酐呈苦味，水溶液中苦味阈值 18mmol/L。

第三节　噁唑类化合物

噁唑和噁唑啉类属于氧杂氮五环类化合物。

噁唑（oxazoles）（C 10-33），又称氮代呋喃，是含有一个氧和一个氮杂原子的五元杂环化合物，五元环中的氧和氮原子分别占 1，3 位；若氧和氮原子分别占 1，2 位，则为异噁唑（isooxazoles）（C 10-34）。噁唑与异噁唑在自然界中是不存在的。

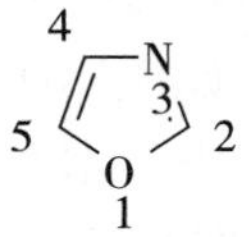

C 10-33　噁唑 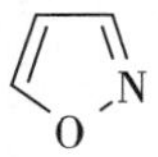　　C 10-34　异噁唑 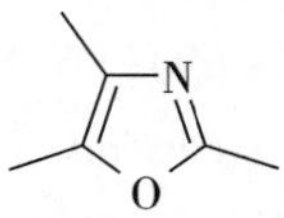　　C 10-35　2,4,5-三甲基噁唑

最简单的噁唑类化合物是噁唑，IUPAC 名 1,3-噁唑（1,3-oxazole），CAS 号 288-42-6，分子式 C_3H_3NO，有吡啶气味的液体，沸点 69～70℃，lgP 0.120，碱性很弱（pK_a 0.8），盐类不稳定，但可与氯化汞形成络合物。噁唑对氢化非常稳定，氧化则可将环破裂，环的稳定性与环上取代基的性质有关。噁唑的芳香性很弱，小于噻唑。

4,5-二甲基噁唑（4,5-dimethyloxazole），IUPAC 名 4,5-二甲基-1,3-噁唑（4,5-dimethyl-1,3-oxazole），CAS 号 20662-83-3，RI_{np} 771，分子式 C_5H_7NO，无色至浅黄色清亮液体，沸点 117～118℃，lgP 0.626。存在于硫化氢与呋喃扭尔的反应中。

2，4，5-三甲基噁唑（2，4，5-trimethyloxazole）（C 10-35），俗称三甲基噁唑，IUPAC 名 2，4，5-三甲基-1，3-噁唑（2，4，5-trimethyl-1，3-oxazole），CAS 号 20662-84-4，FEMA 号 4394，RI_{np} 861 或 846，RI_p 1193 或 1214，分子式 C_6H_9NO，无色至淡黄色清亮液体，沸点 133～134℃，相对密度 0.956～0.964（25℃），折射率 1.438～1.446（20℃），lgP 1.206，溶于醇，不溶于水（溶解度 2801mg/L，25℃），呈粗糙的、霉腐气味、甜香、花香、水果香。三甲基噁唑是美拉德反应的产物，如硫化氢与呋喃扭尔反应、3-羟基-2-丁酮与乙酸铵反应都可以生成。

2,4,5-三甲基噁唑存在于咖啡、葡萄酒、白酒中，在白葡萄酒中含量为0~4μg/L，红葡萄酒中含量为0~7μg/L，香槟酒中含量为0~5μg/L，贵腐葡萄酒0~7μg/L，强化葡萄酒中未检测到，已经在中国酱香型白酒中检测到。

第四节 噁唑啉类化合物

噁唑啉类（oxazolines）是一类含有一个氧和一个氮杂原子的五元杂环化合物，五元环中的氧和氮原子分别占1，3位，但与噁唑的不同在于双键位置。

最简单的噁唑啉类化合物是噁唑啉，俗称1,3-噁唑啉、二氢噁唑啉（dihydrooxazoline）。该化合物有三个异构体，分别称为2-噁唑啉（2-oxazoline）（C 10-36）、3-噁唑啉（C 10-37）和4-噁唑啉（C 10-38）。

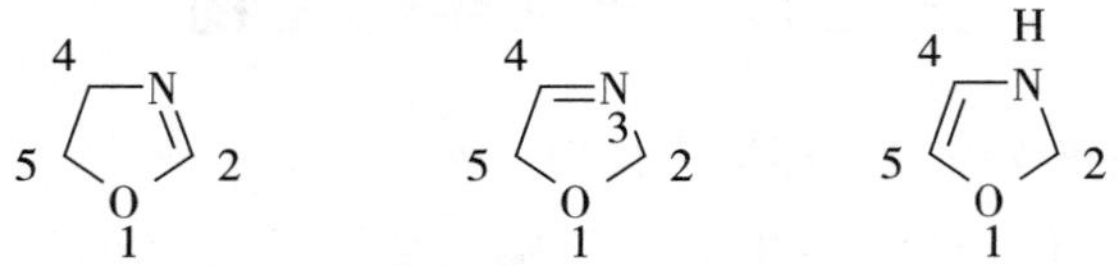

C 10-36 2-噁唑啉　C 10-37 3-噁唑啉　C 10-38 4-噁唑啉

2,4,5-三甲基-3-噁唑啉（2,4,5-trimethyl-3-oxazoline），俗称花生噁唑（peanut oxazole），IUPAC名2,4,5-三甲基-2,5-二氢-1,3-噁唑（2,4,5-trimethyl-2,5-dihydro-1,3-oxazole），CAS号22694-96-8，FEMA号3525，分子式$C_6H_{11}NO$，淡黄色液体，沸点125~127℃，密度0.919g/mL，lgP 1.683，呈霉腐味、青香、木香、坚果和焦糖香，存在于3-羟基-2-丁酮与乙酸铵反应产物中。该化合物有四个手性体，分别为（2*R*,5*R*）-型、（2*R*,5*S*）-型、（2*S*,5*R*）-型和（2*S*,5*S*）-型。

二噁茂烷类化合物相关内容见第三章。

第五节 杂环类化合物形成机理

一、吡嗪类化合物的形成机理

吡嗪类化合物是一类重要的香气化合物。含有侧链烷基的吡嗪有坚果香、焙烤香、土腥味和青香。乙酰基吡嗪有爆米花和坚果香。吡嗪类化合物在加热食品中扮演着重要的角色，特别是经过高温处理的食品，如咖啡、巧克力、谷物食品和肉类食品中。在酒类中，吡嗪也有非常重要的作用。吡嗪类化合物也能产生土豆香气。

1. 高温过程吡嗪类化合物的形成途径

在高温过程中，氨基酸与糖反应会产生多种吡嗪类化合物。如葡萄糖与甘氨酸、谷氨酸盐、谷氨酸、天冬酰胺、天冬氨酸、赖氨酸、精氨酸、苯丙氨酸和异亮氨酸等分别反应，可以产生直链烷基吡嗪、环状烷基吡嗪、烯基吡嗪、呋喃基吡嗪［如2-(2′-呋喃基）吡嗪、2-(2′-呋喃基)-6-甲基吡嗪等］、乙酰基吡嗪等共56种吡嗪类化合物。苯丙氨酸和异亮氨酸与葡萄糖反应，会产生一些分子量较大的吡嗪。在甘氨酸存在时，谷氨酸盐与谷氨酸贡献最小，而天门冬酰胺最大。反应体系中，存在赖氨酸时，反应得率最高，而精氨酸得率最低，这表示赖氨酸能增加甘氨酸的反应活力，而精氨酸会降低甘氨酸生成吡嗪的活力。吡嗪的品种和数量与所用氨基酸的品种与反应活性有关。

吡嗪类化合物的形成机理主要是氨基和羰基化合物的反应。在焙烤类食品中，氨基和羰基化合物来源于阿马多利（Amadori）反应和斯特雷克（Strecker）降解。氨基基团加成到另一分子中的羰基基团上，形成一个含有二个氮和二个羟基的六元环状化合物(six-membered ring)。在失去二分子的水后，留下一个含有二个氮和二个不饱和键的六元环状化合物。该化合物很容易被氧化成有三个不饱和键的化合物，该化合物即为吡嗪类化合物（图10-2）。假如α-氨基羟基化合物来源于双乙酰，那么其产物就是吡嗪。假如氨基羰基化合物中一个来自双乙酰，一个来自2,3-戊二酮，那么产物是甲基吡嗪。假如两个氨基羰基化合物均来自于戊二酮，则产物是二甲基吡嗪。研究发现，氨（ammonia）对美拉德褐变反应的复杂系统有贡献，是吡嗪类化合物形成的关键中间体。

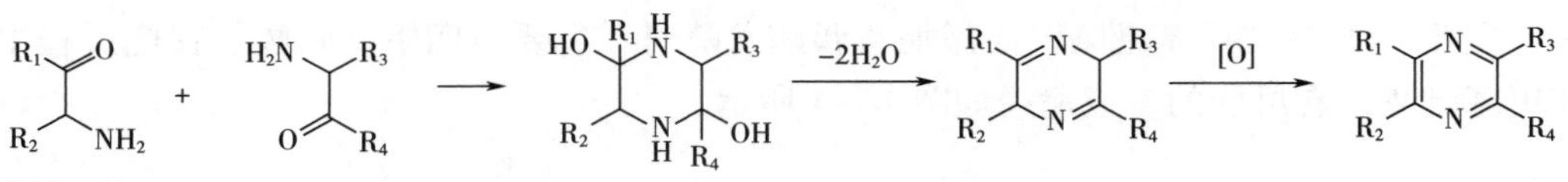

氨基甲酰

图10-2 吡嗪类化合物的形成机理

前述的机理并没有包含有游离氧存在时的反应。在有游离氧存在时，反应机理如图10-3所示。

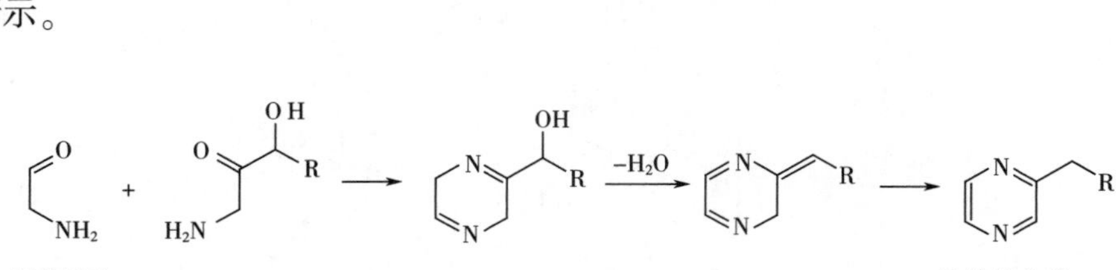

氨基甲酰　　取代基吡嗪

图10-3 游离氧环境下吡嗪类化合物的形成机理

2. 常温或低温过程吡嗪类化合物的形成途径

天然存在于发酵食品中的烷基吡嗪类化合物可能来源于一种自发的反应，即微生物产生的α-羟基羰基化合物（α-hydroxycarbonyls）与氨（ammonia）和/或氨基丙酮(aminoacetone）反应而生成的。吡嗪环可能来源于前体物α-羟基羰基化合物，如羟基丙酮或乙偶姻类化合物。乙偶姻类化合物是微生物代谢的产物，如一些细菌（*L. strains* of Streptococci）在富含乳糖的培养基中，产生过量的丙酮酸盐和乙醛（TCA循环）。为了消除这种积累，焦磷酸硫胺素酶（thiamine pyrophosphate enzyme，TPP 酶）转化过量的羰基化合物而生成乙偶姻（acyloin），即 3-羟基-2-丁酮（acetoin）。乙偶姻是四甲基吡嗪最可能的前体物。

乙偶姻类化合物，如羟基丙酮和乙偶姻被氨基化，形成氨基羰基化合物。该化合物环氨化（cyclodimerise）并失去一分子水，形成二氢吡嗪类和吡嗪类化合物。乙偶姻类化合物氨基化形成吡嗪类化合物是否需要酶的催化并不清楚，但该反应能够在模型系统中在生物反应的条件下自动实现。天然的结构多样的烷基吡嗪类化合物也能够用乙偶姻的化学反应解释。一些乙偶姻类的化合物能够产生多种结构相似的吡嗪类化合物。如羟基丙酮能产生两个氨基羰基化合物的异构体，氨基丙酮和 2-氨基乙醛（2-aminoacetaldehyde）。因此，最终可以产生 2,5-二甲基吡嗪和 2,6-二甲基吡嗪。

代替乙偶姻类的化合物，即由另外一些途径形成的氨基丙酮也能作为吡嗪类化合物的前体物。氨基丙酮是 L-苏氨酸（L-threonine）的一个代谢产物，已经在 *S. marcescens* 中检测到，该菌种能产生大量的吡嗪类化合物。氨基丙酮的自我缩合只能产生 2，5-二甲基吡嗪。事实上，这一过程十分复杂，已经观察到更多的吡嗪类化合物。另外，反应的中间体二氢吡嗪类化合物也能与醛反应，生成三个取代基的吡嗪类化合物。

近几年来，人们一起致力于微生物发酵法生产烷基吡嗪类化合物。目前，已经发现的微生物主要是 *B. subtilis* 菌。研究表明，该菌在固态培养基上培养，添加苏氨酸发酵时，主要产 2,5-二甲基吡嗪，而添加乙偶姻发酵时，主要产四甲基吡嗪。在此过程中，四甲基吡嗪最有可能的生成途径如图 10-4 所示。

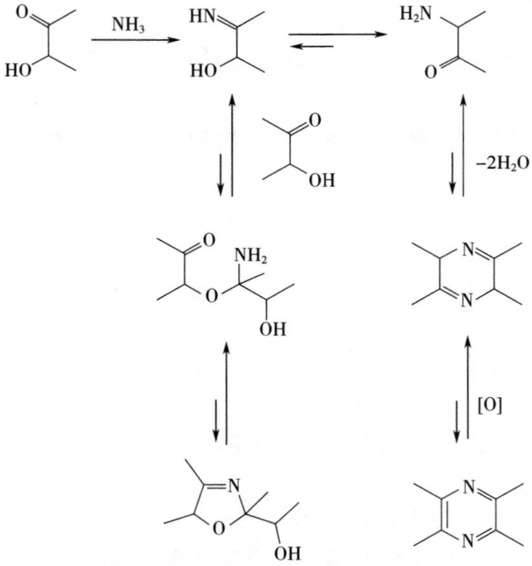

图 10-4　四甲基吡嗪及其中间产物 2，4，5-三甲基-2-（1-羟基乙基）-3-噁唑啉

乙酰基吡嗪来源于氨（蛋白质降解的产物）与二羰基化合物的反应。反应产物再与来自糖的逆丁间醇醛（retro-aldol）——C-甲基三糖还原酮（C-methyltriose reductone）反

应形成一个中间体，再脱去二分子的水，生成乙酰基吡嗪类化合物（图 10-5）。

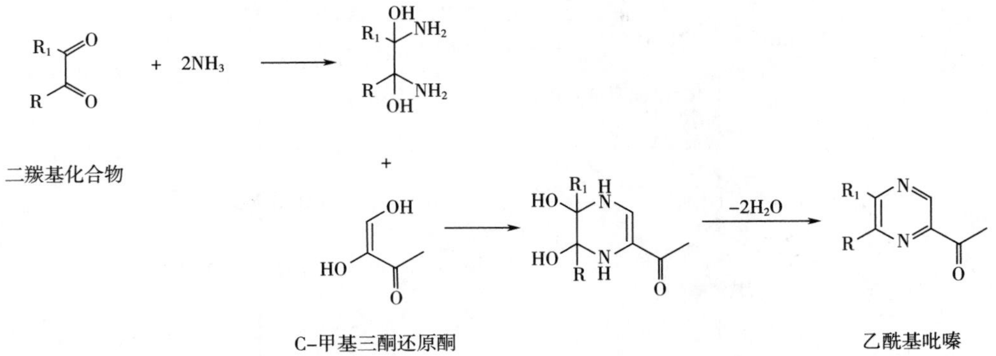

图 10-5　乙酰基吡嗪类化合物的形成机理

甲氧基吡嗪在氨基酸与糖的热降解中并未检测到，但却在生物体内检测到。因此，甲氧基吡嗪主要是生物合成而产生的。1970 年，Murray 等曾经提出一个假设（图 10-6），但稍后即被否定。1991 年 Cheng 等提出了另外一种形成路线，见图 10-7。

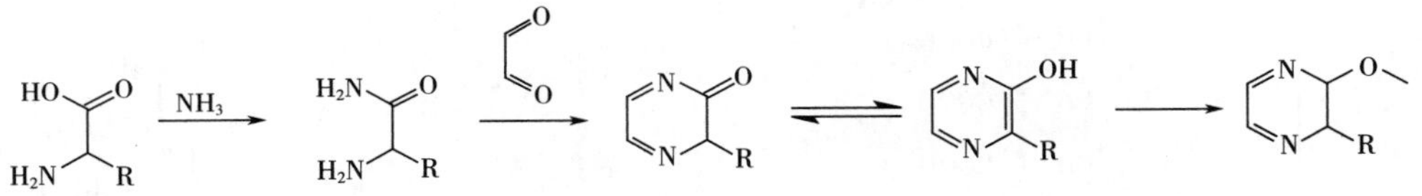

图 10-6　由氨基酸与乙二醛形成 3-烷基-2-甲氧基吡嗪的形成途径

3. 甲氧基吡嗪的生成机理

人们应用 *Pseudomonas* spp. 菌研究了生物体中 3-烷基-2-甲氧基吡嗪的合成途径，发现氨基酸是其前体物。当 L-［$1-^{13}C$］缬氨酸被加入到 *Pseudomonas taetrolens* 的培养基中时，缬氨酸的碳骨架被完整的嵌入到 2-甲氧基-3-异丙基吡嗪环中。甲氧基吡嗪的^{13}C-NMR 分析结果表明，吡嗪环中的 C-2 原子来源于缬氨酸中的羰基碳。在另一项研究中，*Pse. sperolens* 生长在^{13}C 标记的、作为唯一碳源的丙酮酸盐培养基中。观察 2-甲氧基-3-异丙基吡嗪的产生途径，间接确认了缬氨酸的作用，如图 10-7 所示。

2-甲氧基-3-异丁基吡嗪、2-甲氧基-3-仲丁基吡嗪分别以亮氨酸和异亮氨酸为前体物，其反应式如图 10-8、图 10-9 所示。氨基酸先酰胺化（amidation），接着与乙二醛（glyoxal）缩合，然后再甲基化，生成相应的甲氧基吡嗪类化合物。

2-甲氧基-3,5-二甲基吡嗪是比较少见的一个化合物，已经在原咖啡中检测到。该化合物的合成途径是由丙氨酸与氨酸丙酮反应，生成一个中间体——吡嗪酮，再生成 2-甲氧基-3,5-二甲基吡嗪（如图 10-10），该化合物也可以由革兰阴性菌合成。

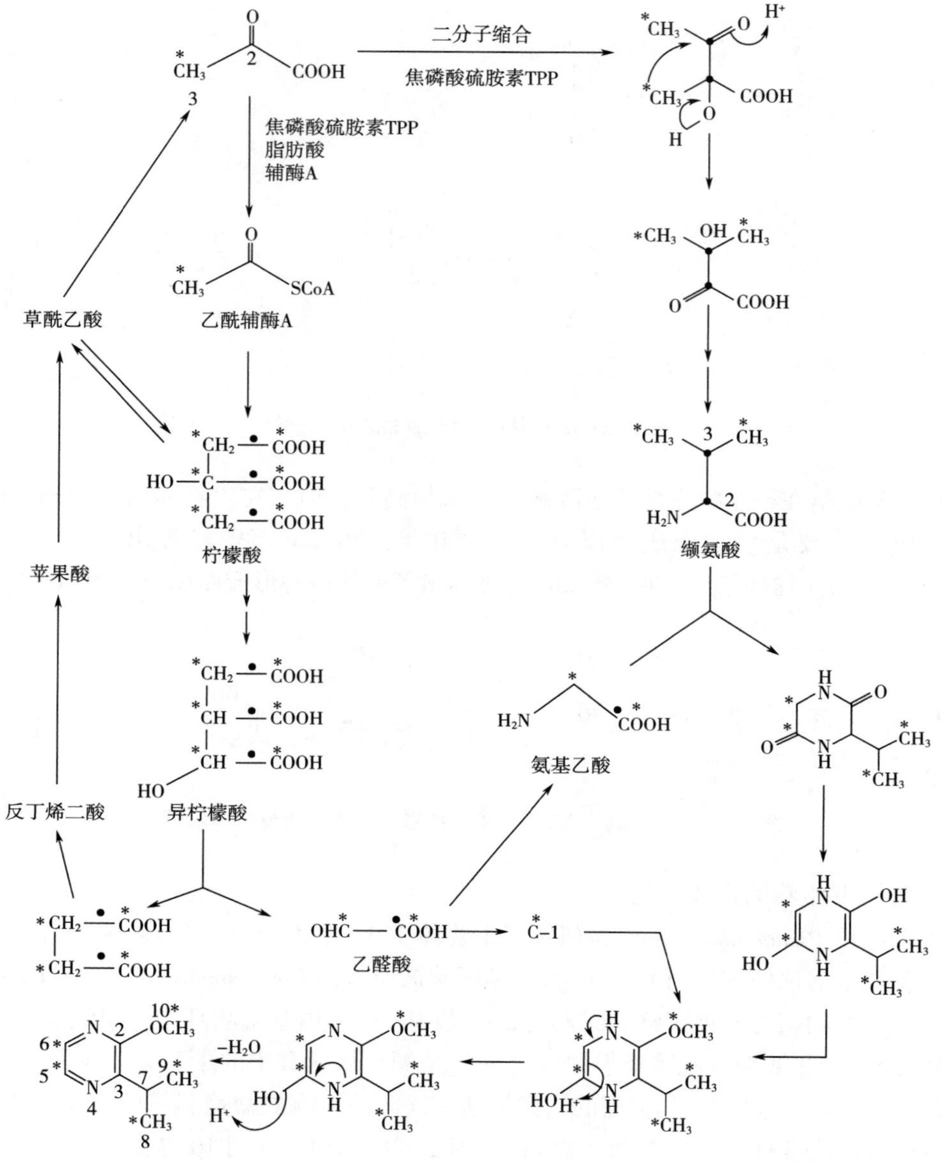

二分子缩合
焦磷酸硫胺素TPP
焦磷酸硫胺素TPP
脂肪酸
辅酶A
$^*CH_3$ COOH
$^*CH_3$ SCoA
草酰乙酸
乙酰辅酶A
柠檬酸
苹果酸
异柠檬酸
反丁烯二酸
$OH\overset{*}{C}$—$\overset{*}{C}OOH$
乙醛酸
$\overset{*}{C}$-1
H_2N $\overset{*}{C}OOH$
氨基乙酸
缬氨酸
$-H_2O$
H^+
OCH_3

图 10-7 2-甲氧基-3-异丙基吡嗪的生物合成机理

注：图中（•）指［2-^{13}C］丙酮酸（盐）；（*）指［3-^{13}C］丙酮酸（盐）。

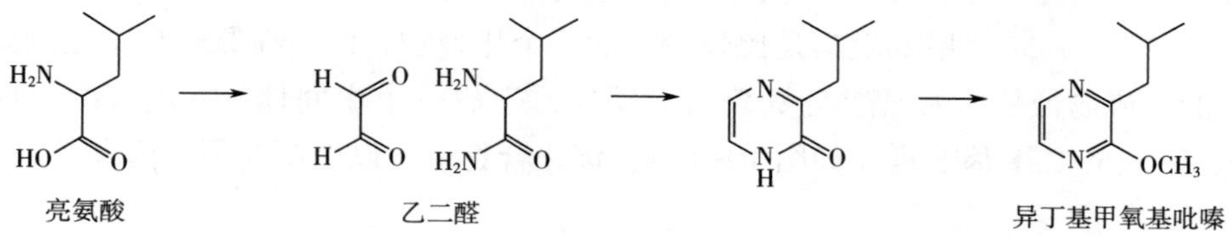

H_2N
HO O
H O
H O
H_2N
OCH_3
亮氨酸
乙二醛
异丁基甲氧基吡嗪

图 10-8 2-甲氧基-3-异丁基吡嗪的生成机理

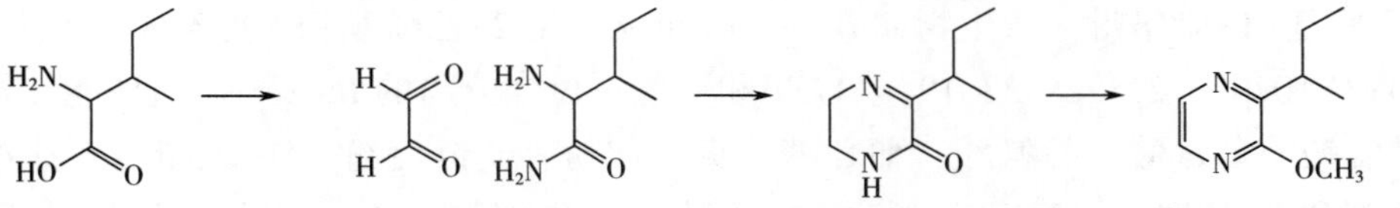

异亮氨酸　乙二醛　仲丁基甲氧基吡嗪

图 10-9　2-甲氧基-3-仲丁基吡嗪的生成机理

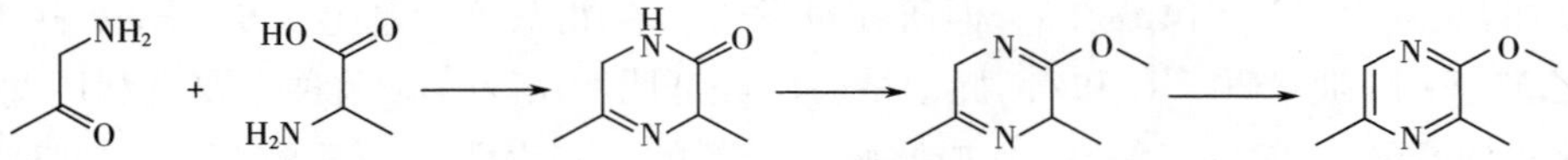

图 10-10　2-甲氧基-3,5-二甲基吡嗪的形成途径

二、吡啶、吡咯和吡咯啉类化合物形成机理

1. 高温过程形成途径

吡啶类化合物中重要的是具有面包和饼干香气的化合物。这类化合物主要有 2-乙酰基-1,4,5,6-四氢吡啶（2-acetyl-1,4,5,6-tetrahydropyridine）、乙酰基吡啶（acetylpyridine）、2-乙酰基-1-吡咯啉（2-acetyl-1-pyrroline）等。

乙酰基吡啶的生成包括氨基酸即羟脯氨酸（hydroxyproline）与二羰基化合物的反应。反应产物再经过脱水（dehydration）和脱羰基（dehydroxylation），以及内部的丁间醇醛缩合（internal aldol condensation），形成含有一个氮的六元环状化合物。再经过两次脱水后，被氧化生成 2-乙酰基吡啶（图 10-11）。

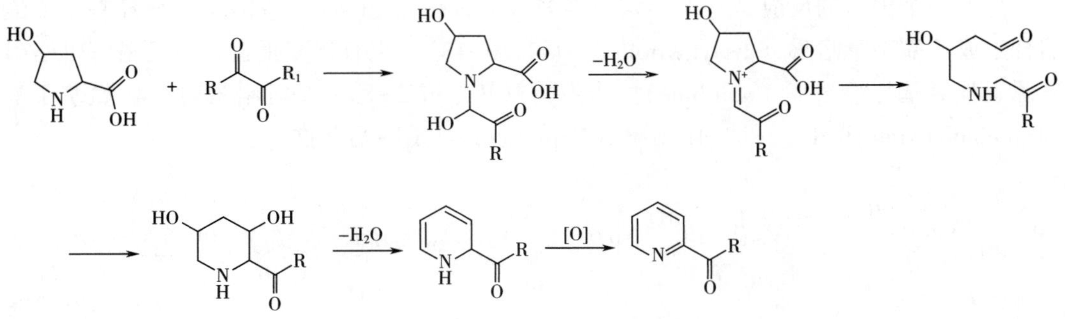

图 10-11　2-乙酰基吡啶的生成

在不添加酵母发酵的面包中并未检测到 2-乙酰基-1-吡咯啉的存在。在爆米花中，吡咯啉在 2-乙酰基-1-吡咯啉的产生过程中扮演着重要的角色，而面包外皮中的 2-乙酰基-1-吡咯啉主要来自于鸟氨酸（ornithine）。研究表明，磷酸化糖（phosphorylated sygar）的降解产物如单磷酸-1,3-二羟基丙酮（1,3-dihydroxyacetone monophosphate）和 1,6-二磷酸果糖（fructose-1,6-diphosphate）在稀溶液中与脯氨酸（proline）反应形

成 2-乙酰基-1-吡咯啉。微生物如 *B. cereus* 也能产生 2-乙酰基-1-吡咯啉。菌种 *B. cereus* ATCC 10702，27522，33019，14737 和一些可可中分离的 *B. cereus* 菌种能转化前体物如脯氨酸、鸟氨酸、谷氨酸、葡萄糖、直链淀粉、支链淀粉、D-乳糖、麦芽糖、核糖、蔗糖和 *N*-乙酰-D-葡萄糖胺生成 2-乙酰基-1-吡咯啉。5 株菌种在平皿上接种培养 2d 后，2-乙酰基-1-吡咯啉的浓度达 30～75μg/kg。在含有 1.0%葡萄糖的固态培养基上培养 2d 后，最高得率可达 458μg/kg，而在含有 1.0%直链淀粉的固态培养基上，培养 2d 后的最高得率达 514μg/kg。但研究也发现，在液态培养基上，*B. cereus* 并不能产生 2-乙酰基-1-吡咯啉。^{13}C 和 ^{15}N 标记试验已经证明，*B. cereus* 菌种主要是利用葡萄糖、谷氨酸和脯氨酸形成 2-乙酰基-1-吡咯啉。最新的研究表明，2-乙酰基-1-吡咯啉是通过 1-吡咯啉乙酰基化作用而产生的。在发酵食品中，1-吡咯啉是脯氨酸和鸟氨酸微生物降解的产物。

2-乙酰基-1,4,5,6-四氢吡啶（2-acetyl-1,4,5,6-tetrahydropyridine）的形成包括脯氨酸的氧化和开环，产生谷氨酸的半醛（glutamic acid semialdehyde），该化合物再与羰基乙酰酮缩合，缩合产物脱羰基并失去一分子的水形成 2-乙酰基-1,4,5,6-四氢吡啶（图 10-12）。

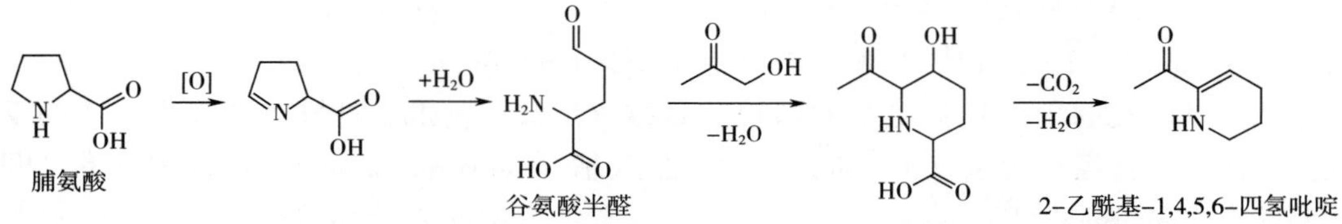

图 10-12　2-乙酰基-1,4,5,6-四氢吡啶的形成途径

另外一个类似的反应是，天冬氨酸半醛（aspartic acid semialdehyde）与羟基乙酰酮缩合生成乙酰基吡咯啉（acetylpyrroline）（图 10-13）。也有研究报道，2-乙酰基吡咯啉来源于脯氨基与精氨基（ornithine）。当由精氨基生成 2-乙酰基吡咯啉时，4-氨基丁醛（4-aminobutyraldehyde）和 1-吡咯啉（1-pyrroline）是中间产物。

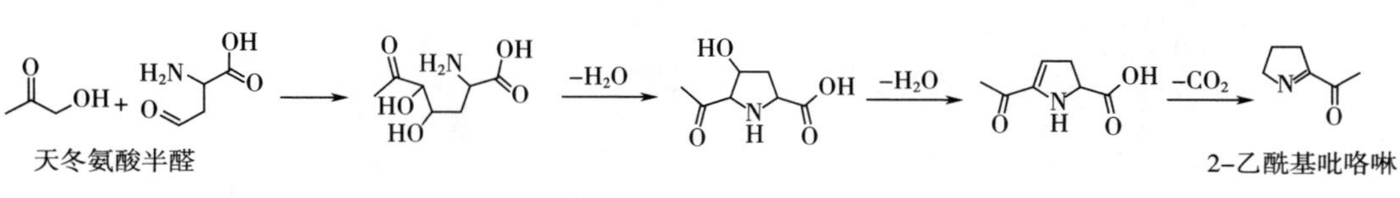

图 10-13　2-乙酰基吡咯啉的形成途径

2. 微生物产生途径

在葡萄酒中，ATHP、2-乙酰基-1,4,5,6-四氢吡啶和 ETHP 呈现不愉快的鼠臭，这些化合物主要由 *Dekkeral/Brettanomyces* 和/或乳酸菌（lactic acid bacteria）产生，氧在其中起着关键作用。葡萄糖、果糖、乙醇、乙醛和 L-赖氨酸、L-鸟氨酸是 *Lac. hilgardii* DSM 20176 产生乙酰基吡咯啉和 2-乙酰基四氢吡啶的关键底物（图 10-14）。L-

赖氨酸是 *Dekkeral/Brettanomyces* 产生 2-乙酰基四氢吡啶和 2-乙基四氢吡啶的前体物(图 10-15)。

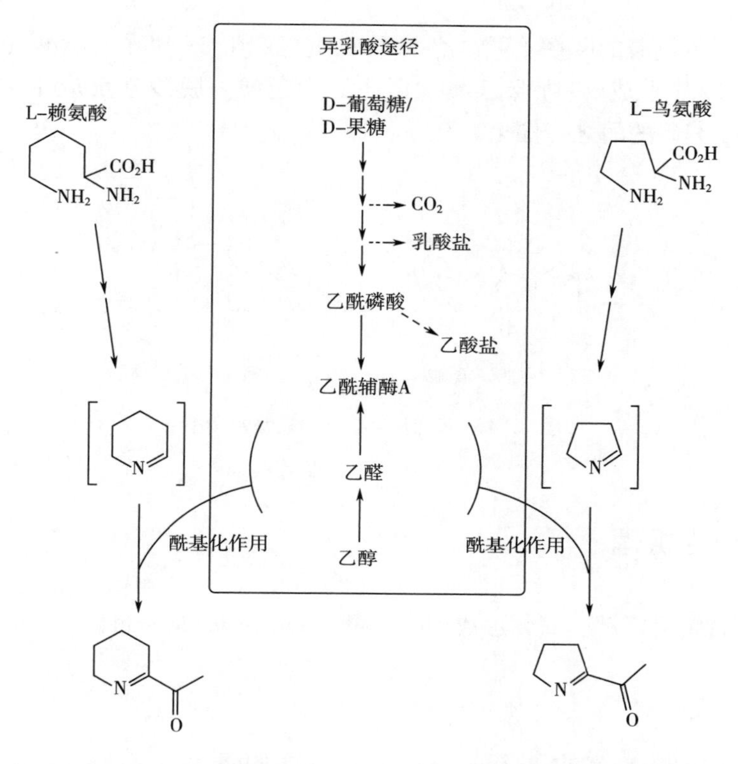

图 10-14　异型发酵乳酸菌 *Lac. hilgardii* DSM 20176 产生 2-乙酰基吡咯啉和 2-乙酰基-3,4,5,6-四氢吡啶（ATHP）的生物学途径

图 10-15　葡萄酒中 *Dekkera/Brettanomyces* 菌产生 2-乙酰基-3,4,5,6-四氢吡啶（ATHP）和 2-乙基-3,4,5,6-四氢吡啶（ETHP）的生物学途径

三、色氨酸产生色醇

色醇来源于色氨酸的降解产物。色氨酸脱氨基产生3-吲哚丙酮酸（3-indolepyruvate），然后脱羧基生成2-吲哚乙醛，再还原为色醇。脱羧基反应由*PDC1*、*PDC5*、*PDC6*或*ARO10*编码的酶之一催化。

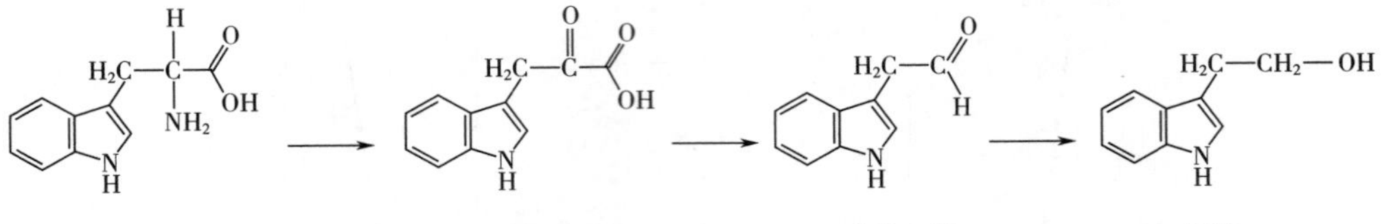

图10-16 酵母从色氨酸形成色醇的途径

四、吲哚产生机理

色氨酸斯特雷克降解、氧化形成吲哚乙酸（indolylacetic acid），再脱羰基形成吲哚（图10-17）。

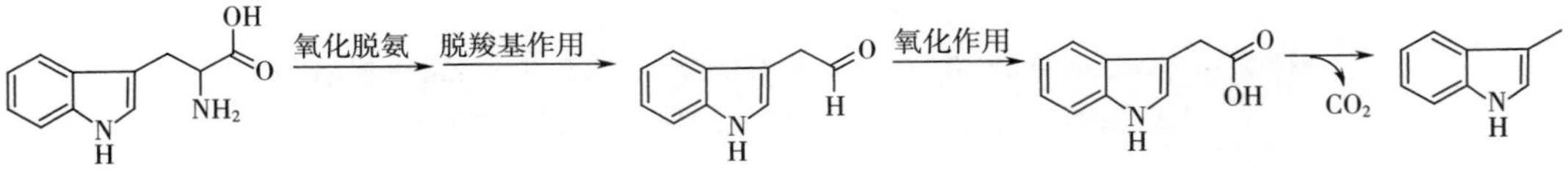

图10-17 由色氨酸形成吲哚的机理

复习思考题

1. 请写出吡嗪、吡啶、吡咯、三甲基吡嗪、四甲基吡嗪、2-甲氧基-3-异丁基吡嗪的结构式。
2. 简述三甲基吡嗪的风味特征和在白酒中的分布。
3. 简述四甲基吡嗪的风味特征和在白酒中的分布。
4. 论述烷氧基吡嗪的风味特征，在葡萄酒中的分布，以及其对葡萄酒风味的影响。
5. 论述烷基取代吡嗪在高温下的产生机理。
6. 论述微生物在常温下产生四甲基吡嗪的机理。
7. 简述吲哚的产生机理。

参考文献

[1] Engel, W., Schieberle, P. Identification and quantification of key aroma compounds formed in Maillard-type reactions of fructose with cysteamine or isothiaproline (1,3-thiazolidine-2-carboxylic acid) [J]. J. Agri. Food. Chem., 2002, 50: 5394-5399.

[2] Cerny, C., Davidek, T. Formation of aroma compounds from ribose and cysteine during the Maillard reaction [J]. J. Agri. Food. Chem., 2003, 51 (9): 2714-2721.

[3] Zhu, B., Xu, Y. A feeding strategy for tetramethylpyrazine production by *Bacillus subtilis* based on the stimulating effect of ammonium phosphate [J]. Bioprocess Biosyst. Eng., 2010, 33: 953-959.

[4] Zhu, B., Xu, Y. Production of tetramethylpyrazine by batch culture of *Bacillus subtilis* with optimal pH control strategy [J]. J. Ind. Microbiol. Biotech., 2010, 37: 815-821.

[5] Zhu, B., Xu, Y., Fan, W. Study of tetramethylpyrazine formation in fermentation system from glucose by *Bacillus subtilis* XZ1124 [J]. New Biotechnology, 2009, 25: S237.

[6] Masuda, H., Mihara, S. Olfactive properties of alkylpyrazines and 3-substituted 2-alkylpyrazines [J]. J. Agri. Food. Chem., 1988, 36: 584-587.

[7] Buttery, R. G., Orts, W. J., Takeoka, G. R., Nam, Y. Volatile flavor components of rice cakes [J]. J. Agri. Food. Chem., 1999, 47 (10): 4353-4356.

[8] Masuda, H., Mihara, S. Synthesis of alkoxy-, (alkylthio)-, phenoxy-, and (phenylthio) pyrazines and their olfactive properties [J]. J. Agri. Food. Chem., 1986, 34 (2): 377-381.

[9] Mihara, S., Masuda, H. Structure-odor relationships for disubstituted pyrazines [J]. J. Agri. Food. Chem., 1988, 36: 1242-1247.

[10] Siegmund, B., Pöllinger-Zierler, B. Odor thresholds of microbially induced off-flavor compounds in apple juice [J]. J. Agri. Food. Chem., 2006, 54 (16): 5984-5989.

[11] Wagner, R., Czerny, M., Bielohradsky, J., Grosch, W. Structure - odour - activity relationships of alkylpyrazines [J]. Z. Lebensm. Unters. Forsch., 1999, 208: 308-316.

[12] Seifert, R. M., Buttery, R. G., Guadagni, D. G., Black, D. R., Harris, J. G. Synthesis of some 2-methoxy-3-alkylpyrazines with strong bell pepper-like odors [J]. J. Agri. Food. Chem., 1970, 18 (2): 246-249.

[13] Belitz, H.-D., Grosch, W., Schieberle, P. Food Chemistry [M]. Verlag Berlin Heidelberg: Springer, 2009.

[14] Shibamoto, T., Kamiya, Y., Mihara, S. Isolation and identification of volatile compounds in cooked meat: Sukiyaki [J]. J. Agri. Food. Chem., 1981, 29: 57-63.

[15] Risticevic, S., Carasek, E., Pawliszyn, J. Headspace solid-phase microextraction-gas chromatographic-time-of-flight mass spectrometric methodology for geographical origin verification of coffee [J]. Anal. Chim. Acta, 2008, 617: 72-84.

[16] Ishikawa, M., Ito, O., Ishizaki, S., Kurobayashi, Y., Fujita, A. Solid-phase aroma concentrate extraction (SPACE™): A new headspace technique for more sensitive analysis of volatiles [J]. Flav. Fragr. J., 2004, 19 (3): 183-187.

[17] Nebesny, E., Budryn, G., Kula, J., Majda, T. The effect of roasting method on headspace

composition of robusta coffee bean aroma [J]. Eur. Food Res. Technol., 2007, 225: 9-19.

[18] Aaslyng, M. D., Elmore, J. S., Mottram, D. S. Comparison of the aroma characteristics of acid-hydrolyzed and enzyme-hydrolyzed vegetable proteins produced from soy [J]. J. Agri. Food. Chem., 1998, 46 (12): 5225-5231.

[19] Fan, W., Xu, Y., Zhang, Y. Characterization of pyrazines in some Chinese liquors and their approximate concentrations [J]. J. Agri. Food. Chem., 2007, 55 (24): 9956-9962.

[20] Buttery, R. G., Ling, L. C., Stern, D. J. Studies on popcorn aroma and flavor volatiles [J]. J. Agri. Food. Chem., 1997, 45 (3): 837-843.

[21] Bucking, M., Steinhart, H. Headspace GC and sensory analysis characterization of the influence of different milk additives on the flavor release of coffee beverages [J]. J. Agri. Food. Chem., 2002, 50 (6): 1529-1534.

[22] Rhlid, R. B., Fleury, Y., Devaud, S., Fay, L. B., Blank, I., Juillerat, M. A. Biogeneration of roasted notes based on 2-acetry-2-thiazoline and the precursor 2-(1-hydroxyethyl)-4,5-dihydrothiazole [M]. In Heteroatomic Aroma Compounds, Reineccius, G. A.; Reineccius, T. A., Eds. American Chemical Society, Washington, D. C, 2002, Vol. ACS symposium series 826: 179-190.

[23] Qian, M., Reineccius, G. Identification of aroma compounds in Parmigiano-Reggiano cheese by gas chromatography/olfactometry [J]. J. Dairy Sci., 2002, 85: 1362-1369.

[24] Schieberle, P., Grosch, W. Evaluation of the flavour of wheat and rye bread crusts by aroma extract dilution analysis [J]. Z. Lebensm. Unters. Forsch., 1987, 185 (2): 111-113.

[25] Schieberle, P., Grosch, W. Identification of the volatile flavour compounds of wheat bread crust-comparison with rye bread crust [J]. Z. Lebensm. Unters. Forsch., 1985, 180: 474-478.

[26] Qian, M., Reineccius, G. Static headspace and aroma extract dilution analysis of Parmigiano Reggiano cheese [J]. J. Food Sci., 2003, 68: 794-798.

[27] Mahajan, S. S., Goddik, L., Qian, M. C. Aroma compounds in sweet whey powder [J]. J. Dairy Sci., 2004, 87: 4057-4063.

[28] Rychlik, M., Schieberle, P., Grosch, W. Compilation of odor thresholds, odor qualities and retention indices of key food odorants [M]. Garching: Deutsche Forschungsanstalt für Lebensmittelchemie and Institut für Lebensmittelchemie der Technischen Universität München, 1998.

[29] Münch, P., Hofmann, T., Schieberle, P. Comparison of key odorants generated by thermal treatment of commercial and self-prepared yeast extracts: Influence of the amino acid composition on odorant formation [J]. J. Agri. Food. Chem., 1997, 45 (4): 1338-1344.

[30] 范文来，徐岩．白酒79个风味化合物嗅觉阈值测定 [J]. 酿酒，2011，38 (4): 80-84.

[31] Fan, W., Xu, Y., Qian, M. C. Identification of aroma compounds in Chinese "Moutai" and "Langjiu" liquors by normal phase liquid chromatography fractionation followed by gas chromatography/olfactometry [M]. In Flavor Chemistry of Wine and Other Alcoholic Beverages, Qian, M. C.; Shellhammer, T. H.: Eds. American Chemical Society, 2012: 303-338.

[32] http://www.leffingwell.com/odorthre.htm.

[33] Frauendorfer, F., Schieberle, P. Identification of the key aroma compounds in cocoa powder based on molecular sensory correlations [J]. J. Agri. Food. Chem., 2006, 54: 5521-5529.

[34] Fan, W., Shen, H., Xu, Y. Quantification of volatile compounds in Chinese soy sauce aroma type liquor by stir bar sorptive extraction (SBSE) and gas chromatography-mass spectrometry (GC-MS) [J].

J. Sci. Food Agric. , 2011, 91 (7): 1187-1198.

[35] 汪玲玲，范文来，徐岩．酱香型白酒液液微萃取-毛细管色谱骨架成分与香气重组 [J]. 食品工业科技，2012，33 (19): 304-308.

[36] Wang, X. , Fan, W. , Xu, Y. Comparison on aroma compounds in Chinese soy sauce and strong aroma type liquors by gas chromatography-olfactometry, chemical quantitative and odor activity values analysis [J]. Eur. Food Res. Technol. , 2014, 239 (5): 813-825.

[37] Counet, C. , Callemine, D. , Ouwerx, C. , Collin, S. Use of gas chromatography-olfactometry to identify key odorant compounds in dark chocolate. Comparison of samples before and after conching [J]. J. Agri. Food. Chem. , 2002, 50: 2385-2391.

[38] 龚舒蓓．老白干香型和芝麻香型手工原酒与机械原酒的成分差异 [D]. 无锡：江南大学，2018.

[39] Rowe, D. J. Aroma chemicals for savory flavors [J]. Perfumer & Flavorist, 1998, 23: 9-14.

[40] 孙宝国，何坚．香精概论——香料、调配、应用 [M]. 北京：化学工业出版社，1999.

[41] Chen, J. , Ho, C. -T. Volatile compounds generated in serine-monosaccharide model systems [J]. J. Agri. Food. Chem. , 1998, 46 (4): 1518-1522.

[42] Sanz, C. , Ansorena, D. , Bello, J. , Cid, C. Optimizing headspace temperature and time sampling for identification of volatile compounds in ground roasted arabica coffee [J]. J. Agri. Food. Chem. , 2001, 49 (3): 1364-1369.

[43] Hofmann, T. , Haessner, R. , Schieberle, P. Determination of the chemical structure of the intense roasty, popcorn-like odorant 5-acetyl-2,3-dihydro-1,4-thiazine [J]. J. Agri. Food. Chem. , 1995, 43 (8): 2195-2198.

[44] Sekiwa, Y. , Kubota, K. , Kobayashi, A. Characteristic flavor components in the brew of cooked Clam (*Meretrix lusoria*) and the effect of storage on flavor formation [J]. J. Agri. Food. Chem. , 1997, 45: 826-830.

[45] Guen, S. L. , Prost, C. , Demaimay, M. Characterization of odorant compounds of mussels (*Mytilus edulis*) according to their origin using gas chromatography-olfactometry and gas chromatography-mass spectrometry [J]. J. Chromatogr. A, 2000, 896 (1-2): 361-371.

[46] Sala, C. , Mestres, M. , Martí, M. P. , Busto, O. , Guasch, J. Headspace solid-phase microextraction method for determining 3-alkyl-2-methoxypyrazines in musts by means of polydimethylsiloxane-divinylbenzene fibres [J]. J. Chromatogr. A, 2000, 880 (1-2): 93-99.

[47] Sala, C. , Mestres, M. , Martí, M. P. , Busto, O. , Guasch, J. Headspace solid-phase microextraction analysis of 3-alkyl-2-methoxypyrazines in wines [J]. J. Chromatogr. A, 2002, 953 (1-2): 1-6.

[48] McGarrity, M. J. , McRoberts, C. , Fitzpatrick, M. Identification, cause, and prevention of musty off-flavors in beer [J]. Master Brew. Assoc. Am. , 2003, 40 (1): 44-47.

[49] Campo, E. , Ferreira, V. , Escudero, A. , Cacho, J. Prediction of the wine sensory properties related to grape variety from dynamic-headspace gas chromatography-olfactometry data [J]. J. Agri. Food. Chem. , 2005, 53 (14): 5682-5690.

[50] López, R. , Ferreira, V. , Hernández, P. , Cacho, J. F. Identification of impact odorants of young red wines made with Merlot, Cabernet sauvignon and Grenache grape varieties: a comparative study [J]. J. Sci. Food Agric. , 1999, 79 (11): 1461-1467.

[51] Jagella, T. , Grosch, W. Flavour and off-flavour compounds of black and white pepper (*Piper nig-*

rum L.) III. Desirable and undesirable odorants of white pepper ［J］. Eur. Food Res. Technol. , 1999, 209: 27-31.

［52］ Poisson, L. , Schieberle, P. Characterization of the most odor-active compounds in an American Bourbon whisky by application of the aroma extract dilution analysis ［J］. J. Agri. Food. Chem. , 2008, 56 (14): 5813-5819.

［53］ Escudero, A. , Campo, E. , Fariña, L. , Cacho, J. , Ferreira, V. Analysis characterization of the aroma of five premium red wines. Insight into the role of odor families and the concept of fruitiness of wines ［J］. J. Agri. Food. Chem. , 2007, 55 (11): 4501-4510.

［54］ Parliment, T. H. , Epstein, M. F. Organoleptic properties of some alkyl-substituted alkoxy- and alkylthiopyrazine ［J］. J. Agri. Food. Chem. , 1973, 21 (4): 714-716.

［55］ Karahadian, C. , Josephson, D. B. , Lindsay, R. C. Volatile compounds from *Penicillium* sp. contributing musty-earthy notes to Brie and Camembert cheese flavors ［J］. J. Agri. Food. Chem. , 1985, 33 (3): 339-343.

［56］ Sanz, C. , Czerny, M. , Cid, C. Comparison of potent odorants in a filtered coffee brew and in an instant coffee beverage by aroma extract dilution analysis (AEDA) ［J］. Eur. Food Res. Technol. , 2002, 214: 299-302.

［57］ Young, W. F. , Horth, H. , Crane, R. , Ogden, T. , Arnott, M. Taste and odour threshold concentrations of potential potable water contaminants ［J］. Water Res. , 1996, 30 (2): 331-340.

［58］ Czerny, M. , Christlbauer, M. , Christlbauer, M. , Fischer, A. , Granvogl, M. , Hammer, M. , Hartl, C. , Hernandez, N. M. , Schieberle, P. Re-inverstigation on odour thresholds of key food aroma compounds and development of an aroma language based on odour qualities of defined aqueous odorant solutions ［J］. Eur. Food Res. Technol. , 2008, 228: 265-273.

［59］ Varietal aroma compounds ［J］. https: //people. ok. ubc. ca/neggers/Chem422A/VARIETAL%20AROMA%20COMPOUNDS. pdf.

［60］ Pickering, G. J. , Karthik, A. , Inglis, D. , Sears, M. , Ker, K. Determination of ortho- and retronasal detection threshold for 2-isopropyl-3-methoxypyrazine in wine ［J］. J. Food Sci. , 2007, 72 (7): S468-S472.

［61］ López, R. , Ortin, N. , Perez-Trujillo, J. P. , Cacho, J. , Ferreira, V. Impact odorants of different young white wines from the Canary islands ［J］. J. Agri. Food. Chem. , 2003, 51: 3419-3425.

［62］ Buttery, R. G. , Seifert, R. M. , Guadagni, D. G. , Ling, L. C. Characterization of some volatile constituents of bell peppers ［J］. J. Agri. Food. Chem. , 1969, 17: 1322-1327.

［63］ Seifert, R. M. , Buttery, R. G. , Guadagni, D. G. , Black, D. R. , Harris, J. G. Synthesis and odor properties of some additional compounds related to 2-isobutyl-3-methoxypyrazine ［J］. J. Agri. Food. Chem. , 1972, 20 (1): 135-137.

［64］ Culleré, L. , Escudero, A. , Cacho, J. F. , Ferreira, V. Gas chromatography-olfactometry and chemical quantitative study of the aroma of six premium quality Spanish aged red wines ［J］. J. Agri. Food. Chem. , 2004, 52 (6): 1653-1660.

［65］ Darriet, P. , Pons, M. , Henry, R. , Dumont, O. , Findeling, V. , Cartolaro, P. , Calonnec, A. , Dubourdieu, D. Impact odorants contributing to the fungus type aroma from grape berries contaminated by powdery mildew (*Uncinula necator*); Incidence of enzymatic activities of the yeast *Saccharomyces cerevisiae* ［J］. J. Agri. Food. Chem. , 2002, 50 (11): 3277-3282.

[66] Takken, H. J. , Linde, L. M. v. d. , Boelens, M. , Dort, J. M. v. Olfactive properties of a number of polysubstituted pyrazine [J]. J. Agri. Food. Chem. , 1975, 23 (4): 638-642.

[67] Aceña, L. , Vera, L. , Guasch, J. , Olga Busto, Mestres, M. Chemical characterization of commercial Sherry vinegar aroma by headspace solid - phase microextraction and gas chromatography - olfactometry [J]. J. Agri. Food. Chem. , 2011, 59: 4062-4070.

[68] Wagner, R. K. , Grosch, W. Key odorants of french fries [J]. J. Am. Oil Chem. Soc. , 1998, 75 (10): 1385-1392.

[69] Czerny, M. , Grosch, W. Potent odorants of raw arabica coffee. Their changes during roasting [J]. J. Agri. Food. Chem. , 2000, 48 (3): 868-872.

[70] Kotseridis, Y. , Baumes, R. , Skouroumounis, G. K. Synthesis of labelled [$^2H_4$] β-damascenone, [$^2H_2$] 2-methoxy-3-isobutylpyrazine, [$^2H_3$] α-ionone, and [$^2H_3$] β-ionone, for quantification in grapes, juices and wines [J]. J. Chromatogr. A, 1998, 824: 71-78.

[71] Christlbauer, M. , Schieberle, P. Characterization of the key aroma compounds in beef and pork vegetable gravies ά la chef by application of the aroma extraction dilution analysis [J]. J. Agri. Food. Chem. , 2009, 57: 9114-9122.

[72] Allen, M. S. , Lacey, M. J. Methoxypyrazines of grapes and wines [M]. In Chemistry of Wine Flavor, Waterhouse, A. L. ; Ebeler, S. E. , Eds. American Chemical Society, Washington, DC, 1998, Vol. ACS symposium Series 714: 31-39.

[73] Varietal aroma compounds [J]. https: //people. ok. ubc. ca/neggers/Chem422A/VARIETAL%20AROMA%20COMPOUNDS. pdf.

[74] Hashizume, K. , Samuta, T. Grape maturity and light exposure affect berry methoxypyrazine concentration [J]. Am. J. Enol. Vitic. , 1999, 50 (2): 194-198.

[75] Sala, C. , Busto, O. , Guasch, J. , Zamora, F. Contents of 3-alkyl-2-methoxypyrazines in musts and wines from *Vitis vinifera* variety Cabernet sauvignon: Influence of irrigation and plantation density [J]. J. Sci. Food Agric. , 2005, 85 (7): 1131-1136.

[76] Baltes, W. , Mevissen, L. Model reactions on roasted aroma formation [J]. Z. Lebensm. Unters. Forsch. , 1988, 187: 209-214.

[77] Yamaguchi, K. , Shibamoto, T. Volatile constituents of *Castanopsis* flower [J]. J. Agri. Food. Chem. , 1979, 27 (4): 847-850.

[78] Madruga, M. S. , Elmore, J. S. , Dodson, A. T. , Mottram, D. S. Volatile flavour profile of goat meat extracted by three widely used techniques [J]. Food Chem. , 2009, 115: 1081-1087.

[79] Maeztu, L. , Sanz, C. , Andueza, S. , Peña, M. P. D. , Bello, J. , Cid, C. Characterization of Espresso coffee aroma by static headspace GC-MS and sensory flavor profile [J]. J. Agri. Food. Chem. , 2001, 49 (11): 5437-5444.

[80] http: //www. thegoodscentscompany. com/.

[81] Leffingwell, J. C. Odor & flavor detection thresholds in water [Online], 2003. http: //www. leffingwell. com/odorthre. htm.

[82] Timón, M. L. , Carrapiso, A. I. , Jurado, Á. , van de Lagenmaat, J. A study of the aroma of fried bacon and fried pork loin [J]. J. Sci. Food Agric. , 2004, 84: 825-831.

[83] Elmore, J. S. , Campo, M. M. , Enser, M. , Mottram, D. S. Effect of lipid composition on meat-

like model systems containing cysteine, ribose, and polyunsaturated fatty acids [J]. J. Agri. Food. Chem., 2002, 50 (5): 1126-1132.

[84] Oh, Y.-C., Hartman, T. G., Ho, C.-T. Volatile compounds generated from the Maillard reaction of Pro-Gly, Gly-Pro, and a mixture of glycine and proline with glucose [J]. J. Agri. Food. Chem., 1992, 40: 1878-1880.

[85] Schieberle, P. Odour-active compounds in moderately roasted sesame [J]. Food Chem., 1996, 55 (2): 145-152.

[86] http: //en. wikipedia. org.

[87] Kim, Y.-S., Hartman, T. G., Ho, C.-T. Formation of 2-pentylpyridine from the thermal interaction of amino acids and 2,4-decadienal [J]. J. Agri. Food. Chem., 1996, 44 (12): 3906-3908.

[88] Boatright, W. L., Crum, A. D. Odor and flavor contribution of 2-pentyl pyridine to soy protein isolates [J]. Journal of the American Oil Chemists' Society, 1997, 74 (12): 1575-1581.

[89] Buttery, R. G., Ling, L. C., Teranishi, R., Mon, T. R. Roasted lamb fat: basic volatile components [J]. J. Agri. Food. Chem., 1977, 25 (6): 1227-1229.

[90] Henderson, S. K., Witchwoot, A., Nawar, W. W. The autoxidation of linoleates at elevated temperatures [J]. J. Am. Oil Chem. Soc., 1980, 57 (12): 409-413.

[91] Rowe, D. J. Chemistry and Technology of Flavors and Fragrances [M]. Oxford: Blackwell Publishing Ltd., 2005.

[92] Snowdon, E. M., Bowyer, M. C., Grbin, P. R., Bowyer, P. K. Mousy off-flavor: A review [J]. J. Agri. Food. Chem., 2006, 54 (18): 6465-6474.

[93] Craig, J. T., Heresztyn, T. 2-Ethyl-3,4,5,6-tetrahydropyridines: an assessment of its possible contribution to the mousy off-flavor of wines [J]. Am. J. Enol. Vitic., 1984, 35 (1): 46-48.

[94] Tucknott, O. G. Taints in Fermented Juice Products: Mousy Taint in Cider [R]; Long Ashton Research Station: University of Bristol, 1974: 132.

[95] Costello, P. J., Lee, T. H., Henschke, P. A. Ability of lactic acid bacteria to produce *N*-heterocycles causing mousy off-flavor in wine [J]. Aust. NZ Wine Ind. J., 2001, 7: 160-167.

[96] Costello, P. J., Henschke, P. A. Mousy off-flavor of wine: precursors and biosysthesis of the causative *N*-heterocycles 2-ethyltetrahydropyridine, 2-acetyltetrahydropydine, and 2-acetyl-1-pyrroline by *Lactobacillus hilgardii* DSM 20176 [J]. J. Agri. Food. Chem., 2002, 50: 7079-7087.

[97] Fan, W., Qian, M. C. Characterization of aroma compounds of Chinese "Wuliangye" and "Jiannanchun" liquors by aroma extraction dilution analysis [J]. J. Agri. Food. Chem., 2006, 54 (7): 2695-2704.

[98] Hofmann, T., Schieberle, P. Identification of potent aroma compounds in thermally treated mixtures of glucose/cysteine and rhamnose/cysteine using aroma extract dilution techniques [J]. J. Agri. Food. Chem., 1997, 45 (3): 898-906.

[99] Strauss, C. R., Heresztyn, T. 2-Acetyltetrahydropyridines: A cause of the 'mousty' taint in wine [J]. Chem. Ind., 1984: 109-110.

[100] Winterhalter, P. 1,1,6-Trimethyl-1,2-dihydronaphthalene (TDN) formation in wine. 1. Studies on the hydrolysis of 2,6,10,10-tetramethyl-1-oxaspiro[4. 5]dec-6-ene-2,8-diol rationalizing the origin of TDN and related C_{13} norisoprenoids in Riesling wine [J]. J. Agri. Food. Chem., 1991, 39 (10): 1825-1829.

[101] Rapp, A. Volatile flavor of wine: Correlation between instrumental analysis and sensory perception [J]. Nahrung, 1998, 42 (6): 351-363.

[102] Weldegergis, B. T., Crouch, A. M., Górecki, T., Villiers, A. d. Solid phase extraction in combination with comprehensive two-dimensional gas chromatography coupled to time-of-flight mass spectrometry for the detailed investigation of volatiles in South African red wines [J]. Anal. Chim. Acta, 2011, 701: 98-111.

[103] Pino, J. A., Queris, O. Characterization of odor-active compounds in guava wine [J]. J. Agri. Food. Chem., 2011, 59: 4885-4890.

[104] Tressl, R., Friese, L., Fendesack, F., Koppler, H. Gas chromatographic-mass spectrometric investigation of hop aroma constituents in beer [J]. J. Agri. Food. Chem., 1978, 26 (6): 1422-1426.

[105] Saison, D., Schutter, D. P. D., Uyttenhove, B., Delvaux, F., Delvaux, F. R. Contribution of staling compounds to the aged flavour of lager beer by studying their flavour thresholds [J]. Food Chem., 2009, 114 (4): 1206-1215.

[106] Vanderhaegen, B., Neven, H., Coghe, S., Verstrepen, K. J., Verachtert, H., Derdelinckx, G. Evolution of chemical and sensory properties during aging of top-fermented beer [J]. J. Agri. Food. Chem., 2003, 51 (23): 6782-6790.

[107] Ottinger, H., Hofmann, T. Identification of the taste enhancer alapyridaine in beef broth and evaluation of its sensory impact by taste reconstitution experiments [J]. J. Agri. Food. Chem., 2003, 51: 6791-6796.

[108] Soldo, T., Blank, I., Hofmann, T. (+)-(*S*)-Alapyridaine: A general taste enhancer? [J]. Chem. Senses, 2003, 28: 371-379.

[109] Ottinger, H., Soldo, T., Hofmann, T. Discovery and structure determination of a novel Maillard-derived sweetness enhancer by application of the comparative taste dilution analysis (cTDA) [J]. J. Agri. Food. Chem., 2003, 51: 1035-1041.

[110] Schieberle, P., Hofmann, T. Mapping the combinatorial code of food flavors by means of molecular sensory science approach [M]. In Food Flavors, Jeleń, H., Ed. CRC Press, New York, 2011: 413-438.

[111] Hofmann, T., Soldo, T., Ottinger, H., Frank, O., Robert, F., Blank, I. Structural and functional characterization of a multimodal taste enhancerin beef bouillon [M]. In Natural Flavors and Fragrances. Chemistry, Analysis and Production, Frey, C.; Rouseff, R. L., Eds. American Chemical Society, Washington, DC, 2005, 908: 173-188.

[112] Chen, C. -W., Lu, G., Ho, C. -T. Generation of proline-specific Maillard compounds by the reaction of 2-deoxyglucose with proline [J]. J. Agri. Food. Chem., 1997, 45 (8): 2996-2999.

[113] Yamaguchi, S., Ninomiya, K. Umami and food palatability [J]. J. Nut., 2000, 130 (4S Suppl): 921S-926S.

[114] Frank, O., Ottinger, H., Hofmann, T. Characterization of an intense bitter-tasting 1*H*, 4*H*-quinolizinium-7-olate by application of the taste dilution analysis, a novel bioassay for the screening and identification of taste-active compounds in foods [J]. J. Agri. Food. Chem., 2001, 49: 231-238.

[115] Karagül-Yüceer, Y., Vlahovich, K. N., Drake, M., Cadwallader, K. R. Characteristic aroma compounds of rennet casein [J]. J. Agri. Food. Chem., 2003, 51: 6797-6801.

[116] Bredie, W. L., Mottram, D. S., Guy, R. C. Effect of temperature and pH on the generation of flavor volatiles in extrusion cooking of wheat flour [J]. J Agric Food Chem, 2002, 50 (5): 1118-1125.

[117] http: //www. chemspider. com.

[118] Lapsongphon, N., Yongsawatdigul, J., Cadwallader, K. R. Identification and characterization of the aroma-impact components of Thai fish sauce [J]. J. Agri. Food. Chem., 2015, 63 (10): 2628-2638.

[119] http://www. chemicalbook. com.

[120] Miller, M. A., Kottler, S. J., Ramos - Vara, J. A., Johnson, P. J., Ganjam, V. K., Evans, T. J. 3-Methylindole induces transient olfactory mucosal injury in ponies [J]. Vet. Pathol., 2003, 40 (4): 363-370.

[121] Sonntag, T., Kunert, C., Dunkel, A., Hofmann, T. Sensory-guided identification of *N*-(1-methyl-4-oxoimidazolidin-2-ylidene)-α-amino acids as contributors to the thick-sour and mouth-drying orosensation of stewed beef juice [J]. J. Agri. Food. Chem., 2010, 58 (10): 6341-6350.

[122] Conde, E., Cadahía, E., García - Vallejo, M. C., Fernández de Simón, B. Polyphenolic composition of *Quercus suber* cork from different Spanish provenances [J]. J. Agri. Food. Chem., 1998, 46 (8): 3166-3171.

[123] del Barrio-Galán, R., Medel-Marabolí, M., Peña-Neira, Á. Effect of different ageing techniques on the polysaccharide and phenolic composition and sensorial characteristics of Chardonnay white wines fermented with different selected *Saccharomyces cerevisiae* yeast strains [J]. Eur. Food Res. Technol., 2016, 242 (7): 1069-1085.

[124] Alasalvar, C., Shahidi, F., Cadwallader, K. R. Comparison of natural and roasted turkish tombul hazelnut (*Corylus avellana* L.) volatiles and flavor by DHA/GC/MS and descriptive sensory analysis [J]. J. Agri. Food. Chem., 2003, 51 (17): 5067-5072.

[125] Vázquez-Araújo, L., Enguix, L., Verdú, A., García-García, E., Carbonell-Barrachina, A. A. Investigation of aromatic compounds in toasted almonds used for the manufacture of turrón [J]. Eur. Food Res. Technol., 2008, 227: 243-254.

[126] Demyttenaere, J., Tehrani, K. A., Kimpe, N. D. The chemistry of the most important Maillard flavor compounds of bread and cooked rice [M]. In Heteroatomic Aroma Compounds, Reineccius, G. A.; Reineccius, T. A., Eds. American Chemical Society, Washington, D. C., 2002, Vol. ACS symposium series 826: 150-165.

[127] Saison, D., Schutter, D. P. D., Delvaux, F., Delvaux, F. R. Determination of carbonyl compounds in beer by derivatisation and headspace solid-phase microextraction in combination with gas chromatography and mass spectrometry [J]. J. Chromatogr. A, 2009, 1216: 5061-5068.

[128] Fan, W., Xu, Y. Characteristic aroma compounds of Chinese dry rice wine by gas chromatography-olfactometry and gas chromatography-mass spectrometry [M]. In Flavor Chemistry of Wine and Other Alcoholic Beverages, Qian, M. C.; Shellhammer, T. H.: Eds. American Chemical Society, 2012: 277-301.

[129] 周双，徐岩，范文来，李记明，于英，姜文广，李兰晓．应用液液萃取分析中度烘烤橡木片中挥发性化合物［J］．食品与发酵工业，2012，38（9）：125-131.

[130] de Simón, B. F., Muiño, I., Cadahía, E. Characterization of volatile constituents in commercial oak wood chips [J]. J. Agri. Food. Chem., 2010, 58: 9587-9596.

[131] de Simón, B. F., Esteruelas, E., Ángel, M. M., Cadahía, E., Sanz, M. Volatile compounds in acacia, chestnut, cherry, ash, and oak woods, with a view to their use in cooperage [J]. J. Agri. Food. Chem., 2009, 57 (8): 3217-3227.

[132] Huynh-Ba, T., Matthey-Doret, W., Fay, L. B., Rhlid, R. B. Generation of thiols by bio-

transformation of cysteine-aldehyde conjugates with baker's yeast [J]. J. Agri. Food. Chem., 2003, 51 (12): 3629-3635.

[133] https://pubchem.ncbi.nlm.nih.gov.

[134] Guth, H., Grosch, W. 12-Methyltridecanal, a species-specific odorant of stewed beef [J]. Lebensm. Wiss. Technol., 1993, 26: 171-177.

[135] Schieberle, P. Primary odorants in popcorn [J]. J. Agri. Food. Chem., 1991, 39: 1141-1144.

[136] Cha, Y. J., Kim, H., Cadwallader, K. R. Aroma-active compounds in Kimchi during fermentation [J]. J. Agri. Food. Chem., 1998, 46 (5): 1944-1953.

[137] Czerny, M., Schieberle, P. Influence of the polyethylene packaging on the adsorption of odour-active compounds from UHT-milk [J]. Eur. Food Res. Technol., 2007, 225: 215-223.

[138] Schieberle, P., Grosch, W. Potent odorants of rye bread crust-differences from the crumb and from wheat bread crust [J]. Z. Lebensm. Unters. Forsch., 1994, 198: 292-296.

[139] Rückriemen, J., Schwarzenbolz, U., Adam, S., Henle, T. Identification and quantitation of 2-acetyl-1-pyrroline in manuka honey (*Leptospermum scoparium*) [J]. J. Agri. Food. Chem., 2015, 63 (38): 8488-8492.

[140] Herderich, M., Costello, P. J., Grbin, P. R., Henschke, P. A. Occurrence of 2-acetyl-1-pyrroline in mousy wines [J]. Nat. Prod. Lett., 1995, 7: 129-132.

[141] Grimm, C. C., Champagne, E. T. Analysis of volatile compounds in the headspace of rice using SPME/GC/MS [M]. In Flavor, Fragrance, and Odor Analysis, Marsili, R., Ed. Marcel Dekker, Inc., New York, 2002: 229-248.

[142] Grimm, C. C., Bergman, C., Delgado, J. T., Bryant, R. Screening for 2-acetyl-1-pyrroline in the headspace of rice using SPME/GC-MS [J]. J. Agri. Food. Chem., 2001, 49 (1): 245-249.

[143] Whitfield, F. B., Mottram, D. S. Heterocyclic volatiles formed by heating cysteine or hydrogen sulfide with 4-hydroxy-5-methyl-3(2*H*)-furanone at pH 6.5 [J]. J. Agri. Food. Chem., 2001, 49 (2): 816-822.

[144] http://www.thegoodscentscompany.com.

[145] Fu, H.-Y., Ho, C.-T. Mechanistic studies of 2-(1-hydroxyethyl)-2,4,5-trimethyl-3-oxazoline formation under low temperature in 3-hydroxy-2-butanone/ammonium acetate model systems [J]. J. Agri. Food. Chem., 1997, 45: 1878-1882.

[146] Marchand, S., de Revel, G., Bertrand, A. Approaches to wine aroma: Release of aroma compounds from reactions between cysteine and carbonyl compounds in wine [J]. J. Agri. Food. Chem., 2000, 48 (10): 4890-4895.

[147] Hwang, H.-I., Hartman, T. G., Ho, C.-T. Relative reactivities of amino acids in pyrazine formation [J]. J. Agri. Food. Chem., 1995, 43 (1): 179-184.

[148] Scarpellino, R., Soukup, R. J. Key flavors from heat reactions of food ingredients [M]. In Flavor Science: sensible principles and techniques, Acree, T. E.; Teranishi, R., Eds. American Chemical Society, Washington, DC, 1993: 309-335.

[149] Izzo, H. V., Ho, C. T. Effect of residual amide content on aroma generation and browning in heated gluten-glucose model systems [J]. J. Agri. Food. Chem., 1993, 41 (12): 2364-2367.

[150] Rizzi, G. P. Biosynthesis of aroma compounds containing nitrogen [M]. In Heteroatomic Aroma Compounds, Reineccius, G. A.; Reineccius, T. A., Eds. American Chemical Society, Washington, DC,

USA, 2002, Vol. ACS symposium series 826: 132-149.

[151] Rizzi, G. P. A mechanistic study of alkylpyrazine formation in model system [J]. J. Agri. Food. Chem., 1972, 20 (5): 1081-1085.

[152] Besson, I., Creuly, C., Gros, J. -B., Larroche, C. Pyrazines production by *Bacillus subtilis* in solid-state fermentation on soybeans [J]. Appl. Microbiol. Biotechnol., 1997, 47: 489-495.

[153] Larroche, C., Besson, I., Gros, J. -B. High pyrazine production by *Bacillus subtilis* in solid substrate fermentation on ground soybeans [J]. Process Biochem., 1999, 34: 667-674.

[154] Owens, J. D., Allagheny, N., Kipping, G., Ames, J. M. Formation of volatile compounds during *Bacillus subtilis* fermentation of soya beans [J]. J. Sci. Food Agric., 1997, 74 (1): 132-140.

[155] Xiao, Z. J., Xie, N. Z., Liu, P. H., Xu, P. Tetramethylpyrazine production from glucose by a newly isolated *Bacillus* mutant [J]. App. Biochem. Biotechnol., 2006, 73: 512-518.

[156] Shu, C. -K., Lawrence, B. M. Formation of 2- (1-hydroxyalkyl) -3-oxazolines from the reaction of acyloins and ammonia precursors under mild conditions [J]. J. Agri. Food. Chem., 1995, 43: 2922-2924.

[157] Cheng, T. -B., Reineccius, G. A., Bjorklund, J. A., Leete, E. Biosynthesis of 2-methoxy-3-isopropylpyrazine in *Pseudomonas perolens* [J]. J. Agri. Food. Chem., 1991, 39: 1009-1012.

[158] Gallois, A., Kergomard, A., Adda, J. Study of the biosynthesis of 3-isopropyl-2-methoxy-pyrazine produced by *Pseudomonas taetrolens* [J]. Food Chem., 1988, 28 (4): 299-309.

[159] Schieberle, P. The role of the free amino acids present in yeast as precursors of the odorants 2-acetyl-1-pyrroline and 2-acetyltetrahydropyridine in wheat bread crust [J]. Z. Lebensm. Unters. Forsch., 1991, 191: 206-209.

[160] Romanczyk, J. L. J., McClelland, C. A., Post, L. S., Aitken, W. M. Formation of 2-acetyl-1-pyrroline by several *Bacillus cereus* strains isolated from Cocoa fermentation boxes [J]. J. Agri. Food. Chem., 1995, 43: 469-474.

[161] Adams, A., Kimpe, N. D. Formation of pyrazines and 2-acetyl-1-pyrazine by *Bacillus cereus* [J]. Food Chem., 2007, 101: 1230-1238.

[162] Dickinson, J. R., Salgado, L. E., Hewlins, M. J. E. The catabolism of amino acids to long chain and complex alcohols in *Saccharomyces cerevisiae* [J]. J. Biol. Chem., 2003, 278: 8028-8034.

第十一章

氨基酸与多肽风味

第一节　氨基酸
第二节　缩合氨基酸
第三节　蛋白质
第四节　氨基酸代谢

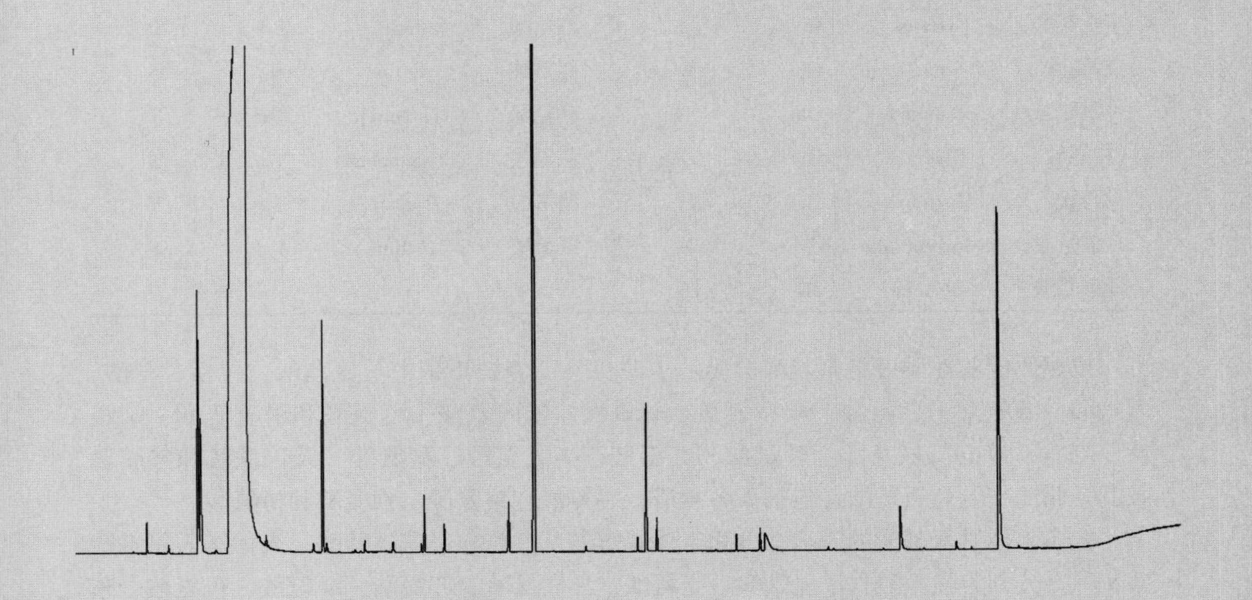

学习目标

1. 掌握氨基酸类化合物的风味特征，对饮料酒味觉特征的作用及其产生机理；
2. 了解多肽的风味特征，对饮料酒味觉特征的作用及其产生机理。

氨基酸（amino acids）及其多肽类（polypeptides）主要呈现味觉特征，但它们中的一些可能是嗅觉化合物的前体物，如氨基酸与糖的加热反应会产生含氮杂环香气化合物。

第一节 氨基酸

氨基酸是蛋白质的水解产物。自然界中已经发现有氨基酸约 200 种，构成蛋白质的主要氨基酸约 20 种。主要氨基酸的中文名称、英文全称、英文缩写以及单字母缩写见表 11-1。

表 11-1 氨基酸名称及缩写

中文名称	英文全称	缩写	单字母缩写	中文名称	英文全称	缩写	单字母缩写
丙氨酸	Alanine	Ala	A	亮氨酸	Leucine	Leu	L
精氨酸	Arginine	Arg	R	赖氨酸	Lysine	Lys	K
天冬氨酸	Aspartic acid	Asp	D	甲硫氨酸	Methionine	Met	M
天冬酰胺	Asparagine	Asn	N	苯丙氨酸	Phenylalanine	Phe	F
半胱氨酸	Cysteine	Cys	C	脯氨酸	Proline	Pro	P
谷氨酸	Glutamic acid	Glu	E	丝氨酸	Serine	Ser	S
谷氨酰胺	Glutamine	Gln	Q	苏氨酸	Threonine	Thr	T
甘氨酸	Glycine	Gly	G	色氨酸	Tryptophan	Trp	W
组氨酸	Histidine	His	H	酪氨酸	Tyrosine	Tyr	Y
羟脯氨酸	Hydroxyproline	Hyp	X	缬氨酸	Valine	Val	V
异亮氨酸	Isoleucine	Ile	I				

按照侧链的性质可将氨基酸分为：①非极性、侧链不带电荷氨基酸，包括甘氨酸、丙氨酸、缬氨酸、亮氨酸、异亮氨酸、脯氨酸、苯丙氨酸、色氨酸和甲硫氨酸；②极性、侧链不带电荷氨基酸：丝氨酸、苏氨酸、半胱氨酸、酪氨酸、天冬酰胺和谷胺酰胺；③侧链带电荷氨基酸：包括天冬氨酸、谷氨酸、组氨酸、赖氨酸和精氨酸。

按照人体对氨基酸的需求，分为人体必需氨基酸与非必需氨基酸。人体必需氨基酸共 8 种，分别为赖氨酸、甲硫氨酸、亮氨酸、异亮氨酸、苏氨酸、缬氨酸、色氨酸、苯丙氨酸。对婴儿来说，多一种组氨酸。

按照味觉特征可将氨基酸分为甜味氨基酸、苦味氨基酸、鲜味氨基酸、酸味氨基酸、复杂风味氨基酸与无味氨基酸。通常情况下，D-型氨基酸是甜的，而L-型氨基酸是苦的。带环状侧链的氨基酸（如1-氨基环烷基-1-甲酸）通常既苦又甜。

氨基酸的化学反应包括：羧基的酯化反应、氨基的酰基化反应、烷基化反应、芳基化反应（arylation）、氨甲酰化（carbamoyl）反应、氨基硫羰基化（thiocarbamoyl）反应等；与羰基化合物反应［生成甲亚胺基类（azomethine）化合物，如斯特雷克降解、与茚三酮反应］；氨基酸的高温反应，如酰胺化反应、产生致诱变的杂环化合物等。

一、常见氨基酸

1. 丙氨酸

L-丙氨酸（alanine，Ala，A）（C 11-1），俗称α-氨基丙酸（α-aminopropanoic acid）、(*S*)-2-氨基丙酸、2-氨基丙酸，CAS号56-41-7或302-72-7（外消旋），FEMA号3818，RI_{np} 1534（丙氨酸-MTBSTFA），分子式$C_3H_7NO_2$，摩尔质量89.09g/mol，白色粉末，熔点258℃，密度1.424g/cm^3，lgP -2.850，水中溶解度167.2g/L（25℃），pK_{a1}2.34（羧基），pK_b9.69（氨基），p*I* 6.0。

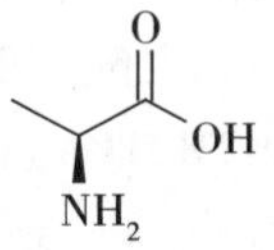

C 11-1　L-丙氨酸 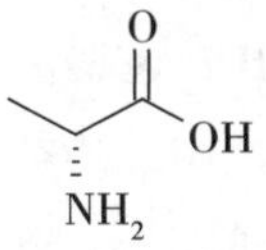　　C 11-2　(*R*)-2-氨基丙酸

L-丙氨酸呈甜味，在水溶液中甜味阈值8.0mmol/L或12.0mmol/L或600mg/L或12~18mmol/L（pH 6~7的水溶液）。

(*R*)-2-氨基丙酸（C 11-2）即D-Ala并不常见，CAS号338-69-2；呈甜味，水溶液中甜味阈值12~18mmol/L（pH 6~7的水溶液）。

丙氨酸存在于中国白酒大曲及其制曲原料中，酱香型大曲中含量为5181μg/g干重，浓香型大曲3123μg/g干重，清香型大曲1584μg/g干重；小麦33.99μg/g干重，大麦782.8μg/g干重，豌豆130.3μg/g（干重）。

葡萄酒基酒中游离Ala含量为25.7mg/L，结合态含量为88.2mg/L。丙氨酸在中国酱香型白酒中含量为310.46μg/L，浓香型白酒719.94μg/L，清香型白酒378.63μg/L，凤香型白酒129.21μg/L，兼香型白酒190.63μg/L，药香型白酒40.83μg/L，豉香型白酒172.51μg/L。

β-氨基丙酸（β-aminoalanine），呈甜味，水溶液中甜味阈值1200mmol/L。

2. 精氨酸

精氨酸（arginine，Arg，R），俗称α-氨基-δ-胍基戊酸（α-amino-δ-guanidinopentanoic acid），IUPAC名2-氨基-5-胍基戊酸（2-amino-5-guanidinopentanoic acid），CAS号7200-25-1，RI_{np} 2372（精氨酸-MTBSTFA），分子式$C_6H_{12}N_4O_2$，摩尔质量

174.20g/mol，白色晶体，熔点 260℃，沸点 368℃，lgP −1.625，水中溶解度 148.7g/L（20℃），微溶于乙醇，不溶于乙醚，pK_a 1.509（羧基），pK_{b1} 9.09（氨基），pK_{b2} 12.488（氨基），p*I* 10.8。

精氨酸无气味，呈苦味。精氨酸盐酸盐呈苦味，其水溶液中苦味阈值 300mg/L。

L-精氨酸，俗称（*S*）-精氨酸、L-(+)-精氨酸，IUPAC 名（2*S*）-2-氨基-5-(二氨基亚甲基氨基）戊酸［(2*S*)-2-amino-5-(diaminomethylideneamino) pentanoic acid］，CAS 号 74-79-3，FEMA 号 3819，呈苦味，水溶液中苦味阈值 75mmol/L。

D-精氨酸，俗称（*R*）-精氨酸、D-(−)-精氨酸，IUPAC 名（2*R*）-2-氨基-5-(二氨基亚甲基氨基）戊酸［(2*R*)-2-amino-5-(diaminomethylideneamino) pentanoic acid］，CAS 号 157-06-2，无味觉特征。

精氨酸广泛存在于发酵产品中，葡萄酒基酒中游离 Arg 含量为 20.7mg/L，结合态含量为 36.8mg/L。L-精氨酸在果醋中含量为 7.69~14.32mmol/L。

Arg 在白酒中含量如下：酱香型白酒 274.31μg/L，浓香型白酒 419.79μg/L，清香型白酒 298.25μg/L，凤香型白酒 385.90μg/L，兼香型白酒 533.01μg/L，药香型白酒 291.82μg/L，豉香型白酒 431.24μg/L。

3. 天冬酰胺

L-天冬酰胺（asparagine，Asn，N），俗称 2-氨基-3-氨甲酰基丙酸（2-amino-3-carbamoylpropanoic acid），IUPAC 名 2,4-二氨基-4-氧丁酸（2,4-diamino-4-oxobutanoic acid），CAS 号 3130-87-8，RI_{np} 1928（天冬酰胺-MTBSTFA），分子式 $C_4H_8N_2O_3$，摩尔质量 132.12g/mol，白色晶体，熔点 234℃，沸点 438℃，密度 1.543g/cm^3，lgP −1.880，水中溶解度 29.4g/L，能溶解于酸、碱，微溶于甲醇、乙醇、醚和苯，pK_a 2.02（羧基），pK_b 8.80（氨基），p*I* 5.4。

L-天冬酰胺呈鲜味，水溶液中鲜味阈值 50.0mmol/L。另有报道呈酸味，且有点苦味，苦味阈值 1000mg/L。

Asn 是手性化合物，有（*S*）-Asn（C 11-3）和（*R*）-Asn（C 11-4）之分。（*S*）-Asn，俗称 L-(−)-天冬酰胺，IUPAC 名（2*S*）-2，4-二氨基-4-氧丁酸［(2*S*)-2,4-diamino-4-oxobutanoic acid］，CAS 号 70-47-3，lgP −3.820，不呈味。

（*R*）-Asn，俗称 D-(+)-天冬酰胺，IUPAC 名（2*R*）-2，4-二氨基-4-氧丁酸［(2*R*)-2,4-diamino-4-oxobutanoic acid］，CAS 号 2058-58-4，呈甜味，水溶液中甜味阈值 3~6mmol/L（pH 6~7 的水溶液）。

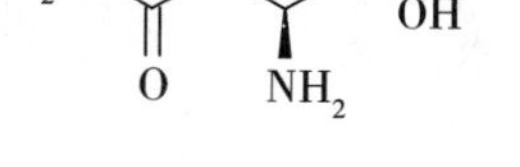

C 11-3 (*S*)-Asn 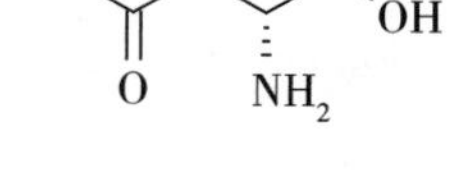　　C 11-4 (*R*)-Asn

游离态 Leu 存在于中国白酒大曲及其制曲原料中，酱香型大曲中含量为 188.6μg/g 干重，浓香型大曲 193.5μg/g 干重，清香型大曲 322.0μg/g 干重；小麦 212.3μg/g 干重，大麦 442.4μg/g 干重，豌豆 453.7μg/g 干重。

4. 天冬氨酸

天冬氨酸（aspartic acid，Asp，D）（C 11-5），俗称 α-氨基丁二酸、氨基琥珀酸（aminosuccinic acid），IUPAC 名 2-氨基丁二酸（2-aminobutanedioic acid），CAS 号 617-45-8，RI_{np} 1419（天冬氨酸-2TMS）或 2118（天冬氨酸-MTBSTFA），分子式 $C_4H_7NO_4$，摩尔质量 133.10g/mol，无色晶体，熔点 270℃，沸点 324℃（分解），密度 1.7 g/cm^3，lgP -1.075，水中溶解度 4.5g/L，pK_{a1} 1.88，pK_{a2} 3.9，pK_b 9.60，pI 2.8。

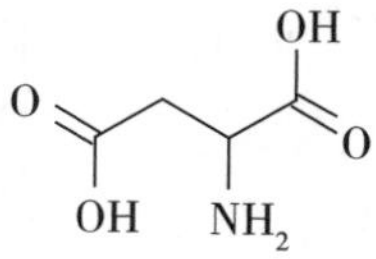

C 11-5　天冬氨酸

天冬氨酸钠盐（Asp Na），IUPAC 名 3-氨基-4-羟基-4-氧丁酸钠（sodium 3-amino-4-hydroxy-4-oxobutanoate），呈鲜味，有点咸，水溶液中鲜味阈值 1000mg/L 或 4mmol/L。

L-天冬氨酸，俗称 L-(+)-天冬氨酸、(*S*)-天冬氨酸，IUPAC 名（2*S*）-2-氨基丁二酸［（2*S*）-2-aminobutanedioic acid］，CAS 号 56-84-8，FEMA 号 3656，呈鲜味，水溶液中鲜味阈值 4.0mmol/L 或 7.5mmol/L 或 20.0mmol/L 或 0.6mmol/L；也有报道呈酸味，有点鲜味，水溶液中酸味阈值 30mg/L，或无味觉特征。

L-天冬氨酸钠盐，IUPAC 名（3*S*）-3-氨基-4-羟基-4-氧丁酸钠［sodium（3*S*）-3-amino-4-hydroxy-4-oxobutanoate］，CAS 号 39557-43-2，呈鲜味。

D-天冬氨酸，俗称 D-(-)-天冬氨酸、(*R*)-天冬氨酸，IUPAC 名（2*R*）-2-氨基丁二酸［(2*R*)-2-aminobutanedioic acid］，CAS 号 1783-96-6，不呈味。

Asp 于 1827 年由 Auguste-Arthur Plisson 和 Étienne Ossian Henry 水解天门冬素时首次发现，主要存在于白蛋白（albumin）中，含量为 6%～10%，苜蓿（alfalfa）中含量为 14.9%，玉米蛋白中含量为 12.3%，小麦蛋白中含量较低，约 3.8%。

Asp 是人体非必需氨基酸，由遗传密码子 GAU 和 GAC 编码。

葡萄酒基酒中游离 Asp 和 Asn 含量为 42.3mg/L，结合态含量为 130.1mg/L。L-天冬氨酸在果醋中含量为 528～1776μmol/L。

游离态 Asp 存在于中国白酒大曲及其制曲原料中，酱香型大曲中含量为 8255μg/g 干重，浓香型大曲 862.4μg/g 干重，清香型大曲 790.2μg/g 干重；小麦 197.5μg/g 干重，大麦 322.0μg/g 干重，豌豆 392.4μg/g 干重。

白酒中含有一定量的 Asp，其中酱香型白酒中含量为 5.36mg/L，浓香型白酒 6.50mg/L，清香型白酒 6.57mg/L，凤香型白酒 6.74mg/L，兼香型白酒 5.88mg/L，药香型白酒 6.59mg/L，豉香型白酒 6.44mg/L。

5. 瓜氨酸

瓜氨酸（citrulline，Cit），俗称 α-氨基-δ-氨甲酰氨基戊酸［α-amino-δ-(carbamoylamino) pentanoic acid]、2-氨基-5-脲基戊酸 (2-amino-5-ureidovaleric acid), IUPAC 名 2-氨基-5-(氨甲酰氨基) 戊酸 [2-amino-5-(carbamoylamino) pentanoic acid], CAS 号 622-77-0, 分子式 $C_6H_{13}N_3O_3$, 结构式 $H_2NC(O)NH(CH_2)_3CH(NH_2)CO_2H$, 摩尔质量 175.19g/mol, 白色晶体, 熔点 235℃, 沸点 386~387℃, lgP -1.373, pK_a 2.508 (羧基), pK_b 11.489 (氨基), 无气味, 呈甜味。

Cit 于 1941 年由 Koga and Odake 首次发现, 于 1930 年由 Wada 首次鉴定, 是尿素循环的关键中间体。

Cit 存在于中国白酒中, 其中酱香型白酒中含量为 2.48mg/L, 浓香型白酒 2.99mg/L, 清香型白酒 2.61mg/L, 凤香型白酒 1.91mg/L, 兼香型白酒 1.79mg/L, 药香型白酒 1.88mg/L, 豉香型白酒 2.06mg/L。

6. 半胱氨酸

半胱氨酸 (cysteine, Cys, C), 俗称 α-氨基-β-巯基丙酸, IUPAC 名 2-氨基-3-巯基丙酸 (2-amino-3-sulfanylpropanoic acid), CAS 号 3374-22-9 或 52-89-1 (盐酸盐), RI_{np} 2165 (半胱氨酸-MTBSTFA), 分子式 $C_3H_7NO_2S$, 结构式 $HO_2CCH(NH_2)CH_2SH$, 摩尔质量 121.15g/mol, 白色晶体或粉末, 熔点 240℃ (分解), lgP 0.230, 能溶于水, 乙醇中溶解度 15g/L (19℃), pK_a 1.71, pK_{b1} 8.35, pK_{b2} 10.66, p*I* 5.0。

半胱氨酸苦味不强但也不甜。最新研究认为半胱氨酸呈硫化物味道。

半胱氨酸是手性化合物, 分别为 (*R*)-Cys (C 11-6) 即 L-(+)-Cys, IUPAC 名 (2*R*)-2-氨基-3-巯基丙酸 [(2*R*)-2-amino-3-sulfanylpropanoic acid], CAS 号52-90-4, FEMA 号 3263, 呈咸味, 水溶液中咸味阈值 2.0mmol/L; (*S*)-Cys (C 11-7) 即 D-(-)-Cys, IUPAC 名 (2*S*)-2-氨基-3-巯基丙酸 [(2*S*)-2-amino-3-sulfanylpropanoic acid], CAS 号 921-01-7, 不呈味。

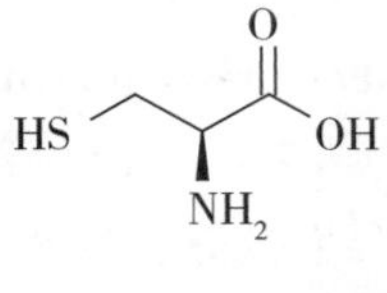

C 11-6 (*R*)-半胱氨酸 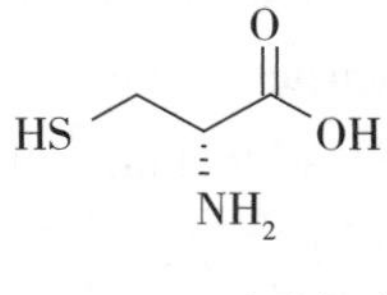　　　C 11-7 (*S*)-半胱氨酸

Cys 于 1810 年由 Wolaston 从膀胱结石 (bladder calculi) 中分离出来, 在角蛋白 (keratin) 中含量高, 达 9%, 在绝大多数的蛋白质中含量为 1%~2%。半胱氨酸是十分重要的氨基酸, 因为许多蛋白质的肽链由二个半胱氨酸残基相连, 如二硫键。半胱氨酸不是必需氨基酸, 但它有时可以代替必需氨基酸甲硫氨酸。Cys 由遗传密码子 UGU 和 UGC 编码。

游离态 Cys 存在于中国白酒大曲及其制曲原料中, 酱香型大曲中含量为 768.4μg/g 干重, 浓香型大曲 735.6μg/g 干重, 清香型大曲 557.0μg/g 干重; 小麦 583.3μg/g 干重, 大麦<ql, 豌豆 646.0μg/g 干重。

Cys 在酱香型白酒中含量为 15.61μg/L, 浓香型白酒 541.84μg/L, 清香型白酒 95.93μg/L, 凤香型白酒 3.95μg/L, 兼香型白酒 3.56μg/L, 药香型和豉香型白酒中未检测到。

葡萄酒基酒中游离胱氨酸含量为19.7mg/L，结合态含量为4.3mg/L。

7. 谷氨酰胺

L-谷氨酰胺（L-glutamine，Gln，Q）(C 11-8)，俗称L-(+)-谷氨酰胺、(2*S*)-2-氨基-4-氨甲酰丁酸［(2*S*)-2-amino-4-carbamoylbutanoic acid］，IUPAC名（2*S*)-2,5-二氨基-5-氧戊酸［(2*S*)-2,5-diamino-5-oxopentanoic acid］，CAS号56-85-9，FEMA号3684，RI_{np} 1940（谷氨酰胺-MTBSTFA），分子式$C_5H_{10}N_2O_3$，摩尔质量146.15g/mol，白色晶体，185℃分解，lgP -1.576，pK_a 2.17（羧基），pK_b 9.13（氨基），pI 5.7。

早期文献报道谷氨酰胺苦味不强但也不甜，或有点甜味和鲜味，但没有苦味，水溶液中甜味阈值2500mg/L。L-Gln呈鲜味，水溶液中鲜味阈值50.0mmol/L，也说无味觉特征。

C 11-8 L-谷氨酰胺　C 11-9 D-谷氨酰胺　C 11-10 吡咯烷酮甲酸

D-谷氨酰胺（C 11-9），俗称D-(-)-谷氨酰胺、D-2-氨基戊酰胺酸（D-2-aminoglutaramic acid），IUPAC名（2*R*)-2,5-二氨基-5-氧戊酸［(2*R*)-2,5-diamino-5-oxopentanoic acid］，CAS号5959-95-5，呈甜味。

Gln于1883年从甜菜根汁中分离出来，1932年确认存在于蛋白质中。Gln很容易转化为吡咯烷酮甲酸（pyrrolidine carboxylic acid）(C 11-10)；在pH 2.2~4.0时，它是稳定的，在其他pH时，它会开环形成谷氨酸。Gln由遗传密码子CAA和CAG编码。

游离态Gln存在于中国白酒大曲及其制曲原料中，酱香型大曲中含量为1852μg/g干重，浓香型大曲957.8μg/g干重，清香型大曲541.4μg/g干重；小麦<ql，大麦483.3μg/g干重，豌豆<ql。

8. 谷氨酸

谷氨酸（glutamic acid，Glu，E）(C 11-11)，俗称α-氨基戊二酸，IUPAC名2-氨基戊二酸（2-aminopentanedioic acid），CAS号617-65-2，RI_{np} 2218（谷氨酸-MTBSTFA），分子式$C_5H_9NO_4$，化学式$HOOC—CH(NH_2)—(CH_2)_2—COOH$，摩尔质量147.13g/mol，白色晶状粉末，熔点199℃（分解），密度1.4601g/cm^3，lgP -0.969，水中溶解度7.5g/L（20℃），乙醇中溶解度3.5mg/kg（25℃），pK_{a1} 2.19，pK_{a2} 4.25，pK_b 9.67，pI 3.2。

谷氨酸主要呈鲜味，也有报道同时呈酸味，水溶液中鲜味阈值50mg/L。

L-Glu（C 11-12），俗称（*S*)-谷氨酸、L-(+)-Glu，IUPAC名（2*S*)-2-氨基戊二酸［(2*S*)-2-aminopentanedioic acid］，CAS号56-86-0，FEMA号3285，呈鲜味，水溶液中鲜味阈值3.0mmol/L或200μmol/L或1200μmol/L或1.1mmol/L或1.5mmol/L。L-

Glu 是甲壳纲肉的关键鲜味物质。

D-Glu，俗称 D-型或（2*R*）-型，（2*R*）-2-氨基戊二酸［（2*R*）-2-aminopentanedioic acid］，CAS 号 6893-26-1，无味觉特征。

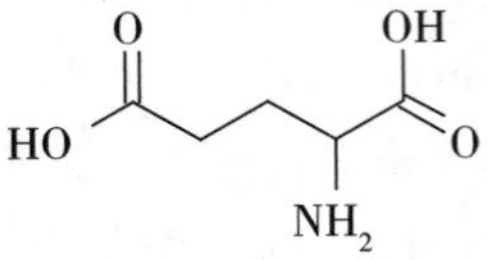

C 11-11 谷氨酸 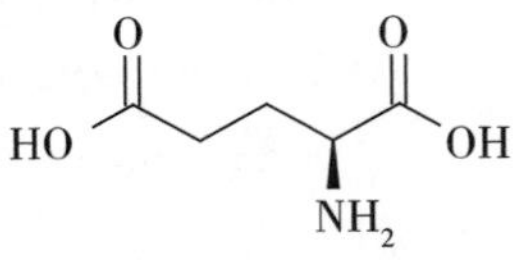　　C 11-12 L-谷氨酸

Glu 于 1866 年由 Ritthausen 首先从小麦面筋（gluten）中分离出来，是最早认识到的鲜味化合物，于 1909 年发现于海藻昆布（konbu）和鲣鱼的汤中。Glu 由遗传密码子 AUG 编码。

谷氨酸是自然界中最丰富的氨基酸，是细胞代谢的关键分子，以游离态形式 MSG 存在于植物、动物组织中；以结合态形式存在于蛋白质中。游离态形式在嗜食性上扮演着重要角色，广泛存在于食物中，如蘑菇、老熟干酪、土豆、肉、鱼和家禽肉中，丝蛋白中含量高达 21.7%，小麦高达 31.4%，玉米 18.4%，大豆蛋白 18.5%。

游离态 Glu 存在于中国白酒大曲及其制曲原料中，酱香型大曲中含量为 2136μg/g 干重，浓香型大曲 2741μg/g 干重，清香型大曲 1243μg/g 干重；小麦 172.4μg/g 干重，大麦 452.4μg/g 干重，豌豆 1089μg/g 干重。

Glu 广泛存在于发酵食品和饮料酒中。葡萄酒基酒中的游离 Glu 和 Gln 含量为 41.4mg/L，结合态含量为 174.9mg/L。果醋中 L-Glu 含量为 179~591μmol/L。

白酒中含有一定量 Glu，其中酱香型白酒 3.44mg/L；浓香型白酒 6.25mg/L，清香型白酒 8.23mg/L，凤香型白酒 4.60mg/L，兼香型白酒 0.56mg/L，药香型白酒 4.32mg/L，豉香型白酒 4.43mg/L。

9. 甘氨酸

甘氨酸（glycine，Gly，G）（C 11-13），俗称氨基乙酸（aminoethanoic acid，amino-acetic acid），IUPAC 名 2-氨基乙酸，CAS 号 56-40-6，FEMA 号 3287，RI_{np} 1302（甘氨酸-3TMS）或 1325（甘氨酸-3TMS）或 1561（甘氨酸-MTBSTFA），分子式 $C_2H_5NO_2$，化学式 NH_2—CH_2—COOH，摩尔质量 75.07g/mol，白色固体，熔点 233℃（分解），密度 1.607g/cm^3，水中溶解度 249.9g/L（25℃），lgP -0.928，溶解于水、吡啶，微溶于乙醇，不溶解于醚，pK_a 2.34（羧基），pK_b 10.60（氨基），pI 6.0。

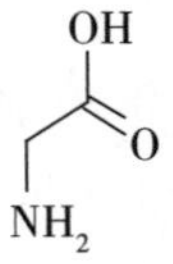

C 11-13 甘氨酸 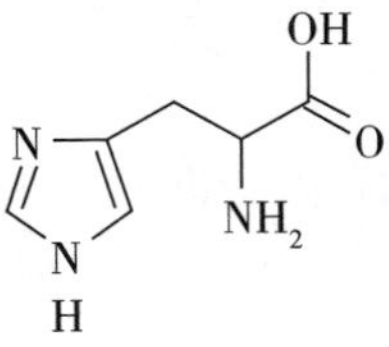　　C 11-14 组氨酸

甘氨酸呈甜味，在水溶液中甜味阈值 30.0mmol/L 或 25mmol/L 或 1300mg/L 或 25~35mmol/L（pH 6~7 水溶液）或 13mmol/L。

Gly 于 1820 年由 Braconnot 首次从明胶中分离出来。高含量的甘氨酸存在于结构蛋白（structural protein）中，胶原蛋白（collagen）中含 25%~30%甘氨酸。Gly 并不是人类必需氨基酸。

游离态甘氨酸存在于中国白酒大曲及其制曲原料中，酱香型大曲中含量为 868.4μg/g 干重，浓香型大曲 566.2μg/g 干重，清香型大曲 243.5μg/g 干重；小麦 12.03μg/g 干重，大麦 22.29μg/g 干重，豌豆 81.03μg/g 干重。

甘氨酸存在于所有饮料酒中，葡萄酒基酒中游离 Gly 含量为 6.0mg/L，结合态含量为 107.2mg/L。L-甘氨酸在果醋中含量为 563~1042μmol/L。

Gly 在白酒中含量如下：酱香型白酒 1.47mg/L，浓香型白酒 2.14mg/L，清香型白酒 1.98mg/L，凤香型白酒 1.85mg/L，兼香型白酒 1.83mg/L，药香型白酒 1.69mg/L，豉香型 1.84mg/L。

10. 组氨酸

组氨酸（histidine，His，H）(C 11-14)，俗称 *α*-氨基-*β*-咪唑丙酸，IUPAC 名 2-氨基-3-(1*H*-咪唑-4-基）丙酸［2-amino-3-(1*H*-imidazol-4-yl）propanoic acid］，分子式 $C_6H_9N_3O_2$，摩尔质量 155.16 g/mol，白色晶体，熔点 282~287℃，沸点 459℃（估计），lgP －1.418，水中溶解度 41.9g/L（25℃），pK_{a1} 1.80，pK_{a2} 5.99，pK_b 9.07，p*I* 7.5。

组氨酸呈苦味，水溶液中苦味阈值 200mg/L。早期文献报道组氨酸盐不呈苦味，只呈酸味，其酸味阈值 50mg/L。

L-组氨酸，俗称（*R*)-组氨酸、L-(-)-组氨酸，IUPAC 名（2*R*)-2-氨基-3-(1*H*-咪唑-4-基）丙酸［(2*R*)-2-amino-3-(1*H*-imidazol-4-yl）propanoic acid］，CAS 号 71-00-1，FEMA 号 3694，呈苦味，水溶液中苦味阈值 45.0mmol/L 或 48mmol/L 或 45~50mmol/L。

D-组氨酸，俗称（*S*)-组氨酸、L-(+)-组氨酸，IUPAC 名（2*S*)-2-氨基-3-(1*H*-咪唑-4-基）丙酸［(2*S*)-2-amino-3-(1*H*-imidazol-4-yl）propanoic acid］，CAS 号 351-50-8，呈甜味，水溶液中味阈值 2~4mmol/L（pH 6~7 水溶液）

His 于 1896 年由德国生理学家 Albrecht Kossel 和 Sven Hedin 首次从鱼精蛋白中发现，绝大多数蛋白质含有 2%~3%的组氨酸，血液蛋白含有 6%的组氨酸。组氨酸是婴幼儿营养中必需的氨基酸。His 由遗传密码子 CAU 和 CAC 编码。

葡萄酒基酒中游离 His 含量为 14.0mg/L，结合态含量为 22.8mg/L。L-组氨酸在果醋中含量 29~175μmol/L。

游离态 His 存在于中国白酒大曲及其制曲原料中，酱香型大曲中含量为 722.4μg/g 干重，浓香型大曲 678.7μg/g 干重，清香型大曲 274.2μg/g 干重；小麦 221.0μg/g 干重，大麦 226.5μg/g 干重，豌豆 234.5μg/g 干重。

His 较少存在于白酒中，仅在酱香型白酒中检测到，含量为 2.88μg/L，浓香型、清香型、凤香型、兼香型、药香型和豉香型白酒中未检测到。

11. 羟脯氨酸

羟脯氨酸（hydroxyproline，HYP），俗称 4-羟基脯氨酸、4-羟基四氢吡咯-2-甲酸（4-hydroxypyrrolidine-2-carboxylic acid），CAS 号 36901-87-8，分子式 $C_5H_9NO_3$，摩尔质量 131.13g/mol，熔点 355~356℃，lgP -0.350，pK_a 1.82，pK_b 9.65，pI 5.7。

羟脯氨酸呈甜味，水溶液中甜味阈值 500mg/L，早期有文献报道羟脯氨酸的甜味强度要大于其苦味强度。

L-4-羟脯氨酸（C 11-15），IUPAC 名（2*S*,4*R*）-4-羟基四氢吡咯-2-甲酸，CAS 号 51-35-4，呈甜味，甜味阈值 6mmol/L。

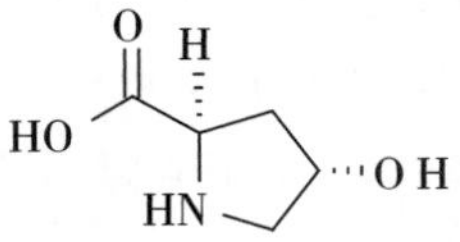

C 11-15 （2*R*,4*S*）-HYP

HYP 于 1902 年首先由 Hermann Emil Fischer 从鱼精蛋白中分离出来，在胶原蛋白中含量最丰富，达 12.4%。羟脯氨酸可来测定碎肉制品（comminuted meat product）中的结缔组织（connective tissue）。羟脯氨酸不是人体的必需氨基酸。

12. 异亮氨酸

异亮氨酸（isoleucine，Ile，ILeu，I），俗称 α-氨基-β-甲基戊酸（α-amino-β-methylpentanoic acid），IUPAC 名 2-氨基-3-甲基戊酸，CAS 号 443-79-8，FEMA 号 3295，RI_{np} 1712（异亮氨酸-MTBSTFA），分子式 $C_6H_{13}NO_2$，摩尔质量 131.18g/mol，白色晶状粉末，熔点 290~292℃，lgP 0.799，pK_a 2.36，pK_b 9.68，pI 6.0。

异亮氨酸呈苦味，水溶液苦味阈值 900mg/L 或 11mmol/L 或 0.9mmol/L。

L-异亮氨酸，IUPAC 名（2*S*,3*S*）-2-氨基-3-甲基戊酸［(2*S*,3*S*)-2-amino-3-methylpentanoic acid］，CAS 号 73-32-5，FEMA 号 4675，呈苦味，水溶液中苦味阈值 11.0mmol/L 或 10.0mmol/L 或 10~12mmol/L（pH 6~7 水溶液）。

异亮氨酸是手性氨基酸，分别为（2*S*,3*S*）-型、（2*R*,3*R*）-型、（2*S*,3*R*）-型和（2*R*,3*S*）-型，见 C 11-16~C 11-19。（2*S*,3*S*）-Ile 即 L-Ile；（2*R*,3*R*）-Ile 即 D-Ile，CAS 号 319-78-8，呈甜味，水溶液中甜味阈值 8~12mmol/L（pH 6~7 水溶液）；（2*S*,3*R*）-Ile 即 L-别-Ile（L-*allo*-Ile）、别-L-Ile（*allo*-L-Ile），CAS 号 1509-34-8；（2*R*,3*S*）-Ile 即 D-别-Ile（D-*allo*-Ile）、别-D-Ile（*allo*-D-Ile），CAS 号 1509-35-9，未见后两个化合物味觉特征报道。

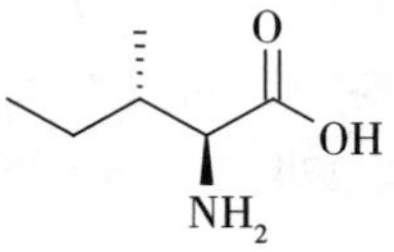

C 11-16 (2*S*,3*S*)-ILeu

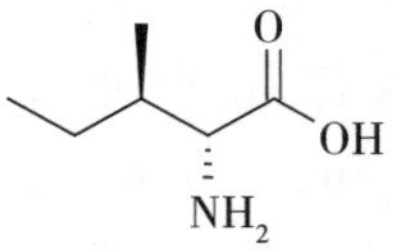

C 11-17 (2*R*,3*R*)-ILeu

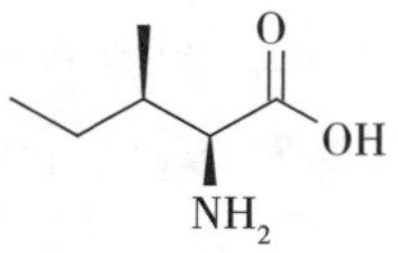

C 11-18 (2*S*,3*R*)-ILeu

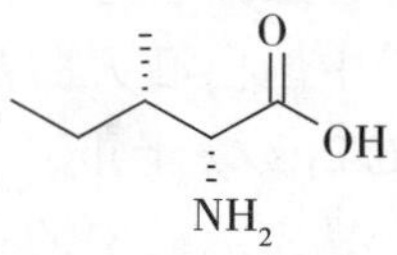

C 11-19 (2*R*,3*S*)-ILeu

Ile 首次由 Ehrlich 于 1904 年从纤维蛋白（fibrin）中分离出来，肉和谷物蛋白中含量为 4%~5%，鸡蛋和牛乳中含量为 6%~7%。Ile 是人体的必需氨基酸；由遗传密码子 ATT、ATC、ATA 编码。

游离态 Ile 存在于中国白酒大曲及其制曲原料中，酱香型大曲中含量为 1004μg/g 干重，浓香型大曲 556.0μg/g 干重，清香型大曲 198.7μg/g 干重；小麦 21.76μg/g 干重，大麦 97.75μg/g 干重，豌豆 12.01μg/g 干重。

葡萄酒基酒中游离 Ile 含量为 6.7mg/L，结合态含量为 72.7mg/L。L-异亮氨酸在果醋中含量为 193~453μmol/L。

L-异亮氨酸在白酒中含量如下：酱香型白酒中含量为 542.62μg/L，浓香型白酒 583.68μg/L，清香型白酒 427.66μg/L，凤香型白酒 127.09μg/L，兼香型 80.20μg/L，药香型白酒 129.09μg/L，豉香型白酒 824.40μg/L。

13. 亮氨酸

亮氨酸（leucine，Leu，L），俗称 α-氨基异己酸（α-aminoisohexanoic acid）、2-氨基-4-甲基戊酸（2-amino-4-methylpentanoic acid），CAS 号 328-39-2，RI_{np} 1683（亮氨酸-MTBSTFA），分子式 $C_6H_{13}NO_2$，摩尔质量 131.18g/mol，白色晶体，熔点 293~296℃，沸点 563℃，lgP 0.799，pK_a 2.36（羧基），pK_b 9.60（氨基）。

亮氨酸呈苦味，水溶液苦味阈值 1900mg/L 或 12mmol/L 或 0.4mmol/L。

L-Leu（C 11-20），俗称 L-(+)-Leu、(2*S*)-Leu、4-甲基-L-戊氨酸（4-methyl-L-norvaline），IUPAC 名（2*S*)-2-氨基-4-甲基戊酸，CAS 号 61-90-5，FEMA 号 3297，呈苦味，水溶液中苦味阈值 12.0mmol/L 或 11.0mmol/L 或 11~13mmol/L（pH 6~7 水溶液）。

D-Leu（C 11-21），俗称 D-(-)-Leu、(*R*)-Leu，IUPAC 名（2*R*)-2-氨基-4-甲基戊酸，CAS 号 328-38-1，呈甜味，水溶液中甜味阈值 2~5mmol/L（pH 6~7 水溶液）。

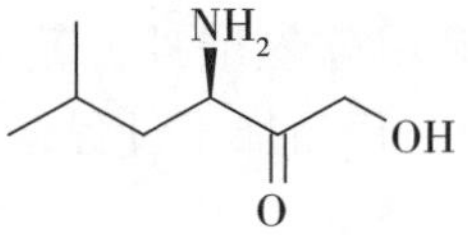

C 11-20 L-亮氨酸

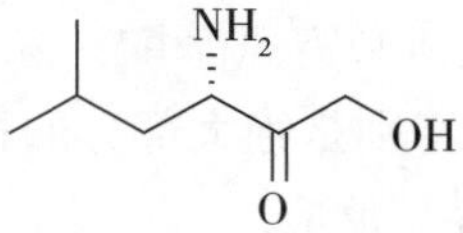

C 11-21 D-亮氨酸

Leu 于 1820 年首次由 Braconneot 从肌肉组织中分离出来，在绝大多数蛋白中含量为 7%~10%，玉米蛋白中含量为 12.7%，小麦蛋白中含量为 6.9%。

Leu 是人体必需氨基酸；由遗传密码子 UUA、UUG、CUU、CUC、CUA 和 CUG 编码。酒精发酵时的杂醇油来源于亮氨酸和异亮氨酸。

游离态 Leu 存在于中国白酒大曲及其制曲原料中，酱香型大曲中含量为 1642μg/g 干重，浓香型大曲 896.2μg/g 干重，清香型大曲 418.1μg/g 干重；小麦 42.22μg/g 干重，大麦 243.8μg/g 干重，豌豆 81.28μg/g 干重。

葡萄酒基酒中游离 Leu 含量为 34.5mg/L，结合态含量为 67.7mg/L。L-Leu 在果醋中含量为 143~531μmol/L。

Leu 在白酒中含量如下：酱香型白酒中含量为 71.34μg/L，浓香型白酒 838.41μg/L，清香型白酒 251.95μg/L，凤香型白酒 122.96μg/L，兼香型白酒 291.43μg/L，药香型白酒 157.33μg/L，豉香型白酒 112.65μg/L。

14. 赖氨酸

赖氨酸（lysine，Lys，K），俗称 α,ε-二氨基己酸，IUPAC 名 2,6-二氨基己酸（2,6-diaminohexanoic acid，2,6-diammoniohexanoic acid），CAS 号 70-54-2，分子式 $C_6H_{14}N_2O_2$，摩尔质量 146.19g/mol，白色晶体，熔点 218~224℃，lgP -0.734，水中溶解度 1500g/L（25℃），pK_{a1} 2.20，pK_{b1} 8.90，pK_{b2} 10.28，pI 9.6。

赖氨酸呈苦味，水溶液中苦味阈值 85mmol/L。早期有文献报道赖氨酸苦味强度与甜味强度相当。赖氨酸-盐酸（Lys-HCl）呈苦味，水溶液中苦味阈值 500mg/L。

L-赖氨酸（C 11-22），俗称（*S*）-赖氨酸、L-(-)-赖氨酸，IUPAC 名（2*S*）-2,6-二氨基己酸［(2*S*)-2,6-diaminohexanoic acid，(2*S*)-2,6-diammoniohexanoic acid］，CAS 号 56-87-1，FEMA 号 3847，呈苦味，水溶液中苦味阈值 80.0mmol/L 或 85mmol/L 或 80~90mmol/L（pH6~7 水溶液）。

D-赖氨酸，俗称（*R*）-赖氨酸、D-(+)-赖氨酸，IUPAC 名（2*R*）-2，6-二氨基己酸［(2*R*)-2,6-diaminohexanoic acid，(2*R*)-2,6-diammoniohexanoic acid］，CAS 号 923-27-3，呈甜味。

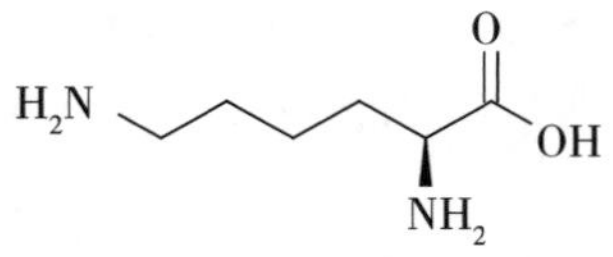

C 11-22 L-赖氨酸 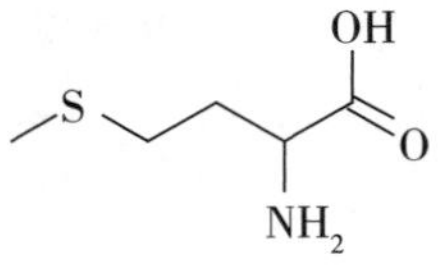　　C 11-23 甲硫氨酸 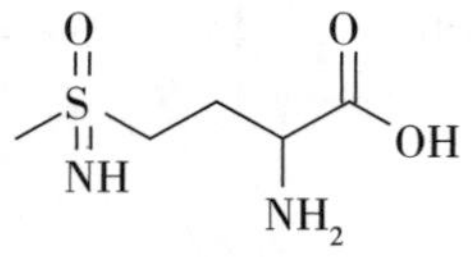　　C 11-24 次硫酸亚胺蛋氨酸

Lys 于 1889 年由 Drechsel 从酪蛋白（casein）中分离出来，在肉、蛋、乳蛋白中含量高达 7%~9%，在谷物蛋白中含量比较低，2%~4%，在蟹和鱼蛋白中含量最高，达 10%~11%。Lys 是人体必需氨基酸。除甘氨酸和甲硫氨酸外，赖氨酸是许多蛋白生物学价值的限制因子，特别是绝大部分的植物蛋白，食品加工过程会导致赖氨酸的损失因其 ε-氨基基团非常容易反应。

葡萄酒基酒中游离 Lys 含量为 60.1mg/L，结合态含量 80.4mg/L。

游离态 Lys 存在于中国白酒大曲及其制曲原料中，酱香型大曲中含量为 828.5μg/g 干重，浓香型大曲 735.4μg/g 干重，清香型大曲 701.7μg/g 干重；小麦<ql，大麦 243.3μg/g 干重，豌豆 245.3μg/g 干重。

Lys 在中国白酒中含量不高，酱香型白酒中含量为 8.25μg/L，浓香型白酒 673.58μg/L，兼香型白酒 25.12μg/L，清香型、凤香型、药香型和豉香型白酒中未检测到。

15. 甲硫氨酸

甲硫氨酸（methionine，Met，M）(C 11-23)，也称蛋氨酸、α-氨基-γ-甲硫基丁酸、2-氨基-4-(甲硫基）丁酸［2-amino-4-(methylthio) butanoic acid］，IUPAC 名 2-氨基-4-甲硫基丁酸（2-amino-4-sulfanylbutanoic acid），CAS 号 59-51-8，RI_{np} 1952（甲硫氨酸-MTBSTFA），分子式 $C_5H_{11}NO_2S$，摩尔质量 149.21g/mol，白色晶状粉末，熔点 281℃，密度 1.34g/cm^3，lgP 0.217，溶于水，pK_a 2.28（羧基），pK_b 9.21（氨基），pI 5.7。

甲硫氨酸呈硫化物气味、酸气；呈苦味，水溶液苦味阈值 300mg/L；最新研究认为甲硫氨酸呈硫化物味道。

L-甲硫氨酸，俗称（S）-甲硫氨酸、L-(-)-甲硫氨酸，IUPAC 名（2S）-2-氨基-4-甲硫基丁酸［(2S)-2-amino-4-sulfanylbutanoic acid］，CAS 号 63-68-3，FEMA 号 3301，呈甜味，甜味阈值 5.0mmol/L；呈咸味，水溶液中咸味阈值 5.0mmol/L；呈硫化物的味道。

D-甲硫氨酸，俗称（R）-甲硫氨酸、D-(+)-甲硫氨酸，IUPAC 名（2R）-2-氨基-4-甲硫基丁酸［(2R)-2-amino-4-sulfanylbutanoic acid］，CAS 号 348-67-4，呈甜味，水溶液中味阈值 4~7mmol/L（pH 6~7 水溶液）；呈硫化物味道。

Met 于 1922 年由 Mueller 从酪蛋白中分离得到，动物蛋白含有 2%~4%的甲硫氨酸，植物蛋白含有 1%~2%的甲硫氨酸。甲硫氨酸是人体必需的氨基酸，在许多生化反应中，它的主要作用是提供甲基供体；甲硫氨酸对氧和热处理十分敏感，因此在食品加工过程中会有损失，如干燥、膨化（puffing）、焙烤或用氧化剂处理。面粉用三氯化氮（nitrogen trichloride）漂白时，甲硫氨酸会转化为有毒的次硫酸亚胺甲硫氨酸（methionine sulfoximide）(C 11-24)。

游离态 Met 存在于中国白酒大曲及其制曲原料中，酱香型大曲中含量为 62.82μg/g 干重，浓香型大曲 106.22μg/g 干重，清香型大曲 69.11μg/g 干重；小麦 33.55μg/g 干重，大麦 62.97μg/g 干重，豌豆 30.22μg/g 干重。

葡萄酒基酒中游离 Met 含量为 16.1mg/L，结合态含量为 9.3mg/L。L-甲硫氨酸在果醋中含量为 17~54μmol/L。

Met 在白酒中含量如下：酱香型白酒中含量为 108.49μg/L，浓香型白酒 675.17μg/L，清香型白酒 25.39μg/L，凤香型白酒 7.72μg/L，兼香型白酒 36.55μg/L，药香型白酒 5.70μg/L，豉香型白酒 24.08μg/L。

16. 鸟氨酸

L-鸟氨酸（L-ornithine，L-Orn）(C 11-25)，俗称 α,δ-二氨基戊酸（α,δ-diaminopentanoic acid）、(+)-(S)-2，5-二氨基戊酸［(+)-(S)-2,5-diaminopentanoic acid，(+)-(S)-2,5-diaminovaleric acid］，IUPAC 名（2S）-2,5-二氨基戊酸［(2S)-2,5-diaminopentanoic acid]，CAS 号 70-26-8，分子式 $C_5H_{12}N_2O_2$，摩尔质量 132.16g/mol，熔点 140℃，lgP -4.220，能溶于水和乙醇，pK_a 1.94。

L-鸟氨酸呈甜味，水溶液中甜味阈值 3.5mmol/L。

Orn 是非蛋白质氨基酸（non-proteinogenic amino acid），参与尿素循环（urea cycle）。

游离态 Orn 存在于中国白酒大曲及其制曲原料中，酱香型大曲中含量为 2405μg/g 干重，浓香型大曲 2300μg/g 干重，清香型大曲 2152μg/g 干重；小麦 281.8μg/g 干重，大麦 310.9μg/g 干重，豌豆 842.8μg/g 干重。

葡萄酒基酒中游离 Orn 含量为 3.2mg/L，结合态未检测到。

C 11-25 L-鸟氨酸

C 11-26 L-苯丙氨酸

17. 苯丙氨酸

苯丙氨酸（phenylalanine，Phe，F），俗称 α-氨基-β-苯丙酸（α-amino-β-phenylpropanoic acid），IUPAC 名 2-氨基-3-苯丙酸，CAS 号 150-30-1，FEMA 号 3726，RI_{np} 1548（苯丙氨酸-1TMS）或 2027（苯丙氨酸-MTBSTFA），分子式 $C_9H_{11}NO_2$，摩尔质量 165.19g/mol，熔点 186℃，lgP 0.235，pK_a 1.83（羧基），pK_b 9.13（氨基），pI 5.5。

苯丙氨酸呈苦味，水溶液苦味阈值 900mg/L 或 6mmol/L。

L-苯丙氨酸（C 11-26），俗称 L-(-)-苯丙氨酸，IUPAC 名（2*S*)-2-氨基-3-苯丙酸 [(2*S*)-2-amino-3-phenylpropanoic acid]，CAS 号 63-91-2，FEMA 号 3585，呈苦味，水溶液中苦味阈值 58.0mmol/L 或 45.0mmol/L 或 5~7mmol/L（pH 6~7 水溶液）。

D-Phe，俗称 D-(+)-Phe，IUPAC 名（2*R*)-2-氨基-3-苯丙酸 [(2*S*)-2-amino-3-phenylpropanoic acid]，CAS 号 673-06-3，呈甜味，水溶液中甜味阈值 1~3mmol/L（pH 6~7 水溶液）。

苯丙氨酸于 1881 年由 Schulze 从羽扇豆中首次分离出来，几乎存在于所有的蛋白质中，含量为 4%~5%。Phe 是人体必需的氨基酸。它在体内可以转化为酪氨酸，因此，苯丙氨酸可以代替酪氨酸的营养。

葡萄酒基酒中游离 Phe 含量为 17.5mg/L，结合态含量为 39.2mg/L。L-Phe 在果醋中含量为 88~336μmol/L。

游离态 Phe 存在于中国白酒大曲及其制曲原料中，酱香型大曲中含量为 2682μg/g 干重，浓香型大曲 1494μg/g 干重，清香型大曲 192.5μg/g 干重；小麦 50.33μg/g 干重，大麦 197.8μg/g 干重，豌豆 114.6μg/g 干重。

Phe 较少存在于中国白酒中，酱香型白酒中含量为 7.26μg/L，浓香型白酒 674.58μg/L，清香型、凤香型、兼香型、药香型和豉香型白酒中未检测到。

18. 脯氨酸

脯氨酸（proline，Pro，P），俗称四氢吡咯-2-甲酸（pyrrolidine-2-carboxylic acid），CAS 号 609-36-9 或 147-85-3（*S*-型）(C 11-27) 或 344-25-2（*R*-型）(C 11-28)，FEMA 号 3319，RI_{np} 1754（脯氨酸-MTBSTFA）或 1318（脯氨酸-TMS-MSTFA），分子式 $C_5H_9NO_2$，摩尔质量 115.13g/mol，透明晶体，熔点 205~228℃（分解），乙醇中溶解度 15g/kg（19℃），lgP -0.06，pK_a 1.99（羧基），pK_b 10.60（氨基），p*I* 6.3。

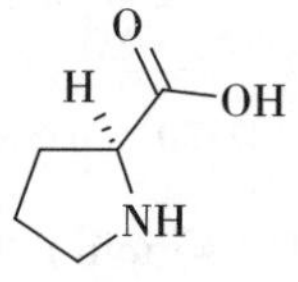

C 11-27　(*S*)-Pro 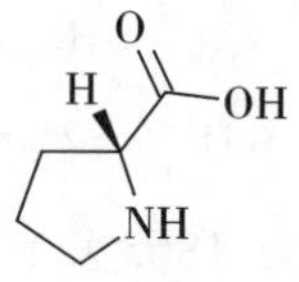　　　　C 11-28　(*R*)-Pro

脯氨酸呈甜味，水溶液中甜味阈值 3000mg/L。早期有文献报道脯氨酸既是甜味氨基酸，也是苦味氨基酸，且甜味强度与苦味强度相当。

L-脯氨酸，呈甜味，在水溶液中甜味阈值 26.0mmol/L 或 25.0mmol/L 或 25~40mmol/L（pH 6~7 水溶液）；同时呈苦味，水溶液中苦味阈值 25~27mmol/L（pH 6~7 水溶液）。

D-脯氨酸没有味觉特征。

Pro 于 1900 年首先由 Richard Willstätter 分离出来，存在于大部分的蛋白质中，含量为 4%~7%，小麦蛋白中最丰富，达 10.3%，明胶中含量为 12.8%，酪蛋白中含量为 12.3%。Pro 是人体非必需氨基酸。在生物体中，Pro 由遗传密码子 CCU、CCC、CCA 和 CCG 编码。

葡萄酒基酒中游离 Pro 含量为 382.3mg/L，结合态含量为 163.4mg/L，L-Pro 在丹菲特红葡萄酒中含量为 530~673mg/L。Pro 在果醋中含量为 10.8~12.46mmol/L。

游离态 Pro 存在于中国白酒大曲及其制曲原料中，酱香型大曲中含量为 5846μg/g 干重，浓香型大曲 3644μg/g 干重，清香型大曲 4722μg/g 干重；小麦 49.47μg/g 干重，大麦 412.4μg/g 干重，豌豆 66.01μg/g 干重。

Pro 在白酒中含量如下：酱香型白酒 383.934μg/L，浓香型白酒 216.95μg/L，清香型白酒 178.27μg/L，凤香型白酒 369.11μg/L，兼香型白酒 326.17μg/L，药香型白酒 434.34μg/L，豉香型白酒 316.82μg/L。

19. 丝氨酸

丝氨酸（serine，Ser，S），俗称 α-氨基-β-羟基丙酸（α-amino-β-hydroxypropanoic acid）、2-氨基-3-羟基丙酸，CAS 号 302-84-1 或 312-84-5（D-型）(C 11-29)，RI_{np} 1251（丝氨酸-2TMS）或 1369（丝氨酸-3TMS）或 1353（丝氨酸-3TMS）或 1963（丝氨酸-MTBSTFA），分子式 $C_3H_7NO_3$，摩尔质量 105.09g/mol，白色晶体或粉末，熔点 246℃（分解），密度 1.603g/cm^3（22℃），lgP -3.460，能溶于水，pK_a 2.21（羧基），pK_b 9.15（氨基），p*I* 5.7。

丝氨酸呈甜味，水溶液中甜味阈值 1500mg/L。

L-丝氨酸（C 11-30），即（*S*)-Ser，CAS 号 56-45-1，呈甜味，水溶液中甜味阈值 30.0mmol/L 或 25mmol/L 或 25~35mmol/L（pH 6~7 水溶液）。

D-丝氨酸呈甜味，水溶液中甜味阈值 30~40mmol/L（pH 6~7 水溶液）。

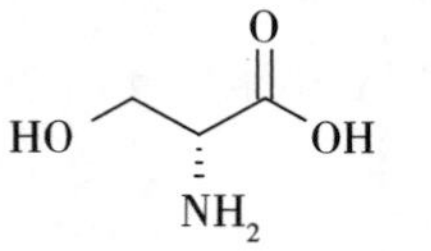

C 11-29 (*R*)-Ser 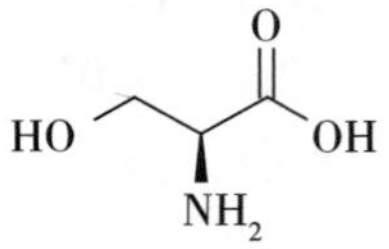　　C 11-30 (*S*)-Ser

丝氨酸是由 Cramer 在 1865 年首次从丝胶蛋白（sericin）中分离到。大部分蛋白质含有 4%~8%的丝氨酸。Ser 由遗传密码子 UCU、UCC、UCA、UCG、AGU 和 AGC 编码。

葡萄酒基酒中游离 Ser 含量为 15.3mg/L，结合态含量为 87.1mg/L。L-Ser 在果醋中含量为 575~4722μmol/L。

游离态 Ser 存在于中国白酒大曲及其制曲原料中，酱香型大曲中含量为 898.2μg/g 干重，浓香型大曲 746.6μg/g 干重，清香型大曲 291.8μg/g 干重；小麦 91.35μg/g 干重，大麦 131.1μg/g 干重，豌豆 133.1μg/g 干重。

Ser 在白酒中含量如下：酱香型白酒中含量为 128.00μg/L，浓香型白酒 23.18μg/L，清香型白酒 9.03μg/L，凤香型白酒 71.09μg/L，兼香型白酒 34.98μg/L，药香型白酒 21.56μg/L，豉香型白酒 22.36μg/L。

20. 苏氨酸

苏氨酸（threonine，Thr，T），俗称 α-氨基-β-羟基丁酸（α-amino-β-hydroxybutanoic acid）、2-氨基-3-羟基丁酸，CAS 号 80-68-2，RI_{np} 1289（苏氨酸-2TMS）或 1400（苏氨酸-3TMS）或 1375（苏氨酸-3TMS）或 1991（苏氨酸-MTBSTFA），分子式 $C_4H_9NO_3$，摩尔质量 119.12g/mol，能溶于水，水中溶解度 106g/L（30℃）或 141g/L（52℃）或 190g/L（60℃），pK_a 2.15（羧基），pK_b 9.12（氨基），pI 5.6。

苏氨酸呈甜味，水溶液中甜味阈值 2600mg/L。早期有文献报道，苏氨酸除了呈甜味外，还有点苦味和酸味。

L-苏氨酸，CAS 号 72-19-5，呈甜味，水溶液中甜味阈值 40.0mmol/L 或 35mmol/L 或 35~45mmol/L（pH 6~7 水溶液）。D-苏氨酸呈甜味，水溶液中甜味阈值 40~50mmol/L（pH 6~7 水溶液）。

Thr 是手性氨基酸，共有 4 个手性异构体，分别为（2*S*,3*R*)-型、(2*R*,3*S*)-型、(2*S*,3*S*)-型和（2*R*,3*R*)-型。(2*S*,3*R*)-Thr（C 11-31）即 L-Thr，（2*R*,3*S*)-Thr（C 11-32）是 D-Thr，（2*S*,3*S*)-Thr（C 11-33）是 L-别-Thr，（2*R*,3*R*)-Thr（C 11-34）是 D-别-Thr。

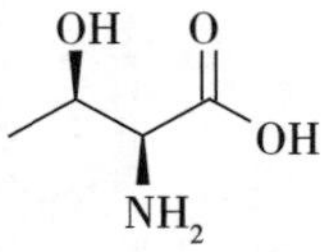

C 11-31　(2*S*,3*R*)-Thr 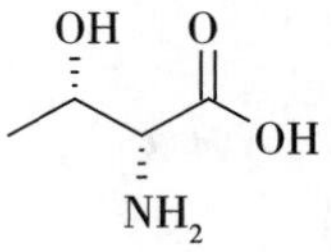　　C 11-32　(2*R*,3*S*)-Thr

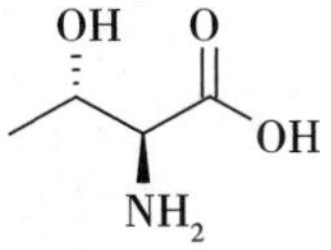

C 11-33　(2*S*,3*S*)-Thr 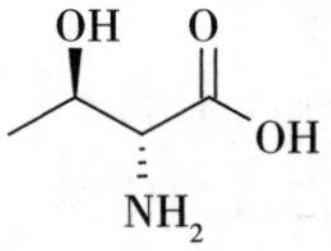　　C 11-34　(2*R*,3*R*)-Thr

苏氨酸在 1935 年由 William Cumming Rose 首次发现，在肉、乳和蛋的蛋白质中含量为 4.5%~5%，谷物蛋白质中含量为 2.7%~4%。苏氨酸是人体必需氨基酸；由遗传密码子 ACU、ACC、ACA 和 ACG 编码。

葡萄酒基酒中游离 Thr 含量为 13.2mg/L，结合态含量为 97.7mg/L。L-Thr 在果醋中含量为 19~61μmol/L。

游离态 Thr 存在于中国白酒大曲及其制曲原料中，酱香型大曲中含量为 1481μg/g 干重，浓香型大曲 1445μg/g 干重，清香型大曲 358.3μg/g 干重；小麦 224.7μg/g 干重，大麦 261.4μg/g 干重，豌豆 259.2μg/g 干重。

Thr 在白酒中含量如下：酱香型白酒 2.25mg/L，浓香型白酒 4.66mg/L，清香型白酒 4.52mg/L，凤香型白酒 4.61mg/L，兼香型白酒 4.65mg/L，药香型白酒 4.52mg/L，豉香型白酒 4.54mg/L。

21. 色氨酸

色氨酸（tryptophane，Trp，Try，W），俗称 α-氨基-β-吲哚丙酸，IUPAC 名 2-氨基-3-((1*H*)-吲哚-3-基）丙酸［2-amino-3-((1*H*)-indol-3-yl) propanoic acid］，CAS 号 54-12-6，分子式 $C_{11}H_{12}N_2O_2$，摩尔质量 204.23g/mol，熔点 230℃，lgP 1.040，水中溶解度 0.23g/L（0℃）或 11.4g/L（25℃）或 17.1g/L（50℃）或 27.95g/L（75℃），能溶解于热的醇、碱性氢氧化物，不溶于氯仿，pK_a 2.38（羧基），pK_b 9.39（氨基），p*I* 5.9。

色氨酸呈苦味，水溶液中苦味阈值 900mg/L 或 5mmol/L。

L-色氨酸（C 11-35），IUPAC 名（2*S*)-2-氨基-3-((1*H*)-吲哚-3-基）丙酸［(2*S*)-2-amino-3-((1*H*)-indol-3-yl) propanoic acid］，CAS 号 73-22-3，呈苦味，水溶液中苦味阈值 5.0mmol/L 或 4.0mmol/L 或 4~6mmol/L（pH 6~7 水溶液）。

D-色氨酸呈甜味，水溶液中甜味阈值 0.2~0.4mmol/L（pH 6~7 水溶液）。

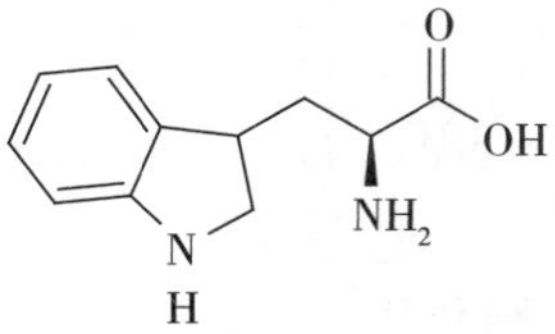

C 11-35 L-色氨酸 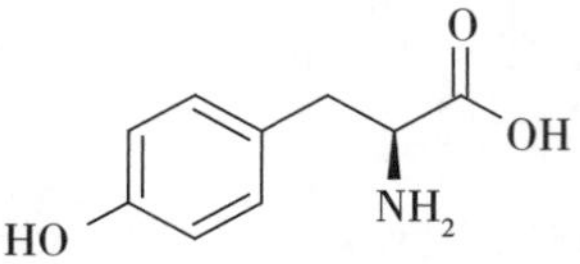　　C 11-36 L-酪氨酸 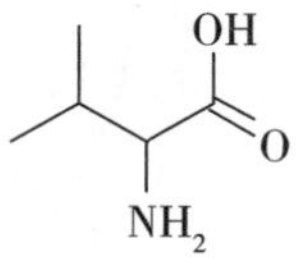　　C 11-37 缬氨酸

Trp 于 1901 年由 Frederick Hopkins 在酪蛋白水解液中首次发现，在动物蛋白中含量较低，为 1%~2%，在谷物蛋白中含量约 1%，但在溶菌酶（lysozyme）中含量高达 7.8%。酸水解蛋白时，能被完全破坏。Trp 由遗传密码子 UGG 编码。

游离态 Trp 存在于中国白酒大曲及其制曲原料中，酱香型大曲中含量为 520.8μg/g 干重，浓香型大曲 1111μg/g 干重，清香型大曲 41.52μg/g 干重；小麦 82.00μg/g 干重，大麦 462.1μg/g 干重，豌豆 111.1μg/g 干重。

22. 酪氨酸

酪氨酸（tyrosine，Tyr，Y），俗称 3-(4-羟基苯基)-DL-丙氨酸［3-(4-hydroxyphenyl)-DL-alanine］、α-氨基-β-对羟基苯丙酸，IUPAC 名 2-氨基-3-(4-羟基苯）丙酸［2-amino-3-(4-hydroxyphenyl) propanoic acid］，CAS 号 556-03-6，RI_{np} 2474（酪氨酸-MTBSTFA），分子式 $C_9H_{11}NO_3$，摩尔质量 181.19g/mol，熔点 325℃，lgP -0.418，pK_a 2.20，pK_{b1} 9.11，pK_{b2} 10.07，pI 5.7。

酪氨酸呈苦味，水溶液中苦味阈值 5mmol/L。

L-酪氨酸（C 11-36），俗称（*S*）-酪氨酸、L-(-)-Tyr，IUPAC 名（2*S*)-2-氨基-3-（4-羟基苯）丙酸［(2*S*)-2-amino-3-(4-hydroxyphenyl) propanoic acid］，CAS 号 60-18-4，FEMA 号 3736，呈苦味，水溶液中苦味阈值 5.0mmol/L 或 4.0mmol/L 或 4~6mmol/L（pH 6~7 水溶液）。

D-酪氨酸，俗称 3-(4-羟基苯基)-D-丙氨酸、(*R*)-酪氨酸、D-(+)-Tyr，IUPAC 名（2*R*)-2-氨基-3-(4-羟基苯）丙酸［(2*R*)-2-amino-3-(4-hydroxyphenyl) propanoic acid］，CAS 号 556-02-5，呈甜味，水溶液中甜味阈值 1~3mmol/L（pH 6~7 水溶液）。

Tyr 于 1846 年由德国化学家 Justus von Liebig 在干酪酪蛋白中首次发现，在几乎所有蛋白质中含量为 2%~6%，但在丝心蛋白中含量高达 10%。Tyr 由遗传密码子 UAC 和 UAU 编码。Tyr 在酶的氧化作用下经二羟基苯丙氨酸生成棕黑色的黑色素（melanins）。

葡萄酒基酒中游离 Tyr 含量为 19.4mg/L，结合态含量为 39.3mg/L。L-酪氨酸在果醋中含量为 77~281μmol/L。

游离态 Tyr 存在于中国白酒大曲及其制曲原料中，酱香型大曲中含量为 630.5μg/g 干重，浓香型大曲 305.4μg/g 干重，清香型大曲 298.0μg/g 干重；小麦 81.55μg/g 干重，大麦 178.2μg/g 干重，豌豆 122.6μg/g 干重。

Tyr 在酱香型白酒中含量为 45.72μg/L，浓香型白酒 650.81μg/L，兼香型白酒 10.93μg/L，药香型白酒 8.11μg/L，清香型、凤香型和豉香型白酒中未检测到。

23. 缬氨酸

缬氨酸（valine，Val，V）(C 11-37)，俗称α-氨基异戊酸（α-aminoisopentanoic acid，α-aminoisovaleric acid），IUPAC 名 2-氨基-3-甲基丁酸（2-amino-3-methylbutanoic acid），CAS 号 516-06-3，RI_{np} 1647（缬氨酸-MTBSTFA），分子式 $C_5H_{11}NO_2$，摩尔质量 117.15g/mol，白色晶状粉末，熔点 156~158℃，密度 $1.316g/cm^3$，lgP -0.268，能溶于水，pK_a 2.32（羧基），pK_b 9.62（氨基），pI 6.0。

缬氨酸呈苦味，水溶液中苦味阈值 400mg/L 或 21mmol/L。

L-缬氨酸，俗称（*S*）-缬氨酸、L-(+)-缬氨酸，IUPAC 名（2*S*）-2-氨基-3-甲基丁酸［(2*S*)-2-amino-3-methylbutanoic acid］，CAS 号 72-18-4，FEMA 号 3444，呈苦味，水溶液中苦味阈值 21.0mmol/L 或 20.0mmol/L 或 30.0mmol/L。D-缬氨酸，俗称（*R*）-缬氨酸、D-(-)-缬氨酸，IUPAC 名（2*R*）-2-氨基-3-甲基丁酸［(2*R*)-2-amino-3-methylbutanoic acid］，CAS 号 640-68-6。

Val 于 1879 年由 Schutzenberger 首先从酪蛋白中分离出来，在谷物蛋白和肉类蛋白中含量为 5%~7%，鸡蛋和乳蛋白中含量为 7%~8%，皮肤、心脏等身体组织的弹性蛋白（elastin）中缬氨酸含量高达 15.6%。Val 是人体必需氨基酸；由遗传密码子 GUU、GUC、GUA 和 GUG 编码。

游离态 Val 存在于中国白酒大曲及其制曲原料中，酱香型大曲中含量为 1642μg/g 干重，浓香型大曲 951.5μg/g 干重，清香型大曲 433.6μg/g 干重；小麦 61.21μg/g 干重，大麦 323.2μg/g 干重，豌豆 32.38μg/g 干重。

葡萄酒基酒中游离 Val 含量为 17.7mg/L，结合态含量为 71.3mg/L。L-缬氨酸在果醋中含量为 226~410μmol/L。Val 较少存在于中国白酒中，仅酱香型白酒含有 986.53μg/L，浓香型、清香型、凤香型、兼香型、药香型和豉香型白酒中未检测到。

二、其他含氨基的酸

1. γ-氨基丁酸

γ-氨基丁酸（γ-aminobutyric acid，GABA）(C 11-38)，IUPAC 名 4-氨基丁酸（4-aminobutanoic acid），CAS 号 56-12-2，FEMA 号 4288，RI_{np} 1558（γ-氨基丁酸-TMS-MSTFA），分子式 $C_4H_9NO_2$，摩尔质量 103.12 g/mol，白色微小粉末状结晶，熔点 203.7℃，沸点 247.9℃，密度 1.11g/mL，水中溶解度 1300g/L，lgP -3.17，pK_a 4.23（羧基），pK_b 10.43（氨基）。

OH
H_2N　　O

C 11-38　γ-氨基丁酸

GABA 呈酸味，水溶液中酸味阈值 0.02mmol/L。GABA 是一种呈口干（mouth-drying）和黏滞感（mouth-coating）的化合物，在水溶液中口干阈值 20μmol/L。GABA 呈酸味与口干特征与 pH 有关，随着 pH 上升，口干强度增加，而酸味下降。β-氨基丁酸也是呈口干的化合物，水溶液中口感阈值 0.12mmol/L。

葡萄酒基酒中游离 GABA 含量为 21.6mg/L，结合态含量为 1.2mg/L。

2. 焦谷氨酸

焦谷氨酸（pyroglutamic acid），俗称 5-氧-脯氨酸（5-oxo-proline）、2-吡咯烷酮-5-甲酸（2-pyrrolidone-5-carboxylic acid），IUPAC 名 5-氧吡咯烷-2-甲酸（5-oxopyrrolidine-2-carboxylic acid），CAS 号 149-87-1，分子式 $C_5H_7NO_3$，熔点 184℃，lgP -0.89，pK_{a1} -1.76，pK_{a2} 3.48，pK_{a3} 12.76，pK_{b1} 15.76，pK_{b2} 10.52，pK_{b3} 1.24。

L-焦谷氨酸（C 11-39），俗称 L-(-)-焦谷氨酸、(*S*)-焦谷氨酸，IUPAC 名 (2*S*)-5-氧吡咯烷-2-甲酸 [(2*S*)-5-oxopyrrolidine-2-carboxylic acid]，CAS 号 98-79-3，呈酸味，水溶液中酸味阈值 9.80mmol/L。

D-焦谷氨酸（C 11-40），俗称 D-(+)-焦谷氨酸、(*R*)-焦谷氨酸，IUPAC 名 (2*R*)-5-氧吡咯烷-2-甲酸 [(2*R*)-5-oxopyrrolidine-2-carboxylic acid]，CAS 号 4024-36-8。

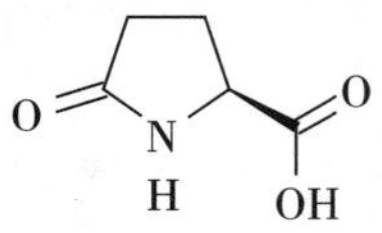

C 11-39 L-焦谷氨酸 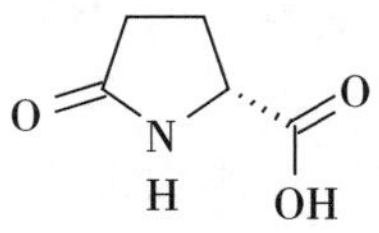　　C 11-40 D-焦谷氨酸

游离态焦谷氨酸存在于中国白酒大曲及其制曲原料中，酱香型大曲中含量为 4232μg/g 干重，浓香型大曲 2431μg/g 干重，清香型大曲 209.4μg/g 干重；小麦 35.36μg/g 干重，大麦 323.6μg/g 干重，豌豆 54.01μg/g 干重。

第二节 缩合氨基酸

缩合氨基酸也称为缩氨酸（peptide）、低分子量肽（low molecular weight peptides）、低分子量缩氨酸，通常由 2~20 个氨基酸缩合而成（羧基与胺基共价键合），包括二肽（dipeptides）、三肽（tripeptides）、四肽（tetrapeptides）和五肽（pentapeptides）等。

通常含有 10 个及以下氨基酸时，称为寡肽（oligopeptides），超过 10 个氨基酸时称为多肽（polypeptides，本书通常统称为寡肽），但多肽与蛋白质之间并没有明显的界限。已经发现的缩氨酸超过 600 种。一些缩氨酸是风味增强剂，可增强鲜味，缩氨酸还能发生美拉德反应，生成风味化合物，如吡嗪等。

多肽含有长的、连续的、无支链的肽链（unbranched peptide chain）；通常认为超过 100 个（分子质量大于 10ku）氨基酸残基时称为蛋白质。

葡萄酒中寡肽是营养成分，同时它还有表面活性（tensioactivity）、感官活性（sensory activity）、抗氧化活性、抗菌活性，以及抗高血压活性（antihypertensive activity）等。同时，寡肽还是酵母以及细菌的营养物质。

寡肽的感官活性主要是呈味特征，但比较复杂，有的寡肽呈甜味，有的呈苦味，有的呈鲜味，还有的呈涩味。通常认为除甜味二肽（如天冬氨酸甜味二肽酯）外，是否呈苦味或没有味觉特征等与构型无关，但味觉强度受到侧链憎水性影响。味觉强度与氨基酸序列无关。但有观点认为含有酸性残基（acidic residues）的寡肽，通常呈酸味；含有憎水残基（hydrophobic residues）的寡肽，通常呈苦味；成分比较平衡的寡肽，通常没有味觉。

寡肽存在于葡萄酒、香槟、啤酒、清酒、白酒、干酪中。

一、呈苦味肽

一些短肽是呈现苦味的，如L-Ala-L-Ala、L-Ala-Gly、Gly-L-Ala、Gly-L-Asp（pK_a 2.81，pK_a 4.45，pK_b 8.60，pI 3.63）、Gly-Gly（pK_a 3.12，pK_b 8.17，pI 5.65）、Gly-L-Pro、Gly-L-Ser、Gly-L-Thr、L-Lys-L-Glu、L-Phe-L-Phe、L-Pro-L-Ala、L-Pro-Gly、L-Val-Gly、Gly-Gly-Gly-Gly 等。

Ala-Ile 呈苦味，水溶液中苦味阈值 20mmol/L。Ala-Leu 呈苦味，水溶液中苦味阈值 18~22mmol/L（pH 6~7）或 70mmol/L。Ala-Val 呈苦味，水溶液中苦味阈值 60~80mmol/L（pH 6~7）。

α-Glu-Trp 呈苦味，水溶液中苦味阈值 5.0mmol/L。

Gly-Arg 呈苦味，水溶液中苦味阈值 100mmol/L。Gly-Ile 呈苦味，水溶液中苦味阈值 21mmol/L。Gly-Leu 呈苦味，水溶液中苦味阈值 19~23mmol/L（pH 6~7）或 75mmol/L。Gly-D-Leu 呈苦味，水溶液中苦味阈值 20~23mmol/L（pH 6~7）。Gly-Phe 呈苦味，水溶液中苦味阈值 15~17mmol/L（pH 6~7）或 20mmol/L。Gly-D-Phe 呈苦味，水溶液中苦味阈值 15~17mmol/L（pH 6~7）。Gly-Trp 呈苦味，水溶液中苦味阈值 17mmol/L。Gly-Tyr 呈苦味，水溶液中苦味阈值 16mmol/L。Gly-Val 呈苦味，水溶液中苦味阈值 45mmol/L。

Ile-Ala 呈苦味，水溶液中苦味阈值 21mmol/L。Ile-Asn 呈苦味，水溶液中苦味阈值 43mmol/L。Ile-Asp 呈苦味，水溶液中苦味阈值 11mmol/L。Ile-Gln 呈苦味，水溶液中苦味阈值 33mmol/L。Ile-Glu 呈苦味，水溶液中苦味阈值 43mmol/L。Ile-Gly 呈苦味，水溶液中苦味阈值 33mmol/L。Ile-Ile 呈苦味，水溶液中苦味阈值 5.5mmol/L。Ile-Leu 呈苦味，水溶液中苦味阈值 9mmol/L。Ile-Lys 呈苦味，水溶液中苦味阈值 21mmol/L。Ile-Phe 呈苦味，水溶液中苦味阈值 5.5mmol/L。Ile-Pro 呈苦味，水溶液中苦味阈值 23mmol/L。Ile-Ser 呈苦味，水溶液中苦味阈值 33mmol/L。Ile-Thr 呈苦味，水溶液中苦味阈值 33mmol/L。Ile-Val 呈苦味，水溶液中苦味阈值 4mmol/L，存在于葡萄酒和香槟中，香槟酒中含量为 0.615~1.627mg/L。

Leu-Ala 呈苦味，水溶液中苦味阈值 20mmol/L。Leu-Alu 呈苦味，水溶液中苦味阈值 18~21mmol/L（pH 6~7）。Leu-Asp 呈苦味，其苦味阈值 6mmol/L 或 12mmol/L。Leu-Gly

呈苦味，水溶液中苦味阈值 18~21mmol/L（pH 6~7）。Leu-Ile 呈苦味，水溶液中苦味阈值 4.5mmol/L。Leu-Leu 呈苦味，水溶液中苦味阈值 4~5mmol/L（pH 6~7）。Leu-D-Leu 呈苦味，水溶液中苦味阈值 5~6mmol/L（pH 6~7）。D-Leu-D-Leu 呈苦味，水溶液中苦味阈值 5~6mmol/L（pH 6~7）。Leu-Lys 呈苦味，水溶液中苦味阈值 20mmol/L。Leu-Trp 呈苦味，水溶液中苦味阈值 3.5mmol/L。

MI 即 Met-Ile，呈苦味、后苦，水溶液中苦味阈值 420μmol/L，在干酪中含量 0~0.1μmol/kg。

Phe-Ala 呈苦味，水溶液中苦味阈值 17mmol/L。Phe-Asp 呈苦味，水溶液中苦味阈值 6mmol/L。Phe-Gly 呈苦味，水溶液中苦味阈值 16~18mmol/L（pH 6~7）。Phe-Ile 呈苦味，水溶液中苦味阈值 1.4mmol/L。Phe-Trp 呈苦味，水溶液中苦味阈值 0.8mmol/L。Phe-Tyr 呈苦味，水溶液中苦味阈值 0.8mmol/L。Phe-Val 呈苦味，水溶液中苦味阈值 2mmol/L。

Pro-Asp 呈苦味，水溶液中苦味阈值 26mmol/L。Pro-Ile 呈苦味，水溶液中苦味阈值 6mmol/L。

Val-Ala 呈苦味，水溶液中苦味阈值 65~75mmol/L（pH 6~7）或 65mmol/L。Val-Asp 呈苦味，水溶液中苦味阈值 21mmol/L。Val-Ile 呈苦味，水溶液中苦味阈值 10mmol/L，存在于葡萄酒和香槟中，香槟中含量为 0.250~0.802mg/L。Val-Leu 呈苦味，水溶液中苦味阈值 20mmol/L。Val-Lys 呈苦味，水溶液中苦味阈值 70mmol/L。

Trp-Asn 呈苦味，水溶液中苦味阈值 28mmol/L。Trp-Asp 呈苦味，水溶液中苦味阈值 5mmol/L。

Tyr-Asp 呈苦味，水溶液中苦味阈值 5mmol/L。Tyr-Ile 呈苦味，水溶液中苦味阈值 4mmol/L。

三肽 Leu-Glu-Leu 即 LEL 呈苦味，水溶液中苦味阈值 0.4mmol/L。Phe-Arg-Arg 即 FRR 呈苦味，存在于葡萄酒和香槟中，香槟中含量为 nd。

四肽 Ile-Pro-Pro-Leu 即 IPPL、Leu-Pro-Pro-Leu 即 LPPL 或许呈苦味，水溶液苦味阈值均大于 6.0mmol/L，已经在干酪中检测到。Ile-Val-Pro-Asn 即 IVPN 或许呈苦味，水溶液苦味阈值大于 4.0mmol/L，已经在干酪中检测到。Leu-Pro-Gln-Glu 即 LPQE 呈苦味、后苦，水溶液中苦味阈值 600μmol/L 或 6mmol/L，在干酪中含量 32.42~389.41 μmol/kg。Phe-Gly-Gly-Phe 呈苦味，水溶液中苦味阈值 1.0~1.5mmol/L（pH 6~7）。Phe-Gly-Phe-Gly 呈苦味，水溶液中苦味阈值 1.0~1.5mmol/L（pH 6~7）。

五肽 Asn-Ala-Leu-Pro-Arg 即 NALPR 即 Asn-Ala-Leu-Pro-Arg，分子质量为 569u，呈苦味、涩味，其苦味最小响应阈值（MRT）0.420mmol/L。Asn-Ala-Leu-Pro-Glu 即 NALPE，分子质量 542u，呈苦味，水溶液中苦味最小响应阈值（minimum response threshold，MRT）0.074mmol/L。Asn-Ala-Leu-Pro-Leu 即 NALPL 即 Asn-Ala-Leu-Pro-Leu，分子质量 526u，呈强烈苦味，水溶液中苦味 MRT 为 0.149mmol/L。Asn-Ala-Leu-Pro-Pro 即 NALPP 即 Asn-Ala-Leu-Pro-Pro，分子质量 510u，呈苦味和酸味。Asn-Ala-Leu-Pro-Ser 即 NALPS，分子质量 500u，呈轻微苦味，其苦味为 MRT 0.250mmol/L。Asn-

Ala-Leu-Pro-Thr 即 NALPW，分子质量 599u，呈苦的麻刺感，其苦味 MRT 为 0.105mmol/L。Asp-Ile-Lys-Gln-Met 即 DIKQM 呈苦味、后苦（posterior tongue），水溶液中苦味阈值 600μmol/L 或 6mmol/L，在干酪中含量为 50.53~246.17 μmol/kg。Glu-Ile-Val-Pro-Asn 即 EIVPN 呈苦味、后苦、持续苦味（long-lasting），水溶液中苦味阈值 430μmol/L，在干酪中含量为 91.0~100.18μmol/kg。Ser-Ala-Glu-Phe-Gly 即 SAEFG，呈苦味，浓度为 0.1868g/L 时，苦味强度为 1。

六肽 Ser-Lys-Thr-Ser-Pro-Tyr 即 SKTSPY，呈苦味，存在于葡萄酒 中。Val-Arg-Gly-Pro-Phe-Pro 即 VRGPFP，呈苦味、前舌苦味、似硫酸镁苦味，水溶液中苦味阈值 420μmol/L，在干酪中含量为 4.16~52.51μmol/kg。

七肽 Ser-Ile-Thr-Arg-Ile-Asn-Lys 即 SITRINK，可能呈苦味，但水溶液中苦味阈值较高，大于 6mmol/L，已经在干酪中检测到。

八肽 Arg-Arg-Pro-Pro-Pro-Phe-Phe-Phe，呈苦味，水溶液中苦味阈值 0.002mmol/L。Gly-Pro-Val-Arg-Gly-Pro-Phe-Pro-即 GPVRGPFP，呈苦味、前舌苦味（anterior tongue）、似硫酸镁苦味，水溶液中苦味阈值 1180μmol/L，在干酪中含量为 14.97~87.89μmol/kg。

九肽 YPFPGPIPN 呈苦味、似咖啡因苦味，水溶液中苦味阈值 230μmol/L，在干酪中含量为 23.32~203.91μmol/kg。YPFPGPIHN 呈苦味、似咖啡因的苦味，水溶液中苦味阈值 100μmol/L，在干酪中含量为 3.59~61.97μmol/kg。

十肽 Val-Tyr-Pro-Phe-Pro-Pro-Gly-Ile-Asn-His 即 VYPFPPGINH，呈苦味，其苦味阈值 0.05nmol/L。VYPFPGPIPN 呈苦味、似咖啡因、似水杨苷（salicin-like）苦味，水溶液中苦味阈值 170μmol/L，在干酪中含量为 31.39~36.83μmol/kg。

YPFPGPIHNS 呈苦味、似咖啡因，水溶液中苦味阈值 50μmol/L，干酪中含量为 5.73~54.52μmol/kg。YPFPGPIPNS 呈似咖啡因的苦味，水溶液中苦味阈值 0.33mmol/L，已经在干酪中检测到。

十一肽 LVYPFPGPIHN 呈苦味、似咖啡因苦味、似水杨苷苦味，水溶液中苦味阈值 80μmol/L，干酪中含量为 2.70~3.38μmol/kg。

十三肽 SLVYPFPGPIHNS 呈苦味、后舌苦味，水溶液中苦味阈值 60μmol/L，干酪中含量为 0.93~1.71μmol/kg。IPPLTQTPVVVPP 或许呈苦味，但其苦味阈值较高，大于 6.0mmol/L。

十七肽 YQQPVLGPVRGPFPIIV 呈似咖啡因的苦味，水溶液中苦味阈值 0.18mmol/L，已经在干酪中检测到。

一些环缩合二氨基酸即二酮哌嗪呈苦味，如 Cyclo（Pro-Leu-），Cyclo（Val-Phe-），Cyclo（Pro-Phe-），Cyclo（Pro-Gly-），Cyclo（Ala-Val-），Cyclo（Ala-Gly-），Cyclo（Ala-Phe-），Cyclo（Phe-Gly-），Cyclo（Pro-Asn-），Cyclo（Asn-Phe-）等。

二、 呈鲜味肽

许多肽呈鲜味。呈鲜味的二肽主要有：Ala-Glu 呈鲜味，鲜味阈值 1.5mmol/L，但

L-Ala-L-Glu 呈酸味。Asp-Leu 呈鲜味，鲜味阈值 2.5mmol/L。Glu-Leu 呈鲜味，鲜味阈值 3mmol/L。Gly-Asp 呈鲜味，鲜味阈值 6mmol/L。但 1997 年验证这四个化合物时并没有发现它们有鲜味。

曾经有报道 Asp-Asp（pK_{a1} 2.70，pK_{a2} 3.40，pK_{a3} 4.70，pK_b 8.26，pI 3.04）、Asp-Glu（存在于葡萄酒中）、Asp-Gly（pK_a 2.10，pK_a 4.53，pK_b 9.07，pI 3.31）、Asp-Val、Glu-Ala、Glu-Asp、Glu-Glu（存在于葡萄酒中）、Glu-Lys、Glu-Ser、Glu-Trp、Glu-Val、Lys-Gly 呈鲜味，但 1997 年验证发现这些化合物没有鲜味。

α-Glu-Glu 呈鲜味，水溶液中鲜味阈值 2.5mmol/L；γ-Glu-Lys 呈鲜味，水溶液中鲜味阈值 2.5mmol/L 或 2.0mmol/L。

呈鲜味的三肽主要有：Ala-Glu-Ala 呈鲜味，鲜味阈值 0.8mmol/L。但 1997 年报道并没有发现这三个化合物有鲜味。Gly-Asp-Gly 呈鲜味，鲜味阈值 1.5mmol/L。Lys-Met-Asn，呈鲜味，存在于葡萄酒中。Val-Asp-Val 呈鲜味，鲜味阈值 13mmol/L。Val-Glu-Val 呈鲜味，鲜味阈值 1.5mmol/L。曾经有报道 Glu-Glu-Glu 呈鲜味，后在 1997 年验证发现该化合物没有鲜味。

有些短肽能延长鲜味，如 Glu-Asp、Glu-Glu、Thr-Glu 和 Asp-Glu-Ser 能延长鲜味剂的鲜味。

三、呈酸味肽

以下肽呈酸味，包括 Gly-L-Asp、Gly-L-Glu、L-Ala-L-Asp、L-Ala-L-Glu、L-Ser-L-Asp、L-Ser-L-Glu、L-Val-L-Asp、L-Val-L-Glu、L-Asp-L-Ala、L-Asp-L-Asp、L-Glu-L-Ala、L-Glu-L-Asp、L-Glu-L-Glu、L-Glu-L-Phe、L-Glu-L-Tyr、γ-L-Glu-Gly、γ-L-G1u-L-Ala、γ-L-Glu-L-Asp、γ-L-Glu-L-Glu、L-Phe-L-Asp、L-Phe-L-Glu、L-Trp-L-Asp、L-Try-L-Glu、Gly-L-Asp-L-Ser-Gly、L-Pro-Gly-Gly-L-Glu、L-Val-L-Val-L-Glu，其中 L-Glu-L-Phe 和 L-Glu-L-Tyr 同时呈苦味和涩味；γ-L-Glu-Gly、γ-L-G1u-L-Ala、γ-L-Glu-L-Asp 和 γ-L-Glu-L-Glu 同时呈现涩味。

Phe-Lys，呈酸味，存在于葡萄酒中。

四、呈涩味肽

γ-Glu-Glu 呈涩味和鲜味，其水溶液中涩味阈值 5mmol/L，鲜味阈值 10mmol/L。存在于干酪中，浓度 0.19~27.57μmol/kg 干重。

γ-Glu-Glu 呈涩味，其水溶液中涩味阈值 2.5mmol/L。存在于干酪中，浓度 0.60~13.85μmol/kg 干重。

NALPD 即 Asn-Ala-Leu-Pro-Glu-Asp，分子质量 528u，呈涩味、酸味。

五、 呈多种味感肽

有些肽既呈苦味，又呈鲜味。呈苦味与鲜味的二肽主要有以下化合物：Ala-Asp 呈苦味和鲜味（但 L-Ala-L-Asp 呈酸味），其水溶液中苦味阈值 6mmol/L，鲜味阈值 13mmol/L。Gly-Glu 呈苦味和鲜味，其水溶液中苦味阈值 1.5mmol/L，鲜味阈值 0.8mmol/L。Leu-Glu 呈苦味和鲜味，其水溶液中苦味阈值 3mmol/L，鲜味阈值 1.5mmol/L。Val-Asp 呈苦味和鲜味（L-Val-L-Asp 呈酸味），其水溶液中苦味阈值 13mmol/L，鲜味阈值 25mmol/L。Val-Glu 呈苦味和鲜味（但 L-Val-L-Glu 呈酸味），其水溶液中苦味阈值 6mmol/L，鲜味阈值 1.5mmol/L。

呈苦味与鲜味的三肽主要有以下化合物：Ala-Asp-Ala 呈苦味和鲜味，其水溶液中苦味阈值 13mmol/L，鲜味阈值 3mmol/L。Gly-Glu-Gly 呈苦味和鲜味，其水溶液中苦味阈值 1.5mmol/L，鲜味阈值 1.5mmol/L。Leu-Asp-Leu 呈苦味和鲜味，其水溶液中苦味阈值 0.8mmol/L。

六、 呈厚味肽

厚味（kokumi）是化合物在口腔内呈现丰满的感觉，许多肽呈现厚味。

α-Glu-Ala 呈厚味和轻微涩味，水溶液中厚味阈值 10.0mmol/L，涩味阈值 10.0mmol/L。α-Glu-Ala 存在于干酪中，浓度 0.64~2.56μmol/kg 干重。γ-Glu-Ala 呈厚味和轻微涩味，水溶液中厚味阈值 0.9mmol/L，水溶液中涩味阈值 0.9mmol/L。γ-Glu-Ala 存在于干酪中，浓度 0.17~2.97μmol/kg 干重。

α-Glu-Asp 呈厚味，其水溶液中厚味阈值 1.25mmol/L；呈涩味，涩味阈值 1.25mmol/L。α-Glu-Asp 存在于干酪中，浓度 4.86~18.38μmol/kg 干重。γ-Glu-Asp 呈厚味和轻微涩味，水溶液中厚味阈值 0.9mmol/L。

γ-Glu-Cys 呈厚味，水溶液中厚味阈值 1.5mmol/L。

γ-Glu-Gln 呈厚味和轻微涩味，水溶液中厚味阈值 2.5mmol/L。在重构的干酪水溶液（指用 27 种成分模拟的干酪水溶液）中厚味阈值 7.5μmol/kg。

γ-Glu-Glu 呈厚味和轻微涩味，水溶液中厚味阈值 2.5mmol/L 或 5.0mmol/L，在重构的干酪水溶液（指用 27 种成分模拟的干酪水溶液）中厚味阈值 17.5μmol/kg；同时它还呈鲜味，水溶液中鲜味阈值 10.0mmol/L 或 2.5mmol/L。

α-Glu-Gly 呈厚味和轻微涩味，水溶液中厚味阈值 2.5mmol/L，涩味阈值 2.5mmol/L，存在于干酪中，浓度 0.37~2.92μmol/kg 干重。γ-Glu-Gly 呈厚味和轻微涩味，水溶液中厚味阈值 1.25mmol/L，在重构的干酪水溶液（指用 27 种成分模拟的干酪水溶液）中厚味阈值 17.5μmol/kg，涩味阈值 1.25mmol/L。γ-Glu-Gly 存在于干酪中，浓度3.32~6.26μmol/kg 干重。

γ-Glu-His 呈厚味和轻微涩味，水溶液中厚味阈值 2.5mmol/L，在重构的干酪水溶液（指用27种成分模拟的干酪水溶液）中厚味阈值10.0μmol/kg，涩味阈值2.5mmol/L。γ-Glu-Gly存在于干酪中，浓度0.26~6.41μmol/kg干重。

γ-Glu-Ile呈厚味和轻微涩味，水溶液中厚味阈值5.0mmol/L。

γ-Glu-Leu（γ-L-glutamyl-L-leucine），呈厚味和轻微涩味，水溶液中厚味阈值9.4mmol/L；涩味阈值9.4mmol/L；在氯化钠水溶液中涩味阈值3.2mmol/L，L-谷氨酸单钠水溶液中涩味阈值2.3mmol/L，氯化钠-L-谷氨酸单钠水溶液中阈值0.8mmol/L，鸡汤中涩味阈值0.8mmol/L（0.4~1.6mmol/L），但可以增强这些溶液的味觉复杂性，增强口感，增加味觉持续性；在重构的干酪水溶液（指用27种成分模拟的干酪水溶液）中厚味阈值5.0μmol/kg；涩味阈值9.4mmol/L。γ-Glu-Leu是诱导产生味觉修饰的关键分子。γ-Glu-Leu存在于干酪中，浓度0~7.10μmol/kg干重。

当γ-Glu-Leu、γ-Glu-Val和γ-Glu-Cys-β-Ala添加到美味的基质如氯化钠和谷氨酸单钠溶液或鸡汤中时，这三个γ-谷酰基肽（γ-glutamyl peptides）的阈值显著下降，且明显增加口感（mouthlness）、复合感（complexity）和鲜味的持续性。如在谷氨酸和氯化钠双相体系中，γ-Glu-Cys-β-Ala的鲜味阈值下降到原来的1/32。

α-Glu-Lys呈厚味和轻微涩味，水溶液中厚味阈值1.3mmol/L。

γ-Glu-Met呈厚味和轻微涩味，水溶液中厚味阈值2.5mmol/L，在重构的干酪水溶液（指用27种成分模拟的干酪水溶液）中厚味阈值5.0μmol/kg，涩味阈值2.5mmol/L。γ-Glu-Met存在于干酪中，浓度0.71~20.27μmol/kg干重。

γ-Glu-Phe呈厚味和轻微涩味，水溶液中厚味阈值2.5mmol/L，涩味阈值2.5mmol/L。γ-Glu-Phe存在于干酪中，浓度0~2.00μmol/kg干重。

α-Glu-Thr呈厚味，水溶液中厚味阈值2.5mmol/L；呈涩味，涩味阈值2.5mmol/L。α-Glu-Thr存在于干酪中，浓度0.49~3.22μmol/kg干重。γ-Glu-Thr呈厚味和轻微涩味，水溶液中厚味阈值0.30mmol/L。

α-Glu-Trp呈涩味与苦味，水溶液中阈值均为5mmol/L。α-Glu-Trp存在于干酪中，浓度0~0.12μmol/kg干重。γ-Glu-Trp呈厚味和轻微涩味，水溶液中厚味阈值2.0mmol/L。

α-Glu-Tyr呈涩味和苦味，其水溶液中涩味与苦味阈值均为5mmol/L。α-Glu-Tyr存在于干酪中，浓度0.82~1.22μmol/kg干重。γ-Glu-Tyr呈厚味和轻微涩味，水溶液中厚味阈值2.5mmol/L，涩味阈值2.5mmol/L。另有报道该化合物呈苦味，水溶液中苦味阈值5.0mmol/L。γ-Glu-Tyr存在于干酪中，浓度0~0.31μmol/kg干重。

α-Glu-Val呈厚味和轻微涩味，水溶液中厚味阈值5.0mmol/L；涩味阈值5.0mmol/L。α-Glu-Val存在于干酪中，浓度0.72~4.42μmol/kg干重。γ-Glu-Val（γ-L-glutamyl-L-valine），呈厚味和轻微涩味，水溶液中厚味阈值3.3mmol/L，涩味阈值3.3mmol/L；在氯化钠水溶液中涩味阈值1.6mmol/L，L-谷氨酸单钠水溶液中涩味阈值0.8mmol/L，氯化钠-L-谷氨酸单钠水溶液中阈值0.4mmol/L，鸡汤中涩味阈值0.4mmol/L（0.2~0.8mmol/L），但可以增强这些溶液的味觉复杂性，增强口感，增加味觉持续性。γ-Glu-Val是诱导产生味觉修饰的关键分子。γ-Glu-Val存在于干酪中，浓度0~2.62μmol/kg干重。

γ-Glu-Cys-β-Ala（γ-L-glutamyl-L-cysteinyl-β-alanine）呈轻微涩味，在水溶液中涩味阈值3.8mmol/L，在氯化钠水溶液中阈值1.9mmol/L，L-谷氨酸单钠水溶液中阈值0.9mmol/L，氯化钠-L-谷氨酸单钠水溶液中阈值0.1mmol/L，鸡汤中阈值0.2mmol/L（0.1~0.4mmol/L），但可以增强这些溶液的味觉复杂性，增强口感，增加味觉持续性。γ-Glu-Cys-β-Ala是诱导产生味觉修饰的关键分子。

γ-Glu-Cys-Gly（详见本章谷胱甘肽部分）呈厚味，其水溶液中厚味阈值1.3mmol/L；呈轻微涩味，在水溶液中涩味阈值3.1mmol/L，在氯化钠水溶液中阈值1.6mmol/L，L-谷氨酸单钠水溶液中阈值1.6mmol/L，氯化钠-L-谷氨酸单钠水溶液中阈值0.4mmol/L，鸡汤中阈值0.2mmol/L（0.1~0.4mmol/L），但可以增强这些溶液的味觉复杂性，增强口感，增加味觉持续性。

γ-Glu-Val-Gly呈厚味，其水溶液中厚味阈值0.066mmol/L。

七、其他肽

明确报道的无味肽有：Ile-Arg，无味，存在于葡萄酒和香槟中，香槟中含量为2.242~7.005mg/L。Tyr-Lys，无味，存在于葡萄酒和香槟中，香槟中含量0.311~3.067mg/L。

第三节　蛋白质

饮料酒中含有大量的蛋白质。在发酵过程中，蛋白质被水解，提供微生物生长、繁殖的营养，但饮料酒中的蛋白质可能与饮料酒的浑浊与沉淀有关。在葡萄酒中，蛋白质明显是“捣蛋鬼（nuisance）”。当然，葡萄酒中有些内源性蛋白质对香气与口感、对起泡葡萄酒泡持性（bubble persistence）、对红葡萄酒的似漆的瓶沉淀（lacquer-like bottle deposit）有影响，同时可能是葡萄酒过敏的过敏源。

从20世纪50年代末到目前，大量的研究表明葡萄酒中的蛋白质主要来源于葡萄。在斑脱土澄清后的葡萄酒中，蛋白质含量为18~81mg/L；未澄清的葡萄酒中蛋白质含量为138~260mg/L，直到300mg/L。葡萄汁中蛋白质含量为259~405mg/L。总体上讲，葡萄果汁蛋白质含量高于处理过葡萄汁，高于葡萄酒中蛋白质含量。

葡萄酒中的蛋白质分子质量分布在11.2~65ku。葡萄酒中热不稳定性蛋白质主要有两个，分子质量分别为24ku和32ku。经氨基酸序列分析发现分别与奇异果甜［thaumatin，21329~21272u，称为似奇异果甜蛋白（Thaumatin-like proteins，TLPs）］和几丁质酶（chitinases，25330~25631u）具有同源性，与葡萄发病机理相关（pathogenesis-related）的蛋白质高度类似。进一步研究发现，来源于美洲葡萄中的似奇异果甜的24ku蛋白质，其表达与糖的积累和葡萄浆果软化有关。在转色期后，观察到美洲葡萄中几丁质酶编码基因表达量上升。几丁质酶（chitinases）约占葡萄浆果可溶解性蛋白质总量的

50%左右，其*N*-末端是焦谷氨酸残基（pyroglutamate residue）。

葡萄酒中蛋白质的等电点（isoelectric point，p*I*）大部分在4.1~5.8。

葡萄酒蛋白质有一个自相矛盾的特性，即短期内的稳定性与长期的不稳定性，能抵抗低pH以及酶与非酶的水解。

第四节 氨基酸代谢

发酵食品和酿酒生产中，某些蛋白质更容易被水解，同样地微生物对单个氨基酸的利用也并不相同。氨肽酶（aminopeptidase）有专一性，能特异性地释放一组类似的氨基酸，且只有这些氨基酸被微生物进一步代谢。氨基酸代谢的第一步是在5个酶中的一个酶的作用下脱羰基、脱氨基或者消除反应（elimination），这5个酶是指脱羧酶（decarboxylase）、转氨酶（aminotransferase）、脱氨酶（deaminase）、裂解酶（lyase）和脱水酶（dehydratase），其代谢途径见图11-1，常见氨基酸的代谢产物见表11-2。

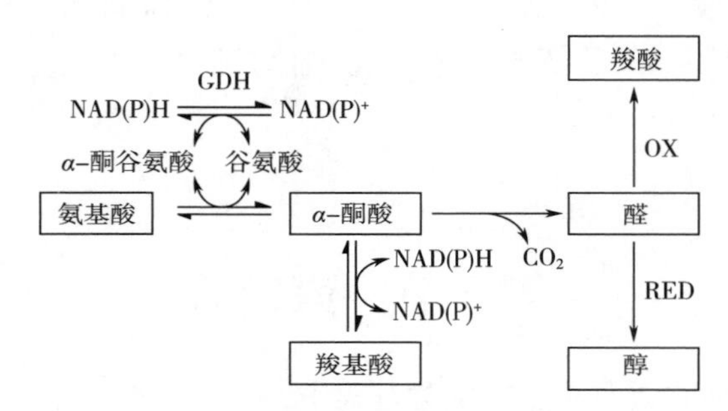

图11-1 起始于转氨酶的氨基酸代谢

注：GDH：谷氨酸脱氢酶；OX：氧化作用；RED：还原。

表11-2 厌氧环境下起始于转氨酶产生的风味氨基酸代谢物

氨基酸	α-酮酸	醛	醇	羧酸	其他
Leu	α-酮-异己酸盐	3-甲基丁醛	3-甲基丁醇	3-甲基丁酸	
Ile	α-酮-β-甲基戊酸盐	2-甲基丁醛	2-甲基丁醇	2-甲基丁酸	
Val	α-酮-异戊酸盐	2-甲基丙醛	2-甲基丙醇	2-甲基丁丙酸	
Phe	苯丙酮酸盐	苯乙醛	苯乙醇	苯乙酸	
Tyr	*p*-OH-苯丙酮酸盐	*p*-OH-苯乙醛	*p*-OH-苯乙醇	*p*-OH-苯乙酸	*p*-甲酚
Trp	吲哚丙酮酸盐	吲哚-3-乙醛	色醇	吲哚-3-乙酸	粪臭素
Met	α-酮-丁酸盐	3-甲硫基丙醛	3-甲硫基丙醇	3-甲硫基丙酸	甲硫醇
Asp	草酰乙酸			苹果酸	双乙酰、乙偶姻

复习思考题

1. 请写出常见氨基酸的结构式。
2. 简述饮料酒中鲜味氨基酸对饮料酒鲜味的影响。
3. 简述饮料酒中鲜味肽对饮料酒风味的影响。
4. 简述葡萄酒中的蛋白质组成及其作用。

参考文献

[1] Belitz, H.-D., Grosch, W., Schieberle, P. Food Chemistry [M]. Springer: Verlag Berlin Heidelberg, Germany, 2009.

[2] Hijaz, F., Killiny, N. Collection and chemical composition of phloem sap from *Citrus sinensis* L. Osbeck (sweet orange) [J]. Plos One, 2014, 9 (7): e101830.

[3] Rotzoll, N., Dunkel, A., Hofmann, T. Activity-guided identification of (*S*)-malic acid 1-*O*-D-glucopyranoside (morelid) and γ-aminobutyric acid as contributors to umami taste and mouth-drying oral sensation of morel mushrooms (*Morchella deliciosa* Fr.) [J]. J. Agri. Food. Chem., 2005, 53 (10): 4149-4156.

[4] Scharbert, S., Hofmann, T. Molecular definition of black tea taste by means of quantitative studies, taste reconstitution, and omission experiments [J]. J. Agri. Food. Chem., 2005, 53 (13): 5377-5384.

[5] Sonntag, T., Kunert, C., Dunkel, A., Hofmann, T. Sensory-guided identification of *N*-(1-methyl-4-oxoimidazolidin-2-ylidene)-α-amino acids as contributors to the thick-sour and mouth-drying orosensation of stewed beef juice [J]. J. Agri. Food. Chem., 2010, 58 (10): 6341-6350.

[6] Hufnagel, J. C., Hofmann, T. Quantitative reconstruction of the nonvolatile sensometabolome of a red wine [J]. J. Agri. Food. Chem., 2008, 56 (19): 9190-9199.

[7] Meyer, S., Dunkel, A., Hofmann, T. Sensomics-assisted elucidation of the tastant code of cooked crustaceans and taste reconstruction experiments [J]. J. Agri. Food. Chem., 2016, 64 (5): 1164-1175.

[8] Hillmann, H., Hofmann, T. Quantitation of key tastants and re-engineering the taste of parmesan cheese [J]. J. Agri. Food. Chem., 2016, 64 (8): 1794-1805.

[9] Kirimura, J., Shimizu, A., Kimizuka, A., Ninomiya, T., Katsuya, N. Contribution of peptides and amino acids to the taste of foods [J]. J. Agri. Food. Chem., 1969, 17 (4): 689-695.

[10] 石亚林. 白酒大曲及其原料中游离态氨基酸、有机酸、糖类物质对大曲风味影响研究 [D]. 无锡：江南大学，2017.

[11] Desportes, C., Charpentier, M., Duteurtre, B., Maujean, A., Duchiron, F. Liquid chromatographic fractionation of small peptides from wine [J]. J. Chromatogr. A, 2000, 893 (2): 281-291.

[12] 张庄英，范文来，徐岩. 不同香型白酒中游离氨基酸比较分析 [J]. 食品与发酵工业，2014，35 (17)：280-284.

[13] Hillmann, H., Mattes, J., Brockhoff, A., Dunkel, A., Meyerhof, W., Hofmann, T. Sensomics analysis of taste compounds in balsamic vinegar and discovery of 5-acetoxymethyl-2-furaldehyde as a novel sweet taste modulator [J]. J. Agri. Food. Chem., 2012, 60 (40): 9974-9990.

[14] Khakimov, B., Motawia, M., Bak, S., Engelsen, S. The use of trimethylsilyl cyanide derivat-

ization for robust and broad-spectrum high-throughput gas chromatography-mass spectrometry based metabolomics [J]. Anal. Bioanal. Chem., 2013, 405 (28): 9193-9205.

[15] Rotzoll, N., Dunkel, A., Hofmann, T. Quantitative studies, taste reconstitution, and omission experiments on the key taste compounds in morel mushrooms (*Morchella deliciosa* Fr.) [J]. J. Agri. Food. Chem., 2006, 54: 2705-2711.

[16] Kaneko, S., Kumazawa, K., Masuda, H., Henze, A., Hofmann, T. Molecular and sensory studies on the umami taste of Japanese green tea [J]. J. Agri. Food. Chem., 2006, 54: 2688-2694.

[17] http: //en. wikipedia. org.

[18] Behrens, M., Meyerhof, W., Hellfritsch, C., Hofmann, T. Sweet and umami taste: Natural products, their chemosensory targets, and beyond [J]. Angew. Chem. Int. Edit., 2011, 50 (10): 2220-2242.

[19] de Rijke, E., Ruisch, B., Bakker, J., Visser, J., Leenen, J., Haiber, S., de Klerk, A., Winkel, C., König, T. LC-MS study to reduce ion suppression and to identify *N*-lactoylguanosine 5′-monophosphate in bonito: A new umami molecule? [J]. J. Agri. Food. Chem., 2007, 55 (16): 6417-6423.

[20] Ikeda, K. New Seasonings [J]. Chem. Senses, 2002, 27 (9): 847.

[21] Yamaguchi, S., Ninomiya, K. Umami and food palatability [J]. J. Nut., 2000, 130 (4S Suppl): 921S-926S.

[22] Festring, D., Hofmann, T. Systematic studies on the chemical structure and umami enhancing activity of Maillard-modified guanosine 5′-monophosphates [J]. J. Agri. Food. Chem., 2011, 59 (2): 665-676.

[23] Song, H. Determination of umami substances and primary odorant of Gushi chicken [J]. Shipin Yu Fajiao Gongye, 2001, 27 (9): 55-58.

[24] Beksan, E., Schieberle, P., Robert, F., Blank, I., Fay, L. B., Schlichtherle-Cerny, H., Hofmann, T. Synthesis and sensory characterization of novel umami-tasting glutamate glycoconjugates [J]. J. Agri. Food. Chem., 2003, 51 (18): 5428-5436.

[25] van Wassenaar, P. D., van den Oord, A. H. A., Schaaper, W. M. M. Taste of "delicious" beefy meaty peptide. Revised [J]. J. Agri. Food. Chem., 1995, 43 (11): 2828-2832.

[26] Ohyama, S., Ishibashi, N., Tamura, M., Nishizaki, H., Okai, H. Synthesis of bitter peptides composed of aspartic acid and glutamic acid [J]. Agric. Biol. Chem., 1988, 52 (3): 871-872.

[27] van den Oord, A. A. H., van Wassenaar, D. P. Umami peptides: assessment of their alleged taste properties [J]. Z. Lebensm. Unters. Forsch., 1997, 205 (2): 125-130.

[28] Rowe, D. J. Chemistry and Technology of Flavors and Fragrances [M]. Oxford: Blackwell Publishing Ltd., 2005.

[29] Desportes, C., Charpentier, M., Duteurtre, B., Maujean, A., Duchiron, F. Isolation, identification, and organoleptic characterization of low-molecular-weight peptides from white wine [J]. Am. J. Enol. Vitic., 2001, 52 (4): 376-380.

[30] Schieberle, P., Hofmann, T. Mapping the combinatorial code of food flavors by means of molecular sensory science approach [M]. In Food Flavors, Jeleń, H., Ed. CRC Press, New York, 2011: 413-438.

[31] Frank, S., Wollmann, N., Schieberle, P., Hofmann, T. Reconstitution of the flavor signature of Dornfelder red wine on the vasis of the natural concentrations of its key aroma and taste compounds [J]. J. Agri. Food. Chem., 2011, 59 (16): 8866-8874.

[32] Hopkins, F. G., Cole, S. W. A contribution to the chemistry of proteids: Part I. A preliminary study of a hitherto undescribed product of tryptic digestion [J]. The Journal of Physiology, 1901, 27 (4-5): 418-428.

[33] Rotzoll, N., Dunkel, A., Hofmann, T. Quantitative studies, taste reconstitution, and omission experiments on the key taste compounds in morel mushrooms (*Morchella deliciosa* Fr.) [J]. J. Agric. Food Chem., 2006, 54 (7): 2705-2711.

[34] Watanabe, M., Maemura, K., Kanbara, K., Tamayama, T., Hayasaki, H. GABA and GABA receptors in the central nervous system and other organs [M]. In International Review of Cytology, Jeon, K. W., Ed. Academic Press, 2002, Vol. 213: 1-47.

[35] Moreno - Arribas, M. V., Pozo - Bayón, M. Á. Peptides [M]. In Wine Chemistry and Biochemistry, Moreno-Arribas, M. V.; Polo, M. C., Eds. Springer, New York, USA, 2008: 191-212.

[36] Scalone, G. L. L., Cucu, T., De Kimpe, N., De Meulenaer, B. Influence of free amino acids, oligopeptides, and polypeptides on the formation of pyrazines in Maillard model systems [J]. J. Agri. Food. Chem., 2015, 63 (22): 5364-5372.

[37] Yang, C., Wang, R., Song, H. The mechanism of peptide bonds cleavage and volatile compounds generated from pentapeptide to heptapeptide via Maillard reaction [J]. Food Chem., 2012, 133 (2): 373-382.

[38] Moreno-Arribas, M. V., Pueyo, E., Polo, M. C. Analytical methods for the characterization of proteins and peptides in wines [J]. Anal. Chim. Acta, 2002, 458 (1): 63-75.

[39] González - Barreiro, C., Rial - Otero, R., Cancho - Grande, B., Simal - Gándara, J. Wine aroma compounds in grapes: A critical review [J]. Crit. Rev. Food Sci. Nut., 2015, 55 (2): 202-218.

[40] Gill, I., López-Fandiño, R., Jorba, X., Vulfson, E. N. Biologically active peptides and enzymatic approaches to their production [J]. Enzy. Microb. Technol., 1996, 18 (3): 162-183.

[41] Pritchard, S. R., Phillips, M., Kailasapathy, K. Identification of bioactive peptides in commercial Cheddar cheese [J]. Food Res. Int., 2010, 43 (5): 1545-1548.

[42] Salles, C., Hervé, C., Septier, C., Demaizières, D., Lesschaeve, I., Issanchou, S., Le Quéré, J. L. Evaluation of taste compounds in water-soluble extract of goat cheeses [J]. Food Chem., 2000, 68 (4): 429-435.

[43] de Person, M., Sevestre, A., Chaimbault, P., Perrot, L., Duchiron, F., Elfakir, C. Characterization of low-molecular weight peptides in champagne wine by liquid chromatography/tandem mass spectrometry [J]. Anal. Chim. Acta, 2004, 520 (1-2): 149-158.

[44] Tajima, O., Fukimbara, T. Studies on peptides in natural sake and their applications: (I) Separation and determination of peptides from natural sake [J]. J. Ferment. Technol., 1970, 48.

[45] Toelstede, S., Hofmann, T. Sensomics mapping and identification of the key bitter metabolites in Gouda cheese [J]. J. Agri. Food. Chem., 2008, 56 (8): 2795-2804.

[46] Toelstede, S., Hofmann, T. Quantitative studies and taste re-engineering experiments toward the decoding of the nonvolatile sensometabolome of Gouda cheese [J]. J. Agri. Food. Chem., 2008, 56 (13): 5299-5307.

[47] Kim, M.-R., Yukio, K., Kim, K. M., Lee, C.-H. Tastes and structures of bitter peptide, asparagine-alanine-leucine-proline-glutamate, and its synthetic analogues [J]. J. Agri. Food. Chem., 2008, 56 (14): 5852-5858.

[48] Heijden, A. v. d. Sweet and bitter tastes [M]. In Flavor Science: Sensible principles and techniques, Acree, T. E.; Teranishi, R., Eds. American Chemical Society, Washington, DC, 1993.

[49] Pickenhagen, W., Dietrich, P., Keil, B., Polonsky, J., Nouaille, F., Lederer, E. Identification of the bitter principle of cocoa [J]. Helv. Chim. Acta, 1975, 58 (4): 1078-1086.

[50] Bonvehí, S. J., Coll, V. F. Evaluation of purine alkaloids and diketopiperazines contents in processed cocoa powder [J]. Eur. Food Res. Technol., 2000, 210 (3): 189-195.

[51] Toelstede, S., Dunkel, A., Hofmann, T. A Series of kokumi peptides impart the long-lasting mouthfulness of matured Gouda cheese [J]. J. Agri. Food. Chem., 2009, 57 (4): 1440-1448.

[52] Dunkel, A., Köster, J., Hofmann, T. Molecular and sensory characterization of γ-glutamyl peptides as key contributors to the kokumi taste of edible beans (*Phaseolus vulgaris* L.) [J]. J. Agri. Food. Chem., 2007, 55 (16): 6712-6719.

[53] Waters, E. J., Colby, C. B. Proteins [M]. In Wine Chemistry and Biochemistry, Moreno-Arribas, M. V.; Polo, M. C., Eds. Springer, New York, USA, 2008: 213-230.

[54] Jones, P. R., Gawel, R., Francis, I. L., Waters, E. J. The influence of interactions between major white wine components on the aroma, flavour and texture of model white wine [J]. Food Qual. Pref., 2008, 19 (6): 596-607.

[55] Peng, Z., Pocock, K. F., Waters, E. J., Francis, I. L., Williams, P. J. Taste properties of grape (*Vitis vinifera*) pathogenesis-related proteins isolated from wine [J]. J. Agri. Food. Chem., 1997, 45 (12): 4639-4643.

[56] Girbau-Solà, T., López-Tamames, E., Buján, J., Buxaderas, S. Foam aptitude of Trepat and Monastrell red varieties in cava elaboration. 1. Base wine characteristics [J]. J. Agri. Food. Chem., 2002, 50 (20): 5596-5599.

[57] Liger-Belair, G. The physics and chemistry behind the bubbling properties of champagne and sparkling wines: A state-of-the-art review [J]. J. Agri. Food. Chem., 2005, 53 (8): 2788-2802.

[58] Peng, Z., Waters, E. J., Pocock, K. F., Williams, P. J. Red wine bottle deposits, I: a predictive assay and an assessment of some factors affecting deposit formation [J]. Aust. J. Grape Wine Res., 1996, 2: 25-29.

[59] Peng, Z., Waters, E. J., Pocock, K. F., Williams, P. J. Red wine bottle deposits, II: Cold stabilisation is an effective procedure to prevent deposit formation [J]. Aust. J. Grape Wine Res., 1996, 2: 30-34.

[60] Waters, E. J., Pellerin, P., Brillouet, J. M. A *Saccharomyces* mannoprotein that protects wine from protein haze [J]. Carbohydr. Polym., 1994, 23 (3): 185-191.

[61] Van Sluyter, S. C., McRae, J. M., Falconer, R. J., Smith, P. A., Bacic, A., Waters, E. J., Marangon, M. Wine protein haze: Mechanisms of formation and advances in prevention [J]. J. Agri. Food. Chem., 2015, 63 (16): 4020-4030.

[62] Pastorello, E. A., Farioli, L., Pravettoni, V., Ortolani, C., Fortunato, D., Giuffrida, M. G., Perono Garoffo, L., Calamari, A. M., Brenna, O., Conti, A. Identification of grape and wine allergens as an Endochitinase 4, a lipid-transfer protein, and a Thaumatin [J]. J. Allergy Clin. Immunol., 2003, 111 (2): 350-359.

[63] Bayly, F. C., Berg, H. W. Grape and wine proteins of white wine varietals [J]. Am. J. Enol. Vitic., 1967, 18 (1): 18-32.

[64] Ferreira, R. B., Monteiro, S., Piçarrapereira, M. A., Tanganho, M. C., Loureiro, V. B.,

Teixeira, A. R. Characterization of the proteins from grapes and wines by immunological methods [J]. Am. J. Enol. Vitic., 2000, 51 (1): 22-28.

[65] Yokotsuka, K., Ebihara, T., Sato, T. Comparison of soluble proteins in juice and wine from Koshu grapes [J]. J. Ferment. Bioeng., 1991, 71 (4): 248-253.

[66] Pocock, K. F., Waters, E. J. The effect of mechanical harvesting and transport of grapes, and juice oxidation, on the protein stability of wines [J]. Aust. J. Grape Wine Res., 1998, 4 (3): 136-139.

[67] Waters, E. J., Alexander, G., Muhlack, R., Pocock, K. F., Colby, C., O'Neill, B. K., Høj, P. B., Jones, P. Preventing protein haze in bottled white wine [J]. Aust. J. Grape Wine Res., 2005, 11 (2): 215-225.

[68] Yokotsuka, K., Singleton, V. L. Glycoproteins: Characterization in a hybrid grape variety (Muscat bailey A) juice, fermenting must, and resultant red wine [J]. Am. J. Enol. Vitic., 1997, 48 (1): 100-114.

[69] Hsu, J. -C., Heatherbell, D. A. Isolation and characterization of soluble proteins in grapes, grape juice, and wine [J]. Am. J. Enol. Vitic., 1987, 38 (1): 6-10.

[70] Waters, E. J., Wallace, W., Williams, P. J. Heat haze characteristics of fractionated wine proteins [J]. Am. J. Enol. Vitic., 1991, 42 (2): 123-127.

[71] Waters, E. J., Wallace, W., Williams, P. J. Identification of heat-unstable wine proteins and their resistance to peptidases [J]. J. Agri. Food. Chem., 1992, 40 (9): 1514-1519.

[72] Di Gaspero, M., Ruzza, P., Hussain, R., Vincenzi, S., Biondi, B., Gazzola, D., Siligardi, G., Curioni, A. Spectroscopy reveals that ethyl esters interact with proteins in wine [J]. Food Chem., 2017, 217: 373-378.

[73] Waters, E. J., Shirley, N. J., Williams, P. J. Nuisance proteins of wine are grape pathogenesis-related proteins [J]. J. Agri. Food. Chem., 1996, 44 (1): 3-5.

[74] Tattersall, D. B., Heeswijck, R. V., Høj, P. B. Identification and characterization of a fruit-specific, thaumatin-like protein that accumulates at very high levels in conjunction with the onset of sugar accumulation and berry softening in grapes [J]. Plant Physiol., 1997, 114 (3): 759-769.

[75] Waters, E. J., Hayasaka, Y., Tattersall, D. B., Adams, K. S., Williams, P. J. Sequence analysis of grape (*Vitis vinifera*) berry chitinases that cause haze formation in wines [J]. J. Agri. Food. Chem., 1999, 46 (12): 4950-4957.

[76] Ardö, Y. Flavour formation by amino acid catabolism [J]. Biotechnol. Adv., 2006, 24 (2): 238-242.

[77] Scarpellino, R., Soukup, R. J. Key flavors from heat reactions of food ingredients [M]. In Flavor Science: sensible principles and techniques, Acree, T. E.; Teranishi, R., Eds. American Chemical Society, Washington, DC, 1993: 309-335.

[78] Hodge, J. E. Dehydrated foods, chemistry of browning reactions in model systems [J]. J. Agri. Food. Chem., 1953, 1 (15): 928-943.

[79] Wong, K. H., Abdul Aziz, S., Mohamed, S. Sensory aroma from Maillard reaction of individual and combinations of amino acids with glucose in acidic conditions [J]. Int. J. Food Sci. Technol., 2008, 43 (9): 1512-1519.

[80] Fu, H. -Y., Ho, C. -T. Mechanistic studies of 2-(1-hydroxyethyl)-2, 4, 5-trimethyl-3-oxazoline formation under low temperature in 3-hydroxy-2-butanone/ammonium acetate model systems [J]. J. Agri. Food. Chem., 1997, 45: 1878-1882.

第十二章

含硫化合物风味

第一节　硫醇和巯基类化合物
第二节　非环状硫醚和多聚硫醚
第三节　含硫杂环化合物
第四节　硫化物形成机理

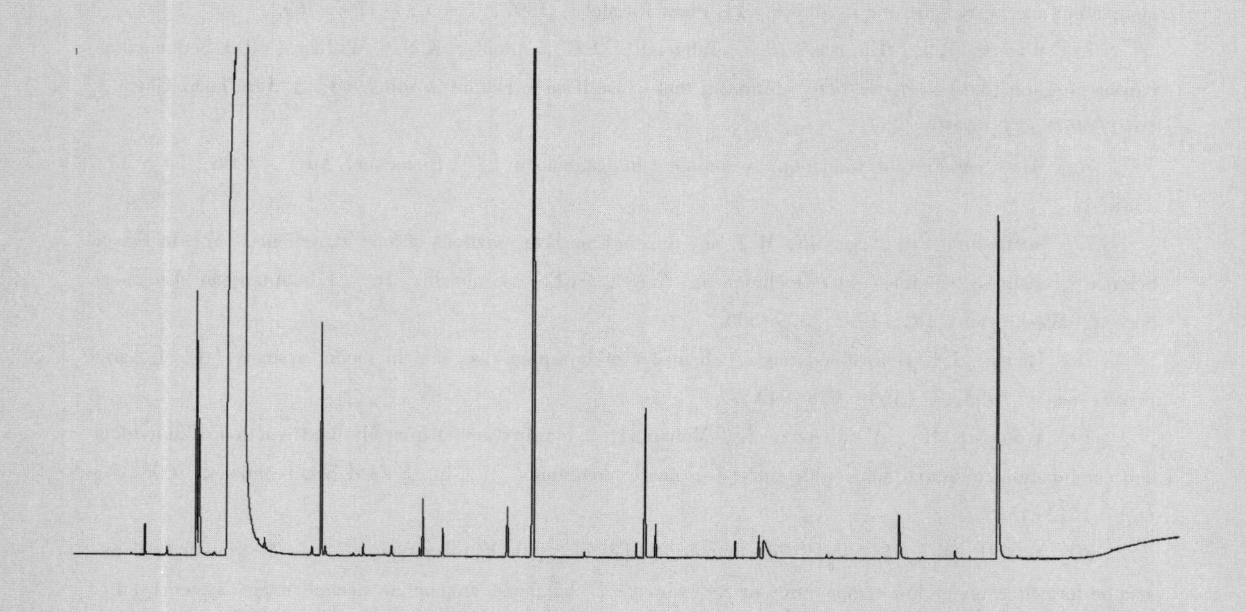

学习目标

1. 了解含硫化合物对饮料酒风味的贡献；
2. 掌握硫醇类化合物对饮料酒风味的影响；
3. 熟练掌握一硫醚和二硫醚中重要化合物的风味特征，分布以及对饮料酒品质的影响；掌握其在饮料酒中的产生机理；
4. 掌握硫化氢对饮料酒风味的影响；
5. 了解巯基醇类、酮类、酯类以及结合态硫醇的风味特征以及对饮料酒风味的影响；
6. 了解含硫杂环化合物噻唑、噻吩的风味特征以及对饮料酒风味的影响。

含硫化合物（sulfur compounds）是一类非常重要的化合物，广泛存在于自然界中，如蔬菜类的甘蓝、洋葱、大蒜、韭菜、细香葱、芦笋、西蓝花、菜花，热带水果如葡萄柚、百香果、番石榴、荔枝，焙烤与加热食品如水煮肉、炒芝麻、咖啡以及饮料酒中。相对于其他化合物来讲，硫化物的含量十分低，但由于其更低的阈值（有的甚至低达ng/L或pg/L级）和强烈气味，使得这类化合物在食品风味中具有重要地位。如面包中发现的3-甲硫基丙醛、熟肉中的2-甲基呋喃-3-硫醇、咖啡中的糠硫醇和甲酸-3-巯基-3-甲基丁酯、啤酒中的异戊烯硫醇、蔬菜中的异硫氰酸烯丙酯、二甲基硫醚和烯丙基二硫醚、水果中的柚子硫醇、2-甲基-4-丙基-1,3-氧硫杂环已烷、1-甲氧基-3-甲基-3-巯基丁烷和4-甲基-4-巯基戊-2-酮等。

在硫化物中，二甲基二硫醚是出现最频繁的硫化物，已经在110个天然或加工食品中检测到；其他的硫化物如二甲基硫醚在90个、苯并噻唑在约80个、二甲基三硫醚在约70个、蛋氨醛在约60个、甲硫醇在约60个、硫化氢在约50个、噻唑在约30个、2-乙酰基噻唑在约30个、2-甲基噻吩在约30个天然或加工食品中检测到。

在酒类中，硫化物有着双重的作用。当浓度较低时，对酒的风味起着正面影响；而当浓度较高时，却起着负面影响。如在葡萄酒中，硫化物高浓度时表现出还原味（reduced）、臭鸡蛋、煮甘蓝、洋葱、橡胶和硫等异嗅。大部分含硫化合物对葡萄酒风味有负面影响。但有些硫化物可能是葡萄酒品种香。在20世纪90年代，发现了大量的挥发性硫醇是葡萄和葡萄酒的关键香气成分，是葡萄酒的品种香（如4MMP），或是一些老熟葡萄酒的焦香（empyreumati aromas），这些葡萄酒特别是干白葡萄酒包括长相思、赛美蓉、施埃博、小奥铭（Petite arvine）、格乌查曼尼（琼瑶浆）、阿尔萨斯麝香（Muscat d'Alsace）、雷司令、麝香葡萄、阿尔巴利诺（Albarino）、马勒瓦西（Malvoisie）、帕雷亚达（Parellada）、马卡波（Maccabeu）、贝尔德霍（Verdejo）、日本甲州（Koshu）等。

硫化物按照分子结构可以分为硫醇类（thiols，mercaptan）、硫醚（sulfides）、多聚硫化物（polysulfides）、硫酯（thioesters）和含硫杂环化合物（heterocyclic sulfides）。含硫杂环化合物又分为饱和与不饱和两种。

挥发性硫化物（VSCs）按沸点不同又可以分为易挥发性硫化物（或轻硫化物，light VSCs）与难挥发硫化物（或重硫化物，heavy VSCs）。易挥发硫化物通常是指沸点在90℃以下的硫化物；不易挥发的硫化物通常指沸点在90℃以上的硫化物。

本章主要讨论硫醇和硫醚类，饱和杂环硫化物（saturated heterocyclic sulfides）和不饱和杂环硫化物（unsaturated heterocyclic sulfides）将在下一章叙述。

第一节 硫醇和巯基类化合物

一、硫醇类化合物

硫醇是指含有—SH的化合物，是一类化学性质比较活泼的化合物，易于氧化、二聚化（即二硫化），可以与羰基化合物反应，特别是在酒类的低pH条件下时。因此，在萃取、分离和定量硫醇时应该注意到它可能出现的化学反应。

品种香硫醇（varietal thiols）于1981年首次由du Plessis在南非的白诗南葡萄酒（Chenin blanc）和鸽笼白葡萄酒（Colombard）中发现，这种类似番石榴的气味来源于4MMP。

1. 饱和硫醇类化合物

酒类产品中已经检测到大量的硫醇，最简单的硫醇是甲硫醇（methanethiol，methyl mercaptan[①]，MeSH）（C 12-1），CAS号74-93-1，FEMA号2716，RI_{np} 500或<600，RI_{mp}<600，RI_p 635或700，无色气体，在压缩情况下为液体；熔点-123℃，沸点6℃，微溶于水，溶于乙醇等有机溶剂。

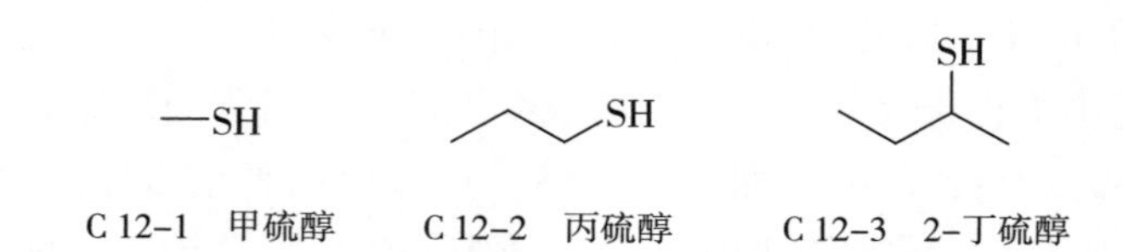

C 12-1 甲硫醇　　C 12-2 丙硫醇　　C 12-3 2-丁硫醇

MeSH呈硫化物、水煮甘蓝、还原味、甜玉米、洋葱、腐败臭（putrefaction）、臭鸡蛋和排水沟气味；但在高度稀释情况下，有着怡人香气。MeSH在空气中气味阈值0.2~81.0ng/L，水中气味阈值0.2μg/L或0.02μg/L或0.02~2.00μg/L或2.1μg/L，10%vol酒精-水溶液中嗅阈值0.3μg/L，葡萄酒中嗅阈值0.3μg/L，红葡萄酒中嗅阈值1.72~1.82μg/L，啤酒中嗅阈值2μg/L，葵花籽油中嗅阈值0.06μg/L，7%（质量体积分数）乙酸-酒精水溶液中嗅阈值0.16μg/L。

MeSH广泛存在于水果、咖啡、发酵食品、干酪、葡萄酒、白酒中。

葡萄酒中有一种不愉快的气味是还原臭/味，主要包括臭鸡蛋、甘蓝、大蒜和腐烂

① IUPAC已经明确要求使用mercapto-作为前缀，代替sulfanyl-。

臭，其主要成分是 MeSH 和硫化氢。在葡萄酒中添加试验表明，高浓度 MeSH 会使葡萄酒产生不新鲜蔬菜、腐败鸡蛋、动物、橡胶、废油和天然气的气味（10.914～21.166μg/L）；当葡萄酒中 MeSH 浓度在 1.082～1.650μg/L 时，葡萄酒呈现更多的水果、花香和甜香。甲硫醇在玫瑰红葡萄酒中含量为 311～424μg/L。

另一项研究表明，MeSH 对香气具有强烈的抑制效应（suppressive effect），如对 3-巯基-1-己醇香气的抑制，对葡萄柚（grapefruit）和番石榴（guava）香气的抑制。但 MeSH 与 3-异丁基-2-甲氧基吡嗪混合后，可以增强煮青豆（cooked bean）、煮土豆（cooked potato）的香气。葡萄酒瓶贮过程中，会积累 MeSH，虽然在类葡萄酒的溶液中观察到 MeSH 来源于蛋氨醛和甲硫氨酸，但这一途径并没有在真实的葡萄酒中研究过。对干酪研究发现，甲硫醇来源于甲硫氨酸。

在白酒中，MeSH 浓度最高可达 1000～1200μg/L，如刚刚蒸馏出的芝麻香型原酒；研究发现，随着原酒贮存时间的延长，MeSH 浓度呈现下降趋势，如在 1985 年产芝麻香型白酒中，MeSH 浓度仅有不到 200μg/L，其浓度与贮存时间存在明显的指数相关关系，在其他香型如浓香型、酱香、老白干香型等香型白酒中也有类似现象，只不过相关系数没有芝麻香型白酒高。在模拟白酒体系和真实白酒体系中，通过加速老熟（提高老熟温度至 50℃）发现了 MeSH 类似指数下降现象。

MeSH 极易氧化为二甲基二硫，然后再进一步不成比例地氧化为二甲基硫醚与二甲基三硫醚。由于 MeSH 极易氧化（图 12-1），加之三硫醚的阈值很低，因此，在风味分析中二甲基三硫醚与 MeSH 经常结伴出现。此时，难以判断检测到的二甲基三硫醚是来源于产品还是分离与浓缩过程中的人工产物。

—SH —[o]→ CH3–S–S–CH3 —[o]→ CH3–S–S–S–CH3 + CH3–S–CH3

图 12-1　甲硫醇的氧化机理

乙硫醇（ethanethiol，ethmercaptan，thioethanol，mercaptoethane，EtSH），CAS 号 75-08-1，FEMA 号 3230，RI_{np} 500，RI_{p} <900 或 753，沸点 35℃，密度 0.839g/mL（25℃），折射率 1.4306（20℃）。

乙硫醇呈腐败臭、韭菜、洋葱、大蒜、鸡蛋、橡胶气味、排泄物臭、腐败臭。EtSH 在空气中嗅阈值 0.000032ng/L，水中嗅阈值 8ng/L 或 2.1μg/L 或 0.19～1.00μg/L，10%vol 酒精-水溶液中嗅阈值 0.1μg/L，啤酒中嗅阈值 1.7μg/L 或 1～10μg/L，葡萄酒中嗅阈值 0.10μg/L，白葡萄酒中嗅阈值 1.1μg/L，红葡萄酒中嗅阈值 0.19～0.23μg/L。

EtSH 存在于葡萄糖-半胱氨酸和鼠李糖-半胱氨酸美拉德反应产物、发酵食品、葡萄酒、白兰地中，在葡萄酒中含量为 1.9～18.7μg/L，在梅鹿辄葡萄酒中含量为 0～50μg/L，在科涅克和卡尔瓦多斯白兰地中未检测到。

1-丙硫醇（1-propanethiol，1-propylmercaptan）（C 12-2），俗称丙硫醇，IUPAC 名丙烷-1-硫醇（propane-1-thiol），CAS 号 107-03-9，FEMA 号 3521，RI_{np} 600，RI_{p} 830

或843，无色至浅黄色清亮液体，熔点-113℃，沸点67~68℃，密度0.841g/mL（25℃），lgP 1.810。

丙硫醇呈新鲜洋葱、新鲜韭菜气味；在水中嗅阈值3.1μg/L，啤酒中嗅阈值0.15μg/L。

丙硫醇存在于韭菜、韩国泡菜、白兰地中，在科涅克和卡尔瓦多斯白兰地中未检测到。

1-丁硫醇（1-butanethiol，1-butylmercaptan），俗称丁硫醇，IUPAC名丁烷-1-硫醇（butane-1-hiol），CAS号109-79-5，FEMA号3478，RI_{np} 699，RI_p 938，分子式$C_4H_{10}S$，无色至浅黄色清亮液体，熔点-116℃，沸点98℃，密度0.842g/mL（25℃），lgP 2.280，微溶于油和水。

丁硫醇呈腐败臭、洋葱臭、鸡蛋气味、恶臭（stinks），在空气中嗅阈值1.6ng/L，水中嗅阈值6μg/L，啤酒中嗅阈值0.7μg/L。丁硫醇在科涅克白兰地中含量为17μg/L纯酒精，在卡尔瓦多斯白兰地中未检测到。

1-戊硫醇（1-pentanethiol），俗称戊硫醇（pentyl mercaptane，amyl mercaptan），IUPAC名戊烷-1-硫醇（pentane-1-thiol），CAS号110-66-7，FEMA号4333，RI_{np} 803，RI_p 1063，分子式$C_5H_{12}S$，无色清亮液体，沸点126~127℃，相对密度0.831~0.844（25℃），折射率1.441~1.450（20℃），lgP 2.740，溶于醇，微溶于水。

戊硫醇呈硫化物气味，在空气中嗅阈值0.1ng/L或1.8ng/L或0.4~0.5m^3，在科涅克白兰地中含量为0~1μg/L纯酒精，在卡尔瓦多斯白兰地中未检测到。

2-丁硫醇（2-butanethiol，2-butyl mercaptan）（C 12-3），俗称*sec*-丁硫醇（*sec*-butyl mercaptane）、仲丁硫醇，IUPAC名丁烷-2-硫醇（butane-2-thiol），CAS号513-53-1，RI_{np} 656，RI_p 887，分子式$C_4H_{10}S$，无色清亮液体，沸点84.6~85.2℃，密度0.83g/mL（25℃），折射率1.436（20℃），lgP 2.180。

2-丁硫醇呈腐败臭、洋葱、大蒜、干酪、鱼腥和鸡蛋气味，在啤酒中嗅阈值0.6μg/L。2-丁硫醇存在于啤酒中，在卡尔瓦多斯和科涅克白兰地中未检测到。

2-甲基丙硫醇（2-methylpropanethiol）（C 12-4），俗称异丁基硫醇（isobutyl mercaptan），IUPAC名2-甲基丙烷-1-硫醇（2-methylpropane-1-thiol），CAS号513-44-0，FEMA号3874，RI_{np} 660，RI_p 910，分子式$C_4H_{10}S$，无色清亮液体，熔点-70℃，沸点88.5℃，相对密度0.829~0.836（25℃），折射率1.4396（20℃），lgP 2.305，溶于醇和油，微溶于水。呈腐败臭、洋葱、大蒜和鸡蛋气味，在啤酒中嗅阈值2.5μg/L。

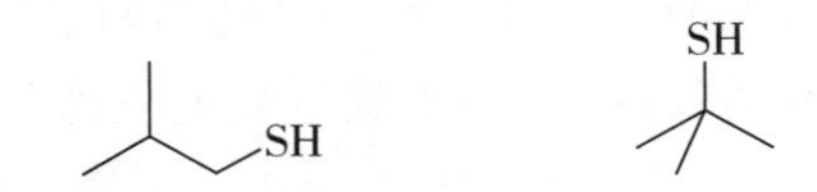

C 12-4　2-甲基丙硫醇　　C 12-5　2-甲基-2-丙硫醇

2-甲基-2-丙硫醇（2-methyl-2-propanethiol）（C 12-5），俗称*tert*-丁硫醇（*tert*-butyl mercaptan，*tert*-butanethiol），IUPAC名2-甲基丙烷-2-硫醇（2-methylpropane-2-

thiol)，CAS 号 75-66-1，RI_{np} 584，RI_p 779，分子式 $C_4H_{10}S$，无色清亮液体，熔点-0.5℃，沸点 62~65℃，折射率 1.424（20℃），密度 0.8g/mL（25℃），lgP 2.206，溶于醇，微溶于水，呈不愉快的气味，在啤酒中嗅阈值 80ng/L。该化合物存在于啤酒、白兰地中，在科涅克白兰地中含量为 23μg/L 纯酒精，卡尔瓦多斯白兰地中未检测到。

2-甲基丁硫醇（2-methylbutanethiol，2-methylbutyl mercaptan，2MeBuSH）(C 12-6)，IUPAC 名 2-甲基丁烷-1-硫醇（2-methylbutane-1-thiol），CAS 号 1878-18-8（2*S*-型和 2*R*-型），FEMA 号 3303，RI_{np} 771，RI_p 1004，分子式 $C_5H_{12}S$，无色至淡黄色液体，沸点 118~119℃，相对密度 0.842（20℃），折射率 1.444（20℃），比旋光度+3.2°，lgP 2.814，微溶于水，溶于乙醇等有机溶剂。具有肉香，在啤酒中嗅阈值 2~3μg/L。

C 12-6 2-甲基丁硫醇　　C 12-7 2-甲基-2-丁硫醇

2-甲基-2-丁硫醇（2-methyl-2-butanethiol）(C 12-7)，俗称 *tert*-戊硫醇（*tert*-pentanethiol），IUPAC 名 2-甲基丁烷-2-硫醇（2-methylbutane-2-thiol），CAS 号 1679-09-0，RI_{np} 706，RI_p 918，分子式 $C_5H_{12}S$，无色至浅黄色清亮液体，沸点 99~100℃，相对密度 0.809~0.815（25℃），折射率 1.432~1.438（20℃），lgP 2.63，溶于醇，微溶于水。呈腐败臭、洋葱、大蒜和鸡蛋气味，存在于啤酒中，在啤酒中嗅阈值 80ng/L。

2. 不饱和烷基硫醇类化合物

烯丙基硫醇（allythiol，allyl mercaptan，propenemercaptan）(C 12-8)，俗称 2-丙烯基硫醇（2-propenyl mercaptan），IUPAC 名 2-丙烯-1-硫醇（2-propen-1-thiol），CAS 号 870-23-5，FEMA 号 2035，分子式 C_3H_6S，无色至浅黄棕色液体，沸点 65~67℃，密度 0.898g/mL（25℃），lgP 1.507，呈现大蒜臭、硫化物、煮洋葱、焙烤香，在空气中嗅阈值 0.2ng/L。

C 12-8 烯丙基硫醇　　C 12-9 3-甲基-2-丁烯-1-硫醇

3-甲基-2-丁烯-1-硫醇（3-methyl-2-butene-1-thiol，3-methylbut-2-ene-1-thiol，3MBT）(C 12-9) 是饮料酒中重要的不饱和硫醇之一，俗称异戊烯硫醇（prenyl mercaptan），IUPAC 名 3-甲基丁-2-烯-1-硫醇（3-methylbut-2-ene-1-thiol），CAS 号 5287-45-6，FEMA 号 3896，RI_{np} 804 或 881，RI_{mp} 728 或 871，RI_p 1112 或 1098，分子式 $C_5H_{10}S$，黄色液体，沸点 128~135℃，密度 0.9g/mL，折射率 1.483~1.493（20℃），lgP 2.528，溶于醇、庚烷，微溶于水。

3MBT 呈刺激性气味、焙烤香、动物臭、猫臭、辛香、大麻、橡胶、啤酒、硫化物、大蒜、洋葱、似韭菜（纯品）气味、狐臭、似臭鼬臭（skunky）、排泄物臭；3MBT在空气中嗅阈值0.013~0.026ng/L或0.02ng/L，水中嗅阈值1~20ng/L或0.3ng/L或12ng/L或0.01ng/L或0.045ng/kg或0.02~0.04ng/L，合成葡萄酒中嗅阈值0.7ng/L，桃红葡萄酒中嗅阈值0.5ng/L，红葡萄酒中嗅阈值1ng/L，啤酒中嗅阈值2ng/L或1~10ng/L；水中味（后鼻嗅）阈值0.02~0.03ng/L。

3MBT广泛存在于咖啡、咖喱、植物、发酵食品、清酒、啤酒和葡萄酒中，是咖喱的重要香气成分，也是百合科植物（liliaceae）狐臭的主要来源。

3MBT在葡萄酒中的浓度从<0.5ng/L到1.8ng/L。当红葡萄酒中的3MBT含量超过10ng/L时，呈现明显的橡胶（rubber）气味。研究发现，3MBT是啤酒的一种异嗅化合物，在啤酒中呈现臭鼬、刺激性和塑料臭，是光诱导产生的、非酶的半胱氨酸和异蛇麻酮类（isohumulones）、核黄素（riboflavin）反应或亲核的硫化氢取代3-甲基丁-2-烯-1-醇的产物。

3. 芳香族硫醇类化合物

苯硫酚（thiophenol）（C 12-10），俗称巯基苯（mercaptobenzene），IUPAC名苯硫醇（benzenethiol，phenyl mercaptan，thiofenol），CAS号108-98-5，FEMA号3616，RI_{np} 999，RI_{mp} 1142，RI_{p} 1531，分子式C_6H_6S，无色至浅黄色清亮液体，熔点-15℃，沸点169℃，密度1.078g/mL，折射率1.589~1.593（20℃），lgP 2.520，溶解于醚、油，微溶于醇和水，呈肉香、酚、硫化物、橡胶、烧焦橡胶气味、焙烤香，在空气中嗅阈值1.2ng/L，水中嗅阈值13.5mg/L，葡萄酒中嗅阈值100~500μg/L。

苯硫酚存在于发酵食品、白兰地中，在科涅克白兰地中含量为0~4μg/L纯酒精，在卡尔瓦多斯白兰地中含量为8~12μg/L纯酒精。

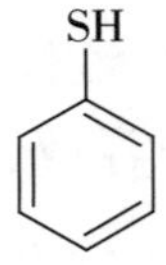

C 12-10 苯硫酚 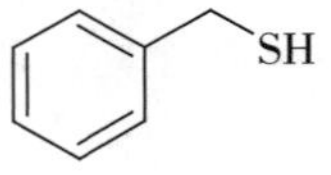　　C 12-11 苯甲硫醇 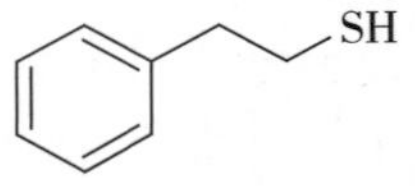　　C 12-12 2-苯乙硫醇

苯甲硫醇（phenylmethanethiol，benzenemethanethiol，benzyl mercaptan，banzylthiol，α-toluenethiol）（C 12-11），CAS号100-53-8，FEMA号2147，RI_{np} 1104或1181或1049，RI_{mp} 1271，RI_{p} 1657或1626，分子式C_7H_8S，无色至浅黄色清亮液体，熔点-29~-30℃，沸点194~195℃，相对密度1.058（25℃），折射率1.5751（20℃），lgP 2.739，溶于醇、油，不溶于水。

苯甲硫醇呈韭菜、大蒜、甘蓝、焙烤香、不愉快气味，具有强烈焦煳香（焦煳香是指由火产生的烟的感觉，其热度超过沸水），在空气中嗅阈值13.2ng/L，12%vol模拟葡萄酒（12%vol，5g/L酒石酸，pH 3.5）中嗅阈值0.3ng/L。

苯甲硫醇可能来源于苯甲醛与硫化氢的反应，存在于黄杨木（box tree）、烤牛肉、半胱氨酸-醛共轭的面包酵母转化产物、葡萄酒中。

苯甲硫醇在葡萄酒中含量为10~40ng/L，玫瑰红葡萄酒中含量为1.90~10.50ng/L，红葡萄酒中含量约10ng/L，老熟红葡萄酒中含量为0.01μg/L；老熟白葡萄酒中含量为10~40μg/L；在霞多利葡萄酒中含量为30~40ng/L，长相思和赛美蓉葡萄酒中含量为10~15ng/L；路易王妃香槟（Louis Roederer）中含量为10~100ng/L，罗兰百悦香槟（Laurent Perrier）中含量为30~400ng/L。

葡萄酒中苯甲硫醇含量相差7ng/L时，可以明显地区分它们；在同一葡萄酒中添加4ng/L时，就能明显的感觉到其感官区别是焦煳香。该化合物对长相思、赛美蓉葡萄酒的烟味有贡献。

2-苯乙硫醇（2-phenylethanthiol，2-phenethyl mercaptan，benzeneethanethiol）(C 12-12)，俗称苯硫醇、2-苯乙烷-1-硫醇（2-phenylethane-1-thiol），CAS号4410-99-5，FEMA号3894，RI_{np} 1176或1147或1177，RI_p 1611或1622，分子式$C_8H_{10}S$，无色清亮液体，沸点217~218℃，相对密度1.027~1.037（25℃），折射率1.560~1.615（20℃），lgP 2.900，溶于醇、庚烷、甘油三乙醇酯，微溶于水，呈橡胶臭、烧焦橡胶臭，存在于烤牛肉、炒芝麻中。

4. 呋喃硫醇类化合物

呋喃硫醇类化合物是一类重要的香气化合物。

糠硫醇（furfuryl mercaptan）(C 12-13）是最简单的呋喃硫醇类化合物，俗称2-糠硫醇（2-furfurylthiol，FFT）、咖啡硫醇（coffee mercaptan）、2-呋喃甲硫醇（2-furan-methanethiol），IUPAC名呋喃-2-基甲硫醇（fruan-2-ylmethanethiol），CAS号98-02-2，FEMA号2493，RI_{np} 903，$RI_{DB-1701}$ 998，RI_{mp} 991或1073，RI_p 1466或1435或1426，分子式C_5H_6OS，无色至淡黄色清亮油状液体，沸点154~156℃，相对密度1.132~1.133（20℃/4℃），折射率1.532~1534（20℃），lgP 1.727，不溶于水，溶于乙醇等有机溶剂。

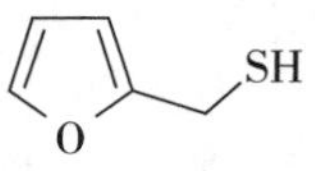

C 12-13 糠硫醇 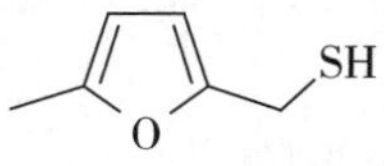　　C 12-14 5-甲基-2-糠硫醇 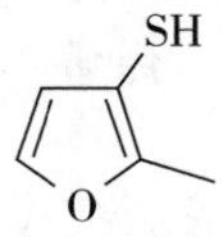　　C 12-15 2-甲基呋喃-3-硫醇

糠硫醇呈硫化物、焦煳、焙烤、吐司、咖啡气味，稀浓度时，有强烈的咖啡、硫化物、焙烤、洋葱和大蒜气味，有香气丰满感，也具有肉香和燕麦面包皮香。

FFT在空气中嗅阈值0.01~0.02ng/L或0.0025~0.01ng/L，水中嗅觉觉察阈值0.036μg/L，识别阈值0.08μg/L或0.01μg/L或0.005μg/L或0.004μg/L或0.4μg/L或0.012μg/L，酒精-水溶液中嗅阈值0.4ng/L，葡萄酒中嗅阈值0.001μg/L。

FFT最早于1926年在焙烤咖啡（roasted coffee）中发现，后在煮牛肉（cooked beef）中检测到。FFT被认为是糠醛-H_2S系统中美拉德反应的产物；也有研究认为FFT和MFT的前体物是戊糖和半胱氨酸，葡萄糖与硫化氢或氨或半胱氨酸加热也能产生FFT。糠硫醇常被应用于咖啡和冰淇淋生产中。

FFT存在于咖啡、鸡肉、牛肉和烤猪肉（grilled and roasted pork）、炒芝麻中，是焙烤咖啡和煮牛肉的关键香气成分，也是半胱氨酸与核糖或葡萄糖或鼠李糖加热反应的关键香气成分。FFT 还是葡萄酒、爆米花、炒白芝麻、加热酵母膏和面包酵母的重要香气成分。

FFT 在葡萄酒中的含量约为几个到几十个 ng/L 或 0.4~62ng/L，如在玫瑰红葡萄酒中含量小于 1ng/L，波尔多红葡萄酒（Bordeaux wine，指梅鹿辄、品丽珠和赤霞珠）中含量为 2~25ng/L，小芒森（Petit Manseng）葡萄酒中含量为 31~62ng/L。路易王妃香槟中含量为 2~360ng/L，罗兰百悦香槟中含量为 300~5500ng/L。

5-甲基-2-糠硫醇（5-methyl-2-furfurylthiol）(C 12-14)，俗称 5-甲基糠硫醇（5-methylfurfurylmercaptan）、甲基糠基硫醇（methyl furfuryl thiol），IUPAC 名（5-甲基呋喃-2-基）甲硫醇［(5-methylfuran-2-yl)methanethiol］，CAS 号 59303-05-8，FEMA 号 4697，RI_{np} 995 或 1086，RI_{p} 1497 或 1527，分子式 C_6H_8OS，无色至黄色清亮液体，沸点 180℃，密度 1.078（25℃），折射率 1.523~1.529（20℃），lgP 1.766，溶于醇，微溶于水（水中溶解度 832.1mg/L，25℃），呈咖啡、烧烤香、焙烤香、硫化物气味，在空气中嗅阈值 0.006ng/L，已经在炒芝麻、葡萄糖-半胱氨酸和鼠李糖-半胱氨酸的美拉德反应产物中检测到。

2-甲基呋喃-3-硫醇（2-methylfuran-3-thiol，MFT）(C 12-15)，俗称鱼硫醇（fish thiol）、2-甲基-3-呋喃硫醇（2-methyl-3-furanthiol，2-methyl-3-sulfanylfuran），CAS 号 28588-74-1，FEMA 号 3188，RI_{np} 845 或 890，RI_{mp} 930 或 932，RI_{p} 1306 或 1325，分子式 C_5H_6OS，浅黄色液体，熔点 118℃，沸点 57~60℃（5.9kPa）或 160~180℃（101.3kPa），闪点 36℃，相对密度 1.145（20℃/4℃），折射率 1.5170（20℃），lgP 1.941，不溶于水，能溶于乙醇、丙二醇等有机溶剂，在大多数介质中稳定，宜低温、密闭、避光保存。

MFT 是糠硫醇的异构体，但风味并不相同。MFT 呈油炸香、洋葱、肉香/烤肉香、硫化物臭、咖啡香、焦香，在特别稀的时候有肉样的香气，是水煮肉关键香气成分之一。

MFT 有着十分低的阈值，在空气中嗅阈值 0.04~0.05ng/L 或 0.0025~0.0010ng/L 或 0.002ng/L 或 0.005~0.010ng/L，水中嗅阈值 0.4ng/L 或 0.5ng/L 或 1ng/L 或 7ng/L。

MFT 可能与啤酒老化气味有关，来源于核糖阿马多利产物与半胱氨酸的反应。

MFT 广泛存在于松露、加工食品、肉类食品、咖啡、炒芝麻、葡萄酒中，在葡萄酒中含量大于 100ng/L，玫瑰红葡萄酒中含量小于 200ng/L，新产白葡萄酒中含量为 27~95ng/L。

二、 巯基醇类化合物

3-巯基-1-己醇（3-sulfanyhexan-1-ol，3-mercapto-1-hexanol，3-sulphanylhexan-1-ol，3MH）(C 12-16)，俗称 3-巯基己醇（3-thiohexanol），CAS 号 51755-83-0，FEMA 号 3850，RI_{np} 1034 或 1130，RI_{p} 1808 或 1870，分子式 $C_6H_{14}OS$，无色清亮液体，

沸点 198℃，密度 0.97g/mL，lgP 1.644，溶于醇、庚烷，微溶于水。

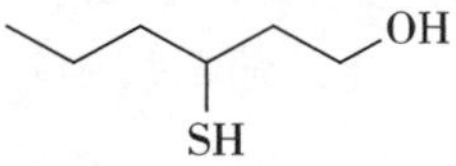

C 12-16 3-巯基-1-己醇 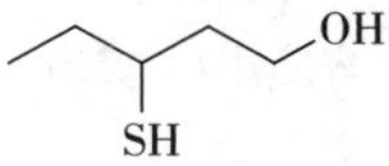　　C 12-17 3-巯基-1-戊醇

3MH 呈百香果、葡萄柚、果汁、布柯（bucco）、芒果、黑醋栗、葡萄柚、番石榴、葡萄、黄杨、金雀花（broom）、热带水果、动物气味、硫化物、大黄气味。

3MH 在水中嗅阈值 17ng/L 或 60ng/L 或 12~15ng/L，10%vol 酒精-水溶液嗅阈值 0.6ng/L，12%vol 酒精-水溶液（酒石酸 5g/L，pH 3.5）嗅阈值 60ng/L，啤酒中嗅阈值 55ng/L，葡萄酒中嗅阈值 60ng/L 或 12~15ng/L。

3MH 是手性化合物。(*R*)-3MH 呈葡萄柚、柑橘皮香，在 12%vol 酒精-水溶液中嗅阈值 50ng/L。(*R*)-3MH 在欧洲葡萄酒中的浓度为 0~19000ng/L。

(*S*)-3MH 呈百香果香，在 12%vol 酒精-水溶液中嗅阈值 60ng/L。(*R*)-型和（*S*）-型 3MH 在欧洲葡萄酒中的比例是 50∶50。

3MH 易于氧化或与其他化合物反应，如在葡萄酒老熟过程中每次添加氧气，均会导致其浓度下降；当儿茶素添加到含有氧的 3MH 溶液中时，3MH 浓度快速下降，比没有添加儿茶素时 3MH 下降得更快；花青素（anthocyanins）并不能抑制其浓度下降，但二氧化硫却具有保护作用。

3MH 于 1998 年首次发现于长相思葡萄酒中，是长相思葡萄酒的重要香气化合物，后来在更多的葡萄酒中检测到 3MH，如赤霞珠、品丽珠、梅鹿辄葡萄酒、缩味浓葡萄酒。3MH 在葡萄酒中含量为 0.05~5.00μg/L 或 0.01~5.00μg/L 或 0~12μg/L，含量最高可达 19μg/L，玫瑰红葡萄酒中含量为 0.08~4.00μg/L 或 532~539ng/L；红葡萄酒 909~1617ng/L，新产红葡萄酒 0.07~14.00μg/L；白葡萄酒中含量为 273~968ng/L，新产白葡萄酒 0.11~2.60μg/L。品种葡萄酒具体含量如下：在波尔多缩味浓葡萄酒中含量为 7400~12800μg/L，桑赛尔缩味浓葡萄酒中含量为 733~3400μg/L；在长相思葡萄酒中含量为 1031ng/L（77~3200ng/L），雷司令葡萄酒中含量为 415ng/L（172~1060ng/L），马斯喀特葡萄酒中含量为 241ng/L（47~911ng/L），灰比诺葡萄酒中含量为 353ng/L（108~1021ng/L），格乌查曼尼葡萄酒中含量为 435ng/L（96~1237ng/L）。

3MH 已经在葡萄汁中检测到，在霞多利葡萄汁中含量为 551ng/L，在灰比诺葡萄汁中含量为 398ng/L，在长相思葡萄汁中含量为 410~452ng/L，在雷司令葡萄汁中含量为 162~445ng/L。

3MH 也已经在啤酒中检测到，含量为 5.4~34.4ng/L，酒花中含有 3MH，且随着浸出温度的上升，浸出浓度会增加。

2-巯基乙醇（2-sulfanylethanol，2-mercaptoethanol），俗称 1-乙醇-2-硫醇（1-ethanol-2-thiol）、1-羟基-2-巯基乙烷（1-hydroxy-2-mercaptoethane）、2-羟基乙烷硫醇（1-hydroxyethanethiol）、巯基乙二醇（thioethylene glycol），CAS 号 60-24-2，FEMA 号 4582，RI_p 1498，分子式 C_2H_6OS，无色清亮液体，熔点 -100℃，沸点 157℃，密度

1.114g/mL，折射率1.499~1.505（20℃），lgP -0.200，pK_a 9.643，pK_b 4.354。

2-巯基乙醇呈焙烤、污物臭（sewage）、家禽、蒜臭、农场、黄杨气味、烧焦橡胶臭，在10%vol酒精-水溶液中嗅阈值1000~10000μg/L，葡萄酒中嗅阈值130~1000μg/L或130μg/L。

2-巯基乙醇存在于啤酒、葡萄酒中，在葡萄酒中含量为72μg/L，呈还原味的葡萄酒中含量为0~400μg/L，在浑浊葡萄酒中含量为113~179μg/L。

3-巯基-1-丙醇（3-mercapto-1-propanol），俗称3-巯基丙醇，IUPAC名3-巯基丙-1-醇（3-sulfanylpropan-1-ol），CAS号19721-22-3，分子式C_3H_8OS，沸点186.22℃，相对密度1.066（25℃），lgP 0.410，呈焙烤、肉汤和土豆香，2-巯基乙醇和3-巯基丙醇的乙酯（呈焙烤香）均已经在啤酒中检测到。

3-巯基-1-戊醇（3-mercapto-1-pentanol，3MP）（C 12-17），IUPAC名3-巯基戊-1-醇（3-sulfanylpentan-1-ol），CAS号548740-99-4，FEMA号4792，分子式$C_5H_{12}OS$，呈葡萄柚香，在模拟葡萄酒中嗅阈值950ng/L。

3MP在葡萄酒中浓度为90~300ng/L；啤酒中浓度为68~99ng/L，尼尔森苏维（Nelson Sauvin）酒花中浓度高达125ng/L，但在其他酒花中浓度极低，不到6ng/L；随着酒花浸出温度上升，3MP浸出浓度上升；麦汁发酵后，3MP浓度可以增加6.2倍。其同分异构体1-巯基-3-戊醇（1-sulfanylpentan-3-ol）已经在拉格啤酒中检测到。

3-巯基-3-甲基丁醇（3-mercapto-3-methylbutanol，3MMB）（C 12-18），IUPAC名3-甲基-3-巯基-丁-1-醇（3-methyl-3-sulfanylbutan-1-ol，3-methyl-3-sulphanylbutan-1-ol），俗称3-巯基-3-甲基丁醇，CAS号34300-94-2，FEMA号3854，RI_{np} 1023，RI_p 1502，分子式$C_5H_{12}OS$，无色清亮液体，沸点186℃（97.3kPa），折射率1.480~1.490，相对密度0.989（20℃），lgP 0.930，能溶于水，水中溶解度10g/L（20℃），溶于丙酮和乙醇中。

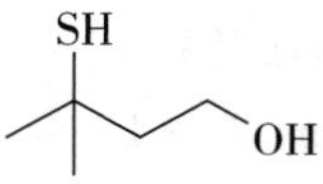

SH OH SH OH SH OH

C 12-18 3-巯基-3-甲基丁醇 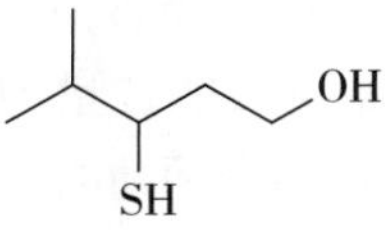　C 12-19 3-巯基-4-甲基-1-戊醇 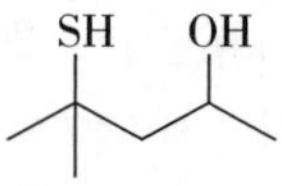　C 12-20 4-巯基-4-甲基-2-戊醇

3MMB呈煮韭菜、似汤的、似洋葱气味、煮肉、香辛料气味、甜香（纯品），在水中嗅阈值1.3μg/L或2~6μg/L或2.6μg/L，12%vol酒精-水溶液（酒石酸5g/L，pH 3.5）中嗅阈值1.5μg/L，葡萄酒中嗅阈值1.5μg/L。

3MMB在水中味阈值8~10μg/L。

3MMB于1998年首次发现于长相思葡萄酒中，是长相思葡萄酒的重要香气化合物，在葡萄酒中含量为0~128μg/L，桑赛尔缩味浓葡萄酒中34~134μg/L，波尔多缩味浓葡萄酒中78~97μg/L。3MMB也存在于咖啡中。

3-巯基-4-甲基-1-戊醇（3-mercapto-4-methyl-1-pentanol，3M4MPOH）（C 12-19），IUPAC名4-甲基-3-巯基戊-1-醇（4-methyl-3-sulfanylpentan-1-ol），CAS号

933455-14-2 或 96382-48-8［(*S*)-型］，RI_{np} 1208，RI_{np} 1818，分子式 $C_6H_{14}OS$，呈葡萄柚、大黄香（rhubarb），在 5%vol 酒精-碳酸水溶液中嗅阈值 40ng/L，啤酒中嗅阈值 70ng/L。

3M4MPOH 在啤酒中浓度约 1.8～92.5ng/L；在尼尔森苏维酒花中其浓度高达 848ng/L，在其他酒花中能检测到，但浓度不超过 20ng/L；随着浸出温度的提高，3M4MPOH 浸出量大幅度提高；啤酒发酵后，其浓度可以提高 5.4 倍。

4-巯基-4-甲基-2-戊醇（4-mercapto-4-methyl-2-pentanol，4M4MPOH）(C 12-20)，IUPAC 名 4-甲基-4-巯基戊-2-醇（4-methyl-4-sulfanylpentan-2-ol），CAS 号 31539-84-1，FEMA 号 4158，RI_{np} 952，分子式 $C_6H_{14}OS$，无色至淡黄色清亮液体，沸点 50～51℃（133Pa），折射率 1.463～1.468（20℃），lgP 1.278，溶于水和乙醇中。

4M4MPOH 呈柑橘香、果皮香、热带水果、黄杨气味、金雀花、黑醋栗、溶剂、清新、甜香、柠檬香；空气中气味阈值 0.009ng/L，水中嗅阈值 20ng/L，12%vol 酒精-水溶液中（酒石酸 5g/L，pH3.5）嗅阈值 55ng/L，葡萄酒中嗅阈值 55ng/L。

4M4MPOH 首次于 1998 年发现于长相思葡萄酒中，是长相思葡萄酒的重要风味化合物。该化合物在葡萄酒中含量为 0～111ng/L，波尔多缩味浓葡萄酒中含量为 18～22μg/L，法国桑赛尔缩味浓葡萄酒中含量为 1～20μg/L。

三、 巯基酮类化合物

4-巯基-4-甲基戊-2-酮（4-mercapto-4-methylpentan-2-one，4-sulphanyl-4-methylpentan-2-one，4MMP），俗称 4-甲基-4-巯基-2-戊酮、4-巯基甲基戊-2-酮，IUPAC 名 4-甲基-4-巯基戊-2-酮（4-methyl-4-sulfanylpentan-2-one），CAS 号 19872-52-7，FEMA 号 3997，RI_{np} 915 或 944，RI_{np} 1374 或 1397，分子式 $C_6H_{12}OS$，无色至淡黄色液体，沸点 182℃，折射率 1.456（20℃），密度 1.032～1.037g/mL，lgP 1.432，溶于水，不溶于脂肪，部分溶于酒精。

4MMP 呈广藿香（patchouli）、猫尿臭（cat urine）、黄杨、黑醋栗、青香、热带水果、番石榴、金雀花、水果、麝香葡萄、烤肉香。

4MMP 在空气中嗅阈值 0.1ng/L 或 0.004ng/L，水中嗅阈值 0.4ng/L 或 0.1ng/L 或 0.066～0.165ng/L，10%vol 酒精-水溶液中嗅阈值 0.99～1.18ng/L 或 0.6ng/L 或 0.8ng/L，10%vol 酒精-100g/L 蔗糖-水溶液中嗅阈值 0.792～1.980ng/L，模拟葡萄酒（12%vol 酒精度）中嗅阈值 0.8ng/L，葡萄酒中嗅阈值 3.3ng/L 或 0.8～3.0ng/L，红葡萄酒中嗅阈值 0.8～3.0ng/L 或 0.8ng/L；啤酒中嗅阈值 1.5ng/L。

4MMP 和 3MH 呈现赤霞珠葡萄酒水果香气和品种香，即黑醋栗香气。4MMP 是长相思葡萄酒的特征香气成分之一。

4MMP 是第一个被鉴定出的挥发性硫醇，于 1981 年由 du Plessis 等首次在南非白诗南（Chenin）和鸽笼白（Colombard）葡萄酒中检测到①，并认为是葡萄酒的重要香气成分；1991 年 Darriet 等首次应用 GC-O 技术在缩味浓葡萄酒中检测到；1995 年 Darriet 等又在赤霞珠葡萄酒中检测到；1997 年在黄杨和金雀花植物中也发现了该化合物。2000 年，Peyrot 等首次提出 4MMP（包括 4M4MPOH 和 3MH）来源于 S-半胱氨酸结合态前体，将葡萄汁通过固定化色氨酸酶柱（immobilized tryptophanase column），催化了 S-半胱氨酸结合态前体的 α，β-消除反应（elimination），从而释放出这些化合物。使用铜离子可以抑制似番石榴香气。

4MMP 在葡萄酒中含量最高可达 400ng/L，玫瑰红葡萄酒中含量小于 1.1ng/L，红葡萄酒中含量为 1.7～3.8ng/L。

4MMP 在白葡萄酒中含量为 0.01～0.40μg/L 或 2.9～7.6ng/L，新产白葡萄酒中为 0.01～0.40μg/L，在德国施埃博（Scheurebe）白葡萄酒中含量为 0.40μg/L，而在琼瑶浆（Gewürztraminer）白葡萄酒中含量则很低，其浓度小于 0.01μg/L；西班牙马卡毕欧（Maccabeo）葡萄酒中含量在 5ng/L 左右，波尔多缩味浓白葡萄酒中含量为 4～10μg/L，桑赛尔缩味浓白葡萄酒中含量为 4～24μg/L，长相思葡萄酒中含量 0～34μg/L 或 0～40ng/L，格乌查曼尼（琼瑶浆）葡萄酒中含量小于 10μg/L。

啤酒中也已经检测到 4MMP。新西兰产尼尔森苏维酒花是一种高 α-酸酒花（α-酸浓度 12.0%～14.0%），使用该酒花酿制的啤酒具有葡萄风味。研究发现使用该酒花酿制的啤酒中 4MMP 浓度约为 3ng/L。在 30g/L 酒花水浸出液中，4MMP 浓度 149ng/L，且随着浸出温度提高 4MMP 浓度上升。麦汁发酵后，4MMP 浓度上升，约上升 1.4 倍。

四、 巯基酯类化合物

乙酸 2-巯基乙酯（2-mercaptoethyl acetate，2-sulfanylethyl acetate）（C 12-21），俗称 2-乙酰氧基乙硫醇（2-acetoxyethanethiol，2-acetoxyethyl mercaptan），CAS 号 5862-40-8，分子式 $C_4H_8O_2S$，lgP 0.4793，呈焦香、肉香、烤肉香，在葡萄酒中嗅阈值 65μg/L。该化合物在新鲜啤酒中含量为 0～4μg/L，新鲜高苦味啤酒中含量为 5～12μg/L，也已经在葡萄酒 中检测到。

C 12-21 乙酸2-巯基乙酯　　C 12-22 乙酸3-巯基己酯

乙酸 3-巯基己酯（3-sulfanylhexyl acetate，3-mercaptohexyl acetate，3-thiohexyl acetate，3-sulphanylhexyl acetate，3-mercaptohexan-1-ol ethanoate，3MHA）（C 12-22）是

① 1980 年，Murray 和 Holzapfel 发现啤酒的异嗅——醋栗气味（ribes）和番石榴（guavas）高度稀释后的气味类似，推测啤酒中的醋栗气味与白诗南（Chenin）和鸽笼白（Colombard）葡萄酒中的番石榴气味是同一或相关的物质。1980 年，Cosser 等人鉴定出啤酒中的醋栗气味是 4MMP。

葡萄酒中最重要的巯基酯，CAS 号 136954-20-6，FEMA 号 3851，RI_{np} 1227 或 1223，RI_p 1727 或 1739，分子式 $C_8H_{16}O_2S$，无色清亮液体，沸点 186℃，折射率 1.462~1.472（20℃），相对密度 0.991~0.996（25℃），lgP 2.539，不溶于水，溶于乙醇和庚烷中。

3MHA 呈葡萄柚、黑醋栗、布柯、芒果、番石榴、百香果、黄杨、金雀花、茴芹气味。

3MHA 在空气中嗅阈值 0.02ng/L，水中嗅阈值 2.3ng/L 或 2~4ng/L 或 20 ng/kg 或 2~3ng/L，12%vol 酒精-水溶液中嗅阈值 43ng/L 或 4ng/L，葡萄酒中嗅阈值 4ng/L 或 2~3ng/L。

3MHA 来源于 3MH 在发酵过程中酵母的作用，由 ATF1 编码的酯形成醇乙酰转移酶催化产生。

3MHA 于 1996 年被鉴定为缩味浓葡萄酒的重要香气物质，在葡萄酒中含量为 1~100ng/L 或 0~451ng/L，最高可达 2500ng/L，白葡萄酒中含量为 21~166ng/L，红葡萄酒中含量为 8~22ng/L，玫瑰红葡萄酒中含量为 12.5~20.2ng/L；3MHA 在拉格啤酒中也已经检测到。

3MHA 为手性化合物，(*R*)-3MHA 呈百香果香，在 12%vol 酒精-水溶液中嗅阈值 9ng/L，(*R*)-3MHA 在欧洲葡萄酒中含量为 0~2500ng/L；(*S*)-3MHA 呈黄杨木香，在 12%vol 酒精-水溶液中嗅阈值 2.5ng/L。葡萄酒中（*R*）-型和（*S*）-型 3MHA 的比例是 30∶70。

3-巯基丙酸乙酯（ethyl 3-sulfanylpropanoate，ethyl 3-mercaptopropionate，ethyl 3-mercaptopropanoate），CAS 号 5466-06-8，FEMA 号 3677，分子式 $C_5H_{10}O_2S$，带有不愉快气味的无色液体，沸点 162℃ 或 75~76℃（1333Pa），相对密度 1.054（20℃），折射率 1.456~1.460（20℃），lgP 1.373，溶于醇，不溶于水，呈水果香、臭鼬、狐臭、动物臭，即低浓度时，呈愉快的水果香；而高浓度时呈臭鼬、狐臭和动物臭。该化合物在模拟葡萄酒中嗅阈值 200ng/L。3-巯基丙酸乙酯存在于康可葡萄、起泡葡萄酒、干酪中，在起泡葡萄酒中含量为 40~12000ng/L。

五、 结合态硫醇

硫醇类化合物特别是长链多官能团硫醇（如 4MMP、3MH、3MHA 等）在植物（如葡萄）中通常以非挥发性的结合态形式存在，主要有两种方式，一种是与半胱氨酸结合，形成 *S*-半胱氨酸共轭物（*S*-cysteine conjugate）；另一种方式是与谷胱甘肽结合，形成 *S*-谷胱甘肽共轭物（*S*-glutathione conjugate）。它们可以被看成是半胱氨酸的硫醚衍生物。这些结合态香气化合物存在于葡萄、百香果、洋葱、大蒜、灯笼青椒和酒花中。

硫醇会在食品加工过程（如葡萄酒发酵过程）中被释放出来；酿酒酵母能将结合态的硫醇水解并以游离形式释放出来。

第二节 非环状硫醚和多聚硫醚

这类化合物可以分成两组：一组是只含有碳、氢、硫原子的化合物组，也称为对称化合物组（symmetrical）；另一组除含有碳、氢、硫原子外，还有其他杂原子，也称为非对称化合物组（unsymmetrical）。本节按含硫原子的多少，将它们分为一硫醚（sulfides）、二硫醚（disulfides）、三硫醚（trisulfides）和多聚硫醚（polysulfide）几类。

一、含一个硫的化合物

1. 无机硫化物

最简单的无机硫化合物是硫化氢（hydrogen sulfide）（C 12-23），CAS 号 7783-06-4，FEMA 号 3779，RI_p<900，分子式 H_2S，熔点-82.3℃，沸点-60.28℃，pK_a 7.0，pK_b 6.95，硫化氢在水中溶解度 4g/L（20℃）或 2.5g/L（40℃）；H_2S 易溶解于二硫化碳、甲醇、丙酮，极易溶解于链烷醇胺（alkanolamine）。

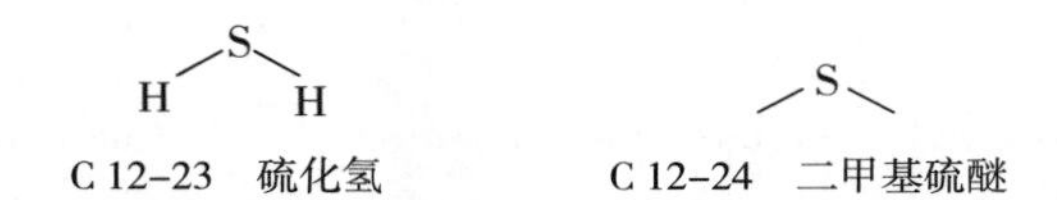

C 12-23 硫化氢　　C 12-24 二甲基硫醚

硫化氢呈臭鸡蛋、腐烂海藻、还原气味、硫化物、排泄物臭，在空气中嗅阈值 0.18μg/L 或 4.7μg/L，水中嗅阈值 5~10μg/L 或 5μg/L 或 10μg/L，10%（质量分数）酒精-水溶液中阈值 0.8μg/L，葡萄酒中嗅阈值 0.001~150.00μg/L 或 10~80μg/L，啤酒中嗅阈值 5~10μg/L。

硫化氢在葡萄酒中味阈值（后鼻嗅阈值）40~100μg/L。

因硫化氢极易挥发，很难准确测定，故通常使用其与 3-丁烯基-2-酮衍生化成 4,4′-二丁-2-酮基硫醚（4,4′-sulphanediyldibutan-2-one）而进行测定。

硫化氢在葡萄酒中的含量从痕量到 80μg/L 或 370μg/L。研究发现，H_2S 是葡萄酒还原臭味的主要成分之一。在装瓶后的葡萄酒贮存即瓶熟过程中，H_2S 会快速积累。在瓶熟 6 个月后其浓度会高达其嗅阈值的 3~4 倍，或许葡萄酒中会存在产生硫化氢的前体物，但到目前一直没有发现。

对干酪的研究表明，硫化氢的前体物是半胱氨酸；类葡萄酒的体系（低 pH）研究也表明硫化氢来源于二羰基化合物存在时的半胱氨酸反应。非常有趣的是，添加硫酸铜到瓶中可以增加硫化氢的积累，但一些葡萄酒厂却在实践中通过添加硫酸铜来降低还原臭/味的形成。

硫化氢还会与糠醛反应，生成糠硫醇；硫化氢与苯甲醛反应能产生具有烟熏和焦煳气味的多官能团硫醇（polyfunctional thiol）。

2. 一硫醚

一硫有机化合物可以分为硫醚、含硫的醇类、含硫的醛类和含硫的酯类化合物等，现分述如下。

二甲基硫醚（dimethyl sulfide，dimethyl sulphide，DMS）(C 12-24)，俗称二甲基硫，IUPAC 名甲基硫甲烷（methylsulfanylmethane），CAS 号 75-18-3，FEMA 号 2746，RI_{np} 505 或 517，RI_{np} <600，900 或 935，分子式 C_2H_6S，无色至浅黄色清亮液体，熔点 -98℃，沸点 37~38℃，密度 0.846g/mL（25℃），折射率 0.840~0.850（20℃），lgP 0.977，不溶于水，溶于乙醇、乙醚等有机溶剂。

DMS 呈水煮洋葱/蒸煮、硫化物、甘蓝/煮甘蓝、芦笋气味、药香、蒜味博洛尼亚大红肠（garlic bologna）、糖蜜、煮玉米、蔬菜、黑橄榄油气味、腐烂臭、恶臭。

DMS 在空气中嗅阈值 2.5ng/L，水中觉察阈值 0.84μg/L，识别阈值 1.1μg/L 或 0.3~10.0μg/L 或 0.3~1.0μg/L 或 1.0μg/L 或 0.33μg/L 或 0.3μg/L，10%vol 酒精-水溶液中嗅阈值 10μg/L 或 5~10μg/L，葡萄酒中嗅阈值 10~160μg/L，红葡萄酒中嗅阈值 60μg/L，白葡萄酒中嗅阈值 25μg/L，啤酒中阈值 50~60μg/L 或 50μg/L 或 30μg/L，油中嗅阈值 1.2μg/L。

DMS 广泛存在于树莓、番茄、松露、竹笋、干欧芹、咖啡、凝乳干酪素、太妃软糖、白酒、科涅克和卡尔瓦多斯白兰地、威士忌中，是太妃软糖的关键香气化合物。

通常认为 DMS 在芦笋、玉米糖浆中呈现香气，低浓度存在于葡萄酒中时也呈香气；葡萄酒的温柏（quince）、太妃糖和金属气味与不同类型葡萄酒、不同老熟时间葡萄酒中的 DMS 浓度有关。DMS 在红葡萄酒中香气上有特殊贡献，能增加浆果香气。在含有 12 个乙酯和乙酸酯的重构香气中，添加少量 DMS 会显著降低水果香嗅阈值，增加总体香气强度，特别是增强黑浆果香气（black-berry fruit）。

DMS 在新产红葡萄酒中含量为 3~14μg/L，老熟红葡萄酒中含量为 8.5~46.0μg/L，新产白葡萄酒中含量为 7~14μg/L；赤霞珠葡萄酒中含量为 42~910μg/L（1966~1981 年的酒），现在通常为 1.4~61.9μg/L。

DMS 在葡萄酒风味中具有重要作用，在低浓度时（指白葡萄酒中含量为 15~20μg/L，红葡萄酒 20~30μg/L），DMS 能产生果香，使酒圆润，复合感强。高浓度时（白葡萄酒超过 30μg/L，红葡萄酒超过 50μg/L），会产生植物和煮甘蓝气味。葡萄酒在发酵过程中，酵母会利用氨基酸产生 DMS 或来源于 DMSO，但新装瓶的葡萄酒中 DMS 含量通常较低，在嗅阈值以下。随着葡萄酒老熟时间的延长，DMS 的含量会显著增加，从而产生罐头玉米和一种太妃软糖的香气，即使在装瓶后也会形成。如将含有 46.9μg/L 游离 DMS 的葡萄酒 45℃加热 24d 后，其游离 DMS 的含量会上升到 213.9μg/L。葡萄酒老熟时 DMS 产生的量受到葡萄品种、葡萄栽培实践、发酵条件等的影响，推测主要影响 *S*-甲基-L-甲硫氨酸（*S*-methyl-L-methionine，SMM）的浓度。

但在许多瓶熟葡萄酒中，DMS 的浓度会超过其阈值，但并没有产生异嗅，因此，DMS 在老熟优质红葡萄酒中可能贡献了瓶熟老酒香气（bottled bouquet）。进一步的研究发现，DMS 能够增强赤霞珠红葡萄酒的香气，后来在其他葡萄酒中得到确认。

二乙基硫醚（diethyl sulfide，DES），俗称二乙基硫、1,1′-硫二乙烷（1,1′-thiobisethane），IUPAC 名乙基硫乙烷（ethylsulfanylethane），CAS 号 352-93-2，FEMA 号 3825，RI_{np} 692，RI_p 903，分子式 $C_4H_{10}S$，无色至浅黄色清亮液体，熔点-100℃，沸点 90~92℃或 27~28℃（1.3kPa），密度 0.837g/mL（25℃），lgP 1.950，溶于醇、油和丙二醇，微溶于水。

DES 呈大蒜、洋葱、煮蔬菜、橡胶气味和排泄物臭；在空气中嗅阈值 17.7ng/L，10%vol 酒精-水溶液中嗅阈值 6μg/L，葡萄酒中嗅阈值 0.93~18.00μg/L，白葡萄酒中嗅阈值 0.92μg/L，啤酒中嗅阈值 1~30μg/L。

DES 在葡萄酒中含量为 0~10μg/L，卡尔瓦多斯白兰地中含量为 1~3μg/L 纯酒精，在科涅克白兰地中没有检测到。

甲基正丙基硫醚（methyl n-propyl sulfide），俗称甲基丙基硫、2-硫杂戊烷（2-thiapentane）、1-甲硫基丙烷［1-(methylthio) propane］，IUPAC 名 1-甲硫基丙烷（1-methylsulfanylpropane），CAS 号 3877-15-4，RI_{np} 762 或 772，RI_p 951，分子式 $C_4H_{10}S$，无色清亮液体，熔点-113℃，沸点 95.5℃，密度 0.842g/mL（25℃），折射率 1.438~1.444（20℃），lgP 1.966，呈洋葱、硫化物气味。该化合物存在于山羊肉、干酪、葡萄酒中，在葡萄酒中含量为 0~2.7μg/L。

3. 含一个硫的醛

3-甲硫基丙醛［3-(methylsulfanyl) propanal，3-(methylthio) propanal，3-(methylthio) propionaldehyde］是饮料酒中最常见的甲硫基醛，俗称蛋氨醛（methional）、丙硫醛，CAS 号 3268-49-3，FEMA 号 2747，RI_{np} 897，RI_{mp} 1027 或 1046，RI_p 1441 或 1485，分子式 C_4H_8OS，无色至黄色清亮液体，熔点-68℃，沸点 165~166℃，贮藏温度 2~8℃，密度 1.043g/mL（25℃），折射率 1.483（20℃），蒸汽压 101.3kPa（165℃），lgP 0.436，溶于醇、双丙二醇、丙二醇，微溶于水。

蛋氨醛呈烤土豆香、法式薯片、洋葱、肉香、捣碎的土豆、烤土豆气味，在空气中嗅阈值 0.1~0.2ng/L 或 0.12ng/L 或 0.1ng/L，水中嗅觉觉察阈值 0.43μg/L，嗅觉识别阈值 1.4μg/L 或 0.2~1.8μg/L 或 0.2~50.0μg/L 或 0.2μg/L 或 0.63μg/L 或 1.8μg/L；12%vol 酒精-水溶液（pH3.4）中嗅阈值 0.5μg/L，模拟葡萄酒（10%vol 酒精-水溶液，7g/L 甘油，pH3.2）中嗅阈值 0.5μg/L，模拟葡萄酒［98：11（体积比）水-酒精混合物 1L，4g 酒石酸，用 K_2CO_3 调整 pH 至 3.5］中嗅阈值 0.15μg/L，啤酒中嗅阈值 10μg/L 或 250μg/L，无醇啤酒中嗅阈值 <0.1μg/L，46%vol 酒精-水溶液中嗅阈值 7.12μg/L，淀粉中嗅阈值 0.27μg/kg，纤维素中嗅阈值 9μg/kg。

蛋氨醛在水中味阈值 0.04μg/L，啤酒中味阈值 4.2μg/L。

3-甲硫基丙醛广泛存在于树莓、黑莓、橙汁、番茄、咖啡、面包屑、煎牛排、水煮蛤、燕麦粉与燕麦面团、干酪、凝乳干酪素、清酒、葡萄酒、啤酒、白酒、苹果白兰地/白兰地中。

蛋氨醛在玫瑰红葡萄酒中含量<0.01~0.43μg/L；有还原味葡萄酒中含量为 0~42μg/L，浑浊葡萄酒中含量为 0~57.5μg/L，丹菲特红葡萄酒中含量为 3.2~3.4μg/L；

雪利酒中含量为 36.5μg/L。

清酒新酒并不含有 3-甲硫基丙醛，但老酒中含量高，约 17μg/L，且具有生产年份越早其含量越高的现象。

中国豉香型白酒中蛋氨醛含量为 6.97μg/L；科涅克白兰地中含量为 0~39μg/L 纯酒精，卡尔瓦多斯白兰地中含量为 10~11μg/L 纯酒精。

4. 含一个硫的醇

(1) 甲硫基乙醇 2-甲硫基乙醇 [2-methylsulfanylethanol，2-(methylthio)ethanol，2-methylthioethanol，2-methylmercaptoethanol](C 12-25)，俗称 2-甲硫基-1-乙醇、甲硫基乙醇，CAS 号 5271-38-5，FEMA 号 4004，分子式 C_3H_8OS，无色至浅黄色清亮液体，沸点 169~171℃，密度 1.06g/mL (25℃)，折射率 1.490~1.498 (20℃)，lgP 0.131，溶于醇，微溶于水，呈法国青豆、花菜、青香、硫化物气味，在水溶液中嗅阈值 120μg/L，10%vol 酒精-水溶液中嗅阈值 250μg/L，葡萄酒中嗅阈值 250μg/L 或 0.13~10.00mg/L，已经在番茄中检测到。

C 12-25 2-甲硫基乙醇　　C 12-26 3-甲硫基丙醇

2-甲硫基乙醇在葡萄酒中含量为 56μg/L，干贵腐葡萄酒中平均浓度为 15.4μg/L (0.5~29.2μg/L)，霞多利葡萄酒中含量为 88~139μg/L，赤霞珠葡萄酒中含量为 7~14μg/L，白诗南葡萄酒中含量为 25~98μg/L，赛美蓉葡萄酒中含量为 5~13μg/L，浑浊葡萄酒中含量为 61~66μg/L。

2-甲硫基乙醇在科涅克白兰地中含量为 0~13μg/L 纯酒精，卡尔瓦多斯白兰地中含量为 nd~6μg/L 纯酒精。

(2) 蛋氨醇 3-甲硫基丙醇 [3-(methylthio)propanol](C 12-26) 是饮料酒中常见的，俗称 3-甲硫基-1-丙醇、蛋氨醇 (methionol)，IUPAC 名 3-甲硫基丙-1-醇 (3-methylsulfanylpropanol)，CAS 号 505-10-2，FEMA 号 3415，RI_{np} 942 或 974 或 982，RI_p 1702 或 1722 或 1746，分子式 $C_4H_{10}OS$，淡黄色清亮液体，沸点 194~195℃ 或 89~90℃ (1.3kPa)，密度 1.03g/mL，折射率 1.4832 (20℃)，lgP 0.417，溶于醇类、二丙二醇、丙二醇、油中，水中溶解度 4745mg/L (25℃)。

3-甲硫基丙醇呈土豆/生土豆、菜花、煮蔬菜/煮甘蓝/烤甘蓝、汤或似肉汤的、大蒜、硫化物气味，水中嗅觉觉察阈值 36μg/L，识别阈值 69μg/L 或 250μg/L 或 5.0μg/L，模拟葡萄酒 (10%vol 酒精-水溶液，7g/L 甘油，pH3.2) 中嗅阈值 1000μg/L，10%vol 酒精-水溶液中嗅阈值 500μg/L 或 1.2μg/L，14%vol 酒精-水溶液中嗅阈值 500μg/L，46%vol 酒精-水溶液中嗅阈值 2110μg/L，葡萄酒中嗅阈值 1500μg/L 或 1200~4500μg/L，啤酒中嗅阈值 500μg/L 或 2000μg/L。

3-甲硫基丙醇存在于发酵食品、葡萄酒、雪利酒、黄酒、科涅克白兰地中。

3-甲硫基丙醇在新产红葡萄酒中含量为 856μg/L (166~2398μg/L)，老熟红葡萄酒

2250～10800μg/L，新产白葡萄酒 500～1700μg/L；干贵腐葡萄酒中平均含量为 874.5μg/L（11.7～1696.6μg/L），霞多利葡萄酒 2330～3500μg/L，赤霞珠葡萄酒 140～330μg/L，白诗南葡萄酒 1640～2210μg/L，赛美蓉葡萄酒 1340～1720μg/L；在异嗅葡萄酒中含量为 224～5655μg/L，浑浊葡萄酒中含量为 500～3266μg/L；在菲诺雪利酒中最初含量为 3.2mg/L，福洛酵母膜形成后含量为 3.3mg/L，老熟 250d 含量为 3.0mg/L；在黄酒中含量为 4.23～31.07mg/L。

3-甲硫基丙醇广泛存在于蒸馏酒中，在科涅克和卡尔瓦多斯白兰地中痕量存在；在白酒中含量是：米香型白酒 0.4mg/L（0.3～0.5mg/L），芝麻香型白酒 0.7mg/L 或 512.79μg/L，豉香型白酒 0.7mg/L（0.2～2.0mg/L）或 3.09mg/L。

在白酒蒸馏过程中，蛋氨醇主要出现在蒸馏的后期。曾经有研究认为蛋氨醇是芝麻香型白酒的重要香气成分。后来，芝麻香型白酒行业标准（QB/T 2187—1995）将 3-甲硫基丙醇列为芝麻香型白酒的一个指标，规定高于 40%vol 的酒 3-甲硫基丙醇含量应≥0.5mg/L，40 %vol 以下的酒≥0.4mg/L。其后，芝麻香型白酒国家标准（GB/T 20824—2007）也认为 3-甲硫基-1-丙醇作为芝麻香型白酒的成分是区别于其他香型白酒的一个重要特征成分。但更多的研究认为，该化合物与芝麻香型的特征香气没有关系。另外，曾经还有研究认为该化合物是豉香型白酒的特征香气成分，但 2015 年的研究发现并非如此。

（3）4-甲硫基-1-丁醇　4-甲硫基-1-丁醇［4-(methylthio)-1-butanol］(C 12-27)，俗称 4-甲硫基丁醇，IUPAC 名 4-甲硫基丁-1-醇（4-methylsulfanylbutan-1-ol），CAS 号 20582-85-8，FEMA 号 3600，分子式 $C_5H_{12}OS$，无色清亮液体，沸点 95～98℃（2.7kPa），密度 0.993g/mL（25℃），折射率 1.474～1.489（20℃），lgP 0.787，溶于脂肪，呈洋葱、大蒜、土腥味和葱气味，在 10%vol 酒精-水溶液中嗅阈值 80～1000μg/L，葡萄酒中嗅阈值 100μg/L 或 80μg/L。

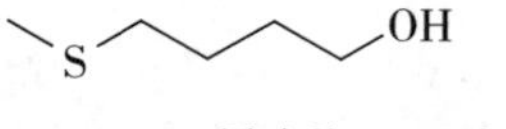

C 12-27　4-甲硫基-1-丁醇 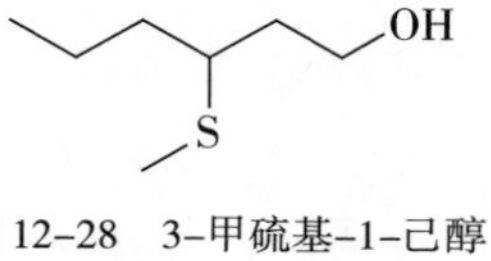　　C 12-28　3-甲硫基-1-己醇

4-甲硫基-1-丁醇已经在葡萄酒中检测到，含量为 36μg/L，干贵腐葡萄酒中浓度为 77.2μg/L（1.7～145.8μg/L），异嗅葡萄酒中含量为 0～181μg/L，浑浊葡萄酒中含量为 35～66μg/L。

4-甲硫基丁醇在科涅克白兰地中含量为 0～91μg/L 纯酒精，卡尔瓦多斯白兰地中未检测到。

（4）3-甲硫基-1-己醇　3-甲硫基-1-己醇［3-(methylthio)-1-hexanol］(C 12-28)，俗称 3-甲硫基己醇，IUPAC 名 3-甲硫基己-1-醇（3-methylsulfanylhexan-1-ol），CAS 号 51755-66-9，FEMA 号 3438，RI_p 1808（BP-20 柱），分子式 $C_7H_{16}OS$，无色至浅黄色清亮液体，沸点 140～145℃，相对密度 0.966（25℃），折射率 1.4759（20℃），lgP 1.790，呈水果、果汁、甜瓜、黑醋栗、百香果、番石榴、葡萄柚香气，在水中嗅阈值 17ng/L，12%vol

模拟葡萄酒（5g/L 酒石酸，pH3.5）中嗅觉阈值 60ng/L。

3-甲硫基己醇于 1998 年首次发现于长相思葡萄酒中，在路易王妃香槟中含量为 250~640ng/L，罗兰百悦香槟含量为 250~510ng/L。

（5）3-甲硫基-3-甲基-1-丁醇　3-甲硫基-3-甲基-1-丁醇（3-mercapto-3-methylbutan-1-ol），俗称 3-甲硫基-3-甲基丁醇，IUPAC 名 3-甲基-3-巯基丁-1-醇（3-methyl-3-sulfanylbutan-1-ol），CAS 号 34300-94-2，FEMA 号 3854，RI_p 1620（BP-20 柱），分子式 $C_5H_{12}OS$，无色清亮液体，沸点 186℃（97.3kPa），相对密度 0.983~0.993（20℃），折射率 1.475~1.485（20℃），lgP 0.930，能溶于丙酮、醇，微溶于水，呈煮韭菜气味，在水中嗅阈值 1.3μg/L，12%vol 模拟葡萄酒（5g/L 酒石酸，pH3.5）中嗅阈值 1.5μg/L。

该化合物于 1998 年首次发现于长相思葡萄酒中，也已经在其他品种葡萄酒如缩味浓、赤霞珠葡萄酒及加工食品中检测到。

（6）4-甲硫基-4-甲基-2-戊醇　4-甲硫基-4-甲基-2-戊醇（4-mercapto-4-methyl-2-pentanol），IUPAC 名 4-甲基-4-巯基戊-2-醇（4-methyl-4-sulfanylpentan-2-ol），CAS 号 31539-84-1，FEMA 号 4158，RI_p 1459（BP-20 柱）或 1481，分子式 $C_6H_{14}OS$，无色至浅黄色清亮液体，沸点 50~51℃（133Pa），相对密度 1.154~1.158（25℃），折射率 1.463~1.468（20℃），lgP 1.278，呈柑橘皮、柑橘、百香果、黄杨、金雀花、柠檬、花香，在水中嗅阈值 20ng/L，12%vol 模拟葡萄酒（5g/L 酒石酸，pH3.5）中嗅阈值 55ng/L。

该化合物于 1998 年首次发现于长相思葡萄酒中，也已经在其他品种葡萄酒如缩味浓葡萄酒、赤霞珠葡萄酒及加工食品中检测到。

5. 硫代酯类化合物

硫代酯类化合物主要是硫代 2-甲基丁酸甲酯。不少硫酯类化合物已经在酒类中发现，如啤酒中的异嗅物质硫代乙酸甲酯、硫代乙酸乙酯。

硫代乙酸甲酯（*S*-methyl ethanethioate，*S*-methyl thioacetate，*S*-methyl thioethaneoate，MeSAc）（C 12-29），CAS 号 1534-08-3，FEMA 号 3876，RI_{np} 672 或 700 或 758（DB-1701 柱），RI_p 1046（FFAP 柱）或 1050 或 1041，分子式 C_3H_6OS，无色至浅黄色清亮液体，沸点 97~99℃，密度 1.024g/cm^3，折射率 1.460~1.468（20℃），lgP 0.859，呈甘蓝、干酪、螃蟹、煮鸡蛋香、煮蔬菜、硫化物气味，在水中嗅阈值 3μg/L，啤酒中嗅阈值>100μg/L。

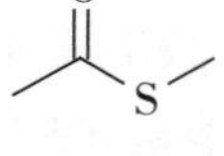

C 12-29　硫代乙酸甲酯 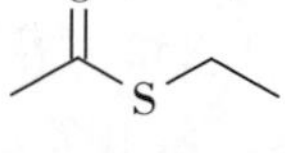　　C 12-30　硫代乙酸乙酯

硫代乙酸甲酯存在于咖啡、发酵食品、干酪、韩国泡菜、半胱氨酸-醛共轭的面包酵母转化产物、酒花、啤酒、葡萄酒中，在啤酒中含量为 17~25μg/L，白葡萄酒和红葡萄酒中含量分别为 7μg/L 和 11μg/L，白比诺葡萄酒中含量为 0~115μg/L，异嗅葡萄酒

中含量为5.1~85μg/L。

硫代乙酸甲酯也存在于干酪中，其前体物为甲硫醇和乙酰辅酶A。

硫代乙酸乙酯（*S*-ethyl ethanethioate，*S*-ethyl thioacetate，ethanethioic acid *S*-ethyl ester，EtSAc）（C 12-30），CAS号625-60-5，FEMA号3282，RI_{np} 752，RI_p 1080（FFAP柱），分子式C_4H_8OS，无色清亮液体，沸点116~117℃，密度0.979g/cm^3（25℃），lgP 1.369，溶于醇、油，微溶于水，呈硫化物、大蒜、洋葱、成熟干酪、甘蓝气味，在啤酒中嗅阈值0.8~3.5μg/L。

硫代乙酸乙酯存在于发酵食品、半胱氨酸-醛共轭的面包酵母转化产物、葡萄酒、啤酒中，在葡萄酒中含量为0~7μg/L，白比诺葡萄酒中含量为0~56μg/L，异嗅葡萄酒中含量为3.2~180.0μg/L；在绝大多数啤酒和葡萄酒中，硫代乙酸乙酯含量约为硫代乙酸甲酯含量的10%。

乙酸蛋氨酯（methionol acetate），IUPAC名乙酸3-甲硫基丙酯［3-methylsulfanylpropyl acetate，3-(methylthio)propyl acetate］，CAS号16630-55-0，FEMA号3883，RI_p 1618，分子式$C_6H_{12}O_2S$，无色清亮液体，沸点201~202℃，相对密度0.930~1.044（25℃），折射率1.461~1.467（20℃），lgP 1.252，呈草药、蘑菇、甘蓝、芦笋、土豆、干酪香气，存在于酒花及啤酒中。

6. 含一个硫的酯

（1）乙酸甲硫基酯类　乙酸2-甲硫基乙酯［2-methylsulfanylethyl acetate，2-(methylthio) ethyl acetate］（C 12-31），CAS号5862-47-5，FEMA号4560，RI_p 1487，分子式$C_5H_{10}O_2S$，无色至浅黄色清亮液体，沸点180~182℃，相对密度1.056~1.076（20℃），折射率1.456~1.467（20℃），lgP 1.040，呈硫化物、腐败臭、奶油香、菜花、大头菜（kohlrabi）、烤肉香，在10%vol酒精-水溶液中嗅阈值65μg/L。该化合物存在于百香果、葡萄酒中，在葡萄酒中含量为23~134μg/L。

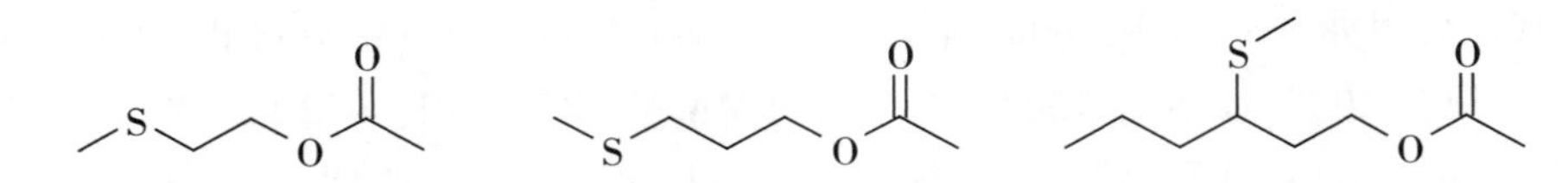

C 12-31　乙酸2-甲硫基乙酯　C 12-32　乙酸3-甲硫基丙酯　C 12-33　乙酸3-甲硫基己酯

乙酸-3-甲硫基丙酯［3-methylsulfanylpropyl acetate，3-(methylthio)propyl acetate］（C 12-32），CAS号16630-55-0，FEMA号3883，RI_{np} 1123，RI_p 1620，分子式$C_6H_{12}O_2S$，无色清亮液体，沸点201~202℃，相对密度0.9300~1.044（25℃），折射率1.461~1.467（20℃），lgP 1.252，溶于醇、油，微溶于水，呈中药、蘑菇、甘蓝、芦笋、土豆、蘑菇、大蒜气味，在10%vol酒精-水溶液中嗅阈值50μg/L，葡萄酒中嗅阈值50~115μg/L或90μg/L。

乙酸3-甲硫基丙酯存在于番石榴酒、葡萄酒、苹果白兰地、白兰地中，在葡萄酒中含量为0~1μg/L或1.5μg/L，异嗅葡萄酒中含量为2~14μg/L，浑浊葡萄酒中含量为0~17μg/L；在科涅克白兰地中含量为14~30μg/L纯酒精，卡尔瓦多斯白兰地中含量为

28~32μg/L 纯酒精。

乙酸3-甲硫基己酯［3-methylsulfanylhexyl acetate，3-(methylthio) hexyl acetate］(C 12-33)，CAS号51755-85-2，FEMA号3789，RI_p 1766或1745，分子式 $C_9H_{18}O_2S$，无色清亮液体，沸点239~241℃，lgP 2.624，呈脂肪、水果、甜香、芒果、百香果、番石榴、榴莲、黄杨、金雀花、煮蔬菜味，在水中嗅阈值2.3ng/L，10%vol酒精-水溶液中嗅阈值4ng/L或9ng/L［(*R*)-型］或2.5ng/L［(*S*)-型］，10%vol模拟葡萄酒（7g/L甘油，pH3.2）中嗅阈值4ng/L。

乙酸3-甲硫基己酯存在于百香果、葡萄酒中，在葡萄酒中含量为1~200ng/L，玫瑰红葡萄酒中含量为nd~0.02μg/L；新产红葡萄酒中含量为nd~0.009μg/L；新产白葡萄酒中含量为0.12~1.30μg/L；波尔多缩味浓葡萄酒中含量为275~724μg/L，桑赛尔缩味浓葡萄酒中含量为212~777μg/L。

（2）甲硫基丙酸酯 3-甲硫基丙酸甲酯［methyl 3-methylsulfanylpropanoate，methyl 3-(methylthio)propanoate］，CAS号13532-18-8，RI_p 1525，分子式 $C_5H_{10}O_2S$，FEMA号2720，无色至浅黄色清亮液体，沸点180~182℃，相对密度1.064~1.075（25℃），折射率1.460~1.468（20℃），lgP 0.842，呈硫化物、热带水果、萝卜、甘蓝气味，已经在百香果、葡萄酒中检测到。

3-甲硫基丙酸乙酯［ethyl 3-methylsulfanylpropanoate，ethyl 3-(methylthio) propanoate］(C 12-34）是最重要的含硫酯，CAS号13327-56-5，FEMA号3343，RI_{np} 1070或1105，RI_{mp} 1204，RI_p 1562或1560，分子式 $C_6H_{12}O_2S$，相对分子质量148.22，清亮无色至浅黄色液体，沸点197℃或100℃（4.0kPa），密度1.032g/mL（25℃），折射率1.457~1.463（20℃），lgP 1.352。

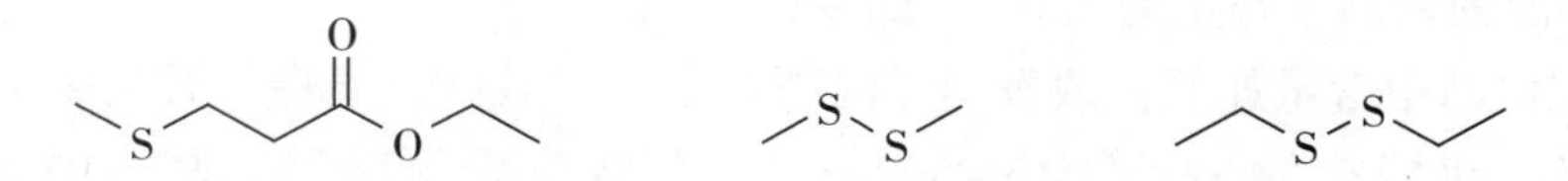

C 12-34 3-甲硫基丙酸乙酯　C 12-35 二甲基二硫醚　C 12-36 二乙基二硫醚

3-甲硫基丙酸乙酯呈肉香、酸香、酒香、水果香、中药香、似牛乳、干酪、硫化物气味，在水中嗅阈值7μg/L，10%vol酒精-水溶液中嗅阈值300μg/L，葡萄酒中嗅阈值0.3~1mg/L或300μg/L。

3-甲硫基丙酸乙酯存在于龟背竹、百香果、苹果酒、葡萄酒、香槟、卡巴度斯(calvados）苹果白兰地、白兰地中。

3-甲硫基丙酸乙酯在葡萄酒中含量为0~10μg/L，有还原味的葡萄酒中含量为0~14μg/L，异嗅葡萄酒中含量为0.9~14.3μg/L，浑浊葡萄酒中含量为4~7μg/L。

3-甲硫基丙酸乙酯在路易王妃香槟中含量为40~5200ng/L，罗兰百悦香槟含量为2400~12000ng/L；中国苹果酒中含量为nd~22.83μg/L。

3-甲硫基丙酸乙酯不常见的同分异构体是2-甲硫基丙酸乙酯［ethyl 2-methylsulfanylpropanoate，ethyl 2-(methylthio)propanoate］，CAS号40800-76-8，分子式 $C_6H_{12}O_2S$，沸点176℃，lgP 1.701，呈硫化物气味，阈值500ng/L。该化合物在路易王妃香槟中含

量为 50~200ng/L，罗兰百悦香槟中含量为 100~800ng/L。

二、 含二个硫的化合物

1. 饱和二硫醚

二硫醚类化合物中最重要的是二甲基二硫醚（dimethyl disulfide，dimethyl disulphide，DMDS）(C 12-35)，俗称二甲基二硫，IUPAC 名甲基二硫甲烷（methyldisulfanylmethane，methyldithiomethane），CAS 号 624-92-0，FEMA 号 3536，RI_{np} 720 或 746，RI_{mp} 794 或 805，RI_p 1077 或 1103，分子式 $C_2H_6S_2$，无色至浅黄色清亮液体，熔点 -85℃，沸点 109~110℃，密度 1.0625g/mL，折射率 1.5253（20℃），lgP 1.770，水中溶解度<1g/L（20℃）或 3g/L（25℃）。

DMDS 呈管道煤气、大蒜腊肠、甜香、橡胶臭、硫化物、（煮）甘蓝、干酪、大蒜、太妃糖、洋葱、煮萝卜、橡胶、胶水气味。

DMDS 在空气中嗅阈值 0.1ng/L，水中嗅阈值 0.16μg/L 或 7.6μg/L 或 0.06~30.00μg/L 或 0.16~12.00μg/L 或 23μg/L，10%vol 酒精-水溶液中嗅阈值 2.5μg/L，46%vol 酒精-水溶液中嗅阈值 9.13μg/L，葡萄酒中嗅阈值 20~45μg/L 或 15~29μg/L，白葡萄酒中嗅阈值 29μg/L，红葡萄酒中嗅阈值 11.2~23.6μg/L，啤酒中嗅阈值 3~50μg/L。

DMDS 广泛存在于树莓、百香果、松露、咖啡、发酵食品、凝乳干酪素、葡萄酒、黄酒、苹果酒、白酒、朗姆酒、苹果白兰地中。

DMDS 在有还原气味的葡萄酒中含量为 0~22μg/L，异嗅的葡萄酒中含量为 0.8~8.2μg/L，浑浊葡萄酒中含量为 3.0~6.5μg/L。

DMDS 在白酒中含量如下：浓香型洋河酒 646~962μg/L；老白干香型手工大楂原酒 405~592μg/L，机械化大楂原酒 413~599μg/L；芝麻香型手工原酒 697~1057μg/L，机械化原酒 774~1226μg/L。

DMDS 在科涅克白兰地中含量为 73~498μg/L 纯酒精，卡尔瓦多斯白兰地中含量为 57~119μg/L 纯酒精。

二乙基二硫醚（diethyl disulfide，DEDS）(C 12-36)，俗称二乙基二硫，IUPAC 名乙基二硫乙烷（ethyldisulfanylethane），CAS 号 110-81-6，FEMA 号 4093，RI_{np} 919 或 913，RI_p 1174，分子式 $C_4H_{10}S_2$，清亮无色到浅黄色液体，熔点 95~98.5℃，沸点 152℃，密度 0.993g/mL（25℃），折射率 1.502~1.508（20℃），lgP 3.169。

DEDS 呈洋葱、汗臭、橡胶/烧焦橡胶、大蒜气味，在空气中嗅阈值 19.5ng/L，10%vol 酒精-水溶液中嗅阈值 20μg/L，葡萄酒中嗅阈值 4.3~40.0μg/L，白葡萄酒中嗅阈值 4.3μg/L，红葡萄酒中嗅阈值 1.2~2.2μg/L，啤酒中嗅阈值 0.4μg/L。

DEDS 存在于发酵食品、酒花及啤酒、葡萄酒、白兰地中，在葡萄酒中含量为 0~3μg/L，赤霞珠葡萄酒中含量为 0~85μg/L，梅鹿辄葡萄酒中含量为 0~82μg/L；科涅克白兰地中未检测到，在卡尔瓦多斯白兰地中含量为 4μg/L 纯酒精。

2. 呋喃基二硫醚

双（2-糠基）二硫醚［bis（2-furfuryl）disulfide，bisFFD］（C 12-37），俗称咖啡二呋喃（coffee difuran）、2,2′-（二硫二甲亚基）二呋喃［2,2′-（dithiodimethylene）difuran］、二糠基二硫醚（difurfuryl disulfide），IUPAC 名 2-（呋喃-2-基甲基二硫甲基）呋喃［2-（furan-2-ylmethyldisulfanylmethyl）furan］，CAS 号 4437-20-1，FEMA 号 3146，RI_{np} 1673，RI_{mp} 1683 或 1710 或 1862[1]（DB-1701），RI_p 2465 或 2520 或 2600[2]（FFAP 柱），分子式 $C_{10}H_{10}O_2S_2$，浅黄色至琥珀色清亮液体，熔点 10～11℃，沸点 229～230℃，相对密度 1.229～1.248（25℃），折射率 1.585～1.598（20℃），lgP 4.030。

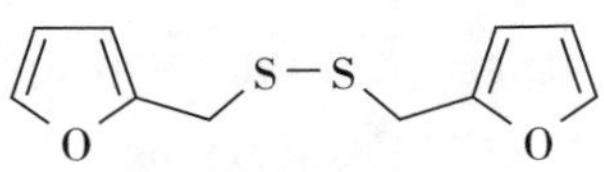

C 12-37　双（2-糠基）二硫 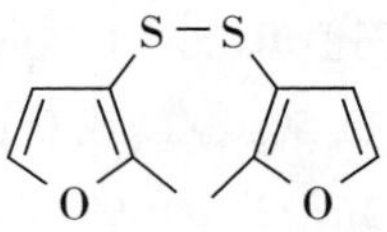　　　C 12-38　双（2-甲基-3-呋喃）二硫

bisFFD 呈洋葱、焙烤香、炒洋葱、焙焦咖啡气味，具有极低的嗅阈值，空气中嗅阈值 0.00015～0.00060ng/L。

bisFFD 是咖啡、烤肉类、葡萄酒的重要香气成分，是糠硫醇（FFT）氧化聚合的产物；已经在葡萄糖-半胱氨酸和鼠李糖-半胱氨酸美拉德反应产物、食品调香剂中检测到。

双（2-甲基-3-呋喃）二硫醚［bis（2-methyl-3-furyl）disulfide，bisMFT］（C 12-38），IUPAC 名 2-甲基-3-（2-甲基呋喃-3-基）二硫呋喃［2-methyl-3-（2-methylfuran-3-yl）disulfanylfuran］，CAS 号 28588-75-2，FEMA 号 3259，RI_{np} 1526 或 1543，RI_{mp} 1635 或 1639，RI_p 2026（FFAP 柱）或 2150，分子式 $C_{10}H_{10}O_2S_2$，浅黄色至琥珀色清亮液体，沸点 277～280℃，相对密度 1.146～1.154（25℃），折射率 1.572～1.583（20℃），lgP 3.345。

bisMFT 呈焙烤香、烤肉香/肉香、肉汤、焦煳、酵母浸膏气味，具有极低阈值，在空气中嗅阈值 0.0007～0.0028ng/L 或 0.0006～0.0024ng/L 或 0.001ng/L，在水中觉察阈值 0.32ng/L，识别阈值 0.76ng/L 或 0.02ng/L。

bisMFT 虽然呈肉香，但即便是在高浓度下香气也不如 2-甲基呋喃-3-硫醇浓烈。

bisMFT 存在于腰果梨露（cashew apple necta）、发酵食品、煮牛肉与猪肉汁、煎牛排、橙汁中维生素 B_1 的加热降解产物、大豆蛋白酶解物、食品调香剂中，是咖啡、烤肉、葡萄酒的重要香气成分。

---

① 这几个值差距太大，其中必有一个是错误的，但作者未进行验证。但通常不使用 1862 值（见 https://pubchem.ncbi.nlm.nih.gov/compound/20499#section=Kovats-Retention-Index）。

② 这几个值的差距太大，其中必有一个是错误的，但作者未进行验证。但通常不使用 2600 值（见 https://pubchem.ncbi.nlm.nih.gov/compound/20499#section=Kovats-Retention-Index）。

三、 含三个及多个硫的化合物

1. 饱和三硫醚

二甲基三硫醚（dimethyl trisulfide，DMTS），俗称二甲基三硫、2,3,4-硫杂戊烷（2,3,4-trithiapentane），IUPAC 名甲基硫代二硫代甲烷（methylsulfanyldisulfanylmethane），CAS 号 3658-80-8，FEMA 号 3275，RI_{np} 950 或 969，RI_{mp} 1031，RI_p 1377，分子式 $C_2H_6S_3$，清亮黄色液体，熔点-68℃，沸点 165~170℃，密度 1.202g/mL（25℃），lgP 1.926。

DMTS 呈腐臭、腐败的干酪、湿抹布、腐败食物、大蒜、甘蓝、新鲜洋葱、老咸菜、腐烂蔬菜、咸萝卜气味、煤气、腐烂水果、硫化物、红洋葱气味。

DMTS 在空气中嗅阈值 0.06~1.20ng/L 或 6.2ng/L，水中嗅觉觉察阈值 9.9ng/L，识别阈值 16ng/L 或 0.01~2.50μg/L 或 0.01μg/L 或 0.005~0.010μg/L 或 8μg/L，10%vol 酒精-水溶液中嗅阈值 0.2μg/L，46%vol 酒精-水溶液中嗅阈值 0.36μg/L，清酒中嗅阈值 0.18μg/L，啤酒中嗅阈值 0.1μg/L，谷物威士忌中嗅阈值 4μg/L，7%（质量体积分数）乙酸-水溶液中嗅阈值 0.035μg/L，淀粉中嗅阈值 0.086μg/kg，可可粉中嗅阈值 2.5μg/kg。

DMTS 在啤酒中味阈值 0.027μg/L。

通常，DMTS 物在饮料酒中含量高时被认为是异嗅化合物。

DMTS 是一个重要的三硫化合物，广泛存在于蔬菜、水果如黑莓及加工食品中，如水煮菜花、水煮洋葱、牛乳、干酪、凝乳干酪素、葡萄酒、啤酒、清酒、威士忌、白酒等。

研究认为 DMTS 是科涅克白兰地、威士忌、葡萄酒和啤酒的关键风味化合物。DMTS 在新鲜啤酒中含量与其阈值水平相当，即约 0.1μg/L，但在 45℃贮存 4d 后，其浓度达 2.5μg/L。

DMTS 在清酒中含量是 0.04~2.40μg/L。

DMTS 在中国白酒中含量如下：酱香型习酒 1270μg/L，郎酒 218~2010μg/L，醇甜原酒 1033μg/L，酱香原酒 717μg/L，窖底香原酒 1107μg/L；浓香型习酒 2140μg/L；老白干香型手工大楂原酒 51.85~75.28μg/L，机械化大楂原酒 50.45~90.46μg/L；芝麻香型手工原酒 356~471μg/L，机械化原酒 345~502μg/L；兼香型口子窖酒 237μg/L；黄酒 83.92~86.13μg/L。

2. 四硫醚

二甲基四硫醚（dimethyl tetrasulfide）（C 12-39），IUPAC 名甲基二硫二硫甲烷（methyldisulfanyldisulfanylmethane），CAS 号 5756-24-1，RI_{np} 1204 或 1236，RI_p 1750，分子式 $C_2H_6S_4$，黄色液体，沸点 243.14℃，相对密度 1.303~1.309（25℃），折射率 1.658~1.664（20℃），lgP 2.490，呈烤大蒜/大蒜、甘蓝、干酪气味，在水溶液中嗅阈值 0.06μg/L 或 1.2μg/L，啤酒中嗅阈值 1.2μg/L。

二甲基四硫存在于中国细香葱、牛肉、发酵食品、微生物培养产物、韩国泡菜、酒花及啤酒中。

C 12-39　二甲基四硫

第三节　含硫杂环化合物

一、 噻吩类化合物

噻吩（thiophene）(C 12-40）是最简单的硫杂五环类即噻吩类化合物，俗称硫代环戊二烯（thiacyclopentadiene）、二乙烯亚基硫醚（divinylene sulfide），CAS 号 110-02-1，RI_{np} 661 或 694，RI_{mp} 800，RI_{p} 1021 或 1061，分子式 C_4H_4S，浅黄色清亮液体，熔点-38℃，沸点 84℃，密度 1.051g/mL（25℃），折射率 1.525~1.531（20℃）。

噻吩呈大蒜、硫化物、大蒜腊肠（bologna），存在于树莓、黑莓等水果、咖啡、凝乳干酪素中。

C 12-40　噻吩　　C 12-41　2-甲基噻吩　　C 12-42　2,4-二甲基噻吩

2-甲基噻吩（2-methylthiophene）(C 12-41)，CAS 号 554-14-3，RI_{np} 745 或 787，RI_{mp} 900，RI_{p} 1097 或 1138，分子式 C_5H_6S，无色至浅黄色液体，熔点-63℃，沸点 113℃，密度 1.014g/mL（25℃），lgP 2.350。

2-甲基噻吩呈大蒜、大蒜腊肠（bologna）、蔬菜、硫化物气味，存在于树莓、咖啡、烤牛肉、葡萄酒中，在还原味葡萄酒中含量为 0~5μg/L。

2-噻吩甲醛（2-thiophenecarboxaldehyde，2-thenaldehyde）(C 12-43)，俗称 2-甲酰基噻吩（2-formylthiophene）、2-甲醛噻吩（2-carboxaldehydethiophene）、硫糠醛（thiofurfual），IUPAC 名噻吩-2-甲醛（thiophene-2-carboxaldehyde），CAS 号 98-03-3，RI_{np} 995 或 962，R_{mp} 1145 或 1228，RI_{p} 1678 或 1734，分子式 C_5H_4OS，清亮黄色至浅棕色液体，熔点 <10℃，沸点 198℃，密度 1.2g/mL（25℃），折射率 1.585~1.592（20℃），lgP 1.020，呈葡萄酒、蘑菇香。

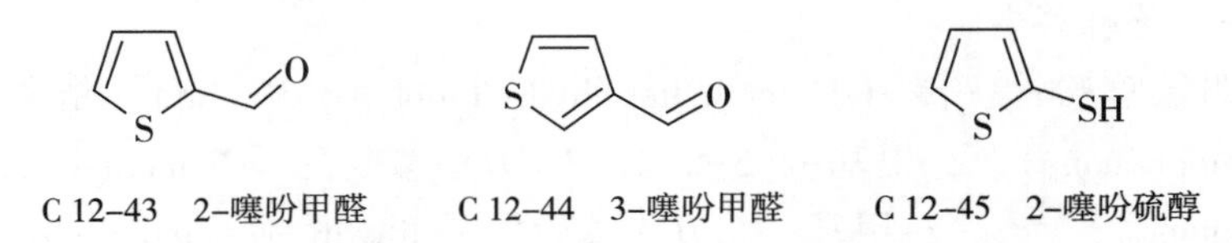

C 12-43　2-噻吩甲醛　　C 12-44　3-噻吩甲醛　　C 12-45　2-噻吩硫醇

2-噻吩甲醛能与半胱氨酸反应形成半胱氨酸-噻吩共轭物。

2-噻吩甲醛存在于咖啡、烤牛肉、白兰地中，在科涅克白兰地中含量为1207~1233μg/L纯酒精，在卡尔瓦多斯苹果白兰地中含量为14~22μg/L纯酒精。

3-噻吩甲醛（3-thiophenecarboxaldehyde，3-thenaldehyde）(C 12-44)，俗称3-甲酰基噻吩（3-formylthiophene），IUPAC名噻吩-3-甲醛（thiophene-3-carboxaldehyde），CAS号498-62-4，RI_{np} 952或1003或1025，RI_p 1678，分子式C_5H_4OS，清亮黄色至浅棕色液体，熔点-30℃，沸点194~196℃，密度1.28g/mL（25℃），lgP 1.010。

3-噻吩甲醛存在于烤牛肉、肉香模拟系统、挤压膨化面粉、白兰地中，在科涅克白兰地中含量为342~564μg/L纯酒精，在卡尔瓦多斯白兰地中含量为190~321μg/L纯酒精。

5-甲基-2-甲醛噻吩（5-methyl-2-carboxaldehydethiophene），俗称5-甲基-2-噻吩甲醛、面包噻吩（bread thiophene），IUPAC名5-甲基噻吩-2-甲醛（5-methylthiophene-2-carboxaldehyde），CAS号13679-70-4，FEMA号3209，RI_{np} 1078或1116，RI_{mp} 1135或1118，RI_p 1767或1781，分子式C_6H_6OS，无色至琥珀棕色清亮液体，沸点113~114℃（3.3kPa）或52℃（93Pa），相对密度1.170（25℃），折射率1.583（20℃），lgP 1.218，呈甜香、苦杏仁、樱桃、面包、木香，存在于烤牛肉、红葡萄酒中。

2-噻吩硫醇（2-thiophenethiol，2-thienylmercaptane）(C 12-45)，俗称噻吩硫醇，IUPAC名噻吩-2-硫醇（thiophene-2-thiol），CAS号7774-74-5，FEMA号3062，分子式$C_4H_4S_2$，清亮黄色至橙黄色液体，沸点166℃，密度1.252g/mL（25℃），折射率1.618~1.632（20℃），lgP 2.100。

2-噻吩硫醇呈烧焦橡胶、咖啡/焙烤咖啡香、焦煳、焦糖香，在葡萄酒中嗅阈值0.8μg/L。

该化合物存在于发酵食品、葡萄酒中，在白葡萄酒中含量为0~4μg/L，红葡萄酒中含量为0~5μg/L，香槟中含量为0~4μg/L，贵腐葡萄酒0~3μg/L，强化葡萄酒0~7μg/L。

二、 硫杂环戊烷

硫杂环戊烷（thiolane）俗称噻茂烷，是一个含硫的五元杂环化合物，是一些饮料酒以及加工食品的重要香气成分。

最简单的硫杂环戊烷是四氢噻吩（tetrahydrothiophene），IUPAC名噻茂烷（thiolane），CAS号110-01-0，RI_{np} 802，分子式C_4H_8S，浅黄色清亮液体，沸点120℃，相对密度0.995~1.001（25℃），折射率1.499~1.505（20℃），lgP 1.610，呈葱、甘蓝气味，存在于芝麻菜中。

2-甲基四氢噻吩-3-酮（2-methyltetrahydrothiophen-3-one），俗称黑莓噻吩酮（blackberry thiophenone）、2-甲基-4,5-二氢-3(2*H*)-噻吩酮［2-methyl-4,5-dihydro-3(2*H*)-thiophenone］、二氢-2-甲基-3(2*H*)-噻吩酮［dihydro-2-methyl-3(2*H*)-thiophenone]、二氢-2-甲基-(2*H*)-噻吩-3-酮，IUPAC 名 2-甲基噻茂烷-3-酮（2-methylthiolan-3-one），CAS 号 13679-85-1 或 74015-70-6，FEMA 号 3512，RI_{np} 998 或 1017 或 1012，RI_{mp} 1106，RI_p 1507 或 1548 或 1506，分子式 C_5H_8OS，浅黄色液体，沸点 209~210℃或 82℃（3.7kPa），密度 1.119g/mL（25℃），lgP 0.758。

2-甲基四氢噻吩-3-酮呈硫化物、水果、浆果、氯、潮湿、酸的果香、霉腐臭、青香、金属、天然气、猫臭气味，在水中嗅阈值 4.9μg/L，10%vol 酒精-水溶液中嗅阈值 70μg/L，葡萄酒中嗅阈值 90μg/L。

2-甲基四氢噻吩-3-酮广泛存在于咖啡、葡萄糖-半胱氨酸和鼠李糖-半胱氨酸美拉德反应产物、木糖-半胱氨酸-硫胺素加热发生的美拉德反应、橙汁中维生素 B_1 加热降解产物、挤压膨化面粉、大豆蛋白酶解物、葡萄酒、番石榴酒等水果酒、苹果白兰地、科涅克白兰地中。

2-甲基四氢噻吩-3-酮在葡萄酒中含量为 18.7~61.7μg/L，霞多利葡萄酒中含量为 10.4~28.4μg/L，缩味浓葡萄酒中含量为 41~11.2μg/L，白诗南白葡萄酒中含量为 3.3~11.9μg/L，赛美蓉白葡萄酒中含量为 6.8~61.0μg/L，贝尔德霍（Verdejo）白葡萄酒中含量为 0.1~1.0mg/L；有还原气味葡萄酒中含量为 27~268μg/L，有异味的葡萄酒中含量为 14.8~237.2μg/L，雾状浑浊葡萄酒中含量为 131~478μg/L。

三、 噻唑类化合物

噻唑类化合物（thiazoles）是一类含硫和含氮的五环芳香族化合物。饮料酒中最重要的噻唑类化合物是烷基噻唑、乙酰基噻唑类和其他噻唑类化合物。

最简单的噻唑类化合物是噻唑（thiazole）(C 12-46)，IUPAC 名 1,3-噻唑（1,3-thizaole），CAS 号 288-47-1，FEMA 号 3615，RI_{np} 705 或 760，RI_p 1270，分子式 C_3H_3NS，无色浅黄色液体，熔点 -33℃，沸点 117~118℃，密度 1.2g/mL（25℃），lgP 0.440。

C 12-46 噻唑　　C 12-47 2-乙酰基噻唑

噻唑呈爆米花、炒花生香；高浓度时具有令人恶心的气味；低浓度时，呈鱼腥、坚果和肉香，在啤酒中嗅阈值 23mg/L，葡萄酒中嗅阈值 38μg/L。

噻唑存在于咖啡、烤牛肉、发酵食品、葡萄酒、啤酒中，在白葡萄酒中含量为 0~19μg/L，红葡萄酒中含量为 0~14μg/L，香槟中含量为 0~23μg/L，贵腐葡萄酒 0~3μg/L，强化葡萄酒 3~34μg/L；在新鲜啤酒中含量为 3.5μg/L。

4-甲基噻唑（4-methylthiazole），IUPAC 名 4-甲基-1,3-噻唑（4-methyl-1,3-thiazole），CAS 号 693-95-8，FEMA 号 3716，RI_{np} 786 或 836，RI_p 1287 或 1304，分子式 C_4

H_5NS，清亮无色至微黄色液体，沸点 133~134℃，密度 1.09g/mL（25℃），lgP 0.970。

4-甲基噻唑呈坚果、青香、蔬菜、土豆、焙烤、肉香，在葡萄酒中嗅阈值 55μg/L。

4-甲基噻唑存在于挤压膨化面粉、咖啡、烤牛肉、贻贝、发酵食品、香槟、葡萄酒中，在白葡萄酒中含量为 0~10μg/L，红葡萄酒中含量为 0~6μg/L，贵腐葡萄酒 0~11μg/L，强化葡萄酒和香槟中未检测到。

4-甲基-5-乙烯基噻唑（4-methyl-5-vinylthiazole），IUPAC 名 5-乙烯基-4-甲基-1,3-噻唑（5-ethenyl-4-methyl-1,3-thiazole），CAS 号 1759-28-0，FEMA 号 3313，RI_{np} 1512 或 1513，分子式 C_6H_7NS，黄色至深红琥珀色清亮液体，熔点-15℃，沸点 173~174℃，相对密度 1.088~1.102（25℃），折射率 1.555~1.575（20℃），lgP 1.552，呈脂肪、焙烤、坚果、烤花生、爆米花、可可香，存在于百香果等热带水果、番石榴酒中。

2-乙酰基噻唑（2-acetylthiazole）(C 12-47)，IUPAC 名 1-(1,3-噻唑-2-基) 乙酮 [1-(1,3-thiazol-2-yl) ethanone]，CAS 号 24295-03-2，FEMA 号 3328，RI_{np} 981 或 1046，RI_{mp} 1141，RI_p 1615 或 1650，分子式 C_5H_5NOS，无色至黄色清亮油状液体，沸点 212~215℃，相对密度 1.220（25℃），折射率 1.548（20℃），lgP 0.737，微溶于水，溶于乙醇等有机溶剂。

2-乙酰基噻唑呈坚果香、烤榛子、焙烤香、麦香、可可香、爆米花香、谷物香、面包香、牛肉汤香，在空气中嗅阈值 3ng/L 或 4ng/L，水中嗅阈值 1μg/L 或 10μg/L。

半胱氨酸与糖反应可以产生 2-乙酰基噻唑，或者说该化合物是半胱氨酸美拉德反应的关键香气，该化合物也是蒜氨酸与葡萄糖反应的主要产物。

1971 年首次报道 2-乙酰基噻唑存在于牛肉汤（beef broth）中，后在烤牛肉和过度巴斯德灭菌的牛肉（overpasteurized beer）中鉴定出，广泛存在于芦笋、土豆、牛肉、猪肉、威士忌、咖啡、青豆、芝麻菜、白面包、米饭中，是加工肉类产品的关键香气，如鸡汤、烤牛肉、炖牛肉、煮鲑鱼、焙烤白芝麻、水煮蛤、贻贝，也已经在葡萄糖-半胱氨酸和鼠李糖-半胱氨酸美拉德反应产物、加热酵母浸膏、挤压膨化面粉中检测到。

2-乙酰基噻唑在白葡萄酒中含量为 0~7μg/L，红葡萄酒中含量为 0~14μg/L，香槟中含量为 0~3μg/L，贵腐葡萄酒 0~12μg/L，强化葡萄酒 3~13μg/L。

4-甲基-5-噻唑乙醇和乙酸-4-甲基-5-噻唑乙酯是重要的噻唑类化合物。4-甲基-5-噻唑乙醇（4-methyl-5-thiazoleethanol）(C 12-48)，俗称硫噻唑（sulfurol）、5-(2-羟乙基)-4-甲基噻唑 [5-(2-hydroxyethyl)-4-methylthiazole]，IUPAC 名 2-(4-甲基-1,3-噻唑-5-基) 乙醇 [2-(4-methyl-1,3-thiazol-5-yl) ethanol]，CAS 号 137-00-8，FEMA 号 3204，分子式 C_6H_9NOS，无色至浅黄色液体，沸点 279~281℃ 或 135℃（933Pa），密度 1.196g/mL（25℃），lgP 0.275，呈牛肉、坚果、肉香、肉汤、焙烤、金属、药香、可可香，在葡萄酒中嗅阈值 100~1000μg/L。

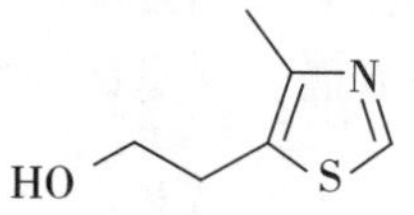

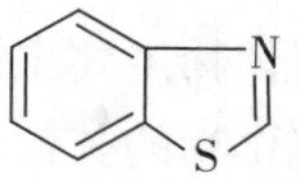

C 12-48 4-甲基-5-噻唑乙醇　　C 12-49 苯并噻唑

硫噻唑存在于可可、水煮牛肉、炒花生、啤酒、葡萄酒、科涅克白兰地和肝脏中，常被用于肉类与乳制品的调香，在葡萄酒中含量为5~50μg/L。

苯并噻唑（benzothiazole，benzo［d］thiazole)(C 12-49)，俗称1-一硫杂-3-氮杂茚（1-thia-3-azaindene)，IUPAC名1,3-苯并噻唑，CAS号95-16-9，FEMA号3256，RI_{np} 1228或1271，RI_p 1902或1946，分子式C_7H_5NS，淡黄色液体，熔点2℃，沸点231~234℃，相对密度1.238~1.246（20℃/20℃），折射率1.638~1.642（20℃），闪点110℃，lgP 2.010，微溶于水，溶于乙醇等有机溶剂。

苯并噻唑呈橡胶、烟、汽油 气味，在空气中嗅阈值442.4ng/L，水中嗅阈值80μg/L，酒精-水溶液中嗅阈值50μg/L，葡萄酒中嗅阈值24μg/L或50~350μg/L或50μg/L。

苯并噻唑存在于纸板、茶、牛乳、发酵食品、凝乳干酪素、酶解大豆蛋白、干酪、葡萄酒、苹果酒、白酒、白兰地中；在葡萄酒中含量为0~6μg/L，有还原味的葡萄酒中含量为0~13μg/L，异嗅葡萄酒中含量为0.7~13.8μg/L，浑浊葡萄酒中含量为0~30μg/L；中国苹果酒中含量为nd~22.81μg/L；科涅克白兰地中含量为13~17μg/L纯酒精，卡尔瓦多斯白兰地中含量为8~20μg/L纯酒精。该化合物是牛乳加热后的异味。

第四节 硫化物形成机理

硫化物的形成主要有两条途径：酶法与非酶法。酶法途径主要有三条：一是含硫氨基酸的降解；二是发酵过程中微生物形成；三是含硫杀虫剂的代谢。但总的来讲，硫化物的形成目前尚不十分清楚。

酿造原料含有大量蛋白质，这些蛋白质在酸性条件和酶的作用下将水解成氨基酸。在氨基酸中，有三个含硫氨基酸，分别为胱氨酸、半胱氨酸和甲硫氨酸。在酿造过程中，甲硫氨酸分解产生甲硫醇；胱氨酸在酶的作用下被降解产生巯基乙胺（也称为半胱胺），巯基乙胺脱氨基形成α-酮-3-巯基丙酸，最后降解产生硫化氢。胱氨酸还可以与羰基化合物反应产生3,5-二甲基-1,2,4-三硫杂戊烷（3,5-dimethyl-1,2,4-trithiolane)、1,2,4-三硫杂戊烷（1,2,4-tritrithiolane）和蘑菇香精（lenthionine)。硫化氢能与二氧化碳和乙醇反应生成羰基硫（carbonyl sulfide）和二乙基硫。两个羰基硫反应形成二硫化碳和二氧化碳。二乙基硫能被氧化为二乙基二硫。戊硫醇的形成机理与戊醇是类似的。二甲基和二丁烯基团能与HS基团反应生成3-甲基-2-丁烯基-1-硫醇。

酵母通过多个途径产生硫化氢和其他挥发性硫化物（sulfide，S^{2-}），包括元素S的化学还原、含硫氨基酸的降解、亚硫酸盐或硫酸盐的还原。除了无机硫还原为硫化氢外，化学的或代谢途径形成的其他硫化物鲜见在葡萄酒发酵中的报道或验证。

在非酶法反应中，硫化物主要来源于三个方面：一是硫化物的光化学反应；二是硫化物的加热反应；三是硫化物的其他反应。

一、 硫化氢形成机理

在化学上，硫化氢可以使用盐酸（2 mol/L）与硫化钠水溶液反应生成。

元素 S（结晶或胶状形式）残存于葡萄汁中，主要是因为葡萄园农用化学品的使用，这些农用化学品用于控制白粉菌（*Erysiphe necator*）引起的白粉病（powdery mildew）和各种各样的昆虫。直接将 S 还原为硫化氢由高还原条件诱导，此条件存在于酵母细胞的表面。

在发酵食品中，硫化氢是酵母代谢副产物，或者来源于无机硫化物（inorganic sulfur compound），如硫酸盐（sulfate）和亚硫酸盐（sulfite），或者来源于有机硫化物（organic sulfur compound），如胱氨酸和谷胱甘肽。硫酸盐通常会过量存在，浓度有时达 700mg/L，而亚硫酸盐也会高达 100mg/L，它们都是人工添加的抗氧化剂和抗菌剂。这两种形式的无机硫是葡萄酒发酵时硫化氢的主要来源。在氨基酸合成时，酵母通过还原硫酸盐、硫醚等含硫化合物形成硫化氢。当氨基酸缺乏或不合适时，游离硫化氢在胞外积累，扩散进入到酒中（图 12-2），此途径称为硫酸盐还原系列（sulfate reduction sequence，SRS）途径。通过这一途径，两个无机硫化物成了葡萄酒发酵过程中硫化氢的主要来源。另外，含硫氨基酸的自然降解也会形成硫化氢。

葡萄汁中缺乏有机硫化物，葡萄酒酵母可以利用葡萄汁中的无机硫化物合成一系列有机硫化物，这与酵母遗传特征有关。SRS 途径第一步是硫酸盐通过特殊转运体硫酸盐透性酶（sulfate permease，Sul1p 和 Sul2p，图 12-2）从培养基中进入酵母细胞。通过一系列步骤即硫酸盐还原可同化途径（sulfate reductive assimilation pathway），在 ATP-硫酸化酶（ATP-sulfurylase）作用下硫酸盐被还原为亚硫酸盐，此途径需要 2mol 的 ATP；后在亚硫酸盐还原酶（sulfite reductase）的作用下，亚硫酸盐被还原为硫化物如 H_2S，亚硫酸盐还原酶由 *MET5* 和 *MET10* 基因编码。存在于葡萄汁中的亚硫酸盐，是通过细胞质膜扩散进入细胞内部，直接被还原为硫化物。在许多酵母中亚硫酸盐是硫酸盐的主要来源，会导致 H_2S 的大量产生，因它的摄入并不受到调控。

H_2S 会被藏匿到有机氮前体物中，即硫化物螯合（sequestering）：来自 L-丝氨酸的 *O*-乙酰基-L-丝氨酸（*O*-acetyl-L-serine）与硫化物结合产生半胱氨酸；来自 L-天冬氨酸的 *O*-乙酰基-L-高丝氨酸（*O*-acetyl-Lhomoserine）与硫化物结合生成高丝氨酸，该化合物可以转化为甲硫氨酸。高丝氨酸还能与丝氨酸缩合生成半胱氨酸，纳入硫化物池，并产生抗氧化化合物谷胱甘肽。高半胱氨酸可以转化为甲硫氨酸，以及一些其他的化合物。

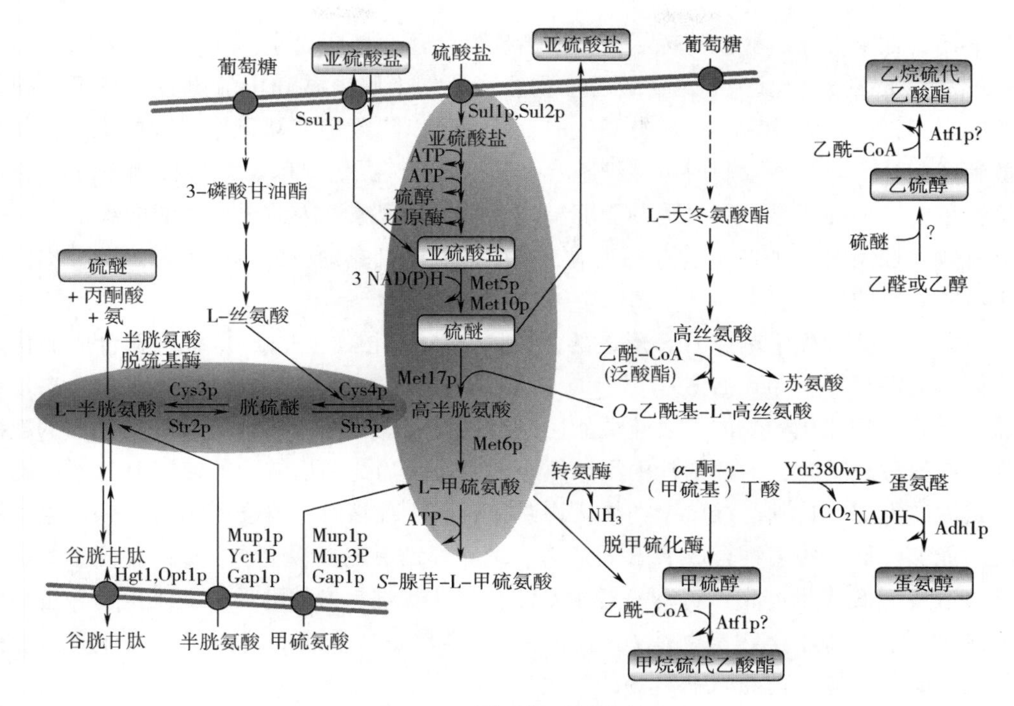

图 12-2　酿酒酵母的硫代谢

由于半胱氨酸和甲硫氨酸在葡萄汁中浓度不能满足酵母细胞生长代谢需求，SRS 代谢途径被激活以满足这一需求。当培养基中氮源足够多时，充足氨基酸的前体物如 *O*-乙酰基-L-丝氨酸和 *O*-乙酰基-L-高丝氨酸（硫酸盐还原途径的硫化物受体）可能会螯合硫化物。当氮源受限时，前体物并不充足。SRS 途径被激活，硫化物积累。过量的硫化物（如硫化氢）从细胞中释放出来。大量的硫化氢有时也可以由培养基中的亚硫酸盐产生。在培养基中氮被消耗后，在亚硫酸盐存在时，会有高浓度的、连续的硫化氢生成。

含硫氨基酸半胱氨酸和甲硫氨酸降解产生 H_2S 和其他挥发性硫化物也已经在实验室条件下观察到，但它们在葡萄酒发酵中扮演的角色并不十分清楚。当半胱氨酸添加到酵母培养基中后，即使是在氮源受限的情况下，半胱氨酸是 H_2S 的重要来源。但产生的量决定于酵母菌。在氮源受到限制时，半胱氨酸通过各种各样的专一性的或常规的透性酶（Yct1p，Gap1p，Mup1p）积累，这些酶依赖于培养基中氨基酸的组成而变化。通过半胱氨酸脱巯基酶（desulfhydrase）将半胱氨酸降解为 H_2S、丙酮酸和氨。但典型情况下，葡萄汁中游离半胱氨酸浓度并不高（<20mg/L）。但半胱氨酸可以来源于其他含硫化合物，如葡萄蛋白质在酵母蛋白酶作用下水解；或胞内半胱氨酸来源于硫化物池的化合物，如谷胱甘肽，通过酶法水解产生谷氨酸和甘氨酸，而这个酶可由氮或硫受限时诱导产生。在氮源受限情况下，半胱氨酸在半胱氨酸脱巯基酶作用下进一步降解作为氮源。半胱氨酸也是二甲基硫醚和 2-巯基乙醇的前体物。

甲硫氨酸是葡萄汁中 S 和 N 的限制性来源，在酵母代谢中起着一定作用。在微生物生长早期，如果甲硫氨酸被消耗尽，会激活硫酸盐还原性同化途径（sulfate reductive assimilation pathway），允许 S-氨基酸的生物合成，如半胱氨酸和甲硫氨酸。基于可同化氮源的限制，*O*-乙酰基-L-高丝氨酸生成，从而可以隐藏硫酸盐还原形成的 H_2S，并被扩散到细胞外。向氮源限制或饥饿细胞（starved cell）提供甲硫氨酸将抑制 H_2S 被释放到培养基中，但并不是所有的葡萄酒酵母均会产生此现象，因此甲硫氨酸的添加并不能明显有效地控制 H_2S 的产生。进一步地，当甲硫氨酸仰慕地，向一些葡萄酒菌种提供氨也是没有效果的。

氮源是发酵过程中调控 H_2S 形成的关键因子。硫化物（S^{2-}）是有机硫合成的代谢中间体，氮源短缺会导致 H_2S 积累，源于 *O*-乙酰基-L-高丝氨酸合成受限，而它是硫酸盐还原途径的硫化物受体。亚硫酸盐还原酶活力仅仅缓慢地下调，从而使 H_2S 的连续产生。在氮源缺乏时，向葡萄汁中添加氮源如铵盐是葡萄酒厂常用的控制 H_2S 形成的措施。其他的氮源，特别是维生素类如生物素、泛酸、吡哆醇，也会影响 H_2S 的产生。添加泛酸能够降低某些菌种合成 H_2S 的能力。吡哆醇是甲硫氨酸生物合成的辅因子，它的缺乏会造成 H_2S 大量产生，特别是对于不能合成这些维生素的酵母。缺乏生物素也会引起 H_2S 的增长，源于生物素也是 *O*-乙酰基-L-高丝氨酸合成的辅因子。添加商业上的发酵用氮源可以减少葡萄酒中 H_2S 的产生。

然而在葡萄酒生产条件下，提供氮源并不能减少 H_2S 产生的风险。最近的基因工程研究揭示了硫酸盐还原同化途径调节的复杂性。控制亚硫酸盐还原酶活性是降低过量 H_2S 产生的明确目标，但到目前为止，并没有开发出商业性的酵母菌株。工业上已经应用一些措施来调节硫化氢产生。在酿酒酵母中过表达 *MET17* 基因［也称为 *MET25* 和 *MET15*，负责编码 *O*-乙酰基-L-丝氨酸和 *O*-乙酰基-L-高丝氨酸硫化氢解酶（sulfhydrylase）］，会导致葡萄酒发酵时硫化氢大幅度减少。在另外一株酿酒酵母中过表达 *MET17* 基因后并没有此现象。将 *MET17* 基因过表达在啤酒酵母中，实验室规模啤酒生产结果表明，硫化氢的产量下降 10%。显然，这一策略的成功与菌种有关。

过表达 *MET14* 基因［编码腺苷磷硫酸盐激酶（adenosylphosphosulfate kinase）］和 *SSU1* 基因［编码亚硫酸盐输送（sulfite transporter）］可以增加亚硫酸盐合成。因此，推测敲除 *MET14* 或 *MRX1* 基因［编码蛋氨酸亚砜还原酶（methionine sulfoxide reductase）］是阻止发酵过程中葡萄酒酵母产生硫化氢最有效的方法。

另外一个阻止硫化氢形成的途径是通过基因工程修饰亚硫酸盐还原酶的亚单位酶（enzyme subunit）。亚硫酸盐还原酶是一个杂四聚体，由两个 α-和二个 β-亚单位组成，分别由 *MET10* 和 *MET5* 基因编码。血黄素蛋白（hemoflavoprotein）结合了三个辅因子（cofactor）：黄素腺嘌呤二核苷酸（FAD）、黄素单核苷酸（flavin mononucleotide）和西罗血红素（siroheme）。突变体中导入 *MET10* 基因，如此，α-亚单位不再与辅因子结合，但仍然能够与 β-亚单位复合在一起形成杂四聚体蛋白。这样，过表达突变体 *MET10* 基因将产生一个无功能的亚单位，能减少亚硫酸盐还原酶在细胞中的比例，因而减少硫化物的形成。

啤酒中的酿酒酵母在甲硫氨酸合成时，还原硫酸盐产生低浓度的硫化氢。即便是少量的硫化氢对啤酒风味也有决定性的影响。为减少硫化氢生成，开发产硫化氢少的酵母是一种策略。过表达酿酒酵母中 *CYS4* [编码胱硫醚-β-合成酶（cystathionine β-synthase）] 基因，显示在实验室规模啤酒酿造中对硫化氢有抑制作用，而不影响其他的发酵特征。另外一个方法是部分或全部的敲除 *MET10*，该基因编码一个特定的亚硫酸盐还原酶亚单位，这个酶能将亚硫酸盐转化为硫化氢。结果表明，硫化氢下降，亚硫酸盐积累。没有硫化氢产生的啤酒其风味更加稳定。

硫化氢是酒类产品中最易挥发的含硫化合物。大量的硫化氢在发酵过程中产生。由于硫化氢阈值非常低，且化学性质活泼，因此，酒中残留的硫化氢会给酒带来一系列的问题，如有些硫化物是由硫化氢产生的。有报道指出，在有氧存在时，硫化氢是不稳定的。

一些作者研究了葡萄酒瓶贮过程中硫化氢以及甲硫醇的形成与降解的变化（如图12-3）。在葡萄酒中，这些化合物形成与消耗反应的平衡决定于瓶贮特定时间段内它们的浓度，这些反应可以被醌、GSH 等化合物以及氧暴露水平调控。如硫醇的前体物半胱氨酸会与醌反应，此时，将不会产生 H_2S。因—SH 清除剂的种类和浓度在不同类型葡萄酒中含量各异，因而，不同葡萄酒中 H_2S 和 MeSH 的积累是不同的。但各个影响因子的贡献并不清晰。

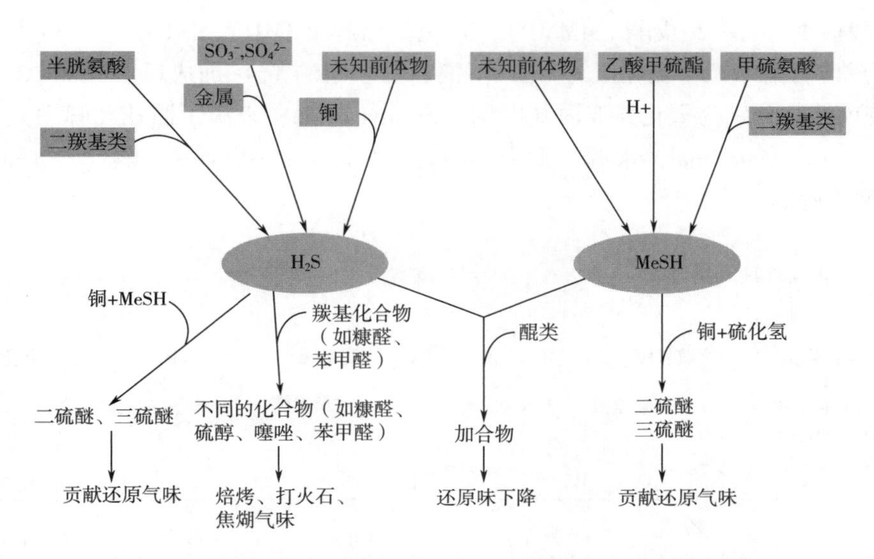

图 12-3　葡萄酒贮存老熟过程中硫化氢与 MeSH 可能的形成与降解途径

二、 硫醇形成机理

几乎每一种葡萄酒都含有硫醇。硫醇的形成机理尚不十分清楚，可能是来自发酵过程中硫化氢与其他化合物的反应，或者是来自含硫氨基酸的降解。通常情况下，含有硫化氢的样品，均含有硫醇；富产硫化氢的，均富产其他挥发性硫化物，如甲硫醇、乙酸糠硫酯（methanethioacetate），表明它们的代谢也与甲硫氨酸代谢相关。

1. 甲硫醇与乙硫醇形成机理

在化学合成上，甲硫醇可以使用盐酸（2mol/L）与甲硫醇酸钠（sodium methanethiolate）水溶液反应生成。

甲硫醇普遍存在于后酵的葡萄酒中，是引起后酵酒硫化物气味的主要来源。乙硫醇的浓度很少会超过它的阈值。一定条件下，甲硫醇也会被氧化而生成一硫化合物或二硫化物。

甲硫醇是甲硫氨酸通过埃尔利希途径产生的，甲硫醇的产生与甲硫氨酸浓度有关。Chin 提出了甲硫醇的另外一个生成途径（图 12-4）。硫化氢与乙醇或乙醛反应，生成乙硫醇。

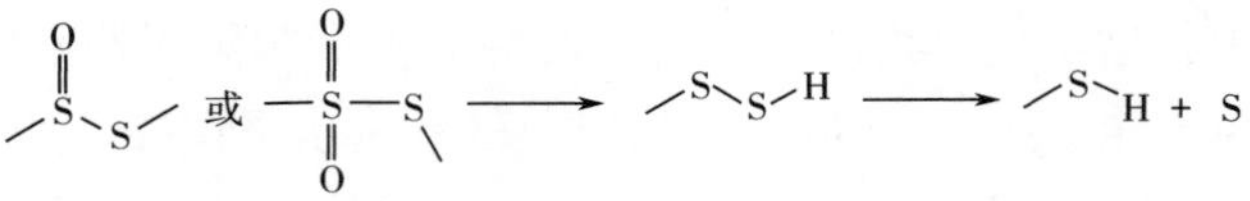

图 12-4　甲硫醇的形成途径

2. 4-巯基-4-甲基-2-戊酮和 3-巯基己醇形成机理

4-巯基-4-甲基-2-戊酮（4MMP）、3-巯基己醇（3MH）和 1-巯基-3-戊酮和 1-巯基-3-戊醇可能来源于硫化氢与 α,β-不饱和醛和酮的 1，4-加成反应（图 12-5）。这些化合物前体物分别为氧化异亚丙基丙酮（mesityl oxide，来源于酒花和啤酒）、反-2-己烯醛（*trans*-2-hexenal，来源于大麦、酒花和啤酒）、1-戊烯-3-酮（1-pentene-3-one，来源于啤酒）。

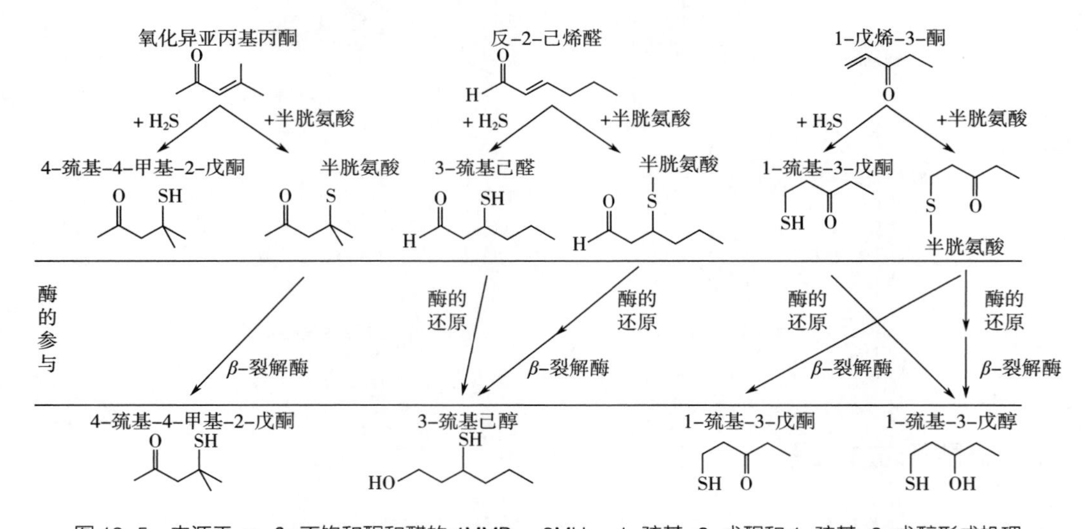

图 12-5　来源于 α,β-不饱和酮和醛的 4MMP、3MH、1-巯基-3-戊酮和 1-巯基-3-戊醇形成机理

硫化氢可以与 α-二酮类化合物反应，失水后产生巯基烷烃类化合物——巯基酮类

化合物（图 12-6）。如两个位置异构体化合物 2-巯基-3-戊酮（2M3P）和 3-巯基-2-戊酮（3M2P）来源于 2,3-戊二酮与硫化氢的反应。3M2P 对肉类香气有重要贡献。在各种单糖的模型试验中已经发现，核糖比葡萄糖可以产生更多的 2M3P 和 3M2P，最佳 pH 是 5.0。这可能是由于低 pH 有利于从半胱氨酸产生硫化氢，但不利于单糖产生 α-二酮类化合物，该化合物的产生需较高的 pH。

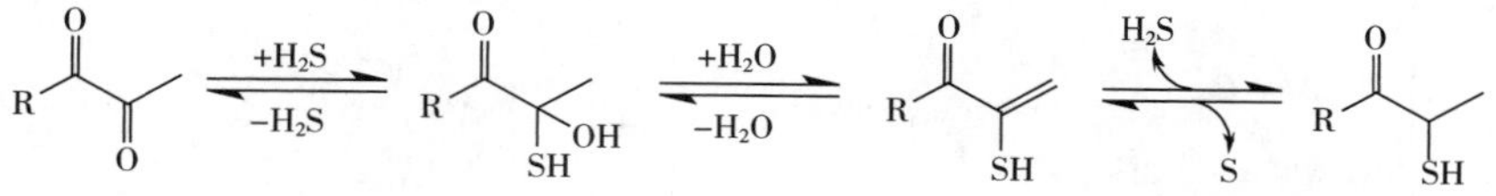

$+H_2S$ / $-H_2S$ ；$+H_2O$ / $-H_2O$ ；H_2S ；R ；O ；OH ；SH ；S

图 12-6 巯基酮类化合物产生机理

三、 蛋氨醇和蛋氨醛形成机理

在饮料酒中常见的甲硫基化合物主要是 3-甲硫基-1-丙醇（蛋氨醇）、3-甲硫基丙醛（蛋氨醛）等化合物。

葡萄汁中添加含硫氨基酸，会不同程度地增加甲硫基化合物的浓度。研究表明，在葡萄汁中添加甲硫氨酸，能增强葡萄酒中的 3-甲硫基-1-丙醇、3-甲硫基丙酸乙酯、3-甲硫基丙酸浓度。增加葡萄汁中半胱氨酸浓度，能产生高浓度的硫化氢、*cis*-2-甲基四氢噻唑-3-醇浓度。随着半胱氨酸的添加，葡萄汁中 3-甲硫基丙酸的浓度会下降。

推测豉香型和芝麻香型白酒中 3-甲硫基丙醇是甲硫氨酸经微生物（主要是意大利酵母和地衣酵母）脱氨、脱羧作用而生成的，3-甲硫基丙醛是其中间产物，此后的酵母纯培养方法证明了这一点。

甲硫氨酸的生物转化会产生 3-甲硫基丙醛等挥发性硫化物（图 12-7）。甲硫氨酸转氨基产生 α-酮-γ-甲硫基丁酸［α-keto-γ-（methio）butyric acid，即 α-酮甲硫基丁酸］，再由 Ydr380wp 脱羧基生成 3-甲硫基-1-丙醛（蛋氨醛），再通过醇脱氢酶生成 3-甲硫基-1-丙醇（蛋氨醇）。蛋氨醇产生的可能的调节方式与高级醇类似，即低含量到中等氮含量的葡萄汁中，会形成高浓度的蛋氨醇。甲硫氨酸和 α-酮-γ-甲硫基丁酸也能通过脱甲硫基酶（demethiolase）生成蛋氨醇，同时产生 2-酮丁酸（2-oxo-butyric acid）。能强烈产生硫化氢的酵母菌株也能产生大量的甲硫醇和乙硫醇的硫代乙酸酯（thioacetic acid esters）。这些硫醇能被醇乙酰转移酶（alcohol acetyltransferases）转化为乙酸酯，与乙酸形成乙酸乙酯机理相同。葡萄酒酿造过程中硫代乙酸酯的形成的最大问题是不能用 Cu^{2+} 盐生成沉淀去除，这个试剂在一些国家用于去除硫化氢和硫醇类化合物。而这些酯又会在低酸催化下水解释放出硫醇，在瓶贮葡萄酒中产生异嗅。

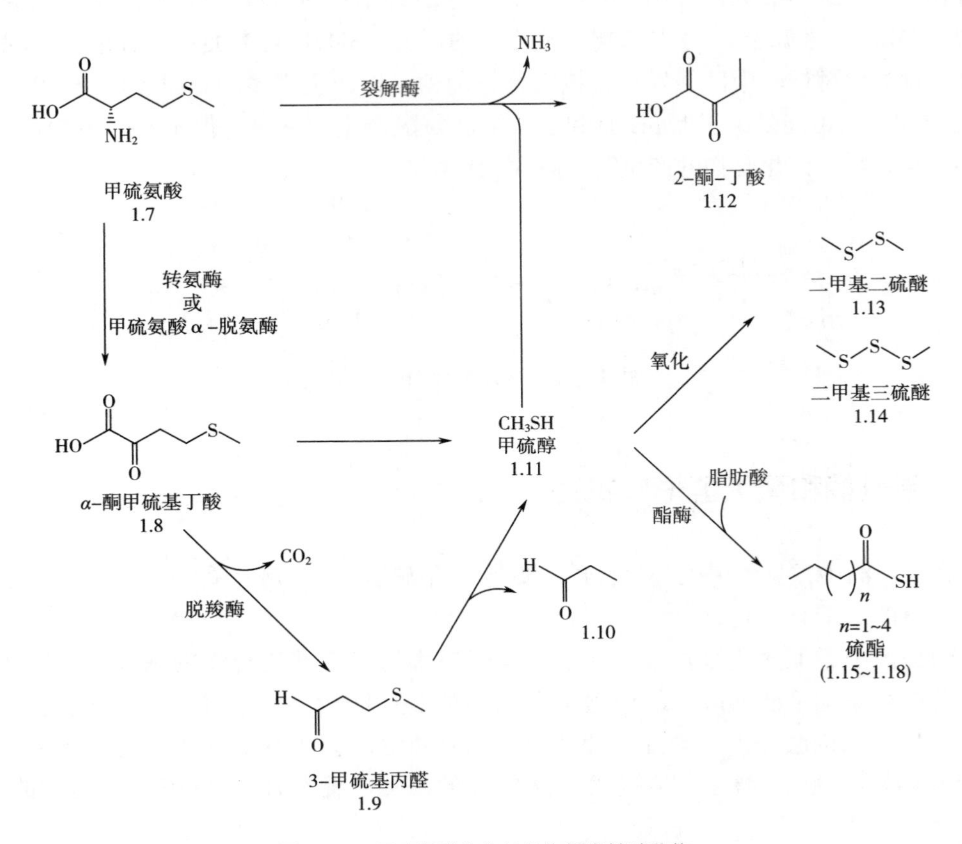

图 12-7 甲硫氨酸生物转化为挥发性硫化物

四、 硫醚形成机理

1. 一硫醚生成机理

葡萄酒中 DMS 是如何生成的并不十分清楚。*S*-甲基-L-甲硫氨酸（SMM）裂解生成 DMS。DMS 的前体物 SMM 已经通过 MALDI-TOF-MS 在葡萄中鉴定出。在葡萄酒生产时，SMM 首先从葡萄进入葡萄酒中，但仅仅在葡萄酒装瓶并塞上塞子后的贮存过程中，DMS 才得以积累，通过消除反应（霍夫曼降解反应，Hoffmann degradation）从 SMM 上释放出 DMS，这是一个缓慢的化学过程。因此，不同的葡萄酒含有不同量的 DMS，主要是因为装瓶时的 SMM 浓度不同。因此，DMS 的含量可能与“风土”有关。

葡萄汁中添加含硫氨基酸（如胱氨酸、半胱氨酸和 GSH），硫醇以及其他硫化物的浓度会不同程度地增加。研究表明，在葡萄汁中添加甲硫氨酸，能增强葡萄酒中的 3-甲硫基-1-丙醇、3-甲硫基丙酸乙酯、3-甲硫基丙酸含量。但乳酸菌和酵母菌并不能利用甲硫氨酸产生 DMS。

在葡萄酒发酵过程中，DMS 还来源于 DMSO，主要是通过酵母的作用；但葡萄汁中

DMSO 浓度通常很低。

在瓶贮条件下，餐桌葡萄酒中的 DMS 在氧暴露的同时，浓度会下降，但研究发现其并不是氧暴露的影响。类似的现象也存在于起泡葡萄酒的生产中，即瓶贮时，如果残留酵母泥，在低氧环境下，DMS 的含量会增加，这可能是因为酵母的 DMSO 的还原，而非 SMM 的氧化产物。

研究发现 SMM 是麦芽 DMS 的前体物。制麦时加热 SMM 降解产生 DMSO，DMSO 在麦芽贮存时被还原为 DMS；在啤酒发酵过程中，SMM 通过热降解产生 DMS。SMM 还可以通过热碱处理（heat-alkaline treatment）产生 DMS，此法可以用来间接测定麦芽、啤酒和蔬菜中的 SMM 含量。发酵过程中，DMS 的形成与酵母的半胱氨酸、胱氨酸或谷胱甘肽代谢有关。在一些淡味啤酒中，DMS 来源于 DMSO 发酵过程中的还原。在酿酒酵母中，*MXR1* 基因编码甲硫氨酸亚砜还原酶，该酶可能导致了 DMS 的生成。在实验室中，构建一个 *MXR1* 缺失突变株（disruption mutant），该酵母不能还原 DMSO。

2. 二硫醚的生成机理

葡萄酒中，二乙基硫（醚）的浓度通常在其阈值之下。二甲基硫几乎存在于所有的酒类中，可能是由氨基酸的降解产生的。二甲基硫的形成与硫化氢的形成并没有什么关系。

在葡萄酒中，二硫醚通常是在发酵结束后，由一硫醚或硫醇氧化产生的，但又很容易还原成硫醇。由于硫醇比硫醚有着更低的感官阈值，因此，这种还原反应会产生令人讨厌的异臭。二硫醚对铜离子也不敏感。

植物中一般不含有蛋白质，二硫醚可能的形成途径如图 12-8 和图 12-9。在途径一中，*S*-甲基-L-半胱氨酸亚砜（一种非蛋白质的氨基酸）在半胱氨酸亚砜裂解酶的作用下，首先产生甲烷亚磺酰酸（methanesulfenic acid）。不稳定的甲烷亚磺酰酸缩合、脱水形成比较稳定的甲基甲硫基亚磺酸盐（methyl methanethiosulfinate），最后形成二硫醚。该生成途径并没有氧的参与。二硫醚形成途径二是有氧参与的过程。*S*-甲基-L-半胱氨酸亚砜在半胱氨酸亚砜裂解酶的作用下，首先产生甲烷亚磺酰酸（methanesulfenic acid）。不稳定的甲烷亚磺酰酸分解产生甲硫醇，甲硫醇在氧的作用下，被氧化成二硫醚。

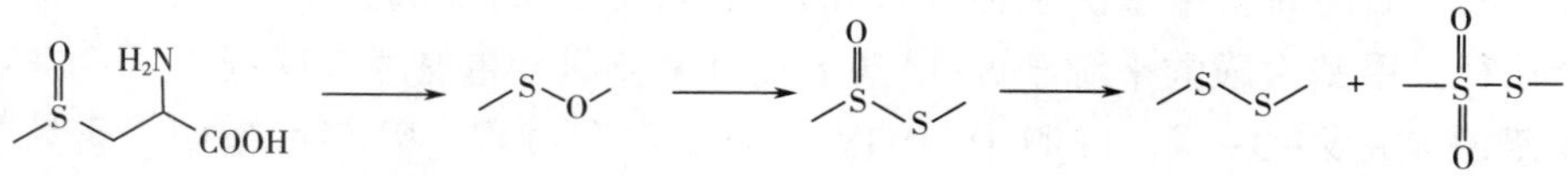

图 12-8 二硫醚的形成途径之一

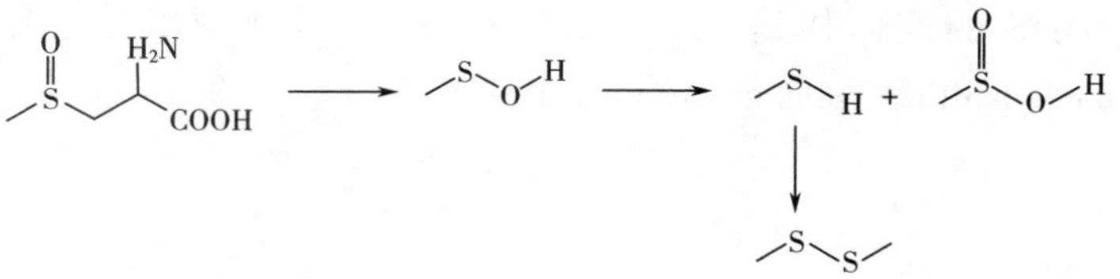

图 12-9 二硫醚的形成途径之二

3. 三硫醚的生成机理

在二价铜离子存在时，硫化氢与甲硫醇和乙硫醇反应，产生对称或不对称三硫醚(unsymmetrical trisulfide)，包括二甲基三硫（DMTS）、二乙基三硫和乙基甲基三硫（图12-10）。图中 R 基为甲基或乙基。

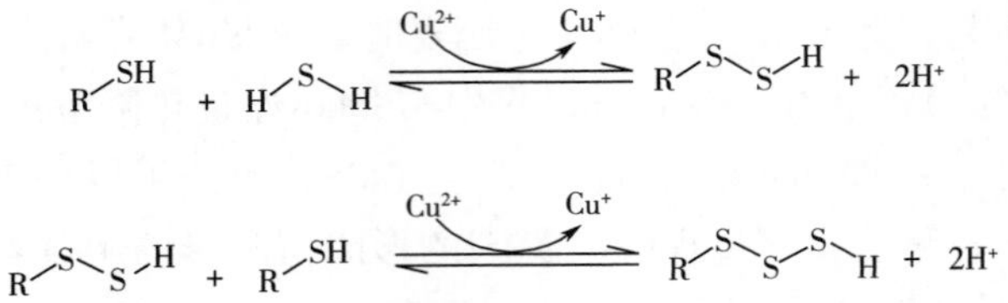

$$R-SH + H-S-H \underset{}{\overset{Cu^{2+} \rightarrow Cu^{+}}{\rightleftharpoons}} R-S-S-H + 2H^{+}$$

$$R-S-S-H + R-SH \underset{}{\overset{Cu^{2+} \rightarrow Cu^{+}}{\rightleftharpoons}} R-S-S-S-H + 2H^{+}$$

图 12-10　对称与不对称三硫醚形成机理

植物中，三硫醚的形成与二硫醚类似（图 12-11）。*S*-甲基-L-半胱氨酸亚砜在半胱氨酸亚砜裂解酶的作用下，经一系列的反应生成二硫醚，二硫醚再与一分子的硫结合，从而生成三硫醚。

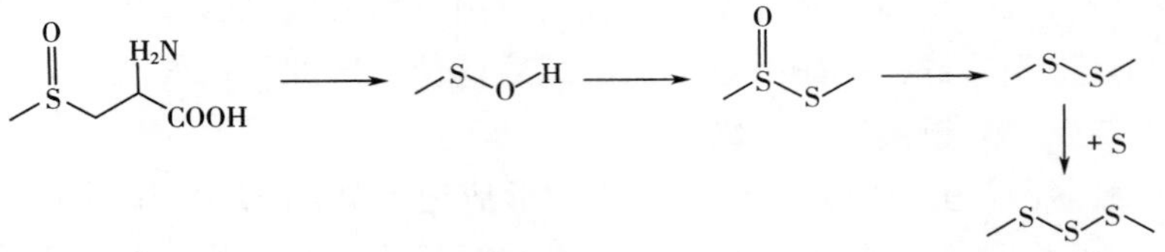

图 12-11　三硫醚的形成机理

啤酒中的多聚硫醚可能来源于甲硫醇的直接氧化或通过与硫化氢反应产生，3-甲硫基丙醛（蛋氨醛）通常被认为是甲硫醇的前体物。甲硫氨酸被斯特雷克降解后，蛋氨醛很容易地分解产生硫醇和丙烯醛，特别是高 pH 时。二价铜离子、抗坏血酸或二价铁离子、羟基自由基均能很快分解蛋氨醛。在核黄素和光存在下，蛋氨醛也能产生甲硫醇。在没有甲硫醇时，甲基次磺酸（methanesulfenic acid）和硫化氢是合成 DMTS 的另外一个途径。甲基次磺酸来源于 *S*-甲基半胱氨酸亚砜、蛋氨醛亚砜或 1,2-二羟基-5-甲基亚磺酰基-戊-3-酮。啤酒中 DMTS 来源于贮存过程。贮存过程中，蛋氨醛产生 DMTS。

威士忌酒中二甲基三硫（DMTS）的形成主要是在蒸馏过程。蒸馏时，发酵醪中的蛋氨醛通过甲硫醇转化为 DMTS。

清酒中的 DMTS 的前体物是 1,2-二羟基-5-甲基亚磺酰基-戊-3-酮［1,2-dihydroxy-5-(methylsulfinyl)pentan-3-one，DMTS-P1］。

复习思考题

1. 简述甲硫醇的风味特征，葡萄酒中的分布以及对葡萄酒风味的影响。
2. 简述甲硫醇对白酒风味的影响。
3. 简述甲硫醇的产生机理。
4. 简述硫化氢的风味特征和对饮料酒风味的影响。
5. 论述葡萄酒中硫化氢产生机理。
6. 简述乙硫醇的风味特征以及在饮料酒中的分布。
7. 简述糠硫醇的风味特征，产生以及在饮料酒中的分布。
8. 简述3-巯基-1-己醇的风味特征，葡萄酒中的分布以及对风味的影响。
9. 论述4-巯基-4-甲基戊-2-酮的风味特征，葡萄酒中的分布以及对葡萄酒风味的影响。
10. 简述二甲基硫醚的风味特征以及对葡萄酒风味的影响。
11. 简述3-甲硫基丙醛的风味特征以及在饮料酒中的分布。
12. 简述3-甲硫基丙醇的风味特征以及对白酒风味的影响。
13. 简述二甲基二硫醚的风味特征以及在饮料酒中的分布。
14. 简述双（2-糠基）二硫醚和双（2-甲基-3-呋喃）二硫醚的风味特征。
15. 简述噻吩、噻唑和苯丙噻唑的风味特征。

参考文献

[1] Davis, P. M. , Qian, M. C. Progress on volatile sulfur compound analysis in wine [M]. In Volatile Sulfur Compounds in Food, American Chemical Society, 2011, 1068: 93-115.

[2] Mestres, M. , Busto, O. , Guasch, J. Analysis of organic sulfur compounds in wine aroma [J]. J. Chromatogr. A, 2000, 881 (1-2): 569-581.

[3] Rauhut, D. Production of sulfur compounds [M]. In Wine Microbiology and Biotechnology, Fleet, G. H. , Ed. Hardwood Academic Publishers, Chur, Switzerland, 1993: 183-223.

[4] Nikolantonaki, M. , Darriet, P. Identification of ethyl 2-sulfanylacetate as an important off-odor compound in white wines [J]. J. Agri. Food. Chem. , 2011, 59 (18): 10191-10199.

[5] Blank, I. Sensory relevance of volatile organic sulfur compounds in food [M]. In Heteroatomic Aroma Compounds, Reineccius, G. A. ; Reineccius, T. A. , Eds. American Chemical Society; ACS symposium series 826, Washington, D. C. , 2002: 25-53.

[6] Fedrizzi, B. , Versini, G. , Lavagnini, I. , Nicolini, G. , Magno, F. Gas chromatography-mass spectrometry determination of 3-mercaptohexan-1-ol and 3-mercaptohexyl acetate in wine: A comparison of headspace solid phase microextraction and solid phase extraction methods [J]. Anal. Chim. Acta, 2007, 596 (2): 291-297.

[7] Park, S. K. , Boulton, R. B. , Bartra, E. , Noble, A. C. Incidence of volatile sulfur compounds

in California wines. A preliminary survey [J]. Am. J. Enol. Vitic., 1994, 45 (3): 341-344.

[8] Rauhut, D., Kürbel, H., MacNamara, K., Grossmann, M. Headspace GC-SCD monitoring of low volatile sulfur compounds during fermentation and in wine [J]. Analusis, 1998, 26: 142-145.

[9] Ribéreau - Gayon, P., Glories, Y., Maujean, A., Dubourdieu, D. Handbook of Enology Volume 1: The Microbiology of Wine and Vinification [M]. Chichester, UK, John Wiley & Sons Ltd., 2000.

[10] Swiegers, J., Pretorius, I. Modulation of volatile sulfur compounds by wine yeast [J]. Appl. Environ. Microbiol., 2007, 74 (5): 954-960.

[11] Kinzurik, M. I., Herbst-Johnstone, M., Gardner, R. C., Fedrizzi, B. Evolution of volatile sulfur compounds during wine fermentation [J]. J. Agri. Food. Chem., 2015, 63 (36): 8017-8024.

[12] Fedrizzi, B., Pardon, K. H., Sefton, M. A., Elsey, G. M., Jeffery, D. W. First identification of 4-*S*-glutathionyl-4-methylpentan-2-one, a potential precursor of 4-mercapto-4-methylpentan-2-one, in Sauvignon blanc juice [J]. J. Agri. Food. Chem., 2009, 57 (3): 991-995.

[13] du Plessis, C. S., Augustyn, O. P. H. Initial study on the guava aroma of Chenin blanc and Colombar wines [J]. S. Afr. J. Enol. Vitic., 1981, 2 (2): 101-103.

[14] Roland, A., Cavelier, F., Schneider, R. How organic and analytical chemistry contribute to knowledge of the biogenesis of varietal thiols in wine: a review [J]. Flav. Fragr. J., 2012, 27 (4): 266-272.

[15] Blanchard, L., Darriet, P., Dubourdieu, D. Reactivity of 3-mercaptohexanol in red wine: Impact of oxygen, phenolic fractions, and sulfur dioxide [J]. Am. J. Enol. Vitic., 2004, 55 (2): 115-120.

[16] Klesk, K., Qian, M., Martin, R. R. Aroma extract dilution analysis of cv. Meeker (*Rubus idaeus* L.) red raspberries from Oregon and Washington [J]. J. Agri. Food. Chem., 2004, 52 (16): 5155-5161.

[17] Bucking, M., Steinhart, H. Headspace GC and sensory analysis characterization of the influence of different milk additives on the flavor release of coffee beverages [J]. J. Agri. Food. Chem., 2002, 50 (6): 1529-1534.

[18] Maeztu, L., Sanz, C., Andueza, S., Peña, M. P. D., Bello, J., Cid, C. Characterization of Espresso coffee aroma by static headspace GC-MS and sensory flavor profile [J]. J. Agri. Food. Chem., 2001, 49 (11): 5437-5444.

[19] Ishikawa, M., Ito, O., Ishizaki, S., Kurobayashi, Y., Fujita, A. Solid-phase aroma concentrate extraction (SPACE™): A new headspace technique for more sensitive analysis of volatiles [J]. Flav. Fragr. J., 2004, 19 (3): 183-187.

[20] Rychlik, M., Schieberle, P., Grosch, W. Compilation of odor thresholds, odor qualities and retention indices of key food odorants [M]. Garching: Deutsche Forschungsanstalt für Lebensmittelchemie and Institut für Lebensmittelchemie der Technischen Universität München, 1998.

[21] Belitz, H.-D., Grosch, W., Schieberle, P. Food Chemistry [M]. Verlag Berlin Heidelberg: Springer, 2009.

[22] Landaud, S., Helinck, S., Bonnarme, P. Formation of volatile sulfur compounds and metabolism of methionine and other sulfur compounds in fermented food [J]. Appl. Microbiol. Biotechnol., 2008, 77: 1191-1205.

[23] Qian, M., Reineccius, G. Static headspace and aroma extract dilution analysis of Parmigiano Reggiano cheese [J]. J. Food Sci., 2003, 68: 794-798.

[24] Rowe, D. J. Aroma chemicals for savory flavors [J]. Perfumer & Flavorist, 1998, 23: 9-14.

[25] Ugliano, M. Oxygen contribution to wine aroma evolution during bottle aging [J]. J. Agri. Food. Chem., 2013, 61 (26): 6125-6136.

[26] Mottram, D. S., Mottram, H. R. An overview of the contribution of sulfur-containing compounds to the aroma in heated foods [M]. In Heteroatomic Aroma Compounds, Reineccius, G. A.; Reineccius, T. A., Eds. American Chemical Society, ACS symposium series 826, Washington, D. C., 2002: 73-92.

[27] Clarke, R. J., Bakker, J. Wine Flavour Chemistry [M]. Oxford: Blackwell Publishing Ltd., 2004.

[28] Guth, H. Quantitation and sensory studies of character impact odorants of different white wine varieties [J]. J. Agri. Food. Chem., 1997, 45 (8): 3027-3032.

[29] Vermeulen, C., Lejeune, I., Tran, T. T. H., Collin, S. Occurrence of polyfunctional thiols in fresh lager beers [J]. J. Agri. Food. Chem., 2006, 54: 5061-5068.

[30] Sourabié, A. M., Spinnler, H. E., Saint-Eve, A., Bonnarme, P., Landaud, S. Recent advances in volatile sulfur compounds in cheese: Thiols and thioesters [M]. In Volatile Sulfur Compounds in Food, American Chemical Society, 2011, 1068: 119-135.

[31] Aceña, L., Vera, L., Guasch, J., Busto, O., Mestres, M. Determination of roasted pistachio (*Pistacia vera* L.) key odorants by headspace solid-phase microextraction and gas chromatography-olfactometry [J]. J. Agri. Food. Chem., 2011, 59: 2518-2523.

[32] Zhu, M., Fan, W., Xu, Y., Zhou, Q. 1, 1 - Diethoxymethane and methanethiol as age markers in Chinese roasted-sesame-like aroma and flavour type liquor [J]. Eur. Food Res. Technol., 2016, 242 (11): 1985-1992.

[33] Tsai, I. M., McDaniel, M. R. Understanding aroma impact of four important volatile sulfur compounds in Oregon Pinot noir wine [M]. In Volatile Sulfur Compounds in Food, American Chemical Society, 2011, 1068: 289-322.

[34] Wang, J., Gambetta, J. M., Jeffery, D. W. Comprehensive study of volatile compounds in two Australian rosé wines: Aroma extract dilution analysis (AEDA) of extracts prepared using solvent-assisted flavor evaporation (SAFE) or headspace solid-phase extraction (HS-SPE) [J]. J. Agri. Food. Chem., 2016, 64 (19): 3838-3848.

[35] Coetzee, C., Brand, J., Emerton, G., Jacobson, D., Silva Ferreira, A. C., du Toit, W. J. Sensory interaction between 3-mercaptohexan-1-ol, 3-isobutyl-2-methoxypyrazine and oxidation-related compounds [J]. Aust. J. Grape Wine Res., 2015, 21 (2): 179-188.

[36] Pripis-Nicolau, L., de Revel, G., Bertrand, A., Maujean, A. Formation of flavor components by the reaction of amino acid and carbonyl compounds in mild conditions [J]. J. Agri. Food. Chem., 2000, 48 (9): 3761-3766.

[37] https://pubchem.ncbi.nlm.nih.gov.

[38] Hofmann, T., Schieberle, P. Identification of potent aroma compounds in thermally treated mixtures of glucose/cysteine and rhamnose/cysteine using aroma extract dilution techniques [J]. J. Agri. Food. Chem., 1997, 45 (3): 898-906.

[39] Ledauphin, J., Basset, B., Cohen, S., Payot, T., Barillier, D. Identification of trace volatile compounds in freshly distilled Calvados and Cognac: Carbonyl and sulphur compounds [J]. J. Food Compos. Anal., 2006, 19 (1): 28-40.

[40] Ruth, J. H. Odor thresholds and irritation levels of several chemical substances: a review [J].

AIHA J. , 1986, 47 (3): A142-151.

[41] Hill, P. G. , Smith, R. M. Determination of sulphur compounds in beer using headspace solid-phase microextraction and gas chromatographic analysis with pulsed flame photometric detection [J]. J. Chromatogr. A, 2000, 872 (1-2): 203-213.

[42] Swiegers, J. H. , Saerens, S. M. G. , Pretorius, I. S. The development of yeast strains as tools for adjusting the flavor of fermented beverages to market specifications [M]. In Biotechnology in Flavor Production, Havkin-Frenkel, d. ; Belanger, F. C. , Eds. Blackwell Publishing Ltd. , Oxford OX4 2DQ, UK, 2008.

[43] Cha, Y. J. , Kim, H. , Cadwallader, K. R. Aroma-active compounds in Kimchi during fermentation [J]. J. Agri. Food. Chem. , 1998, 46 (5): 1944-1953.

[44] Nielsen, G. S. , Poll, L. Determination of odor active aroma compounds in freshly cut leek (*Allium ampeloprasum* Var. *Bulga*) and in long-term stored frozen unblanched and blanched leek slices by gas chromatography olfactometry analysis [J]. J. Agri. Food. Chem. , 2004, 52 (6): 1642-1646.

[45] Leffingwell, J. C. Odor & flavor detection thresholds in water [Online], 2003. http: //www. leffingwell. com/odorthre. htm.

[46] Walker, M. D. , Simpson, W. J. Production of volatile sulphur compounds by ale and lager brewing strains of *Saccharomyces cerevisiae* [J]. Lett. App. Microbiol. , 2000, 16: 40-43.

[47] http: //www. thegoodscentscompany. com/.

[48] Bailly, S. , Jerkovic, V. , Marchand-Brynaert, J. , Collin, S. Aroma extraction dilution analysis of Sauternes wines. Key role of polyfunctional thiols [J]. J. Agri. Food. Chem. , 2006, 54: 7227-7234.

[49] Holscher, W. , Vitzthum, O. G. , Steinhart, H. Prenyl alcohol-source for odorants in roasted coffee [J]. J. Agri. Food. Chem. , 1992, 40 (4): 655-658.

[50] http: //www. chemspider. com.

[51] San-Juan, F. , Cacho, J. , Ferreira, V. , Escudero, A. 3-Methyl-2-butene-1-thiol: Identification, analysis, occurrence and sensory role of an uncommon thiol in wine [J]. Talanta, 2012, 99: 225-231.

[52] Isogai, A. , Utsunomiy, H. , Kanda, R. , Iwata, H. Changes in the aroma compounds of sake during aging [J]. J. Agri. Food. Chem. , 2005, 53 (10): 4118-4123.

[53] Helsper, J. P. F. G. , Bücking, M. , Muresan, S. , Blaas, J. , Wietsma, W. A. Identification of the volatile component (s) causing the characteristic foxy odor in various cultivars of *Fritillaria imperialis* L. (Liliaceae) [J]. J. Agri. Food. Chem. , 2006, 54 (5087-5091) .

[54] Steinhaus, M. Characterization of the major odor-active compounds in the leaves of the curry tree *Bergera koenigii* L. by aroma extract dilution analysis [J]. J. Agri. Food. Chem. , 2015, 63 (16): 4060-4067.

[55] Li, J. -X. , Schieberle, P. , Steinhaus, M. Characterization of the major odor-active compounds in Thai durian (*Durio zibethinus* L. 'Monthong') by aroma extract dilution analysis and headspace gas chromatography-olfactometry [J]. J. Agri. Food. Chem. , 2012, 60 (45): 11253-11262.

[56] Fritsch, H. T. , Schieberle, P. Identification based on quantitative measurements and aroma recombination of the character impact odorants in a Bavarian Pilsner-type beer [J]. J. Agri. Food. Chem. , 2005, 53: 7544-7551.

[57] Munafo, J. P. , Didzbalis, J. , Schnell, R. J. , Steinhaus, M. Insights into the key aroma compounds in Mango (*Mangifera indica* L. 'Haden') fruits by stable isotope dilution quantitation and aroma sim-

ulation experiments [J]. J. Agri. Food. Chem., 2016, 64 (21): 4312-4318.

[58] Kishimoto, T., Wanikawa, A., Kono, K., Shibata, K. Comparison of the odor-active compounds in unhopped beer and beers hopped with different hop varieties [J]. J. Agri. Food. Chem., 2006, 54 (23): 8855-8861.

[59] http://www.chemicalbook.com.

[60] Lermusieau, G., Bulens, M., Collin, S. Use of GC-olfactometry to identify the hop aromatic compounds in beer [J]. J. Agri. Food. Chem., 2001, 49 (8): 3867-3874.

[61] Tran, T. T. H., Gros, J., Bailly, S., Nizet, S., Collin, S. Fate of 2-sulphanylethyl acetate and 3-sulphanylpropyl acetate through beer aging [J]. J. Inst. Brew., 2012, 118 (2): 198-204.

[62] Golovnya, R. V., Garbuzov, V. G., Aérov, A. F. Gas chromatographic characterization of sulfur-containing compounds. 5. Thiophene, furan, and benzene derivatives [M]. Moscow: Institute of Heteroorganic Compounds, Academy of Sciences of the USSR, 1978: 2543-2547.

[63] http://www.leffingwell.com/odorthre.htm.

[64] Huynh-Ba, T., Matthey-Doret, W., Fay, L. B., Rhlid, R. B. Generation of thiols by biotransformation of cysteine-aldehyde conjugates with baker´s yeast [J]. J. Agri. Food. Chem., 2003, 51 (12): 3629-3635.

[65] Rochat, S., Laumer, J.-Y. d. S., Chaintreau, A. Analysis of sulfur compounds from the in-oven roast beed aroma by comprehensive two-dimensional gas chromatography [J]. J. Chromatogr. A, 2007, 1147: 85-94.

[66] Francis, I. L., Newton, J. L. Determining wine aroma from compositional data [J]. Aust. J. Grape Wine Res., 2005, 11 (2): 114-126.

[67] Varietal aroma compounds [J]. https://people.ok.ubc.ca/neggers/Chem422A/VARIETAL%20AROMA%20COMPOUNDS.pdf.

[68] Tominaga, T., Guimbertau, G., Dubourdieu, D. Contribution of benzenemethanethiol to smoky aroma of certain *Vitis vinifera* L. wines [J]. J. Agri. Food. Chem., 2003, 51 (5): 1373-1376.

[69] Tominaga, T., Guimbertau, G., Dubourdieu, D. Role of certain volatile thiols in the bouquet of aged champagne wines [J]. J. Agri. Food. Chem., 2003, 51: 1016-1020.

[70] Roland, A., Schneider, R., Razungles, A., Cavelier, F. Varietal thiols in wine: Discovery, analysis and applications [J]. Chem. Rev., 2011, 111 (11): 7355-7376.

[71] Schieberle, P. Odour-active compounds in moderately roasted sesame [J]. Food Chem., 1996, 55 (2): 145-152.

[72] Tamura, H., Fujita, A., Steinhaus, M., Takahisa, E., Watanabe, H., Schieberle, P. Identification of novel aroma-active thiols in pan-roasted white sesame seeds [J]. J. Agri. Food. Chem., 2010, 58: 7368-7375.

[73] Christlbauer, M., Schieberle, P. Characterization of the key aroma compounds in beef and pork vegetable gravies ά la chef by application of the aroma extraction dilution analysis [J]. J. Agri. Food. Chem., 2009, 57: 9114-9122.

[74] Czerny, M., Christlbauer, M., Christlbauer, M., Fischer, A., Granvogl, M., Hammer, M., Hartl, C., Hernandez, N. M., Schieberle, P. Re-investigation on odour thresholds of key food aroma compounds and development of an aroma language based on odour qualities of defined aqueous odorant solutions [J]. Eur. Food Res. Technol., 2008, 228: 265-273.

[75] Sanz, C., Czerny, M., Cid, C. Comparison of potent odorants in a filtered coffee brew and in an instant coffee beverage by aroma extract dilution analysis (AEDA) [J]. Eur. Food Res. Technol., 2002, 214: 299-302.

[76] López, R., Ortin, N., Perez-Trujillo, J. P., Cacho, J., Ferreira, V. Impact odorants of different young white wines from the Canary islands [J]. J. Agri. Food. Chem., 2003, 51: 3419-3425.

[77] Culleré, L., Escudero, A., Cacho, J. F., Ferreira, V. Gas chromatography-olfactometry and chemical quantitative study of the aroma of six premium quality Spanish aged red wines [J]. J. Agri. Food. Chem., 2004, 52 (6): 1653-1660.

[78] Hofmann, T., Schieberle, P. Evaluation of the key odorants in a thermally treated solution of ribose and cysteine by aroma extract dilution techniques [J]. J. Agri. Food. Chem., 1995, 43 (8): 2187-2194.

[79] Picard, M., Thibon, C., Redon, P., Darriet, P., de Revel, G., Marchand, S. Involvement of dimethyl sulfide and several polyfunctional thiols in the aromatic expression of the aging bouquet of red Bordeaux wines [J]. J. Agri. Food. Chem., 2015, 63 (40): 8879-8889.

[80] Vanderhaegen, B., Neven, H., Daenen, L., Verstrepen, K. J., Verachtert, H., Derdelinckx, G. Furfuryl ethyl ether: Important aging flavor and a new marker for the storage conditions of beer [J]. J. Agri. Food. Chem., 2004, 52 (6): 1661-1668.

[81] Rowe, D. J. Chemistry and Technology of Flavors and Fragrances [M]. Oxford, UK, Blackwell Publishing Ltd., 2005.

[82] Tominaga, T., Blanchard, L., Darriet, P., Dubourdieu, D. A powerful aromatic volatile thiol, 2-furanmethanethiol, exhibiting roast coffee aroma in wines made from several *Vitis vinifera* grape varieties [J]. J. Agri. Food. Chem., 2000, 48 (5): 1799-1802.

[83] Hofmann, T., Schieberle, P. Quantitative model studies on the effectiveness of different precursor systems in the formation of the intense food odorants 2-furfurylthiol and 2-methyl-3-furanthiol [J]. J. Agri. Food. Chem., 1998, 46 (1): 235-241.

[84] Münch, P., Hofmann, T., Schieberle, P. Comparison of key odorants generated by thermal treatment of commercial and self-prepared yeast extracts: Influence of the amino acid composition on odorant formation [J]. J. Agri. Food. Chem., 1997, 45 (4): 1338-1344.

[85] Schieberle, P. Primary odorants in popcorn [J]. J. Agri. Food. Chem., 1991, 39: 1141-1144.

[86] Ferreira, V., Ortín, N., Escudero, A., López, R., Cacho, J. Chemical characterization of the aroma of Grenache rosé wines: Aroma extract dilution analysis, quantitative determination, and sensory reconstitution studies [J]. J. Agri. Food. Chem., 2002, 50 (14): 4048-4054.

[87] Rhlid, R. B., Fleury, Y., Devaud, S., Fay, L. B., Blank, I., Juillerat, M. A. Biogeneration of roasted notes based on 2-acetry-2-thiazoline and the precursor 2-(1-hydroxyethyl)-4,5-dihydrothiazole [M]. In Heteroatomic Aroma Compounds, Reineccius, G. A.; Reineccius, T. A., Eds. American Chemical Society, Washington, D. C, 2002, Vol. ACS symposium series 826: 179-190.

[88] Michael, Ash, I. Handbook of Flavors and Fragrances [M]. New York: Synapse Information Resources, Inc., 2006.

[89] Culleré, L., Ferreira, V., Chevret, B., Venturini, M. E., Sánchez-Gimeno, A. C., Blanco, D. Characterisation of aroma active compounds in black truffles (*Tuber melanosporum*) and summer truffles (*Tuber aestivum*) by gas chromatography-olfactometry [J]. Food Chem., 2010, 122: 300-306.

[90] Kotseridis, Y., Baumes, R. Identification of impact odorants in Bordeaux red grape juice, in the

commercial yeast used for its fermentation, and in the produced wine [J]. J. Agri. Food. Chem., 2000, 48 (2): 400-406.

[91] Mottram, D. S., Nobrega, I. C. C. Formation of sulfur aroma compounds in reaction mixtures containing cysteine and three different forms of ribose [J]. J. Agri. Food. Chem., 2002, 50 (14): 4080-4086.

[92] Rhlid, R. B., Matthey-Doret, W., Blank, I. Lipase-assisted generation of 2-methyl-3-furanthiol and 2-furfurylthiol from thioacetates [J]. J. Agri. Food. Chem., 2002, 50: 4087-4090.

[93] Aznar, M., López, R., Cacho, J. F., Ferreira, V. Identification and quantification of impact odorants of aged red wines from Rioja. GC-olfactometry, quantitative GC-MS, and odor evaluation of HPLC fractions [J]. J. Agri. Food. Chem., 2001, 49: 2924-2929.

[94] Tominaga, T., Furrer, A., Henry, R., Dubourdieu, D. Identification of new volatile thiols in the aroma of *Vitis vinifera* L. var. Sauvignon blanc wines [J]. Flav. Fragr. J., 1998, 13: 159-162.

[95] Bouchilloux, P., Darriet, P., Henry, R., Lavigne-Cruège, V., Dubourdieu, D. Identification of volatile and powerful odorous thiols in Bordeaux red wine varieties [J]. J. Agri. Food. Chem., 1998, 46 (8): 3095-3099.

[96] Werkhoof, P., Güntert, M., Krammer, G., Sommer, H., Kaulen, J. Vacuum headspace method in aroma research: Flavor chemistry of yellow passion fruits [J]. J. Agri. Food. Chem., 1998, 46: 1076-1093.

[97] Steinhaus, M., Sinuco, D., Polster, J., Osorio, C., Schieberle, P. Characterization of the key aroma compounds in pink guava (*Psidium guajava* L.) by means of aroma re-engineering experiments and omission tests [J]. J. Agri. Food. Chem., 2009, 57 (7): 2882-2888.

[98] Tominaga, T., Niclass, Y., Frerot, E., Dubourdieu, D. Stereoisomeric distribution of 3-mercaptohexan-1-ol and 3-mercaptohexyl acetate in dry and sweet white wines made from *Vitis vinifera* (Var. Sauvignon blanc and Semillon) [J]. J. Agri. Food. Chem., 2006, 54: 7251-7255.

[99] Sarrazin, E., Shinkaruk, S., Pons, M., Thibon, C., Bennetau, B., Darriet, P. Elucidation of the 1,3-sulfanylalcohol oxidation mechanism: An unusual identification of the disulfide of 3-sulfanylhexanol in Sauternes botrytized wines [J]. J. Agri. Food. Chem., 2010, 58 (19): 10606-10613.

[100] Rodríguez-Bencomo, J. J., Schneider, R., Lepoutre, J. P., Rigou, P. Improved method to quantitatively determine powerful odorant volatile thiols in wine by headspace solid-phase microextraction after derivatization [J]. J. Chromatogr. A, 2009, 1216 (30): 5640-5646.

[101] Capone, D. L., Sefton, M. A., Jeffery, D. W. Application of a modified method for 3-mercaptohexan-1-ol determination to investigate the relationship between free thiol and related conjugates in grape juice and wine [J]. J. Agri. Food. Chem., 2011, 59 (9): 4649-4658.

[102] Takoi, K., Degueil, M., Shinkaruk, S., Thibon, C., Maeda, K., Ito, K., Bennetau, B. Identification and characteristics of new volatile thiols derived from the hop (*Humulus luplus* L.) cultivar Nelson Sauvin [J]. J. Agri. Food. Chem., 2009, 57: 2493-2502.

[103] https://www.nih.gov [J].

[104] Vermeulen, C., Pellaud, J., Gijs, L., Collin, S. Combinatorial synthesis and sensorial properties of polyfunctional thiols [J]. J. Agri. Food. Chem., 2001, 49 (11): 5445-5449.

[105] López, R., Ferreira, V., Hernández, P., Cacho, J. F. Identification of impact odorants of young red wines made with Merlot, Cabernet sauvignon and Grenache grape varieties: a comparative study [J]. J. Sci. Food Agric., 1999, 79 (11): 1461-1467.

[106] Buettner, A., Schieberle, P. Evaluation of key aroma compounds in hand-squeezed grapefruit juice (*Citrus paradisi Macfayden*) by quantitation and flavor reconstitution experiments [J]. J. Agri. Food. Chem., 2001, 49 (3): 1358-1363.

[107] Darriet, P., Tominaga, T., Lavigne, V., Boidron, J. -N., Dubourdieu, D. Identification of a powerful aromatic component of *Vitis vinifera* L. var. Sauvignon wines: 4-mercapto-4-methylpentan-2-one [J]. Flav. Fragr. J., 1995, 10: 385-392.

[108] Escudero, A., Gogorza, B., Melús, M. A., Ortín, N., Cacho, J., Ferreira, V. Characterization of the aroma of a wine from Maccabeo. Key role played by compounds with low odor activity values [J]. J. Agri. Food. Chem., 2004, 52: 3516-3524.

[109] Darriet, P., Lavigne, V., Dubourdieu, D. Caractérisation de l'arôme variétal des vins de sauvignon par couplage CPG odométrie [J]. J. Int. Sci. Vigne Vin, 1991, 25: 167-174.

[110] Tominaga, T., Dubourdieu, D. Identification of 4-mercapto-4-methylpentan-2-one from the box tree (*Buxus sempervirens* L.) and broom (*Sarothamnus scoparius* (L.) Koch.) [J]. Flav. Fragr. J., 1997, 12 (6): 373-376.

[111] Peyrot des Gachons, C., Tominaga, T., Dubourdieu, D. Measuring the aromatic potential of *Vitis vinifera* L. Cv. Sauvignon blanc grapes by assaying *S*-cysteine conjugates, precursors of the volatile thiols responsible for their varietal aroma [J]. J. Agri. Food. Chem., 2000, 48 (8): 3387-3391.

[112] Scholtes, C., Nizet, S., Collin, S. How sotolon can impart a Madeira off-flavor to aged beers [J]. J. Agri. Food. Chem., 2015, 63 (11): 2886-2892.

[113] Vermeulen, C., Collin, S. Combinatorial synthesis and sensorial properties of 21 mercapto esters [J]. J. Agri. Food. Chem., 2003, 51 (12): 3618-3622.

[114] Tominaga, T., Darriet, P., Dubourdieu, D. Identification of 3-mercaptohexyl acetate in Sauvignon wine, a powerful aromatic compound exhibiting box-tree odor [J]. Vitis, 1996, 35 (4): 207-210.

[115] Kolor, M. G. Identification of an important new flavor compound in Concord grape: Ethyl 3-mercaptopropionate [J]. J. Agri. Food. Chem., 1983, 31: 1125-1127.

[116] Sourabié, A. M., Spinnler, H. -E., Bonnarme, P., Saint-Eve, A., Landaud, S. Identification of a powerful aroma compound in Munster and Camembert cheeses: Ethyl 3 - mercaptopropionate [J]. J. Agri. Food. Chem., 2008, 56: 4674-4680.

[117] Cerny, C., Guntz-Dubini, R. Formation of cysteine-*S*-conjugates in the Maillard reaction of cysteine and xylose [J]. Food Chem., 2013, 141 (2): 1078-1086.

[118] Gachons, C. P. d., Tominaga, T., Dubourdieu, D. Sulfur aroma precursor present in*S*-glutathione conjugate form: Identification of *S*-3-(hexan-1-ol)-glutathione in must from *Vitis vinifera* L. cv Sauvignon blanc [J]. J. Agri. Food. Chem., 2002, 50: 4076-4079.

[119] Dubourdieu, D., Tominaga, T., Masneuf, I., Gachons, C. P. d., Murat, M. L. The role of yeasts in grape flavor development during fermentation: The example of Sauvignon blanc [J]. Am. J. Enol. Vitic., 2006, 57: 81-88.

[120] Howell, K. S., Swiegers, J. H., Elsey, G. M., Siebert, T. E., Bartowsky, E. J., Fleet, G. H., Pretorius, I. S., Lopes, M. A. d. B. Variation in 4-mercapto-4-methyl-pentan-2-one release by *Saccharomyces cerevisiae* commercial wine strains [J]. FEMS Microbiol. Lett., 2004, 240: 125-129.

[121] Murat, M. L., Masneuf, I., Darriet, P., Lavigne, V., Tominga, T., Dubourdieu, D. Effect of *Saccharomyces cerevisiae* yeast strains on the liberation of volatile thiols in Sauvignon blanc wine

[J]. Am. J. Enol. Vitic., 2001, 52: 136-139.

[122] Pino, J. A., Queris, O. Characterization of odor-active compounds in guava wine [J]. J. Agri. Food. Chem., 2011, 59: 4885-4890.

[123] Li, J.-X., Schieberle, P., Steinhaus, M. Development of stable isotope dilution assays for the quantitation of the food odorants hydrogen sulphide, methanethiol, ethanethiol, and propane-1-thiol and application to durian (Durio zibethinus L.) pulp [J]. Eur. Food Res. Technol., 2016.

[124] Ugliano, M., Kwiatkowski, M., Vidal, S., Capone, D., Siebert, T., Dieval, J.-B., Aagaard, O., Waters, E. J. Evolution of 3-mercaptohexanol, hydrogen sulfide, and methyl mercaptan during bottle storage of Sauvignon blanc wines. Effect of glutathione, copper, oxygen exposure, and closure-derived oxygen [J]. J. Agri. Food. Chem., 2011, 59: 2564-2572.

[125] Blanchard, L., Tominaga, T., Dubourdieu, D. Formation of furfurylthiol exhibiting a strong coffee aroma during oak barrel fermentation from furfural released by toasted staves [J]. J. Agri. Food. Chem., 2001, 49: 4833-4835.

[126] Karagül-Yüceer, Y., Vlahovich, K. N., Drake, M., Cadwallader, K. R. Characteristic aroma compounds of rennet casein [J]. J. Agri. Food. Chem., 2003, 51: 6797-6801.

[127] Fu, S.-G., Yoon, Y., Bazemore, R. Aroma-active components in fermented bamboo shoots [J]. J. Agri. Food. Chem., 2002, 50 (3): 549-554.

[128] Buttery, R. G., Seifert, R. M., Guadagni, D. G., Ling, L. C. Characterization of additional volatile components of tomato [J]. J. Agri. Food. Chem., 1971, 19 (3): 524-529.

[129] Masanetz, C., Grosch, W. Hay-like off-flavour of dry parsley [J]. Z. Lebensm. Unters. Forsch., 1998, 206: 114-120.

[130] Talou, T., Delmas, M., Gaset, A. Principal constituents of black truffle (*Tuber melanosporum*) aroma [J]. J. Agri. Food. Chem., 1987, 35 (5): 774-777.

[131] Fan, W., Xu, Y., Qian, M. C. Identification of aroma compounds in Chinese "Moutai" and "Langjiu" liquors by normal phase liquid chromatography fractionation followed by gas chromatography/olfactometry [M]. In Flavor Chemistry of Wine and Other Alcoholic Beverages, Qian, M. C.; Shellhammer, T. H., Eds. American Chemical Society, 2012: 303-338.

[132] Escudero, A., Campo, E., Fariña, L., Cacho, J., Ferreira, V. Analysis characterization of the aroma of five premium red wines. Insight into the role of odor families and the concept of fruitiness of wines [J]. J. Agri. Food. Chem., 2007, 55 (11): 4501-4510.

[133] Segurel, M. A., Razungles, A. J., Riou, C., Salles, M., Baumes, R. L. Contribution of dimethyl sulfide to the aroma of Syrah and Grenache Noir wines and estimation of its potential in grapes of these varieties [J]. J. Agri. Food. Chem., 2004, 52: 7084-7093.

[134] Silva Ferreira, A. C., Hogg, T., Guedes de Pinho, P. Identification of key odorants related to the typical aroma of oxidation-spoiled white wines [J]. J. Agri. Food. Chem., 2003, 51 (5): 1377-1381.

[135] Lytra, G., Tèmpere, S., Zhang, S., Marchand, S., Revel, G. d., Barbe, J.-C. Olfactory impact of dimethyl sulfide on red wine fruity esters aroma expression in model solution [J]. J. Int. Sci. Vigne Vin, 2014, 48 (1): 75-85.

[136] de Mora, S. J., Knowles, S. J., Eschenbruch, R., Torrey, W. J. Dimethyl sulphide in some Australian red wines [J]. Vitis, 1987, 26: 79-84.

[137] Segurel, M. A., Razungles, A. J., Riou, C., Trigueiro, M. G. L., Baumes, R. L. Ability of

possible DMS precursors to release DMS during wine aging and in the conditions of heat-alkaline treatment [J]. J. Agri. Food. Chem., 2005, 53 (7): 2637-2645.

[138] Laboratories, E. Sulfides in wine. http: //www. etslabs. com/scripts/ets/pagetemplate/blank. asp? pageid=350.

[139] Dagan, L., Schneider, R., Dufourcq, T., Baumes, R., Razungles, A. Potentiel aromatique des raisins de Vitis vinifera L. cv. Petit Manseng et Gros Manseng. Contribution à l'arôme des vins de pays Côtes de Gascogne [J]. Université De Neuchâtel, 2006.

[140] de Mora, S. J., Eschenbruch, R., Knowles, S. J., Spedding, D. J. The formation of dimethyl sulphide during fermentation using a wine yeast [J]. Food Microbiol., 1986, 3 (1): 27-32.

[141] Madruga, M. S., Elmore, J. S., Dodson, A. T., Mottram, D. S. Volatile flavour profile of goat meat extracted by three widely used techniques [J]. Food Chem., 2009, 115: 1081-1087.

[142] Deetae, P., Spinnler, H.-E., Bonnarme, P., Helinck, S. Growth and aroma contribution of *Microbacterium foliorum*, and *Proteus vulgaris* and *Psychrobacter* sp. during ripening in a cheese model medium [J]. Appl. Microbiol. Biotechnol., 2009, 82: 169-177.

[143] Klesk, K., Qian, M. Preliminary aroma comparison of Marion (*Rubus* spp. hyb) and Evergreen (*R. laciniatus* L.) blackberries by dynamic headspace/Osme technique [J]. J. Food Sci., 2003, 68 (2): 679-700.

[144] Guth, H., Grosch, W. 12-Methyltridecanal, a species-specific odorant of stewed beef [J]. Lebensm. Wiss. Technol., 1993, 26: 171-177.

[145] Marcq, P., Schieberle, P. Characterization of the key aroma compounds in a commercial Amontillado sherry wine by means of the sensomics approach [J]. J. Agri. Food. Chem., 2015, 63 (19): 4761-4770.

[146] Ledauphin, J., Guichard, H., Saint-Clair, J.-F., Picoche, B., Barillier, D. Chemical and sensorial aroma characterization of freshly distilled Calvados. 2. Identification of volatile compounds and key odorants [J]. J. Agri. Food. Chem., 2003, 51 (2): 433-442.

[147] Buettner, A., Schieberle, P. Evaluation of aroma differences between hand-squeezed juices from Valencia Late and Navel oranges by quantitation of key odorants and flavor reconstitution experiments [J]. J. Agri. Food. Chem., 2001, 49 (5): 2387-2394.

[148] Schieberle, P., Grosch, W. Potent odorants of rye bread crust-differences from the crumb and from wheat bread crust [J]. Z. Lebensm. Unters. Forsch., 1994, 198: 292-296.

[149] Guth, H., Grosch, W. Identification of character impact odorants of stewed beef juice by instrumental analyses and sensory studies [J]. J. Agri. Food. Chem., 1994, 42: 2862-2866.

[150] Kirchhoff, E., Schieberle, P. Quantitation of odor-active compounds in rye flour and rye sourdough using stable isotope dilution assays [J]. J. Agri. Food. Chem., 2002, 50 (19): 5378-5385.

[151] Escudero, A., Hernández-Orte, P., Cacho, J., Ferreira, V. Clues about the role of methional as character impact odorant of some oxidized wines [J]. J. Agri. Food. Chem., 2000, 48 (9): 4268-4272.

[152] Mayr, C. M., Capone, D. L., Pardon, K. H., Black, C. A., Pomeroy, D., Francis, I. L. Quantitative analysis by GC-MS/MS of 18 aroma compounds related to oxidative off-flavor in wines [J]. J. Agri. Food. Chem., 2015.

[153] Tan, Y., Siebert, K. J. Quantitative structure-activity relationship modeling of alcohol, ester, aldehyde, and ketone flavor thresholds in beer from molecular features [J]. J. Agri. Food. Chem., 2004, 52 (10): 3057-3064.

[154] Fan, H., Fan, W., Xu, Y. Characterization of key odorants in Chinese chixiang aroma-type liquor by gas chromatography-olfactometry, quantitative measurements, aroma recombination, and omission studies [J]. J. Agri. Food. Chem., 2015, 63 (14): 3660-3668.

[155] Czerny, M., Grosch, W. Potent odorants of raw arabica coffee. Their changes during roasting [J]. J. Agri. Food. Chem., 2000, 48 (3): 868-872.

[156] Saison, D., Schutter, D. P. D., Uyttenhove, B., Delvaux, F., Delvaux, F. R. Contribution of staling compounds to the aged flavour of lager beer by studying their flavour thresholds [J]. Food Chem., 2009, 114 (4): 1206-1215.

[157] Sekiwa, Y., Kubota, K., Kobayashi, A. Characteristic flavor components in the brew of cooked Clam (*Meretrix lusoria*) and the effect of storage on flavor formation [J]. J. Agri. Food. Chem., 1997, 45: 826-830.

[158] Qian, M., Reineccius, G. Potent aroma compounds in Parmigiano Reggiano cheese studied using a dynamic headspace (purge-trap) method [J]. Flav. Fragr. J., 2003, 18: 252-259.

[159] Frank, S., Wollmann, N., Schieberle, P., Hofmann, T. Reconstitution of the flavor signature of Dornfelder red wine on the vasis of the natural concentrations of its key aroma and taste compounds [J]. J. Agri. Food. Chem., 2011, 59 (16): 8866-8874.

[160] http://www.chemicalbook.com.

[161] Fedrizzi, B., Zapparoli, G., Finato, F., Tosi, E., Turri, A., Azzolini, M., Versini, G. Model aging and oxidation effects on varietal, fermentative, and sulfur compounds in a dry botrytized red wine [J]. J. Agri. Food. Chem., 2011, 59 (5): 1804-1813.

[162] Weldegergis, B. T., Crouch, A. M., Górecki, T., Villiers, A. d. Solid phase extraction in combination with comprehensive two-dimensional gas chromatography coupled to time-of-flight mass spectrometry for the detailed investigation of volatiles in South African red wines [J]. Anal. Chim. Acta, 2011, 701: 98-111.

[163] Ferrari, G., Lablanquie, O., Cantagrel, R., Ledauphin, J., Payot, T., Fournier, N., Guichard, E. Determination of key odorant compounds in freshly distilled Cognac using GC-O, GC-MS, and sensory evaluation [J]. J. Agri. Food. Chem., 2004, 52: 5670-5676.

[164] Fang, Y., Qian, M. Aroma compounds in Oregon Pinot noir wine determined by aroma extract dilution analysis (AEDA) [J]. Flav. Fragr. J., 2005, 20 (1): 22-29.

[165] http://www.thegoodscentscompany.com.

[166] Lee, S.-J., Noble, A. C. Characterization of odor-active compounds in Californian Chardonnay wines using GC-olfactometry and GC-mass spectrometry [J]. J. Agri. Food. Chem., 2003, 51: 8036-8044.

[167] Peinado, R. A., Mauricio, J. C., Medina, M., Moreno, J. J. Effect of *Schizosaccharomyces pombe* on aromatic compounds in dry sherry wines containing high levels of gluconic acid [J]. J. Agri. Food. Chem., 2004, 52 (14): 4529-4534.

[168] Ferreira, V., López, R., Cacho, J. F. Quantitative determination of the odorants of young red wines from different grape varieties [J]. J. Sci. Food Agric., 2000, 80 (11): 1659-1667.

[169] Zea, L., Ruiz, M. J., Moyano, L. Using odorant series as an analytical tool for the study of the biological ageing of sherry wines [M]. In Gas Chromatography in Plant Science, Wine Technology, Toxicology and Some Specific Applications Salih, B.; Çelikbıçak, Ö., Eds. InTech, Rijeka, Croatia, 2012: 91-108.

[170] Fan, W., Xu, Y. Characteristic aroma compounds of Chinese dry rice wine by gas chromatography-olfactometry and gas chromatography-mass spectrometry [M]. In Flavor Chemistry of Wine and Other Alcoholic Bev-

erages, Qian, M. C.; Shellhammer, T. H., Eds. American Chemical Society, 2012: 277-301.

[171] 金佩璋. 豉香型白酒中的3-甲硫基丙醇 [J]. 酿酒, 2004, 31 (5): 110-111.

[172] 周庆云, 范文来, 徐岩. 景芝芝麻香型白酒重要挥发性香气成分研究 [J]. 食品工业科技, 2015, 36 (16): 62-67.

[173] 冯志强, 邱晓红. 豉香型白酒香型研究 [J]. 酿酒, 1995, 109 (4): 75-84.

[174] 胡国栋, 陆久瑞, 蔡心尧, 尹建军. 芝麻香型白酒特征组分的分析研究 [J]. 酿酒科技, 1994, 64 (4): 75-77.

[175] 周庆云, 范文来, 徐岩. 芝麻香型白酒特征香的研究回顾与展望 [C]. 中国白酒健康安全与生态酿造技术研究——*2014第二届中国白酒学术研讨会论文集*, 北京: 中国轻工业出版社, 2014: 198-205.

[176] 胡国栋, 陆久瑞. 芝麻香型白酒含硫组分的分析研究（续） [J]. 酿酒科技, 1995, 72 (6): 67-68.

[177] 山东景芝酒厂. 芝麻香型白酒特征组分3-甲硫基-1-丙醇分析的研究 [J]. 酿酒, 1994, 103 (4): 16-20.

[178] 吴三多. 五大香型白酒的相互关系与微量成分浅析 [J]. 酿酒科技, 2001, (4): 82-85.

[179] 周庆云, 范文来. 芝麻香型白酒骨架成分研究 [C]. 2013国际酒文化学术研讨会论文集, 北京: 中国轻工业出版社, 2013: 88-96.

[180] Moreira, N., Mendes, F., Pereira, O., Guedes de Pinho, P., Hogg, T., Vasconcelos, I. Volatile sulphur compounds in wines related to yeast metabolism and nitrogen composition of grape musts [J]. Anal. Chim. Acta, 2002, 458: 157-167.

[181] Dubourdieu, D., Tominaga, T. Polyfunctional thiol compounds [M]. In Wine Chemistry and Biochemistry, Moreno-Arribas, M. V.; Polo, M. C., Eds. Springer, New Work, 2009: 275-293.

[182] Leppänen, O. A., Denslow, J., Ronkainen, P. P. Determination of thiolacetates and some other volatile sulfur compounds in alcoholic beverages [J]. J. Agri. Food. Chem., 1980, 28: 359-362.

[183] Sanz, C., Ansorena, D., Bello, J., Cid, C. Optimizing headspace temperature and time sampling for identification of volatile compounds in ground roasted arabica coffee [J]. J. Agri. Food. Chem., 2001, 49 (3): 1364-1369.

[184] Tressl, R., Friese, L., Fendesack, F., Koppler, H. Gas chromatographic-mass spectrometric investigation of hop aroma constituents in beer [J]. J. Agri. Food. Chem., 1978, 26 (6): 1422-1426.

[185] Peppard, T. L. Volatile flavor constituents of *Monstera deliciosa* [J]. J. Agri. Food. Chem., 1992, 40: 257-262.

[186] Ledauphin, J., Saint-Clair, J.-F., Lablanquie, O., Guichard, H., Founier, N., Guichard, E., Barillier, D. Identification of trace volatile compounds in freshly distilled Calvados and Cognac using preparative separations coupled with gas chromatography-mass spectrometry [J]. J. Agri. Food. Chem., 2004, 52: 5124-5134.

[187] Fan, W., Xu, Y., Han, Y. Quantification of volatile compounds in Chinese ciders by stir bar sorptive extraction (SBSE) and gas chromatography-mass spectrometry (GC-MS) [J]. J. Inst. Brew., 2011, 117 (1): 61-66.

[188] Pino, J. A. Characterization of rum using solid-phase microextraction with gas chromatography-mass spectrometry [J]. Food Chem., 2007, 104 (1): 421-428.

[189] 范文来, 徐岩. 白酒79个风味化合物嗅觉阈值测定 [J]. 酿酒, 2011, 38 (4): 80-84.

［190］范文来，聂庆庆，徐岩．洋河绵柔型白酒关键风味成分［J］．食品科学，2013，34（4）：135-139.

［191］龚舒蓓．老白干香型和芝麻香型手工原酒与机械原酒的成分差异［D］．江南大学，2018.

［192］Hofmann，T.，Schieberle，P.，Grosch，W. Model studies on the oxidative stability of odor-active thiols occurring in food flavors［J］. J. Agri. Food. Chem.，1996，44（1）：251-255.

［193］Nebesny，E.，Budryn，G.，Kula，J.，Majda，T. The effect of roasting method on headspace composition of robusta coffee bean aroma［J］. Eur. Food Res. Technol.，2007，225：9-19.

［194］Dreher，J. G.，Rouseff，R. L.，Naim，M. GC-olfactometric characterization of aroma volatiles from the thermal degradation of thiamin in model orange juice［J］. J. Agri. Food. Chem.，2003，51（10）：3097-3102.

［195］Valim，M. F.，Rouseff，R. L.，Lin，J. Gas chromatographic-olfactometric characterization of aroma compounds in two types of cashew apple nectar［J］. J. Agri. Food. Chem.，2003，51（4）：1010-1015.

［196］Baek，H. H.，Kim，C. J.，Ahn，B. H.，Nam，H. S.，Cadwallader，K. R. Aroma extract dilution analysis of a beeflike process flavor from extruded enzyme-hydrolyzed soybean protein［J］. J. Agri. Food. Chem.，2001，49（2）：790-793.

［197］Qian，M.，Reineccius，G. Identification of aroma compounds in Parmigiano-Reggiano cheese by gas chromatography/olfactometry［J］. J. Dairy Sci.，2002，85：1362-1369.

［198］Gijs，L.，Perpète，P.，Timmermans，A.，Collin，S. 3-Methylthiopropionaldehyde as precursor of dimethyl trisulfide in aged beers［J］. J. Agri. Food. Chem.，2000，48（12）：6196-6199.

［199］Isogai，A.，Kanda，R.，Hiraga，Y.，Iwata，H.，Sudo，S. Contribution of 1,2-dihydroxy-5-(methylsulfinyl)pentan-3-one（DMTS-P1）to the formation of dimethyl trisulfide（DMTS）during the storage of Japanese sake［J］. J. Agri. Food. Chem.，2010，58（13）：7756-7761.

［200］Aceña，L.，Vera，L.，Guasch，J.，Olga Busto，Mestres，M. Chemical characterization of commercial Sherry vinegar aroma by headspace solid-phase microextraction and gas chromatography-olfactometry［J］. J. Agri. Food. Chem.，2011，59：4062-4070.

［201］Wang，X.，Fan，W.，Xu，Y. Comparison on aroma compounds in Chinese soy sauce and strong aroma type liquors by gas chromatography-olfactometry，chemical quantitative and odor activity values analysis［J］. Eur. Food Res. Technol.，2014，239（5）：813-825.

［202］Nedjma，M.，Hoffmann，N. Hydrogen sulfide reactivity with thiols in the presence of copper（Ⅱ）in hydroalcoholic solutions or cognac brandies：formation of symmetrical and unsymmetrical dialkyl trisulfides［J］. J. Agri. Food. Chem.，1996，44（12）：3935-3938.

［203］Williams，R. S.，Gracey，D. E. F. Beyond dimethyl sulfide：The significance to flavor of thioesters and polysulfides in Canadian beers［J］. J. Am. Soc. Brew. Chem.，1982，40（2）：68-71.

［204］Williams，R. S.，Gracey，D. E. F. Factors influencing the levels of polysulfides in beer［J］. J. Am. Soc. Brew. Chem.，1982，40（2）：71-74.

［205］Fan，W.，Shen，H.，Xu，Y. Quantification of volatile compounds in Chinese soy sauce aroma type liquor by stir bar sorptive extraction（SBSE）and gas chromatography-mass spectrometry（GC-MS）［J］. J. Sci. Food Agric.，2011，91（7）：1187-1198.

［206］Pino，J. A.，Fuentes，V.，Correa，M. T. Volatile constituents of Chinese chive（*Allium tuberosum* Rottl. ex Sprengel）and rakkyo（*Allium chinense* G. Don）［J］. J. Agri. Food. Chem.，2001，49（3）：1328-1330.

[207] Elmore, J. S., Mottram, D. S., Enser, M., Wood, J. D. Effect of the polyunsaturated fatty acid composition of beef muscle on the profile of aroma volatiles [J]. J. Agri. Food. Chem., 1999, 47 (4): 1619-1625.

[208] Spinnler, H. E., Martin, N., Bonnarme, P. Generation of sulfur flavor compounds by microbial pathway [M]. In Heteroatomic Aroma Compounds, Reineccius, G. A.; Reineccius, T. A., Eds. American Chemical Society, Washington, D. C., 2002, Vol. ACS symposium series 826: 54-72.

[209] Klesk, K., Qian, M. Aroma extraction dilution analysis of cv. Marion (*Rubus* spp. hyb) and cv. Evergreen (*R. laciniatus* L.) blackberries [J]. J. Agri. Food. Chem., 2003, 51 (11): 3436-3441.

[210] Elmore, J. S., Campo, M. M., Enser, M., Mottram, D. S. Effect of lipid composition on meat-like model systems containing cysteine, ribose, and polyunsaturated fatty acids [J]. J. Agri. Food. Chem., 2002, 50 (5): 1126-1132.

[211] Bredie, W. L., Mottram, D. S., Guy, R. C. Effect of temperature and pH on the generation of flavor volatiles in extrusion cooking of wheat flour [J]. J Agric Food Chem, 2002, 50 (5): 1118-1125.

[212] Marchand, S., de Revel, G., Bertrand, A. Approaches to wine aroma: Release of aroma compounds from reactions between cysteine and carbonyl compounds in wine [J]. J. Agri. Food. Chem., 2000, 48 (10): 4890-4895.

[213] Jirovetz, L., Smith, D., Buchbauer, G. Aroma compound analysis of *Eruca sativa* (*Brassicaceae*) SPME headspace leaf samples using GC, GC-MS, and olfactometry [J]. J. Agri. Food. Chem., 2002, 50: 4643-4646.

[214] Cerny, C. Origin of carbons in sulfur-containing aroma compounds from the Maillard reaction of xylose, cysteine and thiamine [J]. Lebensmittel-Wissenschaft und -Technologie, 2007, 40: 1309-1315.

[215] Vanderhaegen, B., Neven, H., Coghe, S., Verstrepen, K. J., Verachtert, H., Derdelinckx, G. Evolution of chemical and sensory properties during aging of top-fermented beer [J]. J. Agri. Food. Chem., 2003, 51 (23): 6782-6790.

[216] Guen, S. L., Prost, C., Demaimay, M. Characterization of odorant compounds of mussels (*Mytilus edulis*) according to their origin using gas chromatography-olfactometry and gas chromatography-mass spectrometry [J]. J. Chromatogr. A, 2000, 896 (1-2): 361-371.

[217] Yu, T.-H., Wu, C.-M., Ho, C.-T. Meat-like flavor generated from thermal interactions of glucose and alliin or deoxyalliin [J]. J. Agri. Food. Chem., 1994, 42 (4): 1005-1009.

[218] Mahajan, S. S., Goddik, L., Qian, M. C. Aroma compounds in sweet whey powder [J]. J. Dairy Sci., 2004, 87: 4057-4063.

[219] Hofmann, T., Haessner, R., Schieberle, P. Determination of the chemical structure of the intense roasty, popcorn-like odorant 5-acetyl-2,3-dihydro-1,4-thiazine [J]. J. Agri. Food. Chem., 1995, 43 (8): 2195-2198.

[220] Demyttenaere, J., Tehrani, K. A., Kimpe, N. D. The chemistry of the most important Maillard flavor compounds of bread and cooked rice [M]. In Heteroatomic Aroma Compounds, Reineccius, G. A.; Reineccius, T. A., Eds. American Chemical Society, Washington, D. C., 2002, Vol. ACS symposium series 826: 150-165.

[221] Hofmann, T., Schieberle, P. Studies on the formation and stability of the roast-flavor compound 2-acetyl-2-thiazoline [J]. J. Agri. Food. Chem., 1995, 43: 2946-2950.

[222] Aaslyng, M. D., Elmore, J. S., Mottram, D. S. Comparison of the aroma characteristics of acid-

hydrolyzed and enzyme-hydrolyzed vegetable proteins produced from soy [J]. J. Agri. Food. Chem., 1998, 46 (12): 5225-5231.

[223] Czerny, M., Buettner, A. Odor-active compounds in cardboard [J]. J. Agri. Food. Chem., 2009, 57: 9979-9984.

[224] Zhu, J., Chen, F., Wang, L., Niu, Y., Yu, D., Shu, C., Chen, H., Wang, H., Xiao, Z. Comparison of aroma-active volatiles in oolong tea infusions using GC-Olfactometry, GC-FPD, and GC-MS [J]. J. Agri. Food. Chem., 2015, 63 (34): 7499-7510.

[225] Giudici, P., Zambonelli, C., Kunkee, R. E. Increased production of *n*-propanol in wine by yeast strains having an impaired ability to form hydrogen sulfide [J]. Am. J. Enol. Vitic., 1993, 44 (1): 17-21.

[226] Henschke, P. A., Jiranek, V. Hydrogen sulfide formation during fermentation: Effect of nitrogen composition in model grape must [C], Proceedings of the International Symposium on Nitrogen in Grapes and Wine, Seattle, USA, Rantz, J., Ed. American Society for Enology and Viticulture, Seattle, USA, 1991: 172-184.

[227] Jiranek, V., Langridge, P., Henschke, P. A. Regulation of hydrogen sulfide liberation in wine-producing *Saccharomyces cerevisiae* strains by assimilable nitrogen [J]. Appl. Environ. Microbiol., 1995, 61 (2): 461-467.

[228] Jiranek, V., Langridge, P., Henschke, P. A. Determination of sulphite reductase activity and its response to assimilable nitrogen status in a commercial *Saccharomyces cerevisiae* wine yeast [J]. J. App. Bacetriol., 1996, 81: 329-336.

[229] Henschke, P. A., Jiranek, V. Yeast-Metabolism of nitrogen compounds [M]. In Wine Microbiology and Biotechnology, Fleet, G. H., Ed. Harwood Academic Publishers, Chur, Switzerland, 1993: 77-164.

[230] Spiropoulos, A., Bisson, L. F. *MET*17 and hydrogen sulfide formation in *Saccharomyces cerevisiae* [J]. Appl. Environ. Microbiol., 2000, 66: 4421-4426.

[231] Stratford, M., Rose, A. H. Transport of sulphur dioxide by *Saccharomyces cerevisiae* [J]. Microbiology, 1986, 132 (1): 1-6.

[232] Stratford, M., Rose, A. H. Hydrogen sulfide production from sulfite by *Saccharomyces cerevisiae* [J]. J. Gen. Microbiol., 1985, 131 (6): 1417-1424.

[233] Hallinan, C. P., Saul, D. J., Jiranek, V. Differential utilisation of sulfur compounds for H_2S liberation by nitrogen-starved wine yeasts [J]. Aust. J. Grape Wine Res., 1999, 5: 82-90.

[234] Ugliano, M., Henschke, P. A. Yeasts and wine flavour [M]. In Wine Chemistry and Biochemistry, Moreno-Arribas, M. V.; Polo, M. C., Eds. Springer, New York, USA, 2008: 314-392.

[235] Jiranek, V., Langridge, P., Henschke, P. A. Amino acid and ammonium utilization by *Saccharomyces cerevisiae* wine yeasts from a chemically defined medium [J]. Am. J. Enol. Vitic., 1995, 46 (1): 75-83.

[236] Duan, W., Roddick, F. A., Higgins, V. J., Rogers, P. J. A parallel analysis of H_2S and SO_2 formation by brewing yeast in response to sulfur-containing amino acids and ammonium ions [J]. J. Am. Soc. Brew. Chem., 2004, 62 (1): 35-41.

[237] Kaur, J., Bachhawat, A. K. Yct1p, a novel, high-affinity, cysteine-specific transporter from the yeast *Saccharomyces cerevisiae* [J]. Genetics, 2007, 176 (2): 877-90.

[238] Tokuyama, T., Kuraishi, H., Aida, K., Uemura, T. Hydrogen sulfide evolution due to a pantothenic acid deficiency in the yeast requiring this vitamin, with special reference to the effect of adenosine

triphosphate on yeast cysteine desulfhyrase [J]. J. Gen. App. Microbiol. , 1973, 19 (6): 439-466.

[239] Vos, P. J. A. , Gray, R. S. The origin and control of hydrogen sulfide during fermentation of grape must [J]. Am. J. Enol. Vitic. , 1979, 30 (3): 187-197.

[240] Mehdi, K. , Penninckx, M. J. An important role for glutathione and gamma - glutamyltranspeptidase in the supply of growth requirements during nitrogen starvation of the yeast Saccharomyces cerevisiae [J]. Microbiology. , 1997, 143 (Pt 6) (6): 1885-1889.

[241] Thomas, D. , Surdin-Kerjan, Y. Metabolism of sulfur amino acids in *Saccharomyces cerevisiae* [J]. Microbiol. Mol. Biol. Rev. , 1997, 61 (4): 503-532.

[242] Edwards, C. G. , Bohlscheid, J. C. Impact of pantothenic acid addition on H_2S production by *Saccharomyces* under fermentative conditions [J]. Enzy. Microb. Technol. , 2007, 41 (1-2): 1-4.

[243] Monk, P. R. Formation, utilization and excretion of hydrogen sulphide by wine yeast [J]. Aust. NZ Wine Ind. J. , 1986, 1: 11-16.

[244] Bohlscheid, J. C. , Fellman, J. K. , Wang, X. D. , Ansen, D. , Edwards, C. G. The influence of nitrogen and biotin interactions on the performance of *Saccharomyces* in alcoholic fermentations [J]. J. App. Microbiol. , 2007, 102 (2): 390-400.

[245] Park, S. K. , Boulton, R. B. , Noble, A. C. Formation of hydrogen sulfide and glutathione during fermentation of white grape musts [J]. Am. J. Enol. Vitic. , 2000, 51: 91-97.

[246] Linderholm, a. L. , Findleton, C. L. , Kumar, G. , Hong, Y. , Bisson, L. F. Identification of genes affecting hydrogen sulfide formation in *Saccharomyces cerevisiae* [J]. Appl. Environ. Microbiol. , 2008, 74 (5): 1418-1427.

[247] Linderholm, A. L. , Olineka, T. L. , Hong, Y. , Bisson, L. F. Allele diversity among genes of the sulfate reduction pathway in wine strains of *Saccharomyces cerevisiae* [J]. Am. J. Enol. Vitic. , 2006, 57 (4): 431-440.

[248] Sutherland, C. M. , Henschke, P. A. , Langridge, P. , de Barros Lopes, M. A. Subunit and cofactor binding of *Saccharomyces cerevisiae* sulfite reductase-towards developing wine yeast with lowered ability to produce hydrogen sulfide [J]. Aust. J. Grape Wine Res. , 2003, 9: 186-193.

[249] Donalies, U. E. B. , Stahl, U. Increasing sulphite formation in *Saccharomyces cerevisiae* by over-expression of *MET14* and *SSU1* [J]. Yeast, 2002, 19: 475-484.

[250] Omura, F. , Shibanoy, Y. , Fukui, N. , Nakatani, K. Reduction of hydrogen sulfide production in brewing yeast by constitutive expression of *MET25* gene [J]. J. Am. Soc. Brew. Chem. , 1995, 53: 58-62.

[251] Pretorius, I. S. , Høj, P. B. Grape and wine biotechnology: Challenges, opportunities and potential benefits [J]. Aust. J. Grape Wine Res. , 2005, 11: 83-108.

[252] Pretorius, I. S. Tailoring wine yeast for the new millennium: Novel approaches to the ancient art of winemaking [J]. Yeast, 2000, 16: 675-729.

[253] Pretorius, I. S. The genetic analysis and tailoring of wine yeasts [M]. In Topic in Current Genetics, Hohmann, S. , Ed. Springer, Heidelberg, Germany, 2003, 2: 99-142.

[254] Pretorius, I. S. The genetic improvement of wine yeasts [M]. In Handbook of Fungal Biotechnology, Arora, D. K. ; Bridge, P. D. ; Bhatnagar, D. , Eds. Marcel Dekker, New York, USA, 2004: 209-232.

[255] Tezuka, H. , Mori, T. , Okumura, Y. , Kitabatake, K. , Tsumura, Y. Cloning of a gene suppressing hydrogen sulfide production by *Saccharomyces cerevisiae* and its expression in a brewing yeast [J].

J. Am. Soc. Brew. Chem. , 1992, 50: 130-133.

[256] Hansen, J. , Kielland-Brandt, M. C. Inactivation of *MET2* in brewer's yeast increases the level of sulfite in beer [J]. J. Biotechnol. , 1996, 50: 75-87.

[257] Chin, H. -W. , Lindsay, R. C. Mechanisms of formation of volatile sulfur compounds following the action of cysteine sulfoxide lyases [J]. J. Agri. Food. Chem. , 1994, 42: 1529-1536.

[258] Rauhut, D. , Kürbel, H. , Dittrich, H. H. , Grossman, M. Properties and differences of commercial yeast strains with respect to their formation of sulfur compounds [J]. Vitic. Enol. Sci. , 1996, 51: 187-192.

[259] 张锋国. 提高扳倒井酒质量的技术措施 [J]. 酿酒科技, 2006, 140 (2): 102-104.

[260] Bang, K. -A. Synthesis and analysis of libraries of potential flavour compounds [D]. Massey University, Auckland, New Zealand, 2006.

[261] Hernάndez - Orte, P. , Ibarz, M. J. , Cacho, J. , Ferreira, V. Effect of the addition of ammonium and amino acids to musts of Airen variety on aromatic composition and sensory properties of the obtained wine [J]. Food Chem. , 2005, 89 (2): 163-174.

[262] Perpète, P. , Duthoit, O. , De Maeyer, S. , Imray, L. , Lawton, A. I. , Stavropoulos, K. E. , Gitonga, V. W. , Hewlins, M. J. E. , Richard Dickinson, J. Methionine catabolism in *Saccharomyces cerevisiae* [J]. FEMS Yeast Res. , 2006, 6 (1): 48-56.

[263] Loscos, N. , Ségurel, M. , Dagan, L. , Sommerer, N. , Marlin, T. , Baumes, R. Identification of *S*-methylmethionine in Petit Manseng grapes as dimethyl sulphide precursor in wine [J]. Anal. Chim. Acta, 2008, 621 (1): 24-29.

[264] Baumes, R. Wine aroma precursors [M]. In Wine Chemistry and Biochemistry, Moreno - Arribas, M. V. ; Polo, M. C. , Eds. Springer, New York, USA, 2008: 251-274.

[265] Pripis - Nicolau, L. , Revel, G. d. , Bertrand, A. , Lonvaud - Funel, A. Methionine catabolism and production of volatile sulphur compounds by *Oenococcus oeni* [J]. J. App. Microbiol. , 2004, 96: 1176-1184.

[266] Ugliano, M. , Dieval, J. -B. , Siebert, T. E. , Kwiatkowski, M. , Aagaard, O. , Vidal, S. , Waters, E. J. Oxygen consumption and development of volatile sulfur compounds during bottle aging of two Shiraz wines. Influence of pre- and postbottling controlled oxygen exposure [J]. J. Agri. Food. Chem. , 2012, 60 (35): 8561-8570.

[267] Hansen, J. Inactivation of *MXR1* abolishes formation of dimethyl sulfide from dimethyl sulfoxide in *Saccharomyces cerevisiae* [J]. Appl. Environ. Microbiol. , 1999, 65: 3915-3919.

[268] Stoll, A. , Seebeck, E. Chemical investigation on alliin, the specific principle of gralic [J]. Adv. Enzymol. , 1951, 11: 377-400.

[269] Ostermayer, F. , Tarbell, D. S. Products of acidic hydrolysis of *S*-methyl-L-cysteine sulfoxide; the isolation of methyl methanethiolsulfonate, and mechanism of the hydrolysis [J]. J. Am. Chem. Soc. , 1960, 82: 3752-3755.

[270] Miller, A. , Scanlan, R. A. , Lee, J. S. , Libbey, L. M. , Morgan, M. E. Volatile compounds produced in sterile fish muscle (Sebastes melanops) by Pseudomonas perolens [J]. Appl. Microbiol. , 1973, 25: 257-261.

[271] Boelens, M. , Valois, P. J. d. , Wobben, H. J. , Gen, A. v. d. Volatile flavor compounds from onion [J]. J. Agri. Food. Chem. , 1971, 19: 273-275.

[272] Peppard, T. L. Dimethyl trisulphide, its mechanism of formation in hop oil and effect on beer flavour [J]. J. Inst. Brew., 1978, 84 (6): 337-340.

[273] Yu, T.-H., Ho, C.-T. Volatile compounds generated from thermal reaction of methionine and methionine sulfoxide with or without glucose [J]. J. Agri. Food. Chem., 1995, 43 (6): 1641-1646.

[274] Prentice, R. D., McKernan, G., Bryce, J. H. A source of dimethyl disulfide and dimethyl trisulfide in grain spirit produced with a coffey still [J]. J. Am. Soc. Brew. Chem., 1998, 56 (3): 99-103.

第十三章

萜烯类化合物风味

第一节　碳氢类化合物
第二节　萜烯醇类化合物
第三节　萜烯醛类化合物
第四节　萜烯酮类化合物
第五节　萜烯酯类化合物
第六节　萜烯醚类化合物
第七节　萜烯类化合物形成机理

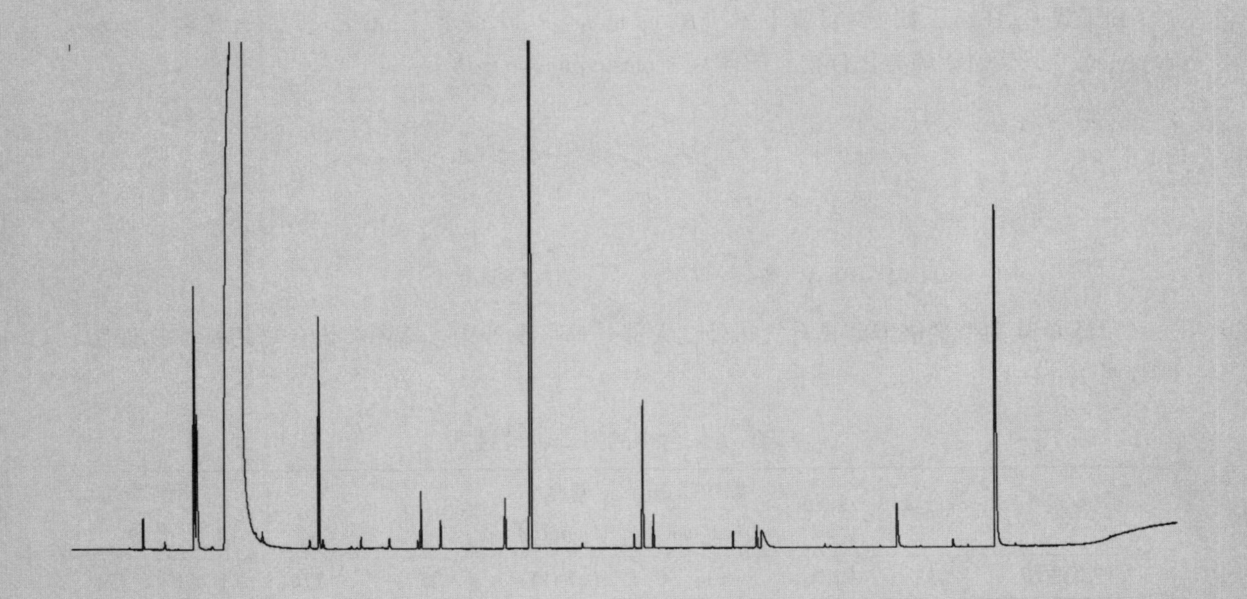

学习目标

1. 全面了解萜烯对饮料酒特别是葡萄酒和添加草药白酒的风味贡献；

2. 了解非环状碳氢类萜烯和环状碳氢类萜烯对饮料酒的风味影响；

3. 掌握重要萜烯醇、醛、酮、酯、醚的风味特征，对饮料酒风味影响及其产生机理。

萜烯类化合物广泛存在于植物和动物体内，是一种天然化合物，是植物的次级代谢产物，也是植物精油的主要成分。在植物、微生物和动物中发现的萜烯已经超过 30000 种。如啤酒生产中使用酒花（hop），在产生啤酒苦味的同时，赋予啤酒特殊的酒花香气。依据啤酒花品种的不同，其精油含量为 0.1%~2.0%（干重）。酒花中已经鉴定出的风味化合物超过 400 种，它们可以被分成两大类，一类是碳氢类化合物（萜烯类），占精油总质量的 40%~80%；另一类是含氧化合物（氧化萜烯类）。

萜烯类化合物具有聚异戊二烯碳骨架，即该类化合物都可以看作是由类异戊二烯（isoprenoids，亦称 2-甲基 1,3-丁二烯）（C 13-1）聚合而成的。根据分子中含聚异戊二烯的多少，萜烯类化合物可以分成：单萜类（monoterpenoids）、倍半萜烯类（sesquiterpenids）、双萜烯类（diterpenoids）等。单萜由两个异戊二烯单元构成，含有 10 个碳原子（分子式 $C_{10}H_{16}$）；倍半萜烯由三个异戊二烯单元构成，含有 15 个碳原子（分子式 $C_{15}H_{24}$）；二萜由四个异戊二烯单元构成，含有 20 个碳原子（分子式 $C_{20}H_{32}$）[如维生素 A（C 13-2）、植醇（phytol）]；三萜（triterpenes）由六个异戊二烯单元构成，含有 30 个碳原子（分子式 $C_{30}H_{48}$）[如鲨鱼烯（squalene）、范菜甾醇（chondrillasterol）、谷甾醇（sitosterol）；四萜（tetraterpenes）由八个异戊二烯单元构成，含有 40 个碳原子（分子式 $C_{40}H_{64}$），如 β-胡萝卜素（β-carotene）、叶黄素（lutein）、番茄红素（lycopene）]，其他萜烯类化合物有质体醌（plastoquinone）等。

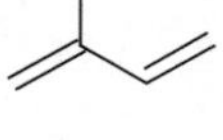

OH

C 13-1 类异戊二烯 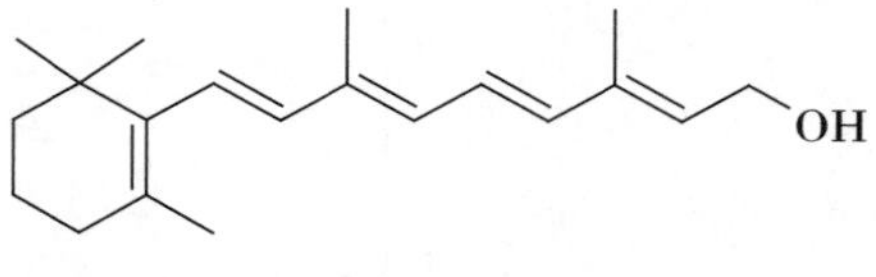　　C 13-2 维生素A

除单萜和少量倍半萜具有气味外，大部分都呈现苦味。萜烯类化合物的基本物理性质见表 13-1。

表 13-1 萜烯类化合物的基本物理性质

名称	FEMA 号	分子式	摩尔质量/(g/mol)	密度/(g/mL)	熔点/°C	沸点/°C	折射率(n_D^{20})
柠檬油精	2633	$C_{10}H_{16}$	136.24	0.8411	-95	176	1.470~1.474

续表

名称	FEMA 号	分子式	摩尔质量/(g/mol)	密度/(g/mL)	熔点/°C	沸点/°C	折射率(n_D^{20})
α-蒎烯		$C_{10}H_{16}$	136.24			155~156	
β-蒎烯		$C_{10}H_{16}$	136.24			165~168	
坎烯		$C_{10}H_{16}$	136.24	0.842	51~52	159	
香茅醛	2307	$C_{10}H_{18}O$	154.25	0.855		204~206	1.446~1.456
香叶醇	2507	$C_{10}H_{18}O$	154.25	0.889	15	229	1.469~1.478
橙花醇	2770	$C_{10}H_{18}O$	154.25	0.881		225~227	1.475~1.478
β-香茅醇	2309	$C_{10}H_{20}O$	156.27	0.855		225	1.454~1.462
里那醇	2636	$C_{10}H_{18}O$	154.25	0.860		198	1.460~1.463
α-萜品醇	3045	$C_{10}H_{18}O$	154.25	0.933	37	219	1.482~1.485
2-莰醇	2157	$C_{10}H_{18}O$	154.25	1.011	208	212~214	
α-法呢醇	2478	$C_{15}H_{26}O$	222.36	0.888		263	1.489~1.491
橙花叔醇	2772	$C_{15}H_{26}O$	222.36	0.880		276	1.480
乙酸香叶酯		$C_{12}H_{20}O_2$	196.29	0.912		228	1.458~1.464
丙酸香叶酯		$C_{13}H_{22}O_2$	210.31	0.896~0.913		252~254	1.457~1.464
丁酸香叶酯		$C_{14}H_{24}O_2$	224.34	0.894		252~253	1.456~1.462
异丁酸香叶酯		$C_{14}H_{24}O_2$	224.34	0.884~0.892		245	
异戊酸香叶酯		$C_{15}H_{26}O_2$	238.37	0.890		276~277	1.453~1.454
己酸香叶酯		$C_{16}H_{28}O_2$	252.39	0.880~0.890		240	

在萜烯中有一类化合物称为 C_{13} 降异戊二烯类化合物（C_{13} norterpenoids，降异戊二烯类化合物通常含有 C_9、C_{11} 和 C_{13}），这类化合物一般来源于类胡萝卜素（carotenoids）的降解，或脱落酸（abscisic acid）的代谢，如α-紫罗兰酮、β-紫罗兰酮、γ-紫罗兰酮、二氢β-紫罗兰酮，假紫罗兰酮类（pseudoionones）如β-大马酮、巨豆二烯酮（megastigmadienone）、巨豆三烯酮（megastigmatrienone）、依多兰类（edulans）如依多兰Ⅰ、二氢依多兰Ⅱ、茶螺烷（theaspirane）等。

第一节　碳氢类化合物

碳氢类化合物（hydrocarbons）是一类不含氧的萜烯类化合物。

一、非环状碳氢类萜烯

1. 月桂烯

月桂烯（myrcene）(C 13-3)，俗称β-月桂烯、β-香叶烯（β-geraniolene），IUPAC

名 7-甲基-3-甲亚基辛-1,6-二烯（7-methyl-3-methylideneocta-1,6-diene），CAS 号 123-35-3，FEMA 号为 2762，RI_{np} 981 或 993，RI_{mp} 1020 或 2021，RI_p 1155 或 1192，分子式 $C_{10}H_{16}$，无色清亮液体，熔点-10℃，沸点 166~167℃，相对密度 0.791~0.795（25℃），折射率 1.466~1.471（20℃），lgP 4.170。α-月桂烯见 C 13-4。

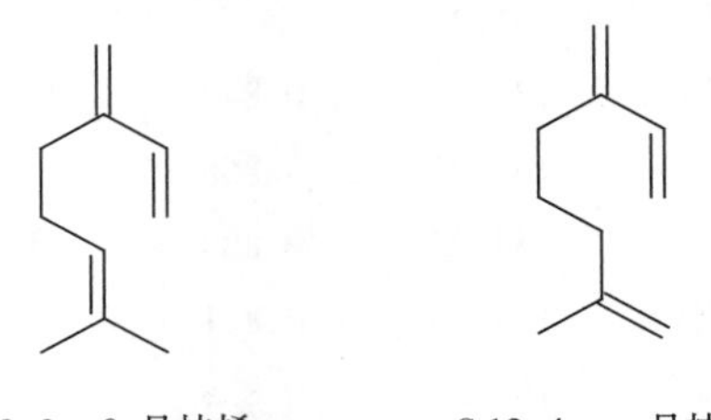

C 13-3　β-月桂烯　　　　C 13-4　α-月桂烯

月桂烯呈萜烯、植物、树脂、松树气味、甜香、水果香、青草、天竺葵、橘子、清淡的香脂、草药、金属、湿土、霉腐气味、膏香和辛香，在空气中嗅阈值 41ng/L 或 44.5ng/L，水中嗅觉觉察阈值 1.2μg/L，识别阈值 4.9μg/L 或 13~15μg/L 或 14μg/L 或 36μg/L 或 99μg/L，啤酒中嗅阈值 30~200μg/L，淀粉中嗅阈值 1900μg/kg；水溶液中味阈值 16.6μg/L 或 42μg/L。

月桂烯广泛存在于草莓番石榴、树莓、黑莓、葡萄、柑橘和柑橘汁、芒果、胡椒/日本胡椒、中国花椒、欧芹、茴香、咖啡豆、罗勒精油、冷榨柑橘皮油、酒花、啤酒、葡萄酒中。

月桂烯是酒花油中最丰富的萜烯，约占酒花油总量的 10%~72%，干花中含量为 2.3~10.5mg/g，是酒花油最重要的香气成分之一，但该化合物在啤酒中的含量低于其感官阈值，一般认为对啤酒风味没有贡献。

2. 法呢烯

法呢烯（farnesene），俗称金合欢烯，属于倍半萜烯类化合物。有两个异构体，一个是α-型，一个是β-型，两者的区别在于双键的位置。

α-法呢烯（α-farnesene）(C 13-5)，俗称α-反,反-法呢烯［α-(*E*,*E*)-farnesene］、3，6-α-法呢烯、(3*E*,6*E*)-α-法呢烯、*trans*，*trans*-α-法呢烯，IUPAC 名（3*E*,6*E*)-3,7,11-三甲基-1,3,6,10-十二烷-四烯［(3*E*,6*E*)-3,7,11-trimethyl-1,3,6,10-dodecatetraene］，CAS 号 502-61-4，FEMA 号 3839，RI_{np} 1487，RI_p 1737 或 1749 或 1727，分子式 $C_{15}H_{24}$，淡黄色到黄色清亮透明液体，沸点 260~262℃，相对密度 0.844~0.879（25℃），密度 0.807g/mL，折射率 1.490~1.505（20℃），闪点大于 100℃，lgP 6.139。

C 13-5　α-法呢烯　　　　C 13-6　β-法呢烯

α-法呢烯呈木香、青香、柑橘、草药、薰衣草、佛手柑、没药、橙花油香气。

α-法呢烯广泛存在于苹果、葡萄、百香果、水芹、独活属植物根、艾属植物、中国花椒、科涅克白兰地中。

研究发现，该化合物覆盖在苹果的表面，且易氧化，其氧化产物对细胞膜有毒害，甚至能导致苹果最外层细胞死亡。因此，在苹果贮存时，该化合物能产生一种类似于烫伤的破坏。

β-法呢烯（β-farnesene）(C 13-6)，俗称（*E*）-β-法呢烯、*trans*-β-法呢烯，IUPAC名（6*E*）-7,11-二甲基-3-甲亚基-1,6,10-十二烷-四烯，CAS号18794-84-8或77129-48-7，RI_{np} 1446或1458，RI_p 1648或1719，分子式$C_{15}H_{24}$，无色清亮液体，沸点206℃，相对密度0.823～0.834（25℃），折射率1.484～1.494（20℃），闪点230℃，$lgP_{o/w}$ 6.139。

β-法呢烯呈油臭、水果香、青香、柑橘香、木香、甜香，在啤酒中嗅阈值550μg/L。

β-法呢烯普遍存在于冷榨柑橘皮油、百香果、中国花椒、伞形花科植物 *Bunium luristanicum*、欧刺柏（*Juniperus communis*）、松属植物、红葡萄酒、朗姆酒中。

二、环状碳氢类萜烯

1. 单环类碳氢萜烯

（1）柠檬烯　柠檬烯（limonene，dextro-limonene）(C 13-7)，俗称柠檬油精、苧烯、苎烯、4-异丙烯基-1-甲基环己烯、双戊烯（dipentene）、*p*-孟-1,8-二烯（*p*-mentha-1,8-diene），IUPAC名1-甲基-4-丙-1-烯-2-基环己烯（1-methyl-4-prop-1-en-2-yl-cyclohexene），属于单萜类，CAS号138-86-3，FEMA号2633，RI_{np} 1015（HP-5柱）或1099，RI_{mp} 1191或1198，RI_p 1540或1564，分子式$C_{10}H_{16}$，无色至淡黄色液体，熔点-96℃，沸点176℃，密度0.8411g/mL，折射率1.471～1.477（20℃），微溶于水（3.15mg/L，25℃），比旋光度±126°，$lgP_{o/w}$ 4.38，K_{aw} 1.051（22℃），溶于醇类、不挥发油等有机溶剂中。

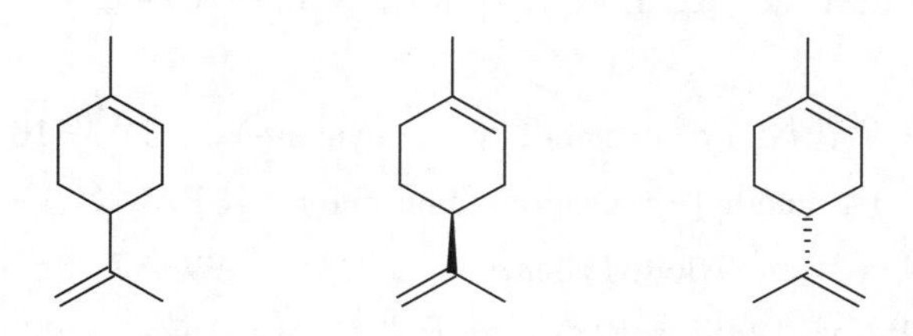

C 13-7　柠檬烯　　C 13-8　D-柠檬烯　　C 13-9　L-柠檬烯

柠檬烯呈花香、甜香、青香、柠檬、过熟甜瓜、青茶叶、柑橘香，在空气中嗅阈值2.9ng/L或0.4～0.8μg/L或0.6μg/L，水溶液中嗅阈值6μg/L或5.3μg/L或1.5μg/L或10μg/L或230μg/L或200μg/L或1200μg/L，10%vol酒精-水溶液中嗅阈值15μg/L或25μg/L（10%～11%vol）或25.2μg/L（9%vol），啤酒中嗅阈值80μg/L，在模型溶液

(1.5g 柠檬酸和 10.5g 蔗糖溶解于 1L 自来水中) 中嗅阈值 400μg/L；在无嗅苹果汁中的嗅阈值 700μg/L，淀粉中嗅阈值 69μg/kg，可可粉中嗅阈值 37μg/kg。

柠檬烯在水溶液中味阈值 1.5μg/L 或 3.8μg/L，模型溶液（1.5g 柠檬酸和 10.5g 蔗糖溶解于 1L 自来水中）中味阈值 500μg/L，在无嗅苹果汁中味阈值 700μg/L，在商业性苹果汁中味阈值 1000μg/L。

柠檬烯天然存在于 300 多种精油中，是柑橘类水果或其精油的主要香气成分，是芒果的重要香气成分，存在于可可粉、胡椒、茴香、芝麻菜、冷榨柑橘皮油和柑橘汁、树莓、葡萄、挤压膨化面粉、烤杏仁、烤乳猪、凝乳酪蛋白、啤酒、葡萄酒、红葡萄酒、白葡萄酒、雪利酒、卡尔瓦多斯白兰地、中国白酒中。

柠檬烯在中国赤霞珠葡萄中含量为 1.36~4.05μg/kg；在贵人香白葡萄中含量为 nd~0.01μg/kg，霞多利中含量为 nd~0.95μg/kg，雷司令 nd~0.12μg/kg。

柠檬烯在中国药香型董酒成品酒中含量为 130μg/L，基酒 156μg/L，大曲香醅原酒 154μg/L，小曲酒醅原酒 134μg/L。

D-柠檬烯（D-limonene，dextro-lomonene）(C 13-8)，俗称 α-柠檬油精、(+)-柠檬烯、(4*R*)-(+)-柠檬油精、(*R*)-(+)-柠檬油精、(4*R*)-柠檬油精、(*R*)-柠檬油精，IUPAC 名（4*R*)-1-甲基-4-丙-1-烯-2-基环己烯，CAS 号 58555-74-1，RI_{np} 1098，RI_{mp} 1198，RI_p 1541 或 1554，呈柑橘香、清新的甜香，在空气中嗅阈值 424ng/L，水溶液中嗅阈值 0.6μg/L，酒精-水溶液中嗅阈值极高，达 200mg/L；已经在柑橘、芒果、红茶中检测到。

L-柠檬烯（L-limonene）(C 13-9)，俗称 β-柠檬油精、左旋柠檬烯（laevo-limonene）、(-)-柠檬油精、(4*S*)-(-)-柠檬油精、(*S*)-(-)-柠檬油精、(4*S*)-柠檬油精、(*S*)-柠檬油精，IUPAC 名（4*S*)-1-甲基-4-丙-1-烯-2-基环己烯，CAS 号 5989-54-8，RI_{np} 1100 或 1103 [(*S*)-(+)-型] 或 1098 [(*S*)-(+)-型]，RI_{mp} 1200 或 1196 [(*S*)-(+)-型] 或 1198 [(*S*)-(+)-型]，RI_p 1526 或 1540 [(*S*)-(+)-型] 或 1541 [(*S*)-(+)-型]，无色清亮液体，相对密度 0.839（25℃），沸点 176~177℃，lgP 4.380，呈萜烯、松树、草药、胡椒气味，在空气中嗅阈值 2.9ng/L [(*S*)-(+)-型]，水溶液中嗅阈值 0.8μg/L 或 5μg/L 或 7.4μg/L [(*S*)-(+)-型]，存在于茴香、芒果、红茶中。

(2) 伞花烃　*p*-伞花烃（*p*-cymene，para-cymene）(C 13-10)，俗称 4-伞花烃、1-甲基-4-异丙基苯（1-methyl-4-isopropylbenzene），IUPAC 名 1-甲基-4-(1-甲基乙基）苯 [1-methyl-4-(1-methylethyl)benzene]，CAS 号 99-87-6，FEMA 号 2356，RI_{np} 1014 或 1030，RI_p 1256 或 1245 或 1282，分子式 $C_{10}H_{14}$，该化合物属于单萜，也可分类为烷基苯类。无色液体，熔点-68℃，沸点 177℃，密度 0.857g/mL，不溶于水（溶解度 23.4mg/L)，溶于乙醇和乙醚，K_{aw} 4.497×10^{-1}（22℃)。还有 *o*-伞花烃、*m*-伞花烃、*p*-甲基异丙烯苯如 C 13-11~C 13-13。

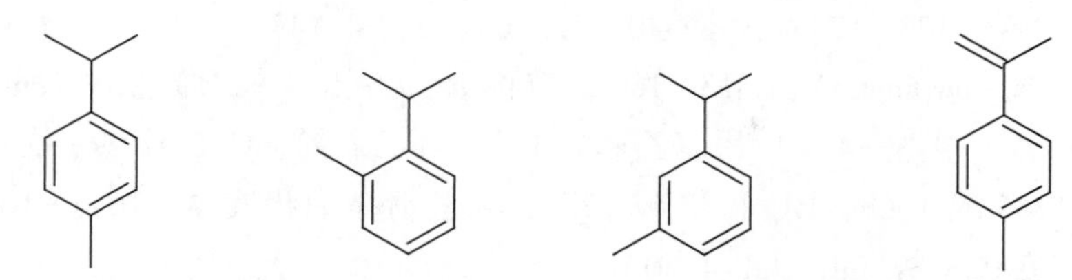

C 13-10 *p*-伞花烃 C 13-11 *o*-伞花烃 C 13-12 *m*-伞花烃 C 13-13 *p*-甲基异丙烯苯

p-伞花烃呈水果、甜香、似杂醇油、柑橘、青香、辛香、霉腐、似溶剂气味。*p*-伞花烃具有变香性，在低浓度时，呈柠檬、柑橘、青香；在高浓度时呈煤油气味。

p-伞花烃在空气中嗅阈值 196~785ng/L，水溶液中嗅阈值 11.4μg/L 或 120μg/L，14%vol 酒精-水溶液中嗅阈值 66mg/L；呈后鼻嗅，水溶液中后鼻嗅阈值 13.3μg/L。

p-伞花烃是小茴香（cumin）、水芹、胡椒、中国花椒、百里香（thyme）精油、罗勒精油、过氧化柠檬精油、冷榨柑橘皮油和柑橘汁、草莓番石榴、芒果、葡萄、烤乳猪、番石榴酒、白酒的成分。

p-伞花烃在中国赤霞珠葡萄中含量为 29.27~31.61μg/kg；在贵人香白葡萄中含量为 0.16~0.78μg/kg，霞多利中含量为 nd~0.40μg/kg，雷司令 nd~0.15μg/kg。

p-伞花烃在中国药香型董酒成品酒中含量为 66.05μg/L，基酒 70.18μg/L，大曲香醅原酒 69.95μg/L，小曲酒醅原酒 64.17μg/L。

（3）萜品烯 萜品烯（terpinenes）是一组由 4 个异构体组成的烃类化合物，分别为 α-萜品烯、β-萜品烯、γ-萜品烯和 δ-萜品烯，分子式 $C_{10}H_{16}$。萜品烯（terpinene），CAS 号 8013-00-1。

α-萜品烯（α-terpinene）（C 13-14），俗称 *p*-孟-1,3-二烯（*p*-mentha-1,3-diene），IUPAC 名 1-甲基-4-(1-甲基乙基)-1，3-环己二烯［1-methyl-4-(1-methylethyl)-1,3-cyclohexadiene］，CAS 号 99-86-5，FEMA 号 3558，RI_{np} 1006 或 1017，RI_p 1162 或 1196，无色至浅黄色油状液体，熔点 60~61℃，沸点 173.5~174.8℃，密度 0.8375g/mL，折射率 1.475~1.480（20℃），lgP 4.250，K_{aw} 5.724×10^{-1}（22℃）。

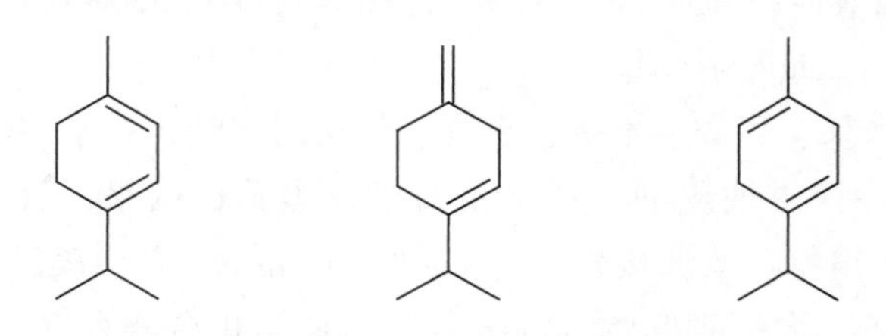

C 13-14 α-萜品烯 C 13-15 β-萜品烯 C 13-16 γ-萜品烯

α-萜品烯呈柠檬、柑橘香，水溶液中嗅阈值 85μg/L，存在于草莓番石榴、芒果、黑醋栗、日本胡椒、中国花椒、伞形花科植物 *Bunium luristanicum*、欧刺柏、黑种草属 *Nigella arvensis*、月桂（*Laurus nobilis*）中。

β-萜品烯（β-terpinene）（C 13-15），俗称 *p*-孟-1(7),3-二烯［*p*-mentha-1(7),3-diene］，IUPAC 名 4-甲亚基-1-(1-甲基乙基）环己烯，CAS 号 99-84-3，无色至浅

黄色清亮液体，沸点 173~174℃，密度 0.838g/mL，lgP 4.147。

γ-萜品烯（γ-terpinene）（C 13-16），俗称 *p*-孟-1,4-二烯（*p*-mentha-1,4-diene），IUPAC 名 1-甲基-4-(1-甲基乙基)-1，4-环己二烯，CAS 号 99-85-4，FEMA 号 3559，RI_{np} 1046 或 1068，RI_{p} 1243 或 1267，无色清亮油状液体，熔点-10℃，沸点 181~183℃，密度 0.853g/mL，lgP 4.500。

γ-萜品烯呈霉腐、牲畜臭、草药、水果香、甜香、辛香、花香、芳香、柑橘香，水溶液中嗅阈值 260μg/L，存在于罗勒精油、冷榨柑橘皮油、草莓番石榴、树莓、黑莓、芒果、日本胡椒、艾属植物、伞形花科植物 *Bunium luristanicum*、松属植物、黑种草属 *Nigella arvensis*、葡萄酒中。

δ-萜品烯（δ-terpinene）（C 13-17），俗称 1,4-萜二烯、*p*-孟-2,4-二烯（*p*-mentha-2,4-diene）、1-甲基-4-(丙-2-甲亚基）环己-1-烯，IUPAC 名 5-甲基-2-丙-2-基环己-1,3-二烯，CAS 号 586-65-5，FEMA 号 3046，无色至浅黄色液体，沸点 184℃，相对密度 0.862（20℃/4℃），折射率 1.490（20℃），不溶于水，溶于乙醇等有机溶剂，呈松香、柑橘、黄瓜、塑料气味。

δ-萜品烯在松杉、泪柏中少量存在，是芒果、水芹的重要香气成分；在中国赤霞珠葡萄中含量为 60.79~721μg/kg。

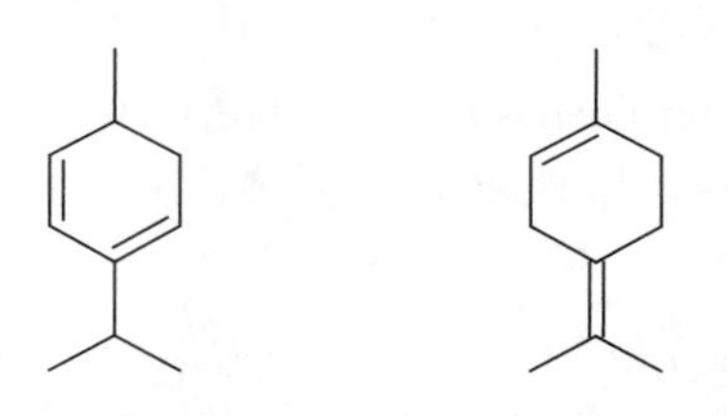

C 13-17 δ-萜品烯　　C 13-18 α-萜品油烯

α-萜品油烯（α-terpinolene）（C 13-18），俗称萜品油烯、4-异丙亚基-1-甲基环己烯，IUPAC 名 1-甲基-4-丙-2-亚基环己烯，CAS 号 586-62-9，FEMA 号 3046，分子式 $C_{10}H_{16}$，无色清亮液体，沸点 183~185℃，相对密度 0.880~0.890（25℃），折射率 1.460~1.464（20℃），lgP 4.470。

α-萜品油烯呈水果、甜香、木香、土腥、似松树气味，在水溶液中嗅阈值 200μg/L 或 41μg/L。存在于冷榨柑橘皮油、草莓番石榴、黑莓、芒果、日本胡椒、中国花椒、独活属植物根、松属植物、欧洲接骨木（*Sambucus nigra*）花、凝乳酪蛋白中。

（4）大根香叶烯　大根香叶烯（germacrenes）类化合物存在于大部分植物中，属于倍半萜烯类化合物，分子式 $C_{15}H_{24}$，沸点 236.4℃，密度 0.793g/mL。大根香叶烯是一种昆虫信息素（insect pheromones），具有抗菌（antimicrobial）、杀昆虫（insecticidal）作用。

大根香叶烯常见的共有五个类型，大根香叶烯 A、B、C、D、E，重要的是大根香叶烯 A 和 D，常见于露酒或药酒中。

大根香叶烯 A（germacrene A）（C 13-19），俗称（-）-大根香叶烯 A、大根香叶-3,

9,11-三烯（germacra-3,9,11-triene），IUPAC 名（1*E*,5*E*,8*S*）-1,5-二甲基-8-丙-1-烯-2-基环癸-1,5-二烯［（1*E*,5*E*,8*S*）-1,5-dimethyl-8-prop-1-en-2-ylcyclodeca-1,5-diene］，CAS 号 28387-44-2，RI_{np} 1495 或 1513，沸点 281~282℃，lgP 6.860，已经在罗勒精油、月桂中检测到。

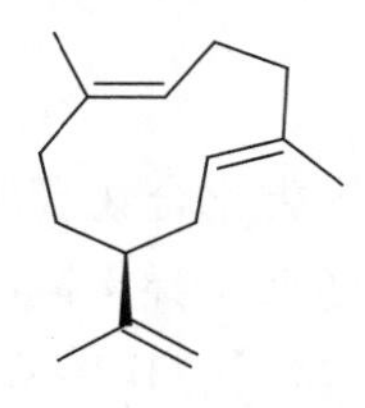

C 13-19　(-)-大根香叶烯A

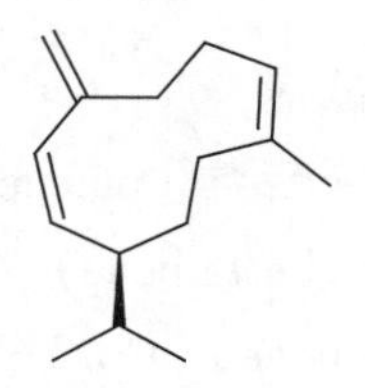

C 13-20　大根香叶烯D

大根香叶烯 D（germacrene D）(C 13-20)，IUPAC 名（1*Z*,6*Z*）-1-甲基-5-甲亚基-8-丙-2-基环癸-1，6-二烯，CAS 号 37839-63-7，RI_{np} 1472，RI_p 1683 或 1733，呈脂肪、青香、愉快的气味、干木香（dry-woody）、黄油香，存在于柑橘皮油和冷榨柑橘皮油、罗勒精油、草莓番石榴、芒果、葡萄、担子菌、胡椒、日本胡椒、中国花椒、艾属植物、伞形花科植物 *Bunium luristanicum*、月桂、担子菌、刺柏、金酒中。

（5）反-1-(2,3,6-三甲基苯)-丁-1,3-二烯　反-1-(2,3,6-三甲基苯)-丁-1,3-二烯[(*E*)-1-(2,3,6-trimethylphenyl)buta-1,3-diene，TPB](C 13-21)，属于降异戊二烯类化合物，RI_p 1832，分子式 $C_{13}H_{16}$。该化合物于 1973 年在啤酒中发现，呈皮革、天竺葵(geranium) 气味。后来的研究表明，TPB 在低浓度时呈花香、天竺葵和烟草香。当 TPB 在葡萄酒中的浓度超过 270ng/L 时，呈刺激性气味、青香和不愉快的气味、塑料和杀虫剂气味。TPB 在水溶液中嗅阈值 0.04μg/L，10%酒精-水溶液中嗅阈值 430ng/L，在中性白葡萄酒中嗅阈值 40ng/L。

TPB 来源于 4,5-二羟基吐叶醇-C_9-β-D-吡喃葡萄糖苷（4,5-dihydrovomifoliol-C9-β-D-glucopyranoside）的水解。

TPB 已经在菜椒、葡萄与葡萄藤酸水解液中、啤酒、葡萄酒、朗姆酒、威士忌和科涅克白兰地中检测到。

TPB 主要存在于白葡萄酒赛美蓉、霞多利中，雷司令中含量较少，白葡萄酒中浓度为 50~210ng/L；红葡萄酒中未检测到 TPB。红葡萄酒中没有检测到 TPB，推测与红葡萄酒中亲核多酚反应（nucleophilic polyphenols）有关，而多酚大量存在于红葡萄酒中。

在模型溶液、白葡萄酒和红葡萄酒中，TPB 是不稳定的。使用聚乙烯聚吡咯烷酮(polyvinyl polypyrrolidone，PVPP）处理红葡萄酒后，TPB 在红葡萄酒中的退化现象大幅度减弱，最终浓度非常接近于模型葡萄酒中的浓度。当模型葡萄酒中添加葡萄或葡萄酒单宁浸出物时，TPB 的浓度会下降到接近未处理的红葡萄酒水平。当白葡萄酒加热到 45℃时，TPB 产生，且产生的量高于商业白葡萄酒的浓度。当红葡萄酒加热到 45℃时，也会产生 TPB，但浓度明显低于白葡萄酒。

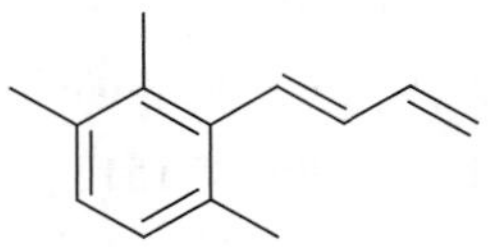

C 13-21　反-1-(2,3,6-三甲基苯)-丁-1,3-二烯

2. 双环类碳氢萜烯

（1）蒎烯类　松萜类（pinenes），又称为蒎烯类化合物，属于单萜类，该类化合物是双环的萜烯（bicyclic terpene）。在自然界发现了两个异构体即 α-蒎烯和 β-蒎烯。

α-蒎烯（α-pinene）（C 13-22），俗称 2-蒎烯，IUPAC 名 4,7,7-三甲基双环［3.1.1］庚-3-烯（4,7,7-trimethylbycyclo［3.1.1］hept-3-ene），CAS 号 80-56-8，FEMA 号 2902，RI_{np} 933 或 952，RI_{mp} 946 或 989，RI_{p} 1010 或 1034，分子式 $C_{10}H_{16}$，无色至浅黄色清亮液体，熔点-64℃，沸点 155℃，密度 0.858g/mL（20℃），相对密度 0.86（15.5℃），折射率 1.464（25℃），lgP 4.830，微溶于水（3mg/L，25℃），溶于醇类、不挥发油。

α-蒎烯呈草药、茶、辛香、甜香、青香、似松树、似松针、土腥气味、松脂香、树脂香、似萜烯的气味；在水中嗅觉觉察阈值 14μg/L，识别气味阈值 41μg/L 或 6μg/L 或 9.5μg/L。

C 13-22　α-蒎烯

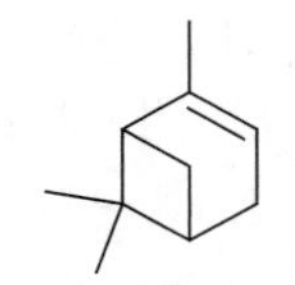

C 13-23　β-蒎烯

α-蒎烯广泛存在于冷榨柑橘皮油和柑橘汁、草莓番石榴、树莓、黑莓、茴香、胡椒、日本胡椒、独活属植物根、咖啡豆中，是草莓番石榴的重要香气成分。

β-蒎烯（β-pinene）（C 13-23），IUPAC 名是（1*S*,5*S*）-6,6-二甲基-2-甲亚基双环［3.1.1］庚烷［（1*S*,5*S*）-6,6-dimethyl-2-methylenebicyclo［3.1.1］heptane］，CAS 号 127-91-3，FEMA 号 2903，RI_{np} 975 或 983，RI_{mp} 994 或 1002，RI_{np} 1093 或 1125，无色清亮液体，熔点-61℃，沸点 167℃，密度（0.88±0.1）g/mL，相对密度 0.863～0.871（25℃），$lgP_{o/w}$ 4.37，溶于醇类和不挥发油，不溶于水和丙二醇。

β-蒎烯呈割青草香、青香、似松树、刺激性、甜香、木香、萜烯气味，在水溶液中嗅阈值 140μg/L。

β-蒎烯存在于冷榨柑橘皮油、葡萄、草莓番石榴、树莓、黑莓、胡椒、日本胡椒、独活属植物根、松属植物、黑种草属 *Nigella arvensis*、烤乳猪中；在贵人香白葡萄中含量为 nd～0.48μg/kg，霞多利中含量为 nd～0.23μg/kg，雷司令 nd～0.09μg/kg。

（2）石竹烯类　石竹烯（caryophyllene）属于倍半萜烯类，在 60 多种精油中均有发现，主要存在于丁香精油、薄荷油、桂皮油和薰衣草油中。在自然界中，石竹烯以

α-、β-和γ-三种异构体存在，以β-体为主。

β-石竹烯（β-caryophyllene）(C 13-24)，天然存在的单环倍半萜烯化合物，俗称β-蛇麻烯（β-humulene）、(*E*)-石竹烯、(-)-反-(1*R*,9*S*)-8-甲亚基-4,11,11-三甲基双环［7.2.0］十一碳-4-烯，IUPAC名（1*R*,4*E*,9*S*)-4,11,11-三甲基-8-甲亚基双环［7.2.0］十一碳-4-烯［(1*R*,4*E*,9*S*)-4,11,11-trimethyl-8-methylenebicyclo［7.2.0］undec-4-ene］，CAS号87-44-5，FEMA号2252，RI_{np} 1397（HP-5柱）或1428，RI_p 1572或1620，分子式$C_{15}H_{24}$，无色清亮油状液体，沸点256~259℃，相对密度0.909~0.910（20℃/4℃），折射率1.500~1.503（20℃），比旋光度-22°，$lgP_{o/w}$ 6.30，不溶于水（0.05011mg/L，25℃），溶于乙醇等有机溶剂。

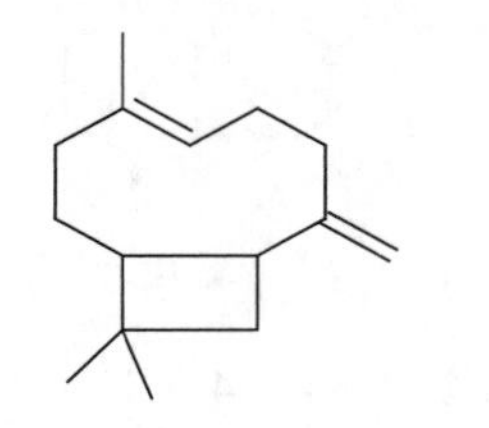

C 13-24 β-石竹烯

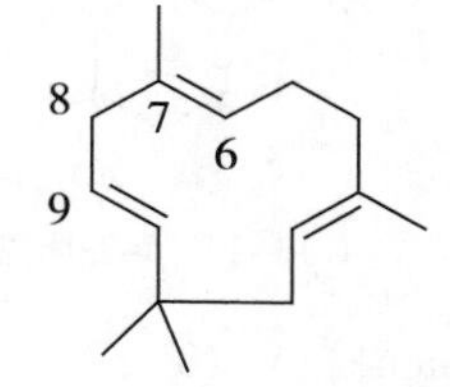

C 13-25 α-石竹烯

β-石竹烯呈木香、脂肪、水果、甜香、辛香、萜烯、干草、草药；在空气中嗅阈值535ng/L，水溶液中嗅阈值64μg/L或390μg/L或1540μg/L，啤酒中嗅阈值450μg/L。

β-石竹烯广泛存在于罗勒精油、冷榨柑橘皮油、草莓番石榴、芒果、中国花椒、日本胡椒、芝麻菜、欧洲接骨木（*Sambucus nigra*）花、月桂、担子菌、葡萄、酒花、烤乳猪、韩国泡菜、白酒中，是酒花精油的主要成分之一，约占酒花精油含量的2.8%~18.2%；是芒果的重要香气成分。

β-石竹烯在中国药香型董酒成品酒中含量为14.93μg/L，基酒18.73μg/L，大曲香醅原酒41.44μg/L，小曲酒醅原酒48.69μg/L；清香型二锅头原酒中的含量为282μg/L，但在汾酒、老白干、宝丰酒以及小曲清香型原酒中未见报道。

α-石竹烯（α-caryophyllene）(C 13-25)，俗称α-蛇麻烯（α-humulene）、3,7,10-蛇麻烯（3,7,10-humulatriene）、葎草烯，IUPAC名（1*E*,4*E*,8*E*)-2,6,6,9-四甲基环十一碳-1,4-8-三烯，CAS号6753-98-6，RI_{np} 1437或1452，RI_p 1651或1704，分子式$C_{15}H_{24}$，淡黄绿色清亮液体，熔点小于25℃，沸点166~168℃或106~107℃（667Pa），密度0.886g/mL，折射率1.499~1.505（20℃），lgP 6.592。

α-石竹烯呈油臭、水果香、薄荷香、青香、木香，水溶液中嗅阈值390μg/L，啤酒中嗅阈值450μg/L。

α-石竹烯广泛存在于草莓番石榴、植物精油（如罗勒精油、冷榨柑橘皮油）、芒果、葡萄、日本胡椒、黑种草属*Nigella arvensis*、月桂、酒花、药香型白酒中，是酒花油中含量最高的倍半萜烯之一，约占酒花油总量15%~42%，在干花中含量为780~4465μg/g。

（3）蛇床烯类　蛇床烯（selinene），俗称芹子烯，分子式$C_{15}H_{24}$。蛇床烯是植物中广泛存在的一类倍半萜烯，主要有α-、β-、γ-和δ-型，α-、β-型是最主要的存在形式。

α-蛇床烯（α-selinene）(C 13-26)，俗称（-）-α-蛇床烯、桉叶-3,11-二烯（eudesma-3,11-diene）、蛇床-3,11-二烯，IUPAC 名 5,8a-二甲基-3-丙-1-烯-2-基-2,3,4,4a,7,8-六氢-(1*H*)-萘［5,8a-dimethyl-3-prop-1-en-2-yl-2,3,4,4a,7,8-hexahydro-(1*H*)-naphthalene］，CAS 号 473-13-2，RI_{np} 1477（HP-5 柱）或 1500，RI_p 1723 或 1752，分子式 $C_{15}H_{24}$，沸点 270℃，lgP 6.409。α-蛇床烯呈木香、刺激性气味，存在于芹菜精油、酒花精油、草莓番石榴、芒果、中国花椒、欧刺柏（*Juniperus communis*）、啤酒、中国药香型董酒中。

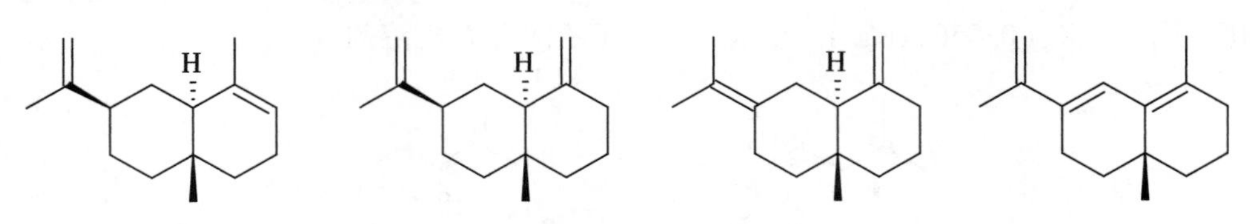

C 13-26 α-蛇床烯　C 13-27 β-蛇床烯　C 13-28 γ-蛇床烯　C 13-29 (-)-δ-蛇床烯

β-蛇床烯（β-selinene）(C 13-27)，俗称桉叶-4(14),11-二烯［eudesma-4(14),11-diene］、β-桉叶烯（β-eudesmene），IUPAC 名（3*S*,4a*R*,8a*S*）-8a-甲基-5-甲亚基-3-丙-1-烯-2-基-1,2,3,4,4a,6,7,8-八氢萘，CAS 号 17066-67-0，RI_{np} 1478 或 1500，RI_p 1714 或 1733，分子式 $C_{15}H_{24}$，沸点 260~263℃，lgP 6.327，呈干草、刺激性气味，存在于芹菜精油、酒花精油、罗勒精油、松属植物、茜草、月桂、胡椒、日本胡椒、水果、芒果、葡萄、啤酒中。

γ-蛇床烯（γ-selinene）(C 13-28)，IUPAC 名 8a-甲基-4-甲亚基-6-丙-2-基-2,3,4a,5,7,8-六氢-(1*H*)-萘，CAS 号 515-17-3，RI_p 1673，分子式 $C_{15}H_{24}$，沸点 269~270℃，lgP 6.729，呈木香，存在于酒花精油，中国药香型董酒中也已经检测到。

（4）白菖考烯类　白菖考烯类（calacorenes），俗称白葛考烯类，属于（-）-δ-蛇床烯见 C 13-29。倍半萜烯类，存在α-型、β-型和γ-型。

白菖考烯（calacorene），IUPAC 名 1,6-二甲基-4-丙-2-基-1,2-二氢萘（1,6-dimethyl-4-propan-2-yl-1,2-dihydronaphthalene），CAS 号 38599-17-6，RI_{np} 1542 或 1550，RI_p 1893，分子式 $C_{15}H_{20}$，沸点 291.39℃，lgP 6.027，存在于草莓番石榴、咖啡、朗姆酒中。

α-白菖考烯（α-calacorene）(C 13-30)，IUPAC 名 4,7-二甲基-1-丙-2 基-1,2 二氢萘，CAS 号 21391-99-1，RI_{np} 1519 或 1536（HP-5 柱），RI_p 1893 或 1935，分子式 $C_{15}H_{20}$，无色至浅黄色清亮液体，沸点 289~290℃，lgP 6.218，呈木香、甜香。

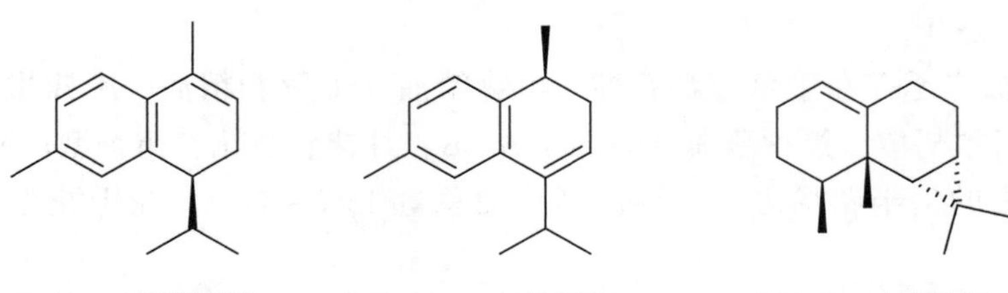

C 13-30 α-白菖考烯　C 13-31 γ-白菖考烯　C 13-32 白菖油萜

α-白菖考烯存在于酒花、白菖蒲、刺柏等精油中、欧刺柏、中国花椒、药香型白酒中；在中国药香型董酒成品酒中含量为 51.87μg/L，基酒 43.79μg/L，大曲香醅原酒 46.30μg/L，小曲酒醅原酒 19.16μg/L。

β-白菖考烯（β-calacorene），IUPAC 名 7-甲基-4-甲亚基-1-丙-2-基-2,3-二氢-(1*H*)-萘，CAS 号 50277-34-4，分子式 $C_{15}H_{20}$，沸点 299~301℃，lgP 6.053。

γ-白菖考烯（γ-calacorene）(C 13-31)，IUPAC 名（1*S*）-1,6-二甲基-4-丙-2-基-1,2-二氢萘，CAS 号 24048-45-1，分子式 $C_{15}H_{20}$，浅黄色晶状固体，沸点 291~292℃，lgP 6.027，存在于酒花中。

白菖油萜（calarene）(C 13-32)，俗称（+）-白菖油萜、（+）-*p*-古香油烯（gurjunene），IUPAC 名 1,1,7,7a-四甲基-2,3,5,6,7,7b-六氢-(1a*H*)-环丙［a］萘，CAS 号 17334-55-3，RI_p 1590，分子式 $C_{15}H_{24}$，沸点 259.9℃，密度 0.933g/mL（20℃），lgP 6.252。该化合物存在于药香型白酒中。

（5）巴伦西亚橘类　巴伦西亚橘烯（valencene）(C 13-33)，俗称朱栾倍半萜、瓦伦烯，IUPAC 名 4a,5-二甲基-3-丙-1-烯-2-基-2,3,4,5,6,7-六氢-(1*H*)-萘［4a,5-dimethyl-3-prop-1-en-2-yl-2,3,4,5,6,7-hexahydro-(1*H*)-naphthalene］，CAS 号 4630-07-3，FEMA 号 3443，RI_{np} 1364 或 1490，RI_p 1729 或 1672，分子式 $C_{15}H_{24}$，淡黄色液体，沸点 274℃或 123℃（1.46kPa），密度 0.89±0.1g/mL，$lgP_{o/w}$ 6.29，不溶于水（0.80~0.85mg/L，25℃），溶于乙醇等有机溶剂，呈油臭、青香。

巴伦西亚橘烯存在于柑橘类水果、冷榨柑橘皮油、担子菌、白酒中；在中国药香型董酒成品酒中含量为 35.54μg/L，基酒 27.96μg/L，大曲香醅原酒 42.49μg/L，小曲酒醅原酒中未检测到。

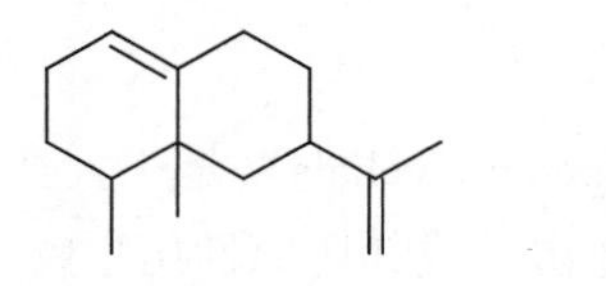

C 13-33　巴伦西亚橘烯

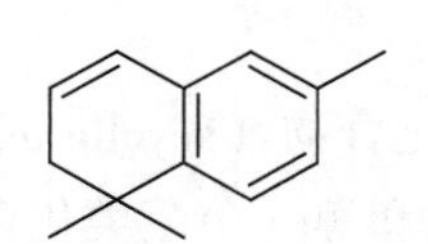

C 13-34　TDN

（6）1,1,6-三甲基-1,2-二氢萘　1,1,6-三甲基-1,2-二氢萘（1,1,6-trimethyl-1,2-dihydronaphthalene，TDN）(C 13-34) 属于降异戊二烯类（C_{13} norisopreonids）化合物，IUPAC 名 1,1,6-三甲基-(2*H*)-二氢萘［1,1,6-trimethyl-(2*H*)-dihydronaphthalene］，CAS 号 30364-38-6，RI_{np} 1339 或 1401，RI_p 1722 或 1748，分子式 $C_{13}H_{16}$，无色清亮液体，沸点 242℃，密度 0.935g/mL，lgP 4.92，溶于醇，不溶于水，通常被描述为汽油、煤油和柴油气味，在水溶液中嗅阈值 2μg/L，模拟葡萄酒［10%（质量分数）乙醇，1%（质量分数）酒石酸］中嗅阈值 2μg/L，葡萄酒中嗅阈值 20μg/L，在白葡萄酒中嗅阈值 2μg/L。

TDN 存在于葡萄酒、科涅克白兰地、朗姆酒中。

TDN 是雷司令葡萄酒典型的老化风味、汽油气味，也是其他白葡萄酒氧化破败后呈饲养场异嗅的主要化合物。

TDN 在雷司令葡萄酒中浓度为 6.4μg/L（28 个样品，范围 1.5~17μg/L），显著高于其他葡萄酒的平均值为 1.3μg/L，在 1~2 年陈的雷司令葡萄酒中，TDN 含量 1~2μg/L，在品丽珠葡萄酒中含量为 0.8~3.5μg/L，霞多利葡萄酒中含量为 0.5~2.8μg/L，赤霞珠葡萄酒中含量为 1μg/L，琼瑶浆葡萄酒中含量为 0.5~2μg/L，梅鹿辄葡萄酒中含量为 0.5~1.5μg/L，灰比诺葡萄酒中含量为 1~3μg/L，黑比诺葡萄酒中含量为 0~1.3μg/L，长相思葡萄酒中含量为 0.5~2.6μg/L。

TDN 并不存在于葡萄和新鲜的葡萄酒中，而是随着葡萄酒的老熟而产生，提高老熟温度和氧的供给，会增加异嗅化合物 TDN 的产生。TDN 来源于葡萄酒发酵和老熟过程中类胡萝卜素中花黄素（antheraxanthin）、紫黄素（violaxanthin）和新黄素（neoxanthin）的降解，以及其后酶和酸水解的重排。种植于温暖地区（如澳大利亚和南非）以及暴露在光照条件下的雷司令葡萄生产的葡萄酒特别易于产生这一异味，并随着贮存时间的延长有累积倾向，而其他的葡萄品种如霞多利、西万尼，甚至一些与雷司令杂交的品种，其 TDN 的异味根本没有雷司令那么严重。在葡萄酒瓶贮过程中前体物继续转化，在 10 年陈雷司令葡萄酒中，TDN 含量可达 42μg/L，含量最高可达 200μg/L，远远超过 TDN 阈值。通过对来源于同一个葡萄园 30 多年的雷司令葡萄酒品尝，并不能排除该异味与炎热与干燥气候的联系。

第二节　萜烯醇类化合物

一、非环状萜烯醇类化合物

非环状萜烯醇类化合物（acyclic terpenic alcohols）是一大类不饱和的醇。比较重要的是 10 个碳的双不饱和醇（单萜类化合物）或其还原性衍生物，包括香叶醇、橙花醇、里那醇、月桂烯醇、β-香茅醇、二氢 β-月桂烯醇、四氢香叶醇和四氢里那醇等。单萜烯醇在葡萄酒的贮存老熟过程中会发生一系列的反应，特别是相对低的 pH 条件下，如香叶醇可经形成二醇（diols），可以转化为脱氢里那醇、橙花醇氧化物；单萜烯醇还易于异构化，形成氧化物和醛。

1. 香叶醇类

香叶醇（geraniol）（C 13-35），俗称玫红醇（rhodinol）、*trans*-香叶醇（*trans*-geraniol alcohol）、(*E*)-香叶醇、β-香叶醇、(*E*)-橙花醇［(*E*)-nerol alcohol］，IUPAC 名（2*E*)-3,7-二甲基辛-2,6-二烯-1-醇［(2*E*)-3,7-dimethylocta-2,6-dien-1-ol］，CAS 号 106-24-1，FEMA 号 2507，RI_{np} 1230 或 1290，RI_{mp} 1371，RI_p 1845 或 1869，分子式 $C_{10}H_{18}O$，无色清亮液体，熔点 -15℃，沸点 229~230℃，密度 0.889g/mL，lgP 3.560，溶于醇、不挥发油、煤油、液体石蜡，微溶于水（100mg/L，25℃），$lgP_{o/w}$ 3.56。四氢香叶醇见 C 13-36。

香叶醇呈甜香、水果香、煮水果、小浆果、柑橘、玫瑰香、花香，在水中嗅觉觉察阈值 1.1μg/L，识别阈值 2.5μg/L 或 40~75μg/L 或 7.5μg/L 或 5μg/L 或 40μg/L 或 3.2μg/L 或 5~75μg/L，10%vol 酒精-水溶液中嗅阈值 30μg/L，5%vol 酒精-碳酸水溶液中嗅阈值 7μg/L，啤酒中嗅阈值 36μg/L 或 4μg/L 或 6μg/L。

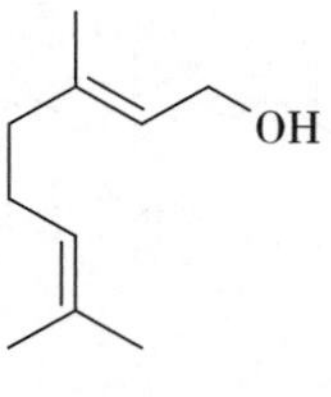

OH　　　　OH

C 13-35　香叶醇 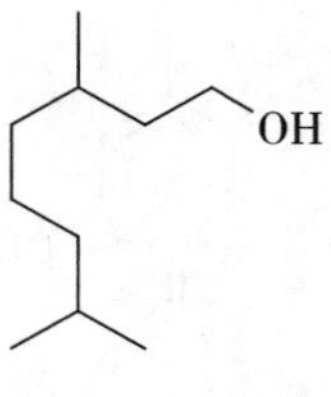　　　　C 13-36　四氢香叶醇

研究发现葡萄酒中的香叶醇来源于酵母酶水解结合态前体物。香叶醇在酵母作用下，可以转化为（3*R*)-(+)-香茅醇。

香叶醇是玫瑰油（oil-of-rose）的主要成分，后来发现该化合物存在于冷榨柑橘皮油、天竺葵、柠檬香茅、树莓、荔枝、日本胡椒、欧洲接骨木花、茜草、红茶、韩国泡菜中。

香叶醇存在于发酵酒及其原料中，在啤酒中浓度为 7~12μg/L；存在于葡萄和葡萄酒中，在贵人香白葡萄中含量为 nd~2.46μg/kg，霞多利中含量为 nd~6.88μg/kg，雷司令中含量为 nd~1.41μg/kg；

香叶醇是麝香白葡萄酒中最丰富的单萜烯醇之一（另外一个是里那醇）；在葡萄酒中浓度为 0.001~0.044μg/L，新产红葡萄酒 7.4μg/L（0.91~44.4μg/L），新产白葡萄酒 221μg/L。在白葡萄酒中具体含量如下：施埃博（Scheurebe）tr~30μg/L，鲁兰德（Ruländer）痕量，琼瑶浆（Gewürztraminer）20~218μg/L，雷司令 tr~35μg/L，长相思 5μg/L，德国米勒（Müller Thurgau）tr~0.01μg/L，蜜思卡岱勒（Muscadelle）16μg/L，阿尔巴利诺（Albarino）58μg/L，莫里欧-麝香白葡萄酒（Morio-Muscat）tr~10μg/L，埃及亚历山大（Alexandria）麝香白葡萄酒 506μg/L，法国弗龙蒂尼（Frontignan）昂麝香白葡萄酒 327μg/L，在霞多利、阿依伦（Airen）、维尤拉（Viura）白葡萄酒中未检测到。

香叶醇在葡萄与葡萄酒中会以结合态形式存在。常见的结合态形式如香叶基-*β*-D-吡喃葡萄糖苷、香叶基-6-*O*-*α*-L-吡喃鼠李糖基-*β*-D-吡喃葡萄糖苷、香叶基-6-*O*-*α*-L-呋喃阿拉伯糖基-*β*-D-吡喃葡萄糖苷。

2. 橙花醇/橙花叔醇类

橙花醇与香味醇互为异构体。橙花醇最初是从橙花油中发现的，并由此得名。

橙花醇（nerol)(C 13-37），俗称（*Z*)-橙花醇、*cis*-橙花醇、（*Z*)-香叶醇、异香叶醇（isogeraniol），IUPAC 名（2*Z*)-3,7-二甲基辛-2,6-二烯-1-醇，CAS 号 106-25-2，FEMA 号 2770，分子式 $C_{10}H_{18}O$，RI_{np} 1210 或 1233，RI_{mp} 1353，RI_{p} 1796 或 1811（Wax 柱），无色清亮液体，熔点-15℃，沸点 225~227℃，密度 0.866±0.06g/mL，折射率

1.467~1.478（20℃），lgP 3.470，溶于醇、液体石蜡，微溶于水（255.8mg/L，25℃）。

橙花醇呈甜的玫瑰香、柑橘香、甜香、花香，在水溶液中气味阈值300μg/L，5%vol酒精-碳酸水溶液中嗅阈值80μg/L，葡萄酒中嗅阈值100μg/L，啤酒中嗅阈值500μg/L。

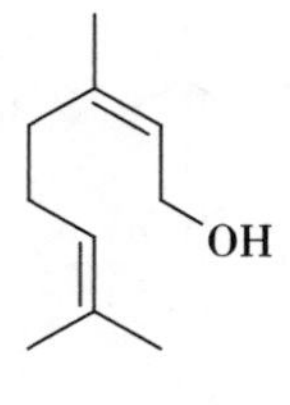

C 13-37 橙花醇 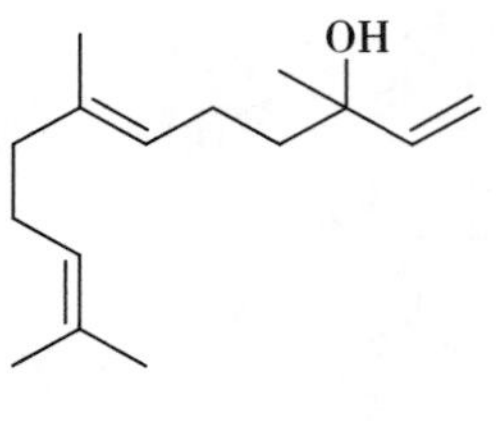　　C 13-38 橙花叔醇

橙花醇存在于欧洲接骨木花、栲属（*Castanopsis*）花、月桂、荔枝、韩国泡菜、啤酒、红葡萄酒中。

橙花醇在白葡萄酒中含量如下：施埃博tr~40μg/L，琼瑶浆tr~43μg/L，雷司令23μg/L，长相思5μg/L，蜜思卡岱勒4μg/L，阿尔巴利诺97μg/L，莫里欧-麝香白葡萄酒tr~30μg/L，埃及亚历山大麝香白葡萄酒94μg/L，法国弗龙蒂尼昂麝香白葡萄酒135μg/L，在德国米勒和鲁兰德白葡萄酒中痕量存在，在霞多利、阿依伦、维尤拉白葡萄酒中未检测到。

橙花醇在菲诺雪利酒中最初含量为1.2mg/L，福洛酵母膜形成后含量为0.5mg/L，老熟250d含量为0.28mg/L。

橙花醇在葡萄与葡萄酒中会以结合态形式存在。常见的结合态形式如橙花基-*β*-D-吡喃葡萄糖苷、橙花基-6-*O*-*α*-L-吡喃鼠李糖基-*β*-D-吡喃葡萄糖苷、橙花基-6-*O*-*α*-L-呋喃阿拉伯糖基-*β*-D-吡喃葡萄糖苷。

橙花叔醇（nerolidol）（C 13-38），IUPAC名3,7,11-三甲基十二碳-1,6,10-三烯-3-醇，CAS号7212-44-4，FEMA号2772，RI_{np} 1552或1558，RI_p 2021，分子式$C_{15}H_{26}O$，无色至浅黄色清亮油状液体，沸点114℃（133Pa）或89~100℃（40Pa），密度0.876g/mL（25℃），折射率1.478~1.483（20℃），lgP 4.682，微溶于水，溶于乙醇等有机溶剂中，呈木香和花香，在水中嗅阈值10μg/L。

橙花叔醇存在于独活属植物根、乌龙茶、啤酒、红葡萄酒中，在中国乌龙茶中含量为130~197μg/L。

3. 里那醇

里那醇（linalool）（C 13-39），俗称芳樟醇、里哪醇、*β*-里哪醇、*p*-里哪醇，IUPAC名3,7-二甲基辛-1,6-二烯-3-醇（3,7-dimethylocta-1,6-dien-3-ol），CAS号78-70-6，FEMA号2635，RI_{np} 1092或1111，RI_{mp} 1191或1198，RI_p 1547或1505或1549，分子式$C_{10}H_{18}O$，无色清亮液体，沸点194~197℃，密度0.858g/mL，折射率1.4598~1.4605（20℃），$lgP_{o/w}$ 3.28，K_{aw} 8.797×10^{-4}（22℃），能溶于不挥发油、液体石蜡、丙二醇，微溶于水（1590mg/L，25℃），不溶于甘油。

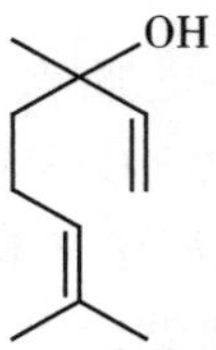

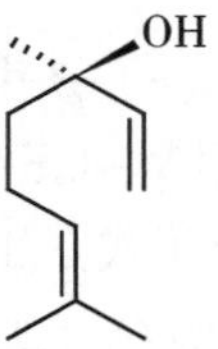

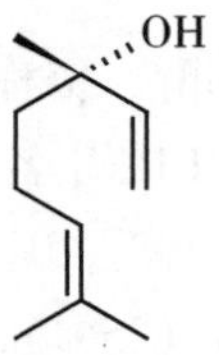

C 13-39　里那醇　C 13-40　(R)-(-)-里那醇　C 13-41　(S)-(+)-里那醇

里那醇是天然存在的一种萜烯醇，具有花香、青草香、水果香、甜香、青香、薄荷、柑橘香、薰衣草香（lavender）。

里那醇在空气中气味阈值2.9ng/L或0.4~0.8ng/L或0.6ng/L，水中嗅阈值6μg/L或25μg/L或5.3μg/L或1.5μg/L，10%vol酒精-水溶液中嗅阈值15μg/L或25μg/L或100μg/L，9%vol酒精-水溶液中嗅阈值25.2μg/L，11%vol酒精-水溶液中嗅阈值25μg/L，5%vol酒精-碳酸水溶液中嗅阈值3μg/L，啤酒中嗅阈值5μg/L或80μg/L，合成葡萄酒中嗅阈值1.5μg/L，淀粉中嗅阈值69μg/kg，可可粉中嗅阈值37μg/kg。

里那醇在水溶液中味阈值3.8μg/L或1.5μg/L。

研究发现，葡萄酒中的里那醇来源于酵母酶水解结合态的前体物。

里那醇广泛存在于植物的花、水果、辛香料调味品等植物中，如肉桂的叶柄、芽和顶梢的精油中，且占优势地位，存在于柑橘和冷榨柑橘皮油、树莓、黑莓、可可粉、胡椒、莱椒、番茄、发酵竹笋、啤酒、番石榴酒、葡萄酒、红葡萄酒、白葡萄酒、玫瑰红葡萄酒、卡尔瓦多斯白兰地中。

里那醇是酒花中最重要的香气成分，约占酒花精油总量的1.1%。

里那醇在赤霞珠葡萄中含量为6340ng/L（中国）或0.17~0.50μg/kg，品丽珠葡萄5850ng/L（中国），梅鹿辄葡萄10600ng/L（中国），蛇龙珠葡萄5810ng/L（中国）；贵人香白葡萄3.21~5.01μg/kg（中国），霞多利葡萄nd~46.56μg/kg，雷司令葡萄为3.74~5.78μg/kg。

里那醇是麝香白葡萄酒中最丰富的单萜烯醇之一（另外一个是香叶醇），在玫瑰红葡萄酒中含量为5.9~17.1μg/L；新产白葡萄酒中含量为4.7~307μg/L，新产红葡萄酒中含量为5μg/L（1.7~10.1μg/L），老熟红葡萄酒中含量为3.7~220μg/L。

里那醇在白葡萄酒中含量如下：施埃博70~370μg/L，鲁兰德tr~60μg/L，琼瑶浆6~190μg/L，莫里欧-麝香白葡萄酒160~280μg/L，埃及亚历山大麝香白葡萄酒435μg/L，法国弗龙蒂尼昂麝香白葡萄酒473μg/L，雷司令40~140μg/L，长相思17μg/L，德国米勒100~190μg/L，霞多利100μg/L，阿依伦500μg/L，维尤拉100μg/L，蜜思卡岱勒50μg/L，阿尔巴利诺80μg/L。

里那醇在菲诺雪利酒中最初含量为9.4μg/L，福洛酵母膜形成后含量为11.6μg/L，老熟250d含量为32.2μg/L。

里那醇在中国药香型董酒成品酒和基酒中未检测到，大曲香醅原酒中含量为87.67μg/L，小曲酒醅原酒136μg/L。

里那醇有两个手性异构体，即（*R*）-（-）-里那醇（C 13-40）和（*S*）-（+）-里那醇

(C 13-41)。

(*R*)-(-)-里那醇，俗称（-)-里那醇、(-)-*β*-里那醇、L-里那醇、(3*R*)-(-)-里那醇、(*R*)-里那醇，IUPAC 名（3*R*)-3,7-二甲基-1,6-二烯-3-醇，CAS 号 126-91-0，RI_{np} 1098 或 1100，RI_{mp} 1198，RI_p 1540 或 1554，分子式 $C_{10}H_{18}O$，无色清亮液体，沸点 198℃，相对密度 0.860~0.867（25℃），折射率 1.460~1.465（20℃），lgP 3.281。

(*R*)-(-)-里那醇呈花香、柑橘、木香、薰衣草、佛手柑香，在空气中嗅阈值 9~11ng/L 或 0.8ng/L，水中嗅觉觉察阈值 0.087μg/L，识别阈值 0.17μg/L 或 0.14μg/L 或 0.8μg/L，啤酒中嗅阈值 2.2μg/L 或 1.0μg/L，存在于茴香、芒果、红茶、啤酒中。

(*S*)-(+)-里那醇，俗称 D-里那醇、(*S*)-里那醇、(+)-里那醇、(3*S*)-里那醇，IUPAC 名（3*S*)-3,7-二甲基-1,6-二烯-3-醇，CAS 号 126-90-9，RI_{np} 1098 或 1103，RI_{mp} 1196 或 1198 或 1200，RI_p 1540 或 1541 或 1554 或 1526，分子式 $C_{10}H_{18}O$，无色清亮液体，沸点 197~199℃，lgP 2.795。

(*S*)-(+)-里那醇呈甜香、花香、柚叶、薰衣草、水果、柑橘香气，在空气中嗅阈值 35~40ng/L 或 7.4ng/L 或 2.9ng/L，水溶液中嗅阈值 7.4μg/L 或 5μg/L，存在于茴香、芒果、红茶中。

酒花中，(*R*)-(-)-里那醇约占里那醇总量 95%，在麦汁煮沸过程中，里那醇会发生异构化，(*R*)-(-)-里那醇转化为阈值更高的（*S*)-(+)-里那醇，从而造成酒花香气下降。在煮沸开始时添加酒花，啤酒中的（*R*)-(-)-与（*S*)-(+)-里那醇浓度接近，约（52~59）:（48~41），当酒花或酒花制品在酿造后期添加时，啤酒中(*R*)-(-)-里那醇超过 80%，其比例约为（81~84）:（19~16）。不同啤酒中里那醇浓度变化巨大，(*R*)-(-)-里那醇浓度为 3.32~107μg/L，(*S*)-(+)-浓度为 2.31~24.7μg/L。

里那醇在葡萄与葡萄酒中会以结合态形式存在，常见的结合态形式，如里那醇基-*β*-D-吡喃葡萄糖、(*R*)-型和（*S*)-型*β*-D-吡喃葡萄糖苷、(*R*)-型和（*S*)-型 6-*O*-*α*-L-吡喃鼠李糖基-*β*-D-吡喃葡萄糖苷、(*R*)-型和（*S*)-型 6-*O*-*α*-L-呋喃阿拉伯糖基-*β*-D-吡喃葡萄糖苷。

四氢里那醇（tetrahydrolinalool)(C 13-42)，IUPAC 名 3,7-二甲基辛-3-醇，CAS 号 78-69-3，FEMA 号 3060，RI_{np} 1097，分子式 $C_{10}H_{22}O$，清亮无色液体，熔点 31.5℃，沸点 155℃或 71~73℃（800Pa），密度 0.826g/mL（25℃），折射率 1.432~1.436（20℃），lgP 3.485，呈花香、铃兰、玫瑰、木香、茶香和油臭，已经在芒果等水果中检测到。

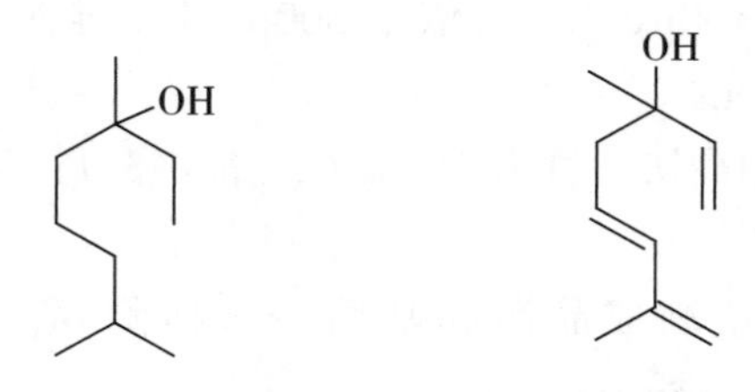

C 13-42 四氢里那醇　　C 13-43 脱氢里那醇

脱氢里那醇（hotrienol）(C 13-44)，即脱氢芳樟醇（dehydrolinalool）、(*E*,*R*)-3,7-二甲基辛-1,5,7-三烯-3-醇，IUPAC 名（5*E*）-3,7-二甲基辛-1,5,7-三烯-3-醇，CAS 号 20053-88-7，FEMA 号 3830，RI_p 1632，分子式 $C_{10}H_{16}O$，无色清亮液体，沸点 229～230℃，相对密度 0.877～0.884（25℃），折射率 1.458～1.468（20℃），lgP 2.408，呈风信子香、甜香、热带水果香、花香、茴香、姜、辛香，在水中嗅阈值 110μg/L。

脱氢里那醇在中国乌龙茶中含量为 184～294μg/kg。

脱氢里那醇存在于葡萄和葡萄酒中，在麝香葡萄中，游离态脱氢里那醇含量为 5～9μg/L（葡萄汁），结合态含量为 nd～14μg/L（葡萄汁）；在琼瑶浆葡萄中，未检测到游离态和结合态脱氢里那醇。

脱氢里那醇在玫瑰红葡萄酒中含量为 0.99～1.90μg/L，在白葡萄酒中含量如下：施埃博 100～240μg/L，鲁兰德 tr～40μg/L，琼瑶浆 tr～40μg/L，莫里欧-麝香白葡萄酒 80～140μg/L，雷司令 25～130μg/L，德国米勒 40～80μg/L，阿尔巴利诺 127μg/L，埃及亚历山大麝香白葡萄酒、法国弗龙蒂尼麝香白葡萄酒、长相思、霞多利、阿依伦、维尤拉、蜜思卡岱勒白葡萄酒中未检测到。

4. 香茅醇

自然界存在的香茅醇主要有 α-型和 β-型，但 β-型占优势地位。

β-香茅醇（β-citronellol）(C 13-44)，俗称香茅醇、DL-香茅醇、二氢香叶醇（dihydrogeraniol），IUPAC 名 3,7-二甲基辛-6-烯-1-醇（3,7-dimethyloct-6-en-1-ol），CAS 号 106-22-9，FEMA 号 2309，RI_{np} 1211 或 1231，RI_{mp} 1344，RI_p 1775（Wax 柱）或 1755，分子式 $C_{10}H_{20}O$，无色到淡黄色清亮液体，沸点 221～224℃，密度（0.845±0.06）g/mL，相对密度 0.857（25℃），折射率 1.456（20℃），溶于醇类，微溶于水（472.85mg/L，25℃），$lgP_{o/w}$ 3.38。

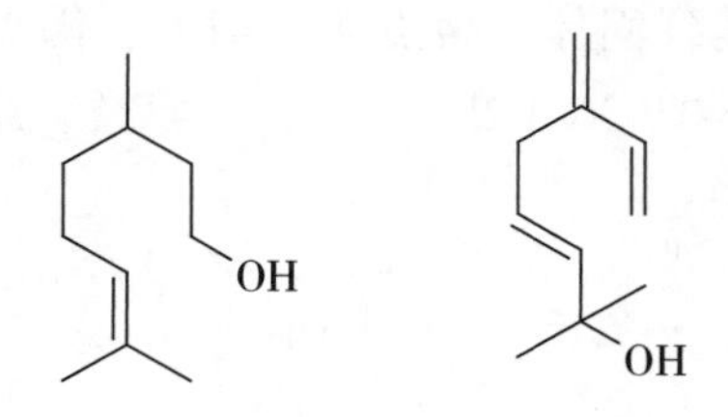

C 13-44 β-香茅醇　　C 13-45 α-香茅醇

β-香茅醇呈玫瑰、甜香、柑橘香、柠檬、酸橙香、青香，在水中气味阈值 40μg/L 或 10μg/L 或 8μg/L，10%vol 酒精-水溶液中嗅阈值 100μg/L，12%vol 酒精-水溶液中嗅阈值 100μg/L，14%vol 酒精-水溶液中嗅阈值 100μg/L，5%vol 酒精-碳酸水溶液中嗅阈值 9μg/L，啤酒中嗅阈值 8μg/L。

β-香茅醇存在于日本胡椒、欧刺柏、芝麻菜、欧洲接骨木花、荔枝、葡萄、韩国泡菜、啤酒、葡萄酒、红葡萄酒、白葡萄酒、雪利酒中。

β-香茅醇在葡萄酒中浓度为 0.015～0.042μg/L，在白葡萄酒中含量如下：琼瑶浆

12μg/L，雷司令4μg/L，长相思白葡萄酒2μg/L，蜜思卡岱勒3μg/L，德国米勒白葡萄酒中痕量存在，在施埃博、鲁兰德、莫里欧-麝香白葡萄酒、埃及亚历山大麝香白葡萄酒、法国弗龙蒂尼昂麝香白葡萄酒、霞多利、阿依伦、维尤拉、阿尔巴利诺白葡萄酒中未检测到。

β-香茅醇在中国苹果酒中含量为nd~3.98μg/L。

β-香茅醇在葡萄与葡萄酒中会以结合态形式存在。在麝香葡萄中，游离态香茅醇含量为15~40μg/L（葡萄汁），结合态含量为24~84μg/L（葡萄汁）；在琼瑶浆葡萄中，游离态香茅醇含量为27μg/L（葡萄汁），结合态含量为113μg/L（葡萄汁）。

α-香茅醇（α-citronellol）(C 13-45)，俗称（*S*)-玫红醇［(*S*)-rhodinol］、(-)-玫红醇、(-)-α-香茅醇、(*S*)-α-香茅醇，IUPAC名（3*S*)-3，7-二甲基辛-7-烯-1-醇，CAS号6812-78-8，FEMA号2980，分子式$C_{10}H_{20}O$，无色至浅黄色清亮液体，沸点222~223℃，lgP 3.240，呈花香、玫瑰、红玫瑰香。

二、环状萜烯醇类化合物

1. 单环萜烯醇类

最重要的环状萜烯醇类（cyclic terpene alcohols）化合物是萜品醇类（terpineols）等。

（1）萜品醇类　萜品醇类化合物主要有α-萜品醇、β-萜品醇、γ-萜品醇、δ-萜品醇、1-萜品醇和4-萜品醇，最重要的是α-萜品醇和4-萜品醇。

α-萜品醇（α-terpineol）(C 13-46)，俗称萜品醇、1-α-萜品醇、DL-α-萜品醇、萜烯醇（terpenol）、*p*-孟-1-烯-8-醇（*p*-menth-1-en-8-ol），IUPAC名是2-(4-甲基环己3-烯-1-基)-丙-2-醇［2-(4-methylcyclohex-3-en-1-yl)-propan-2-ol］，CAS号98-55-5，FEMA号3045，RI_{np} 1185或1199，RI_{mp} 1300，RI_p 1704或1680或1705，分子式$C_{10}H_{18}O$，无色黏稠液体到固体，熔点40~41℃，沸点214~218℃，密度0.934±0.06g/mL，相对密度0.930~0.936（25℃），溶于醇类、煤油、液体石蜡，微溶于水（710mg/L，25℃），$lgP_{o/w}$ 2.98。

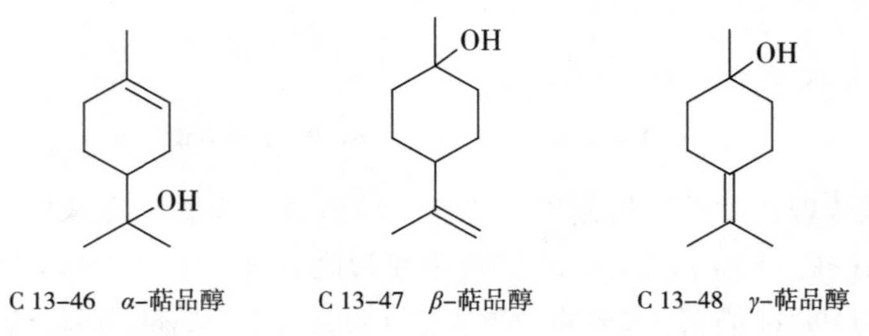

C 13-46　α-萜品醇　　C 13-47　β-萜品醇　　C 13-48　γ-萜品醇

α-萜品醇具有令人愉快的香气、甜香、花香、薄荷香、水果香、过熟水果、芳香、紫丁香和桃香。

α-萜品醇在水溶液中嗅阈值330~350μg/L或4.6~350μg/L或280μg/L或350μg/L或330μg/L或5mg/L，11%vol酒精-水溶液中嗅阈值250μg/L，10%vol酒精-水溶液中

嗅阈值 250μg/L，14%vol 酒精-水溶液中嗅阈值 38mg/L，啤酒中嗅阈值 2mg/L，5%vol 酒精-碳酸水溶液中嗅阈值 450μg/L，模型溶液（1.5g 柠檬酸和 10.5g 蔗糖溶解于 1L 自来水中）中嗅阈值 3000μg/L；无嗅橘子汁中嗅阈值 5000μg/L；苹果汁中觉察阈值 314μg/L，识别阈值 483μg/L，无嗅苹果汁中嗅阈值 3000μg/L，商业性苹果汁中嗅阈值 3000μg/L。

α-萜品醇在水溶液中味阈值 300μg/L；模型溶液（1.5g 柠檬酸和 10.5g 蔗糖溶解于 1L 自来水中）中味阈值 1200μg/L；无嗅橘子汁中味阈值 5000μg/L；无嗅苹果汁中味阈值 1800μg/L，商业性苹果汁中味阈值 3000μg/L。

α-萜品醇存在于冷榨柑橘皮油、柑橘汁、草莓番石榴、苹果汁、树莓、黑莓、芒果、葡萄、草莓酱、番茄、可可粉、独活属植物根、茜草、啤酒、番石榴酒、红葡萄酒、白葡萄酒中。

α-萜品醇可能是苹果汁的异嗅，来源于链霉菌（*Streptomyces* ssp.）的污染。

α-萜品醇在中国赤霞珠葡萄中含量为 1.61~5.48μg/kg 或 7.11μg/L，品丽珠葡萄中含量为 5.92μg/L，梅鹿辄葡萄中含量为 6.80μg/L，蛇龙珠葡萄中含量为 6.19μg/L；贵人香白葡萄中含量为 1.89~6.95μg/kg，霞多利 1.79~32.67μg/kg，雷司令 1.96~2.36μg/kg。

α-萜品醇在玫瑰红葡萄酒中含量为 21.5~31.9μg/L；在新产红葡萄酒中含量为 6.2μg/L（0.57~16.8μg/L）。在白葡萄酒中含量如下：施埃博 160~260μg/L，鲁兰德 tr~180μg/L，琼瑶浆 3~35μg/L，雷司令 25~280μg/L，长相思 9μg/L，德国米勒 100~210μg/L，霞多利 500μg/L，阿依伦 250μg/L，维尤拉 1000μg/L，蜜思卡岱勒 12μg/L，阿尔巴利诺白葡萄酒中含量为 37μg/L，莫里欧-麝香白葡萄酒 240~400μg/L，埃及亚历山大麝香白葡萄酒 78μg/L，法国弗龙蒂尼昂麝香白葡萄酒 87μg/L。

α-萜品醇在果醋中含量为 nd~121μg/L。

α-萜品醇也存在于中国蒸馏酒中，药香型董酒成品酒中含量为 13.1μg/L，基酒 91.71μg/L，大曲香醅原酒 11.97μg/L，小曲酒醅原酒 20.30μg/L；酱香型郎酒 19.2~23.5μg/L，醇甜原酒 46.4μg/L，酱香原酒 27.0μg/L，窖底香原酒 40.4μg/L；兼香型口子窖酒含量为 17.9μg/L。

α-萜品醇在葡萄与葡萄酒中可能会以结合态方式存在，常见结合态的形式如检测到（*R*）-型和（*S*）-型 β-D-吡喃葡萄糖苷，（*R*）-型和（*S*）-型 6-*O*-α-L-吡喃鼠李糖基-β-D-吡喃葡萄糖苷，（*R*）-型和（*S*）-型 6-*O*-α-L-呋喃阿拉伯糖基-β-D-吡喃葡萄糖苷。

β-萜品醇（β-terpineol）(C 13-47)，俗称 *p*-孟-8-烯-1-醇（*p*-menth-8-en-1-ol），IUPAC 名 1-甲基-4-丙-1-烯-2-基环己-1-醇，CAS 号 138-87-4，FEMA 号 3564，分子式 $C_{10}H_{18}O$，无色清亮液体，熔点 209~210℃，相对密度 0.930~0.936（25℃），折射率 1.482~1.4852（20℃），lgP 2.837。

γ-萜品醇（γ-terpineol）(C 13-48)，俗称 *p*-孟-4(8)-烯-1-醇［*p*-menth-4(8)-en-1-ol］、1-甲基-4-(1-甲基亚乙基)-环己醇，IUPAC 名 1-甲基-4-丙-2-亚基环己-

1-醇，CAS 号 586-81-2，RI_{np} 1349 或 1364，RI_p 1683，分子式 $C_{10}H_{18}O$，无色至浅黄色清亮黏稠液体，熔点 68～70℃，沸点 218～219℃，lgP 2.613，呈松树、花香、丁香，存在于番石榴酒、月桂、科涅克白兰地中。

δ-萜品醇（δ-terpineol）（C 13-49），IUPAC 名 2-（4-甲亚基环己基）丙-2-醇，CAS 号 7299-42-5，RI_p 1684，分子式 $C_{10}H_{18}O$，无色至浅黄色液体或固体，沸点 218～219℃，lgP 2.624，已经在日本胡椒中检测到。

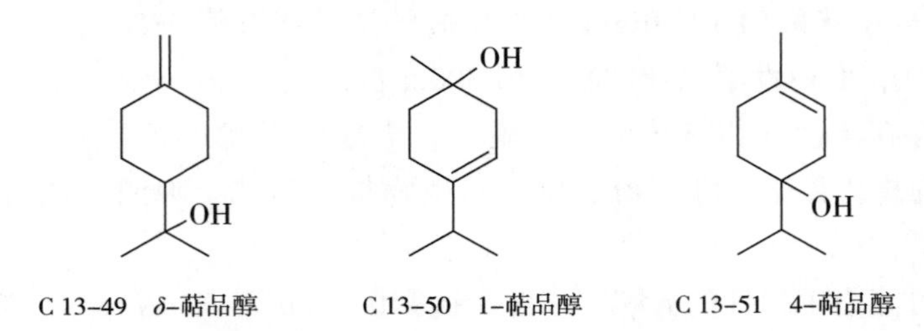

C 13-49 δ-萜品醇　C 13-50 1-萜品醇　C 13-51 4-萜品醇

1-萜品醇（1-terpineol）（C 13-50），俗称萜品-1-醇、*p*-孟-3-烯-1-醇（*p*-menth-3-en-1-ol），IUPAC 名 1-甲基-4-丙-2-基环己-3-烯-1-醇，CAS 号 586-82-3，FEMA 号 3563，RI_{np} 1615，RI_p 1971，分子式 $C_{10}H_{18}O$，无色清亮油状液体，相对密度 0.921（24℃），折射率 1.4778（24℃），沸点 210℃，lgP 2.538，已经在菲诺葡萄酒中检测到。

4-萜品醇（4-terpineol）（C 13-51），俗称萜品-4-醇、1-萜品烯-4-醇（1-terpinen-4-ol）、4-松油醇（4-carvomenthenol），IUPAC 名 4-甲基-1-（1-甲基乙基）-3-环己烯-1-醇，CAS 号 562-74-3，FEMA 号 2248，RI_{np} 1170 或 1188，RI_{mp} 1264 或 1272，RI_p 1571 或 1622，分子式 $C_{10}H_{18}O$，淡黄色清亮液体，沸点 212℃，密度 0.929g/mL，该化合物呈花香、甜香、草药、萜烯、霉菌、腐败柑橘气味、辛香、中药香，在空气中嗅阈值 295～1180μg/L。

4-萜品醇广泛存在于罗勒精油、冷榨柑橘皮油、草莓番石榴、黑莓、葡萄、日本胡椒、松属植物、欧洲接骨木花、月桂、啤酒、番石榴酒、葡萄酒、菲诺葡萄酒、卡尔瓦多斯白兰地中。

4-萜品醇在中国赤霞珠葡萄中含量为 58.3μg/L 或 3.07～3.83μg/kg，品丽珠葡萄中含量为 52.90μg/L，梅鹿辄葡萄中含量为 87.8μg/L，蛇龙珠葡萄中含量为 81.1μg/L；在贵人香白葡萄中含量为 0.06～0.18μg/kg，霞多利中含量为 nd～0.15μg/kg，雷司令 nd～0.31μg/kg。研究发现葡萄酒中的 4-萜品醇来源于结合态前体物的酸水解。

4-萜品醇也已经在中国药香型白酒中检测到，但含量较低，通常在检测限以下。

（2）紫罗兰醇类　在水果中经常检测到的 α-紫罗兰醇、β-紫罗兰醇、二氢-α-紫罗兰醇、二氢-β-紫罗兰醇、3-氧-α-紫罗兰醇、4-氧-α-紫罗兰醇、吐叶醇、3-氧-7,8-二氢-α-紫罗兰醇、4-氧-7,8-二氢-α-紫罗兰醇和 7,8-二氢吐叶醇已经在葡萄酒水解结合态产物中检测到。这些化合物有些有气味，有些可能没有气味，或许是气味物前体物。这些化合物不属于萜烯类化合物，属于降异戊二烯醇类化合物。

α-紫罗兰醇（α-ionol）（C 13-52），IUPAC 名 4-（2,6,6-三甲基环己-2-烯-1-基）

丁-3-烯-2-醇 [4-(2,6,6-trimethylcyclohex-2-en-1-yl)but-3-en-2-ol], CAS 号 25312-34-9, FEMA 号 3624, 分子式 $C_{13}H_{22}O$, 无色清亮液体, 沸点 127℃ (2kPa) 或 70℃ (533Pa), 相对密度 0.912～0.920 (25℃), 折射率 1.485～1.492 (20℃), lgP 4.492, 呈热带水果香、甜香、花香、紫罗兰香和木香, 存在于葡萄、木莓和黑莓中。

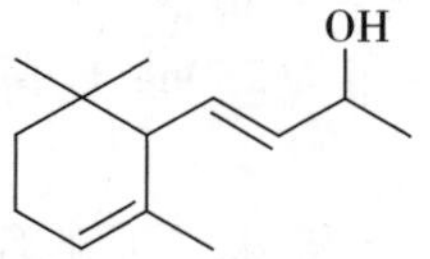

C 13-52 α-紫罗兰醇 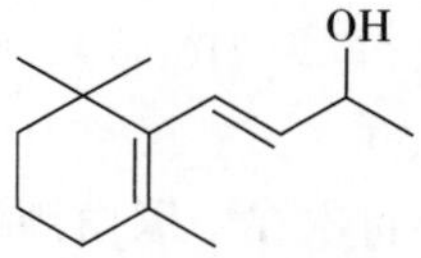   C 13-53 β-紫罗兰醇

β-紫罗兰醇 (β-ionol)(C 13-53), IUPAC 名 4-(2,6,6-三甲基环己-1-烯-1-基)丁-3-烯-2-醇 [4-(2,6,6-trimethylcyclohex-1-en-1-yl)but-3-en-2-ol], CAS 号 22029-76-1, FEMA 号 3625, RI_p 1939, 分子式 $C_{13}H_{22}O$, 无色清亮液体, 沸点 107℃ (400Pa 或 80℃ 533Pa), 相对密度 0.923～0.930 (25℃), 折射率 1.496～1.502 (20℃), lgP 4.059, 呈甜香、花香、草药香、紫罗兰香、热带水果香、膏香、木香, 存在于百香果、葡萄中。

2. 双环萜烯醇类

(1) 土味素 (geosmin)　俗称八氢-4,8a-二甲基-4a(2*H*)-萘醇 (octahydro-4,8a-dimethyl-4a(2*H*)-naphthalenol)、*trans*-1,10-二甲基-*trans*-9-萘烷醇 (*trans*-1,10-dimethyl-*trans*-9-decalol), IUPAC 名 4,8a-二甲基-1,2,3,4,5,6,7,8-八氢萘-4a-醇 (4,8a-dimethyl-1,2,3,4,5,6,7,8-octahydronaphthalen-4a-ol), CAS 号 23333-91-7, FEMA 号 4682, RI_{np} 1497, RI_p 1869, 分子式 $C_{12}H_{22}O$, 摩尔质量 182.3g/mol, 无色至浅黄色清亮液体, 沸点 251～252℃, 相对密度 1.018～1.023 (25℃), 闪点 104℃, lgP 3.497。

土味素呈甜香、土腥 (earthy)、霉腐、霉菌、红甜菜根、地窖、刺激性、污浊 (stagnant)、青草气味, 呈霉腐、土腥、老化、甜菜根、霉菌气味的后鼻嗅; 在水中嗅阈值 15ng/L 或 1～10ng/L 或 0.01～0.36μg/L 或 10ng/L 或 1.3ng/L; 在 12%vol 酒精-水溶液中嗅阈值 40ng/L, 模拟葡萄酒中嗅阈值 40ng/L; 中性红葡萄酒中嗅阈值 80～90ng/L 或 50ng/L; 中性白葡萄酒中嗅阈值 60～65ng/L; 啤酒中感知阈值 10μg/L, 识别阈值 18μg/L; 46%vol 酒精-水溶液中嗅阈值 0.11μg/L; 苹果汁中觉察阈值 23ng/L, 识别阈值 27ng/L。该化合物在水中味阈值 7.5ng/L。

土味素首次于 1965 年由 Gerber 和 Chevalier 从放线菌培养物中发现, 后在污染水体、鲶鱼、干豆、泥土、甜菜、受到微生物污染的苹果汁、霉菌培养物、啤酒中发现; 1987 年, 在用 GC-O 研究葡萄酒香气时, 土味素作为软木塞气味被检测到。

土味素是青霉 (主要是 *P. ulpinum*、*P. aethiopicum*、*P. expansum*)、放线菌 (*Actinomycetes*) 等微生物代谢产物。土味素与 2-甲基龙脑、2-异丁基甲氧基吡嗪、2-异丙基甲氧基吡嗪、2,3,6-三氯茴香醚和 2,4,6-三氯茴香醚共同构成了一些食品如水及水产品、土豆、豆类、小麦、干酪、啤酒、葡萄酒、清酒与清酒曲、中国白酒（通常描述为“糠味”）等霉腐臭。

土味素是红甜菜（red beet）特征香气成分，不同品种含量为 9. 69～26. 7μg/kg。

土味素在葡萄酒中呈霉腐臭和土腥气味。（±）-土味素在甜葡萄酒中含量为 5～250ng/L，在红葡萄酒中含量为 4～300ng/L 或 40～70ng/L，玫瑰红葡萄酒中含量为 60ng/L，白葡萄酒中含量为 216ng/L。葡萄汁中含量为 250ng/L 或 63～252ng/L，白葡萄汁中含量为 14～205ng/L。

土味素于 2007 年首次在中国白酒中检测到，呈糠味，研究确认其是清香型白酒的异嗅（即糠味）的特征化合物，也是老白干香型白酒的关键香气成分。土味素在清香型汾酒中含量为 1. 10μg/L 或 0. 45μg/L（原酒），宝丰酒 1. 22μg/L 或 1. 03μg/L（原酒），青稞酒 1. 17μg/L，二锅头 2. 55μg/L 或 14. 57μg/L（原酒），老白干香型白酒 9. 90μg/L 或 2. 87μg/L（原酒）或 3. 04～8. 81μg/L（原酒），小曲清香型原酒中未见报道；凤香型白酒 8. 74μg/L 或 2. 92～20. 3μg/L（原酒）；酱香型郎酒 3. 04μg/L 或 1. 29～3. 79μg/L（原酒）；兼香型口子窖酒 4. 05μg/L 或 1. 82～16. 2μg/L（原酒）；老白干香型手工大楂原酒 1. 07～14. 20μg/L，机械化大楂原酒 1. 19～9. 84μg/L；芝麻香型手工原酒<ql～0. 76μg/L，机械化原酒<ql～0. 30μg/L；浓香型五粮液、洋河、剑南春等酒中未检测到。

土味素是一个手性化合物，（-）-土味素（C 13-54）、（-）-(4*S*,4a*S*,8a*R*)-土味素、(-)-*trans*-(1*S*,10*R*)-二甲基-*trans*-(9*S*)-萘烷醇［(-)-*trans*-(1*S*,10*R*)-dimethyl-*trans*-(9*S*)-decalol］，IUPAC 名（4*S*,4a*S*,8a*R*)-4,8a-二甲基-1,2,3,4,5,6,7,8-八氢萘-4a(2*H*)-醇[(4*S*,4a*S*,8a*R*)-4,8a-dimethyl-1,2,3,4,5,6,7,8-octahydronaphthalen-4a(2*H*)-ol]，CAS 号 5173-70-6 或 19700-21-1，呈土腥、霉腐臭，与它的（+）-对映异构体相比，具有更强烈的臭气，已经在自然界中发现，该化合物在水中气味阈值 8. 2～18. 0ng/L 或 10ng/L 或 9. 5ng/L，模拟葡萄酒（12%vol 乙醇，5g 酒石酸，pH3. 5）中嗅阈值 40ng/L，红葡萄酒中气味阈值 60～65ng/L。

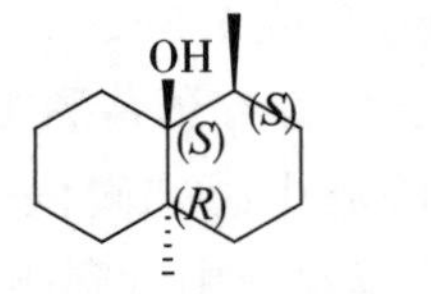

C 13-54 (-)-(4*S*,4a*S*,8a*R*)-土味素

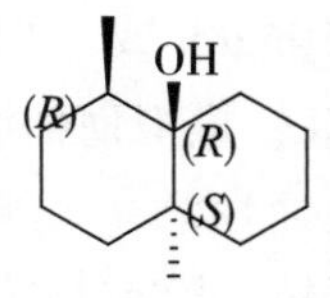

C 13-55 (+)-(4*R*,4a*R*,8a*S*)-土味素

(+)-(4*R*,4a*R*,8a*S*)-土味素（C 13-55），俗称（+）-(4*R*,4a*R*,8a*S*)-土味素、(-)-*trans*-(1*R*,10*S*)-二甲基-*trans*-(9*R*)-萘烷醇［(-)-*trans*-(1*R*,10*S*)-dimethyl-*trans*-(9*R*)-decalol］，IUPAC 名（4*R*,4a*R*,8a*S*)-4,8a-二甲基-1,2,3,4,5,6,7,8-八氢萘-4a(2*H*)-醇［(4*R*,4a*R*,8a*S*)-4,8a-dimethyl-1,2,3,4,5,6,7,8-octahydronaphthalen-4a(2*H*)-ol］，CAS 号 5173-69-3 或 16423-19-1，呈土腥和霉腐臭，在水中嗅阈值 66～90ng/L 或 78ng/L；模拟葡萄酒中嗅阈值 550ng/L，红葡萄酒中嗅阈值 830～850ng/L。

（2）龙脑与异龙脑　龙脑（borneol）（C 13-56），俗称 DL-龙脑、2-莰醇、DL-2-龙脑、冰片外-1,7,7-三甲基双环［2.2.1］庚基-2-醇，IUPAC 名 4,7,7-三甲基双环［2.2.1］庚-3-醇（4,7,7-trimethylbicyclo[2.2.1]heptan-3-ol），CAS 号 507-70-0，分子式 $C_{10}H_{18}O$，相对分子质量 154.25，无色晶体，熔点 202~208℃，沸点 212~213℃，轻微溶解于水，易溶于氯仿、乙醇、丙酮、乙醚、苯、甲苯、十氢化萘、四氢化萘等有机溶剂，呈松树、樟脑、木香、膏香、印度墨水、轻微的土腥和青椒气味，在水中嗅阈值 180μg/L。

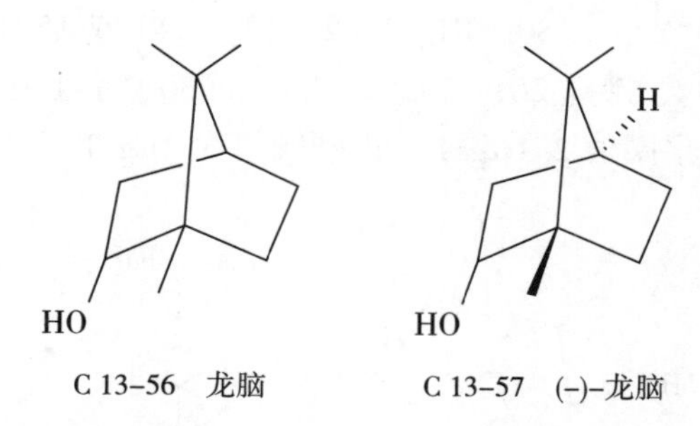

C 13-56　龙脑　　C 13-57　(-)-龙脑

龙脑是手性化合物，重要异构体如下：(-)-龙脑((-)-borneol)(C 13-57)，俗称 L-龙脑、(1*S*)-内-(-)-龙脑［(1*S*)-endo-(-)-borneol］，IUPAC 名（1*S*,3*R*,4*S*)-4,7,7-三甲基双环[2.2.1]庚基-3-醇，CAS 号 464-45-9，FEMA 号 2157，UN 号 1312，RI_{np} 1151 或 1164（HP-5 柱）或 1173，RI_p 1650 或 1708 或 1723，分子式 $C_{10}H_{18}O$，无色晶体，熔点 206~208℃，沸点 203~204℃，lgP 3.010，呈樟脑（camphor）、印度墨水臭、轻微腐败脂肪臭和木香，在水中嗅阈值 140μg/L 或 80μg/L，苹果汁中觉察阈值 48μg/L，识别阈值 67μg/L。

(-)-龙脑广泛存在于草莓番石榴、百香果、芒果、苹果汁、中国花椒、黑种草属 *Nigella arvensis*、茜草、烤乳猪、韩国泡菜、药香型白酒中，可能是苹果汁的异嗅化合物，来源于链霉菌（*Streptomyces* ssp.）的污染。

(-)-龙脑在中国药香型董酒成品酒中含量为 3.05μg/L，大曲香醅原酒 4.88μg/L，基酒和小曲酒醅原酒中未检测到。

异龙脑（isoborneol，exo-borneol），俗称异冰片、DL-异龙脑，IUPAC 名 1,7,7-三甲基-环[2.2.1]庚-6-醇(1,7,7-trimethylbicyclo[2.2.1]heptan-6-ol)，CAS 号 10385-78-1，FEMA 号 2158，RI_{np} 1128 或 1157，RI_p 1660 或 1664，分子式 $C_{10}H_{18}O$，白色晶状固体，熔点 213℃，沸点 213℃，lgP 3.240。呈膏香、土腥、樟脑、草药气味和木香，在水中嗅阈值 16.4μg/L，存在于植物精油、荔枝中。

2-甲基异龙脑（2-methylisoborneol），IUPAC 名 1,6,7,7-四甲基环[2.2.1]庚-6-醇（1,6,7,7-tetramethylbicyclo[2.2.1]heptan-6-ol），CAS 号 2371-42-8，RI_{np} 1182 或 1210，RI_{mp} 1273，RI_p 1587 或 1537，分子式 $C_{11}H_{20}O$，沸点 208℃，密度 0.968g/mL，lgP 2.931。

2-甲基异龙脑呈土腥、霉腐臭、樟脑、巴西坚果、泥炭似的（peaty）气味；在空气中嗅阈值 0.009ng/L 或 0.006~0.012ng/L，水中嗅阈值 2.5ng/L 或 30ng/L 或 12ng/L

或 20~30ng/L 或 2.5~30ng/L 或 5~10ng/L 或 100ng/L 或 6.3ng/L，12%vol 模拟葡萄酒中嗅阈值 0.04μg/L，红葡萄酒中嗅阈值 0.055μg/L，啤酒中感觉阈值 6μg/L，识别阈值 8μg/L，苹果汁中嗅阈值 0.033μg/L。

2-甲基异龙脑呈土腥、霉腐、霉菌和泥炭气味，在水中味阈值 5~10ng/L 或 2.5ng/L。

（3）葑醇 葑醇（fenchol，fenchyl alcohol）(C 13-58)，俗称小茴香醇，IUPAC 名 1,1,3-三甲基-二环[2.2.1]庚-2-醇（1,3,3-trimethyl-bicyclo[2.2.1]heptan-2-ol），CAS 号 1632-73-1，FEMA 号 2480，RI_{np} 1182，RI_p 1549 或 1591，分子式 $C_{10}H_{18}O$，浅黄色固体，熔点 35~40℃，沸点 201~202℃，lgP 2.550，呈土腥、樟脑臭，在水中嗅阈值 50μg/L；苹果汁中觉察阈值 2.1μg/L，识别阈值 3.2μg/L。

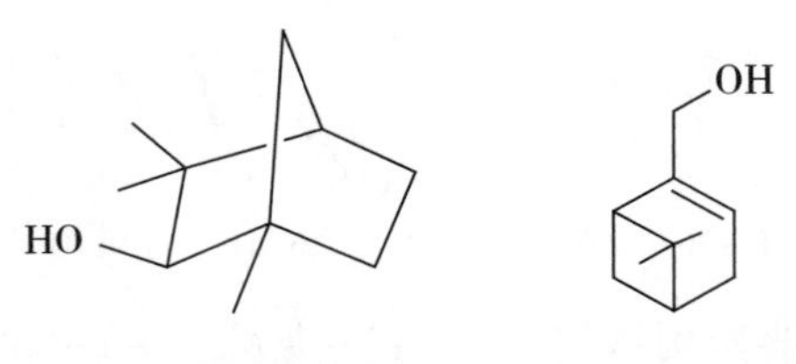

C 13-58 葑醇　　C 13-59 桃金娘烯醇

葑醇是葡萄汁和苹果汁中的异嗅物质，来源于链霉菌（*Streptomyces* ssp.）的污染。该化合物在中国药香型董酒成品酒、基酒、大曲香醅原酒和小曲酒醅原酒中含量十分低，通常处于检测限以下，也已经在松属植物、葡萄和葡萄酒中检测到。

（4）桃金娘烯醇 桃金娘烯醇（myrtenol）(C 13-59)，俗称 2-蒎烯-10-醇（2-pinen-10-ol），俗称 6,6-二甲基双环[3.1.1]庚-2-烯-2-甲醇，IUPAC 名（6,6-二甲基-4-双环[3.1.1]庚-3-烯基）甲醇 [(6,6-dimethyl-4-bicyclo[3.1.1]hept-3-enyl) methanol]，CAS 号 515-00-4，FEMA 号 3439，RI_{np} 1193 或 1218，RI_p 1793 或 1817，分子式 $C_{10}H_{16}O$，无色清亮液体，沸点 221~222℃，比重 0.976~0.983（25℃），折射率 1.490~1.500（20℃），lgP 3.220，呈面包、加热谷物、刺激性气味。

桃金娘烯醇广泛存在于中国橘子油、木莓、黑莓、草莓、姜、酒花油、红茶、薄荷油、胡椒、日本胡椒、桃金娘科植物（myrtle）的叶子和果实中，也存在于独活属植物根、艾属植物、中国花椒、松属植物、科涅克白兰地中。

第三节 萜烯醛类化合物

主要的萜烯醛类化合物（terpenic aldehydes）有香叶醛、橙花醛、香茅醛等。

一、 香叶醛与橙花醛

香叶醛和橙花醛其实是柠檬醛的一对异构体。

柠檬醛（citral，lemonal），是 *trans*-型与 *cis*-型的混合物，俗称（*E*）/（*Z*）-柠檬醛、（*E*+*Z*）-柠檬醛，IUPAC 名 3,7-二甲基-2,6-辛二醛（3,7-dimethyl-2,6-octadienal），CAS 号 5392-40-5，FEMA 号 2303，RI_{np} 1276，分子式 $C_{10}H_{16}O$，无色至浅黄色清亮液体，沸点 228~229℃，相对密度 0.885~0.891（25℃），折射率 1.486~1.490（20℃），lgP 3.450。

柠檬醛呈柠檬、甜香、果汁、柠檬皮、青香，空气中嗅阈值 373.8ng/L。该化合物存在于艾蒿（mugwort）等植物中。

柠檬醛的反式异构体（*trans*-isomer）是香叶醛，俗称柠檬醛 A；顺式（*cis*-isomer）异构体是橙花醛，俗称柠檬醛 B。

香叶醛（geranial）(C 13-60)，俗称（*E*）-柠檬醛、牻牛儿醛，IUPAC 名（2*E*）-3，7-二甲基辛-2,6-二烯醛［(2*E*)-3,7-dimethylocta-2,6-dienal］，CAS 号 141-27-5，FEMA 号 2303，RI_{np} 1270 或 1267，RI_p 1725 或 1727，分子式 $C_{10}H_{16}O$，无色或淡黄色清亮液体，沸点 228~229℃，密度 0.856g/mL，能溶解于醇类，不溶解于水，$lgP_{o/w}$ 3.45。

香叶醛具有强烈的柠檬、橙子香气和甜香，在水溶液中嗅阈值 32μg/L，存在于日本胡椒、月桂、芒果、葡萄、调香可乐碳酸饮料、纳豆发酵产物、葡萄酒中。

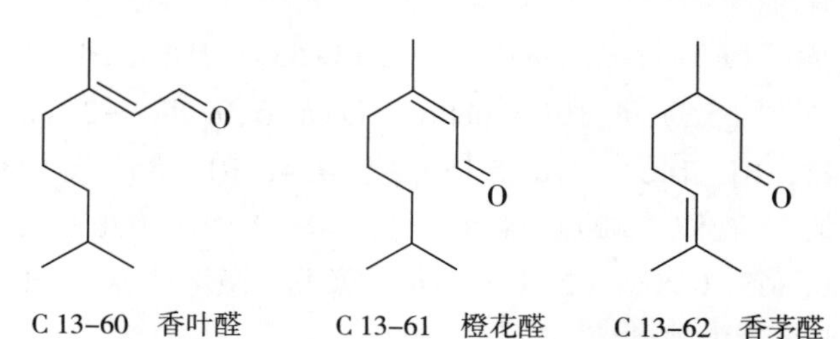

C 13-60 香叶醛　C 13-61 橙花醛　C 13-62 香茅醛

橙花醛（neral）(C 13-61)，俗称（*Z*）-橙花醛、（*Z*）-柠檬醛，IUPAC 名（2*Z*）-3,7-二甲基辛-2,6-二烯醛（(2*Z*)-3,7-dimethylocta-2,6-dienal），CAS 号 106-26-3，FEMA 号 2303，RI_{np} 1235 或 1247，RI_{mp} 1383，RI_p 1674 或 1695，分子式 $C_{10}H_{16}O$，淡黄色至黄色清亮液体，沸点 228℃，密度 0.856g/mL，相对密度 0.891（25℃），$lgP_{o/w}$ 3.17，溶于醇类，不溶于水。

橙花醛呈柠檬香、水果、油臭、柑橘等愉快、清新的香气，但香气比香叶醛要弱，在空气中嗅阈值 4.4~17.7ng/L，水溶液中嗅阈值 30μg/L 或 32μg/L 或 53μg/L，10%vol 酒精-水溶液中嗅阈值 500μg/L，14%vol 酒精-水溶液中嗅阈值 1mg/L。

橙花醛广泛存在于柑橘皮油、百香果、荔枝、芒果、葡萄、韩国泡菜、雪利酒、葡萄酒中。

二、香茅醛

香茅醛（citronellal，rhodinal）(C 13-62)，俗称（+）-香茅醛，IUPAC 名 3,7-二甲基辛-6-烯醛（3,7-dimethyloct-6-enal），CAS 号 106-23-0，FEMA 号 2307，RI_{np} 1152

或 1161，RI_p 1457 或 1485，分子式 $C_{10}H_{18}O$，无色至浅黄色液体，沸点 206~207℃，密度 0.835g/mL，折射率 1.446~1.453（20℃），$lgP_{o/w}$ 3.480，溶于乙醇等有机溶剂，不溶于水（70mg/L，25℃）和甘油，在空气中易氧化。

香茅醛呈橘子皮、青香、甜香，水溶液中嗅阈值 66μg/L，啤酒中嗅阈值 4mg/L；水溶液中味阈值 35μg/L。

香茅醛是手性醛，包括（*S*）-（-）-香茅醛（（*S*）-（-）-citronellal）和（*R*）-（-）-香茅醛［（*R*）-（-）-citronellal］。

香茅醛存在于柑橘皮油、日本胡椒、葡萄（但葡萄酒中未检测到）、橙汁、担子菌、啤酒中。

第四节 萜烯酮类化合物

一、非环状萜烯酮类

（*E*）-香叶基丙酮［（*E*）-geranylacetone］（C 13-63），IUPAC 名（5*E*）-6,10-二甲基十一-5,9-二烯-2-酮［（5*E*）-6,10-dimethylundeca-5,9-dien-2-one］，CAS 号 3796-70-1，FEMA 号 3542，RI_{np} 1464（HP-5 柱）或 1454，RI_p 1852 或 1930，分子式 $C_{13}H_{22}O$，无色到淡黄色清亮液体，沸点 247℃，折射率 1.467（20℃），密度 0.783g/mL（25℃），相对密度 0.865~0.870（20℃），溶于醇类，微溶于水，$lgP_{o/w}$ 4.13，呈花香、玫瑰香和水果香，水溶液中嗅阈值 60μg/L。

C 13-63 (*E*)-香叶基丙酮

香叶基丙酮存在于葡萄、黑莓、茜草、爆米花、挤压膨化面粉、韩国泡菜、酱香型白酒中。

香叶基丙酮在中国药香型董酒成品酒中含量为 19.73μg/L，基酒 23.95μg/L，大曲香醅原酒 21.94μg/L，小曲酒醅原酒 26.18μg/L；酱香型郎酒 8.00~11.9μg/L，醇甜原酒 10.2μg/L，酱香原酒 11.7μg/L，窖底香原酒 12.7μg/L；兼香型口子窖酒中未检测到。

香叶基丙酮在中国赤霞珠葡萄中含量为 0.19~1.96μg/kg 或 14.9μg/L，品丽珠葡萄中含量为 9.44μg/L，梅鹿辄葡萄中含量为 14.5μg/L，蛇龙珠葡萄中含量为 2.78μg/L；在贵人香白葡萄中含量为 0.01~1.01μg/kg，霞多利中含量为 0.06~0.44μg/kg，雷司令中含量为 0.07~0.15μg/kg。

二、 单环状萜烯酮类

1. 大马酮类

大马酮在自然界中主要以 α-型、β-型和 γ-型存在。

α-大马酮（α-damascenone），属于 C_{13} 降异戊二烯类化合物，IUPAC 名 1-(2,6,6-三甲基环己-2,4-二烯-1-基）丁-2-烯-1-酮［1-(2,6,6-trimethylcyclohexa-2,4-dien-1-yl)but-2-en-1-one］，CAS 号 35044-63-4，分子式 $C_{13}H_{18}O$，相对密度 1.015～1.021（25℃），折射率 1.502～1.508（20℃）。

α-大马酮有顺反异构体，(*Z*)-α-大马酮（C 13-64），IUPAC 名（*Z*）-1-(2,6,6-三甲基环己-2,4-二烯-1-基）丁-2-烯-1-酮［(*Z*)-1-(2,6,6-trimethylcyclohexa-2,4-dien-1-yl)but-2-en-1-one］，CAS 号 876181-15-6，RI_{np} 1352。

(*E*)-α-大马酮（C 13-65），IUPAC 名（*E*）-1-(2,6,6-三甲基环己-2,4-二烯-1-基）丁-2-烯-1-酮［(*E*)-1-(2,6,6-trimethylcyclohexa-2,4-dien-1-yl)but-2-en-1-one］，CAS 号 41641-03-6，RI_{np} 1389 或 1386，RI_p 1813。

C 13-64　(*Z*)-α-大马酮　　C 13-65　(*E*)-α-大马酮

α-二氢大马酮（α-damascone）(C 13-66)，是紫罗兰酮的同分异构体，相对于六元环来讲，羰基从 β 位移到了 α 位。该类化合物属于 C_{13} 降异戊二烯类（C_{13} norisopreonids）化合物。α-二氢大马酮俗称 α-二氢突厥酮，IUPAC 名 1-(2,6,6-三甲基环己-2-烯-1-基）丁-3-烯-1-酮［1-(2,6,6-trimethylcyclohex-2-en-1-yl)but-3-en-1-one］，CAS 号 43052-87-5，FEMA 号 3659，RI_{np} 1289，RI_p 1779，分子式 $C_{13}H_{20}O$，黄色清亮液体，沸点 267.13℃ 或 52℃（0.13kPa），相对密度 0.930（25℃/4℃），折射率 1.4957（20℃），lgP 3.436，不溶于水，溶于乙醇等有机溶剂，具有煮苹果香、玫瑰花香、甜香、花香、金属气味、水果香、苹果香、辛香、李子香气，已经在波旁威士忌中检测到。

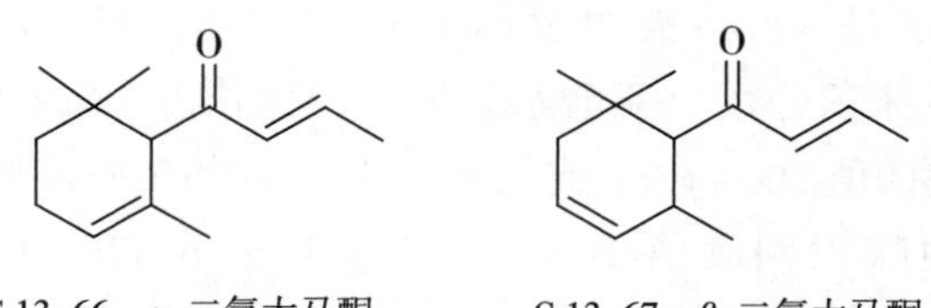

C 13-66　α-二氢大马酮　　C 13-67　β-二氢大马酮

β-二氢大马酮（β-damascone）(C 13-67)，IUPAC 名 1-(2,6,6-三甲基环己-3-烯-1-基）丁-2-烯-1-酮［1-(2,6,6-trimethylcyclohex-3-en-1-yl)but-2-en-1-one］，

CAS 号 57378-68-4，FEMA 号 3622，无色至浅黄色清亮液体，沸点 263.59℃，相对密度 0.926~0.934（25℃），折射率 1.489~1.494（20℃），lgP 4.200，呈水果香、甜香、玫瑰、花瓣香、花蕾香。

β-大马酮（β-damascenone）(C 13-68)，属于 C_{13}降异戊二烯类化合物，俗称大马酮、突厥酮、发酵酮（fermentone）、(*E*)-β-大马酮、*trans*-大马酮、2,6,6-三甲基-1-*trans*-丁烯丁基环己-1,3-二烯（2,6,6-trimethyl-1-*trans*-crotonoyl-cyclohexa-1,3-diene）、(8*E*)-巨豆-3,5,8-三烯-7-酮［(8*E*)-megastigma-3,5,8-trien-7-one］、4-(2,6,6-三甲基环己-1,3-二烯基)-丁-2-烯-4-酮，IUPAC 名（2*E*)-1-(2,6,6-三甲基-1-环己-1,3-二烯）丁-2-烯-1-酮［(2*E*)-1-(2,6,6-trimethyl-1-cyclohexa-1,3-dienyl)but-2-en-1-one］，CAS 号 23696-85-7 或 23726-93-4，FEMA 号 3420，RI_{np} 1375（HP-5 柱）或 1393，RI_{mp} 1496 或 1497，RI_p 1840 或 1828，分子式 $C_{13}H_{18}O$，摩尔质量 190.28g/mol，黄色清亮液体，沸点 274~275℃，相对密度 0.946~0.952（25℃），折射率 1.510~1.514（20℃），$lgP_{o/w}$ 4.04，几乎不溶于水（12.48mg/L，25℃），溶于乙醇等有机溶剂。(*Z*)-β-大马酮见 C 13-69。

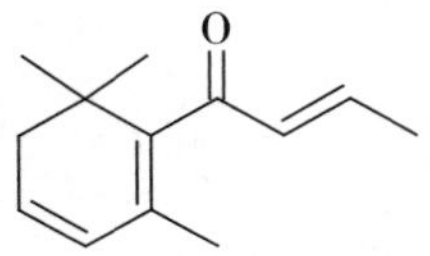

C 13-68 β-大马酮 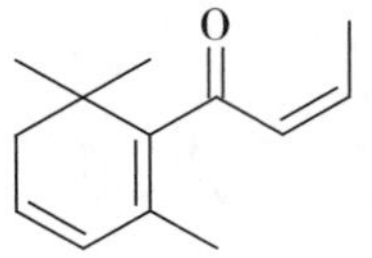　　　C 13-69 (*Z*)-β-大马酮

β-大马酮具有甜香、花香、芳香、水果香、蜂蜜、煮苹果香、葡萄汁、黑莓、苹果酱（applesauce）香气。该化合物存在变香性，即低浓度时，呈柠檬香、膏香；高浓度时，呈苹果、玫瑰和蜂蜜香。

β-大马酮在空气中嗅阈值 0.002~0.004ng/L 或 0.03ng/L，水中嗅觉觉察阈值 0.013μg/L，识别阈值 2ng/L 或 56ng/L 或 0.75~2ng/L 或 4ng/L 或 10ng/L 或 0.75ng/L 或 1.3ng/L 或 1ng/L 或 2~9ng/L，10%vol 酒精-水溶液中嗅阈值 0.05μg/L，12%vol 酒精-水溶液中嗅阈值 0.05μg/L，12%vol 模型葡萄酒中嗅阈值 0.05μg/L 或 2.1μg/L 或 0.85μg/L，12%vol 模型白葡萄酒中嗅阈值 0.14μg/L，葡萄酒中嗅阈值 4~7μg/L，红葡萄酒中嗅阈值 7μg/L，甜白葡萄酒中嗅阈值 4.5μg/L，干白葡萄酒中嗅阈值 50μg/L，非芳香强化白葡萄酒（用乙醇强化至酒精度约 21%vol）中嗅阈值 1600μg/L，啤酒中嗅阈值 203μg/L，40%vol 酒精-水溶液中嗅阈值 0.14μg/L，46% 酒精-水溶液中嗅阈值 0.12μg/L；7%（质量体积分数）醋酸水溶液中嗅阈值 0.19μg/L；葵花籽油中嗅阈值 11μg/kg；纤维素中嗅阈值 200 ng/kg 或 150 ng/kg，面粉中嗅阈值 0.2μg/kg。

β-大马酮在水中味识别阈值 1ng/L 或 9ng/L 或 6.42ng/L；葵花籽油中味阈值 3.7μg/kg。

β-大马酮具有独特的呈香特征。在含有酯的 12%vol 酒精-水溶液中，添加 β-大马酮（850ng/L）和 β-紫罗兰酮（140ng/L）时，能感觉到甜香；更高含量的 β-大马酮

(3500ng/L) 和β-紫罗兰酮 (230ng/L) 时，酯的酒精-水溶液能感觉到葡萄干和李子干香气，但这一现象在脱香葡萄酒中并不存在。在研究玫瑰红葡萄酒香气重构时发现，β-大马酮的作用并不能改变玫瑰红葡萄酒的整体香气品质 (qualitative character)，但可以增强其香气强度，是一种香气增强剂 (aroma enhancer)。另一项研究发现，在12%vol酒精-水溶液中β-大马酮能降低肉桂酸乙酯和己酸乙酯的香气阈值，即增强肉桂酸乙酯和己酸乙酯的水果香；增加了IBMP的感知阈值，或者说掩盖了IBMP的香气，或许可以认为β-大马酮对红葡萄酒风味的间接影响大于其直接影响。

β-大马酮首次在保加利亚玫瑰精油中鉴定出来，广泛存在于苹果、草莓、黑莓、接骨木莓、黑醋栗、树莓、油桃、葡萄、柑橘 (汁)、百香果、杨桃 (starfruit)、芒果、土豆、橄榄油、蜂蜜、糖蜜、茶 (包括红茶和绿茶)、煮苹果、咖啡、麦芽、燕麦团、雪利醋、葡萄酒、啤酒、苹果酒、日本烧酒 (shochu)、卡尔瓦多斯白兰地、威士忌、白酒中。

β-大马酮在咖啡中含量为260~293μg/kg，酿造咖啡中含量为3.8μg/kg，红茶中含量为1.1~1.7μg/kg，蜂蜜中含量为3.2~7.8μg/kg。

β-大马酮是葡萄的重要香气化合物，是白葡萄中含量最高的萜烯类化合物。β-大马酮在白葡萄中含量如下：贵人香208~871μg/kg；霞多利1.2~3.8μg/kg或137~900μg/kg；雷司令275~427μg/kg或痕量；阿林托1.3μg/kg；碧卡 (Bical) 6.7~7μg/kg；博阿尔 (Boal) 2μg/kg；菲安诺 (Fiano) 中痕量；莫瓦西亚 (Malvasia) 8~9μg/kg；塞尔斜 (Sercial) 5μg/kg；华帝露 (Verdelho) 3μg/kg；法兰盖 (Falangia) 2μg/kg。

β-大马酮在红葡萄中含量如下：赤霞珠32.8~37.6ng/L (游离的) 或15.7~18.5μg/L (水解释放的) 或2.85~7.39μg/kg或1.58μg/L或0~1.6μg/kg；品丽珠19.5~86.4ng/L (游离的) 或0.021~1.100μg/kg或9.2~12.5μg/L (水解释放的) 或1.13μg/L；梅鹿辄22.7~28.9ng/L (游离的) 或7.0~8.3μg/L (水解释放的) 或1.54μg/L或0.024~3.000μg/kg；蛇龙珠0.49μg/L或0.5μg/kg；西拉 (Shiraz) 2.8~4.4μg/kg；坎贝尔早生 (Campbell Early) 5μg/kg；卡托芭 (Catawba) 1.5μg/kg；康可 (Concord) 0.3~5μg/kg；特拉华 (Delaware) 0.5~5.0μg/kg；早糖 (Early sugar) 0.09μg/kg；玛利亚高米丝 (Maria gomes) 1.6~95.0μg/kg；伊芙斯 (Ives) 0.4μg/kg；尼亚加拉 (Niagara) 0.17μg/kg；味儿多 (Petit verdot) 0.63μg/kg；白葡萄白卡玉佳 (Cayuga white)、赛伯拉 (Seyval blanc)、威代尔 (Vidal blanc)、红葡萄博巴尔 (Bobal)、阿拉贡 (Aragonez)、巴格 (Baga)、密斯特瑞 (Mystery)、普瑞米 (Prime)、添帕尼优中未检测到。

β-大马酮于1974年首次在施赖埃尔 (Schreier) 和德拉韦特 (Drawert) 葡萄酒中发现，后发现广泛存在于发酵酒，特别是葡萄酒中，几乎存在于每一个使用GC-O研究的葡萄酒中，且FD值高，是葡萄酒的重要或关键香气成分。

β-大马酮在玫瑰红葡萄酒中含量为1.7~6.2μg/L；白葡萄酒0.089~9.400μg/L，新产白葡萄酒nd~9.4μg/L；红葡萄酒0.29~6.20μg/L或1.0~1.5μg/L或1.5~3.4μg/L，

新产红葡萄酒 18μg/L（0.29~4.70μg/L），老熟红葡萄酒 0.2~3.4μg/L；雪利酒 1.4μg/L；其他的或混品种勾兑的葡萄酒中含量为 0~10.1μg/L。

β-大马酮在白葡萄酒中含量如下：阿古德洛（Agudelo）1.1~1.9μg/L；阿尔瓦里尼奥（Alvarinho）0~3.4μg/L；白莱西梯模（Blanco lexitimo）0.8~1.9μg/L；博阿尔 1.3μg/L；霞多利 0~190μg/L；德温（Devín）3.1μg/L；埃米尔（Emir）5~6μg/L；法兰盖 16~30μg/L；菲安诺 0~10.4μg/L；琼瑶浆 0.84~6.20μg/L；瓜尔（Gual）3.35μg/L；利斯坦（Listán）5.1μg/L；洛雷罗（Loureiro）0~1.3μg/L；马卡毕欧（Maccabeo）3.5~8.0μg/L；莫瓦西亚（Malvasia）1.0~9.4μg/L；玛月罗（Marmajuelo）5.7μg/L；弗龙蒂尼昂麝香葡萄酒（Muscat de Frontignan）42μg/L；波诺瓦麝香葡萄酒（Muscat of Bornova）10~13μg/L；佩德罗希梅内斯（Pedro Ximénez）0~10.2μg/L；雷司令 0~10μg/L；长相思 0~3.9μg/L；塞尔斜（Sercial）0.7μg/L；施埃博（Scheurebe）0.98μg/L；韦尔德洛（Verdello）5.75μg/L；泽莱娜（Zelena）0.7μg/L；赛伯拉（Seyval blanc）、白卡玉佳（Cayuga white）、克莱雷特（Clairette）、莫里欧麝香（Morio-Muscat）、皮克葡（Picpoul）、特蕾（Terret）、白玉霓（Ugni blanc）、威代尔（Vidal blanc）等白葡萄酒中未检测到。

β-大马酮在红葡萄酒中含量如下：黑梅鹿辄（Merlot noir）250~1300ng/L；蛇龙珠 6μg/L 或 0.49μg/L（中国）；艾格尼科（Aglianico）4~8μg/L；康可（Concord）1.6μg/L；内格罗阿玛罗（Negroamaro）2.2~2.6μg/L；黑比诺 0~9.4μg/L；普里米蒂沃（Primitivo）2.0~2.4μg/L；塞拉德洛（Serradelo）1.6~5.1μg/L；西拉 0~3.6μg/L；丹娜 3.0~3.5μg/L；添帕尼优 0~2.2μg/L；梅鹿辄 0~12μg/L 或 2.9μg/L 或 3.3~4.8μg/L 或 4.1~5.1μg/L（水解释放的）或 1.54μg/L（中国），法国波尔多地区 2002 年梅鹿辄葡萄酒中总 β-大马酮总含量 2245~2975ng/L，其中游离态含量 787~1070ng/L，结合态含量 1458~1933ng/L；法国郎格多克（Languedoc）/鲁西荣（Roussillon）地区 2002 年梅鹿辄总 β-大马酮含量 1346ng/L，其中游离态含量 1092ng/L，结合态含量 254ng/L；品丽珠 1.7~6.3μg/L 或 1.13μg/L（中国）；2002 年品丽珠葡萄酒总 β-大马酮总含量 1920~2674ng/L，其中游离态含量 977~1357ng/L，结合态含量 914~1317ng/L；赤霞珠 0~7.4μg/L 或 1.58μg/L（中国）；2002 年赤霞珠葡萄酒总 β-大马酮总含量 2111~3039ng/L，其中游离态含量 1367~1711ng/L，结合态含量 551~1328ng/L；海歌娜葡萄酒中含量 0~7.8μg/L 或 1.0~4.0μg/L 或 1500ng/L（320~3400ng/L，西班牙葡萄酒）；2001~2002 年法国隆河（Rhône）地区海歌娜、西拉和慕合怀特（Mourvédre）葡萄酒的总 β-大马酮含量 863~1764ng/L，其中游离态含量 545~995ng/L，结合态含量 149~769ng/L；法国勃艮第（Burgundy）地区 2002 年的黑比诺葡萄酒总 β-大马酮总含量 609~919ng/L，其中游离态含量 242~471ng/L，结合态含量 367~448ng/L；法国卢瓦尔（Loire）流域 2002 年佳美葡萄酒总 β-大马酮含量 1107~1109ng/L，其中游离态含量 740~845ng/L，结合态含量 264~367ng/L；法国普罗旺斯（Provence）地区 1999~2002 年佳美葡萄酒总 β-大马酮含量 1405~1865ng/L，其中游离态含量 745~1042ng/L，结合态含量 660~823ng/L；法国郎格多克（Languedoc）/鲁西荣（Roussillon）2001—2002

年佳美葡萄酒总β-大马酮含量1199~3218ng/L，其中游离态含量593~2307ng/L，结合态含量606~912ng/L。在佳利酿（Carignan）、神索（Cinsaut）、哈恩力拓（Jaen Tinto）等葡萄酒中未检测到。其他或混品种酿造的葡萄酒其β-大马酮含量为0~17.5μg/kg。

β-大马酮在卡瓦酒（cava，西班牙产起泡葡萄酒）中含量为0~6.6μg/L；波特（port）1~13μg/L；苏特恩强化白葡萄酒（Sauterne）0~0.8μg/L；雪利酒（sherry）0~2.6μg/L；在香槟和马德拉葡萄酒（Madeira wine）中未检测到。

β-大马酮在啤酒中含量为1.6μg/kg或0~157μg/L，苹果酒中含量为200μg/L。

β-大马酮广泛存在于蒸馏酒中，是中国清香型白酒的关键香气成分，也是波旁威士忌的关键香气成分。

β-大马酮在日本烧酒中含量为40.3~156.2μg/L；波旁威士忌中含量为6.2~9.0μg/L或9~10μg/L，麦芽威士忌中含量为100~200μg/L，谷物威士忌中未检测到，其他威士忌中含量为16μg/L；在朗姆酒中含量为0.96~1.67μg/L或0~410μg/L；葡萄白兰地中含量为0~39360μg/L，但在李子白兰地、龙舌兰酒中未检测到；

β-大马酮在白酒中含量如下：清香型汾酒19.1μg/L或20~30μg/L或13.67μg/L（原酒），宝丰酒28.6μg/L或28.40μg/L（原酒），青稞酒11.5μg/L，二锅头原酒20.67μg/L，小曲清香型原酒中未见报道；老白干香型原酒12.07μg/L，手工大楂原酒11.21~54.05μg/L，机械化大楂原酒19.87~34.91μg/L；芝麻香型手工原酒10.91~26.81μg/L，机械化原酒3.20~29.36μg/L；药香型董酒成品酒19.81μg/L，基酒20.60μg/L，大曲香醅原酒16.12μg/L，小曲酒醅原酒37.08μg/L；酱香型郎酒4.89~6.84μg/L，醇甜原酒9.34μg/L，酱香原酒9.38μg/L，窖底香原酒中未检测到；兼香型口子窖酒中未检测到。

研究清酒发现，发酵过程中仅产生少量的β-大马酮，主要是酵母降解产生的；二次醪中仅积累少量的游离态的β-大马酮（约17μg/L）。β-大马酮主要来源于加热过程，即蒸馏时产生，且随着醪液pH的下降而呈上升趋势。白兰地、朗姆酒中β-大马酮同样来源于加热过程。中国白酒中的β-大马酮的形成过程与日本清酒类似，主要来源于蒸馏过程。

在葡萄酒和啤酒中，β-大马酮除了以游离态存在外，尚存在结合态。如在啤酒贮存过程中，在低pH时，会产生β-大马酮，这可能是由β-大马酮葡萄糖苷结合态酸水解而形成的。3-羟基-β-大马酮（3-hydroxy-β-damascenone）已经在葡萄酒中的水解结合态产物中检测到。β-大马酮可能来源于类胡萝卜素的热降解，类胡萝卜素在高粱中含量比较丰富，约0.8~21.0μg/100g（以胡萝卜计）。

2. 紫罗兰酮类

紫罗兰酮类、鸢尾酮类、二氢大马酮类都有三个主要的异构体，分别为α-型（C 13-70）、β-型（C 13-71）和γ-型（C 13-72），主要区别在于双键的位置不同。

C 13-70　α-型　　　C 13-71　β-型　　　C 13-72　γ-型

紫罗兰酮类（ionones）化合物的三个异构体，即 α-紫罗兰酮、β-紫罗兰酮和 γ-紫罗兰酮（γ-ionone）(C 13-73～C 13-75)。该类化合物属于 C_{13}降异戊二烯类（C_{13} norisopreonids）化合物。紫罗兰酮类化合物是最古老的香气化合物之一。1893 年，该类化合物首先被人工合成，大约一个世纪后，才被发现存在于自然界。紫罗兰酮类化合物大多具有木香、水果香、紫罗兰和树莓香。

α-紫罗兰酮（α-ionone）(C 13-73)，俗称（±）-(*E*)-α-紫罗兰酮、（±）-*trans*-α-紫罗兰酮、(*E*)-α-紫罗兰酮，IUPAC 名（3*E*）-4-(2,6,6-三甲基环己-2-烯-1-基）丁-3-烯-2-酮［(3*E*)-4-(2,6,6-trimethylcyclohex-2-en-1-yl)but-3-en-2-one］，CAS 号 127-41-3 或 6901-97-9，FEMA 号 2594，RI_{np} 1422 或 1437，RI_{mp} 1552，RI_{p} 1831 或 1889，分子式 $C_{13}H_{20}O$，无色至浅黄色清亮液体，沸点 237～238℃，相对密度 0. 927～0. 935（25℃），折射率 1. 499～1. 504（20℃），lgP 3. 995，呈甜香、水果香、玫瑰、紫罗兰、木香、花香、热带水果、鸢尾（orris）香气，在水中嗅阈值 5μg/L，啤酒中嗅阈值 2. 6μg/L。

α-紫罗兰酮已经在百香果、树莓、葡萄、啤酒、葡萄酒 中检测到，在 1996 年产梅鹿辄葡萄酒中含量 27. 9ng/L，新产红葡萄酒中含量 140ng/L（17～540ng/L）。

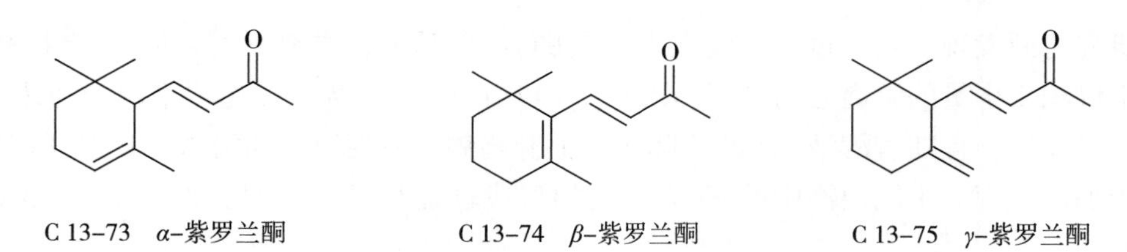

C 13-73　α-紫罗兰酮　　　C 13-74　β-紫罗兰酮　　　C 13-75　γ-紫罗兰酮

β-紫罗兰酮（β-ionone）(C 13-78）属于降异戊二烯类化合物，IUPAC 名 4-(2,6,6-三甲基环己-1-烯基）丁-3-烯-2-酮［4-(2,6,6-trimethylcyclohex-1-enyl)but-3-en-2-one］，CAS 号 14901-07-6，FEMA 号 2595，RI_{np} 1462 或 1500，RI_{mp} 1620 或 1622，RI_{p} 2024 或 1950，分子式 $C_{13}H_{20}O$，摩尔质量 912. 3g/mol，淡黄色清亮液体，沸点 126～128℃（1. 6kPa）或 128～129℃（1. 3kPa），密度 0. 944g/mL，折射率 1. 517～1. 522（20℃），$lgP_{o/w}$ 3. 92，饱和蒸汽压 0.0331×10^{-3} atm（3. 35Pa），溶于醇类、不挥发油、丙二醇，微溶于水（25. 16mg/L，25℃），不溶于甘油。

β-紫罗兰酮呈花香、芳香、树莓、紫罗兰、木香、膏香、水果香、欧洲接骨木花香。

β-紫罗兰酮在水中嗅觉觉察阈值 3. 5μg/L，识别阈值 8. 4μg/L 或 7～500ng/L 或 7ng/L 或 30ng/L 或 0. 5μg/L 或 0. 2μg/L 或 5. 9μg/L，10%vol 酒精-水溶液中嗅阈值 90ng/L，模拟葡萄酒［水-酒精 89：11（体积比），1L，4g 酒石酸，用 K_2CO_3调整 pH 至 3. 5］中嗅阈

值 90ng/L，10%vol 模拟葡萄酒（7g/L 甘油，pH3.2）中嗅阈值 0.09μg/L，啤酒中嗅阈值 0.6μg/L 或 1.6μg/L 或 1.3μg/L，红葡萄酒中嗅阈值 1.5ng/L 或 2ng/L，甜白葡萄酒中嗅阈值 4.5μg/L。β-紫罗兰酮在水中味阈值 0.461~1.080μg/L。

β-紫罗兰酮是一个天然产物，来源于β-类胡萝卜素的氧化降解。

β-紫罗兰酮广泛存在于欧洲接骨木花、茴香、胡椒、番茄、芒果、树莓、葡萄、柑橘、爆米花、茶、牛肉猪肉蔬菜汁、葡萄酒、啤酒、波旁威士忌、白酒中。

β-紫罗兰酮于 1976 年首次发现于白葡萄品种中，后来在美国加州赤霞珠葡萄、雷司令葡萄汁以及黑梅鹿辄葡萄酒中陆续发现，并被认为是玫瑰香葡萄和歌海娜葡萄酒的关键香气成分之一。

β-紫罗兰酮在梅鹿辄葡萄中含量为 81~148 ng/kg 或 1190ng/L（中国），赤霞珠葡萄 140~299 ng/kg 或 1350ng/L（中国），品丽珠葡萄 150~223 ng/kg 或 752ng/L（中国），中国蛇龙珠葡萄 680ng/L（中国）。研究发现，β-紫罗兰酮在葡萄老熟阶段其浓度会有轻微下降。

β-紫罗兰酮在玫瑰红葡萄酒中含量为 40~510ng/L 或 7.23μg/L；新产红葡萄酒 80ng/L（32~900ng/L），老熟红葡萄酒 400~1950ng/L，新产白葡萄酒 110ng/L；勃艮第地区产的黑比诺葡萄酒中含量最高（1475ng/L），梅鹿辄葡萄酒 84.1ng/L 或 92~337ng/L，赤霞珠葡萄酒 166~293ng/L，品丽珠葡萄酒 130~272ng/L，丹菲特红葡萄酒 0.9μg/L。

β-紫罗兰酮在啤酒中浓度为 150~180μg/L。

β-紫罗兰酮在中国药香型董酒成品酒中含量为 11.12μg/L，基酒 10.08μg/L，大曲香醅原酒 8.60μg/L，小曲酒醅原酒 9.06μg/L。

γ-紫罗兰酮（γ-ionone）（C 13-75），IUPAC 名（*3E*）-4-（2,2-二甲基-6-甲亚基环己基）丁-3-烯-2-酮［（*3E*）-4-（2,2-dimethyl-6-methylidenecyclohexyl）but-3-en-2-one］，CAS 号 79-76-5，FEMA 号 3175，分子式 $C_{13}H_{20}O$，无色至浅黄色清亮液体，沸点 267~268℃，相对密度 0.929~0.931（25℃），折射率 1.497~1.501（20℃），lgP 3.505，呈木香、花香。

3. α-酸及其衍生物

啤酒及酒花中最重要的萜烯酮类化合物是α-酸（α-acids）（C 13-76）、异α-酸（iso-α-acids）和β-酸（β-acids）（C 13-77）。α-酸和β-酸是啤酒中的一类重要苦味物质，俗称软树脂（soft resin）。在啤酒煮沸过程中，易于异构化为 *cis*-和 *trans*-异α-酸，是产生啤酒苦味的最主要物质，β-酸和 *trans*-异α-酸的转化产物可以增加苦味，但影响是次要的。软树脂的衍生化产物称为硬树脂（hard resin），主要包括黄腐酚（xanthohumol）、异黄腐酚（isoxanthohumol）、去甲基黄腐酚（desmethylxanthohumol）、8-异戊烯基柚皮素（8-prenylnaringenin）和 6-异戊烯基柚皮素（6-prenylnaringenin）等，这些化合物也对苦味有贡献。它们可激活人苦味受体（bitter taste receptor）hTAS2R1、hTAS2R14 和 hTAS2R40。

α-酸（C 13-76）主要包括葎草酮、辅葎草酮（cohumulone）和加葎草酮等，异α-酸（C 13-77 和 C 13-78）主要包括 *cis*-和 *trans*-异葎草酮等。

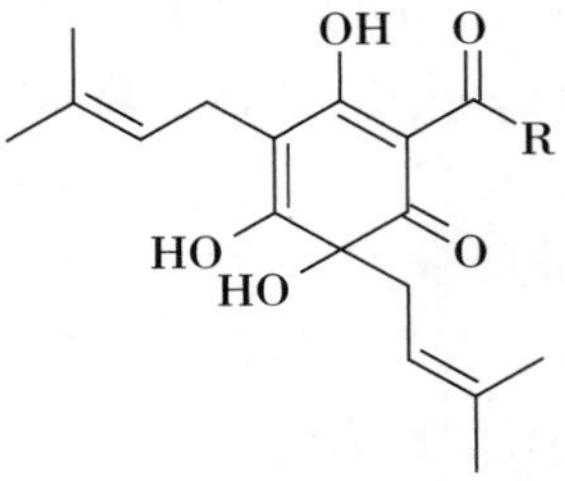

R	化合物名称
CH $(CH_3)_2$	辅葎草酮（cohumulone）
CH_2CH $(CH_3)_2$	葎草酮（humulone）
CH (CH_3) CH_2CH_3	加葎草酮（adhumulone）

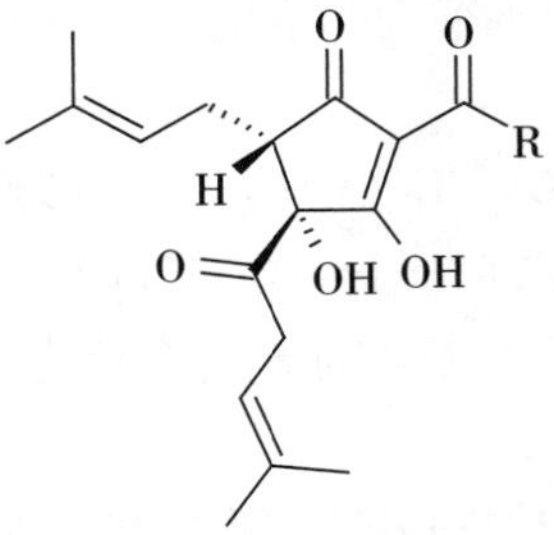

C 13-76 *α*-酸

R	化合物名称
CH $(CH_3)_2$	*cis*-异辅葎草酮（isocohumulone）
CH_2CH $(CH_3)_2$	*cis*-异葎草酮（isohumulone）
CH (CH_3) CH_2CH_3	*cis*-异加葎草酮（isoadhumulone）

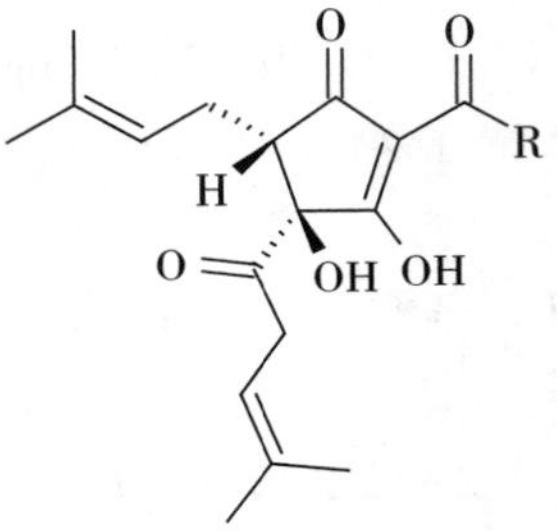

C 13-77 *cis*-异*α*-酸

R	化合物名称
CH $(CH_3)_2$	*trans*-异辅葎草酮（isocohumulone）
CH_2CH $(CH_3)_2$	*trans*-异葎草酮（isohumulone）
CH (CH_3) CH_2CH_3	*trans*-异加葎草酮（isoadhumulone）

C 13-78 *trans*-异*α*-酸

α-葎草酮（*α*-humulone），俗称葎草酮、*α*-苦味酸（*α*-bitter acid），IUPAC 名 5，6-二羟基-4-(3-甲基丁酰基)-2,6-双（3-甲基丁-2-烯基）环己-4-烯-1,3-二酮[5,6-dihydroxy-4-(3-methylbutanoyl)-2,6-bis(3-methylbut-2-enyl)cyclohex-4-ene-1,3-dione]，CAS 号 23510-81-8，分子式 $C_{21}H_{30}O_5$，呈苦味，在 5%vol 酒精-水溶液中（pH4.4）苦味阈值 21μmol/L。

β-酸（C 13-79）主要包括辅酒花酮、酒花酮和加酒花酮。

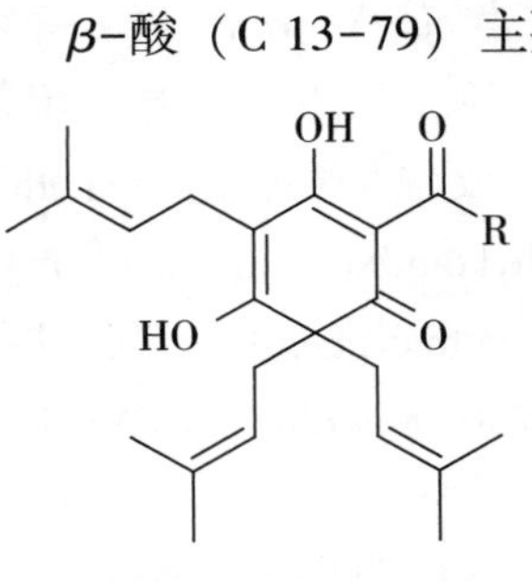

R	化合物名称
CH $(CH_3)_2$	辅酒花酮（colupulon）
CH_2CH $(CH_3)_2$	酒花酮（lupulon）
CH (CH_3) CH_2CH_3	加酒花酮（adlupulon）

C 13-79 *β*-酸

辅酒花酮（colupulon，colupulone），IUPAC 名 3,5-二羟基-4,6,6-三（3-甲基丁-2-烯）-2-(2-甲基丙酰基）环己-2,4-二烯-1-酮［3,5-dihydroxy-4,6,6-tris(3-methylbut-2-enyl)-2-(2-methylpropanoyl)cyclohexa-2,4-dien-1-one］，CAS 号 468-27-9，分子式 $C_{25}H_{36}O_4$，沸点 314.9℃，lgP 6.039，呈苦味，在 5%vol 酒精水溶液中（pH4.4）苦味阈值 17μmol/L。

酒花酮（lupulon，lupulone），IUPAC 名 3,5-二羟基-4,6,6-三（3-甲基丁-2-烯）-2-(3-甲基丁酰基）环己-2,4-二烯-1-酮［3,5-dihydroxy-4,6,6-tris(3-methylbut-2-enyl)-2-(3-methylbutanoyl)cyclohexa-2,4-dien-1-one］，CAS 号 468-28-0，分子式 $C_{26}H_{38}O_4$，熔点 93℃，沸点 583~584℃，lgP 6.548，呈苦味，在 5%vol 酒精水溶液中（pH 4.4）苦味阈值 35μmol/L。

加酒花酮（adlupulon，adlupulone），IUPAC 名 5-羟基-2,6,6-三（3-甲基丁-2-烯基)-4-(2-甲基酰基）环己-4-烯-1,3-二酮［5-hydroxy-2,6,6-tris(3-methylbut-2-enyl)-4-(2-methylbutanoyl)cyclohex-4-ene-1,3-dione］，CAS 号 28374-71-2，分子式 $C_{26}H_{38}O_4$，呈苦味，在 5%vol 酒精水溶液中（pH4.4）苦味阈值 37μmol/L。

α-酸在热诱导时，可异构化为异 α-酸，异 α-酸在质子催化下，降解生成三环产物。

4. 薄荷酮

薄荷酮（menthone)(C 13-80）是最重要的萜烯酮类（terpene ketone）化合物之一，俗称（±)-薄荷酮、DL-薄荷酮、2-异丙基-5-甲基环己酮、新薄荷酮（neomenthone）、*p*-薄荷酮，IUPAC 名 5-甲基-2-丙-2-基环己-1-酮（5-methyl-2-propan-2-ylcyclohexan-1-one)，CAS 号 89-80-5，FEMA 号 2667，RI_{np} 1154 或 1143，RI_p 1474 或 1478，分子式 $C_{10}H_{18}O$，无色清亮液体，熔点-6℃，沸点 209~210℃，相对密度 0.888~0.895（25℃/4℃），折射率 1.448~1.455（20℃），比旋光度±15°，$lgP_{o/w}$ 2.87，微溶于水（688mg/L，25℃），溶于乙醇等有机溶剂，具清凉薄荷、清新、青香、木香香气，具凉爽感。该化合物在水中嗅阈值 170μg/L。

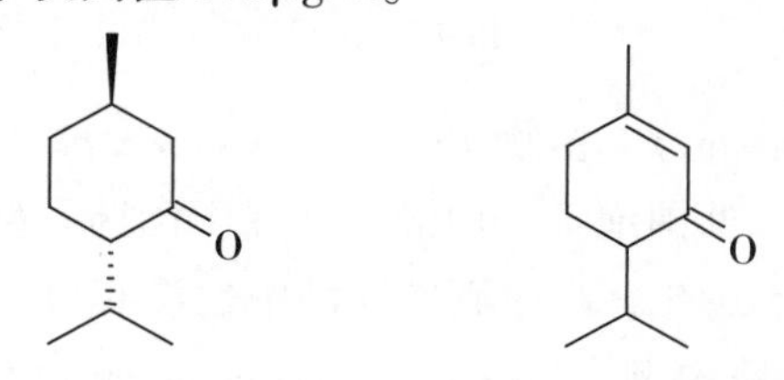

C 13-80　(-)-薄荷酮　　C 13-81　胡椒薄荷烯酮

薄荷酮是植物精油如薄荷油（pennyroyal)、胡椒薄荷油（peppermint oil）和天竺葵精油（geranium）的主要成分，广泛存在于柑橘皮油、百香果、芒果、烤杏仁、啤酒、白葡萄酒、威士忌、朗姆酒中。

一个与薄荷酮结构类似的环状单萜烯酮类化合物是胡椒薄荷烯酮（piperitone）(C 13-81)，俗称 3-香芹薄荷烯酮（3-carvomenthenone)、*p*-孟-1-烯-3-酮（*p*-menth-1-en-3-one)、6-异丙基-3-甲基-1-环己-2-烯酮（6-isopropyl-3-methyl-1-cyclohex-2-enone)，IUAC 名 3-甲基-6-丙-2-基环己-2-烯-1-酮（3-methyl-6-propan-2-

ylcyclohex-2-en-1-one)，CAS 号 89-81-6，RI_{np} 1254，RI_p 1701，分子式 $C_{10}H_{16}O$，无色至浅黄色清亮液体，沸点 232～233℃，密度 0.9331g/cm^3，折射率 1.483～1.487(20℃)，lgP 2.850，能溶于醇，微溶于水（273.1mg/L，25℃）。呈草药、薄荷、樟脑气味，具凉爽感。2016 年该化合物首次在波尔多红葡萄老酒中检测到，在波尔多红葡萄酒中含量为 121～1091ng/L。该化合物曾经发现于锡特卡云杉（Sitka spruce）中。

三、 双环萜烯酮类

1. 樟脑

樟脑（camphor）(C 13-82)，俗称 2-莰酮（2-bornanone）、(±)-樟脑、日本樟脑(Japan camphor)、月桂树樟脑（laurel camphor）、洋甘菊樟脑（matricaria camphor），IUPAC 名 1,7,7-三甲基双环[2.2.1]庚-2-酮（1,7,7-trimethylbicyclo[2.2.1]heptan-2-one)，CAS 号 76-22-2，FEMA 号 2230，RI_{np} 1130（HP-5 柱）或 1148，RI_{mp} 1257，RI_p 1480 或 1528，分子式 $C_{10}H_{16}O$，白色晶体，容易升华，熔点 179～180℃，沸点 208～209℃。相对密度 0.990～0.995（25℃/4℃)，比旋光度±44°，lgP 3.040，微溶于水，溶于乙醇等有机溶剂。具有类似薄荷的清凉气息、樟脑、西药、欧洲接骨木花香，在空气中嗅阈值 7.8μg/L。

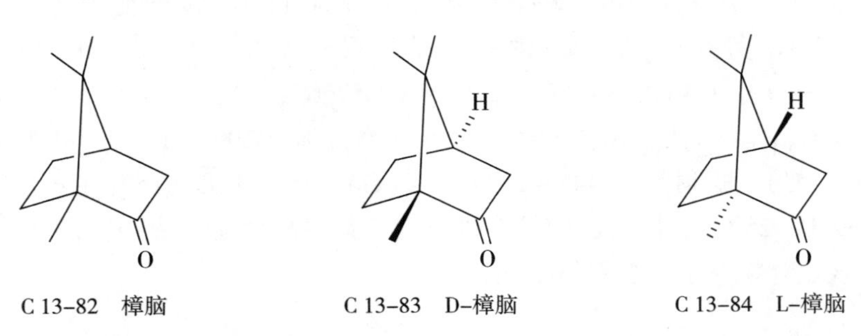

C 13-82 樟脑　　C 13-83 D-樟脑　　C 13-84 L-樟脑

樟脑存在于艾蒿（mugwort)、植物 *Bunium luristanicum*、茴香、欧洲接骨木花、百香果、芒果、罗勒、咖啡、韩国泡菜、白酒中，在中国药香型董酒成品酒和基酒中未检测到，大曲香醅原酒 38.05μg/L，小曲酒醅原酒中也没有检测到。

樟脑有左旋与右旋两种构型。D-樟脑（D-camphor)(C 13-83)，俗称右旋樟脑(dextro-camphor)、D-(+)-樟脑、(+)-2-莰酮［(+)-2-bornanone］、(1*R*,4*R*)-(+)-樟脑、(1*R*)-樟脑、(*R*)-樟脑、(*R*)-(+)-樟脑、D-日本樟脑、D-月桂树樟脑、D-洋甘菊樟脑，IUPAC 名（1*R*,4*R*)-1,7,7-三甲基双环[2.2.1]庚-2-酮（(1*R*,4*R*)-1,7,7-trimethylbicyclo[2.2.1]heptan-2-one）或（1*R*,4*R*)-4,7,7-三甲基双环[2.2.1]庚-3-酮，CAS 号 464-49-3 或 68546-28-1，FEMA 号 2230。

L-樟脑（L-camphor)(C 13-84)，俗称左旋樟脑（laevo-camphor)、(1*S*,4*S*)-(-)-樟脑、(1*S*)-樟脑、(1*S*)-(-)-樟脑，IUPAC 名（1*S*)-1,7,7-三甲基双环[2.2.1]庚-2-酮［(1*S*)-1,7,7-trimethylbicyclo[2.2.1]heptan-2-one］或（1*S*,4*S*)-4,7,7-三甲基

双环[2.2.1]庚-3-酮，CAS 号 464-48-2，RI_{np} 1142，RI_p 1509，比旋光度-45～-41，呈樟脑气味，在水溶液中嗅阈值 1.47mg/L，已经在茴香中检测到。

2. 葑酮

葑酮（fenchone)(C 13-85)，俗称 DL-葑酮，IUPAC 名 1,1,3-三甲基双环[2.2.1]庚-2-酮（1,3,3-trimethylbicyclo[2.2.1]heptan-2-one)，CAS 号 1195-79-5，RI_{np} 973 或 1087，RI_{mp} 1184 或 1290，RI_p 1305 或 1389，分子式 $C_{10}H_{16}O$，熔点 5～6℃，沸点 193～194℃，相对密度 0.940～0.948（25℃），折射率 1.460～1.467（20℃），lgP 2.089，呈土腥、樟脑臭、桉树、霉味，在水中嗅阈值 500μg/L 或 440μg/L。

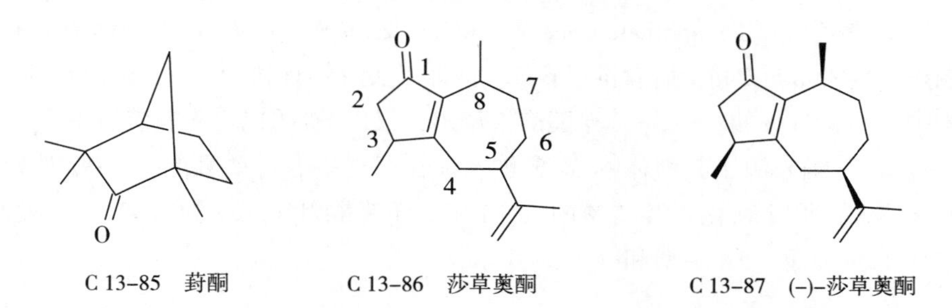

C 13-85 葑酮　　C 13-86 莎草薁酮　　C 13-87 (-)-莎草薁酮

葑酮是葡萄汁中的异嗅物质，存在于植物 *Bunium luristanicum* 、茴香、松树、染污葡萄和葡萄汁、烤乳猪中。

3. 莎草薁酮

一个更加复杂的环戊酮——莎草薁酮（rotundone)(C 13-86)，IUPAC 名 3,4,5,6,7,8-六氢-3α,8α-二甲基-5α-(1-甲基乙烯基）薁-1(2*H*)-酮［3,4,5,6,7,8-hexahydro-3α,8α-dimethyl-5α-(1-methylethenyl)azulene-1(2*H*)-one］。莎草薁酮于 2000 年首次在马郁兰（marjoram，一种牛至属植物)、牛至、天竺葵、香附子（nut grass)、迷迭香、滨藜（saltbush)、罗勒和百里香中检测到，2008 年在西拉葡萄酒和胡椒中检测到。

常见的、在葡萄与葡萄酒中检测到的是（-)-莎草薁酮（(-)-rotundone)(C 13-87)，IUPAC 名（-)-(3*S*,5*R*,8*S*)-3,8-二甲基-5-(丙-1-烯-2-基)-3,4,5,6,7,8-六氢-(2*H*)-薁-1-酮[(-)-(3*S*,5*R*,8*S*)-3,8-dimethyl-5-(prop-1-en-2-yl)-3,4,5,6,7,8-hexahydro-(2*H*)-azulene-1-one]，CAS 号 18374-76-0，分子式 $C_{15}H_{22}O$，相对分子质量 218.17，沸点 330℃，lg $K_{o/w}$-4.98。呈胡椒气味，在水中嗅阈值 8ng/L，红葡萄酒中嗅阈值 16ng/L 即 7×10^{-11} mol/L。

(-)-莎草薁酮存在于多种葡萄和葡萄酒中，如赤霞珠、杜瑞夫（Durif)、慕合怀特(Mourvedre)、斯奇派蒂诺（Schioppettino)、维斯琳娜（Vespolina)、格勒乌尼珥(Gruner veltliner)，是西拉葡萄酒的关键香气成分。该化合物在西拉葡萄中含量为10～620ng/L；斯奇派蒂诺葡萄酒中含量为 457～561μg/L，维斯琳娜葡萄酒中含量为 278～560μg/L，格勒乌尼珥葡萄酒中含量为 63～266μg/L。

在不同年份葡萄酒中（-)-莎草薁酮含量相差很大，如 2002 年西拉葡萄酒中含 145ng/L，而 2003 年葡萄酒中仅含 29ng/L。

在维斯琳娜（Vespolina）葡萄从转色期（veraison）到成熟期的过程中，(-)-莎草薁酮达到一个相对高的浓度，5.44μg/kg；在白葡萄品种绿维特林纳（Gruener veltliner）中，达到1.91μg/kg。

进一步研究发现，(-)-莎草薁酮更多存在于浆果外果皮（exocarp）中。在寒冷气候中生长的西拉葡萄比生长在温暖地区的含有更多的(-)-莎草薁酮。背阴的葡萄串（shaded bunch sectors）、面南区域（southern-facing area）生长活力高的葡萄（vigor vines）和顶部的背阴葡萄串含有较高的(-)-莎草薁酮。浆果温度超过25℃时，对(-)-莎草薁酮的产生有不良影响。温度和光照是影响葡萄果实(-)-莎草薁酮含量的主要因素。使用1-萘乙酸（1-naphthaleneacetic acid）和乙烯利（ethrel）处理葡萄浆果，能推迟果实老熟（前者推迟23d，后者推迟6d）。推迟果实成熟有利于(-)-莎草薁酮的产生。发酵过程中，约有10%的(-)-莎草薁酮被浸出，仅仅6%可以进入瓶装酒中。

(-)-莎草薁酮来源于其前体物α-愈创木烯在空气中的自动氧化。α-愈创木烯在空气中室温时48h可以氧化产生7%的(-)-莎草薁酮和0.6%的莎草薁醇类化合物[rotund-2-ols，包括(2*R*)-型和(2*S*)-型]。

第五节　萜烯酯类化合物

饮料酒中该类化合物主要有香叶酯（geranyl esters）和香茅酯类。

香叶酯类（geranyl esters）主要包括：乙酸香叶酯、丙酸香叶酯、丁酸香叶酯、异丁酸香叶酯（geranyl isobutanoate）、异戊酸香叶酯、己酸香叶酯（geranyl hexanoate）。这些酯类具有类似的香气、甜香、水果香、玫瑰香、薰衣草香、树莓香、桃香和蓝莓香。

乙酸香叶酯（geranyl acetate）(C 13-88)，俗称乙酸(*E*)-香叶酯、乙酸(*E*)-橙花酯[(*E*)-neryl acetate]，IUPAC名乙酸(2*E*)-3,7-二甲基辛-2,6-二烯-1-基酯[(2*E*)-3,7-dimethylocta-2,6-diene-1-yl acetate]，CAS号105-87-3，FEMA号2509，RI_{np} 1360或1385，RI_p 1753或1769，分子式$C_{12}H_{20}O_2$，无色清亮液体，熔点小于25℃，沸点240~245℃，相对密度0.900~0.914（25℃），折射率1.458~1.464（20℃），比旋光度-3°~+2°，lgP 4.040，不溶于水，溶于乙醇等有机溶剂，呈玫瑰花香、花香、松树、甜香、刺激性气味、芳香、水果香，在水中嗅阈值9μg/L，46%vol酒精-水溶液中嗅阈值636.07μg/L。

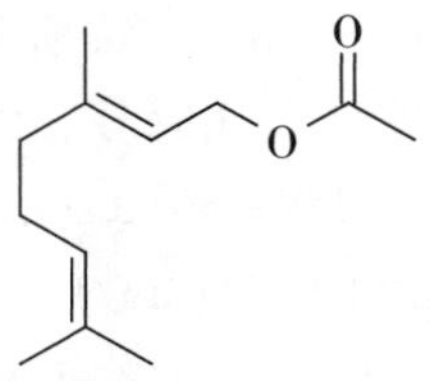

C 13-88　乙酸香叶酯

乙酸香叶酯广泛存在于松树、日本胡椒、茜草、芒果、韩国泡菜、啤酒、葡萄和葡萄酒、苹果酒、朗姆酒、白酒中，中国苹果酒中含量为 nd~70.62μg/L。

乙酸橙花叔酯（nerolidyl acetate），IUPAC 名乙酸（6*E*）-3,7,11-三甲基十二-1,6,10-三烯-3-酯［(6*E*)-3,7,11-trimethyldodeca-1,6,10-trien-3-yl acetate］，CAS 号 2306-78-7，RI_{np} 1693，分子式 $C_{17}H_{28}O_2$，无色清亮液体，沸点 280℃，lgP 5.868，已经在红葡萄酒中检测到。

甲酸香茅酯（citronellyl formate），IUPAC 名甲酸 3,7-二甲基辛-6-烯-1-基酯（3,7-dimethyloct-6-en-1-yl formate），CAS 号 105-85-1，FEMA 号 2314，RI_{np} 1233 或 1275，分子式 $C_{11}H_{20}O_2$，无色清亮液体，沸点 235℃，相对密度 0.890~0.903（25℃），折射率 1.443~1.450（20℃），lgP 3.800，呈佛手柑、黄瓜、玫瑰、杏子、桃子和李子香气，已经在芒果、红葡萄酒中检测到。

乙酸香茅酯（citronellyl acetate），俗称乙酸 β-香茅酯，IUPAC 名乙酸 3,7-二甲基辛-6-烯-1-基酯（3,7-dimethyloct-6-en-1-yl acetate），CAS 号 150-84-5，FEMA 号 2311，RI_{np} 1335 或 1357，RI_p 1645 或 1672，分子式 $C_{12}H_{22}O_2$，无色清亮液体，沸点 240℃，密度 0.891g/mL（25℃），折射率 1.431~1.496（20℃），lgP 4.220，呈柑橘、油臭、酯香、橡胶气味。

乙酸香茅酯是植物精油如柑橘皮油的重要香气成分，存在于百香果、芒果、中国花椒、日本胡椒、葡萄酒中。

第六节　萜烯醚类化合物

一、桉树脑类

1,4-桉树脑（1,4-cineole）(C 13-89)，俗称 1,4-环氧-对-孟烷（1,4-epoxy-*p*-menthane）、1-异丙基-4-甲基-7-氧双环[2.2.1]-庚烷（1-isopropyl-4-methyl-7-oxabicyclo[2.2.1]-heptane），IUPAC 名 4-甲基-1-丙-2-基-7-氧双环［2.2.1］-庚烷（4-methyl-1-propan-2-yl-7-oxabicyclo［2.2.1］-heptane），CAS 号 470-67-7，FEMA 号 3658，RI_{np} 1016，RI_p 1188，分子式 $C_{10}H_{18}O$，无色流动液体，熔点 -46℃，沸点 172~174℃或 65℃（2.1kPa），密度 0.887g/mL（25℃），lgP 2.970。1，4-桉树脑是四氢呋喃衍生物，具有清新、凉爽感，呈樟脑、薄荷、桉树、冷松、萜烯类和青香香调。

1,4-桉树脑已经在松树、芒果、红葡萄酒中鉴定出，红葡萄酒中浓度 0.023~1.6μg/L，赤霞珠葡萄酒中含量为 0.59±0.33μg/L，西拉葡萄酒中含量为 0.07±0.04μg/L，黑比诺葡萄酒中含量为 0.22±0.2μg/L。

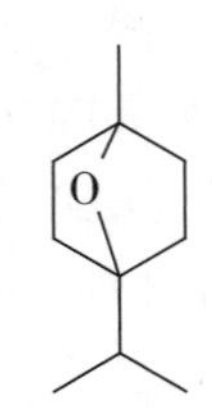

C 13-89 1,4-桉树脑

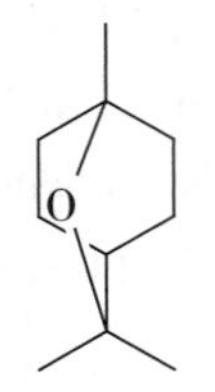

C 13-90 1,8-桉树脑

1,8-桉树脑（1,8-cineole，1,8-cineol）(C 13-90)，俗称 1,8-环氧-*p*-薄荷烷（1,8-epoxy-*p*-menthane）、桉树脑（eucalyptol），IUPAC 名 1,3,3-三甲基-2-氧-双环[2,2,2]辛烷（1,3,3-trimethyl-2-oxabicyclo[2,2,2]octane），CAS 号 470-82-6，RI_{np} 1022 或 1038，RI_p 1187 或 1226，分子式 $C_{10}H_{18}O$，熔点 15℃，沸点 176～177℃，K_{aw} 4.497×10^{-3}（22℃）。

1,8-桉树脑呈薄荷或薄荷醇、欧洲薄荷、甜香、柑橘、樟脑、辛香、似桉树、萜烯、药物气味以及凉爽的味觉，在空气中嗅阈值 3ng/L，水中嗅觉觉察阈值 1.1μg/L，识别阈值 4.6μg/L 或 0.26μg/L 或 12μg/L，在淀粉中嗅阈值 84μg/kg。

1,8-桉树脑存在于广泛许多植物精油、欧洲接骨木花、中国花椒、日本胡椒、胡椒、茴香、草莓番石榴、可可粉、韩国泡菜中。1,8-桉树脑是桉树精油的主要成分，占 60%～90%。

1,8-桉树脑已经在红、白葡萄酒中检测到。在红葡萄酒中含量为 0～20μg/L，赤霞珠葡萄酒中含量为 2.82μg/L，西拉葡萄酒中含量为 1.75μg/L，黑比诺葡萄酒中含量为 0.99μg/L；在美洲葡萄酒未检测到，但在河岸葡萄酒中含量为 1μg/L，甜冬葡萄酒中含量为 4μg/L。该化合物在模型葡萄酒中 2 年内是稳定的。

1,8-桉树脑的气味在一定浓度范围内是可以接受的，如当葡萄酒中含量低于 27.5μg/L 时，是可以接受的，这一浓度称为消费者拒绝阈值（consumer rejection threshold，CRT）。研究发现，靠近桉树（*Eucalyptus* trees）的葡萄园，其葡萄酒中的 1,8-桉树脑含量越高；最高浓度依次出现在葡萄叶（1,8-桉树脑），接着是茎、果实中。1,8-桉树脑已经被应用到糖果、牙膏和口香糖的生产中。

二、 里那醇氧化物

里那醇氧化物（linalool oxide）(C 13-91)，俗称氧化里那醇、氧化芳樟醇、里那醇 3,7-氧化物、*trans*-和 *ciss*-里那醇氧化物，IUPAC 名 2-(5-甲基-5-乙烯基四氢-2-呋喃基)-丙-2-醇［2-(5-methyl-5-vinyltetrahydro-2-furanyl)propan-2-ol］，CAS 号 60047-17-8 或 1365-19-1［呋喃型或 5-环型（5-ring）］，FEMA 号 3746，分子式 $C_{10}H_{18}O_2$，无色清亮液体，沸点 188℃，相对密度 0.932～0.942（25℃），折射率 1.451～1.456（20℃），lgP 1.375，呈花香、草本、土腥气味和青香。该化合物存在于葡萄和葡萄酒中。

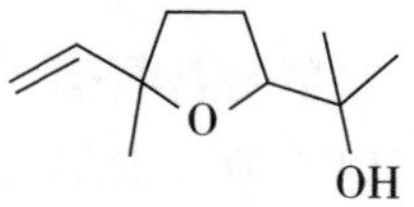

C 13-91　里那醇氧化物 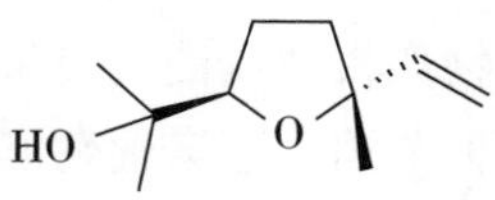　　C 13-92　(2*S*,5*S*)-*trans*-里那醇氧化物 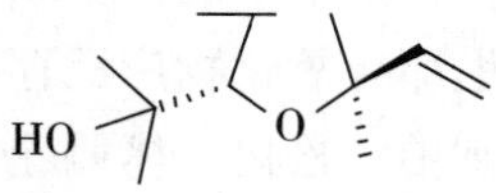　　C 13-93　(2*R*,5*R*)-*trans*-里那醇氧化物

里那醇氧化物有顺反异构体和手性异构体。*trans*-里那醇氧化物（*trans*-linalool oxide），即（*E*）-里那醇氧化物，CAS 号 11063-78-8。*trans*-型有（2*S*,5*S*）-*trans*-型（C 13-92）和（2*R*,5*R*）-*trans*-型（C 13-93）。

(2*S*,5*S*)-*trans*-里那醇（C 13-94），俗称里那醇氧化物 A（linalool oxide A）、（*E*）-里那醇氧化物 A、*trans*-里那醇氧化物 A、里那醇氧化物 2、里那醇氧化物Ⅱ、（*E*）-呋喃型里那醇氧化物［（*E*）-linalool furanic oxide，（*E*）-linalool oxide（furanoid）］、(2*S*,5*S*)-*trans*-里那醇氧化物、（*E*）-里那醇 3,6-氧化物、*trans*-里那醇 3,6-氧化物、*trans*-5-乙烯基四氢-a,a,5-三甲基-2-呋喃甲醇（*trans*-5-ethenyltetrahydro-a,a,5-trimethyl-2-furanmethanol），IUPAC 名 2-(2*S*,5*S*)-5-乙烯基-5-甲基氧杂环戊-2-基-丙-2-醇［2-((2*S*,5*S*)-5-ethenyl-5-methyloxolan-2-yl)propan-2-ol］，CAS 号 34995-77-2，RI_{np} 1068 或 1091，RI_{mp} 1152，RI_{p} 1383 或 1453，沸点 201～202℃，lgP 1.557，呈甜香、水果香、老花香、花香、土腥气味，在水中嗅阈值 190μg/L。

里那醇氧化物 A 广泛存在于柑橘皮油、欧洲接骨木花、刺柏、松树、栲属（*Castanopsis*）花、草莓番石榴、菲诺葡萄酒、卡尔瓦多斯白兰地、金酒中。

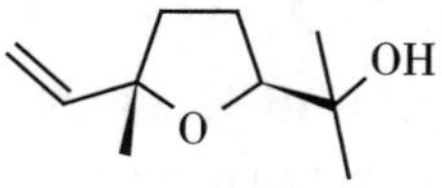

C 13-94　(*E*)-呋喃型里那醇氧化物 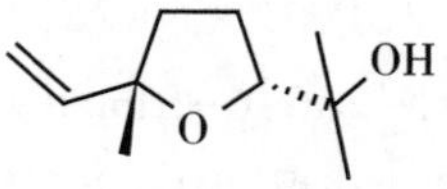　　C 13—95　(*Z*)-呋喃型里那醇氧化物

cis-里那醇氧化物，即（*Z*）-里那醇氧化物，CAS 号 11063-77-7。*cis*-型有（2*S*,5*R*）-*cis*-型（C 13-96）和（2*R*,5*S*）-*cis*-型（C 13-97）。

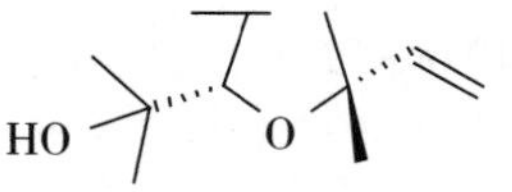

C 13-96　(2*S*,5*R*)-*cis*-里那醇氧化物 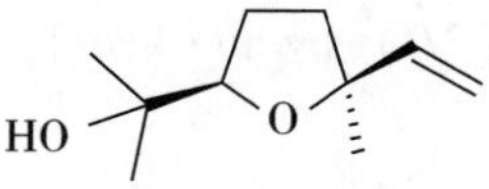　　C 13-97　(2*R*,5*S*)-*cis*-里那醇氧化物

(2*R*,5*S*)-*cis*-里那醇氧化物（C 13-95），俗称里那醇氧化物 B、（*Z*）-里那醇氧化物 B、（*Z*）-呋喃型里那醇氧化物［（*Z*）-linalool furanic oxide，（*Z*）-linalool oxide（furanoid）］、（*Z*）-里那醇 3,6-氧化物、*cis*-里那醇 3,6-氧化物，IUPAC 名 2-(2*R*,5*S*)-5-乙烯基-5-甲基氧杂环戊-2-基-丙-2-醇［2-((2*R*,5*S*)-5-ethenyl-5-methyloxolan-2-yl)propan-2-ol］，CAS 号 5989-33-3，RI_{np} 1060 或 1090，RI_{mp} 1171，RI_{p} 1425 或 1480，无色至浅黄色清亮液体，沸点 188～192℃，相对密度 0.932～0.942（25℃），折射率 1.451～1.456（20℃），lgP 1.764，呈甜香、花香、木香、清新气味、青香、水

果香，在水中嗅阈值 100μg/L。

里那醇氧化物广泛存在于柑橘属植物如柑橘皮油、芒果、黑醋栗、草莓番石榴、茜草、刺柏、松树、栲属花、龟背竹、红葡萄酒、菲诺葡萄酒、科涅克白兰地、卡尔瓦多斯白兰地、金酒中。

cis-型里那醇氧化物在中国赤霞珠葡萄中含量为 40.80～1091μg/kg；在贵人香白葡萄中含量为 nd～0.19μg/kg，霞多利中含量为 nd～4.45μg/kg，雷司令含量为 nd～0.09μg/kg。

里那醇氧化物还存在吡喃型。吡喃型里那醇氧化物［linalool pyranic oxide，linalool oxide（pyranoid）］(C 13-98)，IUPAC 名 6-乙烯基-2,2,6-三甲基氧杂环己-3-醇（6-ethenyl-2,2,6-trimethyloxan-3-ol），CAS 号 14049-11-7，FEMA 号 4593，无色至淡黄色清亮液体，沸点 223～224℃，相对密度 0.991～0.996（20℃），折射率 1.472～1.482（20℃），lgP 1.729。

C 13-98　吡喃型里那醇氧化物　　C 13-99　(*Z*)-吡喃型里那醇氧化物

(*Z*)-吡喃型里那醇氧化物［(*Z*)-linalool pyranic oxide，(*Z*)-linalool oxide（pyranoid）］(C 13-99)，IUPAC 名（2*S*,3*S*）-2-乙烯基-2,6,6-三甲基氧杂环己-3-醇［(2*S*,3*S*)-2-ethenyl-2,6,6-trimethyloxan-3-ol］，CAS 号 14009-71-3，RI_p 1750 或 1754，无色清亮液体，沸点 201～202℃，lgP 1.461，呈柑橘和青香，已经在柑橘皮油、菲诺葡萄酒 中检测到。

(3*R*,6*R*)-(*Z*)-吡喃型里那醇氧化物［(3*R*,6*R*)-(*Z*)-linalool oxide（pyranoid）］(C 13-100)，俗称（3*R*,6*R*）-*cis*-吡喃型里那醇氧化物，IUPAC 名（3*R*,6*R*）-2-乙烯基-2，6，6-三甲基四氢-(2*H*)-吡喃-3-醇［(3*R*，6*R*)-2-ethenyl-2，6，6-trimethyltetrahydro-(2*H*)-pyran-3-ol］，CAS 号 24048-52-0。

C 13-100　(3*R*,6*R*)-(*Z*)-吡喃型里那醇氧化物　　C 13-101　(3*S*,6*S*)-(*Z*)-吡喃型里那醇氧化物

(3*S*,6*S*)-(*Z*)-吡喃型里那醇氧化物［(3*S*,6*S*)-(*Z*)-linalool oxide（pyranoid）］(C 13-100)，俗称（33*S*,6*S*）-*cis*-吡喃型里那醇氧化物，IUPAC 名（3*S*,6*S*）-6-乙烯基-2，2，6-三甲基四氢-(2*H*)-吡喃-3-醇［(3*S*,6*S*)-6-ethenyl-2,2,6-trimethyltetrahydro-(2*H*)-pyran-3-ol］，CAS 号 22628-11-1，呈甜香、花香、乳脂香。

(*E*)-吡喃型里那醇氧化物 [(*E*)-linalool pyranic oxide, (*E*)-linalool oxide (pyranoid)](C 13-102),俗称 *trans*-吡喃型里那醇氧化物、(*E*)-6-乙烯基四氢-2,2,6-三甲基吡喃-3-醇 [(*E*)-6-ethenyl tetrahydro-2,2,6-trimethyl pyran-3-ol],IUPAC 名 (2*R*,3*S*)-2-乙烯基-2,6,6-三甲基氧杂环己-3-醇 [(2*R*,3*S*)-2-ethenyl-2,6,6-trimethyloxan-3-ol],CAS 号 39028-58-5,RI_p 1710,已经在菲诺葡萄酒 中检测到。

C 13-102 (*E*)-吡喃型里那醇氧化物

呋喃型里那醇氧化物(furanic linalool oxide)会以结合态形式存在于葡萄与葡萄酒中。在麝香葡萄中,游离态 *trans*-型和 *cis*-型呋喃型里那醇氧化物含量为 20~191μg/L(葡萄汁),结合态含量为 11~56μg/L(葡萄汁);游离态 *trans*-型和 *cis*-型吡喃型里那醇氧化物含量为 198~685μg/L(葡萄汁),结合态含量为 14~61μg/L(葡萄汁);在琼瑶浆葡萄中未检测到游离态和结合态的 *trans*-型和 *cis*-型呋喃型里那醇氧化物以及游离态的 *trans*-型和 *cis*-型吡喃型里那醇氧化物,结合态的 *trans*-型和 *cis*-型吡喃型里那醇氧化物含量 7μg/L(葡萄汁)。

三、 葡萄螺烷

葡萄螺烷(vitispirane)(C 13-103),一个与β-大马酮结构类似的化合物,是降异戊二烯类的化合物,俗称 6,9-环氧-3,5(13)-巨豆二烯 [6,9-epoxy-3,5(13)-megastigmadiene],IUPAC 名 2,6,6-三甲基-10-甲亚基-1-氧螺[4.5]癸-8-烯(2,6,6-trimethyl-10-methylidene-1-oxspiro[4.5]dec-8-ene),CAS 号 65416-59-3,RI_{np} 1260 或 1270,RI_p 1507 或 1543,分子式 $C_{13}H_{20}O$,无色至淡黄色固体,熔点 49℃,沸点 258~259℃,密度 0.95g/mL,溶于醇类,不溶于水,$lgP_{o/w}$ 3.81。呈愉快的、复杂的、桉树、土腥气味、花香、水果香、木香,在葡萄酒中嗅阈值 800μg/L。

葡萄螺烷是葡萄酒中一个重要的降异戊二烯类香气化合物,也存在于卡尔瓦多斯白兰地中。

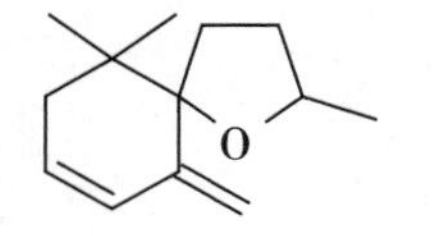

C 13-103 葡萄螺烷

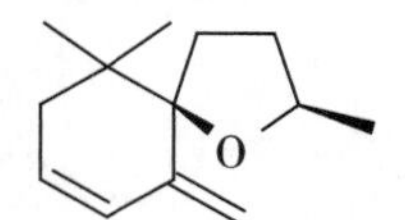

C 13-104 (2*R*,5*R*)-葡萄螺烷

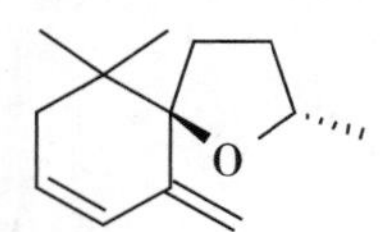

C 13-105 (2*S*,5*R*)-葡萄螺烷

葡萄螺烷有两个手性碳原子,共有 4 个立体异构体(stereoisomer)。

(2*R*,5*R*)-葡萄螺烷(C 13-104),俗称 *trans*-葡萄螺烷、葡萄螺烷 A,IUPAC 名 (2*R*,5*R*)-2,6,6-三甲基-10-甲亚基-1-氧螺[4.5]癸-8-烯,CAS 号 99944-79-3,

RI_p 1526。

(2*S*,5*R*)-葡萄螺烷（C 13-105），俗称 *cis*-葡萄螺烷、葡萄螺烷 B，IUPAC 名 (2*S*,5*R*)-2,6,6-三甲基-10-甲亚基-1-氧螺[4.5]癸-8-烯，CAS 号 99881-85-3，RI_p 1529 或 1553。

合成的两个非对映异构体是有气味的，分别为（6*S*,9*S*)-葡萄螺烷（C 13-106）和 (6*S*,9*R*)-葡萄螺烷（C 13-107），但两者气味明显不同。(6*S*,9*S*)-型气味清新且强烈，有菊花（chrysanthemum）清香、花香、水果香。而（6*S*,9*R*)-型立体异构体具有沉闷的花香气，带土腥、木香、皮渣发酵的干葡萄酒香气、皮渣白兰地香气。

C 13-106 (6*S*,9*S*)-葡萄螺烷　　C 13-107 (6*S*,9*R*)-葡萄螺烷

四、 玫瑰醚

玫瑰醚（rose oxide）(C 13-108)，俗称氧化玫瑰、四氢-4-甲基-2-(2-甲基丙烯基)-(2*H*)-吡喃［tetrahydro-4-methyl-2-(2-methylpropenyl)-2*H*-pyran］、2-异丁烯基-4-甲基四氢吡喃（2-isobutenyl-4-methyltetrahydropyran），IUPAC 名 4-甲基-2-(2-甲基丙-1-烯基）氧杂环已烷［4-methyl-2-(2-methylprop-1-enyl)oxane］，CAS 号 16409-43-1，FEMA 号 3236，RI_{np} 1096，分子式 $C_{10}H_{18}O$，是一个单萜吡喃型化合物，浅黄色至黄色清亮液体，沸点 86℃(2.7kPa)，相对密度 0.865~0.873（25℃），折射率 1.450~1.457（20℃），lgP 3.186，有花香、玫瑰香、水果香、青香、植物和草药气味；存在于玫瑰、天竺葵精油、葡萄和葡萄酒中。

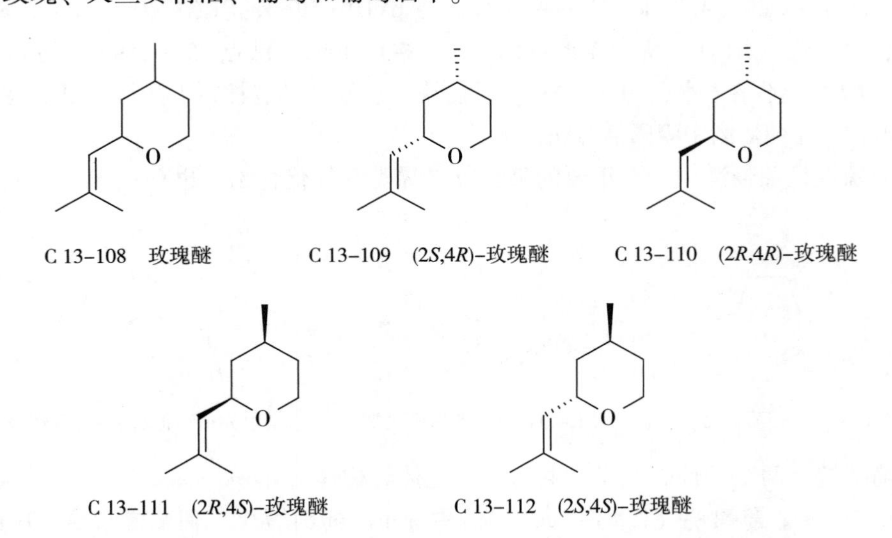

C 13-108 玫瑰醚　　C 13-109 (2*S*,4*R*)-玫瑰醚　　C 13-110 (2*R*,4*R*)-玫瑰醚

C 13-111 (2*R*,4*S*)-玫瑰醚　　C 13-112 (2*S*,4*S*)-玫瑰醚

玫瑰醚有顺反异构，共有四个立体异构体。(2*S*,4*R*)-玫瑰氧化物（C 13-109），俗

称 *cis*-玫瑰醚、L-玫瑰醚、(*Z*)-(-)-玫瑰醚，IUPAC 名（2*S*,4*R*)-4-甲基-2-(2-甲基丙-1-烯基）氧杂环己烷［(2*S*,4*R*)-4-methyl-2-(2-methylprop-1-enyl)oxane］，CAS 号 3033-23-6［(-)-*cis*-型］，RI_{np} 1114 或 1115，RI_{mp} 1170，RI_p 1337 或 1417，呈典型的玫瑰花、花香、甜香、青香，香气浓烈，扩散性强。*cis*-玫瑰醚在空气中嗅阈值 0.1～0.2ng/L，在 10%vol 酒精-水溶液中嗅阈值 0.2μg/L。*cis*-玫瑰醚存在于欧刺柏、白葡萄酒中，在新产白葡萄酒中含量为 3～21μg/L。

(2*R*,4*R*)-玫瑰氧化物（C 13-110)，俗称 *trans*-玫瑰醚、(*E*)-(-)-玫瑰醚，IUAC 名（2*R*,4*R*)-4-甲基-2-(2-甲基丙-1-烯基）氧杂环己烷［(2*R*,4*R*)-4-methyl-2-(2-methylprop-1-enyl)oxane］，CAS 号 5258-11-7［(-)-*trans*-型］，呈花香、玫瑰花香、青香、水果香、薄荷香、中草药香、似天竺葵气味，该化合物在空气中嗅阈值 80～170ng/L，水中嗅阈值 0.1μg/L，酒精-水溶液中嗅阈值 0.2μg/L。*cis*-型和 *trans*-型玫瑰醚已经在小水果如黑莓和白葡萄酒中检测到。

(2*R*,4*S*)-玫瑰氧化物（C 13-111)，IUAC 名（2*R*,4*S*)-4-甲基-2-(2-甲基丙-1-烯基）氧杂环己烷［(2*R*,4*S*)-4-methyl-2-(2-methylprop-1-enyl)oxane］，CAS 号 4610-11-1，具有绿色的中草药、干的青草（hay green)、土腥味和油腻的感觉。

(2*S*,4*S*)-玫瑰氧化物（C 13-112）有中草药、水果香、玫瑰香和柑橘香。

第七节 萜烯类化合物形成机理

植物可以合成萜烯类化合物，微生物也能合成萜烯类化合物，但到目前为止，未发现酿酒酵母可以合成萜烯类化合物。

一、 生物合成萜烯类化合物

葡萄（*Vitis vinifera*）和酒花（*Humulus lupulus*）中含有大量的萜烯类化合物。在芳香葡萄如麝香葡萄、雷司令和琼瑶浆中，含有大量的单萜烯，如香叶醇和橙花醇。

在植物中，类异戊二烯生物合成（isoprenoid biosysnthesis）有两条独立的途径：一是细胞质中传统的乙酸盐/甲瓦龙酸盐（acetate/mevalonate）途径，如甾醇类（sterols)、倍半萜烯、三萜［如谷甾醇（sitosterol）］等；二是通过非甲瓦龙酸盐 1-脱氧-D-木酮糖-5-磷酸途径（1-deoxy-D-xylulose-5-phosphate pathway，DOX-P)，如质体类异戊二烯类如异戊二烯（isoprene)、单萜、二萜［如植醇（phytol)、三萜（如菠菜甾醇，chondrillasterol）］、四萜［如类胡萝卜素（carotenoids)、质体醌（plastoquinone）］等。在这两条途径中，生成的二磷酸异戊烯（isopentenyl diphosphate，IPP）是前体物，从这个化合物开始，产生所有其他的类异戊二烯，并且从头到尾地合成。

一些霉菌（fungal）如青霉属（*Penicillium*）和酵母属也可以产生单萜烯。产萜烯的酵母包括产乳糖酶酵母（*Klu. lactis*)、德尔布有孢圆酵母［*Torulaspora delbrueckii*，以前称为发酵酵母（*S. fermentati*）］和 *Ambrosiozyma monospora*。已经发现从葡萄酒酿造中分离的酿酒酵母具有从头合成单萜烯的能力。

二磷酸异戊烯（IPP）的生物合成途径如图 13-1（左边）所示。在该途径中，三个乙酰辅酶 A（acetyl-CoA）分子形成 3-羟基-3-甲基戊二酰基-辅酶 A（3-hydroxy-3-methylglutaryl-CoA，HMG-CoA）。HMG-CoA 被还原为甲瓦龙酸（mevalonic acid），接着甲瓦龙酸被磷酸化，并脱羧基形成 IPP。IPP 也可以通过非甲瓦龙酸途径而合成，即丙酮酸/GAP 途径（图 13-1 右边）。这两条途径均已经被同位素标记的葡萄糖实验证实。

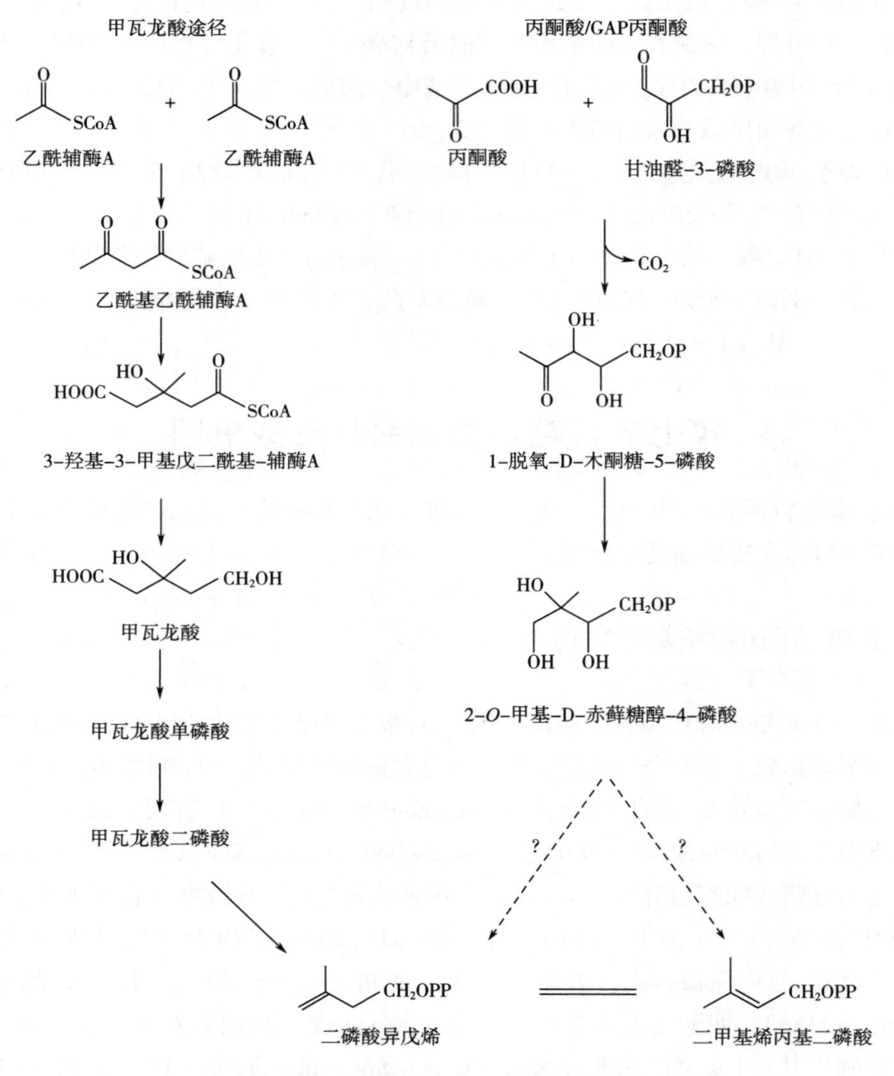

图 13-1　二磷酸异戊烯形成的生物途径

接下来的一系列反应，包括 IPP 单元之间的结合，形成香叶基二磷酸（geranyl diphosphate）、法呢基二磷酸（farnesyl diphosphate）、香叶基香叶基二磷酸（geranylgeranyl diphosphate)。这些化合物分别是形成单萜、倍半萜和二萜的前体物（图 13-2）。其他的萜烯类化合物来源于这三个前体物的环化或二次修饰（图 13-2）。

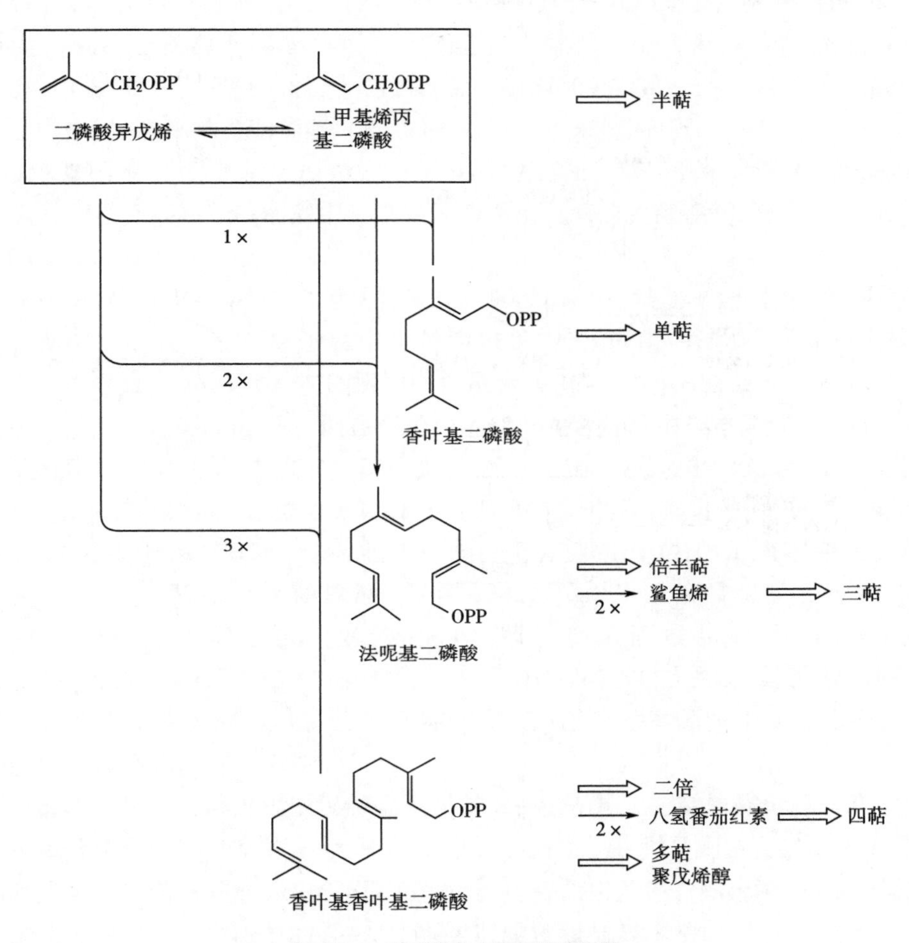

图 13-2 萜烯类化合物的形成机理

饮用水、饮料酒中广泛存在的异嗅化合物土味素主要来源于法呢基二磷酸，而 2-甲基异龙脑主要来源于香叶基二磷酸。

二、 土味素产生机理

土味素的另外一个可能的来源是异戊酰辅酶 A。黄色黏球菌（*Myxococcus xanthus*）和其他的黏球菌可以通过异戊酰辅酶 A 途径生成土味素。这一途径在亮氨酸存在时，几乎是不活动的。但当亮氨酸或异戊酰辅酶 A 缺乏时，这一途径被诱导产生（图 13-3）。

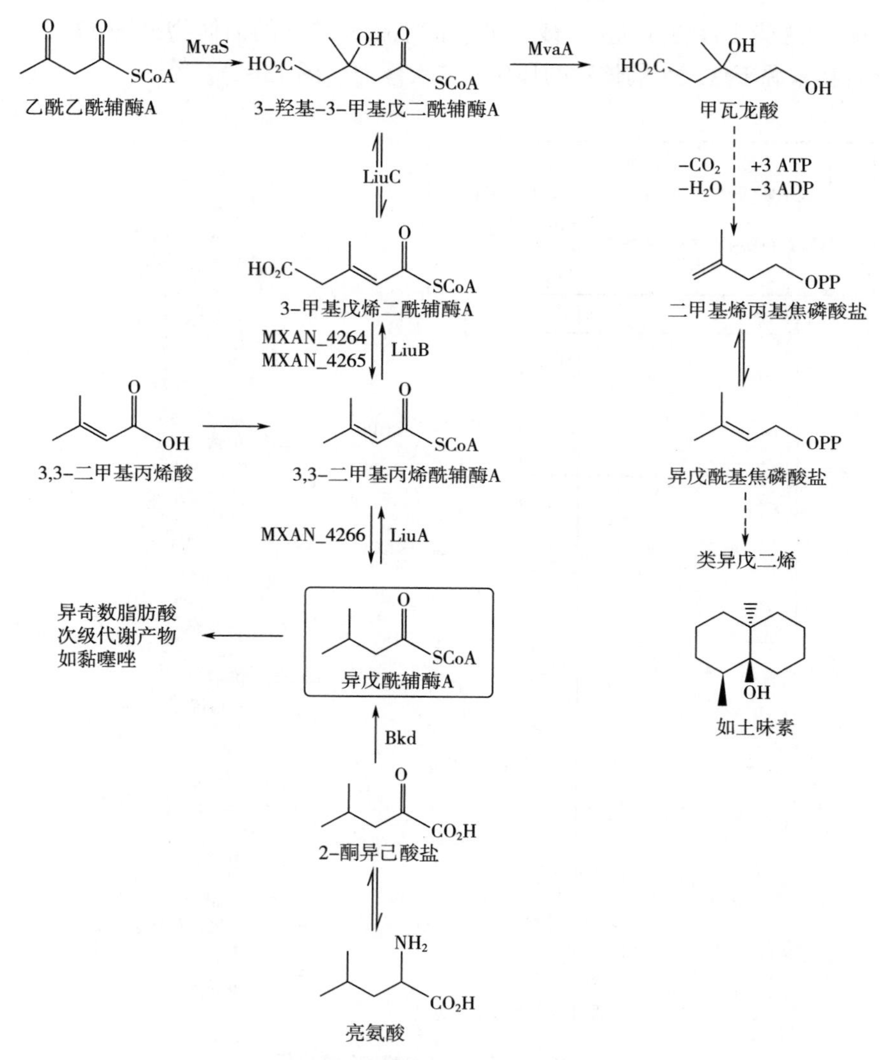

图 13-3　黏球菌的土味素产生途径

注：MvaS：3-羟基-3-甲基戊二酰辅酶 A 合成酶；MvaA：3-羟基-3-甲基戊二酰辅酶 A 分解酶；LiuC：甲基戊烯二酰辅酶 A 水合酶；MXAN：一种基因名；LiuB：甲基巴豆酰辅酶 A 羧化酶；LiuA：烯化酶；Bkd：一种突变体名。

三、 从结合态萜烯类化合物生成

糖苷形式的萜烯可以被水解释放出糖半族（sugar moiety）和糖苷配基（aglycon），糖苷配基成为挥发性香气活性物质。其水解包括酸水解（受到温度的强烈影响）和葡萄中内源性酶以及微生物消解酶水解。酸催化的水解因葡萄汁酸性条件温和，因而水解比较慢，主要发生在发酵阶段；酸水解比较重要的阶段是葡萄酒老熟时。具有水解酶活性的酵母能诱导糖苷配基的释放。各种外源性的水解酶如 β-葡萄糖苷酶、α-鼠李糖苷酶（α-rhamnosidase）、α-阿拉伯糖苷酶（α-arabinosidase）、α-木聚糖苷酶（α-xylosidase）、α-蜂糖苷酶（apiosidase）也已经在酿酒酵母和非酿酒酵母中发现。

另外，有些酿酒酵母和非酿酒酵母在一定条件下在葡萄中缺乏前体物时能够合成可检测数量的单萜。它们属于甾醇生物合成途径，其中香叶基焦磷酸（geranyl-PP）由中间体异戊烯基焦磷酸（isopentenyl-PP）在香叶基焦磷酸合成酶合成。各种 C_{10}单萜，如香叶醇、橙花醇、香茅醇、里那醇和 α-萜品醇，通过各种化学的或可能的酶法转化反应（包括异构化、还原和环化作用）产生。倍半萜烯（C_{15}）法呢醇来源于甾醇合成途径的中间体法呢基焦磷酸（farnesyl-PP），并部分异构化成橙花二醇（nerolidol）。可同化氮源与氧等因素对酿酒酵母单萜与倍半萜烯的调控是不同的。高氮和微好氧的环境刺激单萜的产生，而低氮和好氧的条件更多地产生倍半萜烯。

酶的来源和糖苷配基的结构决定了单萜-β-D-配糖物（glucoside）的水解效率。葡萄内源性β-葡萄糖苷酶在葡萄成熟过程中水解单萜-β-D-配糖物造成葡萄成熟。然而葡萄中的β-葡萄糖苷酶在葡萄汁和葡萄酒中对萜烯基-配糖物并不起作用，可能是由于葡萄糖的抑制以及其在低 pH 和高酒精浓度中的不稳定而造成的。酿酒酵母具有一定的β-葡萄糖苷酶活力，但分解配糖前体物的能力很低。但非酿酒酵母如酒香酵母属（*Brettanomyces*）、德克酵母属（*Dekkera*）、假丝酵母属（*Candida*）、德巴利酵母属（*Debaryomyces*）、汉生酵母属（*Hanseniaspora*）和毕赤酵母（*Pichia*）显示出强的β-葡萄糖苷酶活力。

为了增强葡萄酒的风味，发酵时添加外源性β-葡萄糖苷酶能有效改进糖复合风味化合物（glycolconjugated aroma compounds）的水解。这些糖苷酶应具有：①与来源于葡萄的萜烯糖苷配基具有良好的亲和力；②在葡萄酒 pH（2.5~3.8）下有最佳活力；③抗葡萄糖抑制；④高的酒精耐受性。已经有研究人员将一些基因单独或一起克隆到酿酒酵母中，以提高酿酒酵母的产香能力，这些基因包括来源于扣囊复膜酵母（*Saccharomycopsis fibuligera*）的 *BGL1* 和 *BGL2*（β-葡萄糖苷酶）基因、来自黑曲霉的 *ABF2*（α-L-呋喃阿拉伯糖苷酶）基因、编码葡聚糖酶的基因（*BEG1*、*END1* 和 *EXG1*）。

四、　β-大马酮产生机理

β-大马酮来源于类胡萝卜素（carotenoid）、新黄质（neoxanthine）。β-大马酮的无嗅前体物——巨豆-6,7-二烯-3,5,9-三醇-9-*O*-β-D-吡喃葡萄糖苷（megastigm-6,7-dien-3,5,9-triol-9-*O*-β-D-glucopyranoside）(C 13-113)，一种丙二烯三醇 9-*O*-葡萄糖苷（allenic triol 9-*O*-glucoside），存在于葡萄中。当葡萄破碎后，葡萄汁的 pH 约 3.2，这些酸性的条件能有效地引起重排而产生β-大马酮（图 13-4）。

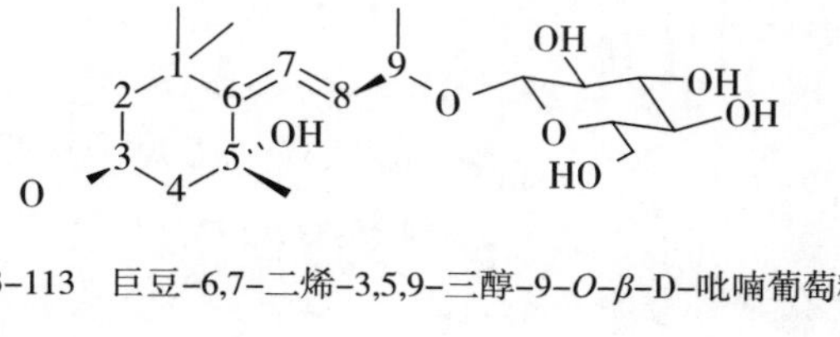

C 13-113　巨豆-6,7-二烯-3,5,9-三醇-9-*O*-β-D-吡喃葡萄糖苷

1. 酶水解形成β-大马酮

首先丙二烯三醇9-O-葡萄糖苷通过C4位氢和C5位羟基结合失水，形成丙二烯二醇9-O-葡萄糖苷（allenic diol 9-O-glucoside）（图13-5）。假如C9位的醇被保护即形成了糖苷键，那么水分子攻击C8位，C3位的羟基丢失，形成丙二烯一醇9-O-葡萄糖苷（allenic alcohol 9-O-glucoside）。丙二烯一醇9-O-葡萄糖苷（allenic alcohol 9-O-glucoside），也称为巨豆-3,5-二烯-7-炔-9-醇（megastigm-3,5-dien-7-yn-9-ol），已经被合成，并被添加至模拟葡萄酒中，β-大马酮的回收率超过90%。

假如丙二烯一醇9-O-葡萄糖苷（allenic alcohol 9-O-glucoside）水解形成丙二烯一醇，则C7位受到水的攻击，C9位的羟基丢失，产生β-大马酮（图13-6）。

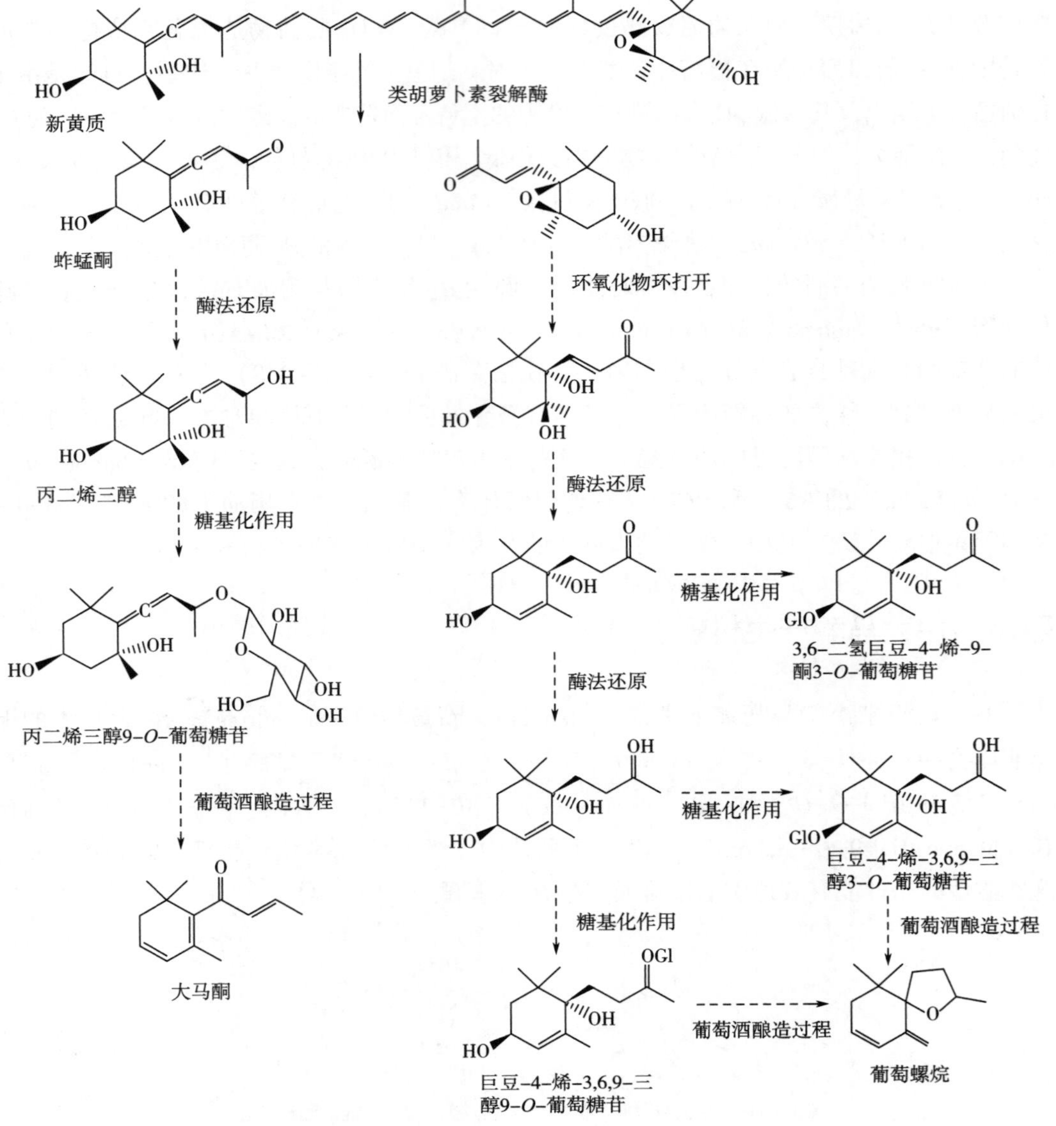

图13-4 β-类胡萝卜素的分解产物

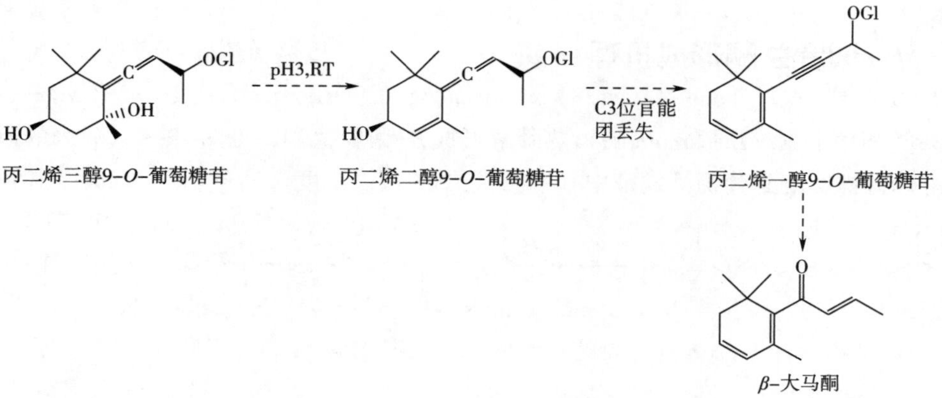

图 13-5　丙二烯三醇 9-*O*-葡萄糖苷重排形成 *β*-大马酮

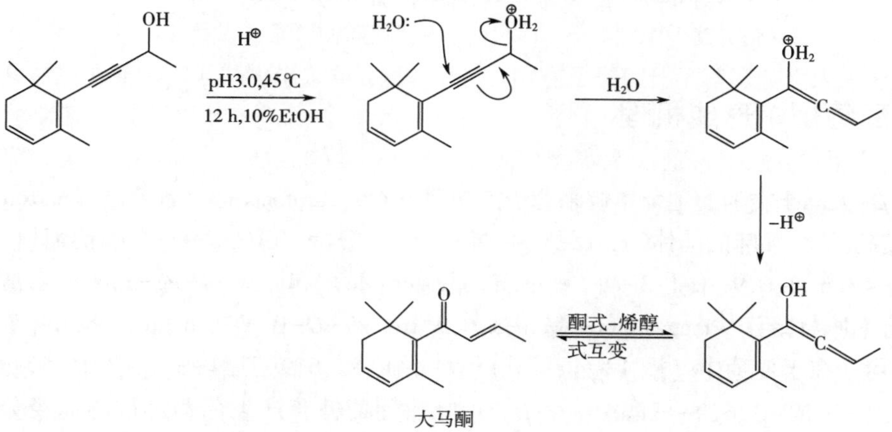

图 13-6　从丙二烯一醇形成 *β*-大马酮

2. 酵母作用形成*β*-大马酮

后来的研究发现，酵母菌株影响到葡萄酒发酵中*β*-大马酮的最终浓度。在雷司令、霞多利、长相思、西拉、歌海娜、黑比诺六种葡萄酒中，研究了发酵过程中*β*-大马酮的变化，浓度从极少或几乎没有增长到几个 μg/L。

进一步研究发现，*β*-大马酮的增长发生在桶贮阶段，在此过程中，两个酮被合成，即巨豆-4,6,7-三烯-3,9-二酮（megastigma-4,6,7-triene-3,9-dione）和 3-羟基巨豆-4,6,7-三烯-9-酮（3-hydroxymegastigma-4,6,7-triene-9-one）。这两个化合物在两个酵母（AWRI 796 和 AWRI 1537）作用下，产生大量的*β*-大马酮；3-羟基巨豆-4,6,7-三烯-9-酮在酵母 AWRI 796 作用下，产生的*β*-大马酮浓度最高。

五、 β-紫罗兰酮形成机理

β-类胡萝卜素（β-carotenoid）热降解形成β-紫罗兰酮，见图 13-7。后来的研究发现，酵母菌株影响到葡萄酒发酵中β-紫罗兰酮的最终浓度。

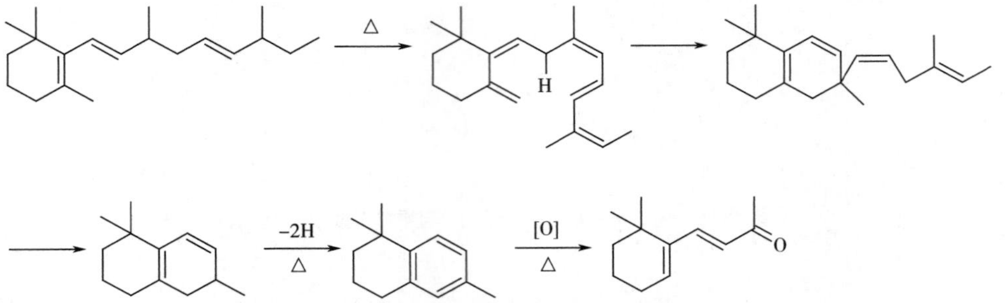

图 13-7 β-类胡萝卜素热降解形成 β-紫罗兰酮的途径

六、 葡萄螺烷形成机理

与β-大马酮类似，葡萄螺烷来源于类胡萝卜素（carotenoid）、新黄质（neoxanthine）。葡萄螺烷有两个无味的前体物，巨豆-4-烯-3,6,9-三醇-3-*O*-β-D-吡喃葡萄糖苷（megastigm-4-en-3,6,9-triol-3-*O*-β-D-glucopyranoside）和巨豆-4-烯-3,6,9-三醇-9-*O*-β-D-吡嗪葡萄糖苷（megastigm-4-en-3,6,9-triol-9-*O*-β-D-glucopyranoside）。这两个前体物均存在于葡萄中（图 13-4）。从巨豆-4-烯-3,6,9-三醇-3-*O*-β-D-吡喃葡萄糖苷和巨豆-4-烯-3,6,9-三醇-9-*O*-β-D-吡嗪葡萄糖苷产生葡萄螺烷的途径分别如图 13-8和图 13-9 所示。

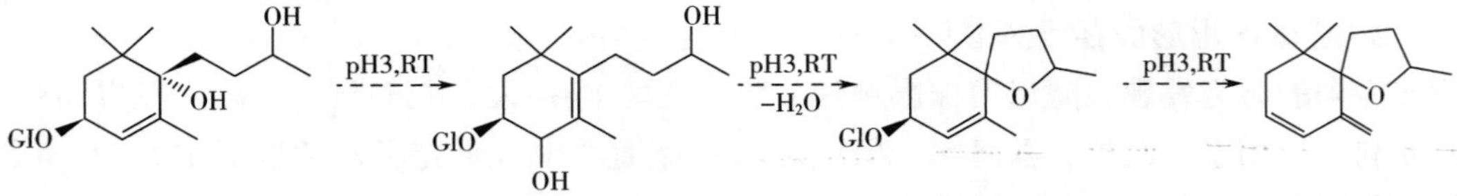

巨豆-4-烯-3,6,9-三醇-3-*O*-葡萄糖苷　巨豆-5-烯-3,4,9-三醇-3-*O*-葡萄糖苷　3-羟基茶螺烷 3-*O*-葡萄糖苷　葡萄螺烷

图 13-8 从巨豆-4-烯-3,6,9-三醇-3-*O*-β-D-吡喃葡萄糖苷产生葡萄螺烷的途径

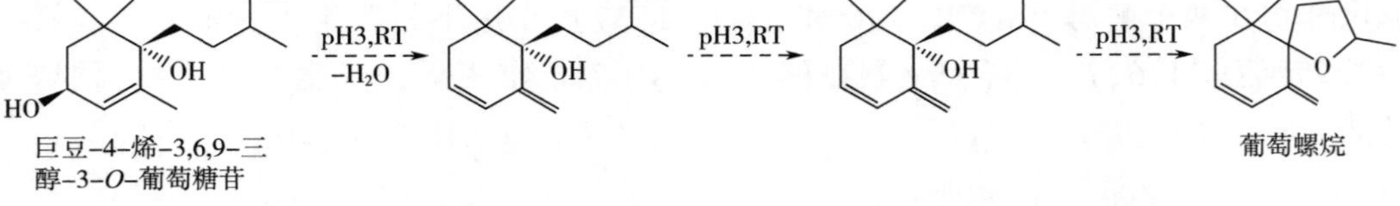

巨豆-4-烯-3,6,9-三醇-3-*O*-葡萄糖苷　葡萄螺烷

图 13-9 从巨豆-4-烯-3,6,9-三醇-9-*O*-β-D-吡嗪葡萄糖苷产生葡萄螺烷的途径

复习思考题

1. 简述柠檬烯的风味特点。
2. 简述α-蒎烯和β-蒎烯的风味特点以及其存在。
3. 简述β-石竹烯的风味特点以及在白酒中的分布。
4. 论述1,1,6-三甲基-1,2-二氢萘（TDN）的风味特征以及对葡萄酒风味的影响。
5. 简述香叶醇的风味特征以及对葡萄酒风味的影响。
6. 简述里那醇的风味特征以及在饮料酒中的分布。
7. 论述土味素的风味特征，在饮料酒中的分布以及对葡萄酒和白酒风味的影响。
8. 简述土味素的产生机理。
9. 论述β-大马酮对葡萄酒和白酒风味的影响。
10. 论述葡萄酒中β-大马酮的产生机理。

参考文献

[1] Maicas, S., Mateo, J. J. Hydrolysis of terpenyl glycosides in grape juice and other fruit juices: a review [J]. Appl. Microbiol. Biotechnol., 2005, 67 (3): 322-335.

[2] Başer, K. H. C., Demirci, F. Chemistry of essential oils [M]. In Flavours and Fragrances: Chemistry, Bioprocessing and Sustainability, Berger, R. G., Ed. Springer, Heidelberg, Germany, 2007: 43-86.

[3] Aberl, A., Coelhan, M. Determination of volatile compounds in different hop varieties by headspace-trap GC/MS—In comparison with conventional hop essential oil analysis [J]. J. Agri. Food. Chem., 2012, 60: 2785-2792.

[4] 徐寿昌. 有机化学（第二版）[M]. 北京: 高等教育出版社, 1993.

[5] Pino, J. A., Marbot, R., Vázquez, C. Characterization of volatiles in strawberry Guava (*Psidium cattleianum* Sabine) fruit [J]. J. Agri. Food. Chem., 2001, 49: 5883-5887.

[6] Koba, K., Poutouli, P. W., Raynaud, C., Chaumont, J. P., Sanda, K. Chemical composition and antimicrobial properties of different basil essential oils chemotypes from Togo [J]. Bangl. J. Pharmacol., 2009, 4 (1): 1-8.

[7] Rychlik, M., Schieberle, P., Grosch, W. Compilation of odor thresholds, odor qualities and retention indices of key food odorants [M]. Garching: Deutsche Forschungsanstalt für Lebensmittelchemie and Institut für Lebensmittelchemie der Technischen Universität München, 1998.

[8] Bredie, W. L., Mottram, D. S., Guy, R. C. Effect of temperature and pH on the generation of flavor volatiles in extrusion cooking of wheat flour [J]. J Agric Food Chem, 2002, 50 (5): 1118-1125.

[9] Zeller, A., Rychlik, M. Character impact odorants of fennel fruits and fennel tea [J]. J. Agri. Food. Chem., 2006, 54 (10): 3686-3692.

[10] Nebesny, E., Budryn, G., Kula, J., Majda, T. The effect of roasting method on headspace composition of robusta coffee bean aroma [J]. Eur. Food Res. Technol., 2007, 225: 9-19.

[11] Steinhaus, M. Characterization of the major odor-active compounds in the leaves of the curry tree

Bergera koenigii L. by aroma extract dilution analysis [J]. J. Agri. Food. Chem., 2015, 63 (16): 4060-4067.

[12] Klesk, K., Qian, M., Martin, R. R. Aroma extract dilution analysis of cv. Meeker (*Rubus idaeus* L.) red raspberries from Oregon and Washington [J]. J. Agri. Food. Chem., 2004, 52 (16): 5155-5161.

[13] Choi, H. -S. Character impact odorants of *Citrus* hallabong [(*C. unshiu* Marcov×*C. sinensis* Osbeck) ×*C. reticulate* Blanco] cold-pressed peel oil [J]. J. Agri. Food. Chem., 2003, 51: 2687-2692.

[14] Klesk, K., Qian, M. Preliminary aroma comparison of Marion (*Rubus* spp. hyb) and Evergreen (*R. laciniatus* L.) blackberries by dynamic headspace/Osme technique [J]. J. Food Sci., 2003, 68 (2): 679-700.

[15] Tressl, R., Friese, L., Fendesack, F., Koppler, H. Gas chromatographic-mass spectrometric investigation of hop aroma constituents in beer [J]. J. Agri. Food. Chem., 1978, 26 (6): 1422-1426.

[16] Belitz, H. -D., Grosch, W., Schieberle, P. Food Chemistry [M]. Verlag Berlin Heidelberg: Springer, 2009.

[17] Jagella, T., Grosch, W. Flavour and off-flavour compounds of black and white pepper (*Piper nigrum* L.). I. Evaluation of potent odorants of black pepper by dilution and concentration techniques [J]. Eur. Food Res. Technol., 1999, 209: 16-21.

[18] Vichi, S., Riu-Aumatell, M., Mora-Pons, M., Guadayol, J. M., Buxaderas, S., Lopez-Tamames, E. HS-SPME coupled to GC/MS for quality control of *Juniperus communis* L. berries used for gin aromatization [J]. Food Chem., 2007, 105 (4): 1748-1754.

[19] Buettner, A., Schieberle, P. Evaluation of aroma differences between hand-squeezed juices from Valencia Late and Navel oranges by quantitation of key odorants and flavor reconstitution experiments [J]. J. Agri. Food. Chem., 2001, 49 (5): 2387-2394.

[20] Czerny, M., Christlbauer, M., Christlbauer, M., Fischer, A., Granvogl, M., Hammer, M., Hartl, C., Hernandez, N. M., Schieberle, P. Re-investigation on odour thresholds of key food aroma compounds and development of an aroma language based on odour qualities of defined aqueous odorant solutions [J]. Eur. Food Res. Technol., 2008, 228: 265-273.

[21] Leffingwell, J. C. Odor & flavor detection thresholds in water [Online], 2003. http://www.leffingwell.com/odorthre.htm.

[22] http://www.leffingwell.com/odorthre.htm.

[23] Masanetz, C., Grosch, W. Hay-like off-flavour of dry parsley [J]. Z. Lebensm. Unters. Forsch., 1998, 206: 114-120.

[24] Ahmed, E. M., Dennison, R. A., Dougherty, R. H., Shaw, P. E. Flavor and odor thresholds in water of selected orange juice components [J]. J. Agri. Food. Chem., 1978, 26: 187-191.

[25] Boonbumrung, S., Tamura, H., Mookdasanit, J., Nakamoto, H., Ishihara, M., Yoshizawa, T., Varanyanond, W. Characteristic aroma components of the volatile oil of yellow Keaw mango fruits determined by limited odor unit method [J]. Food Sci. Technol. Res., 2001, 7 (3): 200-206.

[26] Kishimoto, T., Wanikawa, A., Kagami, N., Kawatsura, K. Analysis of hop - derived terpenoids in beer and evaluation of their behavior using the stir bar-sorptive extraction method with GC-MS [J]. J. Agri. Food. Chem., 2005, 53 (12): 4701-4707.

[27] Jagella, T., Grosch, W. Flavour and off-flavour compounds of black and white pepper (*Piper nigrum* L.) III. Desirable and undesirable odorants of white pepper [J]. Eur. Food Res. Technol., 1999, 209: 27-31.

[28] Marais, J. Terpenes in the aroma of grapes and wines: A review [J]. S. Afr. J. Enol. Vitic., 1983, 4 (2): 49-58.

[29] Jiang, L., Kubota, K. Differences in the volatile components and their odor characteristics of green and ripe fruits and dried pericarp of Japanese pepper (*Xanthoxylum piperitum* DC.) [J]. J. Agri. Food. Chem., 2004, 52: 4197-4203.

[30] Yang, X. Aroma constituents and alkylamides of red and green Huajiao (*Zanthoxylum bungeanum* and *Zanthoxylum schinifolium*) [J]. J. Agri. Food. Chem., 2008, 56: 1689-1696.

[31] Meshkatalsadat, M. H., Badri, R., Zarei, S. Hydro - distillation extraction of volatile components of cultivated *Bunium luristanicum* Rech. f. from west of Iran [J]. Int. J. PharmTech Res., 2009, 1 (2): 129-131.

[32] Mojab, F., Nickavar, B. Composition of the essential oil of the root of *Heracleum persicum* from iran [J]. Iran. J. Pharm. Res., 2003, 2 (4): 245-247.

[33] Ferrari, G., Lablanquie, O., Cantagrel, R., Ledauphin, J., Payot, T., Fournier, N., Guichard, E. Determination of key odorant compounds in freshly distilled Cognac using GC-O, GC-MS, and sensory evaluation [J]. J. Agri. Food. Chem., 2004, 52: 5670-5676.

[34] Werkhoof, P., Güntert, M., Krammer, G., Sommer, H., Kaulen, J. Vacuum headspace method in aroma research: Flavor chemistry of yellow passion fruits [J]. J. Agri. Food. Chem., 1998, 46: 1076-1093.

[35] Seo, W. H., Baek, H. H. Identification of characteristic aroma - active compounds from water dropwort (*Oenanthe javanica* DC.) [J]. J. Agri. Food. Chem., 2005, 53 (17): 6766-6770.

[36] http://www.thegoodscentscompany.com/.

[37] Umano, K., Hagi, Y., Nakahara, K., Shoji, A., Shibamoto, T. Volatile chemicals identified in extracts from leaves of Japanse mugwort (*Artemisia princeps* Pamp.) [J]. J. Agri. Food. Chem., 2000, 48: 3463-3469.

[38] https://pubchem.ncbi.nlm.nih.gov.

[39] Pino, J. A. Characterization of rum using solid - phase microextraction with gas chromatography - mass spectrometry [J]. Food Chem., 2007, 104 (1): 421-428.

[40] Kurose, K., Okamura, D., Yatagai, M. Composition of the essential oils from the leaves of nine *Pinus* species and the cones of three of *Pinus* species [J]. Flav. Fragr. J., 2007, 22: 10-20.

[41] Weldegergis, B. T., Crouch, A. M., Górecki, T., Villiers, A. d. Solid phase extraction in combination with comprehensive two-dimensional gas chromatography coupled to time-of-flight mass spectrometry for the detailed investigation of volatiles in South African red wines [J]. Anal. Chim. Acta, 2011, 701: 98-111.

[42] 范文来，胡光源，徐岩，贾翘彦，冉晓鸿．药香型董酒的香气成分分析 [J]. 食品与生物技术学报，2012，31 (8)：810-819.

[43] Ledauphin, J., Guichard, H., Saint-Clair, J. -F., Picoche, B., Barillier, D. Chemical and sensorial aroma characterization of freshly distilled Calvados. 2. Identification of volatile compounds and key odorants [J]. J. Agri. Food. Chem., 2003, 51 (2): 433-442.

[44] Tsachaki, M., Linforth, R. S. T., Taylor, A. J. Dynamic headspace analysis of the release of volatile organic compounds from ethanolic systems by direct APCI-MS [J]. J. Agri. Food. Chem., 2005, 53 (21): 8328-8333.

[45] Peinado, R. A., Mauricio, J. C., Medina, M., Moreno, J. J. Effect of *Schizosaccharomyces pombe* on aromatic compounds in dry sherry wines containing high levels of gluconic acid [J]. J. Agri. Food. Chem., 2004, 52 (14): 4529-4534.

[46] Xie, J., Sun, B., Zheng, F., Wang, S. Volatile flavor constituents in roasted pork of mini-pig [J]. Food Chem., 2008, 109 (3): 506-514.

[47] Jirovetz, L., Smith, D., Buchbauer, G. Aroma compound analysis of *Eruca sativa* (*Brassicaceae*) SPME headspace leaf samples using GC, GC-MS, and olfactometry [J]. J. Agri. Food. Chem., 2002, 50: 4643-4646.

[48] Vázquez-Araújo, L., Enguix, L., Verdú, A., García-García, E., Carbonell-Barrachina, A. A. Investigation of aromatic compounds in toasted almonds used for the manufacture of turrón [J]. Eur. Food Res. Technol., 2008, 227: 243-254.

[49] Karagül-Yüceer, Y., Vlahovich, K. N., Drake, M., Cadwallader, K. R. Characteristic aroma compounds of rennet casein [J]. J. Agri. Food. Chem., 2003, 51: 6797-6801.

[50] Buttery, R. G., Seifert, R. M., Guadagni, D. G., Ling, L. C. Characterization of some volatile constituents of bell peppers [J]. J. Agri. Food. Chem., 1969, 17: 1322-1327.

[51] Buttery, R. G., Seifert, R. M., Guadagni, D. G., Ling, L. C. Characterization of additional volatile components of tomato [J]. J. Agri. Food. Chem., 1971, 19 (3): 524-529.

[52] Elss, S., Kleinhenz, S., Schreier, P. Odor and taste thresholds of potential carry-over/off-flavor compounds in orange and apple juice [J]. LWT, 2007, 40: 1826-1831.

[53] Lorjaroenphon, Y., Cadwallader, K. R. Identification of character-impact odorants in a cola-flavored carbonated beverage by quantitative analysis and omission studies of aroma reconstitution models [J]. J. Agri. Food. Chem., 2015, 63 (3): 776-786.

[54] Guth, H. Quantitation and sensory studies of character impact odorants of different white wine varieties [J]. J. Agri. Food. Chem., 1997, 45 (8): 3027-3032.

[55] Culleré, L., Escudero, A., Cacho, J. F., Ferreira, V. Gas chromatography-olfactometry and chemical quantitative study of the aroma of six premium quality Spanish aged red wines [J]. J. Agri. Food. Chem., 2004, 52 (6): 1653-1660.

[56] Ferreira, V., Jarauta, I., López, R., Cacho, J. Quantitative determination of sotolon, maltol and free furaneol in wine by solid-phase extraction and gas chromatography-ion-trap mass spectrometry [J]. J. Chromatogr. A, 2003, 1010 (1): 95-103.

[57] López, R., Aznar, M., Cacho, J., Ferreira, V. Determination of minor and trace volatile compounds in wine by solid-phase extraction and gas chromatography with mass spectrometric detection [J]. J. Chromatogr. A, 2002, 966: 167-177.

[58] Pino, J. A., Queris, O. Characterization of odor-active compounds in guava wine [J]. J. Agri. Food. Chem., 2011, 59: 4885-4890.

[59] Tan, Y., Siebert, K. J. Quantitative structure-activity relationship modeling of alcohol, ester, aldehyde, and ketone flavor thresholds in beer from molecular features [J]. J. Agri. Food. Chem., 2004, 52 (10): 3057-3064.

[60] Frauendorfer, F., Schieberle, P. Identification of the key aroma compounds in cocoa powder based on molecular sensory correlations [J]. J. Agri. Food. Chem., 2006, 54: 5521-5529.

[61] Rowe, D. J. Chemistry and Technology of Flavors and Fragrances [M]. Oxford: Blackwell Publish-

ing Ltd.：2005.

[62] Pino, J. A., Mesa, J., Muñoz, Y., Martí, M. P., Marbot, R. Volatile components from mango (*Mangifera indica* L.) cultivars [J]. J. Agri. Food. Chem., 2005, 53 (6): 2213-2223.

[63] López, R., Ferreira, V., Hernández, P., Cacho, J. F. Identification of impact odorants of young red wines made with Merlot, Cabernet sauvignon and Grenache grape varieties: a comparative study [J]. J. Sci. Food Agric., 1999, 79 (11): 1461-1467.

[64] 范文来，徐岩．应用液液萃取结合正相色谱技术鉴定汾酒与郎酒挥发性成分（下）[J]．酿酒科技，2013，225（3）：17-27.

[65] 孙莎莎，范文来，徐岩，李记明，于英．我国不同产地赤霞珠挥发性香气成分差异分析[J]．食品工业科技，2013，34（24）：70-74.

[66] 孙莎莎，范文来，徐岩，李记明，于英．3种酿酒白葡萄果实的挥发性香气成分比较[J]．食品与发酵工业，2014，40（5）：193-198.

[67] 范文来，胡光源，徐岩．顶空固相微萃取-气相色谱-质谱法测定药香型白酒中萜烯类化合物[J]．食品科学，2012，33（14）：110-116.

[68] Schuh, C., Schieberle, P. Characterization of the key aroma compounds in the beverage prepared from Darjeeling black tea: Quantitative differences between tea leaves and infusion [J]. J. Agri. Food. Chem., 2006, 54 (3): 916-924.

[69] Schieberle, P., Grosch, W. Potent odorants resulting from the peroxidation of lemon oil [J]. Z. Lebensm. Unters. Forsch., 1989, 189: 26-31.

[70] Zea, L., Ruiz, M. J., Moyano, L. Using odorant series as an analytical tool for the study of the biological ageing of sherry wines [M]. In Gas Chromatography in Plant Science, Wine Technology, Toxicology and Some Specific Applications Salih, B.; Çelikbıçak, Ö., Eds. InTech, Rijeka, Croatia, 2012: 91-108.

[71] http://en.wikipedia.org.

[72] Havlik, J., Kokoska, L., Vasickova, S., Valterova, I. Chemical composition of essential oil from the seeds of *Nigella arvensis* L. and assessment of its antimicrobial activity [J]. Flav. Fragr. J., 2006, 21: 713-717.

[73] Ayben Kilic, Harzemsah Hafizoglu, Hubert Kollmannsberger, A., Nitz §, S. Volatile constituents and key odorants in leaves, buds, flowers, and fruits of *Laurus nobilis* L [J]. J. Agri. Food. Chem., 2004, 52 (6): 1601.

[74] Varming, C., Andersen, M. L., Poll, L. Influence of thermal treatment on black currant (*Ribes nigrum* L.) juice aroma [J]. J. Agri. Food. Chem., 2004, 52 (25): 7628-7636.

[75] Jrgensen, U., Hansen, M., Christensen, L. P., Jensen, K., Kaack, K. Olfactory and quantitative analysis of aroma compounds in elder flower (*Sambucus nigra* L.) drink processed from five cultivars [J]. J. Agri. Food. Chem., 2000, 48 (6): 2376-2383.

[76] Wu, S. Volatile compounds generated by Basidiomycetes [D]. Hannover: Universität Hannover, 2005.

[77] Loscos, N., Hernándezorte, P., Cacho, J., Ferreira, V. Fate of grape flavor precursors during storage on yeast lees [J]. J. Agri. Food. Chem., 2009, 57 (12): 5468-5479.

[78] Strating, J., Eerde, P. V. The staling of beer [J]. J. Inst. Brew., 1973, 79 (5): 414-415.

[79] Janusz, A., Capone, D. L., Puglisi, C. J., Perkins, M. V., Elsey, G. M., Sefton, M. A. (*E*)-1-(2,3,6-trimethylphenyl)buta-1,3-diene: a potent grape-derived odorant in wine [J].

J. Agri. Food. Chem., 2003, 51 (26): 7759-7763.

[80] Cox, A., Skouroumounis, G. K., Elsey, G. M., Perkins, M. V., Sefton, M. A. Generation of (*E*) - 1 - (2, 3, 6 - trimethylphenyl) buta - 1, 3 - diene from C_{13} - norisoprenoid precursors [J]. J. Agri. Food. Chem., 2005, 53 (17): 6777-6783.

[81] Kleipool, R. J. C., Tas, A. C., Van Straten, S. The identification of two natural beverage compounds [J]. Lebensm. -Wiss. u. -Technol., 1976, 9 (296-298).

[82] De Rijke, D., Ter Heide, R. Flavour compounds in rum, cognac and whiskey [M]. In Flavour of distilled beverage: origin and development, Piggott, J. R., Ed. Ellis Horwood, London, 1983: 192-202.

[83] Strating, J., Van-Eerde, P. The staling of beer [J]. J. Inst. Brew., 1973, 79: 414-415.

[84] Cox, A., Capone, D. L., Elsey, G. M., Perkins, M. V., Sefton, M. A. Quantitative analysis, occurence, and stability of (*E*) -1-(2,3,6-trimethylphenyl) buta-1, 3-diene in wine [J]. J. Agri. Food. Chem., 2005, 53: 3584-3591.

[85] Leela, N. K., Vipin, T. M., Shafeekh, K. M., Priyanka, V., Rema, J. Chemical composition of essential oils from aerial parts of *Cinnamomum malabatrum* (Burman f.) Bercht & Presl [J]. Flav. Fragr. J., 2009, 24 (1): 13-16.

[86] Ruth, J. H. Odor thresholds and irritation levels of several chemical substances: a review [J]. AIHA J., 1986, 47 (3): A142-151.

[87] Cha, Y. J., Kim, H., Cadwallader, K. R. Aroma-active compounds in Kimchi during fermentation [J]. J. Agri. Food. Chem., 1998, 46 (5): 1944-1953.

[88] 范文来，徐岩．清香类型原酒共性与个性成分 [J]. 酿酒，2012，39 (2)：14-22.

[89] Chanegriha, N., Baaliouamer, A., Rolando, C. Polarity changes during capillary gas chromatographic and gas chromatographic-mass spectrometric analysis using serially coupled columns of different natures and temperature programming. Application to the identification of constituents of essential oils [J]. J. Chromatogr. A, 1998, 819: 61-65.

[90] Yannai, S., Dictionary of Food Compounds with CD-ROM. Additives, Flavors, and Ingredients [M]. Boca Raton London New York Washington, D. C.: Ed. A CRC Press Company.

[91] Miyazawa, M., Kawata, J. Identification of the key aroma compounds in dried roots of *Rubia cordifolia* [J]. J. Oleo Sci., 2006, 55: 37-39.

[92] Risticevic, S., Carasek, E., Pawliszyn, J. Headspace solid-phase microextraction-gas chromatographic-time-of-flight mass spectrometric methodology for geographical origin verification of coffee [J]. Anal. Chim. Acta, 2008, 617: 72-84.

[93] Sacks, G. L., Gates, M. J., Ferry, F. X., Lavin, E. H., Kurtz, A. J., Acree, T. E. Sensory threshold of 1,1,6-trimethyl-1,2-dihydronaphthalene (TDN) and concentrations in young Riesling and non-Riesling wines [J]. J. Agri. Food. Chem., 2012, 60 (12): 2998-3004.

[94] Winterhalter, P. 1,1,6-Trimethyl-1,2-dihydronaphthalene (TDN) formation in wine. 1. Studies on the hydrolysis of 2,6,10,10-tetramethyl-1-oxaspiro[4.5]dec-6-ene-2,8-diol rationalizing the origin of TDN and related C_{13} norisoprenoids in Riesling wine [J]. J. Agri. Food. Chem., 1991, 39 (10): 1825-1829.

[95] Silva Ferreira, A. C., Hogg, T., Guedes de Pinho, P. Identification of key odorants related to the typical aroma of oxidation-spoiled white wines [J]. J. Agri. Food. Chem., 2003, 51 (5): 1377-1381.

[96] Varietal aroma compounds [J]. https: //people. ok. ubc. ca/neggers/Chem422A/VARIETAL%

20AROMA%20COMPOUNDS. pdf.

[97] Rapp, A. Volatile flavor of wine: Correlation between instrumental analysis and sensory perception [J]. Nahrung, 1998, 42 (6): 351-363.

[98] Fischer, U. Wine aroma [M]. In Flavours and Fragrances: Chemistry, Bioprocessing and Sustainability, Berger, R. G., Ed. Springer, Heidelberg, Germany, 2007: 241-267.

[99] Silva Ferreira, A. C., Guedes de Pinho, P., Rodrigues, P., Hogg, T. Kinetics of oxidative degradation of white wines and how they are affected by selected technological parameters [J]. J. Agri. Food. Chem., 2002, 50 (21): 5919-5924.

[100] Dziadas, M., Jeleń, H. H. Analysis of terpenes in white wines using SPE-SPME-GC/MS approach [J]. Anal. Chim. Acta, 2010, 677 (1): 43-49.

[101] Ong, P. K. C., Acree, T. E. Gas chromatography/olfactory analysis of Lychee (*Litchi chinesis* Sonn.) [J]. J. Agri. Food. Chem., 1998, 46 (6): 2282-2286.

[102] Swiegers, J. H., Saerens, S. M. G., Pretorius, I. S. The development of yeast strains as tools for adjusting the flavor of fermented beverages to market specifications [M]. In Biotechnology in Flavor Production, Havkin-Frenkel, d.; Belanger, F. C., Eds. Blackwell Publishing Ltd., Oxford OX4 2DQ, UK, 2008.

[103] Takoi, K., Itoga, Y., Koie, K., Kosugi, T., Shimase, M., Katayama, Y., Nakayama, Y., Watari, J. The contribution of geraniol metabolism to the citrus flavour of beer: Synergy of geraniol and β-citronellol under coexistence with excess linalool [J]. J. Inst. Brew., 2010, 116 (3): 251-260.

[104] Kishimoto, T., Wanikawa, A., Kono, K., Shibata, K. Comparison of the odor-active compounds in unhopped beer and beers hopped with different hop varieties [J]. J. Agri. Food. Chem., 2006, 54 (23): 8855-8861.

[105] Ugliano, M., Moio, L. Free and hydrolytically released volatile compounds of *Vitis vinifera* L. cv. Fiano grapes as odour-active constituents of Fiano wine [J]. Anal. Chim. Acta, 2008, 621 (1): 79-85.

[106] Gramatica, P., Manitto, P., Ranzi, B. M., Delbianco, A., Francavilla, M. Stereospecific reduction of geraniol to (*R*)-(+)-citronellol by *Saccharomyces cerevisiae* [J]. Experientia, 1982, 38 (7): 775-776.

[107] Gafner, J. Biological stability of wine and biogenic amines [C]. In Proceeding 32nd Annual New York Wine Industry Workshop, 2003: 74-80.

[108] Ferreira, V., López, R., Cacho, J. F. Quantitative determination of the odorants of young red wines from different grape varieties [J]. J. Sci. Food Agric., 2000, 80 (11): 1659-1667.

[109] Francis, I. L., Newton, J. L. Determining wine aroma from compositional data [J]. Aust. J. Grape Wine Res., 2005, 11 (2): 114-126.

[110] Clarke, R. J., Bakker, J. Wine Flavour Chemistry [M]. Oxford: Blackwell Publishing Ltd., 2004.

[111] Voirin, S. G., Baumes, R. L., Gunata, Z. Y., Bitteur, S. M., Bayonove, C. L., Tapiero, C. Analytical methods for monoterpene glycosides in grape and wine. I. XAD-2 extraction and gas chromatographic-mass spectrometri determination of synthetic glycosides [J]. J. Chromatogr. A, 1992, 590 (2): 313-328.

[112] Loscos, N., Hernandez-Orte, P., Cacho, J., Ferreira, V. Release and formation of varietal aroma compounds during alcoholic fermentation from nonfloral grape odorless flavor precursors fractions [J].

J. Agri. Food. Chem. , 2007, 55 (16): 6674-6684.

[113] Flamini, R. Some advances in the knowledge of grape, wine and distillates chemistry as achieved by mass spectrometry [J]. Journal of Mass Spectrometry, 2005, 40 (6): 705-713.

[114] Yamaguchi, K. , Shibamoto, T. Volatile constituents of *Castanopsis* flower [J]. J. Agri. Food. Chem. , 1979, 27 (4): 847-850.

[115] Zhu, J. , Chen, F. , Wang, L. , Niu, Y. , Yu, D. , Shu, C. , Chen, H. , Wang, H. , Xiao, Z. Comparison of aroma-active volatiles in oolong tea infusions using GC-Olfactometry, GC-FPD, and GC-MS [J]. J. Agri. Food. Chem. , 2015, 63 (34): 7499-7510.

[116] Li, J. - X. , Schieberle, P. , Steinhaus, M. Characterization of the major odor - active compounds in Thai durian (*Durio zibethinus* L. 'Monthong') by aroma extract dilution analysis and headspace gas chromatography-olfactometry [J]. J. Agri. Food. Chem. , 2012, 60 (45): 11253-11262.

[117] Wang, J. , Gambetta, J. M. , Jeffery, D. W. Comprehensive study of volatile compounds in two Australian rosé wines: Aroma extract dilution analysis (AEDA) of extracts prepared using solvent-assisted flavor evaporation (SAFE) or headspace solid-phase extraction (HS-SPE) [J]. J. Agri. Food. Chem. , 2016, 64 (19): 3838-3848.

[118] Lee, S. -J. , Noble, A. C. Characterization of odor-active compounds in Californian Chardonnay wines using GC-olfactometry and GC-mass spectrometry [J]. J. Agri. Food. Chem. , 2003, 51: 8036-8044.

[119] Fu, S. -G. , Yoon, Y. , Bazemore, R. Aroma-active components in fermented bamboo shoots [J]. J. Agri. Food. Chem. , 2002, 50 (3): 549-554.

[120] Aznar, M. , López, R. , Cacho, J. F. , Ferreira, V. Identification and quantification of impact odorants of aged red wines from Rioja. GC-olfactometry, quantitative GC-MS, and odor evaluation of HPLC fractions [J]. J. Agri. Food. Chem. , 2001, 49: 2924-2929.

[121] Ferreira, V. , Ortín, N. , Escudero, A. , López, R. , Cacho, J. Chemical characterization of the aroma of Grenache rosé wines: Aroma extract dilution analysis, quantitative determination, and sensory reconstitution studies [J]. J. Agri. Food. Chem. , 2002, 50 (14): 4048-4054.

[122] Steinhaus, M. , Wilhelm, W. , Schieberle, P. Comparision of the most odour-active volatiles in different hop varieties by application of a comparative aroma extract dilution analysis [J]. Eur. Food Res. Technol. , 2007, 226: 45-55.

[123] Fan, W. , Xu, Y. , Jiang, W. , Li, J. Identification and quantification of impact aroma compounds in 4 nonfloral *Vitis vinifera* varieties grapes [J]. J. Food Sci. , 2010, 75 (1): S81-S88.

[124] Leffingwell, J. C. The art & science of fragrance & flavor creation [Online], 2002. http://www.leffingwell.com.

[125] Steinhaus, M. , Fritsch, H. T. , Schieberle, P. Quantitation of (*R*)-and(*S*)-linalool in beer using solid phase microextraction (SPME) in combination with a stable isotope dilution assay (SIDA) [J]. J. Agri. Food. Chem. , 2003, 51 (24): 7100-7105.

[126] Winterhalter, P. , Skouroumounis, G. K. Glycoconjugated aroma compounds: Occurrence, role and biotechnological transformation [M]. In Adv. Biochem. Eng. /Biotechnol. , Scheper, T. , Ed. Springer, Verlag Berlin Heidelberg, 1997, 55: 73-105.

[127] Voirin, S. G. , Baumes, R. L. , Sapis, J. -C. , Bayonove, C. L. Analytical methods for monoterpene glycosides in grape and wine. II. Qualitative and quantitative determination of monoterpene glycosides in grape [J]. J. Chromatogr. A, 1992, 595: 269-281.

[128] Fan, W., Xu, Y., Han, Y. Quantification of volatile compounds in Chinese ciders by stir bar sorptive extraction (SBSE) and gas chromatography-mass spectrometry (GC-MS) [J]. J. Inst. Brew., 2011, 117 (1): 61-66.

[129] Siegmund, B., Pöllinger - Zierler, B. Odor thresholds of microbially induced off - flavor compounds in apple juice [J]. J. Agri. Food. Chem., 2006, 54 (16): 5984-5989.

[130] Barron, D., Etievant, P. X. The volatile constituents of strawberry jam [J]. Z. Lebensm. Unters. Forsch., 1990, 191: 279-285.

[131] Callejón, R. M., Morales, M. L., Ferreira, A. C. S., Troncoso, A. M. Defining the typical aroma of sherry vinegar: Sensory and chemical approach [J]. J. Agri. Food. Chem., 2008, 56 (17): 8086-8095.

[132] Fan, W., Shen, H., Xu, Y. Quantification of volatile compounds in Chinese soy sauce aroma type liquor by stir bar sorptive extraction (SBSE) and gas chromatography-mass spectrometry (GC-MS) [J]. J. Sci. Food Agric., 2011, 91 (7): 1187-1198.

[133] Boido, E., Lloret, A., Medina, K., Fariña, L., Carrau, F., Versini, G., Dellacassa, E. Aroma composition of *Vitis vinifera* Cv. Tannat: the typical red wine from Uruguay [J]. J. Agri. Food. Chem., 2003, 51 (18): 5408-5431.

[134] Du, X., Finn, C. E., Qian, M. C. Bound volatile precursors in genotypes in the pedigree of 'Marion' blackberry (*Rubus* Sp.) [J]. J. Agri. Food. Chem., 2010, 58: 3694-3699.

[135] Guerche, S. L., Dauphin, B., Pons, M., Blancard, D., Darriet, P. Characterization of some mushroom and earthy off - odors microbially induced by the development of rot on grapes [J]. J. Agri. Food. Chem., 2006, 54: 9193-9200.

[136] Young, W. F., Horth, H., Crane, R., Ogden, T., Arnott, M. Taste and odour threshold concentrations of potential potable water contaminants [J]. Water Res., 1996, 30 (2): 331-340.

[137] Börjesson, T. S., Stöllman, U. M., Schnürer, J. L. Off-flavours compounds produced by molds on oatmeal agar: Identification and relation to other growth characteristics [J]. J. Agric. Food Chem., 1993, 41: 2104-2111.

[138] Börjesson, T. S., Stöllman, U. M., Schnürer, J. L. Off-odorous compounds produced by molds on oatmeal agar: Identification and relation to other growth characteristics [J]. J. Agri. Food. Chem., 1993, 41 (11): 2104-2111.

[139] Benanou, D., Acobas, F., Roubin, M. R. D., David, F. S., P. Analysis of off - flavors in the aquatic environment by stir bar sorptive extraction-thermal desorption-capillary GC/MS/olfactometry [J]. Anal. Bioanal. Chem., 2003, 376 (1): 69-77.

[140] Darriet, P., Pons, M., Lamy, S., Dubourdieu, D. Identification and quantification of geosmin, an earthy odorant contaminating wines [J]. J. Agri. Food. Chem., 2000, 48 (10): 4835-4838.

[141] McGarrity, M. J., McRoberts, C., Fitzpatrick, M. Identification, cause, and prevention of musty off-flavors in beer [J]. Master Brew. Assoc. Am., 2003, 40 (1): 44-47.

[142] Gao, W., Fan, W., Xu, Y. Characterization of the key odorants in light aroma type Chinese liquor by gas chromatography - olfactometry, quantitative measurements, aroma recombination, and omission studies [J]. J. Agri. Food. Chem., 2014, 62 (25): 5796-5804.

[143] Gerber. Geosmin, an earthy-smelling substance isolated from actinomycetes [J]. Appl. Microbiol., 1965, 13 (6): 935-938.

[144] Medsker, L. L., Jenkins, D., Thomas, J. F. Odorous compounds in natural waters. An earthy-

smelling compound associated with blue-green algae and actinomycetes [J]. Environ. Sci. Technol., 1968, 2 (6): 461-464.

[145] Darriet, P., Lamy, S., Guerche, S. L., Pons, M., Dubourdieu, D., Blancard, D., Steliopoulos, P., Mosandl, A. Stereodifferentiation of geosmin in wine [J]. Eur. Food Res. Technol., 2001, 213 (2): 122-125.

[146] Buttery, R. G., Guadagni, D. G., Ling, L. C. Geosmin, a musty off-flavor of dry beans [J]. J. Agri. Food. Chem., 1976, 24 (2): 419-420.

[147] Buttery, R. G., Garibaldi, J. A. Geosmin and methylisoborneol in garden soil [J]. J. Agri. Food. Chem., 1976, 24 (6): 1246-1247.

[148] Lu, G. P., Fellman, J. K., Edwards, C. G., Mattinson, D. S., Navazio, J. Quantitative determination of geosmin in red beets (*Beta vulgaris* L.) using headspace solid-phase microextraction [J]. J. Agri. Food. Chem., 2003, 51 (4): 1021-1025.

[149] Tyler, L. D., Acree, T. E., Nelson, R. R., Butts, R. M. Determination of geosmin in beet juice by gas-chromatography [J]. J. Agri. Food. Chem., 1978, 26 (3): 774-775.

[150] Amon, J. M., Vandepeer, J. M., Simpson, R. F. Compounds responsible for cork taint in wine [J]. Aust. NZ Wine Ind. J., 1989, 4: 62-69.

[151] Jelen, H. H., Majcher, M., Zawirska-Wojtasiak, R., Wiewiorowska, M., Wasowicz, E. Determination of geosmin, 2-methylisoborneol, and a musty-earthy odor in wheat grain by SPME-GC-MS, profiling volatiles, and sensory analysis [J]. J. Agri. Food. Chem., 2003, 51 (24): 7079-7085.

[152] Mattheis, J. P., Roberts, R. G. Identification of geosmin as a volatile metabolite of *Penicillium expansum* [J]. Appl. Environ. Microbiol., 1992, 58 (9): 3170-3172.

[153] Schöller, C. E. G., Gürtler, H., Pedersen, R., Molin, S., Wilkins, K. Volatile metabolites from *Actinomycetes* [J]. J. Agri. Food. Chem., 2002, 50: 2615-2621.

[154] Saito, K., Okamura, K., Kataoka, H. Determination of musty odorants, 2-methylisoborneol and geosmin, in environmental water by headspace solid-phase microextraction and gas chromatography-mass spcetrometry [J]. J. Chromatogr. A, 2008, 1186: 434-437.

[155] Schrader, K. K., Dennis, M. E. Cyanobacteria and earthy/musty compounds found in commerical catfish (Ictalurus punctatus) ponds in the Mississippi Delta and Mississippi-Alabama Blackland Prairie [J]. Water Res., 2005, 39: 2807-2814.

[156] Dupuy, H. P., Jr., G. J. F., Angelo, A. J. S., Sumrell, G. Analysis for trace amounts of geosmin in water and fish [J]. J. Am. Oil Chem. Soc., 1986, 63 (7): 905-908.

[157] Conte, E. D., Shen, C. -Y., Perschbacher, P. W., Miller, D. W. Determination of geosmin and methylisoborneol in catfish tissue (*Ictalurus punctatus*) by microwave-assisted distillation-solid phase adsorbent trapping [J]. J. Agri. Food. Chem., 1996, 44: 829-835.

[158] Daniels-Lake, B. J., Prange, R. K., Gaul, S. O., McRae, K. B., Antueno, R. d. A musty "off" flavor in Nova Scotia potatoes is associated with 2,4,6-trichloroanisole released from pesticide-treated soils and high soil temperature [J]. Journal of American Society Horticulture Science, 2007, 132 (1): 112-119.

[159] Karahadian, C., Josephson, D. B., Lindsay, R. C. Volatile compounds from *Penicillium* sp. contributing musty-earthy notes to Brie and Camembert cheese flavors [J]. J. Agri. Food. Chem., 1985, 33 (3): 339-343.

[160] Prat, C., Baneras, L., Antico, E. Screening of musty-earthy compounds from tainted cork using water-based soaks followed by headspace solid-phase microextraction and gas chromatography-mass spectrometry [J]. Eur. Food Res. Technol., 2008, 227 (4): 1085-1090.

[161] Guerche, S. L., Senneville, L. D., Blancard, D., Darriet, P. Impact of the *Botrytis cinerea* strain and metabolism on (-)-geosmin production by *Penicillium expansum* in grape juice [J]. Antonie van Leeuwenhoek, 2007, 92: 331-341.

[162] Miki, A., Isogai, A., Utsunomiya, H., Iwata, H. Identification of 2,4,6-trichloroanisole (TCA) causing a musty/muddy off-flavor in sake and its production in rice koji and *Moromo* mash [J]. J. Biosci. Bioeng., 2005, 100 (2): 178-183.

[163] Du, H., Fan, W., Xu, Y. Characterization of geosmin as source of earthy odor in different aroma type Chinese liquors [J]. J. Agri. Food. Chem., 2011, 59: 8331-8337.

[164] 龚舒蓓. 老白干香型和芝麻香型手工原酒与机械原酒的成分差异 [D]. 无锡: 江南大学, 2018.

[165] Polak, E. H., Provasi, J. Odor sensitivity of geosmin enantiomers [J]. Chem. Senses, 1992, 17: 23-26.

[166] Revial, G. Asymmetric Michael-type alkylation of chiral imines. Enantioselective syntheses of (-)-geosmin and two other related natural terpenes, as well as enant- (+) -geosmin [J]. Tetrahedron Lett., 1989, 30 (31): 4121-4124.

[167] Nishimura, O. Enantiomer separation of the characteristic odorants in Japanese fresh rhizomes of *Zingiber officinale* Roscoe (ginger) using multidimensional GC system and confirmation of the odour character of each enantiomer by GC-olfactometry [J]. Flavour and Fragrance J., 2001, 16: 13-18.

[168] Tabanca, N., Kirimer, N., Demirci, B., Demirci, F., Başer, K. H. C. Composition and antimicrobial activity of the essential oils of *Micromeria cristata* subsp. phrygia and the enantiomeric distribution of borneol [J]. J. Agric. Food Chem., 2001, 49 (9): 4300-4303.

[169] Blank, I., Grosch, W. On the role of (-) -2-methylisoborneol for the aroma of Robusta coffee [J]. J. Agri. Food. Chem., 2002, 50.

[170] Kilic, A., Hafizoglu, H., Kollmannsberger, H., Nitz, S. Volatile constituents and key odorants in leaves, buds, flowers and fruits of *Laurus nobilis* L. [J]. J. Agri. Food. Chem., 2004, 52: 1601-1606.

[171] Lorjaroenphon, Y., Cadwallader, K. R. Characterization of typical potent odorants in cola-flavored carbonated beverages by aroma extract dilution analysis [J]. J. Agri. Food. Chem., 2015, 63 (3): 769-775.

[172] Owens, J. D., Allagheny, N., Kipping, G., Ames, J. M. Formation of volatile compounds during *Bacillus subtilis* fermentation of soya beans [J]. J. Sci. Food Agric., 1997, 74 (1): 132-140.

[173] Fan, W., Xu, Y., Qian, M. C. Identification of aroma compounds in Chinese "Moutai" and "Langjiu" liquors by normal phase liquid chromatography fractionation followed by gas chromatography/olfactometry [M]. In Flavor Chemistry of Wine and Other Alcoholic Beverages, Qian, M. C.; Shellhammer, T. H., Eds. American Chemical Society, 2012: 303-338.

[174] Buttery, R. G., Ling, L. C., Stern, D. J. Studies on popcorn aroma and flavor volatiles [J]. J. Agri. Food. Chem., 1997, 45 (3): 837-843.

[175] Poisson, L., Schieberle, P. Characterization of the most odor-active compounds in an American Bourbon whisky by application of the aroma extract dilution analysis [J]. J. Agri. Food. Chem., 2008, 56

(14): 5813-5819.

[176] Kotseridis, Y., Baumes, R., Skouroumounis, G. K. Synthesis of labelled [$^{2}H_{4}$] β-damascenone, [$^{2}H_{2}$] 2-methoxy-3-isobutylpyrazine, [$^{2}H_{3}$] α-ionone, and [$^{2}H_{3}$] β-ionone, for quantification in grapes, juices and wines [J]. J. Chromatogr. A, 1998, 824: 71-78.

[177] Reiners, J., Grosch, W. Odorants of virgin olive oils with different flavor profiles [J]. J. Agri. Food. Chem., 1998, 46 (7): 2754-2763.

[178] Sen, A., Laskawy, G., Schieberle, P., Grosch, W. Quantitative determination of β-damascenone in foods using a stable isotope dilution assay [J]. J. Agri. Food. Chem., 1991, 39 (4): 757-759.

[179] Blank, I. Sensory relevance of volatile organic sulfur compounds in food [M]. In Heteroatomic Aroma Compounds, Reineccius, G. A.; Reineccius, T. A., Eds. American Chemical Society, ACS symposium series 826, Washington, D. C., 2002: 25-53.

[180] Fritsch, H. T., Schieberle, P. Identification based on quantitative measurements and aroma recombination of the character impact odorants in a Bavarian Pilsner-type beer [J]. J. Agri. Food. Chem., 2005, 53: 7544-7551.

[181] Sefton, M. A., Skouroumounis, G. K., Elsey, G. M., Taylor, D. K. Occurrence, sensory impact, formation, and fate of damascenone in grapes, wines, and other foods and beverages [J]. J. Agri. Food. Chem., 2011, 59 (18): 9717-9746.

[182] Pineau, B., Barbe, J. -C., Leeuwen, C. V., Dubourdieu, D. Which impact for β-damascenone on red wines aroma? [J]. J. Agri. Food. Chem., 2007, 55 (10): 4103-4108.

[183] Escudero, A., Campo, E., Fariña, L., Cacho, J., Ferreira, V. Analysis characterization of the aroma of five premium red wines. Insight into the role of odor families and the concept of fruitiness of wines [J]. J. Agri. Food. Chem., 2007, 55 (11): 4501-4510.

[184] Saison, D., Schutter, D. P. D., Uyttenhove, B., Delvaux, F., Delvaux, F. R. Contribution of staling compounds to the aged flavour of lager beer by studying their flavour thresholds [J]. Food Chem., 2009, 114 (4): 1206-1215.

[185] Uselmann, V., Schieberle, P. Decoding the combinatorial aroma code of a commercial Cognac by application of the sensomics concept and first insights into differences from a German brandy [J]. J. Agri. Food. Chem., 2015, 63 (7): 1948-1956.

[186] Aceña, L., Vera, L., Guasch, J., Olga Busto, Mestres, M. Chemical characterization of commercial Sherry vinegar aroma by headspace solid-phase microextraction and gas chromatography-olfactometry [J]. J. Agri. Food. Chem., 2011, 59: 4062-4070.

[187] Czerny, M., Grosch, W. Potent odorants of raw arabica coffee. Their changes during roasting [J]. J. Agri. Food. Chem., 2000, 48 (3): 868-872.

[188] Kirchhoff, E., Schieberle, P. Quantitation of odor-active compounds in rye flour and rye sourdough using stable isotope dilution assays [J]. J. Agri. Food. Chem., 2002, 50 (19): 5378-5385.

[189] Rouseff, R., Perez-Cacho, P. R. Citrus Flavour [M]. In Flavours and Fragrances: Chemistry, Bioprocessing and Sustainability, Berger, R. G., Ed. Springer, Heidelberg, Germany, 2007: 117-134.

[190] Yoshizaki, Y., Takamine, K., Shimada, S., Uchihori, K., Okutsu, K., Tamaki, H., Ito, K., Sameshima, Y. The formation of β-damascenone in sweet potato *shochu* [J]. J. Inst. Brew., 2011, 117 (2): 217-223.

[191] Vanderhaegen, B., Neven, H., Verachtert, H., Derdelinckx, G. The chemistry of beer aging-a critical review [J]. Food Chem., 2006, 95: 357-381.

[192] Gijs, L., Chevance, F., Jerkovic, V., Collin, S. How low pH can intensify β-damascenone and dimethyl trisulfide production through beer aging [J]. J. Agri. Food. Chem., 2002, 50 (20): 5612-5616.

[193] Kotseridis, Y., Baumes, R. L., Skouroumounis, G. K. Quantitative determination of free and hydrolytically liberated β-damascenone in red grapes and wines using a stable isotope dilution assay [J]. J. Chromatogr. A, 1999, 849 (1): 245-254.

[194] Aznar, M., López, R., Cacho, J., Ferreira, V. Prediction of aged red wine aroma properties from aroma chemical composition. Partial least squares regression models [J]. J. Agri. Food. Chem., 2003, 51 (9): 2700-2707.

[195] Marcq, P., Schieberle, P. Characterization of the key aroma compounds in a commercial Amontillado sherry wine by means of the sensomics approach [J]. J. Agri. Food. Chem., 2015, 63 (19): 4761-4770.

[196] Poisson, L., Schieberle, P. Characterization of the key aroma compounds in an American Bourbon whisky by quantitative measurements, aroma recombination, and omission studies [J]. J. Agri. Food. Chem., 2008, 56 (14): 5820-5826.

[197] Franitza, L., Granvogl, M., Schieberle, P. Characterization of the key aroma compounds in two commercial rums by means of the sensomics approach [J]. J. Agri. Food. Chem., 2016, 64 (3): 637-645.

[198] 郭俊花. 大曲清香型宝丰查次酒及其大曲香气物质研究 [D]. 无锡: 江南大学, 2010.

[199] Winterhalter, P., Rouseff, R. Carotenoid-derived aroma compounds: An introduction [M]. In Carotenoid-Derived Aroma Compounds, American Chemical Society, 2001, 802: 1-17.

[200] Mohamed, S. K., Ahmed, A. A. A., Yagi, S. M., Alla, A. E. W. H. A. Antioxidant and antibacterial activities of total polyphenols isolated from pigmented sorghum (*Sorghum bicolor*) lines [J]. J. Genet. Eng. Biotechnol., 2009, 7 (1): 51-58.

[201] Christlbauer, M., Schieberle, P. Characterization of the key aroma compounds in beef and pork vegetable gravies á la chef by application of the aroma extraction dilution analysis [J]. J. Agri. Food. Chem., 2009, 57: 9114-9122.

[202] Chalier, P., Angot, B., Delteil, D., Doco, T., Gunata, Z. Interactions between aroma compounds and whole mannoprotein isolated from *Saccharomyces cerevisiae* strains [J]. Food Chem., 2007, 100 (1): 22-30.

[203] Kotseridis, Y., Baumes, R. L., Bertrand, A., Skouroumounis, G. K. Quantitative determination of β-ionone in red wines and grapes of Bordeaux using a stable isotope dilution assay [J]. J. Chromatogr. A, 1999, 848 (1-2): 317-325.

[204] Meilgaard, M. C. Aroma volatiles in beer: Purification, flavour, threshold and interaction [M]. In Geruch und Geschmackstoffe, Drawert, F., Ed. Verlag Hans Carl, Nürnberg, Germany, 1975: 211-254.

[205] Etievant, P. X., Callement, G., Langlois, D., Issanchou, S., Coquibus, N. Odor intensity evalution in gas chromatography-olfactometry by finger span method [J]. J. Agri. Food. Chem., 1999, 47: 1673-1680.

[206] Peterson, D., Reineccius, G. A. Biological pathway for the formation of oxygen-containing aroma compounds [M]. In Heteroatomic Aroma Compounds, Reineccius, G. A.; Reineccius, T. A., Eds. American Chemical Society, Washington, D. C., 2002, Vol. ACS symposium series 826: 227-242.

[207] Chisholm, M. G., Guiher, L. A., Vonah, T. M., Beaumont, J. L. Comparison of some French-American hybrid wines with white Riesling using gas chromatography-olfactometry [J]. Am. J. Enol. Vitic., 1994, 45 (2): 201-212.

[208] Frank, S., Wollmann, N., Schieberle, P., Hofmann, T. Reconstitution of the flavor signature of Dornfelder red wine on the vasis of the natural concentrations of its key aroma and taste compounds [J]. J. Agri. Food. Chem., 2011, 59 (16): 8866-8874.

[209] Dresel, M., Dunkel, A., Hofmann, T. Sensomics analysis of key bitter compounds in the hard resin of hops (*Humulus lupulus* L.) and their contribution to the bitter profile of Pilsner-type beer [J]. J. Agri. Food. Chem., 2015, 63 (13): 3402-3418.

[210] Intelmann, D., Batram, C., Kuhn, C., Haseleu, G., Meyerhof, W., Hofmann, T. Three TAS2R bitter taste receptors mediate the psychophysical responses to bitter compounds of hops (*Humulus lupulus* L.) and beer [J]. Chemosens. Percept., 2009, 2 (3): 118-132.

[211] Intelmann, D., Hofmann, T. On the autoxidation of bitter-tasting iso-α-acids in beer [J]. J. Agri. Food. Chem., 2010, 58: 5059-5067.

[212] Rodrigues, F., Calderia, M., Câmara, J. S. Development of a dynamic headspace solid-phase microextraction procedure coupled to GC-qMSD for evaluation the chemical profile in alcoholic beverages [J]. Anal. Chim. Acta, 2008, 609: 82-104.

[213] Picard, M., Lytra, G., Tempere, S., Barbe, J.-C., de Revel, G., Marchand, S. Identification of piperitone as an aroma compound contributing to the positive mint nuances perceived in aged red Bordeaux wines [J]. J. Agri. Food. Chem., 2016, 64 (2): 451-460.

[214] http://www.thegoodscentscompany.com [J].

[215] Hrutfiord, B. F., Hopley, S. M., Gara, R. I. Monoterpenes in sitka spruce: Within tree and seasonal variation [J]. Phytochemistry, 1974, 13 (10): 2167-2170.

[216] Bucking, M., Steinhart, H. Headspace GC and sensory analysis characterization of the influence of different milk additives on the flavor release of coffee beverages [J]. J. Agri. Food. Chem., 2002, 50 (6): 1529-1534.

[217] Menon, A. N. The aromatic compounds of pepper [J]. J. Med. Arom. Plant Sci., 2000, 22 (2/3): 185-190.

[218] Wood, C., Siebert, T. E., Parker, M., Capone, D. L., Elsey, G. M., Pollnitz, A. P., Eggers, M., Meier, M., Vössing, T., Widder, S., Krammer, G., Sefton, M. A., Herderich, M. J. From wine to pepper: Rotundone, an obscure sesquiterpene, is a potent spicy aroma compound [J]. J. Agri. Food. Chem., 2008, 56 (10): 3738-3744.

[219] Mattivi, F., Caputi, L., Carlin, S., Lanza, T., Minozzi, M., Nanni, D., Valenti, L., Vrhovsek, U. Effective analysis of rotundone at below-threshold levels in red and white wines using solid-phase microextraction gas chromatography/tandem mass spectrometry [J]. Rapid Commun. Mass Spectrom., 2011, 25 (4): 483-488.

[220] Davies, C., Nicholson, E. L., Böttcher, C., Burbidge, C. A., Bastian, S. E. P., Harvey, K. E., Huang, A.-C., Taylor, D. K., Boss, P. K. Shiraz wines made from grape berries (*Vitis vinifera*) delayed in ripening by plant growth regulator treatment have elevated rotundone concentrations and "pepper" flavor and aroma [J]. J. Agri. Food. Chem., 2015, 63 (8): 2137-2144.

[221] Mayr, C. M., Geue, J. P., Holt, H. E., Pearson, W. P., Jeffery, D. W., Francis,

I. L. Characterization of the key aroma compounds in Shiraz wine by quantitation, aroma reconstitution, and omission studies [J]. J. Agri. Food. Chem., 2014, 62 (20): 4528-4536.

[222] Zhang, P., Barlow, S., Krstic, M., Herderich, M., Fuentes, S., Howell, K. Within-vineyard, within-vine, and within-bunch variability of the rotundone concentration in berries of *Vitis vinifera* L. cv. Shiraz [J]. J. Agri. Food. Chem., 2015, 63 (17): 4276-4283.

[223] Caputi, L., Carlin, S., Ghiglieno, I., Stefanini, M., Valenti, L., Vrhovsek, U., Mattivi, F. Relationship of changes in rotundone content during grape ripening and winemaking to manipulation of the 'peppery' character of wine [J]. J. Agri. Food. Chem., 2011, 59: 5565-5571.

[224] Scarlett, N. J., Bramley, R. G. V., Siebert, T. E. Within-vineyard variation in the 'pepper' compound rotundone is spatially structured and related to variation in the land underlying the vineyard [J]. Aust. J. Grape Wine Res., 2014, 20 (2): 214-222.

[225] Huang, A.-C., Burrett, S., Sefton, M. A., Taylor, D. K. Production of the pepper aroma compound, (-)-rotundone, by aerial oxidation of α-guaiene [J]. J. Agri. Food. Chem., 2014, 62 (44): 10809-10815.

[226] Huang, A.-C., Sefton, M. A., Sumby, C. J., Tiekink, E. R. T., Taylor, D. K. Mechanistic studies on the autoxidation of α-guaiene: Structural diversity of the sesquiterpenoid downstream products [J]. J. Nat. Prod., 2015, 78 (1): 131-145.

[227] Huang, A.-C., Sefton, M. A., Taylor, D. K. Comparison of the formation of peppery and woody sesquiterpenes derived from α-guaiene and α-bulnesene under aerial oxidative conditions [J]. J. Agri. Food. Chem., 2015, 63 (7): 1932-1938.

[228] Pino, J. A., Fuentes, V., Correa, M. T. Volatile constituents of Chinese chive (*Allium tuberosum* Rottl. ex Sprengel) and rakkyo (*Allium chinense* G. Don) [J]. J. Agri. Food. Chem., 2001, 49 (3): 1328-1330.

[229] 范文来，徐岩．白酒79个风味化合物嗅觉阈值测定 [J]. 酿酒，2011，38 (4)：80-84.

[230] Antalick, G., Tempère, S., Šuklje, K., Blackman, J. W., Deloire, A., de Revel, G., Schmidtke, L. M. Investigation and sensory characterization of 1,4-cineole: A potential aromatic marker of Australian Cabernet sauvignon wine [J]. J. Agri. Food. Chem., 2015, 63 (41): 9103-9111.

[231] Robinson, A. L., Boss, P. K., Heymann, H., Solomon, P. S., Trengove, R. D. Development of a sensitive non-targeted method for characterizing the wine volatile profile using headspace solid-phase microextraction comprehensive two-dimensional gas chromatography time-of-flight mass spectrometry [J]. J. Chromatogr. A, 2011, 1218 (3): 504-517.

[232] Capone, D. L., Jeffery, D. W., Sefton, M. A. Vineyard and fermentation studies to elucidate the origin of 1,8-cineole in Australian red wine [J]. J. Agri. Food. Chem., 2012, 60 (9): 2281-2287.

[233] Capone, D. L., Leeuwen, C. V., Taylor, D. K., Jeffery, D. W., Pardon, K. H., Elsey, G. M., Sefton, M. A. Evolution of occurrence of 1,8-cineole (eucalyptol) in Austriallian wine [J]. J. Agri. Food. Chem., 2011, 59: 953-959.

[234] Sun, Q., Gates, M. J., Lavin, E. H., Acree, T. E., Sacks, G. L. Comparison of odor-active compounds in grapes and wines from *Vitis vinifera* and non-foxy American grape species [J]. J. Agri. Food. Chem., 2011, 59 (19): 10657-10664.

[235] Saliba, A. J., Bullock, J., Hardie, W. J. Consumer rejection threshold for 1,8-cineole (eucalyptol) in Australian red wine [J]. Food Qual. Pref., 2009, 20 (7): 500-504.

[236] Vichi, S., Riu-Aumatell, M., Mora-Pons, M., Buxaderas, S., López-Tamames, E. Characterization of volatiles in different dry gins [J]. J. Agri. Food. Chem., 2005, 53: 10154-10160.

[237] Peppard, T. L. Volatile flavor constituents of *Monstera deliciosa* [J]. J. Agri. Food. Chem., 1992, 40: 257-262.

[238] Ledauphin, J., Saint-Clair, J.-F., Lablanquie, O., Guichard, H., Founier, N., Guichard, E., Barillier, D. Identification of trace volatile compounds in freshly distilled Calvados and Cognac using preparative separations coupled with gas chromatography-mass spectrometry [J]. J. Agri. Food. Chem., 2004, 52: 5124-5134.

[239] http://www.molbase.com.

[240] Bowen, A. J., Reynolds, A. G. Odor potency of aroma compounds in Riesling and Vidal blanc table wines and icewines by gas chromatography-olfactometry-mass spectrometry [J]. J. Agri. Food. Chem., 2012, 60: 2874-2883.

[241] Hock, R., Benda, I., Schreier, P. Formation of terpenes by yeasts during alcoholic fermentation [J]. Z. Lebensm. Unters. Forsch., 1984, 179 (6): 450-452.

[242] Rapp, A., Mandery, H. Wine aroma [J]. Experientia, 1986, 42: 873-884.

[243] King, A., Dickinson, J. A. Biotransformation of monoterpene alcohols by *Saccharomyces cerevisiae*, *Torulaspora delbrueckii* and *Kluyveromyces lactis* [J]. Yeast, 2000, 16: 499-506.

[244] Larsen, T. O., Frisvad, J. C. A simple method for collection of volatile metabolites from fungi based on diffusive sampling from petri dishes [J]. J. Microbiol. Meth., 1994, 19: 297-305.

[245] Lichtenthaler, H. K. The plants' 1-deoxy-D-xylulose-5-phosphate pathway for biosynthesis of isoprenoids [J]. Lipid / Fett, 1998, 100 (4-5): 128-138.

[246] Lichtenthaler, H. K., Rohmer, M., Schwender, J. Two independent biochemical pathways for isopentenyl diphosphate and isoprenoid biosynthesis in higher plants [J]. Physiol. Plantarum, 1997, 101 (3): 643-652.

[247] Drawert, F., Barton, H. Biosynthesis of flavor compounds by microorganisms. 3. Production of monoterpenes by the yeast Kluyveromyces lactis [J]. J. Agri. Food. Chem., 1978, 26: 765-767.

[248] Janssens, L., Pooter, H. L. D., Schamp, N. M., Vandamme, E. J. Production of flavours by microorganisms [J]. Process Biochem., 1992, 27 (4): 195-215.

[249] Klingenberg, A., Sprecher, E. Production of monoterpenes in liquid cultures by the yeast *Ambrosiozyma monospora* [J]. Plant. Med., 1985, 51 (3): 264-265.

[250] Carrau, F. M., Medina, K., Boido, E., Farina, L., Gaggero, C., Dellacassa, E., Versini, G., Henschke, P. A. De novo synthesis of monoterpenes by *Saccharomyces cerevisiae* wine yeasts [J]. FEMS Microbiol. Lett., 2005, 243: 107-115.

[251] Little, D. B., Croteau, R. B. Biochemistry of essential oil terpenes [M]. In Flavor Chemistry: 30 Years of Progress, Teranishi, R.; Wick, E. L.; Hornstein, I., Eds. Kulwer Academ, New York, 1999: 239.

[252] Lichtenthaler, H. K. The plant's 1-deoxy-D-xylulose-5-phosphaste pathway for biosynthesis of isoprenoids [J]. Fett/Lipid, 1998, 100 (4-5): 128-138.

[253] 张婷，李德亮，李杰. 原核生物中土霉味化合物二甲萘烷醇和2-甲基异莰醇生物合成研究进展 [J]. 微生物学报，2012，52 (2)：152-159.

[254] Bode, H. B., Ring, M. W., Schwär, G., Altmeyer, M. O., Kegler, C., Jose, I. R.,

Singer, M., Müller, R. Identification of additional players in the alternative biosynthesis pathway to isovaleryl-CoA in the Myxobacterium *Myxococcus xanthus* [J]. ChemBioChem, 2009, 10 (1): 128-140.

[255] Ugliano, M., Bartowsky, E. J., McCarthy, J., Moio, L., Henschke, P. A. Hydrolysis and transformation of grape glycosidically bound volatile compounds during fermentation with three *Saccharomyces* yeast strains [J]. J. Agri. Food. Chem., 2006, 54 (17): 6322-6331.

[256] Charoenchai, C., Fleet, G. H., Henschke, P. A., Todd, B. E. N. T. Screening of non-*Saccharomyces* wine yeasts for the presence of extracellular hydrolytic enzymes [J]. Aust. J. Grape Wine Res., 1997, 3 (1): 2-8.

[257] Darriet, P., Boidron, J. N., Dubourdieu, D. Hydrolysis of the terpenic heterosides of small muscat grapes using the periplasmic enzymes of *Saccharomyces cerevisiae* [J]. Conn. Vigne Vin, 1988, 22: 189-196.

[258] Chambon, C., Ladeveze, V., Oulmouden, A., Servouse, M., Karst, F. Isolation and properties of yeast mutants affected in farnesyl diphosphate synthetase [J]. Curr. Genet., 1990, 18 (1): 41-46.

[259] Aryan, A. P., Wilson, B., Strauss, C. R., Williams, P. J. The properties of glycosidases of *Vitis vinifera* and a comparison of their β-glucosidase activity with that of exogenous enzymes. An assessment of possible applications in enology [J]. Am. J. Enol. Vitic., 1987, 38: 182-188.

[260] Gunata, Y. Z., Bayonove, C. L., Baumes, R. L., Cordonnier, R. E. Stability of free and bound fractions of some aroma components of grapes cv. Muscat during the wine processing: Preliminary results [J]. Am. J. Enol. Vitic., 1986, 37: 112-114.

[261] Hernández, L. F., Espinosa, J. C., Fernández-González, M., Briones, A. β-Glucosidase activity in a *Saccharomyces cerevisiae* wine strain [J]. Int. J. Food Microbiol., 2003, 80: 171-176.

[262] Fernández-González, M., Stefano, R. D. Fractionation of glycoside aroma precursors in neutral grapes. Hydrolysis and conversion by *Saccharomyces cerevisiae* [J]. Lebensm. Wiss. Technol., 2004, 37: 467-473.

[263] García, A., Carcel, C., Dulau, L., Samson, A., Aguera, E., Agosin, E., Gunata, Z. Influence of a mixed culture with *Debaryomyces vanriji* and *Saccharomyces cerevisiae* on the volatiles of a Muscat wine [J]. J. Food Sci., 2002, 67: 1138-1143.

[264] Fernández, M., Úbeda Iranzo, J. F., Briones Perez, A. I. Typing of non-*Saccharomyces* yeasts with enzymatic activities of interest in wine-making [J]. Int. J. Food Microbiol., 2000, 59: 29-36.

[265] Riou, C., Salmon, J. M., Vallier, M. J., Gunata, Z., Barre, P. Purification, characterization, and substrate specificity of a novel highly glucose-tolerant β-glucosidase from *Aspergillus oryzae* [J]. Appl. Environ. Microbiol., 1998, 64: 3607-3614.

[266] Miyazawa, T., Gallagher, M., Preti, G., Wise, P. M. Psychometric functions for ternary odor mixtures and their unmixed components [J]. Chem. Senses, 2009, 34 (9): 753-761.

[267] Hernández-Orte, P., Cersosimo, M., Loscos, N., Cacho, J., Garcia-Moruno, E., Ferreira, V. The development of varietal aroma from non-floral grapes by yeasts of different genera [J]. Food Chem., 2008, 107: 1064-1077.

第十四章

糖与糖醇类化合物风味

第一节 单糖
第二节 双糖
第三节 多糖与糖蛋白
第四节 糖醇类
第五节 糖苷

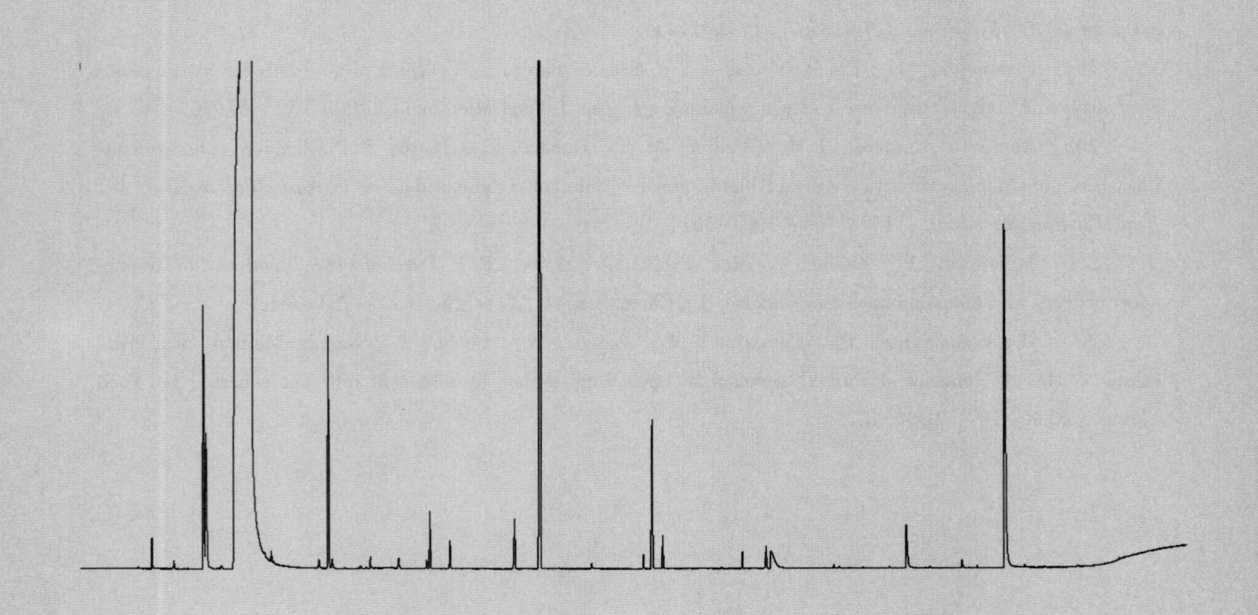

学习目标

1. 了解糖对饮料酒生产的重要性；
2. 掌握重要糖对饮料酒品质的影响；
3. 掌握重要糖醇对饮料酒品质的影响；
4. 了解糖苷。

糖类（sugars，saccharides）在饮料酒中生产中起着决定性的作用，酒精是糖的发酵产物，发酵过程中微生物的生长繁殖需要糖。糖被发酵后，可以产生大量的中间与最终产物（如甘油等），特别是挥发性化合物，并且糖会残存于发酵酒中，这些成分构成了饮料酒的香气与口感。

糖是饮料酒中普遍存在的化合物，通常在酒中呈现甜味或干味（dryness），使得酒体丰满，特别是半甜和甜葡萄酒、半甜和甜黄酒、啤酒、清酒。在佐餐葡萄酒中糖含量通常小于 5g/L，但餐后甜酒中糖含量高达 100～200g/L。糖影响着饮料酒感觉黏度（perceived viscosity）和感觉密度（perceived density）；在模拟冰葡萄酒中，感觉黏度与感觉密度随着糖浓度（葡萄糖与果糖比 3∶1）增加而增加。

糖类按照其聚合度通常分为单糖（simple carbohydrtes，monosaccharides，single sugars）和复合糖（complex carbohydrates）。单糖通常是多羟基的醛（polyhydroxyaldehydes）和多羟基酮（polyhydroxyketones）。复合糖通常是二个或更多的单糖连接在一起的糖。两个单糖相连的，称为二糖（disaccharides）；三个糖相连的，称为三糖（trisaccharides）；3～10 个单糖相连的，称为寡糖（oligosaccharides），10 个或 10 个以上单糖相连的，称为多糖（polysaccharides）。二糖、寡糖和多糖均可以水解成单糖。

按照含碳原子数的多少，单糖可以分为：含三个碳原子的，称为丙糖（trioses），即甘油醛（glyceraldehyde）；含四个碳原子的，称为丁糖（tetroses）；含五个碳原子的，称为戊糖（pentoses）；含六个碳原子的，称为己糖（hexoses）；等等。因此，含有六个碳原子的多羟基醛（如葡萄糖）属于己醛糖（aldohexose）；含有六个碳原子的多羟基酮（如果糖）属于己酮糖（ketohexose）。常见的单糖是葡萄糖和果糖。

含有 4 个或以上碳原子的糖通常以链状（开环）或杂环形式存在。羰基官能团能可逆地与分子内的羟基（intramolecular hydroxyl）反应形成半缩醛，形成环状结构，五元的称为呋喃糖（furanoses），六元的称为吡喃糖（pyranoses）。当还原糖（reducing sugar）以溶液形式存在时，糖不同的形式（如 α-型和 β-型，吡喃型和呋喃型）通过开环形式自发地相互转变，直到达到平衡，在室温下，这可能需要花费数小时甚至更长时间。在水溶液中，葡萄糖通常以吡喃形式存在，果糖通常以 β-端基异构体（β-anomers）存在，即吡喃型与呋喃型共同存在。

其他官能团也存在于天然糖中，如羧基［醛糖酸（aldonic acid）、糖醛酸（uronic acid）、醛糖二酸（aldaric）］能可逆性形成内酯；氨基和酰胺存在时，形成氨基糖（aminosugars）；羧基和氨基同时存在时，形成唾液酸（sialic acids）。

糖的测定结果通常使用总溶解固形物（total soluble solids）表示，测定方法是液体比重法（hydrometry）和折射分析法（refractometry），但这些方法通常受到乙醇的干扰；还原糖的测定通常采用比色反应（colorimetric reaction）、氧化还原滴定法（redox titration）和酶法测定，HPLC 法和毛细管电流（CE）也可以用来检测单个的糖。

第一节　单糖

单糖（monosacharides）广泛存在于酿酒原料（如葡萄）和饮料酒特别是发酵酒和配制酒中。在饮料酒发酵过程中，原料中的淀粉在糖化酶和/或微生物作用下，最终会分解产生葡萄糖，也会产生半乳糖、果糖、甘露糖、阿拉伯糖、木糖、核糖等。

饮料酒中常见的醛糖单糖有：四碳糖赤藓糖，五碳糖核糖、阿拉伯糖、木糖、甘露糖，六碳糖葡萄糖、半乳糖；酮糖单糖主要是六碳糖果糖、山梨糖，脱氧六碳糖岩藻糖、鼠李糖。

一、五碳糖

五碳糖俗称戊醛糖（aldopentose），葡萄酒中的主要戊醛糖是 L-阿拉伯糖和 D-木糖。

五碳糖通常是非淀粉多糖（non-starch polysaccharides，NSPs）完全水解产物，从它们的物理结构与化学组成上讲，NSPs 是一类复杂化合物，主要包括纤维素、半纤维素（hemi-cellulose）、果胶和寡糖。NSPs 可以拮抗消化酶，然后在后肠被微生物降解。

1. 阿拉伯糖

阿拉伯糖（arabinose，pectinose）是非发酵性糖，俗称 DL-阿拉伯糖、树胶醛糖，IUPAC 名 2,3,4,5-四羟基戊醛（2,3,4,5-tetrahydroxypentanal），CAS 号 147-81-9，分子式 $C_5H_{10}O_5$，摩尔质量 150.13g/mol，无色结晶，熔点 158.5℃，密度 1.585g/cm^3，lgP -2.812，能溶于水。阿拉伯糖呈甜味，水溶液中甜味阈值 17.7mmol/L。

阿拉伯糖有 D-型与 L-型之分。D-阿拉伯糖（C 14-1），俗称 D-(-)-阿拉伯糖，IUPAC 名（2*S*,3*R*,4*R*)-2,3,4,5-四羟基戊醛，CAS 号 10323-20-3。

L-阿拉伯糖（C 14-2），俗称（+)-阿拉伯糖、L-(+)-阿拉伯糖，IUPAC 名（2*R*,3*S*,4*S*)-2,3,4,5-四羟基戊醛，CAS 号 5328-37-0，FEMA 号 3255，呈甜味，水溶液中甜味阈值 29.7mmol/L。

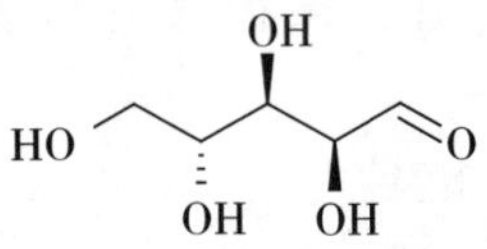

C 14-1　D-阿拉伯糖 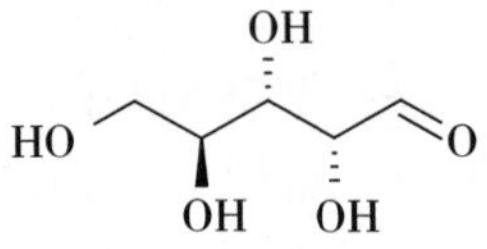　　　C 14-2　L-阿拉伯糖

L-阿拉伯糖的游离形式存在于松柏科（coniferae）植物中；结合态的形式存在于细菌多糖、果胶类物质（pectin materials）、半纤维素和植物糖苷中。

葡萄酒中 L-阿拉伯糖含量为 0.3~1.0g/L，甜白葡萄酒中含量为 2050mg/L，半干白葡萄酒中含量为 510mg/L，意大利白葡萄酒中含量为 5~40mg/L；红葡萄酒中含量为 5~179mg/L，意大利红葡萄酒中含量为 35~120mg/L；桶贮 6 个月红葡萄酒中含量为 19.3~144.3mg/L，桶贮 12 个月含量为 26.9~179.1mg/L。葡萄酒中的 L-阿拉伯糖主要来源于果胶（pectin）、木头（wood）和树胶（gum）。

用感染了灰葡萄孢菌（*Botrytis cinerea*）的葡萄酿酒，其葡萄酒中 L-阿拉伯糖和 L-半乳糖的含量要高于健康葡萄酿造的酒。

阿拉伯糖在日本清酒中浓度为 61~155mg/L；在速溶咖啡中含量为 0.4~4.6g/kg。

阿拉伯糖存在于中国大曲中，酱香型大曲中含量为 0.91mg/g（绝干重），浓香型大曲中含量为 0.84mg/g（绝干重），清香型大曲中含量为 1.16mg/g（绝干重）。

2. 木糖

木糖（xylose，wood sugar）是一种非发酵性糖，俗称 DL-木糖，IUPAC 名氧杂环己 2,3,4,5-四醇，CAS 号 41247-05-6，FEMA 号 3606，分子式 $C_5H_{10}O_5$，摩尔质量 150.13g/mol，无色单斜晶体或棱柱状，密度 1.525g/cm^3，熔点 153~154℃，lgP -2.116。木糖呈甜味，相对甜度 67，其水溶液中甜味阈值 12.5mmol/L（见表 14-1）。

木糖有二个异构体：D-木糖（C 14-3），俗称（+）-木糖，IUPAC 名（2*R*,3*S*,4*R*）-2,3,4,5-四羟基戊醛［(2*R*,3*R*,4*S*)-2,3,4,5-tetrahydroxypentanal］，CAS 号 58-86-6；D-木糖是木头的主要成分，它是某些细菌的可发酵性糖，如乳杆菌（*Lactobacilli*）、串状酵母菌属（*Torula*）和念珠菌属（*Monilia*），呈甜味，水溶液中甜味阈值 34.6mmol/L。

另一异构体是 L-木糖（C 14-4），俗称 L-(-)-木糖，IUPAC 名（2*S*,3*R*,4*S*）-2,3,4,5-四羟基戊醛［(2*S*,3*R*,4*S*)-2,3,4,5-tetrahydroxypentanal］，CAS 号609-06-3。

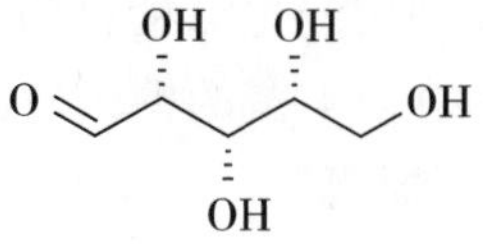

OH OH O OH OH

C 14-3 D-木糖

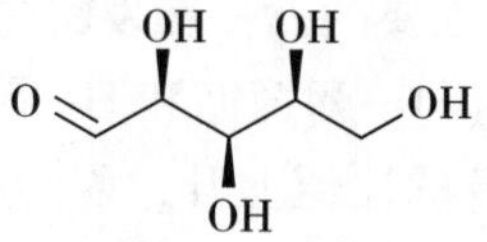

OH OH O OH OH

C 14-4 L-木糖

D-木糖存在于葡萄酒中，其含量为 0.3~1.0g/L，在甜白葡萄酒中含量为 1078mg/L，半干白葡萄酒中含量为 25mg/L，意大利白葡萄酒中含量为 5~27mg/L；红葡萄酒中含量为 nd~58mg/L，意大利红葡萄酒中含量为 5~45mg/L，桶贮 6 个月红葡萄酒中含量为 12.7~58.3mg/L，桶贮 12 个月含量 11.3~43.1mg/L。葡萄酒中的 D-木糖主要来源于果胶、木头和树胶。

木糖存在于中国大曲中，酱香型大曲中含量为 5.20mg/g（绝干重），浓香型大曲中含量为 0.74mg/g（绝干重），清香型大曲中含量为 3.00mg/g（绝干重）。

3. 核糖

核糖（ribose）有 D-型和 L-型。

L-(+)-核糖（C 14-5），IUPCA 名（2*S*,3S,4*S*）-2,3,4,5-四羟基戊醛（(2*S*,3S,4*S*)-2,3,4,5-tetrahydroxypentanal），CAS 号 24259-59-4。D-(-)-核糖（C 14-6），IUPCA 名（2*R*,3*R*,4*R*）-2,3,4,5-四羟基戊醛［(2*R*,3*R*,4*R*)-2,3,4,5-tetrahydroxypentanal］，CAS 号 50-69-1，RI_{np} 1699（*trans*-核糖-MEOX-4TMS），白色结晶或粉末，熔点 88~92℃，密度 1.681g/cm^3，水中溶解度 100g/L。

D-核糖是核酸的成分之一，它存在于所有的植物细胞中；也是一些辅酶的成分。核糖能与 5′-GMP 在有 L-Ala 存在时反应生成 N^2-(1-羧基-3,4-二羟基丁基)-鸟苷 5′-单磷酸。

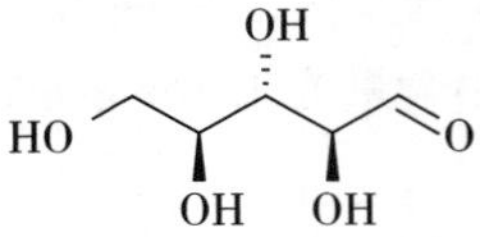

C 14-5　L-(+)-核糖 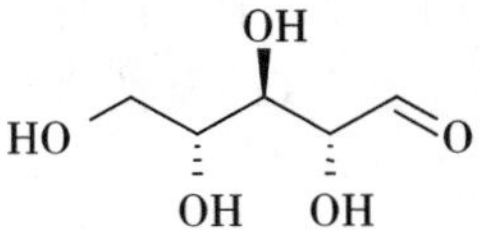　　　C 14-6　D-(-)-核糖

核糖在甜白葡萄酒中含量为 321mg/L，半干葡萄酒中含量为 24mg/L，红葡萄酒中含量为 nd~71mg/L，桶贮 6 个月红葡萄酒中含量为 3.9mg/L，桶贮 12 个月含量 13.5~28mg/L。

二、 六碳糖

六碳糖最常见的是葡萄糖和果糖。在水溶液中，葡萄糖最丰富的异构体是吡喃型；果糖最丰富的异构体是β-端基异构体（anomer，包括吡喃型和呋喃型）。

1. 葡萄糖

D-葡萄糖（grape sugar）是自然界中最丰富的糖，它为活细胞提供营养；葡萄糖也是所有发酵酒中最主要的糖，在发酵过程中被酵母利用产生酒精。葡萄糖和果糖是葡萄中最主要的还原糖。D-葡萄糖和 D-果糖是葡萄汁中最丰富的糖，发酵过程中，含量下降，但果糖/葡萄糖的比值上升，因为酵母更喜欢葡萄糖。

D-葡萄糖（D-glucose，dextrose）(C 14-7)，IUPAC 名（2*R*,3*S*,4*R*,5*R*）-2,3,4,5,6-五羟基己醛［(2*R*,3*S*,4*R*,5*R*)-2,3,4,5,6-pentahydroxyhexanal］，CAS 号 50-99-7，RI_{np} 1941（葡萄糖-TMS-MSTFA）或 1948（*cis*-葡萄糖-MEOX-5TMS）或 1925（*trans*-葡萄糖-MEOX-5TMS）或 2395（*cis*-葡萄糖-6-磷酸-MEOX-4TMS）或 2375（*trans*-葡萄糖-6-磷酸-MEOX-4TMS），分子式 $C_6H_{12}O_6$，摩尔质量 180.16g/mol，密度 1.54g/cm^3，熔点 146℃（α-D-葡萄糖）或 150℃（β-D-葡萄糖）或 86℃（一水葡萄糖），能溶解于水，溶解度 909g/L（25℃）。

葡萄糖呈甜味，相对甜度 69，其水溶液中甜味阈值 48.0mmol/L 或 10.2mmol/L 或 90mmol/L 或 18.0mmol/L 或 15.6mmol/L［D-(+)-型］（部分甜味剂的味阈值见表 14-1）。

葡萄糖能与5′-GMP 在有 L-Ala 存在时反应生成 N^2-(1-羧基-3,4,5-三羟基戊基)-鸟苷5′-单磷酸；在没有氨基酸存在时，反应生成 N^2-(β-D-葡萄糖基)-鸟苷 5′-单磷酸［N^2-(β-D- glucosyl)-guanosine 5′-monophosphate］。

表 14-1　　部分甜味剂的味阈值

风味物质	味阈值/（mmol/L）	风味物质	味阈值/（mmol/L）
葡萄糖	48.0，10.2，90，18.0，15.6［D-(+)-型］	核糖醇	45.3
果糖	5.0，18.0，52.0，10.2	L-丙氨酸	8.0，12
阿拉伯糖	17.7	L-丝氨酸	30.0，25
半乳糖	50.0	L-鸟氨酸	3.5
木糖	12.5	L-脯氨酸	26.0，25.0
鼠李糖	11.8	氨基乙酸	30.0，25
蔗糖	24.0	L-苏氨酸	40.0，35
甘油	57.0，81.1，81.2	L-甲硫氨酸	5
1,2-丙二醇	44.2		
环己六醇	17.7		
赤藓糖醇	36.3		
阿拉伯糖醇	43.1		
甘露糖醇	20.0，40.0		
山梨糖醇	33.8		
木糖醇	12.5 或 20.2		

D-葡萄糖（C 14-7）有三个主要形式，即开链的和两个环状的（即 α-D-葡萄糖和 β-D-葡萄糖，见 C 14-8 和 C 14-9）。在葡萄糖水溶液中，开链的 D-葡萄糖和环状的 D-葡萄糖处于平衡状态。开链 D-葡萄糖只占 0.02%，即绝大部分是环状的 D-葡萄糖。环状 D-葡萄糖中，α-D-葡萄糖占比为 36%，β-D-葡萄糖占比为 64%。

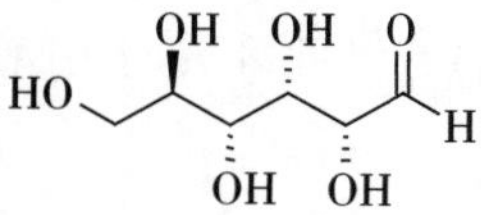

C 14-7　D-葡萄糖

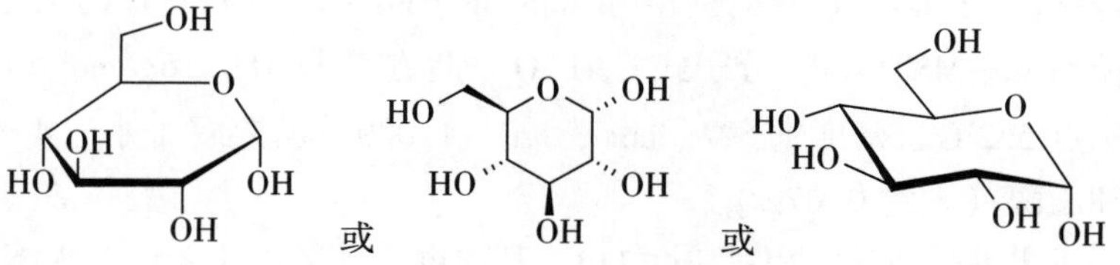

或　　或

C 14-8　α-D-吡喃葡萄糖

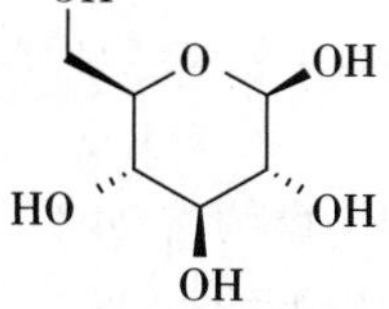

C 14-9　β-D-吡喃葡萄糖

葡萄酒中酸与甜之间是相互作用的，酸过少的酒会感觉甜得发腻（cloying）或病态的（sickly）；而高酸但没有甜味的葡萄酒会感觉呈醋气的（acid）、口感尖酸的（tart）或酸味的（sour）。

葡萄糖大量存在于葡萄原料中，成熟葡萄中糖含量（主要是葡萄糖和果糖）为15%~25%（质量分数）；与酸度一样，比重法测定的糖度是葡萄成熟采摘（通常在10或11月份）的标志物。通常情况下，温度越温暖，积累的糖越多，采摘时间越早（9月份甚至是8月份）；而寒冷的气候采摘期在10月份或11月份。糖度的高低决定了葡萄酒中乙醇含量的高低。

葡萄糖存在于发酵食品中，在干葡萄酒中，通常含有0.2~0.8g/L葡萄糖，1.2g/L果糖；在甜葡萄酒中，通常含有30g/L葡萄糖，60g/L果糖；在甜白葡萄酒中含量为10170mg/L，半干白葡萄酒中含量为9690mg/L，意大利干白葡萄酒中含量为20~162mg/L，葡萄牙西万尼干白葡萄酒中含量为200mg/L，灰比诺葡萄酒和霞多利白葡萄酒中未检测到；红葡萄酒中含量为5~400mg/L，意大利红葡萄酒中含量为5~220mg/L，丹菲特红葡萄酒中含量为1.11~1.22g/L，桶贮6个月红葡萄酒中含量为11.1~145.2mg/L，桶贮12个月含量为5.1~13.4mg/L。葡萄牙玫瑰红葡萄酒中含量为500mg/L。

果醋中葡萄糖含量为0.7~1.8 mol/L；速溶咖啡中含量为1.1~22.3 g/kg。

葡萄糖存在于中国大曲中，酱香型大曲中含量为16.72mg/g（绝干重），浓香型大曲中含量为8.32mg/g（绝干重），清香型大曲中含量为20.20mg/g（绝干重）。

葡萄糖微量存在于蒸馏酒中。20年陈瓶装高级调和苏格兰威士忌含有50mg/L；芝麻香型手工原酒13.58~19.04μg/L，机械化原酒12.91~14.65μg/L；老白干香型手工大楂原酒20.44~176.00μg/L，机械化大楂原酒27.02~279.00μg/L。

2. 果糖

D-果糖［D-fructose，fruit sugar，D-(-)-levulose］，俗称果糖、结晶果糖（crystalline fructose）、D-(-)-果糖、左旋-(-)-果糖、IUPAC名（*3S*,*4R*,*5R*)-1,3,4,5,6-五羟基己-2-酮（1,3,4,5,6-pentahydroxyhex-2-one），CAS号57-48-7，RI_{np} 1915（果糖-TMS-MSTFA），分子式$C_6H_{12}O_6$，摩尔质量180.16g/mol，熔点103℃或102~105℃，沸点552℃，密度1.694g/cm^3，lgP -1.029，能溶解于水（4g/g水），几乎不溶于甲醇和乙醇（大约0.07g/g）。

果糖呈甜味，相对甜度114，其甜度是蔗糖的1.8倍，水溶液中甜味阈值5.0mmol/L或18.0mmol/L或52.0mmol/L或10.2mmol/L或7.0mmol/L（见表14-1）。

结晶果糖于20世纪60年代开始生产，其原料是蔗糖或菊粉［inulin，一种多聚果糖（polyfructose）］，通过水解、结晶纯化而制得。转化糖（invert sugar）是一种酶法转化的蔗糖，其中葡萄糖与果糖以等摩尔比存在。

在果糖水溶液中，20℃时，β-D-吡喃型果糖占69%，β-D-呋喃型果糖约占24%，α-D-呋喃型果糖占8%；80℃时，β-D-吡喃型果糖占51%，β-D-呋喃型果糖约占38%，α-D-呋喃型果糖占11%。D-果糖能形成多糖，如菊糖（inulin）和果聚糖（fructans）。

果糖以游离态广泛存在于水果和蜂蜜中，在一些植物中也能形成多糖，如菊糖和果聚糖。果糖在水果中含量如下：苹果 60.4g/kg（果实）或 378g/kg（总固体），黑莓 21.5g/kg（果实）或 141g/kg（总固体），蓝莓 38.2g/kg（果实）或 240g/kg（总固体），醋栗 36.8g/kg（果实）或 208g/kg（总固体），鹅莓（gooseberry）39.0g/kg（果实）或 263g/kg（总固体），葡萄 78.4g/kg（果实）或 410g/kg（总固体），梨 67.7g/kg（果实）或 499g/kg（总固体），树莓 48.4g/kg（果实）或 263g/kg（总固体），甜樱桃 73.8g/kg（果实）或 329g/kg（总固体），草莓 24.0g/kg（果实）或 254g/kg（总固体）。

果糖存在于许多发酵食品中，在意大利白葡萄酒中含量为 25~178mg/L，葡萄牙西万尼白葡萄酒中含量为 700mg/L，灰比诺白葡萄酒中含量为 500mg/L，霞多利白葡萄酒中含量为 800mg/L；葡萄牙玫瑰红葡萄酒中含量为 0~400mg/L，红葡萄酒中含量为 nd~86mg/L，意大利红葡萄酒中含量为 23~315mg/L，丹菲特红葡萄酒中含量为 2.72~2.96g/L，桶贮 6 个月红葡萄酒中含量为 2.9~86.0mg/L；果醋中含量为 0.64~1.60mol/L；速溶咖啡中含量为 5.3~24.2 g/kg。

果糖微量存在于蒸馏酒中。20 年陈瓶装高级调和苏格兰威士忌中含有 50mg/L 果糖。

3. 半乳糖

半乳糖（galactose），RI_{np} 1937（半乳糖-TMS-MSTFA），分子式 $C_6H_{12}O_6$，摩尔质量 180.16g/mol，密度 1.723g/cm^3，熔点 167℃，水中溶解度 683.0g/L。

半乳糖呈甜味，其水溶液中甜味阈值 50.0mmol/L 或 15.5mmol/L［D-(+)-型］。

半乳糖有 L-型（C 14-10）与 D-型（C 14-11）之分。

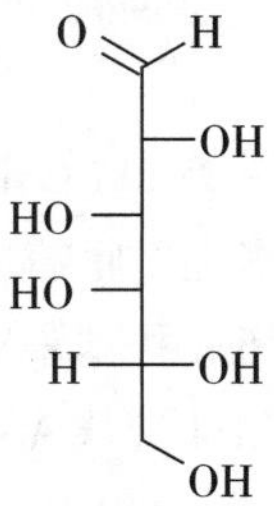

C 14-10 L-半乳糖 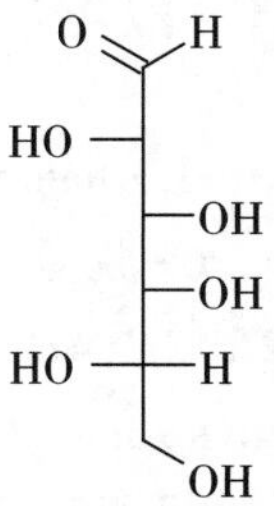　　C 14-11 D-半乳糖

D-半乳糖在自然界很少以游离态存在，通常以牛乳中乳糖的形式或更加复杂的生物分子（biomolecules），如糖脂（glycolipids）和糖蛋白（glycoproteins）存在。葡萄酒老熟时与酒泥（lees）接触时，会含有较高的结合态 D-半乳糖。

D-半乳糖在葡萄酒中含量为 0.1g/L；半乳糖在甜白葡萄酒中含量为 80mg/L，半干白葡萄酒中未检测到，意大利白葡萄酒中含量为 10~65mg/L；红葡萄酒中含量为 25~940mg/L，意大利红葡萄酒中含量为 22~85mg/L，桶贮 6 个月红葡萄酒中含量为 27.3~79.7mg/L，桶贮 12 个月含量为 25.0~51.4mg/L。半乳糖在速溶咖啡中含量为 2.4~2.9 g/kg。

半乳糖存在于中国大曲中，酱香型大曲中含量为 0.75mg/g（绝干重），浓香型大曲中含量为0.54mg/g（绝干重），清香型大曲中含量为2.55mg/g（绝干重）。

4. 甘露糖

甘露糖（mannose），CAS号31103-86-3，RI_{np} 1929（甘露糖-TMS-MSTFA），分子式$C_6H_{12}O_6$，摩尔质量180.16g/mol。该化合物有D-型（C 14-12）和L-型（C 14-13）。其环状结构与其他糖一样，分为吡喃型和呋喃型。

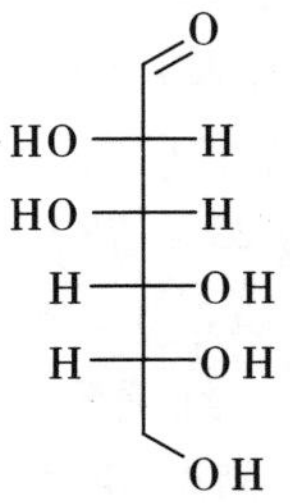

C 14-12　D-甘露糖 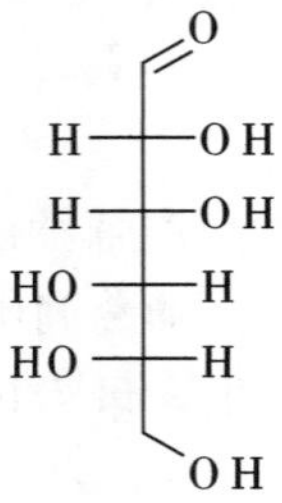　　C 14—13　L-甘露糖 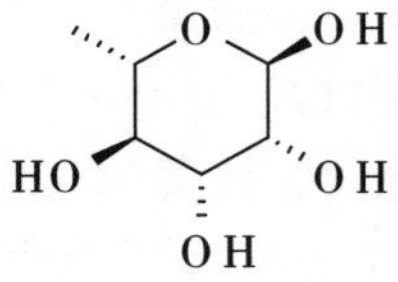　　C 14-14　α-L-吡喃鼠李糖

D-甘露糖在植物中以多糖形式即甘露聚糖（mannans）形式存在，也可以与其他糖结合。甘露糖蛋白（mannoproteins）是葡萄酒中主要的多糖。

甘露糖在红葡萄酒中含量为nd~73mg/L，桶贮6个月红葡萄酒中含量为2.6~11.4mg/L，桶贮12个月含量为nd~2.1mg/L。甘露糖在速溶咖啡中含量为0.7~3.0 g/kg。

5. 鼠李糖

鼠李糖（rhamnose，isodulcit）是脱氧六碳糖（hexose deoxy sugar），又称甲基戊糖或6-脱氧己糖，分子式$C_6H_{12}O_5$，摩尔质量164.16g/mol。与其他大部分糖以D-型存在不同，自然界存在的鼠李糖主要是L-型。L-鼠李糖是许多糖苷和多糖的成分。

鼠李糖在甜白葡萄酒中含量为341mg/L，半干白葡萄酒中含量为23mg/L，红葡萄酒中含量为nd~76mg/L。

常见的是α-L-鼠李糖（α-L-rhamnose，α-L-Rha）(C 14-14)，俗称α-L-吡喃鼠李糖（α-L-rhamnopyranose）、6-脱氢-α-L-甘露-己吡喃糖（6-deoxy-α-L-manno-hexopyranose），IUPAC名（2*R*,3*R*,4*R*,5*R*,6*S*)-6-甲基氧杂环己烷-2,3,4,5-四醇[(2*R*,3*R*,4*R*,5*R*,6*S*)-6-methyloxane-2,3,4,5-tetrol]，CAS号6014-42-2，熔点91~93℃，密度1.41g/cm^3，鼠李糖呈甜味，其水溶液中的甜味阈值11.8mmol/L。

第二节　双糖

双糖（disaccharides）也称为二糖，是由2个单糖通过葡萄糖苷键相连而成。二糖存在于饮料酒及其原料如葡萄汁中。白葡萄酒的二糖总量<50mg/L，而玫瑰红葡萄酒和红葡萄酒的二糖含量在80~130mg/L。

饮料酒中常见的二糖有：蔗糖、乳糖、乳果糖（lactulose）、麦芽糖、异麦芽糖、海藻糖。

一、 蔗糖

蔗糖（sucrose，saccharose，Suc）（C 14-15）是最常见的双糖，俗称 D-(+)-蔗糖、食糖（table sugar）、甘蔗糖（cane sugar）、甜菜糖（beet sugar）、糖（sugar）、α-D-吡喃葡萄糖基-(1→2)-β-D-呋喃果糖苷［α-D-glucopyranosyl-(1→2)-β-D-fructofuranoside］、β-D-阿拉伯糖-己-2-酮基呋喃糖基 α-D-葡萄糖-己吡喃糖苷（β-D-arabino-hex-2-ulofuranosyl α-D-gluco-hexopyranoside），IUPAC 名（2*R*,3*R*,4*S*,5*S*,6*R*)-2-((2*S*,3*S*,4*S*,5*R*)-3,4-二羟基-2,5-双（羟甲基）氧杂环戊烷-2-基）氧-6-(羟甲基）氧杂环六烷-3,4,5-三醇［(2*R*,3*R*,4*S*,5*S*,6*R*)-2-((2*S*,3*S*,4*S*,5*R*)-3,4-dihydroxy-2,5-bis(hydroxymethyl)oxolan-2-yl)oxy-6-(hydroxymethyl)oxane-3,4,5-triol］，CAS 号 57-50-1，RI_{np} 2709（蔗糖-8TMS），分子式 $C_{12}H_{22}O_{11}$，摩尔质量 342.30g/mol，白色固体，熔点 190℃（水溶液中分解），固体密度 1.587g/cm^3，水中溶解度 670g/kg（25℃），lgP -3.76，160~186℃时分解。

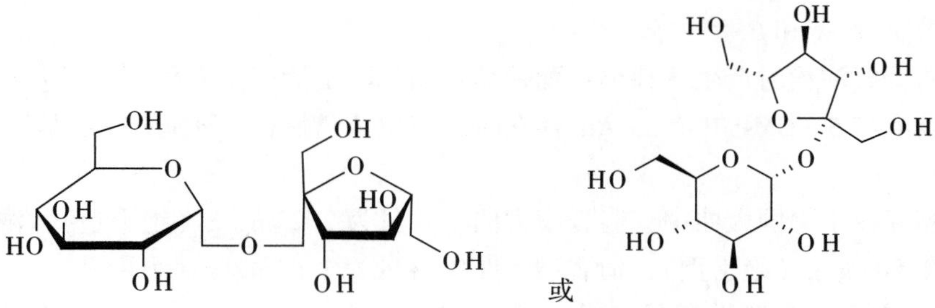

C 14-15　蔗糖

蔗糖呈甜味，相对甜度 100，其水溶液中甜味阈值 24.0mmol/L 或 10.67mmol/L 或 0.86g/L，在 5mmol/L 的 MSG 溶液与 5mmol/L 的 IMP 水溶液中甜味阈值均为 0.86g/L。

蔗糖水解后产生等摩尔的果糖和葡萄糖。蔗糖是甜味的基本味觉物质。

蔗糖是于 1857 年由英国化学家威廉·米勒（William Miller）以法语“sucre”（意“糖”）和糖的后缀“-ose”命名的，在科学文献中常用缩写“suc”。蔗糖是非还原二糖，由葡萄糖与果糖通过异头碳（anomeric carbon）相连接的糖。

蔗糖天然存在于许多植物中，通常从甘蔗（Saccharum officinarum）和甜菜（Beta vulgaris）中提取、蒸发和精炼而成。精炼过程主要是漂白与结晶，产生带有甜味的白色、无气味、晶状粉末的纯蔗糖，不含有维生素与矿物质。通常用作食品和软饮料的甜味剂。蔗糖以低浓度存在于蜂蜜和枫糖浆中。

蔗糖存在于饮料酒中，葡萄酒中蔗糖含量为 20~120mg/L，在甜白葡萄酒中含量为 60mg/L，半干白葡萄酒中含量为 120mg/L；红葡萄酒中含量为 20~110mg/L。蔗糖通常是葡萄酒发酵前在葡萄汁中添加的糖（chaptalization）。蔗糖在速溶咖啡中含量为 5.5~8.2 g/kg。

蔗糖微量存在于蒸馏酒中。20 年陈瓶装高级调和苏格兰威士忌含有蔗糖 20mg/L；芝麻香型手工原酒 22.27~26.90μg/L 或 21.22~30.30μg/L；老白干香型手工大糙原酒 13.92~27.30μg/L，机械化大糙原酒 13.69~23.00μg/L。

二、 麦芽糖

麦芽糖（maltose，maltobiose，malt sugar）是二分子的葡萄糖通过 α-1，4-键相连而形成的。

麦芽糖俗称 4-*O*-α-D-吡喃葡萄糖基-D-葡萄糖（4-*O*-α-D-glucopyranosyl-D-glucose），IUPAC 名 2-羟甲基-6-(4,5,6-trihydroxy-2-羟甲基氧六环-3-基）氧环氧六烷-3,4,5-三醇［2-(hydroxymethyl)-6-(4,5,6-trihydroxy-2-(hydroxymethyl)oxan-3-yl)oxyoxane-3,4,5-triol］，CAS 号 69-79-4，RI_{np} 2843（*cis*-麦芽糖-MEOX-8TMS）或 2814（*trans*-麦芽糖-MEOX-8TMS），分子式 $C_{12}H_{22}O_{11}$，相对分子质量 342.30，白色粉末或结晶，熔点 160~165℃（无水）或 102~103℃（一水麦芽糖），密度 1.54 g/cm³，水中溶解度 1.080g/mL（20℃）。

麦芽糖有 α-型和 β-型之分。

淀粉酶分解淀粉时产生麦芽糖；葡萄糖焦糖化时也能产生麦芽糖。

麦芽糖能与 5′-GMP 在有 L-Ala 存在时反应生成 N^2-(1-羧基-4-羟基丁基)-鸟苷 5′-单磷酸。

麦芽糖存在于中国大曲中，酱香型大曲中含量为 2.25mg/g（绝干重），浓香型大曲中含量为 2.20mg/g（绝干重），清香型大曲中含量为 1.62mg/g（绝干重）。

麦芽糖在芝麻香型手工原酒中含量为 20.77~22.41μg/L，机械化原酒 19.56~22.38μg/L；老白干香型手工大糙原酒 16.71~31.31μg/L，机械化大糙原酒 15.70~80.04μg/L。

三、 海藻糖

海藻糖（trehalose，mycose，tremalose）(C 14-16)，俗称 α,α-海藻糖（α,α-trehalose）、α-D-海藻糖、D-海藻糖、蘑菇糖（mushroom sugar）、α-D-吡喃葡萄糖基-(1→1)-α-D-吡喃葡萄糖苷［α-D-glucopyranosyl-(1→1)-α-D-glucopyranoside］、1-*O*-α-D-吡喃葡萄糖基-1-*O*-α-D-吡喃葡萄糖苷（1-*O*-α-D-glucopuranosyl-1-*O*-α-D-glucopyranoside），IUPAC 名（2*R*,3*S*,4*S*,5*R*,6*R*)-2-羟甲基-6-((2*R*,3*R*,4*S*,5*S*,6*R*)-3,4,5-三羟基-6-羟甲基-氧六环-2-基）氧-氧六环-3,4,5-三醇［(2*R*,3*S*,4*S*,5*R*,6*R*)-2-(hydroxymethyl)-6-((2*R*,3*R*,4*S*,5*S*,6*R*)-3,4,5-trihydroxy-6-(hydroxymethyl)oxan-2-yl)oxyoxane-3,4,5-triol］，CAS 号 99-20-7 或 6138-23-4（二水形式），FEMA 号 4600，分子式 $C_{12}H_{22}O_{11}$，相对分子质量 342.30 或 378.33（二水形式），白色斜方晶体（orthorhombic crystal），熔点 203~205℃或 97℃（二水形式），沸点 675.4℃，密度 1.58g/cm³

(24℃)，有旋光性，没有吸湿性，能溶于水（溶解度 689g/kg 水，20℃），不溶于无水乙醇，在 70%vol 酒精-水溶液中的溶解度 18g/L，不溶于醚和苯。加热二水海藻糖，100℃以上时，水分蒸发掉，残留物会再固化（resolidification）。

海藻糖呈甜味，其甜度约为蔗糖的 0.45，水溶液中甜味阈值 17mmol/L 或 10.3mmol/L。

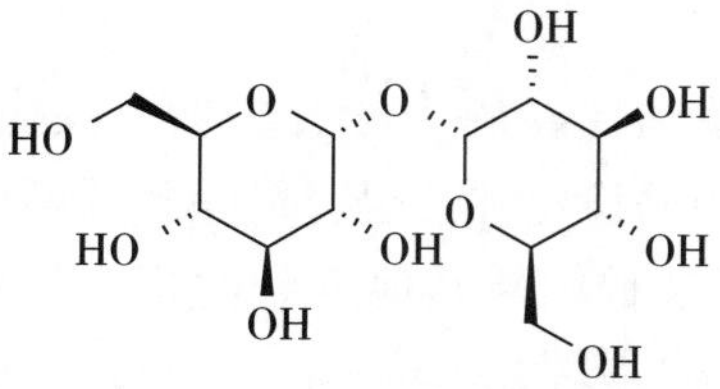

C 14-16　海藻糖

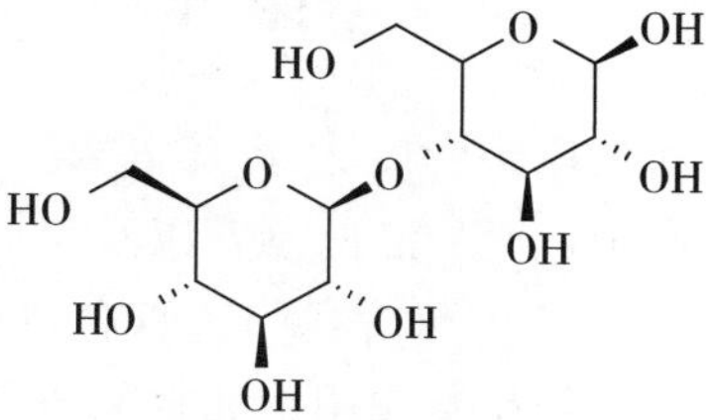

C 14-17　纤维二糖

海藻糖在自然界还存在另外两种构型，即 α,β-海藻糖，俗称新海藻糖（neotrehalose）；β,β-海藻糖，即异海藻糖（isotrehalose）。这两种构型非常不常见。其物理与化学性能与 α,α-海藻糖是有差异的。

海藻糖是两个 α-葡萄糖通过 α,α-1,1-葡萄糖苷键相连形成的、天然的、非还原性二糖，于 1832 年由 H. A. L. Wiggers 首次在燕麦的麦角（ergot）中发现，1859 年 Marcellin Berthelot 从昆虫的茧（cocoon）茧蜜玛纳（trehala manna）中分离并命名了这个化合物。据研究海藻糖在该茧中含量为 30%~40%（干重）。最初海藻糖的生产是从面包酵母中提取，但得率低；细菌、霉菌、植物、无脊椎动物也能产生海藻糖，它表示低湿脱水环境是重要的，在这个环境能生存的动物、植物均可以产生。后来采用细菌合成、转基因技术或酶法转化生产。

α,α-1,1-葡萄糖苷键结合的海藻糖具有良好的热稳定性和耐酸水解性，能耐受酸性与高温环境。10%海藻糖溶液在 pH6.0 缓冲溶液中 120℃加热 90min 是稳定的，而同样条件下，蔗糖已经分解。

海藻糖广泛存在于霉菌、昆虫、无脊椎动物（如虾、螃蟹等）、向日葵（特别是籽）、转化糖、蜂蜜、面包、葡萄酒、雪利酒、日本味啉（mirin）、植物、白酒中。

海藻糖在蜂蜜中含量为 1.0~1.9g/L，味啉 13~22g/L，酿酒酵母 0.1~50.0g/kg，面包酵母 150~200g/L。

海藻糖是葡萄酒中的主要二糖，葡萄酒中含量为 0~611mg/L，在甜白葡萄酒中含量为 550mg/L，半干白葡萄酒中含量为 420mg/L；红葡萄酒中含量为 8~37mg/L；雪利酒中含量为 0~53mg/L。海藻糖是酵母代谢的产物。

葡萄酒中的海藻糖主要来源于酵母的代谢，酿酒酵母和面包酵母在正常生长条件下，在细胞进入稳定期后，会积累海藻糖，主要是用于抵抗外界胁迫，其含量可达干物质重的 15%~20%。人体消化道中的肠道细菌如大肠杆菌也能合成海藻糖。

海藻糖存在于中国大曲中，酱香型大曲中含量为 0.75mg/g（绝干重），浓香型大曲中含量为 0.15mg/g（绝干重），清香型大曲中含量为 3.64mg/g（绝干重）。

海藻糖在芝麻香型手工原酒中含量为 8.11～20.34μg/L，机械化原酒 7.14～14.65μg/L；老白干香型手工大楂原酒 6.11～16.50μg/L，机械化大楂原酒 14.05～44.96μg/L。

第三节　多糖与糖蛋白

多糖通常是指聚合度大于 20 的碳水化合物。饮料酒中含有多糖，以葡萄酒为例，其多糖主要作用是增加酒的黏度以及保持葡萄酒的稳定性，也会影响葡萄酒的感官品质（主要是指味觉、嗅觉和视觉）。这种影响主要是它们与其他成分的相互作用，如与多酚、芳香化合物的相互作用，如它们能修饰单宁自絮凝（self-aggregation）或扰乱蛋白质-单宁凝聚，因而降低了葡萄酒的涩味，增加丰满感，还能增加色素稳定性，防止蛋白质形成雾状浑浊，甚至影响酒石酸盐结晶。葡萄汁和葡萄酒中的多糖大部分以糖蛋白形式存在。葡萄酒中的多糖是可溶性的，即可溶性多糖（soluble polysaccharides，SPs）。

葡萄酒中多糖和糖蛋白来源可分为以下几种：①来源于浆果细胞壁即果胶多糖（pectic polysaccharides），主要是：阿拉伯聚糖（arabinans）、阿拉伯半乳聚糖（arabinogalactans，AGs）、阿拉伯半乳聚糖-蛋白质（arabinogalactan-proteins，APGs）、鼠李半乳糖醛酸聚糖Ⅰ和Ⅱ（rhamnogalacturonans Ⅰ & Ⅱ，RG Ⅰ & RG Ⅱ），以及高聚半乳糖醛酸寡聚物（homogalacturonan oligomers，HGs）；②来源于酵母细胞壁的主要是甘露糖蛋白（mannoproteins，MPs）和甘露聚糖（mannans）。

甘露糖蛋白（MPs）是来源于酵母的多糖，占葡萄酒多糖的 35%。这些甘露糖蛋白可以分为两类，一类是酵母在酒精发酵时分泌进入葡萄酒；另一类是葡萄酒带酒泥老熟时酵母自溶而释放到葡萄酒中。它们在葡萄酒中扮演着重要的角色，如改善酒石酸的稳定性，降低蛋白质雾状浑浊，保持葡萄酒颜色和多酚及其他化合物稳定性等。甘露糖蛋白的添加受到欧盟法律（EU Regulation 1622/2000，art. 41）约束，目前仅仅允许在试验酒中添加。其他替代品如来源于酵母衍生物、萃取物和自溶物，能提供甘露糖蛋白成分但已经授权在葡萄酒中使用的，一直在商业葡萄酒生产中用于改善葡萄酒的感官特性。替代品中不仅仅含有甘露糖蛋白，还含有其他成分，使用不当，会对葡萄酒风味产生负面影响。如产生异嗅、打破葡萄酒的平衡、产生新的香气化合物等。

另外一些糖蛋白包括阿拉伯半乳聚糖-蛋白质（arabinogalactan-proteins，AGPs）、单聚鼠李半乳糖醛酸聚糖Ⅱ（monomeric rhamnogalacturonan Ⅱ，mRG-Ⅱ）、二聚鼠李半乳糖醛酸聚糖Ⅱ（dimeric rhamnogalacturonan Ⅱ，dRG-Ⅱ）等。

RG Ⅱ于 1978 年首次被描述，它是一个低分子量（5～10ku）果胶多糖，用多聚半乳糖醛酸内切酶（endopolygalacturonase）处理后会变成可溶性的。RG Ⅱ含有 12 个不同的糖苷残基（glucosidic residues），如阿皮糖、阿拉伯糖、半乳糖、2-*O*-甲基-α-L-果糖、2-*O*-甲基-D-木糖、3-脱氧-D-甘露-辛酮糖酸（3-droxy-D-manno-octulosic acid）、3-脱氧-D-来苏-庚酮糖酸（3-droxy-D-lyxo-heptulosaric acid）、槭汁酸（aceric acid)。RG Ⅱ的骨架至少含有8个1,4-键连接的α-D-Gal*p*A残基；2个结构不同的二糖（侧链C和D）连接到骨架的C3上；2个结构不同的寡糖（侧链A和B）连接到骨架的C2上。

RG Ⅱ占整个葡萄酒多糖的19%，由于其可能与葡萄酒中其他成分发生静电和离子的相互作用，因此会导致葡萄酒的沉淀和浑浊。RG Ⅰ也存在于葡萄酒中，它主要由鼠李糖和半乳糖醛酸以及其他化合物构成，通过木糖葡聚糖（xyloglucan）键连接，只占葡萄酒多糖的4%左右。

AGPs主要由阿拉伯糖、半乳糖和葡萄糖醛酸构成，还存在其他的单糖，如鼠李糖、葡萄糖、甘露糖；AGPs中蛋白质含量不超过10%。AGPs含量占整个葡萄酒多糖的40%以上。

阿拉伯聚糖类（arabinans）是短链的，是阿拉伯糖通过α-1,5-键相连，已经在葡萄酒中检测到。

MPs的90%是由甘露糖、蛋白质和磷酸构成，大约占葡萄酒中多糖的35%。MPs能与葡萄酒中多酚结合，对涩味产生间接影响；影响白葡萄酒的蛋白质沉淀；影响红葡萄酒和白葡萄酒酒石酸的结晶。

葡聚糖（glucan）主要来源于灰葡萄孢菌（*Botrytis cinerea*），已经在感染葡萄酒中检测到，会引起葡萄酒澄清方面的一系列问题。贵腐葡萄酒含有杂多糖（heteropolysaccharide），其中含量比较高的是甘露糖。

第四节　糖醇类

糖醇（alditols，sugar alcohols）属于多元醇（polyols，polyhydric alcohols），是还原糖（reducing sugars）醛糖（aldoses）和酮糖（ketoses）还原或加氢后的产物，结构简式为$HOCH_2(CHOH)_nCH_2OH$。这些化合物中不含有醛基（或羰基），因而对pH和加热的变化是比较稳定的，也不会发生美拉德反应。但多元醇的羟基会与脂肪酸发生酯化反应生成酯，使得溶液乳化；也能与环氧丙烷（propylene oxide）反应生成聚氨酯（polyurethanes）。

多元醇按照含碳原子数的多少可以分为丁糖醇（tetritol）、戊糖醇（pemtitol）、己糖醇（hexitol）等。丁糖醇和戊糖醇在自然界出现并不频繁。但也已经从某些植物、藻类和霉菌中分离到。己糖醇频繁出现于上生植物（superior plant）中，特别是甘露糖醇。葡萄酒中的糖醇被认为是发酵的产物。

糖醇的甜度比相应的糖要低，但热量也低。另外，多元醇没有产酸性（acidogenicity），也没有致癌性（noncariogenicity）。

饮料酒中含种类繁多的糖醇，如葡萄酒和雪利酒中已经检测到的糖醇有赤藓糖醇、苏糖醇、核糖醇、阿拉伯糖醇、木糖醇、山梨糖醇、甘露糖醇和少量的半乳糖醇。环糖醇（cyclitol），包括*myo*-肌醇、*scyllo*-肌醇和*chiro*-肌醇、槲皮醇［quercitol，即1,3,

4-环己五醇（cyclohexanepentol）］也已经在葡萄酒中检测到，后者只存在于经橡木桶贮存的葡萄酒，未经橡木桶贮存的酒中不含有该化合物。

一、 赤藓糖醇

赤藓糖醇（erythritol，phycitol）是一个非环状醇（acyclic alcohol），俗称 DL-赤藓糖醇，CAS 号 7493-90-5，分子式 $C_4H_{10}O_4$。赤藓糖醇主要用作其他化合物化学合成的中间体。该化合物具有以下异构体。

D-赤藓糖醇（D-erythritol）(C 14-18)，俗称 D-(+)-赤藓糖醇，IUPAC 名（2*R*，3*R*)-丁烷-1,2,3,4-四醇［(2*R*,3*R*)-butane-1,2,3,4-tetraol］，CAS 号 2418-52-2。

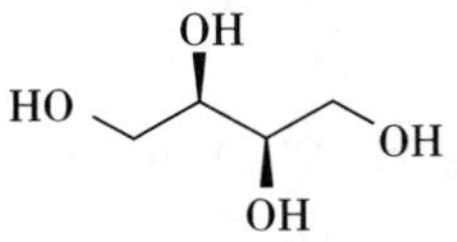

C 14-18　D-赤藓糖醇 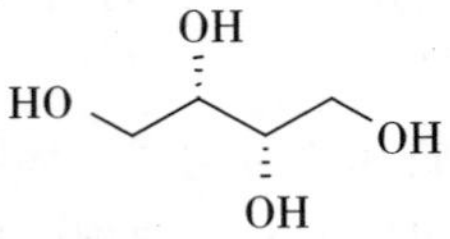　　C 14-19　苏糖醇 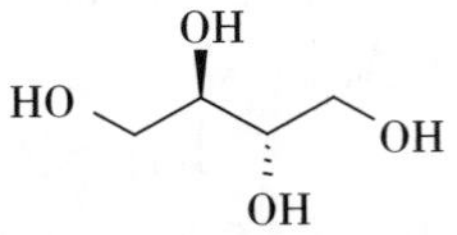　　C 14-20　*meso*-赤藓糖醇

L-赤藓糖醇（D-erythritol）(C 14-19)，俗称 L-苏糖醇（L-threitol）、L-(-)-苏糖醇，IUPAC 名（2*S*,3*S*)-丁烷-1,2,3,4-四醇［(2*S*,3*S*)-butane-1,2,3,4-tetraol］，CAS 号 2319-57-5，熔点 88℃，沸点 330℃。苏糖醇已经在葡萄酒中检测到，在甜白葡萄酒中含量为 25mg/L，半干白葡萄酒中含量为 7mg/L，红葡萄酒中含量为 17～19mg/L。

meso-赤藓糖醇（*meso*-erythritol）(C 14-20)，IUPAC 名（2*R*,3*S*)-丁烷-1,2,3,4-四醇［(2*R*,3*S*)-butane-1,2,3,4-tetraol］，CAS 号 149-32-6，FEMA 号 4819，白色晶状粉末，熔点 126℃，沸点 329～331℃，密度 1.45g/cm^3，折射率 1.536（20℃），黏度及吸湿性较低，lgP -2.996，水中溶解度 370～430g/kg（25℃）；在 pH 2～12 是稳定的，加热到大于 160℃时仍然稳定。赤藓糖醇呈甜味，其甜味是蔗糖甜味的 0.53～0.70，水溶液中甜味阈值 36.27mmol/L；具凉爽感，水溶液中甜味阈值 36.3mmol/L。

赤藓糖醇最早由苏格兰化学家发现于 1848 年，20 世纪 20 年代发现其存在于水藻（algae）、地衣（lichens）和草（grasses）中，是一种天然存在于水果和发酵食品中的糖醇；世界上大部分国家将其用作食品添加剂。

赤藓糖醇是一种近乎无热量的甜味剂（0.2kcal/g），几乎不影响血糖浓度，不会引起龋齿，人体可以部分吸收，通过尿和排泄物排出。在美国、日本和欧洲可以标为 0 卡路里。

赤藓糖醇已经在葡萄、梨、甜瓜、蘑菇以及发酵食品如酱油、味噌酱、果醋、清酒、葡萄酒、白酒中发现，含量为 22～1500mg/L 或 mg/kg，甜瓜 22～47mg/kg，梨 0～40mg/kg，葡萄 0～12mg/kg；果醋 1638～6612μmol/L；酱油 910mg/L，味噌酱 1310mg/L；日本清酒 92～169mg/L 或 1550mg/L。

赤藓糖醇在葡萄酒中含量为 130～300mg/L 或 22～208mg/L，甜白葡萄酒中含量为 214mg/L，半干白葡萄酒中含量为 59mg/L，雪利葡萄酒 70mg/L 或 105～325mg/L。

meso-赤藓糖醇在芝麻香型手工原酒中含量为 18.97～95.04μg/L，机械化原酒 17.46～69.75μg/L；老白干香型手工大楂原酒 1.97～210.36μg/L，机械化大楂原酒 27.38～145.00μg/L。

二、 阿拉伯糖醇

阿拉伯糖醇（arabitol，arabinitol，lyxitol），IUPAC 名戊烷-1,2,3,4,5-五醇（pentane-1,2,3,4,5-pentol），CAS 号 87-99-0，分子式 $C_5H_{12}O_5$。

L-阿拉伯糖醇（L-arabitol，L-lyxitol）(C 14-21)，俗称 L-(-)-阿拉伯糖醇，IUPAC 名（2*S*,4*S*）-戊烷-1,2,3,4,5-五醇［(2*S*,4*S*)-pentane-1,2,3,4,5-pentol］，CAS 号 7643-75-6，固体，熔点 101～104℃。

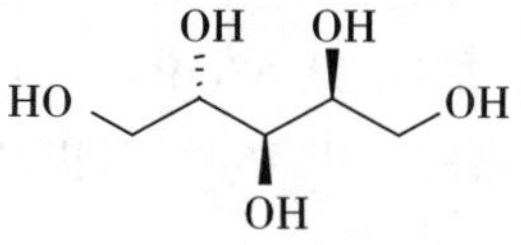

C 14-21 L-阿拉伯糖醇 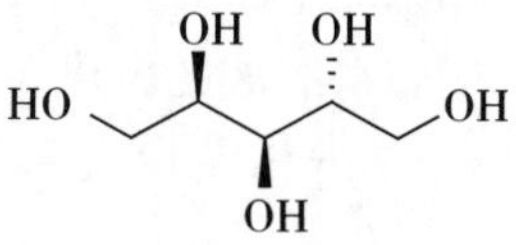　　C 14-22 D-核糖醇

阿拉伯糖醇呈甜味，其水溶液中甜味阈值 43.1mmol/L 或 35.9mmol/L。

阿拉伯糖醇在葡萄酒中含量为 0～266mg/L，甜白葡萄酒中含量为 18mg/L，半干白葡萄酒中含量为 8mg/L，红葡萄酒中含量为 83～108mg/L；雪利酒中含量为 17～42mg/L；果醋中含量为 536～2200μmol/L。

阿拉伯糖醇存在于中国大曲中，酱香型大曲中含量为 1.56mg/g（绝干重），浓香型大曲中含量为 2.48mg/g（绝干重），清香型大曲中含量为 3.95mg/g（绝干重）。

阿拉伯糖醇在芝麻香型手工原酒中含量为 131～174μg/L，机械化原酒 122～146μg/L；老白干香型手工大楂原酒 79.39～176.00μg/L，机械化大楂原酒 112～205μg/L。

三、 核糖醇

D-核糖醇（D-ribitol，D-adonitol）(C 14-22)，俗称 D-(+)-核糖醇、阿东糖醇，IUPAC 名（2*R*,4*R*）-戊烷-1,2,3,4,5-五醇［(2*R*,4*R*)-pentane-1,2,3,4,5-pentol］，CAS 号 488-82-4 或 488-81-3（核糖醇），RI_{np} 1745（核糖醇-5TMS），分子式 $C_5H_{12}O_5$，白色粉末，熔点 102℃，沸点 494.5℃，密度 1.525g/cm^3，lgP -3.774。

D-核糖醇呈甜味，水溶液中甜味阈值 45.3mmol/L 或 19.6mmol/L。

核糖醇天然存在于植物天福寿草（*Adonis vernalis*）和革兰阳性菌的细胞壁中，以磷酸核糖醇（ribitol phosphate，CAS 号 35320-17-3）的形式存在于胞壁酸（teichoic acid）中，也是核黄素、黄素单核苷酸的构成成分。

核糖醇在甜白葡萄酒中含量为 23mg/L，半干白葡萄酒中含量为 3mg/L，红葡萄酒中含量为 106～140mg/L；果醋中核糖醇含量为 456～1400μmol/L。

核糖醇存在于中国大曲中，酱香型大曲中含量为9.28mg/g（绝干重），浓香型大曲中含量为7.74mg/g（绝干重），清香型大曲中含量为12.51mg/g（绝干重）。

核糖醇在芝麻香型手工原酒中含量为13.20~16.27μg/L，机械化原酒12.53~13.99μg/L；老白干香型手工大楂原酒7.40~33.68μg/L，机械化大楂原酒7.72~48.69μg/L。

四、木糖醇

木糖醇（xylitol）(C 14-23)，IUPAC名（2*S*,4*R*）-戊烷-1,2,3,4,5-五醇［(2*S*,4*R*)-pentane-1,2,3,4,5-pentol］，CAS号87-99-0，分子式$C_5H_{12}O_5$，摩尔质量152.15g/mol，白色晶状粉末，熔点92~96℃或94℃，沸点216℃，密度1.52g/cm^3，水溶液中溶解度约630g/kg（25℃）或169g/kg（20℃）；10%水溶液的密度1.03g/mL，黏度1.23mPa·s，60%水溶液的密度1.23g/mL，黏度20.63mPa·s，热焓+146J/g，黏度很低，但吸湿性高，在pH2~12是稳定的，加热到大于160℃时仍然稳定。

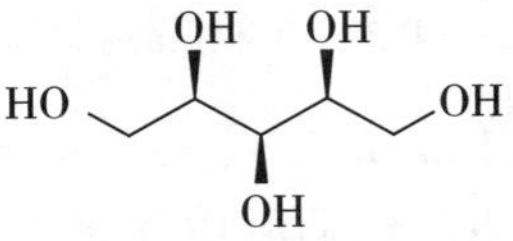

C 14-23 木糖醇 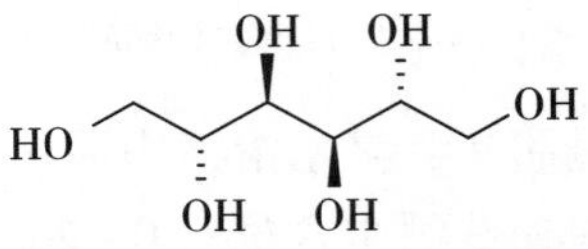　　C 14-24 D-甘露糖醇

木糖醇无气味，呈甜味，其甜味是蔗糖甜味的0.87~1.00（蔗糖甜度为1），比山梨糖醇和甘露糖醇甜，水溶液中甜味阈值12.5mmol/L或20.2mmol/L或14.8mmol/L。木糖醇具有非常强烈的凉爽感。

木糖醇少量存在于水果和蔬菜中，是人体葡萄糖代谢的中间产物。木糖醇于1891年由埃米尔·菲舍尔（Emil Fischer）① 和他的同事首先合成，20世纪60年代开始用于人类食品中。木糖醇通常使用木聚糖或木糖作为原料生产，酶法也可以生产木糖醇。木糖醇因具有非常强烈的凉爽感，通常用于制造口香糖、压缩糖果、维生素咀嚼片。

木糖醇在甜白葡萄酒中含量为37mg/L，半干白葡萄酒中未检测到，红葡萄酒中含量为nd~15mg/L；雪利酒中含量为22~149mg/L；果醋中含量为358~1766μmol/L。

木糖醇存在于中国大曲中，酱香型大曲中含量为0.64mg/g（绝干重），浓香型大曲中含量为0.23mg/g（绝干重），清香型大曲中含量为0.54mg/g（绝干重）。

木糖醇在芝麻香型手工原酒中含量为11.62~27.40μg/L，8.06~21.53μg/L；老白干香型手工大楂原酒4.12~12.19μg/L，机械化大楂原酒3.91~7.93μg/L。

① 全名赫尔曼·埃米尔·菲舍尔（Hermann Emil Fischer），德国化学家，1852年10月9日—1919年7月15日，1902年获诺贝尔化学奖。发明了菲舍尔投影式的化学结构。

五、 甘露糖醇

D-甘露糖醇（D-mannitol)(C 14-24)，IUPAC 名（2*R*,3*R*,4*R*,5*R*)-已烷-1,2,3,4,5,6-已醇［(2*R*,3*R*,4*R*,5*R*)-hexane-1,2,3,4,5,6-hexol］，CAS 号 69-65-8，分子式 $C_6H_{14}O_6$，摩尔质量 182. 17g/mol，白色粉末，熔点 165℃，沸点290～295℃（467Pa），lgP -3. 100，水中溶解度 180～220g/kg（25℃）或 230g/kg（25℃），轻微溶解于乙酸，非常轻微溶解于乙醇。黏度低，吸湿性低或没有吸湿性，在 pH2～10 是稳定的，加热到大于 160℃时仍然稳定。

D-甘露糖醇无气味，呈甜味，甜味是蔗糖甜味的 0. 50～0. 52（蔗糖甜度为 1），水溶液中甜味阈值 20. 0mmol/L 或 40. 0mmol/L 或 11. 2mmol/L，具凉爽感。

甘露糖醇最早发现于欧洲白蜡树（manna ash）、海藻（marine algae）和新鲜蘑菇榨的汁中，但直到 1937 年才工业化生产，使用转化糖浆作原料加氢反应后其产物是甘露糖醇和山梨糖醇的混合物，其分离方法是根据它们在水中的溶解度不同而分离。甘露糖醇比山梨糖醇在水中具有更低的溶解度。甘露糖醇现广泛用于食品、糖果、口腔护理、制药和工业应用上。

甘露糖醇在葡萄酒中含量为 31～420mg/L，甜白葡萄酒中含量为 116mg/L，半干白葡萄酒 53mg/L，红葡萄酒 194～493mg/L；雪利酒中含量为 tr～731mg/L；日本清酒中含量为 29～61mg/L；果醋中含量为 2316～2900μmol/L；在速溶咖啡中含量为 0. 7～1. 7 g/kg。

甘露糖醇存在于中国大曲中，酱香型大曲中含量为 14. 60mg/g（绝干重），浓香型大曲中含量为 16. 70mg/g（绝干重），清香型大曲中含量为 5. 07mg/g（绝干重）。

六、 山梨糖醇

D-山梨糖醇（D-sorbitol，D-glucitol)(C 14-25）是甘露糖醇的同分异构体，IUPAC 名（2*S*,3*R*,4*R*,5*R*)-已烷-1,2,3,4,5,6-六醇［(2*S*,3*R*,4*R*,5*R*)-hexane-1,2,3,4,5,6-hexol］，CAS 号 50-70-4，分子式 $C_6H_{14}O_6$，摩尔质量 182. 17g/mol，白色粉末，熔点 97℃～100℃，沸点 296℃，密度 1. 489g/cm^3，水中溶解度 700～750g/kg（25℃）或 2350g/kg（25℃），黏度低，吸湿性中等，在 pH2～10 是稳定的，加热到大于 160℃时仍然稳定。

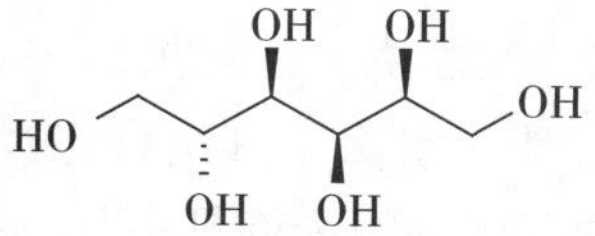

C 14-25　D-山梨糖醇

D-山梨糖醇无气味，呈甜味，其甜味是蔗糖甜味的 0. 60～0. 70（蔗糖甜度为 1），水溶液中甜味阈值 33. 8mmol/L 或 17. 2mmol/L。该糖醇有凉爽感。

山梨糖醇在葡萄酒中含量为0~163mg/L，甜白葡萄酒中含量为237mg/L，半干白葡萄酒 8mg/L，红葡萄酒 4~138mg/L；雪利酒中含量为 tr~134mg/L；日本清酒中未检测到；果醋中含量为 490~10534μmol/L。

山梨糖醇存在于中国大曲中，酱香型大曲中含量为 1. 31mg/g（绝干重），浓香型大曲中含量为 0. 92mg/g（绝干重），清香型大曲中含量为 3. 54mg/g（绝干重）。

七、 肌醇

肌醇（inositol），也称为环己六醇（cyclohexanehexol），是一种环糖醇（cyclitol），IUPAC 名（1*R*,2*R*,3*S*,4*S*,5*R*,6*S*)-环己烷-1,2,3,4,5,6-六醇［(1*R*,2*R*,3*S*,4*S*,5*R*,6*S*)-cyclohexane-1,2,3,4,5,6-hexol］，CAS 号 87-89-8，RI_{np} 2105（肌醇-TMS-MSTFA），分子式 $C_6H_{12}O_6$，密度 1. 752g/cm^3，熔点 225~227℃。

肌醇呈甜味，其水溶液中的甜味阈值 17. 7mmol/L。肌醇对热、酸和碱都十分稳定，也难以发酵。

肌醇在果醋中含量为 1298~5372μmol/L。

肌醇存在于中国大曲中，酱香型大曲中含量为 2. 99mg/g（绝干重），浓香型大曲中含量为 0. 76mg/g（绝干重），清香型大曲中含量为 2. 96mg/g（绝干重）。

肌醇的异构体比较多。

第五节 糖苷

一、 概念

糖苷（glycosides）是一类结合态化合物，是糖与非糖半族（non-carbohydrate moiety）即糖苷配基（aglycone）通过糖苷键（glycosidic linkage）与糖共价结合在一起的化合物。1969 年 Francis 和 Allock 首先在玫瑰花中发现结合态萜烯，即结合态香叶醇。目前为止，已经鉴定出来的绝大部分水果香气前体物，特别是葡萄香气前体物大多数以糖苷（glycosides）形式存在，如单萜糖苷（monoterpenes glycosides）和 C_{13}降异戊二烯糖苷（C_{13} norisoprenoids glycosides），这些水果包括葡萄、猕猴桃、木瓜、香蕉、菠萝、杏子、桃子、油桃、黄李、温柏、酸樱桃、百香果、芒果、新西兰番茄（lulo）、树莓、草莓、灯笼果（cape gooseberry）等。水果中其结合态风味物浓度比相应游离态化合物浓度要高 2~8 倍。大部分天然糖苷中的糖半族是小分子糖或糖酸（sugar acid）。

葡萄中结合态风味化合物于 1974 年首次由 Cordonnier 和 Bayonove 报道，发现单萜烯醇（monoterpenols）存在于欧洲葡萄（*Vitis vinifera*）中，其糖苷配基主要是萜烯类、C_{13}降异戊二烯类、C_6醇、挥发性酚和苯系物（benzene derivatives）；萜烯类糖苷配基主要是萜烯醇（terpene alcohols），它们是麝香葡萄的重要风味。其主要的糖苷配基是 *O*-*β*-D-葡萄糖苷或 *O*-二葡萄糖苷（*O*-diglycosides）。

依据糖苷配基的不同，糖苷可以分为以下几类：醇糖苷（alcoholic glycosides）、蒽醌糖苷（anthraquinone glycosides）、萜烯糖苷（terpenic glycosides）、皂苷糖苷（saponins glycosides）、生氰糖苷（cyanogenic glycosides）、类黄酮糖苷（flavonoid glycosides）、酚糖苷（phenolic glycosides）和硫醇糖苷（thio glycosides）。

二、 糖苷水解

糖苷在酶或酸加热的情况下，均可以发生水解，释放出游离态的糖与糖苷配基（通常是有气味的化合物）。酸水解可以释放出 20%～60%的结合态挥发性化合物，超过 50%的游离挥发性化合物会发生显著的降解；酶水解能水解 90%～100%的糖苷结合态化合物，且游离挥发性化合物产生的人工产物最少，糖苷配基的重排也最少。酶水解后的次级反应（secondary reaction）比酸水解要少。萜品基-*β*-D-吡喃葡萄糖苷（terpenyl-*β*-D-glycopyranosides）在酶水解时，萜品基的糖苷配基占总峰面积的 85%～91%，但使用酸水解时，仅有 1.3%。

1. **糖苷的酶水解**

许多植物组织以非挥发性的、无味的葡萄糖苷形式积累香气化合物，添加酶水解后，可以将这些“结合”的香气化合物释放出来。糖苷态香气前体物（glycosidic aroma precursors）酶法水解后可以增加葡萄酒和水果的香气，也可以使用这些酶水解如果皮、茎等废弃物生产天然香料。酶水解后，使用蒸馏的方式将其香气收集。

内源性的（endogenous）和外源性的葡萄糖苷酶（exogenous glycosidases）均可以用于糖结合态风味物的水解。来源于植物和微生物内源性酶的最适 pH4.5～6.0，来源于葡萄的 *β*-糖苷酶其最适 pH 约 5，但受到葡萄糖和乙醇的抑制。葡萄 *β*-糖苷酶主要存在于葡萄浆果皮的真皮细胞壁（hypodermic wall）中，在葡萄加工过程中溶解于葡萄汁中，但在葡萄酒风味形成方面通常呈负面作用。

酿酒酵母在发酵过程中是否具有水解糖苷的能力争论了许多年。早期的研究表明酿酒酵母具有 *β*-葡萄糖苷酶活力，只是其酶浓度低于非酿酒酵母。来源于葡萄与酿酒酵母的内源性酶最适合水解葡萄中的糖苷，但它们的水解条件（如酸度和糖含量）与葡萄酒酿造过程相差较大。典型的酿造过程会抑制 *β*-葡萄糖苷酶、*α*-阿拉伯糖酶和 *α*-鼠李糖酶活力。当然有些酵母菌株其水解度可达 40%，pH3.2 的模型麝香葡萄汁发酵时，糖苷水解率可达 70%；脂肪族糖共轭物、莽草酸糖共轭物、芳香族衍生物糖共轭物以及酚类糖共轭物在发酵时酵母水解酶的水解是占优势地位的。

最近的一些研究清楚地证明了发酵过程中酿酒酵母在糖苷水解中起着重要作用。在典型葡萄酒生产条件下，酿酒酵母能水解各种糖苷包括葡萄糖苷、鼠李糖苷和阿拉伯糖苷释放出结合态香气化合物，而酸水解的作用是次要的。

虽然酿酒酵母具有糖苷水解能力，但葡萄酒发酵结束时，仍然有大量的糖苷存在。

这一事实说明酿酒酵母并不能完全水解那些来源于葡萄的糖苷。基于此，其他的酵母特别是非酿酒酵母被广泛地研究，发现一些非酿酒酵母具有显著的糖苷酶活性。非酿酒酵母糖苷酶受到葡萄糖的抑制较小。

后来，研究人员构建基因修饰的微生物。通过过表达糖苷酶基因，实现糖苷前体物的催化分解、释放香气化合物，但与外添加酶相比，效果仍然有限。过表达酿酒酵母 *EXG1* 基因生产外切葡聚糖酶（exoglucanase），导致发酵后单萜浓度增加，这表明不是严格葡萄糖苷酶类的酶也能在发酵过程中产生品种香。

乳酸菌特别是酒酒球菌（*O. oeni*）也拥有催化糖苷水解的能力，在红葡萄酒生产过程中催化不同挥发性化合物糖苷的水解。

由于葡萄、酵母以及细菌糖苷酶的局限性，在酿造过程中添加外源性葡萄糖苷酶能增强糖结合挥发性化合物的释放。外源性的酶需要考察该酶的专一性、最适 pH 以及葡萄糖和酒精的耐受性。外源性丝状真菌葡萄糖苷酶更适合水解葡萄中的葡萄糖苷，在葡萄酒酸性 pH 条件下，这些酶比酿酒酵母的酶更稳定，但与酿酒酵母的酶相比，这些酶更易受到葡萄汁中葡萄糖的抑制，通常使用于干葡萄酒生产中，在发酵结束时，这些酶仍然有活力。如使用黑曲霉（*Asp. niger*）可以产 β-D-葡萄糖苷酶、α-阿拉伯糖酶和 α-鼠李糖酶，其最适 pH 是 4.5~6.0，其酒精耐受性甚至可达 20%vol。

葡萄糖苷酶的抑制剂除了糖外，还有报道认为酿酒生产中葡萄糖酸内酯（glucono-lactone）也能抑制来源于葡萄、酵母和丝状真菌的 β-D-葡萄糖苷酶。葡萄糖酸内酯则是葡萄感染了灰葡萄孢菌（*B. cinerea*）产生的，在相应的葡萄汁和葡萄酒中浓度最高可达 5~10mmol/L。它能完全抑制 β-D-葡萄糖苷酶，阻止葡萄中结合态化合物的酶水解。

酶水解时，多酚类化合物可能对酶具有抑制作用，因此水解时需要添加更多的酶，如儿茶酚能抑制水解酶活性，因此，与红葡萄酒和玫瑰红葡萄酒相比，白葡萄酒中含有更多的乙烯基苯酚类化合物。

在干葡萄酒生产时，添加外源性真菌酶能增加糖苷的水解速率，但并不会造成糖苷水解后风味物质的简单增长。它会改变整个葡萄酒生产过程中气味物的动态释放，还会产生化学反应。另外，葡萄酒酒精发酵时释放出的糖苷配基的结构会在酵母的作用下发生改变，如将香叶醇还原为香茅醇。与结合态的里那醇不同，其他结合态的风味化合物在酶水解后，大部分会释放出多元醇结构（polyol structure）化合物。

使用酶或酸水解同一来源结合态风味物时，其感官气味是不一样的。除了上面提到的多元醇结构化合物酸热水解产生气味物外，还与糖苷配基的化学性质相关。

已经发现，添加外源性的酶水解糖苷时，可能会产生异嗅类化合物，如乙烯基苯酚类主要包括 4-乙烯基苯酚和 4-乙烯基愈创木酚，其浓度可达 1mg/L。这是由于两个酶系统作用的结果。首先，来源于酶制剂中的肉桂酯酶（cinnamyl esterase）水解肉桂酯（cinnamic esters）；肉桂酯是葡萄汁中的主要酚类衍生物；接着，水解后富集的 *p*-香豆酸和阿魏酸由酵母肉桂酸脱羧酶（cinnamate decarboxylase）脱羧基产生乙烯基苯酚类。

研究发现，酶水解时也会产生人工产物。如产物仲醇（secondary alcohols）会氧化为相应的酮，主要发生在曲霉来源的酶水解过程中，是酶中含有的蛋白酶引起的。

顺序反应发生在酶水解二糖苷（diglycosides）中。第一步，由相应的糖苷酶水解末端糖（terminal ose），释放出β-D-葡萄糖苷；第二步，β-D-葡萄糖苷酶水解β-D-葡萄糖苷，释放出糖苷配基。

2. 糖苷酸水解

糖苷可以使用酶也可以使用酸水解。酸水解后的萜烯类糖苷能诱导分子的重排，即转化成其他的化合物。这种水解存在于葡萄酒的贮存老熟过程中，不同的萜烯醇能产生类似的定量比例，这种水解过程是pH依赖型的。

复习思考题

1. 查相关资料，画出葡萄糖、果糖、蔗糖、麦芽糖、阿拉伯糖醇、肌醇的结构式。
2. 简述葡萄糖的味觉特征以及在饮料酒中的分布。
3. 简述果糖的味觉特征以及对饮料酒风味的影响。
4. 简述蔗糖的呈味特征以及对饮料酒风味的影响。

参考文献

[1] Ebeler, S. E. Analytical chemistry: unlocking the secrets of wine flavor [J]. Food Rev. Int., 2001, 17 (1): 45-64.

[2] Nurgel, C., Pickering, G. Contribution of glycerol, ethanol and sugar to the perception of viscosity and density elicited by model white wines [J]. J. Texture Stud., 2005, 36 (3): 303-323.

[3] Bruice, P. Y. Organic Chemistry (7 Edition ed) [M]. Boston: Pearson, 2014: 1392.

[4] Luz Sanz, M., Martinez-Castro, I. Carbohydrates [M]. In Wine Chemistry and Biochemistry, Moreno-Arribas, M. V.; Polo, M. C., Eds. Springer, New York, USA, 2008: 231-248.

[5] Ruiz-Matute, A. I., Sanz, M. L., Moreno-Arribas, M. V., Martínez-Castro, I. Identification of free disaccharides and other glycosides in wine [J]. J. Chromatogr. A, 2009, 1216 (43): 7296-7300.

[6] Ruiz-Matute, A. I., Hernández-Hernández, O., Rodríguez-Sánchez, S., Sanz, M. L., Martínez-Castro, I. Derivatization of carbohydrates for GC and GC-MS analyses [J]. J. Chromatogr. B, 2011, 879 (17-18): 1226-1240.

[7] Martínez Montero, C., Rodríguez Dodero, M. C., Guillén Sánchez, D. A., Barroso, C. G. Analysis of low molecular weight carbohydrates in food and beverages: A review [J]. Chromatographia, 2004, 59 (1-2): 15-30.

[8] https://pubchem.ncbi.nlm.nih.gov.

[9] Hufnagel, J. C., Hofmann, T. Quantitative reconstruction of the nonvolatile sensometabolome of a red wine [J]. J. Agri. Food. Chem., 2008, 56 (19): 9190-9199.

[10] 杨会. 白酒中不挥发呈味有机酸和多羟基化合物研究 [D]. 无锡：江南大学，2017.

[11] Clarke, R. J., Bakker, J. Wine Flavour Chemistry [M]. Oxford: Blackwell Publishing Ltd., 2004.

[12] Bernal, J. L., Nozal, M. J. D., L. Toribio, A., Alamo, M. D. HPLC analysis of carbohydrates

in wines and instant coffees using anion exchange chromatography coupled to pulsed amperometric detection [J]. J. Agri. Food. Chem., 2001, 44 (2): 507-511.

[13] Imanari, T., Tamura, Z. The identification of α -ethyl glucoside and sugar-alcohols in sake [J]. Agric. Biol. Chem., 1971, 35 (3): 321-324.

[14] 石亚林，范文来，徐岩. 不同香型白酒大曲及其发酵过程中游离态糖和糖醇的研究 [J]. 食品与发酵工业，2016，42 (7)：188-192.

[15] http://www.thegoodscentscompany.com/.

[16] Sonntag, T., Kunert, C., Dunkel, A., Hofmann, T. Sensory-guided identification of *N*- (1-methyl-4-oxoimidazolidin-2-ylidene) -α-amino acids as contributors to the thick-sour and mouth-drying orosensation of stewed beef juice [J]. J. Agri. Food. Chem., 2010, 58 (10): 6341-6350.

[17] Khakimov, B., Motawia, M., Bak, S., Engelsen, S. The use of trimethylsilyl cyanide derivatization for robust and broad-spectrum high-throughput gas chromatography-mass spectrometry based metabolomics [J]. Anal. Bioanal. Chem., 2013, 405 (28): 9193-9205.

[18] Festring, D., Hofmann, T. Systematic studies on the chemical structure and umami enhancing activity of Maillard-modified guanosine 5′-monophosphates [J]. J. Agri. Food. Chem., 2011, 59 (2): 665-676.

[19] Hijaz, F., Killiny, N. Collection and chemical composition of phloem sap from *Citrus sinensis* L. Osbeck (sweet orange) [J]. Plos One, 2014, 9 (7): e101830.

[20] Rotzoll, N., Dunkel, A., Hofmann, T. Quantitative studies, taste reconstitution, and omission experiments on the key taste compounds in morel mushrooms (*Morchella deliciosa* Fr.) [J]. J. Agric. Food Chem., 2006, 54 (7): 2705-2711.

[21] Rotzoll, N., Dunkel, A., Hofmann, T. Activity-guided identification of (*S*) -malic acid 1-*O* -D-glucopyranoside (morelid) and γ -aminobutyric acid as contributors to umami taste and mouth-drying oral sensation of morel mushrooms (*Morchella deliciosa* Fr.) [J]. J. Agri. Food. Chem., 2005, 53 (10): 4149-4156.

[22] Hillmann, H., Mattes, J., Brockhoff, A., Dunkel, A., Meyerhof, W., Hofmann, T. Sensomics analysis of taste compounds in balsamic vinegar and discovery of 5-acetoxymethyl-2-furaldehyde as a novel sweet taste modulator [J]. J. Agri. Food. Chem., 2012, 60 (40): 9974-9990.

[23] Scharbert, S., Hofmann, T. Molecular definition of black tea taste by means of quantitative studies, taste reconstitution, and omission experiments [J]. J. Agri. Food. Chem., 2005, 53 (13): 5377-5384.

[24] Jaeckels, N., Tenzer, S., Meier, M., Will, F., Dietrich, H., Decker, H., Fronk, P. Influence of bentonite fining on protein composition in wine [J]. LWT - Food Sci. Technol., 2017, 75: 335-343.

[25] Frank, S., Wollmann, N., Schieberle, P., Hofmann, T. Reconstitution of the flavor signature of Dornfelder red wine on the vasis of the natural concentrations of its key aroma and taste compounds [J]. J. Agri. Food. Chem., 2011, 59 (16): 8866-8874.

[26] Aylott, R. Whisky analysis [M]. In Whisky: Technology, Production and Marketing, Russell, I.; Stewart, G.; Bamforth, C., Eds. Elsevier Ltd.: London, UK, 2003: 275-306.

[27] 龚舒蓓. 老白干香型和芝麻香型手工原酒与机械原酒的成分差异 [D]. 无锡：江南大学，2018.

[28] White, J. S. , Osberger, T. F. Crystalline fructose [M]. In Alternative Sweeteners, 3rd ed. ; Nabors, L. O. B. , Ed. Marcel Dekker, Inc. , NY, USA, 2001: 367-390.

[29] Embuscado, M. E. , Patil, S. K. Erythritol [M]. In Alternative Sweeteners, 3rd ed. ; Nabors, L. O. B. , Ed. Marcel Dekker, Inc. , NY, USA, 2001: 235-254.

[30] Le, A. S. , Mulderrig, K. B. Sorbitol and Mannitol [M]. In Alternative Sweeteners, 3rd ed. ; Nabors, L. O. B. , Ed. Marcel Dekker, Inc. , NY, USA, 2001, 317-334.

[31] Yamaguchi, S. , Ninomiya, K. Umami and food palatability [J]. J. Nut. , 2000, 130 (4S Suppl): 921S-926S.

[32] http://www. molbase. com.

[33] Sugisawa, H. , Edo, H. The thermal degradation of sugars I. Thermal polymerization of glucose [J]. J. Food Sci. , 1966, 31 (4): 561-565.

[34] Richards, A. B. , Dexter, L. B. Trehalose [M]. In Alternative Sweeteners, 3rd ed. ; Nabors, L. O. B. , Ed. Marcel Dekker, Inc. , NY, USA, 2001: 423-461.

[35] Meyer, S. , Dunkel, A. , Hofmann, T. Sensomics-assisted elucidation of the tastant code of cooked crustaceans and taste reconstruction experiments [J]. J. Agri. Food. Chem. , 2016, 64 (5): 1164-1175.

[36] Dols-Lafargue, M. , Gindreau, E. , Le, M. C. , Chambat, G. , Heyraud, A. , Lonvaud-Funel, A. Changes in red wine soluble polysaccharide composition induced by malolactic fermentation [J]. J. Agri. Food. Chem. , 2007, 55 (23): 9592-9599.

[37] Yokotsuka, K. , Ebihara, T. , Sato, T. Comparison of soluble proteins in juice and wine from Koshu grapes [J]. J. Ferment. Bioeng. , 1991, 71 (4): 248-253.

[38] Pellerin, P. , Doco, T. , Vidal, S. , Williams, P. , Brillouet, J. M. , O'Neill, M. A. Structural characterization of red wine rhamnogalacturonan II [J]. Carbohydr. Res. , 1996, 290 (2): 183-197.

[39] Brillouet, J. M. , Bosso, C. , Moutounet, M. Isolation, purification, and characterization of an arabinogalactan from a red wine [J]. American Journal of Enology & Viticulture, 1990, 41 (1): 29-36.

[40] Waters, E. J. , Pellerin, P. , Brillouet, J. M. A *Saccharomyces* mannoprotein that protects wine from protein haze [J]. Carbohydr. Polym. , 1994, 23 (3): 185-191.

[41] Chalier, P. , Angot, B. , Delteil, D. , Doco, T. , Gunata, Z. Interactions between aroma compounds and whole mannoprotein isolated from *Saccharomyces cerevisiae* strains [J]. Food Chem. , 2007, 100 (1): 22-30.

[42] Feuillat, M. Yeast macromolecules: Origin, composition, and enological interest [J]. Am. J. Enol. Vitic. , 2003, 54 (3): 211-213.

[43] Pellerin, P. , Vidal, S. , Williams, P. , Brillouet, J. M. Characterization of five type II arabinogalactan-protein fractions from red wine of increasing uronic acid content [J]. Carbohydr. Res. , 1995, 277 (1): 135.

[44] Vidal, S. , Williams, P. , Doco, T. , Moutounet, M. , Pellerin, P. The polysaccharides of red wine: Total fractionation and characterization [J]. Carbohydr. Polym. , 2003, 54 (4): 439-447.

[45] Belleville, M. P. , Williams, P. , Brillouet, J. M. A linear arabinan from a red wine [J]. Phytochemistry, 1993, 33 (1): 227-229.

[46] Ribéreau-Gayon, P. , Glories, Y. , Maujean, A. , Dubourdieu, D. Handbook of Enology. Volume

2. The Chemistry of Wine-Stabilization and Treatments [M]. Chichester: John Wiley & Sons, Ltd., 2006, 2: 450.

[47] Mesters, P. H. J., van Velthuijsen, J. A., Brokx, S. Lactitol: A new reduced-calorie sweetener [M]. In Alternative Sweeteners, 3rd ed.; Nabors, L. O. B., Ed. Marcel Dekker, Inc., NY, USA, 2001: 297-315.

[48] Estrella, M. I., Hernández, M. T., Olano, A. Changes in polyalcohol and phenol compound contents in the ageing of sherry wines [J]. Food Chem., 1986, 20 (2): 137-152.

[49] Carlavilla, D., Villamiel, M., Martínez-Castro, I., Moreno-Arribas, M. V. Occurrence and significance of quercitol and other inositols in wines during oak wood aging [J]. Am. J. Enol. Vitic., 2006, 57 (4): 468-473.

[50] Olinger, P. M., Pepper, T. Xylitol [M]. In Alternative Sweeteners, 3rd ed.; Nabors, L. O. B., Ed. Marcel Dekker, Inc., NY, USA, 2001: 335-365.

[51] Martinez-Castro, I., Sanz, M. L. Carbohydrates [M]. In Wine Chemistry and Biochemistry, Moreno-Arribas, M. V.; Polo, M. C., Eds. Springer, New York, USA, 2008: 231-248.

[52] Francis, M. J. O., Allcock, C. Geraniol β-D-glucoside: occurrence and synthesis in rose flowers [J]. Phytochemistry, 1969, 8 (8): 1339-1347.

[53] Williams, P. J., Strauss, C. R., Wilson, B., Massy-Westropp, R. A. Use of C_{18} reversed-phase liquid chromatography for the isolation of monoterpene glycosides and nor-isoprenoid precursors from grape juice and wines [J]. J. Chromatogr. A, 1982, 235 (2): 471-480.

[54] Tominaga, T., Gachons, C. P. d., Dubourdieu, D. A new type of flavor precursors in *Vitis vinifera* L. cv. Sauvignon blanc: *S*-cysteine conjugates [J]. J. Agri. Food. Chem., 1998, 46: 5215-5219.

[55] Dziadas, M., Jeleń, H. H. Comparison of enzymatic and acid hydrolysis of bound flavor compounds in model system and grapes [J]. Food Chem., 2016, 190: 412-418.

[56] Krammer, G., Winterhalter, P., Schwab, M., Schreier, P. Glycosidically bound aroma compounds in the fruits of Prunus species: apricot (*P. armeniaca*, L.), peach (*P. persica*, L.), yellow plum (*P. domestica*, L. ssp. syriaca) [J]. J. Agri. Food. Chem., 1991, 39 (4): 778-781.

[57] Aubert, C., Ambid, C., Baumes, R., Günata, Z. Investigation of bound aroma constituents of yellow-fleshed nectarines (*Prunus persica* L. Cv. Springbright). Changes in bound aroma profile during maturation [J]. J. Agri. Food. Chem., 2003, 51 (21): 6280-6286.

[58] Chassagne, D., Crouzet, J., Bayonove, C. L., Brillouet, J.-M., Baumes, R. L. 6-*O*-α-L-Arabinopyranosyl-β-D-glucopyranosides as aroma precursors from passion fruit [J]. Phytochemistry, 1996, 41 (6): 1497-1500.

[59] Ollé, D., Baumes, R. L., Bayonove, C. L., Lozano, Y. F., Sznaper, C., Brillouet, J.-M. Comparison of free and glycosidically linked volatile components from polyembryonic and monoembryonic mango (*Mangifera indica* L.) cultivars [J]. J. Agri. Food. Chem., 1998, 46 (3): 1094-1100.

[60] Roscher, R., Herderich, M., Steffen, J.-P., Schreier, P., Schwab, W. 2, 5-Dimethyl-4-hydroxy-3[2H]-furanone 6′*O*-malonyl-β-D-glucopyranoside in strawberry fruits [J]. Phytochemistry, 1996, 43 (1): 155-159.

[61] Mayorga, H., Knapp, H., Winterhalter, P., Duque, C. Glycosidically bound flavor compounds of cape gooseberry (*Physalis peruviana* L.) [J]. J. Agri. Food. Chem., 2001, 49 (4): 1904-1908.

[62] Straubinger, M., Bau, B., Eckstein, S., Fink, M., Winterhalter, P. Identification of novel

glycosidic aroma precursors in saffron (*Crocus sativus* L.) [J] . J. Agri. Food. Chem. , 1998, 46 (8): 3238-3243.

[63] Baumes, R. Wine aroma precursors [M]. In Wine Chemistry and Biochemistry, Moreno-Arribas, M. V. ; Polo, M. C. , Eds. Springer, New York, USA, 2008: 251-274.

[64] Ugliano, M. Enzymes in winemaking [M] . In Wine Chemistry and Biochemistry, Moreno - Arribas, M. V. ; Polo, M. C. , Eds. Springer, New York, USA, 2008: 103-136.

[65] Voirin, S. P. , Baumes, R. , Bayonove, C. , M´Bairaroua, O. , Tapiero, C. Synthesis and n. m. r. spectral properties of grape monoterpenyl glycosides [J]. Carbohydr. Res. , 1990, 207 (1): 39-56.

[66] Stahl - Biskup, E. , Intert, F. , Holthuijzen, J. , Stengele, M. , Schulz, G. Glycosidically bound volatiles: a review 1986-1991 [J]. Flav. Fragr. J. , 1993, 8 (2): 61-80.

[67] Voirin, S. G. , Baumes, R. L. , Gunata, Z. Y. , Bitteur, S. M. , Bayonove, C. L. , Tapiero, C. Analytical methods for monoterpene glycosides in grape and wine. I. XAD - 2 extraction and gas chromatographic- mass spectrometri determination of synthetic glycosides [J] . J. Chromatogr. A, 1992, 590 (2): 313-328.

[68] Hampel, D. , Robinson, A. L. , Johnson, A. J. , Ebeler, S. E. Direct hydrolysis and analysis of glycosidically bound aroma compounds in grapes and wines: comparison of hydrolysis conditions and sample preparation methods [J]. Aust. J. Grape Wine Res. , 2014, 20 (3): 361-377.

[69] Gunata, Y. Z. , Bayonove, C. L. , Baumes, R. L. , Cordonnier, R. E. The aroma of grapes. I. Extraction and determination of free and glycosidically bound fractions of some grape aroma compounds [J]. J. Chromatogr. , 1985, 331: 83-90.

[70] Williams, P. J. , Cynkar, W. , Francis, I. L. , Gray, J. D. , Iland, P. G. , Coombe, B. G. Quantification of glycosides in grapes, juices, and wines through a determination of glycosyl glucose [J]. J. Agri. Food. Chem. , 1995, 43 (1): 121-128.

[71] Winterhalter, P. , Skouroumounis, G. K. Glycoconjugated aroma compounds: Occurrence, role and biotechnological transformation [M]. In Adv. Biochem. Eng. /Biotechnol. , Scheper, T. , Ed. Springer, Verlag Berlin Heidelberg, 1997, 55: 73-105.

[72] Aryan, A. P. , Wilson, B. , Strauss, C. R. , Williams, P. J. The properties of glycosidases of *Vitis vinifera* and a comparison of their β -glucosidase activity with that of exogenous enzymes. An assessment of possible applications in enology [J]. Am. J. Enol. Vitic. , 1987, 38: 182-188.

[73] Darriet, P. , Boidron, J. N. , Dubourdieu, D. Hydrolysis of the terpenic heterosides of small muscat grapes using the periplasmic enzymes of *Saccharomyces cerevisiae* [J]. Conn. Vigne Vin, 1988, 22: 189-196.

[74] Rosi, I. , Vinella, M. , Domizio, P. Characterization of β -glucosidase activity in yeasts of oenological origin [J]. J. App. Bacetriol. , 1994, 77 (5): 519-27.

[75] Gunata, Y. Z. , Bayonove, C. L. , Baumes, R. L. , Cordonnier, R. E. Stability of free and bound fractions of some aroma components of grapes cv. Muscat during the wine processing: Preliminary results [J]. Am. J. Enol. Vitic. , 1986, 37: 112-114.

[76] Delcroix, A. , Gunata, Z. , Sapis, J. C. , Salmon, J. M. , Bayonove, C. Glycosidase activities of three enological yeast strains during winemaking: Effect on the terpenol content of Muscat wine [J]. Am. J. Enol. Vitic. , 1994, 45 (3): 291-296.

[77] Ugliano, M. , Bartowsky, E. J. , McCarthy, J. , Moio, L. , Henschke, P. A. Hydrolysis and

transformation of grape glycosidically bound volatile compounds during fermentation with three *Saccharomyces* yeast strains [J]. J. Agri. Food. Chem., 2006, 54 (17): 6322-6331.

[78] Ugliano, M., Henschke, P. A. Yeasts and wine flavour [M]. In Wine Chemistry and Biochemistry, Moreno-Arribas, M. V.; Polo, M. C., Eds. Springer, New York, USA, 2008: 314-392.

[79] Delfini, C., Cocito, C., Bonino, M., Schellino, R., Gaia, P., Baiocchi, C. Definitive evidence for the actual contribution of yeast in the transformation of neutral precursors of grape aromas [J]. J. Agri. Food. Chem., 2001, 49: 5397-5408.

[80] Loscos, N., Hernandez-Orte, P., Cacho, J., Ferreira, V. Release and formation of varietal aroma compounds during alcoholic fermentation from nonfloral grape odorless flavor precursors fractions [J]. J. Agri. Food. Chem., 2007, 55 (16): 6674-6684.

[81] Williams, P. J., Francis, I. L., S., B. Changes in concentration of juice and must glyco- sides, including flavour precursors, during primary fermentation [C]. In Proceedings of the IVth International Symposium on Cool Climate Viticulture and Enology, Henick-Kling, T.; Wolf, T., Eds. Rochester, NY, 1996, VI-5-VI-9.

[82] Zoecklein, B. W., Marcy, J. E., Williams, J. M., Jasinski, Y. Effect of native yeasts and selected strains of *Saccharomyces cerevisiae* on glycosyl glucose, potential volatile terpenes, and selected aglycones of white Reisling (*Vitis vinifera* L.) wines [J]. J. Food Compos. Anal., 1997, 10 (1): 55-65.

[83] Zoecklein, B. W., Marcy, J. E., Jasinski, Y. Effect of fermentation, storage sur lie or post-fermentation thermal processing on white Riesling (*Vitis vinifera* L.) glycoconjugates [J]. Am. J. Enol. Vitic., 1997, 48 (4): 397-402.

[84] Gunata, Y. Z., Bayonove, C. L., Cordonnier, R. E., Arnaud, A., Galzy, P. Hydrolysis of grape monoterpenyl glycosides by *Candida molischiana* and *Candida wickerhamii* β-glucosidases [J]. J. Sci. Food Agric., 1990, 50 (4): 499-506.

[85] McMahon, H., Zoecklein, B. W., Fugelsang, K., Jasinski, Y. Quantification of glycosidase activities in selected yeasts and lactic acid bacteria [J]. J. Ind. Microbiol. Biotech., 1999, 23 (3): 198-203.

[86] Belancic, A., Gunata, Z., Vallier, M. -J., Agosin, E. β-Glucosidase from the grape native yeast *Debaryomyces vanrijiae*: Purification, characterization, and its effect on monoterpene content of a Muscat grape juice [J]. J. Agri. Food. Chem., 2003, 51: 1453-1459.

[87] van Rensburg, P., Stidwell, T., Lambrechts, M. G., Cordero Otero, R., Pretorius, I. S. Development and assessment of a recombinant *Saccharomyces cerevisiae* wine yeast producing two aroma-enhancing β-glucosidases encoded by the *Saccharomycopsis fibuligera BGL1* and *BGL2* genes [J]. Ann. Microbiol., 2005, 55 (1): 33-42.

[88] Gil, J. V., Manzanares, P., Genovés, S., Vallés, S., González-Candelas, L. Over-production of the major exoglucanase of *Saccharomyces cerevisiae* leads to an increase in the aroma of wine [J]. Int. J. Food Microbiol., 2005, 103 (1): 57-68.

[89] Guilloux-Benatier, M., Son, H. S., Bouhier, S., Feuillat, M. Activités enzymatiques: Glycosidases et peptidase chez Leuconostoc oenos au cours de la croissance bactérienne. Influence des macromolécules de levures [J]. Vitis, 1993, 32: 51-57.

[90] Ugliano, M., Genovese, A., Moio, L. Hydrolysis of wine aroma precursors during malolactic fermentation with four commercial starter cultures of *Oenococcus oeni* [J]. J. Agri. Food. Chem., 2003, 51

(17): 5073-5078.

[91] Grimaldi, A., McLean, H., Jiranek, V. Identification and partial characterization of glycosidic activities of commercial strains of the lactic acid bacterium *Oenococcus oeni* [J]. Am. J. Enol. Vitic., 2000, 51 (4): 362-369.

[92] Chatonnet, P., Dubourdieu, D., Boidron, J. N., Lavigne, V. Synthesis of volatile phenols by *Saccharomyces cerevisiae* in wines [J]. Journal of the Science of Food & Agriculture, 1993, 62 (2): 191-202.

[93] Winterhalter, P., Rouseff, R. Carotenoid-derived aroma compounds: An introduction [M]. In Carotenoid-Derived Aroma Compounds, American Chemical Society, 2001, 802: 1-17.

[94] Maicas, S., Mateo, J. J. Hydrolysis of terpenyl glycosides in grape juice and other fruit juices: a review [J]. Appl. Microbiol. Biotechnol., 2005, 67 (3): 322-335.

[95] Sefton, M. A., Francis, I. L., Williams, P. J. Free and bound volatile secondary metabolites of *Vitis vinifera* grape Cv Sauvignon blanc [J]. J. Food Sci., 1994, 59 (1): 142-147.

[96] Nakanishi, T., Konishi, M., Murata, H., Inada, A., Fujii, A., Tanaka, N., Fujiwara, T. The structures of two new ionone glucosides from Melia toosendan and a novel type of selective bio-oxidation [J]. Chem. Pharm. Bull., 1990, 38 (3): 830-832.

[97] Cabaroglu, T., Selli, S., Canbas, A., Lepoutre, J. -P., Günata, Z. Wine flavor enhancement through the use of exogenous fungal glycosidases [J]. Enzy. Microb. Technol., 2003, 33: 581-587.

第十五章

卤代化合物与无机离子风味

第一节 卤代化合物
第二节 无机阳离子类
第三节 无机阴离子类
第四节 饮料酒残留物与灰分

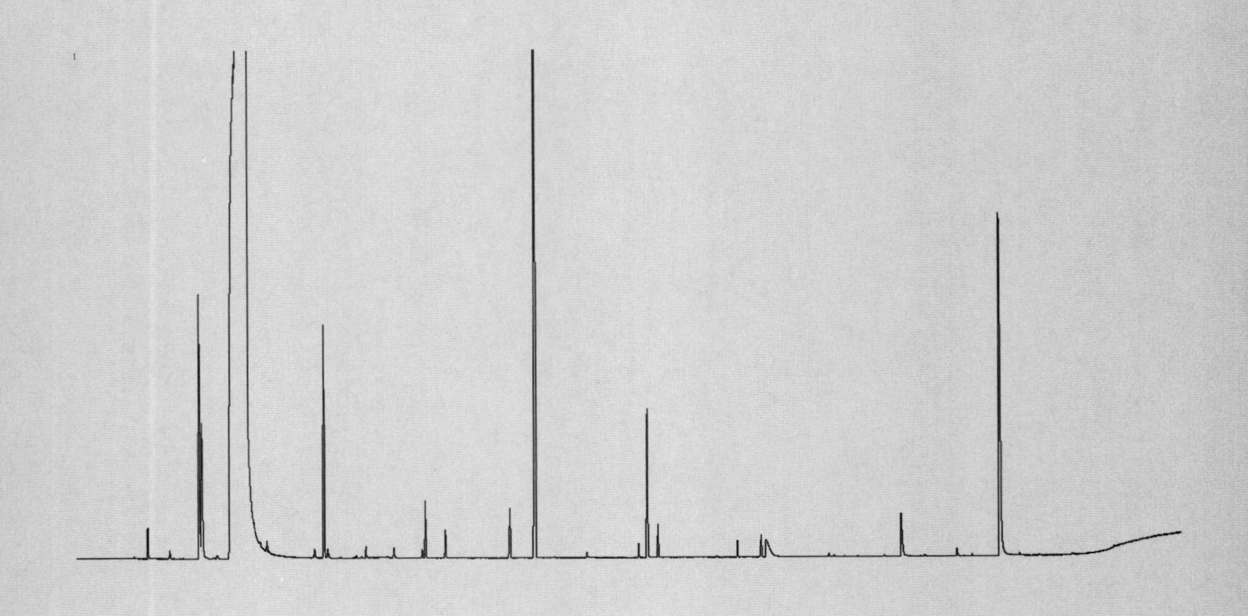

学习目标

1. 掌握卤代化合物对饮料酒风味的影响；
2. 掌握无机离子对饮料酒风味的影响。

第一节　卤代化合物

饮料酒中呈异嗅的卤代化合物主要是卤代苯酚类。

一、卤代苯酚类

卤代化合物（halogenated compounds）是指化合物中含有卤素元素（如氯、溴、碘等）的化合物，主要有卤代苯酚类（halogenated phenols）和卤代茴香醚类（halogenated anisoles）化合物，这类化合物在饮料酒中主要呈异嗅/异味。

研究发现，苯酚环2-位上卤的取代会使得新化合物的气味更强，即2-卤代苯酚的嗅阈值低于苯酚；而在2-卤代苯酚的环上再增加一个甲基取代基时，即2-卤代甲基苯酚的气味活性更强，嗅阈值更低。

1. 氯代苯酚类

氯代苯酚类（chlorophenols）化合物是引起葡萄酒软木塞异嗅和霉腐臭（musty）的化合物，这类化合物主要有2,4,6-三氯苯酚、2,3,4,6-四氯苯酚、五氯苯酚、2-氯苯酚等。

2,4,6-三氯苯酚（2,4,6-trichlorophenol，2,4,6-TCP）(C 15-1)，俗称环戊氯酚2S（dowicide 2S）、phenaclor、欧美尔（omal），CAS号88-06-2，RI_{SE-30} 1346或1331，分子式$C_6H_3Cl_3O$，黄白色块状或粉末，密度1.675g/cm^3，熔点69℃，沸点246℃，lgP 3.69，微溶于水（水中溶解度0.8g/L），呈强烈的酚气味，水中嗅阈值300 pg/L或30 pg/L或380μg/L；味阈值2μg/L或＞12μg/L。依据葡萄酒类型的不同，其后鼻嗅比较明显的浓度是1.5~3ng/L。2,4,6-TCP可能是2,4,6-TCA的前体物。

C 15-1　2,4,6-三氯苯酚　　C 15-2　2,3,4,6-四氯苯酚　　C 15-3　五氯苯酚

2,4,6-TCP通常用作防霉剂、除草剂、杀虫剂、抗菌剂、脱叶剂、蓝色防腐剂；在水溶液中会以钾盐$C_6H_2Cl_3KO$（2,4,6-trichlorophenol potassium salt，CAS号2591-21-1）形式存在；加热分解，产生有毒性的、腐蚀性的烟气，包括氯化氢和氯气。

2,4,6-TCP 存在于饮用水、咖啡、葡萄酒中；在葡萄酒中含量为 nd~72.0ng/L。

过量使用次氯酸盐（hypochlorite）的消毒剂会形成 2，4，6-TCP，并污染葡萄酒或地窖大气环境，其分解主要由丝状真菌（filamentous fungi）引起。

2,4,6-TCP 存在于巴西里约咖啡中，是其异嗅化合物之一，含量为 nd~42μg/L。

2,3,4,6-四氯苯酚（2,3,4,6-tetrachlorophenol，TeCP）(C 15-2)，CAS 号 58-90-2，RI_{SE-30} 1538 或 1519，分子式 $C_6H_2Cl_4O$，米黄色固体，熔点 63~66℃ 或 70℃，沸点 164℃（3.1kPa）或 232℃，密度 1.839 g/cm^3，lgP 4.09，微溶于水（水中溶解度 23.0mg/L）。TCP 常用作杀虫剂，在葡萄酒中含量为 nd~71.0ng/L。

五氯苯酚（pentachlorophenol，PCP）（C 15-3），俗称五氯酚（santophen，chlon，dowicide 7，sinituho）、氯酚（chlorophen）、潘泰康（pentacon）、派因物（penwar）、遍达（penta），IUPAC 名 2,3,4,5,6-五氯苯酚（2,3,4,5,6-pentachlorophenol），CAS 号 87-86-5，分子式 C_6HCl_5O，白色晶状固体，熔点 190~191℃ 或 174℃，沸点 309~310℃，密度 1.978 g/cm^3（22℃），lgP 5.12，微溶于水（溶解度 0.02g/L，30℃ 或 14.0mg/L）；呈似苯的气味，PCP 在水中嗅阈值 9.3μg/L，味阈值 8μg/L。

PCP 首次生产于 20 世纪 30 年代，通常用作消毒剂和杀虫剂，可以被一些细菌如解氯芬鞘氨醇杆菌（*Sphingobium chlorophenolicum*）生物降解。

PCP 在饮用水和葡萄酒中的检出频次较高，30 个葡萄酒样品中检测到 19 个，含量为 nd~675.4ng/L。

2. 溴代苯酚类

溴代苯酚（bromophenols）或溴苯酚类化合物是一类似碘或碘仿气味（iodine-like odor）的化合物。这些化合物常见的有 2,6-二溴苯酚和 2,4,6-三溴苯酚，它们的阈值特别低，当 ng/L 量级的这些化合物存在于水中时，呈现出令人讨厌的气味。在鱼、虾肉中，极低浓度时呈碘、虾、螃蟹和海盐气味。在威士忌中，溴代苯酚类化合物也呈现似碘的、苯酚的、药片的气味。海洋中的海藻如海莴苣（*Ulva lactuca*）能产生溴代过氧化物酶（bromoperoxidase），可以将苯酚、4-羟基苯甲酸和 4-羟基苯甲醇转化为溴代苯酚。

2,4,6-三溴苯酚（2,4,6-tribromophenol，2,4,6-TBP，TBP）(C 15-4)，俗称三溴苯酚（tribromophenol），CAS 号 118-79-6，分子式 $C_6H_3Br_3O$，白色晶针，熔点 95.5℃，沸点 244℃ 或 286℃，折射率 1.54（20℃），lgP 4.18，微溶于水（溶解度 59~61mg/L 或 70mg/L），TBP 的味阈值 0.6μg/L。

TBP 常用于杀真菌剂，木材防护，也是阻燃剂生产的中间体。

TBP 广泛存在于海藻类（marine algae）、苔藓虫类（bryozoans）、海底生物（benthic organisms）、高等海洋动物（higher marine animals）如甲壳类和鱼类中，也存在于含有苯和溴的氯化水中；在葡萄酒中已经检测到，含量为 0~392.6ng/L。

C 15-4　2,4,6-三溴苯酚

二、 卤代甲氧基苯酚类

1. 氯代甲氧基苯类化合物

一些苯甲醚即茴香醚类（anisoles）化合物是饮料酒的异嗅化合物，在葡萄酒中呈软木塞异嗅、霉味，在啤酒中呈霉腐臭，在清酒中呈霉腐臭和泥臭（muddy）。氯代茴香醚类化合物首次发现于鸡蛋和烤箱中，呈霉腐臭。

含氯的甲氧基苯酚类化合物是葡萄酒软木塞异味的来源，如6-氯香草醛（6-chlorovanillin）、4-氯愈创木酚（4-chloroguaiacol）、4,5-二氯愈创木酚（4,5-dichloroguaiacol）。

为什么使用软木塞后葡萄酒就被氯苯甲醚和茴香醚污染，并产生软木塞异嗅和霉味？目前原因尚不完全清楚。一个原因可能是聚氯酚类生物杀虫剂，特别是五氯苯酚在生长橡木的森林中使用。另外一个原因是在制桶过程中使用氯作为漂白剂。当然，霉菌将氯酚类化合物甲基化为氯苯甲醚类化合物也是一个关键原因。

三氯苯甲醚类（trichloroanisoles）即三氯茴香醚是葡萄酒和啤酒的异嗅化合物。

2,3,4-三氯苯甲醚（2,3,4-trichloroanisole，2,3,4-TCA）（C 15-5），俗称甲基2,3,4-三氯苯基醚（methyl 2,3,4-trichlorophenyl ether），IUPAC 名 1,2,3-三氯-4-甲氧基苯（1,2,3-trichloro-4-methoxybenzene），CAS 号 54135-80-7，RI_{np} 1476 或 1488，分子式 $C_7H_5Cl_3O$，熔点 69.5℃，沸点 261.6℃，密度 1.416g/cm^3（20℃），折射率 1.55（20℃），lgP 3.6554。该化合物呈软木塞和霉味，在水中嗅阈值 0.2~2ng/L。

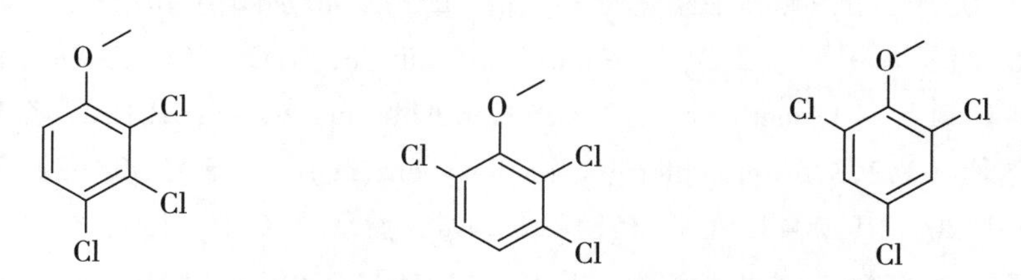

C 15-5　2,3,4-三氯苯甲醚　　C 15-6　2,3,6-三氯苯甲醚　　C 15-7　2,4,6-三氯苯甲醚

2,3,6-三氯苯甲醚（2,3,6-trichloroanisole，2,3,6-TCA）（C 15-6），IUPAC 名 1,2,4-三氯-3-甲氧基苯（1,2,4-trichloro-3-methoxybenzene），CAS 号 50375-10-5，RI_{np} 1344 或 1371，RI_p 1887 或 1952，分子式 $C_7H_5Cl_3O$，熔点 69.5℃，沸点 254.1℃，密度 1.416g/cm^3（20℃），折射率 1.55（20℃）。2,3,6-TCA 呈霉腐和软木塞臭，在水中嗅

阈值 0.1~2ng/L，啤酒中嗅觉觉察阈值 7ng/L，识别阈值 9ng/L。

2,4,6-三氯苯甲醚（2,4,6-trichloroanisole，2,4,6-TCA）（C 15-7），俗称 2,4,6-三氯-1-甲氧基苯（2,4,6-trichloro-1-methoxybenzene），IUPAC 名 1,3,5-三氯-2-甲氧基苯（1,3,5-trichloro-2-methoxybenzene），CAS 号 87-40-1，RI_{np} 1345 或 1298，RI_{np} 1768 或 1842，分子式 $C_7H_5Cl_3O$，白色或灰白色纤维状粉末，熔点 60~62℃，沸点 241℃或 132℃（2.4kPa），折射率 1.550（20℃），lgP 4.11，水中溶解度 10.0mg/L。

2,4,6-TCP 可能是 2,4,6-TCA 的前体物；2,4,6-TCA 常用作杀虫剂。

2,4,6-TCA 呈软木塞霉味（corkiness）、霉腐的（musty）、霉味（moldy）、似尘土的、土腥的、腐烂蔬菜、里约咖啡的（rioy）、木香的、葡萄酒软木塞污染、谷物的、陈腐的、碘的（iodine）和酚的（phenolic）气味。

2,4,6-TCA 在水中嗅阈值 0.03ng/L 或 0.08ng/L 或 0.05~4.00ng/L，葡萄酒中嗅阈值 2ng/L 或 5~10ng/L，啤酒中嗅觉觉察阈值 0.094ng/L，嗅觉识别阈值 0.18ng/L，速溶咖啡（coffee infusion，50g/L 的剂量）中嗅阈值 8ng/L。

2,4,6-TCA 的味觉通常描述为霉腐的、陈腐的、土腥的、消毒剂、苦、烧焦的、橡胶的、里约咖啡的、酚的、辛辣的、刺激的、葡萄酒软木塞污染的味道。

2,4,6-TCA 水中味阈值 0.02μg/L 或 0.025μg/L 或 0.03~0.08ng/L，啤酒中味阈值 7ng/L，葡萄酒味阈值 10ng/L，速溶咖啡（50g/L 剂量）中味阈值 1~2ng/L。

2,4,6-TCA 于 1982 年首次在葡萄酒中作为异嗅被检测到，是葡萄酒、啤酒、水、里约咖啡、鱼、贮藏谷物、可可粉和红甜菜的异嗅化合物。

葡萄酒中 2,4,6-TCA 含量超过 2ng/L 的样本约占 27%（共 2400 个样本），但 2004 年检测 30 个葡萄酒样本，仅有 2 个样本检测到，分别为 2.6 和 2.9ng/L。

2,4,6-TCA 在咖啡饮料中含量为 600ng/L，但在巴西里约咖啡中含量高达 1~100μg/L。通过添加试验证实 2,4,6-TCA 是巴西里约咖啡的关键异嗅化合物。在咖啡烘烤过程中，不到 50%的 2,4,6-TCA 损失。

2,3,6-三氯苯甲醚（2,3,6-trichloroanisole，2,3,6-TCA），IUPAC 名 2,3,6-三氯-1-甲氧基苯（2,3,6-trichloro-1-methoxybenzene），分子式 $C_7H_5Cl_3O$，呈霉腐气味，在水中嗅阈值 0.007μg/L，啤酒中嗅觉觉察阈值 7μg/L，识别阈值 9μg/L。

2,3,4,6-四氯苯甲醚（2,3,4,6-tetrachloroanisole，TeCA）（C15-8），俗称1-甲氧基-2,3,4,6-四氯苯（1-methoxy-2,3,4,6-tetrachlorobenzene），IUPAC 名 1,2,3,5-四氯-4-甲氧基苯（1,2,3,5-tetrachloro-4-methoxybenzene），CAS 号 938-22-7，RI_{np} 1506（SE-30）或 1520，RI_p 2044（OV-351）或 2094，分子式 $C_7H_4Cl_4O$，熔点 84℃，沸点 289.2℃，密度 1.525g/cm^3（20℃），折射率 1.564（20℃），lgP 4.65，水中溶解度 1.4mg/L。

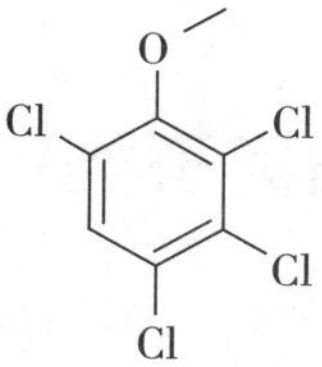

Cl Cl Cl Cl O

C 15-8　2,3,4,6-四氯苯甲醚

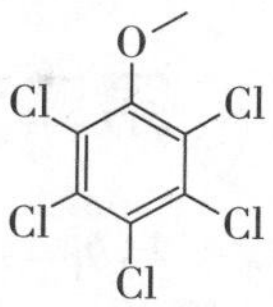

Cl Cl Cl Cl Cl O

C 15-9　五氯苯甲醚

TeCA 呈软木塞和霉味，在水中嗅阈值 4ng/L，在葡萄酒中嗅阈值 14~25ng/L。

TeCA 来源于含有 TeCP 或 PCP 的杀虫剂的生物化学的分解，其中 TeCP 是主要的。

TeCA 存在于葡萄酒和啤酒中，静止葡萄酒中含量在 10ng/L 以上，起泡葡萄酒中含量在 5ng/L 以上，但有一 2004 年的研究检测 30 个葡萄酒样品时，并没有检测到。

五氯苯甲醚（pentachloroanisole，PCA）(C 15-9)，俗称甲基五氯苯基醚（methyl pentachlorophenyl ether）、五氯苯酸甲酯（methyl pentachlorophenate），IUPAC 名 1,2,3,4,5-五氯-6-甲氧基苯（1,2,3,4,5-Pentachloro-6-methoxybenzene），CAS 号 1825-21-4，RI_{SE-30} 1681 或 1699，分子式 $C_7H_3Cl_5O$，熔点 108℃，沸点 321.5℃，密度 1.618g/cm^3（20℃），折射率 1.577（20℃），lgP 5.29，几乎不溶于水（水中溶解度 0.4mg/L）。

PCA 呈软木塞和霉味，嗅阈值 4μg/L。

PCA 在 30 个葡萄酒样品中有 2 个检测到，分别为 11.0 和 122.9ng/L。

2. 溴代甲氧基苯类化合物

2,4,6-三溴茴香醚（2,4,6-tribromoanisole，TBA）(C 15-10)，俗称三溴茴香醚（tribromoanisole），IUPAC 名 1,3,5-三溴-2-甲氧基苯（1,3,5-tribromo-2-methoxybenzene），CAS 号 607-99-8，RI_{np} 1633，分子式 $C_7H_5Br_3O$，灰白色至淡黄色固体，熔点 84~88℃ 或 88℃，沸点 297~299℃，密度 2.128g/cm^3（20℃），折射率 1.607（20℃），lgP 4.74，水中溶解度 1.0mg/L。

TBA 呈软木塞和霉味，在水中嗅阈值 0.15~10.00ng/L 或 0.008ng/L 或 0.02ng/L，小葡萄干（sultana）中嗅阈值 2 ng/kg，葡萄酒中嗅阈值 4ng/L。

TBA 通常来源于 2,4,6-三溴苯酚（常用抗真菌剂）的 *O*-甲基化，是空气传播的细菌和霉菌的代谢物，主要包括曲霉属（*Aspergillus* sp.）、青霉属（*Penicillium* sp.）、放线菌（Actinomycetes）、灰葡萄孢菌（*Botrytis cinerea*）、根瘤菌属（*Rhizobium* sp.）或链霉菌（Streptomyces）。溴苯酚类化合物来源于各种污染，包括杀虫剂和木材防腐剂。

TBA 普遍存在于海洋动物群；痕量存在于使用 2,4,6-三溴苯酚处理过的纤维板贮存的包装材料中，会使包装材料产生霉味；也存在于葡萄酒中，含量为 nd~37.9ng/L。

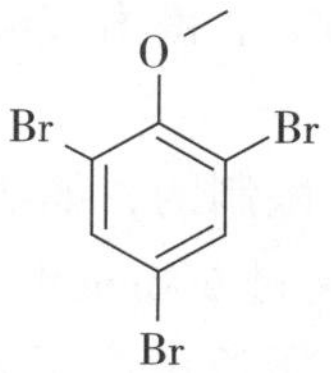

Br Br Br O

C 15-10　2,4,6-三溴茴香醚

第二节 无机阳离子类

一部分无机盐呈咸味，另外一部分无机盐呈苦味，前者的味阈值见表 15-1。

表 15-1 部分咸味无机盐的阈值

风味物质	味阈值/（mmol/L）
氯化钠（sodium chloride）	3.90，7.5
氯化铵（ammonium chloride）	5.0
磷酸钠（sodium phosphate）	5.0
氯化钙（calcium chloride）	3.1，6.2（苦味）
磷酸二氢钾（potassium dihydrogenphosphate）	15.0
氯化钾（potassium chloride）	13.0，15，12.6
氯化镁（magnesium chloride）	3.2，4.0，6.4（苦味）
磷酸钾（potassium phosphate）	7.5
磷酸钠（sodium phosphate）	5.0

一、钠盐

在食物中，盐主要是指食用盐（table salt），即氯化钠（sodium chloride）。它添加到食物中后呈咸味。盐能增强对三叉神经的刺激如麻刺感和热感的刺激，通常可以增加食物的鲜味。氯化钠是咸味的基本味觉物质。

钠盐通常以氯化钠形式存在，呈咸味。氯化钠在水溶液中咸味阈值 3.90mmol/L 或 7.5mmol/L 或 0.037g/L；水溶液中感觉阈值 0.31g/L（5.31mmol/L），感知阈值 0.80g/L（13.71mmol/L）；在白葡萄汁中感觉阈值 0.22g/L（3.77mmol/L），感知阈值 1.53g/L（26.22mmol/L）；在红葡萄汁中感觉阈值 1.25g/L（21.43mmol/L），感知阈值 2.55g/L（43.63mmol/L）；在白葡萄酒中感觉阈值 0.30g/L（5.31mmol/L），感知阈值 2.05g/L（35.14mmol/L）；在红葡萄酒中感觉阈值 0.31g/L（5.31mmol/L），感知阈值 1.77g/L（30.34mmol/L）；在 5mmol/L 的 MSG 溶液和 5mmol/L 的 IMP 溶液中咸味阈值均为 0.037g/L。

一些国家对饮料酒中氯化钠是有限制的，如澳大利亚规定氯离子浓度（以氯化钠计算）不得超过 1g/L，葡萄酒氯不得超过 606mg/L（以氯离子计算）；南非规定钠离子浓度不得超过 100mg/L，瑞士规定钠离子浓度小于 60mg/L，土耳其规定氯离子浓度不得超过 500mg/L（以氯化钠表示）。

钠盐广泛存在于饮料酒和发酵产品中，Na^+在澳大利亚西拉葡萄汁中含量为580mg/L，霞多利葡萄汁中含量为12mg/L。

Na^+在葡萄酒中含量nd～310mg/L；澳大利亚西拉葡萄酒中含量为39mg/L，霞多利葡萄酒中含量为74mg/L，丹菲特红葡萄酒中含量为41.4～43.6mg/L。果醋中钠含量7.6～14.7mmol/L。

钠盐（Na^+）在日本大麦烧酎中含量为1.5～5.9mg/L，老熟大麦烧酎0.9～6.6mg/L；米烧酎1.2～8.3mg/L；甜土豆烧酎0.2～9.2mg/L；其他烧酎1.1～12.7mg/L；泡盛酒7.1～29.6mg/L，老熟泡盛酒33.8mg/L；连续蒸馏的烧酎0.3～18mg/L。

钠盐（Na^+）在苏格兰威士忌中含量为2～24mg/L；白酒中平均含量为10.17mg/L（3.45～21.83mg/L）。

二、钾盐

钾盐（potassium）呈咸味；通常以氯化钾形式存在，氯化钾呈咸味，水溶液咸味阈值13.0mmol/L；钾盐还呈苦味。

果醋中钾含量为58～71mmol/L。

K^+在澳大利亚西拉葡萄汁中含量为770mg/L，霞多利葡萄汁中含量为580mg/L。

K^+在葡萄酒中含量为265～3056mg/L；澳大利亚西拉葡萄酒中含量为1080mg/L，霞多利葡萄酒中含量为720mg/L，丹菲特红葡萄酒中含量为1.05～1.07g/L。

钾盐（K^+）在日本大麦烧酎中含量为0.3～1.3mg/L，老熟大麦烧酎2.4～37.1mg/L；米烧酎0.5～2.2mg/L；甜土豆烧酎0.2～1.0mg/L；其他烧酎0.2～1.1mg/L；泡盛酒0.5～0.7mg/L，老熟泡盛酒2.8mg/L；连续蒸馏的烧酎0.1～1.1mg/L。

威士忌贮存过程中，K^+浓度随着贮存时间延长上升，且是所有金属阳离子中含量最高的；当威士忌在雪利桶中老熟5年时，K^+浓度为106mg/L或108mg/L；10年时为148mg/L；23年时为45mg/L或148mg/L。

白酒中钾盐含量平均为2.03mg/L（0.03～7.19mg/L）。

三、镁盐

通常情况下，镁盐呈苦味，$Mg(CH_3COO)_2$呈涩味。

镁盐大量存在于发酵食品中，如果醋、干酪、葡萄酒等。

镁在葡萄酒中含量为7.8～718.0mg/L；丹菲特红葡萄酒中含量为52.3～73.0mg/L。

镁盐（Mg^{2+}）在日本大麦烧酎中含量为0.7～4.7mg/L，老熟大麦烧酎0.1～2.3mg/L；米烧酎0～1.5mg/L；甜土豆烧酎0.0～2.7mg/L；其他烧酎0.1～1.4mg/L；泡盛酒0.3～1.1mg/L，老熟泡盛酒0.2mg/L；连续蒸馏的烧酎0～2.3mg/L。

镁盐（Mg^{2+}）在白兰地中含量为2.0mg/L；金酒0.5mg/L；朗姆酒2.0mg/L；苏格兰威士忌0.02～4.00mg/L；伏特加0.5mg/L；白酒中平均含量6.04mg/L（1.05～

19.3mg/L)。

四、钙盐

通常情况下，钙盐呈苦味，$CaCl_2$呈苦味和涩味。

钙盐大量存在于发酵食品中，如果醋、干酪、葡萄酒等。

钙在葡萄酒中含量为0.017~14.300mg/L，丹菲特红葡萄酒中含量为50.1~56.9mg/L。

钙盐（Ca^{2+}）在日本大麦烧酎中含量为0.1~1.2mg/L，老熟大麦烧酎0.2~1.1mg/L；米烧酎0~0.8mg/L；甜土豆烧酎0.1~0.9mg/L；其他烧酎0.4~1.5mg/L；泡盛酒0.6~7.2mg/L，老熟泡盛酒0.7mg/L；连续蒸馏的烧酎0.1~14.2mg/L。

钙盐（Ca^{2+}）在白兰地中含量为nd~14.8mg/L；金酒中含量为1.0mg/L；朗姆酒4.0mg/L；苏格兰威士忌0.5~4.0mg/L；伏特加3.0mg/L；白酒中平均含量8.10mg/L（1.01~30.31mg/L）。

五、铁盐

铁盐的呈味特征报道较少，$Fe_2(SO_4)_3$呈涩味。

铁盐在饮料酒中具有氧化与还原的功能，葡萄酒的非酶氧化被认为是由痕量的过渡金属（transition metal）催化的，如常见的铁和铜，特别是在葡萄酒多酚氧化过程中，扮演着极其重要的角色，如铁离子参与芬顿反应（Fenton reaction）。

铁盐（$Fe^{2+/3+}$）在啤酒中含量为0.25~25.00mg/L；葡萄酒中为nd~23.7mg/L。

铁盐（Fe^{2+}）在日本大麦烧酎中含量为0~0.01mg/L，老熟大麦烧酎0.04~0.12mg/L；米烧酎0~0.29mg/L；甜土豆烧酎0.02~0.04mg/L；其他烧酎0.02~0.03mg/L；泡盛酒0.02~0.03mg/L，老熟泡盛酒0.04mg/L；连续蒸馏的烧酎0.02~0.04mg/L。

铁盐（$Fe^{2+/3+}$）在白兰地中含量为nd~2.30mg/L；朗姆酒1.0mg/L；苏格兰威士忌0.02~28.00mg/L；金酒、伏特加酒中未检测到；白酒中平均含量为0.38mg/L（0.05~0.65mg/L）。

六、铜盐

铜盐呈味报道亦不多，$Cu(CH_3COO)_2$呈涩味。铜盐在饮料酒中具有氧化与还原的功能。

铜盐（Cu^{2+}）在啤酒中平均含量为0.05mg/L，范围0.028~0.048mg/L；葡萄酒中含量为nd~7.62mg/L。

铜盐（Cu^{2+}）在日本大麦烧酎中含量为0~0.01mg/L，老熟大麦烧酎0.03~

0.09mg/L；米烧酎 0.01～0.45mg/L；甜土豆烧酎 0.02～0.11mg/L；其他烧酎 0.02～0.03mg/L；泡盛酒 0.02～0.03mg/L，老熟泡盛酒 0.06mg/L；连续蒸馏的烧酎 0.02～0.04mg/L。

铜盐（Cu^{2+}）在白兰地中含量为 5mg/L（2.0～14.6mg/L）；金酒 0.5mg/L；朗姆酒 0.5mg/L；苏格兰威士忌 0.1～1.7mg/L；伏特加 0.5mg/L；白酒平均含量 73.45μg/L（28.54～121.5μg/L）。

七、锌盐

$Zn(Ac)_2$呈涩味。

锌盐（Zn^{2+}）在啤酒中含量为 0.1～68.0mg/L；葡萄酒 nd～8.9mg/L；白兰地 3.0mg/L；朗姆酒 3.0mg/L；苏格兰威士忌 0.02～20.00mg/L；伏特加 0.5mg/L。

八、锰盐

$MnSO_4$并没有味觉特征。

锰盐（Mn^{2+}）在日本大麦烧酎中含量为 0mg/L，老熟大麦烧酎 0～0.04mg/L；米烧酎 0.01～0.02mg/L；甜土豆烧酎 0.01mg/L；其他烧酎 0.01mg/L；泡盛酒 0.02mg/L，老熟泡盛酒 0.02mg/L；连续蒸馏的烧酎 0.01～0.02mg/L。

锰在白酒中平均含量为 28.89μg/L（17.42～68.21μg/L）。

九、铅盐

2012 年新的白酒卫生标准取消了对铅的规定。

铅盐（Pb^{2+}）在啤酒中含量为 0.025mg/L（nd～0.245mg/L）；葡萄酒 nd～1.125mg/L。

铅盐（Pb^{2+}）在白兰地中含量为 nd～0.224mg/L；金酒 nd～0.035mg/L 或 nd～0.070mg/L；苏格兰威士忌 < 0.005mg/L；白酒中平均含量 74.68μg/L（9.80～259.99μg/L）。

十、其他金属盐

$NiSO_4$呈涩味；$AlCl_3$呈酸味和涩味；$Cr(NO_3)_3$呈甜味。

白酒中 Cd 平均含量为 41.10μg/L（9.1～87.95μg/L）；Al 平均含量为 0.85mg/L（0.27～1.61mg/L）；Ni 平均含量为 6.37μg/L（2.64～14.17μg/L）；Cr 平均含量为 2.90μg/L（0.88～5.08μg/L）。

十一、 铵盐

铵盐（ammonium）呈咸味，存在于饮料酒中，在丹菲特红葡萄酒中含量为4.3~4.6mg/L。

第三节 无机阴离子类

一、 氯盐

氯盐通常以氯化钠、氯化钾等形式存在，均呈咸味。

Cl^-在澳大利亚西拉葡萄汁中含量为500mg/L，霞多利葡萄汁中含量小于7mg/L。

Cl^-在葡萄酒中含量为nd~370mg/L或7451mg/L；澳大利亚西拉葡萄酒中含量为58mg/L，霞多利葡萄酒中含量为65mg/L；香槟中含量为107mg/L。

氯（Cl^-）在日本大麦烧酎中含量为6.9~11.6mg/L，老熟大麦烧酎6.2~13.1mg/L；米烧酎6.5~7.8mg/L；甜土豆烧酎7.4~17.1mg/L；其他烧酎7.5~26.4mg/L；泡盛酒17.9~21.5mg/L，老熟泡盛酒21.9mg/L；连续蒸馏的烧酎6.9~25.2mg/L。

Cl^-在黄酒中含量为42.58mg/L；药酒中含量为88.67mg/L。

二、 磷酸盐

磷酸盐（PO_4^{3-}）呈咸味；磷酸钠呈咸味，在水溶液咸味阈值5.0mmol/L。

磷酸盐存在于饮料酒和发酵制品中，在果醋中含量为7.4~12.3mmol/L；葡萄酒中含量为nd~900mg/L；红葡萄酒中含量为331mg/L；香槟中含量为242mg/L。

磷酸盐（PO_4^{3-}）在黄酒中未检测到；在药酒中含量为40.30mg/L。

磷酸盐（PO_4^{3-}）在日本大麦烧酎中含量为0.0mg/L，老熟大麦烧酎0~3.3mg/L；米烧酎0mg/L；甜土豆烧酎0mg/L；其他烧酎0mg/L；泡盛酒0mg/L，老熟泡盛酒0mg/L；连续蒸馏的烧酎0~0.9mg/L。

游离态磷酸存在于白酒大曲及其制曲原料中，酱香型大曲中含量为4163μg/g（干重），浓香型大曲3993μg/g（干重），清香型大曲2160μg/g（干重）；小麦330.0μg/g（干重），大麦836.3μg/g（干重），豌豆486.2μg/g（干重）。

三、 硝酸盐

硝酸盐（NO_3^-）在红葡萄酒中含量为147mg/L；香槟中未检测到。

硝酸盐（NO_3^-）在黄酒中含量为14.99mg/L；药酒中含量为21.60mg/L。

硝酸盐（NO_3^-）在日本大麦烧酎中含量为0~6.9mg/L，老熟大麦烧酎0~2.2mg/L；米烧酎1.3~4.4mg/L；甜土豆烧酎1.6~10.6mg/L；其他烧酎0.6~4.0mg/L；泡盛酒0~2.5mg/L，老熟泡盛酒3.3mg/L；连续蒸馏的烧酎0~9.8mg/L。

四、 硫酸盐

硫酸盐（SO_4^{2-}）在葡萄酒中含量为nd~4390mg/L。

硫酸盐（SO_4^{2-}）在日本大麦烧酎中含量为1.2~6.7mg/L，老熟大麦烧酎1.4~17.7mg/L；米烧酎0.8~2.8mg/L；甜土豆烧酎2.5~11.6mg/L；其他烧酎0.8~3.1mg/L；泡盛酒3.5~13.1mg/L，老熟泡盛酒15.1mg/L；连续蒸馏的烧酎0.3~8.6mg/L。

五、 硼酸盐

硼酸（boric acid），CAS号10043-35-3，分子式H_3BO_3，白色粉末，相对密度1.435（25℃），lgP -0.610。

游离态硼酸存在于白酒大曲及其制曲原料中，酱香型大曲中含量为6.17μg/g（干重），浓香型大曲4.07μg/g（干重），清香型大曲2.86μg/g（干重）；小麦26.51μg/g（干重），大麦110.3μg/g（干重），豌豆302.3μg/g（干重）。

第四节 饮料酒残留物与灰分

饮料酒的残留物（residues），中国通常称为固形物，是指蒸汽不能蒸馏的残余物。在威士忌等酒中是指老熟时来源于橡木桶的化合物。残留物的测定通常使用水蒸气浴蒸馏法。威士忌的残留物是比较低的，通常低于2g/L。

灰分是指样品在熔炉（furnace）中燃烧残留的物质，通常是无机化合物，包括痕量的钙、镁、钠和钾，主要来源于水、酿酒原料、酿造过程、贮存过程等。典型威士忌的灰分通常小于0.2g/L。

复习思考题

1. 画出2,4,6-三氯苯酚、2,4,6-三溴苯酚、2,3,4-三氯苯甲醚的结构式。
2. 论述含氯的甲氧基苯酚类化合物对葡萄酒风味的影响及其产生途径。
3. 简述2,4,6-三溴茴香醚的产生途径。
4. 简述钠盐对饮料酒风味的影响。
5. 简述铁盐对葡萄酒风味的影响。
6. 简述铜盐对葡萄酒风味的影响。

参考文献

[1] Strube, A., Buettner, A., Czerny, M. Influence of chemical structure on absolute odour thresholds and odour characteristics of *ortho*- and *para*-halogenated phenols and cresols [J]. Flav. Fragr. J., 2012, 27 (4): 304-312.

[2] http://www.molbase.com.

[3] Chatonnet, P., Bonnet, S., Boutou, S., Labadie, M.-D. Identification and responsibility of 2,4,6-tribromoanisole in musty, corked odors in wine [J]. J. Agri. Food. Chem., 2004, 52 (5): 1255-1262.

[4] http://www.chemicalbook.com.

[5] Curtis, R. F., Dennis, C., Gee, J. M., Gee, M. G., Griffiths, N. M., Land, D. G., Peel, J. L., Robinson, D. Chloroanisoles as a cause of musty taint in chickens and their microbiological formation from chlorophenols in broiler house litters [J]. J. Sci. Food Agric., 1974, 25 (7): 811-828.

[6] Griffiths, N. M. Sensory properties of chloroanisoles [J]. Chem. Senses, 1974, 1 (2): 187-195.

[7] Young, W. F., Horth, H., Crane, R., Ogden, T., Arnott, M. Taste and odour threshold concentrations of potential potable water contaminants [J]. Water Res., 1996, 30 (2): 331-340.

[8] Jelen, H. H., Majcher, M., Zawirska-Wojtasiak, R., Wiewiorowska, M., Wasowicz, E. Determination of geosmin, 2-methylisoborneol, and a musty-earthy odor in wheat grain by SPME-GC-MS, profiling volatiles, and sensory analysis [J]. J. Agri. Food. Chem., 2003, 51 (24): 7079-7085.

[9] Spadone, J.-C., Takeoka, G., Liardon, R. Analytical investigation of Rio off-flavor in green coffee [J]. J. Agri. Food. Chem., 1990, 38: 226-223.

[10] Burttschell, R. H., Aaron, A. R., Middleton, F. M., Ettinger, M. B. Chlorine derivatives of phenol causing taste and odor [J]. J. Am. Water Works Assoc., 1959, 51 (2): 205-214.

[11] Álvarez-Rodríguez, M. L., López-Ocaña, L., López-Coronado, J. M., Rodríguez, E., Martínez, M. J., Larriba, G., Coque, J.-J. R. Cork taint of wines: Role of the filamentous fungi isolated from cork in the formation of 2,4,6-trichloroanisole by *O*-methylation of 2,4,6-trichlorophenol [J]. Appl. Environ. Microbiol., 2002, 68 (12): 5860-5869.

[12] Bendig, P., Lehnert, K., Vetter, W. Quantification of bromophenols in Islay whiskies [J]. J. Agri. Food. Chem., 2014, 62 (13): 2767-2771.

[13] Whitfield, F. B., Hill, J. L., Shaw, K. J. 2,4,6-Tribromoanisole: a potential cause of mustiness in packaged food [J]. J. Agri. Food. Chem., 1997, 45 (3): 889-893.

[14] Zalacain, A., Alonso, G. L., Lorenzo, C., Iñiguez, M., Salinas, M. R. Stir bar sorptive extraction for the analysis of wine cork taint [J]. J. Chromatogr. A, 2004, 1033 (1): 173-178.

[15] McGarrity, M. J., McRoberts, C., Fitzpatrick, M. Identification, cause, and prevention of musty off-flavors in beer [J]. Master Brew. Assoc. Am., 2003, 40 (1): 44-47.

[16] Miki, A., Isogai, A., Utsunomiya, H., Iwata, H. Identification of 2,4,6-trichloroanisole (TCA) causing a musty/muddy off-flavor in sake and its production in rice koji and *Moromo* mash [J]. J. Biosci. Bioeng., 2005, 100 (2): 178-183.

[17] Jeleń, H. Specificity of Food Odorants [M]. In Food Flavors, Jeleń, H., Ed. CRC Press, New York, 2011: 1-18.

[18] Rapp, A. Volatile flavor of wine: Correlation between instrumental analysis and sensory perception [J]. Nahrung, 1998, 42 (6): 351-363.

[19] Benanou, D., Acobas, F., Roubin, M. R. D., David, F. S., P. Analysis of off-flavors in the aquatic environment by stir bar sorptive extraction-thermal desorption-capillary GC/MS/olfactometry [J]. Anal. Bioanal. Chem., 2003, 376 (1): 69-77.

[20] Parker, D. K. 6 - Beer: production, sensory characteristics and sensory analysis [M]. In Alcoholic Beverages, Piggott, J., Ed. Woodhead Publishing, 2012: 133-158.

[21] https://pubchem. ncbi. nlm. nih. gov.

[22] Rychlik, M., Schieberle, P., Grosch, W. Compilation of odor thresholds, odor qualities and retention indices of key food odorants [M]. Garching, Germany, Deutsche Forschungsanstalt für Lebensmittelchemie and Institut für Lebensmittelchemie der Technischen Universität München, 1998.

[23] Buser, H. -R., Zanier, C., Tanner, H. Identification of 2,4,6-trichloroanisole as a potent compounds causing cork taint in wine [J]. J. Agri. Food. Chem., 1982, 30: 359-362.

[24] Griffiths, N. M., Fenwick, G. R. Odor properties of chloroanisoles — effects of replacing chloro-by methyl groups [J]. Chem. Sens. Flav., 1977, 2: 487-491.

[25] Soleas, G. J., Yan, J., Seaver, T., Goldberg, D. Method for the gas chromatographic assay with mass selective detection of trichloro compounds in corks and wines applied to elucidate the potential cause of cork taint [J]. J. Agri. Food. Chem., 2002, 50: 1032-1039.

[26] Conte, E. D., Shen, C. -Y., Perschbacher, P. W., Miller, D. W. Determination of geosmin and methylisoborneol in catfish tissue (*Ictalurus punctatus*) by microwave-assisted distillation-solid phase adsorbent trapping [J]. J. Agri. Food. Chem., 1996, 44: 829-835.

[27] Lu, G. P., Fellman, J. K., Edwards, C. G., Mattinson, D. S., Navazio, J. Quantitative determination of geosmin in red beets (*Beta vulgaris* L.) using headspace solid-phase microextraction [J]. J. Agri. Food. Chem., 2003, 51 (4): 1021-1025.

[28] Rotzoll, N., Dunkel, A., Hofmann, T. Quantitative studies, taste reconstitution, and omission experiments on the key taste compounds in morel mushrooms (*Morchella deliciosa* Fr.) [J]. J. Agric. Food Chem., 2006, 54 (7): 2705-2711.

[29] Rotzoll, N., Dunkel, A., Hofmann, T. Activity-guided identification of (*S*)-malic acid 1-*O*-D-glucopyranoside (morelid) and γ-aminobutyric acid as contributors to umami taste and mouth-drying oral sensation of morel mushrooms (*Morchella deliciosa* Fr.) [J]. J. Agri. Food. Chem., 2005, 53 (10): 4149-4156.

[30] Hillmann, H., Mattes, J., Brockhoff, A., Dunkel, A., Meyerhof, W., Hofmann, T. Sensomics analysis of taste compounds in balsamic vinegar and discovery of 5-acetoxymethyl-2-furaldehyde as a novel sweet taste modulator [J]. J. Agri. Food. Chem., 2012, 60 (40): 9974-9990.

[31] Hillmann, H., Hofmann, T. Quantitation of key tastants and re-engineering the taste of parmesan cheese [J]. J. Agri. Food. Chem., 2016, 64 (8): 1794-1805.

[32] Kaneko, S., Kumazawa, K., Masuda, H., Henze, A., Hofmann, T. Molecular and sensory studies on the umami taste of Japanese green tea [J]. J. Agri. Food. Chem., 2006, 54: 2688-2694.

[33] Hufnagel, J. C., Hofmann, T. Quantitative reconstruction of the nonvolatile sensometabolome of a red wine [J]. J. Agri. Food. Chem., 2008, 56 (19): 9190-9199.

[34] Yamaguchi, S., Ninomiya, K. Umami and food palatability [J]. J. Nut., 2000, 130 (4S Sup-

pl)：921S-926S.

［35］刘沛龙，唐万裕，练顺才，陈洪坤，陈琳，钟菊．白酒中金属元素的测定及其与酒质的关系（下）［J］. 酿酒科技，1998，85（1）：20-28.

［36］de Loryn，L. C.，Petrie，P. R.，Hasted，A. M.，Johnson，T. E.，Collins，C.，Bastian，S. E. P. Evaluation of sensory thresholds and perception of sodium chloride in grape juice and wine［J］. Am. J. Enol. Vitic.，2013.

［37］Buglass，A. J. Handbook of Alcoholic Beverages：Technical，Analytical and Nutritional Aspects［M］. Chichester，West Sussex，United Kingdom，John Wiley & Sons，Ltd.，2011.

［38］Frank，S.，Wollmann，N.，Schieberle，P.，Hofmann，T. Reconstitution of the flavor signature of Dornfelder red wine on the vasis of the natural concentrations of its key aroma and taste compounds［J］. J. Agri. Food. Chem.，2011，59（16）：8866-8874.

［39］Nose，A.，Hamasaki，T.，Hojo，M.，Kato，R.，Uehara，K.，Ueda，T. Hydrogen bonding in alcoholic beverages（distilled spirits）and water-ethanol mixtures［J］. J. Agri. Food. Chem.，2005，53（18）：7074-7081.

［40］刘沛龙，唐万裕，练顺才，陈洪坤，陈琳，钟菊．白酒中金属元素的测定及其与酒质的关系（上）［J］. 酿酒科技，1997，84（6）：23-28.

［41］Schoeneman，R. L.，Dyer，R. H. Analytical profile of scotch whiskies［J］. J. Assoc. Offic. Agr. Chemists，1973，56：1-10.

［42］Toelstede，S.，Hofmann，T. Sensomics mapping and identification of the key bitter metabolites in Gouda cheese［J］. J. Agri. Food. Chem.，2008，56（8）：2795-2804.

［43］Kreitman，G. Y.，Cantu，A.，Waterhouse，A. L.，Elias，R. J. Effect of metal chelators on the oxidative stability of model wine［J］. J. Agri. Food. Chem.，2013，61（39）：9480-9487.

［44］http：//en. wikipedia. org.

［45］Ugliano，M. Oxygen contribution to wine aroma evolution during bottle aging［J］. J. Agri. Food. Chem.，2013，61（26）：6125-6136.

［46］蒸馏酒及配制酒卫生标准 GB 2757［S］，北京：中国标准出版社，1981.

［47］中华人民共和国卫生部．食品安全国家标准 蒸馏酒及其配制酒 GB 2757-2012. 北京：中国标准出版社，2012.

［48］吴飞燕，贾之慎，朱岩．离子色谱电导检测法测定酒中的有机酸和无机阴离子［J］. 浙江大学学报（理学版），2006，33（3）：312.

［49］石亚林．白酒大曲及其原料中游离态氨基酸、有机酸、糖类物质对大曲风味影响研究［D］. 无锡：江南大学，2017.

［50］Aylott，R. Whisky analysis［M］. In Whisky：Technology，Production and Marketing，Russell，I.；Stewart，G.；Bamforth，C.，Eds. Elsevier Ltd.，London，UK，2003：275-306.

附录一　缩略词表

A

AAP	氨基乙酰苯（aminoacephenone）
AATase	醇乙酰转移酶（alcohol acetyltransferases）
ABV 或 abv	体积分数（alcohol by volume）
*ACO*①	顺乌头酸酶基因（aconitease gene）
ADH	醇脱氢酶（alcohol dehydrogenase）
ADI	每日可接受摄取量（acceptable daily intake）
AEDA	香气萃取稀释分析法（aroma extract dilution analysis）
AG	阿拉伯半乳聚糖（arabinogalactan）
AGPs	阿拉伯半乳聚糖-蛋白质（arabinogalactan-proteins）
Ala	丙氨酸（α-氨基丙酸，alanine，A）
Ar	芳香基团（aromatic group）
Ara	阿拉伯糖醇（arabinitol）
Arg	精氨酸（α-氨基-δ-胍基戊酸，arginine，R）
Aro	芳香氨基酸转移酶（aromatic amino acid transferase）
Asn	天冬酰胺（asparagines，N）
Asp	天冬氨酸（α-氨基-丁二酸，aspartic acid，D）
Asp.	曲霉属（*Aspergillus*）
ASTM	美国材料与试验学会（American Society for Testing and Materials）
ATF	醇乙酰转移酶基因（alcohol acetyl transferase gene）
ATHP	乙酰基四氢吡啶（acetyltetrahy dropyridine）
ATP	三磷酸腺苷（adenosine triphosphate），腺苷-5′-三磷酸（adenosine-5′-triphosphate，5′-ATP）

B

Bap	支链氨基酸透性酶（branched-chain amino acid permease）
BAT	支链氨基酸转氨酶（branched-chain amino acid aminotransferase，Bat）
BET	最佳估计阈值（best estimate threshold）
BGB	一种环糊精手性柱
BHT	丁羟甲苯（butylated hydroxytoluene）或二叔丁基对羟基甲苯（di-*tert*-butylhydroxytoluene）
bisFFD	双（2-糠基）二硫［bis-(2-furfuryl) disulfide］

① 斜体字母表示是某基因（后面没有“点”），小写的表示基因来源于细菌，大写的一般是指存在于真菌中。如果是正体，则是指这一基因产生的酶。

bisMFT　双（2-甲基-3-呋喃）二硫［bis-(2-methyl-3-furyl)disulfide］
BP　气相色谱用色谱柱型号
Brett.　酒香酵母属（*Brettanomyces*）
BSTFA　*N*,*O*-双（三甲基硅烷）三氟乙酰胺［*N*,*O*-bis（trimethylsilyl）trifluoroacetamide］

C

C.　假丝酵母属（*Candida*）
CAS　（美国化学会下设组织）化学文摘服务社（Chemical Abstracts Service）
cis-　顺式，相当于 *Z*-
Clo.　梭菌（*Clostridium*）
CoA　辅酶 A（coenzyme A）
CoASH　巯基辅酶 A（sulfanyl coenzyme A）
Cr-DG　甲基苯酚二糖苷（cresol diglycosides）
Cr-GG　甲基苯酚 β-D-龙胆二糖苷（cresol β-D-gentiobioside，cresol-GG）
Cr-MG　甲基苯酚 β-D-吡喃葡萄糖苷（cresol β-D-glucopyranoside）
Cr-RG　甲基苯酚 β-D-芸香糖苷（cresol β-D-rutinoside）
CRT　消费者拒绝阈值（consumer rejection threshold）
Cys　半胱氨酸（α-氨基-β-巯基丙酸，cysteine，C）
CYS　胱硫醚-β-合成酶（cystathionine β-synthase）

D

D.　德克酵母属（*Dekkera*）
D-　手性化合物 D 型
DB-1～5　气相色谱常用的一种非极性柱型号
DEDS　二乙基二硫醚（diethyl disulfide）
DES　二乙基硫醚（diethyl sulfide）
DHA　二羟丙酮（dihydroxyacetone）
DMDS　二甲基二硫（dimethyl disulfide）
DMTS　二甲基三硫醚（dimethyl trisulfide）
DMSO　二甲亚砜（dimethyl sulfoxide）
DoT　剂量阈值比（dose-over-threshold）

E

E.　埃希杆菌属（*Escherichia*）
E-　反式，相当于 *trans*-
EBC　欧洲啤酒酿造协会（European Brewery Convention）
ECD　电子俘获检测器（electron capture detector）
EEB　乙酯生物合成酶（或 EEBase）
EHT　乙醇己酰转移酶（ethanol hexanoyl transferrase，或 EHTase）
EPA　（美国）环境保护署（Environmental Protection Agency）

ETHP　2-乙基-3,4,5,6-四氢吡啶（2-ethyl-3,4,5,6-tetrahydropyridine）
EtSAc　硫代乙酸乙酯（*S*-ethyl thioacetate）
EtSH　乙硫醇（ethanethiol）

F

FAD　黄素腺嘌呤二核苷酸（flavin adenine dinucleotide）
$FADH_2$　还原型黄素腺嘌呤二核苷酸
FAS　脂肪酸合成酶（fatty acid synthase）
FD　香气稀释因子（flavor dilution）
FEE　2-糠基乙基醚（2-furfuryl ethyl ether）
FEMA　（美国）食品香料和萃取物制造者协会（Flavour Extract Manufacturers Association）
FFAP　一种气相色谱常用极性柱的型号
FFT　糠硫醇（furfuryl mercaptan）或2-糠基硫醇（2-furfurylthiol）或2-呋喃甲硫醇（2-furan-methanethiol）
FID　氢火焰离子化检测器（flame ionization detector）
FUM　延胡索酸酶（fumarase）

G

βG　β-D-葡萄糖苷酶（β-D-glucosidase）
GABA　γ-氨基丁酸（γ-aminobutyric acid）
Gap　和总氨基酸透性酶（total amino acid permease）
GAP　3-磷酸甘油醛（glyceraldehyde-3-phosphate）或3-磷酸甘油（glycerol-3-phosphate）
GC　气相色谱（gas chromatography）
GC-MS　气相色谱-质谱（gas chromatography-mass spectrometry）
GC-O　气相色谱-闻香法（gas chromatography-olfactometry）
GC×GC　二维气相色谱（two-dimensional gas chromatography，2D-GC）
Gla *p*　吡喃半乳糖（galactopyranoside）
Gln　谷胺酰胺（Glutamine，Q）
Glu　谷氨酸（α-氨基戊二酸，glutamic acid，E）；葡萄糖基
Gly　甘氨酸（α-氨基乙酸，glycine，G）
GM　转基因的（genetically modified）
5′-GMP　5′-鸟嘌呤核苷酸（5′-guanylic acid，5′-guanidylic acid，GMP）
GPD　甘油-3-磷酸脱氢酶（glycerol-3-phosphate dehydrogenase）
GPP　甘油-3-磷酸酶（glycerol-3-phosphase）
GSH　谷胱甘肽（glutathione）
Gu-DG　愈创木酚二糖苷（guaiacol diglycosides）
Gu-GG　愈创木酚β-D-龙胆二糖苷（guaiacol β-D-gentiobioside）
Gu-MG　愈创木酚β-D-吡喃葡萄糖苷（guaiacol β-D-glucopyranoside）
Gu-RG　愈创木酚β-D-芸香糖苷（guaiacol β-D-rutinoside）

H

H.　汉逊酵母属（*Hansenula*）
Han.　汉生酵母属（*Hanseniaspora*）
HG　高聚半乳糖醛酸寡聚物（homogalacturonan oligomers）
His　组氨酸（α-氨基-β-咪唑丙酸，histidine，H）
HMF　羟甲基糠醛（hydroxymethyl-2-furfuraldehyde）
HPLC　高效液相色谱（high performance liquid chromatography）
Hyp　羟脯氨酸（Hydroxyproline，X）

I

I.　伊萨酵母属（Issatchenkia）
IAA　吲哚-3-乙酸（indole-3-acetic acid）
IAH　乙酸异戊酯水解酶（isoamyl acetate esterase）
IARC　国际癌症研究署（International Agency for Research on Cancer）
IBMP　2-甲氧基-3-异丁基吡嗪（2-methoxy-3-isobutylpyrazine）
ldh　乳酸脱氢酶基因
Ile　异亮氨酸（isoleucine，I）
IMP　肌苷-5′-单磷酸（inosine-5′-monophosphate，5′-IMP）
IPCS　国际化学品安全规划（International Programme On Chemical Safety）
IPMP　2-甲氧基-3-异丙基吡嗪（2-methoxy-3-isopropylpyrazine）
IR　红外光谱（infra-red spectrum）
IUPAC　国际纯粹与应用化学联合会（International Union of Pure and Applied Chemistry）

K

K　分配系数（partition coefficient）
$K_{j,aw}$或K_{aw}　j化合物在空气-水（或溶液）中的分配系数
K_{ow}　化合物在有机相（油或辛醇）与水中的分配系数
KID　α-酮异己酸脱羧酶（α-ketoisocaproate decarboxylase）
KFOs　食品关键风味物（key food odorants）
Klo.　克勒克酵母属（*Kloeckera*）
Klu.　克鲁维酵母属（*Kluyveromyces*）

L

L.　乳球菌（*Lactococcus*）
L-　手性化合物L型
Lac.　乳杆菌属（*Lactobacillus*）
LC　液相色谱（liquid chromatography）
LC-MS　液相色谱-质谱（liquid chromatography-mass spectrometry）
LC-MS-MS　液相色谱-质谱（liquid chromatography-tandem mass spectrometry）
Leu　亮氨酸（α-氨基异己酸，leucine，L）
Leu.　明串珠菌属（*Leuconostoc*）

lg$P_{o/w}$或 lgP 油-水相分配系数的对数
Lys 赖氨酸（α，ε-二氨基己酸，lysine，K）

M

M. 梅奇酵母属（*Metschnikowia*）
MALDI 基体辅助激光解吸离子化（matrix-assisted laser desorption ionisation）
MALDI-MS 基体辅助激光解吸离子化质谱（matrix-assisted laser desorption ionisation mass spectrometry）
2M3B 2-巯基-3-丁酮（2-mercapto-3-butanone）
3MBT 3-甲基-2-丁烯-1-硫醇（3-methyl-2-butene-1-thiol）
MCFAs 中链脂肪酸（medium-chain fatty acids）
MEOX 甲氧胺（methoxiamine）
MeSAc 硫代乙酸甲酯（*S*-methyl thioacetate）
MeSH 甲硫醇（methanethiol）
Met 甲硫氨酸/蛋氨酸（α-氨基-γ-甲硫基丁酸，methionine，M）
MET14 腺苷磷硫酸盐激酶（adenosylphosphosulfate kinase）
MET17 负责编码 *o*-乙酰基丝氨酸和 *o*-乙酰基高丝氨酸硫化氢解酶（sulfhydrylase）
MFT 2-甲基呋喃-3-硫醇（2-methylfuran-3-thiol）或 2-甲基-3-呋喃硫醇（2-methyl-3-furanthiol）
3MH 3-巯基-1-己醇（3-mercapto-1-hexanol，3-sulfanyhexan-1-ol）
3MHA 乙酸-3-巯基己酯（3-mercaptohexyl acetate，3-thiohexyl acetate）
MLF 苹果酸-乳酸发酵，苹乳酸发酵（malolactic fermentation）
3MMB 3-巯基-3-甲基-1-丁醇（3-mercapto-3-methyl-1-butanol）
4MMP 4-巯基-4-甲基戊-2-酮（4-mercapto-4-methylpentan-2-one）
3M4MPOH 3-巯基-4-甲基-1-戊醇（3-mercapto-4-methyl-1-pentanol）
4M4MPOH 4-巯基-4-甲基-2-戊醇（4-mercapto-4-methyl-2-pentanol）
3MP 3-巯基-1-戊醇（3-mercapto-1-pentanol，3-sulfanylpentan-1-ol）
2M3P 2-巯基-3-戊酮（2-mercapto-3-pentanone）
3M2P 3-巯基-2-戊酮（3-mercapto-2-pentanone）
MPs 甘露糖蛋白（mannoproteins）
MS 质谱（mass spectrometry）
MSD 质谱检测器（mass spectrometry detector）
MSG 谷氨酸单钠（monosodium glutamate）
MS-MS 串联质谱（tandem mass spectrometry）
MSTFA *N*-甲基-*N*-三甲基硅三氟乙酰胺（*N*-methyl-*N*-trimethysilyltrifluoracetamide）
MTBSTFA *N*-甲基-*N*-叔丁基二甲基硅三氟乙酰胺（*N*-methyl-*N*-*tert*-butyldimethylsilyl trifluoracetamide）

N

NAD 烟酰胺腺嘌呤二核苷酸（nicotinamine adenine dinucleotid）
NADH 还原型烟酰胺腺嘌呤二核苷酸（reduced nicotinamide adenine dinucleotide phosphate）
NADPH 还原型磷酸烟酰胺腺嘌呤二核苷酸（reduced nicotinamide adenine dinucleotide phosphate）

nd　　未检测到（not detected）

O

O.　　酒球菌属（*Oenococcus*）
OAV　　气味活力值（odor activity value）
OD　　光密度（optical density）
OGDH　　酮戊二酸脱氢酶（oxo-glutarate dehydrogenase）
OGA　　香气全面分析法（odor global analysis）
OIV　　国际葡萄和葡萄酒局，国际葡萄和葡萄酒协会（International Grape and Wine Organization）
OLE　　Δ9-去饱和酶编码基因
OT　　气味阈值（odor threshold）
OU　　气味单位（odor unit）
OV　　气味值（odor value）

P

P.　　毕赤酵母属（*Pichia*）
PA　　丙酮酸（pyranic acid）
p. a.　　纯酒精（pure alcohol）
PAD　　即 POF，酚酸脱羧酶（phenyl acrylic acid decarboxylase）
PCA　　五氯苯甲醚（pentachloroanisole）
PCBs　　多氯联苯类（polychlorinated biphenyls）
PCP　　五氯苯酚（pentachlorophenol）
PDC　　丙酮酸脱羧酶（pyruvate decarboxylase）
PFBBr　　五氟苄基溴（pentafluorobenzyl bromide）
Ph　　苯/苯基（benzene）
Ph-DG　　苯酚二糖苷（phenol diglycosides）
Ph-GG　　苯酚 β-D-龙胆二糖苷（phenol β-D-gentiobioside，phenol-GG）
Ph-MG　　苯酚 β-D-吡喃葡萄糖苷（phenol β-D-glucopyranoside）
Ph-RG　　苯酚 β-D-芸香糖苷（phenol β-D-rutinoside，phenol-RG）
PHBA　　*p*-羟基苯甲酸（*p*-hydroxybenzoic acid）
Phe　　苯丙氨酸（α-氨基-β-苯丙酸，phenylalanine，F）
PI　　等电点（isoelectric point）
pK_a　　电离常数（dissociation constant）
POF　　酚类异嗅（phenolic off-flavor）
POF　　即 PAD，酚酸脱羧酶（phenolic acid decarboxylase）
Pro　　脯氨酸（四氢吡咯-2-羧酸，proline，P）
PVPP　　聚乙烯聚吡咯烷酮（polyvinyl polypyrrolidone）

Q

ql　　定量限（limit of quantitation）

Q-MS　四极杆质谱（quadrupole mass spectrometry）
Q-TOF-MS　四极杆飞行时间串联质谱（quadrupole time-of-flight tandem mass spectrometry）

R

R.　根霉菌属（*Rhizopus*）
(*R*)-　手性化合物（*R*)-型
RG　鼠李半乳糖醛酸聚糖（rhamnogalacturonans）
RI　保留指数（retention index），也称 Kovats 指数（Kovats index）
RI_{np}　非极性柱上保留指数
RI_{mp}　中等极性柱上保留指数
RI_{p}　极性柱上保留指数

S

S.　酵母属（*Saccharomyces*）
(*S*)-　手性化合物（*S*)-型
SBMP　2-甲氧基-3-仲丁基吡嗪（2-methoxy-3-*sec*-butylpyrazine）
Ser　丝氨酸（α-氨基-β-羟基丙酸，serine，S）
SMM　*S*-甲基-L-甲硫氨酸（*S*-methyl-L-methionine）
SRS　硫酸盐还原序列（sulfate reduction sequence）
SPs　可溶性多糖（soluble polysaccharides）
Str.　链球菌属（*Streptococcus*）
Sz.　粟酒裂殖酵母属（*Schizosaccharomyces*）

T

T.　有孢圆酵母属（*Torulaspora*）
TA　滴定酸度（titratable acidity），即总酸（total acidity）
TBA　2,4,6-三溴茴香醚（2,4,6-tribromoanisole）
TBP　2,4,6-三溴苯酚（2,4,6-tribromophenol）
TC　容许浓度（tolerable concentration）
TCA　三氯苯甲醚，三氯茴香醚（trichloroanisole）
TCA cycle　三羧酸循环（tricarboxylic acid cycle）
TCD　热导检测器（thermal conductivity detector）
TCE　三氯乙烯（trichloroethylene）
TCP　2,4,6-三氯苯酚（2,4,6-trichlorophenol）
TDN　1,1,6-三甲基-1,2-二氢萘（1,1,6-trimethyl-1,2-dhydronaphthalene）
TeCA　2,3,4,6-四氯苯甲醚（2,3,4,6-tetrachloroanisole）
TeCP　2,3,4,6-四氯苯酚（2,3,4,6-tetrachlorophenol）
TG-5　气相色谱一种色谱柱型号
Thr　苏氨酸（α-氨基-β-羟基丁酸，threonine，T）
TMS　三甲基硅烷基（trimethylsilyl）
TOF-MS　飞行时间质谱（time of flight MS）

TPB　反-1-(2,3,6-三甲基苯)-丁-1,3-二烯[(*E*)-1-(2,3,6-trimethylphenyl)buta-1,3-diene]

TPP　焦磷酸硫胺素（thiamine pyrophosphate）

tr　痕量（trace）

trans-　反式，相当于 *E*-

Trp　色氨酸（α-氨基-β-吲哚丙酸，tryptophane，W）

Tyr　酪氨酸（α-氨基-β-对羟基苯丙酸，tyrosine，Y）

U

UHT　超高温灭菌（ultra-high temperature）

UPLC　超高压液相色谱（ultra-high pressure liquid chromatography）

V

V. vinifera　欧洲葡萄（*Vitis vinifera*）

V. labrusca　美洲葡萄（*Vitis labrusca*）

Val　缬氨酸（α-氨基异戊酸，valine，V）

vol　体积分数（volume）

VSCs　挥发性含硫化合物（volatile sulfur compounds）

W

Wax　气相色谱常用的一种极性色谱柱型号

WHO　世界卫生组织（World Health Organization）

X

Xyl　木糖（xylose）

Z

Z.　足球酵母属（*Zygosaccharomyces*）

Z-　顺式，相当于 *cis*-

附录二　酿酒原料和饮料酒专业名词中英文对照表

A

agave tequila	特基拉酒
Agiorgitiko	圣吉提科
Aglianico	艾格尼科
Agudelo	阿古德洛*
Aguardente	皮渣白兰地酒
aguardente bagaceira	博加塞拉烧酒
Airen	阿依仑（一种葡萄酒品牌）
akvavit	阿瓜维特酒（茴香烈性酒）
Albarino	阿尔巴利诺*
Albillo	阿比洛
Alcopop	波普甜酒
Alicante bouschet	紫北塞
Aligote	阿里歌特*
alkermes	阿尔科姆斯（胭脂红色利口酒）
Alsace	阿尔萨斯（法国东北部产贵腐甜葡萄酒地区）
Alvarinho	阿尔瓦里尼奥*
Amarillo	亚麻黄（酒花）
Amarone	阿玛诺
Amontillado	阿蒙提那多（雪利酒）
Añejo	特基拉老酒
anisette	茴香酒**
Anjou	昂儒
Apalter	阿帕尔特（酒花）
Applejack	苹果杰克（白兰地）
Aragonez	拉贡利
arak	亚力酒（椰子汁、糖蜜制作的蒸馏酒）**
arak-ju	烧酒，白酒（韩语）
Ardbeg	阿贝（威士忌）

注：*：指白葡萄或白葡萄酒；

**：指蒸馏酒，明显可看出是蒸馏酒的未标注

Arinto	阿林托*
Armagnac	阿尔马涅克，雅文邑（白兰地）
aromatized wine	加香葡萄酒
arrack	亚力酒（一种用椰子汁或大米酿制而成的烈酒）**
asti	阿斯蒂（白葡萄汽酒）
awamori	泡盛酒，烧酎

B

Babycham	仙鹿（著名甜味梨子汽酒公司）
Bacardi	百加得（生产饮料酒的巨型集团公司）
Bacardi Breezer	百加得冰锐（著名预调朗姆酒品牌）
Bacardi Oro	巴卡第奥罗（古巴著名朗姆酒品牌）
Bacchus	巴克斯
Baga	巴格
Bagaçeiras	巴扎西（白兰地）
Baileys	百利（利口酒）
Ballantines	百龄坛威士忌
Ballantines Gold	金牌百龄坛威士忌
Ballentines Finest	顶级百龄坛威士忌
Banyuls	班尼斯酒
Barolo	巴罗洛
Barossa Valley	巴罗莎山谷（澳大利亚南部最大的葡萄酒生产地）
Barsac	巴锡
Basilicata	巴斯利卡塔（意大利南部的葡萄酒产区）
Baileys	百利（利口酒）
BDX	波尔多红酒
Beaujolais	博若莱
Beaune	波恩
Benedictine	汤姆利乔酒
Bical	碧卡*
Bitters	必打士（酒）
Black Label	黑天鹅绒牌（威士忌品牌）
Black Velvet	黑天鹅绒（威士忌品牌）
Blackthorn	布莱克索恩（苹果酒公司）
Blanc fume	白富美*
Blanco lexitimo	白莱西梯模*
Blaufränkisch	佛朗克
Boal	博阿尔*
Bobal	博巴尔
Bois Ordinaires	常林区（干邑白兰地生产区）
Bolla	宝籁

Bombay Sapphire	孟买蓝宝石（金酒品牌）
bonne chauffe	双蒸酒
Bons Bois	美林区（干邑白兰地生产区）
boozah	啤酒（埃及语）
Bordeaux wine	波尔多葡萄酒
Borderies	边林区（干邑白兰地生产区）
Bourbon	波旁威士忌
Bowmore	波摩威士忌
brandewijn	白兰地（法语）
brandwijn	白兰地（荷兰语）
Brandy de Jerez	赫雷斯白兰地
Bruichladdich	布鲁莱迪威士忌
bubbly	起泡葡萄酒
Burgundy	勃艮第红葡萄酒

C

Cabernet	解百纳
Cabernet franc	品丽珠
Cabernet gernischt	蛇龙珠
Cabernet Sauvignon	赤霞珠
cachaça	甘蔗朗姆酒
Cahors	卡奥尔（葡萄酒）
calvados	卡尔瓦多斯（苹果白兰地酒）
Camargue	卡马格（大麦）
Campbell Early	坎贝尔早生
Captain Morgan	摩根船长（朗姆酒品牌）
caraffa malt	卡拉发麦芽（一种深色麦芽）
Carignan	佳利酿
Carignan noir	黑佳利酿
Cariñena	佳丽尼加
Carpano	卡帕诺（味美思酒）
Casa Herradura	卡萨艾拉杜拉（龙舌兰酒品牌）
Cascade	卡斯卡特（酒花）
Cassata	卡萨塔（冬大麦）
cassis	卡西斯（黑醋栗酒）
Catawba	卡托芭
cauim	卡伊姆［（玉）米酒］
Cava	卡瓦（西班牙起泡葡萄酒）
Cellar	采拉尔（一种新西兰和澳大利亚大麦品种）
Cencibel	森希贝尔
Chablis	夏布利*

Chalice	查力士（春大麦品种）
Challenger	挑战者（酒花）
Chalon	沙隆（法国著名葡萄酒产区）
chambery	香百丽酒（味美思酒）
Chardonnay	霞多利*
Charente-Maritime	滨海夏朗德（法国科涅克白兰地的生产地）
Charentes	夏朗德［盛产蒸馏酒，该地区生产的白兰地可称为科涅克（Cognac）］
Chariot	查里厄特（春大麦品种）
Chartreuse	查特酒（黄绿色甜酒）
Chasselas Musque Vrai	莎斯拉酒
Chateauneuf	新堡
Chenin	白诗南*
Chenin blanc	白诗南*
Chianti	基安蒂
chichi	奇查酒（南美印第安人用玉米、甘蔗等酿造的酒）
Chivas brothers	芝华士兄弟（威士忌酒厂）
Chivas Regal	皇家芝华士威士忌
Cinsaut	神索
cinzano	仙山露酒（一种意大利味美思酒）
Citra	西楚（酒花）
Clairette	克莱雷特*
Claret	克拉雷
Cognac	科涅克白兰地，干邑
Cognac Petite Fine Champagne	优质小香槟干邑，科涅克优质小香槟区
Colombard	鸽笼白
Columbia	哥伦比亚（酒花）
Common reds	康芒红
Concerto	肯秋瑞特（欧洲春大麦品种）
Concord	康可
Constellation Brands	（美国）星座集团（著名酿酒公司）
Cooler	酷勒（酒）
Coonawara	库拉瓦拉（著名葡萄酒产区）
Corgi	矮脚狗（大麦）
Corona	科罗娜（著名啤酒品牌）
Cot	钩特
Cremant	开姆酒（起泡葡萄酒）
crème de cassis	黑醋栗酒
Crown Royal	皇冠威士忌（威士忌品牌）
Czworniak	蜂蜜酒

D

Daiginjo-shu	大吟醸酒（日本）
Decanter	迪卡特（春大麦品种）
Delaware	特拉华
Derkado	迪卡多（春大麦品种）
Devín	德温
Dewars	帝王（威士忌酒厂）
Diageo	帝亚吉欧（国际上最大的饮料酒公司之一）
dolo	多洛（非洲的一种用发芽高粱制作的高粱啤酒）
Dornfelder	丹菲特
Douro Valley	（葡萄牙北部的）杜罗河谷
Drambuie	杜林标（利口酒品牌）
Drawert	德拉韦特
dulce	杜尔塞甜酒
Durif	杜瑞夫
duval	杜瓦尔（味美思酒）
Dwojniak	多瓦吉列克（蜂蜜酒）

E

Early	厄尔利
Early Hegari	早亨加力（高粱品种）
Early sugar	早糖
Early sumac	早漆树（高粱）
eau de genièvre	杜松子酒
eau de vie	樱桃白兰地
eau-de-vie de marc	马克烧酒（皮渣白兰地）
eiswein	爱思温（用冰冻的葡萄酿造的冰酒，德国 QmP 以下的分级）
Emir	埃米尔*

F

Fairview	费尔围（新西兰和澳大利亚大麦品种）
Falanghina	法兰娜*
Falanghina Campania Sannio	法兰娜白葡萄酒
Falangia	法兰盖
Fetzer	菲泽
Fiano	菲安诺*
Finlandia	芬兰达（伏特加品牌）
Fino	菲诺（一种雪利酒）
Fino Sherry	菲诺雪利酒
Fins Bois	上林区（干邑白兰地生产区）
Flagon	弗耐根（欧洲冬大麦品种）

flor sherry	福洛雪利酒
Folle blanche	白福尔
Fortune Brands	富俊集团（著名饮料酒集团公司）
Frontignan Muscat	弗龙蒂尼昂麝香葡萄

G

Gaglioppo	佳丽奥波，佳琉璞，尤波（红葡萄品种）
Gairdner	盖尔德纳（新西兰和澳大利亚大麦品种）
Gamay	佳美
Gammay	佳美
gancia	干霞（味美思酒）
geneva	杜松子酒
genever	荷兰杜松子酒
Gewürztraminer	琼瑶浆，格乌查曼尼*
Ginjo-shu	吟醸酒（日本）
Glen Garioch	格兰盖瑞威士忌
Glen Scotia	格兰斯柯蒂亚威士忌
Glenfiddich	格兰非帝兹威士忌
Glenlivet	格伦利物威士忌酒（= glenlivat）
Golden Promise	高登普密思（大麦）
Graciano	格雷西亚
Gran Pisco	格兰皮斯科酒
Gran Reserva brandy	特级珍藏白兰地
Grande Champagne	大香槟区
Grande Fine Champagne	优质大香槟区
Grant	格兰特威士忌
grappa	格拉巴酒（皮渣白兰地酒）
Graves	拉格夫
Grenache	歌海娜
Grenache noir	黑歌海娜
Grenache rouge	红歌海娜
Grenache tinto	黑歌海娜
Grey Riesling	灰雷司令
Gros manseng	大芒森*
Gruener veltliner	绿维特林纳
Gruner veltliner	格勒乌尼珥
Gual	瓜尔*
Gueuze	贵兹啤酒
guignolet	吉诺雷樱桃利口酒
Guinness	健力士（黑啤酒品牌）
gverc	盖威茨（药香蜂蜜酒）

H

Haig	海格调和威士忌
Halcyon	哈尔西恩（春大麦品种）
Hallertauer	哈拉道（德国顶级酒花）
Hallertau Hersbrucker Spä	哈拉道赫斯布鲁克（酒花）
Hallertau Perle	哈拉道珍珠（酒花，德国产）
Hallertau Smaragd	哈拉道祖母绿（酒花）
Hamburg Muscat	汉堡麝香
Hanepoot	肯布
Happoshu	哈普苏啤酒
Hardy	哈迪（葡萄酒品牌）
Hennessy	轩尼诗（白兰地品牌名）
Herkules	海库勒斯（酒花）
hidromel	海德美蜂蜜酒（= hydromel）
hidromiel	海德美尔蜂蜜酒（= hydromiel）
Highland whisky	高地威士忌
hippocratic wine	希波克拉底葡萄酒
Hong Meigui	红玫瑰
Honjozo-shu	本酿造酒（日本）
Hunter Valley	猎人谷（澳大利亚主要产酒区）
hydromel	海德美蜂蜜酒
hydromiel	海德美尔蜂蜜酒

I

Ichirota Zuria Tipia	小芒森
Idromele	伊德罗梅莱（蜂蜜酒）
Inniskillin	云岭（世界知名葡萄酒品牌）
Irish Cream	爱尔兰乳酒
Ives	伊芙斯

J

Jack Daniels	杰克丹尼尔威士忌
Jaen Tinto	哈恩力拓
Jameson	詹姆士威士忌
Jim Beam	占边 · 波本威士忌
Johnnie Walker	尊尼获加（苏格兰威士忌）
Junmai Daiginjo-shu	纯米大吟醸酒
Junmai Ginjo-shu	纯米吟醸酒
Junmai-shu	纯米酒
Jura Superstition	朱拉幸运威士忌

K

Kentucky whiskey	肯塔基威士忌
Kerner	科勒
Kirin	麒麟（日本酒类公司）
Kirsch	樱桃酒
Kirschwasser	樱桃白兰地
kis	卡巴
Koshu	（日本）甲州*
Krirsch	克瑞思切（樱桃白兰地酒）

L

labrusca	美洲葡萄
labruscana	康可葡萄
Lacey	拉塞（北美六棱大麦品种）
Lagavulin	拉加维林威士忌
Lambrusco	布鲁斯科
Laphroaig	拉弗格（威士忌）
l'eau de vie	白兰地酒
Liatiko	莉亚戈
Listán	利斯坦
Long Yan	龙眼*
Loureiro	洛雷罗*
Lowland whisky	低地威士忌
Lublin	卢布林（酒花）

M

Macabeo	马卡贝奥*
Maccabeo	马卡毕欧*
Maccabeu	马卡波*
Mackinlay	麦金利威士忌
Madeira	马德拉
Magnum	马格努门（酒花）
makgeolli	马格利酒（一种韩国米酒）
makkoli	马科立（朝鲜麦酒）
Málaga	马拉加
Malbec	马尔贝克
Malmsey	马姆齐
Malsum	马尔苏（加蜂蜜葡萄酒）
Malvasia	莫瓦西亚*
Malvazia	马尔瓦查*
Malvoisie	马勒瓦西*

Mansegnou	小芒森
Manseng	芒森，满胜
Manseng blanc	小芒森*
Manzanilla	曼赞尼拉（雪利酒）
maraschino	黑樱桃酒
Marc	皮渣白兰地
Margaret River	玛格丽特河（澳大利亚西部著名酿酒区）
Maria gomes	玛利亚高米丝*
Maris Otter	玛丽斯奥特（冬大麦品种）
Marmajuelo	玛月罗
Marsala	马沙拉*
Martell	马爹利（白兰地）
Martini	马提尼（鸡尾酒品牌，由金酒和辛辣苦艾酒搅拌调制而成）
Martini & Rossi	马提尼罗西（鸡尾酒品牌）
Marzemin	玛泽米诺
Mataro	玛塔罗
Matthew clark	马修克拉克（苹果酒与梨酒品牌）
Mavrodaphne	马弗罗达夫尼酒
Mazuelo	马士罗［西班牙称谓，法国称为佳利酿，西班牙某些地区称为佳丽尼加（Cariñena）］
Medoc	梅克多
medovina	梅多维拉（蜂蜜酒）
Melanie	梅勒妮（春大麦品种）
Mercurey	麦尔格瑞
Merkur	默克（酒花）
Merlot	梅鹿辄
mescal	麦思卡尔（龙舌兰酒）
Metcalf	梅特卡夫（北美二棱大麦品种）
Metheglin	麦思根药香蜂蜜酒
Meursault	墨尔索*
mirabelle	蜜拉贝尔白兰地；布拉斯李（法国产酒地区）
mirabelle brandy	蜜拉贝尔白兰地
Mistelle	密甜尔
miteado	米替多（雪利酒）
Mittelfrüh	米特孚瑞（酒花）
Monastrell	蒙娜斯特
Montbazillac	蒙巴济亚克（法国西南部出产贵腐甜葡萄酒地区）
Montilla	蒙蒂勒*
Montilla-Moriles	莫利莱斯-蒙提亚
morat	莫拉特
Moravian	莫拉维亚（北美二棱大麦品种）

Morio-Muscat 莫里欧麝香*
Mosaic 马赛克（酒花）
Moscatel Rosada 罗萨达麝香
Moscatel wine 莫斯卡托
Moscato de Canelli 卡内利麝香
Moschofilero 莫斯菲莱若
Mosel 摩泽尔*
Moselle 摩泽尔*
Mourvédre 慕合怀特
Müller Thurgau 米勒*
Muscadelle 蜜思卡岱勒
Muscadet 蜜思卡岱
Muscat 麝香葡萄（酒）
Muscat d'Alsace 阿尔萨斯麝香*
Muscat Bailey 麝香贝利
Muscat blanc 白麝香*
Muscat de Frontignan 弗龙蒂尼昂麝香
Muscat de Hambourg 汉堡麝香
Muscat hamburg 汉堡麝香
Muscat ottonel 昂托麝香
Muscatel 麝香葡萄（酒）
Mystery 密斯特瑞

N

Narince 纳林库
Natasha 娜塔莎（大麦）
Negroamaro 内格罗阿玛罗
Nelson sauvin 尼尔森苏维（酒花）
Negroamaro 内格罗阿玛罗
Nelson sauvin 尼尔森苏维（酒花）
Nero d'Avola 黑达沃拉
Niagara 尼亚加拉
Nobilo （新西兰）诺比罗（世界知名葡萄酒品牌，葡萄酒酒庄）
nocino 青核桃利口酒
Noilly Part 诺瓦利·普拉（美思酒）
Northern Brewer 北酿（酒花）
Nosiola 诺西奥拉*
Nugget 拿格特（酒花）

O

Old Pulteney 富特尼（威士忌）

Oloroso	欧洛罗索（雪利）
Optic	奥普蒂克（春大麦品种）
Orujo	奥鲁约（皮渣白兰地）
ouzo	乌佐茴香酒

P

Palomino	巴罗米诺*
Parellada	帕雷亚达
pastis	帕蒂斯（茴香烈性酒）
pastis de Marseille	马赛茴香酒
Paul Masson	保罗梅森（著名的葡萄酒品牌）
Paul Masson Grande Amber	保罗梅森，保罗马森（白兰地品牌）
Pearl	珀尔（欧洲冬大麦）
Pedro Ximenez	佩德罗-希梅内斯
Pernod	潘诺（绿茴香酒品牌）
Pernod Ricard	保乐力加（法国生产饮料酒的巨型集团公司）
Perle	珍珠（酒花）
perlwein	珍珠酒（一种在葡萄汁第一次发酵历程里孕育发生的起泡酒）
Permain	普迈因（苹果）
Perrum	派勒姆*
perry	派瑞（梨酒）
perry spirit	派瑞蒸馏酒（梨蒸馏酒）
Petite arvine	小奥铭
Petit mansenc	小芒森
Petit manseng	小芒森
Petit verdot	味儿多
Petite Champagne	小香槟区
Petite Sirah	小西拉
Picpoul	皮克葡*
Pils	皮尔森啤酒
Pilsener	皮尔森啤酒
Pilsener beer	皮尔森啤酒
Pilsener malt	皮尔森麦芽
piment	派门特（用“多香果”加香的葡萄酒）
Pinot	比诺
Pinot bianco	白比诺（= Pino blanc）
Pinot blanc	白比诺
Pinot grigio	灰比诺
Pinot gris	灰比诺
Pinot nero	黑比诺
Pinot noir	黑比诺

Pinotage	比诺塔吉
Pisco	皮斯科**
Pkatsiteli	白羽
Plumage Archer	普诺密阿切（大麦品种）
Poltorak	波尔托拉克（蜂蜜酒）
pombe	普姆毕（非洲粟酒）
Port wine	波特葡萄酒
Portugieser	奥坡脱
Prime	普瑞米
Primitivo	普里米蒂沃
Prisma	普锐思马（春大麦品种）
Proctor	普罗克特（大麦品种）
pulque	普逵（龙舌兰酒）
pyment	派门特（=piment）

Q

Quench	昆恩替（一种欧洲春大麦品种）

R

raki	拉基（土耳其茴香烈性酒）
rakija	拉基加（斯拉夫国家皮渣白兰地）
Rancio	兰奇奥
Ravenswood	（美国）雷文伍德酒庄
RedLabel	红方威士忌
Regina	女王（春大麦品种）
Retsina	热茜娜（松香味希腊葡萄酒）
Ricard	里卡德（茴香酒品牌）
Ricard Pastis	里卡德帕蒂斯（茴香酒品牌）
riccadonna	利开多纳酒（味美思酒）
Rioja	里奥哈
Rkatsiteli	白羽*
Robert Mondavi	蒙大维（著名葡萄酒品牌）
Riesling	雷司令*
Roditis	罗迪蒂斯
Roussette	胡塞特；胡榭特；鲁塞特（白葡萄品种）
Roussillon	鲁西荣（法国南部产酒区）
Ruby cabernet	宝石解百纳
Ruby red	红宝石红
Ruffino	鲁芬诺（世界知名葡萄酒品牌）
Ruffino Chianti	鲁芬诺基安帝（著名干红葡萄酒品牌）
Ruländer	鲁兰德*

S

Saaz	萨兹（酒花）
Saazer	萨兹（酒花）
Sabanero wheat	蘸班尼诺小麦
Saint-Emilion	圣艾米利翁
Saint-Johns'-wort	金丝桃酒
Saint-Martin	圣马丁*
sake	（日本）清酒
saki	沙淇酒（日本米酒）
sambuca	杉布卡（茴香酒）
Samos	萨莫斯
samshu	中国白酒，烧酒（日语）
Sancerre	桑赛尔*
Saperavi	晚红蜜
Saphir	扎菲尔（酒花）
Sangiovese	桑娇维塞
Saumur	梭牟尔*
Sauterne	苏特恩*
Sauvignon	苏维浓
Sauvignon blanc	长相思
Savagnin	萨瓦涅*
Savvatiano	萨瓦蒂诺
Scheurebe	施埃博*
Schioppettino	斯奇派蒂诺
Schooner	斯库纳（新西兰和澳大利亚大麦品种）
Schreier	施赖埃尔
sekt	塞克特酒（一种德国起泡葡萄酒）
Selillon	赛美蓉*
Semillon	赛来雄*
Sercial	塞尔斜*
Serradelo	塞拉德洛
Seyval blanc	赛伯拉
Sherry	雪利酒
Shiraz	西拉
Shochu	烧酎，烧酒
Silva	席尔瓦*
Silvaner	西万尼*（=Sylvaner）
Singani	辛加尼（皮斯科酒）
Sinsaut	神索
Sirius	史里乌*
slivovitz	斯力伏维茨酒（李子烧酒）

Slivowitz	斯力伏维茨酒（李子白兰地酒）
Slov. Bobek	斯洛文尼亚博贝克（酒花）
Slowenian Golding	斯洛文尼亚葛丁（酒花）
Smirnoff	司木露伏特加
soju	烧酎，烧酒（韩语）
Sousão	苏斯奥
Southern Comfort	金馥力娇（著名饮料酒品牌）
Spalt	斯派尔特（酒花）
sparkling wine	起泡葡萄酒
Speyside	斯佩塞威士忌
Speyside Single Malt	斯佩塞单一麦芽威士忌
Spratt	斯普拉特（大麦品种）
Spumante	斯布曼德酒*
St. Laurent	圣罗兰
stout	世涛啤酒（= stout porter）
stout porter	世涛啤酒（= stout）
Svedka	诗凡卡（伏特加品牌）
Sylvaner	西万尼*（=Silvaner）
Syrah	西拉

T

Tannat	丹娜
Taurus	金牛座（酒花）
Tawny	托尼酒
tawny port	金色博尔得葡萄酒，茶色波特酒
Teinturier	红加迈，染色葡萄
Tempranillo	添帕尼优
Tennessee whiskey	田纳西威士忌
Teroldego	泰罗德格
Terret	特蕾*
Tettnanger	泰南格（酒花）
Thomas Hardy	哈迪托马斯（哈迪酒庄赤霞珠葡萄酒名）
Thompson seedless	汤姆逊无核
Tinta barroca	巴罗卡红
Tipple	铁帕尔（欧洲春大麦品种）
toddy	托迪酒（鸡尾酒）
Tokaj	托卡伊*
Tokaji fszencia	托卡伊埃森齐亚*
Tokay	托卡衣
Tokubetsu Honjozo-shu	特制本酿造酒（日语）
Tokubetsu Junmai-shu	特制纯米酒（日语）

Tokutei meisho-shu	特制清酒（日语）
Torontel	多伦托
Torrontes	托伦特斯
Touriga	图利加
Touriga francesa	多瑞加弗兰卡
Touriga nacional	本土多瑞加
Tradition	传统（北美六棱大麦品种）
Traminer	脱拉米糯*
Trebbiano	扎比安奴
Trepat	特雷帕特
Triumph	特赖姆夫（春大麦品种）
Trockenbeerenauslese	贵腐精选
Trojniak	托立科（加水酿造的蜂蜜酒）
Tsikoudia	齐库迪（皮渣白兰地）
Tsipouros	齐普罗酒（希腊的一种葡萄皮渣白兰地和茴香烈性酒）
Tuscany Chianti	托斯卡纳基安帝（意大利著名葡萄酒产区）

U

Ugni blanc	白玉霓*

V

Verdejo	贝尔德霍*
Verdelho	华帝露*
Verdello	韦尔德洛*
Verdot	味儿多
vermouth	味美思葡萄酒
Vernaccia di Oristano	奥利斯塔诺-维奈西卡（雪利酒）
Vernaccia di San Gimignano	维娜齐亚-圣基米诺
Vespolina	维斯琳娜
Victorian whiskey	维多利亚威士忌
Vidal blanc	威代尔（常用于生产冰葡萄酒）
Vinho Verde	维和维多（葡萄牙绿酒）
Vin Jaune	黄葡萄酒
Vin Mousseux	起泡葡萄酒
Vin santo	圣桑托
Viognier	维欧涅*
Vitis cinerea	甜冬葡萄
Vitis labrusca	美洲葡萄
Vitis labruscana Bailey	康可葡萄
Vitis labruscana Kyoho	巨峰葡萄
Vitis lincecumii	林氏葡萄
Vitis riparia	河岸葡萄

Vitis rupestris	沙地葡萄
Vitis vinifera	欧洲葡萄
Viura	维尤拉

W

Walker	沃克威士忌
wasser	车厘子酒
Wein	维恩
Weisburgunder	白比诺（=Pino blanc）
White Riesling	白雷司令*
Wild Turkey	野火鸡（著名威士忌品牌）
Willamette	威廉麦特
Willarnete	威廉麦特（酒花）
Williamine	威廉明尼梨酒
Wyborowa	维波罗瓦（伏特加）
Wye Saxon	威沙格桑（酒花）

X

Xinomauro	希诺马罗
Xarel-lo	沙雷洛

Y

Yamazaki	山崎威士忌酒

Z

Zelena	泽莱娜*
Zinfandel	仙芬黛
Zivania	日瓦娜（皮渣白兰地）
Zweigelt	茨威格
Zwetschgenwasser	（欧洲）梅子白兰地